X.media.press ist eine praxisorientierte Reihe zur Gestaltung und Produktion von Multimedia- Projekten sowie von Digital- und Printmedien.

Wilhelm Burger · Mark James Burge

Digitale Bildverarbeitung

Eine algorithmische Einführung mit Java

3., vollständig überarbeitete und erweiterte Auflage

 Springer Vieweg

Wilhelm Burger
Upper Austria Univ. of Applied Sciences
   Informatics/Communications/Media
Hagenberg, Österreich

Mark James Burge
National Science Foundation
Arlington, USA

ISSN 1439-3107
ISBN 978-3-642-04603-2   ISBN 978-3-642-04604-9 (eBook)
DOI 10.1007/978-3-642-04604-9

Die Deutsche Nationalbibliothek verzeichnet diese Publikation in der Deutschen Nationalbibliografie;
detaillierte bibliografische Daten sind im Internet über http://dnb.d-nb.de abrufbar.

Springer Vieweg
© Springer-Verlag Berlin Heidelberg 2005, 2006, 2015

Gedruckt auf säurefreiem und chlorfrei gebleichtem Papier

Springer Berlin Heidelberg ist Teil der Fachverlagsgruppe Springer Science+Business Media
(www.springer.com)

Vorwort

Dieses Buch ist eine Einführung in die digitale Bildverarbeitung, die sowohl als Referenz für den Praktiker wie auch als Grundlagentext für die Ausbildung gedacht ist. Es bietet eine Übersicht über die wichtigsten klassischen Techniken in moderner Form und damit einen grundlegenden „Werkzeugkasten" für dieses spannende Fachgebiet. Das Buch sollte daher insbesondere für folgende drei Einsatzbereiche gut geeignet sein:

- Für Wissenschaftler und Techniker, die digitale Bildverarbeitung als Hilfsmittel für die eigene Arbeit einsetzen oder künftig einsetzen möchten und Interesse an der Realisierung eigener, maßgeschneiderter Verfahren haben.
- Als umfassende Grundlage zum Selbststudium für ausgebildete IT-Experten, die sich erste Kenntnisse im Bereich der digitalen Bildverarbeitung und der zugehörigen Programmiertechnik aneignen oder eine bestehende Grundausbildung vertiefen möchten.
- Als einführendes Lehrbuch für eine ein- bis zweisemestrige Lehrveranstaltung im ersten Studienabschnitt, etwa ab dem 3. Semester. Die meisten Kapitel sind auf das Format einer wöchentlichen Vorlesung ausgelegt, ergänzt durch Einzelaufgaben für begleitende Übungen.

Inhaltlich steht die praktische Anwendbarkeit und konkrete Umsetzung im Vordergrund, ohne dass dabei auf die notwendigen formalen Details verzichtet wird. Allerdings ist dies kein Rezeptbuch, sondern Lösungsansätze werden schrittweise in drei unterschiedlichen Formen entwickelt: (a) in mathematischer Schreibweise, (b) als abstrakte Algorithmen und (c) als konkrete Java-Programme. Die drei Formen ergänzen sich und sollen in Summe ein Maximum an Verständlichkeit sicherstellen.

Voraussetzungen

Wir betrachten digitale Bildverarbeitung nicht vorrangig als mathematische Disziplin und haben daher die formalen Anforderungen in diesem Buch auf das Notwendigste reduziert – sie gehen über die im ersten Studienabschnitt üblichen Kenntnisse nicht hinaus. Als Einsteiger sollte man daher auch nicht beunruhigt sein, dass einige Kapitel auf den ersten Blick etwas mathematisch aussehen. Die durchgehende, einheitliche Notation und ergänzenden Informationen im Anhang tragen dazu bei, eventuell bestehende Schwierigkeiten leicht zu überwinden. Bezüglich der *Programmierung* setzt das Buch gewisse Grundkenntnisse voraus, idealerweise (aber nicht notwendigerweise) in **Java**. Elementare Datenstrukturen, prozedurale Konstrukte und die Grundkonzepte der objektorientierten Programmierung sollten dem Leser vertraut sein. Da Java mittlerweile in vielen Studienplänen als erste Programmiersprache unterrichtet wird, sollte der Einstieg in diesen Fällen problemlos sein. Aber auch Java-Neulinge mit etwas Programmiererfahrung in ähnlichen Sprachen (insbesondere C/C++) dürften sich rasch zurechtfinden.

Softwareseitig basiert dieses Buch auf **ImageJ**, einer komfortablen, frei verfügbaren Programmierumgebung, die von Wayne Rasband am U.S. National Institute of Health (NIH) entwickelt wird.[1] ImageJ ist vollständig in Java implementiert, läuft damit auf vielen Plattformen und kann durch eigene, kleine „Plugin"-Module leicht erweitert werden. Die meisten Programmbeispiele sind jedoch so gestaltet, dass sie problemlos in andere Umgebungen oder Programmiersprachen portiert werden können.

Einsatz in Forschung und Entwicklung

Dieses Buch ist einerseits für den Einsatz in der Lehre konzipiert, bietet andererseits jedoch an vielen Stellen grundlegende Informationen und Details, die in dieser Form nicht immer leicht zu finden sind. Es sollte daher für den interessierten Praktiker und Entwickler eine wertvolle Hilfe sein. Es ist aber nicht als umfassender Ausgangspunkt zur Forschung gedacht und erhebt vor allem auch keinen Anspruch auf wissenschaftliche Vollständigkeit. Im Gegenteil, es wurde versucht, die Fülle der möglichen Literaturangaben auf die wichtigsten und (auch für Studierende) leicht zugreifbaren Quellen zu beschränken. Darüber hinaus konnten einige weiterführende Techniken, wie etwa hierarchische Methoden, Wavelets, Eigenimages oder Bewegungsanalyse, aus Platzgründen nicht berücksichtigt werden. Auch Themenbereiche, die mit „Intelligenz" zu tun haben, wie Objekterkennung oder Bildverstehen, wurden bewusst ausgespart, und Gleiches gilt für alle dreidimensionalen Problemstellungen aus dem Bereich „Computer Vision". Die in diesem Buch gezeigten Verfahren sind durchweg „blind und dumm", wobei wir aber glauben, dass gerade die

---

[1] http://rsb.info.nih.gov/ij/

technisch saubere Umsetzung dieser scheinbar einfachen Dinge eine essentielle Grundlage für den Erfolg aller weiterführenden (vielleicht sogar „intelligenteren") Ansätze ist.

Man wird auch enttäuscht sein, falls man sich ein Programmierhandbuch für ImageJ oder Java erwartet – dafür gibt es wesentlich bessere Quellen. Die Programmiersprache selbst steht auch nie im Mittelpunkt, sondern dient uns vorrangig als Instrument zur Verdeutlichung, Präzisierung und – praktischerweise – auch zur Umsetzung der gezeigten Verfahren.

Einsatz in der Ausbildung

An vielen Ausbildungseinrichtungen ist der Themenbereich digitale Signal- und Bildverarbeitung seit Langem in den Studienplänen integriert, speziell im Bereich der Informatik und Kommunikationstechnik, aber auch in anderen technischen Studienrichtungen mit entsprechenden formalen Grundlagen und oft auch erst in höheren („graduate") Studiensemestern.

Immer häufiger finden sich jedoch auch bereits in der Grundausbildung einführende Lehrveranstaltungen zu diesem Thema, vor allem in neueren Studienrichtungen der Informatik und Softwaretechnik, Mechatronik oder Medientechnik. Ein Problem dabei ist das weitgehende Fehlen von geeigneter Literatur, die bezüglich der Voraussetzungen und der Inhalte diesen Anforderungen entspricht. Die klassische Fachliteratur ist häufig zu formal für Anfänger, während oft gleichzeitig manche populäre, praktische Methode nicht ausreichend genau beschrieben ist. So ist es auch für die Lektoren schwierig, für eine solche Lehrveranstaltung ein einzelnes Textbuch oder zumindest eine kompakte Sammlung von Literatur zu finden und den Studierenden empfehlen zu können. Das Buch soll dazu beitragen, diese Lücke zu schließen.

Die Inhalte der nachfolgenden Kapitel sind für eine Lehrveranstaltung von 1–2 Semestern in einer Folge aufgebaut, die sich in der praktischen Ausbildung gut bewährt hat. Die Kapitel sind meist in sich so abgeschlossen, dass ihre Abfolge relativ flexibel gestaltet werden kann. Der inhaltliche Schwerpunkt liegt dabei auf den klassischen Techniken im Bildraum, wie sie in der heutigen Praxis im Vordergrund stehen. Die Kapitel 18–20 zum Thema Spektraltechniken sind hingegen als grundlegende Einführung gedacht und bewusst im hinteren Teil des Buchs platziert. Sie können bei Bedarf leicht reduziert oder überhaupt weggelassen werden. Die nachfolgende Übersicht zeigt eine mögliche Aufteilung der Kursinhalte über zwei Semester.

Ergänzungen zur aktuellen 3. Auflage

Die vorliegende dritte Auflage dieses Buchs ist nicht nur eine durchgehende Überarbeitung sondern enthält einige wichtige zusätzliche Kapitel, die bisher nur in englischer Sprache publiziert wurden. Gänzlich neu sind Themen wie *automatische Schwellwertoperationen* (Kap. 11), *Filter und Kantendetektoren für Farbbilder* (Kap. 15–16), *kantenerhaltende Glättungsfilter* (Kap. 17) und *elastischer Bildvergleich* (Kap. 24). Diese Ergänzungen knüpfen direkt an die einführenden Kapitel an und enthalten zum Teil sehr detailliertes und vertiefendes Material, das eine unmittelbare Umsetzung der Verfahren ermöglicht.

Eine Sonderrolle nimmt das abschließende Kapitel über *skaleninvariante, lokale Bildmerkmale* (Kap. 25) ein, das eine sehr ausführliche Darstellung des klassischen SIFT-Verfahrens enthält, nicht zuletzt auch um beispielhaft zu zeigen, welche diffizilen Aspekte bei der Realisierung eines funktionierenden Verfahrens dieser Art in der Praxis zu berücksichtigen sind. Einige weitere Kapitel wurden zur besseren Übersichtlichkeit

und für den einfacheren Einsatz in der Lehre neu strukturiert oder auf
mehrere Kapitel aufgeteilt. Die mathematische Notation und die Programmbeispiele wurden durchgehend überarbeitet und fast alle Abbildungen wurden an die Möglichkeiten des Farbdrucks angepasst oder neu
erstellt. Der Anhang wurde vor allem durch zusätzliche mathematische
Grundlagen beträchtlich erweitertet.

Um den vorgegebenen Seitenumfang des Buchs nicht zu sprengen,
wurde andererseits auf die bisher enthaltene ImgageJ-Kurzreferenz sowie
auf die Einbindung von Java-Quellcode im Anhang verzichtet. Beides ist
weiterhin in der jeweils aktuellen Fassung auf der Website des Buchs
online verfügbar.

Online-Materialien

Auf der Website zu diesem Buch,

www.imagingbook.com,

stehen zusätzliche Materialien in elektronischer Form frei zur Verfügung,
u. a. Testbilder in Originalgröße, Java-Quellcode zu den angeführten Beispiele, Links, aktuelle Ergänzungen, und allfällige Korrekturen. Kommentare, Fragen, Anregungen und Korrekturen sind willkommen und
sollten adressiert werden an

imagingbook@gmail.com.

Übungsaufgaben und Lösungen

Dieses Buch enthält zu jedem Kapitel beispielhafte Übungsaufgaben, die
vor allem Lehrenden die Erstellung eigener Aufgaben erleichtern sollen.
Die meisten dieser Aufgaben sind nach dem Studium des zugehörigen
Kapitels einfach zu lösen, andere wiederum erfordern etwas mehr Denk-
arbeit oder sind experimenteller Natur. Wir gehen davon aus, dass Lehrende Umfang und Schwierigkeit der einzelnen Aufgaben in Relation zum
Ausbildungsstand ihrer Studierenden am Besten beurteilen und auch
selbst entsprechende Adaptierungen vornehmen können. Nicht zuletzt
aus diesem Grund stellen wir auch keine expliziten Lösungen zu den
Aufgaben zur Verfügung, helfen jedoch auf persönliche Anfrage gerne
aus, falls einzelne Aufgaben unklar erscheinen oder sich einer einfachen
Lösung entziehen.

Ein Dankeschön

Dieses Buch wäre nicht entstanden ohne das Verständnis und die Unterstützung unserer Ehepartner und Familien, und zwar über einen wesentlich längeren Zeitraum hinweg, als für dieses Projekt ursprünglich
veranschlagt war. Unser Dank geht auch an Wayne Rasband am NIH

für die unermüdliche (Weiter-)Entwicklung von ImageJ und sein anhaltendes Engagement innerhalb der Community. Die Verwendung von Open-Source Software birgt immer ein gewisses Risiko, da die langfristige Akzeptanz und Kontinuität nur schwer einschätzbar ist. ImageJ als Softwarebasis für dieses Buch zu wählen, war nachträglich gesehen eine gute Entscheidung, und wir würden uns glücklich schätzen, mit diesem Buch indirekt auch ein wenig zum Erfolg dieser Software beigetragen zu haben.

Ein herzlicher Dank geht auch an die zahlreichen aufmerksamen Leser der bisherigen Auflagen für ihre positiven Kommentare, Korrekturen und konstruktiven Verbesserungsvorschläge. Alle Planungen bezüglich des erforderlichen Zeitaufwands für diese Neuauflage erwiesen sich letztlich als viel zu optimistisch, wodurch sich die Fertigstellung des Manuskripts leider immer wieder verzögerte. Dem Produktionsteam des Springer-Verlags und insbesondere Frau Dorothea Glaunsinger und Herrn Hermann Engesser sei daher unser besonderer Dank für ihr Verständnis, ihre unendliche Geduld und die moralische Unterstützung versichert, ohne die dieses Projekt mit Sicherheit gescheitert wäre. Ausdrücklich möchten wir uns auch nochmals beim Verlag für den durchgängigen Farbdruck, die Verwendung von hochwertigem Papier und die großzügig eingeräumten Freiheiten in der Gestaltung des Layouts bedanken.

Hagenberg / Washington D.C.
Februar 2015

Inhaltsverzeichnis

1

Digitale Bilder

Lange Zeit war die digitale Verarbeitung von Bildern einer relativ kleinen Gruppe von Spezialisten mit teurer Ausstattung und einschlägigen Kenntnissen vorbehalten. Spätestens durch das Auftauchen von digitalen Kameras, Scannern und Multi-Media-PCs auf den Schreibtischen vieler Zeitgenossen wurde jedoch die Beschäftigung mit digitalen Bildern, bewusst oder unbewusst, zu einer Alltäglichkeit für viele Computerbenutzer. War es vor wenigen Jahren noch mit großem Aufwand verbunden, Bilder überhaupt zu digitalisieren und im Computer zu speichern, erlauben uns heute üppig dimensionierte Hauptspeicher, riesige Festplatten und Prozessoren mit Taktraten von mehreren Gigahertz digitale Bilder und Videos mühelos und schnell zu manipulieren. Dazu gibt es Tausende von Programmen, die dem Amateur genauso wie dem Fachmann die Bearbeitung von Bildern in bequemer Weise ermöglichen.

So gibt es heute eine riesige „Community" von Personen, für die das Arbeiten mit digitalen Bildern auf dem Computer zur alltäglichen Selbstverständlichkeit geworden ist. Dabei überrascht es nicht, dass im Verhältnis dazu das Verständnis für die zugrunde liegenden Mechanismen meist über ein oberflächliches Niveau nicht hinausgeht. Für den typischen Konsumenten, der lediglich seine Urlaubsfotos digital archivieren möchte, ist das auch kein Problem, ähnlich wie ein tieferes Verständnis eines Verbrennungsmotors für das Fahren eines Autos weitgehend entbehrlich ist.

Immer häufiger stehen aber auch IT-Fachleute vor der Aufgabe, mit diesem Thema professionell umzugehen, schon allein deshalb, weil Bilder (und zunehmend auch andere Mediendaten) heute ein fester Bestandteil des digitalen Workflows in vielen Unternehmen und Institutionen sind, nicht nur in der Medizin oder in der Medienbranche. Genauso sind auch „gewöhnliche" Softwaretechniker heute oft mit digitalen Bildern auf Programm-, Datei- oder Datenbankebene konfrontiert und Programmierumgebungen in sämtlichen modernen Betriebssystemen bieten dazu umfassende Möglichkeiten. Der einfache praktische Umgang mit dieser Materie führt jedoch, verbunden mit einem oft unklaren Verständnis der grundlegenden Zusammenhänge, häufig zur Unterschätzung der Probleme und nicht selten zu ineffizienten Lösungen, teuren Fehlern und persönlicher Frustration.

1.1 Programmieren mit Bildern

Bildverarbeitung wird im heutigen Sprachgebrauch häufig mit Bild*be*arbeitung verwechselt, also der Manipulation von Bildern mit fertiger Software, wie beispielsweise *Adobe Photoshop*, *Corel Paint* etc. In der Bild*ver*arbeitung geht es im Unterschied dazu um die Konzeption und Erstellung von Software, also um die Entwicklung (oder Erweiterung) dieser Programme selbst.

Moderne Programmierumgebungen machen auch dem Nicht-Spezialisten durch umfassende APIs (Application Programming Interfaces) praktisch jeden Bereich der Informationstechnik zugänglich: Netzwerke und Datenbanken, Computerspiele, Sound, Musik und natürlich auch Bilder. Die Möglichkeit, in eigenen Programmen auf die einzelnen Elemente eines Bilds zugreifen und diese beliebig manipulieren zu können, ist faszinierend und verführerisch zugleich. In der Programmierung sind Bilder nichts weiter als simple Zahlenfelder, also Arrays, deren Zellen man nach Belieben lesen und verändern kann. Alles, was man mit Bildern tun kann, ist somit grundsätzlich machbar und der Phantasie sind keine Grenzen gesetzt.

Im Unterschied zur digitalen Bildverarbeitung beschäftigt man sich in der *Computergrafik* mit der *Synthese* von Bildern aus geometrischen Beschreibungen bzw. dreidimensionalen Objektmodellen [67, 79, 221]. Realismus und Geschwindigkeit stehen – heute vor allem für Computerspiele – dabei im Vordergrund. Dennoch bestehen zahlreiche Berührungspunkte zur Bildverarbeitung, etwa die Transformation von Texturbildern, die Rekonstruktion von 3D-Modellen aus Bilddaten, oder spezielle Techniken wie „Image-Based Rendering" und „Non-Photorealistic Rendering" [166, 222]. In der Bildverarbeitung finden sich wiederum Methoden, die ursprünglich aus der Computergrafik stammen, wie volumetrische Modelle in der medizinischen Bildverarbeitung, Techniken der Farbdarstellung oder Computational-Geometry-Verfahren. Extrem eng ist das Zusammenspiel zwischen Bildverarbeitung und Grafik natürlich in der digitalen Post-Produktion für Film und Video, etwa zur Generierung von Spezialeffekten [228]. Die grundlegenden Verfahren in diesem Buch sind daher nicht nur für Einzelbilder, sondern auch für die Bearbeitung von Bildfolgen, d. h. Video- und Filmsequenzen, durchaus relevant.

1.2 Bildanalyse und „intelligente" Verfahren

Viele Aufgaben in der Bildverarbeitung, die auf den ersten Blick einfach und vor allem dem menschlichen Auge so spielerisch leicht zu fallen scheinen, entpuppen sich in der Praxis als schwierig, unzuverlässig, zu langsam, oder gänzlich unmachbar. Besonders gilt dies für den Bereich der Bild*analyse*, bei der es darum geht, sinnvolle Informationen aus Bildern zu extrahieren, sei es etwa, um ein Objekt vom Hintergrund zu trennen, einer Straße auf einer Landkarte zu folgen oder den Strichcode auf einer Milchpackung zu finden – meistens ist das schwieriger, als es uns die eigenen Fähigkeiten erwarten lassen.

Dass die technische Realität heute von der beinahe unglaublichen Leistungsfähigkeit biologischer Systeme (und den Phantasien Hollywoods) noch weit entfernt ist, sollte uns zwar Respekt machen, aber nicht davon abhalten, diese Herausforderung unvoreingenommen und kreativ in Angriff zu nehmen. Vieles ist auch mit unseren heutigen Mitteln durchaus lösbar, erfordert aber – wie in jeder technischen Disziplin – sorgfältiges und rationales Vorgehen. Bildverarbeitung funktioniert nämlich in vielen, meist unspektakulären Anwendungen seit langem und sehr erfolgreich, zuverlässig und schnell, nicht zuletzt als Ergebnis fundierter Kenntnisse, präziser Planung und sauberer Umsetzung.

Die Analyse von Bildern ist in diesem Buch nur ein Randthema, mit dem wir aber doch an mehreren Stellen in Berührung kommen, etwa bei der Segmentierung von Bildregionen (Kap. 10), beim Auffinden von einfachen Kurven (Kap. 8) oder beim Vergleichen von Bildern (Kap. 23). Alle hier beschriebenen Verfahren arbeiten jedoch ausschließlich auf Basis der Pixeldaten, also „blind" und „bottom-up" und ohne zusätzliches Wissen oder „Intelligenz". Darin liegt ein wesentlicher Unterschied zwischen digitaler Bildverarbeitung einerseits und „Mustererkennung" (*pattern pecognition*) bzw. *computer vision* andererseits. Diese Disziplinen greifen zwar häufig auf die Methoden der Bildverarbeitung zurück, ihre Zielsetzungen gehen aber weit über diese hinaus:

Pattern Recognition ist eine vorwiegend mathematische Disziplin, die sich allgemein mit dem Auffinden von „Mustern" in Daten und Signalen beschäftigt. Typische Beispiele aus dem Bereich der Bildanalyse sind etwa die Unterscheidung von Texturen oder die optische Zeichenerkennung (OCR). Diese Methoden betreffen aber nicht nur Bilddaten, sondern auch Sprach- und Audiosignale, Texte, Börsenkurse, Verkehrsdaten, die Inhalte großer Datenbanken u.v.m. Statistische und syntaktische Methoden spielen in der Mustererkennung eine zentrale Rolle (s. beispielsweise [58, 156, 208]).

Computer Vision beschäftigt sich mit dem Problem, Sehvorgänge in der realen, dreidimensionalen Welt zu mechanisieren. Dazu gehört die räumliche Erfassung von Gegenständen und Szenen, das Erkennen von Objekten, die Interpretation von Bewegungen, autonome

Navigation, das mechanische Aufgreifen von Dingen (durch Roboter) usw. Computer Vision entwickelte sich ursprünglich als Teilgebiet der „Künstlichen Intelligenz" (*Artificial Intelligence*, kurz „AI") und die Entwicklung zahlreicher AI-Methoden wurde von visuellen Problemstellungen motiviert (s. beispielsweise [48, Kap. 13]). Auch heute bestehen viele Berührungspunkte, besonders aktuell im Zusammenhang mit adaptivem Verhalten und maschinellem Lernen. Einführende und vertiefende Literatur zum Thema Computer Vision findet man z. B. in [13, 70, 99, 195, 202, 212].

Interessant ist der Umstand, dass trotz der langjährigen Entwicklung in diesen Bereichen viele der ursprünglich als relativ einfach betrachteten Aufgaben weiterhin nicht oder nur unzureichend gelöst sind. Das macht die Arbeit an diesen Themen – trotz aller Schwierigkeiten – spannend. Wunderbares darf man sich von der digitalen Bildverarbeitung allein nicht erwarten, sie könnte aber durchaus die „Einstiegsdroge" zu weiterführenden Unternehmungen sein.

1.3 Arten von digitalen Bildern

Zentrales Thema in diesem Buch sind digitale Bilder, und wir können davon ausgehen, dass man heute kaum einem Leser erklären muss, worum es sich dabei handelt. Genauer gesagt geht es um Rasterbilder, also Bilder, die aus regelmäßig angeordneten Elementen (*picture elements* oder *pixel*) bestehen, im Unterschied etwa zu Vektorgrafiken.

In der Praxis haben wir mit vielen Arten von digitalen Rasterbildern zu tun, wie Fotos von Personen oder Landschaften, Farb- und Grautonbilder, gescannte Druckvorlagen, Baupläne, Fax-Dokumente, Screenshots, Mikroskopaufnahmen, Röntgen- und Ultraschallbilder, Radaraufnahmen u. v. m. (Abb. 1.1). Auf welchem Weg diese Bilder auch entstehen, sie bestehen (fast) immer aus rechteckig angeordneten Bildelementen und unterscheiden sich – je nach Ursprung und Anwendungsbereich – vor allem durch die darin abgelegten Werte.

1.4 Bildaufnahme

Der eigentliche Prozess der Entstehung von Bildern ist oft kompliziert und meistens für die Bildverarbeitung auch unwesentlich. Dennoch wollen wir uns kurz ein Aufnahmeverfahren etwas genauer ansehen, mit dem die meisten von uns vertraut sind: eine optische Kamera.

1.4.1 Das Modell der Lochkamera

Das einfachste Prinzip einer Kamera, das wir uns überhaupt vorstellen können, ist die so genannte Lochkamera, die bereits im 13. Jahrhundert als „Camera obscura" bekannt war. Sie hat zwar heute keinerlei

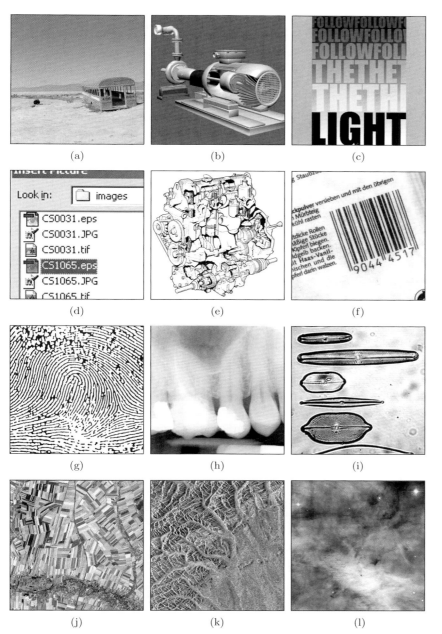

Abbildung 1.1
Digitale Bilder: natürliche Land-
schaftsszene (a), synthetisch gene-
rierte Szene (b), Poster-Grafik (c),
Screenshot (d), Schwarz-Weiß-
Illustration (e), Strichcode (f),
Fingerabdruck (g), Röntgen-
aufnahme (h), Mikroskopbild (i),
Satellitenbild (j), Radarbild (k),
astronomische Aufnahme (l).

praktische Bedeutung mehr (eventuell als Spielzeug), aber sie dient als
brauchbares Modell, um die für uns wesentlichen Elemente der optischen
Abbildung ausreichend zu beschreiben, zumindest soweit wir es im Rahmen dieses Buchs überhaupt benötigen.

Die Lochkamera besteht aus einer geschlossenen Box mit einer win-
zigen Öffnung an der Vorderseite und der Bildebene an der gegenüber-

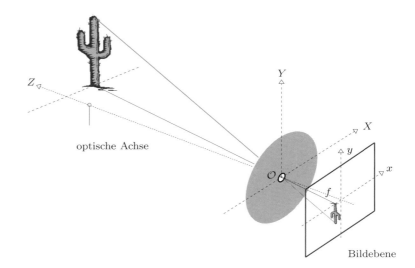

Abbildung 1.2
Geometrie der Lochkamera. Die Lochöffnung bildet den Ursprung des dreidimensionalen Koordinatensystems
(X, Y, Z), in dem die Positionen der
Objektpunkte in der Szene beschrieben werden. Die optische Achse, die
durch die Lochöffnung verläuft, bildet
die Z-Achse dieses Koordinatensystems. Ein eigenes, zweidimensionales
Koordinatensystem (x, y) beschreibt
die Projektionspunkte auf der Bildebene. Der Abstand f („Brennweite") zwischen der Öffnung und
der Bildebene bestimmt den Ab-
bildungsmaßstab der Projektion.

liegenden Rückseite. Lichtstrahlen, die von einem Objektpunkt vor der
Kamera ausgehend durch die Öffnung einfallen, werden geradlinig auf
die Bildebene projiziert, wodurch ein verkleinertes und seitenverkehrtes
Abbild der sichtbaren Szene entsteht (Abb. 1.2).

Perspektivische Abbildung

Die geometrischen Verhältnisse der Lochkamera sind extrem einfach. Die
so genannte „optische Achse" läuft gerade durch die Lochöffnung und
rechtwinkelig zur Bildebene. Nehmen wir an, ein sichtbarer Objektpunkt
(in unserem Fall die Spitze des Kaktus) befindet sich in einer Distanz
Z von der Lochebene und im vertikalen Abstand Y über der optischen
Achse. Die Höhe der zugehörigen Projektion y wird durch zwei Parameter bestimmt: die (fixe) Tiefe der Kamerabox f und den Abstand Z
des Objekts vom Koordinatenursprung. Durch Vergleich der ähnlichen
Dreiecke ergibt sich der einfache Zusammenhang

$$x = -f \cdot \frac{X}{Z} \qquad \text{sowie} \qquad y = -f \cdot \frac{Y}{Z}. \tag{1.1}$$

Proportional zur Tiefe der Box, also dem Abstand f, ändert sich auch
der Maßstab der gewonnenen Abbildung analog zur Änderung der Brennweite in einer herkömmlichen Fotokamera. Ein kleines f (= kurze Brennweite) erzeugt eine kleine Abbildung bzw. – bei fixer Bildgröße – einen
größeren Blickwinkel, genau wie bei einem Weitwinkelobjektiv. Verlän-
gern wir die „Brennweite" f, dann ergibt sich – wie bei einem Teleob-
jektiv – eine vergrößerte Abbildung verbunden mit einem entsprechend
kleineren Blickwinkel. Das negative Vorzeichen in Gl. 1.1 zeigt lediglich
an, dass die Projektion horizontal und vertikal gespiegelt, also um $180°$
gedreht, erscheint.

Gl. 1.1 beschreibt nichts anderes als die perspektivische Abbildung, wie wir sie heute als selbstverständlich kennen.[1] Wichtige Eigenschaften dieses theoretischen Modells sind u. a., dass Geraden im 3D-Raum immer auch als Geraden in der 2D-Projektion erscheinen und dass Kreise als Ellipsen abgebildet werden.

1.4.2 Die „dünne" Linse

Während die einfache Geometrie der Lochkamera sehr anschaulich ist, hat die Kamera selbst in der Praxis keine Bedeutung. Um eine scharfe Projektion zu erzielen, benötigt man eine möglichst kleine Lochblende, die wiederum wenig Licht durchlässt und damit zu sehr langen Belichtungszeiten führt. In der Realität verwendet man optische Linsen und Linsensysteme, deren Abbildungsverhalten in vieler Hinsicht besser, aber auch wesentlich komplizierter ist. Häufig bedient man sich aber auch in diesem Fall zunächst eines einfachen Modells, das mit dem der Lochkamera praktisch identisch ist. Im Modell der „dünnen Linse" ist lediglich die Lochblende durch eine Linse ersetzt (Abb. 1.3).

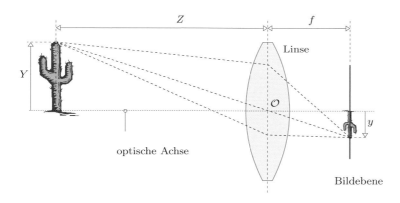

Abbildung 1.3
Modell der „dünnen Linse".

Die Linse wird dabei als symmetrisch und unendlich dünn angenommen, d. h., jeder Lichtstrahl, der in die Linse fällt, wird an einer virtuellen Ebene in der Linsenmitte gebrochen. Daraus ergibt sich die gleiche Abbildungsgeometrie wie bei einer Lochkamera. Für die Beschreibung echter Linsen und Linsensysteme ist dieses Modell natürlich völlig unzureichend, denn Details wie Schärfe, Blenden, geometrische Verzerrungen, unterschiedliche Brechung verschiedener Farben und andere reale Effekte

---

[1] Es ist heute schwer vorstellbar, dass die Regeln der perspektivischen Geometrie zwar in der Antike bekannt waren, danach aber in Vergessenheit gerieten und erst in der Renaissance (um 1430 durch den Florentiner Maler Brunelleschi) wiederentdeckt wurden.

sind darin überhaupt nicht berücksichtigt. Für unsere Zwecke reicht dieses primitive Modell zunächst aber aus und für Interessierte findet sich dazu eine Fülle an einführender Literatur (z. B. [116]).

1.4.3 Übergang zum Digitalbild

Das auf die Bildebene unserer Kamera projizierte Bild ist zunächst nichts weiter als eine zweidimensionale, zeitabhängige, kontinuierliche Verteilung von Lichtenergie. Um diesen kontinuierlichen „Lichtfilm" als Schnappschuss in digitaler Form in unseren Computer zu bekommen, sind drei wesentliche Schritte erforderlich:

1. Die kontinuierliche Lichtverteilung muss räumlich abgetastet werden.
2. Die daraus resultierende Funktion muss zeitlich abgetastet werden, um ein einzelnes Bild zu erhalten.
3. Die einzelnen Werte müssen quantisiert werden in eine endliche Anzahl möglicher Zahlenwerte, damit sie am Computer darstellbar sind.

Schritt 1: Räumliche Abtastung (*spatial sampling*)

Die räumliche Abtastung, d. h. der Übergang von einer kontinuierlichen zu einer diskreten Lichtverteilung, erfolgt in der Regel direkt durch die Geometrie des Aufnahmesensors, z. B. in einer Digital- oder Viodeokamera. Die einzelnen Sensorelemente sind dabei fast immer regelmäßig und rechtwinklig zueinander auf der Sensorfläche angeordnet (Abb. 1.4). Es gibt allerdings auch Bildsensoren mit hexagonalen Elementen oder auch ringförmige Sensorstrukturen für spezielle Anwendungen.

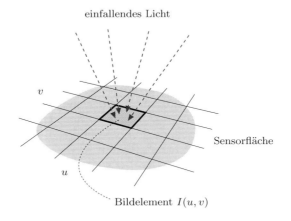

Abbildung 1.4
Die räumliche Abtastung der kontinuierlichen Lichtverteilung erfolgt normalerweise direkt durch die Sensorgeometrie, im einfachsten Fall durch eine ebene, regelmäßige Anordnung rechteckiger Sensorelemente, die jeweils die auf sie einfallende Lichtmenge messen.

Schritt 2: Zeitliche Abtastung (*temporal sampling*)

Die zeitliche Abtastung geschieht durch Steuerung der Zeit, über die die Messung der Lichtmenge durch die einzelnen Sensorelemente erfolgt. Auf dem CCD[2]-Chip einer Digitalkamera wird dies durch das Auslösen eines Ladevorgangs und die Messung der elektrischen Ladung nach einer vorgegebenen Belichtungszeit gesteuert.

Schritt 3: Quantisierung der Pixelwerte

Um die Bildwerte im Computer verarbeiten zu können, müssen diese abschließend auf eine endliche Menge von Zahlenwerten abgebildet werden, typischerweise auf ganzzahlige Werte (z. B. $256 = 2^8$ oder $4096 = 2^{12}$) oder auch auf Gleitkommawerte. Diese Quantisierung erfolgt durch Analog-Digital-Wandlung, entweder in der Sensorelektronik selbst oder durch eine spezielle Interface-Hardware.

Bilder als diskrete Funktionen

Das Endergebnis dieser drei Schritte ist eine Beschreibung des aufgenommenen Bilds als zweidimensionale, regelmäßige Matrix von Zahlen (Abb. 1.5). Etwas formaler ausgedrückt, ist ein digitales Bild I damit eine zweidimensionale Funktion von den ganzzahligen Koordinaten $\mathbb{N} \times \mathbb{N}$ auf eine Menge (bzw. ein Intervall) von Bildwerten $\mathbb{P}$, also

$$I(u, v) \in \mathbb{P} \quad \text{und} \quad u, v \in \mathbb{N}.$$

Damit sind wir bereits so weit, Bilder in unserem Computer darzustellen, sie zu übertragen, zu speichern, zu komprimieren oder in beliebiger Form zu bearbeiten. Ab diesem Punkt ist es uns zunächst egal, auf welchem Weg unsere Bilder entstanden sind, wir behandeln sie einfach nur als zweidimensionale, numerische Daten. Bevor wir aber mit der Verarbeitung von Bildern beginnen, noch einige wichtige Definitionen.

1.4.4 Bildgröße und Auflösung

Im Folgenden gehen wir davon aus, dass wir mit rechteckigen Bildern zu tun haben. Das ist zwar eine relativ sichere Annahme, es gibt aber auch Ausnahmen. Die *Größe* eines Bilds wird daher direkt bestimmt durch die *Breite M* (Anzahl der Spalten) und die *Höhe N* (Anzahl der Zeilen) der zugehörigen Bildmatrix I.

Die *Auflösung* (*resolution*) eines Bilds spezifiziert seine räumliche Ausdehnung in der realen Welt und wird in der Anzahl der Bildelemente pro Längeneinheit angegeben, z. B. in „dots per inch" (dpi) oder „lines per inch" (lpi) bei Druckvorlagen oder etwa in Pixel pro Kilometer bei

---

[2] *Charge-Coupled Device*

Abbildung 1.5
Übergang von einer kontinuierlichen
Lichtverteilung $F(x,y)$ zum diskreten Digitalbild $I(u,v)$ (links), zugehöriger Bildausschnitt (unten).

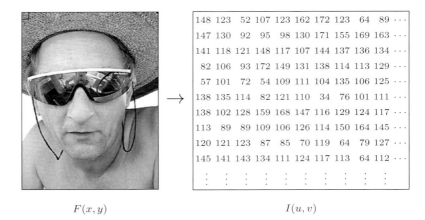

$F(x,y)$ $\qquad\qquad\qquad$ $I(u,v)$

Satellitenfotos. Meistens geht man davon aus, dass die Auflösung eines
Bilds in horizontaler und vertikaler Richtung identisch ist, die Bildelemente also quadratisch sind. Das ist aber nicht notwendigerweise so, z. B.
weisen die meisten Videokameras nichtquadratische Bildelemente auf.

Die räumliche Auflösung eines Bilds ist in vielen Bildverarbeitungs-
schritten unwesentlich, solange es nicht um geometrische Operationen
geht. Wenn aber etwa ein Bild gedreht werden muss, Distanzen zu messen sind oder ein präziser Kreis darin zu zeichnen ist, dann sind genaue
Informationen über die Auflösung wichtig. Die meisten professionellen
Bildformate und Softwaresysteme berücksichtigen daher diese Angaben
sehr genau.

1.4.5 Bildkoordinaten

Um zu wissen, welche Bildposition zu welchem Bildelement gehört, benötigen wir ein Koordinatensystem. Entgegen der in der Mathematik
üblichen Konvention ist das in der Bildverarbeitung übliche Koordinatensystem in der vertikalen Richtung umgedreht, die y-Koordinate läuft
also von oben nach unten und der Koordinatenursprung liegt links oben
(Abb. 1.6). Obwohl dieses System keinerlei praktische oder theoretische
Vorteile hat (im Gegenteil, bei geometrischen Aufgaben häufig zu Verwirrung führt), wird es mit wenigen Ausnahmen in praktisch allen Soft-
waresystemen verwendet. Es dürfte ein Erbe der Fernsehtechnik sein, in
der Bildzeilen traditionell entlang der Abtastrichtung des Elektronen-
strahls, also von oben nach unten nummeriert werden. Aus praktischen
Gründen starten wir die Nummerierung von Spalten und Zeilen bei 0,
da auch Java-Arrays mit dem Index 0 beginnen.

1.4.6 Pixelwerte

Die Information innerhalb eines Bildelements ist von seinem Typ abhängig. Pixelwerte sind praktisch immer binäre Wörter der Länge k, sodass ein Pixel grundsätzlich 2^k unterschiedliche Werte annehmen kann.

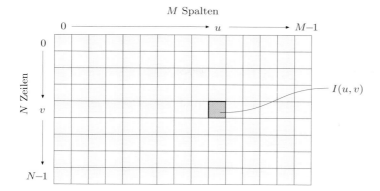

Abbildung 1.6
Bildkoordinaten. In der digitalen
Bildverarbeitung wird traditionell
ein Koordinatensystem verwendet,
dessen Ursprung ($u = 0$, $v = 0$)
links oben liegt. Die Koordinaten u, v
bezeichnen die *Spalten* bzw. die *Zeilen* des Bilds. Für ein Bild der Größe
$M \times N$ ist der maximale Spaltenindex $u_{max} = M - 1$, der maximale
Zeilenindex $v_{max} = N - 1$.

k wird auch häufig als die Bit-Tiefe (oder schlicht „Tiefe") eines Bilds
bezeichnet. Wie genau die einzelnen Pixelwerte in zugehörige Bitmuster
kodiert sind, ist vor allem abhängig vom Bildtyp wie Binärbild, Grauwertbild, RGB-Farbbild und speziellen Bildtypen, die im Folgenden kurz
zusammengefasst sind (s. Tabelle 1.1).

Grauwertbilder (Intensitätsbilder)

Die Bilddaten von Grauwertbildern bestehen aus nur einem Kanal, der
die Intensität, Helligkeit oder Dichte des Bilds beschreibt. Da in den
meisten Fällen nur positive Werte sinnvoll sind (schließlich entspricht
Intensität der Lichtenergie, die nicht negativ sein kann), werden üblicherweise positive ganze Zahlen im Bereich $[0, \ldots, 2^k - 1]$ zur Darstellung
benutzt. Ein typisches Grauwertbild verwendet z. B. $k = 8$ Bits (1 Byte)
pro Pixel und deckt damit die Intensitätswerte $[0, \ldots, 255]$ ab, wobei
der Wert 0 der minimalen Helligkeit (schwarz) und 255 der maximalen
Helligkeit (weiß) entspricht.

Bei vielen professionellen Anwendungen für Fotografie und Druck,
sowie in der Medizin und Astronomie reicht der mit 8 Bits/Pixel verfügbare Wertebereich allerdings nicht aus. Bildtiefen von 12, 14 und sogar
16 Bits sind daher nicht ungewöhnlich.

Binärbilder

Binärbilder sind spezielle Intensitätsbilder, die nur zwei Pixelwerte vorsehen – schwarz und weiß –, die mit einem einzigen Bit (0/1) pro Pixel
kodiert werden. Binärbilder werden häufig verwendet zur Darstellung
von Strichgrafiken, zur Archivierung von Dokumenten, für die Kodierung von Fax-Dokumenten, und natürlich im Druck.

Grauwertbilder (Intensitätsbilder):

Kanäle	Bit/Pixel	Wertebereich	Anwendungen
1	1	$[0, 1]$	Binärbilder: Dokumente, Illustration, Fax
1	8	$[0, 255]$	Universell: Foto, Scan, Druck
1	12	$[0, 4095]$	Hochwertig: Foto, Scan, Druck
1	14	$[0, 16383]$	Professionell: Foto, Scan, Druck
1	16	$[0, 65535]$	Höchste Qualität: Medizin, Astronomie

Farbbilder:

Kanäle	Bits/Pixel	Wertebereich	Anwendungen
3	24	$[0, 255]^3$	RGB, universell: Foto, Scan, Druck
3	36	$[0, 4095]^3$	RGB, hochwertig: Foto, Scan, Druck
3	42	$[0, 16383]^3$	RGB, professionell: Foto, Scan, Druck
4	32	$[0, 255]^4$	CMYK, digitale Druckvorstufe

Spezialbilder:

Kanäle	Bits/Pixel	Wertebereich	Anwendungen
1	16	$[-32768, 32767]$	Ganzzahlig pos./neg., hoher Wertebereich
1	32	$\pm 3.4 \cdot 10^{38}$	Gleitkomma: Medizin, Astronomie
1	64	$\pm 1.8 \cdot 10^{308}$	Gleitkomma: interne Verarbeitung

Farbbilder

Die meisten Farbbilder sind mit jeweils einer Komponente für die Primärfarben Rot, Grün und Blau (RGB) kodiert, typischerweise mit 8 Bits
pro Komponente. Jedes Pixel eines solchen Farbbilds besteht daher aus
$3 \times 8 = 24$ Bits und der Wertebereich jeder Farbkomponente ist wiederum
$[0, 255]$. Ähnlich wie bei Intensitätsbildern sind Farbbilder mit Tiefen
von 30, 36 und 42 Bits für professionelle Anwendungen durchaus üblich.
Heute verfügen oft auch digitale Amateurkameras bereits über die Möglichkeit, z. B. 36 Bit tiefe Bilder aufzunehmen, allerdings fehlt dafür oft
die Unterstützung in der zugehörigen Bildbearbeitungssoftware. In der
digitalen Druckvorstufe werden üblicherweise subtraktive Farbmodelle
mit 4 und mehr Farbkomponenten verwendet, z. B. das CMYK-(*C*yan-
*M*agenta-*Y*ellow-Blac*k*-)Modell (s. auch Kap. 12).

Bei *Index*- oder *Palettenbildern* ist im Unterschied zu *Vollfarbenbildern* die Anzahl der unterschiedlichen Farben innerhalb eines Bilds auf
eine Palette von Farb- oder Grauwerten beschränkt. Die Bildwerte selbst
sind in diesem Fall nur Indizes (mit maximal 8 Bits) auf die Tabelle von
Farbwerten (s. auch Abschn. 12.1.1).

Spezialbilder

Spezielle Bilddaten sind dann erforderlich, wenn die oben beschriebenen Standardformate für die Darstellung der Bildwerte nicht ausreichen.

Unter anderem werden häufig Bilder mit negativen Werten benötigt, die etwa als Zwischenergebnisse einzelner Verarbeitungsschritte (z. B. bei der Detektion von Kanten) auftreten. Des Weiteren werden auch Bilder mit Gleitkomma-Elementen (meist mit 32 oder 64 Bits/Pixel) verwendet, wenn ein großer Wertebereich bei gleichzeitig hoher Genauigkeit dargestellt werden muss, z. B. in der Medizin oder in der Astronomie. Die zugehörigen Dateiformate sind allerdings ausnahmslos anwendungsspezifisch und werden daher von üblicher Standardsoftware nicht unterstützt.

1.5 Dateiformate für Bilder

Während wir in diesem Buch fast immer davon ausgehen, dass Bilddaten bereits als zweidimensionale Arrays in einem Programm vorliegen, sind Bilder in der Praxis zunächst meist in Dateien gespeichert. Dateien sind daher eine essentielle Grundlage für die Speicherung, Archivierung und für den Austausch von Bilddaten, und die Wahl des richtigen Dateiformats ist eine wichtige Entscheidung. In der Frühzeit der digitalen Bildverarbeitung (bis etwa 1985) ging mit fast jeder neuen Softwareentwicklung auch die Entwicklung eines neuen Dateiformats einher, was zu einer Myriade verschiedenster Dateiformate und einer kombinatorischen Vielfalt an notwendigen Konvertierungsprogrammen führte.[3] Heute steht glücklicherweise eine Reihe standardisierter und für die meisten Einsatzzwecke passender Dateiformate zur Verfügung, was vor allem den Austausch von Bilddaten erleichtert und auch die langfristige Lesbarkeit fördert. Dennoch ist, vor allem bei umfangreichen Projekten, die Auswahl des richtigen Dateiformats nicht immer einfach und manchmal mit Kompromissen verbunden, wobei einige typische Kriterien etwa folgende sind:

- **Art der Bilder:** Schwarzweißbilder, Grauwertbilder, Scans von Dokumenten, Farbfotos, farbige Grafiken oder Spezialbilder (z. B. mit Gleitkommadaten). In manchen Anwendungen (z. B. bei Luft- oder Satellitenaufnahmen) ist auch die maximale Bildgröße wichtig.
- **Speicherbedarf und Kompression:** Ist die Dateigröße ein Problem und ist eine (insbesondere *verlustbehaftete*) Kompression der Bilddaten zulässig?
- **Kompatibilität:** Wie wichtig ist der Austausch von Bilddaten und eine langfristige Lesbarkeit (Archivierung) der Bilddaten?
- **Anwendungsbereich:** In welchem Bereich werden die Bilddaten hauptsächlich verwendet, etwa für den Druck, im Web, im Film, in der Computergrafik, Medizin oder Astronomie?

---

[3] Dieser historische Umstand behinderte lange Zeit nicht nur den konkreten Austausch von Bildern, sondern beanspruchte vielerorts auch wertvolle Entwicklungsressourcen.

1.5.1 Raster- vs. Vektordaten

Im Folgenden beschäftigen wir uns ausschließlich mit Dateiformaten zur Speicherung von *Rastbildern*, also Bildern, die durch eine regelmäßige Matrix (mit diskreten Koordinaten) von Pixelwerten beschrieben werden. Im Unterschied dazu wird bei *Vektorgrafiken* der Bildinhalt in Form von geometrischen Objekten mit kontinuierlichen Koordinaten repräsentiert und die Rasterung erfolgt erst bei der Darstellung auf einem konkreten Endgerät (z. B. einem Display oder Drucker).

Für Vektorbilder sind übrigens standardisierte Austauschformate kaum vorhanden bzw. wenig verbreitet, wie beispielsweise das ANSI/ISO-Standardformat CGM („Computer Graphics Metafile"), SVG (Scalable Vector Graphics[4]) und einige proprietäre Formate wie DXF („Drawing Exchange Format" von AutoDesk), AI („Adobe Illustrator"), PICT („QuickDraw Graphics Metafile" von Apple) oder WMF/ EMF („Windows Metafile" bzw. „Enhanced Metafile" von Microsoft). Die meisten dieser Formate können Vektordaten und Rasterbilder *zusammen* in einer Datei kombinieren. Auch die Dateiformate PS („PostScript") bzw. EPS („Encapsulated PostScript") von Adobe und das daraus abgeleitete PDF („Portable Document Format") bieten diese Möglichkeit, werden allerdings vorwiegend zur Druckausgabe und Archivierung verwendet.[5]

1.5.2 Tagged Image File Format (TIFF)

TIFF ist ein universelles und flexibles Dateiformat, das professionellen Ansprüchen in vielen Anwendungsbereichen gerecht wird. Es wurde ursprünglich von Aldus konzipiert, später von Microsoft und (derzeit) Adobe weiterentwickelt. Das Format unterstützt Grauwertbilder, Indexbilder und Vollfarbenbilder. TIFF-Dateien können mehrere Bilder mit unterschiedlichen Eigenschaften enthalten. TIFF spezifiziert zudem eine Reihe unterschiedlicher Kompressionsverfahren (u. a. LZW, ZIP, CCITT und JPEG) und Farbräume, sodass es beispielsweise möglich ist, mehrere Varianten eines Bilds in verschiedenen Größen und Darstellungsformen gemeinsam in einer TIFF-Datei abzulegen. TIFF findet eine breite Verwendung als universelles Austauschformat, zur Archivierung von Dokumenten, in wissenschaftlichen Anwendungen, in der Digitalfotografie oder in der digitalen Film- und Videoproduktion.

Die Stärke dieses Bildformats liegt in seiner Architektur (Abb. 1.7), die es erlaubt, neue Bildmodalitäten und Informationsblöcke durch Definition neuer „Tags" zu definieren. So können etwa in ImageJ Bilder mit Gleitkommawerten (`float`) problemlos als TIFF-Bilder gespeichert und (allerdings nur mit ImageJ) wieder gelesen werden. In dieser Flexibilität liegt aber auch ein Problem, nämlich dass proprietäre Tags nur

---

[4] www.w3.org/TR/SVG/

[5] Spezielle Varianten von PS-, EPS- und PDF-Dateien werden allerdings auch als (editierbare) Austauschformate für Raster- und Vektordaten verwendet, z. B. für Adobe *Photoshop* (Photoshop-EPS) oder *Illustrator* (AI).

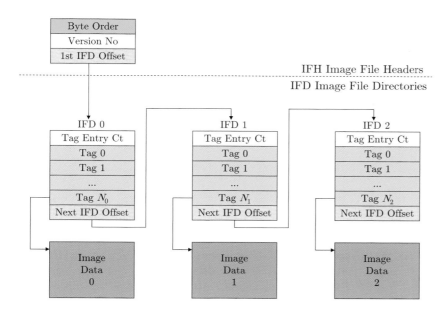

Abbildung 1.7
Struktur einer TIFF-Datei (Beispiel). Eine TIFF-Datei besteht aus dem Header und einer verketteten Folge von (in diesem Fall 3) Bildobjekten, die durch „Tags" und zugehörige Parameter gekennzeichnet sind und wiederum Verweise auf die eigentlichen Bilddaten (Image Data) enthalten.

vereinzelt unterstützt werden und daher „Unsupported Tag"-Fehler beim Öffnen von TIFF-Dateien nicht selten sind. Auch ImageJ kann nur einige wenige Varianten von (unkomprimierten) TIFF-Dateien lesen[6] und auch von den derzeit gängigen Web-Browsern wird TIFF nicht unterstützt.

1.5.3 Graphics Interchange Format (GIF)

GIF wurde ursprünglich (ca. 1986) von CompuServe für Internet-Anwendungen entwickelt und ist auch heute noch weit verbreitet. GIF ist ausschließlich für Indexbilder (Farb- und Grauwertbilder mit maximal 8-Bit-Indizes) konzipiert und ist damit kein Vollfarbenformat. Es werden Farbtabellen unterschiedlicher Größe mit $2, \ldots, 256$ Einträgen unterstützt, wobei ein Farbwert als transparent markiert werden kann. Dateien können als „Animated GIFs" auch mehrere Bilder gleicher Größe enthalten.

GIF verwendet (neben der verlustbehafteten Farbquantisierung – siehe Kap. 13) das verlustfreie LZW-Kompressionsverfahren für die Bild- bzw. Indexdaten. Wegen offener Lizenzfragen bzgl. des LZW-Verfahrens stand die Weiterverwendung von GIF längere Zeit in Frage und es wurde deshalb sogar mit PNG (s. unten) ein Ersatzformat entwickelt. Mittlerweile sind die entsprechenden Patente jedoch abgelaufen und damit dürfte auch die Zukunft von GIF gesichert sein.

Das GIF-Format eignet sich gut für „flache" Farbgrafiken mit nur wenigen Farbwerten (z. B. typische Firmenlogos), Illustrationen und 8-Bit-Grauwertbilder. Bei neueren Entwicklungen sollte allerdings PNG als

---

[6] Das `ImageIO`-Plugin bietet allerdings eine erweiterte Unterstützung für TIFF-Dateien (http://ij-plugins.sourceforge.net/plugins/imageio/).

das modernere Format bevorzugt werden, zumal es GIF in jeder Hinsicht ersetzt oder übertrifft.

1.5.4 Portable Network Graphics (PNG)

PNG (ausgesprochen „ping") wurde ursprünglich entwickelt, um (wegen der erwähnten Lizenzprobleme mit der LZW-Kompression) GIF zu ersetzen und gleichzeitig ein universelles Bildformat für Internet-Anwendungen zu schaffen. PNG unterstützt grundsätzlich drei Arten von Bildern:

- Vollfarbbilder (mit bis zu 3×16 Bits/Pixel),
- Grauwertbilder (mit bis zu 16 Bits/Pixel),
- Indexbilder (mit bis zu 256 Farben).

Ferner stellt PNG einen Alpha-Kanal (Transparenzwert) mit maximal 16 Bit (im Unterschied zu GIF mit nur 1 Bit) zur Verfügung. Es wird nur ein Bild pro Datei gespeichert, dessen Größe allerdings Ausmaße bis $2^{30} \times 2^{30}$ Pixel annehmen kann. Als (verlustfreies) Kompressionsverfahren wird eine Variante von PKZIP („Phil Katz" ZIP) verwendet. PNG sieht keine verlustbehaftete Kompression vor und kommt daher insbesondere nicht als Ersatz für JPEG in Frage. Es kann jedoch GIF in jeder Hinsicht (außer bei Animationen) ersetzen und ist auch das derzeit einzige unkomprimierte (verlustfreie) Vollfarbenformat für Web-Anwendungen.

1.5.5 JPEG

Der JPEG-Standard definiert ein Verfahren zur Kompression von kontinuierlichen Grauwert- und Farbbildern, wie sie vor allem bei natürlichen fotografischen Aufnahmen entstehen. Entwickelt von der „Joint Photographic Experts Group" (JPEG)[7] mit dem Ziel einer durchschnittlichen Datenreduktion um den Faktor $1 : 16$, wurde das Verfahren 1990 als ISO-Standard IS-10918 etabliert und ist heute das meistverwendete Darstellungsformat für Bilder überhaupt. In der Praxis erlaubt JPEG – je nach Anwendung – die Kompression von 24-Bit-Farbbildern bei akzeptabler Bildqualität im Bereich von 1 Bit pro Pixel, also mit einem Kompressionsfaktor von ca. $1 : 25$. Der JPEG-Standard sieht Bilder mit bis zu 256 (Farb-)Komponenten vor, eignet sich also insbesondere auch zur Darstellung von CMYK-Bildern (siehe Abschn. 12.2.4).

Das JPEG-Kompressionsverfahren ist vergleichsweise aufwändig [148] und sieht neben dem „Baseline"-Algorithmus mehrere Varianten vor, u. a. auch eine unkomprimierte Version, die allerdings selten verwendet wird. Im Kern besteht es für RGB-Farbbilder aus folgenden drei Hauptschritten:

---

[7] www.jpeg.org

1. **Farbraumkonversion und Downsampling:** Zunächst werden durch eine Farbtransformation vom RGB- in den YC_bC_r-Raum (siehe Abschn. 12.2.3) die eigentlichen Farbkomponenten C_b, C_r von der Helligkeitsinformation Y getrennt. Die Unempfindlichkeit des menschlichen Auges gegenüber schnellen Farbänderungen erlaubt nachfolgend eine gröbere Abtastung der Farbkomponenten ohne subjektiven Qualitätsverlust, aber verbunden mit einer signifikanten Datenreduktion.

2. **Kosinustransformation und Quantisierung im Spektralraum:** Das Bild wird nun in regelmäßige 8×8-Blöcke aufgeteilt und für jeden der Blöcke wird unabhängig das Frequenzspektrum mithilfe der diskreten Kosinustransformation berechnet (siehe Kap. 20). Nun erfolgt eine Quantisierung der jeweils 64 Spektralkoeffizienten jedes Blocks anhand einer Quantisierungstabelle, die letztendlich die Qualität des komprimierten Bilds bestimmt. In der Regel werden vor allem die Koeffizienten der hohen Frequenzen stark quantisiert, die zwar für die „Schärfe" des Bilds wesentlich sind, deren exakte Werte aber unkritisch sind.

3. **Verlustfreie Kompression:** Abschließend wird der aus den quantisierten Spektralkomponenten bestehende Datenstrom nochmals mit verlustfreien Methoden (Lauflängen- oder Huffman-Kodierung) komprimiert und damit gewissermaßen die letzte noch verbleibende Redundanz entfernt.

Das JPEG-Verfahren kombiniert also mehrere verschiedene, sich ergänzende Kompressionsmethoden. Die tatsächliche Umsetzung ist selbst für die „Baseline"-Version keineswegs trivial und wird durch die seit 1991 existierende Referenzimplementierung der *Independent JPEG Group* (IJG)[8] wesentlich erleichtert. Der Schwachpunkt der JPEG-Kompression, der vor allem bei der Verwendung an ungeeigneten Bilddaten deutlich wird, besteht im Verhalten bei abrupten Übergängen und dem Hervortreten der 8×8-Bildblöcke bei hohen Kompressionsraten. Abb. 1.9 zeigt dazu als Beispiel den Ausschnitt eines Grauwertbilds, das mit verschiedenen Qualitätsfaktoren (Photoshop $Q_{\mathrm{JPG}} = 10, 5, 1$) komprimiert wurde.

JFIF-Fileformat

Entgegen der verbreiteten Meinung ist JPEG *kein* Dateiformat, sondern definiert „nur" das Verfahren zur Kompression von Bilddaten[9] (Abb. 1.8). Was üblicherweise als JPEG-File bezeichnet wird, ist tatsächlich das „JPEG File Interchange Format" (JFIF), das von Eric Hamilton und der IJG entwickelt wurde. Der eigentliche JPEG-Standard spezifiziert nur den JPEG-Kompressor und Dekompressor, alle übrigen Elemente sind durch JFIF definiert oder frei wählbar. Auch die als Schritt 1 des

---

[8] www.ijg.org

[9] Genau genommen wird im JPEG-Standard nur die Kompression der einzelnen Komponenten und die Struktur des JPEG-Streams definiert.

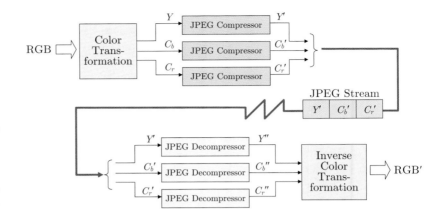

Abbildung 1.8
JPEG-Kompression eines RGB-Bilds. Zunächst werden durch die Farbraumtransformation die Farbkomponenten C_b, C_r von der Luminanzkomponente Y getrennt, wobei die Farbkomponenten gröber abgetastet werden als die Y-Komponente. Alle drei Komponenten laufen unabhängig durch einen JPEG-Kompressor, die Ergebnisse werden in einen gemeinsamen Datenstrom (JPEG Stream) zusammengefügt. Bei der Dekompression erfolgt derselbe Vorgang in umgekehrter Reihenfolge.

JPEG-Verfahrens angeführte Farbraumtransformation und die Verwendung eines spezifischen Farbraums ist nicht Teil des eigentlichen JPEG-Standards, sondern erst durch JFIF spezifiziert. Die Verwendung unterschiedlicher Abtastraten für Farbe und Luminanz ist dabei lediglich eine praktische Konvention, grundsätzlich sind beliebige Abtastraten zulässig.

Exchangeable Image File Format (EXIF)

EXIF ist eine Variante des JPEG/JFIF-Formats zur Speicherung von Bilddaten aus Digitalkameras, das vor allem zusätzliche Metadaten über Kameratyp, Aufnahmeparameter usw. in standardisierter Form transportiert. EXIF wurde von der Japan Electronics and Information Technology Industries Association (JEITA) als Teil der DCF[10]-Richtlinie entwickelt und wird heute von praktisch allen Herstellern als Standardformat für die Speicherung von Digitalbildern auf Memory-Karten eingesetzt. Interessanterweise verwendet EXIF intern wiederum TIFF-kodierte Bilddaten für Vorschaubilder und ist so aufgebaut, dass Dateien auch von den meisten JPEG/JFIF-Readern problemlos gelesen werden können.

JPEG-2000

Dieses seit 1997 entwickelte und als ISO-ITU-Standard („Coding of Still Pictures")[11] genormte Verfahren versucht, die bekannten Schwächen des traditionellen JPEG-Verfahrens zu beseitigen. Zum einen werden mit 64×64 deutlich größere Bildblöcke verwendet, zum anderen wird die Kosinustranformation durch eine diskrete *Wavelet*-Transformation ersetzt, die durch ihre lokale Begrenztheit vor allem bei raschen Bildübergängen Vorteile bietet. Das Verfahren erlaubt gegenüber JPEG deutlich höhere

---

[10] Design Rule for Camera File System.

[11] www.jpeg.org/JPEG2000.htm

(a) Original
(75.08 kB)

(b) $Q_{JPG} = 10$
(11.40 kB)

(c) $Q_{JPG} = 5$
(7.24 kB)

(d) $Q_{JPG} = 1$
(5.52 kB)

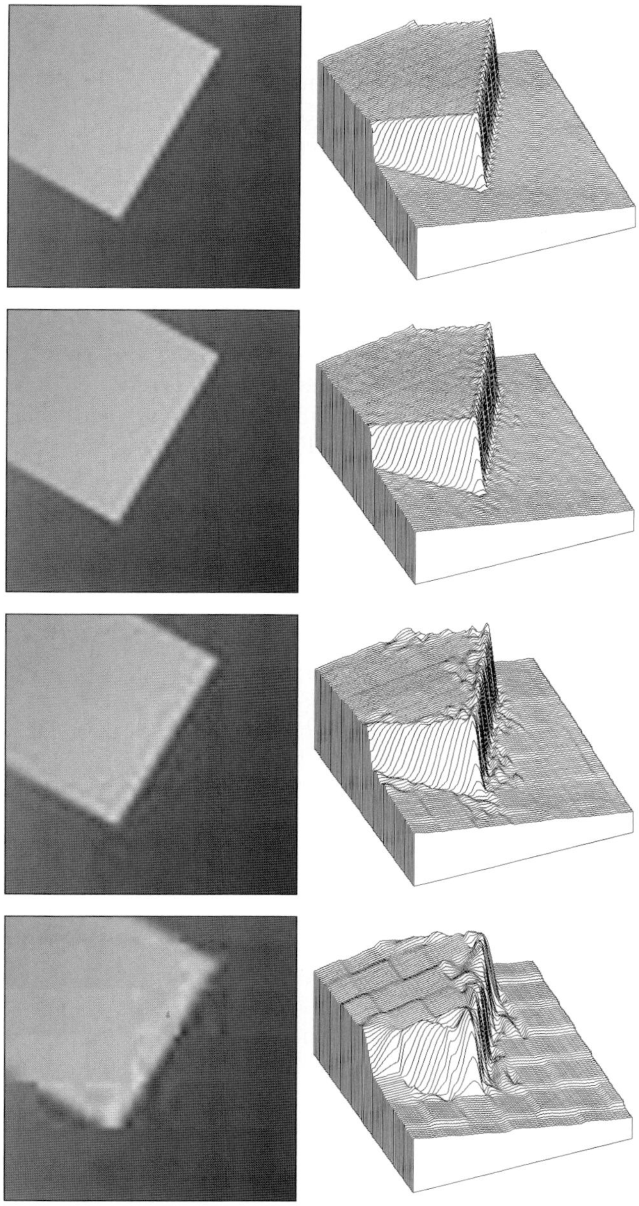

Abbildung 1.9
Artefakte durch JPEG-Kompression. Ausschnitt aus dem Originalbild (a) und JPEG-komprimierte Varianten mit Qualitätsfaktor $Q_{JPG} = 10$ (b), $Q_{JPG} = 5$ (c) und $Q_{JPG} = 1$ (d). In Klammern angegeben sind die resultierenden Dateigrößen für das Gesamtbild (Größe 274×274).

Kompressionsraten von bis zu 0.25 Bit/Pixel bei RGB-Farbbildern. Bedauerlicherweise wird jedoch JPEG-2000 derzeit trotz seiner überlegenen Eigenschaften nur von wenigen Bildbearbeitungsprogrammen und Web-Browsern unterstützt.[12]

---

[12] Auch in ImageJ wird JPEG-2000 derzeit nicht unterstützt.

1.5.6 Windows Bitmap (BMP)

BMP ist ein einfaches und vor allem unter Windows weit verbreitetes Dateiformat für Grauwert-, Index- und Vollfarbenbilder. Auch Binärbilder werden unterstützt, wobei allerdings in weniger effizienter Weise jedes Pixel als ein ganzes Byte gespeichert wird. Zur Kompression wird optional eine einfache (und verlustfreie) Lauflängenkodierung verwendet. BMP ist bzgl. seiner Möglichkeiten ähnlich zu TIFF, allerdings deutlich weniger flexibel.

1.5.7 Portable Bitmap Format (PBM)

Die PBM-Familie[13] besteht aus einer Reihe sehr einfacher Dateiformate mit der Besonderheit, dass die Bildwerte optional in Textform gespeichert werden können, damit direkt lesbar und sehr leicht aus einem Programm oder mit einem Texteditor zu erzeugen sind. In Abb. 1.10 ist ein einfaches Beispiel gezeigt. Die Zeichen P2 in der ersten Zeile markie-

Abbildung 1.10
Beispiel für eine PGM-Datei im Textformat (links) und das resultierende Grauwertbild (unten).

```
P2
# oie.pgm
17 7
255
0 13 13 13 13 13 13 13  0  0  0  0  0  0  0  0  0
0 13  0  0  0  0  0 13  0  7  7  0  0 81 81 81 81
0 13  0  7  7  7  0 13  0  7  7  0  0 81  0  0  0
0 13  0  7  0  7  0 13  0  7  7  0  0 81 81 81  0
0 13  0  7  7  7  0 13  0  7  7  0  0 81  0  0  0
0 13  0  0  0  0  0 13  0  7  7  0  0 81 81 81 81
0 13 13 13 13 13 13 13  0  0  0  0  0  0  0  0  0
```

ren die Datei als PGM im („plain") Textformat, anschließend folgt eine Kommentarzeile (#). In Zeile 3 ist die Bildgröße (Breite 17, Höhe 7) angegeben, Zeile 4 definiert den maximalen Pixelwert (255). Die übrigen Zeilen enthalten die tatsächlichen Pixelwerte. Rechts das entsprechende Grauwertbild.

Zusätzlich gibt es jeweils einen „RAW"-Modus, in dem die Pixelwerte als Binärdaten (Bytes) gespeichert sind. PBM ist vor allem unter Unix gebräuchlich und stellt folgende Formate zur Verfügung: PBM (*portable bit map*) für Binär- bzw. *Bitmap*-Bilder, PGM (*portable gray map*) für Grauwertbilder und PNM (*portable any map*) für Farbbilder. PGM-Bilder können auch mit ImageJ geöffnet werden.

1.5.8 Weitere Dateiformate

Für die meisten praktischen Anwendungen sind zwei Dateiformate ausreichend: TIFF als universelles Format für beliebige Arten von unkomprimierten Bildern und JPEG/JFIF für digitale Farbfotos, wenn der

---

[13] http://netpbm.sourceforge.net

Speicherbedarf eine Rolle spielt. Für Web-Anwendungen ist zusätzlich noch PNG oder GIF erforderlich. Darüber hinaus existieren zahlreiche weitere Dateiformate, die zum Teil nur mehr in älteren Datenbeständen vorkommen oder aber in einzelnen Anwendungsbereichen traditionell in Verwendung sind:

- **RGB** ist ein einfaches Bildformat von Silicon Graphics.
- **RAS** (Sun Raster Format) ist ein einfaches Bildformat von Sun Microsystems.
- **TGA** (Truevision Targa File Format) war das erste 24-Bit-Dateiformat für PCs, bietet zahlreiche Bildformate mit 8–32 Bit und wird u. a. in der Medizin und Biologie immer noch häufig verwendet.
- **XBM/XPM** (X-Windows Bitmap/Pixmap) ist eine Familie von ASCII-kodierten Bildformaten unter X-Windows, ähnlich PBM/PGM (s. oben).

1.5.9 Bits und Bytes

Das Öffnen von Bilddateien sowie das Lesen und Schreiben von Bilddaten wird heute glücklicherweise meistens von fertigen Softwarebibliotheken erledigt. Dennoch kann es vorkommen, dass man sich mit der Struktur und dem Inhalt von Bilddateien bis hinunter auf die Byte-Ebene befassen muss, etwa wenn ein nicht unterstütztes Dateiformat zu lesen ist oder wenn die Art einer vorliegenden Datei unbekannt ist.

Big-Endian und *Little-Endian*

Das in der Computertechnik übliche Modell einer Datei besteht aus einer einfachen Folge von Bytes (= 8 Bits), wobei ein Byte auch die kleinste Einheit ist, die man aus einer Datei lesen oder in sie schreiben kann. Im Unterschied dazu sind die den Bildelementen entsprechenden Datenobjekte im Speicher meist größer als ein Byte, beispielsweise eine 32 Bit große `int`-Zahl (= 4 Bytes) für ein RGB-Farbpixel. Das Problem dabei ist, dass es für die *Anordnung* der 4 einzelnen Bytes in der zugehörigen Bilddatei verschiedene Möglichkeiten gibt. Um aber die ursprünglichen Farbpixel wieder korrekt herstellen zu können, muss natürlich bekannt sein, in welcher Reihenfolge die zugehörigen Bytes in der Datei gespeichert sind.

Angenommen wir hätten eine 32-Bit-`int`-Zahl z mit dem Binär- bzw. Hexadezimalwert[14]

$$z = \underbrace{00010010}_{\substack{12_H \\ (\text{MSB})}}\,00110100\,01010110\,\underbrace{01111000}_{\substack{78_H \\ (\text{LSB})}}{}_B = 12345678_H, \qquad (1.2)$$

dann ist $00010010_B = 12_H$ der Wert des *Most Significant Byte* (MSB) und $01111000_B = 78_H$ der Wert des *Least Significant Byte* (LSB). Sind

---

[14] Der Dezimalwert von z ist 305419896.

die einzelnen Bytes innerhalb der Datei in der Reihenfolge von MSB nach LSB gespeichert, dann nennt man die Anordnung „Big Endian", im umgekehrten Fall „Little Endian". Für die Zahl z aus Gl. 1.2 heißt das konkret:

Anordnung	Bytefolge	1	2	3	4
big-endian	MSB $\rightarrow$ LSB	12_H	34_H	56_H	78_H
little-endian	LSB $\rightarrow$ MSB	78_H	56_H	34_H	12_H

Obwohl die richtige Anordnung der Bytes eigentlich eine Aufgabe des Betriebssystems (bzw. des Filesystems) sein sollte, ist sie in der Praxis hauptsächlich von der Prozessorarchitektur abhängig![15] So sind etwa Prozessoren aus der Intel-Familie (x86, Pentium) traditionell *little-endian* und Prozessoren anderer Hersteller (wie IBM, MIPS, Motorola, Sun) *big-endian*, was meistens auch für die zugeordneten Betriebs- und Filesysteme gilt.[16] *big-endian* wird auch als *Network Byte Order* bezeichnet, da im IP-Protokoll die Datenbytes in der Reihenfolge MSB nach LSB übertragen werden.

Zur richtigen Interpretation einer Bilddatei ist daher die Kenntnis der für größere Speicherworte verwendeten Byte-Anordnung erforderlich. Diese ist meistens fix, bei einzelnen Dateiformaten (wie beispielsweise TIFF) jedoch variabel und als Parameter im Dateiheader angegeben (siehe Tabelle 1.2).

Dateiheader und Signaturen

Praktisch alle Bildformate sehen einen Dateiheader vor, der die wichtigsten Informationen über die nachfolgenden Bilddaten enthält, wie etwa den Elementtyp, die Bildgröße usw. Die Länge und Struktur dieses Headers ist meistens fix, in einer TIFF-Datei beispielsweise kann der Header aber wieder Verweise auf weitere Subheader enthalten.

Um die Information im Header überhaupt interpretieren zu können, muss zunächst der Dateityp festgestellt werden. In manchen Fällen ist dies auf Basis der *file name extension* (z. B. `.jpg` oder `.tif`) möglich, jedoch sind diese Abkürzungen nicht standardisiert, können vom Benutzer jederzeit geändert werden und sind in manchen Betriebssystemen (z. B. MacOS) überhaupt nicht üblich. Stattdessen identifizieren sich viele Dateiformate durch eine eingebettete „Signatur", die meist aus zwei Bytes am Beginn der Datei gebildet wird. Einige Beispiele für gängige Bildformate und zugehörige Signaturen sind in Tabelle 1.2 angeführt. Die meisten Bildformate können durch Inspektion der ersten Bytes der Datei identifiziert werden. Die Zeichenfolge ist jeweils hexadezimal (`0x..`)

---

[15] Das hat vermutlich historische Gründe. Wenigstens ist aber die Reihenfolge der *Bits* innerhalb eines Byte weitgehend einheitlich.

[16] In *Java* ist dies übrigens kein Problem, da intern in allen Implementierungen (der *Java Virtual Machine*) und auf allen Plattformen *big-endian* als einheitliche Anordnung verwendet wird.

Format	Signatur		Format	Signatur	
PNG	0x89504e47	□PNG	BMP	0x424d	BM
JPEG/JFIF	0xffd8ffe0	□□□□	GIF	0x4749463839	GIF89
TIFF$_{little}$	0x49492a00	II*□	Photoshop	0x38425053	8BPS
TIFF$_{big}$	0x4d4d002a	MM□*	PS/EPS	0x25215053	%!PS

1.6 Aufgaben

und als ASCII-Text dargestellt. So beginnt etwa eine PNG-Datei immer mit einer Folge aus den vier Byte-Werten 0x89, 0x50, 0x4e, 0x47, bestehend aus der „magic number" 0x89 und der ASCII-Zeichenfolge „PNG". Beim TIFF-Format geben hingegen die ersten beiden Zeichen (II für „Intel" bzw. MM für „Motorola") Auskunft über die Byte-Reihenfolge (*little-endian* bzw. *big-endian*) der nachfolgenden Daten.

1.6 Aufgaben

Aufg. 1.1. Ermitteln Sie die wirklichen Ausmaße (in mm) eines Bilds mit 1400×1050 quadratischen Pixel und einer Auflösung von 72 dpi.

Aufg. 1.2. Eine Kamera mit einer Brennweite von $f = 50\,\text{mm}$ macht eine Aufnahme eines senkrechten Mastes, der 12 m hoch ist und sich im Abstand von 95 m vor der Kamera befindet. Ermitteln Sie die Höhe der dabei entstehenden Abbildung (a) in mm und (b) in der Anzahl der Pixel unter der Annahme, dass der Kamerasensor eine Auflösung von 4000 dpi aufweist.

Aufg. 1.3. Der Bildsensor einer Digitalkamera besitzt 2016×3024 Pixel. Die Geometrie dieses Sensors ist identisch zu der einer herkömmlichen Kleinbildkamera (mit einer Bildgröße von 24×36 mm), allerdings um den Faktor 1,6 kleiner. Berechnen Sie die Auflösung dieses Sensors in dpi.

Aufg. 1.4. Überlegen Sie unter Annahme der Kamerageometrie aus Aufg. 1.3 und einer Objektivbrennweite von $f = 50$ mm, welche Verwischung (in Pixel) eine gleichförmige, horizontale Kameradrehung um 0.1 Grad innerhalb einer Belichtungszeit von $\frac{1}{30}$ s bewirkt. Berechnen Sie das Gleiche auch für $f = 300$ mm. Überlegen Sie, ob das Ausmaß der Verwischung auch von der Entfernung der Objekte abhängig ist.

Aufg. 1.5. Ermitteln Sie die Anzahl von Bytes, die erforderlich ist, um ein unkomprimiertes Binärbild mit 4000×3000 Pixel zu speichern.

Aufg. 1.6. Ermitteln Sie die Anzahl von Bytes, die erforderlich ist, um ein unkomprimiertes RGB-Farbbild der Größe 1920×1080 mit 8, 10, 12 bzw. 14 Bit pro Farbkomponente zu speichern.

Tabelle 1.2
Beispiele für Signaturen von Bilddateien. Die meisten Bildformate können durch Inspektion der ersten Bytes der Datei identifiziert werden. Die Zeichenfolge ist jeweils hexadezimal (0x..) und als ASCII-Text dargestellt (□ steht für ein nicht druckbares Zeichen).

Aufg. 1.7. Nehmen wir an, ein Schwarz-Weiß-Fernseher hat eine Bildfläche von 625×512 Pixel mit jeweils 8 Bits und zeigt 25 Bilder pro Sekunde. (a) Wie viele verschiedene Bilder kann dieses Gerät grundsätzlich anzeigen und wie lange müsste man (ohne Schlafpausen) davor sitzen, um jedes theoretisch mögliche Bild mindestens einmal gesehen zu haben? (b) Erstellen Sie dieselbe Berechnung für einen Farbfernseher mit jeweils 3×8 Bit pro Pixel.

Aufg. 1.8. Zeigen Sie, dass eine Gerade im dreidimensionalen Raum von einer Lochkamera (d. h. bei einer perspektivischen Projektion, Gl. 1.1) tatsächlich immer als Gerade abgebildet wird.

Aufg. 1.9. Erzeugen Sie mit einem Texteditor analog zu Abb. 1.10 eine PGM-Datei `disk.pgm`, die das Bild einer hellen, kreisförmigen Scheibe enthält, und öffnen Sie das Bild anschließend mit ImageJ. Versuchen Sie andere Programme zu finden, mit denen sich diese Datei öffnen und darstellen lässt.

2

ImageJ

Bis vor wenigen Jahren war die Bildverarbeitungs-"Community" eine
relativ kleine Gruppe von Personen, die entweder Zugang zu teuren
Bildverarbeitungswerkzeugen hatte oder – aus Notwendigkeit – damit begann, eigene Softwarepakete für die digitale Bildverarbeitung zu
programmieren. Meistens begannen solche „Eigenbau"-Umgebungen mit
kleinen Programmkomponenten zum Laden und Speichern von Bildern,
von und auf Dateien. Das war nicht immer einfach, denn oft hatte man es
mit mangelhaft dokumentierten oder firmenspezifischen Dateiformaten
zu tun. Die nahe liegendste Lösung war daher häufig, zunächst sein eigenes, für den jeweiligen Einsatzbereich „optimales" Dateiformat zu entwerfen, was weltweit zu einer Vielzahl verschiedenster Dateiformate führte,
von denen viele heute glücklicherweise wieder vergessen sind [155]. Das
Schreiben von Programmen zur Konvertierung zwischen diesen Formaten war daher in den 1980ern und frühen 1990ern eine wichtige Angelegenheit. Die Darstellung von Bildern auf dem Bildschirm war ähnlich
schwierig, da es dafür wenig Unterstützung vonseiten der Betriebssy-
steme und Systemschnittstellen gab. Es dauerte daher oft Wochen oder
sogar Monate, bevor man am Computer auch nur elementare Dinge mit
Bildern tun konnte und bevor man vor allem an die Entwicklung neuer
Algorithmen für die Bildverarbeitung denken konnte.

Glücklicherweise ist heute vieles anders. Nur wenige, wichtige Bildformate haben überlebt (s. auch Abschn. 1.5) und sind meist über fertige
Programmbibliotheken leicht zugreifbar. Die meisten Standard-APIs,
z. B. für C++ und Java, beinhalten bereits eine Basisunterstützung für
Bilder und andere digitale Mediendaten.

2.1 Software für digitale Bilder

Traditionell ist Software für digitale Bilder entweder zur Bearbeitung von Bildern oder zum Programmieren ausgelegt, also entweder für den Praktiker und Designer oder für den Programmentwickler.

2.1.1 Software zur Bildbearbeitung

Softwareanwendungen für die Manipulation von Bildern, wie z. B. Adobe Photoshop, Corel Paint u. v. a., bieten ein meist sehr komfortables User Interface und eine große Anzahl fertiger Funktionen und Werkzeuge, um Bilder interaktiv zu bearbeiten. Die Erweiterung der bestehenden Funktionalität durch *eigene* Programmkomponenten wird zwar teilweise unterstützt, z. B. können „Plugins" für Photoshop[1] in C++ programmiert werden, doch ist dies eine meist aufwändige und jedenfalls für Programmieranfänger zu komplexe Aufgabe.

2.1.2 Software zur Bildverarbeitung

Im Gegensatz dazu unterstützt „echte" Software für die digitale Bildverarbeitung primär die Erfordernisse von Algorithmenentwicklern und Programmierern und bietet dafür normalerweise weniger Komfort und interaktive Möglichkeiten für die Bildbearbeitung. Stattdessen bieten diese Umgebungen meist umfassende und gut dokumentierte Programmbibliotheken, aus denen relativ einfach und rasch neue Prototypen und Anwendungen erstellt werden können. Beispiele dafür sind etwa *Khoros / VisiQuest*[2], *IDL*[3], *MatLab*[4] und *ImageMagick*[5]. Neben der Möglichkeit zur konventionellen Programmierung (üblicherweise mit C/C++) werden häufig einfache Scriptsprachen und visuelle Programmierhilfen angeboten, mit denen auch komplizierte Abläufe auf einfache und sichere Weise konstruiert werden können.

2.2 Eigenschaften von ImageJ

ImageJ, das wir für dieses Buch verwenden, ist eine Mischung beider Welten. Es bietet einerseits bereits fertige Werkzeuge zur Darstellung und interaktiven Manipulation von Bildern, andererseits lässt es sich extrem einfach durch eigene Softwarekomponenten erweitern. ImageJ ist vollständig in Java implementiert, ist damit weitgehend plattformunabhängig und läuft unverändert u. a. unter Windows, MacOS und Linux.

---

[1] www.adobe.com/products/photoshop/
[2] www.accusoft.com/imaging/visiquest/
[3] www.rsinc.com/idl/
[4] www.mathworks.com
[5] www.imagemagick.org

Die dynamische Struktur von Java ermöglicht es, eigene Module – so genannte „Plugins" – in Form eigenständiger Java-Codestücke zu erstellen und „on-the-fly" im laufenden System zu übersetzen und auch sofort auszuführen, ohne ImageJ neu starten zu müssen. Dieser schnelle Ablauf macht ImageJ zu einer idealen Basis, um neue Bildverarbeitungsalgorithmen zu entwickeln und mit ihnen zu experimentieren. Da Java an vielen Ausbildungseinrichtungen immer häufiger als erste Programmiersprache unterrichtet wird, ist das Erlernen einer zusätzlichen Programmiersprache oft nicht notwendig und der Einstieg für viele Studierende sehr einfach. ImageJ ist zudem frei verfügbar, sodass Studierende und Lehrende die Software legal und ohne Lizenzkosten auf allen ihren Computern verwenden können. ImageJ ist daher eine ideale Basis für die Ausbildung in der digitalen Bildverarbeitung, es wird aber auch in vielen Labors, speziell in der Biologie und Medizin, für die tägliche Arbeit eingesetzt.

Wayne Rasband (rechts) bei der 1. ImageJ Konferenz 2006 (Bild: Marc Seil, CRP Henri Tudor, Luxembourg).

Entwickelt wurde (und wird) ImageJ von Wayne Rasband [177] am U.S. *National Institutes of Health* (NIH) als Nachfolgeprojekt der älteren Software *NIH-Image*, die allerdings nur auf MacIntosh verfügbar war. Die aktuelle Version von ImageJ, Updates, Dokumentation, Testbilder und eine ständig wachsende Sammlung beigestellter Plugins finden sich auf der ImageJ-Homepage.[6] Praktisch ist auch, dass der gesamte Quellcode von ImageJ online zur Verfügung steht. Die Installation von ImageJ ist einfach, Details dazu finden sich in der Online-Installationsanleitung, im IJ-Tutorial [10] sowie auf der ImageJ-Homepage.

ImageJ ist allerdings nicht perfekt und weist softwaretechnisch sogar erhebliche Mängel auf, nicht zuletzt aufgrund seiner Entstehungsgeschichte. Die Architektur ist nicht allzu übersichtlich und speziell die Unterscheidung zwischen den häufig verwendeten `ImageProcessor`- und `ImagePlus`-Objekten bereitet (nicht nur Anfängern) erhebliche Schwierigkeiten. Die Implementierung einzelner Komponenten könnte konsistenter sein und unterschiedliche Funktionalitäten sind oft nicht sauber voneinander getrennt. Auch die fehlende Orthogonalität ist bisweilen ein Problem, d. h., ein und dieselbe Operation kann teilweise auf mehrfache Weise realisiert werden. Dennoch ist ImageJ ein bewährtes, extrem einfach zu erweiterndes Werkzeug, das auch professionell in vielen Bereichen eingesetzt wird und sich zudem hervorragend für die Ausbildung eignet.

Neben ImageJ selbst gibt es zahlreiche Software-Projekte, die direkt auf ImageJ aufbauen oder ImageJ verwenden. Dazu gehört insbesondere *Fiji*[7] („Fiji Is Just ImageJ"), das eine konsistente Sammlung zahlreicher Plugins, einfache Installation auf unterschiedlichen Plattformen und eine hervorragende Dokumentation bietet. Alle hier gezeigten Programmbeispiele (Plugins) sollten unverändert auch in Fiji ausführbar sein. Eine weitere wichtige Entwicklung ist *ImgLib2*[8] [170], in dem eine generische Java-Bibliothek zur einheitlichen Repräsentation und Verarbeitung

---

[6] http://rsb.info.nih.gov/ij/
[7] http://fiji.sc
[8] http://fiji.sc/ImgLib2

n-dimensionaler Daten speziell für die Bildverarbeitung realisiert wird. ImgLib2 bildet auch das grundlegende Datenmodell von *ImageJ2*,[9] das eine vollständige und vielversprechende Neuimplementierung von ImageJ zum Ziel hat.

2.2.1 Features

Als reine Java-Anwendung läuft ImageJ auf praktisch jedem Computer, für den eine aktuelle Java-Laufzeitumgebung (Java *runtime environment*, „jre") existiert. Bei der Installation von ImageJ wird ein eigenes Java-Runtime mitgeliefert, sodass Java selbst nicht separat installiert sein muss. ImageJ kann, unter den üblichen Einschränkungen, auch als Java-*Applet* innerhalb eines Web-Browsers betrieben werden, meistens wird es jedoch als selbstständige Java-Applikation verwendet. ImageJ kann sogar serverseitig, z. B. für Bildverarbeitungsoperationen in Online-Anwendungen eingesetzt werden [10]. Zusammengefasst sind die wichtigsten Eigenschaften von ImageJ:

- Ein Satz von fertigen Werkzeugen zum Erzeugen, Visualisieren, Editieren, Verarbeiten, Analysieren, Öffnen und Speichern von Bildern in mehreren Dateiformaten. ImageJ unterstützt auch „tiefe" Integer-Bilder mit 16 und 32 Bits sowie Gleitkommabilder und Bildfolgen (sog. *stacks*).
- Ein einfacher Plugin-Mechanismus zur Erweiterung der Basisfunktionalität durch kleine Java-Codesegmente. Dieser ist die Grundlage aller Beispiele in diesem Buch.
- Eine Makro-Sprache und ein zugehöriger Interpreter, die es erlauben, ohne Java-Kenntnisse bestehende Funktionen zu größeren Verarbeitungsfolgen zu verbinden. ImageJ-Makros werden in diesem Buch nicht eingesetzt; die zugehörigen Details finden sich online.[10]

2.2.2 Interaktive Werkzeuge

Nach dem Start öffnet ImageJ zunächst sein Hauptfenster (Abb. 2.1), das mit folgenden Menü-Einträgen die eingebauten Werkzeuge zur Verfügung stellt:

- File: zum Laden und Speichern von Bildern sowie zum Erzeugen neuer Bilder.
- Edit: zum Editieren und Zeichnen in Bildern.
- Image: zur Modifikation und Umwandlung von Bildern sowie für geometrische Operationen.

---

[9] http://developer.imagej.net/. Um Verwechslungen zu vermeiden, wird in diesem Zusammenhang das „klassische" ImageJ häufig als „ImageJ1" bzw. „IJ1" bezeichnet.

[10] http://rsb.info.nih.gov/ij/developer/macro/macros.html.

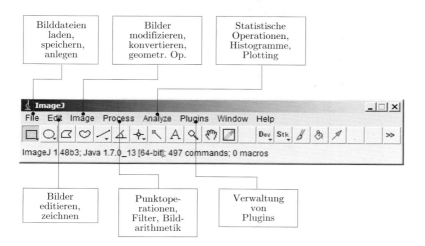

- **Process**: für typische Bildverarbeitungsoperationen, wie Punktoperationen, Filter und arithmetische Operationen auf Bilder.
- **Analyze**: für die statistische Auswertung von Bilddaten, Anzeige von Histogrammen und spezielle Darstellungsformen.
- **Plugin**: zum Bearbeiten, Übersetzen, Ausführen und Ordnen eigener Plugins.

ImageJ kann derzeit Bilddateien in mehreren Formaten öffnen, u. a. TIFF (nur unkomprimiert), JPEG, GIF, PNG und BMP, sowie die in der Medizin bzw. Astronomie gängigen Formate DICOM (Digital Imaging and Communications in Medicine) und FITS (Flexible Image Transport System). Wie in ähnlichen Programmen üblich, werden auch in ImageJ alle Operationen auf das aktuell selektierte Bild (current image) angewandt. ImageJ verfügt für die meisten eingebauten Operationen einen „Undo"-Mechanismus, der (auf einen Arbeitsschritt beschränkt) auch die selbst erzeugten Plugins unterstützt.

2.2.3 ImageJ-Plugins

Plugins sind kleine, in Java definierte Softwaremodule, die in einfacher, standardisierter Form in ImageJ eingebunden werden und damit seine Funktionalität erweitern (Abb. 2.2). Zur Verwaltung und Benutzung der Plugins stellt ImageJ über das Hauptfenster (Abb. 2.1) ein eigenes Plugin-Menü zur Verfügung. ImageJ ist modular aufgebaut und tatsächlich sind zahlreiche eingebaute Funktionen wiederum selbst als Plugins implementiert. Als Plugins realisierte Funktionen können auch beliebig in einem der Hauptmenüs von ImageJ platziert werden.

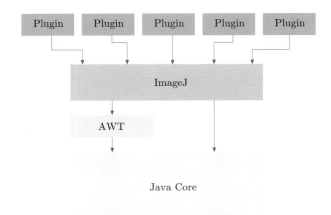

Programmstruktur

Technisch betrachtet sind Plugins Java-Klassen, die eine durch ImageJ
vorgegebene Interface-Spezifikation implementieren. Es gibt zwei verschiedene Arten von Plugins:

- `PlugIn` benötigt keinerlei Argumente, kann daher auch ohne Betei-
  ligung eines Bilds ausgeführt werden;
- `PlugInFilter` wird beim Start immer ein Bild (das aktuelle Bild)
  übergeben.

Wir verwenden in diesem Buch fast ausschließlich den zweiten Typ
– `PlugInFilter` – zur Realisierung von Bildverarbeitungsoperationen.
Eine Plugin-Klasse, die auf dem `PlugInFilter`-*Interface* basiert, muss
zumindest die folgenden beiden Methoden enthalten:

`int setup (String `*`args`*`, ImagePlus `*`im`*`)`
> Diese Methode wird bei der Ausführung eines Plugin von ImageJ als
> erste aufgerufen, vor allem um zu überprüfen, ob die Spezifikationen
> des Plugin mit dem aktuellen Bild zusammenpassen. Die Methode
> liefert einen 32-Bit `int`-Wert, dessen Bitmuster die Eigenschaften
> des Plugin beschreibt.

`void run (ImageProcessor `*`ip`*`)`
> Diese Methode erledigt die tatsächliche Arbeit des Plugin. Der ein-
> zige Parameter *`ip`* (ein Objekt vom Typ `ImageProcessor`) verweist
> auf das zu bearbeitende Bild und relevante Informationen dazu.
> Die `run`-Methode liefert keinen Rückgabewert (`void`), kann aber das
> übergebene Bild verändern und auch neue Bilder erzeugen.

2.2.4 Beispiel-Plugin: „inverter"

Am besten wir sehen uns diese Sache an einem konkreten Beispiel an. Wir
versuchen uns an einem einfachen Plugin, das ein 8-Bit-Grauwertbild in-

vertieren, also ein Positiv in ein Negativ verwandeln soll. Das Invertieren der Intensität ist eine typische Punktoperation, wie wir sie in Kap. 4 im Detail behandeln. Unser Bild hat 8-Bit-Grauwerte im Bereich von 0 bis zum Maximalwert 255 sowie eine Breite und Höhe von M bzw. N Pixel. Die Operation ist sehr einfach: Der Wert jedes einzelnen Bildelements $I(u,v)$ wird umgerechnet in einen neuen Pixelwert

$$I(u,v) \;\leftarrow\; 255 - I(u,v),$$

der den ursprünglichen Pixelwert ersetzt, und das für alle Bildkoordinaten $u = 0, \ldots, M-1$ und $v = 0, \ldots, N-1$.

2.2.5 Plugin `My_Inverter_A`

Wir benennen unser erstes Plugin „`My_Inverter_A`" und das ist sowohl der Name der Java-Klasse wie auch der Name der zugehörigen Quelldatei.[11] Die vollständige Auflistung des Java-Codes für dieses Plugin findet sich in Prog. 2.1. Das Unterstreichungszeichen „`_`" im Namen ist wichtig, da ImageJ in diesem Fall die Klasse beim Startup automatisch in das Plugin-Menü aufnimmt. Das Programm enthält nach dem Importieren der notwendigen Java-Pakete die Definition einer einzigen Klasse `My_Inverter_A`. Diese „implementiert" das in ImageJ definierte *Interface* `PlugInFilter` und muss daher zumindest die Methoden `setup()` und `run()` enthalten.

Die `setup()`-Methode

Vor der eigentlichen Ausführung des Plugin, also vor dem Aufruf der `run()`-Methode, wird die `setup()`-Methode vom ImageJ-Kernsystem aufgerufen, um Informationen über das Plugin zu erhalten. In unserem Beispiel wird nur der Wert `DOES_8G` (eine 32-Bit `int`-Konstante, die im Interface `PluginFilter` definiert ist) zurückgegeben, was anzeigt, dass dieses Plugin 8-Bit-Grauwertbilder (`8G`) verarbeiten kann. Die Parameter `args` und `im` der `setup()`-Methode werden in diesem Beispiel nicht benutzt (s. auch Aufg. 2.7).

Die `run()`-Methode

Wie bereits erwähnt, wird der `run()`-Methode ein Objekt `ip` vom Typ `ImageProcessor` übergeben, in dem das zu bearbeitende Bild und zugehörige Informationen enthalten sind. Zunächst werden durch Anwendung der Methoden `getWidth()` und `getHeight()` auf `ip` die Dimensionen des aktuellen Bilds abgefragt. Dann werden alle Bildkoordinaten in zwei geschachtelten `for`-Schleifen mit den Zählvariablen `u` und `v` horizontal bzw. vertikal durchlaufen. Für den eigentlichen Zugriff auf die Bilddaten werden zwei weitere Methoden der Klasse `ImageProcessor` verwendet:

---

[11] `My_Inverter_A.java`

Programm 2.1
ImageJ-Plugin zum Invertieren
von 8-Bit-Grauwertbildern. Das
Plugin implementiert das Interface
`PlugInFilter` und enthält die dafür
erforderlichen Methoden `setup()`
und `run()`. Das eigentliche Bild
wird der `run()`-Methode des Plugins mit dem Parameter `ip` als Objekt vom Typ `ImageProcessor` übergeben. ImageJ nimmt an, dass das
Plugin das übergebene Bild verändert
und aktualisiert nach Ausführung
des Plugins die Bildanzeige automatisch. Programm Prog. 2.2 zeigt
eine alternative Implementierung
basierend auf dem `PlugIn`-Interface.

```java
1  import ij.ImagePlus;
2  import ij.plugin.filter.PlugInFilter;
3  import ij.process.ImageProcessor;
4
5  public class My_Inverter_A implements PlugInFilter {
6
7    public int setup(String args, ImagePlus im) {
8      return DOES_8G; // this plugin accepts 8-bit grayscale images
9    }
10
11   public void run(ImageProcessor ip) {
12     int M = ip.getWidth();
13     int N = ip.getHeight();
14
15     // iterate over all image coordinates (u,v)
16     for (int u = 0; u < M; u++) {
17       for (int v = 0; v < N; v++) {
18         int p = ip.getPixel(u, v);
19         ip.putPixel(u, v, 255 - p);
20       }
21     }
22   }
23
24 }
```

`int getPixel (int $u$, int $v$)`

Liefert den Wert des Bildelements an der Position (u, v) oder null,
wenn (u, v) außerhalb der Bildgrenzen liegt.

`void putPixel (int $u$, int $y$, int $v$)`

Setzt das Bildelement an der Position (u, v) auf den neuen Wert a.
Die Anwendung hat keine Auswirkungen auf das Bild, wenn (u, v)
außerhalb der Bildgrenzen liegt.

Beide Methoden überprüfen die übergebenen Koordinaten und Pixelwerte genau, um allfällige Fehler zu vermeiden, und sind dadurch zwar
„idiotensicher" aber naturgemäß auch relativ langsam. Wenn man sicher
sein kann, dass alle besuchten Bildelemente innerhalb der Bildgrenzen
liegen und die eingefügten Pixelwerte garantiert im zulässigen Wertebereich des verwendeten Bildtyps liegen (wie in Prog. 2.1), dann kann man
sie durch schnellere Zugriffsmethoden ersetzen, wie `get()` und `set()`
anstelle von `getPixel()` und `putPixel()` (siehe Prog. 2.2). Am effizien-
testen ist es, überhaupt keine Methoden zum Lesen bzw. Schreiben zu
verwenden, sondern direkt auf die Elemente des Pixel-Arrays zuzugreifen. Details zu diesen und anderen Methoden finden sich online in der
API-Dokumentation zu ImageJ.[12]

---

[12] http://rsbweb.nih.gov/ij/developer/api/index.html

Programm 2.2 zeigt eine alternative Implementierung des Inverter-Plugin basierend auf dem `PlugIn`-Interface, das grundsätzlich kein aktuelles Bild erfordert und lediglich eine `run()` Methode vorsieht. In diesem Fall wird das aktuelle Bild nicht direkt übergeben, sondern mit der (statischen) Methode `IJ.getImage()` ermittelt. Falls aktuell kein Bild verfügbar ist, wird durch `getImage()` automatisch eine Fehlermeldung angezeigt und die Ausführung des Plugin abgebrochen. Der Test auf den passenden Bildtyp (`GRAY8`) und die zugehörige Fehlerbehandlung muss hier allerdings explizit durchgeführt werden. Über den (hier nicht verwendeten) Parameter `args` kann der `run()` Methode eine beliebige Zeichenkette mit zusätzlichen Informationen zur Steuerung des Plugin übergeben werden.

2.2.7 `PlugIn` oder `PlugInFilter`?

Die Verwendung von `PlugIn` oder `PlugInFilter` ist weitgehend Geschmacksache, zumal beide Varianten Vor- und Nachteile aufweisen. Für Plugins, die kein vorhandenes Bild benötigen, sondern Bilder aufnehmen, erzeugen, oder sonstige Operationen durchführen, ist das `PlugIn`-Interface die natürliche (wenn auch nicht einzige) Wahl. Hingegen sollte das Interface `PlugInFilter` insbesondere dann verwendet werden, wenn durch das Plugin ein vorhandenes Bild bearbeitet, d. h. modifiziert wird. Aus Gründen der Einfachheit und Konsistenz wird `PlugInFilter` durchgehend als Basis für praktisch alle in diesem Buch beschriebenen Plugins verwendet.

Editieren, Übersetzen und Ausführen des Plugins

Die Java-Datei des Plugins muss im Verzeichnis `<ij>/plugins/`[13] von ImageJ oder in einem Unterverzeichnis davon abgelegt werden. Neue Plugin-Dateien können über das Plugins ▷ New... von ImageJ angelegt werden. Zum Editieren verfügt ImageJ über einen eingebauten Editor unter Plugins ▷ Edit..., der jedoch für das ernsthafte Programmieren kaum Unterstützung bietet und daher wenig geeignet ist. Besser ist es, dafür einen modernen Editor oder gleich eine komplette Java-Programmierumgebung zu verwenden (z. B. *Eclipse*[14], *NetBeans*[15] oder *JBuilder*[16]).

Für die Übersetzung von Plugins (in Java-Bytecode) ist in ImageJ ein eigener Java-Compiler als Teil der Laufzeitumgebung verfügbar. Zur Übersetzung und nachfolgenden Ausführung verwendet man einfach das Menü

---

[13] `<ij>` steht für das Verzeichnis, in dem ImageJ selbst installiert ist.
[14] www.eclipse.org
[15] www.netbeans.org
[16] http://www.embarcadero.com/products/jbuilder

Programm 2.2

Alternative Implementierung des Inverter-Plugins auf Basis des `PlugIn` Interface). Im Unterschied zu Prog. 2.1 enthält dieses Plugin nur *eine* Methode **run()**. Das aktuelle Bild (`im`) wird hier zunächst als `ImagePlus`-Objekt mithilfe der Methode `IJ.getImage()` ermittelt, anschließend auf den passenden Bildtyp überprüft und eine Referenz auf den zugehörigen `ImageProcessor` (`ip`) entnommen. Der `args`-Parameter der `run()`-Methode bleibt in diesem Fall unberücksichtigt, der Rest ist identisch zu Prog. 2.1, außer dass die (etwas schnelleren) Zugriffsmethoden `get()` und `set()` verwendet sind. Man beachte, dass in diesem Fall die Darstellung des modifizierten Bilds am Ende nicht automatisch sondern durch den expliziten Aufruf `updateAndDraw()` erfolgt.

```java
1  import ij.IJ;
2  import ij.ImagePlus;
3  import ij.plugin.PlugIn;
4  import ij.process.ImageProcessor;
5
6  public class My_Inverter_B implements PlugIn {
7
8    public void run(String args) {
9      ImagePlus im = IJ.getImage();
10
11     if (im.getType() != ImagePlus.GRAY8) {
12       IJ.error("8-bit grayscale image required");
13       return;
14     }
15
16     ImageProcessor ip = im.getProcessor();
17     int M = ip.getWidth();
18     int N = ip.getHeight();
19
20     // iterate over all image coordinates (u,v)
21     for (int u = 0; u < M; u++) {
22       for (int v = 0; v < N; v++) {
23         int p = ip.get(u, v);
24         ip.set(u, v, 255 - p);
25       }
26     }
27
28     im.updateAndDraw();   // redraw the modified image
29   }
30 }
```

Plugins ▷ Compile and Run...,

wobei etwaige Fehlermeldungen über ein eigenes Textfenster angezeigt werden. Sobald das Plugin in den entsprechenden `.class`-File übersetzt ist, wird diese Datei automatisch geladen und das Plugin auf das aktuelle Bild angewandt. Eine Fehlermeldung zeigt an, falls keine Bilder geöffnet sind oder das aktuelle Bild nicht den Möglichkeiten des Plugins entspricht.

Im Verzeichnis `<ij>/plugins/` angelegte, korrekt benannte Plugins werden beim Starten von ImageJ automatisch als Eintrag im **Plugins**-Menü installiert und brauchen dann vor der Ausführung natürlich nicht mehr übersetzt zu werden. Plugin-Einträge können manuell mit

Plugins ▷ Shortcuts ▷ Install Plugin..

auch an anderen Stellen des Menübaums platziert werden.

Unser erstes Plugin in Prog. 2.2 erzeugt kein neues Bild, sondern verändert das ihm übergebene Bild in „destruktiver" Weise. Das muss nicht immer so sein, denn Plugins können z. B. auch neue Bilder erzeugen oder nur Statistiken berechnen, ohne das übergebene Bild dabei zu modifizieren. Es mag überraschen, dass unser Plugin keinerlei Anweisungen für das neuerliche Anzeigen des Bilds enthält – das erledigt ImageJ automatisch, sobald es annehmen muss, dass ein Plugin das übergebene Bild verändert hat. Außerdem legt ImageJ vor jedem Aufruf der `run()`-Methode eines Plugin automatisch eine Kopie („Snapshot") des übergebenen Bilds an. Dadurch ist es nachfolgend möglich, über Edit ▷ Undo den ursprünglichen Zustand wieder herzustellen, ohne dass wir in unserem Programm dafür explizite Vorkehrungen treffen müssen.

Textausgabe und Debugging

Die in Java übliche Konsolenausgabe über `System.out` ist normalerweise in ImageJ nicht verfügbar. Stattdessen gibt es ein eigenes Log-Fenster, das die Textausgabe über die Methode

```
IJ.log(String s)
```

erlaubt. Solche Anweisungen kann man an jeder Stelle innerhalb eines Plugins platzieren und damit ist natürlich auch ein rudimentäres Debugging zur Laufzeit möglich. Allerdings sollte man das bei Bildverarbeitungsoperationen wegen der großen Datenmengen nur mit Vorsicht und sehr eingeschränkt einsetzen. Speziell im Inneren von verschachtelten Schleifen, die oft millionenfach durchlaufen werden, können Textausgaben große Datenmengen erzeugen und im Verhältnis zur eigentlichen Operation sehr viel Zeit in Anspruch nehmen.

Für ein *echtes* Debugging (z. B. mit Breakpoints) gibt es in ImageJ selbst keine direkte Unterstützung. Es ist allerdings möglich, ImageJ innerhalb einer Programmierumgebung (IDE) wie *Eclipse* oder *Netbeans* zu starten und damit auch sämtliche Debugging-Möglichkeiten dieser Umgebung zu nutzen.[17] Das ist allerdings nur seltenen und in wirklich schwierigen Fällen notwendig. In der Regel ist die Inspektion der Pixelwerte von Bildern mit der Info-Anzeige im ImageJ-Hauptfenster wesentlich einfacher und effektiver (Abb. 2.3). Die meisten Fehler (insbesondere bei der Berechnung von Bildkoordinaten) können durch eine gut überdachte Planung bereits im Vorfeld vermieden werden.

2.2.8 Ausführen von ImageJ „*Commands*"

Es ist in der Regel sinnvoll, bereits fertig implementierte (und vielfach getestete) Operationen möglichst wieder zu verwenden und nicht selbst

---

[17] Details dazu findet man u. a. im „HowTo"-Bereich von http://imagejdocu. tudor.lu.

Abbildung 2.3
Die Info-Anzeige im Hauptfenster
von ImageJ ist ein wertvolles Hilfsmittel zum Debuggen von Bildverarbeitungsoperationen. Die aktuelle x/y-Cursor-Position wird in
Pixelkoordinaten angegeben, sofern
für das betreffende Bild keine Grö-
ßenkalibrierung eingestellt ist. Anzahl
und Genauigkeit der zugehörigen
Werte sind vom Bildtyp abhängig; im
Fall eines Farbbilds (wie hier) sind es
die ganzzahligen RGB-Komponenten.

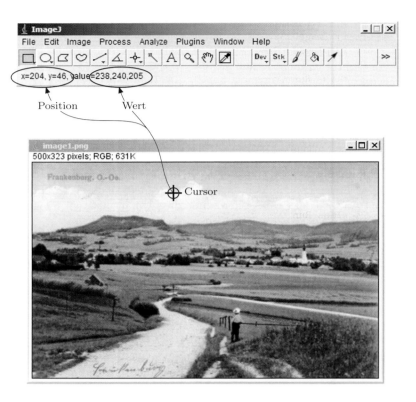

von Neuem zu erstellen. Dazu gibt es einerseits die bestehende Bibliothek
von ImageJ-Klassen, die einen Großteil der gängigen Basisoperationen
abdeckt. In diesem Buch werden viele dieser Java-Klassen und Methoden
verwendet und ggfs. durch eigene erweitert.

Unter „command" versteht man in ImageJ eine (meist umfangrei-
chere) Operation, die in Form eines (Java) Plugins, eines Makros oder
eines Scripts[18] implementiert und in ImageJ registriert ist. Davon gibt
es viele, sie werden durch Namen[19] referenziert und diese findet man
am einfachsten mithilfe des Menüs Plugins ▷ Utilities ▷ Find Commands....
Die ImageJ-Standardoperation Edit ▷ Invert zum Invertieren des aktuellen
Bilds trägt beispielsweise die Command-Bezeichnung „Invert" und wird
konkret durch das Java-Plugin `ij.plugin.filter.Filters("invert")`
implementiert.

Ein bestehendes *Command* lässt sich innerhalb eines Java-Plugin mit
der Methode `IJ.run()` ausführen, wie in Prog. 2.3 anhand des „Invert"-
Commands gezeigt. Bei Plugins vom Typ `PlugInFilter` ist etwas Vorsicht geboten, da derartige Plugins das aktuelle Bild während ihrer Ausführung automatisch sperren, sodass gleichzeitig keine andere Operation

---

[18] In ImageJ können Operationen auch in *JavaScript*, *BeanShell* oder *Python*
programmiert werden.
[19] D. h., Zeichenketten (`String`).

```
1  import ij.IJ;
2  import ij.ImagePlus;
3  import ij.plugin.PlugIn;
4
5  public class Run_Command_From_PlugIn implements PlugIn {
6
7      public void run(String args) {
8          ImagePlus im = IJ.getImage();
9          IJ.run(im, "Invert", "");  // run the "Invert" command on im
10         // ... continue with this plugin
11     }
12 }
```

2.3 WEITERE INFORMATIONEN
ZU IMAGEJ UND JAVA

Programm 2.3
Ausführung des ImageJ-*Commands*
„Invert" innerhalb eines Java-Plugin
vom Typ `PlugIn`.

```
1  public class Run_Command_From_PlugInFilter implements
       PlugInFilter {
2    ImagePlus im;
3
4    public int setup(String args, ImagePlus im) {
5      this.im = im;
6      return DOES_ALL;
7    }
8
9    public void run(ImageProcessor ip) {
10     im.unlock();                    // unlock im to run other commands
11     IJ.run(im, "Invert", "");       // run the "Invert" command on im
12     im.lock();                      // lock im again (to be safe)
13     // ... continue with this plugin
14   }
15 }
```

Programm 2.4
Ausführung des ImageJ-*Commands*
„Invert" innerhalb eines Java-Plugin
vom Typ `PlugInFilter`. In diesem
Fall wird das aktuelle Bild während
der Ausführung des Plugin automatisch gesperrt, sodass keine andere
Operation darauf angewandt werden
kann. Durch `unlock()` und `lock()`
wird das Bild vorübergehend frei gegeben.

darauf ausgeführt werden kann. Programm 2.4 zeigt ein entsprechendes Beispiel, in dem durch Aufruf von `unlock()` und `lock()` das Bild
vorübergehend freigegeben wird.

Eine elegante Unterstützung beim Einsatz von *Commands* bietet der
Macro Recorder von ImageJ, der mit Plugins ▷ Macros ▷ Record... gestar-
tet wird und in der Folge alle manuell ausgeführten Operationen mitpro-
tokolliert. Je nach Einsatzzweck lässt sich der Recorder zur Aufzeichnung
von *Java, JavaScript, BeanShell* oder Makro-Code einstellen. Natürlich
lassen sich in gleicher Weise auch selbst erstellte Plugins als Commands
ausführen.

2.3 Weitere Informationen zu ImageJ und Java

In den nachfolgenden Kapiteln verwenden wir in Beispielen meist konkrete Plugins und Java-Code zur Erläuterung von Algorithmen und Verfahren. Dadurch sind die Beispiele nicht nur direkt anwendbar, sondern
sie sollen auch schrittweise zusätzliche Techniken in der Umsetzung mit

ImageJ vermitteln. Aus Platzgründen wird allerdings oft nur die `run()`-Methode eines Plugins angegeben und eventuell zusätzliche Klassen- und Methodendefinitionen, sofern sie im Kontext wichtig sind. Der vollständige Quellcode zu den Beispielen ist natürlich auch auf der Website zu diesem Buch[20] zu finden.

2.3.1 Ressourcen für ImageJ

Die vollständige und aktuellste API-Referenz einschließlich Quellcode, Tutorials und vielen Beispielen in Form konkreter Plugins sind auf der offiziellen ImageJ-Homepage verfügbar. Zu empfehlen ist auch das Tutorial von W. Bailer [10], das besonders für das Programmieren von ImageJ-Plugins nützlich ist.

2.3.2 Programmieren mit Java

Die Anforderungen dieses Buchs an die Java-Kenntnisse der Leser sind nicht hoch, jedoch sind elementare Grundlagen erforderlich, um die Beispiele zu verstehen und erweitern zu können. Einführende Bücher sind in großer Zahl auf dem Markt verfügbar, empfehlenswert ist z. B. [153]. Lesern, die bereits Programmiererfahrung besitzen, aber bisher nicht mit Java gearbeitet haben, empfehlen wir u. a. die einführenden Tutorials auf der Java-Homepage von Oracle.[21] Zusätzlich sind in Anhang F einige spezifische Java-Themen zusammengestellt, die in der Praxis häufig Fragen oder Probleme aufwerfen.

2.4 Aufgaben

Aufg. 2.1. Installieren Sie die aktuelle Version von ImageJ auf Ihrem Computer und machen Sie sich mit den eingebauten Funktionen vertraut.

Aufg. 2.2. Verwenden Sie `Inverter_Plugin_A` (Prog. 2.1) als Vorlage, um ein eigenes Plugin zu programmieren, das ein Grauwertbild horizontal (oder vertikal) spiegelt. Testen Sie das neue Plugin anhand geeigneter Bilder (auch sehr kleiner und ungerader Breite/Höhe) und überprüfen Sie die Ergebnisse genau.

Aufg. 2.3. Das Plugin `Inverter_Plugin_A` (Prog. 2.1) iteriert über alle Elemente des aktuellen Bilds. Überlegen Sie, in welcher Reihenfolge dies passiert. Erfolgt der Durchlauf primär entlang der Zeilen oder der Spalten des Bilds? Machen Sie eine Skizze dazu.

---

[20] www.imagingbook.com
[21] http://docs.oracle.com/javase/

Aufg. 2.4. Erstellen Sie ein neues Plugin für 8-Bit-Grauwertbilder, das in das übergebene Bild (beliebiger Größe) einen weißen Rahmen (Pixelwert = 255) mit 10 Pixel Breite malt.

Aufg. 2.5. Erstellen Sie ein Plugin für 8-Bit-Grauwertbilder, das die Summe aller Pixelwerte berechnet und das Ergebnis mit `IJ.log(...)` ausgibt. Verwenden Sie dazu eine Summenvariable vom Typ `int` oder `long`. Wie groß darf das vorliegende Bild sein, damit auch mit einer `int`-Summe das Ergebnis in jedem Fall korrekt ist?

Aufg. 2.6. Erstellen Sie ein Plugin für 8-Bit-Grauwertbilder, das den minimalen und maximalen Intensitätswert innerhalb des aktuellen Bilds bestimmt und mit `IJ.log(...)` ausgibt. Vergleichen Sie die berechneten Werte mit dem Resultat von Analyze ▷ Measure.

Aufg. 2.7. Erstellen Sie ein Plugin, das ein 8-Bit-Grauwertbild horizontal und zyklisch verschiebt, bis der ursprüngliche Zustand wiederhergestellt ist. Um das modifizierte Bild nach jeder Verschiebung am Bildschirm anzeigen zu können, benötigt man eine Referenz auf das zugehörige `ImagePlus`-Bild, das nur als Parameter der `setup()`-Methode zugänglich ist (`setup()` wird immer *vor* der `run`-Methode aufgerufen). Dazu können wir die Plugin-Definition aus Prog. 2.1 folgendermaßen ändern:

```
public class XY_Plugin implements PlugInFilter {

  ImagePlus im;    // new variable!

  public int setup(String args, ImagePlus im) {
    this.im = im;   // keep a reference to the ImagePlus object
    return DOES_8G;
  }

  public void run(ImageProcessor ip) {
    // ... modify ip
    im.updateAndDraw();   // redraw the image
    // ...
  }

}
```

3

Histogramme

Histogramme sind Bildstatistiken und ein häufig verwendetes Hilfsmittel, um wichtige Eigenschaften von Bildern rasch zu beurteilen. Insbesondere sind Belichtungsfehler, die bei der Aufnahme von Bildern entstehen, im Histogramm sehr leicht zu erkennen. Moderne Digitalkameras bieten durchwegs die Möglichkeit, das Histogramm eines gerade aufgenommenen Bilds sofort anzuzeigen (Abb. 3.1), da eventuelle Belichtungsfehler durch nachfolgende Bearbeitungsschritte nicht mehr korrigiert werden können. Neben Aufnahmefehlern können aus Histogrammen aber auch viele Rückschlüsse auf einzelne Verarbeitungsschritte gezogen werden, denen ein Digitalbild im Laufe seines bisherigen „Lebens" unterzogen wurde. Der abschließende Teil dieses Kapitels zeigt die Berechnung einfacher Bildstatistiken aus den usprünglichen Bilddaten oder aus dem zugehörigen Histogramm.

Abbildung 3.1
Digitalkamera mit RGB-Histogramm-anzeige für das aktuelle Bild.

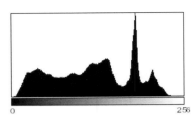

Count: 1920000   Min: 0
Mean: 118.848   Max: 251
StdDev: 59.179   Mode: 184 (30513)

3.1 Was ist ein Histogramm?

Histogramme sind Häufigkeitsverteilungen und Histogramme von Bildern beschreiben die Häufigkeit der einzelnen Intensitätswerte. Am einfachsten ist dies anhand altmodischer Grauwertbilder zu verstehen, ein Beispiel dazu zeigt Abb. 3.2. Für ein Grauwertbild I mit möglichen Intensitätswerten im Bereich $I(u,v) \in [0, K-1]$ enthält das zugehörige Histogramm H genau K Einträge, wobei für ein typisches 8-Bit-Grauwertbild $K = 2^8 = 256$ ist. Der *Wert* des Histogramms an der Stelle i ist

$\mathsf{h}(i) = $ die *Anzahl* der Pixel von I mit dem Intensitätswert i,

für alle $0 \leq i < K$. Etwas mathematischer ausgedrückt ist das[1]

$$\mathsf{h}(i) = \mathrm{card}\big\{ (u,v) \mid I(u,v) = i \big\} . \tag{3.1}$$

$\mathsf{h}(0)$ ist also die Anzahl der Pixel mit dem Wert 0, $\mathsf{h}(1)$ die Anzahl der Pixel mit Wert 1 usw. $\mathsf{h}(255)$ ist schließlich die Anzahl aller weißen Pixel mit dem maximalen Intensitätswert $255 = K-1$. Das Ergebnis der Histogrammberechnung ist ein eindimensionaler Vektor h der Länge K, wie Abb. 3.3 für ein Bild mit $K = 16$ möglichen Intensitätswerten zeigt.

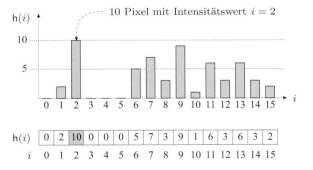

---

[1] card$\{\ldots\}$ bezeichnet die Anzahl der Elemente („Kardinalität") einer Menge (s. auch S. 711).

  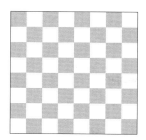

Abbildung 3.4
Drei recht unterschiedliche Bilder mit
identischen Histogrammen.

Offensichtlich enthält ein Histogramm keinerlei Informationen dar-über, *woher* die einzelnen Einträge ursprünglich stammen, d. h., jede räumliche Information über das zugehörige Bild geht im Histogramm verloren. Das ist durchaus beabsichtigt, denn die Hauptaufgabe eines Histogramms ist es, bestimmte Informationen über ein Bild in kompak-ter Weise sichtbar zu machen. Gibt es also irgendeine Möglichkeit, das Originalbild aus dem Histogramm allein zu rekonstruieren, d. h., kann man ein Histogramm irgendwie „invertieren"? Natürlich (im Allgemei-nen) nicht, schon allein deshalb, weil viele unterschiedliche Bilder – jede unterschiedliche Anordnung einer bestimmten Menge von Pixelwerten – genau dasselbe Histogramm aufweisen (Abb. 3.4).

3.2 Was ist aus Histogrammen abzulesen?

Das Histogramm zeigt wichtige Eigenschaften eines Bilds, wie z. B. den Kontrast und die Dynamik, Probleme bei der Bildaufnahme und even-tuelle Folgen von anschließenden Verarbeitungsschritten. Das Haupt-augenmerk gilt dabei der Größe des effektiv genutzten Intensitätsbe-reichs (Abb. 3.5) und der Gleichmäßigkeit der Häufigkeitsverteilung.

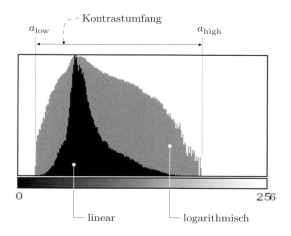

Abbildung 3.5
Effektiv genutzter Bereich von In-tensitätswerten. Die Grafik zeigt die Häufigkeiten der Pixelwerte in linearer Darstellung (schwarze Bal-ken) und logarithmischer Darstel-lung (graue Balken). In der logarith-mischen Form werden auch relativ kleine Häufigkeiten, die im Bild sehr bedeutend sein können, deutlich sicht-bar.

3.2.1 Eigenschaften der Bildaufnahme

Belichtung

Belichtungsfehler sind im Histogramm daran zu erkennen, dass größere Intensitätsbereiche an einem Ende der Intensitätsskala ungenutzt sind, während am gegenüberliegenden Ende eine Häufung von Pixelwerten auftritt (Abb. 3.6).

Abbildung 3.6
Belichtungsfehler sind am Histogramm leicht ablesbar. Unterbelichtete Aufnahme (a), korrekte Belichtung (b), überbelichtete Aufnahme (c).

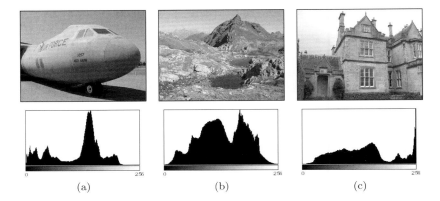

(a)   (b)   (c)

Kontrast

Als Kontrast bezeichnet man den Bereich von Intensitätsstufen, die in einem konkreten Bild effektiv genutzt werden, also die Differenz zwischen dem maximalen und minimalen Pixelwert. Ein Bild mit vollem Kontrast nützt den gesamten Bereich von Intensitätswerten von $a = a_{\min}, \ldots, a_{\max} = 0, \ldots, K-1$ (schwarz bis weiß). Der Bildkontrast ist daher aus dem Histogramm leicht abzulesen. Abb. 3.7 zeigt ein Beispiel mit unterschiedlichen Kontrasteinstellungen und die Auswirkungen auf das Histogramm.

Dynamik

Unter Dynamik versteht man die Anzahl *verschiedener* Pixelwerte in einem Bild. Im Idealfall entspricht die Dynamik der insgesamt verfügbaren Anzahl von Pixelwerten K – in diesem Fall wird der Wertebereich voll ausgeschöpft. Bei einem Bild mit eingeschränktem Kontrastumfang $a = a_{\text{low}}, \ldots, a_{\text{high}}$, mit

$$a_{\min} < a_{\text{low}} \quad \text{und} \quad a_{\text{high}} < a_{\max} \,,$$

wird die maximal mögliche Dynamik dann erreicht, wenn alle dazwischen liegenden Intensitätswerte ebenfalls im Bild vorkommen (Abb. 3.8).

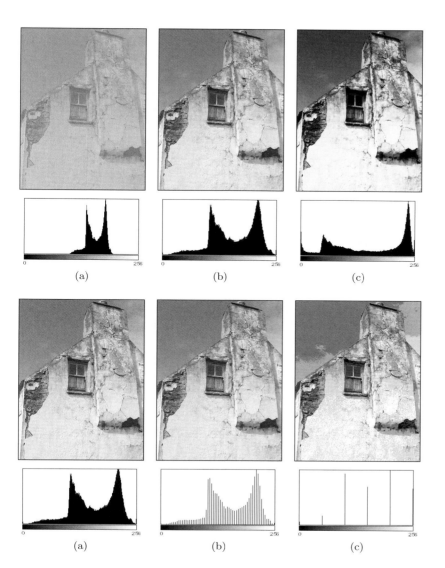

(a) (b) (c)

(a) (b) (c)

Abbildung 3.7
Unterschiedlicher Kontrast und Auswirkungen im Histogramm: niedriger
Kontrast (a), normaler Kontrast (b),
hoher Kontrast (c).

Abbildung 3.8
Unterschiedliche Dynamik und Auswirkungen im Histogramm. Hohe Dynamik (a), niedrige Dynamik mit 64
Intensitätswerten (b), extrem niedrige
Dynamik mit nur 6 Intensitätswerten (c).

Während der Kontrast eines Bilds immer erhöht werden kann, solange der maximale Wertebereich nicht ausgeschöpft ist, kann die Dynamik eines Bilds nicht erhöht werden (außer durch Interpolation von
Pixelwerten, siehe Kap. 22). Eine hohe Dynamik ist immer ein Vorteil,
denn sie verringert die Gefahr von Qualitätsverlusten durch nachfolgende
Verarbeitungsschritte. Aus genau diesem Grund arbeiten professionelle
Kameras und Scanner mit Tiefen von mehr als 8 Bits, meist 12–14 Bits
pro Kanal (Grauwert oder Farbe), obwohl die meisten Ausgabegeräte
wie Monitore und Drucker nicht mehr als 256 Abstufungen differenzie-
ren können.

3.2.2 Bildfehler

Histogramme können verschiedene Arten von Bildfehlern anzeigen, die entweder auf die Bildaufnahme oder nachfolgende Bearbeitungsschritte zurückzuführen sind. Da ein Histogramm aber immer von der abgebildeten Szene abhängt, gibt es grundsätzlich kein „ideales" Histogramm. Ein Histogramm kann für eine bestimmte Szene perfekt sein, aber unakzeptabel für eine andere. So wird man von astronomischen Aufnahmen grundsätzlich andere Histogramme erwarten als von guten Landschaftsaufnahmen oder Portraitfotos. Dennoch gibt es einige universelle Regeln. Zum Beispiel kann man bei Aufnahmen von natürlichen Szenen, etwa mit einer Digitalkamera, mit einer weitgehend glatten Verteilung der Intensitätswerte ohne einzelne, isolierte Spitzen rechnen.

Sättigung

Idealerweise sollte der Kontrastbereich eines Sensorsystems (z. B. einer Kamera) größer sein als der Umfang der Lichtintensität, die von einer Szene empfangen wird. In diesem Fall würde das Histogramm nach der Aufnahme an beiden Seiten glatt auslaufen, da sowohl sehr helle als auch sehr dunkle Intensitätswerte zunehmend seltener werden und alle vorkommenden Lichtintensitäten entsprechenden Bildwerten zugeordnet werden. In der Realität ist dies oft nicht der Fall, und Helligkeitswerte außerhalb des vom Sensor abgedeckten Kontrastbereichs, wie Glanzlichter oder besonders dunkle Bildpartien, werden abgeschnitten. Die Folge ist eine Sättigung des Histogramms an einem Ende oder an beiden Enden des Wertebereichs, da die außerhalb liegenden Intensitäten auf den Minimal- bzw. den Maximalwert abgebildet werden, was im Histogramm durch markante Spitzen an den Enden des Intensitätsbereichs deutlich wird. Typisch ist dieser Effekt bei Über- oder Unterbelichtung während der Bildaufnahme und generell dann nicht vermeidbar, wenn der Kontrastumfang der Szene den des Sensors übersteigt (Abb. 3.9 (a)).

Abbildung 3.9
Auswirkungen von Bildfehlern im Histogramm: Sättigungseffekt im Bereich der hohen Intensitäten (a), Histogrammlöcher verursacht durch eine geringfügige Kontrasterhöhung (b) und Histogrammspitzen aufgrund einer Kontrastreduktion (c).

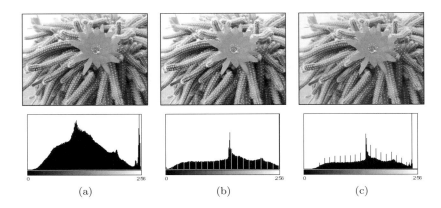

(a)　　　　(b)　　　　(c)

Spitzen und Löcher

Wie bereits erwähnt ist die Verteilung der Helligkeitswerte in einer unbearbeiteten Aufnahme in der Regel glatt, d. h., es ist wenig wahrscheinlich, dass im Histogramm (abgesehen von Sättigungseffekten an den Rändern) isolierte Spitzen auftreten oder einzelne Löcher, die lokale Häufigkeit eines Intensitätswerts sich also sehr stark von seinen Nachbarn unterscheidet. Beide Effekte sind jedoch häufig als Folge von Bildmanipulationen zu beobachten, etwa nach Kontraständerungen. Insbesondere führt eine Erhöhung des Kontrasts (s. Kap. 4) dazu, dass Histogrammlinien auseinander gezogen werden und – aufgrund des diskreten Wertebereichs – Fehlstellen (Löcher) im Histogramm entstehen (Abb. 3.9 (b)). Umgekehrt können durch eine Kontrastverminderung aufgrund des diskreten Wertebereichs bisher unterschiedliche Pixelwerte zusammenfallen und die zugehörigen Histogrammeinträge erhöhen, was wiederum zu deutlich sichtbaren Spitzen im Histogramm führt (Abb. 3.9 (c)).[2]

Auswirkungen von Bildkompression

Bildveränderungen aufgrund von Bildkompression hinterlassen bisweilen markante Spuren im Histogramm. Deutlich wird das z. B. bei der GIF-Kompression, bei der der Wertebereich des Bilds auf nur wenige Intensitäten oder Farben reduziert wird. Der Effekt ist im Histogramm als Linienstruktur deutlich sichtbar und kann durch nachfolgende Verarbeitung im Allgemeinen nicht mehr eliminiert werden (Abb. 3.10). Es ist also über das Histogramm in der Regel leicht festzustellen, ob ein Bild jemals einer Farbquantisierung (wie etwa bei Umwandlung in eine GIF-Datei) unterzogen wurde, auch wenn das Bild (z. B. als TIFF- oder JPEG-Datei) vorgibt, ein echtes Vollfarbenbild zu sein.

Einen anderen Fall zeigt Abb. 3.11, wo eine einfache, „flache" Grafik mit nur zwei Grauwerten (128, 255) einer JPEG-Kompression unterzogen wird, die für diesen Zweck eigentlich nicht geeignet ist. Das resultierende Bild ist durch eine große Anzahl neuer, bisher nicht enthaltener Grauwerte „verschmutzt", wie man vor allem im Histogramm deutlich feststellen kann.[3]

3.3 Berechnung von Histogrammen

Die Berechnung eines Histogramms für ein 8-Bit-Grauwertbild (mit Intensitätswerten zwischen 0 und 255) ist eine einfache Angelegenheit. Al-

---

[2] Leider erzeugen auch manche Aufnahmegeräte (vor allem einfache Scanner) derartige Fehler durch interne Kontrastanpassung („Optimierung") der Bildqualität.

[3] Der undifferenzierte Einsatz der JPEG-Kompression für solche Arten von Bildern ist ein häufiger Fehler. JPEG ist für natürliche Bilder mit weichen Übergängen konzipiert und verursacht bei Grafiken u. Ä. starke Artefakte (siehe beispielsweise Abb. 1.9 auf S. 19).

Abbildung 3.10
Auswirkungen einer Farbquantisierung durch GIF-Konvertierung. Das Originalbild wurde auf ein GIF-Bild mit 256 Farben konvertiert (links). Original-Histogramm (a) und Histogramm nach der GIF-Konvertierung (b). Bei der nachfolgenden Skalierung des RGB-Farbbilds auf 50% seiner Größe entstehen durch Interpolation wieder Zwischenwerte, doch bleiben die Folgen der ursprünglichen Konvertierung deutlich sichtbar (c).

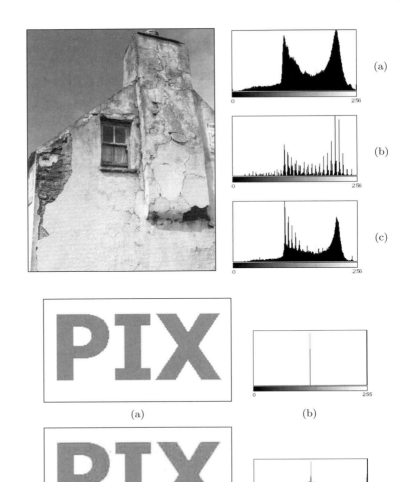

Abbildung 3.11
Auswirkungen der JPEG-Kompression. Das Originalbild (a) enthält nur zwei verschiedene Grauwerte, wie im zugehörigen Histogramm (b) leicht zu erkennen ist. Durch die JPEG-Kompression entstehen zahlreiche zusätzliche Grauwerte, die im resultierenden Bild (c) genauso wie im Histogramm (d) sichtbar sind. In beiden Histogrammen sind die Häufigkeiten linear (schwarze Balken) bzw. logarithmisch (graue Balken) dargestellt.

les, was wir dazu brauchen, sind 256 einzelne Zähler, einer für jeden möglichen Intensitätswert. Zunächst setzen wir alle diese Zähler auf Null. Dann durchlaufen wir alle Bildelemente $I(u, v)$, ermitteln den zugehörigen Pixelwert p und erhöhen den entsprechenden Zähler um eins. Am Ende sollte jeder Zähler die Anzahl der gefundenen Pixel des zugehörigen Intensitätswerts beinhalten.

Wir benötigen also für K mögliche Intensitätswerte genauso viele verschiedene Zählervariablen, z. B. 256 für ein 8-Bit-Grauwertbild. Natürlich realisieren wir diese Zähler nicht als einzelne Variablen, sondern als Array mit K ganzen Zahlen (`int[]` in Java). Angenehmerweise sind in diesem Fall die Intensitätswerte alle positiv und beginnen bei 0, sodass wir sie in Java direkt als Indizes $i \in [0, N-1]$ für das Histogramm-

```
 1  public class ComputeHistogram_ implements PlugInFilter {
 2
 3      public int setup(String arg, ImagePlus img) {
 4          return DOES_8G + NO_CHANGES;
 5      }
 6
 7      public void run(ImageProcessor ip) {
 8          int[] H = new int[256]; // histogram array
 9          int w = ip.getWidth();
10          int h = ip.getHeight();
11
12          for (int v = 0; v < h; v++) {
13              for (int u = 0; u < w; u++) {
14                  int i = ip.getPixel(u, v);
15                  H[i] = H[i] + 1;
16              }
17          }
18          // ... histogram H[] can now be used
19      }
20  }
```

Programm 3.1
ImageJ-Plugin zur Berechnung des
Histogramms für 8-Bit-Grauwert-
bilder. Die setup()-Methode liefert
DOES_8G + NO_CHANGES und zeigt
damit an, dass das Plugin auf 8-Bit-
Grauwertbilder angewandt werden
kann und diese nicht verändert werden (Zeile 4). Man beachte, dass Java
im neu angelegten Histogramm-Array
(Zeile 8) automatisch alle Elemente
auf Null initialisiert.

```
 1      public void run(ImageProcessor ip) {
 2          int[] H = ip.getHistogram();
 3          // ... histogram H[] can now be used
 4      }
```

Programm 3.2
Verwendung der vordefinierten ImageJ-Methode getHistogram() in der
run()-Methode eines Plugin.

Array verwenden können. Prog. 3.1 zeigt den fertigen Java-Quellcode für
die Berechnung des Histogramms, eingebaut in die run()-Methode eines
entsprechenden ImageJ-Plugins.

Das Histogramm-Array H vom Typ int[] wird in Prog. 3.1 gleich
zu Beginn (Zeile 8) angelegt und automatisch auf Null initialisiert, anschließend werden alle Bildelemente durchlaufen. Dabei ist es grundsätzlich nicht relevant, in welcher Reihenfolge Zeilen und Spalten durchlaufen werden, solange alle Bildpunkte genau einmal besucht werden. In
diesem Beispiel haben wir (im Unterschied zu Prog. 2.1) die Standard-
Reihenfolge gewählt, in der die äußere for-Schleife über die vertikale
Koordinate v und die innere Schleife über die horizontale Koordinate u
iteriert.[4] Am Ende ist das Histogramm berechnet und steht für weitere
Schritte (z. B. zur Anzeige) zur Verfügung.

Die Histogrammberechnung gibt es in ImageJ allerdings auch bereits
fertig, und zwar in Form der Methode getHistogram() für Objekte der
Klasse ImageProcessor. Damit lässt sich die run()-Methode in Prog.
3.1 natürlich deutlich einfacher gestalten, wie in Prog. 3.2 gezeigt.

---

[4] In dieser Form werden die Bildelemente in genau der Reihenfolge gelesen,
in der sie auch hintereinander im Hauptspeicher liegen, was zumindest bei
großen Bildern wegen des effizienteren Speicherzugriffs einen gewissen Ge-
schwindigkeitsvorteil verspricht (siehe auch Anhang 6.2).

3.4 Histogramme für Bilder mit mehr als 8 Bit

Meistens werden Histogramme berechnet, um die zugehörige Verteilung auf dem Bildschirm zu visualisieren. Das ist zwar bei Histogrammen für Bilder mit $2^8 = 256$ Einträgen problemlos, für Bilder mit größeren Wertebereichen, wie 16 und 32 Bit oder Gleitkommawerten (s. Tabelle 1.1), ist die Darstellung in dieser Form aber nicht ohne weiteres möglich.

3.4.1 Binning

Die Lösung dafür besteht darin, jeweils mehrere Intensitätswerte bzw. ein *Intervall* von Intensitätswerten zu einem Eintrag zusammenzufassen, anstatt für jeden möglichen Wert eine eigene Zählerzelle vorzusehen. Man kann sich diese Zählerzelle als Eimer (engl. *bin*) vorstellen, in dem Pixelwerte gesammelt werden, daher wird die Methode häufig auch „Binning" genannt.

In einem solchen Histogramm der Größe B enthält jede Zelle $\mathsf{h}(j)$ die Anzahl aller Bildelemente mit Werten aus einem zugeordneten Intensitätsintervall $a_j \leq a < a_{j+1}$, d. h. (analog zu Gl. 3.1)

$$\mathsf{h}(j) = \mathrm{card}\left\{(u,v) \mid a_j \leq I(u,v) < a_{j+1}\right\}, \tag{3.2}$$

für $0 \leq j < B$. Üblicherweise wird dabei der verfügbare Wertebereich in B gleich große Bins der Intervalllänge $k_B = K/B$ geteilt, d. h. der Startwert des Intervalls j ist

$$a_j = j \cdot \frac{K}{B} = j \cdot k_B . \tag{3.3}$$

3.4.2 Beispiel

Um für ein 14-Bit-Bild ein Histogramm mit $B = 256$ Einträgen zu erhalten, teilen wir den verfügbaren Wertebereich von $j = 0, \ldots, 2^{14}-1$ in 256 gleiche Intervalle der Länge $k_B = 2^{14}/256 = 64$, sodass $a_0 = 0$, $a_1 = 64$, $a_2 = 128, \ldots, a_{255} = 16320$ und $a_{256} = a_B = 2^{14} = 16384 = K$. Damit ergibt sich folgende Zuordnung der Intervalle zu den Histogrammzellen $\mathsf{h}(0), \ldots, \mathsf{h}(255)$:

$$
\begin{array}{rcrcccl}
\mathsf{h}(0) & \leftarrow & 0 & \leq & I(u,v) & < & 64 \\
\mathsf{h}(1) & \leftarrow & 64 & \leq & I(u,v) & < & 128 \\
\mathsf{h}(2) & \leftarrow & 128 & \leq & I(u,v) & < & 192 \\
\vdots & & \vdots & & \vdots & & \vdots \\
\mathsf{h}(j) & \leftarrow & a_j & \leq & I(u,v) & < & a_{j+1} \\
\vdots & & \vdots & & \vdots & & \vdots \\
\mathsf{h}(255) & \leftarrow & 16320 & \leq & I(u,v) & < & 16384
\end{array}
\tag{3.4}
$$

```
1   int[] binnedHistogram(ImageProcessor ip) {
2     int K = 256; // number of intensity values
3     int B = 32;  // size of histogram, must be defined
4     int[] H = new int[B]; // histogram array
5     int w = ip.getWidth();
6     int h = ip.getHeight();
7
8     for (int v = 0; v < h; v++) {
9       for (int u = 0; u < w; u++) {
10        int a = ip.getPixel(u, v);
11        int i = a * B / K; // integer operations only!
12        H[i] = H[i] + 1;
13      }
14    }
15    // return binned histogram
16    return H;
17  }
```

Programm 3.3
Histogrammberechnung durch „Binning" (Java-Methode). Beispiel für ein 8-Bit-Grauwertbild mit $K = 256$ Intensitätsstufen und ein Histogramm der Größe $B = 32$. Die Methode binnedHistogram() liefert das Histogramm des übergebenen Bildobjekts ip als int-Array der Größe B.

3.4.3 Implementierung

Falls, wie im vorigen Beispiel, der Wertebereich $0, \ldots, K-1$ in gleiche Intervalle der Länge $k_B = K/B$ aufgeteilt ist, benötigt man natürlich keine Tabelle der Werte a_j, um für einen gegebenen Pixelwert $a = I(u, v)$ das zugehörige Histogrammelement j zu bestimmen. Dazu genügt es, den Pixelwert $I(u, v)$ durch die Intervalllänge k_B zu dividieren, d. h.

$$\frac{I(u,v)}{k_B} = \frac{I(u,v)}{K/B} = \frac{I(u,v) \cdot B}{K} \, . \tag{3.5}$$

Als Index für die zugehörige Histogrammzelle $h(j)$ benötigen wir allerdings einen ganzzahligen Wert und verwenden dazu

$$j = \left\lfloor \frac{I(u,v) \cdot B}{K} \right\rfloor , \tag{3.6}$$

wobei $\lfloor \cdot \rfloor$ den *floor*-Operator[5] bezeichnet. Eine Java-Methode zur Histogrammberechnung mit „linearem Binning" ist in Prog. 3.3 gezeigt. Man beachte, dass die gesamte Berechnung des Ausdrucks in Gl. 3.6 ganzzahlig durchgeführt wird, ohne den Einsatz von Gleitkomma-Operationen. Auch ist keine explizite Anwendung des *floor*-Operators notwendig, weil der Ausdruck

$$\texttt{a * B / K}$$

in Zeile 11 ohnehin einen ganzzahligen Wert liefert.[6] Die Binning-Methode ist in gleicher Weise natürlich auch für Bilder mit Gleitkommawerten anwendbar.

---

[5] $\lfloor x \rfloor$ rundet x auf die nächstliegende ganze Zahl ab (siehe Anhang 1.1).
[6] Siehe auch die Anmerkungen zur Integer-Division in Java in Anhang F.1.1.

3.5 Histogramme von Farbbildern

Mit Histogrammen von Farbbildern sind meistens Histogramme der zugehörigen Bildintensität (Luminanz) gemeint oder die Histogramme der einzelnen Farbkomponenten. Beide Varianten werden von praktisch jeder gängigen Bildbearbeitungssoftware unterstützt und dienen genauso wie bei Grauwertbildern zur objektiven Beurteilung der Bildqualität, insbesondere nach der Aufnahme.

3.5.1 Luminanzhistogramm

Das Luminanzhistogramm h_{Lum} eines Farbbilds ist nichts anderes als das Histogramm des entsprechenden Grauwertbilds, für das natürlich alle bereits oben angeführten Aspekte ohne Einschränkung gelten. Das einem Farbbild entsprechende Grauwertbild erhält man durch die Berechnung der zugehörigen Luminanz aus den einzelnen Farbkomponenten. Dazu werden allerdings die Werte der Farbkomponenten nicht einfach addiert, sondern üblicherweise in Form einer gewichteten Summe verknüpft (s. auch Kap. 12).

3.5.2 Histogramme der Farbkomponenten

Obwohl das Luminanzhistogramm alle Farbkomponenten berücksichtigt, können darin einzelne Bildfehler dennoch unentdeckt bleiben. Zum Beispiel ist es möglich, dass das Luminanzhistogramm durchaus sauber aussieht, obwohl einer der Farbkanäle bereits gesättigt ist. In RGB-Bildern trägt insbesondere der Blau-Kanal nur wenig zur Gesamthelligkeit bei und ist damit besonders anfällig für dieses Problem.

Komponentenhistogramme geben zusätzliche Aufschlüsse über die Intensitätsverteilung innerhalb der einzelnen Farbkanäle. Jede Farbkomponente wird als unabhängiges Intensitätsbild betrachtet und die zugehörigen Einzelhistogramme werden getrennt berechnet und angezeigt. Abb. 3.12 zeigt das Luminanzhistogramm h_{Lum} und die drei Komponentenhistogramme h_R, h_G und h_B für ein typisches RGB-Farbbild. Man beachte, dass in diesem Beispiel die Sättigung aller drei Farbkanäle (rot im oberen Intensitätsbereich, grün und blau im unteren Bereich) nur in den Komponentenhistogrammen, nicht aber im Luminanzhistogramm deutlich wird. Auffallend (aber nicht untypisch) ist in diesem Fall auch das gegenüber den drei Komponentenhistogrammen völlig unterschiedliche Aussehen des Luminanzhistogramms h_{Lum} (Abb. 3.12 (b)).

3.5.3 Kombinierte Farbhistogramme

Luminanzhistogramme und Komponentenhistogramme liefern nützliche Informationen über Belichtung, Kontrast, Dynamik und Sättigungseffekte bezogen auf die einzelnen Farbkomponenten. Sie geben jedoch keine

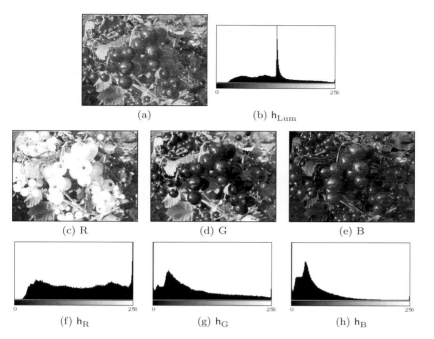

(a) (b) h_{Lum}

(c) R (d) G (e) B

(f) h_R (g) h_G (h) h_B

Abbildung 3.12
Histogramme für ein RGB-Farbbild: Originalbild (a), Luminanzhistogramm h_{Lum} (b), RGB-Farbkomponenten als Intensitätsbilder (c–
e) und die zugehörigen Komponentenhistogramme h_R, h_G, h_B (f–h). Die
Tatsache, dass alle drei Farbkanäle in
Sättigung sind, wird nur in den einzelnen Komponentenhistogrammen
deutlich. Die dadurch verursachte
Verteilungsspitze befindet sich in der
Mitte des Luminanzhistogramms (b).

Informationen über die Verteilung der tatsächlichen *Farben* in einem
Bild, denn das räumliche Zusammentreffen der Farbkomponenten innerhalb eines Bildelements wird dabei nicht berücksichtigt. Wenn z. B. h_R,
das Komponentenhistogramm für den Rot-Kanal, einen Eintrag

$$h_R(200) = 24$$

hat, dann wissen wir nur, dass das Bild 24 Pixel mit einer Rot-Intensität
von 200 aufweist, aber mit beliebigen ($*$) Grün- und Blauwerten, also

$$(r, g, b) = (200, *, *).$$

Nehmen wir weiter an, die drei Komponentenhistogramme hätten die
Einträge

$$h_R(50) = 100, \quad h_G(50) = 100, \quad h_B(50) = 100.$$

Können wir daraus schließen, dass in diesem Bild ein Pixel mit der Kombination

$$(r, g, b) = (50, 50, 50)$$

als Farbwert 100 mal oder überhaupt vorkommt? Im Allgemeinen natürlich nicht, denn es ist offen, ob alle drei Komponenten gemeinsam mit
dem Wert von jeweils 50 in irgend einem Pixel zusammen auftreten. Man
kann mit Bestimmtheit nur sagen, das der Farbwert $(50, 50, 50)$ in diesem
Bild höchstens 100 mal vorkommen kann.

Während also konventionelle Histogramme von Farbbildern zwar einiges an Information liefern können, geben sie nicht wirklich Auskunft

über die Zusammensetzung der tatsächlichen Farben in einem Bild. So können verschiedene Farbbilder sehr ähnliche Komponentenhistogramme aufweisen, obwohl keinerlei farbliche Ähnlichkeit zwischen den Bildern besteht. Ein interessantes Thema sind daher *kombinierte* Histogramme, die das Zusammentreffen von mehreren Farbkomponenten statistisch erfassen und damit u. a. auch eine grobe Ähnlichkeit zwischen Bildern ausdrücken können. Auf diesen Aspekt kommen wir im Zusammenhang mit Farbbildern in Kap. 12 nochmals zurück.

3.6 Das kumulative Histogramm

Das kumulative Histogramm ist eine Variante des gewöhnlichen Histogramms, das für die Berechnung bei Bildoperationen mit Histogrammen nützlich ist, z. B. im Zusammenhang mit dem Histogrammausgleich (Abschn. 4.5). Das kumulative Histogramm $\mathsf{H}(i)$ ist definiert als

$$\mathsf{H}(i) = \sum_{j=0}^{i} \mathsf{h}(j) \quad \text{für} \ \ 0 \leq i < K. \tag{3.7}$$

Der Wert von $\mathsf{H}(i)$ ist also die Summe aller darunter liegenden Werte des ursprünglichen Histogramms $\mathsf{h}(j)$, mit $j = 0, \ldots, i$. Oder, in rekursiver Form definiert (umgesetzt in Prog. 4.2 auf S. 69):

$$\mathsf{H}(i) = \begin{cases} \mathsf{h}(0) & \text{für} \ \ i = 0 \\ \mathsf{H}(i-1) + \mathsf{h}(i) & \text{für} \ \ 0 < i < K \end{cases} \tag{3.8}$$

Der Funktionsverlauf eines kumulativen Histogramms ist daher immer monoton steigend, mit dem Maximalwert

$$\mathsf{H}(K-1) = \sum_{j=0}^{K-1} \mathsf{h}(j) = M \cdot N, \tag{3.9}$$

also der Gesamtzahl der Pixel im Bild mit der Breite M und der Höhe N. Abb. 3.13 zeigt ein konkretes Beispiel für ein kumulatives Histogramm.

Die Bedeutung des kumulativen Histogramms liegt weniger in der direkten Betrachtung als in der Verwendung bei zahlreichen Bildoperationen, die auf statistischen Informationen aufbauen. So wird es beispielsweise im nachfolgenden Kapitel zur Berechnung der Parameter für mehrere wichtige Punktoperationen benötigt (siehe Abschn. 4.4–4.6).

3.7 Statistische Informationen aus dem Histogramm

Angenehmerweise können aus den Histogrammdaten auf einfachem Weg einige gängige Parameter des ursprünglichen Bilds berechnet werden. So

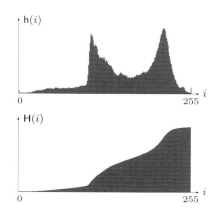

kann beispielsweise der minimale und maximale Pixelwert eines Bilds I sehr einfach aus dem Histogramm ermittelt werden, indem man nach dem kleinsten bzw. größten Intensitätswert sucht, dessen Histogrammeintrag größer als Null ist, d. h.,

$$\begin{aligned}
\min(I) &= \min\{i \mid h(i) > 0\}, \\
\max(I) &= \max\{i \mid h(i) > 0\}.
\end{aligned} \tag{3.10}$$

Dies ist vor allem deshalb praktisch, weil die Berechnung nur über die relativ kleine Zahl von Elementen des Histogramms erfolgt (sofern dieses bereits vorliegt) und nicht mehr über alle Bildelemente.

3.7.1 Mittelwert und Varianz

Ein weiteres Beispiel ist der arithmetische *Mittelwert* eines Bilds I (der Größe $M \times N$), der in der Form

$$\mu_I = \frac{1}{MN} \cdot \sum_{u=0}^{M-1} \sum_{v=0}^{N-1} I(u,v) = \frac{1}{MN} \cdot \sum_{i=0}^{K-1} i \cdot h(i) \tag{3.11}$$

entweder direkt aus den Bildelementen $I(u,v)$ oder indirekt aus dem Histogramms h (der Größe K) berechnet werden kann. $MN = \sum_i h(i)$ ist wie oben die Anzahl der Bildelemente.

Analog dazu lässt sich auch die *Varianz* des Bilds durch

$$\sigma_I^2 = \frac{1}{MN} \cdot \sum_{u=0}^{M-1} \sum_{v=0}^{N-1} \left[I(u,v) - \mu_I\right]^2 = \frac{1}{MN} \cdot \sum_{i=0}^{K-1} (i - \mu_I)^2 \cdot h(i) \tag{3.12}$$

indirekt aus dem Histogramm ermitteln.Wie man jeweils im rechten Teil von Gl. 3.11 und 3.12 sieht, ist bei der Berechnung über das Histogramm kein Zugriff auf die ursprünglichen Pixelwerte notwendig.

Gleichung 3.12 setzt voraus, dass vor der Berechnung der Varianz der arithmetische Mittelwert μ_I bereits bestimmt wurde. Dies ist allerdings nicht notwendig, denn Mittelwert und Varianz können auch mit nur *einer* gemeinsamen Iteration über die Elemente des Bilds bzw. des Histogramms ermittelt werden, nämlich in der Form

$$\mu_I = \frac{1}{MN} \cdot A \qquad \text{und} \tag{3.13}$$

$$\sigma_I^2 = \frac{1}{MN} \cdot \left(B - \frac{1}{MN} \cdot A^2 \right), \tag{3.14}$$

mit den Größen

$$A = \sum_{u=0}^{M-1} \sum_{v=0}^{N-1} I(u,v) \;\; = \sum_{i=0}^{K-1} i \cdot \mathsf{h}(i), \tag{3.15}$$

$$B = \sum_{u=0}^{M-1} \sum_{v=0}^{N-1} I^2(u,v) = \sum_{i=0}^{K-1} i^2 \cdot \mathsf{h}(i). \tag{3.16}$$

Die Formulierung in Gl. 3.13–3.16 hat auch den technischen Vorteil, dass die Summen mit ganzzahligen Werten berechnet werden können (im Unterschied zu Gl. 3.12, wo Gleitkommawerte summiert werden müssen).

3.7.2 Median

Auch der *Median* eines Bilds kann leicht aus dem Histogramm berechnet werden. Dieser ist definiert als jener Pixelwert, der einerseits größer als eine Hälfte aller Bildwerte ist und gleichzeitig kleiner als die andere Hälfte, also genau „in der Mitte" aller Werte liegt.[7]

Um den Median für ein Bild der Größe MN aus dem zugehörigen Histogramm zu bestimmen, genügt es daher jenen Index i zu finden, der das Histogramm so in zwei Hälften teilt, dass die Summen der Histogrammeinträge links und rechts von i annähernd gleich sind. Anders formuliert ist dies der kleinste Index i, wo die Summe aller Histogrammeinträge unterhalb von i annähernd der Hälfte aller Bildelemente entspricht, d. h.,

$$m_I = \min\left\{ i \mid \sum_{j=0}^{i} \mathsf{h}(j) \geq \frac{MN}{2} \right\}. \tag{3.17}$$

Da $\sum_{i=0}^{i} \mathsf{h}(j) = \mathsf{H}(i)$ (s. Gl. 3.7), lässt sich der Median noch einfacher in der Form

$$m_I = \min\left\{ i \mid \mathsf{H}(i) \geq \frac{MN}{2} \right\} \tag{3.18}$$

aus dem *kumulativen* Histogramm H (siehe Gl. 3.7) bestimmen.

---

[7] Eine alternative Definition des Medians findet sich in Abschn. 5.4.2.

3.8 Aufgaben

Aufg. 3.1. In Prog. 3.3 sind B und K konstant. Überlegen Sie, warum es dennoch nicht sinnvoll ist, den Wert von B/K außerhalb der Schleifen im Voraus zu berechnen.

Aufg. 3.2. Erstellen Sie ein ImageJ-Plugin, das von einem 8-Bit-Grauwertbild das kumulative Histogramm berechnet und als neues Bild darstellt, ähnlich zu $h(i)$ in Abb. 3.13. *Hinweis:* Verwenden Sie zunächst die Methode `int[] getHistogram()` der Klasse `ImageProcessor`, um das Histogramm des aktuellen Bilds zu ermitteln, und berechnen Sie im resultierenden Array das kumulative Histogramm „in-place" nach Gl. 3.8. Erzeugen Sie ein neues (leeres) Bild von passender Größe (e. g., 256×150) und tragen Sie darin das skalierte Histogramm als schwarze, vertikale Balken ein, so dass der Maximaleintrag exakt die verfügbare Bildhöhe einnimmt. Das Beispiel-Plugin in Prog. 3.4 zeigt, wie ein neues Bild erzeugt und dargestellt werden kann.

Aufg. 3.3. Entwickeln Sie ein Verfahren für nichtlineares Binning mithilfe einer Tabelle der Intervallgrenzen a_i (Gl. 3.2).

Aufg. 3.4. Erstellen Sie ein Plugin, das ein zufälliges Bild mit gleichverteilten Pixelwerten im Bereich $[0, 255]$ erzeugt. Verwenden Sie dazu die Java-Methode `Math.random()` und überprüfen Sie mittels des Histogramms, wie weit die Pixelwerte tatsächlich gleichverteilt sind.

Aufg. 3.5. Erstellen Sie ein ImageJ-Plugin, dass ein Bild mit Gauß-verteilten Zufallswerten erzeugt, und zwar mit Mittelwert $\mu = 128$ und Standardabweichung $\sigma = 50$. Verwenden Sie dazu die Java-Methode `double Random.nextGaussian()`, die Gauß-verteilte Zufallswerte mit $\mu = 0$ und $\sigma = 1$ erzeugt, und skalieren Sie diese auf die gewünschten Pixelwerte. Stellen Sie fest, ob das resultierende Histogramm tatsächlich dieser Gaußverteilung entspricht.

Aufg. 3.6. Implementieren Sie die Berechnung des arithmetischen Mittelwerts μ_I und der Varianz σ_I^2 eines Bilds aus dem zugehörigen Histogram h (siehe Abschn. 3.7.1). Vergleichen Sie die Ergebnisse mit den von ImageJ angezeigten Parametern (sie sollten *exakt* übereinstimmen).

Programm 3.4

Beispiel zur Erzeugung und Anzeige eines neuen Bilds (ImageJ-Plugin). In Zeile 21) wird ein neues Bild (`hip`) vom Typ `ByteProcessor` (8-Bit Grauwertbild) erzeugt und anschließend weiß gefüllt. Zu diesem Zeitpunkt hat `hip` noch keine Bildschirmdarstellung und ist daher nicht sichtbar. In Zeile 34 wird dafür ein zugehöriges `ImagePlus`-Objekt erzeugt und durch Aufruf der `show()`-Methode dargestellt. Man beachte, dass der Titel des aktuellen Bilds (Zeile 30) nur im zugehörigen `ImagePlus`-Objekt verfügbar ist, das wiederum nur über die `setup()`-Methode referenziert werden kann (Zeile 11).

```java
 1  import ij.ImagePlus;
 2  import ij.plugin.filter.PlugInFilter;
 3  import ij.process.ByteProcessor;
 4  import ij.process.ImageProcessor;
 5
 6  public class Create_New_Image implements PlugInFilter {
 7
 8    ImagePlus im;
 9
10    public int setup(String arg, ImagePlus im) {
11      this.im = im;
12      return DOES_8G + NO_CHANGES;
13    }
14
15    public void run(ImageProcessor ip) {
16      // obtain the histogram of ip:
17      int[] hist = ip.getHistogram();
18      int K = hist.length;
19
20      // create the histogram image:
21      ImageProcessor hip = new ByteProcessor(K, 100);
22      hip.setValue(255); // white = 255
23      hip.fill();
24
25      // draw the histogram values as black bars in hip here,
26      // for example, using hip.putpixel(u, v, 0)
27      // ...
28
29      // compose a nice title:
30      String imTitle = im.getShortTitle();
31      String histTitle = "Histogram of " + imTitle;
32
33      // display the histogram image:
34      ImagePlus him = new ImagePlus(title, hip);
35      him.show();
36    }
37
38  }
```

4

Punktoperationen

Als Punktoperationen bezeichnet man Operationen auf Bilder, die nur die Werte der einzelnen Bildelemente betreffen und keine Änderungen der Größe, Geometrie oder der lokalen Bildstruktur nach sich ziehen. Jeder neue Pixelwert b ist ausschließlich abhängig vom ursprünglichen Pixelwert $a = I(u,v)$ an der selben Position und damit *unabhängig* von den Werten anderer, insbesondere benachbarter Pixel. Der neue Pixelwert wird durch eine Funktion $f(\cdot)$ bestimmt, d. h.

$$b = f\big(I(u,v)\big) \qquad \text{oder} \qquad b = f(a). \qquad (4.1)$$

Wenn – wie in diesem Fall – die Funktion f auch unabhängig von den Bildkoordinaten ist, also für jede Bildposition gleich ist, dann bezeichnet man die Operation als *homogen*. Typische Beispiele für homogene Punktoperationen sind

- Änderungen von Kontrast und Helligkeit,
- Anwendung von beliebigen Helligkeitskurven,
- das Invertieren von Bildern,
- das Quantisieren der Bildhelligkeit in grobe Stufen (Poster-Effekt),
- eine Schwellwertbildung,
- Gammakorrektur,
- Farbtransformationen,
- usw.

Wir betrachten nachfolgend einige dieser Beispiele im Detail.

Eine *nicht*homogene Punktoperation $g(\cdot)$ würde demgegenüber zusätzlich die Bildkoordinaten (u,v) berücksichtigen, d. h.

$$b = g\big(I(u,v), u, v\big) \qquad \text{oder} \qquad b = f(a, u, v). \qquad (4.2)$$

Eine häufige Anwendung nichthomogener Operationen ist z. B. die selektive Kontrast- oder Helligkeitsanpassung, etwa um eine ungleichmäßige Beleuchtung bei der Bildaufnahme auszugleichen.

ImageJ-Plugin-Code für eine Punkt-operation zur Kontrasterhöhung um 50% (`Raise_Contrast`). Man beachte, dass in Zeile 8 die Multiplikation eines ganzzahligen Pixelwerts (vom Typ `int`) mit der Konstante 1.5 (implizit vom Typ `double`) ein Ergebnis vom Typ `double` erzeugt. Daher ist ein expliziter *Typecast* „`(int)`" für die Zuweisung auf die `int`-Variable b notwendig. In Zeile 8 wird außerdem die Konstante 0.5 addiert, um die Werte auf einfache Weise (und ohne Methodenaufruf) zu runden.

```
1   public void run(ImageProcessor ip) {
2     int w = ip.getWidth();
3     int h = ip.getHeight();
4
5     for (int v = 0; v < h; v++) {
6       for (int u = 0; u < w; u++) {
7         int a = ip.get(u, v);
8         int b = (int) (a * 1.5 + 0.5);
9         if (b > 255)
10          b = 255;    // clamp to maximum value
11        ip.set(u, v, b);
12      }
13    }
14  }
```

4.1 Änderung der Bildintensität

4.1.1 Kontrast und Helligkeit

Dazu gleich ein Beispiel: Die Erhöhung des Bildkontrasts um 50% (d. h. um den Faktor 1.5) oder das Anheben der Helligkeit um 10 Stufen entspricht einer homogenen Punktoperation mit der Funktion

$$f_{\mathrm{contr}}(a) = a \cdot 1.5 \qquad \text{bzw.} \qquad f_{\mathrm{bright}}(a) = a + 10 \,. \tag{4.3}$$

Die Umsetzung der Kontrasterhöhung $f_{\mathrm{contr}}(a)$ als ImageJ-Plugin ist in Prog. 4.1 gezeigt, wobei dieser Code natürlich leicht für beliebige Punkt-operationen angepasst werden kann. Eine Rundung auf den nächsten ganzzahligen Wert wird in diesem Fall durch einfache Addition von 0.5 vor dem `(int)`-Typecast erreicht (Zeile 8). Das funktioniert allerdings nur für positive Werte, im Allgemeinen sollte man dafür eine der eingebauten Rundungsmethoden (aus `java.lang.Math`) verwenden. Man beachte auch die Verwendung der effizienteren Zugriffsmethoden `get()` und `set()` (anstelle von `getPixel()` bzw. `setPixel()`).[1]

4.1.2 Beschränkung der Ergebniswerte (*clamping*)

Bei der Umsetzung von Bildoperationen muss berücksichtigt werden, dass der vorgegebene Wertebereich für Bildpixel beschränkt ist (bei 8-Bit-Grauwertbildern auf $[0, 255]$) und die berechneten Ergebnisse möglicherweise außerhalb dieses Wertebereichs liegen. Um das zu vermeiden, ist in Prog. 4.1 (Zeile 10) die Anweisung

```
if (b > 255) b = 255;
```

vorgesehen, die alle höheren Ergebniswerte auf den Maximalwert 255 begrenzt. Dieser Vorgang wird häufig als „Clamping" bezeichnet. Genauso

---

[1] Siehe auch Abschn. F.2.3 im Anhang.

sollte man i. Allg. auch die Ergebnisse nach „unten" (auf den Minimalwert 0) begrenzen und damit verhindern, dass Pixelwerte unzulässigerweise negativ werden, etwa durch die Anweisung

```
if (b < 0) b = 0;
```

In Prog. 4.1 ist dieser zweite Schritt allerdings nicht notwendig, da ohnehin nur positive Ergebniswerte entstehen können.

4.1.3 Invertieren von Bildern

Bilder zu invertieren ist eine einfache Punktoperation, die einerseits die Ordnung der Pixelwerte (durch Multiplikation mit -1) umkehrt und andererseits durch Addition eines konstanten Intensitätswerts dafür sorgt, dass das Ergebnis innerhalb des erlaubten Wertebereichs bleibt. Für ein Bildelement $a = I(u, v)$ mit dem Wertebereich $[0, a_{max}]$ ist die zugehörige Operation daher

$$f_{inv}(a) = -a + a_{max} = a_{max} - a. \tag{4.4}$$

Die Inversion eines 8-Bit-Grauwertbilds mit $a_{max} = 255$ war Aufgabe unseres ersten Plugin-Beispiels in (Prog. 2.1). Ein „clamping" war in diesem Fall übrigens nicht notwendig, da sichergestellt ist, dass der erlaubte Wertebereich nicht verlassen wird. In ImageJ ist diese Operation für Objekte vom Typ `ImageProcecessor` durch die Methode `invert()` implementiert und im Menu unter Edit ▷ Invert zu finden. Das Histogramm wird übrigens beim Invertieren eines Bilds gespiegelt, wie Abb. 4.5 (c) zeigt.

4.1.4 Schwellwertoperation (*thresholding*)

Eine Schwellwertoperation ist eine spezielle Form der Quantisierung, bei der die Bildwerte in zwei Klassen getrennt werden, abhängig von einem vorgegebenen Schwellwert („threshold value") q. Alle Pixel werden in dieser Punktoperation einem von zwei fixen Intensitätswerten a_0 oder a_1 zugeordnet, d. h.

$$f_{threshold}(a) = \begin{cases} a_0 & \text{für } a < q, \\ a_1 & \text{für } a \geq q, \end{cases} \tag{4.5}$$

wobei $0 < q \leq a_{max}$. Eine häufige Anwendung ist die Binarisierung von Grauwertbildern mit $a_0 = 0$ und $a_1 = 1$.

In ImageJ gibt es zwar einen eigenen Datentyp für Binärbilder (`BinaryProcessor`), diese sind aber intern – wie gewöhnliche Grauwertbilder – als 8-Bit-Bilder mit den Pixelwerten 0 und 255 implementiert. Für die Binarisierung in ein derartiges Bild mit einer Schwellwertoperation wäre daher $a_0 = 0$ und $a_1 = 255$ zu setzen. Ein entsprechendes Beispiel ist in Abb. 4.1 gezeigt, wie auch das in ImageJ unter Image ▷ Adjust ▷ Threshold verfügbare Tool. Die Auswirkung einer Schwellwertoperation auf das Histogramm ist klarerweise, dass die gesamte Verteilung in zwei Einträge an den Stellen a_0 und a_1 aufgeteilt wird, wie in Abb. 4.2 dargestellt.

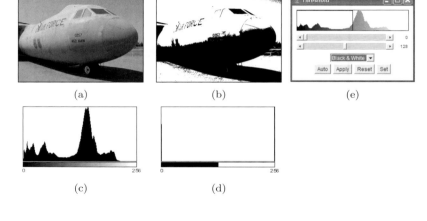

(a) (b) (e)

(c) (d)

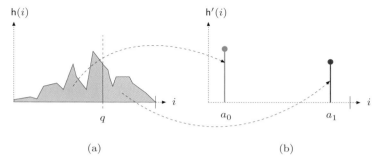

(a) (b)

4.2 Punktoperationen und Histogramme

Wir haben bereits in einigen Fällen gesehen, dass die Auswirkungen
von Punktoperationen auf das Histogramm relativ einfach vorherzuse-
hen sind. Eine Erhöhung der Bildhelligkeit verschiebt beispielsweise das
gesamte Histogramm nach rechts, durch eine Kontrasterhöhung wird das
Histogramm breiter, das Invertieren des Bilds bewirkt eine Spiegelung
des Histogramms usw. Obwohl diese Vorgänge so einfach (vielleicht sogar
trivial?) erscheinen, mag es nützlich sein, sich den Zusammenhang zwischen Punktoperationen und den dadurch verursachten Veränderungen
im Histogramm nochmals zu verdeutlichen.

Wie die Grafik in Abb. 4.3 zeigt, gehört zu jedem Eintrag (Balken)
im Histogramm an der Stelle i eine Menge (der Größe $h(i)$) mit genau
jenen Bildelementen, die den Pixelwert i aufweisen.[2] Wird infolge einer
Punktoperation eine bestimmte Histogrammlinie verschoben, dann verändern sich natürlich auch alle Elemente der zugehörigen Pixelmenge,
bzw. umgekehrt. Was passiert daher, wenn aufgrund einer Operation

---

[2] Das gilt in der Form natürlich nur für Histogramme, in denen jeder mögliche
Intensitätswert einen Eintrag hat, d. h. nicht für Histogramme, die durch
Binning (Abschn. 3.4.1) berechnet wurden.

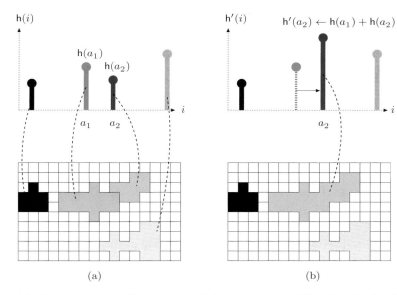

Abbildung 4.3
Histogrammeinträge entsprechen
Mengen von Bildelementen. Wenn
eine Histogrammlinie sich aufgrund
einer Punktoperation verschiebt,
dann werden alle Pixel der entsprechenden Menge in gleicher Weise
modifiziert (a). Sobald dabei zwei
Histogrammlinien $h(a_1)$, $h(a_2)$ zusammenfallen, vereinigen sich die
zugehörigen Pixelmengen und werden
ununterscheidbar (b).

zwei bisher getrennte Histogrammlinien zusammenfallen? – die beiden
zugehörigen Pixelmengen *vereinigen* sich und der gemeinsame Eintrag
im Histogramm ist die Summe der beiden bisher getrennten Einträge.
Die Elemente in der vereinigten Menge sind ab diesem Punkt nicht mehr
voneinander unterscheidbar oder trennbar, was uns zeigt, dass mit diesem Vorgang ein (möglicherweise unbeabsichtigter) Verlust von Dynamik
und Bildinformation verbunden ist.

4.3 Automatische Kontrastanpassung

Ziel der automatischen Kontrastanpassung („Auto-Kontrast") ist es, die
Pixelwerte eines Bilds so zu verändern, dass der gesamte verfügbare Wertebereich abgedeckt wird. Dazu wird das aktuell dunkelste Pixel auf den
niedrigsten, das hellste Pixel auf den höchsten Intensitätswert abgebildet
und alle dazwischenliegenden Pixelwerte linear verteilt.

Nehmen wir an, a_{low} und a_{high} ist der aktuell kleinste bzw. größte
Pixelwert in einem Bild I, das über einen maximalen Intensitätsbereich $[a_{min}, a_{max}]$ verfügt. Um den gesamten Intensitätsbereich abzu-
decken, wird zunächst der kleinste Pixelwert a_{low} auf den Minimalwert
abgebildet und nachfolgend der Bildkontrast um den Faktor $(a_{max} -
a_{min})/(a_{high} - a_{low})$ erhöht (siehe Abb. 4.4). Die einfache Auto-Kontrast-
Funktion ist daher definiert als

$$f_{ac}(a) = a_{min} + (a - a_{low}) \cdot \frac{a_{max} - a_{min}}{a_{high} - a_{low}} , \qquad (4.6)$$

vorausgesetzt natürlich $a_{high} \neq a_{low}$, d.h., das Bild weist mindestens
zwei unterschiedliche Pixelwerte auf. Für ein 8-Bit-Grauwertbild, mit

Abbildung 4.4
Auto-Kontrast-Operation nach
Gl. 4.6. Pixelwerte a im In-
tervall $[a_{\text{low}}, a_{\text{high}}]$ werden linear auf Werte a' im Inter-
vall $[a_{\text{min}}, a_{\text{max}}]$ abgebildet.

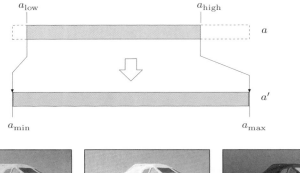

Abbildung 4.5
Auswirkung der Auto-Kontrast-
Operation und Inversion auf das
Histogramm. Originalbild und zu-
gehöriges Histogramm (a), Ergeb-
nis nach Anwendung der Auto-
Kontrast-Operation (b) und der
Inversion des Bilds (c). Die Histo-
gramme sind linear (schwarz) und
logarithmisch (grau) dargestellt.

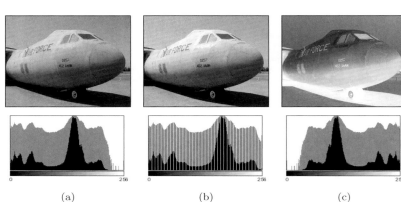

(a)   (b)   (c)

$a_{\text{min}} = 0$ und $a_{\text{max}} = 255$, vereinfacht sich die Funktion in Gl. 4.6 zu

$$f_{\text{ac}}(a) = (a - a_{\text{low}}) \cdot \frac{255}{a_{\text{high}} - a_{\text{low}}} \ . \tag{4.7}$$

Der Bereich $[a_{\text{min}}, a_{\text{max}}]$ muss nicht dem maximalen Wertebereich entsprechen, sondern kann grundsätzlich ein beliebiges Intervall sein, den
das Ergebnisbild abdecken soll. Natürlich funktioniert die Methode auch
dann, wenn der Kontrast auf einen kleineren Bereich zu reduzieren ist.
Abb. 4.5 (b) zeigt die Auswirkungen einer Auto-Kontrast-Operation auf
das zugehörige Histogramm, in dem die lineare Streckung des ursprünglichen Wertebereichs durch die regelmäßig angeordneten Lücken deutlich
wird.

4.4 Modifizierte Auto-Kontrast-Funktion

In der Praxis kann die Formulierung in Gl. 4.6 dazu führen, dass durch
einzelne Pixel mit extremen Werten die gesamte Intensitätsverteilung
stark verändert wird. Das lässt sich weitgehend vermeiden, indem man
einen fixen Prozentsatz $(p_{\text{low}}, p_{\text{high}})$ der Pixel am oberen bzw. unteren
Ende des Wertebereichs in „Sättigung" gehen lässt, d. h. auf die beiden
Extremwerte abbildet. Dazu bestimmen wir die zwei zugehörigen Grenz-
werte a'_{low}, a'_{high} so, dass im gegebenen Bild I ein bestimmter Anteil

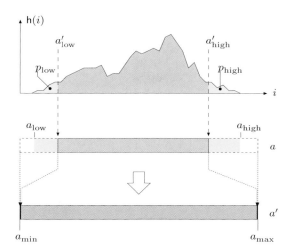

Abbildung 4.6
Modifizierte Auto-Kontrast Operation (Gl. 4.10). Ein gewisser Prozentsatz (p_{low}, p_{high}) der Bildpixel – dargestellt als entsprechende Flächen am linken bzw. rechten Rand des Histogramms $h(i)$ – wird auf die Extremwerte abgebildet („gesättigt"), die dazwischenliegenden Werte ($a = a'_{low}, \ldots, a'_{high}$) werden linear auf das Intervall $a_{min}, \ldots, a_{max}$ verteilt.

(Quantil) von p_{low} aller Pixel kleiner als a'_{low} und ein Anteil p_{high} der Pixel größer als a'_{high} ist (Abb. 4.6). Die Werte für a'_{low}, a'_{high} sind vom gegebenen Bildinhalt abhängig und können auf einfache Weise aus dem kumulativen Histogramm[3] $H(i)$ des Ausgangsbilds I berechnet werden:

$$a'_{low} = \min\{\, i \mid H(i) \geq M \cdot N \cdot p_{low}\}, \tag{4.8}$$

$$a'_{high} = \max\{\, i \mid H(i) \leq M \cdot N \cdot (1 - p_{high})\}, \tag{4.9}$$

wobei $0 \leq p_{low}, p_{high} \leq 1$, $p_{low} + p_{high} \leq 1$ ($M \cdot N$ ist die Anzahl der Bildelemente im Ausgangsbild I). Alle Pixelwerte *außerhalb* von a'_{low} und a'_{high} werden auf die Extremwerte a_{min} bzw. a_{max} abgebildet, während die dazwischen liegenden Werte von a linear auf das Intervall $[a_{min}, a_{max}]$ skaliert werden. Dadurch wird erreicht, dass sich die Abbildung auf die Schwarz- und Weißwerte nicht nur auf einzelne, extreme Pixelwerte stützt, sondern eine repräsentative Zahl von Bildelementen berücksichtigt. Die Punktoperation für die modifizierte Auto-Kontrast-Operation ist daher

$$f_{mac}(a) = \begin{cases} a_{min} & \text{für } a \leq a'_{low}, \\ a_{min} + \left(a - a'_{low}\right) \cdot \dfrac{a_{max} - a_{min}}{a'_{high} - a'_{low}} & \text{für } a'_{low} < a < a'_{high}, \\ a_{max} & \text{für } a \geq a'_{high}. \end{cases} \tag{4.10}$$

In der Praxis wird meist $p_{low} = p_{high} = p$ angesetzt, mit üblichen Werten im Bereich $p = 0.005, \ldots, 0.015$ ($0.5, \ldots, 1.5\,\%$). Bei der Auto-Kontrast-Operation in *Adobe Photoshop* werden beispielsweise $0.5\,\%$ ($p = 0.005$) aller Pixel an beiden Enden des Intensitätsbereichs gesättigt. Die Auto-Kontrast-Operation ist ein häufig verwendetes Werkzeug und deshalb in praktisch jeder Bildverarbeitungssoftware verfügbar, u. a.

---

[3] Siehe Abschn. 3.6.

auch in ImageJ (Abb. 4.7). Dabei ist, wie auch in anderen Anwendungen üblich, die in Gl. 4.10 gezeigte modifizierte Variante implementiert, wie u. a. im logarithmischen Histogramm in Abb. 4.5 (b) deutlich zu erkennen ist.

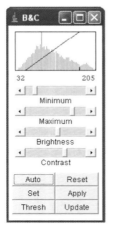
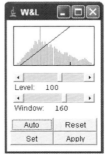

4.5 Linearer Histogrammausgleich

Ein häufiges Problem ist die Anpassung unterschiedlicher Bilder auf eine (annähernd) übereinstimmende Intensitätsverteilung, etwa für die gemeinsame Verwendung in einem Druckwerk oder um sie leichter miteinander vergleichen zu können. Ziel des Histogrammausgleichs ist es, ein Bild durch eine homogene Punktoperation so zu verändern, dass das Ergebnisbild ein gleichförmig verteiltes Histogramm aufweist (Abb. 4.8). Das kann bei diskreten Verteilungen natürlich nur angenähert werden, denn homogene Punktoperationen können (wie im vorigen Abschnitt diskutiert) Histogrammeinträge nur verschieben oder zusammenfügen, nicht aber *trennen*. Insbesondere können dadurch einzelne Spitzen im Histogramm nicht entfernt werden und daher ist eine *echte* Gleichverteilung nicht zu erzielen. Man kann daher das Bild nur so weit verändern, dass das Ergebnis ein *annähernd gleichverteiltes* Histogramm aufweist. Die Frage ist, was eine gute Näherung bedeutet und *welche* Punktoperation – die klarerweise vom Bildinhalt abhängt – dazu führt.

Eine Lösungsidee gibt uns das kumulative Histogramm (Abschn. 3.6), das bekanntlich für eine gleichförmige Verteilung die Form eines linearen Keils aufweist (Abb. 4.8). Auch das geht natürlich nicht exakt, jedoch lassen sich durch eine entsprechende Punktoperation die Histogrammlinien so verschieben, dass sie im kumulativen Histogramm zumindest näherungsweise eine linear ansteigende Funktion bilden (Abb. 4.9).

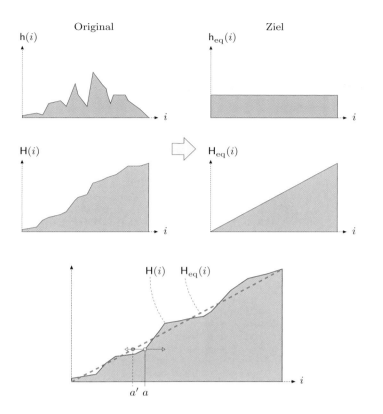

Abbildung 4.8
Idee des Histogrammausgleichs.
Durch eine Punktoperation auf ein
Bild mit dem ursprünglichen Histo-
gramm $h(i)$ soll erreicht werden,
dass das Ergebnis ein gleichverteiltes
Histogramm $h_{eq}(i)$ aufweist (oben).
Das zugehörige kumulative Histo-
gramm $H_{eq}(i)$ wird dadurch keilför-
mig (unten).

Abbildung 4.9
Durch Anwendung einer geeigneten
Punktoperation $a' \leftarrow f_{eq}(a)$ wird
die Histogrammlinie von a so weit
(nach links oder rechts) verschoben,
dass sich ein annähernd keilförmiges
kumulatives Histogramm H_{eq} ergibt.

Die gesuchte Punktoperation $f_{eq}(a)$ ist auf einfache Weise aus dem
kumulativen Histogramm H des ursprünglichen Bilds wie folgt zu berechnen. Für ein Bild mit $M \times N$ Pixel im Wertebereich $[0, K-1]$ ist die
zugehörige Abbildung[4]

$$f_{eq}(a) = \left\lfloor H(a) \cdot \frac{K-1}{M \cdot N} \right\rfloor, \qquad (4.11)$$

Die Funktion $f_{eq}(a)$ in Gl. 4.11 ist monoton steigend, da auch $H(a)$ monoton ist und K, M und N positive Konstanten sind. Ein Ausgangsbild, das bereits eine Gleichverteilung aufweist, sollte durch einen Histogrammausgleich natürlich nicht weiter verändert werden. Auch eine
wiederholte Anwendung des Histogrammausgleichs sollte nach der ersten Anwendung keine weiteren Änderungen im Ergebnis verursachen.
Beides trifft für die Formulierung in Gl. 4.11 zu. Der Java-Code für den
Histogrammausgleich ist in Prog. 4.2 aufgelistet, ein Beispiel für dessen
Anwendung zeigt Abb. 4.10.

Man beachte, dass für „inaktive" Pixelwerte i, d. h. solche, die im
ursprünglichen Bild nicht vorkommen ($h(i) = 0$), die Einträge im kumulativen Histogramm $H(i)$ entweder auch Null sind oder identisch zum

---

[4] Eine mathematische Herleitung findet sich z. B. in [80, S. 173].

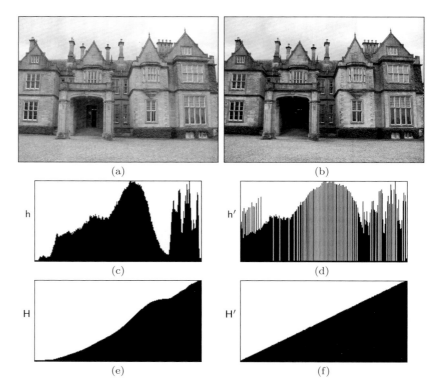

Nachbarwert $H(i-1)$. Bereiche mit aufeinander folgenden Nullwerten
im Histogramm $h(i)$ entsprechen konstanten (d. h. flachen) Bereichen im
kumulativen Histogramm $H(i)$. Die Funktion $f_{eq}(a)$ bildet daher alle „in-
aktiven" Pixelwerte innerhalb eines solchen Intervalls auf den nächsten
niedrigeren „aktiven" Wert ab. Da im Bild aber ohnehin keine solchen Pixel existieren, ist dieser Effekt nicht relevant. Wie in Abb. 4.10 deutlich
sichtbar, kann ein Histogrammausgleich zum Verschmelzen von Histogrammlinien und damit zu einem Verlust an Bilddynamik führen (s. auch
Abschn. 4.2).

Diese oder eine ähnliche Form des Histogrammausgleichs ist in praktisch jeder Bildverarbeitungssoftware implementiert, u. a. auch in ImageJ
unter Process ▷ Enhance Contrast (Equalize-Option). Um extreme Kon-
trasteffekte zu vermeiden, kumuliert ImageJ allerdings normalerweise[5]
dafür die Quadratwurzelwerte der Histogrammeinträge und berechnet
somit ein (gegenüber Gl. 3.7) modifiziertes kumulatives Histogramm der
Form

$$\tilde{H}(i) = \sum_{j=0}^{i} \sqrt{h(j)} \,. \tag{4.12}$$

---

[5] Der „klassische" (lineare) Histogrammausgleich, wie in Gl. 3.7 definiert, wird
verwendet wenn man die Alt-Taste gedrückt hält.

```
1   public void run(ImageProcessor ip) {
2     int M = ip.getWidth();
3     int N = ip.getHeight();
4     int K = 256; // number of intensity values
5
6     // compute the cumulative histogram:
7     int[] H = ip.getHistogram();
8     for (int j = 1; j < H.length; j++) {
9       H[j] = H[j - 1] + H[j];
10    }
11
12    // equalize the image:
13    for (int v = 0; v < N; v++) {
14      for (int u = 0; u < M; u++) {
15        int a = ip.get(u, v);
16        int b = H[a] * (K - 1) / (M * N); // s. Gleichung 4.11
17        ip.set(u, v, b);
18      }
19    }
20  }
```

Programm 4.2
Histogrammausgleich
(`Equalize_Histogram`). Zunächst wird
(in Zeile 7) mit der `ImageProcessor`-
Methode `ip.getHistogram()` das
Histogramm des Bilds `ip` berechnet.
Das kumulative Histogramm wird in-
nerhalb desselben Arrays („in place")
berechnet, basierend auf der rekur-
siven Definition in Gl. 3.8 (Zeile 9).
Die in Gl. 4.11 vorgesehene *floor*-
Operation erfolgt implizit durch die
`int`-Division in Zeile 16.

4.6 Histogrammanpassung (*histogram specification*)

Obwohl weit verbreitet, erscheint das Ziel des im letzten Abschnitt
beschriebenen Histogrammausgleichs – die *Gleichverteilung* der Intensitätswerte – recht willkürlich, da auch perfekt aufgenommene Bilder
praktisch nie eine derartige Verteilung aufweisen. Meistens ist nämlich
die Verteilung der Intensitätswerte nicht einmal annähernd gleichförmig,
sondern ähnelt eher einer Gaußfunktion – sofern überhaupt eine allgemeine Verteilungsform relevant ist. Der lineare Histogrammausgleich liefert daher in der Regel unnatürlich wirkende Bilder und ist in der Praxis
kaum sinnvoll einsetzbar.

Wertvoller ist hingegen die so genannte „Histogrammanpassung"
(*histogram specification*), die es ermöglicht, ein Bild an eine vorgegebene Verteilungsform oder ein bestehendes Histogramm anzugleichen.
Hilfreich ist das beispielsweise bei der Vorbereitung einer Serie von Bildern, die etwa bei unterschiedlichen Aufnahmeverhältnissen oder mit
verschiedenen Kameras entstanden sind, aber letztlich in der Reproduk-
tion ähnlich aussehen sollen.

Der Vorgang der Histogrammanpassung basiert wie der lineare Histogrammausgleich auf der Abstimmung der kumulativen Histogramme
durch eine homogene Punktoperation. Um aber von der Bildgröße (Anzahl der Pixel) unabhängig zu sein, definieren wir zunächst *normalisierte*
Verteilungen, die wir nachfolgend anstelle der Histogramme verwenden.

4.6.1 Häufigkeiten und Wahrscheinlichkeiten

Jeder Eintrag in einem Histogramm beschreibt die beobachtete Häufigkeit des jeweiligen Intensitätswerts – das Histogramm ist daher eine

diskrete *Häufigkeitsverteilung*. Für ein Bild I der Größe $M \times N$ ist die Summe aller Einträge in seinem Histogramm h gleich der Anzahl der Pixel, also

$$\sum_i \mathsf{h}(i) = M \cdot N \, . \tag{4.13}$$

Das zugehörige *normalisierte* Histogramm

$$\mathsf{p}(i) = \frac{\mathsf{h}(i)}{M \cdot N} \, , \quad \text{für } 0 \leq i < K \, , \tag{4.14}$$

wird üblicherweise als *Wahrscheinlichkeitsverteilung*[6] interpretiert, wobei $\mathsf{p}(i)$ die Wahrscheinlichkeit für das Auftreten des Pixelwerts i darstellt. Die Gesamtwahrscheinlichkeit für das Auftreten eines beliebigen Pixelwerts ist 1 und es muss daher auch für die Verteilung p gelten

$$\sum_{i=0}^{K-1} \mathsf{p}(i) = 1 \, . \tag{4.15}$$

Das Pendant zum *kumulativen* Histogramm H (Gl. 3.7) ist die diskrete *Verteilungsfunktion*[7]

$$\mathsf{P}(i) = \frac{\mathsf{H}(i)}{\mathsf{H}(K-1)} = \frac{\mathsf{H}(i)}{M \cdot N} = \sum_{j=0}^{i} \frac{\mathsf{h}(j)}{M \cdot N} = \sum_{j=0}^{i} \mathsf{p}(j), \tag{4.16}$$

für $i = 0, \ldots, K-1$. Die Berechnung der kumulierten Wahrscheinlichkeitsdichte aus einem gegebenen Histogram h ist in Alg. 4.1 gezeigt. Die resultierende Funktion $\mathsf{P}(i)$ ist (wie das kumulative Histogramm) monoton steigend und es gilt insbesondere

$$\mathsf{P}(0) = \mathsf{p}(0) \qquad \text{und} \qquad \mathsf{P}(K-1) = \sum_{i=0}^{K-1} \mathsf{p}(i) = 1 \, . \tag{4.17}$$

Durch diese statistische Formulierung wird die Erzeugung des Bilds implizit alsZufallsprozess[8] modelliert, wobei die tatsächlichen Eigenschaften des zugrunde liegenden Zufallsprozesses meist nicht bekannt sind. Der Prozess wird jedoch in der Regel als *homogen* (unabängig von der Bildposition) angenommen, d. h. jeder Pixelwert $I(u, v)$ ist das Ergebnis eines Zufallsexperiments mit einer einzigen Zufallsvariablen i. Die Häufigkeitsverteilung im Histogramm $\mathsf{h}(i)$ genügt in diesem Fall als (grobe) Schätzung für die Wahrscheinlichkeitsverteilung $\mathsf{p}(i)$ dieser Zufallsvariablen.

---

[6] Auch „Wahrscheinlichkeitsdichtefunktion" oder *probability density function* (p.d.f.).

[7] Auch „kumulierte Wahrscheinlichkeitsdichte" oder *cumulative distribution function* (c.d.f).

[8] Die statistische Modellierung der Bildgenerierung hat eine lange Tradition (siehe z. B. [118, Kap. 2]).

```
1:  Cdf(h)
        Returns the cumulative distribution function $\mathsf{P}(i) \in [0, 1]$ for a given
        histogram $\mathsf{h}(i)$, with $i = 0, \ldots, K-1$.
2:      Let $K \leftarrow \text{Size}(\mathsf{h})$
3:      Let $n \leftarrow \sum_{i=0}^{K-1} \mathsf{h}(i)$
4:      Create map $\mathsf{P} \colon [0, K-1] \mapsto \mathbb{R}$
5:      Let $c \leftarrow 0$
6:      for $i \leftarrow 0, \ldots, K-1$ do
7:          $c \leftarrow c + \mathsf{h}(i)$                    ▷ cumulate histogram values
8:          $\mathsf{P}(i) \leftarrow c/n$
9:      return $\mathsf{P}$.
```

Algorithmus 4.1
Berechnung der kumulierten Wahrscheinlichkeitsdichte $\mathsf{P}()$ aus einem gegebenen Histogramm der Länge K. Siehe Prog. 4.3 (Seite 76) für die zugehörige Java-Implementierung.

4.6.2 Prinzip der Histogrammanpassung

Das Ziel ist, ein Ausgangsbild I_A durch eine homogene Punktoperation so zu modifizieren, dass seine Verteilungsfunktion P_A mit der Verteilungsfunktion P_R eines gegebenen *Referenzbilds* I_R möglichst gut übereinstimmt. Wir suchen also wiederum nach einer Funktion

$$a' = f_{\mathrm{hs}}(a) \tag{4.18}$$

für eine Punktoperation, die durch Anwendung auf die Pixelwerte a des Ausgangsbilds I_A ein neues Bild I'_A mit den Pixelwerten a' erzeugt, so dass seine Verteilungsfunktion P'_A mit der des Referenzbilds übereinstimmt, d. h.

$$\mathsf{P}'_A(i) \approx \mathsf{P}_R(i), \quad \text{für } 0 \le i < K. \tag{4.19}$$

Wie in Abb. 4.11 grafisch dargestellt, finden wir die gesuchte Abbildung f_{hs} durch Kombination der beiden Verteilungsfunktionen P_R und P_A.[9] Zu einem gegebenen Pixelwert a im Ausgangsbild ermittelt sich der zugehörige neue Pixelwert a' durch

$$a' = \mathsf{P}_R^{-1}\big(\mathsf{P}_A(a)\big) = \mathsf{P}_R^{-1}(b) \tag{4.20}$$

und die Abbildung f_{hs} (Gl. 4.18) ergibt sich daraus in der einfachen Form

$$f_{\mathrm{hs}}(a) = \mathsf{P}_R^{-1}\big(\mathsf{P}_A(a)\big), \quad \text{für } 0 \le a < K. \tag{4.21}$$

Dies setzt natürlich voraus, dass $\mathsf{P}_R(i)$ invertierbar ist, d. h., dass die Funktion $\mathsf{P}_R^{-1}(b)$ für $b \in [0, 1]$ existiert.

4.6.3 Stückweise lineare Referenzverteilung

Liegt die Referenzverteilung P_R als kontinuierliche, invertierbare Funktion vor, dann ist die Abbildung f_{hs} ohne weiteres mit Gl. 4.21 zu berechnen. In der Praxis wird die Verteilung oft als stückweise lineare Funktion $\mathsf{P}_L(i)$ vorgegeben, die wir z. B. als Folge von $N + 1$ Koordinatenpaaren

---

[9] Für Details s. [80, S. 180].

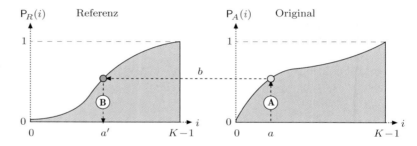

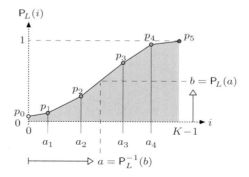

Abbildung 4.11
Prinzip der Histogrammanpassung. Gegeben ist eine Referenzverteilung P_R (links) und die Verteilungsfunktion P_A (rechts) für das Ausgangsbild I_A. Gesucht ist die Abbildung $f_{\text{hs}}\colon a \to a'$, die für jeden ursprünglichen Pixelwert a im Ausgangsbild I_A den modifizierten Pixelwert a' bestimmt. Der Vorgang verläuft in zwei Schritten: Ⓐ Für den Pixelwert a wird zunächst in der rechten Verteilungsfunktion $b = P_A(a)$ bestimmt. Ⓑ a' ergibt sich dann durch die Inverse der linken Verteilungsfunktion als $a' = P_R^{-1}(b)$. Insgesamt ist das Ergebnis daher $f_{\text{hs}}(a) = a' = P_R^{-1}\big(P_A(a)\big)$.

$$L = \big(\langle a_0, p_0\rangle, \langle a_1, p_1\rangle, \ldots, \langle a_k, p_k\rangle, \ldots, \langle a_N, p_N\rangle\big),$$

bestehend aus den Intensitätswerten a_k und den zugehörigen kumulativen Wahrscheinlichkeiten p_k, spezifizieren können. Dabei gilt $0 \le a_k < K$, $a_k < a_{k+1}$ sowie $0 \le p_k < 1$. Zusätzlich fixieren wir die beiden Endpunkte $\langle a_0, p_0\rangle$ bzw. $\langle a_N, p_N\rangle$ mit

$$\langle 0, p_0\rangle \qquad \text{bzw.} \qquad \langle K-1, 1\rangle.$$

Für die Invertierbarkeit muss die Funktion streng monoton steigend sein, d. h. $p_k < p_{k+1}$, für $0 \le k < N$. Abb. 4.12 zeigt ein Beispiel für eine solche Funktion, die durch $N = 5$ variable Punkte $(p_0, \ldots, p_4)$ und den fixen Endpunkt (p_5) spezifiziert ist und damit aus $N = 5$ linearen Abschnitten besteht. Durch Einfügen zusätzlicher Polygonpunkte kann die Verteilungsfunktionen natürlich beliebig genau spezifiziert werden.

Abbildung 4.12
Stückweise lineare Verteilungsfunktion. $P_L(i)$ ist spezifiziert durch die $N = 5$ einstellbaren Stützwerte $\langle 0, p_0\rangle, \langle a_1, p_1\rangle, \ldots, \langle a_4, p_4\rangle$, mit $a_k < a_{k+1}$ und $p_k < p_{k+1}$. Zusätzlich ist der obere Endpunkt mit $\langle K - 1, 1\rangle$ fixiert.

Die kontinuierlichen Zwischenwerte dieser Verteilungsfunktion ergeben sich durch lineare Interpolation in der Form

$$P_L(i) = \begin{cases} p_m + (i - a_m) \cdot \dfrac{(p_{m+1} - p_m)}{(a_{m+1} - a_m)} & \text{für } 0 \le i < K-1, \\ 1 & \text{für } i = K-1. \end{cases} \tag{4.22}$$

Dabei ist $m = \max\big\{j \in \{0, \ldots, N-1\} \mid a_j \le i\big\}$ der Index jenes Polygonsegments $\langle a_m, p_m\rangle \to \langle a_{m+1}, p_{m+1}\rangle$, das die Position i überdeckt. In dem in Abb. 4.12 gezeigten Beispiel liegt etwa der Punkt a innerhalb des Segments mit dem Startpunkt $\langle a_2, p_2 \rangle$, also ist $m = 2$.

Zur Histogrammanpassung benötigen wir nach Gl. 4.21 die inverse Verteilungsfunktion $\mathsf{P}_L^{-1}(b)$ für $b \in [0, 1]$. Wir sehen am Beispiel in Abb. 4.12, dass die Funktion $\mathsf{P}_L(i)$ für Werte $b < \mathsf{P}_L(0)$ im Allgemeinen nicht invertierbar ist. Wir behelfen uns damit, dass wir alle Werte $b < \mathsf{P}_L(0)$ auf $i = 0$ abbilden, und erhalten so die zu Gl. 4.22 (quasi-)inverse Verteilungsfunktion:

$$
\mathsf{P}_L^{-1}(b) = \begin{cases} 0 & \text{für } 0 \le b < \mathsf{P}_L(0), \\ a_n + (b - p_n) \cdot \dfrac{(a_{n+1} - a_n)}{(p_{n+1} - p_n)} & \text{für } \mathsf{P}_L(0) \le b < 1, \\ K - 1 & \text{für } b \ge 1. \end{cases} \tag{4.23}
$$

Dabei ist $n = \max\{ j \in \{0, \ldots, N-1\} \mid p_j \le b \}$ der Index jenes Linearsegments $\langle a_n, p_n \rangle \rightarrow \langle a_{n+1}, p_{n+1} \rangle$, das den Argumentwert b überdeckt. Die Berechnung der für die Histogrammanpassung notwendigen Abbildung f_{hs} für ein gegebenes Bild mit der Verteilungsfunktion P_A erfolgt schließlich analog zu Gl. 4.21 durch

$$
f_{\text{hs}}(a) = \mathsf{P}_L^{-1}\big(\mathsf{P}_A(a)\big), \quad \text{für } 0 \le a < K. \tag{4.24}
$$

Ein konkretes Beispiel für die Histogrammanpassung mit einer stückweise linearen Verteilungsfunktion ist in Abb. 4.14 (s. Abschn. 4.6.5) gezeigt.

4.6.4 Anpassung an ein spezifisches Histogamm

Bei der Anpassung an ein spezifisches Histogramm ist die vorgegebene Verteilungsfunktion (Referenz) $\mathsf{P}_R(i)$ nicht stetig und kann daher im Allgemeinen nicht invertiert werden. Gibt es beispielsweise Lücken im Histogramm, also Pixelwerte k mit Wahrscheinlichkeit $\mathsf{p}(k) = 0$, dann weist die zugehörige Verteilungsfunktion P (wie auch das kumulative Histogramm) flache Stellen mit konstanten Funktionswerten auf, an denen die Funktion nicht invertierbar ist.

Im Folgenden beschreiben wir ein einfaches Verfahren zur Histogrammanpassung, das im Unterschied zu Gl. 4.21 mit diskreten Verteilungen arbeitet. Die grundsätzliche Idee ist zunächst in Abb. 4.13 veranschaulicht. Die Berechnung der Abbildung f_{hs} erfolgt hier nicht durch Invertieren, sondern durch schrittweises „Ausfüllen" der Verteilungsfunktion $\mathsf{P}_R(i)$. Dabei wird, beginnend bei $i = 0$, für jeden Pixelwert i des Ausgangsbilds I_A der zugehörige Wahrscheinlichkeitswert $\mathsf{p}_A(i)$ von rechts nach links und Schicht über Schicht innerhalb der Referenzverteilung P_R aufgetragen. Die Höhe jedes horizontal aufgetragenen Balkens entspricht der aus dem Originalhistogramm berechneten Wahrscheinlichkeit $\mathsf{p}_A(i)$. Der Balken für einen bestimmten Grauwert a mit der Höhe $\mathsf{p}_A(a)$ läuft also nach links bis zu jener Stelle a', an der die

Algorithmus 4.2
Histogrammanpassung mit einer
stückweise linearen Referenzverteilung. Gegeben ist das Histogramm
h des Originalbilds und eine stückweise lineare Referenzverteilung
L, bestehend aus einer Folge von
N Stützpunkten. Zurückgegeben
wird eine diskrete Abbildung für
die entsprechende Punktoperation.

1: **MatchPiecewiseLinearHistogram**(h, L)

   h: histogram of the original image I;

   L: reference distribution function, given as a sequence of $N{+}1$ control points $L = [\langle a_0, p_0 \rangle, \langle a_1, p_1 \rangle, \ldots, \langle a_N, p_N \rangle]$, with $0 \le a_k < K$, $0 \le p_k \le 1$, and $p_k < p_{k+1}$.

   Returns a discrete pixel mapping function $f_{\mathrm{hs}}(a)$ for modifying the original image I.

2:   $N \leftarrow \mathsf{Size}(L) + 1$

3:   Let $K \leftarrow \mathsf{Size}(\mathsf{h})$

4:   Let $\mathsf{P} \leftarrow \mathrm{CDF}(\mathsf{h})$ ▷ cdf for h (Alg. 4.1)

5:   Create map $f_{\mathrm{hs}} \colon [0, K{-}1] \mapsto \mathbb{R}$ ▷ function f_{hs}

6:   **for** $a \leftarrow 0 \ldots (K{-}1)$ **do**

7:      $b \leftarrow \mathsf{P}(a)$

8:      **if** $(b \le p_0)$ **then**

9:         $a' \leftarrow 0$

10:     **else if** $(b \ge 1)$ **then**

11:        $a' \leftarrow K{-}1$

12:     **else**

13:        $n \leftarrow N{-}1$

14:        **while** $(n \ge 0) \wedge (p_n > b)$ **do**   ▷ find line segment in L

15:           $n \leftarrow n - 1$

16:        $a' \leftarrow a_n + (b - p_n) \cdot \dfrac{(a_{n+1} - a_n)}{(p_{n+1} - p_n)}$ ▷ see Eqn. 4.23

17:     $f_{\mathrm{hs}}[a] \leftarrow a'$

18:   **return** f_{hs}.

Abbildung 4.13
Diskrete Histogrammanpassung. Die
kumulative Referenzverteilung P_R
(links) wird schichtenweise von unten nach oben und von rechts nach
links „befüllt". Dabei wird für jeden
Pixelwert a des Ausgangsbilds I_A der
zugehörige Wahrscheinlichkeitswert
$\mathsf{p}_A(a)$ (rechts) als horizontaler Balken
unterhalb der Verteilung P_R aufgetragen. Der Balken mit der Höhe
$\mathsf{p}_A(a)$ wird von rechts nach links gezogen bis zur Stelle a', an der die
Verteilungsfunktion P_R erreicht wird.
a' ist das gesuchte Ergebnis der Abbildung $f_{\mathrm{hs}}(a)$, die anschließend auf
das Ausgangsbild I_A anzuwenden ist.

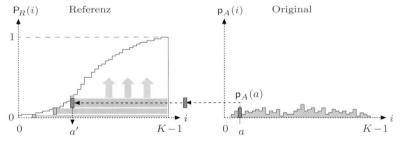

Verteilungsfunktion P_R erreicht wird. Diese Position a' entspricht dem zu a gehörigen neuen Pixelwert.

Da die Summe aller Wahrscheinlichkeiten p_A und das Maximum der Verteilungsfunktion P_R jeweils 1 sind, d. h. $\sum_i \mathsf{p}_A(i) = \max_i \mathsf{P}_R(i) = 1$, können immer alle „Balken" innerhalb von P_R untergebracht werden. Aus Abb. 4.13 ist auch zu erkennen, dass der an der Stelle a' resultierende Verteilungswert nichts anderes ist als der kumulierte Wahrscheinlichkeitswert $\mathsf{P}_A(a)$. Es genügt also, für einen gegebenen Pixelwert a den minimalen Wert a' zu finden, an dem die Referenzverteilung $\mathsf{P}_R(a')$ größer oder gleich der kumulierten Wahrscheinlichkeit $\mathsf{P}_A(a)$ ist, d. h.

```
1:  MatchHistograms(h_A, h_R)
        h_A: histogram of the target image I_A;
        h_R: reference histogram (of same size as h_A).
        Returns a discrete pixel mapping function f_hs(a) for modifying the
        original image I_A.
2:      K ← Size(h_A)
3:      P_A ← Cdf(h_A)                              ▷ c.d.f. for h_A (Alg. 4.1)
4:      P_R ← Cdf(h_R)                              ▷ c.d.f. for h_R (Alg. 4.1)
5:      Create map f_hs: [0, K−1] ↦ ℝ              ▷ pixel mapping function f_hs
6:      for a ← 0, . . . , K−1 do
7:          j ← K−1
8:          repeat
9:              f_hs[a] ← j
10:             j ← j − 1
11:         while (j ≥ 0) ∧ (P_A(a) ≤ P_R(j))
12:     return f_hs.
```

Algorithmus 4.3
Histogrammanpassung. Gegeben sind das Histogramm h_A des Originalbilds I_A und das Referenzhistogramm h_R, jeweils mit K Elementen. Das Ergebnis ist eine diskrete Abbildungsfunktion $F(a)$, die bei Anwendung auf das Originalbild I_A ein neues Bild $I'_A(u,v) \leftarrow f_{\mathrm{hs}}(I_A(u,v))$ erzeugt, das eine ähnliche Verteilungsfunktion wie das Referenzbild aufweist.

$$f_{\mathrm{hs}}(a) = \min\big\{\, j \mid (0 \leq j < K) \wedge \big(P_A(a) \leq P_R(j)\big) \big\}\,. \qquad (4.25)$$

In Alg. 4.3 ist dieser Vorgang nochmals übersichtlich zusammengefasst und Prog. 4.3 zeigt dann die direkte Umsetzung des Algorithmus in Java. Sie besteht im Wesentlichen aus der Methode `matchHistograms()`, die unter Vorgabe des Ausgangshistogramms `Ha` und eines Referenzhistogramms `Hr` die Abbildung `map` für das zugehörige Ausgangsbild liefert.

Durch die Verwendung von normalisierten Verteilungsfunktionen ist die Größe der den Histogrammen `hA` und `hR` zugrunde liegenden Bilder natürlich nicht relevant. Nachfolgend ein kurzer Programmabschnitt, der die Verwendung der Methode `matchHistograms()` aus Prog. 4.3 in ImageJ demonstriert:

```
ImageProcessor ipA = ...      // target image I_A (to be modified)
ImageProcessor ipR = ...      // reference image I_R
int[] hA = ipA.getHistogram(); // get histogram for I_A
int[] hR = ipR.getHistogram(); // get histogram for I_R
int[] F = matchHistograms(hA, hR); // mapping function f_hs(a)
ipA.applyTable(F);            // modify the target image I_A
```

Die eigentliche Modifikation des Ausgangsbilds `ipA` durch die Abbildung f_{hs} (`F`) erfolgt in der letzten Zeile mit der ImageJ-Methode `applyTable()` (s. auch S. 87).

4.6.5 Beispiel 1: Stückweise lineare Verteilungsfunktion

Das erste Beispiel in Abb. 4.14 zeigt die Histogrammanpassung mit einer kontinuierlich definierten, stückweise linearen Verteilungsfunktion, wie in Abschn. 4.6.3 beschrieben. Die konkrete Verteilungsfunktion P_R (Abb. 4.14(f)) ist analog zu Abb. 4.12 durch einen Polygonzug definiert, bestehend aus 5 Kontrollpunkten $\langle a_k, p_k \rangle$ mit den Koordinaten

Programm 4.3
Histogrammanpassung nach Alg. 4.3
(Klasse `HistogramMatcher`). Die Methode `matchHistograms()` berechnet aus dem Histogramm `Ha` und dem Referenzhistogramm `Hr` die Abbildung `fhs` (Gl. 4.25). Die in Zeile 7 verwendete Methode `Cdf()` zur Berechnung der kumulierten Verteilungsfunktion (Gl. 4.16) ist im unteren Abschnitt ausgeführt.

```
1   int[] matchHistograms (int[] hA, int[] hR) {
2     // hA ... original histogram h_A of some image I_A
3     // hR ... reference histogram h_R
4     // returns the mapping function fhs() to be applied to image I_A
5
6     int K = hA.length;
7     double[] PA = Cdf(hA);        // get CDF of histogram h_A
8     double[] PR = Cdf(hR);        // get CDF of histogram h_R
9     int[] fhs = new int[K];       // pixel mapping function f_hs()
10
11    // compute mapping function f_hs():
12    for (int a = 0; a < K; a++) {
13      int j = K - 1;
14      do {
15        fhs[a] = j;
16        j--;
17      } while (j >= 0 && PA[a] <= PR[j]);
18    }
19    return fhs;
20  }
22  double[] Cdf (int[] h) {
23    // returns the cumul. distribution function for histogram h
24    int K = h.length;
25
26    int n = 0;                    // sum all histogram values
27    for (int i = 0; i < K; i++) {
28      n += h[i];
29    }
30
31    double[] P = new double[K];   // create CDF table P
32    int c = h[0];                 // cumulate histogram values
33    P[0] = (double) c / n;
34    for (int i = 1; i < K; i++) {
35      c += h[i];
36      P[i] = (double) c / n;
37    }
38    return P;
39  }
```

$k =$	0	1	2	3	4	5
$a_k =$	0	28	75	150	210	255
$q_k =$	0.002	0.050	0.250	0.750	0.950	1.000

definiert. Das zugehörige Referenzhistogramm (Abb. 4.14 (c)) ist stufenförmig, wobei die linearen Segmente in der Verteilungsfunktion den konstanten Abschnitten in der Wahrscheinlichkeitsdichtefunktion bzw. im Histogramm entsprechen. Die Verteilungsfunktion des angepassten Bilds (Abb. 4.14 (h)) stimmt weitgehend mit der Referenzfunktion überein. Das resultierende Histogramm (Abb. 4.14 (e)) weist naturgemäß hinge-

Originalbild Modifiziertes Bild

Referenzverteilung
(stückweise linear)

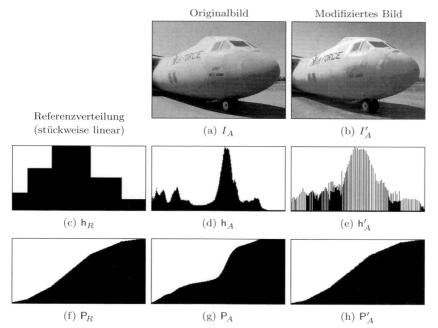

(a) I_A (b) I'_A

(c) h_R (d) h_A (e) h'_A

(f) P_R (g) P_A (h) P'_A

Abbildung 4.14
Histogrammanpassung mit stückweise linearer Referenzverteilung.
Ausgangsbild I_A (a) und seine ursprüngliche Verteilung P_A (g), Referenzverteilung P_R (f), modifiziertes
Bild I'_A (b) und die resultierende Verteilung P'_A (h). In (c–e) sind die zugehörigen Histogramme h_R, h_A bzw. h'_A
dargestellt.

gen wenig Ähnlichkeit mit der Vorgabe auf, doch mehr ist bei einer
homogenen Punktoperation auch nicht zu erwarten.

4.6.6 Beispiel 2: Gaußförmiges Referenzhistogramm

Ein Beispiel für die Anpassung eines Bilds an ein konkretes Histogramm
ist in Abb. 4.15 gezeigt. In diesem Fall ist die Verteilungsfunktion nicht
kontinuierlich, sondern über ein diskretes Histogramm vorgegeben. Die
Berechnung der Histogrammanpassung erfolgt daher nach der in Abschn.
4.6.4 beschriebenen Methode.

Das hier verwendete Ausgangsbild ist wegen seines extrem unausge-
glichenen Histogramms bewusst gewählt und die resultierenden Histogramme des modifizierten Bilds zeigen naturgemäß wenig Ähnlichkeit
mit einer Gauß'schen Kurvenform. Allerdings sind die zugehörigen kumulativen Histogramme durchaus ähnlich und entsprechen weitgehend
dem Integral der jeweiligen Gaußfunktion, sieht man von den durch die
einzelnen Histogrammspitzen hervorgerufenen Sprungstellen ab.

4.6.7 Beispiel 3: Histogrammanpassung an ein zweites Bild

Das dritte Beispiel in Abb. 4.16 demonstriert die Anpassung zweier Bilder
in Bezug auf ihre Grauwerthistogramme. Eines der Bilder in Abb. 4.16(a)
dient als Referenzbild I_R und liefert das Referenzhistogramm h_R (Abb.
4.16 (d)). Das zweite Bild I_A (Abb. 4.16 (b)) wird so modifiziert, dass
sein kumulatives Histogramm mit dem kumulativen Referenzhistogramm

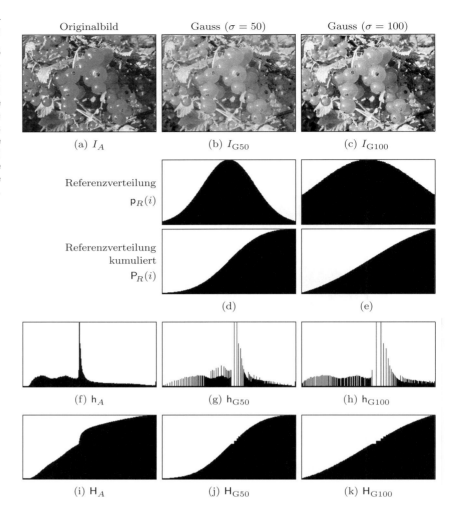

Originalbild	Gauss ($\sigma = 50$)	Gauss ($\sigma = 100$)
(a) I_A	(b) I_{G50}	(c) I_{G100}

Referenzverteilung $\mathsf{p}_R(i)$

Referenzverteilung kumuliert $\mathsf{P}_R(i)$

(d) (e)

(f) h_A (g) h_{G50} (h) h_{G100}

(i) H_A (j) H_{G50} (k) H_{G100}

übereinstimmt. Das resultierende Bild I'_A (Abb. 4.16 (c)) sollte bezüglich Tonumfang und Intensitätsverteilung dem Referenzbild sehr ähnlich sein.

Natürlich können mit dieser Methode auch mehrere Bilder auf das gleiche Referenzbild angepasst werden, etwa für den Druck einer Fotoserie, in der alle Bilder möglichst ähnlich aussehen sollen. Dabei kann entweder ein besonders typisches Exemplar als Referenzbild ausgewählt werden, oder man berechnet aus allen Bildern eine „durchschnittliche" Referenzverteilung für die Anpassung (s. auch Aufg. 4.7).

4.7 Gammakorrektur

Wir haben schon mehrfach die Ausdrücke „Intensität" oder „Helligkeit" verwendet, im stillen Verständnis, dass die numerischen Pixelwerte in un-

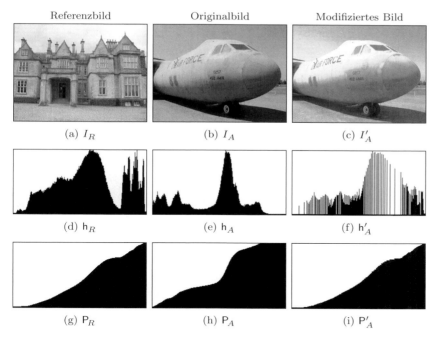

Referenzbild	Originalbild	Modifiziertes Bild
(a) I_R	(b) I_A	(c) I'_A
(d) h_R	(e) h_A	(f) h'_A
(g) P_R	(h) P_A	(i) P'_A

Abbildung 4.16
Histogrammanpassung an ein vorgegebenes Bild. Das Ausgangsbild
I_A (b) wird durch eine Histogrammanpassung an das Referenzbild I_R (a)
angeglichen, das Ergebnis ist das modifizierte Bild I'_A (c). Darunter sind
die zugehörigen Histogramme h_R,
h_A, h'_A (d–f) sowie die kumulativen
Histogramme (bzw. Verteilungsfunktionen) P_R, P_A, P'_A (g–i) gezeigt. Die
Verteilungsfunktionen des Referenzbilds (g) und des modifizierten Bilds
(i) stimmen offensichtlich weitgehend
überein.

seren Bildern in irgendeiner Form mit diesen Begriffen zusammenhängen.
In welchem Verhältnis stehen aber die Pixelwerte wirklich zu physischen
Größen, wie z. B. zur Menge des einfallenden Lichts, der Schwärzung des
Filmmaterials oder der Anzahl von Tonerpartikeln, die von einem Laserdrucker auf das Papier gebracht werden? Tatsächlich ist das Verhältnis zwischen Pixelwerten und den zugehörigen physischen Größen meist
komplex und praktisch immer nichtlinear. Es ist jedoch wichtig, diesen
Zusammenhang zumindest annähernd zu kennen, damit das Aussehen
von Bildern vorhersehbar und reproduzierbar wird.

Ideal wäre dabei ein „kalibrierter Intensitätsraum", der dem visuellen
Intensitätsempfinden möglichst nahe kommt und einen möglichst großen
Intensitätsbereich mit möglichst wenig Bits beschreibt. Die Gammakorrektur ist eine einfache Punktoperation, die dazu dient, die unterschiedlichen Charakteristiken von Aufnahme- und Ausgabegeräten zu
kompensieren und Bilder auf einen gemeinsamen Intensitätsraum anzupassen.

4.7.1 Warum Gamma?

Der Ausdruck „Gamma" stammt ursprünglich aus der „analogen" Foto-
technik, wo zwischen der Belichtungsstärke und der resultierenden Filmdichte (Schwärzung) ein annähernd logarithmischer Zusammenhang besteht. Die so genannte „Belichtungsfunktion" stellt den Zusammenhang
zwischen der logarithmischen Belichtungsstärke und der resultierenden
Filmdichte dar und verläuft über einen relativ großen Bereich als anstei-

gende Gerade (Abb. 4.17). Die Steilheit der Belichtungsfunktion innerhalb dieses geraden Bereichs wird traditionall als „Gamma" des Filmmaterials bezeichnet. Später war man in der elektronischen Fernsehtechnik mit dem Problem konfrontiert, die Nichtlinearitäten der Bildröhren in Empfangsgeräten zu beschreiben und übernahm dafür ebenfalls den Begriff „Gamma". Das TV-Signal wurde im Sender durch eine so genannte „Gammakorrektur" vorkorrigiert, damit in den Empfängern selbst keine aufwändigen Maßnahmen mehr erforderlich waren.

4.7.2 Mathematische Definition

Grundlage der Gammakorrektur ist eine einfache Potenzfunktion

$$f_\gamma(a) = a^\gamma \quad \text{für } a \in \mathbb{R}, \tag{4.26}$$

mit dem Parameter $\gamma > 0$, dem so genannten *Gammawert*. Verwenden wir die Potenzfunktion nur innerhalb des Intervalls $[0, 1]$, dann bleibt auch – unabhängig von γ – der Ergebniswert a^γ im Intervall $[0, 1]$, und die Funktion verläuft immer durch die Punkte $(0, 0)$ und $(1, 1)$. Wie Abb. 4.18 zeigt, ergibt sich für $\gamma = 1$ die identische Funktion $f_\gamma(a) = a$, also eine Diagonale. Für Gammawerte $\gamma < 1$ verläuft die Funktion *oberhalb* dieser Geraden und für $\gamma > 1$ *unterhalb*, wobei die Krümmung mit der Abweichung vom Wert 1 nach beiden Seiten hin zunimmt. Die Potenzfunktion in Gl. 4.26 kann also, gesteuert mit nur einem Parameter, einen kontinuierlichen Bereich von Funktionen mit sowohl logarithmischem wie auch exponentiellem Verhalten „imitieren". Sie ist darüber hinaus im Definitionsbereich $[0, 1]$ stetig und streng monoton und zudem sehr einfach zu invertieren:

$$a = f_\gamma^{-1}(b) = b^{1/\gamma}. \tag{4.27}$$

Die Umkehrung der Potenzfunktion $f_\gamma(a)$ ist also wieder eine Potenzfunktion,

$$f_\gamma^{-1}(b) = f_{\bar\gamma}(b) = f_{1/\gamma}(b), \tag{4.28}$$

mit dem Parameter $\bar\gamma = 1/\gamma$.

4.7.3 Reale Gammawerte

Die konkreten Gammawerte einzelner Geräte werden in der Regel von ihren Herstellern aufgrund von Messungen spezifiziert. Zum Beispiel liegen übliche Gammawerte für Röhrenmonitore im Bereich $1.8, \ldots, 2.8$, ein typischer Wert ist 2.4. LCD-Monitore sind durch entsprechende Korrekturen auf ähnliche Werte voreingestellt. Video- und Digitalkameras emulieren ebenfalls durch interne Vorverarbeitung der Videosignale das Belichtungsverhalten von Film- bzw. Fotokameras, um den resultierenden Bildern ein ähnliches Aussehen zu geben.

In der Fernsehtechnik ist der theoretische Gammawert für Wiedergabegeräte mit 2.2 im NTSC- und 2.8 im PAL-System spezifiziert, wobei

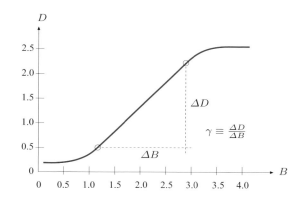

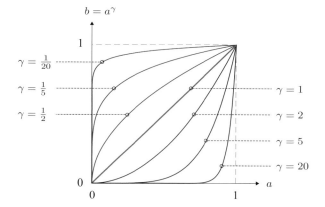

4.7 Gammakorrektur

Abbildung 4.17
Belichtungskurve von fotografischem
Film. Bezogen auf die logarithmische
Beleuchtungsstärke B verläuft die re-
sultierende Dichte D in einem weiten
Bereich annähernd als Gerade. Die
Steilheit dieses linearen Anstiegs be-
zeichnet man als „Gamma" (γ) des
Filmmaterials.

Abbildung 4.18
Gammakorrekturfunktion $f_\gamma(a) = a^\gamma$
für $a \in [0, 1]$ und unterschiedliche
Gammawerte.

die tatsächlichen gemessenen Werte bei etwa 2.35 liegen. Für Aufnahmegeräte gilt sowohl im amerikanischen NTSC-System wie auch in der europäischen Norm[10] ein standardisierter Gammawert von $1/2.2 \approx 0.45$. Die
aktuelle internationale Norm ITU-R BT.709[11] sieht einheitliche Gammawerte für Wiedergabegeräte von 2.5 bzw. $1/1.956 \approx 0.51$ für Kameras
vor [68,112]. Der ITU 709-Standard verwendet allerdings eine leicht modifizierte Form der Gammakorrektur (s. Abschn. 4.7.6).

Bei Computern ist in der Regel der Gammawert für das Video-
Ausgangssignal zum Monitor in einem ausreichenden Bereich einstellbar.
Man muss dabei allerdings beachten, dass die Gammakorrektur oft nur
ein grobe Annäherung an das tatsächliche Transferverhalten eines Geräts
darstellt, außerdem für die einzelnen Farbkomponenten unterschiedlich
sein kann und in der Realität daher beachtliche Abweichungen auftreten
können. Kritische Anwendungen wie z. B. die digitale Druckvorstufe erfordern daher eine aufwändigere Kalibrierung mit exakt vermessenen Ge-
räteprofilen (siehe Abschn. 14.5.4), wofür eine einfache Gammakorrektur
nicht ausreicht.

---

[10] European Broadcast Union (EBU).
[11] International Telecommunications Union (ITU).

4.7.4 Anwendung der Gammakorrektur

Angenommen wir benutzen eine Kamera mit einem angegebenen Gammawert γ_c, d. h., ihr Ausgangssignal S steht mit der einfallenden Lichtintensität L im Zusammenhang

$$S = L^{\gamma_c}. \tag{4.29}$$

Um die Transfercharakteristik der Kamera zu kompensieren, also eine Messung S' proportional zur Lichtintensität L zu erhalten, unterziehen wir das Kamerasignal S einer Gammakorrektur mit dem *inversen* Gammawert der Kamera $\bar{\gamma}_c = 1/\gamma_c$, also

$$S' = f_{\bar{\gamma}_c}(S) = S^{1/\gamma_c}. \tag{4.30}$$

Das korrigierte Signal $S' = S^{1/\gamma_c} = \left(L^{\gamma_c}\right)^{1/\gamma_c} = L^{(\gamma_c \frac{1}{\gamma_c})} = L^1$ ist daher proportional (theoretisch sogar identisch) zur ursprünglichen Lichtintensität L (Abb. 4.19). Die allgemeine Regel, die genauso auch für Ausgabegeräte gilt, ist daher:

> Die Transfercharakteristik eines Geräts mit einem Gammawert γ wird kompensiert durch eine Gammakorrektur mit $\bar{\gamma} = 1/\gamma$.

Dabei wurde implizit angenommen, dass alle Werte im Intervall $[0, 1]$ sind, was in der Regel natürlich nicht gegeben ist. Insbesondere liegen bei der Korrektur von digitalen Bildern üblicherweise diskrete Pixelwerte vor, beispielsweise im Bereich $[0, 255]$. Im Allgemeinen ist eine Gammakorrektur der Form

$$b \leftarrow f_{\mathrm{gc}}(a, \gamma),$$

für einen Intensitätswert $a \in [0, a_{\max}]$ und einen Gammawert $\gamma > 0$, mit folgenden drei Schritten verbunden:

1. Skaliere a linear zu $\hat{a} \in [0, 1]$.
2. Wende auf $\hat{a}$ die Potenzfunktion an: $\hat{b} \leftarrow \hat{a}^{\gamma}$.
3. Skaliere $\hat{b} \in [0, 1]$ linear zurück zu $b \in [0, a_{\max}]$.

Oder, der ganze Vorgang etwas kompakter formuliert:

$$b \leftarrow \left(\frac{a}{a_{\max}}\right)^{\gamma} \cdot a_{\max}. \tag{4.31}$$

Abb. 4.20 illustriert den Einsatz der Gammakorrektur anhand eines konkreten Szenarios mit je zwei Aufnahmegeräten (Kamera, Scanner) und Ausgabegeräten (Monitor, Drucker), die alle unterschiedliche Gammawerte aufweisen. Die Kernidee ist, dass alle Bilder geräteunabhängig in einem einheitlichen Intensitätsraum gespeichert und verarbeitet werden können.

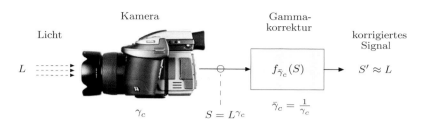

Licht   Kamera   Gamma-korrektur   korrigiertes Signal

L

γ_c $S = L^{\gamma_c}$ $f_{\bar{\gamma}_c}(S)$ $S' \approx L$

$\bar{\gamma}_c = \frac{1}{\gamma_c}$

4.7 GAMMAKORREKTUR

Abbildung 4.19
Prinzip der Gammakorrektur. Um das von einer Kamera mit dem Gammawert γ_c erzeugte Ausgangssignal S zu korrigieren, wird eine Gammakorrektur mit $\bar{\gamma}_c = 1/\gamma_c$ eingesetzt. Das korrigierte Signal S' wird damit proportional zur einfallenden Lichtintensität L.

4.7.5 Implementierung

Prog. 4.4 zeigt die Implementierung der Gammakorrektur als ImageJ-Plugin für 8-Bit-Grauwertbilder und einem fixen Gammawert. Die eigentliche Punktoperation ist als Anwendung einer Transformationstabelle (*lookup table*) und der ImageJ-Methode `applyTable()` realisiert (siehe auch Abschn. 4.8.1).

4.7.6 Modifizierte Gammakorrektur

Ein Problem bei der Kompensation der Nichtlinearitäten mit der einfachen Gammakorrektur $f_\gamma(a) = a^\gamma$ (Gl. 4.26) ist der Anstieg der Funktion in der Nähe des Nullpunkts, ausgedrückt durch die erste Ableitung

$$f'_\gamma(a) = \gamma \cdot a^{(\gamma-1)},$$

mit folgenden Werten für $a = 0$:

$$f'_\gamma(0) = \begin{cases} 0 & \text{für } \gamma > 1, \\ 1 & \text{für } \gamma = 1, \\ \infty & \text{für } \gamma < 1. \end{cases} \tag{4.32}$$

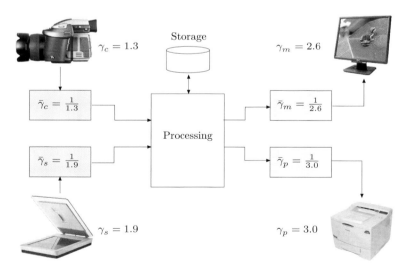

$\gamma_c = 1.3$ Storage $\gamma_m = 2.6$

$\bar{\gamma}_c = \frac{1}{1.3}$ Processing $\bar{\gamma}_m = \frac{1}{2.6}$

$\bar{\gamma}_s = \frac{1}{1.9}$ $\bar{\gamma}_p = \frac{1}{3.0}$

$\gamma_s = 1.9$ $\gamma_p = 3.0$

Abbildung 4.20
Einsatz der Gammakorrektur im digitalen Imaging-Workflow. Die eigentliche Verarbeitung wird in einem „linearen" Intensitätsraum durchgeführt, wobei die spezifische Transfercharakteristik jedes Ein- und Ausgabegeräts durch eine entsprechende Gammakorrektur ausgeglichen wird. (Die angegebenen Gammawerte sind nur als Beispiele gedacht.)

Programm 4.4
Gammakorrektur
(`Gamma_Correction`). Der Gammawert `GAMMA` ist konstant. Die korrigierten Werte `b` werden nur einmal berechnet und in der Transformationstabelle (`Fgc`) eingefügt
(Zeile 15). Die eigentliche Punktoperation erfolgt durch Anwendung der
ImageJ-Methode `applyTable(Fgc)`
auf das Bildobjekt `ip` (Zeile 18).

```
1   public void run(ImageProcessor ip) {
2       // works for 8-bit images only
3       int K = 256;
4       int aMax = K - 1;
5       double GAMMA = 2.8;
6
7       // create and fill the lookup table:
8       int[] Fgc = new int[K];
9
10      for (int a = 0; a < K; a++) {
11          double aa = (double) a / aMax;    // scale to [0, 1]
12          double bb = Math.pow(aa, GAMMA);  // power function
13          // scale back to [0, 255]:
14          int b = (int) Math.round(bb * aMax);
15          Fgc[a] = b;
16      }
17
18      ip.applyTable(Fgc);  // modify the image
19  }
```

Dieser Umstand bewirkt zum einen eine extrem hohe Verstärkung (∞ für $\gamma < 1$) und damit in der Praxis eine starke Rauschanfälligkeit im Bereich der niedrigen Intensitätswerte, zum anderen ist die Potenzfunktion am Nullpunkt theoretisch nicht invertierbar.

Die gängige Lösung dieses Problems besteht darin, den unteren Abschnitt ($a = 0, \ldots, a_0$) der Potenzfunktion durch ein *lineares* Funktionssegment mit fixem Anstieg s zu ersetzen und erst ab dem Punkt $a = a_0$ mit der Potenzfunktion fortzusetzen. Die damit erzeugte Korrekturfunktion

$$\bar{f}_{\gamma, a_0}(a) = \begin{cases} s \cdot a & \text{für } 0 \leq a \leq a_0, \\ (1 + d) \cdot a^\gamma - d & \text{für } a_0 < a \leq 1, \end{cases} \tag{4.33}$$

$$\text{mit} \quad s = \frac{\gamma}{a_0(\gamma - 1) + a_0^{(1-\gamma)}} \quad \text{und} \quad d = \frac{1}{a_0^\gamma(\gamma - 1) + 1} - 1 \tag{4.34}$$

teilt sich also in einen linearen Abschnitt ($0 \leq a \leq a_0$) und einen nichtlinearen Abschnitt ($a_0 < a \leq 1$). Die Werte für die Steilheit s des linearen Teils und den Parameter d ergeben sich aus der Bedingung, dass an der Übergangsstelle $a = a_0$ für beide Funktionsteile sowohl $\bar{f}_{(\gamma, a_0)}(a)$ wie auch die erste Ableitung $\bar{f}'_{\gamma, a_0}(a)$ identisch sein müssen, um eine kontinuierliche Gesamtfunktion zu erzeugen. Die Funktion in Gl. 4.33 ist daher durch die beiden Parameter a_0 and γ vollständig spezifiziert.

Abb. 4.21 zeigt zur Illustration zwei Beispiele für die Funktion $\bar{f}_{\gamma, a_0}(a)$ mit den Werten $\gamma = 0.5$ bzw. $\gamma = 2.0$. In beiden Fällen ist die Übergangsstelle $a_0 = 0.2$. Zum Vergleich ist jeweils auch die gewöhnliche Gammakorrektur $f_\gamma(a)$ mit identischem γ-Wert gezeigt (unterbrochene Linie), die am Nullpunkt einen Anstieg von ∞ (Abb. 4.21 (a)) bzw. 0 (Abb. 4.21 (b)) aufweist.

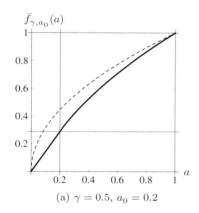

(a) $\gamma = 0.5$, $a_0 = 0.2$

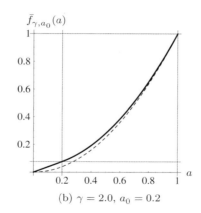

(b) $\gamma = 2.0$, $a_0 = 0.2$

Abbildung 4.21
Modifizierte Gammakorrektur. Die modifizierte Abbildung $\bar{f}_{\gamma,a_0}(a)$ verläuft innerhalb des Bereichs $a = 0, \ldots, a_0$ linear mit fixem Anstieg s und geht an der Stelle $a = a_0$ in eine Potenzfunktion mit dem Parameter γ über (Gl. 4.33).

Standard	nomineller Gammawert γ	a_0	s	d	effektiver Gammawert γ_{eff}
ITU-R BT.709	$1/2.222 \approx 0.450$	0.018	4.50	0.099	$1/1.956 \approx 0.511$
sRGB	$1/2.400 \approx 0.417$	0.0031308	12.92	0.055	$1/2.200 \approx 0.455$

Tabelle 4.1
Parameter für Standard-Korrekturfunktionen auf Basis der modifizierten Gammafunktion nach Gl. 4.33–4.34.

Gammakorrektur in gängigen Standards

Im Unterschied zu den illustrativen Beispielen in Abb. 4.21 sind in der Praxis für a_0 wesentlich kleinere Werte üblich und γ muss so gewählt werden, dass die vorgesehene Korrekturfunktion insgesamt optimal angenähert wird. Beispielsweise gibt die in Abschn. 4.7.3 bereits erwähnte Spezifikation ITU-BT.709 [112] die Werte

$$\gamma = \frac{1}{2.222} \approx 0.45 \quad \text{und} \quad a_0 = 0.018$$

vor, woraus sich gemäß Gl. 4.34 die Werte $s = 4.50681$ bzw. $d = 0.0991499$ ergeben.[12] Diese Korrekturfunktion $\bar{f}_{\text{ITU}}(a)$ mit dem nominellen Gammawert 0.45 entspricht einem *effektiven* Gammawert $\gamma_{\text{eff}} = 1/1.956 \approx 0.511$. Auch im sRGB-Standard [204] (siehe auch Abschn. 14.2) ist die Intensitätskorrektur auf dieser Basis spezifiziert.

Abb. 4.22 zeigt die Korrekturfunktionen für den ITU- bzw. sRGB-Standard jeweils im Vergleich mit der entsprechenden gewöhnlichen Gammakorrektur. Die ITU-Charakteristik (Abb. 4.22 (a)) mit $\gamma = 0.45$ und $a_0 = 0.018$ entspricht einer gewöhnlichen Gammakorrektur mit effektivem Gammawert $\gamma_{\text{eff}} = 0.511$ (unterbrochene Linie). Die Kurven für sRGB (Abb. 4.22 (b)) unterscheiden sich nur durch die Parameter γ und a_0 (s. Tabelle 4.1).

Umkehrung der modifizierten Gammakorrektur

Um eine modifizierte Gammakorrektur der Form $b = \bar{f}_{\gamma,a_0}(a)$ (Gl. 4.33) rückgängig zu machen, benötigen wir die zugehörige inverse Funktion,

---

[12] Im Standard sind diese Werte auf $s = 4.50$ bzw. $d = 0.099$ fixiert.

Abbildung 4.22
Korrekturfunktion gemäß ITU-
R BT.709 (a) und sRGB (b). Die
durchgehende Linie zeigt die modifizierte Gammakorrektur (mit
Offset) mit dem nominellen Gammawert γ und Übergangspunkt a_0.

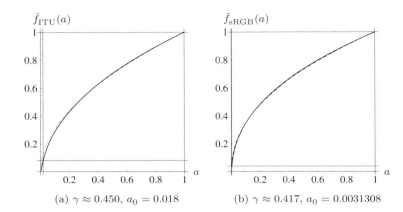

(a) $\gamma \approx 0.450$, $a_0 = 0.018$ (b) $\gamma \approx 0.417$, $a_0 = 0.0031308$

d. h. $a = \bar{f}_{\gamma,a_0}^{-1}(b)$, die wiederum stückweise definiert ist:

$$\bar{f}_{\gamma,a_0}^{-1}(b) = \begin{cases} \dfrac{b}{s} & \text{für } 0 \le b \le s \cdot a_0, \\[2mm] \left(\dfrac{b+d}{1+d}\right)^{1/\gamma} & \text{für } s \cdot a_0 < b \le 1. \end{cases} \tag{4.35}$$

Dabei sind s und d die Werte aus Gl. 4.34 und es gilt daher

$$a = \bar{f}_{\gamma,a_0}^{-1}\big(\bar{f}_{\gamma,a_0}(a)\big) \qquad \text{für } a \in [0,1], \tag{4.36}$$

wobei in beiden Funktionen in Gl. 4.36 *derselbe* Wert für γ einzusetzen ist. Die Umkehrfunktion ist u. a. häufig für die Umrechnung zwischen unterschiedlichen Farbräumen erforderlich, wenn nichtlineare Komponentenwerte dieser Form im Spiel sind (siehe auch Abschn. 14.1.6).

4.8 Punktoperationen in ImageJ

In ImageJ sind natürlich wichtige Punktoperationen bereits fertig implementiert, sodass man nicht jede Operation wie in Prog. 4.4 selbst programmieren muss. Insbesondere gibt es in ImageJ (a) die Möglichkeit zur Spezifikation von tabellierten Funktionen zur effizienten Ausführung beliebiger Punktoperationen, (b) arithmetisch-logische Standardoperationen für einzelne Bilder und (c) Standardoperationen zur punktweisen Verknüpfung von jeweils zwei Bildern.

4.8.1 Punktoperationen mit Lookup-Tabellen

Punktoperationen können zum Teil komplizierte Berechnungen für jedes einzelne Pixel erfordern, was in großen Bildern zu einem erheblichen Zeitaufwand führt. Wenn eine Punktoperation homogen (d. h., unabhängig von den Pixelkoordinaten) ist, so kann das Ergebnis für jeden beliebigen Pixelwert in einer Tabelle vorausberechnet und nachfolgend sehr effizent auf das eigentliche Bild angewandt werden. Eine Lookup-Tabelle (LUT) realisiert eine diskrete Abbildung (Funktion f) von den ursprünglichen K Pixelwerten zu den neuen Pixelwerten, d. h.

$$\mathsf{F} : [0, K-1] \overset{f}{\longmapsto} [0, K-1] \,. \tag{4.37}$$

Für eine Punktoperation, die durch die Funktion $f(a)$ definiert ist, erhält die Tabelle F die Werte

$$\mathsf{F}[a] \leftarrow f(a) \quad \text{für } 0 \le a < K. \tag{4.38}$$

Jeder Tabelleneintrag für die Werte $a = 0, \dots, K-1$ wird also nur *einmal* berechnet, wobei typischerweise $K = 256$. Um die eigentliche Punktoperation im Bild durchzuführen, ist nur mehr ein Nachschlagen in der Tabelle F erforderlich, also

$$I'(u, v) \leftarrow \mathsf{F}[I(u,v)] \,, \tag{4.39}$$

was wesentlich effizienter ist als jede Funktionsberechnung. ImageJ bietet dafür die Methode

```
void applyTable(int[] F)
```

für Objekte vom Typ `ImageProcessor`, an die eine Lookup-Tabelle *F* als eindimensionales `int`-Array der Größe K übergeben wird (s. Beispiel in Prog. 4.4). Der Vorteil ist eindeutig – für ein 8-Bit-Grauwertbild z. B. muss in diesem Fall die Abbildungsfunktion (unabhängig von der Bildgröße) nur 256-mal berechnet werden und nicht möglicherweise millionenfach. Die Benutzung von Tabellen für Punktoperationen ist also immer dann sinnvoll, wenn die Anzahl der Bildpixel ($M \times N$) die Anzahl der möglichen Pixelwerte K deutlich übersteigt (was fast immer zutrifft).

4.8.2 Arithmetische Standardoperationen

Die ImageJ-Klasse `ImageProcessor` stellt außerdem eine Reihe von gängigen arithmetischen Operationen als entsprechende Methoden zur Verfügung, von denen die wichtigsten in Tabelle 4.2 zusammengefasst sind. Ein Beispiel für eine Kontrasterhöhung durch Multiplikation mit einem skalaren `double`-Wert zeigt folgendes Beispiel:

```
ImageProcessor ip = ... //some image
ip.multiply(1.5);
```

Das Bild in `ip` wird dabei destruktiv verändert, wobei die Ergebnisse durch „Clamping" auf den minimalen bzw. maximalen Wert des Wertebereichs begrenzt werden.

4.8.3 Punktoperationen mit mehreren Bildern

Punktoperationen können auch mehr als ein Bild gleichzeitig betreffen, insbesondere, wenn mehrere Bilder durch arithmetische Operationen

`void abs()`	$I(u,v) \leftarrow |I(u,v)|$
`void add(int `p`)`	$I(u,v) \leftarrow I(u,v) + p$
`void gamma(double `g`)`	$I(u,v) \leftarrow \bigl(I(u,v)/255\bigr)^g \cdot 255$
`void invert(int `p`)`	$I(u,v) \leftarrow 255 - I(u,v)$
`void log()`	$I(u,v) \leftarrow \log_{10}\bigl(I(u,v)\bigr)$
`void max(double `s`)`	$I(u,v) \leftarrow \max\bigl(I(u,v),s\bigr)$
`void min(double `s`)`	$I(u,v) \leftarrow \min\bigl(I(u,v),s\bigr)$
`void multiply(double `s`)`	$I(u,v) \leftarrow \mathrm{round}\bigl(I(u,v)\cdot s\bigr)$
`void sqr()`	$I(u,v) \leftarrow I(u,v)^2$
`void sqrt()`	$I(u,v) \leftarrow \sqrt{I(u,v)}$

punktweise verknüpft werden. Zum Beispiel können wir die punktweise *Addition* von zwei Bildern I_1 und I_2 (von gleicher Größe) in ein neues Bild I' ausdrücken als

$$I'(u,v) \leftarrow I_1(u,v) + I_2(u,v) \tag{4.40}$$

für alle (u,v). Im Allgemeinen kann natürlich jede Funktion $f(a_1, a_2, \ldots, a_n)$ über n Pixelwerte zur punktweisen Verknüpfung von n Bildern verwendet werden, d. h.

$$I'(u,v) \leftarrow f\bigl(I_1(u,v), I_2(u,v), \ldots, I_n(u,v)\bigr). \tag{4.41}$$

Natürlich lassen sich die meisten arithmetischen Operationen auf mehrere Bilder alternativ auch durch schrittweise Anwendung binärer Operationen auf Paare von Bildern realisieren.

ImageJ-Methoden für Punktoperationen mit zwei Bildern

ImageJ bietet fertige Methoden zur arithmetischen Verknüpfung von zwei Bildern über die `ImageProcessor`-Methode

```
void copyBits(ImageProcessor ip2, int u, int v, int mode),
```

mit der alle Pixel aus dem Quellbild `ip2` in das Zielbild (`this`) kopiert und dabei entsprechend dem vorgegebenen Modus (`mode`) verknüpft werden. `u`, `v` bezeichnet jene Position, an der das Quellbild in das Zielbild eingesetzt wird (typischerweise ist $u = v = 0$). Hier ein kurzes Codesegment als Beispiel für die Addition von zwei Bildern:

```
ImageProcessor ip1 = ... // target image I₁
ImageProcessor ip2 = ... // source image I₂
...
ip1.copyBits(ip2, 0, 0, Blitter.ADD);   // I₁ ← I₁ + I₂
// ip1 holds the result, ip2 is unchanged
...
```

Das Zielbild `ip1` wird durch diese Operation („destruktiv") modifiziert, das zweite Bild `ip2` bleibt hingegen unverändert. Die Konstante `ADD` für

ADD	$I_1(u,v) \leftarrow I_1(u,v) + I_2(u,v)$
AVERAGE	$I_1(u,v) \leftarrow \big(I_1(u,v) + I_2(u,v)\big) / 2$
COPY	$I_1(u,v) \leftarrow I_2(u,v)$
DIFFERENCE	$I_1(u,v) \leftarrow |I_1(u,v) - I_2(u,v)|$
DIVIDE	$I_1(u,v) \leftarrow I_1(u,v) / I_2(u,v)$
MAX	$I_1(u,v) \leftarrow \max\big(I_1(u,v), I_2(u,v)\big)$
MIN	$I_1(u,v) \leftarrow \min\big(I_1(u,v), I_2(u,v)\big)$
MULTIPLY	$I_1(u,v) \leftarrow I_1(u,v) \cdot I_2(u,v)$
SUBTRACT	$I_1(u,v) \leftarrow I_1(u,v) - I_2(u,v)$

Tabelle 4.3
Blitter-Konstanten für arithmetische Verknüpfungsoperationen mit der ImageJ-Methode copyBits() der Klasse ImageProcessor. Beispiel: ip1.copyBits(ip2, 0, 0, Blitter.ADD).

den Modus ist – neben weiteren arithmetischen Operationen – durch das Interface Blitter definiert (Tabelle 4.3). Daneben sind auch (bitweise) logische Operationen wie OR und AND verfügbar. Bei arithmetischen Operationen führt die Methode copyBits() eine Begrenzung der Ergebnisse (clamping) auf den jeweils zulässigen Wertebereich durch. Bei allen Bildern – mit Ausnahme von Gleitkommabildern – werden die Ergebnisse jedoch *nicht* gerundet, sondern auf ganzzahlige Werte abgeschnitten.

4.8.4 ImageJ-Plugins für mehrere Bilder

Plugins in ImageJ sind primär für die Bearbeitung einzelner Bilder ausgelegt, wobei das aktuelle (vom Benutzer ausgewählte) Bild I als Objekt des Typs ImageProcessor (bzw. einer Subklasse davon) als Argument an die run()-Methode übergeben wird (s. Abschn. 2.2.3).

Sollen zwei (oder mehr) Bilder $I_1, I_2, \ldots, I_k$ miteinander verknüpft werden, dann können die zusätzlichen Bilder $I_2, \ldots, I_k$ nicht direkt an die run()-Methode des Plugin übergeben werden. Die übliche Vorgangsweise besteht darin, innerhalb des Plugins einen interaktiven Dialog vorzusehen, mit der Benutzer alle weiteren Bilder manuell auswählen kann. Wir zeigen dies nachfolgend anhand eines Beispiel-Plugins, das zwei Bilder transparent überblendet.

Beispiel: Lineare Überblendung

Lineare Überblendung (*linear blending*) ist eine einfache Methode, um zwei Bilder I_{BG} und I_{FG} kontinuierlich zu mischen. Das Hintergrundbild I_{BG} wird von I_{FG} überdeckt, wobei dessen Durchsichtigkeit durch den Transparenzwert α gesteuert wird in der Form

$$I'(u,v) = \alpha \cdot I_{\mathrm{BG}}(u,v) + (1-\alpha) \cdot I_{\mathrm{FG}}(u,v), \qquad (4.42)$$

mit $0 \leq \alpha \leq 1$. Bei $\alpha = 0$ ist I_{FG} undurchsichtig (opak) und deckt dadurch I_{BG} völlig ab. Umgekehrt ist bei $\alpha = 1$ das Bild I_{FG} ganz transparent und nur I_{BG} ist sichtbar. Für dazwischenliegende α-Werte ergibt sich eine gewichtet Summe der entsprechenden Pixelwerte aus I_{BG} und I_{FG}.

Abbildung 4.23
Beispiel für linear Überblendung.
Vordergrundbild I_{FG} (a) und Hintergrundbild I_{BG} (e). Ergebnisse
für die Überblendung mit Transparenzwertes $\alpha = 0.25, 0.50, 0.75$ (b–d) sowie das mit `GenericDialog` (s. Prog. 4.5) generierte Dialogfenster (f).

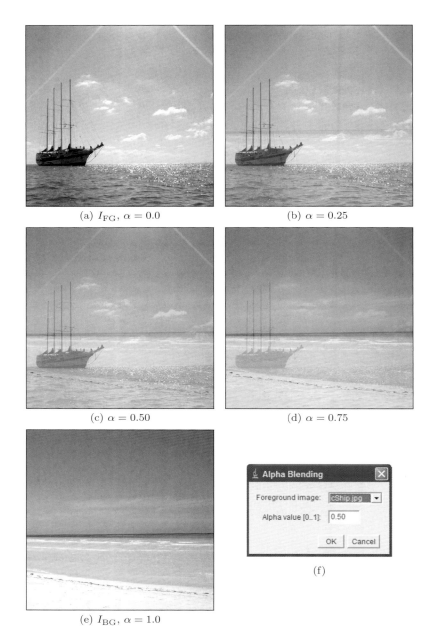

(a) I_{FG}, $\alpha = 0.0$ (b) $\alpha = 0.25$

(c) $\alpha = 0.50$ (d) $\alpha = 0.75$

(e) I_{BG}, $\alpha = 1.0$ (f)

Abb. 4.23 zeigt ein Beispiel für die Anwendung der Methode mit verschiedenen α-Werten. Die zugehörige Implementierung als ImageJ-Plugin ist in Prog. 4.5 dargestellt. Die Auswahl des zweiten Bilds und des α-Werts erfolgt hier durch eine Instanz der ImageJ-Klasse `GenericDialog`, durch die auf einfache Weise Dialogfenster mit unterschiedlichen Feldern realisiert werden können.

```java
1  import ij.ImagePlus;
2  import ij.gui.GenericDialog;
3  import ij.plugin.filter.PlugInFilter;
4  import ij.process.Blitter;
5  import ij.process.ImageProcessor;
6  import imagingbook.lib.ij.IjUtils;
7
8  public class Linear_Blending implements PlugInFilter {
9
10    static double alpha = 0.5;  // transparency of foreground image
11    ImagePlus fgIm;             // foreground image (to be selected)
12
13    public int setup(String arg, ImagePlus im) {
14      return DOES_8G;
15    }
16
17    public void run(ImageProcessor ipBG) { // ipBG = I_BG
18      if(runDialog()) {
19        ImageProcessor ipFG =              // ipFG = I_FG
20            fgIm.getProcessor().convertToByte(false);
21        ipFG = ipFG.duplicate();
22        ipFG.multiply(1 - alpha); // I_FG <- I_FG · (1 − α)
23        ipBG.multiply(alpha);     // I_BG <- I_BG · α
24        ipBG.copyBits(ipFG, 0, 0, Blitter.ADD); // I_BG <- I_BG + I_FG
25      }
26    }
27
28    boolean runDialog() {
29      // get list of open images and their titles:
30      ImagePlus[] openImages = IjUtils.getOpenImages(true);
31      String[] imageTitles = new String[openImages.length];
32      for (int i = 0; i < openImages.length; i++) {
33        imageTitles[i] = openImages[i].getShortTitle();
34      }
35      // create the dialog and show:
36      GenericDialog gd = new GenericDialog("Linear Blending");
37      gd.addChoice("Foreground image:",
38          imageTitles, imageTitles[0]);
39      gd.addNumericField("Alpha value [0..1]:", alpha, 2);
40      gd.showDialog();
41
42      if (gd.wasCanceled())
43        return false;
44      else {
45        fgIm = openImages[gd.getNextChoiceIndex()];
46        alpha = gd.getNextNumber();
47        return true;
48      }
49    }
50  }
```

Programm 4.5
ImageJ-Plugin (Linear_Blending).
Ein Hintergrundbild wird transparent
mit einem auszuwählenden Vordergrundbild kombiniert. Das Plugin
wird auf das Hintergrundbild (ipBG)
angewandt, beim Start des Plugin
muss auch das Vordergrundbild bereits geöffnet sein. Das Hintergrundbild ipBG wird der run()-Methode
übergeben und mit α multipliziert
(Zeile 23). Das ausgewählte Vordergrundbild fgIP wird dupliziert
(Zeile 21) und mit $(1-\alpha)$ multipliziert
(Zeile 22), das Original des Vordergrundbilds bleibt dadurch unverändert. Anschließend werden die so
gewichteten Bilder addiert (Zeile 24).
Zur Auswahl des Vordergrundbilds
in runDialog() wird zunächst mit
IjUtils.getOpenImages() die Liste
der aktuell geöffneten Bilder ermittelt
(Zeile 31) und daraus die zugehörigen Bildtitel (Zeile 33). Anschließend
wird ein Dialog (GenericDialog) zusammengestellt und geöffnet, mit
dem das zweite Bild (fgIm) und der
α-Wert (alpha) ausgewählt werden
(Zeile 36–46).

4.9 Aufgaben

Aufg. 4.1. Erstellen Sie ein geändertes Autokontrast-Plugin, bei dem jeweils $p_{\mathrm{low}} = p_{\mathrm{high}} = 1\%$ aller Pixel an beiden Enden des Wertebereichs gesättigt werden, d. h. auf den Maximalwert 0 bzw. 255 gesetzt werden (Gl. 4.10).

Aufg. 4.2. Ändern Sie das Plugin für den Histogrammausgleich in Prog. 4.2 in der Form, dass es eine Lookup-Tabelle (Abschn. 4.8.1) für die Berechnung verwendet.

Aufg. 4.3. Implementieren Sie den in Gl. 4.11 definierten Histogrammausgleich aber verwenden Sie dabei das *modifizierte* kumulative Histogramm aus Gl. 4.12, das die Quadratwurzelwerte der Histogrammeinträge kumuliert. Vergleichen Sie die Ergebnisse mit dem gewöhnlichen (linearen) Ansatz und stellen Sie dazu die Histogramme und kumulativen Histogramme analog zu Abb. 4.10 dar.

Aufg. 4.4. Zeigen Sie formal, dass der Histogrammausgleich (Gl. 4.11) ein bereits gleichverteiltes Bild nicht verändert und dass eine mehrfache Anwendung auf dasselbe Bild nach dem ersten Durchlauf keine weiteren Veränderungen verursacht.

Aufg. 4.5. Zeigen Sie, dass der lineare Histogrammausgleich (Abschn. 4.5) nur ein Sonderfall der Histogrammanpassung (Abschn. 4.6) ist.

Aufg. 4.6. Implementieren Sie die Histogrammanpassung mit einer stückweise linearen Verteilungsfunktion, wie in Abschn. 4.6.3 beschrieben. Modellieren Sie die Verteilungsfunktion selbst als Objektklasse mit den notwendigen Instanzvariablen und realisieren Sie die Funktionen $\mathsf{P}_L(i)$ (Gl. 4.22), $\mathsf{P}_L^{-1}(b)$ (Gl. 4.23) sowie die Abbildung $f_{\mathrm{hs}}(a)$ (Gl. 4.24) als entsprechende Methoden.

Aufg. 4.7. Bei der gemeinsamen Histogrammanpassung (Abschn. 4.6) *mehrerer* Bilder kann man entweder ein typisches Exemplar als Referenzbild wählen oder eine „durchschnittliche" Referenzverteilung verwenden, die aus allen Bildern berechnet wird. Implementieren Sie die zweite Variante und überlegen Sie, welche Vorteile damit verbunden sein könnten.

Aufg. 4.8. Implementieren Sie die modifizierte Gammakorrektur (Gl. 4.33) mit variablen Werten für γ und a_0 als ImageJ-Plugin unter Verwendung einer Lookup-Tabelle analog zu Prog. 4.4.

Aufg. 4.9. Zeigen Sie, dass die modifizierte Gammakorrektur $\bar{f}_{\gamma,a_0}(a)$ mit den in Gl. 4.33–4.34 definierten Parametern eine C1-stetige Funktion ist, also die Funktion selbst und ihre erste Ableitung stetig sind.

5

Filter

Die wesentliche Eigenschaft der im vorigen Kapitel behandelten Punktoperationen war, dass der neue Wert eines Bildelements ausschließlich
vom ursprünglichen Bildwert an derselben Position abhängig ist. Filter
sind Punktoperationen dahingehend ähnlich, dass auch hier eine 1:1-
Abbildung der Bildkoordinaten besteht, d. h., dass sich die Geometrie
des Bilds nicht ändert. Viele Effekte sind allerdings mit Punktoperationen – egal in welcher Form – allein nicht durchführbar, wie z. B. ein Bild
zu schärfen oder zu glätten (Abb. 5.1).

5.1 Was ist ein Filter?

Betrachten wir die Aufgabe des Glättens eines Bilds etwas näher. Bilder sehen vor allem an jenen Stellen scharf aus, wo die Intensität lokal
stark ansteigt oder abfällt, also die Unterschiede zu benachbarten Bildelementen groß sind. Umgekehrt empfinden wir Bildstellen als unscharf
oder verschwommen, in denen die Helligkeitsfunktion glatt ist. Eine erste Idee zur Glättung eines Bilds ist daher, jedes Pixel einfach durch den
Durchschnitt seiner benachbarten Pixel zu ersetzen.

Abbildung 5.1
Mit einer Punktoperation allein ist
z. B. die Glättung oder Verwaschung
eines Bilds nicht zu erreichen. Wie
eine Punktoperation lässt aber auch
ein Filter die Bildgeometrie unverändert.

Um also die Pixelwerte im neuen, geglätteten Bild $I'(u, v)$ zu berechnen, verwenden wir jeweils das entsprechende Pixel $I(u, v) = p_0$ plus seine acht Nachbarpixel $p_1, p_2, \ldots, p_8$ aus dem ursprünglichen Bild I und berechnen den arithmetischen Durchschnitt dieser neun Werte:

$$I'(u, v) \leftarrow \frac{p_0 + p_1 + p_2 + p_3 + p_4 + p_5 + p_6 + p_7 + p_8}{9} . \quad (5.1)$$

In relativen Bildkoordinaten ausgedrückt heißt das

$$
\begin{aligned}
I'(u, v) \leftarrow \tfrac{1}{9} \cdot [\; & I(u-1, v-1) + I(u, v-1) + I(u+1, v-1) + \\
& I(u-1, v) \quad\; + I(u, v) \quad\; + I(u+1, v) \quad\; + \\
& I(u-1, v+1) + I(u, v+1) + I(u+1, v+1) \;] ,
\end{aligned}
\quad (5.2)
$$

was sich kompakter beschreiben lässt in der Form

$$I'(u, v) \leftarrow \frac{1}{9} \cdot \sum_{j=-1}^{1} \sum_{i=-1}^{1} I(u+i, v+j) . \quad (5.3)$$

Diese lokale Durchschnittsbildung weist bereits alle Elemente eines typischen Filters auf. Tatsächlich ist es ein Beispiel für eine sehr häufige Art von Filter, ein so genanntes *lineares* Filter. Wie sind jedoch Filter im Allgemeinen definiert? Zunächst unterscheiden sich Filter von Punktoperationen vor allem dadurch, dass das Ergebnis nicht aus einem *einzigen* Ursprungspixel berechnet wird, sondern im Allgemeinen aus einer *Menge* von Pixeln des Originalbilds. Die Koordinaten der Quellpixel sind bezüglich der aktuellen Position (u, v) fix und sie bilden üblicherweise eine zusammenhängende *Region* (Abb. 5.2).

Die *Größe* der Filterregion ist ein wichtiger Parameter eines Filters, denn sie bestimmt, wie viele ursprüngliche Pixel zur Berechnung des neuen Pixelwerts beitragen und damit das räumliche Ausmaß des Filters. Im vorigen Beispiel benutzten wir zur Glättung z. B. eine 3×3 Filterregion, die über der aktuellen Koordinate (u, v) zentriert ist. Mit größeren Filtern, etwa 5×5, 7×7 oder sogar 21×21 Pixel, würde man daher auch einen stärkeren Glättungseffekt erzielen.

Abbildung 5.2
Prinzip des Filters. Jeder neue Pixelwert $I'(u, v)$ wird aus einer zugehörigen Region $R_{u,v}$ von Pixelwerten im ursprünglichen Bild I berechnet.

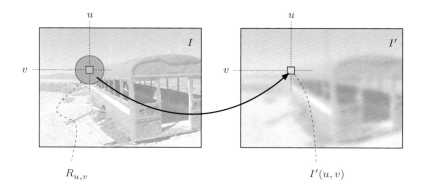

Die *Form* der Filterregion muss dabei nicht quadratisch sein, tatsächlich wäre eine scheibenförmige Region für Glättungsfilter besser geeignet, um in alle Bildrichtungen gleichförmig zu wirken und eine Bevorzugung bestimmter Orientierungen zu vermeiden. Man könnte weiterhin die Quellpixel in der Filterregion mit *Gewichten* versehen, etwa um die näher liegenden Pixel stärker und weiter entfernten Pixel schwächer zu berücksichtigen. Die Filterregion muss auch nicht zusammenhängend sein und muss nicht einmal das ursprüngliche Pixel selbst beinhalten. Sie könnte theoretisch sogar unendlich groß sein.

So viele Optionen sind schön, aber auch verwirrend – wir brauchen eine systematische Methode, um Filter gezielt spezifizieren und einsetzen zu können. Bewährt hat sich die grobe Einteilung in *lineare* und *nichtlineare* Filter auf Basis ihrer mathematischen Eigenschaften. Der einzige Unterschied ist dabei die Form, in der die Pixelwerte innerhalb der Filterregion verknüpft werden: entweder durch einen *linearen* oder durch einen *nichtlinearen* Ausdruck. Im Folgenden betrachten wir beide Klassen von Filtern und zeigen dazu praktische Beispiele.

5.2 Lineare Filter

Lineare Filter werden deshalb so bezeichnet, weil sie die Pixelwerte innerhalb der Filterregion in linearer Form, d. h. durch eine gewichtete Summation verknüpfen. Ein spezielles Beispiel ist die lokale Durchschnittsbildung (Gl. 5.3), bei der alle neun Pixel in der 3×3 Filterregion mit gleichen Gewichten ($1/9$) summiert werden. Mit dem gleichen Mechanismus kann, nur durch Änderung der einzelnen Gewichte, eine Vielzahl verschiedener Filter mit unterschiedlichstem Verhalten definiert werden.

5.2.1 Die Filtermatrix

Bei linearen Filtern werden die Größe und Form der Filterregion, wie auch die zugehörigen Gewichte, allein durch eine Matrix von Filterkoeffizienten spezifiziert, der so genannten „Filtermatrix" oder „Filtermaske" $H(i,j)$. Die Größe der Matrix entspricht der Größe der Filterregion und jedes Element in der Matrix $H(i,j)$ definiert das *Gewicht*, mit dem das entsprechende Pixel zu berücksichtigen ist. Das 3×3 Glättungsfilter aus Gl. 5.3 hätte demnach die Filtermatrix

$$H(i,j) = \begin{bmatrix} 1/9 & 1/9 & 1/9 \\ 1/9 & 1/9 & 1/9 \\ 1/9 & 1/9 & 1/9 \end{bmatrix} = \frac{1}{9} \begin{bmatrix} 1 & 1 & 1 \\ 1 & 1 & 1 \\ 1 & 1 & 1 \end{bmatrix}, \tag{5.4}$$

da jedes der neun Pixel ein Neuntel seines Werts zum Endergebnis beiträgt.

Im Grunde ist die Filtermatrix $H(i,j)$ – genau wie das Bild selbst – eine diskrete, zweidimensionale, reellwertige Abbildung der Form $H : \mathbb{Z} \times$

Abbildung 5.3
Filtermatrix H und das zugehörige Koordinatensystem.

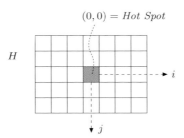

$\mathbb{Z} \mapsto \mathbb{R}$. Die Filtermatrix besitzt ihr eigenes Koordinatensystem, wobei der Ursprung – häufig als *hot spot* bezeichnet – üblicherweise im Zentrum liegt; die Filterkoordinaten sind daher in der Regel positiv *und* negativ (Abb. 5.3). Außerhalb des durch die Matrix definierten Bereichs ist der Wert der Filterfunktion $H(i, j)$ null.

5.2.2 Anwendung des Filters

Bei einem linearen Filter ist das Ergebnis eindeutig und vollständig bestimmt durch die Koeffizienten in der Filtermatrix. Die eigentliche Anwendung auf ein Bild ist – wie in Abb. 5.4 gezeigt – ein einfacher Vorgang: An jeder Bildposition (u, v) werden folgende Schritte ausgeführt:

1. Die Filterfunktion H wird über dem ursprünglichen Bild I positioniert, sodass ihr Koordinatenursprung $H(0, 0)$ auf das aktuelle Bildelement $I(u, v)$ fällt.
2. Als Nächstes werden alle Koeffizienten $H(i, j)$ der Filtermatrix mit dem jeweils darunter liegenden Bildelement $I(u+i, v+j)$ multipliziert und die Ergebnisse summiert.
3. Die resultierende Summe wird an der entsprechenden Position im Ergebnisbild $I'(u, v)$ gespeichert.

In anderen Worten, alle Pixel des neuen Bilds $I'(u, v)$ werden in folgender Form berechnet:

$$I'(u, v) \leftarrow \sum_{(i,j) \in R} I(u + i, v + j) \cdot H(i, j), \tag{5.5}$$

wobei R die Koordinaten der Filterregion darstellt. Für ein typisches Filter mit einer Koeffizientenmatrix der Größe 3×3 und zentriertem Ursprung ist das konkret

$$I'(u, v) \leftarrow \sum_{i=-1}^{i=1} \sum_{j=-1}^{j=1} I(u + i, v + j) \cdot H(i, j), \tag{5.6}$$

für alle Bildkoordinaten (u, v). Nun, nicht ganz für alle, denn an den Bildrändern, wo die Filterregion über das Bild hinausragt und keine Bildwerte für die zugehörigen Koeffizienten findet, können wir vorerst kein Ergebnis berechnen. Auf das Problem der Randbehandlung kommen wir später (in Abschn. 5.5.2) noch zurück.

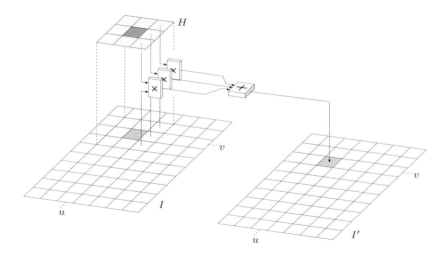

5.2.3 Berechnung der Filteroperation

Nachdem wir seine prinzipielle Funktion (Abb. 5.4) kennen und wissen, dass wir an den Bildrändern etwas vorsichtig sein müssen, wollen wir sofort ein einfaches lineares Filter in ImageJ programmieren. Zuvor sollten wir uns aber noch einen zusätzlichen Aspekt überlegen. Bei einer Punktoperation (z. B. in Prog. 4.1 und Prog. 4.2) hängt das Ergebnis jeweils nur von einem einzigen Originalpixel ab, und es war kein Problem, dass wir das Ergebnis einfach wieder im ursprünglichen Bild gespeichert haben – die Verarbeitung erfolgte „in place", d. h. ohne zusätzlichen Speicherplatz für die Ergebnisse. Bei Filtern ist das i. Allg. *nicht* möglich, da ein bestimmtes Originalpixel zu mehreren Ergebnissen beiträgt und daher nicht überschrieben werden darf, bevor alle Operationen abgeschlossen sind.

Wir benötigen daher zusätzlichen Speicherplatz für das Ergebnisbild, mit dem wir am Ende – falls erwünscht – das ursprüngliche Bild ersetzen. Die gesamte Filterberechnung kann auf zwei verschiedene Arten realisiert werden (Abb. 5.5):

A. Das Ergebnis der Filteroperation wird zunächst in einem neuen Bild gespeichert, das anschließend in das Originalbild zurückkopiert wird.
B. Das Originalbild wird zuerst in ein Zwischenbild kopiert, das dann als Quelle für die Filteroperation dient. Deren Ergebnis geht direkt in das Originalbild.

Beide Methoden haben denselben Speicherbedarf, daher können wir beliebig wählen. Wir verwenden in den nachfolgenden Beispielen Variante B.

Abbildung 5.5
Praktische Implementierung
von Filteroperationen.
Variante A: Das Filterergebnis
wird in einem Zwischenbild (*Inter-
mediate Image*) gespeichert und
dieses abschließend in das Originalbild kopiert (a). **Variante B**:
Das Originalbild zuerst in ein Zwischenbild kopiert und dieses danach
gefiltert, wobei die Ergebnisse im
Originalbild abgelegt werden (b).

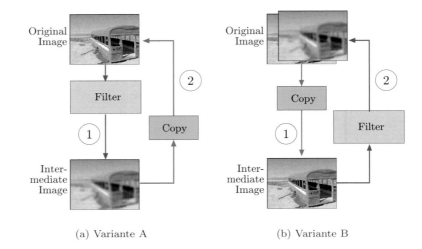

(a) Variante A   (b) Variante B

5.2.4 Beispiele für Filter-Plugins

Die nachfolgenden Beispiele zeigen die Implementierung von zwei sehr
einfachen Arten von Filtern, die allerdings in der Praxis in ähnlicher
Form sehr häufig Verwendung finden.

Einfaches 3 × 3 Glättungsfilter („Box"-Filter)

Programm 5.1 zeigt den Plugin-Code für ein einfaches 3 × 3 Durch-
schnittsfilter (Gl. 5.4), das häufig wegen seiner Form als „Box"-Filter
bezeichnet wird. Da die Filterkoeffizienten alle gleich ($\frac{1}{9}$) sind, wird
keine explizite Filtermatrix benötigt. Da außerdem durch diese Operation keine Ergebnisse außerhalb des Wertebereichs entstehen können,
benötigen wir in diesem Fall auch kein *Clamping* (Abschn. 4.1.2).

Obwohl dieses Beispiel ein extrem einfaches Filter implementiert,
zeigt es dennoch die allgemeine Struktur eines zweidimensionalen Filter-
programms. Wir benötigen i. Allg. *vier* geschachtelte Schleifen: *zwei*, um
das Filter über die Bildkoordinaten (u, v) zu positionieren, und *zwei*
weitere über die Koordinaten (i, j) innerhalb der Filterregion. Der erforderliche Rechenaufwand hängt also nicht nur von der Bildgröße, sondern
gleichermaßen von der Größe des Filters ab.

Noch ein 3 × 3 Glättungsfilter

Anstelle der konstanten Gewichte wie im vorigen Beispiel verwenden wir
nun eine echte Filtermatrix mit unterschiedlichen Koeffizienten. Dazu
verwenden wir folgende glockenförmige 3 × 3 Filterfunktion $H(i, j)$, die
das Zentralpixel deutlich stärker gewichtet als die umliegenden Pixel:

$$H = \begin{bmatrix} 0.075 & 0.125 & 0.075 \\ 0.125 & 0.200 & 0.125 \\ 0.075 & 0.125 & 0.075 \end{bmatrix}. \tag{5.7}$$

```
1  import ij.ImagePlus;
2  import ij.plugin.filter.PlugInFilter;
3  import ij.process.ImageProcessor;
4
5  public class Filter_Average_3x3 implements PlugInFilter {
6      ...
7      public void run(ImageProcessor ip) {
8          int M = ip.getWidth();
9          int N = ip.getHeight();
10         ImageProcessor copy = ip.duplicate();
11
12         for (int u = 1; u <= M - 2; u++) {
13           for (int v = 1; v <= N - 2; v++) {
14               // compute filter result for position (u, v):
15               int sum = 0;
16               for (int i = -1; i <= 1; i++) {
17                 for (int j = -1; j <= 1; j++) {
18                     int p = copy.getPixel(u + i, v + j);
19                     sum = sum + p;
20                 }
21               }
22               int q = (int) (sum / 9.0);
23               ip.putPixel(u, v, q);
24           }
25         }
26     }
27 }
```

Programm 5.1
3×3 Boxfilter (`Filter_Average_3x3`).
Zunächst (Zeile 10) wird eine Kopie
(`copy`) des Originalbilds angelegt,
auf das anschließend die eigentliche
Filteroperation angewandt wird (Zeile
18). Die Ergebnisse werden wiederum
im Originalbild abgelegt (Zeile 23).
Alle Randpixel bleiben unverändert.

Da alle Koeffizienten von $H(i, j)$ positiv sind und ihre Summe eins ergibt (die Filtermatrix ist normalisiert), können auch in diesem Fall keine Ergebnisse außerhalb des ursprünglichen Wertebereichs entstehen. Auch in Prog. 5.2 ist daher kein *Clamping* notwendig und die Programmstruktur ist praktisch identisch zum vorherigen Beispiel. Die Filtermatrix (`filter`) ist ein zweidimensionales Array[1] vom Typ `double`. Jedes Pixel wird mit den entsprechenden Koeffizienten der Filtermatrix multipliziert, die entstehende Summe ist daher ebenfalls vom Typ `double`. Beim Zugriff auf die Koeffizienten ist zu bedenken, dass der Koordinatenursprung der Filtermatrix im Zentrum liegt, d. h. bei einer 3×3 Matrix auf Position $(1, 1)$. Man benötigt daher in diesem Fall einen Offset von 1 für die i- und j-Koordinate (Prog. 5.2, Zeile 22).

5.2.5 Ganzzahlige Koeffizienten

Anstatt mit Gleitkomma-Koeffizienten zu arbeiten, ist es oft einfacher (und meist auch effizienter), ganzzahlige Filterkoeffizienten in Verbindung mit einem gemeinsamen Skalierungsfaktor s zu verwenden, also

$$H(i, j) = s \cdot H'(i, j), \tag{5.8}$$

---

[1] Siehe auch die Anmerkungen dazu in Anhang F.2.4.

Programm 5.2
3×3 Glättungsfilter
(Filter_Smooth_3x3). Die Filtermatrix ist als zweidimensionales
double-Array definiert (Zeile 7).
Der Koordinatenursprung des Filters liegt im Zentrum der Matrix,
also an der Array-Koordinate $[1,1]$,
daher der Offset von 1 für die Koordinaten i und j in Zeile 22. In
Zeile 26 wird die für die aktuelle
Bildposition berechnete Summe
gerundet und anschließend (Zeile
27) im Originalbild eingesetzt.

```
1    ...
2    public void run(ImageProcessor ip) {
3      int M = ip.getWidth();
4      int N = ip.getHeight();
5
6      // 3x3 filter matrix:
7      double[][] H = {
8          {0.075, 0.125, 0.075},
9          {0.125, 0.200, 0.125},
10         {0.075, 0.125, 0.075}};
11
12     ImageProcessor copy = ip.duplicate();
13
14     for (int u = 1; u <= M - 2; u++) {
15       for (int v = 1; v <= N - 2; v++) {
16         // compute filter result for position (u,v):
17         double sum = 0;
18         for (int i = -1; i <= 1; i++) {
19           for (int j = -1; j <= 1; j++) {
20             int p = copy.getPixel(u + i, v + j);
21             // get the corresponding filter coefficient:
22             double c = H[j + 1][i + 1];
23             sum = sum + c * p;
24           }
25         }
26         int q = (int) Math.round(sum);
27         ip.putPixel(u, v, q);
28       }
29     }
30   }
```

mit $s \in \mathbb{R}$ und $H'(i,j) \in \mathbb{Z}$. Falls alle Koeffizienten positiv sind, wie bei Glättungsfiltern üblich, definiert man s reziprok zur Summe der Koeffizienten

$$s = \frac{1}{\sum_{i,j} H'(i,j)}, \qquad (5.9)$$

um die Filtermatrix zu normalisieren. In diesem Fall liegt auch das Ergebnis in jedem Fall innerhalb des ursprünglichen Wertebereichs. Die Filtermatrix aus Gl. 5.7 könnte daher beispielsweise auch in der Form

$$H = \begin{bmatrix} 0.075 & 0.125 & 0.075 \\ 0.125 & 0.200 & 0.125 \\ 0.075 & 0.125 & 0.075 \end{bmatrix} = \frac{1}{40} \begin{bmatrix} 3 & 5 & 3 \\ 5 & 8 & 5 \\ 3 & 5 & 3 \end{bmatrix} \qquad (5.10)$$

definiert werden, mit dem gemeinsamen Skalierungsfaktor $s = \frac{1}{40} = 0.025$. Eine solche Skalierung wird etwa auch für die Filteroperation in Prog. 5.3 verwendet.

In *Adobe Photoshop* sind u. a. lineare Filter unter der Bezeichnung „Custom Filter" in dieser Form realisiert. Auch hier werden Filter mit ganzzahligen Koeffizienten und einem gemeinsamen Skalierungsfaktor Scale (der dem Kehrwert von s entspricht) spezifiziert. Zusätzlich kann ein konstanter Offset-Wert angegeben werden, etwa um negative Ergebnisse (aufgrund negativer Koeffizienten) in den sichtbaren Intensitätsbereich zu verschieben (Abb. 5.6). Das 5×5-Custom-Filter in Photoshop entspricht daher insgesamt folgender Operation (vgl. Gl. 5.6):

$$I'(u,v) \leftarrow \text{Offset} + \frac{1}{\text{Scale}} \sum_{j=-2}^{j=2} \sum_{i=-2}^{i=2} I(u+i, v+j) \cdot H(i,j). \qquad (5.11)$$

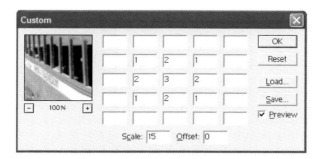

Abbildung 5.6
Das „Custom Filter" in *Adobe Photoshop* realisiert lineare Filter bis zur Größe von 5×5. Der Koordinatenursprung des Filters („hot spot") wird im Zentrum (Wert 3) angenommen, die leeren Felder entsprechen Koeffizienten mit Wert null. Neben den (ganzzahligen) Filterkoeffizienten und dem Skalierungsfaktor Scale kann ein Offset-Wert angegeben werden.

5.2.6 Filter beliebiger Größe

Während wir bisher nur mit 3×3 Filtermatrizen gearbeitet haben, wie sie in der Praxis auch häufig verwendet werden, können Filter grundsätzlich von beliebiger Größe sein. Nehmen wir dazu den (üblichen) Fall an, dass die Filtermatrix H zentriert ist und ungerade Seitenlängen mit $(2K+1)$ Spalten und $(2L+1)$ Zeilen aufweist, wobei $K, L \geq 0$. Wenn das Bild M Spalten und N Zeilen hat, also

$$I(u,v) \quad \text{mit} \quad 0 \leq u < M \quad \text{und} \quad 0 \leq v < N,$$

s0 kann das Filterergebnis im Bereich jener Bildkoordinaten (u', v') berechnet werden, für die gilt

$$K \leq u' \leq (M-K-1) \qquad \text{und} \qquad L \leq v' \leq (N-L-1)$$

(siehe Abb. 5.7). Die Implementierung beliebig großer Filter ist anhand eines 7×5 ($K = 3$, $L = 2$) großen Glättungsfilters in Prog. 5.3 gezeigt, das aus Prog. 5.2 adaptiert ist. In diesem Beispiel sind ganzzahlige Filterkoeffizienten H[j][i] (Zeile 6) in Verbindung mit einem gemeinsamen Skalierungsfaktor s verwendet, wie bereits oben besprochen. Der „hot spot" des Filters wird wie üblich im Zentrum (an der Position H[L][K]) angenommen und der Laufbereich aller Schleifenvariablen ist von den Dimensionen der Filtermatrix abhängig. Sicherheitshalber ist (in Zeile 34–35) auch ein *Clamping* der Ergebniswerte vorgesehen.

Lineares Filter mit ganzzahliger Filtermatrix beliebiger Größe (`Filter_Arbitrary`). Die Filtermatrix H ist $(2K + 1)$ Elemente breit und $(2L+1)$ Elemente hoch ($K = 3$, $L = 2$); ihre Elemente sind ganzzahling (`int`). Die Summenvariable `sum` ist daher ebenfalls vom Typ `int`, die Ergebnisse werden erst am Schluss mit dem konstanten Faktor `s` skaliert und gerundet (Zeile 32). Die Bildränder bleiben hier unbehandelt.

```
1   public void run(ImageProcessor ip) {
2       int M = ip.getWidth();
3       int N = ip.getHeight();
4
5       // filter matrix H of size (2K + 1) × (2L + 1)
6       int[][] H = {
7           {0,0,1,1,1,0,0},
8           {0,1,1,1,1,1,0},
9           {1,1,1,1,1,1,1},
10          {0,1,1,1,1,1,0},
11          {0,0,1,1,1,0,0}};
12
13      double s = 1.0 / 23;   // sum of filter coefficients is 23
14
15      // H[L][K] is the center element of H:
16      int K = H[0].length / 2; // K = 3
17      int L = H.length / 2; // L = 2
18
19      ImageProcessor copy = ip.duplicate();
20
21      for (int u = K; u <= M - K - 1; u++) {
22          for (int v = L; v <= N - L - 1; v++) {
23              // compute filter result for position (u, v):
24              int sum = 0;
25              for (int i = -K; i <= K; i++) {
26                  for (int j = -L; j <= L; j++) {
27                      int p = copy.getPixel(u + i, v + j);
28                      int c = H[j + L][i + K];
29                      sum = sum + c * p;
30                  }
31              }
32              int q = (int) Math.round(s * sum);
33              // clamp result:
34              if (q < 0)   q = 0;
35              if (q > 255) q = 255;
36              ip.putPixel(u, v, q);
37          }
38      }
39  }
```

5.2.7 Arten von linearen Filtern

Die Funktion eines linearen Filters ist ausschließlich durch seine Filtermatrix spezifiziert, und da deren Koeffizienten beliebige Werte annehmen können, gibt es grundsätzlich unendlich viele verschiedene lineare Filter. Wofür kann man aber diese Filter einsetzen und welche Filter sind für eine bestimmte Aufgabe am besten geeignet? Zwei in der Praxis wichtige Klassen von Filtern sind *Glättungsfilter* und *Differenzfilter* (Abb. 5.8).

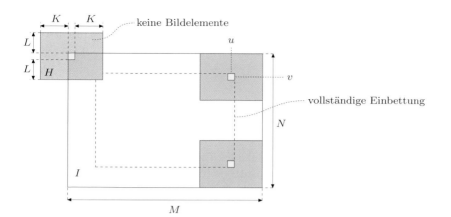

Abbildung 5.7
Randproblem bei Filtern. Die Filteroperation kann problemlos nur dort angewandt werden, wo die Filtermatrix H der Größe $(2K+1) \times (2L+1)$ vollständig in das Bild I eingebettet ist.

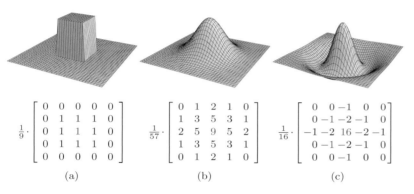

	(a)		(b)		(c)

Abbildung 5.8
Beispiele von Kernen für lineare Filter. Darstellung der Filterfunktion H als 3D-Plot (oben) und Näherung als diskrete Filtermatrix (unten). Das „Box"-Filter (a) ist ebenso wie das Gaußfilter (b) ein *Glättungsfilter* mit ausschließlich positiven Filterkoeffizienten. Das sog. „Laplace" (oder *Mexican Hat*) Filter (c) ist im Gegensatz dazu ein *Differenzfilter*. Es bildet eine gewichtete Differenz zwischen dem zentralen Pixel und den umliegenden Werten und reagiert daher besonders auf lokale Intensitätsspitzen.

Glättungsfilter

Alle bisher betrachteten Filter hatten irgendeine Art von Glättung zur Folge. Tatsächlich ist jedes lineare Filter, das nur positive Filterkoeffizienten aufweist, in gewissem Sinn ein Glättungsfilter, denn ein solches Filter berechnet nur einen gewichteten Durchschnitt über die Elemente der entsprechenden Bildregion.

Box-Filter

Das einfachste aller Glättungsfilter, dessen 3D-Form an eine Schachtel erinnert (Abb. 5.8 (a)), ist ein alter Bekannter. Das Box-Filter ist aber aufgrund seiner scharf abfallenden Ränder und dem dadurch verursachten „wilden" Frequenzverhalten (s. auch Kap. 18–19) kein gutes Glättungsfilter. Intuitiv erscheint es auch wenig plausibel, allen betroffenen Bildelementen gleiches Gewicht zuzuordnen und nicht das Zentrum gegenüber den Rändern stärker zu gewichten. Glättungsfilter sollten auch weitgehend „isotrop", d. h. nach allen Richtungen hin gleichförmig arbeiten, und auch das ist beim Box-Filter aufgrund seiner rechteckigen Form nicht der Fall.

Gaußfilter

Die Filtermatrix dieses Glättungsfilters (Abb. 5.8 (b)) entspricht einer diskreten, zweidimensionalen Gaußfunktion

$$H^{G,\sigma}(x,y) = e^{-\frac{x^2+y^2}{2\sigma^2}}, \tag{5.12}$$

wobei die Standardabweichung σ den „Radius" der glockenförmigen Funktion definiert. Das mittlere Bildelement erhält das maximale Gewicht (1.0 skaliert auf den ganzzahligen Wert 9), die Werte der übrigen Koeffizienten nehmen mit steigender Entfernung zur Mitte kontinuierlich ab. Die Gaußfunktion ist isotrop, vorausgesetzt die Filtermatrix ist groß genug für eine ausreichende Näherung. Das Gaußfilter weist ein „gutmütiges" Frequenzverhalten auf und ist als Tiefpassfilter dem Box-Filter eindeutig überlegen. Ein *zwei*dimensionales Gaußfilter kann als Hintereinanderausführung zweier *ein*dimensionaler Gaußfilter formuliert werden (s. auch Abschn. 5.3.3), was eine relativ effiziente Berechnung ermöglicht.[2]

Differenzfilter

Wenn einzelne Filterkoeffizienten negativ sind, kann man die Filteroperation als Differenz von zwei Summen interpretieren: die gewichtete Summe aller Bildelemente mit zugehörigen *positiven* Koeffizienten abzüglich der gewichteten Summe von Bildelementen mit *negativen* Koeffizienten innerhalb der Filterregion R:

$$\begin{aligned}
I'(u,v) = &\sum_{(i,j)\in R^+} I(u+i,v+j) \cdot |H(i,j)| \\
&- \sum_{(i,j)\in R^-} I(u+i,v+j) \cdot |H(i,j)|
\end{aligned} \tag{5.13}$$

Dabei bezeichnet R^+ den Teil des Filters mit positiven Koeffizienten $H(i,j) > 0$ und R^- den Teil mit negativen Koeffizienten $H(i,j) < 0$. Das 5×5 Laplace-Filter in Abb. 5.8 (c) bildet z. B. die Differenz zwischen einem zentralen Bildwert (mit Gewicht 16) und der Summe über 12 umliegende Bildwerte (mit Gewichten von -1 und -2). Die übrigen 12 Bildwerte haben zugehörige Koeffizienten mit dem Wert null und bleiben daher unberücksichtigt. Für die Normalisierung (mit $s = \frac{1}{16}$) wurde in diesem Fall nur die Summe der positiven Elemente von H herangezogen.

Während bei einer Durchschnittsbildung örtliche Intensitätsunterschiede geglättet werden, kann man bei einer Differenzbildung das genaue Gegenteil erwarten: Örtliche Unterschiede werden verstärkt. Wichtige Einsatzbereiche von Differenzfiltern sind daher vor allem das Verstärken von Kanten und Konturen (Abschn. 6.2) sowie das Schärfen von Bildern (Abschn. 6.6).

---

[2] Siehe auch Abschn. E im Anhang.

5.3 Formale Eigenschaften linearer Filter

Wir haben uns im vorigen Abschnitt dem Konzept des Filters in recht lockerer Weise angenähert, um rasch ein gutes Verständnis dafür zu bekommen, wie Filter aufgebaut und wofür sie nützlich sind. Obwohl das bisherige für den praktischen Einsatz oft völlig ausreichend ist, mag man über die scheinbar doch etwas eingeschränkten Möglichkeiten linearer Filter möglicherweise enttäuscht sein, obwohl sie doch so viele Gestaltungsmöglichkeiten bieten.

Die Bedeutung der linearen Filter – und vielleicht auch ihre formale Eleganz – werden oft erst deutlich, wenn man auch dem darunter liegenden theoretischen Fundament etwas mehr Augenmerk schenkt. Es mag daher vielleicht überraschen, dass wir den wichtigen Begriff der „Faltung"[3] bisher überhaupt nicht erwähnt haben. Das soll nun nachgeholt werden.

5.3.1 Lineare Faltung

Die Operation eines linearen Filters, wie wir sie im vorherigen Abschnitt definiert hatten, ist keine Erfindung der digitalen Bildverarbeitung, sondern ist in der Mathematik seit langem bekannt. Die Operation heißt „lineare Faltung" (*linear convolution*) und verknüpft zwei Funktionen gleicher Dimensionalität, kontinuierlich oder diskret. Für diskrete, zweidimensionale Funktionen I und H ist die Faltungsoperation definiert als

$$I'(u,v) = \sum_{i=-\infty}^{\infty} \sum_{j=-\infty}^{\infty} I(u-i, v-j) \cdot H(i,j), \qquad (5.14)$$

oder abgekürzt (mit dem allgemein üblichen *Faltungsoperator* $*$)

$$I' = I * H. \qquad (5.15)$$

Das sieht fast genauso aus wie Gl. 5.6, mit Ausnahme der unterschiedlichen Wertebereiche für die Summenvariablen i, j und der umgekehrten Vorzeichen der Koordinaten in $I(u-i, v-j)$. Der erste Unterschied ist schnell erklärt: Da die Filterkoeffizienten außerhalb der Filtermatrix $H(i,j)$ – die auch als „Faltungskern" oder „Filterkern" bezeichnet wird – als null angenommen werden, sind die Positionen außerhalb der Matrix für die Summation nicht relevant. Bezüglich der Koordinaten sehen wir durch eine kleine Umformung von Gl. 5.14, dass gilt

$$I'(u,v) = \sum_{(i,j) \in R_H} I(u-i, v-j) \cdot H(i,j) \qquad (5.16)$$

$$= \sum_{(i,j) \in R_H} I(u+i, v+j) \cdot H(-i, -j) \qquad (5.17)$$

---

[3] Ein von manchen Studierenden völlig zu Unrecht gefürchtetes Mysterium.

$$= \sum_{(i,j) \in R_H} I(u+i, v+j) \cdot H^*(i,j). \tag{5.18}$$

Das wiederum ist genau das lineare Filter aus Gl. 5.6, außer, dass die Filterfunktion $H^*(i,j) = H(-i,-j)$ horizontal und vertikal gespiegelt (bzw. um 180° gedreht) ist. Um genau zu sein, beschreibt die Operation in Gl. 5.6 eigentlich eine lineare „Korrelation" (*correlation*), was aber identisch ist zur linearen Faltung (*convolution*), abgesehen von der gespiegelten Filtermatrix.[4]

Die mathematische Operation hinter *allen* linearen Filtern ist also die lineare Faltung ($*$) und das Ergebnis ist vollständig und ausschließlich durch den Faltungskern (die Filtermatrix) H definiert. Um das zu illustrieren, beschreibt man die Faltung häufig als „Black Box"-Operation (Abb. 5.9).

Abbildung 5.9
Faltung als „Black Box"-Operation. Das Originalbild I durchläuft eine lineare Faltungsoperation ($*$) mit dem Faltungskern H und erzeugt das Ergebnis I'.

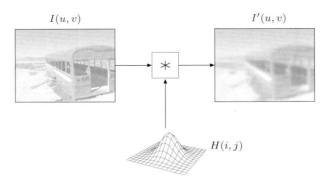

5.3.2 Eigenschaften der linearen Faltung

Die Bedeutung der linearen Faltung basiert auf ihren einfachen mathematischen Eigenschaften und ihren vielfältigen Anwendungen und Erscheinungsformen. Die lineare Faltung ist ein häufig verwendetes mathematisches Modell zur Beschreibung natürliche Phänomene, wie beispielsweise in der Mechanik, Akustik oder in optischen Systemen. Wie wir in Kap. 18 zeigen, besteht sogar eine nahtlose Beziehung zur Fourieranalyse und den zugehörigen Methoden im Frequenzbereich, die für das Verständnis von komplexen Phänomenen wie *Sampling* und *Aliasing* extrem wertvoll ist. Zunächst aber betrachten wir einige wichtige Eigenschaften der linearen Faltung in dem uns vertrauten „Ortsraum" oder „Bildraum".

---

[4] Das gilt natürlich auch im eindimensionalen Fall. Die lineare Korrelation wird u. a. häufig zum Vergleichen von Bildmustern verwendet (s. Abschn. 23.1).

Kommutativität

Die lineare Faltungsoperation ist *kommutativ*, d.h., für ein beliebiges
Bild I und einen Filterkern H gilt

$$I * H = H * I. \tag{5.19}$$

Man erhält also dasselbe Ergebnis, wenn man das Bild und die Filterfunktion vertauscht. Es macht daher keinen Unterschied, ob wir das Bild
I mit dem Filterkern H falten oder umgekehrt – beide Funktionen können gleichberechtigt und austauschbar dieselbe Rolle einnehmen.

Linearität

Lineare Filter tragen diese Bezeichnung aufgrund der Linearitätseigenschaften der Faltung. Wenn wir z. B. ein Bild mit einer skalaren Konstante s multiplizieren, dann multipliziert sich auch das Faltungsergebnis
mit demselben Faktor, d. h.

$$(s \cdot I) * H \;=\; I * (s \cdot H) \;=\; s \cdot (I * H) . \tag{5.20}$$

Weiterhin, wenn wir zwei Bilder Pixel-weise addieren und nachfolgend
die Summe einem Filter unterziehen, dann würde dasselbe Ergebnis erzielt, wenn wir beide Bilder vorher getrennt filtern und erst danach addieren:

$$(I_1 + I_2) * H \;=\; (I_1 * H) + (I_2 * H). \tag{5.21}$$

Es mag in diesem Zusammenhang überraschen, dass die Addition einer
Konstanten b zu einem Bild das Ergebnis eines linearen Filters *nicht* im
gleichen Ausmaß erhöht, also

$$(b + I) * H \;\neq\; b + (I * H). \tag{5.22}$$

Dies ist also *nicht* Teil der Linearitätseigenschaft. Die Linearität von
Filtern ist vor allem ein wichtiges theoretisches Konzept. In der Praxis sind viele Filteroperationen in ihrer Linearität eingeschränkt, z. B.
durch Rundungsfehler oder durch die nichtlineare Begrenzung von Er-
gebniswerten (Clamping).

Assoziativität

Die lineare Faltung ist assoziativ, d. h., die Reihenfolge von nacheinander
ausgeführten Filteroperationen ist ohne Belang:

$$(I * H_1) * H_2 = I * (H_1 * H_2). \tag{5.23}$$

Man kann daher bei mehreren aufeinander folgenden Filtern die Reihenfolge beliebig verändern und auch mehrere Filter durch paarweise
Faltung zu neuen Filtern zusammenfassen.

5.3.3 Separierbarkeit von Filtern

Eine unmittelbare Folge der Assoziativität ist die Separierbarkeit von linearen Filtern. Wenn ein Filterkern H sich als Faltungsprodukt von zwei oder mehr kleineren Kernen H_i in der Form

$$H = H_1 * H_2 * \ldots * H_n \tag{5.24}$$

darstellen lässt, dann kann (als Konsequenz von Gl. 5.23) die Filteroperation $I * H$ als Folge von Filteroperationen

$$\begin{aligned} I * H &= I * (H_1 * H_2 * \ldots * H_n) \\ &= (\ldots ((I * H_1) * H_2) * \ldots * H_n) \end{aligned} \tag{5.25}$$

durchgeführt werden, was i. Allg. erheblich weniger Rechenaufwand erfordert als die Durchführung der Faltung $I * H$ in einem Stück.

x/y-Separierbarkeit

Die Möglichkeit, ein *zwei*dimensionales Filter H in zwei *ein*dimensionale Filter h_x und h_y zu zerteilen, ist eine besonders häufige und wichtige Form der Separierbarkeit. Angenommen wir hätten zwei eindimensionale Filter h_x, h_y mit

$$h_x = \begin{bmatrix} 1 & 1 & 1 & 1 \end{bmatrix} \qquad \text{bzw.} \qquad h_y = \begin{bmatrix} 1 \\ 1 \\ 1 \end{bmatrix}. \tag{5.26}$$

Wenn wir diese beiden Filter nacheinander auf das Bild I anwenden,

$$I' \leftarrow (I * h_x) * h_y = I * \underbrace{(h_x * h_y)}_{H}, \tag{5.27}$$

dann ist das (nach Gl. 5.25) gleichbedeutend mit der Anwendung eines kombinierten Filters H, wobei

$$H = h_x * h_y = \begin{bmatrix} 1 & 1 & 1 & 1 & 1 \\ 1 & 1 & 1 & 1 & 1 \\ 1 & 1 & 1 & 1 & 1 \end{bmatrix}. \tag{5.28}$$

Das zweidimensionale Box-Filter H kann also in zwei eindimensionale Filter geteilt werden. Die gesamte Faltungsoperation benötigt $3 \cdot 5 = 15$ Rechenoperationen pro Bildelement für das kombinierte Filter H, im separierten Fall hingegen nur $5 + 3 = 8$ Operationen, also deutlich weniger. Im Allgemeinen wächst die Zahl der Operationen quadratisch mit der Seitenlänge des Filters, im Fall der x/y-Separierbarkeit jedoch nur linear. Beim Einsatz größerer Filter ist diese Möglichkeit daher von emminenter Bedeutung (s. auch Abschn. 5.5.1).

```
1   float[] makeGaussKernel1d(double sigma) {
2     // create the kernel h:
3     int center = (int) (3.0 * sigma);
4     float[] h = new float[2 * center + 1]; // odd size
5     // fill the kernel h:
6     double sigma2 = sigma * sigma;   // σ²
7     for (int i = 0; i < h.length; i++) {
8       double r = center - i;
9       h[i] = (float) Math.exp(-0.5 * (r * r) / sigma2);
10    }
11    return h;
12  }
```

Programm 5.4
Java-Methode zur dynamischen Erzeugung eindimensionaler Gauß-Filterkerne. Die Methode `makeGaussKernel1d()` liefert einen `float`-Vektor h, dessen Länge (in Abhängigkeit von σ) ausreichend groß dimensioniert ist, um unbeabsichtigte Begrenzungseffekte zu vermeiden.

Separierbare Gaußfilter

Im Allgemeinen ist ein zweidimensionales Filter x/y-separierbar, wenn die Filterfunktion $H(i, j)$, wie im obigen Beispiel, als (äußeres) Produkt zweier eindimensionaler Funktionen beschrieben werden kann, d. h.

$$H(i, j) = h_x(i) \cdot h_y(j), \qquad (5.29)$$

denn in diesem Fall entspricht die Funktion auch dem Faltungsprodukt $H = h_x * h_y$. Ein prominentes Beispiel dafür ist die zweidimensionale Gaußfunktion $G_\sigma(x, y)$ (Gl. 5.12), die als Produkt von eindimensionalen Funktionen,

$$G_\sigma(x, y) = e^{-\frac{x^2 + y^2}{2\sigma^2}} = e^{-\frac{x^2}{2\sigma^2}} \cdot e^{-\frac{y^2}{2\sigma^2}} = g_\sigma(x) \cdot g_\sigma(y), \qquad (5.30)$$

darstellbar ist. Ein zweidimensionales Gaußfilter H_σ^G kann daher als ein Paar *eindimensionaler* Gaußfilter $h_{x,\sigma}^G, h_{y,\sigma}^G$ in der Form

$$I * H_\sigma^G = I * h_{x,\sigma}^G * h_{y,\sigma}^G \qquad (5.31)$$

realisiert werden. Die Reihenfolge der Anwendung ist dabei übrigens unerheblich. Durch unterschiedliche σ-Werte für die x- und y-Achsen kann in gleicher Weise und ohne Mehraufwand ein elliptisches 2D Gaußfilter realisiert werden.

Die Gaußfunktion fällt relativ langsam ab und ein diskretes Gaußfilter sollte eine minimale Ausdehnung von $\pm 3\sigma$ aufweisen, um Fehler durch abgeschnittene Koeffizienten zu vermeiden. Für $\sigma = 10$ benötigt man beispielsweise ein Filter mit der Mindestgröße 51×51, wobei das x/y-separierbare Filter in diesem Fall ca. 50-mal schneller läuft als ein entsprechendes 2D-Filter. Die Java-Methode `makeGaussKernel1d()` in Prog. 5.4 zeigt die dynamische Generierung von eindimensionalen Gauß-Filterkernen mit einer Ausdehnung von $\pm 3.0\,\sigma$, d. h. mit Vektoren der (immer ungeraden) Länge $6\sigma + 1$. Diese Methode wird u. a. zur Implementierung des „Unsharp Mask"-Filters (Abschn. 6.6.2) verwendet, wo relativ große Gaußfilter erforderlich sind.

5.3.4 Impulsantwort eines linearen Filters

Die lineare Faltung ist eine binäre Operation, deren Operanden zwei Funktionen sind. Die Faltung hat auch ein „neutrales Element" – das natürlich auch eine Funktion ist –, und zwar die *Impuls-* oder *Diracfunktion* $\delta()$, für die gilt

$$I * \delta = I. \tag{5.32}$$

Im zweidimensionalen, diskreten Fall ist die Impulsfunktion definiert als

$$\delta(u, v) = \begin{cases} 1 & \text{für } u = v = 0, \\ 0 & \text{sonst.} \end{cases} \tag{5.33}$$

Als Bild betrachtet ist die Diracfunktion ein einziger heller Punkt (mit dem Wert 1) am Koordinatenursprung, umgeben von einer unendlichen, schwarzen Fläche (Abb. 5.10).

Abbildung 5.10
Zweidimensionale, diskrete Impuls- oder Diracfunktion $\delta(u, v)$.

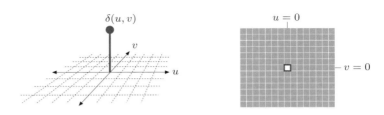

Wenn wir die Diracfunktion als Filterkern verwenden und damit eine lineare Faltung durchführen, dann ergibt sich (gemäß Gl. 5.32) wieder das ursprüngliche, unveränderte Bild (Abb. 5.11). Der umgekehrte Fall ist allerdings interessanter: Wir verwenden die Diracfunktion als *Input* und wenden ein beliebiges lineares Filter H an. Was passiert? Aufgrund der Kommutativität der Faltung (Gl. 5.19) gilt

$$H * \delta = \delta * H = H \tag{5.34}$$

und damit erhalten wir als Ergebnis der Filteroperation mit δ wieder das Filter H (Abb. 5.12)! Man schickt also einen Impuls in ein Filter hinein und erhält als Ergebnis die Filterfunktion selbst – wozu kann das gut sein? Das macht vor allem dann Sinn, wenn man die Eigenschaften des Filters zunächst nicht kennt oder seine Parameter messen möchte. Unter der Annahme, dass es sich um ein lineares Filter handelt, erhält man durch einen einzigen Impuls sofort sämtliche Informationen über das Filter. Man nennt das Ergebnis die „Impulsantwort" des Filters H. Diese Methode wird u. a. auch für die Messung des Filterverhaltens von optischen Systemen verwendet und die dort als Impulsantwort enstehende Lichtverteilung wird traditionell als „point spread function" (PSF) bezeichnet.

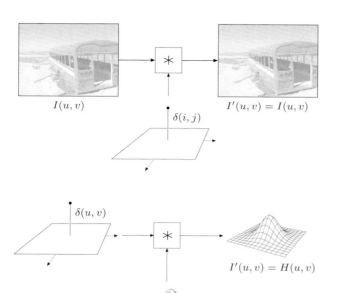

Abbildung 5.11
Das Ergebnis einer linearen Faltung mit der Impulsfunktion δ ist das ursprüngliche Bild I.

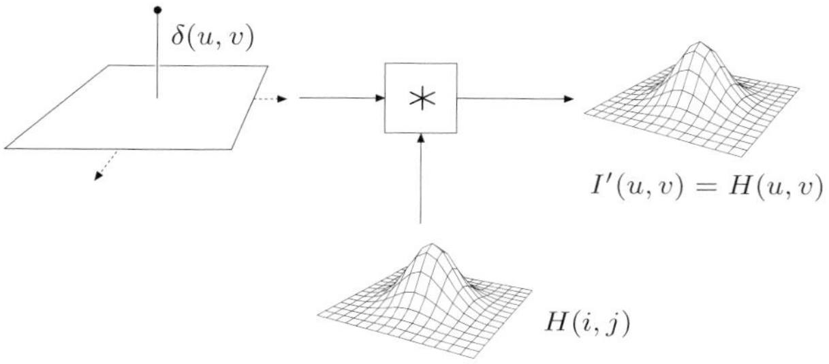

Abbildung 5.12
Die Impulsfunktion δ als Input eines linearen Filters liefert die Filterfunktion H selbst als Ergebnis.

5.4 Nichtlineare Filter

Lineare Filter haben beim Einsatz zum Glätten und Entfernen von Störungen einen gravierenden Nachteil: Auch beabsichtigte Bildstrukturen, wie Punkte, Kanten und Linien, werden dabei ebenfalls verwischt und die gesamte Bildqualität damit reduziert (Abb. 5.13). Das ist mit linearen Filtern nicht zu vermeiden und ihre Einsatzmöglichkeiten sind für solche Zwecke daher beschränkt. Wir versuchen im Folgenden zu klären, ob sich dieses Problem mit anderen, also nichtlinearen Filtern besser lösen lässt.

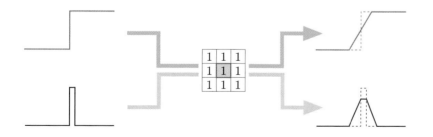

Abbildung 5.13
Lineare Glättungsfilter verwischen auch beabsichtigte Bildstrukturen. Sprungkanten (oben) oder dünne Linien (unten) werden verbreitert und gleichzeitig ihr Kontrast reduziert.

5.4.1 Minimum- und Maximum-Filter

Nichtlineare Filter berechnen, wie alle bisherigen Filter auch, das Ergebnis an einer bestimmten Bildposition (u, v) aus einer entsprechenden Region R im ursprünglichen Bild. Diese Filter werden als „nichtlinear" bezeichnet, weil die Pixelwerte des Quellbilds durch eine nichtlineare Funktion verknüpft werden. Die einfachsten nichtlinearen Filter sind Minimum- und Maximum-Filter, die folgendermaßen definiert sind:

$$I'(u, v) \leftarrow \min \{ I(u + i, v + j) \mid (i, j) \in R \}, \qquad (5.35)$$

$$I'(u, v) \leftarrow \max \{ I(u + i, v + j) \mid (i, j) \in R \}. \qquad (5.36)$$

Dabei bezeichnet $R_{u,v}$ die Region jener Bildelemente, die an der aktuellen Position (u, v) von der Filterregion (meist ein Quadrat der Größe 3×3) überdeckt werden. Abb. 5.14 illustriert die Auswirkungen eines Min-Filters auf verschiedene lokale Bildstrukturen.

Abbildung 5.14
Auswirkungen eines Minimum-Filters auf verschiedene Formen lokaler Bildstrukturen. Die ursprüngliche Bildfunktion (Profil) ist oben, das Filterergebnis unten. Der vertikale Balken zeigt die Breite des Filters. Die Sprungkante (a) und die Rampe (c) werden um eine halbe Filterbreite nach rechts verschoben, der enge Puls (b) wird gänzlich eliminiert.

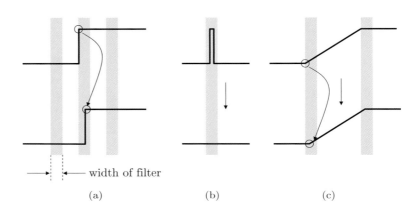

width of filter

(a)   (b)   (c)

Abb. 5.15 zeigt die Anwendung von 3×3 Min- und Max-Filtern auf ein Grauwertbild, das künstlich mit „Salt-and-Pepper"-Störungen versehen wurde, das sind zufällig platzierte weiße und schwarze Punkte. Das *Min-Filter* entfernt die weißen (*Salt*) Punkte, denn ein einzelnes weißes Pixel wird innerhalb der 3×3 Filterregion R immer von kleineren Werten umgeben, von denen einer den Minimalwert liefert. Gleichzeitig werden durch das Min-Filter aber andere dunkle Strukturen räumlich erweitert.

Das *Max-Filter* hat natürlich genau den gegenteiligen Effekt. Ein einzelnes weißes Pixel ist immer der lokale Maximalwert, sobald es innerhalb der Filterregion R auftaucht. Weiße Punkte breiten sich daher in einer entsprechenden Umgebung aus und helle Bildstrukturen werden erweitert, während nunmehr die schwarzen Punkte (*Pepper*) verschwinden.[5]

---

[5] Das in Abb. 5.15 verwendete Foto „Lena" (oder „Lenna") ist übrigens eines der bekanntesten Testbilder in der digitalen Bildverarbeitung überhaupt

(a)   (b)   (c)

Abbildung 5.15. Minimum- und Maximum-Filter. Das Originalbild (a) ist mit „Salt-and-Pepper"-Rauschen gestört. Das 3×3 Minimum-Filter (b) eliminiert die weißen Punkte und verbreitert dunkle Stellen. Das Maximum-Filter (c) hat den gegenteiligen Effekt.

5.4.2 Medianfilter

Es ist natürlich unmöglich, ein Filter zu bauen, das alle Störungen entfernt und gleichzeitig die wichtigen Strukturen intakt lässt, denn kein Filter kann unterscheiden, welche Strukturen für den Betrachter wichtig sind und welche nicht. Das Medianfilter ist aber ein guter Schritt in diese Richtung.

Das Medianfilter ersetzt jedes Bildelement durch den *Median* der Pixelwerte innerhalb der Filterregion R, also

$$I'(u,v) \leftarrow \mathrm{median}\,(I(u+i, v+j) \mid (i,j) \in R). \qquad (5.37)$$

Der Median einer Folge von $2n + 1$ Pixelwerten a_i ist definiert als

$$\mathrm{median}\,(a_0, a_1, \ldots, a_n, \ldots, a_{2n}) = a_n, \qquad (5.38)$$

also der mittlere Wert, wenn die Folge $A = (a_0, \ldots, a_{2n})$ *sortiert* ist (d. h., $a_i \leq a_{i+1}$). Abb. 5.16 demonstriert die Berechnung des Medianfilters für eine Filterregion der Größe 3×3.

Gleichung 5.38 definiert den Median einer *ungeraden* Zahl von Werten und da rechteckige Filter meist ungerade Seitenlängen aufweisen, ist auch die Größe der Filterregion R in diesen Fällen ungerade. Bei

---

und damit auch historisch interessant. Das Bild des schwedischen „Playmates" Lena Sjööblom (Söderberg?) erschien 1972 im *Playboy*-Magazin, von wo es in eine Sammlung von Testbildern an der University of Southern California übernommen wurde und danach (vielfach wohl ohne Kenntnis seiner pikanten Herkunft) weltweit Verwendung fand [104].

Abbildung 5.16
Berechnung des Medians. Die 9
Bildwerte innerhalb der 3×3
Filterregion werden sortiert,
der sich daraus ergebende mitt-
lere Wert ist der Medianwert.

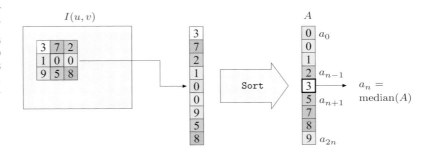

ungerader Größe der Filterregion erzeugt das Medianfilter somit keine
neuen Intensitätswerte, sondern reproduziert nur bereits bestehende Pixelwerte. Falls die Anzahl der Elemente jedoch *gerade* ist, dann ist der
Median der zugehörigen sortierten Folge $(a_0, \ldots, a_{2n-1})$ definiert als das
arithmetische Mittel der beiden mittleren Werte, d. h.,

$$\text{median}\big(\underbrace{a_0, \ldots, a_{n-1}}_{\substack{n \text{ Werte} \\ a_i \leq a_n}}, \underbrace{a_n, \ldots, a_{2n-1}}_{\substack{n \text{ Werte} \\ a_i \geq a_n}}\big) = \frac{a_{n-1} + a_n}{2}. \tag{5.39}$$

Durch die Mittelung zwischen a_{n-1} und a_n bei geradzahliger Filtergröße
können natürlich neue, vorher nicht im Bild enthaltene Pixelwerte entstehen.

Abbildung 5.17 illustriert die Auswirkungen eines 3×3 Medianfilters
auf zweidimensionale Bildstrukturen. Sehr kleine Strukturen (kleiner als
die Hälfte des Filters) werden eliminiert, alle anderen Strukturen bleiben weitgehend unverändert. Abb. 5.18 vergleicht schließlich anhand eines Grauwertbilds das Medianfilter mit einem linearen Glättungsfilter.
Programm 5.5 zeigt den Quellcode für ein Medianfilter beliebiger Größe.
Die Konstante r spezifiziert die Seitenlänge der Filterregion R mit der
Größe $(2r + 1) \times (2r + 1)$. Die Anzahl der Elemente in R und damit die
Länge des zu sortierenden Vektors A ist

$$(2r + 1)^2 = 4(r^2 + r) + 1, \tag{5.40}$$

und somit ist der Index des mittleren Vektorelements $n = 2(r^2 + r)$. Für
$r = 1$ ergibt sich ein 3×3 Medianfilter (mit $n = 4$), für $r = 2$ ein 5×5
Filter (mit $n = 12$), etc. Die Grundstruktur dieses Plugin ist ähnlich
zum linearen Filter beliebiger Größe in Prog. 5.3.

5.4.3 Gewichtetes Medianfilter

Der Median ist ein Rangordnungsmaß und in gewissem Sinn bestimmt
die „Mehrheit" der beteiligten Werte das Ergebnis. Ein einzelner, außer-
gewöhnlich hoher oder niedriger Wert, ein so genannter „Outlier", kann
das Ergebnis nicht dramatisch beeinflussen, sondern nur um maximal
einen der anderen Werte nach oben oder unten verschieben (das Maß ist

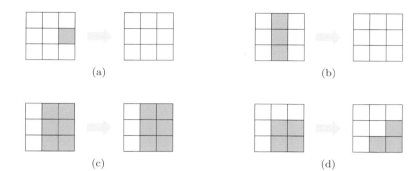

Abbildung 5.17
Auswirkung eines 3×3 Medianfilters auf binäre Bildstrukturen. Ein einzelner Puls (a) wird eliminiert, genauso wie eine 1 Pixel dünne horizontale oder vertikale Linie (b). Die Sprungkante (c) bleibt unverändert, eine Ecke (d) wird abgerundet.

(a) (b)

(c) (d)

(a) (b) (c)

Abbildung 5.18. Vergleich zwischen linearem Glättungsfilter und Medianfilter. Das Originalbild (a) ist durch „Salt and Pepper"-Rauschen gestört. Das lineare 3×3 Box-Filter (b) reduziert zwar die Helligkeitsspitzen, führt aber auch zu allgemeiner Unschärfe im Bild. Das Medianfilter (c) eliminiert die Störspitzen sehr effektiv und lässt die übrigen Bildstrukturen dabei weitgehend intakt. Allerdings führt es auch zu örtlichen Flecken gleichmäßiger Intensität.

„robust"). Beim gewöhnlichen Medianfilter haben alle Pixel in der Filterregion dasselbe Gewicht und man könnte sich überlegen, ob man nicht etwa die Pixel im Zentrum stärker gewichten sollte als die am Rand.

Das gewichtete Medianfilter ist eine Variante des Medianfilters, das einzelnen Positionen innerhalb der Filterregion unterschiedliche Gewichte zuordnet. Ähnlich zur Koeffizientenmatrix H bei einem linearen Filter werden die Gewichte in Form einer *Gewichtsmatrix* $W(i,j) \in \mathbb{N}$ spezifiziert. Zur Berechnung der Ergebnisse wird der Bildwert $I(u+i, v+j)$ entsprechend dem zugehörigen Gewicht $W(i,j)$-mal *vervielfacht* in die zu sortierenden Folge eingesetzt. Die so entstehende vergrößerte Folge $A = (a_0, \ldots, a_{L-1})$ hat die Länge

$$L = \sum_{(i,j) \in R} W(i,j). \tag{5.41}$$

Medianfilter beliebiger Größe (Plugin `Filter_Median`). Für die Sortierung der Pixelwerte in der Filterregion wird ein `int`-Array `A` definiert (Zeile 17), das für jede Filterposition (u, v) neuerlich befüllt wird. Die eigentliche Sortierung erfolgt durch die Java Standard-Methode `Arrays.sort` in Zeile 33. Der in der Mitte des Vektors liegende Medianwert (`A[n]`) wird als Ergebnis im Originalbild abgelegt (Zeile 34).

```java
1  import ij.ImagePlus;
2  import ij.plugin.filter.PlugInFilter;
3  import ij.process.ImageProcessor;
4  import java.util.Arrays;
5
6  public class Filter_Median implements PlugInFilter {
7
8    final int r = 4; // specifies the size of the filter
9
10   public void run(ImageProcessor ip) {
11     int M = ip.getWidth();
12     int N = ip.getHeight();
13
14     ImageProcessor copy = ip.duplicate();
15
16     // vector to hold pixels from (2r+1)x(2r+1) neighborhood:
17     int[] A = new int[(2 * r + 1) * (2 * r + 1)];
18
19     // index of center vector element n = 2(r² + r):
20     int n = 2 * (r * r + r);
21
22     for (int u = r; u <= M - r - 2; u++) {
23       for (int v = r; v <= N - r - 2; v++) {
24         // fill the pixel vector A for filter position (u,v):
25         int k = 0;
26         for (int i = -r; i <= r; i++) {
27           for (int j = -r; j <= r; j++) {
28             A[k] = copy.getPixel(u + i, v + j);
29             k++;
30           }
31         }
32         // sort vector A and take the center element A[n]:
33         Arrays.sort(A);
34         ip.putPixel(u, v, A[n]);
35       }
36     }
37   }
38 }
```

Aus dieser Folge A wird anschließend durch Sortieren der Medianwert berechnet, genauso so wie beim gewöhnlichen Medianfilter. Abb. 5.19 zeigt die Berechnung des gewichteten Medianfilters anhand eines Beispiels mit einer 3×3 Gewichtsmatrix

$$W = \begin{bmatrix} 1 & 2 & 1 \\ 2 & 3 & 2 \\ 1 & 2 & 1 \end{bmatrix} \tag{5.42}$$

und einer Wertefolge A der Länge 15, entsprechend der Summe der Gewichte in W.

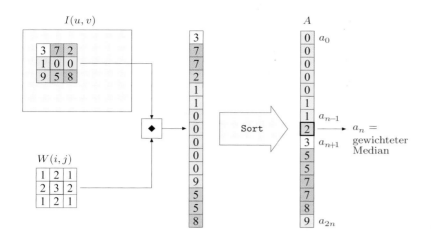

Abbildung 5.19
Berechnung des gewichteten Medianfilters. Jeder Bildwert wird, abhängig vom entsprechenden Gewicht in der Gewichtsmatrix $W(i,j)$, mehrfach in die zu sortierende Wertefolge eingesetzt. Zum Beispiel wird der Wert (0) des zentralen Pixels dreimal eingesetzt (weil $W(0,0) = 3$), der Wert 7 zweimal. Anschließend wird innerhalb der erweiterten Folge durch Sortieren der Medianwert (2) ermittelt.

Diese Methode kann natürlich auch dazu verwendet werden, gewöhnliche Medianfilter mit nicht quadratischer oder rechteckiger Form zu spezifizieren, zum Beispiel ein kreuzförmiges Medianfilter durch die Gewichtsmatrix

$$W^+ = \begin{bmatrix} 0 & 1 & 0 \\ 1 & 1 & 1 \\ 0 & 1 & 0 \end{bmatrix}. \tag{5.43}$$

Nicht jede Anordnung von Gewichten ist allerdings sinnvoll. Würde man etwa dem Zentralpixel mehr als die Hälfte der Gewichte („Stimmen") zuteilen, dann hätte natürlich dieses Pixel immer die „Stimmenmehrheit", das Ergebnis wäre ausschließlich vom Wert dieses einen Pixels bestimmt und es gäbe keinerlei Filtereffekt.

5.4.4 Andere nichtlineare Filter

Medianfilter und gewichtetes Medianfilter sind nur zwei Beispiele für nichtlineare Filter, die häufig verwendet werden und einfach zu beschreiben sind. Da „nichtlinear" auf alles zutrifft, was eben nicht linear ist, gibt es natürlich eine Vielzahl von Filter, die diese Eigenschaft erfüllen, wie z. B. die morphologischen Filter für Binär- und Grauwertbilder, die wir in Kap. 9 behandeln. Andere nichtlineare Filter (wie z. B. der Corner-Detektor in Kap. 7) sind oft in Form von Algorithmen definiert und entziehen sich einer kompakten Beschreibung.

Im Unterschied zu linearen Filtern gibt es bei nichtlinearen Filtern generell keine „starke" Theorie, die etwa den Zusammenhang zwischen der Addition von Bildern und dem Medianfilter in ähnlicher Form beschreiben würde wie bei einer linearen Faltung (Gl. 5.21). Meistens sind auch keine allgemeinen Aussagen über die Auswirkungen nichtlinearer Filter im Frequenzbereich möglich.

5.5 Implementierung von Filtern

5.5.1 Effizienz von Filterprogrammen

Die Berechnung von linearen Filtern ist in der Regel eine aufwändige Angelegenheit, speziell mit großen Bildern oder großen Filtern (im schlimmsten Fall beides). Für ein Bild der Größe $M \times N$ und einer Filtermatrix der Größe $(2K+1) \times (2L+1)$ benötigt eine direkte Implementierung

$$2K \cdot 2L \cdot M \cdot N = 4KLMN$$

Operationen, d. h. Multiplikationen und Additionen. Wenn man der Einfachheit halber annimmt, dass sowohl das Bild wie auch das Filter von der Größe $N \times N$ sind, dann hat die direkte Filteroperation eine Zeitkomplexität[6] von $\mathcal{O}(N^4)$. Wie wir in Abschn. 5.3.3 gesehen haben, sind substanzielle Einsparungen möglich, wenn Filter in kleinere, möglichst eindimensionale Filter separierbar sind.

Die Programmierbeispiele in diesem Kapitel wurden bewusst einfach und verständlich gehalten. Daher ist auch keine der bisher gezeigten Lösungen besonders effizient und es bleiben zahlreiche Möglichkeiten zur Verbesserung. Insbesondere ist es wichtig, alle dort nicht unbedingt benötigten Anweisungen aus den Schleifenkernen herauszunehmen und „möglichst weit nach außen" zu bringen. Speziell trifft das für „teure" Anweisungen wie Methodenaufrufe zu, die mitunter unverhältnismäßig viel Rechenzeit verbrauchen können.

Wir haben mit den ImageJ-Methoden `getPixel()` und `putPixel()` in den Beispielen auch bewusst die einfachste Art des Zugriffs auf Bildelemente benutzt, aber eben auch die langsamste. Wesentlich schneller ist der direkte Zugriff auf Pixel als Array-Elemente.

5.5.2 Behandlung der Bildränder

Wie bereits in Abschn. 5.2.2 kurz angeführt wurde, gibt es bei der Berechnung von Filtern häufig Probleme an den Bildrändern. Wann immer die Filterregion gerade so positioniert ist, dass zumindest einer der Filterkoeffizienten außerhalb des Bildbereichs zu liegen kommt und damit kein zugehöriges Bildpixel hat, kann das entsprechende Filterergebnis eigentlich nicht berechnet werden. Es gibt zwar keine mathematisch korrekte Lösung dafür, aber doch einige praktische Methoden für den Umgang mit den verbleibenden Randbereichen:

Methode 1: Setze die nicht bearbeiteten Pixel im Randbereich auf einen konstanten Wert (z. B. „schwarz"). Das ist zwar die einfachste Methode, aber in vielen Fällen nicht akzeptabel, da die effektive Bildgröße bei jeder Filteroperation reduziert wird.

---

[6] Eine kurze Beschreibung der Komplexitätsabschätzung mittels $\mathcal{O}$-Notation findet sich in Anhang A (S. 717).

Methode 2: Belasse die nicht bearbeiteten Pixel auf ihren ursprünglichen Werten. Auch dies ist meist nicht akzeptabel, da sich die ungefilterten Bildteile deutlich von den gefilterten unterscheiden.

Methode 3: Umhülle das Originalbild durch ausreichend viele Schichten zusätzlicher Pixel und wende das Filter auch auf die ursprünglichen Randbereiche an. Für das „padding" des Bilds gibt es wiederum mehrere Optionen (s. Abb. 5.20):

   A. Für die Pixel außerhalb der Bildgrenzen wird ein fixer Wert (z. B. „schwarz" oder „grau") angenommen (Abb. 5.20 (a)). Dies kann zu stark störenden Artefakten an den Bildrändern führen, speziell wenn große Filter im Spiel sind.

   B. Die Pixel außerhalb des Bilds nehmen den Wert des jeweils nächstliegenden Randpixels an (Abb. 5.20 (b)). Das führt in der Regel zu wenig auffälligen Artefakten an den Bildrändern, die Methode ist einfach zu implementieren und wird daher sehr häufig verwendet.

   C. Die Pixelwerte werden an der nächstliegenden Bildkante gespiegelt (Abb. 5.20 (c)). Die Ergebnisse sind ähnlich wie mit Methode B solange die Filter nicht sehr groß sind.

   D. Die Pixelwerte wiederholen sich zyklisch in allen Richtungen (Abb. 5.20 (d)). Dies mag zunächst als völlig unsinnig erscheinen, zumal auch die Ergebnisse im Allgemeinen nicht zufriedenstellend sind. Allerdings sollte man bedenken, dass auch in der diskreten Spektralanalyse (s. Kap. 18) die beteiligten Funktionen implizit als periodisch betrachtet werden. Wenn also ein lineares Filter im Spektralbereich (über den Umweg der Fouriertransformation) realisiert wird, dann entspricht das Ergebnis einer linearen Faltung im Bildraum mit genau diesem zyklischen Bildmodell.

Keine dieser Methoden ist perfekt und die Wahl hängt wie so oft von der Art des Filters und der spezifischen Anwendung ab. Die Bildränder benötigen fast immer spezielle Vorkehrungen, die mitunter mehr Programmieraufwand (und Rechenzeit) erfordern als die eigentliche Verarbeitung im Inneren des Bilds.

5.5.3 Debugging von Filterprogrammen

Die Erfahrung zeigt leider, dass Programmierfehler letztlich kaum zu vermeiden sind, auch nicht von Experten mit langjähriger Praxis. Solange bei der Ausführung kein Fehler auftritt (typischerweise verursacht durch den illegalen Zugriff auf nicht existierende Array-Elemente), haben Filterprogramme fast immer „irgendeinen" Effekt auf das Bild, der möglicherweise ähnlich aber nicht *identisch* mit dem richtigen Ergebnis ist. Um die korrekte Funktion eines Filters sicherzustellen ist es ratsam, zunächst nicht mit vollständigen, großen Bildern zu arbeiten, sondern die

Abbildung 5.20
Padding-Methoden zur praktischen
Filterberechnung an den Bildrändern. Originalbild (a). Für die (nicht
vorhandenen) Pixel außerhalb des
ursprünglichen Bilds wird ein fixer Wert angenommen (b). Pixel
außerhalb des Bilds nehmen den
Wert des nächstliegenden Randpixels an (c). Pixelwerte werden an
der nächstliegenden Bildkante gespiegelt (d). Pixelwerte wiederholen
sich zyklisch in allen Richtungen (e).

(a)

(b)

(c)

(d)

(e)

Experimente mit einigen kleinen, gut ausgewählten Testfällen zu beginnen, bei denen man die Ergebnisse leicht vorhersagen kann. Speziell bei
der Implementierung von linearen Filtern sollte der erste „Lackmustest"
immer die Überprüfung der *Impulsantwort* des Filters (s. Abschn. 5.3.4)
mit synthetischen Testbildern[7] sein, bevor man es mit realen Bildern
versucht.

5.6 Filteroperationen in ImageJ

ImageJ bietet eine Reihe fertig implementierter Filteroperationen, die
allerdings von verschiedenen Autoren stammen und daher auch teilweise

---

[7] Ein passendes „Impulsbild" (weißer Punkt auf dunklem Hintergrund) lässt
sich z. B. mit den Zeichenwerkzeugen von ImageJ in wenigen Minuten erzeugen.

unterschiedlich umgesetzt sind. Die meisten dieser Operationen können auch manuell über das Process-Menü in ImageJ angewandt werden.

5.6.1 Lineare Filter

Filter auf Basis der linearen Faltung (*convolution*) sind in ImageJ bereits fertig in der Klasse `Convolver`[8] implementiert. `Convolver` ist selbst eine Plugin-Klasse, die allerdings außer `run()` noch weitere nützliche Methoden zur Verfügung stellt. Am einfachsten zu zeigen ist das anhand eines Beispiels mit einem 8-Bit-Grauwertbild und der Filtermatrix (aus Gl. 5.7):

$$H = \begin{bmatrix} 0.075 & 0.125 & 0.075 \\ 0.125 & 0.200 & 0.125 \\ 0.075 & 0.125 & 0.075 \end{bmatrix}.$$

In der folgenden `run()`-Methode eines ImageJ-Plugins wird zunächst die Filtermatrix als eindimensionales `float`-Array definiert (man beachte die Form der `float`-Konstanten „`0.075f`" usw.), anschließend wird ein neues `Convolver`-Objekt angelegt:

```
import ij.plugin.filter.Convolver;
...
public void run(ImageProcessor I) {
  float[] H = { // coefficient array H is one-dimensional!
      0.075f, 0.125f, 0.075f,
      0.125f, 0.200f, 0.125f,
      0.075f, 0.125f, 0.075f };
  Convolver cv = new Convolver();
  cv.setNormalize(true);   // turn on filter normalization
  cv.convolve(I, H, 3, 3); // apply the filter H to I
}
```

Die Methode `convolve()` benötigt für die Filteroperation neben dem Bild `I` und der Filtermatrix `H` selbst auch die konkrete Breite und Höhe der Filterkerns (weil `H` ein eindimensionales Array ist). Das Bild `I` wird durch die Filteroperation modifiziert.

In diesem Fall hätte man auch die nicht normalisierte ganzzahlige Filtermatrix in Gl. 5.10 verwenden können, denn `convolve()` normalisiert das übergebene Filter automatisch (nach `cv.setNormalize(true)`).

5.6.2 Gaußfilter

In der ImageJ-Klasse `GaussianBlur` ist ein universelles Gaußfilter implementiert, dessen Radius (σ) in beiden Koordinatenrichtungen frei spezifiziert werden kann. Dieses Gaußfilter ist natürlich mit separierten Filterkernen implementiert (s. Abschn. 5.3.3). Hier ist ein Beispiel für seine Anwendung mit $\sigma = 2.5$:

---

[8] Im Paket `ij.plugin.filter`

```
import ij.plugin.filter.GaussianBlur;
...
public void run(ImageProcessor I) {
  GaussianBlur gb = new GaussianBlur();
  double sigmaX = 2.5;
  double sigmaY = sigmaX;
  double accuracy = 0.01;
  gb.blurGaussian(I, sigmaX, sigmaY, accuracy);
  ...
}
```

Die angegebene Genauigkeit (`accuracy`) bestimmt die Größe des diskreten Filterkerns – höhere Genauigkeit erfordert größere Kerne und daher mehr Rechenzeit.

Eine alternative Implementierung mit separierbaren Gaußfiltern findet sich in Prog. 6.1 (S. 152), wobei die Methode `makeGaussKernel1d()` in Prog. 5.4 (S. 109) zur dynamischen Berechnung der erforderlichen 1D Filterkerne verwendet wird.

5.6.3 Nichtlineare Filter

Ein kleiner Baukasten von nichtlinearen Filtern ist in der ImageJ-Klasse `RankFilters` implementiert, insbesondere Minimum-, Maximum- und gewöhnliches Medianfilter. Die Filterregion ist jeweils (annähernd) kreisförmig mit frei wählbarem Radius. Hier ein einfaches Anwendungsbeispiel:

```
import ij.plugin.filter.RankFilters;
...
public void run(ImageProcessor I) {
  RankFilters rf = new RankFilters();
  double radius = 3.5;
  rf.rank(I, radius, RankFilters.MIN);     // minimum filter
  rf.rank(I, radius, RankFilters.MAX);     // maximum filter
  rf.rank(I, radius, RankFilters.MEDIAN);  // median filter
}
```

5.7 Aufgaben

Aufg. 5.1. Erklären Sie, warum das „Custom Filter" in *Adobe Photoshop* (Abb. 5.6) streng genommen kein lineares Filter ist.

Aufg. 5.2. Berechnen Sie den maximalen und minimalen Ergebniswert eines linearen Filters mit nachfolgender Filtermatrix H bei Anwendung auf ein 8-Bit-Grauwertbild (mit Pixelwerten im Intervall $[0, 255]$):

$$H = \begin{bmatrix} -1 & -2 & 0 \\ -2 & 0 & 2 \\ 0 & 2 & 1 \end{bmatrix}.$$

Gehen Sie zunächst davon aus, dass dabei kein *Clamping* der Resultate erfolgt.

Aufg. 5.3. Erweitern Sie das Plugin in Prog. 5.3, sodass auch die Bildränder bearbeitet werden. Benutzen Sie dazu die Methode, bei der die ursprünglichen Randpixel außerhalb des Bilds fortgesetzt werden, wie in Abschn. 5.5.2 beschrieben.

Aufg. 5.4. Zeige, dass ein gewöhnliches Box-Filter nicht *isotrop* ist, d. h., nicht in alle Richtungen gleichermaßen glättet.

Aufg. 5.5. Erklären Sie warum im Zuge von linearen Filteroperationen ein Clamping von Pixelwerten auf einen eingeschränkten Wertebereich möglicherweise die Linearitätseigenschaften des Filters verletzt.

Aufg. 5.6. Vergleichen Sie die notwendige Anzahl von Rechenoperationen für nicht-separierbare Filter bzw. x/y-separierbare Filter mit den Größen 5×5, 11×11, 25×25 und 51×51 Pixel. Berechnen Sie den Geschwindigkeitsgewinn (Faktor), der im Einzelfall durch die Separierbarkeit entsteht.

Aufg. 5.7. Implementieren Sie ein gewichtetes Medianfilter (Abschn. 5.4.3) als ImageJ-Plugin. Spezifizieren Sie die Gewichte als konstantes, zweidimensionales `int`-Array. Testen Sie das Filter und vergleichen Sie es mit einem gewöhnlichen Medianfilter. Erklären Sie, warum etwa die folgende Gewichtsmatrix *keinen* Sinn macht:

$$W = \begin{bmatrix} 0 & 1 & 0 \\ 1 & 5 & 1 \\ 0 & 1 & 0 \end{bmatrix}.$$

Aufg. 5.8. Überprüfen Sie die Eigenschaften der *Impulsfunktion* in Bezug auf lineare Filter (Gl. 5.34). Erzeugen Sie dazu ein schwarzes Bild mit einem weißen Punkt im Zentrum und verwenden Sie dieses als zweidimensionales Dirac-Signal. Stellen Sie fest, ob lineare Filter in diesem Fall tatsächlich den Filterkern H als Impulsantwort liefern.

Aufg. 5.9. Beschreiben Sie qualitativ, welche Auswirkungen lineare Filter mit folgenden Filterkernen haben:

$$H_1 = \begin{bmatrix} 0 & 0 & 0 \\ 0 & 0 & 1 \\ 0 & 0 & 0 \end{bmatrix}, \qquad H_2 = \begin{bmatrix} 0 & 0 & 0 \\ 0 & 2 & 0 \\ 0 & 0 & 0 \end{bmatrix}, \qquad H_3 = \frac{1}{3} \cdot \begin{bmatrix} 0 & 0 & 1 \\ 0 & 1 & 0 \\ 1 & 0 & 0 \end{bmatrix}.$$

Aufg. 5.10. Konstruieren Sie ein lineares Filter, das eine horizontale Verwischung über 7 Pixel während der Bildaufnahme modelliert.

Aufg. 5.11. Erstellen Sie ein eigenes ImageJ-Plugin für ein Gauß'sches Glättungsfilter. Die Größe des Filters (Radius σ) soll beliebig einstellbar sein. Erstellen Sie die zugehörige Filtermatrix dynamisch mit einer Größe von mindestens 5σ in beiden Richtungen. Nutzen Sie die x/y-Separierbarkeit der Gaußfunktion (Abschn. 5.3.3).

Aufg. 5.12. Das *Laplace* (oder eigentlich „Laplacian of Gaussian" bzw. LoG) Filter basiert auf der Summe der zweiten Ableitungen (Laplace-Operator) der Gaußfunktion (s. auch Abb. 5.8). Sein Filterkern ist definiert als

$$H^{\mathrm{L},\sigma}(x,y) = -\left(\frac{x^2 + y^2 - 2 \cdot \sigma^2}{\sigma^4}\right) \cdot e^{-\frac{x^2+y^2}{2 \cdot \sigma^2}}. \tag{5.44}$$

Implementieren Sie ein LoG-Filter mit beliebiger Größe (σ), analog zu Aufg. 5.11. Überlegen Sie, ob dieses Filter separierbar ist (s. Abschn. 5.3.3).

6

Kanten und Konturen

Markante „Ereignisse" in einem Bild, wie Kanten und Konturen, die durch lokale Veränderungen der Intensität oder Farbe zustande kommen, sind für die visuelle Wahrnehmung und Interpretation von Bildern von höchster Bedeutung. Die subjektive „Schärfe" eines Bilds steht in direktem Zusammenhang mit der Ausgeprägtheit der darin enthaltenen Diskontinuitäten und der Deutlichkeit seiner Strukturen. Unser menschliches Auge scheint derart viel Gewicht auf kantenförmige Strukturen und Konturen zu legen, dass oft nur einzelne Striche in Karikaturen oder Illustrationen für die eindeutige Beschreibung der Inhalte genügen. Aus diesem Grund sind Kanten und Konturen auch für die Bildverarbeitung ein traditionell sehr wichtige Thema. In diesem Kapitel betrachten wir zunächst einfache Methoden zur Lokalisierung von Kanten und anschließend das verwandte Problem des Schärfens von Bildern.

6.1 Wie entsteht eine Kante?

Kanten und Konturen spielen eine dominante Rolle im menschlichen Sehen und vermutlich auch in vielen anderen biologischen Sehsystemen. Kanten sind nicht nur auffällig, sondern oft ist es auch möglich, komplette Figuren aus wenigen dominanten Linien zu rekonstruieren (Abb. 6.1). Wodurch entstehen also Kanten und wie ist es technisch möglich, sie in Bildern zu lokalisieren?

Kanten könnte man grob als jene Orte im Bild beschreiben, an denen sich die Intensität auf kleinem Raum und entlang einer ausgeprägten Richtung stark ändert. Je stärker sich die Intensität ändert, umso stärker ist auch der Hinweis auf eine Kante an der entsprechenden Stelle. Die Stärke der Änderung bezogen auf die Distanz ist aber nichts anderes als die erste Ableitung, und diese ist daher auch ein wichtiger Ansatz zur Bestimmung der Kantenstärke.

Abbildung 6.1
Kanten spielen eine dominante
Rolle im menschlichen Sehen. Originalbild (a) und Kantenbild (b).

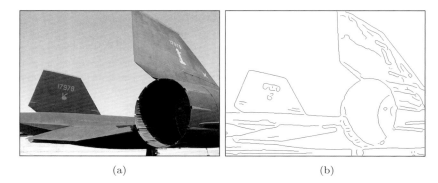

(a) (b)

6.2 Gradienten-basierte Kantendetektion

Der Einfachheit halber betrachten wir die Situation zunächst in nur einer
Dimension und nehmen als Beispiel an, dass ein Bild eine helle Region
im Zentrum enthält, umgeben von einem dunklen Hintergrund (Abb.
6.2 (a)). Das Intensitäts- oder Grauwertprofil entlang einer Bildzeile
könnte etwa wie in Abb. 6.2 (b) aussehen. Bezeichnen wir diese eindimensionale Funktion mit $f(u)$ und berechnen wir ihre erste Ableitung
von links nach rechts,

$$f'(x) = \frac{df}{dx}(x), \tag{6.1}$$

so ergibt sich ein positiver Ausschlag überall dort, wo die Intensität ansteigt, und ein negativer Ausschlag, wo der Wert der Funktion abnimmt
(Abb. 6.2 (c)). Allerdings ist für eine *diskrete* Funktion $f(u)$ (wie etwa
das Zeilenprofil eines Digitalbilds) die Ableitung nicht definiert und wir
benötigen daher eine Methode, um diese zu schätzen. Abbildung 6.3 gibt
uns dafür eine Idee, zunächst weiterhin für den eindimensionalen Fall.
Bekanntlich können wir die erste Ableitung einer kontinuierlichen Funktion an einer Stelle x als Anstieg der Tangente an dieser Stelle interpretieren. Bei einer diskreten Funktion $f(u)$ können wir den Anstieg der
Tangente an der Stelle u einfach dadurch schätzen, dass wir eine Gerade
durch die benachbarten Funktionsstellen $f(u-1)$ und $f(u+1)$ legen und
deren Anstieg berechnen:

Abbildung 6.2
Erste Ableitung im eindimensionalen
Fall. Originalbild (a), horizontales
Intensitätsprofil $f(x)$ entlang der
mittleren Bildzeile (b) und Ergebnis der ersten Ableitung $f'(x)$ (c).

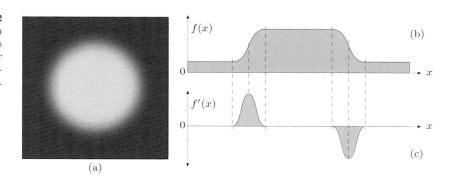

(a)

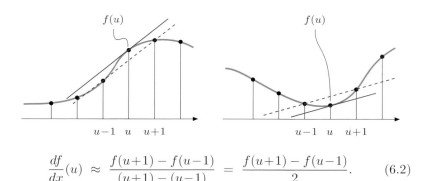

Abbildung 6.3
Schätzung der ersten Ableitung bei einer diskreten Funktion. Der Anstieg der Geraden durch die beiden Nachbarpunkte $f(u-1)$ und $f(u+1)$ dient als Schätzung für den Anstieg der Tangente in $f(u)$. Die Schätzung genügt in den meisten Fällen als grobe Näherung.

$$\frac{df}{dx}(u) \approx \frac{f(u+1) - f(u-1)}{(u+1) - (u-1)} = \frac{f(u+1) - f(u-1)}{2}. \qquad (6.2)$$

Den gleichen Vorgang könnten wir natürlich auch in der vertikalen Richtung, also entlang der Bildspalten, durchführen.

6.2.1 Partielle Ableitung und Gradient

Bei der Ableitung einer *mehr*dimensionalen Funktion entlang einer der Koordinatenrichtungen spricht man von einer *partiellen* Ableitung, z. B.

$$I_x = \frac{\partial I}{\partial x}(u,v) \qquad \text{und} \qquad I_y = \frac{\partial I}{\partial y}(u,v) \qquad (6.3)$$

für die partiellen Ableitungen der Bildfunktion $I(u,v)$ entlang der x- bzw. y-Koordinate.[1] Den Vektor

$$\nabla I(u,v) = \begin{pmatrix} I_x(u,v) \\ I_y(u,v) \end{pmatrix} = \begin{pmatrix} \frac{\partial I}{\partial x}(u,v) \\ \frac{\partial I}{\partial y}(u,v) \end{pmatrix} \qquad (6.4)$$

bezeichnet man als *Gradientenvektor* oder kurz *Gradient* der Funktion I an der Stelle (u,v). Der Betrag des Gradienten,

$$|\nabla I| = \sqrt{I_x^2 + I_y^2}, \qquad (6.5)$$

ist invariant unter Bilddrehungen und damit auch unabhängig von der Orientierung der Bildstrukturen. Diese Eigenschaft ist für die richtungsunabhängige (isotrope) Lokalisierung von Kanten wichtig und daher ist $|\nabla I|$ auch die Grundlage vieler praktischer Kantendetektoren.

6.2.2 Ableitungsfilter

Die Komponenten des Gradienten (Gl. 6.4) sind also nichts anderes als die ersten Ableitungen der Zeilen (Gl. 6.1) bzw. der Spalten (in vertikaler Richtung). Die in Gl. 6.2 skizzierte Schätzung der Ableitung in horizontaler Richtung können wir in einfacher Weise als lineares Filter (s. Abschn. 5.2) mit der Koeffizientenmatrix

---

[1] ∂ ist der partielle Ableitungsoperator oder „del"-Operator.

$$H_x^{\mathrm{D}} = \begin{bmatrix} -0.5 & 0 & 0.5 \end{bmatrix} = 0.5 \cdot \begin{bmatrix} -1 & 0 & 1 \end{bmatrix} \tag{6.6}$$

realisieren, wobei der Koeffizient -0.5 das Bildelement $I(u-1,v)$ betrifft und $+0.5$ das Bildelement $I(u+1,v)$. Das mittlere Pixel $I(u,v)$ wird mit dem Wert null gewichtet und daher ignoriert. In gleicher Weise berechnet man die vertikale Richtungskomponente des Gradienten mit dem linearen Filter

$$H_y^{\mathrm{D}} = \begin{bmatrix} -0.5 \\ 0 \\ 0.5 \end{bmatrix} = 0.5 \cdot \begin{bmatrix} -1 \\ 0 \\ 1 \end{bmatrix}. \tag{6.7}$$

Abbildung 6.4 zeigt die Anwendung der Gradientenfilter aus Gl. 6.6 und Gl. 6.7 auf ein synthetisches Testbild.

Abbildung 6.4
Partielle erste Ableitungen. Synthetische Bildfunktion I (a), erste Ableitung in horizontaler Richtung $I_x = \partial I / \partial x$ (b) und in vertikaler Richtung $I_y = \partial I / \partial y$ (c). Betrag des Gradienten $|\nabla I|$ (d). In (b,c) sind maximal negative Werte *schwarz*, maximal positive Werte *weiß* und Nullwerte *grau* dargestellt.

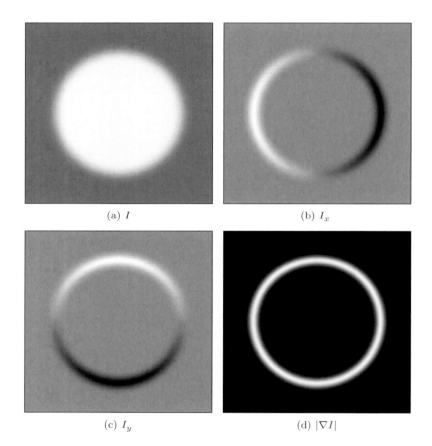

(a) I (b) I_x

(c) I_y (d) $|\nabla I|$

Die Richtungsabhängigkeit der Filterantwort ist klar zu erkennen. Das horizontale Gradientenfilter H_x^{D} reagiert am stärksten auf rapide Änderungen in der horizontalen Richtung, also auf *vertikale* Kanten; analog dazu reagiert das vertikale Gradientenfilter H_y^{D} besonders stark auf *horizontale* Kanten. In flachen Bildregionen ist die Filterantwort null (grau dargestellt), da sich dort die Ergebnisse des positiven und des negativen Filterkoeffizienten jeweils aufheben (Abb. 6.4 (b, c)).

6.3 Einfache Kantenoperatoren

Die Schätzung des lokalen Gradienten der Bildfunktion ist Grundlage der meisten Operatoren für die Kantendetektion. Sie unterscheiden sich praktisch nur durch die für die Schätzung der Richtungskomponenten eingesetzten Filter sowie die Art, in der diese Komponenten zum Endergebnis zusammengefügt werden. In vielen Fällen ist man aber nicht nur an der *Stärke* eines Kantenpunkts interessiert, sondern auch an der lokalen *Richtung* der zugehörigen Kante. Da beide Informationen im Gradienten enthalten sind, können sie auf relativ einfache Weise berechnet werden. Im Folgenden sind einige bekannte Kantenoperatoren zusammengestellt, die nicht nur in der Praxis häufig Verwendung finden, sondern teilweise auch historisch interessant sind.

6.3.1 Prewitt- und Sobel-Operator

Zwei klassische Verfahren sind die Kantenoperatoren von Prewitt [175] und Sobel [55], die einander sehr ähnlich sind und sich nur durch geringfügig abweichende Gradientenfilter unterscheiden.

Gradientenfilter

Beide Operatoren verwenden Ableitungsfilter, die sich über jeweils drei Zeilen bzw. Spalten erstrecken, um der Rauschanfälligkeit des einfachen Gradientenoperators (Gl. 6.6 bzw. Gl. 6.7) entgegenzuwirken. Der *Prewitt*-Operator verwendet die Filter

$$H_x^{\mathrm{P}} = \begin{bmatrix} -1 & 0 & 1 \\ -1 & 0 & 1 \\ -1 & 0 & 1 \end{bmatrix} \quad \text{und} \quad H_y^{\mathrm{P}} = \begin{bmatrix} -1 & -1 & -1 \\ 0 & 0 & 0 \\ 1 & 1 & 1 \end{bmatrix}, \qquad (6.8)$$

die offensichtlich über jeweils drei benachbarte Zeilen bzw. Spalten mitteln. Zeigt man diese Filter in der separierten Form

$$H_x^{\mathrm{P}} = \begin{bmatrix} 1 \\ 1 \\ 1 \end{bmatrix} * \begin{bmatrix} -1 & 0 & 1 \end{bmatrix} \quad \text{bzw.} \quad H_y^{\mathrm{P}} = \begin{bmatrix} 1 & 1 & 1 \end{bmatrix} * \begin{bmatrix} -1 \\ 0 \\ 1 \end{bmatrix}, \qquad (6.9)$$

dann wird deutlich, dass jeweils eine einfache (Box-)Glättung über drei Zeilen bzw. drei Spalten erfolgt, bevor der gewöhnliche Gradient (Gl. 6.6, 6.7) berechnet wird.[2] Aufgrund der Kommutativität der Faltung (Abschn. 5.3.1) ist das genauso auch umgekehrt möglich, d. h., eine Glättung *nach* der Berechnung der Ableitung.

---

[2] In Gl. 6.9 steht der $*$-Operator für die lineare Faltung (siehe Abschn. 5.3.1).

Die Filter des *Sobel*-Operators sind fast identisch, geben allerdings durch eine etwas andere Glättung mehr Gewicht auf die zentrale Zeile bzw. Spalte:

$$H_x^{\mathrm{S}} = \begin{bmatrix} -1 & 0 & 1 \\ -2 & 0 & 2 \\ -1 & 0 & 1 \end{bmatrix} \quad \text{und} \quad H_y^{\mathrm{S}} = \begin{bmatrix} -1 & -2 & -1 \\ 0 & 0 & 0 \\ 1 & 2 & 1 \end{bmatrix}. \tag{6.10}$$

Die Ergebnisse der Filter ergeben daher nach einer entsprechenden Skalierung eine Schätzung des lokalen Bildgradienten:

$$\nabla I(u, v) \approx \frac{1}{6} \cdot \begin{pmatrix} (I * H_x^{\mathrm{P}})(u, v) \\ (I * H_y^{\mathrm{P}})(u, v) \end{pmatrix} \tag{6.11}$$

für den *Prewitt*-Operator und

$$\nabla I(u, v) \approx \frac{1}{8} \cdot \begin{pmatrix} (I * H_x^{\mathrm{S}})(u, v) \\ (I * H_y^{\mathrm{S}})(u, v) \end{pmatrix} \tag{6.12}$$

für den *Sobel*-Operator.

Kantenstärke und -richtung

Wir bezeichnen, unabhängig ob Prewitt- oder Sobel-Filter, die skalierten Filterergebnisse (Gradientenwerte) mit

$$I_x = I * H_x \qquad \text{und} \qquad I_y = I * H_y.$$

Die Kanten*stärke* $E(u, v)$ wird in beiden Fällen als Betrag des Gradienten

$$E(u, v) = \sqrt{I_x^2(u, v) + I_y^2(u, v)} \tag{6.13}$$

definiert und die lokale Kanten*richtung* (d. h. ein Winkel) als[3]

$$\Phi(u, v) = \tan^{-1}\left(\frac{I_y(u, v)}{I_x(u, v)}\right) = \mathrm{Arctan}\big(I_x(u, v), I_y(u, v)\big). \tag{6.14}$$

Der Ablauf der gesamten Kantendetektion ist nochmals in Abb. 6.5 anschaulich zusammengefasst. Zunächst wird das ursprüngliche Bild I mit den beiden Gradientenfiltern H_x und H_y gefiltert und nachfolgend aus den Filterergebnissen die Kantenstärke E und die Kantenrichtung Φ berechnet. Abbildung 6.6 zeigt die Kantenstärke und -orientierung für zwei Testbilder, berechnet mit den Sobel-Filtern in Gl. 6.10.

Die Schätzung der Kantenrichtung ist allerdings mit dem Prewitt-Operator und auch mit dem ursprünglichen Sobel-Operator relativ ungenau. In [116, S. 353] werden für den Sobel-Operator daher verbesserte Filter vorgeschlagen, die den Winkelfehler minimieren:

---

[3] Siehe Anhang F.1.6 zur Berechnung des inversen Tangens $\tan^{-1}(y/x)$ mit der Funktion $\mathrm{Arctan}(x, y)$.

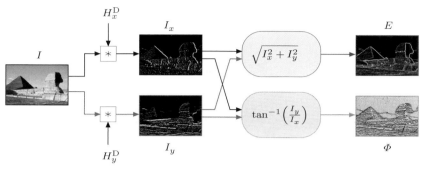

Abbildung 6.5
Typischer Einsatz von Gradientenfiltern. Mit den beiden Gradientenfiltern H_x^D und H_y^D werden zunächst
aus dem Originalbild I zwei Gradi-
entenbilder I_x und I_y erzeugt und
daraus die Kantenstärke E und die
Kantenrichtung Φ für jede Bildposition (u, v) berechnet.

$$H_x^{S'} = \frac{1}{32} \cdot \begin{bmatrix} -3 & 0 & 3 \\ -10 & 0 & 10 \\ -3 & 0 & 3 \end{bmatrix} \quad \text{und} \quad H_y^{S'} = \frac{1}{32} \cdot \begin{bmatrix} -3 & -10 & -3 \\ 0 & 0 & 0 \\ 3 & 10 & 3 \end{bmatrix} . \quad (6.15)$$

Vor allem der Sobel-Operator ist aufgrund seiner guten Ergebnisse
(s. auch Abb. 6.10) und seiner Einfachheit weit verbreitet und in vielen
Softwarepaketen für die Bildverarbeitung implementiert.

6.3.2 Roberts-Operator

Als einer der ältesten und einfachsten Kantenoperatoren ist der „Roberts-
Operator" [182] vor allem historisch interessant. Er benutzt zwei – mit
2×2 extrem kleine – Filter, um die ersten Ableitungen entlang der beiden
Diagonalen zu schätzen:

$$H_1^R = \begin{bmatrix} 0 & 1 \\ -1 & 0 \end{bmatrix} \quad \text{und} \quad H_2^R = \begin{bmatrix} -1 & 0 \\ 0 & 1 \end{bmatrix} . \quad (6.16)$$

Diese Filter reagieren entsprechend stark auf diagonal verlaufende Kanten, wobei die Filter allerdings wenig richtungsselektiv sind, d. h., dass
jedes der Filter über ein sehr breites Band an Orientierungen hinweg
ähnlich stark reagiert (Abb. 6.7). Die Kantenstärke wird aus den beiden
Filterantworten analog zum Betrag des Gradienten (Gl. 6.5) berechnet,
allerdings mit (um 45°) gedrehten Richtungsvektoren (Abb. 6.8).

6.3.3 Kompass-Operatoren

Das Design eines guten Kantenfilters ist ein Kompromiss: Je besser ein
Filter auf „kantenartige" Bildstrukturen reagiert, desto stärker ist auch
seine Richtungsabhängigkeit, d. h., umso enger ist der Winkelbereich, auf
den das Filter anspricht. Eine Lösung ist daher, nicht nur ein Paar von
relativ „breiten" Filtern für zwei (orthogonale) Richtungen einzusetzen
(wie beim oben beschriebenen Prewitt- und Sobel-Operator), sondern
einen Satz „engerer" Filter für mehrere Richtungen.

Abbildung 6.6
Kantenstärke und -orientierung mit
dem Sobel-Operator. Originalbilder
(a), invertierte Kantenstärke E (b)
und lokale Kantenrichtung Φ (c).
Bei den Farbbildern in (d) wird der
Farb*ton* (*hue*, s. auch Abschn. 12.2.2)
durch die lokale Kantenrichtung
und die Farb*sättigung* (*saturation*)
durch die Kantenstärke bestimmt.

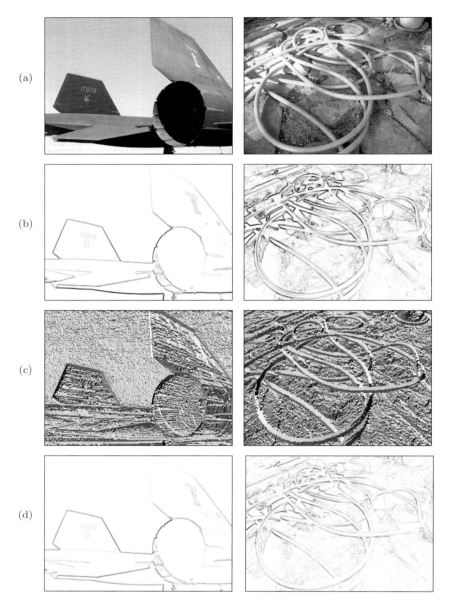

Erweiterter Sobel-Operator

Klassische Beispiele sind etwa der Kantenoperator von Kirsch [125] sowie der *erweiterte* Sobel- oder Robinson-Operator [183], der für acht
verschiedene Richtungen im Abstand von 45° folgende Filter vorsieht:

 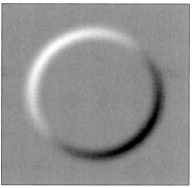

$$D_1 = I * H_1^{\mathrm{R}} \qquad\qquad D_2 = I * H_2^{\mathrm{R}}$$

Abbildung 6.7
Diagonale Richtungskomponenten
beim Roberts-Operator.

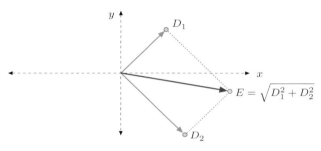

Abbildung 6.8
Definition der Kantenstärke beim
Roberts-Operator. Die Kantenstärke
$E(u,v)$ wird als Summe der beiden
orthogonalen Richtungsvektoren
$D_1(u,v)$ und $D_2(u,v)$ berechnet.

$$
H_0^{\mathrm{ES}} = \begin{bmatrix} -1 & 0 & 1 \\ -2 & 0 & 2 \\ -1 & 0 & 1 \end{bmatrix}, \quad
H_1^{\mathrm{ES}} = \begin{bmatrix} -2 & -1 & 0 \\ -1 & 0 & 1 \\ 0 & 1 & 2 \end{bmatrix},
$$

$$
H_2^{\mathrm{ES}} = \begin{bmatrix} -1 & -2 & -1 \\ 0 & 0 & 0 \\ 1 & 2 & 1 \end{bmatrix}, \quad
H_3^{\mathrm{ES}} = \begin{bmatrix} 0 & -1 & -2 \\ 1 & 0 & -1 \\ 2 & 1 & 0 \end{bmatrix},
$$

$$
H_4^{\mathrm{ES}} = \begin{bmatrix} 1 & 0 & -1 \\ 2 & 0 & -2 \\ 1 & 0 & -1 \end{bmatrix}, \quad
H_5^{\mathrm{ES}} = \begin{bmatrix} 2 & 1 & 0 \\ 1 & 0 & -1 \\ 0 & -1 & -2 \end{bmatrix}, \tag{6.17}
$$

$$
H_6^{\mathrm{ES}} = \begin{bmatrix} 1 & 2 & 1 \\ 0 & 0 & 0 \\ -1 & -2 & -1 \end{bmatrix}, \quad
H_7^{\mathrm{ES}} = \begin{bmatrix} 0 & 1 & 2 \\ -1 & 0 & 1 \\ -2 & -1 & 0 \end{bmatrix}.
$$

Von diesen acht Filtern $H_0^{\mathrm{ES}}, H_1^{\mathrm{ES}}, \ldots, H_7^{\mathrm{ES}}$ müssen allerdings nur vier tatsächlich berechnet werden, denn die übrigen vier sind bis auf das Vorzeichen identisch zu den ersten. Zum Beispiel ist $H_4^{\mathrm{ES}} = -H_0^{\mathrm{ES}}$, sodass aufgrund der Linearitätseigenschaften der Faltung (Gl. 5.20) gilt

$$I * H_4^{\mathrm{ES}} = I * -H_0^{\mathrm{ES}} = -(I * H_0^{\mathrm{ES}}). \tag{6.18}$$

Die zugehörigen acht Richtungsbilder $D_0, D_1, \ldots, D_7$ für die acht Sobel-Filter können also folgendermaßen ermittelt werden:

$$D_0 \leftarrow I * H_0^{\mathrm{ES}}, \quad D_1 \leftarrow I * H_1^{\mathrm{ES}}, \quad D_2 \leftarrow I * H_2^{\mathrm{ES}}, \quad D_3 \leftarrow I * H_3^{\mathrm{ES}},$$
$$D_4 \leftarrow -D_0, \qquad D_5 \leftarrow -D_1, \qquad D_6 \leftarrow -D_2, \qquad D_7 \leftarrow -D_3. \tag{6.19}$$

Die eigentliche Kantenstärke E^{ES} an der Stelle (u, v) ist als Maximum der einzelnen Filterergebnisse definiert, d. h.

$$E^{\mathrm{ES}}(u, v) = \max\big(D_0(u, v), D_1(u, v), \dots, D_7(u, v)\big) \tag{6.20}$$
$$= \max\big(|D_0(u, v)|, |D_1(u, v)|, |D_2(u, v)|, |D_3(u, v)|\big) \,,$$

und das am stärksten ansprechende Filter bestimmt auch die zugehörige Kantenrichtung

$$\Phi^{\mathrm{ES}}(u, v) = \frac{\pi}{4} j \,, \quad \text{mit } j = \operatorname*{argmax}_{0 \le i \le 7} D_i(u, v). \tag{6.21}$$

Kirsch-Operator

Ein weiterer klassischer Kompass-Operator ist jener von Kirsch [125], der ebenfalls acht richtungsabhängige Filter mit folgenden Kernen verwendet:

$$H_0^{\mathrm{K}} = \begin{bmatrix} -5 & 3 & 3 \\ -5 & 0 & 3 \\ -5 & 3 & 3 \end{bmatrix}, \quad H_4^{\mathrm{K}} = \begin{bmatrix} 3 & 3 & -5 \\ 3 & 0 & -5 \\ 3 & 3 & -5 \end{bmatrix},$$

$$H_1^{\mathrm{K}} = \begin{bmatrix} -5 & -5 & 3 \\ -5 & 0 & 3 \\ 3 & 3 & 3 \end{bmatrix}, \quad H_5^{\mathrm{K}} = \begin{bmatrix} 3 & 3 & 3 \\ 3 & 0 & -5 \\ 3 & -5 & -5 \end{bmatrix},$$

$$H_2^{\mathrm{K}} = \begin{bmatrix} -5 & -5 & -5 \\ 3 & 0 & 3 \\ 3 & 3 & 3 \end{bmatrix}, \quad H_6^{\mathrm{K}} = \begin{bmatrix} 3 & 3 & 3 \\ 3 & 0 & 3 \\ -5 & -5 & -5 \end{bmatrix}, \tag{6.22}$$

$$H_3^{\mathrm{K}} = \begin{bmatrix} 3 & -5 & -5 \\ 3 & 0 & -5 \\ 3 & 3 & 3 \end{bmatrix}, \quad H_7^{\mathrm{K}} = \begin{bmatrix} 3 & 3 & 3 \\ -5 & 0 & 3 \\ -5 & -5 & 3 \end{bmatrix}.$$

Aufgrund der Symmetrie müssen auch hier nur vier der acht Filter tatsächlich berechnet werden und die Ergebnisse können in gleicher Weise wie beim oben beschriebenen erweiterten Sobel-Operator zusammengeführt werden.

Im praktischen Ergebnis bieten derartige „Kompass"-Operatoren allerdings kaum Vorteile gegenüber einfacheren Operatoren, wie z. B. dem Sobel-Operator. Ein kleiner Vorteil ist immerhin, dass diese Operatoren zur Ermittlung der Kantenstärke keine Quadratwurzel (die relativ aufwändig zu rechnen ist) benötigen.

6.3.4 Kantenoperatoren in ImageJ

In der aktuellen Version von ImageJ ist der Sobel-Operator (Abschn. 6.3.1) für praktisch alle Bildtypen implementiert und im Menü abrufbar. Der Operator ist auch als Methode `void findEdges()` für die Klasse `ImageProcessor` verfügbar.

6.4 Weitere Kantenoperatoren

Neben der in Abschn. 6.2 beschriebenen Gruppe von Kantenoperatoren, die auf der ersten Ableitung basieren, gibt es auch Operatoren auf Grundlage der *zweiten* Ableitung der Bildfunktion. Ein Problem der Kantendetektion mit der ersten Ableitung ist nämlich, dass Kanten genauso breit werden wie die Länge des zugehörigen Anstiegs in der Bildfunktion und ihre genaue Position dadurch schwierig zu lokalisieren ist. Diese Themen sind im Folgenden kurz beschrieben.

6.4.1 Kantendetektion mit zweiten Ableitungen

Die zweite Ableitung einer Funktion misst deren lokale *Krümmung* und die Idee ist, die Nullstellen oder vielmehr die Positionen der Nulldurchgänge der zweiten Ableitung als Kantenpositionen zu verwenden (siehe Abb. 6.9). Die zweite Ableitung ist allerdings stark anfällig gegenüber Bildrauschen, sodass zunächst eine Glättung mit einem geeigneten Glättungsfilter erforderlich ist.

Der bekannteste Vertreter ist der so genannte *Laplacian-of-Gaussian*-Operator (LoG) [146], der die Glättung mit einem Gaußfilter und die zweite Ableitung (Laplace-Filter, s. Abschn. 6.6.1) in ein gemeinsames, lineares Filter kombiniert. Ein Beispiel für die Anwendung des LoG-Operators zeigt Abb. 6.10. Im direkten Vergleich mit dem Sobel- oder Prewitt-Operator fällt die klare Lokalisierbarkeit der Kanten und der relativ geringe Umfang an Streuergebnissen (*clutter*) auf. Weitere Details zum LoG-Operator sowie ein übersichtlicher Vergleich gängiger Kantenoperatoren finden sich in [186, Kap. 4] und [150].

6.4.2 Kanten auf verschiedenen Skalenebenen

Leider weichen die Ergebnisse einfacher Kantenoperatoren, wie die der bisher beschriebenen, oft stark von dem ab, was wir subjektiv als relevante Kanten empfinden. Dafür gibt es vor allem zwei Gründe:

- Zum einen reagieren Kantenoperatoren nur auf lokale Intensitätsunterschiede, während unser visuelles System Konturen auch durch Bereiche minimaler oder verschwindender Unterschiede hindurch fortsetzen kann.
- Zweitens entstehen Kanten nicht nur in einer bestimmten Auflösung oder in einem bestimmten Maßstab, sondern auf vielen verschiedenen Skalenebenen.

Abbildung 6.9
Kantendetektion mit der zweiten
Ableitung der Bildfunktion. Ursprüngliche Funktion (a), erste Ableitung (b) und zweite Ableitung (c).
Kantenpunkte werden dort lokalisiert, wo die zweite Ableitung
einen Nulldurchgang und gleichzeitig die erste Ableitung einen signifikanten Absolutwert aufweist.

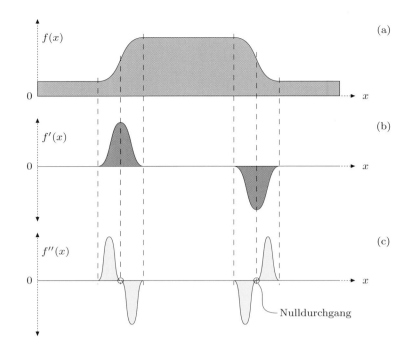

Übliche, kleine Kantendetektoren, wie z. B. der Sobel-Operator, können ausschließlich auf Intensitätsunterschiede reagieren, die innerhalb ihrer 3×3 Filterregion stattfinden. Um Unterschiede über einen größeren Horizont wahrzunehmen, bräuchten wir entweder *größere* Kantenoperatoren (mit entsprechend großen Filtern) oder wir verwenden die ursprünglichen Operatoren auf verkleinerten (d. h. skalierten) Bildern. Das ist die Grundidee der so genannten „Multi-Resolution"-Techniken, die etwa auch als hierarchische Methoden oder Pyramidentechniken in vielen Bereichen der Bildverarbeitung eingesetzt werden [38]. In der Kantendetektion bedeutet dies, zunächst Kanten auf unterschiedlichen Auflösungsebenen zu finden und dann an jeder Bildposition zu entscheiden, welche Kante auf welcher d er räumlichen Ebenen dominant ist. Ein bekanntes Beispiel für ein derartiges Verfahren ist der Kantenoperator von Canny [39], der nachfolgend in Abschn. 6.5 noch ausführlicher beschrieben ist.

6.4.3 Von Kanten zu Konturen

Welche Methode der Kantendetektion wir auch immer verwenden, am Ende erhalten wir einen kontinuierlichen Wert für die Kantenstärke an jeder Bildposition und eventuell auch den Winkel der lokalen Kantenrichtung. Wie können wir diese Information benutzen, um z. B. größere Bildstrukturen zu finden, insbesondere die Konturen von Objekten?

Binäre Kantenbilder

In vielen Anwendungen ist der nächste Schritt nach der Kantenverstärkung (durch entspechende Kantenfilter) die Auswahl der Kantenpunkte, d. h. eine binäre Entscheidung, welche Kantenpixel tatsächlich als Kantenpunkte betrachtet werden und welche nicht. Im einfachsten Fall kann dies durch Anwendung einer Schwellwertoperation auf die Ergebnisse der Kantenfilter erledigt werden. Das Ergebnis ist ein binäres Kantenbild (*edge map*).

Kantenbilder zeigen selten perfekte Konturen, sondern vielmehr kleine, nicht zusammenhängende Konturfragmente, die an jenen Stellen unterbrochen sind, an denen die Kantenstärke zu gering ist. Nach der Schwellwertoperation ist natürlich an diesen Stellen überhaupt keine Kanteninformation mehr vorhanden, auf die man später noch zurückgreifen könnte. Trotz dieser Problematik werden Schwellwertoperationen aufgrund ihrer Einfachheit in der Praxis häufig eingesetzt und es gibt Methoden wie die Hough-Transformation (s. Kap. 8), die mit diesen oft sehr lückenhaften Kantenbildern dennoch gut zurechtkommen.

Konturen verfolgen

Eine nahe liegender Plan könnte sein, Konturen auf Basis der lokalen Kantenstärke und entlang der Kantenrichtung zu verfolgen. Die Idee ist grundsätzlich einfach: Beginnend bei einem Bildpunkt mit hoher Kantenstärke, verfolgt man die davon ausgehende Kontur schrittweise in beide Richtungen, bis sich die Spur zu einer durchgehenden Kontur schließt. Leider gibt es einige Hindernisse, die dieses Unterfangen schwieriger machen, als es zunächst erscheint:

- Kanten können einfach in Regionen enden, in denen der Helligkeitsgradient verschwindet,
- sich kreuzende Kanten machen die Verfolgung mehrdeutig und
- Konturen können sich in mehrere Richtungen aufspalten.

Aufgrund dieser Schwierigkeiten wird Konturverfolgung kaum auf Originalbilder oder kontinuierlichen Kantenbilder angewandt, außer in einfachen Situationen, wenn z. B. eine klare Trennung zwischen Objekt und Hintergrund (*Figure-Background*) gegeben ist. Wesentlich einfacher ist die Verfolgung von Konturen natürlich in segmentierten Binärbildern (siehe Kap. 10).

6.5 Der Canny-Kantenoperator

Der von Canny in [39] vorgestellte Kantenoperator ist ein sehr verbreitetes Verfahren und gilt auch heute noch als „State of the Art". Die

Methode versucht, drei Ziele gleichzeitig zu erreichen: echte Kanten möglichst zuverlässig zu detektieren, die Position der Kanten präzise zu bestimmen und die Anzahl falscher Kantenmarkierungen zu minimieren. Diese wünschenswerten Eigenschaften werden von einfachen Kantenoperatoren (typischerweise basierend auf Ableitungen erster Ordnung und nachfolgender Schwellwertoperation) in der Regel nicht erfüllt.

Der Canny-Operator ist im Kern ebenfalls ein Gradientenverfahren (siehe Abschn. 6.2), benützt aber zur *Lokalisierung* der Kanten auch die Nulldurchgänge der zweiten Ableitungen.[4] In dieser Hinsicht ist das Verfahren ähnlich zu den Kantendetektoren, die mit der zweiten Ableitung der Bildfunktion arbeiten [146].

In seiner vollständigen Form verwendet der Operator einen Satz von (relativ großen) gerichteten Filtern auf mehreren Auflösungsebenen und fügt die Ergebnisse der verschiedenen Skalenebenen in ein gemeinsames Kantenbild („edge map") zusammen. Meistens wird der Algorithmus allerdings nur im „single-scale"-Modus verwendet, wobei aber bereits damit (bei passender Einstellung des Glättungsradius σ) eine gegenüber einfachen Operatoren deutlich verbesserte Kantendetektion festzustellen ist (siehe Abb. 6.10). Ein zusätzlicher Bonus besteht darin, dass der Algorithmus nicht nur ein binäres Kantenbild sondern bereits zusammenhängende Ketten von Kantenelementen liefert, die die nachfolgende Verarbeitung wesentlich erleichtern. Der Canny-Detektor wird daher auch in seiner elementaren Form, die nachfolgend beschrieben ist, gegenüber einfacheren Kantendetektoren oft bevorzugt.

In seiner Basisform (auf eine Skalenebene beschränkt) durchläuft der Canny-Operator folgende Schritte, die nachfolgend in Alg. 6.1–6.2 nochmals im Detail ausgeführt sind:

1. **Vorverarbeitung:** Das Eingangsbild wird mit einem Gaußfilter der Breite σ geglättet, durch das auch die Skalenebene des Kantendetektors spezifiziert wird. Aus dem geglätteten Bild wird für jede Position der x/y-Gradient berechnet sowie dessen Betrag und Richtung.
2. **Kantenlokalisierung:** Als Kantenpunkte werden jene Positionen markiert, an denen der Betrag des Gradienten ein lokales Maximum entlang der zugehörigen Gradientenrichtung aufweist.
3. **Kantenselektion und -verfolgung:** Im abschließenden Schritt werden unter Verwendung eines Hysterese-Schwellwerts zusammenhängende Ketten von Kantenelementen gebildet.

6.5.1 Vorverarbeitung

Das Eingangsbild I wird zunächst durch ein Gaußfilter[5] (mit Filterkern $H^{G,\sigma}$) geglättet. Die Größe dieses Filters – spezifiziert durch den Para-

---

[4] Die Nulldurchgänge der zweiten Ableitungen einer Funktion finden sich an jenen Stellen, wo die ersten Ableitungen ein lokales Maximum oder Minimum aufweisen.

[5] Siehe Gl. 5.12 in Abschn. 5.2.7.

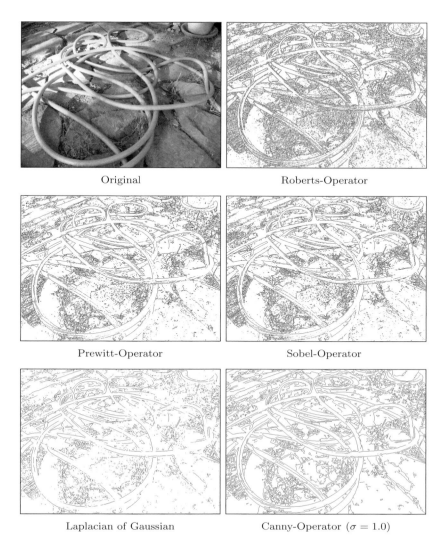

Original	Roberts-Operator
Prewitt-Operator	Sobel-Operator
Laplacian of Gaussian	Canny-Operator ($\sigma = 1.0$)

Abbildung 6.10
Vergleich unterschiedlicher Kantenoperatoren. Wichtigstes Kriterium für
die Beurteilung des Kantenbilds ist
einerseits die Menge von irrelevanten
Kantenelementen und andererseits
der Zusammenhang der dominanten
Kanten. Deutlich ist zu erkennen,
dass der Canny-Detektor auch bei
nur *einem* fixen und relativ kleinen
Filterradius σ ein wesentlich klareres
Kantenbild liefert als der einfache
Roberts- oder Sobel-Operator.

meter σ – bestimmt im Wesentlichen auch die Skalenebene, in der die
Kanten detektiert werden sollen (siehe Alg. 6.1, Zeile 2). Nachfolgend
wird ein Paar von Differenzfiltern[6] angewandt, um die Komponenten
$\bar{I}_x, \bar{I}_y$ der lokalen Gradienten zu berechnen (Alg. 6.1, Zeile 3–3). Die vorläufige Kantenstärke E_{mag} wird wie üblich als L_2-Norm des zugehörigen
Gradienten ermittelt (Alg. 6.1, Zeile 11). Für die nachfolgende Schwellwertoperation kann es sinnvoll sein, die Kantenstärke auf einen standardisierten Bereich (z. B. $[0, 100]$) zu normalisieren.

---

[6] Siehe auch Abschn. C.3.1 im Anhang.

6.5.2 Lokalisierung der Kanten

Potentielle Kantenpixel werden zunächst durch „Non-Maximum Suppression" der Kantenstärke E_{mag} isoliert. In diesem Schritt bleiben nur jene Pixel erhalten, an denen ein lokales Maximum der Kantenstärke entlang der Gradientenrichtung, also quer zur Tangente der Kante vorliegt. Obwohl der Gradientenwinkel natürlich kontinuierliche Werte annehmen kann, werden dafür aus praktischen Gründen nur *vier* diskrete Richtungen untersucht, wie in Abb. 6.11 skizziert. Das Element an der Position (u, v) wird also nur dann als möglicher Kantenpunkt betrachtet, wenn der Betrag des Gradienten an dieser Stelle größer ist als jener der beiden Nachbarelemente in Richtung der zugehörigen Gradienten $(d_x, d_y)^\mathsf{T}$. Ist ein Element *kein* lokales Maximum dieser Art, dann wird die zugehörige Kantenstärke auf Null gesetzt und somit „suppressed". In Alg. 6.1 wird das Ergebnis dieses Schritts im Feld E_{nms} gespeichert.

Das Detailproblem der Bestimmung des diskreten Winkelsektors $s_\theta = 0, ..., 3$ aus dem gegebenen Richtungsvektor $q = (d_x, d_y)^\mathsf{T}$ ist in Abb. 6.12 skizziert. Diese Aufgabe stellt sich beim Canny-Verfahren sehr häufig und sollte daher effizient realisiert werden. Die Aufgabe wäre einfach, wenn der zugehörige Winkel $\theta = \tan^{-1}(d_y/d_x)$ bereits bekannt ist, allerdings sind trigonometrische Funktionen „teuer" und werden daher an solchen Stellen gerne vermieden. Grundsätzlich könnte der zu q gehörige

Abbildung 6.11
Gerichtete *Non-Maximum Suppression* der Kantenstärke. Die Gradientenrichtung an der Position (u, v) wird grob in vier diskrete Winkel $s_\theta \in \{0, 1, 2, 3\}$ quantisiert (a). Als mögliche Kantenpunkte werden nur jene Elemente betrachtet, an denen das (eindimensionale) Kantenprofil in der Richtung s_θ ein lokales Maximum ist (b). Die Kantenstärke aller anderen Elemente wird auf Null gesetzt („suppressed").

Abbildung 6.12
Bestimmung der diskreten Kantenrichtung. Die Bestimmung des zum Richtungsvektor $q = (d_x, d_y)^\mathsf{T}$ gehörigen Oktanten ist im herkömmlichen Schema (a) relativ komplex. In der alternativen Variante (b) wird q um $\pi/8$ nach $q' = (d_x', d_y')^\mathsf{T}$ rotiert, aus dessen Komponenten der Oktant (ohne Berechnung des Winkels) leicht ermittelt werden kann. Richtungsvektoren in den anderen Oktanten werden in die Oktanten $s_\theta = 0, 1, 2, 3$ gespiegelt.

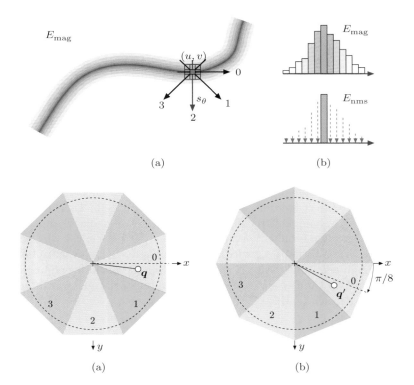

```
1:   CannyEdgeDetector(I, σ, t_hi, t_lo)
         Input: I, a grayscale image of size M × N;
         σ, scale (radius of Gaussian filter H^{G,σ});
         t_hi, t_lo, hysteresis thresholds (t_hi > t_lo).
         Returns a binary edge image of size M × N.
```

2:   $\bar{I} \leftarrow I * H^{G,\sigma}$ ▷ blur with Gaussian of width σ
3:   $\bar{I}_x \leftarrow \bar{I} * [-0.5\ \mathbf{0}\ 0.5]$ ▷ x-gradient
4:   $\bar{I}_y \leftarrow \bar{I} * [-0.5\ \mathbf{0}\ 0.5]^{\mathsf{T}}$ ▷ y-gradient
5:   $(M, N) \leftarrow \mathsf{Size}(\mathbf{I})$
6:   Create maps:
7:       $E_{\mathrm{mag}} : M \times N \mapsto \mathbb{R}$ ▷ gradient magnitude
8:       $E_{\mathrm{nms}} : M \times N \mapsto \mathbb{R}$ ▷ maximum magnitude
9:       $E_{\mathrm{bin}} :\ M \times N \mapsto \{0, 1\}$ ▷ binary edge pixels
10:      **for all** image coordinates $(u, v) \in M \times N$ **do**
11:          $E_{\mathrm{mag}}(u, v) \leftarrow \left[\bar{I}_x^2(u, v) + \bar{I}_y^2(u, v) \right]^{1/2}$
12:          $E_{\mathrm{nms}}(u, v) \leftarrow 0$
13:          $E_{\mathrm{bin}}(u, v)\ \leftarrow 0$
14:      **for** $u \leftarrow 1, \ldots, M-2$ **do**
15:          **for** $v \leftarrow 1, \ldots, N-2$ **do**
16:              $d_x \leftarrow \bar{I}_x(u, v), \quad d_y \leftarrow \bar{I}_y(u, v)$
17:              $s_\theta \leftarrow \mathsf{GetOrientationSector}(d_x, d_y)$ ▷ Alg. 6.2
18:              **if** $\mathsf{IsLocalMax}(E_{\mathrm{mag}}, u, v, s_\theta, t_{\mathrm{lo}})$ **then** ▷ Alg. 6.2
19:                  $E_{\mathrm{nms}}(u, v) \leftarrow E_{\mathrm{mag}}(u, v)$ ▷ only keep local maxima
20:      **for** $u \leftarrow 1, \ldots, M-2$ **do**
21:          **for** $v \leftarrow 1, \ldots, N-2$ **do**
22:              **if** $(E_{\mathrm{nms}}(u, v) \geq t_{\mathrm{hi}}) \wedge (E_{\mathrm{bin}}(u, v) = 0)$ **then**
23:                  $\mathsf{TraceAndThreshold}(E_{\mathrm{nms}}, E_{\mathrm{bin}}, u, v, t_{\mathrm{lo}})$ ▷ Alg. 6.2
24:      **return** E_{bin}.

Oktant auch direkt aus den Vorzeichen und Beträgen der Komponenten
d_x, d_y ermittelt werden, die dafür notwendigen Entscheidungsregeln sind
aber recht komplex. Wesentlich einfachere Regeln genügen, wenn das
Koordinatensystem und der Gradientenvektor $\boldsymbol{q}$ um $\pi/8$ rotiert werden,
wie in Abb. 6.12 (b) dargestellt. Dieser Schritt ist in Alg. 6.2 durch die
Funktion GetOrientationSector() realisiert.[7]

6.5.3 Kantenverfolgung mit Hysterese-Schwellwert

Im abschließenden Schritt werden benachbarte Kantenpunkte, die in
der vorherigen Operation als lokale Maxima verblieben sind, zu zusammenhängenden Folgen verkettet. Dazu wird eine Schwellwertoperation
mit Hysterese verwendet, mit zwei unterschiedlichen Schwellwerten t_{hi},
t_{lo}, (wobei $t_{\mathrm{hi}} > t_{\mathrm{lo}}$). Das Bild wird nach Elementen mit Kantenstärke

---

[7] Die Elemente der Rotationsmatrix in Alg. 6.2 (Zeile 2) sind natürlich konstant und daher ist hier keine wiederholte Anwendung trigonometrischer
Funktionen erforderlich.

1: **GetOrientationSector**(d_x, d_y)
  Returns the orientation sector s_θ for the 2D vector $(d_x, d_y)^\intercal$. See Fig. 6.12 for an illustration.

2: $\begin{pmatrix} d'_x \\ d'_y \end{pmatrix} \leftarrow \begin{pmatrix} \cos(\pi/8) & -\sin(\pi/8) \\ \sin(\pi/8) & \cos(\pi/8) \end{pmatrix} \cdot \begin{pmatrix} d_x \\ d_y \end{pmatrix}$ $\triangleright$ rotate $\begin{pmatrix} d_x \\ d_y \end{pmatrix}$ by $\pi/8$

3: **if** $d'_y < 0$ **then**
4:   $d'_x \leftarrow -d'_x, \qquad d'_y \leftarrow -d'_y$ $\triangleright$ mirror to octants $0, \dots, 3$

5: $s_\theta \leftarrow \begin{cases} 0 & \text{if } (d'_x \geq 0) \wedge (d'_x \geq d'_y) \\ 1 & \text{if } (d'_x \geq 0) \wedge (d'_x < d'_y) \\ 2 & \text{if } (d'_x < 0) \wedge (-d'_x < d'_y) \\ 3 & \text{if } (d'_x < 0) \wedge (-d'_x \geq d'_y) \end{cases}$

6: **return** s_θ. $\triangleright$ sector index $s_\theta \in \{0, 1, 2, 3\}$

7: **IsLocalMax**$(E_{\mathrm{mag}}, u, v, s_\theta, \mathsf{t}_{\mathrm{lo}})$
  Determines if the gradient magnitude E_{mag} is a local maximum at position (u, v) in direction $s_\theta \in \{0, 1, 2, 3\}$.

8: $m_{\mathrm{C}} \leftarrow E_{\mathrm{mag}}(u, v)$
9: **if** $m_{\mathrm{C}} < \mathsf{t}_{\mathrm{lo}}$ **then**
10:   **return** false
11: **else**

12: $(m_{\mathrm{L}}, m_{\mathrm{R}}) \leftarrow \begin{cases} (E_{\mathrm{mag}}(u-1, v), E_{\mathrm{mag}}(u+1, v)) & \text{if } s_\theta = 0 \\ (E_{\mathrm{mag}}(u-1, v-1), E_{\mathrm{mag}}(u+1, v+1)) & \text{if } s_\theta = 1 \\ (E_{\mathrm{mag}}(u, v-1), E_{\mathrm{mag}}(u, v+1)) & \text{if } s_\theta = 2 \\ (E_{\mathrm{mag}}(u-1, v+1), E_{\mathrm{mag}}(u+1, v-1)) & \text{if } s_\theta = 3 \end{cases}$

13:   **return** $(m_{\mathrm{L}} \leq m_{\mathrm{C}}) \wedge (m_{\mathrm{C}} \geq m_{\mathrm{R}})$.

14: **TraceAndThreshold**$(E_{\mathrm{nms}}, E_{\mathrm{bin}}, u_0, v_0, \mathsf{t}_{\mathrm{lo}})$
  Recursively collects and marks all pixels of an edge that are 8-connected to (u_0, v_0) and have a gradient magnitude above t_{lo}.

15: $E_{\mathrm{bin}}(u_0, v_0) \leftarrow 1$ $\triangleright$ mark (u_0, v_0) as an edge pixel
16: $u_{\mathrm{L}} \leftarrow \max(u_0 - 1, 0)$ $\triangleright$ limit to image bounds
17: $u_{\mathrm{R}} \leftarrow \min(u_0 + 1, M - 1)$
18: $v_{\mathrm{T}} \leftarrow \max(v_0 - 1, 0)$
19: $v_{\mathrm{B}} \leftarrow \min(v_0 + 1, N - 1)$
20: **for** $u \leftarrow u_{\mathrm{L}}, \dots, u_{\mathrm{R}}$ **do**
21:   **for** $v \leftarrow v_{\mathrm{T}}, \dots, v_{\mathrm{B}}$ **do**
22:     **if** $(E_{\mathrm{nms}}(u, v) \geq \mathsf{t}_{\mathrm{lo}}) \wedge (E_{\mathrm{bin}}(u, v) = 0)$ **then**
23:       TraceAndThreshold$(E_{\mathrm{nms}}, E_{\mathrm{bin}}, u, v, \mathsf{t}_{\mathrm{lo}})$
24: **return**

$E_{\mathrm{nms}}(u, v) \geq \mathsf{t}_{\mathrm{hi}}$ durchsucht, wobei Positionen unmittelbar am Bildrand nicht berücksichtigt werden. Sobald ein solches (bisher nicht besuchtes) Pixel gefunden ist, wird eine neuer Kantenfolge angelegt und alle zusammenhängenden Positionen (u', v') angefügt, solange $E_{\mathrm{nms}}(u', v') \geq \mathsf{t}_{\mathrm{lo}}$. Dadurch entstehen nur Kantenfolgen, die zumindest *ein* Element mit einer Kantenstärke größer als t_{hi} aufweisen und keinen Kantenpunkt mit Kantenstärke unter t_{lo}. Dieser Vorgang, der dem Flood-Fill-Verfahren für binäre Bildregionen ähnlich ist (siehe Abschn. 10.1.1), ist als Prozedur GetOrientationSector() in Alg. 6.2 im Detail beschrieben. Typische

(a)

Abbildung 6.13
Verkettung von Kantenpunkten beim
Canny-Operator. Originalbild (a)
und resultierende (invertierte) Kantenstärke (b). Die detektierten Kantenpunkte werden zu zusammenhängenden Folgen verkettet, die mit
unterschiedlichen Farben versehen
sind (b); Details mit Kantenstärke
und detektierten Kantenfolgen (c, d).
Einstellungen: $\sigma = 2.0$, $t_{hi} = 20\%$,
$t_{lo} = 5\%$ der max. Kantenstärke.

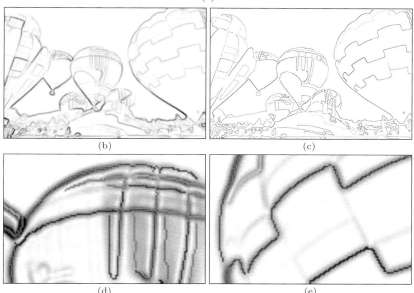

(b)   (c)

(d)   (e)

Einstellungen für die Schwellwerte sind $t_{hi} = 5.0$ und $t_{lo} = 2.5$ (bei
8-Bit-Grauwertbildern).

Abbildung 6.13 zeigt die Wirksamkeit des Non-Maximum Suppression-
Verfahrens zur Lokalisierung der Kantenmitte und und nachfolgender
Verkettung der Kantenpunkte mit der Hystese-Schwellwertoperation. Ergebnisse des Canny-Kantendetektors mit verschiedenen Skaleneinstellungen σ und bildabhängigen Schwellwerten ($t_{hi} = 20\%$ bzw. $t_{lo} = 5\%$ der
maximalen Kantenstärke) sind in Abb. 6.14 gezeigt.

6.5.4 Weitere Informationen zum Canny-Operator

Aufgrund der großen Verbreitung und anhaltenden Popularität des
Canny-Operators finden sich natürlich unzählige Quellen mit hervorragenden Beschreibungen, Illustrationen und Implementierungen, wie
beispielsweise [81, S. 719], [212, S. 71–80] und [151, S. 548–549]. Ein
zum Canny-Operator sehr ähnlicher Kantendetektor, der jedoch auf einem Satz rekursiver Filter basiert, ist in [56] beschrieben. Während der

Abbildung 6.14
Anwendung des Canny-
Kantendetektors (Algs. 6.1–6.2)
mit unterschiedlichen Einstellungen
des Skalenwerts $\sigma = 0.5, \ldots, 5.0$.
Die Kantenstärke (linken Spalte)
ist invertiert dargestellt. Die detektierten binären Kantenpunkte
(rechte Spalte) liegen jeweils auf zusammenhängenden Kantenfolgen.

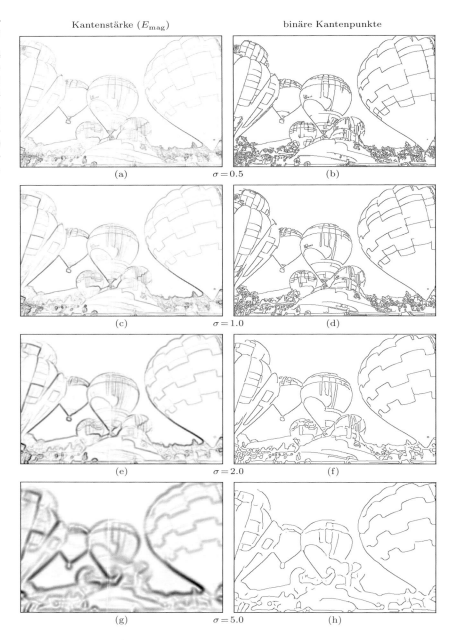

Canny-Operator (wie viele andere auch) ursprünglich nur für Grauwertbilder bestimmt ist, zeigen wir in Kap. 16 auch eine Implementierung für
RGB-Farbbilder, in der Kanteninformation aus allen drei Farbkomponenten kombiniert wird.

6.5.5 Implementierung

Die zu diesem Buch erstellte `imagingbook`-Bibliothek enthält eine fertige Java-Implementierung des Canny-Operators in der Klasse `Canny-EdgeDetector` (Paket `imagingbook.pub.coloredge`). Diese Implementierung ist auf Grauwert- und Farbbbilder anwendbar. Ein Beispiel für die Verwendung und Einstellung der Parameter ist in Prog. 16.1 auf S. 439 gezeigt.

6.6 Kantenschärfung

Das nachträgliche Schärfen von Bildern ist eine häufige Aufgabenstellung, z. B. um Unschärfe zu kompensieren, die beim Scannen oder Skalieren von Bildern entstanden ist, oder um einen nachfolgenden Schärfeverlust (z. B. beim Druck oder bei der Bildschirmanzeige) zu kompensieren. Die übliche Methode des Schärfens ist das Anheben der hochfrequenten Bildanteile, die primär an den raschen Bildübergängen auftreten und für den Schärfeeindruck des Bilds verantwortlich sind. Wir beschreiben im Folgenden zwei gängige Ansätze zur künstlichen Bildschärfung, die technisch auf ähnlichen Grundlagen basieren wie die Kantendetektion und daher gut in dieses Kapitel passen.

6.6.1 Kantenschärfung mit dem Laplace-Filter

Eine gängige Methode zur Lokalisierung von raschen Intensitätsänderungen sind Filter auf Basis der zweiten Ableitung der Bildfunktion. Abb. 6.15 illustriert die Idee anhand einer eindimensionalen, kontinuierlichen Funktion $f(x)$. Auf eine stufenförmige Kante reagiert die zweite Ableitung mit einem positiven Ausschlag am unteren Ende des Anstiegs und einem negativen Ausschlag am oberen Ende. Die Kante wird geschärft, indem das Ergebnis der zweiten Ableitung $f''(x)$ (bzw. ein gewisser Anteil davon) von der ursprünglichen Funktion $f(x)$ subtrahiert wird, d. h.,

$$\hat{f}(x) = f(x) - w \cdot f''(x). \tag{6.23}$$

Abhängig vom Gewichtungsfaktor w wird durch Gl. 6.23 ein Überschwingen der Bildfunktion zu beiden Seiten der Kante erzielt, wodurch eine Übersteigerung der Kante und damit ein subjektiver Schärfungseffekt entsteht.

Laplace-Operator

Für die Kantenschärfung im zweidimensionalen Fall verwendet man die zweiten Ableitungen in horizontaler und vertikaler Richtung kombiniert in Form des so genannten Laplace-Operators. Der Laplace-Operator ∇^2

Abbildung 6.15
Kantenschärfung mit der zweiten
Ableitung. Ursprüngliches Bild-
profil $f(x)$, erste Ableitung $f'(x)$,
zweite Ableitung $f''(x)$, geschärfte
Funktion $\hat{f}(x) = f(x) - w \cdot f''(x)$
(w ist ein Gewichtungsfaktor).

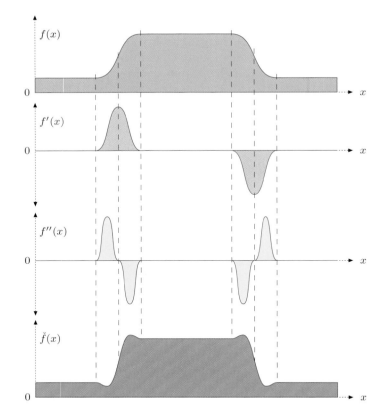

einer zweidimensionalen Funktion $f(x, y)$ ist definiert als die Summe der
zweiten partiellen Ableitungen in x- und y-Richtung, d. h.

$$(\nabla^2 f)(x, y) = \frac{\partial^2 f}{\partial^2 x}(x, y) + \frac{\partial^2 f}{\partial^2 y}(x, y). \tag{6.24}$$

Genauso wie die ersten Ableitungen (Abschn. 6.2.2) können auch die
zweiten Ableitungen einer diskreten Bildfunktion mithilfe einfacher linearer Filter berechnet werden. Auch hier gibt es mehrere Varianten,
z. B. die beiden Filter

$$\frac{\partial^2 f}{\partial^2 x} \approx H_x^{\mathrm{L}} = \begin{bmatrix} 1 & -2 & 1 \end{bmatrix} \qquad \text{und} \qquad \frac{\partial^2 f}{\partial^2 y} \approx H_y^{\mathrm{L}} = \begin{bmatrix} 1 \\ -2 \\ 1 \end{bmatrix}, \tag{6.25}$$

die zusammen ein zweidimensionales Laplace-Filter der Form

$$H^{\mathrm{L}} = H_x^{\mathrm{L}} + H_y^{\mathrm{L}} = \begin{bmatrix} 0 & 1 & 0 \\ 1 & -4 & 1 \\ 0 & 1 & 0 \end{bmatrix} \tag{6.26}$$

bilden (für eine Herleitung siehe z. B. [116, S. 347]). Ein Beispiel für die
Anwendung des Laplace-Filters H^{L} auf ein Grauwertbild zeigt Abb. 6.16.

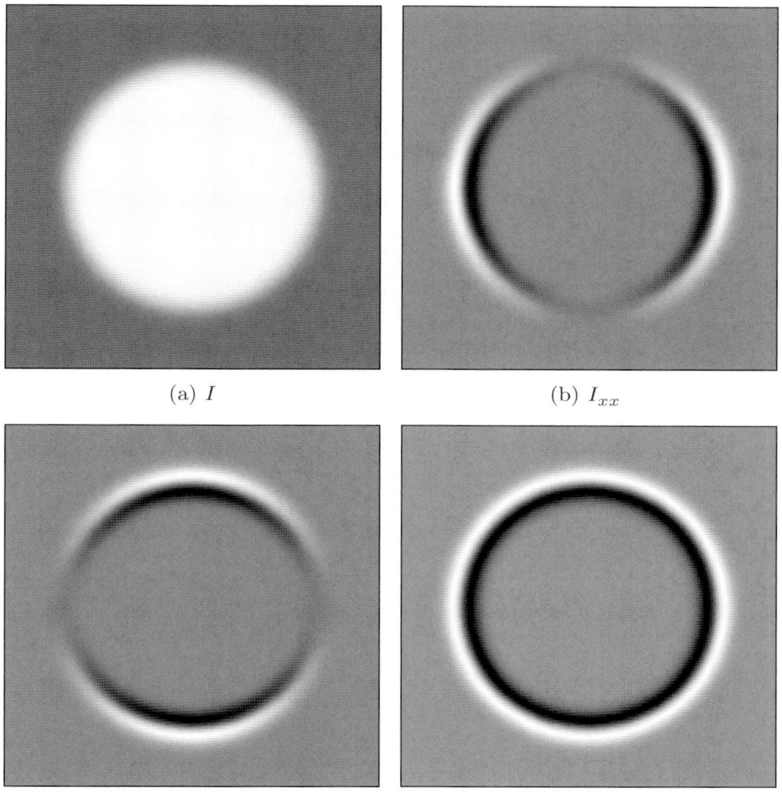

(a) I

(b) I_{xx}

(c) I_{yy}

(d) $\nabla^2 I$

Abbildung 6.16
Anwendung des Laplace-Filters H^{L}. Synthetisches Testbild I (a), zweite Ableitung horizontal $I_{xx} = \partial^2 I/\partial^2 x$ (b), zweite Ableitung vertikal $I_{yy} = \partial^2 I/\partial^2 y$ (c), Laplace-Operator $\nabla^2 I = I_{xx} + I_{yy}$ (d). Die Helligkeiten sind in (b–d) so skaliert, dass maximal negative Werte schwarz, maximal positive Werte weiß und Nullwerte grau dargestellt werden.

Trotz der durch die kleinen Filterkerne ziemlich groben Schätzung der Ableitungen ist das Ergebnis fast perfekt isotrop.

Der Filterkern H^{L} ist zwar im herkömmlichen Sinn nicht separierbar (s. Abschn. 5.3.3), kann aber wegen der Linearitätseigenschaften der Faltung (Gl. 5.19 und Gl. 5.21) mit eindimensionalen Filtern in der Form

$$I * H^{\mathrm{L}} = I * (H^{\mathrm{L}}_x + H^{\mathrm{L}}_y) = (I * H^{\mathrm{L}}_x) + (I * H^{\mathrm{L}}_y) = I_{xx} + I_{yy} \qquad (6.27)$$

dargestellt und berechnet werden. Wie bei den Gradientenfiltern ist auch bei allen Laplace-Filtern die Summe der Koeffizienten null, sodass sich in Bildbereichen mit konstanter Intensität die Filterantwort null ergibt (Abb. 6.16). Weitere gebräuchliche Varianten von 3×3 Laplace-Filtern sind

$$H^{\mathrm{L}}_8 = \begin{bmatrix} 1 & 1 & 1 \\ 1 & -8 & 1 \\ 1 & 1 & 1 \end{bmatrix} \quad \text{oder} \quad H^{\mathrm{L}}_{12} = \begin{bmatrix} 1 & 2 & 1 \\ 2 & -12 & 2 \\ 1 & 2 & 1 \end{bmatrix}. \qquad (6.28)$$

Schärfung

Für die eigentliche Schärfung filtern wir zunächst, wie in Gl. 6.23 für den eindimensionalen Fall gezeigt, das Bild I mit dem Laplace-Filter H^{L} und

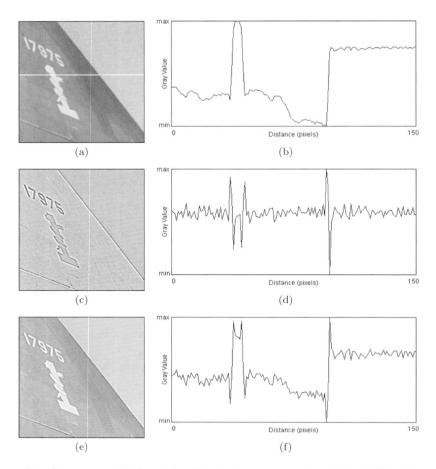

subtrahieren anschließend das Ergebnis vom ursprünglichen Bild, d. h.

$$I' \leftarrow I - w \cdot (H^\mathrm{L} * I). \tag{6.29}$$

Der Faktor w bestimmt dabei den Anteil der Laplace-Komponente und damit die Stärke der Schärfung. Die richtige Wahl des Faktors ist u. a. vom verwendeten Laplace-Filter (Normalisierung) abhängig.

Abb. 6.16 zeigt die Anwendung eines Laplace-Filters mit der Filtermatrix aus Gl. 6.26 auf ein Testbild, wobei die paarweise auftretenden Pulse an beiden Seiten jeder Kante deutlich zu erkennen sind. Das Filter reagiert trotz der relativ kleinen Filtermatrix annähernd gleichförmig in alle Richtungen. Die Anwendung auf ein realistisches Grauwertbild unter Verwendung der Filtermatrix H^L (Gl. 6.26) und $w = 1.0$ ist in Abb. 6.17 gezeigt.

Wie bei Ableitungen zweiter Ordnung zu erwarten, ist auch das Laplace-Filter relativ anfällig gegenüber Bildrauschen, was allerdings wie in der Kantendetektion durch vorhergehende Glättung mit Gaußfiltern gelöst werden kann (s. auch Abschn. 6.4.1).

6.6.2 Unscharfe Maskierung (*unsharp masking*)

Eine ähnliche, vor allem im Bereich der Astronomie, der digitalen Druckvorstufe und vielen anderen Bereichen der digitalen Bildverarbeitung sehr populäre Methode zur Kantenschärfung ist die so genannte „unscharfe Maskierung" (*unsharp masking*, USM). Der Begriff stammt ursprünglich aus der analogen Filmtechnik, wo man durch optische Überlagerung mit unscharfen Duplikaten die Schärfe von Bildern erhöht hat. Das Verfahren ist in der digitalen Bildverarbeitung grundsätzlich das gleiche.

Ablauf

Im USM-Filter wird zunächst eine geglättete Version des Bilds vom Originalbild subtrahiert. Das Ergebnis wird als „Maske" bezeichnet und verstärkt die Kantenstrukturen. Nachfolgend wird die Maske wieder zum Original addiert, wodurch sich eine Schärfung der Kanten ergibt. In der analogen Filmtechnik wurde die dafür notwendige Unschärfe durch Defokussierung der Optik erreicht. Die einzelnen Schritte des USM-Filters zusammengefasst:

1. Zur Erzeugung der Maske M wird eine durch ein Filter $\tilde{H}$ geglättete Version des Originalbilds I vom Originalbild subtrahiert:

$$M \leftarrow I - (I * \tilde{H}) = I - \tilde{I}. \qquad (6.30)$$

   Dabei wird angenommen, dass der Filterkern $\tilde{H}$ normalisiert ist (siehe Abschn. 5.2.5).

2. Die Maske M wird nun wieder zum Originalbild addiert, gewichtet mit dem Faktor a, der die Stärke der Schärfung steuert,

$$\check{I} \leftarrow I + a \cdot M, \qquad (6.31)$$

   und damit (durch Einsetzen aus Gl. 6.30)

$$\check{I} \leftarrow I + a \cdot (I - \tilde{I}) = (1 + a) \cdot I - a \cdot \tilde{I}. \qquad (6.32)$$

Glättungsfilter

Prinzipiell könnte für $\tilde{H}$ in Gl. 6.30 jedes Glättungsfilter eingesetzt werden, üblicherweise werden aber Gaußfilter $H^{G,\sigma}$ mit variablem Radius σ verwendet (s. auch Abschn. 5.2.7). Typische Werte für σ liegen im Bereich $1, \ldots, 20$ und für den Gewichtungsfaktor a im Bereich $0.2, \ldots 4.0$ (entspr. $20\%, \ldots, 400\%$).

Abb. 6.18 zeigt einige Beispiele für die Auswirkungen des USM-Filters bei unterschiedlichem Glättungsradius σ.

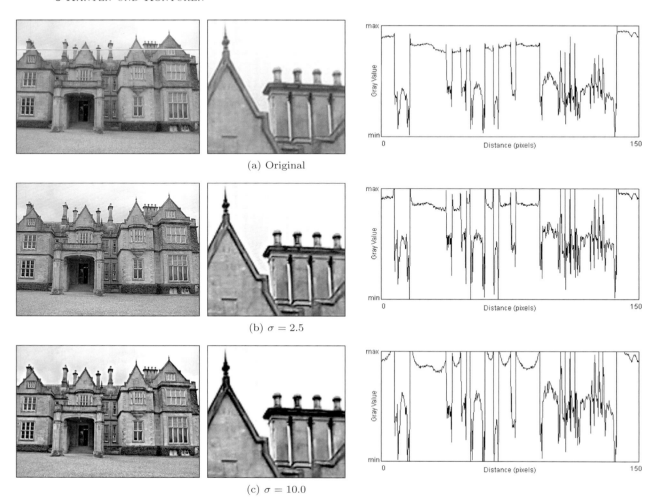

(a) Original

(b) $\sigma = 2.5$

(c) $\sigma = 10.0$

Abbildung 6.18. USM-Filter für unterschiedliche Radien $\sigma = 2.5$ und 10.0. Der Wert des Parameters a (Stärke der Schärfung) ist 100%. Die Profile rechts zeigen den Intensitätsverlauf der im Originalbild markierten Bildzeile.

Erweiterungen

Der Vorteil des USM-Filters gegenüber der Schärfung mit dem Laplace-Filter ist zum einen die durch die Glättung geringere Rauschanfälligkeit und zum anderen die bessere Steuerungsmöglichkeit über die Parameter σ (räumliche Ausdehnung) und a (Stärke).

Das USM-Filter reagiert natürlich nicht nur auf echte Kanten, sondern in abgeschwächter Form auf jede lokale Intensitätsänderung im Bild, und verstärkt dadurch u. a. sichtbare Rauscheffekte in flachen Bildregionen. In einigen Implementierungen (z. B. in *Adobe Photoshop*) ist daher ein zusätzlicher Schwellwertparameter vorgesehen, der den minimalen lokalen Kontrast (typischerweise gemessen durch den Betrag des Gradienten $|\nabla I|$, siehe Gl. 6.5) definiert, ab dem eine Schärfung an der Stelle (u, v) stattfindet. Wird dieser minimale Kontrast nicht erreicht, dann bleibt das aktuelle Pixel unverändert:

$$\check{I}(u,v) \leftarrow \begin{cases} I(u,v) + a \cdot M(u,v) & \text{für } |\nabla I|(u,v) \geq t_c, \\ I(u,v) & \text{sonst.} \end{cases} \qquad (6.33)$$

Im Unterschied zum ursprünglichen USM-Filter ist diese erweiterte Form natürlich kein lineares Filter mehr. Bei Farbbildern wird das USM-Filter normalerweise mit identischen Parametereinstellungen auf alle Farbkomponenten einzeln angewandt.

Implementierung

Das USM-Filter ist in praktisch jeder Bildbearbeitungssoftware verfügbar und stellt wegen seiner hohen Flexibilität für viele professionelle Benutzer ein unverzichtbares Werkzeug dar. In ImageJ ist das USM-Filter als Plugin-Klasse `UnsharpMask`[8] implementiert und in der Menüsteuerung unter

Process ▷ Filter ▷ Unsharp Mask...

verfügbar. Innerhalb eigener Plugin-Programme kann man dieses Filter z. B. in folgender Form verwenden:

```
import ij.plugin.filter.UnsharpMask;
...
public void run(ImageProcessor ip) {
  UnsharpMask usm = new UnsharpMask();
  double r = 2.0; // standard settings for radius
  double a = 0.6; // standard settings for weight
  usm.sharpen(ip, r, a);
  ...
}
```

Programm 6.1 zeigt eine alternative Implementierung des USM-Filters, die weitgehend der Definition in Gl. 6.32 folgt und auch die eigene Methode `makeGaussKernel1d()` verwendet (siehe Prog. 5.4).

Laplace- vs. USM-Filter

Bei einem näheren Vergleich der beiden Methoden sehen wir, dass die Schärfung mit dem Laplace-Filter (Abschn. 6.6.1) eigentlich ein spezieller Fall des USM-Filters ist. Wenn wir das Laplace-Filter aus Gl. 6.26 zerlegen in der Form

---

[8] Im Paket `ij.plugin.filter`.

Unsharp-Masking Filter (`run()`-Methode). Zunächst wird das ursprüngliche Bild in das `FloatProcessor`-Objekt `I` konvertiert (Zeile 5). Dieses wird in Zeile 8 nochmals dupliziert, um das geglättete Bild `J` ($\tilde{I}$) aufzunehmen. Die Methode `makeGaussKernel1d()` (definiert in Prog. 5.4) wird verwendet, um einen eindimensionalen Gauß'schen Filterkern zu erzeugen, mit dem horizontal und vertikal gefiltert wird (Zeile 12–13) Die restlichen Schritte erfolgen gemäß Gl. 6.32.

```
1   double radius = 1.0; // radius (sigma of Gaussian)
2   double amount = 1.0; // amount of sharpening (1 = 100%)
3   ...
4   public void run(ImageProcessor ip) {
5     ImageProcessor I = ip.convertToFloat(); // I
6
7     // create a blurred version of the image:
8     ImageProcessor J = I.duplicate();         // Ĩ
9     float[] H = GaussianFilter.makeGaussKernel1d(sigma);
10    Convolver cv = new Convolver();
11    cv.setNormalize(true);
12    cv.convolve(J, H, 1, H.length);
13    cv.convolve(J, H, H.length, 1);
14
15    I.multiply(1 + a);   // I ← (1 + a) · I
16    J.multiply(a);       // Ĩ ← a · Ĩ
17    I.copyBits(J, 0, 0, Blitter.SUBTRACT); // Ĩ ← (1+a) · I − a · Ĩ
18
19    // copy result back into original byte image
20    ip.insert(I.convertToByte(false), 0, 0);
21  }
```

$$H^{\mathrm{L}} = \begin{bmatrix} 0 & 1 & 0 \\ 1 & -4 & 1 \\ 0 & 1 & 0 \end{bmatrix} = \begin{bmatrix} 0 & 1 & 0 \\ 1 & 1 & 1 \\ 0 & 1 & 0 \end{bmatrix} - 5 \begin{bmatrix} 0 & 0 & 0 \\ 0 & 1 & 0 \\ 0 & 0 & 0 \end{bmatrix} = 5 \cdot \left(\tilde{H}^{\mathrm{L}} - \delta \right), \quad (6.34)$$

wird deutlich, dass H^{L} aus einem einfachen 3×3 Glättungsfilter $\tilde{H}^{\mathrm{L}}$ abzüglich der Impulsfunktion δ besteht. Die Laplace-Schärfung aus Gl. 6.29 können wir daher ausdrücken als

$$\begin{aligned} \breve{I}_L &\leftarrow I - w \cdot (H^{\mathrm{L}} * I) \qquad = I - w \cdot \left(5(\tilde{H}^{\mathrm{L}} - \delta) * I \right) \\ &= I - 5w \cdot (\tilde{H}^{\mathrm{L}} * I - I) = I + 5w \cdot (I - \tilde{H}^{\mathrm{L}} * I) \qquad (6.35) \\ &= I + 5w \cdot M^{\mathrm{L}}, \end{aligned}$$

also in der Form des USM-Filters (Gl. 6.30) mit Maske $M = (I - \tilde{H}^{\mathrm{L}} * I)$. Die Schärfung mit dem Laplace-Filter bei einem Gewichtungsfaktor w ist somit ein Sonderfall des USM-Filters mit dem speziellen Glättungsfilter

$$\tilde{H}^{\mathrm{L}} = \frac{1}{5} \begin{bmatrix} 0 & 1 & 0 \\ 1 & 1 & 1 \\ 0 & 1 & 0 \end{bmatrix} \qquad (6.36)$$

und dem Schärfungsfaktor $a = 5w$.

6.7 Aufgaben

Aufg. 6.1. Berechnen Sie manuell den Gradienten und den Laplace-Operator unter Verwendung der Approximation in Gl. 6.2 bzw. Gl. 6.26 für folgende Bildfunktion:

$$I = \begin{bmatrix} 14 & 10 & 19 & 16 & 14 & 12 \\ 18 & 9 & 11 & 12 & 10 & 19 \\ 9 & 14 & 15 & 26 & 13 & 6 \\ 21 & 27 & 17 & 17 & 19 & 16 \\ 11 & 18 & 18 & 19 & 16 & 14 \\ 16 & 10 & 13 & 7 & 22 & 21 \end{bmatrix}.$$

Aufg. 6.2. Implementieren Sie den Sobel-Kantendetektor nach Gl. 6.10 und Abb. 6.5 als ImageJ-Plugin. Das Plugin soll zwei neue Bilder generieren, eines für die ermittelte Kantenstärke E und ein zweites für die Orientierung Φ. Überlegen Sie, wie man die Orientierung sinnvoll anzeigen könnte.

Aufg. 6.3. Stellen Sie den Sobel-Operator (Gl. 6.10) analog zu Gl. 6.9 in xy-separierbarer Form dar.

Aufg. 6.4. Implementieren Sie, wie in Aufg. 6.2, den Kirsch-Operator und vergleichen Sie vor allem die Schätzung der Kantenrichtung beider Verfahren.

Aufg. 6.5. Konzipieren Sie einen Kompass-Operator mit mehr als 8 (16?) unterschiedlich gerichteten Filtern.

Aufg. 6.6. Vergleichen Sie die Ergebnisse der *Unsharp Mask*-Filter in ImageJ und *Adobe Photoshop* anhand eines selbst gewählten, einfachen Testbilds. Wie sind die Parameterwerte für σ (*radius*) und a (*weight*) in beiden Implementierungen zu definieren?

7

Auffinden von Eckpunkten

Eckpunkte sind markante strukturelle Ereignisse in einem Bild und daher in einer Reihe von Anwendungen nützlich, wie z. B. beim Verfolgen von Elementen in aufeinander folgenden Bildern (*tracking*), bei der Zuordnung von Bildstrukturen in Stereoaufnahmen, als Referenzpunkte zur geometrischen Vermessung, Kalibrierung von Kamerasystemen usw. Eckpunkte sind nicht nur für uns Menschen auffällig, sondern sind auch aus technischer Sicht „robuste" Merkmale, die in 3D-Szenen nicht zufällig entstehen und in einem breiten Bereich von Ansichtswinkeln sowie unter unterschiedlichen Beleuchtungsbedingungen relativ zuverlässig zu lokalisieren sind.

7.1 „Points of interest"

Trotz ihrer Auffälligkeit ist das automatische Bestimmen und Lokalisieren von Eckpunkten (corners) nicht ganz so einfach, wie es zunächst erscheint. Ein guter „corner detector" muss mehrere Kriterien erfüllen: Er soll wichtige von unwichtigen Eckpunkten unterscheiden und Eckpunkte zuverlässig auch unter realistischem Bildrauschen finden, er soll die gefundenen Eckpunkte möglichst genau lokalisieren können und zudem effizient arbeiten, um eventuell auch in Echtzeitanwendungen (wie z. B. Video-Tracking) einsetzbar zu sein.

Wie immer gibt es nicht nur einen Ansatz für diese Aufgabe, aber im Prinzip basieren die meisten Verfahren zum Auffinden von Eckpunkten oder ähnlicher „interest points" auf einer gemeinsamen Grundlage – während eine *Kante* in der Regel definiert wird als eine Stelle im Bild, an der der Gradient der Bildfunktion in *einer* bestimmten Richtung besonders hoch und normal dazu besonders niedrig ist, weist ein *Eckpunkt* einen starken Gradientenwert in *mehr als einer Richtung* gleichzeitig auf.

Die meisten Verfahren verwenden daher die ersten oder zweiten Ableitungen der Bildfunktion in x- und y-Richtung zur Bestimmung von Eckpunkten (z. B. [69, 93, 126, 140]). Ein für diese Methode repräsentatives Beispiel ist der so genannte Harris-Detektor (auch bekannt als „Plessey feature point detector" [93]), den wir im Folgenden genauer beschreiben. Obwohl mittlerweile leistungsfähigere Verfahren bekannt sind (siehe z. B. [191, 200]), werden der Harris-Detektor und verwandte Ansätze in der Praxis häufig verwendet.

7.2 Harris-Detektor

Der Operator, der von Harris und Stephens [93] entwickelt wurde, ist einer von mehreren, ähnlichen Algorithmen basierend auf derselben Idee: ein Eckpunkt ist dort gegeben, wo der Gradient der Bildfunktion gleichzeitig in mehr als einer Richtung einen hohen Wert aufweist. Insbesondere sollen Stellen entlang von Kanten, wo der Gradient zwar hoch, aber nur in einer Richtung ausgeprägt ist, nicht als Eckpunkte gelten. Darüber hinaus sollen Eckpunkte natürlich unabhängig von ihrer Orientierung, d. h. in isotroper Weise, gefunden werden.

7.2.1 Lokale Strukturmatrix

Grundlage des Harris-Detektors sind die ersten partiellen Ableitungen der Bildfunktion $I(u, v)$ in horizontaler und vertikaler Richtung,

$$I_x(u, v) = \frac{\partial I}{\partial x}(u, v) \qquad \text{und} \qquad I_y(u, v) = \frac{\partial I}{\partial y}(u, v). \qquad (7.1)$$

Für jede Bildposition (u, v) werden zunächst die drei Größen

$$A(u, v) = I_x^2(u, v), \qquad (7.2)$$

$$B(u, v) = I_y^2(u, v), \qquad (7.3)$$

$$C(u, v) = I_x(u, v) \cdot I_y(u, v) \qquad (7.4)$$

berechnet, die als Elemente einer lokalen *Strukturmatrix*

$$\boldsymbol{M} = \begin{pmatrix} I_x^2 & I_x I_y \\ I_x I_y & I_y^2 \end{pmatrix} = \begin{pmatrix} A & C \\ C & B \end{pmatrix} \qquad (7.5)$$

interpretiert werden.[1] Anschließend werden die drei Skalarfelder $A(u, v)$, $B(u, v)$, $C(u, v)$ individuell mit einem linearen Gaußfilter H_σ^G (siehe Abschn. 5.2.7) geglättet, mit dem Ergebnis

---

[1] Wir notieren zur leichteren Lesbarkeit im Folgenden die Funktionen teilweise ohne explizite Koordinaten (u, v), d. h. $I_x \equiv I_x(u, v)$ oder $A \equiv A(u, v)$ etc.

$$\bar{M} = \begin{pmatrix} A * H_\sigma^G & C * H_\sigma^G \\ C * H_\sigma^G & B * H_\sigma^G \end{pmatrix} = \begin{pmatrix} \bar{A} & \bar{C} \\ \bar{C} & \bar{B} \end{pmatrix}. \tag{7.6}$$

Die beiden *Eigenwerte*[2] der Matrix $\bar{M}$,[3]

$$\begin{aligned} \lambda_{1,2} &= \frac{\text{trace}(\bar{M})}{2} \pm \sqrt{\left(\frac{\text{trace}(\bar{M})}{2}\right)^2 - \det(\bar{M})} \\ &= \frac{1}{2} \cdot \left(\bar{A} + \bar{B} \pm \sqrt{\bar{A}^2 - 2 \cdot \bar{A} \cdot \bar{B} + \bar{B}^2 + 4 \cdot \bar{C}^2}\right), \end{aligned} \tag{7.7}$$

sind (aufgrund der Symmetrie der Matrix) positiv und enthalten wichtige Informationen über die lokale Bildstruktur. Innerhalb einer gleichförmigen (flachen) Bildregion ist $\bar{M} = 0$ und deshalb sind auch die Eigenwerte $\lambda_1 = \lambda_2 = 0$. Umgekehrt gilt auf einer perfekten Sprungkante $\lambda_1 > 0$ und $\lambda_2 = 0$, und zwar unabhängig von der Orientierung der Kante. Die Eigenwerte kodieren also die lokale *Kantenstärke*, die zugehörigen *Eigenvektoren* die entsprechende *Kantenrichtung*.

An einem Eckpunkt sollte eine starke Kante sowohl in der Hauptrichtung (entsprechend dem größeren der beiden Eigenwerte) wie auch normal dazu (entsprechend dem kleineren Eigenwert) vorhanden sein, beide Eigenwerte müssen daher signifikante Werte haben. Da $\bar{A}, \bar{B} \geq 0$, können wir davon ausgehen, dass $\text{trace}(\bar{M}) > 0$ und daher auch $|\lambda_1| \geq |\lambda_2|$. Also ist für die Bestimmung eines Eckpunkts nur der *kleinere* der beiden Eigenwerte, d. h. $\lambda_2 = \text{trace}(\bar{M})/2 - \sqrt{\ldots}$, relevant.

7.2.2 *Corner Response Function* (CRF)

Wie wir aus Gl. 7.7 ableiten können, ist die Differenz zwischen den beiden Eigenwerten

$$\lambda_1 - \lambda_2 = 2 \cdot \sqrt{0.25 \cdot \left(\text{trace}(\bar{M})\right)^2 - \det(\bar{M})}, \tag{7.8}$$

wobei der Ausdruck unter der Wurzel in jedem Fall größer als Null ist. An einem Eckpunkt sollte die Differenz zwischen den beiden Eigenwerten λ_1, λ_2 idealerweise möglichst gering sein und somit auch der Ausdruck unter der Wurzel in Gl. 7.8 möglichst klein werden. Um die Berechnung der Eigenwerte selbst (und damit der Wurzel) zu vermeiden, definiert der Harris-Detektor als Maß für *corner strength* die Funktion

$$\begin{aligned} Q(u,v) &:= \det(\bar{M}(u,v)) - \alpha \cdot \left(\text{trace}(\bar{M}(u,v))\right)^2 \\ &= \bar{A}(u,v) \cdot \bar{B}(u,v) - \bar{C}^2(u,v) - \alpha \cdot (\bar{A}(u,v) + \bar{B}(u,v))^2, \end{aligned} \tag{7.9}$$

wobei der Parameter α die Empfindlichkeit der Detektors steuert. α wird üblicherweise auf einen fixen Wert im Bereich $0.04, \ldots, 0.06$ (max. 0.25)

---

[2] Siehe auch Abschn. 2.4 im Angang.

[3] $\det(M)$ bezeichnet die *Determinante* und $\text{trace}(M)$ die *Spur* (*trace*) der Matrix M (siehe z. B. [33, 233]).

eingestellt. Ist α groß, wird der Detektor weniger empfindlich, d. h., weniger Eckpunkte werden gefunden. $Q(u, v)$ wird als *corner response function* bezeichnet und liefert maximale Werte an ausgeprägten Eckpunkten.

7.2.3 Bestimmung der Eckpunkte

Eine Bildposition (u, v) wird als Kandidat für einen Eckpunkt ausgewählt, wenn

$$Q(u, v) > \mathsf{t}_H,$$

wobei der Schwellwert t_H typischerweise im Bereich $10\,000, \ldots, 1\,000\,000$ angesetzt wird, abhängig vom Bildinhalt. Die so selektierten Eckpunkte $\boldsymbol{c}_i = \langle u_i, v_i, q_i \rangle$ werden in einer Folge

$$\mathcal{C} = (\boldsymbol{c}_1, \boldsymbol{c}_2, \ldots, \boldsymbol{c}_N)$$

gesammelt, die nach der in Gl. 7.9 definierten *corner strength* $q_i = Q(u_i, v_i)$ in absteigender Reihenfolge sortiert ist (d. h. $q_i \geq q_{i+1}$). Um zu dicht platzierte Eckpunkte zu vermeiden, werden anschließend innerhalb einer bestimmten räumlichen Umgebung alle bis auf den stärksten Eckpunkt eliminiert. Dazu wird die Folge $\mathcal{C}$ von vorne nach hinten durchlaufen und alle schwächeren Eckpunkte weiter hinten in der Liste, die innerhalb der Umgebung eines stärkeren Punkts liegen, werden gelöscht.

Der vollständige Algorithmus für den Harris-Detektor ist in Alg. 7.1 nochmals übersichtlich zusammengefasst, mit den zugehörigen Parametern in Tabelle 7.1.

7.2.4 Beispiele

Abbildung 7.1 illustriert anhand eines einfachen, synthetischen Beispiels die wichtigsten Schritte bei der Detektion von Eckpunkten mit dem Harris-Detektor. Die Abbildung zeigt die Ergebnisse der Gradientenberechnung und die daraus abgeleiteten drei Komponenten der Strukturmatrix $\boldsymbol{M} = \left(\begin{smallmatrix} A & C \\ C & B \end{smallmatrix} \right)$ sowie die Werte der *corner response function* $Q(u, v)$ für jede Bildposition (u, v). Für dieses Beispiel wurden die Standardeinstellungen der Parameter (Tabelle 7.1) verwendet.

Das zweite Beispiel (Abb. 7.2) zeigt die Detektion von Eckpunkten in einem natürlichen Grauwertbild und demonstriert u. a. die nachträgliche Auswahl der stärksten Eckpunkte innerhalb einer bestimmten Umgebung.

7.3 Implementierung

Der Harris-Detektor ist komplexer als alle Algorithmen, die wir bisher beschrieben haben, und gleichzeitig ein typischer Repräsentant für viele

```
 1:   HarrisCorners(I, α, t_H, d_min)
```

Input: I, source image; α, sensitivity parameter (typ. 0.05);
t_H, response threshold (typ. 20 000); $d_{\min}$, minimum distance between final corners. Returns a sequence of the strongest corners de-
tected in I.

Step 1 – compute the corner response function:

```
 2:       I_x ← (I * h_px) * h_dx                ▷ horizontal prefilter and derivative
 3:       I_y ← (I * h_py) * h_dy                ▷ vertical prefilter and derivative

 4:       (M, N) ← Size(I)
 5:       Create maps A, B, C, Q : M × N ↦ ℝ
 6:       for all image coordinates (u, v) do
```
$\qquad$ Compute elements of the local structure matrix $\boldsymbol{M} = \left(\begin{smallmatrix} A & C \\ C & B \end{smallmatrix}\right)$:
```
 7:           A(u, v) ← (I_x(u, v))²
 8:           B(u, v) ← (I_y(u, v))²
 9:           C(u, v) ← I_x(u, v) · I_y(u, v)
```
$\qquad$ Blur each component of the structure matrix: $\bar{\boldsymbol{M}} = \left(\begin{smallmatrix} \bar{A} & \bar{C} \\ \bar{C} & \bar{B} \end{smallmatrix}\right)$:
```
10:       Ā ← A * H_b,        B̄ ← B * H_b,        C̄ ← C * H_b

11:       for all image coordinates (u, v) do          ▷ calc. corner response:
```
$$12:\quad Q(u, v) \leftarrow \bar{A}(u, v) \cdot \bar{B}(u, v) - \bar{C}^2(u, v) - \alpha \cdot \left(\bar{A}(u, v) + \bar{B}(u, v)\right)^2$$

Step 2 – collect the corner points:

```
13:       C ← ( )                             ▷ start with an empty corner sequence
14:       for all image coordinates (u, v) do
15:           if Q(u, v) > t_H ∧ IsLocalMax(Q, u, v) then
16:               c ← ⟨u, v, Q(u, v)⟩                   ▷ create a new corner c
17:               C ← C ⌣ (c)                           ▷ add c to corner sequence C
18:       C_clean ← CleanUpCorners(C, d_min)
19:       return C_clean
```

```
20:   IsLocalMax(Q, u, v)          ▷ determine if Q(u, v) is a local maximum
21:       q_0 ← Q(u, v)                                      ▷ center element
22:       N ← Neighbors(Q, u, v)       ▷ collect values in 8-neighborhood N
23:       if (q_0 ≥ q_j) for all q_j ∈ N then
24:           return true
25:       else
26:           return false
```

```
27:   CleanUpCorners(C, d_min)
28:       Sort(C)            ▷ sort C by descending q_i (strongest corners first)
29:       C_clean ← ( )                          ▷ empty "clean" corner sequence
30:       while C is not empty do
31:           c_0 ← GetFirst(C)                 ▷ get the strongest corner from C
32:           C ← Delete(c_0, C)          ▷ the 1st element is removed from C
33:           C_clean ← C_clean ⌣ (c_0)                  ▷ add c_0 to C_clean
34:           for all c_j in C do
35:               if Dist(c_0, c_j) < d_min then
36:                   C ← Delete(c_j, C)             ▷ remove element c_j from C
37:       return C_clean
```

Algorithmus 7.1
Harris-Detektor. Aus einem Intensitätsbild $I(u, v)$ wird eine sortierte
Folge von Eckpunkten berechnet. De-
tails zu den Parametern α, t_H und
$d_{\min}$ sowie zu den Filterkernen h_{px},
h_{py}, h_{dx}, h_{dy} und H_b finden sich in
Tabelle 7.1.

Tabelle 7.1
Harris-Detektor – konkrete
Parameterwerte zu Alg. 7.1.

Pre-Filter (Alg. 7.1, Zeile 2–3): Vorglättung mit einem kleinen, xy-separierbaren Filter $H_p = h_{px} * h_{py}$, wobei

$$H_{px} = \frac{1}{9} \cdot \begin{bmatrix} 2 & 5 & 2 \end{bmatrix} \quad \text{und} \quad H_{py} = H_{px}^{\mathsf{T}} = \frac{1}{9} \cdot \begin{bmatrix} 2 \\ 5 \\ 2 \end{bmatrix}.$$

Gradientenfilter (Alg. 7.1, Zeile 3): Berechnung der partiellen ersten Ableitungen in x- und y-Richtung mit

$$h_{dx} = \begin{bmatrix} -0.5 & 0 & 0.5 \end{bmatrix} \quad \text{und} \quad h_{dy} = h_{dx}^{\mathsf{T}} = \begin{bmatrix} -0.5 \\ 0 \\ 0.5 \end{bmatrix}.$$

Blur-Filter (Alg. 7.1, Zeile 10): Glättung der einzelnen Komponenten der Strukturmatrix $\boldsymbol{M}$ mit separierbaren Gauß-ähnlichen Filtern $H_b = h_{bx} * h_{by}$, wobei

$$h_{bx} = \frac{1}{64} \cdot \begin{bmatrix} 1 & 6 & 15 & 20 & 15 & 6 & 1 \end{bmatrix} \quad \text{und} \quad h_{by} = h_{bx}^{\mathsf{T}} = \frac{1}{64} \cdot \begin{bmatrix} 1 \\ 6 \\ 15 \\ 20 \\ 15 \\ 6 \\ 1 \end{bmatrix}.$$

Steuerparameter (Alg. 7.1, Zeile 12): $\alpha = 0.04, \dots, 0.06$ (default 0.05).
Response-Schwellwert (Alg. 7.1, Zeile 17): $t_H = 10\,000, \dots, 1\,000\,000$ (default 20 000).
Umgebungsradius (Alg. 7.1, Zeile 36): $d_{\mathrm{min}} = 10$ Pixel.

ähnliche Methoden in der Bildverarbeitung. Wir nehmen das zum Anlass, die einzelnen Schritte der Implementierung und gleichzeitig auch die dabei immer wieder notwendigen Detailentscheidungen etwas umfassender als sonst darzustellen. Der vollständige Quellcode ist online in der Klasse `HarrisCornerDetector`[4] verfügbar.

7.3.1 Schritt 1 – Berechnung der *corner response function*

Um die positiven und negativen Werte der in diesem Schritt verwendeten Filter handhaben zu können, werden für die Zwischenergebnisse Gleitkommabilder verwendet, die auch die notwendige Dynamik und Präzision bei kleinen Werten sicherstellen. Die Kerne für die benötigten Filter, also das Filter für die Vorglättung H_p, die Gradientenfilter H_x, H_y und das Glättungsfilter H_b (s. Tabelle 7.1) für die Komponenten der Strukturmatrix, sind als eindimensionale `float`-Arrays definiert:

```
1   float[] hp = {2f/9, 5f/9, 2f/9};
2   float[] hd = {0.5f, 0, -0.5f};
3   float[] hb = {1f/64,6f/64,15f/64,20f/64,15f/64,6f/64,1f/64};
```

---

[4] Im Paket `imagingbook.pub.corners`.

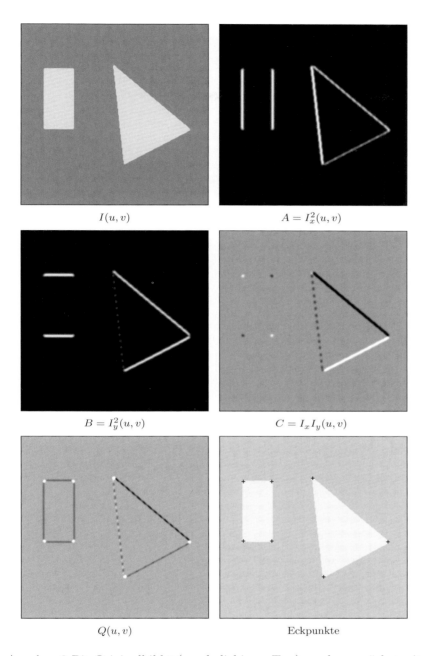

$I(u,v)$ $A = I_x^2(u,v)$

$B = I_y^2(u,v)$ $C = I_x I_y(u,v)$

$Q(u,v)$ Eckpunkte

Abbildung 7.1
Harris-Detektor – Beispiel 1. Aus dem Originalbild $I(u,v)$ werden zunächst die ersten Ableitungen und daraus die Komponenten der Strukturmatrix $A = I_x^2$, $B = I_y^2$, $C = I_x I_y$ berechnet. Deutlich ist zu erkennen, dass A und B die horizontale bzw. vertikale Kantenstärke repräsentieren. In C werden die Werte nur dann stark positiv (weiß) oder stark negativ (schwarz), wenn beide Kantenrichtungen stark sind (Nullwerte sind grau dargestellt). Die *corner response function* Q zeigt markante, positive Spitzen an den Positionen der Eckpunkte. Die endgültigen Eckpunkte werden durch eine Schwellwertoperation und Auffinden der lokalen Maxima in Q bestimmt.

Aus dem 8-Bit-Originalbild I (von beliebigem Typ) werden zunächst mit der Methode convertToFloatProcessor() zwei Kopien Ix and Iy vom Typ FloatProcessor angelegt:

```
4   FloatProcessor Ix = I.convertToFloatProcessor();
5   FloatProcessor Iy = I.convertToFloatProcessor();
```

Abbildung 7.2
Harris-Detektor – Beispiel 2. Vollständiges Ergebnis mit markierten Eckpunkten (a). Nach Auswahl der stärksten Eckpunkte innerhalb eines Radius von 10 Pixel verbleiben von den ursprünglich gefundenen 615 Kandidaten noch 335 finale Eckpunkte. Details *vor* (b–c) und *nach* der Auswahl (d–e).

(a)

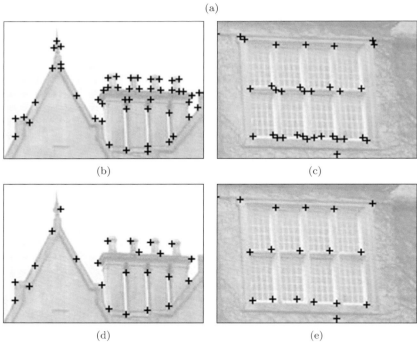

(b)   (c)

(d)   (e)

Als erster Verarbeitungsschritt wird eine Vorglättung mit dem eindimensionalen Filterkern `hp` ($= h_{px} = h_{py}^{\mathsf{T}}$) durchgeführt (Alg. 7.1, Zeile 2), anschließend wird mit dem eindimensionalen Gradientenfilter `hd` ($= h_{dx} = h_{dy}^{\mathsf{T}}$) die horizontale und vertikale Ableitung berechnet (Alg. 7.1, Zeile 3). Für die Faltung mit den zugehörigen eindimensionalen Filterkernen verwenden wir die (statischen) Methoden `convolveX()` und `convolveY()` der Klasse `Filter`[5]:

```
6   Filter.convolveX(Ix, hp);      // Ix ← Ix * hpx
7   Filter.convolveX(Ix, hd);      // Ix ← Ix * hdx
8   Filter.convolveY(Iy, hp);      // Iy ← Iy * hpy
9   Filter.convolveY(Iy, hd);      // Iy ← Iy * hdy
```

Nun werden die Komponenten $A(u,v)$, $B(u,v)$, $C(u,v)$ der Strukturmatrix für alle Koordinaten (u,v) berechnet:

```
10  A = ImageMath.sqr(Ix);         // A(u,v) ← Ix²(u,v)
11  B = ImageMath.sqr(Iy);         // B(u,v) ← Iy²(u,v)
12  C = ImageMath.mult(Ix, Iy);    // C(u,v) ← Ix(u,v)·Iy(u,v)
13
```

Anschließend wird mit dem separierbaren Filter $H_b = h_{bx} * h_{by}$ geglättet:

```
14  Filter.convolveXY(A, hb);      // A ← (A * hbx) * hby
15  Filter.convolveXY(B, hb);      // B ← (B * hbx) * hby
16  Filter.convolveXY(C, hb);      // C ← (C * hbx) * hby
```

Die Variablen `A`, `B`, `C` vom Typ `FloatProcessor` sind in der Klasse `HarrisCornerDetector` deklariert. `sqr()` und `mult()` sind statische Methoden der Klasse `ImageMath`[6] für das Quadrat eines Bilds bzw. das Produkt von zwei Bildern. Die weiter verwendete Methode `convolveXY(I, h)` führt eine x/y-separierbare 2D-Faltung mit dem 1D Filterkern `h` auf das Bild `I` aus.

Die *corner response function* (Alg. 7.1, Zeile 12) wird schließlich durch die Methode `makeCrf()` als Bild `Q` vom Typ `FloatProcessor` berechnet:

```
17  private void makeCrf(float alpha) {
18    Q = new FloatProcessor(M, N);
19    final float[] pA = (float[]) A.getPixels();
20    final float[] pB = (float[]) B.getPixels();
21    final float[] pC = (float[]) C.getPixels();
22    final float[] pQ = (float[]) Q.getPixels();
23    for (int i = 0; i < M * N; i++) {
24      float a = pA[i], b = pB[i], c = pC[i];
25      float det = a * b - c * c;   // det(M̄)
26      float trace = a + b;         // trace(M̄)
27      pQ[i] = det - alpha * (trace * trace);
28    }
29  }
```

[5] In `imagingbook.lib.image`
[6] In `imagingbook.lib.image`

7.3.2 Schritt 2 – Bestimmung der Eckpunkte

Das Ergebnis des ersten Schritts in Alg. 7.1 ist die *corner response function*, die in unserer Implementierung als Gleitkommabild Q (vom Typ FloatProcessor) realisiert ist. Im zweiten Schritt werden aus Q die dominanten Eckpunkte ausgewählt. Dazu benötigen wir (a) einen Objekttyp zur Beschreibung der Eckpunkte und (b) einen flexiblen Container zur Aufbewahrung dieser Objekte, deren Zahl zunächst ja nicht bekannt ist.

Die Corner-Klasse

Zunächst definieren wir eine neue Klasse Corner[7] zur Repräsentation einzelner Eckpunkte $c = \langle x, y, q \rangle$ mit einem Konstruktor zum Erzeugen von Corner-Objekten aus den drei float-Argumenten u, v und q (in Zeile 33):

```
30 public class Corner implements Comparable<Corner> {
31   final float x, y, q;
32
33   public Corner (float x, float y, float q) {
34     this.x = x;
35     this.y = y;
36     this.q = q;
37   }
38
39   public int compareTo (Corner c2) {
40     if (this.q > c2.q) return -1;
41     if (this.q < c2.q) return 1;
42     else return 0;
43   }
44   ...
45 }
```

Die Klasse Corner „implementiert" das Java Comparable-Interface, damit Corner-Objekte unmittelbar miteinander vergleichbar und innerhalb einer Folge einfach sortierbar sind. Die von Comparable vorgeschriebene Methode compareTo() (in Zeile 39) definiert, dass nach q absteigend sortiert wird.

Auswahl eines Containers

In Alg. 7.1 haben wir die Notation einer „Folge" (*Liste*) für die dynamische Sammlungen von Eckpunkten verwendet. Würden wir ein *Array* fester Größe verwenden, so müssten wir dieses ziemlich groß anlegen, um

---

[7] In imagingbook.pub.corners

alle gefundenen Eckpunkte in jedem Fall aufnehmen zu können. Stattdessen verwenden wir die Klasse `ArrayList`, eine der dynamischen Datenstrukturen, die Java in seinem *Collections Framework*[8] bereits fertig zur Verfügung stellt.

Die `collectCorners()`-Methode

Die nachfolgende Methode `collectCorners()` bestimmt aus der *corner response function* `Q` die dominanten Eckpunkte, die mindestens einen q-Wert der Größe `tH` aufweisen müssen. Der Parameter `border` spezifiziert dabei die Breite des Bildrands, innerhalb dessen eventuelle Eckpunkte ignoriert werden sollen:

```
46  List<Corner> collectCorners(float tH, int border) {
47    List<Corner> C = new ArrayList<Corner>();
48    for (int v = border; v < N - border; v++) {
49      for (int u = border; u < M - border; u++) {
50        float q = Q.getf(u, v);
51        if (q > tH && isLocalMax(Q, u, v)) {
52          Corner c = new Corner(u, v, q);
53          C.add(c);
54        }
55      }
56    }
57    return C;
58  }
```

Zunächst wird (in Zeile 47) ein neues `ArrayList` Objekt angelegt und durch die Variable `C` referenziert.[9] Anschließend wird das CRF-Bild `Q` durchlaufen und sobald eine Position als Eckpunkt in Frage kommt, wird ein neues `Corner`-Objekt erzeugt (Zeile 52) und der Folge `C` angefügt (Zeile 53). Die Methode `isLocalMax(Q,u,v)` bestimmt, ob `Q` an der Position (u,v) ein lokales Maximum aufweist:

```
59  boolean isLocalMax (FloatProcessor Q, int u, int v) {
60    if (u <= 0 || u >= M - 1 || v <= 0 || v >= N - 1) {
61      return false;
62    }
63    else {
64      float[] q = (float[]) Q.getPixels();
65      int i0 = (v - 1) * M + u;
66      int i1 = v * M + u;
67      int i2 = (v + 1) * M + u;
68      float q0 = q[i1];
69      return   // check 8 neighbors of q0:
70        q0 >= q[i0 - 1] && q0 >= q[i0] && q0 >= q[i0 + 1] &&
71        q0 >= q[i1 - 1] &&                 q0 >= q[i1 + 1] &&
```

---

[8] Paket `java.util`

[9] Die Spezifikation `ArrayList<Corner>` bedeutet, dass die Liste `C` nur Objekte vom Typ `Corner` aufnehmen kann.

```
72         q0 >= q[i2 - 1] && q0 >= q[i2] && q0 >= q[i2 + 1];
73     }
74 }
```

7.3.3 Schritt 3: Aufräumen

Der abschließende Schritt ist das Beseitigen der schwächeren Eckpunkte in einem Umkreis bestimmter Größe, spezifiziert durch den Radius d_{min} (Alg. 7.1, Zeile 28–37). Dieser Vorgang ist in Abb. 7.3 skizziert und in der nachfolgenden Methode `cleanupCorners()` implementiert.

```
75 List<Corner> cleanupCorners(List<Corner> C, double dmin){
76     double dmin2 = dmin * dmin;
77     // sort corners by descending q-value:
78     Collections.sort(C);
79     // we use an array of corners for efficiency reasons:
80     Corner[] Ca = C.toArray(new Corner[C.size()]);
81     List<Corner> Cclean = new ArrayList<Corner>(C.size());
82     for (int i = 0; i < Ca.length; i++) {
83         Corner c0 = Ca[i];          // get next strongest corner
84         if (c0 != null) {
85             Cclean.add(c0);
86             // delete all remaining corners cj too close to c0:
87             for (int j = i + 1; j < Ca.length; j++) {
88                 Corner cj = Ca[j];
89                 if (cj != null && c0.dist2(cj) < dmin2)
90                     Ca[j] = null;    //delete corner cj from Ca
91             }
92         }
93     }
94     return Cclean;
95 }
```

Zum Beginn (in Zeile 78) werden die Eckpunkte in `C` durch Aufruf der statischen Methode `sort()`[10] nach ihrer Stärke q sortiert. Die sortierte Folge wird anschließend (Zeile 80) in ein Array konvertiert, das dann von Anfang bis Ende durchlaufen wird (Zeile 82–93). Jeweils nachfolgende Eckpunkte innerhalb der d_{min}-Umgebung eines stärkeren Eckpunkts werden gelöscht (Zeile 90) und nur die verbleibenden Eckpunkte werden in die neue Liste `Cclean` (die wiederum als `ArrayList<Corner>` realisiert ist) übernommen.

Der Methodenaufruf `c0.dist2(cj)` in Zeile 89 liefert das Quadrat der Euklidischen Distanz zwischen den Eckpunkten `c0` und `cj`, d. h. $d^2 = (u_0-u_j)^2 + (v_0-v_j)^2$. Durch die generelle Verwendung des Quadrats der Distanz wird der ansonsten häufig notwendige Aufruf der Wurzelfunktion vermieden.

---

[10] In Klasse `java.util.Collections`

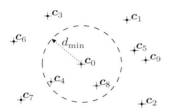 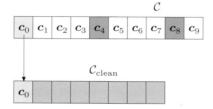

Abbildung 7.3
Auswahl der stärksten Eckpunkte innerhalb einer bestimmten Umgebung. Die ursprüngliche Liste von Eckpunkten ($\mathcal{C}$) ist nach *corner strength* (q) in absteigender Reihenfolge sortiert, c_0 ist also der stärkste Eckpunkt. Als Erstes wird c_0 zur neuen Liste $\mathcal{C}_{\mathrm{clean}}$ angefügt und die Eckpunkte c_4 und c_8, die sich innerhalb der Distanz d_{min} von c_0 befinden, werden aus $\mathcal{C}$ gelöscht. In gleicher Weise wird als nächster Eckpunkt c_1 behandelt usw., bis in $\mathcal{C}$ keine Elemente mehr übrig sind. Keiner der verbleibenden Eckpunkte in $\mathcal{C}_{\mathrm{clean}}$ ist dadurch näher zu einem anderen Eckpunkt als d_{min}.

7.3.4 Zusammenfassung

Die oben beschriebenen Schritte dieser Implementierung sind in der Methode `findCorners()` der Klasse `HarrisCornerDetector` zusammengefasst:

```
96  public List<Corner> findCorners() {
97    makeDerivatives();
98    makeCrf(alpha);
99    corners = collectCorners(tH, border);
100   if (doCleanUp) {
101     corners = cleanupCorners(corners, dmin);
102   }
103   return corners;
104 }
```

Die Verwendung der Klasse `HarrisCornerDetector` ist im zugehörigen Demo-Plugin `Find_Corners` gezeigt, dessen `run()` Methode sich auf wenige Zeilen beschränkt. Sie erzeugt nur ein neues Objekt der Klasse `HarrisCornerDetector` für das Eingangsbild `ip`, wendet darauf die Methode `findCorners()` an und zeichnet die gefundenen Eckpunkte in ein neues Bild (`R`):

```
105 public void run(ImageProcessor ip) {
106   HarrisCornerDetector cd = new HarrisCornerDetector(ip);
107   List<Corner> corners = cd.findCorners();
108   ImageProcessor R = Convert.copyToColorProcessor(ip);
109   drawCorners(R, corners);
110   (new ImagePlus("Result", R)).show();
111 }
112
113 void drawCorners(ImageProcessor ip, List<Corner> corners) {
114   ip.setColor(cornerColor);
115   for (Corner c: corners) {
116     drawCorner(ip, c);
117   }
118 }
119
120 void drawCorner(ImageProcessor ip, Corner c) {
121   int size = cornerSize;
122   int x = Math.round(c.getX());
```

```
123    int y = Math.round(c.getY());
124    ip.drawLine(x - size, y, x + size, y);
125    ip.drawLine(x, y - size, x, y + size);
126  }
```

Der Vollständigkeit halber ist auch die Methode `drawCorners()` gezeigt. Darüber hinaus ist der komplette Quellcode natürlich auch online verfügbar. Wie gewohnt sind die meisten dieser Codesegmente auf gute Verständlichkeit ausgelegt und nicht unbedingt auf Geschwindigkeit oder Speichereffizienz. Viele Details können daher (auch als Übungsaufgabe) mit relativ geringem Aufwand optimiert werden, sofern Effizienz ein wichtiges Anliegen ist.

7.4 Aufgaben

Aufg. 7.1. Adaptieren Sie die `draw()`-Methode in der Klasse `Corner` (S. 164), sodass auch die Stärke (q-Werte) der Eckpunkte grafisch dargestellt werden, z. B. durch Variation der Größe, Farbe oder Intensität der angezeigten Markierungen.

Aufg. 7.2. Untersuchen Sie das Verhalten des Harris-Detektors bei Änderungen des Bildkontrasts und entwickeln Sie eine Idee, wie man den Parameter t_H automatisch an den Bildinhalt anpassen könnte.

Aufg. 7.3. Testen Sie die Zuverlässigkeit des Harris-Detektors bei Rotation und Verzerrung des Bilds. Stellen Sie mithilfe von geeigneten Experimenten fest, ob der Operator tatsächlich isotrop arbeitet.

Aufg. 7.4. Testen Sie das Verhalten des Harris-Detektors, vor allem in Bezug auf Positionierungsgenauigkeit und fehlende Eckpunkte, in Abhängigkeit vom Bildrauschen. Anmerkung: In ImageJ lässt sich das aktuelle Bild über das Menü Process ▷ Noise ▷ Add Specified Noise... sehr einfach mit additivem Rauschen versehen.

8

Detektion einfacher Kurven

In Kap. 6 haben wir gezeigt, wie man mithilfe von geeigneten Filtern Kanten finden kann, indem man an jeder Bildposition die Kantenstärke und möglicherweise auch die Orientierung der Kante bestimmt. Der darauf folgende Schritt bestand in der Entscheidung (z. B. durch Anwendung einer Schwellwertoperation auf die Kantenstärke), ob an einer Bildposition ein Kantenpunkt vorliegt oder nicht, mit einem binären Kantenbild (*edge map*) als Ergebnis. Das ist eine sehr frühe Festlegung, denn natürlich kann aus der beschränkten („myopischen") Sicht eines Kantenfilters nicht zuverlässig ermittelt werden, ob sich ein Punkt tatsächlich auf einer Kante befindet oder nicht. Man muss daher davon ausgehen, dass in dem auf diese Weise produzierten Kantenbild viele vermeintliche Kantenpunkte markiert sind, die in Wirklichkeit zu keiner echten Kante gehören, und andererseits echte Kantenpunkte fehlen. Kantenbilder enthalten daher in der Regel zahlreiche irrelevante Strukturen und gleichzeitig sind wichtige Strukturen häufig unvollständig. Das Thema dieses Kapitels ist es, in einem vorläufigen, binären Kantenbild auffällige und möglicherweise bedeutsame Strukturen aufgrund ihrer Form zu finden.

8.1 Auffällige Strukturen

Ein intuitiver Ansatz zum Auffinden größerer Bildstrukturen könnte darin bestehen, beginnend bei einem beliebigen Kantenpunkt benachbarte Kantenpixel schrittweise aneinander zu fügen und damit die Konturen von Objekten zu bestimmen. Das könnte man sowohl im kontinuierlichen Kantenbild (mit Kantenstärke und Orientierung) als auch im binären *edge map* versuchen. In beiden Fällen ist aufgrund von Unterbrechungen, Verzweigungen und ähnlichen Mehrdeutigkeiten mit Problemen

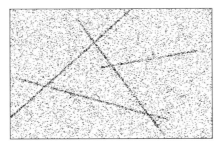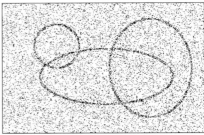

Abbildung 8.1
Unser Sehsystem findet auffällige Bildstrukturen spontan auch unter schwierigen Bedingungen.

zu rechnen und ohne zusätzliche Kriterien und Informationen über die Art der gesuchten Objekte bestehen nur geringe Aussichten auf Erfolg. Das lokale, sequentielle Verfolgen von Konturen (*contour tracing*) ist daher ein interessantes Optimierungsproblem [118] (s. auch Kap. 10.2).

Eine völlig andere Idee ist die Suche nach global auffälligen Strukturen, die von vornherein gewissen Formeigenschaften entsprechen. Wie das Beispiel in Abb. 8.1 zeigt, sind für das menschliche Auge derartige Strukturen auch dann auffällig, wenn keine zusammenhängenden Konturen gegeben sind, Überkreuzungen vorliegen und viele zusätzliche Elemente das Bild beeinträchtigen. Es ist auch heute weitgehend unbekannt, welche Mechanismen im biologischen Sehen für dieses spontane Zusammenfügen und Erkennen unter derartigen Bedingungen verantwortlich sind. Eine Technik, die zumindest eine vage Vorstellung davon gibt, wie derartige Aufgabenstellungen mit dem Computer möglicherweise zu lösen sind, ist die so genannte „Hough-Transformation", die wir nachfolgend näher betrachten.

8.2 Hough-Transformation

Die Methode von Paul Hough – ursprünglich als US-Patent [100] publiziert und oft als „Hough-Transformation" (HT) bezeichnet – ist ein allgemeiner Ansatz, um beliebige, parametrisierbare Formen in Punktverteilungen zu lokalisieren [58, 106]. Zum Beispiel können viele geometrische Formen wie Geraden, Kreise und Ellipsen mit einigen wenigen Parametern beschrieben werden. Da sich gerade diese Formen besonders häufig im Zusammenhang mit künstlichen, von Menschenhand geschaffenen Objekten finden, sind sie für die Analyse von Bildern besonders interessant (Abb. 8.2).

Betrachten wir zunächst den Einsatz der HT zur Detektion von Geraden in binären Kantenbildern, eine relativ häufige Anwendung. Eine Gerade in 2D kann bekanntlich mit zwei reellwertigen Parametern beschrieben werden, z. B. in der klassischen Form

$$y = k \cdot x + d, \tag{8.1}$$

wobei k die Steigung und d die Höhe des Schnittpunkts mit der y-Achse bezeichnet (Abb. 8.3). Eine Gerade, die durch zwei gegebene (Kanten-)

Abbildung 8.2
Einfache geometrische Formen, wie gerade, kreisförmige oder elliptische Segmente, erscheinen häufig im Zusammenhang mit künstlichen bzw. technischen Objekten.

Punkte $\boldsymbol{p}_1 = (x_1, y_1)$ und $\boldsymbol{p}_2 = (x_2, y_2)$ läuft, muss daher folgende beiden Gleichungen erfüllen:

$$y_1 = k \cdot x_1 + d \qquad \text{und} \qquad y_2 = k \cdot x_2 + d, \qquad (8.2)$$

für $k, d \in \mathbb{R}$. Das Ziel ist nun, jene Geradenparameter k und d zu finden, auf denen möglichst *viele* Kantenpunkte liegen, bzw. jene Geraden, die möglichst viele dieser Punkte „erklären". Wie kann man aber feststellen, wie viele Punkte auf einer bestimmten Geraden liegen? Eine Möglichkeit wäre etwa, alle möglichen Geraden in das Bild zu „zeichnen" und die Bildpunkte zu zählen, die jeweils exakt auf einer bestimmten Geraden liegen. Das ist zwar grundsätzlich möglich, wäre aber wegen der großen Zahl an Geraden sehr aufwändig.

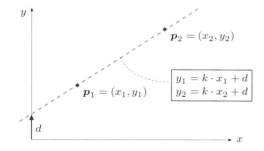

Abbildung 8.3
Zwei Bildpunkte $\boldsymbol{p}_1 = (x_1, y_1)$ und $\boldsymbol{p}_2 = (x_2, y_2)$ liegen genau dann auf derselben Geraden, wenn $y_1 = k \cdot x_1 + d$ und $y_2 = k \cdot x_2 + d$ für ein bestimmtes k und d.

8.2.1 Parameterraum

Die Hough-Transformation geht an dieses Problem auf dem umgekehrten Weg heran, indem sie alle möglichen Geraden ermittelt, die durch einen

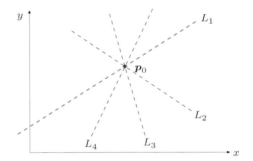

einzelnen, gegebenen Bildpunkt laufen. Jede Gerade $L_j = \langle k_j, d_j \rangle$, die durch einen Punkt $\boldsymbol{p}_0 = (x_0, y_0)$ läuft, muss die Gleichung

$$L_j \colon y_0 = k_j x_0 + d_j \tag{8.3}$$

für geeignete Werte von k_j und d_j erfüllen. Die Menge der Lösungen für k_j, d_j in Gl. 8.3 entspricht einem Bündel von unendlich vielen Geraden, die alle durch den gegebenen Punkt $\boldsymbol{p}_0$ laufen (Abb. 8.4). Für ein bestimmtes k_j ergibt sich die zugehörige Lösung für d_j aus Gl. 8.3 als

$$d_j = -x_0 \cdot k_j + y_0, \tag{8.4}$$

also wiederum eine lineare Funktion (Gerade), wobei nun k_j, d_j die *Variablen* und x_0, y_0 die (konstanten) *Parameter* der Funktion sind. Die Lösungsmenge $\{(k_j, d_j)\}$ für Gl. 8.4 entspricht somit den Parametern *aller* möglichen Geraden L_j, die durch den gegebenen Bildpunkt $\boldsymbol{p}_0 = (x_0, y_0)$ führen.

Für einen *beliebigen* Bildpunkt $\boldsymbol{p}_i = (x_i, y_i)$ liegen die zugehörigen Lösungspunkte (k, d) von Gl. 8.4 auf einer Geraden

$$M_i : d = -x_i \cdot k + y_i \tag{8.5}$$

mit den Parametern $-x_i$ und y_i im so genannten *Parameterraum* oder „Hough-Raum", der nunmehr durch die Koordinaten k, d aufgespannt wird. Die Entsprechungen zwischen dem Bildraum und dem Parameterraum lassen sich folgendermaßen zusammenfassen:

	Bildraum (x, y)			*Parameterraum* (k, d)	
Punkt	$\boldsymbol{p}_i = (x_i, y_i)$	$\longleftrightarrow$	$M_i : d = -x_i \cdot k + y_i$		Gerade
Gerade	$L_j \colon y = k_j \cdot x + d_j$	$\longleftrightarrow$	$\boldsymbol{q}_j = (k_j, d_j)$		Punkt

Jedem Punkt $\boldsymbol{p}_i$ und seinem zugehörigen Geradenbüschel im Bildraum entspricht also exakt eine Gerade M_i im Parameterraum. Am meisten sind wir jedoch an jenen Stellen interessiert, an denen sich Geraden im Parameterraum *schneiden*. Wie am Beispiel in Abb. 8.5 gezeigt, schneiden sich die Geraden M_1 und M_2 an der Position $\boldsymbol{q}_{12} = (k_{12}, d_{12})$

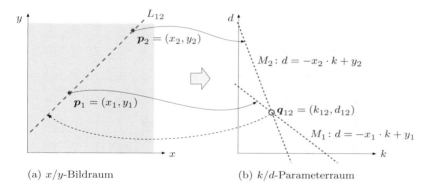

(a) x/y-Bildraum   (b) k/d-Parameterraum

Abbildung 8.5
Zusammenhang zwischen Bildraum und Parameterraum. Die Parameterwerte für alle möglichen Geraden durch den Bildpunkt $p_i = (x_i, y_i)$ im Bildraum (a) liegen im Parameterraum (b) auf einer Geraden M_i. Umgekehrt entspricht jeder Punkt $q_j = (k_j, d_j)$ im Parameterraum einer Geraden L_j im Bildraum. Der Schnittpunkt der zwei Geraden M_1, M_2 an der Stelle $q_{12} = (k_{12}, d_{12})$ im Parameterraum zeigt an, dass im Bildraum eine Gerade L_{12} mit zwei Punkten und den Parametern k_{12} und d_{12} existiert.

im Parameterraum, die den Parametern jener Geraden im Bildraum entspricht, die sowohl durch den Punkt p_1 als auch durch den Punkt p_2 verläuft. Je mehr Geraden M_i sich an einem Punkt im Parameterraum schneiden, umso mehr Bildpunkte liegen daher auf der entsprechenden Geraden im Bildraum! Allgemein ausgedrückt heißt das:

> Wenn sich im *Parameterraum* N Geraden an einer Position (k, d) schneiden, dann liegen auf der zugehörigen Geraden $y = k \cdot x + d$ im *Bildraum* insgesamt N Bildpunkte.

8.2.2 Akkumulator

Das Ziel, die dominanten Bildgeraden zu finden, ist daher gleichbedeutend mit dem Auffinden jener Positionen im Parameterraum, an denen sich viele Parametergeraden schneiden. Genau das ist die Intention der HT. Um die HT zu berechnen, benötigen wir zunächst eine diskrete Variante des Parameterraums mit entsprechender Schrittweite für die Koordinaten k und d. Um die Anzahl der Überschneidungen im Parameterraum zu berechnen, wird jede Parametergerade M_i *kumulativ* in diesen „Akkumulator" gezeichnet, indem jede durchlaufene Zelle um den Wert 1 erhöht wird (Abb. 8.6).

8.2.3 Eine bessere Geradenparametrisierung

Leider ist die Geradendarstellung in Gl. 8.1 in der Praxis nicht wirklich brauchbar, denn es gilt u. a. $k = \infty$ für alle vertikalen Geraden. Da diese auch keinen Schnittpunkt mit der y-Achse aufweisen, ist in diesen Fällen auch d unbestimmt. Eine bessere Lösung ist die so genannte *Hessesche Normalform* (HNF)[1] der Geradengleichung,

$$x \cdot \cos(\theta) + y \cdot \sin(\theta) = r, \tag{8.6}$$

---

[1] Die Hessesche Normalform ist eine normalisierte Variante der allgemeinen („algebraischen") Geradengleichung $Ax + By + C = 0$, mit $A = \cos(\theta)$, $B = \sin(\theta)$ und $C = -r$ (siehe z. B. [233, S. 18]).

Abbildung 8.6
Kernidee der Hough-Transformation. Das Akkumulator-Map ist eine diskrete Repräsentation des Parameterraums (k, d). Für jeden gefundenen Bildpunkt (a) wird eine diskrete Gerade in den Parameterraum (b) gezeichnet. Diese Operation erfolgt *additiv*, d. h., jede durchlaufene Array-Zelle wird um den Wert 1 erhöht. Der Wert jeder Zelle des Akkumulator-Maps entspricht der Anzahl von Parametergeraden, die sich dort schneiden (in diesem Fall 2).

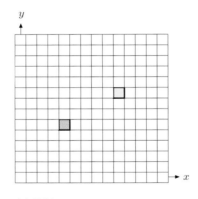

(a) Bildraum

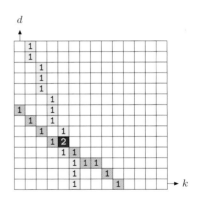

(b) Akkumulator-Map

Abbildung 8.7
Parametrisierung von Geraden in 2D. In der üblichen k, d-Parametrisierung (a) ergibt sich bei vertikalen Geraden ein Problem, weil in diesem Fall $k = \infty$ und d unbestimmt ist. Die Hessesche Normalform (b), bei der die Gerade durch den Winkel θ und den Abstand vom Ursprung r dargestellt wird, vermeidet dieses Problem.

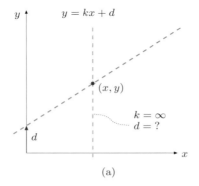

(a)

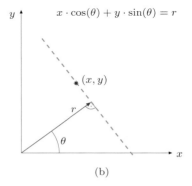

(b)

die keine derartigen Singularitäten aufweist und außerdem eine lineare Quantisierung ihrer Parameter, des Winkels θ und des Radius r, ermöglicht (s. Abb. 8.7). Mit der HNF-Parametrisierung hat der Parameterraum die Koordinaten θ, r und jedem Bildpunkt $\boldsymbol{p} = (x, y)$ entspricht darin die Relation

$$r(\theta) = x \cdot \cos(\theta) + y \cdot \sin(\theta), \tag{8.7}$$

für den Winkelbereich $0 \leq \theta < \pi$ (s. Abb. 8.8). Für einen bestimmten Bildpunkt (x, y) ist somit der Radius r ausschließlich eine Funktion des Winkels θ. Wenn wir das Zentrum des Bilds mit der Größe $M \times N$,

$$\boldsymbol{x}_r = \begin{pmatrix} x_r \\ y_r \end{pmatrix} = \frac{1}{2} \cdot \begin{pmatrix} M \\ N \end{pmatrix}, \tag{8.8}$$

als *Referenzpunkt* für die Berechnung der x/y-Bildkoordinaten benutzen, dann ist der mögliche Bereich für den Radius auf die Hälfte der Bilddiagonale beschränkt, d. h.,

$$-r_{\max} \leq r(\theta) \leq r_{\max}, \quad \text{mit} \quad r_{\max} = \tfrac{1}{2}\sqrt{M^2 + N^2}. \tag{8.9}$$

Wie wir sehen, ist die Funktion $r(\theta)$ in Gl. 8.7 die Summe einer *Kosinus*- und einer *Sinus*funktion über θ, die mit den (hier als konstant

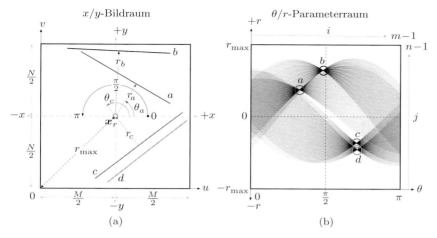

x/y-Bildraum	θ/r-Parameterraum
(a)	(b)

Abbildung 8.8
Geometrie von Bild- und Parameterraum bei Geradenparametrisierung mit der Hesseschen Normalform. Das Bild (a) der Größe $M \times N$ enthält vier Geraden $L_a, \ldots, L_d$. Jeder Geradenpunkt entspricht einem sinusförmigen Kurvenzug im θ/r-Parameterraum (b) und die spezifischen Parameter der vier Geraden liegen an den deutlich sichtbaren Schnittpunkten im Akkumulator. Der Referenzpunkt $\boldsymbol{x}_r$ für die x/y-Koordinatenrechnung im Bildraum liegt in der Bildmitte. Die Geradenwinkel θ_i liegen im Bereich $[0, \pi)$, die zugehörigen Radien r_i in $[-r_{\max}, r_{\max}]$ ($r_{\max}$ ist die halbe Länge der Bilddiagonale). Beispielsweise weist die Gerade L_a einen Winkel von $\theta_a \approx \pi/3$ und einen (positiven) Radius von auf $r_a \approx 0.4\, r_{\max}$ auf. Man beachte, dass bei dieser Parametrisierung L_c einen Winkel von $\theta_c \approx 2\pi/3$ und einen *negativen* Radius $r_c \approx -0.4\, r_{\max}$ hat!

angenommenen) x- bzw. y-Werten gewichtet sind. Das Ergebnis ist wiederum eine sinusförmige Funktion, deren Amplitude und Phase nur von den Gewichten (Koeffizienten) x, y abhängig ist. Mit der Hesseschen Normalform als Geradenparametrisierung erzeugt somit ein Bildpunkt (x, y) im θ/r-Akkumulator $\mathsf{A}(i, j)$ keine Gerade sondern einen *sinusförmigen* Kurvenzug, wie in Abb. 8.8 gezeigt. Auch hier werden die Kurvenzüge im Akkumulator natürlich *additiv* eingetragen, und die resultierenden Häufungspunkte weisen auf dominante Bildgeraden mit einer entsprechenden Anzahl von darauf liegenden Bildpunkten hin.[2]

8.3 Hough-Algorithmus

Der grundlegende Hough-Algorithmus für die Geradenparametrisierung mit der HNF (Gl. 8.6) ist in Alg. 8.1 gezeigt. Ausgehend von einem binären Eingangsbild I, das bereits markierte Kantenpixel ($I(u, v) > 0$) enthält, wird im ersten Schritt ein zweidimensionales Akkumulator-Map A der Größe $m \times n$ erzeugt und befüllt. Die resultierenden Schrittweiten sind

$$d_\theta = \pi/m \qquad \text{und} \qquad d_r = \sqrt{M^2 + N^2}/n \qquad (8.10)$$

für den Winkel θ bzw. für den Radius r. Die diskreten Indizes für die Akkumulator-Elemente sind i bzw. j, wobei $j_0 = n \div 2$ den zentrierten Index (für $r = 0$) bezeichnet.

---

[2] Es könnte eventuell verwirren, dass in Abb. 8.8 (a) die positive Richtung der u- bzw. y-Koordinate nicht nach unten verläuft, wie wir es in der Bildverarbeitung gewohnt sind, sondern nach *oben*. Die Absicht ist, damit nahtlos an die vorherigen Illustrationen (und die Schulmathematik) anzuschließen. Tatsächlich sind die praktischen Auswirkungen unerheblich, es verläuft lediglich die Rotation der Winkel in die Gegenrichtung, weshalb auch das Akkumulatorbild in Abb. 8.8 (b) für die Anzeige horizontal gespiegelt werden musste.

Für jeden relevanten Bildpunkt (u, v) wird in den Akkumulator ein sinusförmiger Kurvenzug eingetragen, indem für jeden diskreten Winkel $\theta_i = \theta_0, \ldots, \theta_{m-1}$ der entsprechende Radius[3]

$$r(\theta_i) = (u - x_r) \cdot \cos(\theta_i) + (v - y_r) \cdot \sin(\theta_i) \tag{8.11}$$

(s. Gl. 8.7), daraus der zugehörige Index

$$j = j_0 + \text{round}\left(\frac{r(\theta_i)}{d_r}\right) \tag{8.12}$$

berechnet und dann die Akkumulatorzelle $\mathsf{A}(i, j)$ erhöht wird (Alg. 8.1, Zeile 10–17).

Die Rückrechnung von einer gegebenen Akkumulator-Position (i, j) auf den zugehörigen Winkel θ_i und Radius r_j erfolgt in der Form

$$\theta_i = i \cdot d_\theta \qquad \text{bzw.} \qquad r_j = (j - j_0) \cdot d_r. \tag{8.13}$$

Im zweiten Teil von Alg. 8.1 wird der Akkumulator nach lokalen Spitzen mit einem Mindestwert von $a_{\min}$ durchsucht und für jede davon eine Gerade der Form

$$L_k = \langle \theta_k, r_k, a_k \rangle, \tag{8.14}$$

bestehend aus dem Winkel θ_k, dem Radius r_k (bezogen auf den Referenzpunkt $\boldsymbol{x}_r$) und dem zugehörigen Akkumulatoreintrag a_k, erzeugt. Die daraus gebildete Folge von Geraden $\mathcal{L} = (L_1, L_2, \ldots)$ wird schließlich nach a_k absteigend sortiert und zurückgegeben.

Abbildung 8.9 zeigt die Anwendung der Hough-Transformation auf ein stark verrauschtes Binärbild, das offensichtlich 4 Geraden enthält. Diese treten als Überschneidungspunkte im zugehörigen Akkumulatorbild (Abb. 8.9 (b)) deutlich zutage. Die Rekonstruktion der Geraden aus den daraus ermittelten Parameterpaaren ist in Abb. 8.9 (c) gezeigt. Für dieses Beispiel wurde eine Auflösung des diskreten Parameterraums mit 256×256 gewählt.[4]

8.3.1 Auswertung des Akkumulators

Die zuverlässige und präzise Lokalisierung der Spitzen im Akkumulator-Map $\mathsf{A}(i, j)$ ist kein einfaches Problem. Wie in Abb. 8.9 (b) zu erkennen ist, schneiden sich auch beim Vorliegen von beinahe exakten Bildgeraden die zugehörigen Akkumulator-Kurven nicht *genau* in einzelnen Zellen,

---

[3] Die häufige (und aufwändige) Berechnung von $\cos(\theta_i)$ und $\sin(\theta_i)$ in Gl. 8.11 (bzw. Alg. 8.1, Zeile 15) lässt sich leicht vermeiden, indem man die Funktionswerte für die m möglichen Winkel $\theta_i = \theta_0, \ldots, \theta_{m-1}$ vorab tabelliert. Damit ist i. Allg. ein deutlicher Geschwindigkeitsgewinn verbunden.

[4] Das Zeichnen einer Geraden, die in Hessescher Normalform vorliegt, ist übrigens gar nicht so einfach. Siehe dazu die Aufgaben 8.1–8.2.

```
1:  HoughTransformLines(I, m, n, a_min)
        Input: I, a binary image of size M × N; m, angular accumulator steps;
        n, radial accumulator steps; a_min, minimum accumulator count per
        line.
        Returns a sorted sequence 𝓛 = (L_1, L_2, ...) of the most dominant
        lines found.
2:      (M, N) ← Size(I)
3:      (x_r, y_r) ← ½ · (M, N)                         ▷ reference point 𝒙_r (image center)
4:      d_θ ← π/m                                       ▷ angular step size
5:      d_r ← √(M² + N²)/n                              ▷ radial step size
6:      j_0 ← n ÷ 2                                     ▷ map index for r = 0

        Step 1 – set up and fill the Hough accumulator:
7:      Create map A: [0, m−1] × [0, n−1] ↦ ℤ           ▷ accumulator
8:      for all accumulator cells (i, j) do
9:          A(i, j) ← 0                                 ▷ initialize accumulator

10:     for all (u, v) ∈ M × N do                       ▷ scan the image
11:         if I(u, v) > 0 then                         ▷ I(u, v) is a foreground pixel
12:             (x, y) ← (u−x_r, v−y_r)                 ▷ shift to reference
13:             for i ← 0, ..., m−1 do                  ▷ angular coordinate i
14:                 θ ← d_θ · i                         ▷ angle, 0 ≤ θ < π
15:                 r ← x · cos(θ) + y · sin(θ)         ▷ see Eqn. 8.7
16:                 j ← j_0 + round(r/d_r)              ▷ radial coordinate j
17:                 A(i, j) ← A(i, j) + 1               ▷ increment A(i, j)

        Step 2 – extract the most dominant lines:
18:     𝓛 ← ( )                                         ▷ start with empty sequence of lines
19:     for all accumulator cells (i, j) do             ▷ collect local maxima
20:         if (A(i, j) ≥ a_min) ∧ IsLocalMax(A, i, j) then
21:             θ ← i · d_θ                             ▷ angle θ
22:             r ← (j − j_0) · d_r                     ▷ radius r
23:             a ← A(i, j)                             ▷ accumulated value a
24:             L ← ⟨θ, r, a⟩                           ▷ create a new line L
25:             𝓛 ← 𝓛 ⌣ (L)                            ▷ add line L to sequence 𝓛
26:     Sort(𝓛)                                         ▷ sort 𝓛 by descending accumulator count a
27:     return 𝓛
```

8.3 Hough-Algorithmus

Algorithmus 8.1
Hough-Transformation für Geraden. Der Algorithmus liefert eine sortierte Liste von Geraden in der Form $L_k = \langle \theta_k, r_k, a_k \rangle$ für das binäre Eingangsbild I der Größe $M \times N$. Die Auflösung des Hough-Akkumulators und damit die Schrittweite für Winkel und Radius der Geraden wird durch die Parameter m, n spezifiziert. $a_{\min}$ ist der minimale Akkumulatoreintrag, d. h. die minimale Anzahl von Bildpunkten auf einer Geraden. Die in Zeile 20 verwendete Funktion IsLocalMax() ist in Alg. 7.1 (siehe S. 159) definiert.

sondern die Schnittpunkte sind über eine gewisse Umgebung verteilt. Die Ursache sind Rundungsfehler aufgrund der diskreten Koordinatengitters. Durch dieses Problem wird die Auswertung des Akkumulator-Maps zum schwierigsten Teil der HT, und es gibt dafür auch keine Patentlösung. Zu den einfachen Möglichkeiten gehören folgende zwei Ansätze (s. Abb. 8.10).

Variante A: Schwellwertoperation

Zunächst unterziehen wir das Akkumulator-Map einer Schwellwertoperation mit dem Minimalwert $a_{\min}$ und setzen dabei alle Akkumulator-

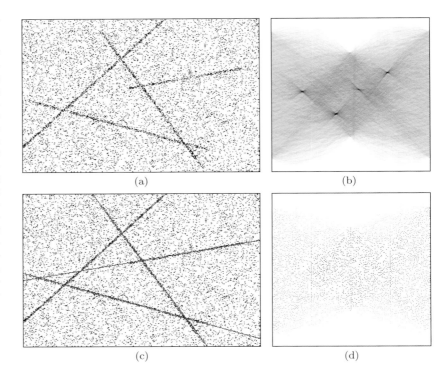

(a)

(b)

(c)

(d)

Werte $\mathsf{A}(i, j) < a_{\min}$ auf Null. Die verbleibenden Regionen (Abb.
8.10 (b)) könnte man z. B. mit einer morphologischen *Closing*-Operation
(s. Abschn. 9.3.2) auf einfache Weise bereinigen. Als Nächstes lokalisieren
wir die noch übrigen Regionen in $\mathsf{A}(i, j)$ (z. B. mit einer der Techniken
in Abschn. 10.1), berechnen die Schwerpunkte der Regionen (s. Abschn.
10.4.3) und verwenden deren (nicht ganzzahlige) Koordinaten als Parameter der gefundenen Geraden. Weiters ist die Summe der Akkumulator-
Werte innerhalb einer Region ein guter Indikator für die Stärke (Anzahl
der Bildpunkte) der Geraden.

Variante B: *Non-Maximum Suppression*

Die Idee dieser Methode besteht im Auffinden lokaler Maxima im Akku-
mulator-Array durch Unterdrückung aller *nicht* maximalen Werte.[5] Dazu
wird für jede Zelle in $\mathsf{A}(i, j)$ festgestellt, ob ihr Wert höher ist als die
Werte aller ihrer Nachbarzellen. Ist dies der Fall, dann wird der bestehende Wert beibehalten, ansonsten wird die Zelle auf null gesetzt (Abb.
8.10 (c)). Die (ganzzahligen) Koordinaten der verbleibenden Spitzen sind
potentielle Geradenparameter und deren jeweilige Höhe entspricht der
Stärke der Bildgeraden. Diese Methode kann natürlich mit einer Schwell-

---

[5] *Non-Maximum Suppression* wird auch in Abschn. 7.2.3 zur Isolierung von
Eckpunkten verwendet.

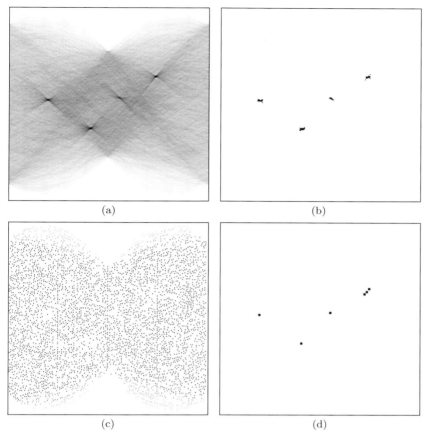

(a)

(b)

(c)

(d)

Abbildung 8.10
Bestimmung lokaler Maximalwerte
im Akkumulator-Map. Ursprüngliche Verteilung der Werte im Hough-
Akkumulator (a).
Variante A: *Schwellwertoperation*
mit 50% des Maximalwerts (b) – die
verbleibenden Regionen entsprechen
den vier dominanten Bildgeraden. Die
Koordinaten der Schwerpunkte dieser
Regionen ergeben eine gute Schätzung der echten Geradenparameter.
Variante B: Durch *Non-Maximum
Suppression* entsteht zunächst eine
große Zahl lokaler Maxima (c), die
durch eine anschließende Schwellwertoperation reduziert wird (d).

wertoperation verbunden werden, um die Anzahl der Kandidatenpunkte
einzuschränken. Das entsprechende Ergebnis zeigt Abb. 8.10 (d).

Vorsicht bei vertikalen Geraden!

Ein wichtiges Detail, das bei der Auswertung des Akkumulators unbedingt zu berücksichtigen ist, betrifft (ausgerechnet) *vertikale* Geraden.
Die zugehörigen Parameterpaare liegen bei $\theta = 0$ und $\theta = \pi$ am linken
bzw. rechten Rand des Akkumulators (Abb. 8.8 (b)). Bei der Bestimmung der Spitzenwerte im Parameterraum muss dieser daher jedenfalls
zyklisch betrachtet werden, d. h., die Koordinaten entlang der horizontalen θ-Achse sind durchgehend modulo m zu rechnen. Wie man jedoch
in Abb. 8.8 (b) deutlich erkennt, setzen sich die sinusförmigen Spuren
im Parameterraum beim Übergang von $\theta = \pi \rightarrow 0$ nicht kontinuierlich
fort, sondern werden um die horizontale Mittellinie gespiegelt! Bei der
Auswertung von lokalen Umgebungen an den Rändern des Parameterraums ist daher eine Sonderbehandlung der vertikalen (r) Koordinaten
erforderlich.

8.3.2 Erweiterungen der Hough-Transformation

Was wir bisher gesehen haben, ist nur die einfachste Form der Hough-Transformation. Für den praktischen Einsatz sind unzählige Verbesserungen und Verfeinerungen möglich und oft auch unumgänglich. Hier eine kurze und keineswegs vollständige Liste von Möglichkeiten.

Modifizierte Akkumulation

Die Aufgabe des Akkumulators ist die einfache Bestimmung der Schnittpunkte mehrerer zweidimensionaler Kurvenzüge im Parameterraum. Die diskrete Struktur des Ausgangsbilds sowie des Akkumulators bewirkt bei der Berechnung der Koordinaten notwendigerweise Rundungsfehler, die u. a. dazu führen, dass sich auch bei „echten" Geradenpunkten die zugehörigen Akkumulatorkurven nicht exakt in einer Akkumulatorzelle schneiden. Eine Möglichkeit zur Verbesserung besteht darin, bei einem gegebenen Winkel θ (mit Index i) und dem daraus berechnetem Radius r (mit Index j, s. Alg. 8.1, Zeile 16) nicht nur die genau zugeordnete Akkumulatorzelle $\mathsf{A}(i, j)$ zu inkrementieren, sondern auch die beiden Nachbarzellen $\mathsf{A}(i, j-1)$ und $\mathsf{A}(i, j+1)$ (eventuell mit unterschiedlicher Gewichtung). Diese Maßnahme kann die Empfindlicherkeit der Hough-Transformation gegenüber ungenauen Koordinaten und Rundungsfehlern deutlich reduzieren.

Berücksichtigung von Kantenstärke und -orientierung

Die Ausgangsdaten für die Hough-Transformation ist üblicherweise ein Kantenbild, das wir bisher als binäres 0/1-Bild mit potentiellen Kantenpunkten betrachtet haben. Das ursprüngliche Ergebnis einer Kantendetektion enthält jedoch zusätzliche Informationen, die für die HT verwendet werden können, insbesondere die Kantenstärke $E(u, v)$ und die lokale Kantenrichtung $\Phi(u, v)$ (s. Abschn. 6.3).

Die *Kantenstärke* $E(u, v)$ ist besonders einfach zu berücksichtigen: Anstatt eine getroffene Akkumulator-Zelle nur um 1 zu erhöhen, wird der Wert der jeweiligen Kantenstärke addiert, d. h.

$$\mathsf{A}(i, j) \leftarrow \mathsf{A}(i, j) + E(u, v). \tag{8.15}$$

Mit anderen Worten, starke Kantenpunkte tragen auch mehr zu den Akkumulatorwerten bei als schwächere (siehe auch Aufg. 8.6).

Die lokale *Kantenorientierung* $\Phi(u, v)$ ist ebenfalls hilfreich, denn sie schränkt den Bereich der möglichen Orientierungswinkel einer Geraden im Bildpunkt (u, v) ein. Die Anzahl der zu berechnenden Akkumulator-Zellen entlang der θ-Achse kann daher, abhängig von $\Phi(u, v)$, auf einen Teilbereich reduziert werden. Dadurch wird nicht nur die Effizienz des Verfahrens verbessert, sondern durch die Reduktion von irrelevanten „Stimmen" (*votes*) im Akkumulator auch die Trennschärfe der HT insgesamt erhöht (s. beispielsweise [115, S. 483]).

Bias-Kompensation

Da der Wert eine Zelle im Hough-Akkumulator der Anzahl der Bildpunkte auf der entsprechenden Geraden entspricht, können lange Geraden grundsätzlich höhere Werte als kurze Geraden erzielen. Zum Beispiel kann eine Gerade in der Nähe einer Bildecke nie dieselbe Anzahl von Treffern in ihrer Akkumulator-Zelle erreichen wie eine Gerade entlang der Bilddiagonalen (Abb. 8.11). Wenn wir daher im Ergebnis nur nach den maximalen Einträgen suchen, ist die Wahrscheinlichkeit hoch, dass kürzere Geraden überhaupt nicht gefunden werden.

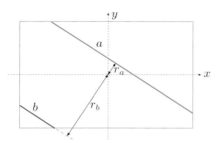

Abbildung 8.11
Bias-Problem. Innerhalb der endlichen Bildfläche sind Geraden mit einem kleinen Abstand r vom Zentrum i. Allg. länger als Geraden mit großem r. Zum Beispiel ist die maximal mögliche Zahl von Akkumulator-Treffern für Gerade a wesentlich höher als für Gerade b.

Eine Möglichkeit, diesen systematischen Fehler zu kompensieren, besteht darin, den Akkumulator A nach der Befüllung auf die an jeder Position maximal mögliche Zahl von Treffern zu normalisieren, z. B. in der Form

$$\mathsf{A}(i,j) \leftarrow \frac{\mathsf{A}(i,j)}{\max(1, \mathsf{A}_{\max}(i,j))}. \qquad (8.16)$$

Die Abbildung $\mathsf{A}_{\max}(i,j)$ kann z. B. durch Berechnung der Hough-Transformation auf ein Bild mit den gleichen Dimensionen ermittelt werden, in dem alle Pixel aktiviert sind, oder durch ein zufälliges Bild, in dem die relevanten Pixel gleichförmig verteilt sind.

Endpunkte von Bildgeraden

Die einfache Version der Hough-Transformation liefert zwar die Parameter der Bildgeraden, nicht aber deren Endpunkte. Das nachträgliche Auffinden der Endpunkte bei gegebenen Geradenparametern ist nicht nur aufwändig, sondern reagiert auch empfindlich auf Diskretisierungs- bzw. Rundungsfehler. Eine Möglichkeit ist, die Koordinaten der Extrempunkte einer Geraden bereits innerhalb der Berechnung des Akkumulator-Maps zu berücksichtigen. Dazu wird jedes Akkumulator-Element durch vier zusätzliche Koordinaten auf

$$\mathsf{A}(i,j) = (a, u_{\min}, v_{\min}, u_{\max}, v_{\max}) \qquad (8.17)$$

ergänzt (die Komponente a steht für den bisherigen Akkumulatorwert). Die vier zusätzlichen Koordinaten werden entsprechend initialisiert und mit jedem Bildpunkt (u, v) beim Füllen des Akkumulators so mitgeführt, sodass sie am Ende des Vorgangs der *Bounding Box* aller Bildpunkte entsprechen, die zur Akkumulator-Zelle (i, j) beigetragen haben. Natürlich muss in diesem Fall bei der Auswertung des Akkumulators darauf geachtet werden, dass beim eventuellen Zusammenfügen von Akkumulator-Zellen auch diese Koordinaten entsprechend berücksichtigt werden müssen (siehe auch Aufg. 8.4).

Hierarchische Hough-Transformation

Die Genauigkeit der Ergebnisse wächst mit der Größe des Parameterraums. Eine Größe von 256 entlang der θ-Achse bedeutet z. B. eine Schrittweite der Geradenrichtung von $\frac{\pi}{256} \approx 0.7°$. Eine Vergrößerung des Akkumulators führt zu feineren Ergebnissen, bedeutet aber auch zusätzliche Rechenzeit und insbesondere einen höheren Speicherbedarf.

Die Kernidee der hierarchischen HT ist, schrittweise wie mit einem „Zoom" den Parameterraum gezielt zu verfeinern. Zunächst werden mit einem relativ grob aufgelösten Parameterraum die wichtigsten Geraden gesucht, dann wird der Parameterraum um die Ergebnisse herum mit höherer Auflösung „expandiert" und die HT rekursiv wiederholt. Auf diese Weise kann trotz eines beschränkten Parameterraums eine relativ genaue Bestimmung der Parameter erreicht werden.

8.3.3 Schnittpunkte von Geraden

In einzelnen Anwendungen kann es sinnvoll sein, nicht nach den Geraden selbst sondern nach deren Schnittpunkten zu suchen, beispielsweise um die Eckpunkte eines polygonförmigen Objekts zu bestimmen (siehe auch Aufg. 8.5). Die Hough-Transformation liefert wie beschrieben die Parameter der detektierten Geraden in der Hesseschen Normalform, d. h., als Tupel $L_k = \langle \theta_k, r_k \rangle$. Die Berechnung des gemeinsamen Schnittpunkts $\boldsymbol{x}_{12} = (x_{12}, y_{12})^\mathsf{T}$ zweier Geraden $L_1 = \langle \theta_1, r_1 \rangle$ und $L_2 = \langle \theta_2, r_2 \rangle$ erfordert die Lösung des linearen Gleichungssystems

$$
\begin{aligned}
x_{12} \cdot \cos(\theta_1) + y_{12} \cdot \sin(\theta_1) &= r_1, \\
x_{12} \cdot \cos(\theta_2) + y_{12} \cdot \sin(\theta_2) &= r_2,
\end{aligned}
\tag{8.18}
$$

für die Unbekannten x_{12}, y_{12}, mit dem Ergebnis

$$
\begin{aligned}
\begin{pmatrix} x_{12} \\ y_{12} \end{pmatrix} &= \frac{1}{\cos(\theta_1)\sin(\theta_2) - \cos(\theta_2)\sin(\theta_1)} \cdot \begin{pmatrix} r_1 \sin(\theta_2) - r_2 \sin(\theta_1) \\ r_2 \cos(\theta_1) - r_1 \cos(\theta_2) \end{pmatrix} \\
&= \frac{1}{\sin(\theta_2 - \theta_1)} \cdot \begin{pmatrix} r_1 \sin(\theta_2) - r_2 \sin(\theta_1) \\ r_2 \cos(\theta_1) - r_1 \cos(\theta_2) \end{pmatrix},
\end{aligned}
\tag{8.19}
$$

sofern $\sin(\theta_2 - \theta_1) \neq 0$. Klarerweise existiert also kein Schnittpunkt, wenn die Geraden L_1, L_2 parallel zueinander sind (d. h., wenn $\theta_1 \equiv \theta_2$).

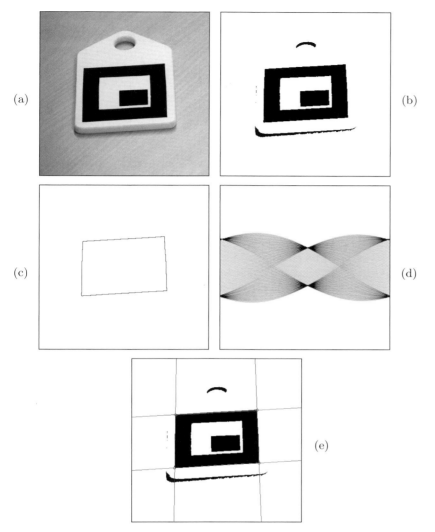

Abbildung 8.12
Hough-Transformation und Berechnung der Geradenschnittpunkte. Originalbild mit ARToolkit-Marker (a), Ergebnis nach Auto-Thresholding (b). Die äußeren Konturpixel (c) der größten Binärregion werden als Input für die Hough-Transformation verwendet. Hough-Akkumulator (d), detektierte Geraden und markierte Schnittpunkte (e).

Abbildung 8.12 zeigt ein illustratives Beispiel anhand eines *ARToolkit*-Markers,[6] in dem nach einer automatischen Schwellwertoperation (siehe Kap. 11) die Geradensegmente der größten binären Bildregion (siehe Kap. 10) mit der Hough-Transformation ermittelt und nachfolgend aus deren Schnittpunkten die Eckpunkte des Markers berechnet wurden.

---

[6] www.hitl.washington.edu/artoolkit/

8.4 Implementierung

Der vollständige Java-Quellcode zur Hough-Transformation für Geraden ist online in der Klasse `HoughTransformLines`[7] verfügbar. Die Verwendung dieser Klasse ist im ImageJ-Plugin `Find_Straight_Lines` ausführlich gezeigt (siehe Prog. 8.1 für vereinfachtes Beispiel).

`HoughTransformLines` (**class**)

Diese Klasse ist eine direkte Umsetzung der Hough-Transformation für Geraden nach Alg. 8.1, mit dem einzigen Unterschied, dass für die sin/cos-Funktionen (Alg. 8.1, Zeile 15) vorausberechnete Tabellen verwendet werden. Die Klasse bietet folgende *Konstruktoren*:

`HoughTransformLines (ImageProcessor I, Parameters params)`
> I ist das Eingangsbild, in dem alle Pixel mit Wert > 0 als relevante (Kanten-)Punkte betrachtet werden; `params` ist ein Parameter-Objekt der inneren Klasse `HoughTransformLines.Parameters`, mit dem insbes. die Größe (Auflösung) des Akkumulators (`nAng`, `nRad`) spezifiziert werden kann.

`HoughTransformLines (Point2D[] points, int M, int N, Parameters params)`
> In diesem Fall wird die Hough-Transformation für eine Folge von 2D-Punkten berechnet, die in `points` zusammengefasst sind; M, N definieren den zugehörigen Koordinatenrahmen (zur Bestimmung des Referenzpunkts x_r), das ist typischerweise die ursprüngliche Bildgröße; `params` ist ein Parameter-Objekt (wie oben).

Die wichtigsten *Methoden* der Klasse `HoughTransformLines` sind:

`HoughLine[] getLines (int amin, int maxLines)`
> Liefert eine sortierte Folge von Geraden-Objekten (vom Typ `HoughTransformLines.HoughLine`), die zumindest einen Akkumulator-Wert von `amin` aufweisen. Die Folge ist nach der Stärke der Geraden sortiert und enthält höchstens `maxLines` Elemente.

`int[][] getAccumulator ()`
> Liefert eine Referenz auf das Akkumulator-Array A (der Größe $m \times n$ für den Winkel bzw. Radius).

`int[][] getAccumulatorMax ()`
> Liefert eine Referenz auf eine Kopie des Akkumulator-Arrays, in dem alle Nicht-Maxima durch Null ersetzt sind.

`FloatProcessor getAccumulatorImage ()`
> Liefert ein Gleitkommabild mit dem Inhalt des Akkumulator-Arrays, analog zu `getAccumulator()`. Die Winkel θ_i verlaufen horizontal, die Radien r_j vertikal.

---

[7] Im Paket `imagingbook.pub.hough`.

```
1   import imagingbook.pub.hough.HoughTransformLines;
2   import imagingbook.pub.hough.HoughTransformLines.HoughLine;
3   import imagingbook.pub.hough.HoughTransformLines.Parameters;
4   ...
5
6   public void run(ImageProcessor ip) {
7     Parameters params = new Parameters();
8     params.nAng = 256;   // = m
9     params.nRad = 256;   // = n
10
11    // compute the Hough Transform:
12    HoughTransformLines ht =
13        new HoughTransformLines(ip, params);
14
15    // retrieve the 5 strongest lines with min. 50 accumulator votes
16    HoughLine[] lines = ht.getLines(50, 5);
17
18    if (lines.length > 0) {
19      IJ.log("Lines found:");
20      for (HoughLine L : lines) {
21        IJ.log(L.toString()); // list the resulting lines
22      }
23    }
24    else
25      IJ.log("No lines found!");
26  }
```

8.4 Implementierung

Programm 8.1
Einfaches Beispiel für die Verwendung der `HoughTransformLines` Klasse (`run()`-Methode für eine ImageJ `PlugInFilter`). Zunächst (Zeile 7–9) wird ein Parameterobjekt erzeugt und konfiguriert, `nAng` ($= m$) und `nRad` ($= n$) spezifizieren dabei die Anzahl der diskreten Winkel- bzw. Radialschritte im Hough-Akkumulator. In Zeile 12-13 wird ein Objekt vom Typ `HoughTransformLines` für das Bild `ip` erzeugt. In diesem Schritt wird der Akkumulator bereits vollständig berechnet. In Zeile 16 wird mit `getLines()` die Folge der 5 stärksten detektierten Geraden mit jeweils mindesten 50 Akkumulatoreinträgen entnommen. Diese wird (sofern nicht leer) nachfolgend aufgelistet.

`FloatProcessor getAccumulatorMaxImage ()`
    Liefert ein Gleitkommabild mit dem Inhalt des Akkumulator-Arrays mit unterdrückten Nicht-Maxima, analog zu `getAccumulatorMax()`.

`double angleFromIndex (int i)`
    Liefert zu einem Winkelindex `i` im Bereich $0, \ldots, m-1$ den zugehörigen Winkel $\theta_i \in [0, \pi)$.

`double radiusFromIndex (int j)`
    Liefert zu einem Radialindex `j` im Bereich $0, \ldots, n-1$ den zugehörigen Radius $r_j \in [-r_{\max}, r_{\max}]$.

`Point2D getReferencePoint ()`
    Liefert den (fixen) Referenzpunkt $\boldsymbol{x}_r$ für diese Hough-Transformation.

HoughLine (class)

`HoughLine` repräsentiert eine Gerade in Hessescher Normalform und ist als innere Klasse von `HoughTransformLines` realisiert. Sie bietet keinen öffentlichen Konstruktor aber folgende Methoden:

`double getAngle ()`
    Liefert den Winkel $\theta \in [0, \pi)$ dieser Geraden.

```
double getRadius ()
```
> Liefert den Radius $r \in [-r_{\max}, r_{\max}]$ dieses Geraden, bezogen auf den Referenzpunkt $\boldsymbol{x}_r$.

```
int getCount ()
```
> Liefert den Akkumulatoreintrag (Anzahl der registrierten Bildpunkte) zu dieser Geraden.

```
Point2D getReferencePoint ()
```
> Liefert den (fixen) Referenzpunkt $\boldsymbol{x}_r$ für diese Gerade. Alle Geraden einer Hough-Transformation haben den selben Referenzpunkt.

```
double getDistance (Point2D p)
```
> Liefert den Euklidischen Abstand des Punkts p zu dieser Geraden. Das Ergebnis kann positiv oder negativ sein, je nachdem auf welcher Seite der Geraden der Punkt p liegt.

8.5 Hough-Transformation für konische Kurven

8.5.1 Kreise und Kreisbögen

Geraden in 2D haben zwei Freiheitsgrade und sind daher mit zwei reellwertigen Parametern vollständig spezifiziert. Ein Kreis in 2D benötigt *drei* Parameter, z. B. in der Form

$$C = \langle \bar{x}, \bar{y}, r \rangle, \tag{8.20}$$

wobei $\bar{x}$, $\bar{y}$ die Koordinaten des Mittelpunkts und r den Kreisradius bezeichnen (Abb. 8.13). Ein Bildpunkt $\boldsymbol{p} = (x, y)$ liegt exakt auf dem Kreis C, wenn die Bedingung

$$(x - \bar{x})^2 + (x - \bar{y})^2 = r^2 \tag{8.21}$$

gilt. Wir benötigen daher für die Hough-Transformation einen *drei*dimensionalen Parameterraum $\mathsf{A}(i, j, k)$, mit den zugehörigen diskreten Parametern $\bar{x}_i, \bar{y}_j, r_k$, um Kreise (und Kreisbögen) mit beliebiger Position und Radius in einem Bild zu finden. Im Unterschied zur HT für Geraden besteht allerdings keine einfache, funktionale Abhängigkeit der

Abbildung 8.13
Parametrisierung von Kreisen und Ellipsen in 2D. Ein Kreis (a) kann mit 3 Parameter (z. B. $\bar{x}, \bar{y}, r$) beschrieben werden. Eine allgemeine Ellipse (b) erfordert 5 Parametern (z. B. $\bar{x}, \bar{y}, r_a, r_b, \alpha$).

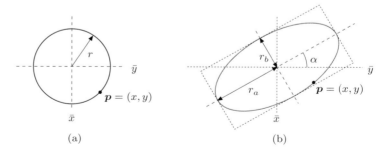

Koordinaten im Parameterraum – wie kann man also jene Parameterkombinationen $(\bar{x}, \bar{y}, r)$ finden, die Gl. 8.21 für einen bestimmten Bildpunkt (x, y) erfüllen? Ein „brute force"-Ansatz wäre, schrittweise und exhaustiv alle Zellen des Parameterraums auf Gültigkeit der Relation in Gl. 8.21 zu testen, was natürlich mit einem hohen Rechenaufwand verbunden ist.

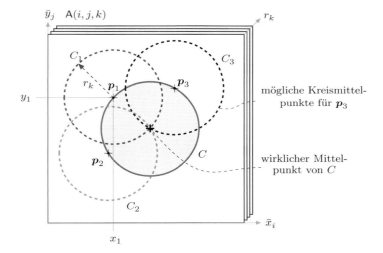

Abbildung 8.14
Hough-Transformation für Kreise. Die Abbildung zeigt eine Ebene des dreidimensionalen Akkumulators $\mathsf{A}(i, j, k)$ für einen bestimmten Kreisradius r_k. Die Mittelpunkte aller Kreise, die durch einen gegebenen Bildpunkt $\boldsymbol{p}_1 = (x_1, y_1)$ laufen, liegen selbst wieder auf einem Kreis C_1 mit dem Radius r_k und dem Mittelpunkt $\boldsymbol{p}_1$. Analog dazu liegen die Mittelpunkte der Kreise, die durch $\boldsymbol{p}_2$ und $\boldsymbol{p}_3$ laufen, auf den Kreisen C_2 bzw. C_3. Die Akkumulator-Zellen entlang der drei Kreise C_1, C_2, C_3 mit dem Radius r_k werden daher durchlaufen und erhöht. Die Kreise haben einen gemeinsamen Schnittpunkt im echten Mittelpunkt des Bildkreises C, wo in diesem Fall drei zusammenfallende „Treffer" im Akkumulator zu finden wären.

Eine bessere Idee gibt uns Abb. 8.14, aus der wir sehen, dass die Koordinaten der passenden Mittelpunkte im Hough-Raum selbst wiederum Kreise bilden. Wir müssen daher für einen Bildpunkt nicht den gesamten dreidimensionalen Parameterraum durchsuchen, sondern brauchen nur in jeder r_k-Ebene des Akkumulators die Zellen entlang eines entsprechenden Kreises zu erhöhen. Dazu lässt sich jeder Standardalgorithmus zum Generieren von Kreisen verwenden, z. B. eine Variante des bekannten *Bresenham*-Algorithmus [31].

Abb. 8.15 zeigt die räumliche Struktur des dreidimensionalen Parameterraums für Kreise. Für einen Bildpunkt $\boldsymbol{p}_m = (u_m, v_m)$ wird in jeder Ebene entlang der r-Achse (für $r_k = r_{\min}, \ldots, r_{\max}$) ein Kreis mit dem Mittelpunkt (u_m, v_m) und dem Radius r_k durchlaufen, d. h. entlang einer kegelförmigen Fläche. Die Parameter der dominanten Kreise findet man wiederum als Koordinaten der Akkumulator-Zellen mit den meisten „Treffern", wo sich also die meisten Kegelflächen schneiden, wobei das *Bias*-Problem (s. Abschn. 8.3.2) natürlich auch hier relevant ist. Kreisbögen werden in gleicher Weise gefunden, wobei die Anzahl der möglichen Akkumulator-Treffer natürlich proportional zur tatsächlichen Bogenlänge ist.

Abbildung 8.15
3D-Parameterraum für Kreise. Für jeden Bildpunkt $\boldsymbol{p} = (u, v)$ werden die Zellen entlang einer kegelförmigen Fläche im dreidimensionalen Akkumulator $\mathsf{A}(i, j, k)$ mit variierendem Radius r_k um die Achse (u, v) durchlaufen (inkrementiert). Die Größe des diskreten Akkumulators ist hier $100 \times 100 \times 30$.

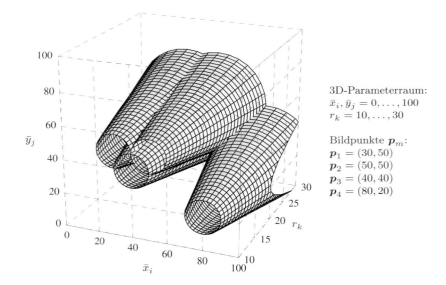

3D-Parameterraum:
$\bar{x}_i, \bar{y}_j = 0, \ldots, 100$
$r_k = 10, \ldots, 30$

Bildpunkte $\boldsymbol{p}_m$:
$\boldsymbol{p}_1 = (30, 50)$
$\boldsymbol{p}_2 = (50, 50)$
$\boldsymbol{p}_3 = (40, 40)$
$\boldsymbol{p}_4 = (80, 20)$

8.5.2 Ellipsen

In einer perspektivischen Abbildung erscheinen Kreise in der dreidimensionalen Realität in 2D-Abbildungen meist als Ellipsen, außer sie liegen auf der optischen Achse und werden frontal betrachtet. Exakt kreisförmige Strukturen sind daher in typischen Fotos relativ selten anzutreffen. Die Hough-Transformation funktioniert natürlich auch für Ellipsen, allerdings ist die Methode wegen des größeren Parameterraums wesentlich aufwändiger.

Eine allgemeine Ellipse in 2D hat 5 Freiheitsgrade und benötigt zu ihrer Beschreibung daher auch 5 Parameter, z. B.

$$E = \langle \bar{x}, \bar{y}, r_a, r_b, \alpha \rangle, \tag{8.22}$$

wobei $\bar{x}, \bar{y}$ die Koordinaten des Mittelpunkts, r_a, r_b die beiden Radien und α die Orientierung der Hauptachse bezeichnen (siehe (Abb. 8.13 (b)). Um Ellipsen von beliebiger Größe, Lage und Orientierung mit der Hough-Transformation zu finden, würde man daher einen 5-dimensionalen Parameterraum mit geeigneter Auflösung in jeder Dimension benötigen. Eine einfache Rechnung zeigt allerdings den enormen Aufwand: Bei einer Auflösung von nur $128 = 2^7$ Schritten in jeder Dimension ergeben sich bereits 2^{35} Akkumulator-Zellen, was bei einer Implementierung als 4-Byte-*Integers* einem Speicherbedarf von 2^{37} Bytes bzw. 128 Gigabytes entspricht. Auch der für das Füllen und für die Auswertung dieses riesigen Parameterraums notwendige Rechenaufwand lässt die Methode wenig praktikabel erscheinen.

Eine interessante Alternative ist in diesem Fall die *verallgemeinerte Hough-Transformation*, mit der grundsätzlich beliebige zweidimensionale

Formen detektiert werden können [13,106]. Die Form der gesuchten Kontur wird dazu punktweise in einer Tabelle kodiert und der zugehörige Parameterraum bezieht sich auf die Position (x_c, y_c), den Maßstab S und die Orientierung θ der Form. Er ist damit höchstens vierdimensional, also kleiner als der beim oben beschriebenen „naiven" Ansatz für Ellipsen.

8.6 Aufgaben

Aufg. 8.1. Die Darstellung von Geraden, die in Hessescher Normalform vorliegen, ist zunächst nicht so einfach, weil typischerweise Programmierumgebungen nur Geraden zwischen zwei vorgegebenen Endpunkten zeichnen können.[8] Um eine HNF-Gerade $L = \langle \theta, r \rangle$ bezogen auf einen Referenzpunkt $\boldsymbol{x}_r = (x_r, y_r)$ in ein Bild $I(u,v)$ zu zeichnen, kann man am einfachsten so vorgehen (implementieren Sie beide Varianten):

Variante 1: Iteriere über alle Bildpunkte (u,v); wenn Gl. 8.11, also

$$r = (u - x_r) \cdot \cos(\theta) + (v - y_r) \cdot \sin(\theta), \qquad (8.23)$$

für Position (u,v) erfüllt ist, dann markiere $I(u,v)$. Bei dieser „Brute-Force"-Variante werden allerdings nur jene (wenigen) Geradenpunkte sichtbar, für die die Geradengleichung *exakt* erfüllt ist.

Um eine etwas „tolerantere" Zeichenmethode zu erhalten, formen wir zunächst Gl. 8.23 um in

$$(u - x_r) \cdot \cos(\theta) + (v - y_r) \cdot \sin(\theta) - r = d. \qquad (8.24)$$

Offensichtlich ist Gl. 8.23 nur dann exakt erfüllt, wenn sich in Gl. 8.24 $d = 0$ ergibt. Ist Gl. 8.23 hingegen *nicht* erfüllt, so ergibt sich ein Wert $d \neq 0$, der tatsächlich gleich dem *Abstand* des Punkts (u,v) von der Geraden L ist. Beachte, dass dieser Abstand *positiv* oder *negativ* sein kann, je nachdem auf welcher Seite der Geraden der Punkt (u,v) liegt. Das bringt uns zur nachfolgenden Variante.

Variante 2: Definiere eine Konstante $w > 0$. Iteriere über alle Bildpunkte (u,v); wenn die Ungleichung

$$|(u - x_r) \cdot \cos(\theta) + (v - y_r) \cdot \sin(\theta) - r| \leq w \qquad (8.25)$$

für Position (u,v) erfüllt ist, dann markiere $I(u,v)$. Bei einer Einstellung von $w = 1$ sollten nun eigentlich alle Geradenpunkte sichtbar werden. Was ist die geometrische Bedeutung von w?

---

[8] Zum Beispiel mit `drawLine(x1, y1, x2, y2)` in ImageJ.

Aufg. 8.2. Entwickeln Sie eine gegenüber Aufg. 8.1 weniger „brutale" Methode zum Zeichnen einer Geraden $L = \langle \theta, r \rangle$ in Hessescher Normalform. Erstellen Sie zunächst für die vier begrenzenden Geraden A, B, C, D des Bildrechtecks die entsprechenden HNF-Gleichungen. Berechnen Sie nun die Schnittpunkte der gegebenen Geraden L mit den vier Bildgeraden $A, \ldots, D$ und verwenden Sie drawLine() oder eine ähnliche Methode, um die Gerade tatsächlich zu zeichnen. Überlegen Sie, welche geometrischen Sonderfälle dabei auftreten können und welche Entscheidungen erforderlich sind.

Aufg. 8.3. Implementieren (bzw. erweitern) Sie die Hough-Transformation für Geraden unter Berücksichtigung des Bias-Problems, wie in Abschn. 8.3.2 (Gl. 8.16) beschrieben.

Aufg. 8.4. Implementieren (bzw. erweitern) Sie die Hough-Transformation für Geraden mit gleichzeitiger Ermittlung der Geraden*endpunkte*, wie in Abschn. 8.3.2 (Gl. 8.17) skizziert.

Aufg. 8.5. Berechnen Sie die paarweisen Schnittpunkte aller gefunden Geraden (siehe Gl. 8.18–8.19 und stellen Sie sie diese dar.

Aufg. 8.6. Erweitern Sie die Hough-Transformation für Geraden, so dass beim Akkumulator-Update die Intensität (Kantenstärke) des jeweiligen Bildpunkts mit berücksichtigt wird, wie in Gl. 8.15 beschrieben.

Aufg. 8.7. Realisieren Sie eine *hierarchische* Form der Hough-Transformation (S. 182) für Geraden zur genauen Bestimmung der Parameter.

Aufg. 8.8. Implementieren Sie die Hough-Transformation zum Auffinden von Kreisen und Kreissegmenten mit variablem Radius. Verwenden Sie dazu einen schnellen Algorithmus zum Generieren von Kreisen im Akkumulator, wie in Abschn. 8.5 beschrieben.

9

Morphologische Filter

Bei der Diskussion des Medianfilters in Kap. 5 konnten wir sehen, dass dieser Typ von Filter in der Lage ist, zweidimensionale Bildstrukturen zu verändern (Abschn. 5.4.2). Interessant war zum Beispiel, dass Ecken abgerundet werden und kleinere Strukturen, wie einzelne Punkte und dünne Linien, infolge der Filterung überhaupt verschwinden können (Abb. 9.1). Das Filter reagiert also selektiv auf die *Form* der lokalen Bildinformation. Diese Eigenschaft könnte auch für andere Zwecke nützlich sein, wenn es gelingt, sie nicht nur zufällig, sondern kontrolliert einzusetzen. In diesem Kapitel betrachten wir so genannten „morphologische" Filter, die imstande sind, die *Struktur* von Bildern gezielt zu beeinflussen.

Morphologische Filter sind – in ihrer ursprünglichen Form – primär für Binärbilder gedacht, d. h. für Bilder mit nur zwei verschiedenen Pixelwerten 0 und 1 bzw. schwarz und weiß. Binäre Bilder finden sich an vielen Stellen, speziell im Digitaldruck, in der Dokumentenübertragung und -archivierung, aber auch als Bildmasken bei der Bildbearbeitung und im Video-Compositing. Binärbilder können z. B. aus Grauwertbildern durch eine einfache Schwellwertoperation (Abschn. 4.1.4) erzeugt

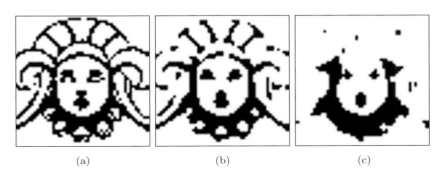

(a) (b) (c)

Abbildung 9.1
Medianfilter angewandt auf ein Binärbild. Originalbild (a) und Ergebnis nach der Filterung mit einem 3×3 (b) bzw. einem 5×5 Medianfilter (c).

werden, wobei wir Bildelemente mit dem Wert 1 als *Vordergrund*-Pixel (*foreground*) bzw. mit dem Wert 0 als *Hintergrund*-Pixel (*background*) definieren. In den meisten der folgenden Beispiele ist, wie auch im Druck üblich, der Vordergrund schwarz dargestellt und der Hintergrund weiß.

Am Ende dieses Kapitels werden wir sehen, dass morphologische Filter nicht nur für Binärbilder anwendbar sind, sondern auch für Grauwertbilder und sogar Farbbilder, allerdings unterscheiden sich diese Filter deutlich von den binären Operationen.

9.1 Schrumpfen und wachsen lassen

Ausgangspunkt ist also die Beobachtung, dass, wenn wir ein gewöhnliches 3×3-Medianfilter auf ein Binärbild anwenden, sich größere Bildstrukturen abrunden und kleinere Bildstrukturen, wie Punkte und dünne Linien, vollständig verschwinden. Das könnte nützlich sein, um etwa Strukturen unterhalb einer bestimmten Größe aus dem Bild zu eliminieren. Wie kann man aber die Größe und möglicherweise auch die Form der von einer solchen Operation betroffenen Strukturen kontrollieren?

Die strukturellen Auswirkungen eines Medianfilters sind zwar interessant, aber beginnen wir mit dieser Aufgabe nochmals von vorne. Nehmen wir also an, wir möchten kleine Strukturen in einem Binärbild entfernen, ohne die größeren Strukturen dabei wesentlich zu verändern. Dazu könnte die Kernidee folgende sein (Abb. 9.2):

1. Zunächst werden alle Strukturen im Bild schrittweise „geschrumpft", wobei jeweils außen eine Schicht von bestimmter Stärke abgelöst wird.
2. Durch das Schrumpfen verschwinden kleinere Strukturen nach und nach, und nur die größeren Strukturen bleiben übrig.
3. Schließlich lassen wir die verbliebenen Strukturen wieder im selben Umfang wachsen.

Abbildung 9.2
Idee derDurch schrittweises Schrumpfen und anschließendes Wachsen können kleinere Bildstrukturen entfernt werden, während die „überlebenden" Strukturen weitgehend unverändert bleiben.

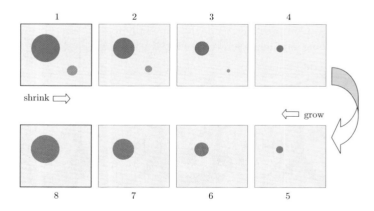

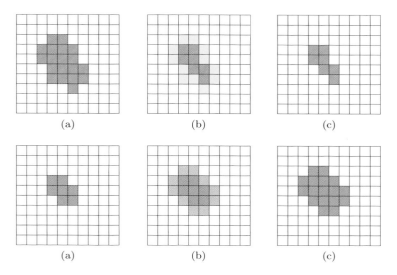

Abbildung 9.3
Schrumpfen einer Bildregion durch
Entfernen der Randpixel. Originalbild
(a), markierte Randpixel, die direkt
an den Hintergrund angrenzen (b),
geschrumpftes Ergebnis (c).

Abbildung 9.4
Wachsen einer Bildregion durch Anfügen zusätzlicher Bildelemente.
Originalbild (a), markierte Hintergrundpixel, die direkt an die Region
angrenzen (b), gewachsenes Ergebnis (c).

4. Am Ende haben die größeren Regionen wieder annähernd ihre ursprüngliche Form, während die kleineren Regionen des Ausgangsbilds
verschwunden sind.

Alles was wir dafür benötigen, sind also zwei Operationen: „Schrumpfen"
lässt sich eine Vordergrundstruktur, indem eine Schicht außen liegender
Pixel, die direkt an den Hintergrund angrenzen, entfernt wird (Abb. 9.3).
Umgekehrt bedeutet das „Wachsen" einer Region, dass eine Schicht über
die direkt angrenzenden Hintergrundpixel angefügt wird (Abb. 9.4).

9.1.1 Nachbarschaft von Bildelementen

In beiden Operationen müssen wir festlegen, was es bedeutet, dass zwei
Bildelemente aneinander angrenzen, d. h. „benachbart" sind. Bei einem
rechteckigen Bildraster werden traditionell zwei Definitionen von Nachbarschaft unterschieden (Abb. 9.5):

- **4er-Nachbarschaft:** die vier Pixel, die in horizontaler und vertikaler Richtung angrenzen;
- **8er-Nachbarschaft:** die Pixel der *4er-Nachbarschaft* plus die vier
über die Diagonalen angrenzenden Pixel.

9.2 Morphologische Grundoperationen

Schrumpfen und Wachsen sind die beiden grundlegenden Operationen
morphologischer Filter, die man in diesem Zusammenhang als „Erosion"
bzw. „Dilation" bezeichnet. Diese Operationen sind allerdings allgemeiner als im obigen Beispiel illustriert. Insbesondere gehen sie über das
Abschälen oder Anfügen einer einzelnen Schicht von Bildelementen hinaus und erlauben wesentlich komplexere Veränderungen.

9.2.1 Das Strukturelement

Ähnlich der Koeffizientenmatrix eines linearen Filters (Abschn. 5.2), wird auch das Verhalten von morphologischen Filtern durch eine Matrix spezifiziert, die man hier als „Strukturelement" bezeichnet. Wie das Binärbild selbst enthält das Strukturelement nur die Werte 0 und 1, also

$$H(i, j) \in \{0, 1\}, \tag{9.1}$$

und besitzt ebenfalls ein eigenes Koordinatensystem mit dem *hot spot* als Ursprung (Abb. 9.6). Man beachte, dass der hot spot nicht notwendigerweise in der Mitte des Strukturelements liegt und auch kein 1-Element ein muss.

Abbildung 9.6
Beispiel eines Strukturelements für binäre morphologische Operationen. Elemente mit dem Wert 1 sind mit ● markiert.

9.2.2 Punkt*mengen*

Zur formalen Definition der Funktion morphologischer Filter ist es mitunter praktisch, Binärbilder als *Mengen*[1] zweidimensionaler Koordinaten-Tupel zu beschreiben. Für ein Binärbild $I(u, v)$ besteht die zugehörige Punktmenge Q_I aus den Koordinatenpaaren $\boldsymbol{p} = (u, v)$ aller Vordergrundpixel, d. h.

$$Q_I = \{\boldsymbol{p} \mid I(\boldsymbol{p}) = 1\}. \tag{9.2}$$

Wie das Beispiel in Abb. 9.7 zeigt, kann nicht nur ein Binärbild, sondern genauso auch ein binäres Strukturelement als Punktmenge beschrieben werden.

Grundlegende Operationen auf Binärbilder können ebenfalls auf einfache Weise in dieser Mengennotation beschrieben werden. Zum Beispiel

---

[1] *Morphologie* („Lehre von den Formen") ist u. a. ein Teilgebiet der mathematischen Mengenlehre bzw. Algebra.

$$I \equiv \mathcal{Q}_I = \{(1,1),(2,1),(2,2)\} \qquad H \equiv \mathcal{Q}_H = \{(0,0),(1,0)\}$$

Abbildung 9.7
Beschreibung eines Binärbilds I und
eines binären Strukturelements H als
Mengen von Koordinatenpaaren Q_I
bzw. Q_H.

ist das Invertieren eines Binärbilds $I(u,v) \to \neg I(u,v)$, d.h. das Vertauschen von Vorder- und Hintergrund, äquivalent zur Bildung der *Komplementärmenge*

$$\mathcal{Q}_{\bar{I}} = \bar{\mathcal{Q}}_I = \{ \boldsymbol{p} \in \mathbb{Z}^2 \mid \boldsymbol{p} \notin \mathcal{Q}_I \}. \tag{9.3}$$

Werden zwei Binärbilder I_1 und I_2 punktweise durch eine ODER-Operation verknüpft, dann ist die Punktmenge des Resultats die *Vereinigung* der zugehörigen Punktmengen Q_{I_1} und Q_{I_2}, also

$$Q_{I_1 \vee I_2} = Q_{I_1} \cup Q_{I_2}. \tag{9.4}$$

Da Punktmengen nur eine alternative Darstellung von binären Rasterbildern sind, werden wir beide Notationen im Folgenden je nach Bedarf synonym verwenden. Beispielsweise schreiben wir gelegentlich einfach $\bar{I}$ statt $\overline{Q_I}$ für ein invertiertes Bild (Gl. 9.3) oder $I_1 \cup I_2$ statt $Q_{I_1} \cup Q_{I_2}$ für die Vereinigung (Gl. 9.4). Die Bedeutung sollte im jeweiligen Kontext eindeutig sein.

Weiter erzeugt die *Verschiebung* eines Binärbilds I durch einen Koordinatenvektor $\boldsymbol{d}$ ein neues Bild $I_{\boldsymbol{d}}$ mit dem Inhalt

$$I_{\boldsymbol{d}}(\boldsymbol{p} + \boldsymbol{d}) = I(\boldsymbol{p}) \qquad \text{oder} \qquad I_{\boldsymbol{d}}(\boldsymbol{p}) = I(\boldsymbol{p} - \boldsymbol{d}), \tag{9.5}$$

was gleichbedeutend ist mit der Änderung aller Koordinaten der ursprünglichen Punktmenge in der Form

$$I_{\boldsymbol{d}} \equiv \big\{ (\boldsymbol{p} + \boldsymbol{d}) \mid \boldsymbol{p} \in I \big\}. \tag{9.6}$$

In einigen Fällen ist es auch notwendig, ein Binärbild (bzw. die entsprechende Punktmenge) um seinen Ursprung zu *spiegeln*, was wir nachfolgend mit

$$I^* \equiv \{ -\boldsymbol{p} \mid \boldsymbol{p} \in I \} \tag{9.7}$$

bezeichnen.

9.2.3 Dilation

Eine *Dilation* ist jene morphologische Operation, die unserem intuitiven Konzept des Wachsens entspricht und in der Mengennotation definiert ist als

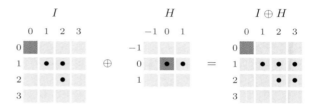

$$I \equiv \{(1,1),(2,1),(2,2)\}, \; H \equiv \{(\mathbf{0},\mathbf{0}),(\mathbf{1},\mathbf{0})\}$$

$$
\begin{aligned}
I \oplus H \equiv \{ \; & (1,1)+(\mathbf{0},\mathbf{0}), \, (1,1)+(\mathbf{1},\mathbf{0}), \\
& (2,1)+(\mathbf{0},\mathbf{0}), \, (2,1)+(\mathbf{1},\mathbf{0}), \\
& (2,2)+(\mathbf{0},\mathbf{0}), \, (2,2)+(\mathbf{1},\mathbf{0}) \; \}
\end{aligned}
$$

$$I \oplus H \equiv \big\{ (\boldsymbol{p}+\boldsymbol{q}) \mid \text{für alle } \boldsymbol{p} \in I, \boldsymbol{q} \in H \big\}. \tag{9.8}$$

Die aus einer Dilation entstehende Punktmenge entspricht also der (Vektor-)Summe aller möglichen Kombinationen von Koordinatenpaaren aus den ursprünglichen Punktmengen Q_I und Q_H. Man könnte die Operation auch so interpretieren, dass das Strukturelement H an jedem Vordergrundpunkt des Bilds I *repliziert* wird. Oder, umgekehrt, das Bild I wird an jedem Punkt des Strukturelements H repliziert, wie das einfache Beispiel in Abb. 9.8 illustriert. Ausgedrückt in der Mengennotation[2] heißt das

$$I \oplus H \equiv \bigcup_{\boldsymbol{p} \in I} H_{\boldsymbol{p}} = \bigcup_{\boldsymbol{q} \in H} I_{\boldsymbol{q}}, \tag{9.9}$$

wobei mit $H_{\boldsymbol{p}}$ und $I_{\boldsymbol{q}}$ die um $\boldsymbol{p}$ bzw. $\boldsymbol{q}$ verschobenen Mengen H, I bezeichnet sind (siehe Gl. 9.6)

9.2.4 Erosion

Die (quasi-)inverse Operation zur Dilation ist die *Erosion*, die wiederum in Mengennotation definiert ist als

$$I \ominus H \equiv \big\{ \boldsymbol{p} \in \mathbb{Z}^2 \mid (\boldsymbol{p}+\boldsymbol{q}) \in I, \text{ für alle } \boldsymbol{q} \in H \big\}. \tag{9.10}$$

Dieser Vorgang lässt sich folgendermaßen interpretieren: Eine Position $\boldsymbol{p}$ ist im Ergebnis $I \ominus H$ dann (und nur dann) enthalten, wenn das Strukturelement H – mit seinem Ursprung positioniert an der Position $\boldsymbol{p}$ – vollständig im ursprünglichen Bild eingebettet ist, d. h., wo sich für *jedes* Element in H auch ein entsprechendes Element in I findet. In anderen Worten, wenn $H_{\boldsymbol{p}}$ eine Untermenge von I ist. Äquivalent zu Gl. 9.10 lässt sich daher die binäre Erosion auch definieren in der Form

$$I \ominus H \equiv \{ \boldsymbol{p} \in \mathbb{Z}^2 \mid H_{\boldsymbol{p}} \subseteq I \}. \tag{9.11}$$

Ein einfaches Beispiel für die Erosion zeigt Abb. 9.9.

---

[2] Siehe auch Abschn. 1.2 im Anhang.

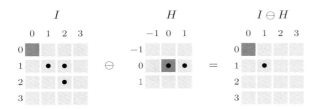

$$I \equiv \{(1,1),(2,1),(2,2)\}, \; H \equiv \{(\mathbf{0,0}),(\mathbf{1,0})\}$$

$$I \ominus H \equiv \{(1,1)\} \; \text{weil}$$

$$(1,1)+(\mathbf{0,0})=(1,1)\in I \quad \textbf{und} \quad (1,1)+(\mathbf{1,0})=(2,1)\in I$$

Abbildung 9.9
Beispiel für die Erosion. Das Binärbild I wird einer Erosion mit dem
Strukturelement H unterzogen. Das
Strukturelement ist nur an der Position $(1,1)$ vollständig in das Bild I
eingebettet, sodass im Ergebnis nur
das Pixel mit der Koordinate $(1,1)$
den Wert 1 erhält.

9.2.5 Formale Eigenschaften von Dilation und Erosion

Die *Dilation* ist *kommutativ*, d. h.,

$$I \oplus H = H \oplus I, \tag{9.12}$$

und daher können, genauso wie bei der linearen Faltung, Bild und Strukturelement (Filter) grundsätzlich miteinander vertauscht werden, ohne
das Ergebnis zu verändern. Darüber hinaus ist die Dilation *assoziativ*,
d. h.,

$$(I_1 \oplus I_2) \oplus I_3 = I_1 \oplus (I_2 \oplus I_3), \tag{9.13}$$

also ist die Reihenfolge aufeinander folgender Dilationen nicht relevant. Das bedeutet – wie auch bei linearen Filtern (vgl. Gl. 5.23) –,
dass eine Dilation mit einem großen Strukturelement der Form $H_{\mathrm{big}} = H_1 \oplus H_2 \oplus \ldots \oplus H_K$ als Folge mehrerer Dilationen mit i. Allg. kleineren
Strukturelementen realisiert werden kann:

$$I \oplus H_{\mathrm{big}} = (\ldots ((I \oplus H_1) \oplus H_2) \oplus \ldots \oplus H_K) \tag{9.14}$$

Es existiert – analog zur Impulsfunktion δ (s. Abschn. 5.3.4) – bezüglich
der Dilation auch ein *neutrales Element*

$$I \oplus \delta = \delta \oplus I = I, \quad \text{mit} \quad \delta = \{(0,0)\}. \tag{9.15}$$

Die *Erosion* ist – im Unterschied zur Dilation (aber wie die arithmetische Subtraktion) – *nicht* kommutativ, also

$$I \ominus H \neq H \ominus I. \tag{9.16}$$

Werden allerdings Erosion und Dilation miteinander kombiniert, dann
gilt – wiederum analog zu Subtraktion und Addition – die „Kettenregel"

$$(I_1 \ominus I_2) \ominus I_3 = I_1 \ominus (I_2 \oplus I_3). \tag{9.17}$$

Obwohl Dilation und Erosion nicht wirklich zueinander inverse Operationen sind (i. Allg. kann man die Auswirkungen einer Erosion nicht

durch eine nachfolgende Dilation rückgängig machen und umgekehrt), verbindet sie dennoch eine starke formale Beziehung. Zum einen sind Dilation und Erosion *dual* insofern, als eine Dilation des *Vordergrunds* (I) durch eine Erosion des *Hintergrunds* ($\bar{I}$) und eine nachfolgende Inversion durchgeführt werden kann, d. h.,

$$I \oplus H = \overline{(\bar{I} \ominus H^*)}, \tag{9.18}$$

wobei H^* die *Spiegelung* von H bezeichnet (Gl. 9.7).[3] Das Gleiche gilt auch umgekehrt, mit

$$\bar{I} \ominus H = \overline{(I \oplus H^*)}, \tag{9.19}$$

wobei der Vordergrund erodiert wird durch eine Dilation des Hintergrunds mit dem gespiegeltem Strukturelement H^*, wie in dem Beispiel in Abb. 9.10 illustriert.

Abbildung 9.10
Implementierung der Erosion mithilfe der Dilation. Die binäre Erosion $I \ominus H$ (a) kann alternativ durch eine Dilation des invertieren Bilds $\bar{I}$ mit dem gespiegeltem Strukturelement H^* und anschließender Inversion des Ergebnisses realisiert werden (b).

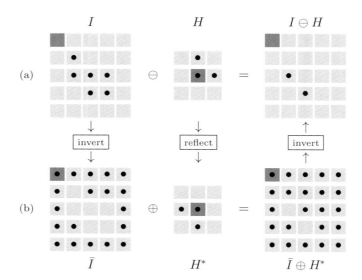

Gleichung 9.19 ist interessant, weil sie zeigt, dass man nur *entweder* die Dilation *oder* die Erosion implementieren muss, um beide Operationen berechnen zu können, wobei die dazu notwendige Inversion natürlich sehr einfach durchzuführen ist. Algorithmus 9.1 gibt eine zusammenfassende Beschreibung von Dilation und Erosion, basierend auf den oben beschriebenen Zusammenhängen.

9.2.6 Design morphologischer Filter

Morphologische Filter sind eindeutig spezifiziert durch (a) den Typ der Filteroperation und (b) das entsprechende Strukturelement. Die Größe

---

[3] Eine mathematische Herleitung dieses Zusammenhangs findet man z. B. in [80, pp. 521–524].

```
 1:  Dilate(I, H)
         Input: I, a binary image of size M × N;
         H, a binary structuring element.
         Returns the dilated image I' = I ⊕ H.
 2:      Create map I': M × N ↦ {0, 1}          ▷ new binary image I'
 3:      for all (p) ∈ M × N do
 4:          I'(p) ← 0                          ▷ I' ← { }
 5:      for all q ∈ H do
 6:          for all p ∈ I do
 7:              I'(p + q) ← 1                  ▷ I' ← I' ∪ {(p+q)}
 8:      return I'                              ▷ I' = I ⊕ H

 9:  Erode(I, H)
         Input: I, a binary image of size M × N;
         H, a binary structuring element.
         Returns the eroded image I' = I ⊖ H.
10:      Ī ← Invert(I)                          ▷ Ī ← ¬I
11:      H* ← Reflect(H)
12:      I' ← Invert(Dilate(Ī, H*))            ▷ I' = I ⊖ H = (Ī ⊕ H*)‾
13:      return I'
```

Algorithmus 9.1
Binäre Dilation und Erosion. Die Prozedur Dilate() implementiert die binäre Dilation wie in Gl. 9.9 definiert. Die Punkte im Originalbild I werden um die Position jeder Koordinate in H verschoben und im Ergebnis I' vereinigt. Der Ursprung des Strukturelements H wird an der Position $(0, 0)$ angenommen. Die Prozedur Erode() implementiert die binäre Erosion durch Dilation des invertierten Bilds $\bar{I}$ mit dem gespiegelten Strukturelement H^* gemäß Gl. 9.19.

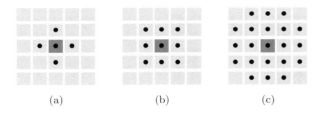

| | | |
| (a) | (b) | (c) |

Abbildung 9.11
Typische binäre Strukturelemente verschiedener Größe. 4er-Nachbarschaft (a), 8er-Nachbarschaft (b), kleine Scheibe – *small disk* (c).

und Form des Strukturelements ist abhängig von der jeweiligen Anwendung, der Bildauflösung usw. In der Praxis werden häufig scheibenförmige Strukturelemente verschiedener Größe verwendet, wie in Abb. 9.11 gezeigt.

Ein scheibenförmiges Strukturelement mit Radius r fügt bei einer Dilationsoperation eine Schicht mit der Dicke von r Pixel an jede Vordergrundstruktur an. Umgekehrt wird durch die Erosion mit diesem Strukturelement jeweils eine Schicht mit der gleichen Dicke abgeschält. Ausgehend von dem ursprünglichen Binärbild in Abb. 9.12, sind die Ergebnisse von Dilation und Erosion mit scheibenförmigen Strukturelementen verschiedener Radien in Abb. 9.13 gezeigt. Ergebnisse für verschiedene andere, frei gestaltete Strukturelemente sind in Abb. 9.14 dargestellt.

Scheibenförmige Strukturelemente werden häufig verwendet, um *isotrope* Filter zur realisieren, d. h. morphologische Operationen, die in alle Richtungen die selben Auswirkungen zeigen. Im Unterschied zu linearen Filtern (Abschn. 5.3.3) ist es i. Allg. nicht möglich, ein *isotropes* zweidimensionales Strukturelement H° aus eindimensionalen Struktur-

Abbildung 9.12
Binäres Originalbild und Ausschnitt
für die nachfolgenden Beispiele (Illustration von Albrecht Dürer, 1515).

Dilation · Erosion

Abbildung 9.13
Ergebnisse der binären Dilation
und Erosion mit scheibenförmigen Strukturelementen. Der
Radius r des Strukturelements
ist 1.0 (a), 2.5 (b) und 5.0 (c).

(a) $r = 1.0$

(b) $r = 2.5$

(c) $r = 5.0$

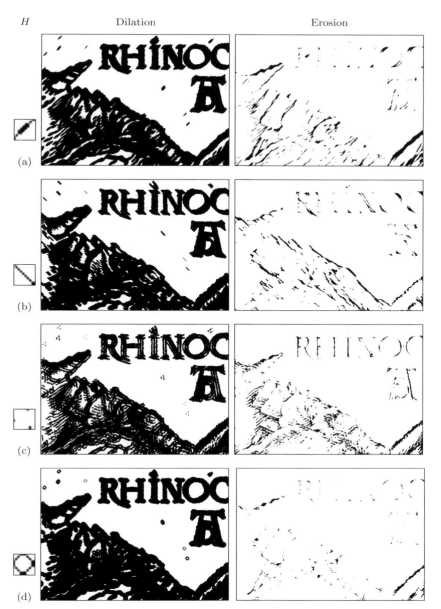

H	Dilation	Erosion
(a)		
(b)		
(c)		
(d)		

Abbildung 9.14
Binäre Dilation und Erosion mit verschiedenen, frei gestalteten Strukturelementen. Die Strukturelemente H
selbst sind links gezeigt. Man sieht
deutlich, dass einzelne Bildpunkte bei
der Dilation zur Form des Strukturelements expandieren, ähnlich einer
„Impulsantwort". Bei der Erosion bleiben nur jene Stellen übrig, an denen
das Strukturelement im Bild vollständig abgedeckt ist.

elementen H_x und H_y zu bilden, denn die Verknüpfung $H_x \oplus H_y$ ergibt
immer ein rechteckiges (also *nicht* isotropes) Strukturelement. Eine ver-
breitete Methode zur Implementierung großer scheibenförmiger Filter ist
die wiederholte Anwendung kleiner scheibenförmiger Strukturelemente,
wodurch sich allerdings in der Regel ebenfalls *kein* isotroper Gesamt-
operator ergibt (Abb. 9.15).

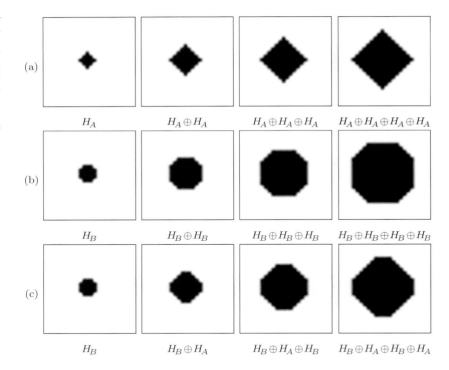

9.2.7 Anwendungsbeispiel: *Outline*

Eine typische Anwendung morphologischer Operationen ist die Extraktion der Ränder von Vordergrundstrukturen. Der Vorgang ist sehr einfach: Zunächst wenden wir eine Erosion auf das Originalbild I an, um darin die Randpixel zu entfernen, d. h.,

$$I' = I \ominus H_n, \tag{9.20}$$

wobei H_n ein Strukturelement z. B. für eine 4er- oder 8er-Nachbarschaft (Abb. 9.11) ist. Die eigentlichen Randpixel B sind jene, die zwar im Originalbild, aber *nicht* im erodierten Bild enthalten sind, also die Schnittmenge zwischen dem Originalbild I und dem invertierten Bild $\overline{I'}$, d. h.,

$$B \leftarrow I \cap \overline{I'} = I \cap \overline{(I \ominus H_n)}. \tag{9.21}$$

Ein Beispiel für die Extraktion von Rändern zeigt Abb. 9.17. Interessant ist dabei, dass die Verwendung der 4er-Nachbarschaft für das Strukturelement H_n zu einer „8-verbundenen" Kontur führt und umgekehrt [115, S. 504].

Der Prozess der Konturextraktion ist in Abb. 9.16 anhand eines einfachen Beispiels illustriert. Wie man deutlich sieht, enthält das Ergebnis B exakt jene Elemente, die im Originalbild I und dem erodierten Bild $I' = I \ominus H_n$ *unterschiedlich* sind, was sehr einfach mithilfe einer exklusiv-oder (xor) Operation zwischen den zugehörigen Bildelementen zu

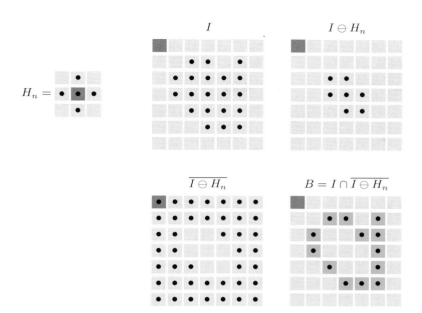

Abbildung 9.16
Beispiel für die morphologische *Out-line*-Operation mit einem Struktu-relement H_n (4er-Nachbarschaft). Das Bild I wird zunächst erodiert ($I \ominus H_n$) und anschließend invertiert zu $\overline{I \ominus H_n}$. Die Konturelemente B erhält man letztlich aus der Schnitt-menge $I \cap \overline{I \ominus H_n}$.

berechnen ist. Die Konturextraktion in Gl. 9.21 lässt sich daher auch in der Form

$$B(\boldsymbol{p}) \leftarrow I(\boldsymbol{p}) \text{ xor } (I \ominus H_n)(\boldsymbol{p}), \qquad (9.22)$$

für alle $\boldsymbol{p}$, beschreiben. Abbildung 9.17 zeigt ein etwas komplexeres Bei-spiel anhand eines echten Binärbilds.

9.3 Zusammengesetzte morphologische Operationen

Aufgrund ihrer Semidualität werden Dilation und Erosion häufig in zu-sammengesetzten Operationen verwendet, von denen zwei so bedeutend sind, dass sie eigene Namen (und sogar Symbole) haben: „Opening" und „Closing".[4]

9.3.1 Opening

Ein *Opening* $I \circ H$ ist eine Erosion gefolgt von einer Dilation mit dem *selben* Strukturelement H, d. h.,

$$I \circ H = (I \ominus H) \oplus H. \qquad (9.23)$$

Ein Opening bewirkt, dass alle Vordergrundstrukturen, die kleiner sind als das Strukturelement, im ersten Teilschritt (Erosion) eliminiert wer-den. Die verbleibenden Strukturen werden durch die nachfolgende Dila-tion geglättet und wachsen ungefähr wieder auf ihre ursprüngliche Größe

---

[4] Die englischen Begriffe „Opening" und „Closing" werden auch im Deutschen häufig verwendet.

Abbildung 9.17
Extraktion von Konturen mit binären
morphologischen Operationen. Das
Strukturelement in (a) entspricht
einer 4er-Nachbarschaft und führt
zu einer „8-verbundenen" Kontur.
Umgekehrt führt in (b) ein Strukturelement mit einer 8er-Nachbarschaft
zu einer „4-verbundenen" Kontur.

(a)   (b)

(Abb. 9.18). Diese Abfolge von „Schrumpfen" und anschließendem „Wachsen" entspricht der Idee, die wir in Abschn. 9.1 skizziert hatten.

9.3.2 Closing

Wird die Abfolge von Erosion und Dilation umgekehrt, bezeichnet man die resultierende Operation als *Closing* $I \bullet H$ d. h.,

$$I \bullet H = (I \oplus H) \ominus H. \tag{9.24}$$

Durch ein Closing werden Löcher in Vordergrundstrukturen und Zwischenräume, die kleiner als das Strukturelement H sind, gefüllt. Einige Beispiele mit typischen scheibenförmigen Strukturelementen sind in Abb. 9.18 gezeigt.

9.3.3 Eigenschaften von Opening und Closing

Beide Operationen, Opening wie auch Closing, sind *idempotent*, d. h., ihre Ergebnisse sind insofern „final", als jede weitere Anwendung derselben Operation das Bild nicht mehr weiter verändert:

$$I \circ H = (I \circ H) \circ H = ((I \circ H) \circ H) \circ H = \dots,$$
$$I \bullet H = (I \bullet H) \bullet H = ((I \bullet H) \bullet H) \bullet H = \dots. \tag{9.25}$$

Opening	Closing

(a) $r = 1.0$

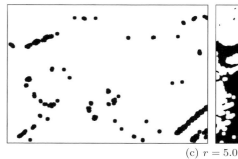

(b) $r = 2.5$

(c) $r = 5.0$

9.4 Verdünnung – *Thinning*

Abbildung 9.18
Binäres Opening und Closing mit
scheibenförmigen Strukturelementen.
Der Radius r des Strukturelements ist
1.0 (a), 2.5 (b) bzw. 5.0 (c).

Die beiden Operationen sind darüber hinaus zueinander „dual" in dem Sinn, dass ein *Opening* auf den Vordergrund äquivalent ist zu einem *Closing* des Hintergrunds und umgekehrt, d. h.

$$ I \circ H = \overline{\overline{I} \bullet H} \qquad \text{und} \qquad I \bullet H = \overline{\overline{I} \circ H}. \qquad (9.26) $$

9.4 Verdünnung – *Thinning*

Die *Thinning*-Operation ist eine sehr häufige Anwendung morphologischer Verfahren mit dem Ziel, binäre Strukturen auf eine maximale Dicke von 1 Pixel zu reduzieren, ohne sie dabei in mehrere Teile zu zerlegen. Das erfolgt durch mehrfache und „bedingte" Anwendung der Erosion. Diese wird an einer bestimmten Position nur dann angewandt, wenn auch nach erfolgter Operation eine ausreichend dicke Struktur verbleibt und keine Trennung in mehrere Teile erfolgt. Dabei muss, abhängig vom aktuellen Bildinhalt innerhalb der Filterregion (üblicherweise von der Größe 3×3) jeweils entschieden werden, ob tatsächlich eine Erosion durchgeführt werden soll oder nicht. Die Operation erfolgt so lange, bis sich im Ergebnisbild keine Änderungen mehr ergeben und ist daher entsprechend aufwändig. Eine wichtige Anwendung ist die Berechnung des „Skeletts" einer Bildregion, beispielsweise zum strukturellen Vergleich von abgebildeten Objekten.

Thinning-Verfahren sind auch unter den Begriffen *Center Line Detection* oder *Medial Axis Transform* bekannt und es gibt natürlich zahlreiche Implementierungen unterschiedlicher Komplexität und Effizienz (siehe u. a. [2,6,61,97,184]). Als repräsentatives Beispiel beschreiben wir im Folgenden den klassischen Algorithmus von Zhang und Suen [234] sowie eine effiziente Implementierung.[5]

9.4.1 Thinning-Algorithmus von Zhang und Suen

Der vollständige Ablauf des Verfahrens ist in Alg. 9.2 zusammengefasst. Input ist ein Binärbild I, mit $I(u,v) \in \{0,1\}$, wobei Vordergrundpixel den Wert 1 tragen, Hintergrundpixel den Wert 0. Der Algorithmus iteriert über das Bild und untersucht an jeder Position (u,v) eine 3×3 Nachbarschaft mit dem zentralen Bildelement P und den umliegenden Nachbarwerten $\mathsf{N} = (N_0, N_1, \ldots, N_7)$ gemäß Abb. 9.5 (b).

Zur Charakterisierung der lokalen Umgebung N definieren wir zunächst die Abbildung

$$B(\mathsf{N}) = N_0 + N_1 + \cdots + N_7 = \sum_{i=0}^{7} N_i, \qquad (9.27)$$

die einfach die Anzahl der umgebenden 1-Pixel (*neighborhood count*) berechnet. Weiter definieren wir die sogen. „Konnektivitätszahl" (*connectivity number*), die berechnet, wie viele Binärkomponenten über das aktuelle Pixel an der Position (u,v) verbunden sind. Diese Funktion ist definiert als die Anzahl der $1 \to 0$ Übergänge in der Folge $(N_0, \ldots, N_7, N_0)$ oder, arithmetisch ausgedrückt,

$$C(\mathsf{N}) = \sum_{i=0}^{7} N_i \cdot [N_i - N_{(i+1) \bmod 8}]. \qquad (9.28)$$

Abbildung 9.19 zeigt einige ausgewählte Beispiele für Nachbarschaften N und die zugehörigen Werte der Funktionen $B(\mathsf{N})$ und $C(\mathsf{N})$. Mithilfe diesen Funktionen definieren wir außerdem zwei Boole'sche Prädikate R_1, R_2 für die Nachbarschaft N,

---

[5] Auch die bereits vorhandene Implementierung in ImageJ (Process ▷ Binary ▷ Skeletonize) basiert auf diesem Algorithmus.

$$R_1(\mathsf{N}) := [\, 2 \leq B(\mathsf{N}) \leq 6\,] \wedge [\, C(\mathsf{N}) = 1\,] \wedge$$
$$[\, N_6 \cdot N_0 \cdot N_2 = 0\,] \wedge [\, N_4 \cdot N_6 \cdot N_0 = 0\,], \qquad (9.29)$$
$$R_2(\mathsf{N}) := [\, 2 \leq B(\mathsf{N}) \leq 6\,] \wedge [\, C(\mathsf{N}) = 1\,] \wedge$$
$$[\, N_0 \cdot N_2 \cdot N_4 = 0\,] \wedge [\, N_2 \cdot N_4 \cdot N_6 = 0\,]. \qquad (9.30)$$

In Abhängigigkeit von $R_1(\mathsf{N})$ und $R_2(\mathsf{N})$ wird die zu N gehörige Position entweder gelöscht (d. h. erodiert) oder als nicht entfernbar markiert (siehe Alg. 9.2, Zeilen 16 und 27).

□ background (0)
■ foreground (1)
▪ center pixel (1)

$B=0$ $\quad$ $B=7$ $\quad$ $B=6$ $\quad$ $B=3$ $\quad$ $B=4$
$C=0$ $\quad$ $C=1$ $\quad$ $C=2$ $\quad$ $C=3$ $\quad$ $C=4$

Abbildung 9.19
Beispiele für Werte der Funktionen $B(\mathsf{N})$ und $C(\mathsf{N})$ für verschiedene binäre Nachbarschaften N (siehe Gl. 9.27–9.28).

(a) $\qquad\qquad\qquad$ (b)

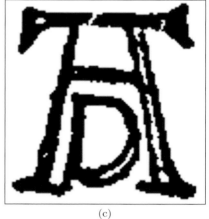
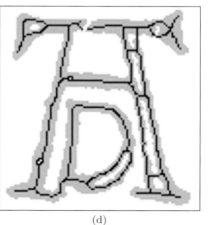

(c) $\qquad\qquad\qquad$ (d)

Abbildung 9.20
Beispiel für die Anwendung des Thinning-Algorithmus von Zhang und Suen (Alg. 9.2 oder 9.3) auf ein Binärbild. Originalbild mit Detail (a, c) und zugehörige Ergebnisse (b, d). Die Vordergrundpixel des Ausgangsbilds sind grün eingefärbt, das eigentliche Ergebnis ist schwarz.

Algorithmus 9.2
Thinning-Algorithmus nach Zhang
und Suen [234]. Die Prozedur
ThinOnce() führt eine einzige Ver-
dünnungsoperation auf das übergebene Binärbild I_b aus und liefert die
Anzahl der dabei gelöschten Pixel
zurück. Sie wird von Thin() so oft
aufgerufen, bis letztlich keine Pixel
mehr gelöscht wurden. Die erforderlichen Löschungen werden in der binären Tabelle D registriert und am
Ende jedes Durchlaufs erledigt. In
den Zeilen 40–42 sind die zur Charakterisierung der Nachbarschaft verwendeten Funktionen $R_1()$, $R_2()$, $B()$
und $C()$ nochmals zusammengefasst.

Man beachte, dass die Reihenfolge
der bearbeiteten Positionen (u, v) innerhalb der **for all** Schleifen in **Pass
1** und **Pass 2** beliebig ist. Insbesondere können sie auch gleichzeitig bearbeitet werden und daher lässt sich
dieser Algorithmus sehr leicht paral-
lelisieren (und somit beschleunigen).

1: **Thin**(I_b, i_{max})
   Input: I_b, binary image with background $= 0$, foreground > 0;
   i_{max}, max. number of iterations. Returns the number of iterations
   performed and modifies I_b.
2:   $(M, N) \leftarrow$ Size(I_b)
3:   Create a binary map D $: M \times N \mapsto \{0, 1\}$
4:   $i \leftarrow 0$
5:   **do**
6:     $n_d \leftarrow$ ThinOnce(I_b, D)
7:     $i \leftarrow i + 1$
8:   **while** $(n_d > 0 \wedge i < i_{max})$ ▷ do ...while more deletions required
9:   **return** i

10: **ThinOnce**(I_b, D)
    Pass 1:
11:   $n_1 \leftarrow 0$ ▷ deletion counter
12:   **for all** image positions $(u, v) \in M \times N$ **do**
13:     $D(u, v) \leftarrow 0$
14:     **if** $I_b(u, v) > 0$ **then**
15:       N $\leftarrow$ GetNeighborhood(I_b, u, v)
16:       **if** $R_1($N$)$ **then**   ▷ see Eq. 9.29
17:         $D(u, v) \leftarrow 1$ ▷ mark pixel (u, v) for deletion
18:         $n_1 \leftarrow n_1 + 1$
19:   **if** $n_1 > 0$ **then**   ▷ at least 1 deletion required
20:     **for all** image positions $(u, v) \in M \times N$ **do**
21:       $I_b(u, v) \leftarrow I_b(u, v) - D(u, v)$ ▷ delete all marked pixels

    Pass 2:
22:   $n_2 \leftarrow 0$
23:   **for all** image positions $(u, v) \in M \times N$ **do**
24:     $D(u, v) \leftarrow 0$
25:     **if** $I_b(u, v) > 0$ **then**
26:       N $\leftarrow$ GetNeighborhood(I_b, u, v)
27:       **if** $R_2($N$)$ **then**   ▷ see Eq. 9.30
28:         $D(u, v) \leftarrow 1$ ▷ mark pixel (u, v) for deletion
29:         $n_2 \leftarrow n_2 + 1$
30:   **if** $n_2 > 0$ **then**   ▷ at least 1 deletion required
31:     **for all** image positions $(u, v) \in M \times N$ **do**
32:       $I_b(u, v) \leftarrow I_b(u, v) - D(u, v)$ ▷ delete all marked pixels
33:   **return** $n_1 + n_2$

34: **GetNeighborhood**(I_b, u, v)
35:   $N_0 \leftarrow I_b(u + 1, v)$, $N_1 \leftarrow I_b(u + 1, v - 1)$
36:   $N_2 \leftarrow I_b(u, v - 1)$, $N_3 \leftarrow I_b(u - 1, v - 1)$
37:   $N_4 \leftarrow I_b(u - 1, v)$, $N_5 \leftarrow I_b(u - 1, v + 1)$
38:   $N_6 \leftarrow I_b(u, v + 1)$, $N_7 \leftarrow I_b(u + 1, v + 1)$
39:   **return** $(N_0, N_1, \ldots, N_7)$

40: $R_1($N$) := [2 \leq B($N$) \leq 6] \wedge [C($N$) = 1] \wedge [N_6 \cdot N_0 \cdot N_2 = 0] \wedge [N_4 \cdot N_6 \cdot N_0 = 0]$

41: $R_2($N$) := [2 \leq B($N$) \leq 6] \wedge [C($N$) = 1] \wedge [N_0 \cdot N_2 \cdot N_4 = 0] \wedge [N_2 \cdot N_4 \cdot N_6 = 0]$

42: $B($N$) := \sum_{i=0}^{7} N_i$, $C($N$) := \sum_{i=0}^{7} N_i \cdot [N_i - N_{(i+1) \bmod 8}]$

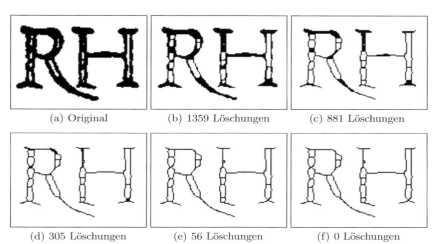

| (a) Original | (b) 1359 Löschungen | (c) 881 Löschungen |

| (d) 305 Löschungen | (e) 56 Löschungen | (f) 0 Löschungen |

Abbildung 9.21
Beispiel für die iterative Anwendung der ThinOnce() Prozedur. In jedem Durchlauf wird eine „Schicht" von Vordergrundelementen selektiv gelöscht. Die in (b–f) jeweils angegebenen Löschungen bezeichnen die Zahl der Pixel, die gegenüber dem vorherigen Bild entfernt wurden. In der letzten Iteration von (e) nach (f) wurden keine Veränderungen mehr vorgenommen. Insgesamt waren in diesem Fall also fünf Iterationen erforderlich.

9.4.2 Schneller Algorithmus (*fast thinning*)

Bei einem Binärbild sind innerhalb einer 8-er Nachbarschaft nur $2^8 = 256$ verschiedene 0/1-Kombinationen möglich. Da die Ausdrücke in Gl. 9.29–9.29 relativ aufwändig auszuwerten sind, ist sinnvoll, sie für alle 256 Möglichkeiten einmal vorab zu berechnen und die Ergebnisse zu tabellieren (siehe Abb. 9.22). Das ist die Grundlage der beschleunigten Variante des Zhang/Suen-Verfahrens in Alg. 9.3. Die dabei verwendete Entscheidungstabelle Q ist konstant und wird einmal durch die Prozedur MakeDeletionCodeTable() in Alg. 9.3 (Zeile 34–45) berechnet. Die Tabelle enthält die Codes

$$Q(i) \in \{0, 1, 2, 3\} = \{00_b, 01_b, 10_b, 11_b\}, \qquad (9.31)$$

für $i = 0, \ldots, 255$, bestehend aus jeweils 2 Bits, die den Prädikaten R_1 und R_2 zugeordnet sind. Der zugehörige Test erfolgt in der Prozedur ThinOnceFast() in Zeile 19 von Alg. 9.3, wobei hier auch die beiden Durchlaufsrichtungen mit einer Schleifenvariablen ($p = 1, 2$) realisiert sind. In der konkreten Implementierung ist die Tabelle Q natürlich ein konstantes Array, das ohne weitere Berechnung literal angegeben werden kann (siehe Prog. 9.1 für die direkte Umsetzung in Java).

9.4.3 Implementierung

Der vollständige Java-Quellcode für morphologische Operationen auf Binärbilder ist online in der Klasse `BinaryMorphologyFilter`[6] und mehrerer Unterklassen verfügbar.

---

[6] Im Paket `imagingbook.pub.morphology`.

Abbildung 9.22
„Deletion Codes" der 256 möglichen 8er-Nachbarschaften in $\mathbf{Q}(c)$ für Alg. 9.3. $\square = 0$ und $\blacksquare = 1$ markieren Hintergrund- bzw. Vordergrundpixel. Die 2-bit Codes sind farblich dargestellt: $\blacksquare$ = Code 00_b: Zentralpixel wird niemals gelöscht; $\blacksquare$ = Code 01_b: wird nur in Pass 1 gelöscht; $\blacksquare$ = Code 10_b: wird nur in Pass 2 gelöscht; $\blacksquare$ = Code 11_b: wird in Pass 1 und 2 gelöscht.

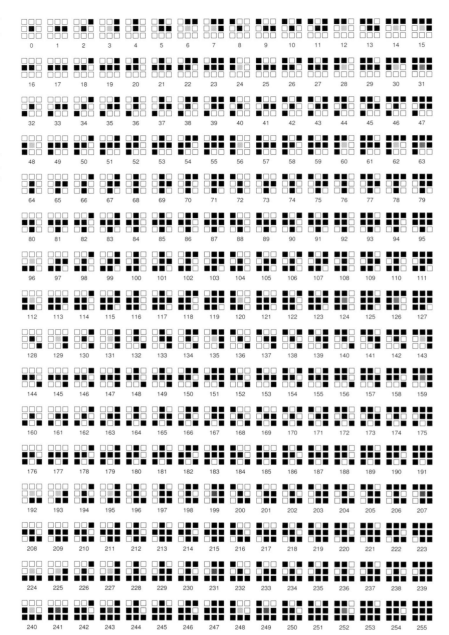

Codes $\mathbf{Q}(c)$ für $c = 0, \ldots, 255$:

$\blacksquare$ $0 = 00_b$ (nie gelöscht)	$\blacksquare$ $2 = 10_b$ (nur in Pass 2 gelöscht)
$\blacksquare$ $1 = 01_b$ (nur in Pass 1 gelöscht)	$\blacksquare$ $3 = 11_b$ (in Pass 1 und 2 gelöscht)

```
 1:  ThinFast(I_b, i_max)
        Input: I_b, binary image with background = 0, foreground > 0;
        i_max, max. number of iterations. Returns the number of iterations
        performed and modifies I_b.
 2:     (M, N) ← Size(I_b)
 3:     Q ← MakeDeletionCodeTable()
 4:     Create a binary map D: M × N ↦ {0,1}
 5:     i ← 0
 6:     do
 7:         n_d ← ThinOnce(I_b, D)
 8:     while (n_d > 0 ∧ i < i_max)          ▷ do ... while more deletions required
 9:     return i
```

```
10:  ThinOnceFast(I_b, D)                    ▷ performs a single thinning iteration
11:     n_d ← 0                              ▷ number of deletions in both passes
12:     for p ← 1, 2 do                      ▷ pass counter (2 passes)
13:         n ← 0                            ▷ number of deletions in current pass
14:         for all image positions (u, v) do
15:             D(u, v) ← 0
16:             if I_b(u, v) = 1 then                            ▷ I_b(u, v) = P
17:                 c ← GetNeighborhoodIndex(I_b, u, v)
18:                 q ← Q(c)                 ▷ q ∈ {0, 1, 2, 3} = {00_b, 01_b, 10_b, 11_b}
19:                 if (p and q) ≠ 0 then                  ▷ bitwise 'and' operation
20:                     D(u, v) ← 1              ▷ mark pixel (u, v) for deletion
21:                     n ← n + 1
22:         if n > 0 then                      ▷ at least 1 deletion is required
23:             n_d ← n_d + n
24:             for all image positions (u, v) do
25:                 I_b(u, v) ← I_b(u, v) − D(u, v)      ▷ delete all marked pixels
26:     return n_d
```

```
27:  GetNeighborhoodIndex(I_b, u, v)
28:     N_0 ← I_b(u + 1, v),        N_1 ← I_b(u + 1, v − 1)
29:     N_2 ← I_b(u, v − 1),        N_3 ← I_b(u − 1, v − 1)
30:     N_4 ← I_b(u − 1, v),        N_5 ← I_b(u − 1, v + 1)
31:     N_6 ← I_b(u, v + 1),        N_7 ← I_b(u + 1, v + 1)
32:     c ← N_0 + N_1·2 + N_2·4 + N_3·8 + N_4·16 + N_5·32 + N_6·64 + N_7·128
33:     return c                                              ▷ c ∈ [0, 255]
```

```
34:  MakeDeletionCodeTable()
35:     Create maps Q: [0, 255] ↦ {0, 1, 2, 3},   N: [0, 7] ↦ {0, 1}
36:     for i ← 0, ..., 255 do              ▷ list all possible neighborhoods
37:         for k ← 0, ..., 7 do            ▷ check neighbors 0, ..., 7
38:             N(k) ← { 1  if (i and 2^k) ≠ 0        ▷ test the k^th bit of i
                       { 0  otherwise
39:         q ← 0
40:         if R_1(N) then                          ▷ see Alg. 9.2, line 40
41:             q ← q + 1                                    ▷ set bit 0 of q
42:         if R_2(N) then                          ▷ see Alg. 9.2, line 41
43:             q ← q + 2                                    ▷ set bit 1 of q
44:         Q(i) ← q                ▷ q ∈ {0, 1, 2, 3} = {00_b, 01_b, 10_b, 11_b}
45:     return Q
```

Algorithmus 9.3
Thinning-Algorithmus nach Zhang und Suen (beschleunigte Version von Alg. 9.2). Dieser Algorithmus verwendet eine vorberechnete „deletion code" Tabelle (Q), wie in Abb. 9.22 gezeigt. Die Prozedur GetNeighborhood() ist hier durch GetNeighborhoodIndex() ersetzt, die nicht die Nachbarschaftswerte selbst sondern den zugehörigen 8-bit Index c mit den Werten $0, \ldots, 255$ (siehe Abb. 9.22) der Nachbarschaftsbelegung liefert. Die Berechnung der Tabelle Q ist zur Vollständigkeit in der Prozedur MakeDeletionCodeTable() ausgeführt, ist aber natürlich fix und kann daher als konstantes Array angelegt werden (siehe Prog. 9.1).

```
1   int[] Q = {
2     0, 0, 0, 3, 0, 0, 3, 3, 0, 0, 0, 0, 3, 0, 3, 3,
3     0, 0, 0, 0, 0, 0, 0, 0, 3, 0, 0, 0, 3, 0, 3, 1,
4     0, 0, 0, 0, 0, 0, 0, 0, 0, 0, 0, 0, 0, 0, 0, 0,
5     3, 0, 0, 0, 0, 0, 0, 0, 3, 0, 0, 0, 3, 0, 3, 1,
6     0, 0, 0, 0, 0, 0, 0, 0, 0, 0, 0, 0, 0, 0, 0, 0,
7     0, 0, 0, 0, 0, 0, 0, 0, 0, 0, 0, 0, 0, 0, 0, 0,
8     3, 0, 0, 0, 0, 0, 0, 0, 0, 0, 0, 0, 0, 0, 0, 0,
9     3, 0, 0, 0, 0, 0, 0, 0, 3, 0, 0, 0, 1, 0, 1, 0,
10    0, 3, 0, 3, 0, 0, 0, 3, 0, 0, 0, 0, 0, 0, 0, 3,
11    0, 0, 0, 0, 0, 0, 0, 0, 0, 0, 0, 0, 0, 0, 0, 1,
12    0, 0, 0, 0, 0, 0, 0, 0, 0, 0, 0, 0, 0, 0, 0, 0,
13    0, 0, 0, 0, 0, 0, 0, 0, 0, 0, 0, 0, 0, 0, 0, 0,
14    3, 3, 0, 3, 0, 0, 0, 2, 0, 0, 0, 0, 0, 0, 0, 2,
15    0, 0, 0, 0, 0, 0, 0, 0, 0, 0, 0, 0, 0, 0, 0, 0,
16    3, 3, 0, 3, 0, 0, 0, 2, 0, 0, 0, 0, 0, 0, 0, 0,
17    3, 2, 0, 2, 0, 0, 0, 0, 3, 2, 0, 0, 1, 0, 0, 0
18  };
```

`BinaryMorphologyFilter` (**class**)

Diese Klasse implementiert eine Reihe von morphologischen Filtern für Binärbilder vom Typ `ByteProcessor`. Sie enthält die nachfolgend beschriebenen Unterklassen `Box` und `Disk` zur Verwendung spezifischer Strukturelemente. Die Klasse bietet folgende *Konstruktoren:*

`BinaryMorphologyFilter ()`

Erzeugt ein morphologisches Filter mit einem 3×3 Strukturelement wie in Abb. 9.11 (b).

`BinaryMorphologyFilter (int[][] H)`

Erzeugt ein morphologisches Filter mit dem durch das Array `H` spezifizierte Strukturelement, das ausschließlich 0/1 Werte enthalten sollte (alle Einträge > 0 werden als 1 gewertet).

`BinaryMorphologyFilter.Box (int rad)`

Erzeugt ein morphologisches Filter mit einem quadratischen Strukturelement mit Radius `rad` ≥ 1. Die Seitenlänge des Strukturelements ist $2 \cdot$ `rad` $+ 1$ Pixel.

`BinaryMorphologyFilter.Disk (double rad)`

Erzeugt ein morphologisches Filter mit einem scheibenförmigen Strukturelement mit Radius `rad` ≥ 1. Der Durchmesser des Strukturelements ist $2 \cdot$ round(`rad`) $+ 1$ Pixel.

Die wichtigsten *Methoden*[7] der Klasse `BinaryMorphologyFilter` sind:

`void applyTo (ByteProcessor I, OpType op)`

Wendet die morphologische Operation `op` auf das Bild `I` an. Zulässige Argumente für `op` (vom `enum`-Typ `BinaryMorphologyFilter.OpType`) sind `Dilate`, `Erode`, `Open`, `Close`, `Outline`, `Thin`.

---

[7] Weitere Methoden finden sich in der Online-Dokumentation.

`void dilate (ByteProcessor I)`

Führt auf das Binärbild `I` eine *Dilation* mit dem bei der Initialisierung des Filters angegebenen Strukturelement aus.

`void erode (ByteProcessor I)`

Führt auf das Binärbild `I` eine *Erosion* mit dem bei der Initialisierung des Filters angegebenen Strukturelement aus.

`void open (ByteProcessor I)`

Führt auf das Binärbild `I` ein *Opening* mit dem bei der Initialisierung des Filters angegebenen Strukturelement aus.

`void close (ByteProcessor I)`

Führt auf das Binärbild `I` ein *Closing* mit dem bei der Initialisierung des Filters angegebenen Strukturelement aus.

`void outline (ByteProcessor I)`

Führt auf das Binärbild `I` eine *Outline*-Operation mit einem 3×3 Strukturelement aus (Abschn. 9.2.7).

`void thin (ByteProcessor I)`

Führt auf das Binärbild `I` eine *Thinning*-Operation mit einem 3×3 Strukturelement aus (mit $i_{\max} = 1500$ Iterationen, siehe Alg. 9.3).

`void thin (ByteProcessor I, int iMax)`

Führt eine *Thinning*-Operation aus mit höchstens `iMax` Iterationen (siehe Alg. 9.3).

`int thinOnce (ByteProcessor I)`

Führt auf das Binärbild `I` eine einzelne Iteration der *Thinning*-Operation aus (siehe Alg. 9.3). Rückgabewert ist die Anzahl der durchgeführten Pixel-Löschungen.

Die oben angeführten Methoden betrachten grundsätzlich alle Bildelemente mit Wert 0 als Hintergrund und Werte > 0 als Vordergrundpixel. Im Unterschied zur internen Implementierung in ImageJ (s. unten) wird dabei die Einstellung der Lookup-Tabelle des Bilds (die üblicherweise nur für die Bildschirmdarstellung verwendet wird) *nicht* berücksichtigt.

Das Beispiel in Prog. 9.2 zeigt die Verwendung der Klasse `Binary-MorphologyFilter` in einem vollständigen ImageJ Plugin, das eine Dilation mit einem scheibenförmigen Strukturelement mit 5 Pixel Radius ausführt. Weitere Anwendungsbeispiele sind online zu finden.

9.4.4 Morphologische Operationen in ImageJ

Neben der oben beschriebenen (eigenen) Implementierung stellt ImageJ durch die Klasse `ImageProcessor` bereits fertige Methoden für einfache morphologische Filter zur Verfügung, nämlich `dilate()` und `erode()`.

Diese Methoden verwenden ein 3×3 Strukturelement (entsprechend Abb. 9.11 (b)). Diese Methoden sind nur für die Klassen `ByteProcessor` und `ColorProcessor` verfügbar. Bei RGB-Farbbildern werden die morphologischen Operationen getrennt auf die einzelnen Farbkomponenten wie auf gewöhnliche Grauwertbilder angewandt. Alle diese und einige

Programm 9.2
Beispiel für die Verwendung der
Klasse `BinaryMorphologyFilter`
(siehe Abschn. 9.4.3) innerhalb eines ImageJ Plugins. Das eigentliche
Filterobjekt wird in Zeile 18 erzeugt
und anschließend in Zeile 19 auf das
Bild `ip` vom Typ `ByteProcessor`
angewandt. Die möglichen Operationen (Auswahl in `OpType`)
sind `Dilate`, `Erode`, `Open`, `Close`,
`Outline` und `Thin`. Die Ergebnisse
sind ausschließlich von den Pixelwerten des Eingangsbilds `ip` abhängig, wobei Pixel mit dem Wert
0 immer als Hintergrund interpretiert werden und alle Werte >
0 als Vordergrund. Die Lookup-
Tabelle (LUT) zur Bilddarstellung
wird dabei nicht berücksichtigt.

```
1  import ij.ImagePlus;
2  import ij.plugin.filter.PlugInFilter;
3  import ij.process.ByteProcessor;
4  import ij.process.ImageProcessor;
5  import imagingbook.pub.morphology.BinaryMorphologyFilter;
6  import imagingbook.pub.morphology.BinaryMorphologyFilter.
       OpType;
7
8  public class Bin_Dilate_Disk_Demo implements PlugInFilter {
9    static double radius = 5.0;
10   static OpType op = OpType.Dilate; // Erode, Open, Close, ...
11
12   public int setup(String arg, ImagePlus imp) {
13     return DOES_8G;
14   }
15
16   public void run(ImageProcessor ip) {
17     BinaryMorphologyFilter bmf =
18         new BinaryMorphologyFilter.Disk(radius);
19     bmf.applyTo((ByteProcessor) ip, op);
20   }
21 }
```

weitere morphologische Operationen können in ImageJ auch interaktiv
über das Menü Process ▷ Binary eingesetzt werden (siehe Abb. 9.23 (a)).

Man beachte, dass in den Methoden `dilate()` und `erode()` zur Un-
terscheidung von Vordergrund- und Hintergrundwerten u. a. die aktuelle
Einstellung der Lookup-Tabelle (LUT) des Eingangsbilds berücksichtigt
wird![8] Das heißt, die Entscheidung ob ein Pixel zum Vordergrund oder
Hintergrund gehört hängt nicht vom Pixelwert selbst sondern von seiner
Darstellung am Bildschirm ab sowie der Einstellung in Process ▷ Binary
▷ Options... (siehe Abb. 9.23 (b)).[9] Es ist daher zu empfehlen, stattdessen
die (nur für `ByteProcessor` definierten) Varianten

```
dilate(int count, int background),
erode(int count, int background)
```

zu verwenden, wo der Pixelwert für den Hintergrund (`background`) explizit angegeben wird und unabhängig von anderen Einstellungen ist.
Daneben bietet die Klasse `ByteProcessor` mit den Methoden weitere
morphologische Operationen, die ausschließlich für Binärbilder definiert
sind, u. a. `outline()` und `skeletonize()`. Die Methode `outline()` implementiert die Extraktion von Rändern mit dem Strukturelement ei-

---

[8] In der in Abschn. 9.4.3 beschriebenen Implementierung wird die Lookup-
Tabelle bewusst nicht berücksichtigt.

[9] Diese Abhängigkeiten können leicht zu Verwirrung führen und auch dazu,
dass die Ergebnisse von den Einstellungen der Arbeitsumgebung abhängig
sind und somit derselbe Quellcode auf ansonsten identischen Rechnern zu
unterschiedlichen Ergebnissen führen kann.

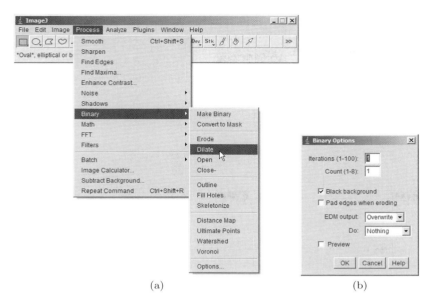

Abbildung 9.23
Morphologische Operationen im
Standard-ImageJ Menü Process▷
Binary (a) und mögliche Einstellun-
gen mit Process▷Binary▷Options... (b).
Die Auswahl „Black background" legt
fest, ob der Hintergrund hell oder
dunkel ist und beeinflusst damit auch
die Ergebnisse der morphologischen
Operationen in ImageJ.

(a)   (b)

ner 8er-Nachbarschaft, wie in Abschn. 9.2.7 beschrieben. `skeletonize()`
wiederum implementiert ein *Thinning* Verfahren ähnlich zu Algorithmus 9.3.

9.5 Morphologische Filter für Grauwertbilder

Morphologische Operationen sind nicht auf Binärbilder beschränkt, sondern in ähnlicher Form auch für Grauwertbilder definiert. Trotz der identischen Bezeichnung unterscheidet sich allerdings die Definition der morphologischen Operationen für Grauwertbilder stark von der für Binärbilder. Tatsächlich ist deren Definition eine *Verallgemeinerung* der binären morphologischen Operationen, wobei die binären Operatoren OR
und AND durch die arithmetischen Operatoren MAX bzw. MIN ersetzt
sind. Als Folge davon können Prozeduren für morphologische Grauwer-
toperationen ohne Modifikation auch binäre Operationen durchführen,
was umgekehrt nicht möglich ist.[10] Bei Farbbildern werden diese Methoden üblicherweise unabhängig auf die einzelnen Farbkomponenten angewandt.

9.5.1 Strukturelemente

Zunächst werden die Strukturelemente bei morphologischen Filtern für
Grauwertbilder nicht wie bei binären Filtern als Punktmengen, sondern
als 2D-Funktionen mit beliebigen (reellen) Werten definiert, d. h.

---

[10] Die in Abschn. 9.4.4 beschriebene Implementierung der morphologischen
Operationen in ImageJ ist auf Binär- und Grauwertbilder anwendbar.

$$H(i,j) \in \mathbb{R}, \qquad \text{für } (i,j) \in \mathbb{Z}^2. \tag{9.32}$$

Die Werte in $H(i,j)$ können auch negativ oder null sein, allerdings beeinflussen – im Unterschied zur linearen Faltung (Abschn. 5.3.1) – auch die Nullwerte das Ergebnis.[11] Bei der Implementierung morphologischer Grauwert-Operationen muss daher bei den Zellen des Strukturelements H zwischen dem Wert 0 und *leeren* Zellen („don't care") explizit unterschieden werden, also gilt beispielsweise

$$
\begin{array}{ccc}
0 & 1 & 0 \\
1 & 2 & 1 \\
0 & 1 & 0
\end{array}
\quad \neq \quad
\begin{array}{ccc}
  & 1 &   \\
1 & 2 & 1 \\
  & 1 &
\end{array} \ . \tag{9.33}
$$

9.5.2 Dilation und Erosion

Das Ergebnis der Grauwert-*Dilation* $I \oplus H$ wird definiert als *Maximum* der addierten Werte des Filters H und der entsprechenden Bildregion I, d. h.,

$$(I \oplus H)(u,v) = \max_{(i,j) \in H} \left(I(u{+}i, v{+}j) + H(i,j) \right). \tag{9.34}$$

Analog dazu entspricht die Grauwert-*Erosion* dem *Minimum* der Differenzen, also

$$(I \ominus H)(u,v) = \min_{(i,j) \in H} \left(I(u{+}i, v{+}j) - H(i,j) \right). \tag{9.35}$$

Abbildung 9.24 und 9.25 zeigen anhand eines einfachen Beispiels die Wirkungsweise der Grauwert-Dilation bzw. Erosion.

In beiden Operationen können grundsätzlich *negative* Ergebniswerte entstehen, die bei einem eingeschränkten Wertebereich z. B. mittels *Clamping* (s. Abschn. 4.1.2) zu berücksichtigen sind. Ergebnisse von Dilation und Erosion mit konkreten Grauwertbildern und scheibenförmigen Strukturelementen verschiedener Größe zeigt Abb. 9.26.

9.5.3 Opening und Closing

Opening und Closing für Grauwertbilder sind – genauso wie für Binärbilder (Gl. 9.23, 9.24) – als zusammengesetzte Dilation und Erosion mit jeweils demselben Strukturelement definiert. Abb. 9.27 zeigt Beispiele für diese Operationen, wiederum unter Verwendung scheibenförmiger Strukturelemente verschiedener Größe.

In Abb. 9.28 und 9.29 sind die Ergebnisse von Grauwert-Dilation und -Erosion bzw. von Grauwert-Opening und -Closing mit verschiedenen, frei gestalteten Strukturelementen dargestellt. Interessante Effekte können z. B. mit Strukturelementen erzielt werden, die der Form natürlicher Pinselstriche ähnlich sind.

---

[11] Hingegen bedeutet ein Nullwert in einem linearen Faltungskern, dass das zugehörige Bildelement in der Faltungssumme nicht berücksichtigt wird.

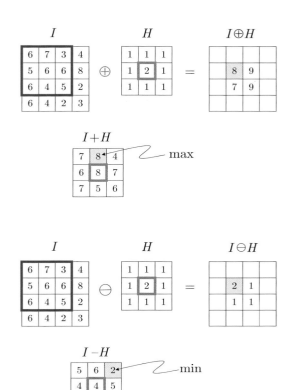

Abbildung 9.24
Grauwert-Dilation $I \oplus H$. Das 3×3-Strukturelement ist dem Bild I überlagert dargestellt. Die Werte in I werden elementweise zu den entsprechenden Werten in H addiert; das Zwischenergebnis $(I + H)$ für die gezeigte Filterposition ist darunter abgebildet. Dessen Maximalwert $8 = 7 + 1$ wird an der aktuellen Position des *hot spot* in das Ergebnisbild $(I \oplus H)$ eingesetzt. Zusätzlich sind die Ergebnisse für drei weitere Filterpositionen gezeigt.

Abbildung 9.25
Grauwert-Erosion $I \ominus H$. Das 3×3-Strukturelement ist dem Bild I überlagert dargestellt. Die Werte von H werden elementweise von den entsprechenden Werten in I subtrahiert; das Zwischenergebnis $(I - H)$ für die gezeigte Filterposition ist darunter abgebildet. Dessen Minimalwert $3 - 1 = 2$ wird an der aktuellen Position des *hot spot* in das Ergebnisbild $(I \ominus H)$ eingesetzt.

9.5.4 Implementierung

Wie bereits in Abschn. 9.4.4 erwähnt sind die in ImageJ selbst implementierten morphologischen Operationen sowohl für Binärbilder wie auch für Grauwertbilder konzipiert. Darüber hinaus existieren spezielle Plugins[12] für morphologische Filter, wie z. B. das *Grayscale Morphology* Plugin von Dimiter Prodanov, bei dem die Strukturelemente weitgehend frei spezifiziert werden können. Eine modifizierte Version dieser Software wurde auch für einige der Beispiele in diesem Kapitel verwendet.

---

[12] http://rsb.info.nih.gov/ij/plugins

Abbildung 9.26
Grauwert-Dilation und -Erosion mit scheibenförmigen Strukturelementen. Der Radius r des Strukturelements ist 2.5 (a), 5.0 (b) und 10.0 (c).

Originalbild

Dilation

Erosion

(a) $r = 2.5$

(b) $r = 5.0$

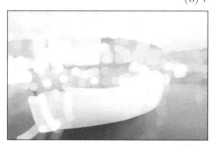

(c) $r = 10.0$

Opening   Closing

(a) $r = 2.5$

(b) $r = 5.0$

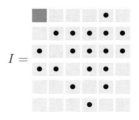 

(c) $r = 10.0$

Abbildung 9.27
Grauwert-Opening und -Closing mit scheibenförmigen Strukturelementen. Der Radius r des Strukturelements ist 2.5 (a), 5.0 (b) und 10.0 (c).

9.6 Aufgaben

Aufg. 9.1. Berechnen Sie manuell die Ergebnisse für die Dilation und die Erosion zwischen dem folgenden Binärbild I und den Strukturelementen H_1 und H_2:

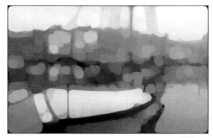

Aufg. 9.2. Angenommen, in einem Binärbild I sind störende Vordergrundflecken mit einem Durchmesser von maximal 5 Pixel zu entfernen und die restlichen Bildkomponenten sollen möglichst unverändert bleiben. Entwerfen Sie für diesen Zweck eine morphologische Operation und erproben Sie diese an geeigneten Testbildern.

Aufg. 9.3. Untersuchen Sie, ob die Ergebnisse des Thinning-Verfahrens in Alg. 9.2 bzw. der `skeletonize()`-Methode von ImageJ *invariant* gegenüber 90°-Drehungen und horizontalen/vertikalen Spiegelungen des

Opening Closing

Abbildung 9.29
Grauwert-Opening und -Closing mit
verschiedenen, frei gestalteten Strukturelementen.

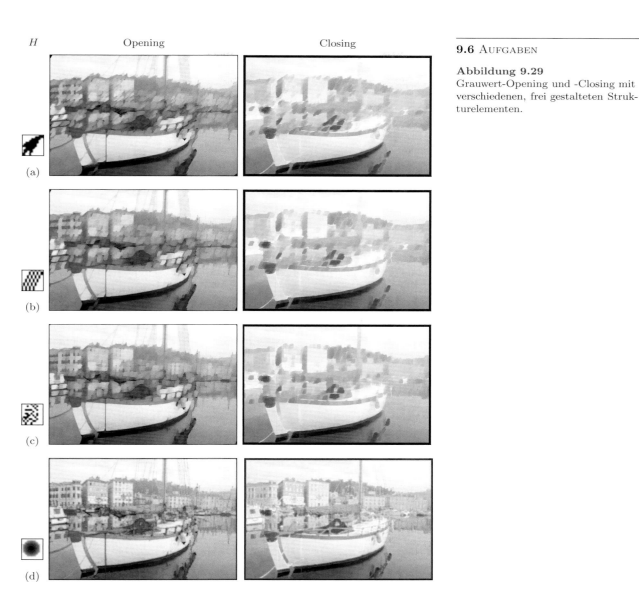

(a)

(b)

(c)

(d)

Ausgangsbilds sind. Untersuchen Sie anhand geeigneter Testbilder, ob
die Ergebnisse exakt identisch sind.

Aufg. 9.4. Die Verwendung des durch *Thinnning* erzeugten Skeletts einer binären Region zur Charakterisierung der Form ist eine naheliegende
Idee. Ein gängiger Ansatz dazu ist die Zerlegung des Skeletts in einzelne Segmente und verbindende Knoten, also eine Graphenstruktur,
die als abstrakte Formbeschreibung dient. Ein Beispiel dafür zeigt Abb.
9.30. Erzeugen Sie das Skelett mithilfe der `skeletonize()`-Methode von
ImageJ oder der `thin()`-Methode von `BinaryMorphologyFilter` (siehe

Abbildung 9.30
Beispiel für die Strukturierung eines Skeletts in einzelne Segmente. Binäres Originalbild (a) und das durch *Thinning* erzeugte Skelett (b). Die Endpunkte der Segmente sind grün, die inneren Knoten rot markiert.

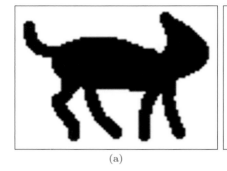 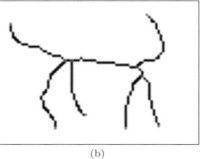

(a) (b)

Abschn. 9.4.3). Suchen und markieren Sie dann im Ergebnisbild die End- und Verbindungsknoten dieser Struktur. Definieren Sie präzise, welche Eigenschaft ein Verbindungsknoten erfüllen muss und gehen Sie bei der Implementierung nach dieser Definition vor. Testen Sie Ihr Verfahren auch an anderen Beispielen. Wie ist die Robustheit und Eignung dieses Verfahrens für die Formrepräsentation grundsätzlich einzuschätzen?

Aufg. 9.5. Zeigen Sie, dass im Fall eines Strukturelements der Form

für Binärbilder bzw.   für Grauwertbilder

eine *Dilation* äquivalent zu einem 3×3 Maximum-Filter und die entsprechende *Erosion* äquivalent zu einem 3×3 Minimum-Filter ist (siehe Abschn. 5.4.1).

10

Regionen in Binärbildern

Binärbilder, mit denen wir uns bereits im vorhergehenden Kapitel ausführlich beschäftigt haben, sind Bilder, in denen ein Pixel einen von nur zwei Werten annehmen kann. Wir bezeichnen diese beiden Werte häufig als „Vordergrund" bzw. „Hintergrund", obwohl eine solche eindeutige Unterscheidung in natürlichen Bildern oft nicht möglich ist. In diesem Kapitel gilt unser Augenmerk zusammenhängenden Bildstrukturen und insbesondere der Frage, wie wir diese isolieren und beschreiben können.

Angenommen, wir müssten ein Programm erstellen, das die Anzahl und Art der in Abb. 10.1 abgebildeten Objekte interpretiert. Solange wir jedes einzelne Pixel isoliert betrachten, werden wir nicht herausfinden, wie viele Objekte überhaupt in diesem Bild sind, wo sie sich befinden und welche Pixel zu welchem der Objekte gehören. Unsere erste Aufgabe ist

Abbildung 10.1
Binärbild mit 9 Objekten. Jedem Objekt entspricht jeweils eine zusammenhängende Region von (schwarzen) Vordergrundelementen.

daher, zunächst einmal jedes einzelne Objekt zu finden, indem wir alle Pixel zusammenfügen, die Teil dieses Objekts sind. Im einfachsten Fall entspricht ein Objekt einer Gruppe von aneinander angrenzenden Vordergrundpixeln, also eine *verbundene Komponente* oder *binäre Region*.

10.1 Auffinden von Bildregionen

Bei der Suche nach binären Bildregionen sind die zunächst wichtigsten Aufgaben, herauszufinden, welche Pixel zu welcher Region gehören, wie viele Regionen im Bild existieren und wo sich diese Regionen befinden. Diese Schritte werden üblicherweise in *einem* Prozess durchgeführt, der als „Regionenmarkierung" (*region labeling* oder auch *region coloring*) bezeichnet wird. Dabei werden zueinander benachbarte Pixel schrittweise zu Regionen zusammengefügt und allen Pixeln innerhalb einer Region eindeutige Identifikationsnummern („labels") zugeordnet. Im Folgenden beschreiben wir zwei Varianten dieser Idee: Die erste Variante (Regionenmarkierung durch *flood filling*) füllt, ausgehend von einem gegebenen Startpunkt, jeweils eine einzige Region in alle Richtungen. Bei der zweiten Methode (*sequentielle Regionenmarkierung*) wird im Gegensatz dazu das Bild von oben nach unten durchlaufen und alle Regionen auf einmal markiert. In Abschn. 10.2.2 beschreiben wir noch ein drittes Verfahren, das die Regionenmarkierung mit dem Auffinden von Konturen kombiniert.

Unabhängig vom gewählten Ansatz müssen wir auch – durch Wahl der 4er- oder 8er-Nachbarschaft (siehe Abb. 9.5) – fixieren, unter welchen Bedingungen zwei Pixel miteinander „verbunden" sind, denn die beiden Arten der Nachbarschaft führen i. Allg. zu unterschiedlichen Ergebnissen. Für die Regionenmarkierung nehmen wir an, dass das zunächst binäre Ausgangsbild $I(u, v)$ die Werte 0 (Hintergrund) und 1 (Vordergrund) enthält und alle weiteren Werte für Markierungen, d. h. zur Nummerierung der Regionen, genutzt werden können:

$$I(u, v) = \begin{cases} 0 & \text{Hintergrund (\textit{background}),} \\ 1 & \text{Vordergrund (\textit{foreground}),} \\ 2, 3, \ldots & \text{Regionenmarkierung (\textit{label}).} \end{cases}$$

10.1.1 Regionenmarkierung durch *Flood Filling*

Der grundlegende Algorithmus für die Regionenmarkierung durch *Flood Filling* ist einfach: Zuerst wird im Bild ein noch unmarkiertes Vordergrundpixel gesucht, von dem aus der Rest der zugehörigen Region „gefüllt" wird. Dazu werden, ausgehend von diesem Startpixel, alle zusammenhängenden Pixel der Region besucht und markiert, ähnlich einer Flutwelle (*flood*), die sich über die Region ausbreitet. Für die Realisierung der Fülloperation gibt es verschiedene Methoden, die sich vor allem dadurch unterscheiden, wie die noch zu besuchenden Pixelkoordinaten verwaltet werden. Wir beschreiben nachfolgend drei Realisierungen der FloodFill()-Prozedur: eine rekursive Variante, eine iterative *Depth-first-* und eine iterative *Breadth-first*-Variante:

A. Rekursive Regionenmarkierung: Die rekursive Variante (Alg. 10.1, Zeile 8) benutzt zur Verwaltung der noch zu besuchenden Bildkoordinaten keine expliziten Datenstrukturen, sondern verwendet dazu die lokalen Variablen der rekursiven Prozedur.[1] Durch die Nachbarschaftsbeziehung zwischen den Bildelementen ergibt sich eine Baumstruktur, deren Wurzel der Startpunkt innerhalb der Region bildet. Die Rekursion entspricht einem Tiefendurchlauf (*depth-first traversal*) [51, 87] dieses Baums und führt zu einem sehr einfachen Programmcode, allerdings ist die Rekursionstiefe proportional zur Größe der Region und daher der Stack-Speicher rasch erschöpft. Die Methode ist deshalb nur für sehr kleine Bilder anwendbar.

B. Iteratives *Flood Filling* (*depth-first*): Jede rekursive Prozedur kann mithilfe eines eigenen *Stacks* auch iterativ implementiert werden (Alg. 10.1, Zeile 16). Der Stack dient dabei zur Verwaltung der noch „offenen" (d. h. noch nicht bearbeiteten) Elemente. Wie in der rekursiven Variante (A) wird der Baum von Bildelementen im *Depth-first*-Modus durchlaufen. Durch den eigenen, dedizierten Stack (der dynamisch im so genannten *Heap-Memory* angelegt wird) ist die Tiefe des Baums nicht mehr durch die Größe des Aufruf-Stacks beschränkt.

C. Iteratives *Flood Filling* (*breadth-first*): Ausgehend vom Startpunkt werden in dieser Variante die jeweils angrenzenden Pixel schichtweise, ähnlich einer Wellenfront expandiert (Alg. 10.1, Zeile 29). Als Datenstruktur für die Verwaltung der noch unbearbeiteten Pixelkoordinaten wird (anstelle des Stacks) eine *Queue* (Warteschlange) verwendet. Ansonsten ist das Verfahren identisch zu Variante B.

Java-Implementierung

Die rekursive Variante (A) des Algorithmus ist in Java praktisch 1:1 umzusetzen. Allerdings erlaubt ein normales Java-Laufzeitsystem nicht mehr als ungefähr 10.000 rekursiv geschachtelte Aufrufe der FloodFill()-Prozedur (Alg. 10.1, Zeile 8), bevor der Speicherplatz des Aufruf-Stacks erschöpft ist. Das reicht nur für relativ kleine Bilder mit weniger als ca. 200×200 Pixel.

---

[1] Für lokale Variablen wird in Java (oder auch in C und C++) bei jedem Prozeduraufruf der entsprechende Speicherplatz dynamisch im so genannten *Stack Memory* angelegt.

Algorithmus 10.1
Regionenmarkierung durch *Flood Filling*. Das binäre Eingangsbild I enthält die Werte 0 für Hintergrundpixel und 1 für Vordergrundpixel. Es werden alle bislang unmarkierten Vordergrundpixel gesucht, von denen aus die zugehörige Region gefüllt wird. Die FloodFill()-Prozedur ist in drei verschiedenen Varianten ausgeführt: *rekursiv*, *depth-first* und *breadth-first*.

1: **RegionLabeling**(I)
 Input: I, an integer-valued image with initial values $0 = background$, $1 = foreground$. Returns nothing but modifies the image I.
2:     $label \leftarrow 2$ ▷ value of the next label to be assigned
3:     **for all** image coordinates u, v **do**
4:         **if** $I(u, v) = 1$ **then**   ▷ a foreground pixel
5:             FloodFill($I, u, v, label$)   ▷ use any of the 3 versions below
6:             $label \leftarrow label + 1$.
7:     **return**

8: **FloodFill**($I, u, v, label$)   **▷ Recursive Variante**
9:     **if** u, v is within the image boundaries **and** $I(u, v) = 1$ **then**
10:         $I(u, v) \leftarrow label$
11:         FloodFill($I, u+1, v, label$)   ▷ recursive call to FloodFill()
12:         FloodFill($I, u, v+1, label$)
13:         FloodFill($I, u, v-1, label$)
14:         FloodFill($I, u-1, v, label$)
15:     **return**

16: **FloodFill**($I, u, v, label$)   **▷ Depth-First Variante**
17:     $S \leftarrow ()$ ▷ create an empty stack S
18:     $S \leftarrow \langle u, v \rangle \smallfrown S$ ▷ push seed coordinate $\langle u, v \rangle$ onto S
19:     **while** $S \neq ()$ **do**   ▷ while S is not empty
20:         $\langle x, y \rangle \leftarrow$ GetFirst(S)
21:         $S \leftarrow$ Delete($\langle x, y \rangle, S$)   ▷ pop first coordinate off the stack
22:         **if** x, y is within the image boundaries **and** $I(x, y) = 1$ **then**
23:             $I(x, y) \leftarrow label$
24:             $S \leftarrow \langle x+1, y \rangle \smallfrown S$ ▷ push $\langle x+1, y \rangle$ onto S
25:             $S \leftarrow \langle x, y+1 \rangle \smallfrown S$ ▷ push $\langle x, y+1 \rangle$ onto S
26:             $S \leftarrow \langle x, y-1 \rangle \smallfrown S$ ▷ push $\langle x, y-1 \rangle$ onto S
27:             $S \leftarrow \langle x-1, y \rangle \smallfrown S$ ▷ push $\langle x-1, y \rangle$ onto S
28:     **return**

29: **FloodFill**($I, u, v, label$)   **▷ Breadth-First Variante**
30:     $Q \leftarrow ()$ ▷ create an empty queue Q
31:     $Q \leftarrow Q \smallfrown \langle u, v \rangle$ ▷ append seed coordinate $\langle u, v \rangle$ to Q
32:     **while** $Q \neq ()$ **do**   ▷ while Q is not empty
33:         $\langle x, y \rangle \leftarrow$ GetFirst(Q)
34:         $Q \leftarrow$ Delete($\langle x, y \rangle, Q$)   ▷ dequeue first coordinate
35:         **if** x, y is within the image boundaries **and** $I(x, y) = 1$ **then**
36:             $I(x, y) \leftarrow label$
37:             $Q \leftarrow Q \smallfrown \langle x+1, y \rangle$ ▷ append $\langle x+1, y \rangle$ to Q
38:             $Q \leftarrow Q \smallfrown \langle x, y+1 \rangle$ ▷ append $\langle x, y+1 \rangle$ to Q
39:             $Q \leftarrow Q \smallfrown \langle x, y-1 \rangle$ ▷ append $\langle x, y-1 \rangle$ to Q
40:             $Q \leftarrow Q \smallfrown \langle x-1, y \rangle$ ▷ append $\langle x-1, y \rangle$ to Q
41:     **return**

Depth-first-Variante (mit *Stack*):

```
 1 void floodFill(int u, int v, int label) {
 2   Deque<Point> S = new LinkedList<Point>(); // stack S
 3   S.push(new Point(u, v));
 4   while (!S.isEmpty()){
 5     Point p = S.pop();
 6     int x = p.x;
 7     int y = p.y;
 8     if ((x >= 0) && (x < width) && (y >= 0) && (y < height)
 9         && ip.getPixel(x, y) == 1) {
10       ip.putPixel(x, y, label);
11       S.push(new Point(x + 1, y));
12       S.push(new Point(x, y + 1));
13       S.push(new Point(x, y - 1));
14       S.push(new Point(x - 1, y));
15     }
16   }
17 }
```

Breadth-first-Variante (mit *Queue*):

```
18 void floodFill(int u, int v, int label) {
19   Queue<Point> Q = new LinkedList<Point>(); // queue Q
20   Q.add(new Point(u, v));
21   while (!Q.isEmpty()) {
22     Point p = Q.remove(); // get the next point to process
23     int x = p.x;
24     int y = p.y;
25     if ((x >= 0) && (x < width) && (y >= 0) && (y < height)
26         && ip.getPixel(x, y) == 1) {
27       ip.putPixel(x, y, label);
28       Q.add(new Point(x+1, y));
29       Q.add(new Point(x, y+1));
30       Q.add(new Point(x, y-1));
31       Q.add(new Point(x-1, y));
32     }
33   }
34 }
```

Programm 10.1
Java-Implementierung der *Flood Filling*-Prozedur analog zu Alg. 10.1 (*Depth-first*- und *Breadth-first*-Variante). Beide Varianten verwenden als dynamischen Container die Klasse `LinkedList<Point>`, die sowohl das Interface `Deque` (Stack) als auch das Interface `Queue` implementiert. Die *Depth-first*-Variante (Zeile 1–17) verwendet die Stack- Methoden `push()`, `pop()` und `isEmpty()`. Die *Breadth-first*-Variante (Zeile 18–34) verwendet die Methoden `add()` und `remove` für das Hinzufügen und Entfernen von `Point`-Objekten zur bzw. aus der Queue.

Prog. 10.1 zeigt die vollständige Java-Implementierung beider Varianten der iterativen FloodFill()-Prozedur. Zur Repräsentation der Pixelkoordinaten wird dabei die Java-Klasse Point verwendet.

In der iterativen *Depth-first*-Variante (Prog. 10.1, Zeile 1–17) verwenden wir als Datenstruktur zur Realisierung des Stacks die Java-Klasse LinkedList,[2] die das Interface Deque („double-ended queue") mit den Stack-Methoden push(), pop() und isEmpty() implementiert. Für die *Queue*-Datenstruktur in der *Breadth-first*-Variante (Prog. 10.1, Zeile 18–34) wird ebenfalls die Klasse LinkedList verwendet, die auch die Me-

---

[2] Die Klasse LinkedList ist Teil des *Java Collection Frameworks* (s. auch Anhang 6.2).

thoden `add()` und `remove` des Java `Queue`-Interface implementiert. Die Container-Klassen sind durch die Angabe `<Point>` auf den Objekttyp `Point` parametrisiert, d. h. sie können nur Objekte dieses Typs aufnehmen.[3]

Abb. 10.2 illustriert den Ablauf der Regionenmarkierung in beiden Varianten anhand eines konkreten Beispiels mit einer Region, wobei der Startpunkt („seed point") – der normalerweise am Rand der Kontur liegt – willkürlich im Inneren der Region gewählt wurde. Deutlich ist zu sehen, dass die *Depth-first*-Methode zunächst entlang *einer* Richtung (in diesem Fall horizontal nach links) bis zum Ende der Region vorgeht und erst dann die übrigen Richtungen berücksichtigt. Im Gegensatz dazu breitet sich die Markierung bei der *Breadth-first*-Methode annähernd gleichförmig, d. h. Schicht um Schicht, in alle Richtungen aus.

Generell ist der Speicherbedarf bei der *Breadth-first*-Variante des *Flood-fill*-Verfahrens deutlich niedriger als bei der *Depth-first*-Variante. Für das Beispiel in Abb. 10.2 mit der in Prog. 10.1 gezeigten Implementierung erreicht die Größe des *Stacks* in der *Depth-first*-Variante 28.822 Elemente, während die *Queue* der *Breadth-first*-Variante nur maximal 438 Knoten aufnehmen muss.

10.1.2 Sequentielle Regionenmarkierung

Die sequentielle Regionenmarkierung ist eine klassische, nicht rekursive Technik, die in der Literatur auch als „region labeling" bekannt ist. Der Algorithmus besteht im Wesentlichen aus zwei Schritten: (1) einer vorläufigen Markierung der Bildregionen und (2) der Auflösung von mehrfachen Markierungen innerhalb derselben Region. Das Verfahren ist (vor allem im 2. Schritt) relativ komplex, aber wegen seines moderaten Speicherbedarfs durchaus verbreitet, bietet in der Praxis allerdings gegenüber einfacheren Methoden kaum Vorteile. Der gesamte Ablauf ist in Alg. 10.2 dargestellt, der im Wesentlichen folgende Schritte durchläuft:

Schritt 1: Vorläufige Markierung

Im ersten Schritt des „region labeling" wird das Bild sequentiell von links oben nach rechts unten durchlaufen und dabei jedes Vordergrundpixel mit einer vorläufigen Markierung versehen. Je nach Definition der Nachbarschaftsbeziehung werden dabei für jedes Pixel (u, v) die Umgebungen

$$\mathcal{N}_4(u,v) = \begin{array}{ccc} & N_1 & \\ N_2 & \times & N_0 \\ & N_3 & \end{array} \qquad \text{oder} \qquad \mathcal{N}_8(u,v) = \begin{array}{ccc} N_3 & N_2 & N_1 \\ N_4 & \times & N_0 \\ N_5 & N_6 & N_7 \end{array} \qquad (10.1)$$

für eine 4er- bzw. 8er-Nachbarschaft berücksichtigt ($\times$ markiert das aktuelle Pixel an der Position (u, v)). Im Fall einer 4er-Nachbarschaft werden

---

[3] Generische Typen und die damit verbundene Möglichkeit zur Parametrisierung von Container-Klassen gibt es seit Java 5 (1.5).

(a)

Original

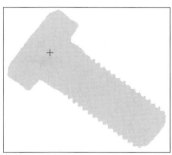

depth-first **breadth-first**

(a)

$K = 1.000$

(b)

$K = 5.000$

(c)

$K = 10.000$

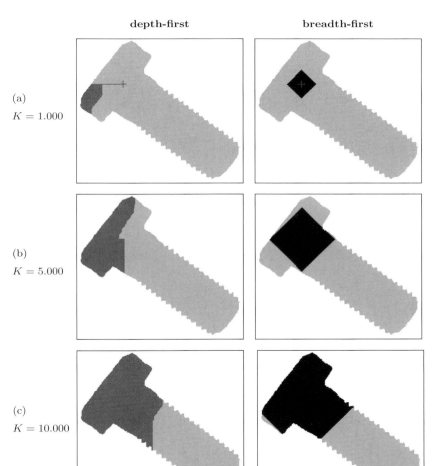

Abbildung 10.2
Iteratives *Flood Filling* – Vergleich
zwischen *Depth-first-* und *Breadth-first*-Variante. Der mit + markierte
Startpunkt im Originalbild (a) ist
willkürlich gewählt. Zwischenergebnisse des *Flood-fill*-Algorithmus nach
$K = 1\,000$, $5\,000$ und $10\,000$ markierten Bildelementen (b–d). Das Originalbild hat eine Größe von 250×242
Pixel.

Algorithmus 10.2
Sequentielle Regionenmarkierung.
Das binäre Eingangsbild I enthält
die Werte $I(u,v) = 0$ für Hintergrundpixel und $I(u,v) = 1$
für Vordergrundpixel (Regionen).
Die resultierenden Markierungen
haben die Werte $2, \ldots, label - 1$.

1:   **SequentialLabeling**(I)
    Input: I, an integer-valued image with initial values $0 = background$,
    $1 = foreground$.
    Returns nothing but modifies the image I.

    Step 1 – Assign initial labels:

2:   $(M, N) \leftarrow$ Size(I)
3:   $label \leftarrow 2$ ▷ value of the next label to be assigned
4:   $C \leftarrow ()$ ▷ empty list of label collisions
5:   **for** $v \leftarrow 0, \ldots, N - 1$ **do**
6:     **for** $u \leftarrow 0, \ldots, M - 1$ **do**
7:       **if** $I(u,v) = 1$ **then**   ▷ $I(u,v)$ is a foreground pixel
8:         $\mathcal{N} \leftarrow$ GetNeighbors(I, u, v) ▷ see Eqn. 10.1
9:         **if** $N_i = 0$ for all $N_i \in \mathcal{N}$ **then**
10:           $I(u,v) \leftarrow label$.
11:           $label \leftarrow label + 1$.
12:         **else if** exactly one $N_j \in \mathcal{N}$ has a value > 1 **then**
13:           set $I(u,v) \leftarrow N_j$
14:         **else if** more than one $N_k \in \mathcal{N}$ have values > 1 **then**
15:           $I(u,v) \leftarrow N_k$ ▷ select one $N_k > 1$ as the new label
16:           **for all** $N_l \in \mathcal{N}$, with $l \neq k$ and $N_l > 1$ **do**
17:             $C \leftarrow C \cup \langle N_k, N_l \rangle$ ▷ register collision $\langle N_k, N_l \rangle$

    Remark: The image I now contains labels $0, 2, \ldots, label{-}1$.

    Step 2 – Resolve label collisions:
    Create a partitioning of the label set (sequence of 1-element sets):
18:   $R \leftarrow (\{2\}, \{3\}, \{4\}, \ldots, \{label{-}1\})$
19:   **for all** collisions $\langle A, B \rangle$ in C **do**
    Find the sets $R(a), R(b)$ holding labels A, B:
20:     $a \leftarrow$ index of the set $R(a)$ that contains label A
21:     $b \leftarrow$ index of the set $R(b)$ that contains label B
22:     **if** $a \neq b$ **then**   ▷ A and B are contained in different sets
23:       $R(a) \leftarrow R(a) \cup R(b)$ ▷ merge elements of $R(b)$ into $R(a)$
24:       $R(b) \leftarrow \{\}$

    Remark: All *equivalent* labels (i.e., all labels of pixels in the same
    connected component) are now contained in the same subset of R.

25:   **Step 3: Relabel the image:**
26:   **for all** $(u,v) \in M \times N$ **do**
27:     **if** $I(u,v) > 1$ **then**   ▷ this is a labeled foreground pixel
28:       $j \leftarrow$ index of the set $R(j)$ that contains label $I(u,v)$
      Choose a representative element k from the set $R(j)$:
29:       $k \leftarrow \min(R(j))$ ▷ e.g., pick the minimum value
30:       $I(u,v) \leftarrow k$ ▷ replace the image label

31:   **return**

also nur die beiden Nachbarn $N_1 = I(u, v-1)$ und $N_2 = I(u-1, v)$ untersucht, bei einer 8er-Nachbarschaft die insgesamt vier Nachbarn $N_1, \ldots, N_4$. Wir verwenden für das nachfolgende Beispiel eine 8er-Nachbarschaft und das Ausgangsbild in Abb. 10.3 (a).

Fortpflanzung von Markierungen

Wir nehmen wiederum an, dass die Bildwerte $I(u, v) = 0$ Hintergrundpixel u nd die Werte $I(u, v) = 1$ Vordergrundpixel darstellen. Nachbarpixel, die außerhalb der Bildmatrix liegen, werden als Hintergrund betrachtet. Die Nachbarschaftsregion $\mathcal{N}(u, v)$ wird nun in horizontaler und anschließend vertikaler Richtung über das Bild geschoben, ausgehend von der linken, oberen Bildecke. Sobald das aktuelle Bildelement $I(u, v)$ ein Vordergrundpixel ist, erhält es entweder eine neue Regionsnummer, oder es wird – falls bereits einer der zuvor besuchten Nachbarn in $\mathcal{N}(u, v)$ auch ein Vordergrundpixel ist – dessen Regionsnummer übernommen. Bestehende Regionsnummern (Markierungen) breiten sich dadurch von links nach rechts bzw. von oben nach unten im Bild aus (Abb. 10.3 (b–c)).

Kollidierende Markierungen

Falls zwei (oder mehr) Nachbarn bereits zu *verschiedenen* Regionen gehören, besteht eine Kollision von Markierungen, d. h., Pixel innerhalb einer zusammenhängenden Region tragen unterschiedliche Markierungen. Zum Beispiel erhalten bei einer U-förmigen Region die Pixel im linken und rechten Arm anfangs unterschiedliche Markierungen, da zunächst ja nicht sichtbar ist, dass sie tatsächlich zu einer gemeinsamen Region gehören. Die beiden Markierungen werden sich in der Folge unabhängig nach unten fortpflanzen und schließlich im unteren Teil des U kollidieren (siehe Abb. 10.3 (d)).

Wenn zwei Markierungen A, B zusammenstoßen, wissen wir, dass sie „äquivalent" sind und die beiden zugehörigen Bildregionen verbunden sind, also tatsächlich eine gemeinsame Region bilden. Diese Kollisionen werden im ersten Schritt nicht unmittelbar behoben, sondern nur in geeigneter Form bei ihrem Auftreten „registriert" und erst in Schritt 2 des Algorithmus behandelt. Abhängig vom Bildinhalt können nur wenige oder auch sehr viele Kollisionen auftreten und ihre Gesamtanzahl steht erst am Ende des ersten Durchlaufs fest. Zur Verwaltung der Kollisionen benötigt man daher dynamischer Datenstrukturen, wie z. B. verkettete Listen oder *Hash*-Tabellen.

Als Ergebnis des ersten Schritts sind alle ursprünglichen Vordergrundpixel durch eine vorläufige Markierung ersetzt und die aufgetretenen Kollisionen zwischen zusammengehörigen Markierungen sind in einer geeigneten Form registriert. Das Beispiel in Abb. 10.4 zeigt das Ergebnis nach Schritt 1: alle Vordergrundpixel sind mit vorläufigen Markierungen versehen (Abb. 10.4 (a)), die aufgetretenen (als Kreise angezeigten) Kollisionen zwischen Markierungen $\langle 2, 4 \rangle$, $\langle 2, 5 \rangle$ und $\langle 2, 6 \rangle$, wurden registriert. Die Markierungen (*labels*) $\mathsf{L} = (2, 3, 4, 5, 6, 7)$ und die Kollisionen

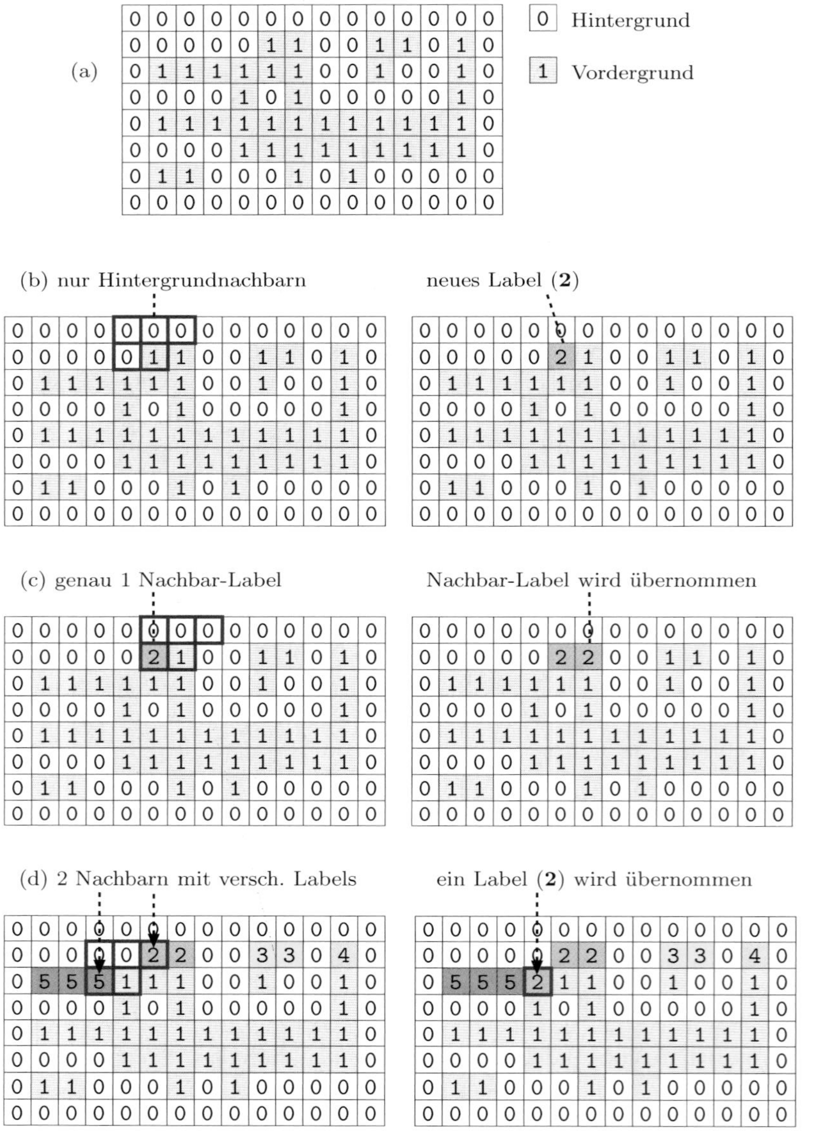

Abbildung 10.3
Sequentielle Regionenmarkierung – Fortpflanzung der Markierungen. Ausgangsbild (a). Das erste Vordergrundpixel [**1**] wird in (b) gefunden: Alle Nachbarn sind Hintergrundpixel [**0**], das Pixel erhält die erste Markierung [**2**]. Im nächsten Schritt (c) ist genau *ein* Nachbarpixel mit dem Label **2** markiert, dieser Wert wird daher übernommen. In (d) sind *zwei* Nachbarpixel mit Label (**2** und **5**) versehen, einer dieser Werte wird übernommen und die Kollision ⟨**2**, **5**⟩ wird registriert.

(a)

0	0	0	0	0	0	0	0	0	0	0	0	0	0
0	0	0	0	0	1	1	0	0	1	1	0	1	0
0	1	1	1	1	1	1	0	0	1	0	0	1	0
0	0	0	0	1	0	1	0	0	0	0	0	1	0
0	1	1	1	1	1	1	1	1	1	1	1	1	0
0	0	0	0	1	1	1	1	1	1	1	1	1	0
0	1	1	0	0	0	1	0	1	0	0	0	0	0
0	0	0	0	0	0	0	0	0	0	0	0	0	0

| 0 | Hintergrund |
| 1 | Vordergrund |

(b) nur Hintergrundnachbarn

neues Label (**2**)

(c) genau 1 Nachbar-Label

Nachbar-Label wird übernommen

(d) 2 Nachbarn mit versch. Labels

ein Label (**2**) wird übernommen

$\mathsf{C} = (\langle 2, 4\rangle, \langle 2, 5\rangle, \langle 2, 6\rangle)$ entsprechen den *Knoten* bzw. *Kanten* eines ungerichteten Graphen (siehe Abb. 10.4 (b)).

Schritt 2: Auflösung der Kollisionen

Aufgabe des zweiten Schritts ist die Auflösung der im ersten Schritt kollidierten Markierungen und die Verbindung der zugehörigen Teilregionen.

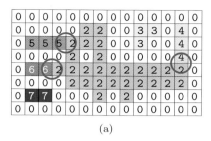 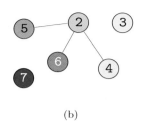

| (a) | (b) |

Abbildung 10.4
Sequentielle Regionenmarkierung
– Ergebnis nach Schritt 1. Label-
Kollisionen sind als Kreise angezeigt
(a), Labels und Kollisionen entsprechen Knoten bzw. Kanten des Graphen in (b).

Dieser Prozess ist nicht trivial, denn zwei unterschiedlich markierte Regionen können miteinander in transitiver Weise über eine dritte Region
„verbunden" sein bzw. im Allgemeinen über eine ganze Kette von Kollisionen. Tatsächlich ist diese Aufgabe identisch zum Problem des Auf-
findens zusammenhängender Teile eines Graphen (*connected components
problem*) [51], wobei die in Schritt 1 zugewiesenen Markierungen (*labels*)
L den „Knoten" des Graphen und die festgestellten Kollisionen C den
„Kanten" entsprechen (siehe Abb. 10.4 (b)).

Nach dem Zusammenführen der unterschiedlichen Markierungen werden die Pixel jeder zusammenhängenden Region durch eine gemeinsame
Markierung (z. B. die niedrigste der vorläufigen Markierungen innerhalb
der Region) ersetzt (siehe Abb. 10.5). Abbildung 10.6 zeigt ein Beispiel
für eine fertige Regionenmarkierung mit einigen Statistiken der Regionen, die auf einfache Weise aus den Labeling-Daten zu berechnen sind.

0	0	0	0	0	0	0	0	0	0	0	0	0	0
0	0	0	0	0	2	2	0	0	3	3	0	2	0
0	2	2	2	2	2	0	0	3	0	0	2	0
0	0	0	0	2	0	2	0	0	0	0	2	0
0	2	2	2	2	2	2	2	2	2	2	0
0	0	0	0	2	2	2	2	2	2	2	0
0	7	7	0	0	0	2	0	2	0	0	0	0
0	0	0	0	0	0	0	0	0	0	0	0	0

Abbildung 10.5
Sequentielle Regionenmarkierung
– Endergebnis nach Schritt 2. Alle
äquivalenten Markierungen wurden
durch die jeweils niedrigste Markierung innerhalb einer Region ersetzt.

10.1.3 Regionenmarkierung – Zusammenfassung

Wir haben in diesem Abschnitt mehrere funktionsfähige Algorithmen
zum Auffinden von zusammenhängenden Bildregionen beschrieben. Die
zunächst attraktive (und elegante) Idee, die einzelnen Regionen von einem Startpunkt aus durch rekursives „flood filling" (Abschn. 10.1.1) zu
markieren, ist wegen der beschränkten Rekursionstiefe in der Praxis
meist nicht anwendbar. Das klassische, sequentielle „region labeling" (Abschn. 10.1.2) ist hingegen relativ komplex und bietet auch keinen echten
Vorteil gegenüber der iterativen *Depth-first-* und *Breadth-first-*Methode,
wobei letztere bei großen und komplexen Bildern generell am effektivsten

Abbildung 10.6
Beispiel für eine fertige Regionenmarkierung anhand des Binärbilds
in Abb. 10.1. Die Pixel innerhalb
jeder der Region sind auf den zugehörigen, fortlaufend vergebenen
Markierungswert $2, 3, \ldots, 10$ gesetzt und als Farbwerte dargestellt.
Die unten stehende Tabelle zeigt einige statistische Parameter der gefundenen Regionen, die leicht aus
den Labeling-Daten zu berechnen
sind. Die Bildgröße ist 1212×836.

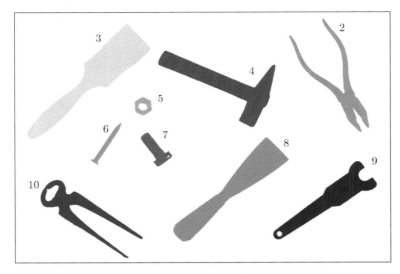

Label	Fläche (Pixel)	Bounding Box (left, top, right, bottom)	Schwerpunkt (x_c, y_c)
2	14978	(887, 21, 1144, 399)	(1049.7, 242.8)
3	36156	(40, 37, 438, 419)	(261.9, 209.5)
4	25904	(464, 126, 841, 382)	(680.6, 240.6)
5	2024	(387, 281, 442, 341)	(414.2, 310.6)
6	2293	(244, 367, 342, 506)	(294.4, 439.0)
7	4394	(406, 400, 507, 512)	(454.1, 457.3)
8	29777	(510, 416, 883, 765)	(704.9, 583.9)
9	20724	(833, 497, 1168, 759)	(1016.0, 624.1)
10	16566	(82, 558, 411, 821)	(208.7, 661.6)

ist. Als interessante Alternative wird nachfolgend (in Abschn. 10.2.2) ein
modernes Verfahren gezeigt, das in effizienter Weise die Regionen markiert und gleichzeitig auch die zugehörigen Konturen bestimmt. Da die
Konturen in vielen Anwendungen ohnehin benötigt werden, wird man
praktischerweise auf dieses kombinierte Verfahren zurückgreifen.

10.2 Konturen von Regionen

Nachdem die Regionen eines Binärbilds gefunden sind, ist der nachfolgende Schritt häufig das Extrahieren der Umrisse oder Konturen dieser
Regionen. Wie vieles andere in der Bildverarbeitung erscheint diese Aufgabe zunächst nicht schwierig – man folgt einfach den Rändern einer
Region. Wie wir sehen werden, erfordert die algorithmische Umsetzung
aber doch eine sorgfältige Überlegung, und tatsächlich ist das Finden von
Konturen eine klassische Aufgabenstellung im Bereich der Bildanalyse.

10.2.1 Äußere und innere Konturen

Wie wir bereits in Abschn. 9.2.7 gezeigt haben, kann man die Pixel an den Rändern von binären Regionen durch morphologische Operationen und Differenzbildung auf einfache Weise identifizieren. Dieses Verfahren *markiert* die Pixel entlang der Konturen und ist z. B. für die Darstellung nützlich. Hier gehen wir jedoch einen Schritt weiter und bestimmen die Kontur jeder Region als *geordnete Folge* ihrer Randpixel. Zu beachten ist dabei, dass zusammengehörige Bildregionen zwar nur eine *äußere* Kontur aufweisen können, jedoch – innerhalb von Löchern – auch beliebig viele *innere* Konturen besitzen können. Innerhalb dieser Löcher können sich wiederum kleinere Regionen mit zugehörigen äußeren Konturen befinden, die selbst wieder Löcher aufweisen können, usw. (Abb. 10.7). Eine weitere Komplikation ergibt sich daraus, dass sich Regionen an manchen Stellen auf die Breite eines einzelnen Pixels verjüngen können, ohne ihren Zusammenhalt zu verlieren, sodass die zugehörige Kontur dieselben Pixel mehr als einmal in unterschiedlichen Richtungen durchläuft (Abb. 10.8). Wird daher eine Kontur von einem Startpunkt x_s beginnend durchlaufen, so reicht es i. Allg. nicht aus, nur wieder bis zu diesem Startpunkt zurückzukehren, sondern es muss auch die aktuelle Konturrichtung beachtet werden.

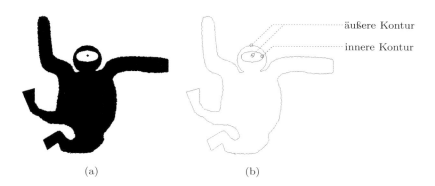

äußere Kontur

innere Kontur

(a)   (b)

Abbildung 10.7
Binärbild (a) mit äußeren und inneren Konturen (b). Äußere Konturen liegen an der Außenseite von Vordergrundregionen (dunkel). Innere Konturen umranden die Löcher von Regionen, die rekursiv weitere Regionen enthalten können.

    Eine Möglichkeit zur Bestimmung der Konturen besteht darin, zunächst – wie im vorherigen Abschnitt (10.1) beschrieben – die zusammengehörigen Vordergrundregionen zu identifizieren und anschließend die äußere Kontur jeder gefundenen Region zu umranden, ausgehend von einem beliebigen Randpixel der Region. In ähnlicher Weise wären dann die inneren Konturen aus den Löchern der Regionen zu ermitteln. Für diese Aufgabe gibt es eine Reihe von Algorithmen, wie beispielsweise in [185], [166, S. 142–148] oder [195, S. 296] beschrieben.

    Als moderne Alternative zeigen wir nachfolgend ein *kombiniertes* Verfahren, das im Unterschied zum traditionellen Ansatz die Konturfindung und die Regionenmarkierung verbindet.

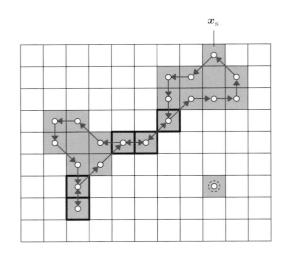

10.2.2 Kombinierte Regionenmarkierung und Konturfindung

Dieses Verfahren aus [44] verbindet Konzepte der sequentiellen Regionenmarkierung (Abschn. 10.1) und der traditionellen Konturverfolgung, um in einem Bilddurchlauf beide Aufgaben gleichzeitig zu erledigen. Es werden sowohl äußere wie innere Konturen sowie die zugehörigen Regionen identifiziert und markiert. Der Algorithmus benötigt keine komplizierten Datenstrukturen und ist im Vergleich zu ähnlichen Verfahren sehr effizient. Die wichtigsten Schritte des Verfahrens sind im Folgenden zusammengefasst und in Abb. 10.9 illustriert:

1. Das Binärbild I wird – ähnlich wie bei der sequentiellen Regionenmarkierung (Alg. 10.2) – von links oben nach rechts unten durchlaufen. Damit ist sichergestellt, dass alle Pixel im Bild berücksichtigt werden und am Ende eine entsprechende Markierung tragen.

2. An der aktuellen Bildposition können folgende Situationen auftreten:

   Fall A: Der Übergang von einem Hintergrundpixel auf ein bisher nicht markiertes Vordergrundpixel A bedeutet, dass A am Außenrand einer neuen Region liegt. Eine neue Marke (*label*) wird erzeugt und die zugehörige *äußere* Kontur wird (durch die Prozedur TraceContour in Alg. 10.3) im Uhrzeigersinn umfahren und markiert (Abb. 10.9 (a)). Zudem werden auch alle unmittelbar angrenzenden Hintergrundpixel (mit dem Wert -1) markiert.

   Fall B: Der Übergang von einem Vordergrundpixel B auf ein nicht markiertes Hintergrundpixel bedeutet, dass B am Rand einer *inneren* Kontur liegt (Abb. 10.9 (b)). Ausgehend von B wird die innere gegen den Uhrzeigersinn Kontur umfahren und deren Pixel mit der Markierung der einschließenden Region versehen (Abb. 10.9 (c)). Auch alle angrenzenden Hintergrundpixel werden wiederum (mit dem Wert -1) markiert.

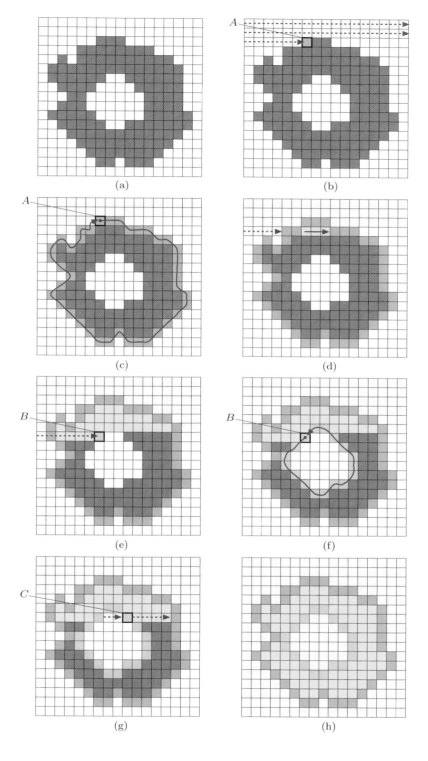

(a)

(b)

(c)

(d)

(e)

(f)

(g)

(h)

Abbildung 10.9
Kombinierte Regionenmarkierung
und Konturverfolgung (nach [44]).
Das Bild (a) wird grundsätzlich von
links oben nach rechts unten zeilenweise durchlaufen. In (b) wurde das
erste Vordergrund-Pixel A am äußeren Rand einer Region gefunden.
Ausgehend von A werden die Randpixel entlang der äußeren Kontur im
Uhrzeigersinn besucht und markiert,
bis A wieder erreicht ist (c). Markierungen der *äußeren Kontur* werden
entlang einer Bildzeile im Inneren der
Region fortgepflanzt (d). In (e) ist
der erste Punkt B auf einer *inneren
Kontur* gefunden. Die innere Kontur
wird nun gegen den Uhrzeigersinn
bis zum Punkt B zurück durchlaufen
und markiert (f). Dafür wird das-
selber Verfahren wie im Schritt (c)
verwendet (das Innere der Region
liegt immer auf der rechten Seite des
Konturpfads). In (g) wird ein bereits
markierter Punkt C auf einer inneren
Kontur gefunden. Diese Markierung
wird wiederum entlang der Bildzeile
innerhalb der Region fortgepflanzt.
Das fertige Ergebnis ist in (h) gezeigt.

Algorithmus 10.3
Kombinierte Konturfindung und Regionenmarkierung. Die Prozedur RegionContourLabeling(I) erzeugt aus dem Binärbild I eine Menge von Konturen sowie ein Array mit der Regionenmarkierung aller Bildpunkte. Wird ein neuer Konturpunkt (äußere oder innere Kontur) gefunden, dann wird die eigentliche Kontur als Folge von Konturpunkten durch den Aufruf von TraceContour (Zeile 21 bzw. Zeile 28) ermittelt. TraceContour selbst ist in Alg. 10.4 beschrieben.

```
1:  RegionContourLabeling(I)
       Input: I, a binary image with 0 = background, 1 = foreground.
       Returns sequences of outer and inner contours and a map of region
       labels.
2:     (M, N) ← Size(I)
3:     C_out ← ( )                              ▷ empty list of outer contours
4:     C_in ← ( )                               ▷ empty list of inner contours
5:     Create map L: M × N ↦ ℤ                  ▷ create the label map L
6:     for all (u, v) do
7:         L(u, v) ← 0                           ▷ initialize L to zero
8:     r ← 0                                     ▷ region counter
9:     for v ← 0, . . . , N−1 do                 ▷ scan the image top to bottom
10:        label ← 0
11:        for u ← 0, . . . , M−1 do             ▷ scan the image left to right
12:            if I(u, v) > 0 then               ▷ I(u, v) is a foreground pixel
13:                if (label ≠ 0) then           ▷ continue existing region
14:                    L(u, v) ← label
15:                else
16:                    label ← L(u, v)
17:                    if (label = 0) then       ▷ hit a new outer contour
18:                        r ← r + 1
19:                        label ← r
20:                        x_s ← (u, v)
21:                        C ← TraceContour(x_s, 0, label, I, L)  ▷ outer cntr.
22:                        C_out ← C_out ⌣ (C)           ▷ collect outer contour
23:                        L(u, v) ← label
24:            else                              ▷ I(u, v) is a background pixel
25:                if (label ≠ 0) then
26:                    if (L(u, v) = 0) then     ▷ hit new inner contour
27:                        x_s ← (u−1, v)
28:                        C ← TraceContour(x_s, 1, label, I, L)  ▷ inner cntr.
29:                        C_in ← C_in ⌣ (C)             ▷ collect inner contour
30:                    label ← 0
31:    return (C_out, C_in, L)
```

Fortsetzung in Alg. 10.4 ▷▷

Fall C: Bei einem Vordergrundpixel, das nicht an einer Kontur liegt, ist jedenfalls das linke Nachbarpixel bereits markiert (Abb. 10.9 (d)). Diese Markierung wird für das aktuelle Pixel übernommen.

In Alg. 10.3–10.4 ist der gesamte Vorgang nochmals exakt beschrieben. Die Prozedur RegionContourLabeling durchläuft das Bild zeilenweise und ruft die Prozedur TraceContour auf, sobald eine neue innere oder äußere Kontur zu bestimmen ist. Die Markierungen der Bildelemente entlang der Konturen sowie der umliegenden Hintergrundpixel werden im „label map" L durch die Prozedur FindNextContourPoint (Alg. 10.4) eingetragen.

```
 1:  TraceContour(𝒙ₛ, dₛ, label, I, L)
         Input: 𝒙ₛ, start position; dₛ, initial search direction; label, label for
         this contour; I, the binary input image; L, label map.
         Traces and returns a new outer or inner contour (sequence of points)
         starting at 𝒙ₛ.
 2:      (𝒙, d) ← FindNextContourPoint(𝒙ₛ, dₛ, I, L)
 3:      c ← (𝒙)                                    ▷ new contour with the single point 𝒙
 4:      𝒙ₚ ← 𝒙ₛ                                     ▷ previous position 𝒙ₚ = (uₚ, vₚ)
 5:      𝒙ᴄ ← 𝒙                                      ▷ current position 𝒙ᴄ = (uᴄ, vᴄ)
 6:      done ← (𝒙ₛ ≡ 𝒙)                            ▷ isolated pixel?
 7:      while (¬done) do
 8:          L(uᴄ, vᴄ) ← label
 9:          (𝒙ₙ, d) ← FindNextContourPoint(𝒙ᴄ, (d + 6) mod 8, I, L)
10:          𝒙ₚ ← 𝒙ᴄ
11:          𝒙ᴄ ← 𝒙ₙ
12:          done ← (𝒙ₚ ≡ 𝒙ₛ ∧ 𝒙ᴄ ≡ 𝒙)            ▷ back at starting position?
13:          if (¬done) then
14:              c ← c ⌣ (𝒙ₙ)                       ▷ add point 𝒙ₙ to contour c
15:      return c                                    ▷ return this contour

16:  FindNextContourPoint(𝒙, d, I, L)
         Input: 𝒙, initial position; d ∈ [0, 7], search direction, I, binary input
         image; L, the label map.
         Returns the next point on the contour and the modified search di-
         rection.
17:      for  i ← 0, …, 6 do                         ▷ search in 7 directions
18:          𝒙ₙ ← 𝒙 + Delta(d)
19:          if I(𝒙ₙ) = 0 then                       ▷ I(uₙ, vₙ) is a background pixel
20:              L(𝒙ₙ) ← −1                          ▷ mark background as visited (−1)
21:              d ← (d + 1) mod 8
22:          else                                    ▷ found a non-background pixel at 𝒙ₙ
23:              return (𝒙ₙ, d)
24:      return (𝒙, d)                               ▷ found no next node, return start position
```

25: **Delta**$(d) := (\Delta x, \Delta y)$,   mit

d	0	1	2	3	4	5	6	7
Δx	1	1	0	−1	−1	−1	0	1
Δy	0	1	1	1	0	−1	−1	−1

Algorithmus 10.4
Kombinierte Konturfindung und Regionenmarkierung (*Fortsetzung*). Die Prozedur TraceContour durchläuft die zum Startpunkt $\boldsymbol{x}_\mathrm{s}$ gehörigen Konturpunkte, beginnend mit der Suchrichtung $d_\mathrm{s} = 0$ (äußere Kontur) oder $d_\mathrm{s} = 1$ (innere Kontur). Dabei werden alle Konturpunkte sowie benachbarte Hintergrundpunkte im Label-Map L markiert. TraceContour verwendet FindNextContourPoint(), um zu einem gegebenen Punkt $\boldsymbol{x}$ den nachfolgenden Konturpunkt zu bestimmen (Zeile 9). Die Funktion Delta() dient lediglich zur Bestimmung der Folgekoordinaten in Abhängigkeit von der aktuellen Suchrichtung d.

Java-Implementierung

Die zugehörige Java Implementierung ist online in der Klasse `Region-ContourLabeling`[4] zu finden (Details dazu in Abschn. 10.5). Sie folgt im Wesentlichen der Beschreibung in Alg. 10.3–10.4, allerdings wird in der Implementierung das Bild I und das zugehörige *label map* L zunächst an allen Rändern um ein zusätzliches Pixel vergrößert,[5] wobei im Bild I diese zusätzlichen Pixel als Hintergrund markiert werden. Dies verein-

---

[4] Im Paket `imagingbook.pub.regions`

[5] Dieser Vorgang wird als *padding* bezeichnet.

Programm 10.2
Beispiel für die Verwendung der
Klasse `ContourTracer` (Plugin
`Trace_Contours`). Zunächst wird (in
Zeile 9) mit dem Bild `I` als Parameter
ein neues `RegionContourLabeling`-
Objekt generiert, wobei der Kon-
struktor bereits die Segmentierung in
Regionen und Konturen vornimmt.
In den Zeilen 11–12 werden die äu-
ßeren und inneren Konturen als Li-
sten des Typs `Contour` entnommen.
(Diese Listen können natürlich leer
sein.) Nachfolgend wird in Zeile 14
die Liste der Regionen entnommen.

```
1  import imagingbook.pub.regions.BinaryRegion;
2  import imagingbook.pub.regions.Contour;
3  import imagingbook.pub.regions.RegionContourLabeling;
4  import java.util.List;
5  ...
6  public void run(ImageProcessor ip) {
7    ByteProcessor I = (ByteProcessor) ip.convertToByte(false);
8    // label regions and trace contours:
9    RegionContourLabeling rcl = new RegionContourLabeling(I);
10   // extract contours:
11   List<Contour> outerContours = rcl.getOuterContours();
12   List<Contour> innerContours = rcl.getInnerContours();
13   // extract regions:
14   List<BinaryRegion> regions = rcl.getRegions();
15   ...
16 }
```

facht die Verfolgung der Konturen, da bei der Behandlung der Ränder
nun keine besonderen Vorkehrungen mehr notwendig sind.

Programm 10.2 zeigt ein Beispiel für die Verwendung der Klasse
`RegionContourLabeling` innerhalb der **run**-Methode eines ImageJ-Plugins (`Trace_Contours`).

Beispiele

Der kombinierte Algorithmus zur Regionenmarkierung und Konturverfolgung ist aufgrund seines bescheidenen Speichererbedarfs auch für
große Binärbilder problemlos und effizient anwendbar. Abb. 10.10 zeigt
ein Beispiel anhand eines vergrößerten Bildausschnitts, in dem mehrere
spezielle Situationen in Erscheinung treten, wie einzelne, isolierte Pixel
und Verdünnungen, die der Konturpfad in beiden Richtungen passieren
muss. Die Konturen selbst sind durch Polygonzüge zwischen den Mittel-
punkten der enthaltenen Pixel dargestellt, äußere Konturen sind schwarz
und innere Konturen sind weiß gezeichnet. Regionen bzw. Konturen, die
nur aus einem Pixel bestehen, sind durch Kreise in der entsprechenden Farbe markiert. Abb. 10.11 zeigt das Ergebnis für einen größeren
Ausschnitt aus einem konkreten Originalbild (Abb. 9.12) in der gleichen
Darstellungsweise.

10.3 Repräsentation einzelner Bildregionen

10.3.1 Matrix-Repräsentation

Eine natürliche Darstellungsform für Bilder ist eine Matrix bzw. ein zweidimensionales Array, in dem jedes Element die Intensität oder die Farbe
der entsprechenden Bildposition enthält. Diese Repräsentation kann in

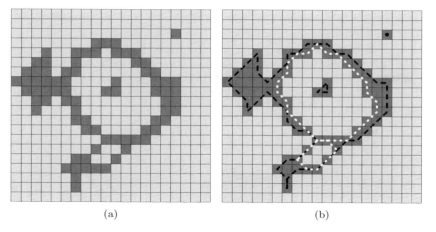

(a)　　　　　　　　　　(b)

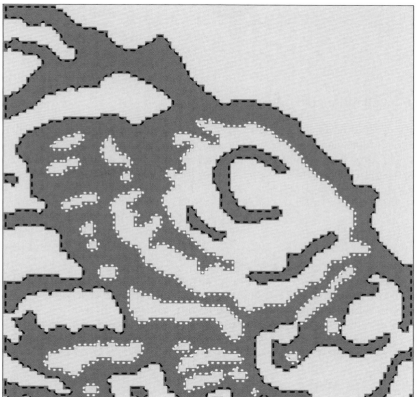

Abbildung 10.10
Kombinierte Konturfindung und Regionenmarkierung. Originalbild, Vordergrundpixel sind grau markiert (a). Gefundene Konturen (b), mit schwarzen Linien für äußere und weißen Linien für innere Konturen. Die Konturen sind durch Polygone gekennzeichnet, deren Knoten jeweils im Zentrum eines Konturpixels liegen. Konturen für isolierte Pixel (z. B. rechts oben in (b)) sind durch kreisförmige Punkte dargestellt.

Abbildung 10.11
Bildausschnitt mit Beispielen von komplexen Konturen (Originalbild in Abb. 9.12). Äußere Konturen sind schwarz, innere Konturen weiß markiert.

den meisten Programmiersprachen einfach und elegant abgebildet werden und ermöglicht eine natürliche Form der Verarbeitung im Bildraster. Ein möglicher Nachteil ist, dass diese Darstellung die Struktur des Bilds nicht berücksichtigt. Es macht keinen Unterschied, ob das Bild nur ein paar Linien oder eine komplexe Szene darstellt – die erforderliche Speichermenge ist konstant und hängt nur von der Dimension des Bilds ab.

Binäre Bildregionen können in Form einer logischen Maske dargestellt werden, die innerhalb der Region den Wert *true* und außerhalb den Wert *false* enthält (Abb. 10.12). Da ein logischer Wert mit nur einem Bit dargestellt werden kann, bezeichnet man eine solche Matrix häufig als „bitmap".[6]

Abbildung 10.12
Verwendung einer logischen Bildmaske zu Spezifikation einer Bildregion. Originalbild (a), Bildmaske (b), maskiertes Bild (c).

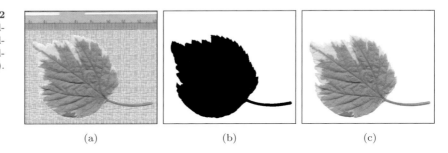

(a)　　　　　　(b)　　　　　　(c)

10.3.2 Lauflängenkodierung

Bei der Lauflängenkodierung (*run length encoding* oder RLE) werden aufeinander folgende Vordergrundpixel zu Blöcken zusammengefasst. Ein Block oder „run" ist eine möglichst lange Folge von gleichartigen Pixeln innerhalb einer Bildzeile oder -spalte. Runs können in kompakter Form mit nur drei ganzzahligen Werten

$$Run_i = \langle row_i, column_i, length_i \rangle \qquad (10.2)$$

dargestellt werden (Abb. 10.13). Werden die Runs innerhalb einer Zeile zusammengefasst, so ist natürlich die Zeilennummer redundant und kann entfallen. In manchen Anwendungen kann es sinnvoll sein, die abschließende Spaltennummer anstatt der Länge des Blocks zu speichern.

Die RLE-Darstellung ist schnell und einfach zu berechnen. Sie ist auch als simple (verlustfreie) Kompressionsmethode seit langem in Gebrauch und wird auch heute noch verwendet, beispielsweise im TIFF-, GIF- und JPEG-Format sowie bei der Faxkodierung. Aus RLE-kodierten Bildern können auch statistische Eigenschaften, wie beispielsweise Momente (siehe Abschn. 10.4.3), auf direktem Weg berechnet werden.

---

[6] In Java werden allerdings intern für Variablen vom Typ `boolean` immer 32 Bits (`int`) verwendet und ein „kleinerer" Datentyp ist nicht verfügbar. Echte „bitmaps" können daher in Java nicht direkt realisiert werden.

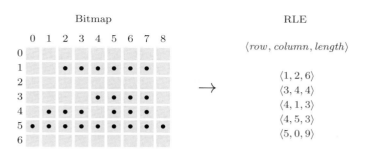

Abbildung 10.13
Lauflängenkodierung in Zeilenrichtung. Ein zusammengehöriger Pixelblock wird durch seinen Startpunkt $(1, 2)$ und seine Länge (6) repräsentiert.

10.3.3 *Chain Codes*

Regionen können nicht nur durch ihre innere Fläche, sondern auch durch ihre Konturen dargestellt werden. Eine klassische Form dieser Darstellung sind so genannte „Chain Codes" oder „Freeman Codes" [71]. Dabei wird die Kontur, ausgehend von einem Startpunkt $\boldsymbol{x}_{\mathrm{s}}$, als Folge von Positionsänderungen im diskreten Bildraster repräsentiert (Abb. 10.14).

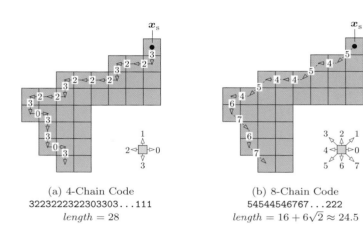

(a) 4-Chain Code
3223222322303303...111
$length = 28$

(b) 8-Chain Code
54544546767...222
$length = 16 + 6\sqrt{2} \approx 24.5$

Abbildung 10.14
Chain Codes mit 4er- und 8er-Nachbarschaft. Zur Berechnung des Chain Codes wird die Kontur von einem Startpunkt $\boldsymbol{x}_{\mathrm{s}}$ aus durchlaufen. Die relative Position zwischen benachbarten Konturpunkten bestimmt den Richtungscode innerhalb einer 4er-Nachbarschaft (a) oder einer 8er-Nachbarschaft (b). Die Länge des resultierenden Pfads, berechnet aus der Summe der Einzelsegmente, ergibt eine Schätzung für die tatsächliche Konturlänge.

Absoluter Chain Code

Für die geschlossene Kontur einer Region R, gegeben durch die Punktfolge $\boldsymbol{c}_{\mathcal{R}} = (\boldsymbol{x}_0, \boldsymbol{x}_1, \ldots \boldsymbol{x}_{M-1})$ mit $\boldsymbol{x}_i = \langle u_i, v_i \rangle$, erzeugen wir die Elemente der zugehörigen Chain-Code-Folge $\boldsymbol{c}'_{\mathcal{R}} = (c'_0, c'_1, \ldots c'_{M-1})$ mit den Elementen

$$c'_i = \mathrm{CODE}(\Delta u_i, \Delta v_i), \qquad (10.3)$$

wobei

$$(\Delta u_i, \Delta v_i) = \begin{cases} (u_{i+1}-u_i, v_{i+1}-v_i) & \text{für } 0 \leq i < M-1, \\ (u_0-u_i, v_0-v_i) & \text{für } i = M-1, \end{cases} \qquad (10.4)$$

und $\mathsf{Code}(u', v')$ (unter Verwendung der 8er-Nachbarschaft) durch folgende Tabelle definiert ist:

Δu	1	1	0	-1	-1	-1	0	1
Δv	0	1	1	1	0	-1	-1	-1
$\mathrm{Code}(\Delta u, \Delta v)$	0	1	2	3	4	5	6	7

Chain Codes sind kompakt, da nur die absoluten Koordinaten für den Startpunkt und nicht für jeden Konturpunkt gespeichert werden. Zudem können die 8 möglichen Richtungsänderungen zwischen benachbarten Kontursegmenten sehr effizient mit kleinen Zahlentypen (3 Bits) kodiert werden.

Differentieller Chain Code

Ein Vergleich von zwei mit Chain Codes dargestellten Regionen ist allerdings auf direktem Weg nicht möglich. Zum einen ist die Beschreibung vom gewählten Startpunkt $\boldsymbol{x}_{\mathrm{s}}$ abhängig, zum anderen führt die Drehung der Region um 90° zu einem völlig anderen Chain Code. Eine geringfügige Verbesserung bringt der *differentielle* Chain Code, bei dem nicht die Differenzen der Positionen aufeinander folgender Konturpunkte, sondern die Änderungen der Richtung entlang der diskreten Kontur kodiert werden. Aus einem *absoluten* Chain-Code $\boldsymbol{c}'_{\mathcal{R}} = (c'_0, c'_1, \ldots c'_{M-1})$ können die Elemente des *differentiellen* Chain Codes $\boldsymbol{c}''_{\mathcal{R}} = (c''_0, c''_1, \ldots c''_{M-1})$ in der Form[7]

$$c''_i = \begin{cases} (c'_{i+1} - c'_i) \bmod 8 & \text{für } 0 \leq i < M-1, \\ (c'_0 - c'_i) \bmod 8 & \text{für } i = M-1, \end{cases} \tag{10.5}$$

berechnet werden, wiederum unter Annahme der 8er-Nachbarschaft. Das Element c''_i beschreibt also die Richtungsänderung (Krümmung) der Kontur zwischen den aufeinander folgenden Segmenten c'_i und c'_{i+1} des ursprünglichen Chain Codes $\boldsymbol{c}'_{\mathcal{R}}$. Für die Kontur in Abb. 10.14 (b) ist das Ergebnis beispielsweise

$$\boldsymbol{c}'_{\mathcal{R}} = (5, 4, 5, 4, 4, 5, 4, 6, 7, 6, 7, \ldots, 2, 2, 2),$$
$$\boldsymbol{c}''_{\mathcal{R}} = (7, 1, 7, 0, 1, 7, 2, 1, 7, 1, 1, \ldots, 0, 0, 3).$$

Die ursprüngliche Kontur kann natürlich bei Kenntnis des Startpunkts $\boldsymbol{x}_{\mathrm{s}}$ und der Anfangsrichtung c_0 auch aus einem differentiellen Chain Code wieder vollständig rekonstruiert werden.

Shape Numbers

Der differentielle Chain Code bleibt zwar bei einer Drehung der Region um 90° unverändert, ist aber weiterhin vom gewählten Startpunkt abhängig. Möchte man zwei durch ihre differentiellen Chain Codes $\boldsymbol{c}''_1$, $\boldsymbol{c}''_2$

---

[7] Zur Implementierung des mod-Operators in Java siehe Abschn. F.1.2 im Anhang.

gegebenen Konturen von gleicher Länge M auf ihre Ähnlichkeit untersuchen, so muss zunächst ein gemeinsamer Startpunkt festgelegt werden. Eine häufig angeführte Methode [13, 80] besteht darin, die Codefolge c_i'' als Ziffern einer Zahl zur Basis $b = 8$ (bzw. $b = 4$ bei einer 4er-Nachbarschaft) zu interpretieren, d. h. mit dem arithmetischen Wert

$$\text{VAL}(\boldsymbol{c}_{\mathcal{R}}'') = c_0'' \cdot b^0 + c_1'' \cdot b^1 + \ldots + c_{M-1}'' \cdot b^{M-1} = \sum_{i=0}^{M-1} c_i'' \cdot b^i. \quad (10.6)$$

Die Folge $\boldsymbol{c}_{\mathcal{R}}''$ wird dann zyklisch so lange verschoben, bis sich ein maximaler arithmetischer Wert ergibt. Wir bezeichnen mit $\boldsymbol{c}_{\mathcal{R}}'' \triangleright k$ die zyklisch um k Positionen nach rechts verschobene Folge $\boldsymbol{c}_{\mathcal{R}}''$.[8] Für $k = 2$ wäre das beispielsweise

$$\boldsymbol{c}_{\mathcal{R}}'' = (0, 1, 3, 2, \ldots, 9, 3, 7, 4),$$
$$\boldsymbol{c}_{\mathcal{R}}'' \triangleright 2 = (7, 4, 0, 1, 3, 2, \ldots, 9, 3),$$

und

$$k_{\max} = \underset{0 \le k < M}{\operatorname{argmax}} \text{VAL}(\boldsymbol{c}_{\mathcal{R}}'' \triangleright k), \quad (10.7)$$

ist jene Verschiebung, bei der die resultierende Folge den höchsten arithmetischen Wert ergibt. Genau diese Folge

$$\boldsymbol{s}_{\mathcal{R}} = \boldsymbol{c}_{\mathcal{R}}'' \triangleright k_{\max}, \quad (10.8)$$

wird schließlich als „Shape Number" interpretiert. Sie ist bezüglich des Startpunkts „normalisiert" und kann ohne weitere Verschiebung elementweise mit anderen normalisierten Folgen verglichen werden. Allerdings würde die tatsächliche Berechnung der Funktion VAL() in Gl. 10.6 viel zu große Werte erzeugen, um sie tatsächlich verwenden zu können. Einfacher ist es, die Relation

$$\text{VAL}(\boldsymbol{c}_1'') > \text{VAL}(\boldsymbol{c}_2'')$$

auf Basis der *lexikographischen Ordnung* zwischen den (Zeichen-)Folgen $\boldsymbol{c}_1''$ and $\boldsymbol{c}_2''$ zu ermitteln, ohne deren arithmetische Werte tatsächlich auszurechnen.

Der Vergleich auf Basis der Chain Codes ist jedoch generell keine besonders zuverlässige Methode zur Messung der Ähnlichkeit von Regionen, allein deshalb, weil etwa Drehungen um beliebige Winkel ($\neq 90°$) zu großen Differenzen im Code führen können. Darüber hinaus sind natürlich Größenveränderungen (Skalierungen) oder andere Verzerrungen mit diesen Methoden überhaupt nicht handhabbar. Für diese Zwecke finden sich wesentlich bessere Techniken im nachfolgenden Abschnitt 10.4.

---

[8] D.h., $(\boldsymbol{c}_{\mathcal{R}}'' \triangleright k)(i) = \boldsymbol{c}_{\mathcal{R}}''((i - k) \bmod M)$.

Fourierdeskriptoren

Ein eleganter Ansatz zur Beschreibung von Konturen sind so genannte „Fourierdeskriptoren", bei denen die zweidimensionale Kontur $C = (\boldsymbol{x}_0, \boldsymbol{x}_1, \ldots, \boldsymbol{x}_{M-1})$, mit $\boldsymbol{x}_i = (u_i, v_i)$, als Folge von komplexen Werten

$$z_i = (u_i + \mathrm{i} \cdot v_i) \in \mathbb{C} \tag{10.9}$$

interpretiert wird. Aus dieser Folge lässt sich (durch geeignete Interpolation) eine diskrete, eindimensionale, periodische Funktion $f(t) \in \mathbb{C}$ mit konstanten Abtastintervallen über die Konturlänge t ableiten. Die Koeffizienten des (eindimensionalen) *Fourierspektrums* (siehe Abschn. 18.3) der Funktion $f(t)$ bilden eine Formbeschreibung der Kontur im Frequenzraum, wobei die niedrigen Spektralkoeffizienten eine grobe Formbeschreibung liefern, die durch geeignete Modifikationen invariant gegenüber Translation, Rotation und Skalierung der Form wird [80,88,116,118,202]. Diese klassische Methode wird u. a. ausführlich in [37, Kap. 6] behandelt.

10.4 Eigenschaften binärer Bildregionen

Angenommen man müsste den Inhalt eines Digitalbilds einer anderen Person am Telefon beschreiben. Eine Möglichkeit bestünde darin, die einzelnen Pixelwerte in einer bestimmten Ordnung aufzulisten und durchzugeben. Ein weniger mühsamer Ansatz wäre, das Bild auf Basis von Eigenschaften auf einer höheren Ebene zu beschreiben, etwa als „ein rotes Rechteck auf einem blauen Hintergrund" oder „ein Sonnenuntergang am Strand mit zwei im Sand spielenden Hunden" usw. Während uns so ein Vorgehen durchaus natürlich und einfach erscheint, ist die Generierung derartiger Beschreibungen für Computer ohne menschliche Hilfe derzeit (noch) nicht realisierbar. Für den Computer einfacher ist die Berechnung mathematischer Eigenschaften von Bildern oder einzelner Bildteile, die zumindest eine eingeschränkte Form von Klassifikation ermöglichen. Dies wird als „Mustererkennung" (*Pattern Recognition*) bezeichnet und bildet ein eigenes wissenschaftliches Fachgebiet, das weit über die Bildverarbeitung hinausgeht [58,156,208].

10.4.1 Formmerkmale (*Features*)

Der Vergleich und die Klassifikation von binären Regionen ist ein häufiger Anwendungsfall, beispielsweise bei der „optischen" Zeichenerkennung (*optical character recognition*, OCR), beim automatischen Zählen von Zellen in Blutproben oder bei der Inspektion von Fertigungsteilen auf einem Fließband. Die Analyse von binären Regionen gehört zu den einfachsten Verfahren und erweist sich in vielen Anwendungen als effizient und zuverlässig.

Als „Feature" einer Region bezeichnet man ein bestimmtes numerisches oder qualitatives Merkmal, das aus ihren Bildpunkten (Werten und Koordinaten) berechnet wird, im einfachsten Fall etwa die Größe (Anzahl der Pixel) einer Region. Um eine Region möglichst eindeutig zu beschreiben, werden üblicherweise verschiedene Features zu einem „Feature Vector" kombiniert. Dieser stellt gewissermaßen die „Signatur" einer Region dar, die zur Klassifikation bzw. zur Unterscheidung gegenüber anderen Regionen dient. Features sollen einfach zu berechnen und möglichst unbeeinflusst („robust") von nicht relevanten Veränderungen sein, insbesondere gegenüber einer räumlichen Verschiebung, Rotation oder Skalierung.

10.4.2 Geometrische Eigenschaften

Eine binäre Region $\mathcal{R}$ kann als zweidimensionale Verteilung von Vordergrundpunkten $\boldsymbol{p}_i = (u_i, v_i)$ in der diskreten Ebene $\mathbb{Z}^2$ interpretiert werden, d. h. als Menge

$$\mathcal{R} = \{\boldsymbol{x}_0, \ldots, \boldsymbol{x}_{N-1}\} = \{(u_0, v_0), (u_1, v_1), \ldots, (u_{N-1}, v_{N-1})\}. \quad (10.10)$$

Für die Berechnung der meisten geometrischen Eigenschaften kann eine Region aus einer beliebigen Punktmenge bestehen und muss auch (im Unterschied zur Definition in Abschn. 10.1) nicht notwendigerweise zusammenhängend sein.

Umfang

Der Umfang (*perimeter*) einer Region $\mathcal{R}$ ist bestimmt durch die Länge ihrer äußeren Kontur, wobei $\mathcal{R}$ zusammenhängend sein muss. Wie Abb. 10.14 zeigt, ist bei der Berechnung die Art der Nachbarschaftsbeziehung zu beachten. Bei Verwendung der 4er-Nachbarschaft ist die Gesamtlänge der Kontursegmente (jeweils mit der Länge 1) i. Allg. größer als die tatsächliche Strecke.

Im Fall der 8er-Nachbarschaft wird durch Gewichtung der Horizontal- und Vertikalsegmente mit 1 und der Diagonalsegmente mit $\sqrt{2}$ eine gute Annäherung erreicht. Für eine Kontur mit dem 8-Chain Code $\boldsymbol{c}'_{\mathcal{R}} = (c'_0, c'_1, \ldots c'_{M-1})$ berechnet sich der Umfang (*perimeter*) daher in der Form

$$\text{Perimeter}(\mathcal{R}) = \sum_{i=0}^{M-1} \text{length}(c'_i), \quad (10.11)$$

wobei

$$\text{length}(c) = \begin{cases} 1 & \text{für } c = 0, 2, 4, 6, \\ \sqrt{2} & \text{für } c = 1, 3, 5, 7. \end{cases} \quad (10.12)$$

Bei dieser gängigen Form der Berechnung[9] wird allerdings die Länge des Umfangs gegenüber dem *tatsächlichen* Wert $P(\mathcal{R})$ systematisch überschätzt. Ein einfacher Korrekturfaktor von 0.95 erweist sich bereits bei relativ kleinen Regionen als brauchbar, d. h.

$$P(\mathcal{R}) \approx 0.95 \cdot \mathsf{Perimeter}(\mathcal{R}). \tag{10.13}$$

Fläche

Die Fläche einer Region $\mathcal{R}$ berechnet sich einfach durch die Anzahl der enthaltenen Bildpunkte, d. h.

$$A(\mathcal{R}) = N = |\mathcal{R}|. \tag{10.14}$$

Die Fläche einer zusammenhängenden Region (ohne Löcher) kann auch näherungsweise über ihre geschlossene Kontur, definiert durch M Koordinatenpunkte $(\boldsymbol{x}_0, \ldots, \boldsymbol{x}_{M-1})$, wobei $\boldsymbol{x}_i = (u_i, v_i)$, mit der Gaußschen Flächenformel für Polygone) berechnet werden:

$$A(\mathcal{R}) \approx \frac{1}{2} \cdot \left| \sum_{i=0}^{M-1} \left(u_i \cdot v_{(i+1) \bmod M} - u_{(i+1) \bmod M} \cdot v_i \right) \right|. \tag{10.15}$$

Liegt die Kontur in Form eines Chain Codes $\boldsymbol{c}'_{\mathcal{R}} = (c'_0, c'_1, \ldots c'_{M-1})$ vor, so kann die Fläche durch Expandieren von $\mathsf{C}_{\mathrm{abs}}$ in eine Folge von Konturpunkten, ausgehend von einem beliebigen Startpunkt (z. B. $(0,0)$), trivialerweise wiederum mit Gl. 10.15 berechnet werden. Die Berechnung der Fläche direkt aus der Chain Code-Darstellung einer Region ist aber auch ohne Expansion der Kontur in effizienter Form möglich [232] (s. auch Aufg. 10.11).

Einfache Eigenschaften wie Fläche und Umfang sind zwar (abgesehen von Quantisierungsfehlern) unbeeinflusst von Verschiebungen und Drehungen einer Region, sie verändern sich jedoch bei einer *Skalierung* der Region, wenn also beispielsweise ein Objekt aus verschiedenen Entfernungen aufgenommen wurde. Durch geschickte Kombination können jedoch neue Features konstruiert werden, die invariant gegenüber Translation, Rotation und Skalierung sind.

Kompaktheit und Rundheit

Unter „Kompaktheit" versteht man die Relation zwischen der Fläche einer Region und ihrem Umfang. Da der Umfang P einer Region linear mit dem Vergrößerungsfaktor zunimmt, die Fläche A jedoch quadratisch, verwendet man das Quadrat des Umfangs in der Form A/P^2 zur Berechnung eines größenunabhängigen Merkmals. Dieses Maß ist invariant gegenüber Verschiebungen, Drehungen und Skalierungen und hat für eine

---

[9] Auch die im **Analyze**-Menü von ImageJ verfügbaren Messfunktionen verwenden diese Form der Umfangsberechnung.

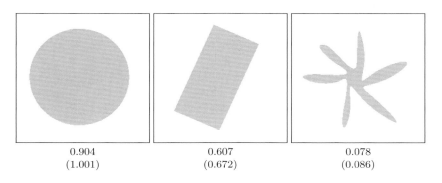

| 0.904 | 0.607 | 0.078 |
| (1.001) | (0.672) | (0.086) |

kreisförmige Region mit beliebigem Durchmesser den Wert $\frac{1}{4\pi}$. Durch Normierung auf den Kreis ergibt sich daraus ein Maß für die „Rundheit" (*roundness*) oder „Kreisförmigkeit" (*circularity*) einer Region in der Form

$$\text{Circularity}(\mathcal{R}) \;=\; 4\pi \cdot \frac{A(\mathcal{R})}{P^2(\mathcal{R})}, \tag{10.16}$$

das für eine kreisförmige Region $\mathcal{R}$ den Maximalwert 1.0 ergibt und für alle sonstige Formen Werte im Bereich $[0, 1]$ (siehe Abb. 10.15). Für eine *absolute* Schätzung der Kreisförmigkeit empfiehlt sich allerdings die Verwendung des korrigierten Umfangwerts aus Gl. 10.13. In Abb. 10.15 sind die Werte für die Kreisförmigkeit nach Gl. 10.16 für verschiedene Formen von Regionen dargestellt.

Bounding Box

Die Bounding Box einer Region $\mathcal{R}$ bezeichnet das minimale, achsenparallele Rechteck, das alle Punkte aus $\mathcal{R}$ einschließt:

$$\text{BoundingBox}(\mathcal{R}) \;=\; \langle u_{\min}, u_{\max}, v_{\min}, v_{\max} \rangle, \tag{10.17}$$

wobei $u_{\min}, u_{\max}$ und $v_{\min}, v_{\max}$ die minimalen und maximalen Koordinatenwerte aller Punkte $\boldsymbol{x}_i = (u_i, v_i) \in \mathcal{R}$ entlang der x- bzw. y-Achse sind (Abb. 10.16 (a)).

Konvexe Hülle

Die konvexe Hülle (*convex hull*) ist das kleinste konvexe Polygon, das alle Punkte einer Region umfasst. Eine einfache Analogie ist die eines Nagelbretts, in dem für alle Punkte einer Region ein Nagel an der entsprechenden Position eingeschlagen ist. Spannt man nun ein elastisches Band rund um alle Nägel, dann bildet dieses die konvexe Hülle (Abb. 10.16 (b)). Sie kann z. B. mit dem *QuickHull*-Algorithmus [15] für n Konturpunkte mit einem Zeitaufwand von $\mathcal{O}(n \cdot \log(m))$ berechnet werden, wobei m die Anzahl der resultierenden Polygonpunkte ist (s. auch Aufg. 10.6).[10]

---

[10] Zur Komplexitätsnotation $\mathcal{O}()$ siehe Anhang 1.4.

Abbildung 10.16
Beispiel für *Bounding Box*
(a) und konvexe Hülle (b)
einer binären Bildregion.

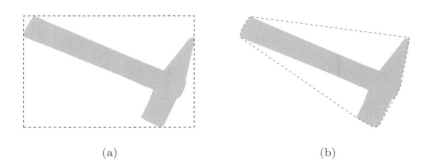

(a)   (b)

Nützlich ist die konvexe Hülle beispielsweise zur Bestimmung der Konvexität oder der *Dichte* einer Region. Die *Konvexität* ist definiert als das Verhältnis zwischen der Länge der konvexen Hülle und dem Umfang der ursprünglichen Region. Unter *Dichte* versteht man hingegen das Verhältnis zwischen der Fläche der Region selbst und der Fläche der konvexen Hülle. Der *Durchmesser* wiederum ist die maximale Strecke zwischen zwei Knoten auf der konvexen Hülle.

10.4.3 Statistische Formeigenschaften

Bei der Berechnung von statistischen Formmerkmalen betrachten wir die Region $\mathcal{R}$ als Verteilung von Koordinatenpunkten im zweidimensionalen Raum. Statistische Merkmale können insbesondere auch für Punktverteilungen berechnet werden, die keine zusammengehörige Region bilden, und sind daher ohne vorherige Segmentierung einsetzbar. Ein wichtiges Konzept bilden in diesem Zusammenhang die so genannten *zentralen Momente* der Verteilung, die charakteristische Eigenschaften in Bezug auf deren Mittelpunkt bzw. *Schwerpunkt* ausdrücken.

Schwerpunkt

Den Schwerpunkt einer zusammenhängenden Region kann man sich auf einfache Weise so vorstellen, dass man die Region auf ein Stück Karton oder Blech zeichnet, ausschneidet und dann versucht, diese Form waagerecht auf einer Spitze zu balancieren. Der Punkt, an dem man die Region aufsetzen muss, damit dieser Balanceakt gelingt, ist der *Schwerpunkt* der Region.[11]

Der Schwerpunkt $\bar{\boldsymbol{x}} = (\bar{x}, \bar{y})^{\mathsf{T}}$ einer binären (nicht notwendigerweise zusammenhängenden) Region berechnet sich als arithmetischer Mittelwert der darin enthaltenen Punktkoordinaten $\boldsymbol{x}_i = (u_i, v_i)$, d. h.

$$\bar{\boldsymbol{x}} = \frac{1}{|\mathcal{R}|} \cdot \sum_{\boldsymbol{x}_i \in \mathcal{R}} \boldsymbol{x}_i \tag{10.18}$$

---

[11] Vorausgesetzt der Schwerpunkt liegt nicht innerhalb eines Lochs in der Region, was durchaus möglich ist.

oder

$$\bar{x} = \frac{1}{|\mathcal{R}|} \cdot \sum_{(u_i, v_i)} u_i \qquad \text{und} \qquad \bar{y} = \frac{1}{|\mathcal{R}|} \cdot \sum_{(u_i, v_i)} v_i \; . \tag{10.19}$$

Momente

Die Formulierung für den Schwerpunkt einer Region in Gl. 10.19 ist nur ein spezieller Fall eines allgemeinen Konzepts aus der Statistik, der so genannten „Momente". Insbesondere beschreibt der Ausdruck

$$m_{pq}(\mathcal{R}) = \sum_{(u,v) \in \mathcal{R}} I(u,v) \cdot u^p \cdot v^q \tag{10.20}$$

das (gewöhnliche) Moment der Ordnung p, q für eine diskrete (Bild-) Funktion $I(u,v) \in \mathbb{R}$, also beispielsweise für ein Grauwertbild. Alle nachfolgenden Definitionen sind daher – unter entsprechender Einbeziehung der Bildfunktion $I(u,v)$ – grundsätzlich auch für Regionen in Grauwertbildern anwendbar. Für zusammenhängende, binäre Regionen können Momente auch direkt aus den Koordinaten der Konturpunkte berechnet werden [193, S. 148].

Für den speziellen Fall eines Binärbilds $I(u,v) \in \{0,1\}$ sind nur die Vordergrundpixel der Region $\mathcal{R}$ mit $I(u,v) = 1$ zu berücksichtigen, wodurch sich Gl. 10.20 reduziert auf

$$m_{pq}(\mathcal{R}) = \sum_{(u,v) \in \mathcal{R}} u^p \cdot v^q \; . \tag{10.21}$$

So kann etwa die **Fläche** einer binären Region als Moment *nullter* Ordnung in der Form

$$A(\mathcal{R}) = |\mathcal{R}| = \sum_{(u,v)} 1 = \sum_{(u,v)} u^0 \cdot v^0 = m_{00}(\mathcal{R}) \tag{10.22}$$

ausgedrückt werden oder beispielsweise der in Gl. 10.19 definierte *Schwerpunkt* der Region $\bar{\boldsymbol{x}}$ als

$$\bar{x} = \frac{1}{|\mathcal{R}|} \cdot \sum_{(u,v)} u^1 \cdot v^0 = \frac{m_{10}(\mathcal{R})}{m_{00}(\mathcal{R})}, \tag{10.23}$$

$$\bar{y} = \frac{1}{|\mathcal{R}|} \cdot \sum_{(u,v)} u^0 \cdot v^1 = \frac{m_{01}(\mathcal{R})}{m_{00}(\mathcal{R})}. \tag{10.24}$$

Diese Momente repräsentieren also konkrete physische Eigenschaften einer Region. Insbesondere ist die Fläche m_{00} in der Praxis eine wichtige Basis zur Charakterisierung von Regionen und der Schwerpunkt $(\bar{x}, \bar{y})$ erlaubt die zuverlässige und (auf Bruchteile eines Pixelabstands) genaue Bestimmung der Position einer Region.

Zentrale Momente

Um weitere Merkmale von Regionen unabhängig von ihrer Lage, also invariant gegenüber Verschiebungen, zu berechnen, wird der in jeder Lage eindeutig zu bestimmende Schwerpunkt als Referenz verwendet. Anders ausgedrückt, man verschiebt den Ursprung des Koordinatensystems an den Schwerpunkt $\bar{\boldsymbol{x}} = (\bar{x}, \bar{y})$ der Region und erhält dadurch die so genannten *zentralen* Momente der Ordnung p, q:

$$\mu_{pq}(\mathcal{R}) = \sum_{(u,v) \in \mathcal{R}} I(u, v) \cdot (u - \bar{x})^p \cdot (v - \bar{y})^q. \qquad (10.25)$$

Für Binärbilder (mit $I(u, v) = 1$ innerhalb der Region $\mathcal{R}$) reduziert sich Gl. 10.25 wiederum auf

$$\mu_{pq}(\mathcal{R}) = \sum_{(u,v) \in \mathcal{R}} (u - \bar{x})^p \cdot (v - \bar{y})^q. \qquad (10.26)$$

Normalisierte zentrale Momente

Die Werte der zentralen Momente sind naturgemäß von der absoluten Größe der Region abhängig, da diese die Distanzen der Punkte vom Schwerpunkt direkt beeinflusst. So multiplizieren sich bei einer gleichförmigen Skalierung (Längenänderung) einer zweidimensionalen Form um den Faktor $s \in \mathbb{R}$ die zentralen Momente mit dem Faktor

$$s^{(p+q+2)}. \qquad (10.27)$$

Man erhält daher größeninvariante (normalisierte) Momente durch Normierung mit dem Kehrwert der entsprechend potenzierten Fläche $\mu_{00} = m_{00}$ in der Form

$$\bar{\mu}_{pq}(\mathcal{R}) = \mu_{pq} \cdot \left(\frac{1}{\mu_{00}(\mathcal{R})} \right)^{(p+q+2)/2}, \qquad (10.28)$$

für $(p + q) \geq 2$ [116, S. 529].

Implementierung in Java

Prog. 10.3 zeigt eine direkte (*brute force*) Umsetzung der Berechnung von gewöhnlichen, zentralen und normalisierten Momenten in Java für binäre Bilder (`BACKGROUND = 0`). Die drei Methoden[12] sind nur zur Verdeutlichung gedacht und es sind natürlich weitaus effizientere Implementierungen möglich (siehe z. B. [121]).

---

[12] Definiert in der Klasse `imagingbook.pub.moments.Moments`.

```
1  // Ordinary moment:
2
3  double moment(ImageProcessor I, int p, int q) {
4    double Mpq = 0.0;
5    for (int v = 0; v < I.getHeight(); v++) {
6      for (int u = 0; u < I.getWidth(); u++) {
7        if (I.getPixel(u, v) > 0) {
8          Mpq+= Math.pow(u, p) * Math.pow(v, q);
9        }
10     }
11   }
12   return Mpq;
13 }
14
15 // Central moment:
16
17 double centralMoment(ImageProcessor I, int p, int q) {
18   double m00 = moment(I, 0, 0); // region area
19   double xCtr = moment(I, 1, 0) / m00;
20   double yCtr = moment(I, 0, 1) / m00;
21   double cMpq = 0.0;
22   for (int v = 0; v < I.getHeight(); v++) {
23     for (int u = 0; u < I.getWidth(); u++) {
24       if (I.getPixel(u, v) > 0) {
25         cMpq+= Math.pow(u - xCtr, p) * Math.pow(v - yCtr, q);
26       }
27     }
28   }
29   return cMpq;
30 }
31
32 // Normalized central moments
33
34 double normalCentralMoment(ImageProcessor I, int p, int q) {
35   double m00 = moment(I, 0, 0);
36   double norm = Math.pow(m00, 0.5 * (p + q + 2));
37   return centralMoment(I, p, q) / norm;
38 }
```

10.4.4 Momentenbasierte geometrische Merkmale

Während die normalisierten Momente auch direkt zur Charakterisierung von Regionen verwendet werden können, sind einige interessante und geometrisch unmittelbar relevante Merkmale auf elegante Weise aus den Momenten ableitbar.

Orientierung

Die Orientierung bezeichnet die Richtung der Hauptachse, also der Achse, die durch den Schwerpunkt und entlang der größten Ausdehnung

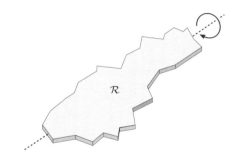

einer Region verläuft. Dreht man die durch die Region beschriebene Fläche um ihre Hauptachse, so weist diese das geringste Trägheitsmoment aller möglichen Drehachsen auf. Wenn man etwa einen Bleistift zwischen beiden Händen hält und um seine Hauptachse (entlang der Bleistiftmine) dreht, dann treten wesentlich geringere Trägheitskräfte auf als beispielsweise bei einer propellerartigen Drehung quer zur Hauptachse (Abb. 10.17). Sofern die Region überhaupt eine Orientierung aufweist ($\mu_{20}(\mathcal{R}) \neq \mu_{02}(\mathcal{R})$), ergibt sich die Richtung θ der Hauptachse aus den zentralen Momenten μ_{pq} als

$$\tan(2\,\theta_{\mathcal{R}}) = \frac{2 \cdot \mu_{11}(\mathcal{R})}{\mu_{20}(\mathcal{R}) - \mu_{02}(\mathcal{R})} \tag{10.29}$$

und somit ist der zugehörige Winkel

$$\theta_{\mathcal{R}} = \frac{1}{2} \cdot \tan^{-1}\!\left(\frac{2 \cdot \mu_{11}(\mathcal{R})}{\mu_{20}(\mathcal{R}) - \mu_{02}(\mathcal{R})}\right) \tag{10.30}$$

$$= \frac{1}{2} \cdot \mathrm{Arctan}\big(\mu_{20}(\mathcal{R}) - \mu_{02}(\mathcal{R}),\, 2 \cdot \mu_{11}(\mathcal{R})\big). \tag{10.31}$$

Der resultierende Winkel[13] $\theta_{\mathcal{R}}$ ist im Bereich $[-\frac{\pi}{2}, \frac{\pi}{2}]$. Die Berechnung der Orientierung basierend auf den Momenten einer Region ist i. Allg. äußerst präzise.

Berechnung der Richtungsvektoren

Wenn es um die Visualisierung der geometrischen Eigenschaften von Regionen geht, ist eine übliche Darstellung der Orientierungsrichtung eine Gerade oder ein Vektor, ausgehend vom Schwerpunkt der Region $\bar{\boldsymbol{x}} = (\bar{x}, \bar{y})^{\mathsf{T}}$, also beispielsweise durch eine parametrische Gerade in der Form

$$\boldsymbol{x} = \bar{\boldsymbol{x}} + \lambda \cdot \boldsymbol{x}_{\mathrm{d}} = \begin{pmatrix} \bar{x} \\ \bar{y} \end{pmatrix} + \lambda \cdot \begin{pmatrix} \cos(\theta_{\mathcal{R}}) \\ \sin(\theta_{\mathcal{R}}) \end{pmatrix}, \tag{10.32}$$

---

[13] Siehe Anhang 1.1 zur Definition der in Gl. 10.31 verwendeten inversen Tangensfunktion $\mathrm{Arctan}(x, y) \equiv \tan^{-1}(x, y)$ sowie Anhang F.1.6 für die entsprechende Java-Methode `Math.atan2(y,x)`.

mit dem normalisierten Richtungsvektor $\boldsymbol{x}_\mathrm{d}$ und der Längenvariable $\lambda > 0$. Um den Einheitsvektor $\boldsymbol{x}_\mathrm{d} = (\cos(\theta), \sin(\theta))^\mathsf{T}$ zu bestimmen, könnte man zunächst die inverse Tangensfunktion verwenden, um 2θ (siehe Gl. 10.30), und anschließend den Kosinus bzw. Sinus von θ zu berechnen. Allerdings kann der Vektor $\boldsymbol{x}_\mathrm{d}$ auf folgende Weise auch einfacher und ohne Verwendung von trigonometrischen Funktionen ermittelt werden. Durch Umformung von Gl. 10.29 zu

$$\tan(2\theta_\mathcal{R}) = \frac{2 \cdot \mu_{11}(\mathcal{R})}{\mu_{20}(\mathcal{R}) - \mu_{02}(\mathcal{R})} = \frac{a}{b} = \frac{\sin(2\theta_\mathcal{R})}{\cos(2\theta_\mathcal{R})}, \tag{10.33}$$

mit $a = 2\mu_{11}(\mathcal{R})$ und $b = \mu_{20}(\mathcal{R}) - \mu_{02}(\mathcal{R})$, erhalten wir (unter Verwendung des Satzes des Pythagoras)

$$\sin(2\theta_\mathcal{R}) = \frac{a}{\sqrt{a^2 + b^2}} \qquad \text{bzw.} \qquad \cos(2\theta_\mathcal{R}) = \frac{b}{\sqrt{a^2 + b^2}} \,.$$

Unter Verwendung der Identitäten $\cos^2\alpha = \frac{1}{2} \cdot [1 + \cos(2\alpha)]$ und $\sin^2\alpha = \frac{1}{2} \cdot [1 - \cos(2\alpha)]$ ergibt sich der normalisierte Richtungsvektor $\boldsymbol{x}_\mathrm{d} = (x_\mathrm{d}, y_\mathrm{d})^\mathsf{T}$, mit

$$x_\mathrm{d} = \cos(\theta_\mathcal{R}) = \begin{cases} 0 & \text{für } a = b = 0, \\ \left[\frac{1}{2} \cdot \left(1 + \frac{b}{\sqrt{a^2 + b^2}}\right)\right]^{\frac{1}{2}} & \text{sonst,} \end{cases} \tag{10.34}$$

$$y_\mathrm{d} = \sin(\theta_\mathcal{R}) = \begin{cases} 0 & \text{für } a = b = 0, \\ \left[\frac{1}{2} \cdot \left(1 - \frac{b}{\sqrt{a^2 + b^2}}\right)\right]^{\frac{1}{2}} & \text{für } a \geq 0, \\ -\left[\frac{1}{2} \cdot \left(1 - \frac{b}{\sqrt{a^2 + b^2}}\right)\right]^{\frac{1}{2}} & \text{für } a < 0, \end{cases} \tag{10.35}$$

direkt aus den zentralen Momenten $\mu_{11}(\mathcal{R})$, $\mu_{20}(\mathcal{R})$, and $\mu_{02}(\mathcal{R})$, wie in Gl. 10.33 definiert. Die horizontale Komponente x_d in Gl. 10.34 ist dabei immer positiv, während die Fallunterscheidung in Gl. 10.35 das Vorzeichen der vertikalen Komponente y_d so setzt, dass wiederum derselbe Winkelbereich $[-\frac{\pi}{2}, +\frac{\pi}{2}]$ wie in Gl. 10.30 entsteht. Der resultierende Vektor $\boldsymbol{x}_\mathrm{d}$ ist normalisiert (d. h., $\|\boldsymbol{x}_\mathrm{d}\| = 1$) und könnte für die Darstellung beliebig skaliert werden, beispielsweise um auch das Maß der Exzentrizität der Region anzuzeigen, wie nachfolgend beschrieben (s. auch Abb. 10.19).

Exzentrizität

Ähnlich wie die *Richtung* der Hauptachse lässt sich auch die „Länglichkeit" oder „Exzentrizität" einer Region über deren Momente bestimmen. Ein naiver Ansatz zur Berechnung der Exzentrizität wäre, die Region so lange zu drehen, bis das Seitenverhältnis der resultierenden (achsenparallelen) Bounding Box (oder der umhüllenden Ellipse) ein Maximum erreicht. Natürlich wäre dieser Vorgang aufgrund der großen Zahl von

Abbildung 10.18
Orientierung und Exzentrizität. Die Hauptachse einer Region läuft durch ihren Schwerpunkt $\bar{x}$ unter dem Winkel θ. Die Exzentrizität ist definiert als das Achsenverhältnis (r_a/r_b) der „äquivalenten" Ellipse, deren längere Achse parallel zur Hauptachse der Region liegt. Man beachte, dass die Winkel im Intervall $[-\frac{\pi}{2}, +\frac{\pi}{2}]$ liegen und untypischerweise im Uhrzeigersinn laufen (da die y-Achse der Bildkoordinaten nach unten gerichtet ist). Konkret ist in diesem Beispiel $\theta \approx -0.759 \approx -43.5°$.

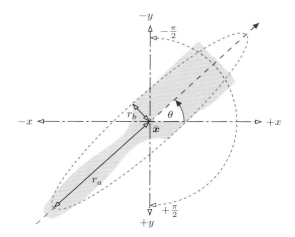

erforderlichen Rotationen sehr rechenaufwändig. Falls allerdings die Orientierung einer Region (siehe Gl. 10.30) bereits bekannt ist, dann ist es natürlich einfach, die zur Hauptachse parallele Bounding Box ohne iterative Versuche zu bestimmen. Im Allgemeinen ist aber die Bounding Box ohnehin kein gutes Maß für die Exzentrizität einer Region, da bei der Berechnung die Verteilung der Pixel innerhalb der Box nicht berücksichtigt wird.

Im Gegensatz dazu können mithilfe der Momente sehr genaue und stabile Messwerte für die Exzentrizität einer Region berechnet werden, und zwar in geschlossener Form, also ohne iterative Suche oder Optimierung. Zudem benötigt man (anders als bei der Berechnung der *Rundheit* in Abschn. 10.4.2) für die Berechnung auf Basis der Momente keine Kenntnis des *Umfangs* einer Region und somit ist das Verfahren auch für nicht-zusammenhängende Regionen oder Punktwolken anwendbar. Für die Exzentrizität einer Region gibt es in der Literatur mehrere unterschiedliche Definitionen [13, 116, 118] (s. auch Aufg. 10.15). Wir verwenden wegen ihrer einfachen geometrischen Interpretation folgende gängige Definition:

$$\mathsf{Ecc}(\mathcal{R}) = \frac{a_1}{a_2} = \frac{\mu_{20} + \mu_{02} + \sqrt{(\mu_{20} - \mu_{02})^2 + 4 \cdot \mu_{11}^2}}{\mu_{20} + \mu_{02} - \sqrt{(\mu_{20} - \mu_{02})^2 + 4 \cdot \mu_{11}^2}} . \tag{10.36}$$

Dabei sind $a_1 = 2\lambda_1$, $a_2 = 2\lambda_2$ Vielfache der Eigenwerte λ_1, λ_2 der symmetrischen 2×2 Matrix

$$\boldsymbol{A} = \begin{pmatrix} \mu_{20} & \mu_{11} \\ \mu_{11} & \mu_{02} \end{pmatrix}, \tag{10.37}$$

mit den zentralen Momenten der Region $\mu_{11}, \mu_{20}, \mu_{02}$ (siehe Gl. 10.25).[14] Die Funktion $\mathsf{Ecc}(\mathcal{R})$ liefert Werte im Bereich $[1, \infty)$, wobei eine exakt

---

[14] Tatsächlich ist $\boldsymbol{A}$ eine *Kovarianzmatrix* (s. Abschn. 4.2 im Anhang).

runde (scheibenförmige) Region den Wert 1.0 ergibt und längliche Regionen Werte > 1 aufweisen.

Die Werte von $\mathsf{Ecc}(\mathcal{R})$ sind invariant gegenüber Veränderungen der Orientierung und der Größe einer Region; sie besitzen also die wichtige Eigenschaft der *Rotations-* und *Skalierungsinvarianz*. Allerdings enthalten die Werte a_1, a_2 relevante Informationen über die räumliche Struktur der zugehörigen Region. Geometrisch stehen die Eigenwerte λ_1, λ_2 in direktem Bezug zu den Achsenlängen der zur Region „äquivalenten" Ellipse, die an deren Schwerpunkt $(\bar{x}, \bar{y})$ zentriert ist und die Orientierung $\theta_{\mathcal{R}}$ (siehe Gl. 10.30) aufweist. Die Länge der Haupt- bzw. Nebenachse dieser Ellipse ist

$$r_a = 2 \cdot \left(\frac{\lambda_1}{|\mathcal{R}|}\right)^{\frac{1}{2}} = \left(\frac{2\,a_1}{|\mathcal{R}|}\right)^{\frac{1}{2}}, \tag{10.38}$$

$$r_b = 2 \cdot \left(\frac{\lambda_2}{|\mathcal{R}|}\right)^{\frac{1}{2}} = \left(\frac{2\,a_2}{|\mathcal{R}|}\right)^{\frac{1}{2}}, \tag{10.39}$$

mit a_1, a_2 wie in Gl. 10.36 definiert und der Größe (Anzahl der Pixel) der Region $|\mathcal{R}|$. Mit den Achsenlängen r_a, r_b und dem Schwerpunkt $(\bar{x}, \bar{y})$ ergibt sich die parametrische Gleichung der äquivalenten Ellipse als

$$\boldsymbol{x}(t) = \begin{pmatrix} \bar{x} \\ \bar{y} \end{pmatrix} + \begin{pmatrix} \cos(\theta) & -\sin(\theta) \\ \sin(\theta) & \cos(\theta) \end{pmatrix} \cdot \begin{pmatrix} r_a \cdot \cos(t) \\ r_b \cdot \sin(t) \end{pmatrix} \tag{10.40}$$

$$= \begin{pmatrix} \bar{x} + \cos(\theta) \cdot r_a \cdot \cos(t) - \sin(\theta) \cdot r_b \cdot \sin(t) \\ \bar{y} + \sin(\theta) \cdot r_a \cdot \cos(t) + \cos(\theta) \cdot r_b \cdot \sin(t) \end{pmatrix}, \tag{10.41}$$

für $0 \leq t < 2\pi$ (siehe Abb. 10.18). Würde man diese Ellipse zur Gänze füllen, dann würde die resultierende Region die selben zentralen Momente (erster und zweiter Ordnung) aufweisen den wir die ursprüngliche Region. Abbildung 10.19 zeigt eine Anordnung verschiedener Regionen zusammen mit den entsprechenden Richtungsvektoren und äquivalenten Ellipsen.

Invariante Momente

Normalisierte zentrale Momente sind zwar unbeeinflusst durch eine Translation oder gleichförmige Skalierung einer Region, verändern sich jedoch im Allgemeinen bei einer *Rotation* des Bilds.

Invariante Momente nach Hu

Ein klassisches Beispiel zur Lösung dieses Problems durch geschickte Kombination einfacher Merkmale sind die nachfolgenden, als *Hu's Moments* [101] bekannten Größen:[15]

---

[15] Das Argument für die Region $(\mathcal{R})$ wird in Gl. 10.42 zur besseren Lesbarkeit weggelassen, die erste Zeile würde also vollständig lauten: $\phi_1(\mathcal{R}) = \bar{\mu}_{20}(\mathcal{R}) + \bar{\mu}_{02}(\mathcal{R})$, usw.

Abbildung 10.19
Orientierung und Exzentrizität von
Regionen (Beispiele). Die Orientierung θ (Gl. 10.30) jeder Region ist
als Richtungsvektor dargestellt, dessen Ausgangspunkt im Schwerpunkt
der Region liegt und dessen Länge
der Exzentrizität $\mathsf{Ecc}(\mathcal{R})$ nach Gl.
10.36 entspricht. Die Grafik zeigt
außerdem die aus den zentralen Momenten berechneten äquivalenten Ellipsen der Regionen gemäß Gl. 10.41.

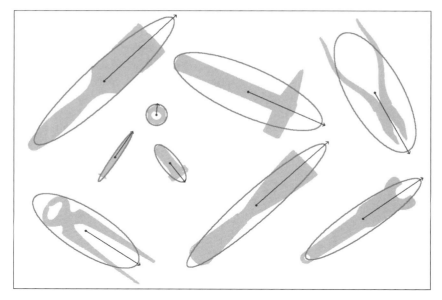

$$\phi_1 = \bar{\mu}_{20} + \bar{\mu}_{02}, \tag{10.42}$$

$$\phi_2 = (\bar{\mu}_{20} - \bar{\mu}_{02})^2 + 4\,\bar{\mu}_{11}^2,$$

$$\phi_3 = (\bar{\mu}_{30} - 3\,\bar{\mu}_{12})^2 + (3\,\bar{\mu}_{21} - \bar{\mu}_{03})^2$$

$$\phi_4 = (\bar{\mu}_{30} + \bar{\mu}_{12})^2 + (\bar{\mu}_{21} + \bar{\mu}_{03})^2,$$

$$\phi_5 = (\bar{\mu}_{30} - 3\,\bar{\mu}_{12}) \cdot (\bar{\mu}_{30} + \bar{\mu}_{12}) \cdot \left[(\bar{\mu}_{30} + \bar{\mu}_{12})^2 - 3(\bar{\mu}_{21} + \bar{\mu}_{03})^2\right] +$$
$$(3\,\bar{\mu}_{21} - \bar{\mu}_{03}) \cdot (\bar{\mu}_{21} + \bar{\mu}_{03}) \cdot \left[3\,(\bar{\mu}_{30} + \bar{\mu}_{12})^2 - (\bar{\mu}_{21} + \bar{\mu}_{03})^2\right],$$

$$\phi_6 = (\bar{\mu}_{20} - \bar{\mu}_{02}) \cdot \left[(\bar{\mu}_{30} + \bar{\mu}_{12})^2 - (\bar{\mu}_{21} + \bar{\mu}_{03})^2\right] +$$
$$4\,\bar{\mu}_{11} \cdot (\bar{\mu}_{30} + \bar{\mu}_{12}) \cdot (\bar{\mu}_{21} + \bar{\mu}_{03}),$$

$$\phi_7 = (3\,\bar{\mu}_{21} - \bar{\mu}_{03}) \cdot (\bar{\mu}_{30} + \bar{\mu}_{12}) \cdot \left[(\bar{\mu}_{30} + \bar{\mu}_{12})^2 - 3\,(\bar{\mu}_{21} + \bar{\mu}_{03})^2\right] +$$
$$(3\,\bar{\mu}_{12} - \bar{\mu}_{30}) \cdot (\bar{\mu}_{21} + \bar{\mu}_{03}) \cdot \left[3\,(\bar{\mu}_{30} + \bar{\mu}_{12})^2 - (\bar{\mu}_{21} + \bar{\mu}_{03})^2\right].$$

In der Praxis wird allerdings meist der Logarithmus der Ergebnisse (also
$\log(\phi_k)$) verwendet, um den ansonsten sehr großen Wertebereich zu reduzieren. Diese Merkmale (*features*) werden auch als *moment invariants*
bezeichnet, denn sie sind weitgehend invariant unter Translation, Skalierung und Rotation. Sie sind auch auf Ausschnitte von Grauwertbildern
anwendbar, Beispiele dafür finden sich etwa in [80, S. 517].

Invariante Momente nach Flusser

In [64, 66] wurde gezeigt, dass die in Gl. 10.42 aufgelisteten Momente
von Hu einerseits redundant und andererseits auch unvollständig sind.
Auf der Basis von sogenannten *komplexen Momenten* $c_{pq} \in \mathbb{C}$, wird ein
Satz von 11 rotations- und skaleninvarianten Merkmalen $\psi_1, \dots, \psi_{11}$ (s.
unten) zur Charakterisierung von 2D Formen vorgeschlagen. Die komplexen Momente sind für Grauwertbilder (mit $I(u, v) \in \mathbb{R}$) definiert in
der Form

$$c_{pq}(\mathcal{R}) = \sum_{(u,v)\in\mathcal{R}} I(u,v) \cdot (x + \mathrm{i}\cdot y)^p \cdot (x - \mathrm{i}\cdot y)^q, \qquad (10.43)$$

beziehungsweise für Binärbilder (mit $I(u,v) \in [0,1]$) durch

$$c_{pq}(\mathcal{R}) = \sum_{(u,v)\in\mathcal{R}} (x + \mathrm{i}\cdot y)^p \cdot (x - \mathrm{i}\cdot y)^q \qquad (10.44)$$

(i bezeichnet die imaginäre Einheit). Die darauf aufbauenden Momente 2. bis 4. Ordnung sind in [64] folgendermaßen definiert:

$$
\begin{aligned}
&\psi_1 = c_{11} = \phi_1, &&\psi_2 = c_{21}c_{12} = \phi_4, &&\psi_3 = \mathrm{Re}(c_{20}c_{12}^2) = \phi_6, \\
&\psi_4 = \mathrm{Im}(c_{20}c_{12}^2), &&\psi_5 = \mathrm{Re}(c_{30}c_{12}^3) = \phi_5, &&\psi_6 = \mathrm{Im}(c_{30}c_{12}^3) = \phi_7, \\
&\psi_7 = c_{22}, &&\psi_8 = \mathrm{Re}(c_{31}c_{12}^2), &&\psi_9 = \mathrm{Im}(c_{31}c_{12}^2), \\
&\psi_{10} = \mathrm{Re}(c_{04}c_{12}^4), &&\psi_{11} = \mathrm{Im}(c_{04}c_{12}^4). &&\qquad\qquad (10.45)
\end{aligned}
$$

Wie man sieht, stimmen einige dieser Mermale mit den Merkmalen von Hu (ϕ_k) überein. Für die effiziente Berechnung von Momenten findet man in der Literatur zahlreiche Hinweise, z. B. [65, 121].

10.4.5 Projektionen

Projektionen von Bildern sind eindimensionale Abbildungen der Bilddaten, üblicherweise parallel zu den Koordinatenachsen. In diesem Fall ist die horizontale bzw. vertikale Projektion für ein Bild $I(u,v)$, mit $0 \le u < M$, $0 \le v < N$, definiert als

$$P_{\mathrm{hor}}(v) = \sum_{u=0}^{M-1} I(u,v) \quad \text{für } 0 < v < N, \qquad (10.46)$$

$$P_{\mathrm{ver}}(u) = \sum_{v=0}^{N-1} I(u,v) \quad \text{für } 0 < u < M. \qquad (10.47)$$

Die *horizontale* Projektion $P_{\mathrm{hor}}(v)$ in Gl. 10.46 bildet also die Summe der Pixelwerte der Bild*zeile* v und hat die Länge N, die der Höhe des Bilds entspricht. Umgekehrt ist die *vertikale* Projektion $P_{\mathrm{ver}}(u)$ die Summe aller Bildwerte in der *Spalte* u (Gl. 10.47). Im Fall eines Binärbilds mit $I(u,v) \in 0, 1$ enthält die Projektion die Anzahl der Vordergrundpixel in der zugehörigen Bildzeile bzw. -spalte.

Prog. 10.4 zeigt eine einfache Implementierung der Projektionsberechnung als `run()`-Methode eines ImageJ-Plugin,[16] wobei beide Projektionen in einem Bilddurchlauf berechnet werden.

Projektionen in Richtung der Koordinatenachsen sind beispielsweise zur schnellen Analyse von strukturierten Bildern nützlich, wie etwa zur

---

[16] Plugin `Make_Projections`

Programm 10.4
Berechnung von horizontaler und
vertikaler Projektion. Die run()-
Methode für ein ImageJ-Plugin
(ip ist vom Typ BjyteProcessor
oder ShortProcessor) berechnet
in einem Bilddurchlauf gleichzeitig beide Projektionen als eindimensionale Arrays (pHor, pVer)
mit Elementen vom Typ int.

```
1   public void run(ImageProcessor I) {
2     int M = I.getWidth();
3     int N = I.getHeight();
4     int[] pHor = new int[N]; // = P_hor(v)
5     int[] pVer = new int[M]; // = P_ver(u)
6     for (int v = 0; v < N; v++) {
7       for (int u = 0; u < M; u++) {
8         int p = I.getPixel(u, v);
9         pHor[v] += p;
10        pVer[u] += p;
11      }
12    }   // use projections pHor, pVer now
13    // ...
14  }
```

Abbildung 10.20
Beispiel für die horizontale und vertikale Projektion eines Binärbilds.

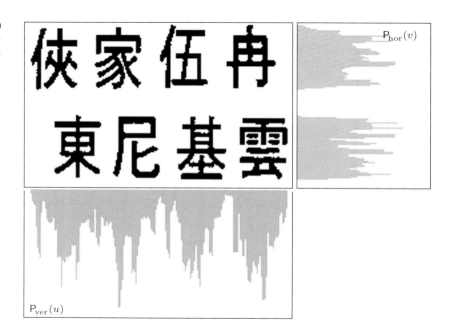

Isolierung der einzelnen Zeilen in Textdokumenten oder auch zur Trennung der Zeichen innerhalb einer Textzeile (Abb. 10.20). Grundsätzlich
sind aber Projektionen auf Geraden mit beliebiger Orientierung möglich,
beispielsweise in Richtung der Hauptachse einer gerichteten Bildregion
(Gl. 10.30). Nimmt man den Schwerpunkt der Region (Gl. 10.19) als Referenz entlang der Hauptachse, so erhält man eine weitere, rotationsin-
variante Beschreibung der Region in Form des Projektionsvektors.

10.4.6 Topologische Merkmale

Topologische Merkmale beschreiben nicht explizit die Form einer Region, sondern strukturelle Eigenschaften, die auch unter stärkeren Bild-

Abbildung 10.21
Beispiele für binäre Erkennungsmarker, deren Identität durch die topologische Struktur der enthaltenen Regionen definiert ist [20].

verformungen unverändert bleiben. Dazu gehört auch die Eigenschaft der Konvexität einer Region, die sich durch Berechnung ihrer konvexen Hülle (Abschn. 10.4.2) bestimmen lässt.

Ein einfaches und robustes topologisches Merkmal ist die *Anzahl der Löcher* $N_L(\mathcal{R})$, die sich aus der Berechnung der inneren Konturen einer Region ergibt, wie in Abschn. 10.2.2 beschrieben. Umgekehrt kann eine nicht zusammenhängende Region, wie beispielsweise der Buchstabe „**i**", aus mehreren Komponenten bestehen, deren Anzahl ebenfalls als Merkmal verwendet werden kann.

Ein davon abgeleitetes Merkmal ist die so genannte *Euler-Zahl* N_E, das ist die Anzahl der zusammenhängenden Regionen N_R abzüglich der Anzahl ihrer Löcher N_L, d. h.

$$N_E(\mathcal{R}) = N_R(\mathcal{R}) - N_L(\mathcal{R}). \tag{10.48}$$

Bei nur *einer* zusammenhängenden Region ist dies einfach $1 - N_L$. So gilt für die Ziffer „**8**" beispielsweise $N_E = 1 - 2 = -1$ oder $N_E = 1 - 1 = 0$ für den Buchstaben „**D**".

Topologische Merkmale werden oft in Kombination mit numerischen Features zur Klassifikation verwendet, etwa für die Zeichenerkennung (*optical character recognition*, OCR) [35]. Abbildung 10.21 zeigt eine interessante Anwendung topologischer Strukturen zur Kodierung von optischen Erkennungsmarkern [20].[17] Die mehrfache Verschachtelung von äußeren und darin enthaltenen inneren Regionen eines Markers entspricht einer Baumstruktur, mit der sich dessen Identität schnell und eindeutig bestimmen lässt (s. auch Aufg. 10.18).

10.5 Implementierung

Die Implementierung der in diesem Kapitel beschriebenen Verfahren findet sich online im Paket `imagingbook.pub.regions`. Die wichtigsten Klassen sind `BinaryRegion` und `Contour`, sowie die abstrakte Klasse `RegionLabeling` mit den konkreten Implementierungen `RecursiveLabeling`, `BreadthFirstLabeling`, `DepthFirstLabeling` (Alg. 10.1) und

---

[17] http://reactivision.sourceforge.net/

SequentialLabeling (Alg. 10.2). Das kombinierte Verfahren zur Regionenmarkierung und Konturfindung (Alg. 10.3–10.4) ist in der Klasse RegionContourLabeling realisiert. Weitere Details finden sich in der Online-Dokumentation.

Beispiel

In Prog. 10.5 ist ein ausführliches Beispiel für die Verwendung dieses APIs gezeigt. Nützlich ist u. a. auch die Möglichkeit, mithilfe der Methode getRegionPoints() in einfacher Weise über alle Positionen innerhalb einer Region zu iterieren, wie das folgende Beispiel demonstriert:

```
RegionLabeling segmenter = ....
// Get the largest region:
BinaryRegion r = segmenter.getRegions(true).get(0);
// Loop over all points of region r:
for (java.awt.Point p : segmenter.getRegionPoints(r)) {
  int u = p.x;
  int v = p.y;
  // do something with position u, v
}
```

10.6 Aufgaben

Aufg. 10.1. Simulieren Sie manuell den Ablauf des *Flood-fill*-Verfahrens in Prog. 10.1 (*depth-first* und *breadth-first*) anhand einer Region des Bilds in Abb. 10.22, beginnend bei der Startkoordinate $(5, 1)$.

Abbildung 10.22
Binärbild zu Aufg. 10.1.

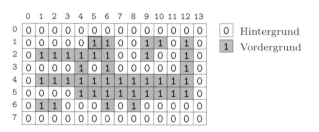

Aufg. 10.2. Bei der Implementierung des *Flood-fill*-Verfahrens (Prog. 10.1) werden bei jedem bearbeiteten Pixel alle seine Nachbarn im *Stack* bzw. in der *Queue* vorgemerkt, unabhängig davon, ob sie noch innerhalb des Bilds liegen und Vordergrundpixel sind. Man kann die Anzahl der im *Stack* bzw. in der *Queue* zu speichernden Knoten reduzieren, indem man jene Nachbarpixel ignoriert, die diese Bedingungen nicht erfüllen. Modifizieren Sie die *Depth-first*- und *Breadth-first*-Variante in Prog. 10.1 entsprechend und vergleichen Sie die resultierenden Laufzeiten.

```
1   ...
2   import imagingbook.pub.regions.BinaryRegion;
3   import imagingbook.pub.regions.Contour;
4   import imagingbook.pub.regions.ContourOverlay;
5   import imagingbook.pub.regions.RegionContourLabeling;
6   import java.awt.geom.Point2D;
7   import java.util.List;
8
9   public class Region_Contours_Demo implements PlugInFilter {
10
11    public int setup(String arg, ImagePlus im) {
12      return DOES_8G + NO_CHANGES;
13    }
14
15    public void run(ImageProcessor ip) {
16      // Make sure we have a proper byte image:
17      ByteProcessor bp = ip.convertToByteProcessor();
18
19      // Create the region labeler / contour tracer:
20      RegionContourLabeling segmenter =
21        new RegionContourLabeling(bp);
22
23      // Get the list of detected regions (sort by size):
24      List<BinaryRegion> regions = segmenter.getRegions(true);
25      if (regions.isEmpty()) {
26        IJ.error("No regions detected!");
27        return;
28      }
29
30      // List all regions:
31      IJ.log("Detected regions: " + regions.size());
32      for (BinaryRegion r: regions) {
33        IJ.log(r.toString());
34      }
35
36      // Get the outer contour of the largest region:
37      BinaryRegion largestRegion = regions.get(0);
38      Contour oc = largestRegion.getOuterContour();
39      IJ.log("Points along outer contour of largest region:");
40      Point2D[] points = oc.getPointArray();
41      for (int i = 0; i < points.length; i++) {
42        Point2D p = points[i];
43        IJ.log("Point " + i + ": " + p.toString());
44      }
45
46      // Get all inner contours of the largest region:
47      List<Contour> ics = largestRegion.getInnerContours();
48      IJ.log("Inner regions (holes): " + ics.size());
49    }
50  }
```

10.6 Aufgaben

Programm 10.5
Beispiel für die Verwendung des
regions-APIs. Das hier gezeigte
ImageJ-Plugin Region_Contours_Demo
segmentiert das Binärbild (8-bit
Grauwertbild ip) in zusammenhängende Regionen. Dazu wird in diesem Fall eine Instanz der Klasse
RegionContourLabeling verwendet
(Zeile 21), die auch die Konturen
der Regionen extrahiert. In Zeile 24
wird eine (nach Größe der Region sortierte) Liste aller Regionen erzeugt,
die nachfolgend durchlaufen wird
(Zeile 32). Die Behandlung von äußeren und inneren Konturen sowie die
Iteration über einzelne Konturpunkte
ist in den Zeilen 37–48 gezeigt.

Aufg. 10.3. Implementieren Sie ein ImageJ-Plugin, das auf ein Binärbild eine Lauflängenkodierung (Abschn. 10.3.2) anwendet, das Ergebnis in einer Datei ablegt und ein zweites Plugin, das aus dieser Datei das Bild wieder rekonstruiert.

Aufg. 10.4. Berechnen Sie den erforderlichen Speicherbedarf zur Darstellung einer Kontur mit 1000 Punkten auf folgende Arten: (a) als Folge von Koordinatenpunkten, die als Paare von `int`-Werten dargestellt sind; (b) als 8-Chain Code mit Java-`byte`-Elementen; (c) als 8-Chain Code mit nur 3 Bits pro Element.

Aufg. 10.5. Implementieren Sie eine Java-Klasse zur Beschreibung von binären Bildregionen mit Chain Codes. Entscheiden Sie selbst, ob Sie einen absoluten oder differentiellen Chain Code verwenden. Die Implementierung soll in der Lage sein, geschlossene Konturen als Chain Codes zu kodieren und auch wieder zu rekonstruieren.

Aufg. 10.6. Das *Graham Scan* Verfahren [83] ist ein effizienter Algorithmus zur Berechnung der konvexen Hülle einer 2D Punktmenge (der Größe n) mit der Zeitkomplexität $\mathcal{O}(n \cdot \log(n))$.[18] Implementieren Sie dieses Verfahren und zeigen Sie, dass es ausreicht, bei der Berechnung der konvexen Hülle nur die äußeren Konturpunkte einer Region zu berücksichtigen.

Aufg. 10.7. Durch Berechnung der konvexen Hülle kann auch der maximale Durchmesser (max. Abstand zwischen zwei beliebigen Punkten) einer Region auf einfache Weise berechnet werden. Überlegen Sie sich ein alternatives Verfahren, das diese Aufgabe ohne Verwendung der komplexen Hülle löst. Ermitteln Sie den Zeitaufwand Ihres Algorithmus in Abhängigkeit zur Anzahl der Punkte in der Region.

Aufg. 10.8. Implementieren Sie den Vergleich von Konturen auf Basis von „Shape Numbers" (Gl. 10.6). Entwickeln Sie dafür eine Metrik, welche die Distanz zwischen zwei normalisierten Chain Codes misst. Stellen Sie fest, ob und unter welchen Bedingungen das Verfahren zuverlässig arbeitet.

Aufg. 10.9. Skizzieren Sie die Kontur für den *absoluten* Chain Code $c'_{\mathcal{R}} = (6, 7, 7, 1, 2, 0, 2, 3, 5, 4, 4)$. (a) Wählen Sie dafür einen beliebigen Startpunkt und stellen Sie fest, ob die resultierende Kontur geschlossen ist. (b) Ermitten Sie den zugehörigen *differentiellen* Chain Code $c''_{\mathcal{R}}$ (Gl. 10.5).

Aufg. 10.10. Berechnen Sie (unter Annahme der 8-Nachbarschaft) nach Gl. 10.6 die *Shape Number* zur Basis $b = 8$ für den differentiellen Chain Code $c''_{\mathcal{R}} = (1, 0, 2, 1, 6, 2, 1, 2, 7, 0, 2)$ sowie für alle möglichen zyklischen Verschiebungen dieses Codes. Bei welcher Verschiebung wird der arithmetische Wert maximal?

---

[18] S. auch http://en.wikipedia.org/wiki/Graham_scan.

Aufg. 10.11. Entwerfen Sie einen Algorithmus, der aus einer als 8-Chain Code gegebenen Kontur auf der Basis von Gl. 10.15 die Fläche der zugehörigen Region berechnet (s. auch [232], [117, Abschn. 19.5]).

Aufg. 10.12. Modifizieren sie Alg. 10.3 so, dass die äußeren und inneren Konturen nicht als unabhängige Listen C_{out}, C_{in} sondern in Form einer Baumstruktur zurückgeliefert werden. Eine äußere Kontur repräsentiert dabei eine Region, in der möglicherweise mehrere innere Konturen (Löcher) eingebettet sind. Innerhalb eines Lochs können sich wiederum weitere Regionen (äußere Konturen) befinden usw.

Aufg. 10.13. Skizzieren Sie Beispiele von binären Regionen, bei denen der Schwerpunkt selbst *nicht* innerhalb der Bildregion liegt.

Aufg. 10.14. Implementieren Sie die Momenten-Features von Hu (Gl. 10.42) sowie die Momente von Flusser (Gl. 10.45) und überprüfen Sie die behaupteten Invarianzeigenschaften unter Skalierung und Rotation anhand von Binär- und Grauwertbildern.

Aufg. 10.15. Für die Exzentrizität einer Region (Gl. 10.36) gibt es alternative Formulierungen, wie zum Beispiel

$$\mathsf{Ecc}_2(\mathcal{R}) = \frac{\left(\mu_{20} - \mu_{02}\right)^2 + 4 \cdot \mu_{11}^2}{\left(\mu_{20} + \mu_{02}\right)^2} \qquad \text{aus [118, p. 394],} \qquad (10.49)$$

$$\mathsf{Ecc}_3(\mathcal{R}) = \frac{\left(\mu_{20} - \mu_{02}\right)^2 + 4 \cdot \mu_{11}}{m_{00}} \qquad \text{aus [116, p. 531],} \qquad (10.50)$$

$$\mathsf{Ecc}_4(\mathcal{R}) = \frac{\sqrt{\mu_{20} - \mu_{02}} + 4 \cdot \mu_{11}}{m_{00}} \qquad \text{aus [13, p. 255].} \qquad (10.51)$$

Realisieren Sie alle vier Varianten (einschließlich Gl. 10.36), bestimmen Sie den jeweiligen Wertebereich und überprüfen Sie anhand geeigneter Beispiele, ob sie invariant gegenüber Drehung und Skalierung sind.

Aufg. 10.16. Entwickeln Sie ein Programm (z. B. ein ImageJ Plugin), das (a) alle zusammenhängenden Regionen in einem Binärbild findet, (b) die Orientierung und Exzentrizität jeder Region berechnet und (c) die resultierenden Richtungsvektoren und die äquivalenten Ellipsen anzeigt (analog zu Abb. 10.19). Hinweis: Verwende Gl. 10.41 als Basis für eine Methode zum Zeichnen von Ellipsen mit beliebiger Orientierung (in Java bzw. ImageJ nicht direkt verfügbar).

Aufg. 10.17. Die Java-Methode in Prog. 10.4 berechnet die Projektionen eines Bilds in horizontaler und vertikaler Richtung. Bei der Verarbeitung von Dokumentenvorlagen werden u. a. auch Projektionen in Diagonalrichtung eingesetzt. Implementieren Sie diese Projektionen und überlegen Sie, welche Rolle diese in der Dokumentenverarbeitung spielen könnten.

Aufg. 10.18. Zeichnen Sie für jeden der in Abb. 10.21 abgebildeten Marker die entsprechende Baumstruktur, die sich aus der Verschachtelung von äußeren und inneren Regionen ergibt. Wie könnte ein zugehöriger Algorithmus aussehen, der Paare von einzelnen Markern vergleicht bzw. einen bestimmten Marker in einer gegebenen Datenbank von Markern effizient suchen soll?

11

Automatische Schwellwertoperationen

Obwohl die Methoden zur Verarbeitung von Binärbildern zu den ältesten überhaupt gehören, spielen sie auch heute noch wegen ihrer Einfachheit und Effizienz eine bedeutende Rolle. Um überhaupt ein Binärbild zu erhalten, ist der erste und vielleicht auch empfindlichste Schritt die Konvertierung des ursprünglichen Grau- oder Farbbilds in Schwarz/Weiß-Werte bzw. Hintergrund- und Vordergrundpixel, meist durch Anwendung einer Schwellwertoperation, wie bereits in Abschn. 4.1.4 beschrieben.

Jeder der schon einmal versucht hat ein gescanntes Dokument von einem Grauwertbild in ein lesbares Binärbild umzuwandeln weiß, wie stark das Ergebnis von der „richtigen" Wahl des Schwellwerts abhängt. Dieses Kapitel behandelt das Problem, den bestmöglichen Schwellwert automatisch und ohne manuelles Zutun allein aus der im Bild selbst verfügbaren Information zu berechnen. Das kann einerseits ein *globaler* Schwellwert sein, der nachfolgend auf das gesamte Bild angewandt wird, oder unterschiedliche Schwellwerte für verschiedene Teile des Bilds. In diesem Fall spricht man von einer *adaptiven* Schwellwertoperation, die insbesondere dann erforderlich ist, wenn das Bild durch ungleichmäßige Ausleuchtung, Belichtung oder Materialeigenschaften stark variierende Hintergrundwerte aufweist.

Die automatische Bestimmung von Schwellwerten ist seit den 1980er- und 1990er-Jahren ein traditionelles und auch weiterhin sehr aktives Forschungsfeld. Zahlreiche Techniken wurden für diese Aufgabenstellung entwickelt, von einfachen *ad-hoc* Ansätzen bis zu komplexen Algorithmen mit solider theoretischer Basis, wie in mehreren speziellen Reviews und Performance-Studien dokumentiert ist [78, 164, 187, 194, 211]. Die „Binarisierung" kann auch als spezielle *Segmentierung* eines Bilds betrachtet werden und wird daher auch häufig unter dieser Bezeichnung klassifiziert. Im Folgenden beschreiben wir zunächst im Detail einige klassische und häufig verwendete Ansätze, beginnend mit globalen Schwellwertmethoden in Abschn. 11.1 und anschließend adaptiven Methoden in Abschnitt 11.2.

11.1 Globale, histogrammbasierte Schwellwertoperationen

Die Aufgabe ist in diesem Fall, für ein gegebenes Grauwertbild I einen einzigen „optimalen" Schwellwert für die Binarisierung dieses Bilds zu finden. Die Anwendung eines bestimmten Schwellwerts q bedeutet, dass jedes Pixel des Bilds entweder als Teil des *Hintergrunds* oder als Teil des *Vordergrunds* klassifiziert wird. Die Menge aller Bildelemente wird somit in zwei disjunkte Teilmengen $\mathcal{C}_0$ und $\mathcal{C}_1$ partitioniert, wobei $\mathcal{C}_0$ alle Bildelemente mit Werten in $0, 1, \ldots, q$ enthält und $\mathcal{C}_1$ die verbleibenden Elemente mit den Werten $q+1, \ldots, K-1$, d. h.,

$$(u,v) \in \begin{cases} \mathcal{C}_0 & \text{wenn } I(u,v) \leq q \text{ (Hintergrund)}, \\ \mathcal{C}_1 & \text{wenn } I(u,v) > q \text{ (Vordergrund)}. \end{cases} \tag{11.1}$$

Natürlich sind die Begriffe *Hintergrund* und *Vordergrund* von der jeweiligen Anwendung abhängig und nicht wörtlich zu verstehen. Beispielsweise ist das obenstehende Schema in natürlicher Weise auf astronomische oder thermische Bilder anwendbar, wo relevante Vordergrundpixel typischerweise hell sind und der Hintergrund dunkel ist. Umgekehrt verhält es sich etwa bei gedruckten Dokumenten, wo die Objekte von Interesse meist dunkle Zeichen oder Grafiken auf eine hellen Hintergrund sind. Dadurch sollte man sich also nicht verwirren lassen, zumal man das Ausgangsbild natürlich ohne Verlust der Allgemeinheit durch Invertieren immer an das dargestellte Schema adaptieren kann.

Abbildung 11.1 zeigt einige der in diesem Kapitel verwendeten Testbilder zusammen mit dem jeweiligen Ergebnis einer Schwellwertoperation mit einem vorgegebenen *fixen* Schwellwert. Das synthetische Grauwertbild in Abb. 11.1 (d) enthält zwei normalverteilte Grauwerte für Hintergrund und Vordergrund mit den Verteilungen $\mathcal{N}_0$ bzw. $\mathcal{N}_1$ (wobei $\mu_0 = 80$, $\mu_1 = 170$ und $\sigma_0 = \sigma_1 = 20$). Die zugehörigen Histogramme der Testbilder sind Abb. 11.1 (i–l) gezeigt. Man beachte, dass die Histogramme auf konstante *Fläche* der jeweiligen Verteilung normalisiert sind und nicht (wie sonst üblich) auf den Maximalwert des Histogramms.

Die zentrale Frage ist, wie sich aus den Bilddaten ein geeigneter (oder sogar „optimaler") Schwellwert für die Binarisierung finden lässt. Wie aus dem Begriff bereits abzulesen ist, berechnen „histogrammbasierte" Methoden den Schwellwert primär aus den Informationen, die im Histogramm des Bilds enthalten sind, ohne dabei das Bild selbst zu untersuchen. Andere Methoden wiederum verwenden individuelle Pixelwerte zur Berechnung des Schwellwerts und es gibt auch hybride Methoden, die sowohl das Histogramm wie auch die lokalen Bildinhalte berücksichtigen. Histogrammbasierte Techniken sind zumeist einfach und effizient,

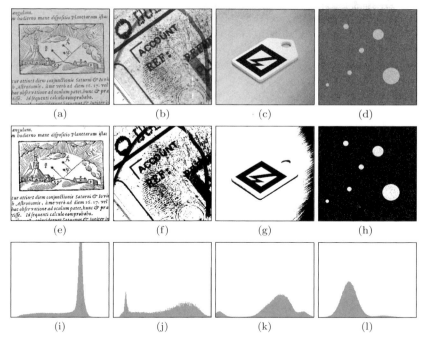

Abbildung 11.1
Testbilder für die in diesem Kapitel gezeigten Schwellwertverfahren. Ausschnitt aus einem Manuskript von Johannes Kepler (a), Dokument mit Fingerabdruck (b), ARToolkit-Marker (c), synthetisches Bild bestehend aus zwei Gaußverteilungen (d). Ergebnisse der Schwellwertoperation mit dem fixen Schwellwert $q = 128$ (e–h). Histogramme der Originalbilder (i–l), mit Intensitätswerten von 0 (links) bis 255 (rechts).

weil sie nur mit einer kleinen Datenmenge arbeiten (256 Werte im Fall eines 8-Bit Histogramms); sie können in zwei Gruppen unterteilt werden: *formbasierte* und *statistische* Methoden.

Formbasierte Schwellwertmethoden analysieren die Form des Histogramms, beispielsweise durch Lokalisierung von Spitzen, Tälern oder anderen Formmerkmalen der Verteilung. Üblicherweise wird das Histogramm zunächst geglättet, um einzelne Spitzenwerte und Löcher zu eliminieren. Während formbasierte Methoden ursprünglich sehr populär waren, sind sie typischerweise nicht so robust wie statistische Methoden oder bieten gegenüber diesen zumindest keine herausragenden Vorteile. Ein klassisches Beispiel in dieser Kategorie ist der in [231] beschriebene „Triangle" oder „Chord" Algorithmus. Zahlreiche weitere formbasierte Methoden sind in [194] beschrieben.

Statistische Schwellwertmethoden basieren, wie die Bezeichnung suggeriert, auf statistischen Informationen, die aus dem Histogramm (das natürlich selbst wiederum eine Statistik ist) des Bilds gewonnen werden können, wie etwa der arithmetische Mittelwert, die Varianz oder die Entropie. Im nachfolgenden Abschnitt beschreiben wir einige elementare Parameter, die direkt aus dem Bildhistogramm berechnet werden können, gefolgt von konkreten Schwellwertverfahren, die diese Informationen nutzen. Auch hier gibt es wiederum eine große Zahl ähnlicher Verfahren, von denen vier repräsentative Algorithmen im Folgenden detailliert beschrieben sind: (a) das *Isodata*-Verfahren von Ridler und Calvard [181], (b) *Otsus* Clustering-Methode [163], (c) die *Minimum-Error-*

Methode von Kittler und Illingworth [105] sowie (d) die *Maximum-Entropy*-Methode von Kapur, Sahoo und Wong [123].

Statistische Informationen aus dem Bildhistogramm

In Abschn. 3.7 wurde bereits gezeigt, dass elementaren statistischen Größen, wie Mittelwert, Varianz und Median, direkt aus dem Histogramm eines Bilds berechnet werden können. Wenn ein Bild einer globalen Schwellwertoperation mit dem Wert q ($0 \leq q < K$) unterzogen wird, so wird die Menge der Bildelemente in zwei disjunkte Teilmengen $\mathcal{C}_0, \mathcal{C}_1$ partitioniert, die, wie oben bereits angeführt, dem *Hintergrund* bzw. dem *Vordergrund* entsprechen. Die Anzahl der Bildpunkte, die den einzelnen Teilmengen $\mathcal{C}_0$, und $\mathcal{C}_1$ zugeordnet wird, beträgt

$$n_0(q) := |\mathcal{C}_0| = \sum_{g=0}^{q} \mathsf{h}(g) \qquad \text{bzw.} \qquad n_1(q) := |\mathcal{C}_1| = \sum_{g=q+1}^{K-1} \mathsf{h}(g). \quad (11.2)$$

Da alle MN Bildelemente entweder der Hintergrundmenge $\mathcal{C}_0$ oder der Vordergrundmenge $\mathcal{C}_1$ zugeordnet werden, gilt

$$n_0(q) + n_1(q) = |\mathcal{C}_0| + |\mathcal{C}_1| = |\mathcal{C}_0 \cup \mathcal{C}_1| = MN. \quad (11.3)$$

Für einen beliebigen Schwellwert q können die zugehörigen *Mittelwerte* der Partitionen $\mathcal{C}_0, \mathcal{C}_1$ aus dem Histogramm in der Form

$$\mu_0(q) := \frac{1}{n_0(q)} \cdot \sum_{g=0}^{q} g \cdot \mathsf{h}(g), \quad (11.4)$$

$$\mu_1(q) := \frac{1}{n_1(q)} \cdot \sum_{g=q+1}^{K-1} g \cdot \mathsf{h}(g) \quad (11.5)$$

berechnet werden. Sie stehen in Bezug zum arithmetischen Mittelwert μ_I (Gl. 3.11) des Gesamtbilds durch[1]

$$\mu_I = \frac{1}{MN} \cdot \left[n_0(q) \cdot \mu_0(q) + n_1(q) \cdot \mu_1(q) \right] = \mu_0(K-1). \quad (11.6)$$

Analog dazu können aus dem Histogramm auch die *Varianzen* der Hintergrund- und Vordergrund-Partition berechnet werden, und zwar durch[2]

$$\sigma_0^2(q) := \frac{1}{n_0(q)} \cdot \sum_{g=0}^{q} (g - \mu_0(q))^2 \cdot \mathsf{h}(g), \quad (11.7)$$

---

[1] In diesem Fall sind $\mu_0(q), \mu_1(q)$ als Funktionen zu verstehen. $\mu_0(K-1)$ in Gl. 11.6 bezeichnet beispielsweise den arthm. Mittelwert der Partition $\mathcal{C}_0$ bei Anwendung des Schwellwerts $q = K-1$.

[2] Auch $\sigma_0^2(q), \sigma_1^2(q)$ sind in Gl. 11.7–11.8 als Funktionen zu verstehen.

$$\sigma_1^2(q) := \frac{1}{n_1(q)} \cdot \sum_{g=q+1}^{K-1} (g - \mu_1(q))^2 \cdot \mathsf{h}(g). \qquad (11.8)$$

(Diese Berechnung lässt sich natürlich analog zu Gl. 3.14 mit nur einer Iteration und ohne Kenntnis von $\mu_0(q), \mu_1(q)$ durchführen.) Die Varianz σ_I^2 des Gesamtbilds ist wiederum identisch zur Varianz der Hintergrundpartition für den Schwellwert $q = K-1$, d. h.,

$$\sigma_I^2 = \frac{1}{MN} \cdot \sum_{g=0}^{K-1} (g - \mu_I)^2 \cdot \mathsf{h}(g) = \sigma_0^2(K-1), \qquad (11.9)$$

wenn also alle Pixel dem Hintergrund zugeordnet werden. Man beachte, dass – im Unterschied zur einfachen Relation zwischen den Mittelwerten in Gl. 11.6 – im Allgemeinen gilt

$$\sigma_I^2 \neq \frac{1}{MN} \big[n_0(q) \cdot \sigma_0^2(q) + n_1(q) \cdot \sigma_1^2(q) \big] \qquad (11.10)$$

(s. auch Gl. 11.20 weiter unten).

Wir verwenden diese grundlegenden Beziehungen in der nachfolgenden Beschreibung von histogrammbasierten Methoden zur Bestimmung von Schwellwerten und werden im Zuge dessen auch noch weitere ergänzen.

11.1.1 Einfache Verfahren zur Bestimmung des Schwellwerts

Klarerweise sollte der Schwellwert für die Binarisierung eines Grauwertbilds nicht fix festgelegt sein, sondern in geeigneter Weise vom Inhalt des Bilds abhängig sein. Im einfachsten Fall könnte man als Schwellwert den arithmetischen *Mittelwert* des Bilds verwenden, d. h.,

$$q \leftarrow \mathrm{mean}(I) = \mu_I, \qquad (11.11)$$

oder dessen *Median* (siehe Abschn. 3.7.2),

$$q \leftarrow \mathrm{median}(I) = m_I, \qquad (11.12)$$

oder alternativ das Mittel zwischen dem *Minimal-* und *Maximalwert* (auch als *mid-range*-Wert bezeichnet) des Bilds,

$$q \leftarrow \frac{\max(I) + \min(I)}{2}. \qquad (11.13)$$

Wie der Mittelwert μ_I (siehe Gl. 3.11) können alle diese Größen sehr einfach aus dem Histogramm h berechnet werden.

Eine Schwellwertoperation mit dem *Median* (Gl. 11.12) segmentiert das Bild in annähernd gleich große Partitionen für den Hintergrund und Vordergrund, d. h., $|\mathcal{C}_0| \approx |\mathcal{C}_1|$. Man nimmt also implizit an, dass die relevanten Vordergrundpixel etwa die Hälfte der Bildfläche bedecken. Das

Algorithmus 11.1
Quantil-Methode zur Schwellwertberechnung. Der optimale Schwellwert $q \in [0, K-2]$ wird zurückgegeben oder -1, wenn kein gültiger
Wert gefunden wurde. Man beachte
den Test in Zeile 9 ob die Menge der
Vordergrundpixel leer ist oder nicht.

1: **QuantileThreshold**(h, b)
    Input: h : $[0, K-1] \mapsto \mathbb{N}$, a grayscale histogram.
            p, the proportion of expected background pixels $(0 < p < 1)$.
    Returns the optimal threshold value or -1 if no threshold is found.

2:     $K \leftarrow$ Size(h)   ▷ number of intensity levels

3:     $MN \leftarrow \sum_{i=0}^{K-1} \mathsf{h}(i)$ ▷ number of image pixels

4:     $i \leftarrow 0$

5:     $c \leftarrow \mathsf{h}(0)$

6:     **while** $(i < K) \wedge (c < MN \cdot p)$ **do**   ▷ quantile calc. (Eq. 11.14)

7:         $i \leftarrow i + 1$

8:         $c \leftarrow c + \mathsf{h}(j)$

9:     **if** $c < MN$ **then**   ▷ foreground is non-empty

10:         $q \leftarrow i$

11:     **else**   ▷ foreground is empty, all pixels are background

12:         $q \leftarrow -1$

13:     **return** q

kann für bestimmte Bilder durchaus passend sein, für andere wiederum völlig falsch. So ist z. B. bei einem gescanntes Textdokument typischerweise der Anteil der weißen Pixel wesentlich höher als jener der schwarzen, sodass die Verwendung des Medians als Schwellwert in diesem Fall nicht sinnvoll wäre. Falls jedoch der ungefähre Anteil p $(0 < p < 1)$ der Hintergrundpixel bereits vorab bekannt ist, dann könnte man auch den Schwellwert auf dieses *Quantil* einstellen. In diesem Fall wird der Schwellwert mit

$$q \leftarrow \min\left\{ i \mid \sum_{j=0}^{i} \mathsf{h}(i) \geq M \cdot N \cdot p \right\} \tag{11.14}$$

fixiert, wobei wiederum K die Anzahl der Intensitätswerte und MN die Anzahl der Bildelemente ist. Der *Median* ist also aus dieser Sicht nur ein Sonderfall mit dem Quantil $p = 0.5$. Diese einfache *Quantil-Methode* ist in Alg. 11.1 nochmals zusammengefasst.

Auch bei der *Mid-Range*-Methode (Gl. 11.13) können die erforderlichen Extremwerte $\min(I)$ und $\max(I)$ sehr einfach aus dem Histogramm ermittelt werden (siehe Gl. 3.10). Bei der Anwendung des Schwellwerts in Gl. 11.13 wird das Bild bei 50 % (oder einem anderen Prozentsatz) des Kontrastbereichs segmentiert. In diesem Fall lässt sich vorab nichts über das Verhältnis zwischen der Hintergrund- und Vordergrundpartition aussagen. Die Methode ist generell wenig robust, weil bereits ein einziger extremer Pixelwert (Outlier) den Kontrastbereich dramatisch verändern kann. Vorteilhaft wäre auch hier die Ermittlung des Kontrastbereichs mithilfe von *Quantilen*, analog zur Berechnung der Werte a'_{low} und a'_{high} bei der *Modifizierten Auto-Kontrast-Funktion* (siehe Abschn. 4.4).

Für den pathologischen (aber dennoch möglichen) Fall, dass alle Pixel eines Bilds denselben Wert g aufweisen, liefern alle oben angeführten

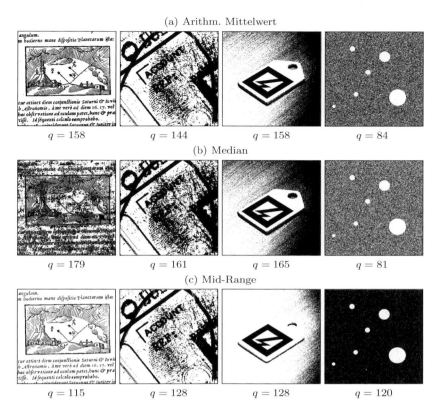

(a) Arithm. Mittelwert

$q = 158$ $q = 144$ $q = 158$ $q = 84$

(b) Median

$q = 179$ $q = 161$ $q = 165$ $q = 81$

(c) Mid-Range

$q = 115$ $q = 128$ $q = 128$ $q = 120$

Abbildung 11.2
Ergebnisse mit einfachen Verfahren zur Bestimmung des Schwellwerts. Arithmetischer Mittelwert (a), Median (b) und Mid-Range (c), wie in Gl. 11.11–11.13 definiert.

Methoden den Schwellwert $q = g$, durch den alle Pixel dem Hintergrund zugeordnet werden und der Vordergrund leer somit bleibt. Algorithmen zur Schwellwertberechnung sollten diese Situation erkennen, da eine Schwellwertoperation auf ein gleichförmiges Bild natürlich nicht sinnvoll ist.

Beispiele für Ergebnisse mit diesen einfachen Schwellwertverfahren sind in Abb. 11.2 gezeigt. Trotz ihrer offensichtlichen Einschränkungen liefern aber auch einfache bildabhängige Methoden (wie etwa die Quantil-Methode in Alg. 11.1) in der Regel zuverlässigere Ergebnisse als die Verwendung eines fixen Schwellwerts.

11.1.2 Iterative Schwellwertbestimmung (Isodata-Algorithmus)

Dieses klassische Verfahren zur Bestimmung des optimalen Schwellwerts geht auf Ridler und Calvard [181] zurück und wurde von Velasco [218] im Zusammenhang mit der Isodata Clustering-Methode beschrieben. Das Verfahren wir daher auch als *Isodata-* oder *Intermeans*-Algorithmus bezeichnet. Wie viele andere globale Schwellwertmethoden wird auch hier angenommen, dass das Bildhistogramm aus der Mischung zweier unabhängiger Verteilungen besteht, wobei eine die Bildwerte des Hintergrunds beschreibt und die andere die Werte des Vordergrunds. In diesem speziellen Ansatz wird angenommen, dass die beiden Verteilungen gaußförmig sind und zudem ähnliche Varianz aufweisen.

Der Algorithmus startet mit einer ersten groben Schätzung des Schwellwerts, beispielsweise in Form des arithmetischen Mittelwerts oder des Medians. Dieses Schwellwert teilt die Menge der Bildelemente in eine Hintergrund- und Vordergrundpartition, von denen beide nicht leer sein sollten. Als Nächstes werden die Mittelwerte dieser beiden Partitionen berechnet und anschließend der Schwellwert auf deren Durchschnitt gesetzt, d. h. zwischen den beiden Mittelwerten zentriert. Für die aus dem neuen Schwellwert resultierenden Partitionen werden wiederum die Mittelwerte berechnet, der Schwellwert neu justiert usw., bis keine weitere Änderung des Schwellwerts erfolgt. In der Praxis sind meist nur wenige Iterationen bis zur Konvergenz der Schwellwerts erforderlich.

Das Verfahren ist in Alg. 11.2 zusammengefasst. Zu Beginn wird der Schwellwert auf den arithmetischen Mittelwert des Bilds gesetzt (Zeile 3). Für jeden neuen Schwellwert q werden zwei getrennte Mittelwerte μ_0, μ_1 für die resultierende Hintergrund- bzw. Vordergrundpartition berechnet. In jeder Iteration wird der Schwellwert auf den Durchschnitt der beiden Mittelwerte gesetzt, bis keine weitere Änderung mehr erfolgt. Die Anweisung in Zeile 7 überprüft, ob mit dem aktuellen Schwellwert eine der beiden Partitionen leer wird, was u. a. passiert, wenn das Bild nur einen einzigen Intensitätswert enthält. In diesem Fall existiert kein gültiger Schwellwert und die Prozedur gibt den Wert -1 zurück. Die Funktionen $\mathsf{Count}(\mathsf{h}, a, b)$ und $\mathsf{Mean}(\mathsf{h}, a, b)$ in den Zeilen 15–16 berechnen die Anzahl der Pixel bzw. den arithmetischen Mittelwert für die Bildwerte im Intervall $[a, b]$. Beide können wiederum aus dem Histogramm ermittelt werden ohne die Bildelemente selbst durchlaufen zu müssen.

Die Effizienz dieses Verfahrens lässt sich sehr einfach verbessern, indem man die Werte μ_0, μ_1 für den Mittelwert des Hintergrunds bzw. des Vordergrunds zu Beginn für alle möglichen Schwellwerte tabelliert. Die modifizierte Version des Verfahrens ist in Alg. 11.3 gezeigt. Es erfordert zwei Durchläufe über das Histogramm, um die Tabellen $\boldsymbol{\mu}_0(q)$, $\boldsymbol{\mu}_1(q)$ zu initialisieren, und nachfolgend nur eine kleine (konstante) Zahl von Operationen in jedem Durchlauf der Hauptschleife. Man beachte, dass der Mittelwert des Gesamtbilds μ_I, der zur Initialisierung des Schwellwerts verwendet wird (siehe Alg. 11.3, Zeile 4), nicht getrennt berechnet werden muss, sondern in der Form $\mu_I = \boldsymbol{\mu}_0(K-1)$ bereits vorliegt (der Schwellwert $q = K-1$ ordnet alle Bildelemente dem Hintergrund zu). Die Zeitkomplexität dieses Algorithmus ist daher $\mathcal{O}(K)$, also linear in Bezug auf die Größe des Histogramms. Abbildung 11.3 zeigt die Ergebnisse der Anwendung des Isodata-Verfahrens auf die Testbilder in Abb. 11.1.

11.1.3 Methode von Otsu

Bei der bekannten Methode von Otsu [133, 163] wird ebenfalls angenommen, dass die Pixel des ursprünglichen Grauwertbilds aus zwei Klassen

```
1:  IsodataThreshold(h)
        Input: h : [0, K−1] ↦ ℕ, a grayscale histogram.
        Returns the optimal threshold value or −1 if no threshold is found.
2:      K ← Size(h)                              ▷ number of intensity levels
3:      q ← Mean(h, 0, K−1)          ▷ set initial threshold to overall mean
4:      repeat
5:          n₀ ← Count(h, 0, q)                       ▷ background population
6:          n₁ ← Count(h, q+1, K−1)                   ▷ foreground population
7:          if (n₀ = 0) ∨ (n₁ = 0) then       ▷ backgrd. or foregrd. is empty
8:              return −1
9:          μ₀ ← Mean(h, 0, q)                              ▷ background mean
10:         μ₁ ← Mean(h, q+1, K−1)                          ▷ foreground mean
11:         q' ← q                                   ▷ keep previous threshold
12:         q ← ⌊ (μ₀ + μ₁)/2 ⌋                     ▷ calculate the new threshold
13:     until q = q'                             ▷ terminate if no change
14:     return q
```

$$15:\quad \mathsf{Count}(\mathsf{h}, a, b) := \sum_{g=a}^{b} \mathsf{h}(g)$$

$$16:\quad \mathsf{Mean}(\mathsf{h}, a, b) := \left[\sum_{g=a}^{b} g \cdot \mathsf{h}(g) \right] \Big/ \left[\sum_{g=a}^{b} \mathsf{h}(g) \right]$$

Algorithmus 11.2
Iterative (Isodata) Schwellwertbestimmung nach Ridler und Calvard [181].
Zu Beginn wird der Schwellwert auf den arithmetischen Mittelwert des Bilds gesetzt (Zeile 3). Für jeden neuen Schwellwert q werden zwei getrennte Mittelwerte μ_0, μ_1 für die resultierende Hintergrund- bzw. Vordergrundpartition berechnet. In jeder Iteration wird der Schwellwert auf den Durchschnitt der beiden Mittelwerte gesetzt, bis keine weitere Änderung mehr erfolgt. Die Anweisung in Zeile 7 überprüft, ob mit dem aktuellen Schwellwert eine der beiden Partitionen leer wird, was u. a. passiert, wenn das Bild nur einen einzigen Intensitätswert enthält. In diesem Fall existiert kein gültiger Schwellwert, daher ist der Rückgabewert −1.

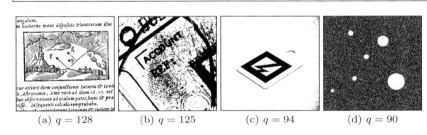

(a) $q = 128$ (b) $q = 125$ (c) $q = 94$ (d) $q = 90$

stammen, deren Intensitätsverteilungen nicht bekannt sind. Der Schwellwert q wird so bestimmt, dass die resultierenden Verteilungen für den Hintergrund bzw. Vordergrund eine größtmögliche Trennung aufweisen, d. h., dass sie (a) in sich möglichst kompakt sind (also minimale Varianz aufweisen) und (b) ihre Mittelwerte möglichst weit auseinander liegen.

Für einen bestimmten Schwellwert q können die Varianzen der entsprechenden Hintergrund- und Vordergrundpartition wie gezeigt direkt aus dem Bildhistogramm berechnet werden (siehe Gl. 11.7–11.8). Die kombinierte Streuung der beiden Verteilungen wird durch die sogenannte „Intra-Klassenvarianz"

$$\begin{aligned}
\sigma_{\mathrm{w}}^2(q) &= \mathsf{P}_0(q) \cdot \sigma_0^2(q) + \mathsf{P}_1(q) \cdot \sigma_1^2(q) \\
&= \frac{1}{MN} \cdot \left[n_0(q) \cdot \sigma_0^2(q) + n_1(q) \cdot \sigma_1^2(q) \right]
\end{aligned} \tag{11.15}$$

bemessen, wobei

Algorithmus 11.3
Schnelle Variante der Iterative (Isodata) Schwellwertbestimmung. Für
die Mittelwerte des Hintergrunds
und Vordergrunds (bei variierendem Schwellwert) werden vorbe-
rechnete Tabellen $\boldsymbol{\mu}_0, \boldsymbol{\mu}_1$ verwendet.

```
1:  FastIsodataThreshold(h)
        Input: h : [0, K−1] ↦ ℕ, a grayscale histogram.
        Returns the optimal threshold value or −1 if no threshold is found.
2:      K ← Size(h)                                    ▷ number of intensity levels
3:      ⟨μ₀, μ₁, N⟩ ← MakeMeanTables(h)
4:      q ← ⌊μ₀(K−1)⌋          ▷ take the overall mean μ_I as initial threshold
5:      repeat
6:          if (μ₀(q) < 0) ∨ (μ₁(q) < 0) then
7:              return −1                    ▷ background or foreground is empty
8:          q′ ← q                                    ▷ keep previous threshold
9:          q ← ⌊(μ₀(q) + μ₁(q))/2⌋                    ▷ calculate the new threshold
10:     until q = q′                              ▷ terminate if no change
11:     return q
```

```
12:  MakeMeanTables(h)
13:     K ← Size(h)
14:     Create maps μ₀, μ₁ : [0, K−1] ↦ ℝ
15:     n₀ ← 0,    s₀ ← 0
16:     for q ← 0, ···, K−1 do              ▷ tabulate background means μ₀(q)
17:         n₀ ← n₀ + h(q)
18:         s₀ ← s₀ + q · h(q)
19:         μ₀(q) ← { s₀/n₀   if n₀ > 0
                    { −1       otherwise
20:     N ← n₀
21:     n₁ ← 0,    s₁ ← 0
22:     μ₁(K−1) ← 0
23:     for q ← K−2, ···, 0 do              ▷ tabulate foreground means μ₁(q)
24:         n₁ ← n₁ + h(q+1)
25:         s₁ ← s₁ + (q+1) · h(q+1)
26:         μ₁(q) ← { s₁/n₁   if n₁ > 0
                    { −1       otherwise
27:     return ⟨μ₀, μ₁, N⟩
```

$$\mathsf{P}_0(q) = \sum_{i=0}^{q} \mathsf{p}(i) = \frac{1}{MN} \cdot \sum_{i=0}^{q} \mathsf{h}(i) = \frac{n_0(q)}{MN}, \tag{11.16}$$

$$\mathsf{P}_1(q) = \sum_{i=q+1}^{K-1} \mathsf{p}(i) = \frac{1}{MN} \cdot \sum_{i=q+1}^{K-1} \mathsf{h}(i) = \frac{n_1(q)}{MN} \tag{11.17}$$

die *A-priori*-Wahrscheinlichkeiten der Klassen $\mathcal{C}_0$ bzw. $\mathcal{C}_1$ sind.[3] Somit ist die Intra-Klassenvarianz in Gl. 11.15 einfach die Summe der
einzelnen Klassenvarianzen, gewichtet mit der zugehörigen A-priori-
Wahrscheinlichkeit oder „Population" der jeweiligen Klasse. Analog dazu
misst die „Inter-Klassenvarianz"

$$\sigma_{\mathrm{b}}^2(q) = \mathsf{P}_0(q) \cdot \big(\mu_0(q) - \mu_I\big)^2 + \mathsf{P}_1(q) \cdot \big(\mu_1(q) - \mu_I\big)^2 \tag{11.18}$$

---

[3] Siehe auch Abschn. D im Anhang.

$$= \frac{1}{MN} \cdot \left[n_0(q) \cdot \left(\mu_0(q) - \mu_I \right)^2 + n_1(q) \cdot \left(\mu_1(q) - \mu_I \right)^2 \right] \quad (11.19)$$

die Abstände zwischen den Mittelwerten μ_0, μ_1 der Einzelklassen und dem Gesamtmittelwert μ_I. Für jeden beliebigen Schwellwert q ist die Gesamtvarianz σ_I^2 des Bilds aus der Summe der Intra-Klassenvarianz σ_{w}^2 und der Inter-Klassenvarianz σ_{b}^2, d.h.,

$$\sigma_I^2 = \sigma_{\mathrm{w}}^2(q) + \sigma_{\mathrm{b}}^2(q), \quad (11.20)$$

für $q = 0, \ldots, K-1$. Da σ_I^2 für ein bestimmtes Bild I konstant ist, kann der Schwellwert q entweder durch *Minimierung* der Intra-Klassenvarianz σ_{w}^2 oder *Maximierung* der Inter-Klassenvarianz σ_{b}^2 bestimmt werden. Naheliegend ist σ_{b}^2 zu maximieren, weil deren Berechnung mit den Intra-Klassenvarianzen μ_0, μ_1 nur Statistiken „erster Ordnung" erfordert. Da die Gesamtvarianz μ_I als gewichtete Summe der Teilvarianzen μ_0 and μ_1 ausgedrückt werden kann (siehe Gl. 11.6), lässt sich Gl. 11.19 vereinfachen zu

$$\begin{aligned} \sigma_{\mathrm{b}}^2(q) &= \mathsf{P}_0(q) \cdot \mathsf{P}_1(q) \cdot \left[\mu_0(q) - \mu_1(q) \right]^2 \\ &= \frac{1}{(MN)^2} \cdot n_0(q) \cdot n_1(q) \cdot \left[\mu_0(q) - \mu_1(q) \right]^2. \end{aligned} \quad (11.21)$$

Der optimale Schwellwert wird nun durch Maximierung des Ausdrucks in Gl. 11.21 in Bezug auf q bestimmt, wobei gleichzeitig die Intra-Klassenvarianz (Gl. 11.15) minimiert wird.

Durch den Umstand, dass $\sigma_{\mathrm{b}}^2(q)$ ausschließlich von den Mittelwerten (und *nicht* von den Varianzen) der einzelnen Partitionen abhängt, ergibt sich eine sehr effiziente Implementierung, wie in Alg. 11.4 gezeigt. Die Annahme ist ein Grauwertbild mit insgesamt MN Elementen und K möglichen Intensitätswerten. Wie in Alg. 11.3 werden vorberechnete Tabellen $\boldsymbol{\mu}_0(q), \boldsymbol{\mu}_1(q)$ der Mittelwerte des Hintergrunds bzw. des Vordergrunds für die möglichen Schwellwerte q verwendet.

Zu Beginn (vor dem Eintritt in die Hauptschleife in Zeile 7) hat $q_{\max}$ den Wert -1; implizit ist damit die Menge der Hintergrundpixel ($\leq q_{\max}$) leer und somit werden alle Pixel dem Vordergrund zugeordnet ($n_0 = 0$ und $n_1 = N$). Innerhalb der **for**-Schleife wird jener Schwellwert q gesucht, für den σ_{b}^2 einen maximalen Wert ergibt.

Wenn eine der beiden Pixelklassen leer ist[4] (d.h., $n_0(q) = 0$ oder $n_1(q) = 0$), dann ist die resultierende Inter-Klassenvarianz $\sigma_{\mathrm{b}}^2(q)$ Null. Jener Schwellwert, mit dem sich die maximale Inter-Klassenvarianz (σ_{bmax}^2) ergibt, wird zurückgegeben, oder -1 falls kein zulässiger Schwellwert gefunden wurde. Letzteres passiert wenn alle Bildelemente den selben Intensitätswert aufweisen, also alle entweder zum Hintergrund oder zum Vordergrund gehören.

---

[4] In diesem Fall enthält das Bild keine Pixel mit den Werten $I(u,v) \leq q$ oder $I(u,v) > q$, d.h., das Histogramm h ist entweder ober- oder unterhalb des Index q leer.

Schwellwertberechnung nach
Otsu [163]. Zunächst wird (vor der
for-Schleife) der optimale Schwellwert q_{max} mit -1 angenommen, wodurch implizit alle Pixel dem Vordergrund zugeordnet werden ($n_0 = 0$,
$n_1 = MN$). Innerhalb der **for**-Schleife
(Zeile 7–14) werden alle möglichen
Schwellwerte $q = 0, \ldots, K-2$ untersucht. Der Faktor $\frac{1}{(MN)^2}$ in Zeile
11 ist konstant und daher für die
Optimierung unerheblich. Der optimale Schwellwert wird zurückgegeben oder -1, falls kein gültiger Schwellwert gefunden wurde.
Die Funktion MakeMeanTables()
ist in Alg. 11.3 definiert.

1: **OtsuThreshold**(h)
  Input: h : $[0, K-1] \mapsto \mathbb{N}$, a grayscale histogram.
  Returns the optimal threshold value or -1 if no threshold is found.
2: $\quad K \leftarrow$ Size(h) $\qquad\qquad\qquad\qquad\qquad\qquad$ ▷ number of intensity levels
3: $\quad (\boldsymbol{\mu}_0, \boldsymbol{\mu}_1, MN) \leftarrow$ MakeMeanTables(h) $\qquad\qquad\qquad$ ▷ see Alg. 11.3
4: $\quad \sigma_{\text{bmax}}^2 \leftarrow 0$
5: $\quad q_{max} \leftarrow -1$
6: $\quad n_0 \leftarrow 0$
7: $\quad$ **for** $q \leftarrow 0, \cdots, K-2$ **do** $\qquad$ ▷ examine all possible threshold values q
8: $\qquad n_0 \leftarrow n_0 + h(q)$
9: $\qquad n_1 \leftarrow MN - n_0$
10: $\qquad$ **if** $(n_0 > 0) \wedge (n_1 > 0)$ **then**
11: $\qquad\quad \sigma_{\text{b}}^2 \leftarrow \frac{1}{(MN)^2} \cdot n_0 \cdot n_1 \cdot [\boldsymbol{\mu}_0(q) - \boldsymbol{\mu}_1(q)]^2 \qquad$ ▷ see Eq. 11.21
12: $\qquad\quad$ **if** $\sigma_{\text{b}}^2 > \sigma_{\text{bmax}}^2$ **then** $\qquad\qquad\qquad\qquad$ ▷ maximize σ_{b}^2
13: $\qquad\qquad \sigma_{\text{bmax}}^2 \leftarrow \sigma_{\text{b}}^2$
14: $\qquad\qquad q_{max} \leftarrow q$
15: $\quad$ **return** q_{max}

Man beachte, dass in Zeile 11 von Alg. 11.4 der Faktor $\frac{1}{N^2}$ konstant
und daher für die Optimierung unerheblich ist. Allerdings ist zu berücksichtigen, dass bei der Berechnung von σ_{b}^2 Werte entstehen können, die
den numerischen Bereich von typischen (32-Bit) Integer-Variablen über-
steigen, und zwar auch bei Bildern mittlerer Größe. Man sollte daher
sicherheitshalber Variablen vom Typ long (64-Bit) verwenden oder die
Berechnung mit Gleitkommazahlen durchführen.

Ein absolutes Maß für die „Güte" der Schwellwertoperation mit dem
berechneten Ergebniswert q_{max} ist das Verhältnis

$$\eta = \frac{\sigma_{\text{b}}^2(q_{max})}{\sigma_I^2} \in [0, 1], \qquad\qquad (11.22)$$

das invariant gegenüber linearen Änderungen von Kontrast und Bildhelligkeit ist [163]. Je höher der Wert von η desto „besser" ist die zugehörige
Schwellwertoperation.

In Abb. 11.4 sind Beispiele für die automatische Schwellwertberechnung mit der Otsu-Methode gezeigt, wobei q_{max} den optimalen Schwellwert und η das zugehörige Qualitätsmaß nach Gl. 11.22 bezeichnet. Das
Diagramm unter jedem Bild zeigt das Originalhistogramm (grau) zusammen mit der Varianz des Hintergrunds σ_0^2 (grün), der Varianz des
Vordergrunds σ_1^2 (blau) sowie der Inter-Klassenvarianz σ_{b}^2 (rot) für den
jeweiligen Schwellwert q. Die gestrichelte vertikale Linie markiert die
Position des optimalen Schwellwerts q_{max}.

Durch die Vorausberechnung und Tabellierung der Mittelwerte erfordert die Otsu-Methode nur drei Durchläufe über das Histogramm und
ist somit sehr effizient (im Unterschied zu anders lautenden Behauptun-
gen in der Literatur). In der Praxis liefert die Methode – ähnlich dem
iterativen Isodata-Verfahren in Abschn. 11.1.2 – recht brauchbare Er-

gebnisse. Sie wird daher trotz ihrer Einfachheit und ihres Alters häufig verwendet [194].

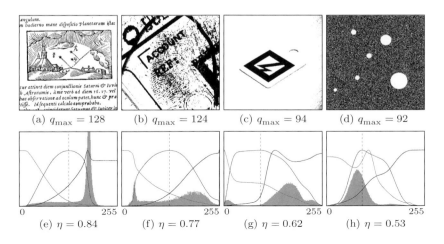

Abbildung 11.4
Schwellwertbestimmung mit der Otsu-Methode. Optimaler Schwellwert q_{max} und resultierendes Binärbild (a–d). Die Diagramme in (e–h) zeigen das zugehörige Originalhistogramm (grau), die Varianz des Hintergrunds σ_0^2 (grün), die Varianz des Vordergrunds σ_1^2 (blau) und der Inter-Klassenvarianz σ_b^2 (rot) für den variierenden Schwellwert $q = 0, \ldots, 255$. Die Position des Maximums von σ_b^2 entspricht dem optimalen Schwellwert q_{max} (strichlierte vertikale Linie). Der angegebene η-Wert (siehe Gl. 11.22) ist ein Maß für die Güte der Schwellwertoperation.

11.1.4 Maximale-Entropie-Methode

Entropie ist ein wichtiges Konzept in der Informationstheorie und insbesondere in der Datenkompression [90, 92]. Es ist ein statistisches Maß für den durchschnittlichen Informationsgehalt in „Nachrichten", die von einer stochastischen Datenquelle generiert werden. In diesem Sinn können auch die MN Pixel eines Bilds I als eine Nachricht mit MN Zeichen interpretiert werden, die jeweils einem endlichen „Alphabet" bestehend aus K unterschiedlichen Werten (z. B. 256 Grauwerten) entnommen sind. Ist die Wahrscheinlichkeit des Auftretens jedes einzelnen Intensitätswerts g bekannt, so beschreibt die *Entropie* die Wahrscheinlichkeit des (zufälligen) Entstehens eines gesamten Bilds oder, in anderen Worten, wie überrascht wir sein sollten, ein bestimmtes Bild zu sehen. Bevor wir uns weiteren Details zuwenden, fassen wir zunächst die relevanten statistischen Grundbegriffe nochmals kurz zusammen (siehe dazu auch Abschn. 4.6.1).

Zur Modellierung der Bildgenerierung als Zufallsprozess benötigen wir zunächst ein „Alphabet", d. h. eine Menge von Zeichen

$$Z = \{0, 1, \ldots, K-1\}, \tag{11.23}$$

die hier aus den möglichen Intensitätswerten $g = 0, \ldots, K-1$ gebildet wird, sowie die *Wahrscheinlichkeit* $p(g)$ des Auftreten jedes Intensitätswerts g. Da wir diese Wahrscheinlichkeiten als im Vorhinein bekannt annehmen, werden sie üblicherweise als *A-priori*-Wahrscheinlichkeiten (oder kurz *Prior*) bezeichnet. Der Vektor der A-priori-Wahrscheinlichkeiten,

$$\bigl(p(0), p(1), \ldots, p(K-1)\bigr),$$

stellt eine *Verteilungsfunktion* oder *Wahrscheinlichkeitsdichtefunktion*[5] dar. In der Praxis sind die Werte der A-priori-Wahrscheinlichkeiten typischerweise nicht bekannt; sie können aber geschätzt werden, in dem man die Häufigkeit des Auftretens der zugehörigen Intensitätswerte in einem oder mehreren repräsentativen Bildern beobachtet. Eine Schätzung der Verteilungsfunktion $p(g)$ eines einzelnen Bilds erhält man einfach durch Normalisierung seines Histogramms h in der Form

$$p(g) \approx \mathsf{p}(g) = \frac{\mathsf{h}(g)}{MN}, \tag{11.24}$$

für $0 \leq g < K$, sodass $0 \leq \mathsf{p}(g) \leq 1$ und $\sum_{g=0}^{K-1} \mathsf{p}(g) = 1$. Die zugehörige *kumulierte Verteilungsfunktion*[6] erhält man durch

$$\mathsf{P}(g) = \sum_{i=0}^{g} \frac{\mathsf{h}(g)}{MN} = \sum_{i=0}^{g} \mathsf{p}(i), \tag{11.25}$$

wobei $\mathsf{P}(0) = \mathsf{p}(0)$ und $\mathsf{P}(K-1) = 1$. Dies ist nichts anderes als das normalisierte, kumulative Histogramm, wie in Abschn. 3.6 definiert.

Entropie von Bildern

Basierend auf einer Verteilungsfunktion $\mathsf{p}(g)$ für die Intensitätswerte $g \in Z$ ist die Entropie des Alphabets Z definiert als[7]

$$H(Z) = \sum_{g \in Z} \mathsf{p}(g) \cdot \log_b\left(\frac{1}{\mathsf{p}(g)}\right) = -\sum_{g \in Z} \mathsf{p}(g) \cdot \log_b\left(\mathsf{p}(g)\right), \tag{11.26}$$

wobei $\log_b(x)$ den Logarithmus von x zur Basis b bezeichnet. Bei Verwendung des *binären* Logarithmus, mit $b = 2$, ergibt sich das resultierende Maß für Entropie in der Einheit „Bit"; durch Verwendung eines anderen Logarithmus (insbesondere $\ln$ or $\log_{10}$) wird das Ergebnis lediglich skaliert. Man beachte, dass der Wert von $H(Z)$ immer positiv ist, da die (geschätzten) Wahrscheinlichkeiten $\mathsf{p}(g)$ im Intervall $[0, 1]$ liegen und daher $\log_b\left(\mathsf{p}(g)\right)$ unabhängig von der Basis b immer negativ oder Null ist.

Einige weitere Eigenschaften der Entropie sind ebenso leicht verständlich. Wenn beispielsweise alle Wahrscheinlichkeiten $\mathsf{p}(g)$ Null sind außer für eine bestimmte Intensität g', so ist auch die Entropie $H(I)$ *Null*, womit ausgedrückt wird, dass die Nachricht im Bild I keine brauchbare Information enthält. Die (ziemlich langweiligen) Bilder, die von einer

---

[5] *Probability density function* (pdf).

[6] *Cumulative distribution function* (cdf).

[7] Man beachte die unterschiedliche Notation H für das kumulative Histogramm gegenüber H für die Entropie.

solchen stochastischen Quelle erzeugt werden, enthalten ausschließlich Pixel mit der Intensität g', da alle anderen Intensitäten wegen ihrer Null-Wahrscheinlichkeit unmöglich auftreten können. Umgekehrt ist die Entropie ein Maximum, wenn alle K Intensitätswerte mit der gleichen Wahrscheinlichkeit

$$\mathsf{p}(g) = \frac{1}{K}, \qquad \text{für } 0 \leq g < K, \tag{11.27}$$

auftreten, also gleichverteilt sind. In diesem Fall ergibt sich die Entropie (aus Gl. 11.26)

$$H(Z) = -\sum_{i=0}^{K-1} \frac{1}{K} \cdot \log_b\left(\frac{1}{K}\right) = \frac{1}{K} \cdot \underbrace{\sum_{i=0}^{K-1} \log_b(K)}_{K \cdot \log_b(K)} = \log_b(K). \tag{11.28}$$

Dies ist die maximal mögliche Entropie einer stochastischen Quelle mit einem Alphabet der Größe K. Die Entropie liegt somit immer im Bereich $[0, \log_b(K)]$.

Entropie zur Bestimmung des Schwellwerts

Die Verwendung der Bildentropie für die Bestimmung eines geeigneten Schwellwerts hat eine lange Tradition und ist Grundlage zahlreicher Verfahren. Im Folgenden beschreiben wir die häufig verwendete Methode von Kapur et al. [91, 123] als repräsentatives Beispiel.

Für einen bestimmten Schwellwert q (mit $0 \leq q < K-1$) ergeben sich die geschätzten Wahrscheinlichkeitsverteilungen der resultierenden Hintergrund- bzw. Vordergrundpartition als

$$\begin{aligned} \mathcal{C}_0 &: \left(\begin{array}{ccccccc} \frac{\mathsf{p}(0)}{\mathsf{P}_0(q)} & \frac{\mathsf{p}(1)}{\mathsf{P}_0(q)} & \cdots & \frac{\mathsf{p}(q)}{\mathsf{P}_0(q)} & 0 & 0 & \ldots & 0 \end{array} \right), \\ \mathcal{C}_1 &: \left(\begin{array}{ccccccc} 0 & 0 & \ldots & 0 & \frac{\mathsf{p}(q+1)}{\mathsf{P}_1(q)} & \frac{\mathsf{p}(q+2)}{\mathsf{P}_1(q)} & \cdots & \frac{\mathsf{p}(K-1)}{\mathsf{P}_1(q)} \end{array} \right), \end{aligned} \tag{11.29}$$

mit den zugehörigen kumulierten Wahrscheinlichkeiten (siehe Gl. 11.25)

$$\mathsf{P}_0(q) = \sum_{i=0}^{q} \mathsf{p}(i) = \mathsf{P}(q) \quad \text{bzw.} \quad \mathsf{P}_1(q) = \sum_{i=q+1}^{K-1} \mathsf{p}(i) = 1 - \mathsf{P}(q). \tag{11.30}$$

Man beachte, dass $\mathsf{P}_0(q) + \mathsf{P}_1(q) = 1$, da sich Hintergrund und Vordergrund nicht überschneiden. Bei gegebenem Schwellwert q ist die Entropie *innerhalb* der beiden Partitionen definiert als

$$H_0(q) = -\sum_{i=0}^{q} \frac{\mathsf{p}(i)}{\mathsf{P}_0(q)} \cdot \log\left(\frac{\mathsf{p}(i)}{\mathsf{P}_0(q)}\right), \tag{11.31}$$

$$H_1(q) = -\sum_{i=q+1}^{K-1} \frac{\mathsf{p}(i)}{\mathsf{P}_1(q)} \cdot \log\left(\frac{\mathsf{p}(i)}{\mathsf{P}_1(q)}\right), \tag{11.32}$$

und die *Gesamt*entropie für den Schwellwert q ist

$$H_{01}(q) = H_0(q) + H_1(q). \tag{11.33}$$

Das Ziel ist die Maximierung der Gesamtentropie über alle möglichen Schwellwerte q. Für eine effiziente Berechnung wird zunächst der Ausdruck für $H_0(q)$ in Gl. 11.31 umgeformt zu

$$H_0(q) = -\sum_{i=0}^{q} \frac{\mathsf{p}(i)}{\mathsf{P}_0(q)} \cdot \big[\log\big(\mathsf{p}(i)\big) - \log\big(\mathsf{P}_0(q)\big)\big] \tag{11.34}$$

$$= -\frac{1}{\mathsf{P}_0(q)} \cdot \sum_{i=0}^{q} \mathsf{p}(i) \cdot \big[\log\big(\mathsf{p}(i)\big) - \log\big(\mathsf{P}_0(q)\big)\big] \tag{11.35}$$

$$= -\frac{1}{\mathsf{P}_0(q)} \cdot \underbrace{\sum_{i=0}^{q} \mathsf{p}(i) \cdot \log\big(\mathsf{p}(i)\big)}_{S_0(q)} + \frac{1}{\mathsf{P}_0(q)} \cdot \underbrace{\sum_{i=0}^{q} \mathsf{p}(i)}_{= \mathsf{P}_0(q)} \cdot \log\big(\mathsf{P}_0(q)\big)$$

$$= -\frac{1}{\mathsf{P}_0(q)} \cdot S_0(q) + \log\big(\mathsf{P}_0(q)\big). \tag{11.36}$$

Für $H_1(q)$ in Gl. 11.32 ergibt sich analog dazu

$$H_1(q) = -\sum_{i=q+1}^{K-1} \frac{\mathsf{p}(i)}{\mathsf{P}_1(q)} \cdot \big[\log\big(\mathsf{p}(i)\big) - \log\big(\mathsf{P}_1(q)\big)\big] \tag{11.37}$$

$$= -\frac{1}{1-\mathsf{P}_0(q)} \cdot S_1(q) + \log\big(1-\mathsf{P}_0(q)\big). \tag{11.38}$$

Mit der (aus dem Histogramm) geschätzten Verteilungsfunktion $\mathsf{p}(i)$ können die kumulative Verteilungsfunktion P_0 und die in Gl. 11.36–11.38 definierten Summengrößen S_0, S_1 durch folgende rekursive Beziehungen effizient berechnet werden:

$$\mathsf{P}_0(q) = \begin{cases} \mathsf{p}(0) & \text{für } q = 0, \\ \mathsf{P}_0(q-1) + \mathsf{p}(q) & \text{für } 0 < q < K, \end{cases}$$

$$S_0(q) = \begin{cases} \mathsf{p}(0) \cdot \log\big(\mathsf{p}(0)\big) & \text{für } q = 0, \\ S_0(q-1) + \mathsf{p}(q) \cdot \log\big(\mathsf{p}(q)\big) & \text{für } 0 < q < K, \end{cases} \tag{11.39}$$

$$S_1(q) = \begin{cases} 0 & \text{für } q = K-1, \\ S_1(q+1) + \mathsf{p}(q+1) \cdot \log\big(\mathsf{p}(q+1)\big) & \text{für } 0 \leq q < K-1. \end{cases}$$

Das vollständige Verfahren ist in Alg. 11.5 zusammengefasst, wobei die Größen $S_0(q), S_1(q)$ wiederum als Tabellen $(\mathsf{S}_0, \mathsf{S}_1)$ vorab berechnet werden. Der Algorithmus führt drei Durchläufe über das Histogramm der Länge K aus (zwei zur Berechnung der Tabellen $\mathsf{S}_0, \mathsf{S}_1$ und ein Durchlauf der Hauptschleife) und hat somit eine Zeitkomplexität von $\mathcal{O}(K)$, wie die vorherigen Algorithmen auch.

```
1:  MaximumEntropyThreshold(h)
        Input: h : [0, K−1] ↦ ℕ, a grayscale histogram.
        Returns the optimal threshold value or −1 if no threshold is found.
2:      K ← Size(h)                                    ▷ number of intensity levels
3:      p ← Normalize(h)                               ▷ normalize histogram
4:      (S_0, S_1) ← MakeTables(p, K)                  ▷ tables for S_0(q), S_1(q)
5:      P_0 ← 0                                        ▷ P_0 ∈ [0, 1]
6:      q_max ← −1
7:      H_max ← −∞                                     ▷ maximum joint entropy
8:      for q ← 0, ···, K−2 do        ▷ examine all possible threshold values q
9:          P_0 ← P_0 + p(q)
10:         P_1 ← 1 − P_0                              ▷ P_1 ∈ [0, 1]
```

$$11: \quad H_0 \leftarrow \begin{cases} -\frac{1}{P_0} \cdot S_0(q) + \log(P_0) & \text{if } P_0 > 0 \\ 0 & \text{otherwise} \end{cases} \quad \triangleright \textit{backgrd. } \text{entropy}$$

$$12: \quad H_1 \leftarrow \begin{cases} -\frac{1}{P_1} \cdot S_1(q) + \log(P_1) & \text{if } P_1 > 0 \\ 0 & \text{otherwise} \end{cases} \quad \triangleright \textit{foregrd. } \text{entropy}$$

```
13:         H_01 = H_0 + H_1                           ▷ overall entropy for q
14:         if H_01 > H_max then                       ▷ maximize H_01(q)
15:             H_max ← H_01
16:             q_max ← q
17:     return q_max

18: MakeTables(p, K)
19:     Create maps S_0, S_1 : [0, K−1] ↦ ℝ
20:     s_0 ← 0
21:     for i ← 0, ···, K−1 do                         ▷ initialize table S_0
22:         if p(i) > 0 then
23:             s_0 ← s_0 + p(i) · log(p(i))
24:         S_0(i) ← s_0

25:     s_1 ← 0
26:     for i ← K−1, ···, 0 do                         ▷ initialize table S_1
27:         S_1(i) ← s_1
28:         if p(i) > 0 then
29:             s_1 ← s_1 + p(i) · log(p(i))
30:     return (S_0, S_1)
```

Beispiele für Ergebnisse mit diesem Verfahren sind in Abb. 11.5 gezeigt. Die hier beschriebene Methode ist einfach und effizient, weil zur Berechnung des Schwellwerts wiederum nur das Bildhistogramm benötigt wird. Darüber hinaus gibt es weitere Entropie-basierte Schwellwertverfahren, die u. a. die räumliche Bildstruktur berücksichtigen. Ein ausführlicher Überblick über Entropie-basierte Methoden findet sich in [43].

11.1.5 Minimum-Error-Methode

Der Kern dieser Methode ist die Zerlegung des Bildhistogramms in eine Kombination (Mischung) von Gaußverteilungen. Bevor wir darauf näher

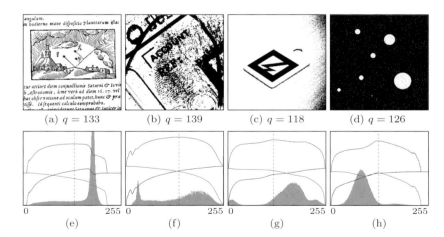

Abbildung 11.5
Schwellwertbestimmung mit der Maximum Entropie-Methode. Optimaler Schwellwert q_{max} und resultierendes Binärbild (a–d). Die Diagramme in (e–h) zeigen das zugehörige Originalhistogramm (grau), die Entropie des Hintergrunds $H_0(q)$ (grün), die Entropie des Vordergrunds $H_1(q)$ (blau) und die Gesamtentropie $H_{01}(q) = H_0(q) + H_1(q)$ (rot) für den variierenden Schwellwert $q = 0, \dots, 255$. Die Position des Maximums von H_{01} entspricht dem optimalen Schwellwert q_{max} (strichlierte vertikale Linie).

(a) $q = 133$ (b) $q = 139$ (c) $q = 118$ (d) $q = 126$

(e)   (f)   (g)   (h)

eingehen, benötigen wir noch einige grundlegende Begriffe aus der statistischen Mustererkennung, die wir im Folgenden kurz zusammenfassen. Für eine tiefer gehende Auseinandersetzung mit diesem Themenbereich gibt es hervorragende Studienliteratur, wie beispielsweise [22, 58].

Klassifikation mit kleinstem Fehlerrisiko

Die grundsätzliche Annahme ist wiederum, dass alle Bildelemente einer von zwei Klassen entstammen, dem Hintergrund $\mathcal{C}_0$ oder dem Vordergrund $\mathcal{C}_1$. Beide Klassen erzeugen zufällige Intensitätswerte nach fixen aber unbekannten statistischen Verteilungen. In der Regel werden diese als sich gegenseitig überlappende Gaußverteilungen mit den (unbekannten) Parametern μ und σ^2 modelliert. Sind diese Verteilungen einmal bekannt, ist die Aufgabe herauszufinden, welcher Klasse ein bestimmter Pixelwert x am wahrscheinlichsten zuzuordnen ist. Die Methode von *Bayes* wird traditionell verwendet, um solche Entscheidungen in einem probabilistischen Umfeld zuverlässig zu treffen.

Wir bezeichnen zunächst die *Wahrscheinlichkeit*, dass ein bestimmter Intensitätswert x zum Hintergrund gehört, mit

$$p(x \mid \mathcal{C}_0). \tag{11.40}$$

Dieser Ausdruck stellt eine *bedingte* Wahrscheinlichkeit dar.[8] Sie quantifiziert wie wahrscheinlich es ist, einen Intensitätswert x zu beobachten, wenn das zugehörige Bildelement zu Hintergrundklasse $\mathcal{C}_0$ gehört. Analog dazu ist $p(x \mid \mathcal{C}_1)$ die bedingte Wahrscheinlichkeit für das Auftreten des Werts x in dem Fall, dass das zugehörige Pixel zur Vordergrundklasse $\mathcal{C}_1$ gehört.

---

[8] Im Allgemeinen bezeichnet $p(A \mid B)$ die (bedingte) Wahrscheinlichkeit, dass ein Ereignis A beobachtet wird in einer gegebenen Situation B, üblicherweise ausgesprochen als „die Wahrscheinlichkeit von A, gegeben B".

Wir nehmen an dieser Stelle zunächst einfach an, dass uns die bedingten Wahrscheinlichkeitsfunktionen $p(x \mid \mathcal{C}_0)$ und $p(x \mid \mathcal{C}_1)$ bekannt sind. Unser eigentliches Problem ist nämlich ein *umgekehrtes*: herauszufinden zu welcher der beiden Klassen ein Pixel am ehesten gehört, wenn sein Wert x gegeben ist. Das heißt, wir sind eigentlich an den bedingten Wahrscheinlichkeiten

$$p(\mathcal{C}_0 \mid x) \qquad \text{und} \qquad p(\mathcal{C}_1 \mid x) \qquad (11.41)$$

interessiert, die man als *A-posteriori*-Wahrscheinlichkeit bezeichnet. Mit Kenntnis derselben könnten wir einfach jene Klasse wählen, die für x eine höhere Wahrscheinlichkeit ergibt, also

$$\mathcal{C} = \begin{cases} \mathcal{C}_0 & \text{wenn } p(\mathcal{C}_0 \mid x) > p(\mathcal{C}_1 \mid x), \\ \mathcal{C}_1 & \text{sonst.} \end{cases} \qquad (11.42)$$

Das Theorem von Bayes liefert nun eine einfache Methode, um für jede Klasse $\mathcal{C}_j$ die notwendige *A-posteriori*-Wahrscheinlichkeit in Gl. 11.41 zu schätzen, nämlich in der Form

$$p(\mathcal{C}_j \mid x) = \frac{p(x \mid \mathcal{C}_j) \cdot p(\mathcal{C}_j)}{p(x)}, \qquad (11.43)$$

wobei $p(\mathcal{C}_j)$ die *A-priori*-Wahrscheinlichkeit der Klasse $\mathcal{C}_j$ bezeichnet. Die A-priori-Wahrscheinlichkeiten sind zwar theoretisch ebenfalls unbekannt, können aber recht einfach aus dem Bildhistogramm geschätzt werden (s. auch Abschn. 11.1.4). Der Ausdruck $p(x)$ in Gl. 11.43 bezeichnet die „totale Wahrscheinlichkeit" für das Auftreten des Intensitätswerts x, die man typischerweise einfach aus seiner relativen Häufigkeit im Bild (oder in mehreren Bildern) schätzt.[9]

Man beachte, dass für einen bestimmten Intensitätswert x die zugehörige A-priori-Wahrscheinlichkeit $p(x)$ das Ergebnis in Gl. 11.43 lediglich *skaliert* und daher für die eigentliche Klassifikation nicht relevant ist. Daher kann die Entscheidungsregel in Gl. 11.42 ohne weiteres zu

$$\mathcal{C} = \begin{cases} \mathcal{C}_0 & \text{wenn } p(x \mid \mathcal{C}_0) \cdot p(\mathcal{C}_0) > p(x \mid \mathcal{C}_1) \cdot p(\mathcal{C}_1), \\ \mathcal{C}_1 & \text{sonst} \end{cases} \qquad (11.44)$$

vereinfacht werden. Diese Form der Klassifikation ist als „Bayessche Entscheidungsregel" bekannt. Sie minimiert die Wahrscheinlicheit eines Klassifikatonsfehlers in dem Fall, dass die erforderlichen Wahrscheinlichkeiten bekannt sind und wird daher auch als „Kriterium des geringsten Fehlers" bezeichnet.

---

[9] $p(x)$ wird auch als „Erwartbarkeit" (*evidence*) des Ereignisses x bezeichnet.

Gaußverteilte Wahrscheinlichkeiten

Für den Fall, dass die bedingte Wahrscheinlichkeit $p(x \mid \mathcal{C}_j)$ jeder Klasse $\mathcal{C}_j$ als Gaußverteilung[10] $\mathcal{N}(x \mid \mu_j, \sigma_j^2)$ angenommen wird (mit Mittelwert μ_j und Varianz σ_j^2 für die Klasse $\mathcal{C}_j$), können die skalierten A-posteriori-Wahrscheinlichkeiten in Gl. 11.44 in der Form

$$p(x \mid \mathcal{C}_j) \cdot p(\mathcal{C}_j) = \frac{1}{\sqrt{2\pi\sigma_j^2}} \cdot \exp\left(-\frac{(x - \mu_j)^2}{2\sigma_j^2}\right) \cdot p(\mathcal{C}_j) \qquad (11.45)$$

ausgedrückt werden. So lange die relative Ordnung der Ergebnisse erhalten bleibt, können diese Größen beliebig skaliert oder transformiert werden. Insbesondere ist die Anwendung von Logarithmen üblich, um die wiederholte Multiplikation sehr kleiner Werte zu vermeiden. So ergibt etwa die Anwendung des natürlichen Logarithmus[11] auf Gl. 11.45

$$
\begin{aligned}
\ln\big(p(x \mid \mathcal{C}_j) \cdot p(\mathcal{C}_j)\big) &= \ln\big(p(x \mid \mathcal{C}_j)\big) + \ln\big(p(\mathcal{C}_j)\big) \\
&= \ln\left(\frac{1}{\sqrt{2\pi\sigma_j^2}}\right) + \ln\left(\exp\left(-\frac{(x-\mu_j)^2}{2\sigma_j^2}\right)\right) + \ln\big(p(\mathcal{C}_j)\big) \\
&= -\frac{1}{2} \cdot \ln(2\pi) - \frac{1}{2} \cdot \ln(\sigma_j^2) - \frac{(x-\mu_j)^2}{2\sigma_j^2} + \ln\big(p(\mathcal{C}_j)\big) \\
&= -\frac{1}{2} \cdot \left[\ln(2\pi) + \frac{(x-\mu_j)^2}{\sigma_j^2} + \ln(\sigma_j^2) - 2\ln\big(p(\mathcal{C}_j)\big)\right].
\end{aligned}
\qquad (11.46)
$$

Da $\ln(2\pi)$ in Gl. 11.46 konstant ist, spielt dieser Wert ebenso wie der Faktor $\frac{1}{2}$ für die Klassifikationsentscheidung keine Rolle. Um daher die Klasse $\mathcal{C}_j$ zu finden, die für einen gegebenen Intensitätswert x den Ausdruck $p(x \mid \mathcal{C}_j) \cdot p(\mathcal{C}_j)$ *maximiert*, ist es ausreichend, die Größe

$$-\left[\frac{(x-\mu_j)^2}{\sigma_j^2} + 2 \cdot \big[\ln(\sigma_j) - \ln\big(p(\mathcal{C}_j)\big)\big]\right] \qquad (11.47)$$

zu *maximieren* oder alternativ das *Minimum* von

$$\varepsilon_j(x) = \frac{(x-\mu_j)^2}{\sigma_j^2} + 2 \cdot \big[\ln(\sigma_j) - \ln\big(p(\mathcal{C}_j)\big)\big] \qquad (11.48)$$

zu bestimmen. Die Größe $\varepsilon_j(x)$ kann als Maß für den „möglichen Fehler bei der Klassifikation des Werts x als zur Klasse $\mathcal{C}_j$ gehörig" interpretiert werden. Um daher die Entscheidung mit möglichst geringem Risiko zu treffen, modifizieren wir die Regel in Gl. 11.44 zu

$$\mathcal{C} = \begin{cases} \mathcal{C}_0 & \text{wenn } \varepsilon_0(x) \leq \varepsilon_1(x), \\ \mathcal{C}_1 & \text{sonst.} \end{cases} \qquad (11.49)$$

---

[10] Siehe auch Anhang 4.3.

[11] Grundsätzlich kann jeder Logarithmus verwendet werden aber der natürliche Logarithmus passt einfach gut zur Gauss'schen Exponentialfunktion.

Natürlich kann die so gefällte Entscheidung, ob ein Intensitätswert x zum Hintergrund $\mathcal{C}_0$ oder zum Vordergrund $\mathcal{C}_1$ gehört, nur dann optimal sein, wenn die zugrunde liegenden Verteilungen tatsächlich gaußförmig sind und die zugehörigen Parameter gut geschätzt wurden.

Güte der Klassifikation

Bei Anwendung eines Schwellwerts q werden bekanntlich alle Pixelwerte $g \leq q$ implizit als Hintergrund ($\mathcal{C}_0$) klassifiziert und alle Werte $g > q$ als Vordergrund ($\mathcal{C}_1$). Die „Güte" der Klassifikation mit dem Schwellwert q für alle MN Bildelemente $I(u,v)$ kann durch die Funktion

$$
\begin{aligned}
\mathsf{e}(q) &= \frac{1}{MN} \cdot \sum_{u,v} \begin{cases} \varepsilon_0(I(u,v)) & \text{for } I(u,v) \leq q \\ \varepsilon_1(I(u,v)) & \text{for } I(u,v) > q \end{cases} \\
&= \frac{1}{MN} \cdot \sum_{g=0}^{q} \mathsf{h}(g) \cdot \varepsilon_0(g) \; + \; \frac{1}{MN} \cdot \sum_{g=q+1}^{K-1} \mathsf{h}(g) \cdot \varepsilon_1(g) \qquad (11.50) \\
&= \sum_{g=0}^{q} \mathsf{p}(g) \cdot \varepsilon_0(g) \; + \; \sum_{g=q+1}^{K-1} \mathsf{p}(g) \cdot \varepsilon_1(g),
\end{aligned}
$$

abgeschätzt werden, mit den normalisierten Häufigkeiten $\mathsf{p}(g) = \mathsf{h}(g)/(MN)$ und der in Gl. 11.48 definierten Funktion $\varepsilon_j(g)$. Durch Ersetzung von $\varepsilon_j(g)$ mit dem Ausdruck in Gl. 11.48 und ein paar mathematischen Fingerübungen lässt sich dieses Ergebnis umformen zu

$$
\begin{aligned}
\mathsf{e}(q) = \; &1 + P_0(q) \cdot \ln\left(\sigma_0^2(q)\right) + P_1(q) \cdot \ln\left(\sigma_1^2(q)\right) \\
&- 2 \cdot P_0(q) \cdot \ln\left(P_0(q)\right) - 2 \cdot P_1(q) \cdot \ln\left(P_1(q)\right).
\end{aligned} \qquad (11.51)
$$

Nun gilt es nur noch jenen Schwellwert q zu finden, der $\mathsf{e}(q)$ minimal werden lässt (wobei die Konstante 1 in Gl. 11.51 natürlich keine Rolle spielt). Eine Möglichkeit ist, (mithilfe des Histogramms) für jeden möglichen Schwellwert q die A-priori-Wahrscheinlichkeiten $P_0(q)$, $P_1(q)$ zu schätzen sowie die zugehörigen Intra-Klassenvarianzen $\sigma_0(q), \sigma_1(q)$. Die Schätzung der A-priori-Wahrscheinlichkeiten für die Hintergrund- und Vordergrundpartition erhält man durch

$$
\begin{aligned}
P_0(q) &\approx \sum_{g=0}^{q} \mathsf{p}(g) = \frac{1}{MN} \cdot \sum_{g=0}^{q} \mathsf{h}(g) = \frac{n_0(q)}{MN}, \\
P_1(q) &\approx \sum_{g=q+1}^{K-1} \mathsf{p}(g) = \frac{1}{MN} \cdot \sum_{g=q+1}^{K-1} \mathsf{h}(g) = \frac{n_1(q)}{MN},
\end{aligned} \qquad (11.52)
$$

wobei $n_0(q) = \sum_{i=0}^{q} \mathsf{h}(i)$, $n_1(q) = \sum_{i=q+1}^{K-1} \mathsf{h}(i)$ und $MN = n_0(q) + n_1(q)$ ist die Gesamtzahl der Bildelemente. Eine effiziente Methode zur Berechnung der Varianzen innerhalb des Hintergrunds und des Vordergrunds ($\sigma_0^2(q)$ bzw. $\sigma_1^2(q)$) ergibt sich durch Darstellung in der Form

$$\sigma_0^2(q) \approx \frac{1}{n_0(q)} \cdot \left[\underbrace{\sum_{g=0}^{q} \mathsf{h}(g) \cdot g^2}_{B_0(q)} - \frac{1}{n_0(q)} \cdot \underbrace{\left(\sum_{g=0}^{q} \mathsf{h}(g) \cdot g \right)^2}_{A_0(q)} \right]$$

$$= \frac{1}{n_0(q)} \cdot \left[B_0(q) - \frac{1}{n_0(q)} \cdot A_0^2(q) \right], \tag{11.53}$$

$$\sigma_1^2(q) \approx \frac{1}{n_1(q)} \cdot \left[\underbrace{\sum_{g=q+1}^{K-1} \mathsf{h}(g) \cdot g^2}_{B_1(q)} - \frac{1}{n_1(q)} \cdot \underbrace{\left(\sum_{g=q+1}^{K-1} \mathsf{h}(g) \cdot g \right)^2}_{A_1(q)} \right]$$

$$= \frac{1}{n_1(q)} \cdot \left[B_1(q) - \frac{1}{n_1(q)} \cdot A_1^2(q) \right], \tag{11.54}$$

mit den Größen

$$A_0(q) = \sum_{g=0}^{q} \mathsf{h}(g) \cdot g, \qquad B_0(q) = \sum_{g=0}^{q} \mathsf{h}(g) \cdot g^2,$$

$$A_1(q) = \sum_{g=q+1}^{K-1} \mathsf{h}(g) \cdot g, \qquad B_1(q) = \sum_{g=q+1}^{K-1} \mathsf{h}(g) \cdot g^2. \tag{11.55}$$

Darüber hinaus können die Werte $\sigma_0^2(q)$, $\sigma_1^2(q)$ für alle möglichen Schwellwerte q mit nur zwei Durchläufen über das Histogramm sehr einfach tabelliert werden, und zwar mithilfe der rekursiven Relationen

$$A_0(q) = \begin{cases} 0 & \text{für } q = 0, \\ A_0(q-1) + \mathsf{h}(q) \cdot q & \text{für } 1 \leq q \leq K-1, \end{cases} \tag{11.56}$$

$$B_0(q) = \begin{cases} 0 & \text{für } q = 0, \\ B_0(q-1) + \mathsf{h}(q) \cdot q^2 & \text{für } 1 \leq q \leq K-1, \end{cases} \tag{11.57}$$

$$A_1(q) = \begin{cases} 0 & \text{für } q = K-1, \\ A_1(q+1) + \mathsf{h}(q+1) \cdot (q+1) & \text{für } 0 \leq q \leq K-2, \end{cases} \tag{11.58}$$

$$B_1(q) = \begin{cases} 0 & \text{für } q = K-1, \\ B_1(q+1) + \mathsf{h}(q+1) \cdot (q+1)^2 & \text{für } 0 \leq q \leq K-2. \end{cases} \tag{11.59}$$

Das vollständige Verfahren ist in Alg. 11.6 nochmals übersichtlich zusammengefasst. Zunächst werden die Tabellen $\mathsf{S}_0, \mathsf{S}_1$ erstellt und (für $0 \leq q < K$) mit den Werten $\sigma_0^2(q)$ bzw. $\sigma_1^2(q)$ befüllt, gemäß dem rekursiven Schema in Gl. 11.56–11.59. Nachfolgend wird der Fehlerwert $\mathsf{e}(q)$ für jeden möglichen Schwellwert q berechnet, um das zugehörige Minimum zu finden. Dieser Wert kann wiederum nur für jene Schwellwerte q berechnet werden, für die die resultierenden Hintergrund- und Vordergrundpartitionen jeweils *beide* nicht leer sind (d. h., $n_0(q), n_1(q) > 0$). Man beachte, dass in den Zeilen 27 und 37 von Alg. 11.6 jeweils ein kleiner konstanter Wert $(\frac{1}{12})$ zur Varianz addiert wird, um Nullwerte zu vermeiden, wenn die zugehörige Partition homogen ist (d. h., nur einen einzigen Intensitätswert aufweist).[12] Damit funktioniert der Algorithmus auch dann einwandfrei, wenn das ursprüngliche Bild nur zwei unterschiedliche Intensitätswerte enthält. Insgesamt erfordert dieses Verfahren drei Durchläufe über das Bildhistogramm – zwei für die Initialisierung der Tabellen und einen zum Auffinden des Minimums. Es hat damit die gleiche Zeitkomplexität von $\mathcal{O}(K)$ wie die zuvor beschriebenen Algorithmen.

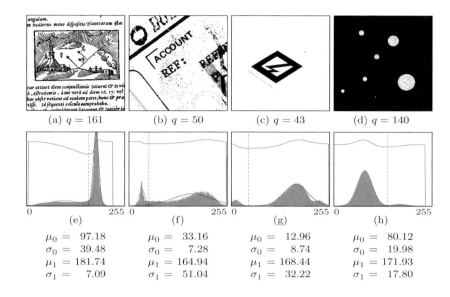

(a) $q = 161$	(b) $q = 50$	(c) $q = 43$	(d) $q = 140$

(e)	(f)	(g)	(h)
$\mu_0 = 97.18$	$\mu_0 = 33.16$	$\mu_0 = 12.96$	$\mu_0 = 80.12$
$\sigma_0 = 39.48$	$\sigma_0 = 7.28$	$\sigma_0 = 8.74$	$\sigma_0 = 19.98$
$\mu_1 = 181.74$	$\mu_1 = 164.94$	$\mu_1 = 168.44$	$\mu_1 = 171.93$
$\sigma_1 = 7.09$	$\sigma_1 = 51.04$	$\sigma_1 = 32.22$	$\sigma_1 = 17.80$

Abbildung 11.6
Ergebnisse mit der Minimum-Error-Methode. Optimaler Schwellwert $q_{\min}$ und resultierendes Binärbild (a–d). Die Diagramme in (e–h) zeigen das zugehörige Originalhistogramm (grau), die Gaußverteilung $\mathcal{N}_0 = (\mu_0, \sigma_0)$ des Hintergrunds (grün), die Gaußverteilung $\mathcal{N}_1 = (\mu_1, \sigma_1)$ des Vordergrunds (blau) sowie den Fehlerwert $e(q)$ (rot) für den variierenden Schwellwert $q = 0, \ldots, 255$. Die Position des *Minimums* von $e(q)$ entspricht dem optimalen Schwellwert $q_{\min}$ (strichlierte vertikale Linie). Die geschätzten Parameter der Gaussverteilungen des Hintergrunds und Vordergrunds sind unten aufgelistet.

Abbildung 11.6 zeigt die Ergebnisse der Minimum-Error-Methode für unsere Testbilder. Dabei sind auch die ermittelten Gaußverteilungen der Hintergrund- und Vordergrundpixel für den jeweils optimalen Schwellwert dargestellt, sowie der Verlauf der Fehlerfunktion $e(q)$, deren Minimumstelle den optimalen Schwellwert bestimmt. Offensichtlich verläuft die Fehlerfunktion in einzelnen Fällen recht flach, was bedeutet, dass sich über einen breiten Bereich von Schwellwerten ähnliche Fehlerwerte ergeben und somit der optimale Schwellwert nicht wirklich eindeutig ist. Man sieht allerdings auch, dass die Schätzung für das synthetische Testbild in Abb. 11.6 (d) sehr genau ist. Dieses Bild besteht nämlich tatsächlich aus der Kombination von zwei Gaußverteilungen mit den Parametern $\mu_0 = 80$, $\mu_1 = 170$ and $\sigma_0 = \sigma_1 = 20$.

Ein geringfügiges theoretisches Problem bei der Minimum-Error-Methode ist, dass die Verteilungsparameter μ, σ für den Hinter- und

---

[12] Das ist damit begründet, dass ein Histogrammeintrag $h(i)$ die Intensitätswerte im Bereich $[i \pm 0.5]$ repräsentiert und die Varianz innerhalb des gleichverteilten Einheitsintervalls genau $\frac{1}{12}$ beträgt.

Algorithmus 11.6
Minimum-Error Verfahren zur Ermittlung des optimalen Schwellwerts nach [105]. Die Tabellen S_0, S_1 werden mit den Werten $\sigma_0^2(q)$ bzw. $\sigma_1^2(q)$ initialisiert (s. Gl. 11.53–11.54), für alle möglichen Schwellwerte $q = 0, \ldots, K-1$.

1: **MinimumErrorThreshold**(h)
    Input: h $: [0, K-1] \mapsto \mathbb{N}$, a grayscale histogram.
    Returns the optimal threshold value or -1 if no threshold is found.
2:     $K \leftarrow$ Size(h)
3:     $(S_0, S_1, MN) \leftarrow$ MakeSigmaTables(h, K)
4:     $n_0 \leftarrow 0$
5:     $q_{\min} \leftarrow -1$
6:     $e_{\min} \leftarrow \infty$
7:     **for** $q \leftarrow 0, \cdots, K-2$ **do** $\triangleright$ evaluate all possible thresholds q
8:         $n_0 \leftarrow n_0 +$ h(q) $\triangleright$ background population
9:         $n_1 \leftarrow MN - n_0$ $\triangleright$ foreground population
10:         **if** $(n_0 > 0) \wedge (n_1 > 0)$ **then**
11:             $P_0 \leftarrow n_0/(MN)$ $\triangleright$ prior probability of $\mathcal{C}_0$
12:             $P_1 \leftarrow n_1/(MN)$ $\triangleright$ prior probability of $\mathcal{C}_1$
13:             $e \leftarrow P_0 \cdot \ln(S_0(q)) + P_1 \cdot \ln(S_1(q))$
                   $- 2 \cdot (P_0 \cdot \ln(P_0) + P_1 \cdot \ln(P_1))$ $\triangleright$ Eq. 11.51
14:             **if** $e < e_{\min}$ **then** $\triangleright$ minimize error for q
15:                 $e_{\min} \leftarrow e$
16:                 $q_{\min} \leftarrow q$
17:     **return** $q_{\min}$

18: **MakeSigmaTables**(h, K)
19:     Create maps $S_0, S_1 : [0, K-1] \mapsto \mathbb{R}$
20:     $n_0 \leftarrow 0$
21:     $A_0 \leftarrow 0$
22:     $B_0 \leftarrow 0$
23:     **for** $q \leftarrow 0, \cdots, K-1$ **do** $\triangleright$ tabulate $\sigma_0^2(q)$
24:         $n_0 \leftarrow n_0 +$ h(q)
25:         $A_0 \leftarrow A_0 +$ h$(q) \cdot q$ $\triangleright$ Eq. 11.56
26:         $B_0 \leftarrow B_0 +$ h$(q) \cdot q^2$ $\triangleright$ Eq. 11.57
27:         $S_0(q) \leftarrow \begin{cases} \frac{1}{12} + (B_0 - A_0^2/n_0)/n_0 & \text{for } n_0 > 0 \\ 0 & \text{otherwise} \end{cases}$ $\triangleright$ Eq. 11.53
28:     $N \leftarrow n_0$
29:     $n_1 \leftarrow 0$
30:     $A_1 \leftarrow 0$
31:     $B_1 \leftarrow 0$
32:     $S_1(K-1) \leftarrow 0$
33:     **for** $q \leftarrow K-2, \cdots, 0$ **do** $\triangleright$ tabulate $\sigma_1^2(q)$
34:         $n_1 \leftarrow n_1 +$ h$(q+1)$
35:         $A_1 \leftarrow A_1 +$ h$(q+1) \cdot (q+1)$ $\triangleright$ Eq. 11.58
36:         $B_1 \leftarrow B_1 +$ h$(q+1) \cdot (q+1)^2$ $\triangleright$ Eq. 11.59
37:         $S_1(q) \leftarrow \begin{cases} \frac{1}{12} + (B_1 - A_1^2/n_1)/n_1 & \text{for } n_1 > 0 \\ 0 & \text{otherwise} \end{cases}$ $\triangleright$ Eq. 11.54
38:     **return** (S_0, S_1, N)

Vordergrund jeweils aus abgeschnittenen Stichproben geschätzt werden. Dies ergibt sich aus dem Umstand, dass für einen gegebenen Schwellwert q nur die Intensitätswerte kleiner als q zur Bestimmung der Hintergrundparameter verwendet werden und nur die Werte größer q für die

Vordergrundverteilung. In der Praxis ist dieses Problem allerdings kaum relevant, u. a. weil die tatsächlichen Verteilungen meist ohnehin nicht gaußförmig sind.

11.2 Lokale, adaptive Schwellwertbestimmung

In vielen Situationen ist es nicht sinnvoll, einen fixen Schwellwert zur Klassifikation aller Pixel über das gesamte Bild hinweg zu verwenden, beispielsweise bei einem Druckdokument mit Flecken, ungleichmäßiger Beleuchtung oder Belichtung. Abbildung 11.7 zeigt ein typisches, ungleichmäßig helles Dokument die zugehörigen Ergebnisse mit den im vorigen Abschnitt gezeigten globalen Schwellwertmethoden.

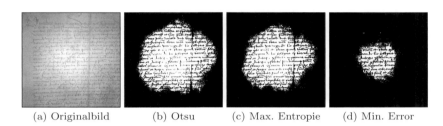

(a) Originalbild   (b) Otsu   (c) Max. Entropie   (d) Min. Error

Abbildung 11.7
Globale Schwellwertmethoden liefern bei stark variierender Hintergrundintensität kaum brauchbare Ergebnisse. Originalbild (a) und Ergebniss mit den globalen Schwellwertmethoden aus Abschn. 11.1 (b–d).

Anstatt einen einzelnen Schwellwert auf das gesamte Bild anzuwenden, wird bei den adaptiven Schwellwertmethoden ein variierender Schwellwert $Q(u, v)$ für jede einzelne Bildposition bestimmt, der dann zur Klassifikation des zugehörigen Bildwerts $I(u, v)$ verwendet wird, genauso wie in Gl. 11.1 für einen globalen Schwellwert definiert. Die nachfolgend beschriebenen Methoden unterscheiden sich demgemäß nur in der Art, wie die Schwellwertfunktion $Q(u, v)$ aus dem Originalbild ermittelt wird.

11.2.1 Methode von Bernsen

Die von Bernsen [21] vorgeschlagene Methode spezifiziert einen variablen Schwellwert für jede Bildposition (u, v), basierend auf dem minimalen und maximalen Intensitätswert innerhalb einer lokalen Umgebung $R(u, v)$. Mit den Extremwerten

$$
\begin{aligned}
I_{\min}(u, v) &= \min_{(i,j) \in R(u,v)} I(i, j), \\
I_{\max}(u, v) &= \max_{(i,j) \in R(u,v)} I(i, j)
\end{aligned}
\tag{11.60}
$$

innerhalb der an der Position (u, v) fixierten umgebenden Region R, wird der lokaler Schwellwert einfach in der Mitte gewählt, d. h.,

$$Q(u,v) := \frac{I_{\min}(u,v) + I_{\max}(u,v)}{2}. \qquad (11.61)$$

Dieser Schwellwert wird allerdings nur dann angewandt, wenn der lokale Kontrast $c(u,v) = I_{\max}(u,v) - I_{\min}(u,v)$ über einem vordefinierten Wert $c_{\min}$ liegt. Andernfalls, wenn $c(u,v) < c_{\min}$, wird angenommen, dass alle Pixel in der lokalen Umgebung zu *einer* Klasse gehören und das aktuelle Pixel wird automatisch als zum Hintergrund gehörig klassifiziert.

Der gesamte Vorgang ist in Alg. 11.7 zusammengefasst. Die Hauptfunktion bietet einen zusätzlichen Parameter bg zur Einstellung des Default-Schwellwerts $\bar{q}$ in Abhängigkeit vom Hintergrundtyp; dieser wird im Fall eines dunklen Hintergrunds ($bg = \mathsf{dark}$) auf K gesetzt bzw. auf 0 bei einem hellen Hintergrund ($bg = \mathsf{bright}$). Die Support-Region R kann quadratisch oder kreisförmig sein, typischerweise mit einem Radius von $r = 15$ Pixel. Die Wahl des Mindestkontrastwerts $c_{\min}$ ist naturgemäß vom Bildtyp und dem Rauschanteil abhängig; $c_{\min} = 15$ ist ein brauchbarer Startwert.

Algorithmus 11.7
Adaptive Schwellwertmethode nach Bernsen [21]. Der Parameter bg sollte auf dark gesetzt werden, wenn der Bildhintergrund *dunkler* als die relevanten Objekte ist bzw. auf bright, wenn der Hintergrund heller als ist.

1:	**BernsenThreshold**$(I, r, c_{\min}, bg)$
	Input: I, intensity image of size $M \times N$; r, radius of support region; $c_{\min}$, minimum contrast; bg, background type (dark or bright). Returns a map with an individual threshold value for each image position.
2:	$(M, N) \leftarrow \mathrm{Size}(I)$
3:	Create map $Q : M \times N \mapsto \mathbb{R}$
4:	$\bar{q} \leftarrow \begin{cases} K & \text{if } bg = \mathsf{dark} \\ 0 & \text{if } bg = \mathsf{bright} \end{cases}$
5:	**for all** image coordinates $(u,v) \in M \times N$ **do**
6:	$\quad R \leftarrow \mathsf{MakeCircularRegion}(u, v, r)$
7:	$\quad I_{\min} \leftarrow \min\limits_{(i,j) \in R} I(i,j)$
8:	$\quad I_{\max} \leftarrow \max\limits_{(i,j) \in R} I(i,j)$
9:	$\quad c \leftarrow I_{\max} - I_{\min}$
10:	$\quad Q(u,v) \leftarrow \begin{cases} (I_{\min} + I_{\max})/2 & \text{if } c \geq c_{\min} \\ \bar{q} & \text{otherwise} \end{cases}$
11:	**return** Q
12:	**MakeCircularRegion**(u, v, r)
	Returns the set of pixel coordinates within the circle of radius r, centered at (u,v)
13:	**return** $\{(i,j) \in \mathbb{Z}^2 \mid (u-i)^2 + (v-j)^2 \leq r^2\}$

Abbildung 11.8 zeigt die Anwendung der Bernsen-Methode auf das in Abb. 11.7 gezeigte Testbild mit stark ungleichmäßigem Hintergrund. Aufgrund der Nichtlinearität der Minimum- bzw. Maximumoperation ist die resultierende Schwellwertoberfläche nicht glatt (Abb. 11.8 (b–c)). Der Minimalkontrast $c_{\min}$ ist auf den Wert 15 eingestellt, was in diesem Fall

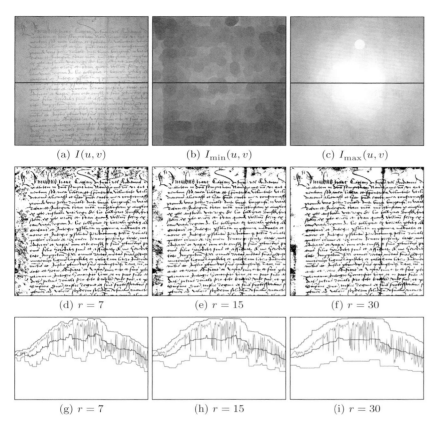

(a) $I(u, v)$ (b) $I_{\min}(u, v)$ (c) $I_{\max}(u, v)$

(d) $r = 7$ (e) $r = 15$ (f) $r = 30$

(g) $r = 7$ (h) $r = 15$ (i) $r = 30$

Abbildung 11.8
Beispiel für die Anwendung der adaptiven Schwellwertmethode nach Bernsen. Originalbild (a), lokales Minimum (b) und Maximum (c). Die mittlere Bildreihe (d–f) zeigt die resultierenden Binärbilder bei verschiedenen Einstellung für den Radius r. Die zugehörigen Kurven in (g–i) zeigen den ursprünglichen Intensitätsverlauf (grau), das lokale Minimum (grün) und maximum (rot) sowie den Verlauf der Schwellwertoberfläche (blau) innerhalb der in (a–c) markierten Bildzeile. Der Umgebungsradius r ist auf 15 Pixel eingestellt, der Minimalkontrast $c_{\min}$ auf 15 Intensitätsstufen.

zu niedrig ist, um das Rauschen am linken Rand des Testbilds vollständig zu unterdrücken. Wird der Wert für den Minimalkontrast $c_{\min}$ erhöht, so werden zusätzliche Umgebungen als „flach" betrachtet und somit dem Hintergrund zugeordnet, wie in Abb. 11.9 gezeigt. Durch höhere Werte für $c_{\min}$ wird das Rauschen in Bereichen mit niedrigem Kontrast effektiv reduziert, allerdings besteht dabei auch die Gefahr, dass relevante Strukturen bei der Binarisierung verloren gehen. Die optimale Einstellung von $c_{\min}$ ist damit keine einfache Aufgabe. Weitere Beispiele mit den Testbildern aus dem vorigen Abschnitt sind in Abb. 11.10 gezeigt.

Das in Alg. 11.7 beschriebene Verfahren ist sehr effizient zu implementieren, da die Berechnung des Minimums bzw. Maximums innerhalb einer lokalen Umgebung (s. Zeilen 6–8) nichts anderes als eine nichtlineare Filteroperation (siehe Abschn. 5.4) darstellt. Die Ausführung dieser Berechnung erfordert also nur ein homogenes Minimum- bzw. Maximum-Filter mit Radius r, eine Operation, die in praktisch jeder Bildverarbeitungsumgebung bereits fertig vorhanden ist. Beispielsweise greift die in Prog. 11.1 gezeigte Java-Implementierung der Bernsen-Methode für diesen Zweck auf die `RankFilters`-Klasse von ImageJ zurück. Die vollständige Implementierung findet sich auf der Website des Buchs und ist in Abschn. 11.3 zusammengefasst.

Programm 11.1
Java-Implementierung der Schwellwertoperation nach Bernsen (Alg.
11.7). Man beachte die Verwendung der `RankFilters`-Klasse von
ImageJ (Zeile 30–32) zur Berechnung des lokalen Minimums (`Imin`)
und Maximums (`Imax`) in der
`getThreshold()` Methode. Das Ergebnis, also die Schwellwertoberfläche
$Q(u, v)$, wird als 8-Bit Grauwertbild (`ByteProcessor`) zurückgeliefert.

```java
1  package imagingbook.pub.threshold.adaptive;
2  import ij.plugin.filter.RankFilters;
3  import ij.process.ByteProcessor;
4  import imagingbook.pub.threshold.BackgroundMode;
5
6  public class BernsenThresholder extends AdaptiveThresholder {
7
8    public static class Parameters {
9      public int radius = 15;
10     public int cmin = 15;
11     public BackgroundMode bgMode = BackgroundMode.DARK;
12   }
13
14   private final Parameters params;
15
16   public BernsenThresholder() {
17     this.params = new Parameters();
18   }
19
20   public BernsenThresholder(Parameters params) {
21     this.params = params;
22   }
23
24   public ByteProcessor getThreshold(ByteProcessor I) {
25     int M = I.getWidth();
26     int N = I.getHeight();
27     ByteProcessor Imin = (ByteProcessor) I.duplicate();
28     ByteProcessor Imax = (ByteProcessor) I.duplicate();
29
30     RankFilters rf = new RankFilters();
31     rf.rank(Imin, params.radius, RankFilters.MIN);  // I_min(u, v)
32     rf.rank(Imax, params.radius, RankFilters.MAX);  // I_max(u, v)
33
34     int q = (params.bgMode == BackgroundMode.DARK) ? 256 : 0;
35     ByteProcessor Q = new ByteProcessor(M, N);  // Q(u, v)
36
37     for (int v = 0; v < N; v++) {
38       for (int u = 0; u < M; u++) {
39         int gMin = Imin.get(u, v);
40         int gMax = Imax.get(u, v);
41         int c = gMax - gMin;
42         if (c >= params.cmin)
43           Q.set(u, v, (gMin + gMax) / 2);
44         else
45           Q.set(u, v, q);
46       }
47     }
48     return Q;
49   }
50 }
```

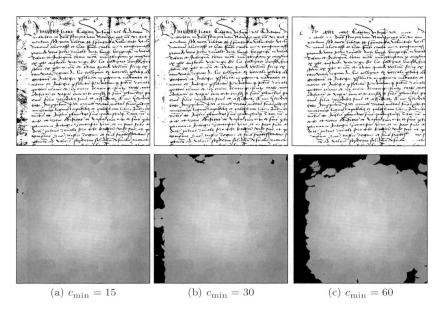

(a) $c_{\min} = 15$ (b) $c_{\min} = 30$ (c) $c_{\min} = 60$

Abbildung 11.9
Adaptive Schwellwertoperation nach
Bernsen mit unterschiedlichem Minimalkontrast $c_{\min}$. Die obere Bildreihe
zeigt die resultierenden Binärbilder,
die untere Reihe die Schwellwertoberfläche $Q(u, v)$. Die schwarzen Bereiche
markieren jene Stellen, an denen der
Kontrast in der jeweiligen Umgebung
unter dem Minimalwert $c_{\min}$ liegt; die
zugehörigen Pixel werden implizit als
Hintergrund betrachtet (der in diesem
Fall weiß ist).

11.2.2 Adaptive Schwellwertmethode von Niblack

Bei diesem Ansatz [159, Abschn. 5.1] wird die variierende Schwellwertoberfläche $Q(u, v)$ als Funktion des lokalen Durchschnittswerts $\mu_R(u, v)$
der Bildintensität und der zugehörigen Standardabweichung[13] $\sigma_R(u, v)$
ermittelt, und zwar in der Form

$$Q(u, v) := \mu_R(u, v) + \kappa \cdot \sigma_R(u, v). \tag{11.62}$$

Der lokale Schwellwert $Q(u, v)$ ergibt sich somit durch Addition eines
konstanten Anteils ($\kappa \geq 0$) der Standardabweichung σ_R innerhalb der
zugehörigen Umgebung R zum lokalen Mittelwert μ_R der Bildintensität.
Die Größen μ_R und σ_R werden typischerweise über eine an der Stelle
(u, v) positionierte, quadratische Umgebung R berechnet. Die Größe
(bzw. der Radius) der Umgebung R sollte einerseits mindestens so groß
wie die relevanten Bildstrukturen sein und andererseits auch klein genug, um die Variationen (Unebenheiten) des Hintergrunds zu erfassen.
In [159] wird eine Größe von 31×31 Pixel (bzw. ein Radius von 15) und
$\kappa = 0.18$ vorgeschlagen, wobei der letztere Wert nicht sonderlich kritisch
ist.

    Ein Problem bei dieser Methode ist, dass bei kleinen Varianzwerten
σ_R (typischerweise in einer „flachen" Bildregion mit annähernd konstanter Intensität) der resultierende Schwellwert nahe am lokalen Durchschnittswert liegt, wodurch die Segmentierung sehr anfällig gegenüber
Rauschen mit geringer Intensität wird. Dieses Phänomen wird auch als
Ghosting bezeichnet. Eine einfache Verbesserung ist, durch Addition eines konstanten Werts einen minimalen Abstand vom Mittelwert sicher

---

[13] Die Standardabweichung σ ist die Quadratwurzel der Varianz σ^2.

Abbildung 11.10
Weitere Beispiele für die Anwendung der Bernsen-Methode. Originalbilder (a–d), lokales Minimum I_{min} (e–h), Maximum I_{max} (i–l), und die Schwellwertoberfläche Q (m–p); resultierende Binärbilder nach der Schwellwertoperation (q–t). Die Einstellungen sind $r = 15$ und $c_{min} = 15$. In allen Fällen außer (d) wird ein heller Hintergrund angenommen (bg = bright).

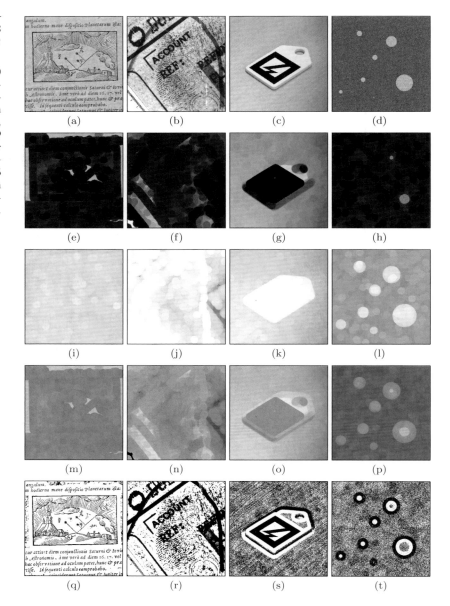

zu stellen, d. h., den Ausdruck in Gl. 11.62 zu ersetzen durch

$$Q(u, v) := \mu_R(u, v) + \kappa \cdot \sigma_R(u, v) + d, \qquad (11.63)$$

mit d im Bereich $2, \ldots, 20$ für typische 8-Bit Grauwertbilder.

Die Formulierung in Gl. 11.62–11.63 ist für Anwendungen gedacht, in denen die relevanten Bildstrukturen *heller* als der Hintergrund sind. Wie in Abb. 11.11 (a) gezeigt, liegt in diesem Fall der resultierende Schwellwert über dem lokalen Durchschnittswert der Bildintensität. Bei *dunklen*

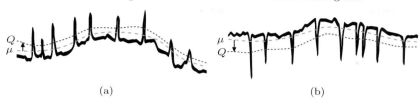

dunkler Hintergrund heller Hintergrund

(a) (b)

Abbildung 11.11
Prinzip der adaptiven Schwellwertberechnung aus dem lokalen Durchschnitt der Bildintensität. Das Profil
einer Bildzeile weist im Fall von hellem Strukturen auf einem dunkleren
Hintergrund positive Spitzen auf, die
über dem Verlauf des lokalen Durchschnittswerts μ (grün strichlierte Linie) liegen (a). Die umgekehrte Situation ergibt sich bei dunklen Strukturen auf einem helleren Hintergrund
(b). Der ortsabhängige Schwellwert
Q (punktierte blaue Linie) ist gegenüber dem lokalen Durchnittswert (je
nach Situation positiv oder negativ)
um einen variablen Offset verschoben, dessen Größe von der lokalen
Streuung (Standardabweichung) σ_R
abhängig ist.

Bildstrukturen und hellem Hintergrund ist diese Ansatz hingegen nicht
zielführend. In diesem Fall kann man entweder das Bild vor der Schwellwertoperation invertieren oder die Berechnung in Gl. 11.63 modifizieren
zu

$$Q(u,v) := \begin{cases} \mu_R(u,v) + (\kappa \cdot \sigma_R(u,v) + d) & \text{bei } \textit{dunklem } \text{Hintergrund,} \\ \mu_R(u,v) - (\kappa \cdot \sigma_R(u,v) + d) & \text{bei } \textit{hellem } \text{Hintergrund.} \end{cases}$$

(11.64)

Das so modifizierte Verfahren ist in Alg. 11.8 nochmals im Detail ausgeführt. Das Beispiel in Abb. 11.12 zeigt Ergebnisse dieser Methode anhand eines Bilds mit hellem Hintergrund und dunklen Strukturen, mit
$\kappa = 0.3$ und unterschiedlichen Einstellungen für d. Mit der Einstellung
$d = 0$ (Abb. 11.12 (d, g)) entspricht der Algorithmus der ursprünglichen
Methode von Niblack [159]. Für die Beispiele in Abb. 11.12 wurde zur
Berechnung des lokalen Durchschnittswerts $\mu_R(u,v)$ und der Standardabweichung $\sigma_R(u,v)$ eine scheibenförmige Umgebung mit Radius $r = 15$
verwendet. Weitere Beispiel sind in Abb. 11.13 gezeigt. Man beachte,
dass der gewählte Radius r im Verhältnis zur Größe der Bildstrukturen
in Abb. 11.13 (c, d) offensichtlich zu klein dimensioniert ist und daher
keine saubere Segmentierung erfolgt. Mit einem größeren Radius wären
in diesem Fall ein besseres Ergebnis zu erwarten.

Mit der Absicht, die Methode von Niblack speziell zur Verwendung
bei Textbildern von schlechter Qualität zu verbessern, entwickelten Sauvola und Pietikäinen [190] eine Variante, bei der die adaptive Schwellwert
in der Form

$$Q(u,v) := \begin{cases} \mu_R(u,v) \cdot \left[1 - \kappa \cdot \left(\frac{\sigma_R(u,v)}{\sigma_{\max}} - 1\right)\right] & \text{bei } \textit{dunklem } \text{Hintergrund,} \\ \mu_R(u,v) \cdot \left[1 + \kappa \cdot \left(\frac{\sigma_R(u,v)}{\sigma_{\max}} - 1\right)\right] & \text{bei } \textit{hellem } \text{Hintergrund,} \end{cases}$$

(11.65)

berechnet wird, mit $\kappa = 0.5$ und $\sigma_{\max} = 128$ (der dynamische Bereich der
Standardabweichung für 8-Bit-Grauwertbilder) als empfohlene Parameterwerte. Bei diesem Ansatz ist somit der Offset zwischen dem Schwellwert und dem lokalen Durchschnittswert nicht nur von der Standardabweichung σ_R abhängig (wie in Gl. 11.62), sondern auch vom lokalen
Durchschnittswert μ_R selbst! Örtliche Änderungen der absoluten Helligkeit führen daher mit Gl. 11.65 auch zu einer Änderung des relativen
Schwellwerts, auch wenn der zugehörige Bildkontrast konstant bleibt. Es

Algorithmus 11.8
Adaptive Schwellwertberechnung
nach Niblack [159] (modifizierte
Methode). Die Parameter sind das
Ausgangsbild I, der Radius r der
(scheibenförmigen) Umgebung, der
Varianzfaktor κ und der Minimaloffset d. Der Parameter bg sollte
auf dark gesetzt werden, wenn der
Bildhintergrund *dunkler* als die relevanten Objekte ist bzw. auf bright,
wenn der Hintergrund heller als ist.

1: **NiblackThreshold**(I, r, κ, d, bg)
    Input: I, intensity image of size $M \times N$; r, radius of support region;
    κ, variance control parameter; d, minimum offset; $bg \in \{\text{dark}, \text{bright}\}$,
    background type.
    Returns a map with an individual threshold value for each image
    position.

2:    $(M, N) \leftarrow \text{Size}(I)$
3:    Create map $Q : M \times N \mapsto \mathbb{R}$
4:    **for all** image coordinates $(u, v) \in M \times N$ **do**
        Define a support region of radius r, centered at (u, v):
5:        $(\mu, \sigma^2) \leftarrow \text{GetLocalMeanAndVariance}(I, u, v, r)$
6:        $\sigma \leftarrow \sqrt{\sigma^2}$ ▷ local std. deviation σ_R
7:        $Q(u, v) \leftarrow \begin{cases} \mu + (\kappa \cdot \sigma + d) & \text{if } bg = \text{dark} \\ \mu - (\kappa \cdot \sigma + d) & \text{if } bg = \text{bright} \end{cases}$ ▷ Eq. 11.64
8:    **return** Q

9:    **GetLocalMeanAndVariance**(I, u, v, r)
    Returns the local mean and variance of the image pixels $I(i, j)$ within
    the disk-shaped region with radius r around position (u, v).

10:    $R \leftarrow \text{MakeCircularRegion}(u, v, r)$ ▷ see Alg. 11.7
11:    $n \leftarrow 0$
12:    $A \leftarrow 0$
13:    $B \leftarrow 0$
14:    **for all** $(i, j) \in R$ **do**
15:        $n \leftarrow n + 1$
16:        $A \leftarrow A + I(i, j)$
17:        $B \leftarrow B + I^2(i, j)$
18:    $\mu \leftarrow \frac{1}{n} \cdot A$
19:    $\sigma^2 \leftarrow \frac{1}{n} \cdot (B - \frac{1}{n} \cdot A^2)$
20:    **return** (μ, σ^2)

erscheint unklar, ob dieses Verhalten generell wünschenswert ist, auch
wenn in der Literatur sehr häufig auf die Methode von Sauvola und
Pietikäinen verwiesen wird.

Berechnung von lokalem Durchschnitt und Varianz

Algorithmus 11.8 zeigt neben der grundsätzlichen Arbeitsweise der Niblack-Methode auch einen effizienten Ansatz zur Berechnung des lokalen
Durchschnitts und der Varianz für eine bestimmte Umgebung R in einem
Bild I. Unter Verwendung der in Gl. 3.14 (S. 56) gezeigten „Abkürzung"
lassen sich diese Größen in der Form

$$\mu_R = \frac{1}{n} \cdot A \qquad \text{bzw.} \qquad \sigma_R^2 = \frac{1}{n} \cdot \left(B - \frac{1}{n} \cdot A^2\right) \qquad (11.66)$$

berechnen, wobei

$$A = \sum_{(i,j) \in R} I(i, j), \qquad B = \sum_{(i,j) \in R} I^2(i, j), \qquad n = |R|. \qquad (11.67)$$

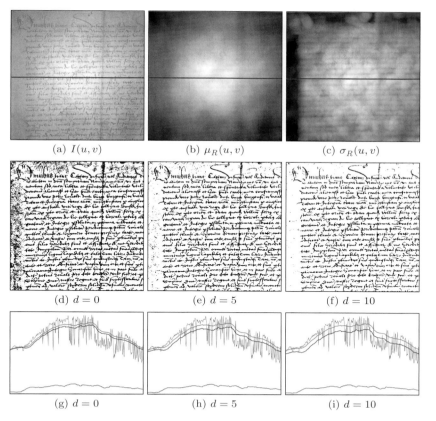

(a) $I(u, v)$ (b) $\mu_R(u, v)$ (c) $\sigma_R(u, v)$

(d) $d = 0$ (e) $d = 5$ (f) $d = 10$

(g) $d = 0$ (h) $d = 5$ (i) $d = 10$

Abbildung 11.12
Adaptive Schwellwertoperation mit
der Methode von Niblack (mit $r = 15$,
$\kappa = 0.3$). Originalbild (a), lokaler
Durchschittswert μ_R (b) und Standardabweichung σ_R (c). Das Ergebnis
für $d = 0$ (d) entspricht der ursprünglichen Formulierung von Niblack. Mit
zunehmendem Wert von d wird das
Auftreten von irrelevanten Kleinseg-
menten in Bereichen mit niedriger
Varianz reduziert (e, f). Die Kurven
in (g–i) zeigen den Verlauf der ursprünglichen Bildintensität (grau),
des lokalen Durchschnitts (grün), der
Standardabweichung (rot) sowie des
resultierenden Schwellwerts (blau) für
die in (a–c) markierte Bildzeile.

Die Prozedur GetLocalMeanAndVariance() in Alg. 11.8 zeigt die notwendigen Schritte nochmals im Detail.

Bei der Berechnung von lokalem Durchschnitt und Varianz ist allerdings auf die Situation an den Bildrändern zu achten, wie in Abb.
11.14 dargestellt. Dafür gibt es zwei gängige Ansätze. Im ersten Ansatz
(der dem üblichen Verfahren bei der Realisierung von Filtern entspricht)
werden alle Pixel außerhalb der Bildränder durch den nächstliegenden
Bildwert ersetzt, der immer von einem Randpixel stammt (siehe Abschn.
5.5.2). Die Randpixel werden in diesem Fall also außerhalb des Bilds so
oft erforderlich repliziert und ihre Werte haben somit großen Einfluss auf
die Ergebnisse in den Randbereichen. Im Unterschied dazu wird beim
zweiten Ansatz werden Durchschnitt und Varianz nur über jene Bildelemente in der aktuellen Umgebung R berechnet, die tatsächlich innerhalb
des Bild liegen. In diesem Fall kann sich die Anzahl der berücksichtigten
Bildelemente an den Ecken des Bilds auf bis zu $1/4$ der Umgebungsgröße
(n) reduzieren.

Wenngleich die in der Prozedur GetLocalMeanAndVariance() in Alg.
11.8 gezeigte Berechnung von lokalem Mittelwert und Varianz deutlich
effizienter als ein „brute-force" Ansatz ist, sind noch weitere Verbesserungen möglich. Die dafür notwendigen Methoden sind in den meisten Bild-

Abbildung 11.13
Weitere Beispiele für die Anwendung
der Niblack-Methode (scheibenförmige Umgebung mit Radius $r = 15$).
Originalbilder (a–d), lokaler Durchschnittswert μ_R (e–h), Standardabweichung σ_R (i–l) und resultierender
Schwellwert Q (m–p); Binärbilder
als Ergebnis der Schwellwertoperation (q–t). Die Annahme ist ein
heller Hintergrund, mit Ausnahme
des Bilds in (d), das einen dunklen
Hintergrund aufweist. Parametereinstellungen sind $\kappa = 0.3$, $d = 5$.

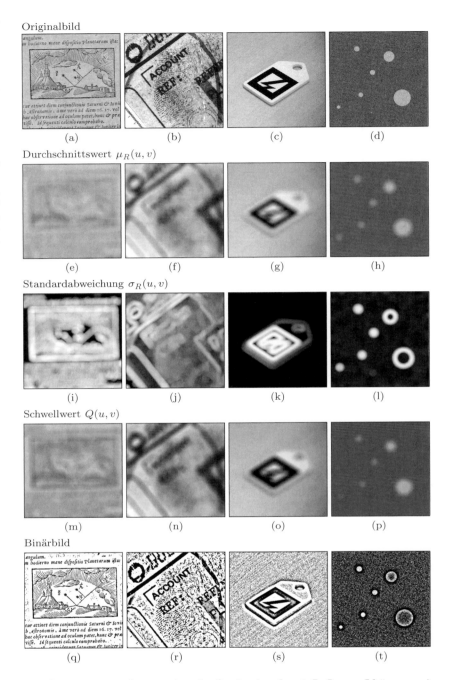

Originalbild

(a)   (b)   (c)   (d)

Durchschnittswert $\mu_R(u, v)$

(e)   (f)   (g)   (h)

Standardabweichung $\sigma_R(u, v)$

(i)   (j)   (k)   (l)

Schwellwert $Q(u, v)$

(m)   (n)   (o)   (p)

Binärbild

(q)   (r)   (s)   (t)

verarbeitungsumgebungen bereits fertig eingebaut. In ImageJ können wir
beispielsweise (wie bei der Berechnung des *Min*- und *Max*-Filters in der
Bernsen-Methode) wiederum auf die Methoden der Klasse `RankFilters`
zurückgreifen. Das folgende ImageJ-Codesegment führt die Berechnung

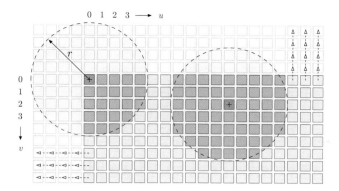

Abbildung 11.14
Berechnung lokaler Statistiken an
den Bildrändern. die Abbildung zeigt
eine am Bildrand positionierte, scheibenförmige Umgebung mit Radius r.
Pixelwerte außerhalb der Bildgrenzen
können durch die Werte der jeweils
nächstliegenden „echten" Bildpixel
ersetzt werden, wie bei Filteroperationen üblich (s. Abschn. 5.5.2). An
einer Randposition ist die Zahl (n)
der überdeckten Bildelemente (grün
markiert) zumindest ca. 1/4 der gesamten Umgebung. In gezeigten Fall
überdeckt die scheibenförmige Umgebung maximal $n = 69$ Bildelemente
(bei voller Überdeckung) und $n = 22$
Elemente an der äußersten Bildecke.

nicht für jedes Pixel einzeln aus, sondern erstellt mit vordefinierten Fil-
tern zwei getrennte Bilder `Imean` (μ_R) und `Ivar` (σ_R^2) für den lokalen
Mittelwert bzw. die Varianz unter Verwendung einer scheibenförmigen
Umgebung mit Radius 15:

```
int radius = 15;

FloatProcessor Imean = I.convertToFloatProcessor();
FloatProcessor Ivar = Imean.duplicate();

RankFilters rf = new RankFilters();
rf.rank(Imean, radius, RankFilters.MEAN);      // μ_R(u,v)
rf.rank(Ivar, radius, RankFilters.VARIANCE);   // σ²_R(u,v)
...
```

Weitere Details dazu finden sich in Abschn. 11.3 sowie im Online-Code.
Die Filtermethoden der Klasse `RankFilters` verwenden übrigens ge-
nerell die Replikation der Randpixel als Strategie zur Behandlung der
Bildränder, wie oben angesprochen.

Lokaler Mittelwert und Varianz mit gaußförmiger Gewichtung

Der eigentliche Zweck der Berechnung des lokalen Mittelwerts ist die
Glättung des Bilds zur Schätzung der variierenden Hintergrundintent-
sität. Bei Verwendung einer quadratischen oder scheibenförmigen Umgebung entspricht dies der linearen Faltung der Bildfunktion mit einem
box- bzw. scheibenförmigen Filterkern. Filterkerne dieser Art sind jedoch
bekanntermaßen nicht ideal für die Bildglättung, da sie u. a. stark zum
Überschwingen neigen (siehe Abb. 11.15). Die Faltung mit einem box-
förmigen (rechteckigen) Kern ist zudem eine keine isotrope Operation,
d. h., die Ergebnisse sind stark richtungsabhängig. Aus diesem Grund
ist es naheliegend, alternative Glättungskerne – insbesondere natürlich
gaußförmige Kerne – in Betracht zu ziehen.

Die Verwendung eines gaußförmigen Filterkerns H^{G} zur Glättung
ist gleichbedeutend mit der Berechnung eines gewichteten Durchschnitts
über die Pixel der zugehörigen Umgebung, wobei die Koeffizienten des
Filterkerns die individuellen Gewichte sind. Calculating this weighted

Abbildung 11.15
Berechnung von lokalem Durchschnittswert (a–c) und Varianz (d–f) mit verschiedenen Glättungskernen. 31×31 Box-Filter (a, d); scheibenförmiges Filter with Radius 15 (b, e); gaußförmiges Filter mit $\sigma = 0.6 \cdot 15 = 9.0$ (c, f). Das Boxfilter und das scheibenförmige Filter zeigen starkes Überschwingen (*ringing*), das Boxfilter ist zudem stark nicht-isotrop. Der Kontrast aller Ergebnisbilder ist zur besseren Darstellung erhöht.

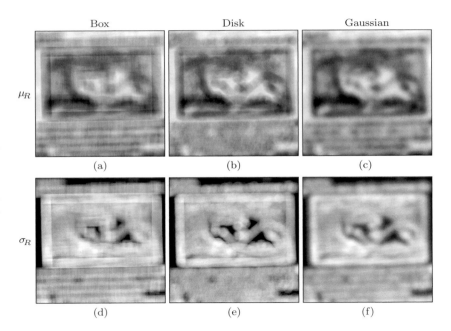

local average can be expressed as Die Berechnung dieses gewichteten lokalen Durchschnitts lässt sich somit in der Form

$$\mu_{\mathrm{G}}(u,v) = \frac{1}{\Sigma H^{\mathrm{G}}} \cdot \left(I * H^{\mathrm{G}} \right)(u,v), \qquad (11.68)$$

ausdrücken, wobei ΣH^{G} die Summe der Filterkoeffizienten und $*$ den linearen Faltungsoperator[14] bezeichnet. Analog dazu können wir auch eine gewichtete *Varianz* σ_{G}^2 definieren, die (wie in Gl. 11.66) gemeinsam mit dem lokalen Durchschnitt μ_{G} in der Form

$$\mu_{\mathrm{G}}(u,v) = \frac{1}{\Sigma H^{\mathrm{G}}} \cdot A_{\mathrm{G}}(u,v), \qquad (11.69)$$

$$\sigma_{\mathrm{G}}^2(u,v) = \frac{1}{\Sigma H^{\mathrm{G}}} \cdot \left(B_{\mathrm{G}}(u,v) - \frac{1}{\Sigma H^{\mathrm{G}}} \cdot A_{\mathrm{G}}^2(u,v) \right), \qquad (11.70)$$

berechnet werden kann, wobei $A_{\mathrm{G}} = I * H^{\mathrm{G}}$ und $B_{\mathrm{G}} = I^2 * H^{\mathrm{G}}$.

Man benötigt daher nur die Anwendung von zwei Filteroperationen, eine auf das Originalbild $(I * H^{\mathrm{G}})$ und die zweite auf das quadrierte Bild $(I^2 * H^{\mathrm{G}})$, mit jeweils dem selben Filterkern H^{G} (oder einem anderen geeigneten Filterkern). Falls der Filterkern H^{G} bereits *normalisiert* ist (d. h. $\Sigma H^{\mathrm{G}} = 1$), dann reduzieren sich sich Gleichungen 11.69–11.70 auf

$$\mu_{\mathrm{G}}(u,v) = A_{\mathrm{G}}(u,v), \qquad (11.71)$$

$$\sigma_{\mathrm{G}}^2(u,v) = B_{\mathrm{G}}(u,v) - A_{\mathrm{G}}^2(u,v), \qquad (11.72)$$

mit $A_{\mathrm{G}}, B_{\mathrm{G}}$ wie oben definiert.

---

[14] Siehe Abschn. 5.3.1.

```
1:  AdaptiveThresholdGauss(I, r, κ, d, bg)
        Input: I, intensity image of size M × N; r, support region radius;
        κ, variance control parameter; d, minimum offset; bg ∈ {dark, bright},
        background type.
        Returns a map Q of local thresholds for the grayscale image I.
2:      (M, N) ← Size(I)
3:      Create maps A, B, Q : M × N ↦ ℝ
4:      for all image coordinates (u, v) ∈ M × N do
5:          A(u, v) ← I(u, v)
6:          B(u, v) ← (I(u, v))²
7:      H^G ← MakeGaussianKernel2D(0.6 · r)
8:      A ← A * H^G                          ▷ filter the original image with H^G
9:      B ← B * H^G                          ▷ filter the squared image with H^G
10:     for all image coordinates (u, v) ∈ M × N do
11:         μ_G ← A(u, v)                                           ▷ Eq. 11.71
12:         σ_G ← √(B(u, v) − A²(u, v))                             ▷ Eq. 11.72
13:         Q(u, v) ← { μ_G + (κ · σ_G + d)   if bg = dark         ▷ Eq. 11.64
                       { μ_G − (κ · σ_G + d)   if bg = bright
14:     return Q

15: MakeGaussianKernel2D(σ)
        Returns a discrete 2D Gaussian kernel H with std. deviation σ, sized
        sufficiently large to avoid truncation effects.
16:     r ← max(1, ⌈3.5 · σ⌉)                      ▷ size the kernel sufficiently large
17:     Create map H : [−r, r]² ↦ ℝ
18:     s ← 0
19:     for x ← −r, . . . , r do
20:         for y ← −r, . . . , r do
21:             H(x, y) ← e^(− (x²+y²)/(2·σ²))      ▷ unnormalized 2D Gaussian
22:             s ← s + H(x, y)
23:     for x ← −r, . . . , r do
24:         for y ← −r, . . . , r do
25:             H(x, y) ← (1/s) · H(x, y)           ▷ normalize H
26:     return H
```

Algorithmus 11.9
Adaptive Schwellwertberechnung mit
gaußförmiger Gewichtung (Erweiterung von Alg. 11.8). Die Parameter
sind das Ausgangsbild I, der Radius
r für das Gaußfilter, der Varianzfaktor κ und der Minimaloffset d. Der
Parameter bg sollte auf dark gesetzt
werden, wenn der Bildhintergrund
dunkler als die relevanten Objekte
ist bzw. auf bright, wenn der Hintergrund heller als ist. Die Prozedur
MakeGaussianKernel2D(σ) erzeugt
einen zweidimensionalen, normalisierten, gaußförmigen Filterkern
mit der Standardabweichung σ. Die
praktische Implementierung sollte natürlich die x/y-Separierbarkeit des
2D-Gaußfilters berücksichtigen.

Daraus ergibt sich ein sehr einfaches Verfahren zur Berechnung von
lokalem Durchschnitt und Varianz mithilfe von Gaußfiltern, das in Alg.
11.9 zusammengefasst ist. Die Breite (Standardabweichung σ) des gaußförmigen Filterkerns ist mit dem 0.6-fachen des Radius r des entsprechenden scheibenförmigen Filters dimensioniert, um einen ähnlichen Effekt
wie mit Alg. 11.8 zu erzielen. Die Verwendung des Gaußfilters hat zwei
Vorteile: Zum einen ist das Gaußfilter im Vergleich zu einem Boxfilter
oder scheibenfärmigen Kern ein wesentlich besseres Tiefpassfilter. Zum
anderen ist das 2D Gaußfilter (im Unterschied zu einem scheibenförmigen Kern) in x- und y-Richtung *separierbar* und kann daher sehr effizient
mit einem Paar eindimensionaler Filter realisiert werden (siehe Abschn.
5.3.3).

Für die praktische Berechnung werden A_G, B_G typischerweise als (Gleitkomma-)Bilder repräsentiert und die meisten modernen Bildverarbeitungsumgebungen bieten effizient implementierte Gaußfilter auch für große Filterradien. In ImageJ etwa sind Gaußfilter in der Klasse `GaussianBlur` implementiert, mit den wichtigsten Methoden `blur()`, `blurGaussian()`, und `blurFloat()`, die alle normalisierte Filterkerne verwenden. Die Programme 11.2–11.3 zeigen einen Teil der ImageJ-Implementierung der Schwellwertberechnung nach Niblack unter Verwendung gaußförmiger Filterkerne.

11.3 Java-Implementierung

Die in diesem Kapitel beschriebenen Schwellwertmethoden sind als Java-API implementiert, das mit dem vollständigen Quellcode auf der Website des Buchs verfügbar ist. Die übergeordnete Klasse in diesem API[15] ist `Thresholder`, mit den Unterklassen `GlobalThresholder` und `Adaptive-Thresholder` für die in Abschn. 11.1 bzw. 11.2 beschriebenen Verfahren. `Thresholder` selbst ist eine abstrakte Klasse, die nur einige allgemeine Methoden zur Analyse von Histogrammen enthält.

11.3.1 Globale Schwellwertoberationen

Die in Abschn. 11.1 beschriebenen Methoden sind implementiert durch die Klassen

- `MeanThresholder`, `MedianThresholder` (Abschn. 11.1.1),
- `QuantileThresholder` (Alg. 11.1),
- `IsodataThresholder` (Alg. 11.2–11.3),
- `OtsuThresholder` (Alg. 11.4),
- `MaxEntropyThresholder` (Alg. 11.5),
- `MinErrorThresholder` (Alg. 11.6).

Diese sind Subklassen der (abstrakten) Klasse `GlobalThresholder`. Das folgende Beispiel zeigt die typische Anwendung dieser Klassen (in diesem Fall `IsodataThresholder`) auf ein Bild `I` vom Typ `ByteProcessor`:

```
GlobalThresholder thr = new IsodataThresholder();
int q = thr.getThreshold(I);
if (q > 0) I.threshold(q);
else ...
```

Die Methode `threshold()` ist hier die ImageJ-Standardmethode der `ImageProcessor`-Klasse.

11.3.2 Adaptive Schwellwertoberationen

Die in Abschn. 11.2 gezeigten Verfahren sind implementiert durch die Klassen

---

[15] Paket `imagingbook.pub.threshold`

```
1  package threshold;
2  import ij.plugin.filter.GaussianBlur;
3  import ij.process.ByteProcessor;
4  import ij.process.FloatProcessor;
5
6  public abstract class NiblackThresholder extends
       AdaptiveThresholder {
7
8    // parameters for this thresholder
9    public static class Parameters {
10     public int radius = 15;
11     public double kappa = 0.30;
12     public int dMin = 5;
13     public BackgroundMode bgMode = BackgroundMode.DARK;
14   }
15
16   private final Parameters params; // parameter object
17
18   protected FloatProcessor Imean;    // = μ_G(u,v)
19   protected FloatProcessor Isigma;   // = σ_G(u,v)
20
21   public ByteProcessor getThreshold(ByteProcessor I) {
22     int w = I.getWidth();
23     int h = I.getHeight();
24
25     makeMeanAndVariance(I, params);
26     ByteProcessor Q = new ByteProcessor(w, h);
27
28     final double kappa = params.kappa;
29     final int dMin = params.dMin;
30     final boolean darkBg =
31        (params.bgMode == BackgroundMode.DARK);
32
33     for (int v = 0; v < h; v++) {
34       for (int u = 0; u < w; u++) {
35         double sigma = Isigma.getf(u, v);
36         double mu = Imean.getf(u, v);
37         double diff = kappa * sigma + dMin;
38         int q = (int)
39            Math.rint((darkBg) ? mu + diff : mu - diff);
40         if (q < 0)   q = 0;
41         if (q > 255) q = 255;
42         Q.set(u, v, q);
43       }
44     }
45     return Q;
46   }
47
48   // continues in Prog. 11.3
```

11.3 JAVA-IMPLEMENTIERUNG

Programm 11.2
Schwellwertberechnung nach Niblack mit gaußförmiger Gewichtung (ImageJ-Implementierung von Alg. 11.9) – Teil 1.

Programm 11.3
Schwellwertberechnung nach Niblack mit gaußförmiger Gewichtung
– Teil 2. Die Gleitkommabilder A
und B entsprechen den Abbildungen
A_G (gefiltertes Ausgangsbild) bzw.
B_G (quadriertes und danach gefiltertes Ausgangsbild) in Alg. 11.9. In
Zeile 64 wird ein Objekt der ImageJ-
Klasse GaussianBlur erzeugt und
nachfolgend zur Filterung beider
Bilder (A, B) eingesetzt (Zeilen 66–
67). Das letzte Argument (0.002)
im Aufruf der Methode blurFloat
spezifiziert die Genauigkeit (und damit auch die Größe) der Gaußkerns.

```
49  // continued from Prog. 11.2
50
51    public static class Gauss extends NiblackThresholder {
52
53      protected void makeMeanAndVariance(ByteProcessor I,
              Parameters params) {
54        int width = I.getWidth();
55        int height = I.getHeight();
56
57        Imean = new FloatProcessor(width,height);
58        Isigma = new FloatProcessor(width,height);
59
60        FloatProcessor A = I.convertToFloatProcessor();  // = I
61        FloatProcessor B = I.convertToFloatProcessor();  // = I
62        B.sqr();       // = I²
63
64        GaussianBlur gb = new GaussianBlur();
65        double sigma = params.radius * 0.6;
66        gb.blurFloat(A, sigma, sigma, 0.002);  // = A
67        gb.blurFloat(B, sigma, sigma, 0.002);  // = B
68
69        for (int v = 0; v < height; v++) {
70          for (int u = 0; u < width; u++) {
71            float a = A.getf(u, v);
72            float b = B.getf(u, v);
73            float sigmaG = (float) Math.sqrt(b - a*a); // Eq. 11.72
74            Imean.setf(u, v, a);      // = μ_G(u,v)
75            Isigma.setf(u, v, sigmaG); // = σ_G(u,v)
76          }
77        }
78      }
79    }  // end of inner class NiblackThresholder.Gauss
80 }  // end of class NiblackThresholder
```

- BernsenThresholder (Alg. 11.7),
- NiblackThresholder (Alg. 11.8, mehrere Varianten),
- SauvolaThresholder (Gl. 11.65).

Diese sind Subklassen der (abstrakten) Klasse AdaptiveThresholder.
Das folgende Beispiel zeigt die Anwendung dieser Klassen (in diesem
Fall BernsenThresholder) auf ein Bild I vom Typ ByteProcessor:

```
AdaptiveThresholder thr = new BernsenThresholder();
ByteProcessor Q = thr.getThreshold(I);
thr.threshold(I, Q);
   . . .
```

Der ortsabhängige Schwellwert wird hier durch das zweidimensionale
Bild Q repräsentiert und die Methode threshold() ist in Adaptive-
Thresholder definiert. Alternativ lässt sich diese Operation auch in *einem* Stück durchführen, ohne dabei die Schwellwertfunktion Q explizit
zu machen:

```
// Create and set up a parameter object:
Parameters params = new BernsenThresholder.Parameters();
params.radius = 15;
params.cmin = 15;
params.bgMode = BackgroundMode.DARK;

// Create the thresholder:
AdaptiveThresholder thr = new BernsenThresholder(params);

// Perform the threshold operation:
thr.threshold(I);
...
```

Dieses Beispiel zeigt auch die Spezifikation eines Parameterobjekts für die Instantiierung des Schwellwertoperators.

11.4 Zusammenfassung und weitere Quellen

Ziel dieses Kapitels ist es, einen Überblick zu vermitteln über etablierte Methoden der automatischen Schwellwertberechnung. Darüber hinaus gibt es eine Fülle an Literatur zu diesem Thema und naturgemäß können nicht alle bekannten Techniken hier beschrieben werden. Für Informationen zu weiteren Verfahren wurden mehrere sehr empfehlenswerte Zusammenfassungen publiziert, wie beispielsweise [78, 164, 187, 211] und insbesondere [194].

Aufgrund der offensichtlichen Einschränkungen der globalen Schwellwertverfahren sind flexibel einsetzbare adaptive Methoden von zentralem Interesse und daher auch weiterhin ein aktives Forschungsthema. Ein zunehmend populärer Ansatz ist die adaptive Schwellwertberechnung durch Partitionierung des Bilds. Dabei wird das Bild in (möglicherweise überlappende) „Kacheln" zerteilt, für diese wird jeweils ein optimaler Schwellwert berechnet und die finale Schwellwertfunktion wird wird anschließend durch Interpolation über die Schwellwerte der einzelnen Kacheln ermittelt. Eine weitere interessante Idee ist, die adaptive Schwellwertfunktion durch Abtastpunkte an jenen Bildstellen zu definieren, die einen hohem Gradientenwert aufweisen. Dabei wird angenommen, das diese Bildstellen Übergänge zwischen Hintergrund und Vordergrund markieren. Die Interpolation zwischen diesen (unregelmäßig platzierten) Abtastpunkten kann durch Lösung einer Lapace'schen Differenzengleichung erfolgen, wodurch eine kontinuierliche „Potenzialoberfläche" entsteht. Die zugehörige Berechnung erfolgt mit der sogenannten „Successive Over-Relaxation" Methode. die bei einem Bild der Größe $N \times N$ ungefähr N Iterationen zur Konvergenz benötigt und somit eine Zeitkomplexität von immerhin $\mathcal{O}(N^3)$ erfordert. Eine effizientere Methode zur Interpolation der Schwellwertfunktion, die einen hierarchischen Mehrskalenansatz verfolgt, wurde in [24] vorgeschlagen. Auch die Verwendung einer Quad-Tree Repräsentation ist für diesen Zweck möglich [46]. Ein weiteres, interessantes Konzept in diesem Zusammenhang ist „Kriging" [161], das ursprünglich für die Interpolation von zweidimensionalen geologischen Messwerten (Höhendaten) entwickelt wurde (s. auch [174, Abschn. 3.7.4]).

Bei Farbbildern wird üblicherweise zunächst ein einfaches Schwellwertverfahren unabhängig auf die einzelnen Farbkomponenten angewandt und die Ergebnisse nachfolgend durch eine geeignete logische Operation verknüpft (s. auch Aufg. 11.4). Eine vorherige Transformation in einen Nicht-RGB-Farbraum (beispielsweise HSV oder CIELAB) kann in diesem Fall nützlich sein. Spezielle Methoden zur Binarisierung von Bildern mit mehrdimensionalen (Vektor-)Werten finden sich beispielsweise in [144]. Da die Binarisierung als spezifische Form der Segmentierung betrachtet werden kann, sind natürlich auch die etablierten Methoden der Farbsegmentierung [47, 50, 76, 196] für diesen Zweck relevant.

11.5 Aufgaben

Aufg. 11.1. Definieren Sie eine Prozedur zur Ermittlung des minimalen und maximalen Pixelwerts eines Bilds aus dem zugehörigen Histogramm. Ermitteln Sie den resultierenden *mid-range* Wert (siehe Gl. 11.13) und wenden Sie diesen als Schwellwert an. Lässt sich irgend eine Aussage über die Größe der daraus resultierenden Hintergrund- bzw. Vordergrundpartition treffen?

Aufg. 11.2. Definieren Sie eine Prozedur zur Ermittlung des Medians eines Bilds aus dem zugehörigen Histogramm. Verwenden Sie den Median als Schwellwert (see Gl. 11.12) und verifizieren Sie, dass die resultierende Hintergrund- und Vordergrundpartition annähernd gleich groß sind.

Aufg. 11.3. Die in diesem Kapitel beschriebenen Algorithmen gehen von 8-Bit Grauwertbildern (vom Typ `ByteProcessor` in ImageJ) aus. Adaptieren Sie die bestehenden Implementierungen auf 16-Bit Bilder (vom Typ `ShortProcessor`). Bilder dieses Typs enthalten Pixelwerte im Bereich $[0, 2^{16} - 1]$ und die zugehörige `getHistogram()`-Methode liefert das Histogramm als `int`-Array der Länge 65536.

Aufg. 11.4. Implementieren Sie ein einfaches Schwellwertverfahren für RGB Farbbilder, bei dem jede (skalarwertige) Farbkomponente einzeln binarisiert wird und das Ergebnis durch eine pixelweise UND-Operation berechnet wird (d. h., ein Vordergrundpixel muss in allen drei Farbkomponenten als solches identifiziert werden). Vergleichen Sie das Ergebnis mit dem der selben Schwellwertoperation auf das zugehörige Grauwert- bzw. *Luminanz*bild.

12

Farbbilder

Farbbilder spielen in unserem Leben eine wichtige Rolle und sind auch in der digitalen Welt allgegenwärtig, ob im Fernsehen, in der Fotografie oder im digitalen Druck. Die Empfindung von Farbe ist ein faszinierendes und gleichzeitig kompliziertes Phänomen, das Naturwissenschaftler, Psychologen, Philosophen und Künstler seit Jahrhunderten beschäftigt [192,197]. Wir beschränken uns in diesem Kapitel allerdings auf die wichtigsten technischen Zusammenhänge, die notwendig sind, um mit digitalen Farbbildern umzugehen. Die Schwerpunkte liegen dabei zum einen auf der programmtechnischen Behandlung von Farbbildern und zum anderen auf der Umwandlung zwischen unterschiedlichen Farbdarstellungen.

12.1 RGB-Farbbilder

Das RGB-Farbschema, basierend auf der Kombination der drei Primärfarben Rot (R), Grün (G) und Blau (B), ist aus dem Fernsehbereich vertraut und traditionell auch die Grundlage der Farbdarstellung auf dem Computer, bei Digitalkameras und Scannern sowie bei der Speicherung in Bilddateien. Die meisten Bildbearbeitungs- und Grafikprogramme verwenden RGB für die interne Darstellung von Farbbildern und auch in Java sind RGB-Bilder die Standardform.

RGB ist ein *additives* Farbsystem, d. h., die Farbmischung erfolgt ausgehend von Schwarz durch Addition der einzelnen Komponenten. Man kann sich diese Farbmischung als Überlagerung von drei Lichtstrahlen in den Farben Rot, Grün und Blau vorstellen, die in einem dunklen Raum auf ein weißes Blatt Papier gerichtet sind und deren Intensität individuell und kontinuierlich gesteuert werden kann. Die unterschiedliche Intensität der Farbkomponenten bestimmt dabei sowohl

Abbildung 12.1
Darstellung des RGB-Farbraums als dreidimensionaler Einheitswürfel. Die Primärfarben Rot (R), Grün (G) und Blau (B) bilden die Koordinatenachsen. Die „reinen" Farben Rot ($\mathbf{R}$), Grün ($\mathbf{G}$), Blau ($\mathbf{B}$), Cyan ($\mathbf{C}$), Magenta ($\mathbf{M}$) und Gelb ($\mathbf{Y}$) liegen an den Eckpunkten des Farbwürfels. Alle Grauwerte, wie der Farbpunkt $\mathbf{K}$, liegen auf der Diagonalen („Unbuntgeraden") zwischen dem Schwarzpunkt $\mathbf{S}$ und dem Weißpunkt $\mathbf{W}$.

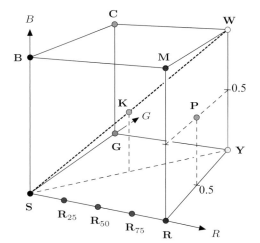

	RGB-Werte			
Pkt.	Farbe	R	G	B
$\mathbf{S}$	Schwarz	0.00	0.00	0.00
$\mathbf{R}$	Rot	1.00	0.00	0.00
$\mathbf{Y}$	Gelb	1.00	1.00	0.00
$\mathbf{G}$	Grün	0.00	1.00	0.00
$\mathbf{C}$	Cyan	0.00	1.00	1.00
$\mathbf{B}$	Blau	0.00	0.00	1.00
$\mathbf{M}$	Magenta	1.00	0.00	1.00
$\mathbf{W}$	Weiß	1.00	1.00	1.00
$\mathbf{K}$	50% Grau	0.50	0.50	0.50
$\mathbf{R}_{75}$	75% Rot	0.75	0.00	0.00
$\mathbf{R}_{50}$	50% Rot	0.50	0.00	0.00
$\mathbf{R}_{25}$	25% Rot	0.25	0.00	0.00
$\mathbf{P}$	Pink	1.00	0.50	0.50

den Ton wie auch die Helligkeit der resultierenden Farbe. Auch Grau und Weiß werden durch Mischung der drei Primärfarben in entsprechender Intensität erzeugt. Ähnliches passiert auch an der Bildfläche eines TV-Farbbildschirms oder CRT-Computermonitors,[1] wo kleine, eng aneinander liegende Leuchtpunkte in den drei Primärfarben durch einen Elektronenstrahl unterschiedlich stark angeregt werden und dadurch ein scheinbar kontinuierliches Farbbild erzeugen.

Der RGB-Farbraum bildet einen dreidimensionalen Würfel, dessen Koordinatenachsen den drei Primärfarben R, G und B entsprechen. Die RGB-Werte sind positiv und auf den Wertebereich $[0, C_{\max}]$ beschränkt, wobei für Digitalbilder meistens $C_{\max} = 255$ gilt. Jede mögliche Farbe $\mathbf{C}_i$ entspricht einem Punkt innerhalb des RGB-Farbwürfels mit den Komponenten

$$\mathbf{C}_i = (R_i, G_i, B_i),$$

wobei $0 \leq R_i, G_i, B_i \leq C_{\max}$. Häufig wird der Wertebereich der RGB-Komponenten auf das Intervall $[0, 1]$ normalisiert, sodass der Farbraum einen Einheitswürfel bildet (Abb. 12.1). Der Punkt $\mathbf{S} = (0, 0, 0)$ entspricht somit der Farbe Schwarz, $\mathbf{W} = (1, 1, 1)$ entspricht Weiß und alle Punkte auf der „Unbuntgeraden" zwischen $\mathbf{S}$ und $\mathbf{W}$ sind Grautöne mit den Komponenten $R = G = B$.

Abb. 12.2 zeigt ein farbiges Testbild, das auch in den nachfolgenden Beispielen dieses Kapitels verwendet wird, sowie die zugehörigen RGB-Farbkomponenten als Intensitätsbilder.

RGB ist also ein sehr einfaches Farbsystem und vielfach reicht bereits dieses elementare Wissen aus, um Farbbilder zu verarbeiten oder in andere Farbräume zu transformieren, wie nachfolgend in Abschn. 12.2 gezeigt. Vorerst nicht beantworten können wir die Frage, mit welchem

---

[1] *Cathode ray tube* (Kathodenstrahlröhre).

R   G   B

Abbildung 12.2
Farbbild und zugehörige *RGB*-Komponenten. Die abgebildeten Früchte sind großteils gelb und rot und weisen daher einen hohen Anteil der *R*- und *G*-Komponenten auf. In diesen Bereichen ist der *B*-Anteil gering (dunkel dargestellt), außer an den hellen Glanzstellen der Äpfel, wo der Farbton in Weiß übergeht. Die Tischoberfläche im Vordergrund ist violett, weist also einen relativ hohen *B*-Anteil auf.

Farbwert ein bestimmtes RGB-Pixel in der Realität tatsächlich dargestellt wird oder was die Primärfarben *Rot*, *Grün* und *Blau* physisch wirklich bedeuten. Wir kümmern uns darum zwar zunächst nicht, widmen uns diesen wichtigen Details aber später wieder im Zusammenhang mit dem CIE-Farbraum (Abschn. 14.1).

12.1.1 Aufbau von Farbbildern

Farbbilder werden üblicherweise, genau wie Grauwertbilder, als Arrays von Pixeln dargestellt, wobei unterschiedliche Modelle für die Anordnung der einzelnen Farbkomponenten verwendet werden. Zunächst ist zu unterscheiden zwischen *Vollfarbenbildern*, die den gesamten Farbraum gleichförmig abdecken können, und so genannten *Paletten-* oder *Indexbildern*, die nur eine beschränkte Zahl unterschiedlicher Farben verwenden. Beide Bildtypen werden in der Praxis häufig eingesetzt.

Vollfarbenbilder

Ein Pixel in einem Vollfarbenbild kann jeden beliebigen Farbwert innerhalb des zugehörigen Farbraums annehmen, soweit es der (diskrete)

Wertebereich der einzelnen Farbkomponenten zulässt. Vollfarbenbilder werden immer dann eingesetzt, wenn Bilder viele unterschiedliche Farben enthalten können, wie etwa typische Fotografien oder gerenderte Szenen in der Computergrafik. Bei der Anordnung der Farbkomponenten unterscheidet man zwischen der so genannten *Komponentenanordnung* und der *gepackten Anordnung*.

Komponentenanordnung

Bei der *Komponentenanordnung* (auch als *planare* Anordnung bezeichnet) sind die Farbkomponenten jeweils in getrennten Arrays von identischer Dimension angelegt. Ein Farbbild

$$\boldsymbol{I}_{\mathrm{comp}} = (I_{\mathrm{R}}, I_{\mathrm{G}}, I_{\mathrm{B}}) \tag{12.1}$$

wird daher gleichsam als Gruppe zusammengehöriger Intensitätsbilder I_{R}, I_{G}, I_{B} behandelt (Abb. 12.3). Der *RGB*-Farbwert des Komponentenbilds $\boldsymbol{I}_{\mathrm{comp}}$ an der Position (u, v) ergibt sich durch Zugriff auf die entsprechenden Elemente der drei Teilbilder in der Form

$$\begin{pmatrix} R(u,v) \\ G(u,v) \\ B(u,v) \end{pmatrix} = \begin{pmatrix} I_{\mathrm{R}}(u,v) \\ I_{\mathrm{G}}(u,v) \\ I_{\mathrm{B}}(u,v) \end{pmatrix}. \tag{12.2}$$

Abbildung 12.3
RGB-Farbbild in Komponentenanordnung. Die drei Farbkomponenten sind in getrennten Arrays I_{R}, I_{G}, I_{B} gleicher Größe angelegt.

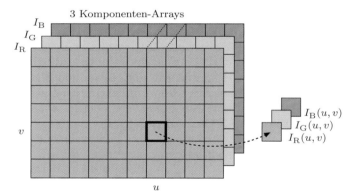

Gepackte Anordnung

Bei der *gepackten Anordnung* werden die drei (skalaren) Komponentenwerte in ein gemeinsames Pixel zusammengefügt und in einem einzigen Bildarray gespeichert (Abb. 12.4), d. h.

$$\boldsymbol{I}_{\mathrm{pack}}(u, v) = (R, G, B). \tag{12.3}$$

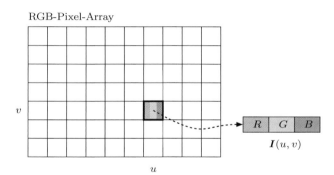

RGB-Pixel-Array

$I(u,v)$

Abbildung 12.4
RGB-Farbbild in gepackter Anordnung. Die drei Farbkomponenten R,
G, und B sind in ein gemeinsames
Array-Element zusammengefügt.

Den RGB-Wert eines gepackten Farbbilds $\boldsymbol{I}_{\mathrm{pack}}$ an der Stelle (u,v) erhalten wir durch Zugriff auf die einzelnen Komponenten des zugehörigen
Farbpixels, also

$$\begin{pmatrix} R(u,v) \\ G(u,v) \\ B(u,v) \end{pmatrix} = \begin{pmatrix} \mathsf{Red}(\boldsymbol{I}_{\mathrm{pack}}(u,v)) \\ \mathsf{Green}(\boldsymbol{I}_{\mathrm{pack}}(u,v)) \\ \mathsf{Blue}(\boldsymbol{I}_{\mathrm{pack}}(u,v)) \end{pmatrix}. \tag{12.4}$$

Die Realisierung der Zugriffsfunktionen $\mathsf{Red}()$, $\mathsf{Green}()$, $\mathsf{Blue}()$ ist natürlich von der konkreten Packung der Farbpixel abhängig.

Indexbilder

Indexbilder erlauben nur eine beschränkte Zahl unterschiedlicher Farben und werden daher vor allem für Illustrationen, Grafiken und ähnlich „flache" Bildinhalte verwendet, häufig etwa in der Form von GIF-
oder PNG-Dateien für Web-Grafiken. Das eigentliche Pixel-Array selbst
enthält dabei keine Farb- oder Helligkeitsdaten, sondern Indizes in eine
Farbtabelle oder „Palette"

$$\mathsf{P} \colon [0, Q-1] \times \{\mathrm{R}, \mathrm{G}, \mathrm{B}\} \;\mapsto\; [0, K-1]. \tag{12.5}$$

Dabei ist Q die Größe der Farbtabelle und damit auch die maximale
Anzahl unterschiedlicher Bildfarben (typ. $Q = 2, \dots, 256$). K ist die
Anzahl der möglichen Komponentenwerte (typ. $K = 256$). Diese Tabelle
(siehe Abb. 12.5) enthält für jeden Farbindex $q = 0, \dots, Q-1$ einen
spezifischen Farbvektor $\mathsf{P}(q) = (R_q, G_q, B_q)$. Den RGB-Farbwert eines
Indexbilds I_{idx} an der Stelle (u,v) erhält man somit durch

$$\begin{pmatrix} R(u,v) \\ G(u,v) \\ B(u,v) \end{pmatrix} = \begin{pmatrix} R_q \\ G_q \\ B_q \end{pmatrix} = \begin{pmatrix} \mathsf{P}(q, \mathrm{R}) \\ \mathsf{P}(q, \mathrm{G}) \\ \mathsf{P}(q, \mathrm{B}) \end{pmatrix}, \tag{12.6}$$

mit dem Index $q = I_{\mathrm{idx}}(u,v)$. Damit die korrekte Interpretation und
Darstellung möglich ist, muss die Farbtabelle natürlich mit dem Bild
gespeichert bzw. übertragen werden.

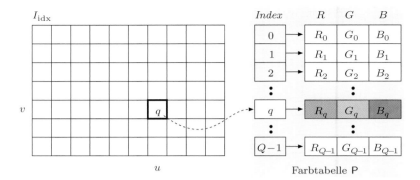

Abbildung 12.5
RGB-Indexbild. Das Bild I_{idx} selbst
enthält keine Farbwerte, sondern je-
der Bildwert ist ein Index $q \in [0, Q{-}1]$
in die zugehörige Farbtabelle (Palette) P Der tatsächliche Farbwert ist durch den Tabellenein-
trag $\mathsf{P}_q = (R_q, G_q, B_q)$ definiert.

Bei der Umwandlung eines Vollfarbenbilds in ein Indexbild (z. B. von einem JPEG-Bild in ein GIF-Bild) besteht u. a. das Problem der optimalen Farbreduktion, also der Ermittlung der optimalen Farbtabelle und Zuordnung der ursprünglichen Farben. Darauf werden wir im Rahmen der Farbquantisierung (Abschn. 13) noch genauer eingehen.

12.1.2 Farbbilder in ImageJ

ImageJ stellt zwei einfache Formen von Farbbildern zur Verfügung:

- RGB-Vollfarbenbilder (RGB Color),
- Indexbilder (8-bit Color).

RGB-Vollfarbenbilder

RGB-Farbbilder in ImageJ haben eine gepackte Anordnung (siehe Abschn. 12.1.1), wobei jedes Farbpixel als 32-Bit-Wort vom Typ `int` dargestellt wird. Wie Abb. 12.6 zeigt, stehen für jede der *RGB*-Komponenten 8 Bit zur Verfügung, der Wertebereich der einzelnen Komponenten ist somit auf $0, \ldots, 255$ beschränkt. Weitere 8 Bit sind für den Transparenzwert[2] α vorgesehen, und diese Anordnung entspricht auch dem in Java[3] allgemein üblichen Format für RGB-Farbbilder.

Abbildung 12.6
Aufbau eines RGB-Farbpixels
in ImageJ. Innerhalb eines 32-
Bit-`int`-Worts sind jeweils 8 Bits
den Farbkomponenten R, G,
B sowie dem (nicht benutzten)
Transparenzwert α zugeordnet.

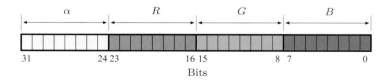

---

[2] Der Transparenzwert α (Alphawert) bestimmt die „Durchsichtigkeit" eines Farbpixels gegenüber dem Hintergrund oder bei Überlagerung mehrere Bilder. Der α-Komponente wird derzeit in ImageJ nicht verwendet.

[3] Java Advanced Window Toolkit – AWT (`java.awt`).

Zugriff auf RGB-Pixelwerte

Die Elemente des Pixel-Arrays eines RGB-Farbbilds sind vom Java-Standarddatentyp `int`. Die Zerlegung des gepackten `int`-Werts in die drei Farbkomponenten erfolgt durch entsprechende Bitoperationen, also Maskierung und Verschiebung von Bitmustern. Hier ein Beispiel, wobei wir annehmen, dass `ip` ein RGB-Farbbild (der Klasse `ColorProcessor`) ist:

```
int c = ip.getPixel(u,v);   // a color pixel
int r = (c & 0xff0000) >> 16; // red value
int g = (c & 0x00ff00) >> 8;  // green value
int b = (c & 0x0000ff);       // blue value
```

Dabei wird für jede der *RGB*-Komponenten der gepackte Pixelwert `c` zunächst durch eine bitweise UND-Operation (`&`) mit einer zugehörigen Bitmaske (angegeben in Hexadezimalnotation[4]) isoliert und anschließend mit dem Operator `>>` um 16 (für *R*) bzw. 8 (für *G*) Bitpositionen nach rechts verschoben (siehe Abb. 12.7).

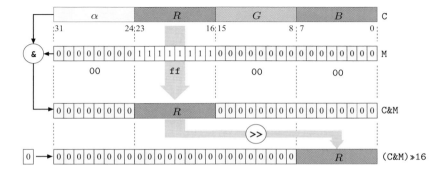

Der „Zusammenbau" eines RGB-Pixels aus einzelnen *R*-, *G*- und *B*-Werten erfolgt in umgekehrter Weise unter Verwendung der bitweisen ODER-Operation (`|`) und der Verschiebung nach links (`<<`):

```
int r = 169; // red value
int g = 212; // green value
int b = 17;  // blue value
int c = ((r & 0xff) << 16) | ((g & 0xff) << 8) | b & 0xff;
ip.putPixel(u, v, c);
```

Die Maskierung der Komponentenwerte (mit `0xff`) stellt in diesem Fall sicher, dass außerhalb der Bitpositionen $0, \ldots, 7$ (Wertebereich $0, \ldots, 255$) alle Bits auf 0 gesetzt werden. Ein vollständiges Beispiel für die Verarbeitung eines RGB-Farbbilds mithilfe dieser Bitoperationen ist in Prog. 12.1 dargestellt. Der Zugriff auf die Farbpixel erfolgt dabei ohne

---

[4] Die Maske `0xff0000` ist von Typ `int` und entspricht dem 32-Bit-Binärmuster `00000000111111110000000000000000`.

Abbildung 12.7
Zerlegung eines 32-Bit RGB-Farbpixels durch eine Folge von Bitoperationen. Die *R*-Komponente (Bits 16–23) des RGB-Pixels `C` (oben) wird zunächst durch eine bitweise UND-Operation (`&`) mit der Bitmaske `M = 0xff0000` isoliert. Alle Bits außerhalb der *R*-Komponente erhalten dadurch den Wert 0, das Bitmuster innerhalb der *R*-Komponente bleibt unverändert. Dieses Bitmuster wird anschließend um 16 Positionen nach rechts verschoben (`>>`), sodass die *R*-Komponente die untersten 8 Bits einnimmt und damit im Wertebereich $0, \ldots, 255$ liegt. Bei der Verschiebung werden von links Nullen eingefügt.

Programm 12.1
Verarbeitung von RGB-Farbbildern mit Bitoperationen (ImageJ-Plugin, Variante 1). Das Plugin erhöht alle drei Farbkomponenten um 10 Einheiten. Es erfolgt ein direkter Zugriff auf das Pixel-Array (Zeile 16), die Farbkomponenten werden durch Bitoperationen getrennt (Zeile 18–20) und nach der Modifikation wieder zusammengefügt (Zeile 27). Der Rückgabewert DOES_RGB (definiert durch das Interface PlugInFilter) in der setup()-Methode zeigt an, dass dieses Plugin Vollfarbenbilder im RGB-Format bearbeiten kann (Zeile 9).

```
1  // File Brighten_RGB_1.java
2  import ij.ImagePlus;
3  import ij.plugin.filter.PlugInFilter;
4  import ij.process.ImageProcessor;
5
6  public class Brighten_RGB_1 implements PlugInFilter {
7
8    public int setup(String arg, ImagePlus imp) {
9      return DOES_RGB; // this plugin works on RGB images
10   }
11
12   public void run(ImageProcessor ip) {
13     int[] pixels = (int[]) ip.getPixels();
14
15     for (int i = 0; i < pixels.length; i++) {
16       int c = pixels[i];
17       // split color pixel into rgb-components:
18       int r = (c & 0xff0000) >> 16;
19       int g = (c & 0x00ff00) >> 8;
20       int b = (c & 0x0000ff);
21       // modify colors:
22       r = r + 10; if (r > 255) r = 255;
23       g = g + 10; if (g > 255) g = 255;
24       b = b + 10; if (b > 255) b = 255;
25       // reassemble color pixel and insert into pixel array:
26       pixels[i]
27         = ((r & 0xff)<<16) | ((g & 0xff)<<8) | b & 0xff;
28     }
29   }
30 }
```

Zugriffsfunktionen (s. unten) direkt über das Pixel-Array, wodurch das Programm sehr effizient ist.

Als bequemere Alternative stellt die ImageJ-Klasse ColorProcessor erweiterte Zugriffsmethoden bereit, bei denen die *RGB*-Komponenten getrennt (als int-Array mit drei Elementen) übergeben werden. Hier ein Beispiel für deren Verwendung (ip ist vom Typ ColorProcessor):

```
...
ip.getPixel(u, v, RGB); // modifies RGB
int r = RGB[0];
int g = RGB[1];
int b = RGB[2];
...
ip.putPixel(u, v, RGB);
```

Ein vollständiges Beispiel zeigt Prog. 12.2 anhand eines einfachen Plugins, das alle drei Farbkomponenten eines RGB-Bilds um 10 Einheiten erhöht. Zu beachten ist dabei, dass die in das Bild eingesetzten Komponentenwerte den Bereich $0, \ldots, 255$ nicht über- oder unterschreiten dürfen, da die putPixel()-Methode nur jeweils die untersten 8 Bits

```
1  // File Brighten_RGB_2.java
2  import ij.ImagePlus;
3  import ij.plugin.filter.PlugInFilter;
4  import ij.process.ColorProcessor;
5  import ij.process.ImageProcessor;
6
7  public class Brighten_RGB_2 implements PlugInFilter {
8    static final int R = 0, G = 1, B = 2; // component indices
9
10   public int setup(String arg, ImagePlus imp) {
11     return DOES_RGB; // this plugin works on RGB images
12   }
13
14   public void run(ImageProcessor ip) {
15     // typecast the image to ColorProcessor (no duplication):
16     ColorProcessor cp = (ColorProcessor) ip;
17     int[] RGB = new int[3];
18
19     for (int v = 0; v < cp.getHeight(); v++) {
20       for (int u = 0; u < cp.getWidth(); u++) {
21         cp.getPixel(u, v, RGB);
22         RGB[R] = Math.min(RGB[R] + 10, 255); // add 10 and
23         RGB[G] = Math.min(RGB[G] + 10, 255); // limit to 255
24         RGB[B] = Math.min(RGB[B] + 10, 255);
25         cp.putPixel(u, v, RGB);
26       }
27     }
28   }
29 }
```

12.1 RGB-FARBBILDER

Programm 12.2
Verarbeitung von RGB-Farbbildern
ohne Bitoperationen (ImageJ-Plugin,
Variante 2). Das Plugin erhöht
alle drei Farbkomponenten um 10
Einheiten und verwendet dafür
die erweiterten Zugriffsmethoden
getPixel(int, int, int[]) und
putPixel(int, int, int[]) der
Klasse ColorProcessor (Zeile 21 bzw.
25). Die Laufzeit ist aufgrund der
Methodenaufrufe ca. viermal höher
als für Variante 1 (Prog. 12.1).

jeder Komponente verwendet und dabei selbst keine Wertebegrenzung durchführt. Fehler durch arithmetischen Überlauf sind andernfalls leicht möglich. Der Preis für die Verwendung dieser Zugriffsmethoden ist allerdings eine deutlich höhere Laufzeit (etwa Faktor 4 gegenüber Variante 1 in Prog. 12.1).

Öffnen und Speichern von RGB-Bildern

ImageJ unterstützt folgende Arten von Bilddateien für Vollfarbenbilder im RGB-Format:

- TIFF (nur unkomprimiert): 3×8-Bit RGB. TIFF-Farbbilder mit 16 Bit Tiefe werden als Image-Stack mit drei 16-Bit Intensitätsbildern geöffnet.
- BMP, JPEG: 3×8-Bit RGB.
- PNG: 3×8-Bit RGB.
- RAW: Über das ImageJ-Menü File ▷ Import ▷ Raw... können RGB Bilddateien geöffnet werden, deren Format von ImageJ selbst nicht direkt unterstützt wird. Dabei ist die Auswahl unterschiedlicher Anordnungen der Farbkomponenten möglich.

Erzeugen von RGB-Bildern

Ein neues RGB-Farbbild erzeugt man in ImageJ am einfachsten durch Anlegen eines Objekts der Klasse `ColorProcessor`, wie folgendes Beispiel zeigt:

```
ColorProcessor cp = new ColorProcessor(w, h);
(new ImagePlus("My New Color Image", cp)).show();
```

Wenn erforderlich, kann das Farbbild nachfolgend durch Erzeugen eines zugehörigen `ImagePlus`-Objekts und Anwendung der `show()`-Methode angezeigt werden (Zeile 2). Da `cp` vom Typ `ColorProcessor` ist, wird natürlich auch das zugehörige `ImagePlus`-Objekt als Farbbild erzeugt.

Indexbilder

Die Struktur von Indexbildern in ImageJ entspricht der in Abb. 12.5, wobei die Elemente des Index-Arrays 8 Bits groß sind, also maximal 256 unterschiedliche Farben dargestellt werden können. Programmtechnisch sind Indexbilder identisch zu Grauwertbildern, denn auch diese verfügen über eine „Farbtabelle", die Pixelwerte auf entsprechende Grauwerte abbildet. Indexbilder unterscheiden sich nur dadurch von Grauwertbildern, dass die Einträge in der Farbtabelle echte RGB-Farbwerte sein können.

Öffnen und Speichern von Indexbildern

ImageJ unterstützt Bilddateien für Indexbilder in den Formaten GIF, PNG, BMP und TIFF, mit Indexwerten von 1–8 Bits (2–256 Farben) und 3×8-Bit Farbwerten.

Verarbeitung von Indexbildern

Das Indexformat dient vorrangig zur Speicherung von Bildern, denn auf Indexbilder selbst sind nur wenige Verarbeitungsschritte direkt anwendbar. Da die Indexwerte im Pixel-Array in keinem unmittelbaren Zusammenhang mit den zugehörigen Farbwerten (in der Farbtabelle) stehen, ist insbesondere die numerische Interpretation der Pixelwerte nicht zulässig. So etwa ist die Anwendung von Filteroperationen, die eigentlich für 8-Bit-Intensitätsbilder vorgesehen sind, i. Allg. wenig sinnvoll. Abbildung 12.8 zeigt als Beispiel die Anwendung eines Gaußfilters und eines Medianfilters auf die Pixel eines Indexbilds, wobei durch den fehlenden quantitativen Zusammenhang mit den tatsächlichen Farbwerten natürlich völlig erratische Ergebnisse entstehen können. Auch die Anwendung des Medianfilters ist unzulässig, da zwischen den Indexwerten auch keine Ordnungsrelation existiert. Die bestehenden ImageJ-Funktionen lassen daher derartige Operationen in der Regel gar nicht zu. Im Allgemeinen erfolgt vor einer Verarbeitung eines Indexbilds eine Konvertierung in ein RGB-Vollfarbenbild und ggfs. eine anschließende Rückkonvertierung.

Soll ein Indexbild dennoch innerhalb eines ImageJ-Plugins verarbeitet werden, dann ist `DOES_8C` („8-bit color") der zugehörige Rückgabewert für die `setup()`-Methode. Das Plugin in Prog. 12.3 zeigt beispielsweise,

(a)   (b)   (c)

Abbildung 12.8
Anwendung eines Glättungsfilters
auf ein Indexbild. Indexbild mit 16
Farben (a), Ergebnis nach Anwendung eines linearen Glättungsfilters
(b) und eines 3×3-Medianfilters (c)
auf das Pixel-Array. Die Anwendung
des linearen Filters ist natürlich unsinnig, da zwischen den Indexwerten
im Pixel-Array und der Bildintensität
i. Allg. kein unmittelbarer Zusammenhang besteht. Das Medianfilter (c)
liefert in diesem Fall zwar scheinbar
plausible Ergebnisse, ist jedoch wegen der fehlenden Ordnungsrelation
zwischen den Indexwerten ebenfalls
unzulässig.

wie die Intensität der drei Farbkomponenten eines Indexbilds um jeweils
10 Einheiten erhöht wird (analog zu Prog. 12.1 und 12.2 für RGB-Bilder).
Dabei wird ausschließlich die Farbtabelle modifiziert, während die eigentlichen Pixeldaten (Indexwerte) unverändert bleiben. Die Farbtabelle
des `ImageProcessor` ist durch dessen `ColorModel`[5]-Objekt zugänglich,
das über die Methoden `getColorModel()` und `setColorModel()` gelesen
bzw. ersetzt werden kann.

Das `ColorModel`-Objekt ist bei Indexbildern (und auch bei 8-Bit-
Grauwertbildern) vom Subtyp `IndexColorModel` und liefert die drei
Farbtabellen (*maps*) für die Rot-, Grün- und Blaukomponenten als getrennte `byte`-Arrays. Die Größe dieser Tabellen $(2, \ldots, 256)$ wird über
die Methode `getMapSize()` ermittelt. Man beachte, dass die `byte`-
Elemente der Farbtabellen *ohne* Vorzeichen (*unsigned*) interpretiert werden, also im Wertebereich $0, \ldots, 255$ liegen. Man muss daher – genau wie
bei den Pixelwerten in Grauwertbildern – bei der Konvertierung auf `int`-
Werte eine bitweise Maskierung mit `0xff` vornehmen (Prog. 12.3, Zeile
30–32).

Als weiteres Beispiel ist in Prog. 12.4 die Konvertierung eines Indexbilds in ein RGB-Vollfarbenbild vom Typ `ColorProcessor` gezeigt. Diese
Form der Konvertierung ist problemlos möglich, denn es müssen lediglich für jedes Index-Pixel die zugehörigen *RGB*-Komponenten aus der
Farbtabelle entnommen werden, wie in Gl. 12.6 beschrieben. Die Konvertierung in der Gegenrichtung erfordert hingegen die *Quantisierung*
des RGB-Farbraums (siehe Abschn. 13) und ist in der Regel aufwändi-

---

[5] Definiert in der Klasse `java.awt.image.ColorModel`.

Programm 12.3
Beispiel für die Verarbeitung von
Indexbildern (ImageJ-Plugin). Die
Helligkeit des Bilds wird durch Ver-
änderung der Farbtabelle um 10 Ein-
heiten erhöht. Das eigentliche Pixel-
Array (das die Indizes der Farbtabelle
enthält) wird dabei nicht verändert.

```java
1  // File Brighten_Index_Image.java
2
3  import ij.ImagePlus;
4  import ij.plugin.filter.PlugInFilter;
5  import ij.process.ImageProcessor;
6  import java.awt.image.IndexColorModel;
7
8  public class Brighten_Index_Image implements PlugInFilter {
9
10   public int setup(String arg, ImagePlus imp) {
11     return DOES_8C; // this plugin works on indexed color images
12   }
13
14   public void run(ImageProcessor ip) {
15     IndexColorModel icm =
16       (IndexColorModel) ip.getColorModel();
17     int pixBits = icm.getPixelSize();
18     int nColors = icm.getMapSize();
19
20     // retrieve the current lookup tables (maps) for R, G, B:
21     byte[] Pred = new byte[nColors];
22     byte[] Pgrn = new byte[nColors];
23     byte[] Pblu = new byte[nColors];
24     icm.getReds(Pred);
25     icm.getGreens(Pgrn);
26     icm.getBlues(Pblu);
27
28     // modify the lookup tables:
29     for (int idx = 0; idx < nColors; idx++){
30       int r = 0xff & Pred[idx]; // mask to treat as unsigned byte
31       int g = 0xff & Pgrn[idx];
32       int b = 0xff & Pblu[idx];
33       Pred[idx] = (byte) Math.min(r + 10, 255);
34       Pgrn[idx] = (byte) Math.min(g + 10, 255);
35       Pblu[idx] = (byte) Math.min(b + 10, 255);
36     }
37     // create a new color model and apply to the image:
38     IndexColorModel icm2 =
39       new IndexColorModel(pixBits, nColors, Pred, Pgrn,Pblu);
40     ip.setColorModel(icm2);
41   }
42 }
```

ger. In der Praxis verwendet man dafür natürlich meistens die fertigen
Konvertierungsmethoden in ImageJ.

Erzeugen von Indexbildern

Für die Erzeugung von Indexbildern ist in ImageJ keine spezielle Methode vorgesehen, da diese ohnehin fast immer durch Konvertierung be-

```
1  // File Index_To_Rgb.java
2
3  import ij.ImagePlus;
4  import ij.plugin.filter.PlugInFilter;
5  import ij.process.ColorProcessor;
6  import ij.process.ImageProcessor;
7  import java.awt.image.IndexColorModel;
8
9  public class Index_To_Rgb implements PlugInFilter {
10    static final int R = 0, G = 1, B = 2;
11    ImagePlus imp;
12
13    public int setup(String arg, ImagePlus imp) {
14      this.imp = imp;
15      return DOES_8C + NO_CHANGES; // does not alter original image
16    }
17
18    public void run(ImageProcessor ip) {
19      int w = ip.getWidth();
20      int h = ip.getHeight();
21
22      // retrieve the lookup tables (maps) for R, G, B:
23      IndexColorModel icm =
24          (IndexColorModel) ip.getColorModel();
25      int nColors = icm.getMapSize();
26      byte[] Pred = new byte[nColors];
27      byte[] Pgrn = new byte[nColors];
28      byte[] Pblu = new byte[nColors];
29      icm.getReds(Pred);
30      icm.getGreens(Pgrn);
31      icm.getBlues(Pblu);
32
33      // create a new 24-bit RGB image:
34      ColorProcessor cp = new ColorProcessor(w, h);
35      int[] RGB = new int[3];
36      for (int v = 0; v < h; v++) {
37        for (int u = 0; u < w; u++) {
38          int idx = ip.getPixel(u, v);
39          RGB[R] = 0xFF & Pred[idx];
40          RGB[G] = 0xFF & Pgrn[idx];
41          RGB[B] = 0xFF & Pblu[idx];
42          cp.putPixel(u, v, RGB);
43        }
44      }
45      ImagePlus cwin =
46          new ImagePlus(imp.getShortTitle() + " (RGB)", cp);
47      cwin.show();
48    }
49  }
```

Programm 12.4
Konvertierung eines Indexbilds in ein
RGB Vollfarbenbild (ImageJ-Plugin).

reits vorhandener Bilder generiert werden. Für den Fall, dass dies doch erforderlich ist, wäre z. B. folgende Methode geeignet:

```
ByteProcessor makeIndexColorImage(int w, int h, int nColors) {
    byte[] Rmap = new byte[nColors]; // red, green, blue color map
    byte[] Gmap = new byte[nColors];
    byte[] Bmap = new byte[nColors];
    // color maps need to be filled here
    byte[] pixels = new byte[w * h];
    IndexColorModel cm
        = new IndexColorModel(8, nColors, Rmap, Gmap, Bmap);
    return new ByteProcessor(w, h, pixels, cm);
}
```

Der Parameter `nColors` definiert die Anzahl der Farben – und damit die Größe der Farbtabellen – und muss einen Wert im Bereich $2, \ldots, 256$ aufweisen. Natürlich müssten auch die drei Farbtabellen für die *RGB*-Komponenten (`Rmap`, `Gmap`, `Bmap`) und das Pixel-Array `pixels` noch mit geeigneten Werten befüllt werden.

Transparenz

Ein vor allem bei Web-Grafiken häufig verwendetes „Feature" bei Indexbildern ist die Möglichkeit, einen der Indexwerte als vollständig transparent zu definieren. Dies ist in Java ebenfalls möglich und kann bei der Erzeugung des Farbmodells (`IndexColorModel`) eingestellt werden. Um beispielsweise in Prog. 12.3 den Farbindex 2 transparent zu machen, müsste man Zeile 39 etwa folgendermaßen ändern:

```
int tidx = 2; // index of transparent color
IndexColorModel icm2 =
    new IndexColorModel(pixBits, nColors, Pred, Pgrn, Pblu,
        tidx);
ip.setColorModel(icm2);
```

Allerdings wird die Transpareninformation derzeit in ImageJ sowohl bei der Darstellung wie auch beim Speichern von Bildern nicht berücksichtigt.

12.2 Farbräume und Farbkonversion

Das RGB-Farbsystem ist aus Sicht der Programmierung eine besonders einfache Darstellungsform, die sich unmittelbar an den in der Computertechnik üblichen RGB-Anzeigegeräten orientiert. Dabei ist allerdings zu beachten, dass die Metrik des RGB-Farbraums mit der subjektiven Wahrnehmung nur wenig zu tun hat. So führt die Verschiebung von Farbpunkten im RGB-Raum um eine bestimmte Distanz, abhängig vom Farbbereich, zu sehr unterschiedlich wahrgenommenen Farbänderungen. Ebenso nichtlinear ist auch die Wahrnehmung von Helligkeitsänderungen im RGB-Raum.

Da sich Farbton, Farbsättigung und Helligkeit bei jeder Koordinatenbewegung gleichzeitig ändern, ist auch die manuelle Auswahl von Farben

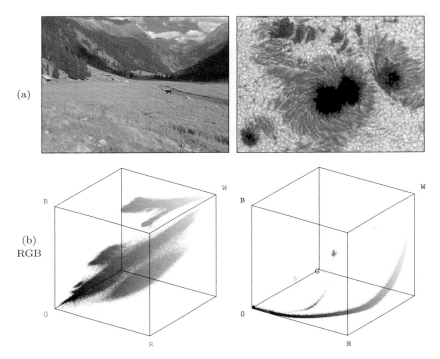

(a)

(b)
RGB

Abbildung 12.9
Beispiel für die Farbverteilung natürlicher Bilder in verschiedenen Farbräumen. Originalbilder: Landschafts-
foto mit dominanten Grün- und Blaukomponenten, Sonnenfleckenbild mit
hohem Rot-/Gelb-Anteil (a), Verteilung im RGB-Raum (b).

im RGB-Raum schwierig und wenig intuitiv. Alternative Farbräume, wie
z. B. der HSV-Raum (s. Abschn. 12.2.2), erleichtern diese Aufgabe, indem subjektiv wichtige Farbeigenschaften explizit dargestellt werden.
Ein ähnliches Problem stellt sich z. B. auch bei der automatischen Frei-
stellung von Objekten vor einem farbigen Hintergrund, etwa in der *Blue-
Box*-Technik beim Fernsehen oder in der Digitalfotografie. Auch in der
TV-Übertragungstechnik oder im Druckbereich werden alternative Farbräume verwendet, die damit auch für die digitale Bildverarbeitung relevant sind.

Abb. 12.9 zeigt zur Illustration die Verteilung der Farben aus natürlichen Bildern in drei verschiedenen Farbräumen. Die Beschreibung dieser
Farbräume und der zugehörigen Konvertierungen, einschließlich der Abbildung auf Grauwertbilder, ist Inhalt des ersten Teils dieses Abschnitts.
Neben den klassischen und in der Programmierung häufig verwendeten
Definitionen wird jedoch der Einsatz von Referenzsystemen – insbesondere der am Ende dieses Abschnitts beschriebene CIEXYZ-Farbraum –
beim Umgang mit digitalen Farbinformationen zunehmend wichtiger.

12.2.1 Umwandlung in Grauwertbilder

Die Umwandlung eines RGB-Farbbilds in ein Grauwertbild erfolgt über
Berechnung des äquivalenten Grauwerts Y für jedes *RGB*-Pixel. In ein-
fachster Form könnte Y als Durchschnittswert der drei Farbkomponenten
in der Form

$$Y = \mathrm{Avg}(R, G, B) = \frac{R + G + B}{3} \qquad (12.7)$$

ermittelt werden. Da die subjektive Helligkeit von Rot oder Grün aber wesentlich höher ist als die der Farbe Blau, ist das Ergebnis jedoch in Bildbereichen mit hohem Rot- oder Grünanteil zu dunkel und in blauen Bereichen zu hell. Üblicherweise verwendet man daher zur Berechnung des äquivalenten Intensitätswerts („Luminanz") eine gewichtete Summe der Farbkomponenten in der Form

$$Y = \mathrm{Lum}(R, G, B) = w_{\mathrm{R}} \cdot R + w_{\mathrm{G}} \cdot G + w_{\mathrm{B}} \cdot B, \qquad (12.8)$$

wobei meist die aus der Kodierung von analogen TV-Farbsignalen (s. auch Abschn. 12.2.3) bekannten Gewichte

$$w_{\mathrm{R}} = 0.299, \qquad w_{\mathrm{G}} = 0.587, \qquad w_{\mathrm{B}} = 0.114, \qquad (12.9)$$

bzw. die in ITU-BT.709 [112] für die digitale Farbkodierung empfohlenen Werte

$$w_{\mathrm{R}} = 0.2126, \qquad w_{\mathrm{G}} = 0.7152, \qquad w_{\mathrm{B}} = 0.0722, \qquad (12.10)$$

verwendet werden. Die Gleichgewichtung der Farbkomponenten in Gl. 12.7 ist damit natürlich nur ein Sonderfall von Gl. 12.8.

Wegen der für TV-Signale geltenden Annahmen bzgl. der Gammakorrektur ist diese Gewichtung jedoch bei nichtlinearen RGB-Werten nicht korrekt. In [173] wurden für diesen Fall als Gewichte $w'_{\mathrm{R}} = 0.309$, $w'_{\mathrm{G}} = 0.609$ und $w'_{\mathrm{B}} = 0.082$ vorgeschlagen. Korrekterweise müsste aber in lineare Komponentenwerte umgerechnet werden, wie beispielsweise in Abschn. 14.2 für sRGB gezeigt ist.

Neben der gewichteten Summe der RGB-Farbkomponenten werden mitunter auch (nichtlineare) Helligkeitsfunktionen anderer Farbsysteme, wie z. B. der *Value*-Wert V des HSV-Farbsystems (Gl. 12.14 in Abschn. 12.2.2) oder der *Luminance*-Wert L des HLS-Systems (Gl. 12.25) als Intensitätswert Y verwendet.

Unbunte Farbbilder

Ein RGB-Bild ist „unbunt" oder schlicht „grau", wenn für alle Bildelemente $I(u, v) = (R, G, B)$ gilt

$$R = G = B.$$

Um aus einem RGB-Bild die Farbigkeit vollständig zu entfernen, genügt es daher, die R, G, B-Komponenten durch den äquivalenten Grauwert Y zu ersetzen, d. h.

$$\begin{pmatrix} R_{\mathrm{gray}} \\ G_{\mathrm{gray}} \\ B_{\mathrm{gray}} \end{pmatrix} = \begin{pmatrix} Y \\ Y \\ Y \end{pmatrix}, \qquad (12.11)$$

beispielsweise mit $Y = \mathrm{Lum}(R, G, B)$ aus Gl. 12.8–12.9. Das resultierende Grauwertbild sollte dabei den gleichen subjektiven Helligkeitseindruck wie das ursprüngliche Farbbild ergeben (s. auch Aufg. 12.4).

Grauwertkonvertierung in ImageJ

In ImageJ erfolgt die Umwandlung eines RGB-Farbbilds (vom Typ `ImageProcessor` bzw. `ColorProcessor`) in ein 8-Bit-Grauwertbild am einfachsten mithilfe der `ImageProcessor`-Methode

   `convertToByteProcessor()`,

die ein neues Bild vom Typ `ByteProcessor` liefert. ImageJ verwendet in der Standardeinstellung zur Gewichtung der Farbkomponenten die Werte $w_R = w_G = w_B = \frac{1}{3}$ (wie in Gl. 12.7) oder alternativ $w_R = 0.299$, $w_G = 0.587$, $w_B = 0.114$ (wie in Gl. 12.9), wenn die Option „Weighted RGB Conversions" im Menü Edit ▷ Options ▷ Conversions ausgewählt ist. Mit der `ColorProcessor`-Methode

   `setRGBWeights(double wR, double wG, double wB)`.

können darüber hinaus individuelle Gewichte für die Konvertierung des betreffenden Farbbilds spezifiziert werden. Man beachte, dass bei diesem Vorgang keinerlei Linearisierung der (möglicherweise nichtlinearen) Komponentenwerte erfolgt, was insbesondere bei der (sehr häufigen) Verwendung von sRGB-Farben wichtig ist (siehe Details dazu in Abschn. 14.2).

Desaturierung von Farbbildern

Um die Farbanteile eines RGB-Bilds *kontinuierlich* zu reduzieren, wird für jedes Pixel zwischen dem ursprünglichen (R, G, B)-Farbwert und dem entsprechenden (Y, Y, Y)-Graupunkt im RGB-Raum linear interpoliert, d. h.

$$
\begin{pmatrix} R_{\text{desat}} \\ G_{\text{desat}} \\ B_{\text{desat}} \end{pmatrix} = \begin{pmatrix} Y \\ Y \\ Y \end{pmatrix} + s \cdot \begin{pmatrix} R - Y \\ G - Y \\ B - Y \end{pmatrix}, \tag{12.12}
$$

wiederum mit $Y = \text{Lum}(R, G, B)$ aus Gl. 12.8–12.9, wobei der Faktor $s \in [0, 1]$ die verbleibende Farbigkeit (Sättigung) steuert (Abb. 12.10). Diesen graduellen Übergang bezeichnet man auch als „Desaturierung" eines Farbbilds. Ein Wert $s = 0$ eliminiert jede Farbigkeit und erzeugt ein reines Grauwertbild, bei $s = 1$ bleiben die Farbwerte unverändert. Die kontinuierliche Desaturierung nach Gl. 12.12 ist als vollständiges ImageJ-Plugin in Prog. 12.5 realisiert. In jenen Farbräumen, in denen die Farbsättigung ein eigene Komponente ist (wie z. B. HSV und HLS, s. unten), ist der Vorgang der Desaturierung natürlich noch einfacher durchzuführen (indem man den Wert für die Farbsättigung auf Null setzt).

12.2.2 HSV/HSB- und HLS-Farbraum

Im **HSV**-Farbraum wird die Farbinformation durch die Komponenten *Hue*, *Saturation* und *Value* (Farbton, Farbsättigung, Helligkeit) dargestellt. Der Farbraum wird häufig – z. B. bei Adobe-Produkten oder im

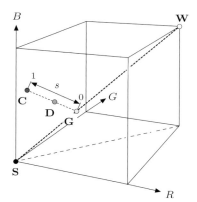

Abbildung 12.10
Desaturierung im RGB-Raum.
Ein Farbpunkt $\mathbf{C} = (R, G, B)$
und sein zugehöriger Graupunkt
$\mathbf{G} = (Y, Y, Y)$. Der mit dem Faktor s desaturierte Farbpunkt $\mathbf{D}$.

Abbildung 12.11
HSV- und HLS-Farbraum – traditionelle Darstellung als hexagonale Pyramide bzw. Doppelpyramide. Der Helligkeitswert V bzw. L entspricht der vertikalen Richtung, die Farbsättigung S dem Radius von der Pyramidenachse und der Farbton H dem Drehwinkel. In beiden Fällen liegen die Grundfarben Rot ($\mathbf{R}$), Grün ($\mathbf{G}$), Blau ($\mathbf{B}$) und die Mischfarben Gelb ($\mathbf{Y}$), Cyan ($\mathbf{C}$), Magenta ($\mathbf{M}$) in einer gemeinsamen Ebene, Schwarz $\mathbf{S}$ liegt an der unteren Spitze. Der wesentliche Unterschied zwischen HSV- und HLS-Farbraum ist die Lage des Weißpunkts ($\mathbf{W}$).

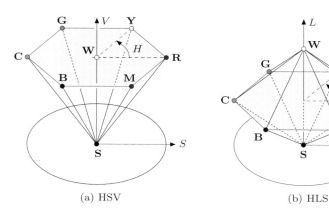

(a) HSV   (b) HLS

Java-API – auch mit „HSB" (B = *Brightness*) bezeichnet.[6] Die Darstellung des HSV-Farbraums erfolgt traditionell in Form einer umgekehrten, sechseckigen Pyramide (Abb. 12.11 (a)), wobei die vertikale Achse dem V-Wert, der horizontale Abstand von der Achse dem S-Wert und der Drehwinkel dem H-Wert entspricht. Der Schwarzpunkt bildet die untere Spitze der Pyramide, der Weißpunkt liegt im Zentrum der Basisfläche. Die drei Grundfarben *Rot*, *Grün* und *Blau* und die paarweisen Mischfarben *Gelb*, *Cyan* und *Magenta* befinden sich an den sechs Eckpunkten der Basisfläche. Diese Darstellung als Pyramide ist zwar anschaulich, tatsächlich ergibt sich aus der mathematischen Definition aber eigentlich ein *zylindrischer* Raum, wie nachfolgend gezeigt (Abb. 12.12).

Der **HLS**-Farbraum[7] (*Hue, Luminance, Saturation*) ist dem HSV-Raum sehr ähnlich und sogar völlig identisch in Bezug auf die *Hue*-Komponente. Die Werte für *Luminance* und *Saturation* entsprechen ebenfalls der vertikalen Koordinate bzw. dem Radius, werden aber anders als im HSV-Raum berechnet. Die übliche Darstellung des HLS-Raums ist die einer Doppelpyramide (Abb. 12.11 (b)), mit Schwarz und Weiß an

[6] Bisweilen wird der HSV-Raum auch als HSI (I = *Intensity*) bezeichnet.
[7] Die Bezeichnungen HLS und HSL werden synonym verwendet.

```
1  // File Desaturate_Rgb.java
2
3  import ij.ImagePlus;
4  import ij.plugin.filter.PlugInFilter;
5  import ij.process.ImageProcessor;
6
7  public class Desaturate_Rgb implements PlugInFilter {
8    double sat = 0.3; // color saturation value
9
10   public int setup(String arg, ImagePlus imp) {
11     return DOES_RGB;
12   }
13
14   public void run(ImageProcessor ip) {
15     // iterate over all pixels:
16     for (int v = 0; v < ip.getHeight(); v++) {
17       for (int u = 0; u < ip.getWidth(); u++) {
18
19         // get int-packed color pixel:
20         int c = ip.ge(u, v);
21
22         // extract RGB components from color pixel
23         int r = (c & 0xff0000) >> 16;
24         int g = (c & 0x00ff00) >> 8;
25         int b = (c & 0x0000ff);
26
27         // compute equiv. gray value:
28         double y = 0.299 * r + 0.587 * g + 0.114 * b;
29
30         // linear interpolate (yyy) <-> (rgb):
31         r = (int) (y + sat * (r - y));
32         g = (int) (y + sat * (g - y));
33         b = (int) (y + sat * (b - y));
34
35         // reassemble the color pixel:
36         c = ((r & 0xff) << 16) | ((g & 0xff) << 8) | b & 0xff;
37         ip.set(u, v, c);
38       }
39     }
40   }
41
42 }
```

Programm 12.5
Kontinuierliche Desaturierung von
RGB-Farbbildern (ImageJ-Plugin).
Die verbleibende Farbigkeit wird
durch die Variable sat in Zeile 8 ge-
steuert (entspr. s in Gl. 12.12).

der unteren bzw. oberen Spitze. Die Grundfarben liegen dabei an den
Eckpunkten der Schnittebene zwischen den beiden Teilpyramiden. Mathematisch ist allerdings auch der HLS-Raum zylinderförmig (siehe Abb.
12.14).

Konvertierung RGB → HSV

Zur Konvertierung vom RGB- in den HSV-Farbraum berechnen wir aus den RGB-Farbkomponenten $R, G, B \in [0, C_{\max}]$ (typischerweise ist der maximale Komponentenwert $C_{\max} = 255$) zunächst die Sättigung (*saturation*)

$$S_{\mathrm{HSV}} = \begin{cases} \frac{C_{\mathrm{rng}}}{C_{\mathrm{high}}} & \text{für } C_{\mathrm{high}} > 0 \\ 0 & \text{sonst} \end{cases} \tag{12.13}$$

und die Helligkeit (*value*)

$$V_{\mathrm{HSV}} = \frac{C_{\mathrm{high}}}{C_{\max}}, \quad \text{wobei} \tag{12.14}$$

$$C_{\mathrm{high}} = \max(R, G, B), \quad C_{\mathrm{low}} = \min(R, G, B), \tag{12.15}$$
$$\text{und} \quad C_{\mathrm{rng}} = C_{\mathrm{high}} - C_{\mathrm{low}}.$$

Wenn alle drei RGB-Farbkomponenten denselben Wert aufweisen ($R = G = B$), dann handelt es sich um ein „unbuntes" (graues) Pixel. In diesem Fall gilt $C_{\mathrm{rng}} = 0$ und daher $S_{\mathrm{HSV}} = 0$; der Farbton H_{HSV} ist unbestimmt. Für $C_{\mathrm{rng}} > 0$ werden zur Berechnung von H_{HSV} zunächst die einzelnen Farbkomponenten in der Form

$$R' = \frac{C_{\mathrm{high}} - R}{C_{\mathrm{rng}}}, \qquad G' = \frac{C_{\mathrm{high}} - G}{C_{\mathrm{rng}}}, \qquad B' = \frac{C_{\mathrm{high}} - B}{C_{\mathrm{rng}}} \tag{12.16}$$

normalisiert. Abhängig davon, welche der drei ursprünglichen Farbkomponenten den Maximalwert darstellt, berechnet sich der Farbton als

$$H' = \begin{cases} B' - G' & \text{für } R = C_{\mathrm{high}}, \\ R' - B' + 2 & \text{für } G = C_{\mathrm{high}}, \\ G' - R' + 4 & \text{für } B = C_{\mathrm{high}}. \end{cases} \tag{12.17}$$

Die resultierenden Werte für H' liegen im Intervall $[-1, 5]$. Wir normalisieren diesen Wert auf das Intervall $[0, 1]$ durch

$$H_{\mathrm{HSV}} = \frac{1}{6} \cdot \begin{cases} (H' + 6) & \text{für } H' < 0, \\ H' & \text{sonst.} \end{cases} \tag{12.18}$$

Alle drei Komponenten $H_{\mathrm{HSV}}, S_{\mathrm{HSV}}, V_{\mathrm{HSV}}$ liegen damit im Intervall $[0, 1]$. Der Wert des Farbtons H_{HSV} ist bei Bedarf natürlich einfach in ein anderes Winkelintervall umzurechnen, z. B. in das 0–360° Intervall mit

$$H_{\mathrm{HSV}}^{\circ} = H_{\mathrm{HSV}} \cdot 360. \tag{12.19}$$

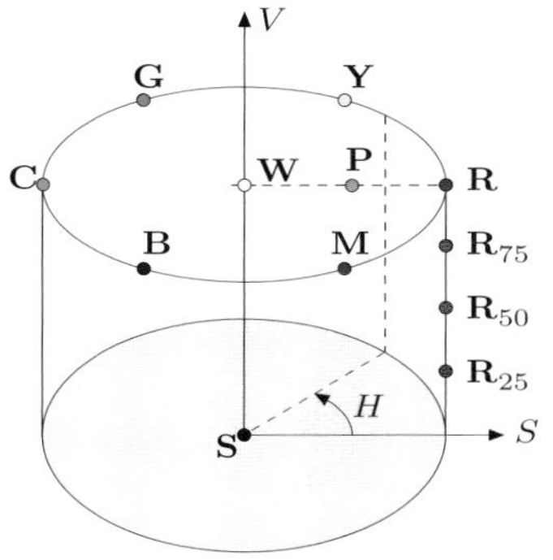

RGB-/HSV-Werte

Pkt.	Farbe	R	G	B	H	S	V
S	Schwarz	0.00	0.00	0.00	—	0.00	0.00
R	Rot	1.00	0.00	0.00	0	1.00	1.00
Y	Gelb	1.00	1.00	0.00	1/6	1.00	1.00
G	Grün	0.00	1.00	0.00	2/6	1.00	1.00
C	Cyan	0.00	1.00	1.00	3/6	1.00	1.00
B	Blau	0.00	0.00	1.00	4/6	1.00	1.00
M	Magenta	1.00	0.00	1.00	5/6	1.00	1.00
W	Weiß	1.00	1.00	1.00	—	0.00	1.00
R$_{75}$	75% Rot	0.75	0.00	0.00	0	1.00	0.75
R$_{50}$	50% Rot	0.50	0.00	0.00	0	1.00	0.50
R$_{25}$	25% Rot	0.25	0.00	0.00	0	1.00	0.25
P	Pink	1.00	0.50	0.50	0	0.5	1.00

Abbildung 12.12
HSV-Farbraum. Die Grafik zeigt den HSV-Farbraum als Zylinder mit den Koordinaten H (*hue*) als Winkel, S (*saturation*) als Radius und V (*brightness value*) als Distanz entlang der vertikalen Achse, die zwischen dem Schwarzpunkt **S** und dem Weißpunkt **W** verläuft. Die Tabelle listet die (R, G, B)- und (H, S, V)-Werte der in der Grafik markierten Farbpunkte auf. „Reine" Farben (zusammengesetzt aus nur einer oder zwei Farbkomponenten) liegen an der Außenwand des Zylinders ($S = 1$), wie das Beispiel der graduell gesättigten Rotpunkte (**R$_{25}$**, **R$_{50}$**, **R$_{75}$**, **R**) zeigt.

Durch diese Definition des HSV-Farbraums wird der Einheitswürfel im RGB-Raum auf einen *Zylinder* mit Höhe und Radius der Länge 1 abgebildet (Abb. 12.12). Im Unterschied zur traditionellen Darstellung in Abb. 12.11 sind alle HSB-Punkte innerhalb des gesamten Zylinders auch zulässige Farbpunkte im RGB-Raum. Die Abbildung vom RGB- in den HSV-Raum ist nichtlinear, wobei sich interessanterweise der Schwarzpunkt auf die gesamte Grundfläche des Zylinders ausdehnt. Abbildung 12.12 beschreibt auch die Lage einiger markanter Farbpunkte im Vergleich zum RGB-Raum (siehe auch Abb. 12.1). In Abb. 12.13 sind für das Testbild aus Abb. 12.2 die einzelnen HSV-Komponenten als Grauwertbilder dargestellt.

Java-Implementierung

In Java ist die RGB-HSV-Konvertierung in der Klasse `java.awt.Color` durch die statische Methode

```
float[] RGBtoHSB (int r, int g, int b, float[] hsv)
```

implementiert (HSV und HSB bezeichnen denselben Farbraum). Die Methode erzeugt aus den `int`-Argumenten `r`, `g`, `b` (jeweils im Bereich $[0, \ldots, 255]$) ein `float`-Array mit den Ergebnissen für H, S, V im Intervall $[0, 1]$. Falls das Argument *hsv* ein `float`-Array ist, werden die Ergebniswerte darin abgelegt, ansonsten (wenn *hsv* = `null`) wird ein neues Array erzeugt. Hier ein einfaches Anwendungsbeispiel:

```
1  import java.awt.Color;
2  ...
3  float[] hsv = new float[3];
4  int red = 128, green = 255, blue = 0;
5  hsv = Color.RGBtoHSB (red, green, blue, hsv);
6  float h = hsv[0];
7  float s = hsv[1];
8  float v = hsv[2];
9  ...
```

Eine mögliche Realisierung der Java-Methode `RGBtoHSB()` unter Verwendung der Definitionen in Gl. 12.14–12.18 ist in Prog. 12.6 gezeigt.

Konvertierung HSV → RGB

Zur Umrechnung eines HSV-Tupels $(H_{\mathrm{HSV}}, S_{\mathrm{HSV}}, V_{\mathrm{HSV}})$, mit H_{HSV}, S_{HSV}, $V_{\mathrm{HSV}} \in [0,1]$, in entsprechende RGB Farbwerte wird zunächst wiederum der zugehörige Farbsektor

$$H' = (6 \cdot H_{\mathrm{HSV}}) \bmod 6 \tag{12.20}$$

ermittelt (mit $0 \leq H' < 6$) und daraus die Zwischenwerte

$$
\begin{aligned}
c_1 &= \lfloor H' \rfloor, & x &= (1 - S_{\mathrm{HSV}}) \cdot v, \\
c_2 &= H' - c_1, & y &= (1 - (S_{\mathrm{HSV}} \cdot c_2)) \cdot V_{\mathrm{HSV}}, \\
& & z &= (1 - (S_{\mathrm{HSV}} \cdot (1 - c_2))) \cdot V_{\mathrm{HSV}}.
\end{aligned}
\tag{12.21}
$$

Die normalisierten RGB-Werte $R', G', B' \in [0,1]$ werden dann in Abhängigkeit von c_1 aus $v = V_{\mathrm{HSV}}$, x, y und z wie folgt zugeordnet:[8]

$$
(R', G', B') \leftarrow
\begin{cases}
(v, z, x) & \text{für } c_1 = 0, \\
(y, v, x) & \text{für } c_1 = 1, \\
(x, v, z) & \text{für } c_1 = 2, \\
(x, y, v) & \text{für } c_1 = 3, \\
(z, x, v) & \text{für } c_1 = 4, \\
(v, x, y) & \text{für } c_1 = 5.
\end{cases}
\tag{12.22}
$$

Die Skalierung der RGB-Komponenten auf einen ganzzahligen Wertebereich $[0, K-1]$ (typischerweise mit $K = 256$) erfolgt abschließend durch

$$
\begin{aligned}
R &\leftarrow \min\bigl(\mathrm{round}(K \cdot R'), K-1\bigr), \\
G &\leftarrow \min\bigl(\mathrm{round}(K \cdot G'), K-1\bigr), \\
B &\leftarrow \min\bigl(\mathrm{round}(K \cdot B'), K-1\bigr).
\end{aligned}
\tag{12.23}
$$

Java-Implementierung

In Java ist die HSV → RGB-Konversion in der Standardklasse `Color` durch die statische Methode

> `int HSBtoRGB (float h, float s, float v)`

implementiert, die aus den drei `float`-Werten h, s, $v \in [0,1]$ einen `int`-Wert mit 3×8 Bit in dem in Java üblichen RGB-Format (siehe Abb. 12.6) erzeugt. Eine mögliche Implementierung dieser Methode ist in Prog. 12.7 gezeigt.

---

[8] Die hier verwendeten Bezeichnungen x, y, z stehen in keinem Zusammenhang zum CIEXYZ-Farbraum (Abschn. 14.1).

```
1   float[] RGBtoHSV (int[] RGB) {
2     int R = RGB[0], G = RGB[1], B = RGB[2];  // R, G, B ∈ [0, 255]
3     int cHi = Math.max(R,Math.max(G,B));  // highest comp. value
4     int cLo = Math.min(R,Math.min(G,B));  // lowest comp. value
5     int cRng = cHi - cLo;   // component range
6     float H = 0, S = 0, V = 0;
7     float cMax = 255.0f;
8
9     // compute value V
10    V = cHi / cMax;
11
12    // compute saturation S
13    if (cHi > 0)
14      S = (float) cRng / cHi;
15
16    // compute hue H
17    if (cRng > 0) { // hue is defined only for color pixels
18      float rr = (float)(cHi - R) / cRng;
19      float gg = (float)(cHi - G) / cRng;
20      float bb = (float)(cHi - B) / cRng;
21      float hh;
22      if (R == cHi)                    // R is highest component value
23        hh = bb - gg;
24      else if (G == cHi)              // G is highest component value
25        hh = rr - bb + 2.0f;
26      else                            // B is highest component value
27        hh = gg - rr + 4.0f;
28      if (hh < 0)
29        hh = hh + 6;
30      H = hh / 6;
31    }
32    return new float[] {H, S, V};
33  }
```

Programm 12.6
RGB-HSV Konvertierung (Java-Methode) zur Umrechnung eines einzelnen RGB Farbtupels.

H_{HSV} S_{HSV} V_{HSV}

Abbildung 12.13
HSV-Komponenten für das Testbild aus Abb. 12.2. Die dunklen Bereiche in der *Hue*-Komponente H_{HSV} entsprechen roten und gelben Farben mit *Hue*-Winkel nahe null.

```
1   int HSVtoRGB (float[] HSV) {
2     float H = HSV[0], S = HSV[1], V = HSV[2]; // H, S, V ∈ [0, 1]
3     float r = 0, g = 0, b = 0;
4     float hh = (6 * H) % 6;              // h' ← (6 · h) mod 6
5     int   c1 = (int) hh;                 // c₁ ← ⌊h'⌋
6     float c2 = hh - c1;
7     float x = (1 - S) * V;
8     float y = (1 - (S * c2)) * V;
9     float z = (1 - (S * (1 - c2))) * V;
10    switch (c1) {
11      case 0: r = V; g = z; b = x; break;
12      case 1: r = y; g = V; b = x; break;
13      case 2: r = x; g = V; b = z; break;
14      case 3: r = x; g = y; b = V; break;
15      case 4: r = z; g = x; b = V; break;
16      case 5: r = V; g = x; b = y; break;
17    }
18    int R = Math.min((int)(r * 255), 255);
19    int G = Math.min((int)(g * 255), 255);
20    int B = Math.min((int)(b * 255), 255);
21    return new int[] {R, G, B};
22  }
```

Konvertierung RGB → HLS

Die Berechnung des *Hue*-Werts H_{HLS} für das HLS-Modell ist identisch zu HSV (Gl. 12.16–12.18), d. h.

$$H_{\text{HLS}} = H_{\text{HSV}}. \tag{12.24}$$

Die übrigen Werte für L_{HLS} und S_{HLS} werden wie folgt berechnet (für C_{high}, C_{low}, C_{rng} siehe Gl. 12.15):

$$L_{\text{HLS}} = \frac{C_{\text{high}} + C_{\text{low}}}{2}, \tag{12.25}$$

$$S_{\text{HLS}} = \begin{cases} 0 & \text{für } L_{\text{HLS}} = 0, \\ 0.5 \cdot \frac{C_{\text{rng}}}{L_{\text{HLS}}} & \text{für } 0 < L_{\text{HLS}} \leq 0.5, \\ 0.5 \cdot \frac{C_{\text{rng}}}{1 - L_{\text{HLS}}} & \text{für } 0.5 < L_{\text{HLS}} < 1, \\ 0 & \text{für } L_{\text{HLS}} = 1. \end{cases} \tag{12.26}$$

Durch diese Definition wird der Einheitswürfel im RGB-Raum wiederum auf einen Zylinder mit Höhe und Radius der Länge 1 abgebildet (Abb. 12.14). Im Unterschied zum HSV-Raum (Abb. 12.12) liegen die Grundfarben in einer gemeinsamen Ebene bei $L_{\text{HLS}} = 0.5$ und der Weißpunkt liegt außerhalb dieser Ebene bei $L_{\text{HLS}} = 1.0$. Der Schwarz- und der Weißpunkt werden durch diese nichtlineare Transformation auf die untere bzw. die obere Zylinderfläche abgebildet. Alle HLS-Werte innerhalb des Zylinders haben zulässige Farbwerte im RGB-Raum. Abb. 12.15 zeigt die einzelnen HLS-Komponenten des Testbilds als Grauwertbilder.

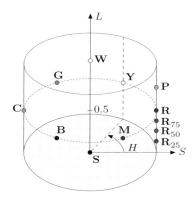

RGB-/HLS-Werte

Pkt.	Farbe	R	G	B	H	S	L
S	Schwarz	0.00	0.00	0.00	—	0.00	0.00
R	Rot	1.00	0.00	0.00	0	1.00	0.50
Y	Gelb	1.00	1.00	0.00	1/6	1.00	0.50
G	Grün	0.00	1.00	0.00	2/6	1.00	0.50
C	Cyan	0.00	1.00	1.00	3/6	1.00	0.50
B	Blau	0.00	0.00	1.00	4/6	1.00	0.50
M	Magenta	1.00	0.00	1.00	5/6	1.00	0.50
W	Weiß	1.00	1.00	1.00	—	0.00	1.00
$\mathbf{R}_{75}$	75% Rot	0.75	0.00	0.00	0	1.00	0.375
$\mathbf{R}_{50}$	50% Rot	0.50	0.00	0.00	0	1.00	0.250
$\mathbf{R}_{25}$	25% Rot	0.25	0.00	0.00	0	1.00	0.125
P	Pink	1.00	0.50	0.50	0/6	1.00	0.75

Abbildung 12.14
HLS-Farbraum. Die Grafik zeigt den
HLS-Farbraum als Zylinder mit den
Koordinaten H (*hue*) als Winkel, S
(*saturation*) als Radius und L (*light-
ness*) als Distanz entlang der vertikalen Achse, die zwischen dem Schwarzpunkt **S** und dem Weißpunkt **W** verläuft. Die Tabelle listet die (R, G, B)-
und (H, S, L)-Werte der in der Grafik
markierten Farbpunkte auf. „Reine"
Farben (zusammengesetzt aus nur
einer oder zwei Farbkomponenten)
liegen an der unteren Hälfte der Außenwand des Zylinders ($S = 1$), wie
das Beispiel der graduell gesättigten
Rotpunkte ($\mathbf{R}_{25}$, $\mathbf{R}_{50}$, $\mathbf{R}_{75}$, **R**) zeigt.
Mischungen aus drei Primärfarben,
von denen mindesten eine Komponente voll gesättigt ist, liegen entlang
der oberen Hälfte der Außenwand
des Zylinders, wie z. B. der Punkt **P**
(Pink).

Konvertierung HLS → RGB

Zur Rückkonvertierung von HLS in den RGB-Raum gehen wir davon
aus, dass $H_{\mathrm{HLS}}, S_{\mathrm{HLS}}, L_{\mathrm{HLS}} \in [0, 1]$. Falls $L_{\mathrm{HLS}} = 0$ oder $L_{\mathrm{HLS}} = 1$, so
ist das Ergebnis

$$(R', G', B') = \begin{cases} (0, 0, 0) & \text{für } L_{\mathrm{HLS}} = 0, \\ (1, 1, 1) & \text{für } L_{\mathrm{HLS}} = 1. \end{cases} \tag{12.27}$$

Andernfalls wird zunächst wiederum der zugehörige Farbsektor

$$H' = (6 \cdot H_{\mathrm{HLS}}) \bmod 6 \tag{12.28}$$

ermittelt (mit $0 \leq H' < 6$) und daraus die Werte

$$\begin{aligned}
c_1 &= \lfloor H' \rfloor, & d &= \begin{cases} S_{\mathrm{HLS}} \cdot L_{\mathrm{HLS}} & \text{für } L_{\mathrm{HLS}} \leq 0.5, \\ S_{\mathrm{HLS}} \cdot (L_{\mathrm{HLS}} - 1) & \text{für } L_{\mathrm{HLS}} > 0.5, \end{cases} \\
c_2 &= H' - c_1, \\
w &= L_{\mathrm{HLS}} + d, & y &= w - (w - x) \cdot c_2, \\
x &= L_{\mathrm{HLS}} - d, & z &= x + (w - x) \cdot c_2.
\end{aligned} \tag{12.29}$$

Die Zuordnung der RGB-Werte erfolgt dann ähnlich wie in Gl. 12.22 in
der Form

H_{HLS}

L_{HLS}

S_{HLS}

Abbildung 12.15
HLS-Farbkomponenten H_{HLS} (*Hue*),
L_{HLS} (*Luminance*) und S_{HLS} (*Satu-
ration*).

$$(R', G', B') = \begin{cases} (w, z, x) & \text{für } c_1 = 0, \\ (y, w, x) & \text{für } c_1 = 1, \\ (x, w, z) & \text{für } c_1 = 2, \\ (x, y, w) & \text{für } c_1 = 3, \\ (z, x, w) & \text{für } c_1 = 4, \\ (w, x, y) & \text{für } c_1 = 5. \end{cases} \quad (12.30)$$

Die abschließende Rückskalierung der auf $[0, 1]$ normalisierten $R'G'B'$-Farbkomponenten in den Wertebereich $[0, 255]$ wird wie in Gl. 12.23 vorgenommen.

Java-Implementierung (RGB ↔ HLS)

Im Standard-Java-API oder in ImageJ ist derzeit keine Methode für die Konvertierung von Farbwerten von RGB nach HLS oder umgekehrt vorgesehen. Prog. 12.8 zeigt eine mögliche Implementierung der RGB-HLS-Konvertierung unter Verwendung der Definitionen in Gl. 12.24–12.26. Die Rückkonvertierung HLS → RGB ist in Prog. 12.9 gezeigt.

HSV- und HLS-Farbraum im Vergleich

Trotz der großen Ähnlichkeit der beiden Farbräume sind die Unterschiede bei den V-/L- und S-Komponenten teilweise beträchtlich, wie Abb. 12.16 zeigt. Der wesentliche Unterschied zwischen dem HSV- und HLS-Raum

Abbildung 12.16
Vergleich zwischen HSV- und HLS-Komponenten. Im Differenzbild für die Farbsättigung $S_{\text{HSV}} - S_{\text{HLS}}$ (oben) sind positive Werte hell und negative Werte dunkel dargestellt. Der Sättigungswert ist in der HLS-Darstellung vor allem an den hellen Bildstellen deutlich höher, daher die entsprechenden negativen Werte im Differenzbild. Für die Intensität (*Value* bzw. *Luminance*) gilt allgemein, dass $V_{\text{HSV}} \geq L_{\text{HLS}}$, daher ist die Differenz $V_{\text{HSV}} - L_{\text{HLS}}$ (unten) immer positiv. Die H-Komponente (*Hue*) ist in beiden Darstellungen identisch.

```
1   float[] RGBtoHLS (int[] RGB) {
2     int R = RGB[0], G = RGB[1], B = RGB[2]; // R,G,B in [0, 255]
3     float cHi = Math.max(R, Math.max(G, B)); // highest comp. value
4     float cLo = Math.min(R, Math.min(G, B)); // lowest comp. value
5     float cRng = cHi - cLo;   // component range
6
7     // compute lightness L
8     float L = ((cHi + cLo) / 255f) / 2;
9
10    // compute saturation S
11    float S = 0;
12    if (0 < L && L < 1) {
13      float d = (L <= 0.5f) ? L : (1 - L);
14      S = 0.5f * (cRng / 255f) / d;
15    }
16
17    // compute hue H (same as in HSV)
18    float H = 0;
19    if (cHi > 0 && cRng > 0) {       // this is a color pixel!
20      float r = (float)(cHi - R) / cRng;
21      float g = (float)(cHi - G) / cRng;
22      float b = (float)(cHi - B) / cRng;
23      float h;
24      if (R == cHi)                  // R is largest component
25        h = b - g;
26      else if (G == cHi)             // G is largest component
27        h = r - b + 2.0f;
28      else                           // B is largest component
29        h = g - r + 4.0f;
30      if (h < 0)
31        h = h + 6;
32      H = h / 6;
33    }
34    return new float[] {H, L, S};
35  }
```

Programm 12.8
RGB-HLS Konvertierung (Java-
Methode).

ist die Anordnung jener Farben, die zwischen dem Weißpunkt **W** und
den „reinen" Farbwerten (wie **R**, **G**, **B**, **Y**, **C**, **M**) liegen, die aus maximal zwei Primärfarben bestehen, von denen mindestens eine vollständig
gesättigt ist.

Zur Illustration zeigt Abb. 12.17 die unterschiedlichen Verteilungen
von Farbpunkten im RGB-, HSV- und HLS-Raum. Ausgangspunkt ist
dabei eine gleichförmige Verteilung von 1331 ($11 \times 11 \times 11$) Farbtupel im
RGB-Farbraum im Raster von 0.1 in jeder Dimension. Dabei ist deutlich zu sehen, dass im HSV-Raum die maximal gesättigten Farbwerte
($s = 1$) kreisförmige Bahnen bilden und die Dichte zur oberen Fläche des
Zylinders hin zunimmt. Im HLS-Raum verteilen sich hingegen die Farbpunkte symmetrisch um die Mittelebene und die Dichte ist vor allem im
Weißbereich wesentlich geringer. Eine bestimmte Bewegung in diesem

```
1   float[] HLStoRGB (float[] HLS) {
2     float H = HLS[0], L = HLS[1], S = HLS[2]; // H,L,S in [0,1]
3     float r = 0, g = 0, b = 0;
4     if (L <= 0)        // black
5       r = g = b = 0;
6     else if (L >= 1)   // white
7       r = g = b = 1;
8     else {
9       float hh = (6 * H) % 6;      // = H'
10      int   c1 = (int) hh;
11      float c2 = hh - c1;
12      float d = (L <= 0.5f) ? (S * L) : (S * (1 - L));
13      float w = L + d;
14      float x = L - d;
15      float y = w - (w - x) * c2;
16      float z = x + (w - x) * c2;
17      switch (c1) {
18        case 0: r = w; g = z; b = x; break;
19        case 1: r = y; g = w; b = x; break;
20        case 2: r = x; g = w; b = z; break;
21        case 3: r = x; g = y; b = w; break;
22        case 4: r = z; g = x; b = w; break;
23        case 5: r = w; g = x; b = y; break;
24      }
25    } // r, g, b in [0,1]
26    int R = Math.min(Math.round(r * 255), 255);
27    int G = Math.min(Math.round(g * 255), 255);
28    int B = Math.min(Math.round(b * 255), 255);
29    return new int[] {R, G, B};
30  }
```

Bereich führt daher zu geringeren Farbänderungen und ermöglicht so feinere Abstufungen bei der Farbauswahl im HLS-Raum, insbesondere bei Farbwerten, die in der oberen Hälfte des HLS-Zylinders liegen.

Beide Farbräume – HSV und HLS – werden in der Praxis häufig verwendet, z. B. für die Farbauswahl bei Bildbearbeitungs- und Grafikprogrammen. In der digitalen Bildverarbeitung ist vor allem auch die Möglichkeit interessant, durch Isolierung der *Hue*-Komponente Objekte aus einem homogen gefärbten (aber nicht notwendigerweise gleichmäßig hellen) Hintergrund automatisch freizustellen (auch als *Color Keying* bezeichnet). Dabei ist natürlich zu beachten, dass mit abnehmendem Sättigungswert (S) auch der Farbwinkel (H) schlechter bestimmt bzw. bei $S = 0$ überhaupt undefiniert ist. In solchen Anwendungen sollte daher neben dem H-Wert auch der S-Wert in geeigneter Form berücksichtigt werden.

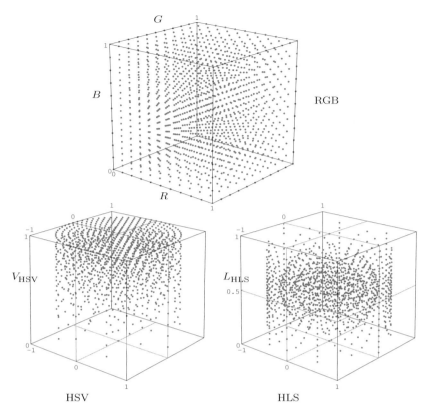

Abbildung 12.17
Verteilung von Farbwerten im RGB-,
HSV- und HLS-Raum. Ausgangs-
punkt ist eine Gleichverteilung von
Farbwerten im RGB-Raum (oben).
Die zugehörigen Farbwerte im HSV-
und HLS-Raum verteilen sich unsym-
metrisch (HSV) bzw. symmetrisch
(HLS) innerhalb eines zylindrischen
Bereichs.

12.2.3 TV-Komponentenfarbräume: YUV, YIQ und YC_bC_r

Diese Farbräume dienen zur standardisierten Aufnahme, Speicherung,
Übertragung und Wiedergabe im TV-Bereich und sind in entsprechenden Normen definiert. YUV und YIQ sind die Grundlage der Farbkodierung beim analogen NTSC- und PAL-System, während YC_bC_r Teil
des internationalen Standards für digitales TV ist [103]. Allen Farbräumen gemeinsam ist die Trennung in eine Luminanz-Komponente Y und
zwei gleichwertige Chroma-Komponenten, die unterschiedliche Farbdifferenzen kodieren. Dadurch konnte einerseits die Kompatibilität mit den
ursprünglichen Schwarz/Weiß-Systemen erhalten werden, andererseits
können bestehende Übertragungskanäle durch Zuweisung unterschiedliche Bandbreiten für Helligkeits- und Farbsignale optimal genutzt werden. Da das menschliche Auge gegenüber Unschärfe im Farbsignal wesentlich toleranter ist als gegenüber Unschärfe im Helligkeitssignal, kann
die Übertragungsbandbreite für die Farbkomponenten deutlich (auf etwa
1/4 der Bandbreite des Helligkeitssignals) reduziert werden. Dieser Umstand wird auch bei der digitalen Farbbildkompression genutzt, u. a.
beim JPEG-Verfahren, das z. B. eine YC_bC_r-Konvertierung von RGB-
Bildern vorsieht. Aus diesem Grund sind diese Farbräume auch für die

digitale Bildverarbeitung von Bedeutung, auch wenn man mit unkonvertierten YIQ- oder YUV-Bilddaten sonst selten in Berührung kommt.

YUV-Farbraum

YUV ist die Basis für die Farbkodierung im analogen Fernsehen, sowohl im nordamerikanischen NTSC- als auch im europäischen PAL-System. Die Luminanz-Komponente Y wird (wie bereits in Gl. 12.9 verwendet) aus den RGB-Komponenten in der Form

$$Y = 0.299 \cdot R + 0.587 \cdot G + 0.114 \cdot B \tag{12.31}$$

abgeleitet, wobei angenommen wird, dass die RGB-Werte bereits nach dem TV-Standard für die Wiedergabe gammakorrigiert sind ($\gamma_{\text{NTSC}} = 2.2$ bzw. $\gamma_{\text{PAL}} = 2.8$, siehe Abschn. 4.7). Die UV-Komponenten sind als gewichtete Differenz zwischen dem Luminanzwert und dem Blau- bzw. Rotwert definiert, konkret als

$$U = 0.492 \cdot (B - Y) \qquad \text{und} \qquad V = 0.877 \cdot (R - Y), \tag{12.32}$$

sodass sich insgesamt folgende Transformation von RGB nach YUV ergibt:

$$\begin{pmatrix} Y \\ U \\ V \end{pmatrix} = \begin{pmatrix} 0.299 & 0.587 & 0.114 \\ -0.147 & -0.289 & 0.436 \\ 0.615 & -0.515 & -0.100 \end{pmatrix} \cdot \begin{pmatrix} R \\ G \\ B \end{pmatrix}. \tag{12.33}$$

Die umgekehrte Transformation von YUV nach RGB erhält man durch Inversion der Matrix in Gl. 12.33 als

$$\begin{pmatrix} R \\ G \\ B \end{pmatrix} = \begin{pmatrix} 1.000 & 0.000 & 1.140 \\ 1.000 & -0.395 & -0.581 \\ 1.000 & 2.032 & 0.000 \end{pmatrix} \cdot \begin{pmatrix} Y \\ U \\ V \end{pmatrix}. \tag{12.34}$$

YIQ-Farbraum

Eine im NTSC-System ursprünglich vorgesehene Variante des YUV-Schemas ist YIQ,[9] bei dem die durch U und V gebildeten Farbvektoren um 33° gedreht und gespiegelt sind, d. h.

$$\begin{pmatrix} I \\ Q \end{pmatrix} = \begin{pmatrix} 0 & 1 \\ 1 & 0 \end{pmatrix} \cdot \begin{pmatrix} \cos\beta & \sin\beta \\ -\sin\beta & \cos\beta \end{pmatrix} \cdot \begin{pmatrix} U \\ V \end{pmatrix}, \tag{12.35}$$

wobei $\beta = 0.576$ (bzw. 33°). Die Y-Komponente ist gleich wie in YUV (Gl. 12.31). Das YIQ-Schema hat bzgl. der erforderlichen Übertragungsbandbreiten gewisse Vorteile gegenüber YUV, wurde jedoch (auch in NTSC) praktisch vollständig von YUV abgelöst [114, S. 240].

---

[9] I steht für „in-phase", Q für „quadrature".

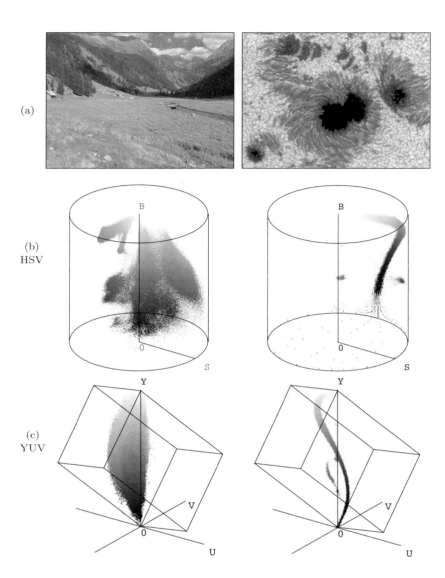

Abbildung 12.18
Beispiel für die Farbverteilung natürlicher Bilder in verschiedenen Farbräumen. Originalbilder (a), Verteilung im HSV-Raum (b) und YUV-Raum (c). Siehe Abb. 12.9 für die entsprechenden Verteilungen im RGB-Farbraum.

YC$_b$C$_r$-Farbraum

Der YC$_b$C$_r$-Farbraum ist eine Variante von YUV, die international für Anwendungen im digitalen Fernsehen standardisiert ist und auch in der Bildkompression (z. B. bei JPEG) verwendet wird. Die Chroma-Komponenten C_b, C_r sind analog zu U, V Differenzwerte zwischen der Luminanz und der Blau- bzw. Rot-Komponente. Im Unterschied zu YUV steht allerdings die Gewichtung der RGB-Komponenten für die Luminanz Y in explizitem Zusammenhang zu den Koeffizienten für die Chroma-Werte C_b und C_r, und zwar in der Form [180, S. 16]

$$Y = w_{\mathrm{R}} \cdot R + (1 - w_{\mathrm{B}} - w_{\mathrm{R}}) \cdot G + w_{\mathrm{B}} \cdot B,$$

$$C_b = \frac{0.5}{1 - w_\mathrm{B}} \cdot (B - Y), \tag{12.36}$$

$$C_r = \frac{0.5}{1 - w_\mathrm{R}} \cdot (R - Y),$$

mit $w_\mathrm{R} = 0.299$ und $w_\mathrm{B} = 0.114$ ($w_\mathrm{G} = 0.587$)[10] nach ITU[11]-Empfehlung BT.601 [113]. Analog dazu ist die Rücktransformation von $\mathrm{YC}_b\mathrm{C}_r$ nach RGB definiert durch

$$R = Y + \frac{(1 - w_\mathrm{R}) \cdot C_r}{0.5},$$

$$G = Y - \frac{w_\mathrm{B} \cdot (1 - w_\mathrm{B}) \cdot C_b - w_\mathrm{R} \cdot (1 - w_\mathrm{R}) \cdot C_r}{0.5 \cdot (1 - w_\mathrm{B} - w_\mathrm{R})}, \tag{12.37}$$

$$B = Y + \frac{(1 - w_\mathrm{B}) \cdot C_b}{0.5}.$$

In Matrix-Vektor-Schreibweise ergibt sich damit die lineare Transformation

$$\begin{pmatrix} Y \\ C_b \\ C_r \end{pmatrix} = \begin{pmatrix} 0.299 & 0.587 & 0.114 \\ -0.169 & -0.331 & 0.500 \\ 0.500 & -0.419 & -0.081 \end{pmatrix} \cdot \begin{pmatrix} R \\ G \\ B \end{pmatrix}, \tag{12.38}$$

bzw. die Rücktransformation

$$\begin{pmatrix} R \\ G \\ B \end{pmatrix} = \begin{pmatrix} 1.000 & 0.000 & 1.403 \\ 1.000 & -0.344 & -0.714 \\ 1.000 & 1.773 & 0.000 \end{pmatrix} \cdot \begin{pmatrix} Y \\ C_b \\ C_r \end{pmatrix}. \tag{12.39}$$

In der für die digitale HDTV-Produktion bestimmten Empfehlung ITU-BT.709 [112] sind im Vergleich dazu die Werte $w_\mathrm{R} = 0.2126$ und $w_\mathrm{B} = 0.0722$ ($w_\mathrm{G} = 0.7152$) vorgesehen. Die *UV*-, *IQ*- und auch die C_bC_r-Werte können sowohl positiv als auch negativ sein. Bei der digitalen Kodierung der C_bC_r-Werte werden diese daher mit einem geeigneten Offset versehen, z. B. 128 bei 8-Bit-Komponenten, um ausschließlich positive Werte zu erhalten.

Abb. 12.19 zeigt die drei Farbräume YUV, YIQ und $\mathrm{YC}_b\mathrm{C}_r$ nochmals zusammen im Vergleich. Die *UV*-, *IQ*- und C_bC_r-Werte in den zwei rechten Spalten sind mit einem Offset von $128 = 2^7$ versehen, um auch negative Werte darstellen zu können. Ein Wert von null entspricht daher im Bild einem mittleren Grau. Das $\mathrm{YC}_b\mathrm{C}_r$-Schema ist allerdings im Druckbild wegen der fast identischen Gewichtung der Farbkomponenten gegenüber YUV kaum unterscheidbar.

12.2.4 Farbräume für den Druck: CMY und CMYK

Im Unterschied zum *additiven* RGB-Farbmodell (und dazu verwandten Farbmodellen) verwendet man beim Druck auf Papier ein *subtraktives*

---

[10] $w_\mathrm{R} + w_\mathrm{G} + w_\mathrm{B} = 1$.

[11] International Telecommunication Union (www.itu.int).

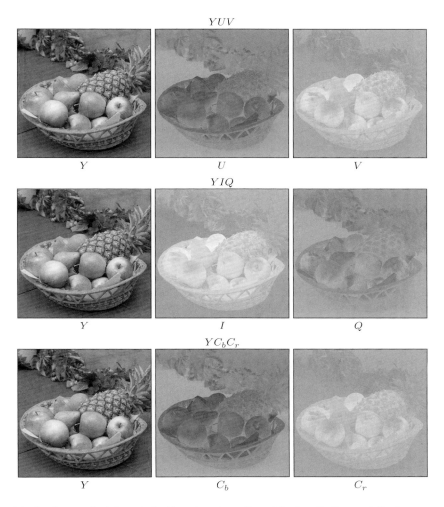

Farbschema, bei dem jede Zugabe einer Druckfarbe die Intensität des reflektierten Lichts reduziert. Dazu sind wiederum zumindest drei Grundfarben erforderlich und diese sind im Druckprozess traditionell *Cyan* (C), *Magenta* (M) und *Gelb* (Y).[12]

Durch die subtraktive Farbmischung (auf weißem Grund) ergibt sich bei $C = M = Y = 0$ (keine Druckfarbe) die Farbe *Weiß* und bei $C = M = Y = 1$ (voller Sättigung aller drei Druckfarben) die Farbe *Schwarz*. Die Druckfarbe *Cyan* absorbiert *Rot* (R) am stärksten, *Magenta* absorbiert *Grün* (G), und *Gelb* absorbiert *Blau* (B). In der einfachsten Form ist das CMY-Modell daher definiert durch

$$C = 1 - R, \qquad M = 1 - G, \qquad Y = 1 - B. \qquad (12.40)$$

---

[12] Y steht hier für *Yellow* und hat nichts mit der Luma- bzw. Luminanz-Komponente in YUV oder YC_bC_r zu tun.

Zur besseren Deckung und zur Vergrößerung des erzeugbaren Farbbereichs (Gamuts) werden die drei Grundfarben CMY in der Praxis durch die zusätzliche Druckfarbe Schwarz (K) ergänzt, wobei üblicherweise

$$K = \min(C, M, Y)\,. \tag{12.41}$$

Gleichzeitig können die CMY-Werte bei steigendem Schwarzanteil reduziert werden, wobei man häufig folgende Varianten für die Berechnung der modifizierten $C'M'Y'K'$-Komponenten findet.

Konvertierung CMY → CMYK (Version 1)

Bei dieser Variante werden die ursprünglichen C, M, Y,-Werte (Gl. 12.40) mit ansteigendem K (Gl. 12.41) einfach linear reduziert, d. h.

$$\begin{pmatrix} C_1 \\ M_1 \\ Y_1 \\ K_1 \end{pmatrix} = \begin{pmatrix} C - K \\ M - K \\ Y - K \\ K \end{pmatrix}\,. \tag{12.42}$$

Konvertierung CMY → CMYK (Version 2)

Die zweite Variante korrigiert die Druckfarben durch Reduktion der C, M, Y-Komponenten mit dem Faktor $s = \frac{1}{1-K}$, wodurch sich kräftigere Farbtöne in den dunkleren Bildregionen ergeben:

$$\begin{pmatrix} C_2 \\ M_2 \\ Y_2 \\ K_2 \end{pmatrix} = \begin{pmatrix} (C-K)\cdot s \\ (M-K)\cdot s \\ (Y-K)\cdot s \\ K \end{pmatrix}, \quad \text{mit } s = \begin{cases} \frac{1}{1-K} & \text{für } K < 1, \\ 1 & \text{sonst.} \end{cases} \tag{12.43}$$

In beiden Versionen wird die K-Komponente unverändert (aus Gl. 12.41) übernommen und alle Grautöne (d. h., wenn $R = G = B$) werden ausschließlich mit der Druckfarbe K, also ohne Anteile von C, M, Y dargestellt.

Beide dieser einfachen Definitionen führen jedoch kaum zu befriedigenden Ergebnissen und sind daher (trotz ihrer häufigen Erwähnung) in der Praxis nicht wirklich brauchbar. Abbildung 12.20 (a) zeigt das Ergebnis von Version 2 (Gl. 12.43) anhand eines Beispiels im Vergleich mit realistischen $CMYK$-Farbkomponenten, erzeugt mit Adobe Photoshop (Abb. 12.20 (c)). Besonders auffällig sind dabei die großen Unterschiede bei der Cyan-Komponente C. Außerdem wird deutlich, dass durch die Definition in Gl. 12.43 die Schwarz-Komponente K an den hellen Bildstellen generell zu hohe Werte aufweist.

In der Praxis sind der tatsächlich notwendige Schwarzanteil K und die Farbanteile CMY stark vom Druckprozess und dem verwendeten Papier abhängig und werden daher individuell kalibriert.

Version 2 (Gl. 12.43)	Version 3 (Gl. 12.44)	Adobe Photoshop

Abbildung 12.20
RGB-CMYK-Konvertierung im Vergleich. Einfache Konvertierung nach *Version 2* (Gl. 12.43) (a), Verwendung von *undercolor-removal-* und *black-generation*-Funktionen nach *Version 3* (Gl. 12.44) (b), Ergebnis aus *Adobe Photoshop* (c). Die Farbintensitäten sind invertiert dargestellt, dunkle Bildstellen entsprechen daher jeweils einem hohen CMYK-Farbanteil. Die einfache Konvertierung (a) liefert gegenüber dem Photoshop-Ergebnis (c) starke Abweichungen in den einzelnen Farbkomponenten, besonders beim C-Wert, und erzeugt einen zu hohen Schwarzanteil (K) an den hellen Bildstellen.

Konvertierung CMY → CMYK (Version 3)

In der Drucktechnik verwendet man spezielle Transferfunktionen zur Optimierung der Ergebnisse. So werden etwa im Adobe *PostScript*-Interpreter [124, S. 345]) die Funktionen $f_{\mathrm{UCR}}(K)$ (*undercolor-removal function*) zur Korrektur der CMY-Komponenten und $f_{\mathrm{BG}}(K)$ (*black-generation function*) zur Steuerung der Schwarz-Komponente eingesetzt. Die Korrektur der Farbkomponenten erfolgt dabei typischerweise in der

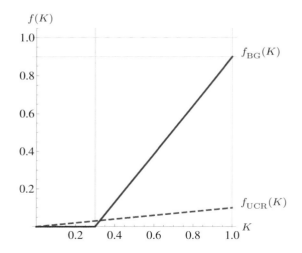

Form

$$\begin{pmatrix} C_3 \\ M_3 \\ Y_3 \\ K_3 \end{pmatrix} = \begin{pmatrix} C - f_{\mathrm{UCR}}(K) \\ M - f_{\mathrm{UCR}}(K) \\ Y - f_{\mathrm{UCR}}(K) \\ f_{\mathrm{BG}}(K) \end{pmatrix}, \tag{12.44}$$

wobei (wie in Gl. 12.41) $K = \min(C, M, Y)$. Die Funktionen f_{UCR} und f_{BG} sind in der Regel nichtlinear und die Ergebniswerte C_3, M_3, Y_3, K_3 werden (durch *Clamping*) auf das Intervall $[0, 1]$ beschränkt. Abbildung 12.20 (b) zeigt ein Beispiel, in dem zur groben Annäherung an die Ergebnisse von Adobe Photoshop folgende Definitionen verwendet wurden:

$$f_{\mathrm{UCR}}(K) = s_K \cdot K, \tag{12.45}$$

$$f_{\mathrm{BG}}(K) = \begin{cases} 0 & \text{für } K < K_0, \\ K_{\max} \cdot \frac{K - K_0}{1 - K_0} & \text{für } K \geq K_0, \end{cases} \tag{12.46}$$

wobei $s_K = 0.1$, $K_0 = 0.3$ und $K_{\max} = 0.9$ (siehe Abb. 12.21). f_{UCR} reduziert in diesem Fall (mittels Gl. 12.44) die CMY-Werte um 10% des K-Werts, was sich vorwiegend in den dunklen Bildbereichen mit hohem K-Wert auswirkt. Die Funktion f_{BG} (Gl. 12.46) bewirkt, dass für Werte $K < K_0$ – also in den helleren Bildbereichen – überhaupt kein Schwarzanteil beigefügt wird. Im Bereich $K = K_0, \ldots, 1.0$ steigt der Schwarzanteil dann linear auf den Maximalwert $K_{\max}$. Das Ergebnis in Abb. 12.20 (b) liegt vergleichsweise nahe an den als Referenz verwendeten CMYK-Komponenten aus Photoshop[13] (Abb. 12.20 (c)).

Trotz der verbesserten Ergebnisse ist auch die letzte Variante (3) zur Konvertierung von RGB nach CMYK nur eine grobe Annäherung, die allerdings für weniger anspruchsvolle Anwendungsfälle durchaus brauchbar

---

[13] In Adobe Photoshop erfolgt allerdings keine direkte Konvertierung von RGB nach CMYK, sondern als Zwischenstufe wird der CIELAB-Farbraum benutzt (siehe auch Abschn. 14.1).

```
1   int countColors (ColorProcessor cp) {
2       // duplicate the pixel array and sort it
3       int[] pixels = ((int[]) cp.getPixels()).clone();
4       Arrays.sort(pixels); // requires java.util.Arrays
5
6       int k = 1;  // color count (image contains at least 1 color)
7       for (int i = 0; i < pixels.length-1; i++) {
8         if (pixels[i] != pixels[i + 1])
9           k = k + 1;
10      }
11      return k;
12  }
```

Programm 12.10
Java-Methode zählen der Farben
in einem RGB-Bild. Die Methode
countColors() erzeugt zunächst eine
Kopie des RGB Pixel-Arrays (in Zeile
3), sortiert dieses Array (in Zeile 4)
und zählt anschließend die Übergänge
zwischen unterschiedlichen Farben.

ist. Für professionelle Zwecke ist sie aber zu unpräzise und der technisch
saubere Weg für die Konvertierung von CMYK-Komponenten führt über
die Verwendung von CIE-basierten Referenzfarben, wie in Kap. 14 beschrieben.

12.3 Statistiken von Farbbildern

12.3.1 Wie viele Farben enthält ein Bild überhaupt?

Ein kleines aber häufiges Teilproblem im Zusammenhang mit Farbbildern besteht darin, zu ermitteln, wie viele unterschiedliche Farben in
einem Bild überhaupt enthalten sind. Natürlich könnte man dafür ein
Histogramm-Array mit einem Integer-Element für jede Farbe anlegen,
dieses befüllen und anschließend abzählen, wie viele Histogrammzellen mindestens den Wert 1 enthalten. Da ein 24-Bit-RGB-Farbbild potenziell $2^{24} = 16.777.216$ Farbwerte enthalten kann, wäre ein solches
Histogramm-Array (mit immerhin 64 MByte) in den meisten Fällen aber
wesentlich größer als das ursprüngliche Bild selbst!

Eine einfachere Lösung besteht darin, die Farbwerte im Pixel-Array
des Bilds zu *sortieren*, sodass alle gleichen Farbwerte beisammen liegen. Die Sortierreihenfolge ist dabei natürlich unwesentlich. Die Zahl der
zusammenhängenden Farbblöcke entspricht der Anzahl der Farben im
Bild. Diese kann, wie in Prog. 12.10 gezeigt, einfach durch Abzählen der
Übergänge zwischen den Farbblöcken berechnet werden. Natürlich wird
in diesem Fall nicht das ursprüngliche Pixel-Array sortiert (das würde
das Bild verändern), sondern eine Kopie des Pixel-Arrays, die mit der
Java-Standardmethode clone() erzeugt wird.[14] Das Sortieren erfolgt in
Prog. 12.10 (Zeile 4) mithilfe der Java-Systemmethode Arrays.sort(),
die sehr effizient implementiert ist.

---

[14] Die Java-Klasse Array implementiert das Cloneable-Interface.

12.3.2 Histogramme

Histogramme von Farbbildern waren bereits in Abschn. 3.5 ein Thema, wobei wir uns auf die eindimensionalen Verteilungen der einzelnen Farbkomponenten bzw. der Intensitätswerte beschränkt haben. Auch die ImageJ-Methode `getHistogram()` berechnet bei Anwendung auf Objekte der Klasse `ColorProcessor` in der Form

```
ColorProcessor cp;
int[] H = cp.getHistogram();
```

lediglich das Histogramm der umgerechneten Grauwerte. Alternativ könnte man die Intensitätshistogramme der einzelnen Farbkomponenten berechnen, wobei allerdings (wie in Abschn. 3.5.2 beschrieben) keinerlei Information über die tatsächlichen Farbwerte zu gewinnen ist. In ähnlicher Weise könnte man natürlich auch die Verteilung der Komponenten für jeden anderen Farbraum (z. B. HSV oder CIELAB) darstellen.

Ein *volles* Histogramm des RGB-Farbraums wäre dreidimensional und enthielte, wie oben erwähnt, $256 \times 256 \times 256 = 2^{24}$ Zellen vom Typ `int`. Ein solches Histogramm wäre nicht nur groß, sondern auch schwierig zu visualisieren und brächte – im statistischen Sinn – auch keine zusammenfassende Information über das zugehörige Bild.[15]

2D-Farbhistogramme

Eine sinnvolle Darstellungsform sind hingegen zweidimensionale Projektionen des vollen RGB-Histogramms (Abb. 12.22). Je nach Projektionsrichtung ergibt sich dabei ein Histogramm mit den Koordinatenachsen Rot-Grün (H_{RG}), Rot-Blau (H_{RB}) oder Grün-Blau (H_{GB}) mit den Werten

$$H_{\mathrm{RG}}(r, g) \equiv \text{Anzahl der Pixel mit } \boldsymbol{I}(u, v) = (r, g, *),$$
$$H_{\mathrm{RB}}(r, b) \equiv \text{Anzahl der Pixel mit } \boldsymbol{I}(u, v) = (r, *, b), \qquad (12.47)$$
$$H_{\mathrm{GB}}(g, b) \equiv \text{Anzahl der Pixel mit } \boldsymbol{I}(u, v) = (*, g, b),$$

wobei $*$ für einen beliebigen Komponentenwert steht. Das Ergebnis ist, unabhängig von der Größe des RGB-Farbbilds $\boldsymbol{I}$, jeweils ein zweidimensionales Histogramm der Größe 256×256 (für 8-Bit RGB-Komponenten), das einfach als Bild dargestellt werden kann. Die Berechnung des vollen RGB-Histogramms ist natürlich zur Erstellung der kombinierten Farbhistogramme nicht erforderlich (siehe Prog. 12.11).

Wie die Beispiele in Abb. 12.23 zeigen, kommen in den kombinierten Farbhistogrammen charakteristische Farbeigenschaften eines Bilds zum Ausdruck, die zwar das Bild nicht eindeutig beschreiben, jedoch in vielen Fällen Rückschlüsse auf die Art der Szene oder die grobe Ähnlichkeit zu anderen Bildern ermöglichen (s. auch Aufg. 12.7).

---

[15] Paradoxerweise ist trotz der wesentlich größeren Datenmenge des Histogramms aus diesem das ursprüngliche Bild dennoch nicht mehr rekonstruierbar.

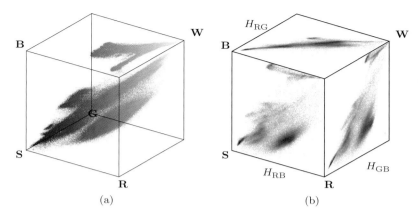

Abbildung 12.22
Projektionen des RGB-Histogramms. RGB-Farbwürfel mit Verteilung der Bildfarben (a). Die kombinierten Histogramme für *Rot-Grün* (H_{RG}), *Rot-Blau* (H_{RB}) und *Grün-Blau* (H_{GB}) sind zweidimensionale Projektionen des dreidimensionalen Histogramms (b). Originalbild siehe Abb. 12.9 (a).

```
1  static int[][] get2dHistogram
2     (ColorProcessor cp, int c1, int c2) {
3     // c1, c2: component index R = 0, G = 1, B = 2
4     int[] RGB = new int[3];
5     int[][] H = new int[256][256]; // histogram array H[c1][c2]
6
7     for (int v = 0; v < cp.getHeight(); v++) {
8       for (int u = 0; u < cp.getWidth(); u++) {
9         cp.getPixel(u, v, RGB);
10        int i1 = RGB[c1];
11        int i2 = RGB[c2];
12        // increment corresponding histogram cell
13        H[i1][i2]++;
14      }
15    }
16    return H;
17 }
```

Programm 12.11
Methode `get2dHistogram()` zur Berechnung eines kombinierten Farbhistogramms. Die gewünschten Farbkomponenten können über die Parameter `c1` und `c2` ausgewählt werden. Die Methode liefert die Histogrammwerte als zweidimensionales `int`-Array.

12.4 Aufgaben

Aufg. 12.1. Programmieren Sie ein ImageJ-Plugin, das die einzelnen Farbkomponenten eines RGB-Farbbilds zyklisch vertauscht, also $R \rightarrow G \rightarrow B \rightarrow R$.

Aufg. 12.2. Zur besseren Darstellung von Grauwertbildern werden bisweilen „Falschfarben" eingesetzt, z. B. bei medizinischen Bildern mit hoher Dynamik. Erstellen Sie ein ImageJ-Plugin für die Umwandlung eines 8-Bit-Grauwertbilds in ein Indexfarbbild mit 256 Farben, das die Glühfarben von Eisen (von Dunkelrot über Gelb bis Weiß) simuliert.

Aufg. 12.3. Programmieren Sie ein ImageJ-Plugin, das den Inhalt der Farbtabelle eines 8-Bit-Indexbilds als neues Bild mit 16×16 Farbfeldern anzeigt. Markieren Sie dabei die nicht verwendeten Tabelleneinträge in geeigneter Form. Als Ausgangspunkt dafür eignet sich beispielsweise Prog. 12.3.

Abbildung 12.23
Beispiele für 2D-Farbhistogramme.
Die Bilder sind zur besseren Darstellung invertiert (dunkle Bildstellen
bedeuten hohe Häufigkeiten) und der
Grauwert entspricht dem Logarithmus der Histogrammwerte, skaliert
auf den jeweiligen Maximalwert.

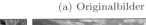

(a) Originalbilder

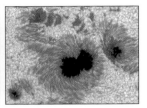

(b) Rot-Grün-Histogramm ($R \rightarrow, G \uparrow$)

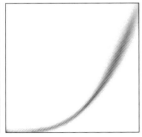

(c) Rot-Blau-Histogramm ($R \rightarrow, B \uparrow$)

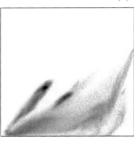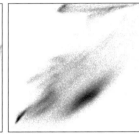

(d) Grün-Blau-Histogramm ($G \rightarrow, B \uparrow$)

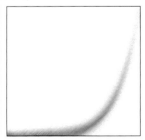

Aufg. 12.4. Zeigen Sie, dass die in der Form $(r, g, b) \rightarrow (y, y, y)$ in Gl.
12.11 erzeugten „farblosen" RGB-Pixel wiederum die subjektive Helligkeit y aufweisen.

Aufg. 12.5. Erweitern Sie das ImageJ-Plugin zur Desaturierung von
Farbbildern in Prog. 12.5 so, dass es die vom Benutzer selektierte *Region of Interest* (ROI) berücksichtigt.

Aufg. 12.6. Berechnen Sie (analog zu Gl. 12.38–12.39) die Transformationsmatrizen zur Umrechnung zwischen RGB und YC_bC_r nach ITU-BT.709 (HDTV-Standard), mit den zugehörigen Koeffizienten $w_R = 0.2126$, $w_B = 0.0722$ und $w_G = 0.7152$.

Aufg. 12.7. Die Bestimmung der visuellen Ähnlichkeit zwischen Bildern unabhängig von Größe und Detailstruktur ist ein häufiges Problem, z. B. im Zusammenhang mit der Suche in Bilddatenbanken. Farbstatistiken sind dabei ein wichtiges Element, denn sie ermöglichen auf relativ einfache und zuverlässige Weise eine grobe Klassifikation von Bildern, z. B. Landschaftsaufnahmen oder Portraits. Zweidimensionale Farbhistogramme (Abschn. 12.3.2) sind für diesen Zweck allerdings zu groß und umständlich. Eine einfache Idee könnte aber etwa darin bestehen, die 2D-Histogramme oder überhaupt das volle RGB-Histogramm in K (z. B. $3 \times 3 \times 3 = 27$) Würfel (*bins*) zu teilen und aus den zugehörigen Pixelhäufigkeiten einen K-dimensionalen Vektor zu bilden, der für jedes Bild berechnet wird und später zum ersten, groben Vergleich herangezogen wird. Überlegen Sie ein Konzept für ein solches Verfahren und auch die dabei möglichen Probleme.

Aufg. 12.8. Erzeugen Sie eine Folge unterschiedlicher Farben mit identischem Hue- und Saturation-Wert aber unterschiedlicher Intensität (Value) im HSV-Raum. Transformieren Sie diese Farben in den RGB-Raum und stellen Sie sie in einem Bild dar. Überprüfen Sie visuell, ob der Farbton tatsächlich konstant bleibt.

Aufg. 12.9. Bei der Anwendung von Filtern im HSV- oder HLS-Raum ist zu beachten, dass die *Hue*-Komponente *zyklisch* ist und bei 0/360° eine Sprungstelle aufweist. Ein lineares Filter würde nicht berücksichtigen, dass $H = 0.0$ und $H = 1.0$ den selben Farbton (Rot) repräsentieren, und kann daher auf die H-Komponente nicht direkt angewandt werden. Eine Lösung besteht darin, statt der H-Komponente (die einen Winkel darstellt) die entsprechenden *Kosinus*- und *Sinus*werte zu filtern, und daraus wiederum die gefilterten H-Werte zu berechnen. Implementieren Sie auf Basis dieser Idee ein variables Gaußfilter für den HSV-Farbraum (siehe auch Abschn. 15.1.3).

13

Farbquantisierung

Das Problem der Farbquantisierung besteht in der Auswahl einer beschränkten Menge von Farben zur möglichst getreuen Darstellung eines ursprünglichen Farbbilds. Stellen Sie sich vor, Sie wären ein Künstler und hätten gerade mit 150 unterschiedlichen Farbstiften eine Illustration mit den wunderbarsten Farbübergängen geschaffen. Einem Verleger gefällt Ihre Arbeit, er wünscht aber, dass Sie das Bild nochmals zeichnen, diesmal mit nur 10 verschiedenen Farben. Die (in diesem Fall vermutlich schwierige) Auswahl der 10 am besten geeigneten Farbstifte aus den ursprünglichen 150 ist ein Beispiel für Farbquantisierung.

Im allgemeinen Fall enthält das ursprüngliche Farbbild I eine Menge von m unterschiedlichen Farben $\mathcal{C} = \{\mathbf{c}_1, \mathbf{c}_2, \ldots, \mathbf{c}_m\}$. Das können einige wenige sein oder viele Tausende, maximal aber 2^{24} bei einem 3×8-Bit-Farbbild. Die Aufgabe besteht darin, die ursprünglichen Farben durch eine (meist deutlich kleinere) Menge von Farben $\mathcal{C}' = \{\mathbf{c}_1', \mathbf{c}_2', \ldots, \mathbf{c}_n'\}$ (mit $n < m$) zu ersetzen. Das Hauptproblem ist dabei die Auswahl einer reduzierten Farbpalette $\mathcal{C}'$, die das Bild möglichst wenig beeinträchtigt.

In der Praxis tritt dieses Problem z. B. bei der Konvertierung von Vollfarbenbildern in Bilder mit kleinerer Pixeltiefe oder in Indexbilder auf, etwa beim Übergang von einem 24-Bit-Bild im TIFF-Format in ein 8-Bit-GIF-Bild mit nur 256 Farben. Ein ähnliches Problem gab es bis vor wenigen Jahren auch bei der Darstellung von Vollfarbenbildern auf Computerbildschirmen, da die verfügbare Grafik-Hardware aus Kostengründen oft auf nur 8 Bitebenen beschränkt war. Heute verfügen auch billige Grafikkomponenten über 24-Bit-Tiefe, das Problem der (schnellen) Farbquantisierung besteht hier also kaum mehr.

13.1 Skalare Farbquantisierung

Die *skalare* (oder *uniforme*) Quantisierung ist ein einfaches und schnelles Verfahren, das den Bildinhalt selbst nicht berücksichtigt. Jede der ursprünglichen Farbkomponenten c_i (z. B. R_i, G_i, B_i) im Wertebereich $[0, \dots, m-1]$ wird dabei unabhängig in den neuen Wertebereich $[0, \dots, n-1]$ überführt, im einfachsten Fall durch eine lineare Quantisierung in der Form

$$c_i' \leftarrow \left\lfloor c_i \cdot \frac{n}{m} \right\rfloor, \qquad (13.1)$$

für alle Farbkomponenten c_i. Ein typisches Beispiel ist die Konvertierung eines Farbbilds mit 3×12-Bit-Komponenten mit $m = 4096$ möglichen Werten (z. B. aus einem Scanner) in ein herkömmliches RGB-Farbbild mit 3×8-Bit-Komponenten, also jeweils $n = 256$ Werten. Jeder Komponentenwert wird daher durch $4096/256 = 16 = 2^4$ ganzzahlig dividiert oder, anders ausgedrückt, die untersten 4 Bits der zugehörigen Binärzahl werden einfach ignoriert (Abb. 13.1 (a)).

Ein (heute allerdings kaum mehr praktizierter) Extremfall ist die in Abb. 13.1 (b) gezeigte Quantisierung von 3×8-Bit-Farbwerten in nur *ein* Byte, wobei 3 Bits für Rot und Grün und 2 Bits für Blau verwendet werden. Die Umrechnung in derart gepackte 3:3:2-Pixel kann mit Bit-

Abbildung 13.1
Skalare Quantisierung von Farbkomponenten durch Abtrennen niederwertiger Bits. Quantisierung von 3×12-Bit- auf 3×8-Bit-Farben (a). Quantisierung von 3×8-Bit auf 8-Bit-Farben (3:3:2) (b). Das Java-Codestück in Prog. 13.1 zeigt die entsprechende Abfolge von Bitoperationen.

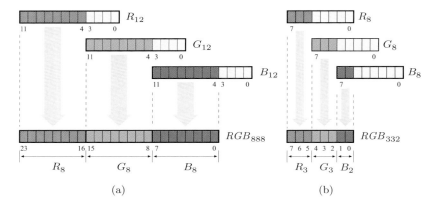

(a) (b)

operationen in Java effizient durchgeführt werden, wie das Codesegment in Prog. 13.1 zeigt. Die resultierende Bildqualität ist wegen der kleinen Zahl von Farbabstufungen natürlich gering (Abb. 13.2).

Im Unterschied zu den nachfolgend gezeigten Verfahren nimmt die skalare Quantisierung keine Rücksicht auf die Verteilung der Farben im ursprünglichen Bild. Die skalare Quantisierung wäre ideal für den Fall, dass die Farben im RGB-Würfel gleichverteilt sind. Bei natürlichen Bildern ist jedoch die Farbverteilung in der Regel höchst ungleichförmig, sodass einzelne Regionen des Farbraums dicht besetzt sind, während andere Farben im Bild überhaupt nicht vorkommen. Der durch die skalare

(a)

Abbildung 13.2
Farbverteilung nach einer skalaren 3:3:2-Quantisierung. Originalbild (a); Verteilung der ursprünglichen 226.321 Farben im RGB-Würfel (b). Verteilung der resultierenden $8 \times 8 \times 4 = 256$ Farben nach der 3:3:2-Quantisierung (c).

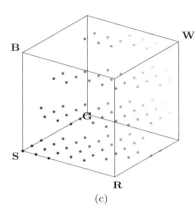

(b) (c)

```
1 ColorProcessor cp = (ColorProcessor) ip;
2 int C = cp.getPixel(u, v);
3 int R = (C & 0x00ff0000) >> 16;
4 int G = (C & 0x0000ff00) >> 8;
5 int B = (C & 0x000000ff);
6 // 3:3:2 uniform color quantization
7 byte RGB =
8     (byte) ((R & 0xE0) | (G & 0xE0)>>3 | ((B & 0xC0)>>6));
```

Programm 13.1
Quantisierung eines 3×8-Bit RGB-Farbpixels auf 8 Bit in 3:3:2-Packung.

Quantisierung erzeugte Farbraum kann zwar auch die nicht vorhandenen Farben repräsentieren, dafür aber die Farben in dichteren Bereichen nicht fein genug abstufen.

13.2 Vektorquantisierung

Bei der Vektorquantisierung werden im Unterschied zur skalaren Quantisierung nicht die einzelnen Farbkomponenten getrennt betrachtet, sondern jeder im Bild enthaltene Farbvektor $\mathbf{c}_i = (r_i, g_i, b_i)$ als Ganzes. Das Problem der Vektorquantisierung ist, ausgehend von der Menge der ursprünglichen Farbwerte $\mathcal{C} = \{\mathbf{c}_1, \mathbf{c}_2, \ldots, \mathbf{c}_m\}$,

a) eine Menge n repräsentativer Farbvektoren $\mathcal{C}' = \{\mathbf{c}'_1, \mathbf{c}'_2, \ldots, \mathbf{c}'_n\}$ zu finden und

b) jeden der ursprünglichen Farbwerte $\mathbf{c}_i$ durch einen der neuen Farbvektoren $\mathbf{c}'_j$ zu ersetzen,

wobei n meist vorgegeben ist und die resultierende Abweichung gegenüber dem Originalbild möglichst gering sein soll. Dies ist allerdings ein kombinatorisches Optimierungsproblem mit einem ziemlich großen Suchraum, der durch die Zahl der möglichen Farbvektoren und Farbzuordnungen bestimmt ist. Im Allgemeinen kommt daher die Suche nach einem *globalen* Optimum aus Zeitgründen nicht in Frage und alle nachfolgend beschriebenen Verfahren berechnen lediglich ein „lokales" Optimum.

13.2.1 Populosity-Algorithmus

Der Populosity-Algorithmus[1] [94] verwendet die n häufigsten Farbwerte eines Bilds als repräsentative Farbvektoren $\mathcal{C}'$. Das Verfahren ist einfach zu implementieren und wird daher häufig verwendet. Die Ermittlung der n häufigsten Farbwerte ist über die in Abschn. 12.3.1 gezeigte Methode möglich. Die ursprünglichen Farbwerte $\mathbf{c}_i$ werden dem jeweils nächstliegenden Repräsentanten in $\mathcal{C}'$ zugeordnet, also jenem quantisierten Farbwert mit dem geringsten Abstand im 3D-Farbraum.

Das Verfahren arbeitet allerdings nur dann zufrieden stellend, solange die Farbwerte des Bilds nicht über einen großen Bereich verstreut sind. Durch vorherige Gruppierung ähnlicher Farben in größere Zellen (durch skalare Quantisierung) ist eine gewisse Verbesserung möglich. Allerdings gehen seltenere Farben – die für den Bildinhalt aber wichtig sein können – immer dann verloren, wenn sie nicht zu einer der n häufigsten Farben ähnlich sind.

13.2.2 Median-Cut-Algoritmus

Der Median-Cut-Algorithmus [94] gilt als klassisches Verfahren zur Farbquantisierung und ist in vielen Programmen (u. a. auch in ImageJ) implementiert. Wie im Populosity-Algorithmus wird zunächst ein Histogramm der ursprünglichen Farbverteilung berechnet, allerdings mit einer reduzierten Zahl von Histogrammzellen, z. B. $32 \times 32 \times 32$. Dieser Histogrammwürfel wird anschließend rekursiv in immer kleinere Quader zerteilt, bis die erforderliche Anzahl von Farben (n) erreicht ist. In jedem Schritt wird jener Quader ausgewählt, der zu diesem Zeitpunkt die meisten Bildpunkte enthält. Die Teilung des Quaders erfolgt quer zur längsten seiner drei Achsen, sodass in den restlichen Hälften gleich viele Bildpunkte verbleiben, also am Medianpunkt entlang dieser Achse (Abb. 13.3).

---

[1] Manchmal auch als „Popularity"-Algorithmus bezeichnet.

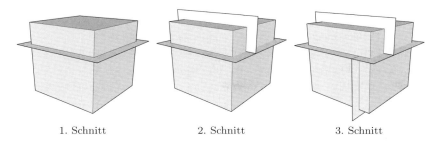

| 1. Schnitt | 2. Schnitt | 3. Schnitt |

Abbildung 13.3
Prinzip des Median-Cut-Algorithmus. Der Farbraum wird schrittweise in immer kleinere Quader quer zu einer der Farbachsen geteilt.

Das Ergebnis am Ende dieses rekursiven Teilungsvorgangs sind n Quader im Farbraum, die idealerweise jeweils dieselbe Zahl von Bildpunkten enthalten. Als letzten Schritt wird für jeden Quader ein repräsentativer Farbvektor (z. B. der arithmetische Mittelwert der enthaltenen Farbpunkte) berechnet und alle zugehörigen Bildpunkte durch diesen Farbwert ersetzt.

Der Vorteil dieser Methode ist, dass Farbregionen mit hoher Dichte in viele kleinere Zellen zerlegt werden und dadurch die resultierenden Farbfehler gering sind. In Bereichen des Farbraums mit niedriger Dichte können jedoch relativ große Quader und somit auch große Farbabweichungen gegenüber dem Ausgangsbild entstehen.

13.2.3 Octree-Algorithmus

Ähnlich wie der Median-Cut-Algorithmus basiert auch dieses Verfahren auf der Partitionierung des dreidimensionalen Farbraums in Zellen unterschiedlicher Größe. Der Octree-Algorithmus [73] verwendet allerdings eine hierarchische Struktur, in der jeder Quader im 3D-Raum wiederum aus 8 Teilquadern bestehen kann. Diese Partitionierung wird als Baumstruktur (Octree) repräsentiert, in der jeder Knoten einem Quader entspricht, der wieder Ausgangspunkt für bis zu 8 weitere Knoten sein kann. Jedem Knoten ist also ein Teil des Farbraums zugeordnet, der sich auf einer bestimmten Baumtiefe d (bei einem 3×8-Bit-RGB-Bild auf Tiefe $d = 8$) auf einen einzelnen Farbwert reduziert.

Zur Verarbeitung eines RGB-Vollfarbenbilds werden die Bildpunkte sequentiell durchlaufen und dabei der zugehörige Quantisierungsbaum dynamisch aufgebaut. Der Farbwert jedes Bildpixels wird in den Quantisierungsbaum eingefügt, wobei die Anzahl der Endknoten auf K (üblicherweise $K = 256$) beschränkt ist. Beim Einfügen eines neuen Farbwerts $\mathbf{c}_i$ kann einer von zwei Fällen auftreten:

1. Wenn die Anzahl der Knoten noch geringer ist als K und kein passender Knoten für den Farbwert $\mathbf{c}_i$ existiert, dann wird ein neuer Knoten für $\mathbf{c}_i$ angelegt.
2. Wenn die Anzahl der Knoten bereits K beträgt und die Farbe $\mathbf{c}_i$ noch nicht repräsentiert ist, dann werden bestehende Farbknoten auf der höchsten Baumtiefe (sie repräsentieren nahe aneinander liegende Farben) zu einem gemeinsamen Knoten reduziert.

Algorithmus 13.1
Median-Cut Farbquantisierung (Teil 1). Das Ausgangsbild I wir in maximal $K_{\max}$ repräsentative Farben quantisiert und als neues Bild wird zurückgegeben. Den Kern bildet die Prozedur FindRepresentativeColors(), die den Farbraum schrittweise in immer kleinere Quader zerlegt. Die Prozedur liefert eine Folge repräsentativer Farben, die nachfolgend zur Quantisierung der Ausgangsbilds I verwendet werden. Im Unterschied zu gängigen Implementierungen wird hier keine Vorquantisierung angewandt.

1: **MedianCut**$(I, K_{\max})$
    I: color image, $K_{\max}$: max. number of quantized colors
    Returns a new quantized image with at most $K_{\max}$ colors.
2:     $\mathcal{C}_{\mathrm{q}} \leftarrow$ FindRepresentativeColors$(I, K_{\max})$
3:     **return** QuantizeImage$(I, \mathcal{C}_{\mathrm{q}})$ ▷ see Alg. 13.3

4: **FindRepresentativeColors**$(I, K_{\max})$
    Returns a set of up to $K_{\max}$ representative colors for the image I.
5:     Let $\mathcal{C} = \{c_1, c_2, \ldots, c_K\}$ be the set of distinct colors in I. Each of the K color elements in $\mathcal{C}$ is a tuple $c_i = \langle \mathsf{red}_i, \mathsf{grn}_i, \mathsf{blu}_i, \mathsf{cnt}_i \rangle$ consisting of the RGB color components (red, grn, blu) and the number of pixels (cnt) in I with that particular color.
6:     **if** $|\mathcal{C}| \leq K_{\max}$ **then**
7:         **return** $\mathcal{C}$
8:     **else**
        Create a color box b_0 at level 0 that contains all image colors $\mathcal{C}$ and make it the initial element in the set of color boxes $\mathcal{B}$:
9:         $b_0 \leftarrow$ CreateColorBox$(C, 0)$ ▷ see Alg. 13.2
10:        $\mathcal{B} \leftarrow \{b_0\}$ ▷ initial set of color boxes
11:        $k \leftarrow 1$
12:        $done \leftarrow$ false
13:        **while** $k < N_{\max}$ **and** $\neg done$ **do**
14:            $b \leftarrow$ FindBoxToSplit$(\mathcal{B})$ ▷ see Alg. 13.2
15:            **if** $b \neq$ nil **then**
16:                $(b_1, b_2) \leftarrow$ SplitBox(b) ▷ see Alg. 13.2
17:                $\mathcal{B} \leftarrow \mathcal{B} - \{b\}$ ▷ remove b from $\mathcal{B}$
18:                $\mathcal{B} \leftarrow \mathcal{B} \cup \{b_1, b_2\}$ ▷ insert b_1, b_2 into $\mathcal{B}$
19:                $k \leftarrow k + 1$
20:            **else**
21:                $done \leftarrow$ true   ▷ no more boxes to split
       Collect the average colors of all color boxes in $\mathcal{B}$:
22:        $\mathcal{C}_{\mathrm{q}} \leftarrow \{$AverageColor$(b_j) \mid b_j \in \mathcal{B}\}$ ▷ see Alg. 13.3
23:     **return** $\mathcal{C}_{\mathrm{q}}$

Ein Vorteil des iterativen Octree-Verfahrens ist, dass die Anzahl der Farbknoten zu jedem Zeitpunkt auf K beschränkt und damit der Speicheraufwand gering ist. Auch die abschließende Zuordnung und Ersetzung der Bildfarben zu den repräsentativen Farbvektoren kann mit der Octree-Struktur besonders einfach und effizient durchgeführt werden, da für jeden Farbwert maximal 8 Suchschritte durch die Ebenen des Baums zur Bestimmung des zugehörigen Knotens notwendig sind.

Abb. 13.4 zeigt die unterschiedlichen Farbverteilungen im RGB-Farbraum nach Anwendung des Median-Cut- und des Octree-Algorithmus.

In beiden Fällen wurde das Originalbild (Abb. 12.23 (b)) auf 256 Farben quantisiert. Auffällig beim Octree-Ergebnis ist vor allem die teilweise sehr dichte Platzierung im Bereich der Grünwerte. Die resultierenden Abweichungen gegenüber den Farben im Originalbild sind für diese beiden

1: **CreateColorBox**$(\mathcal{C}, m)$

Creates and returns a new color box containing the colors $\mathcal{C}$ and level m. A color box b is a tuple $\langle \mathsf{colors}, \mathsf{level}, \mathsf{rmin}, \mathsf{rmax}, \mathsf{gmin}, \mathsf{gmax}, \mathsf{bmin}, \mathsf{bmax} \rangle$, where colors is the set of image colors represented by the box, level denotes the split-level, and $\mathsf{rmin}, \ldots, \mathsf{bmax}$ describe the color boundaries of the box in RGB space.

Find the RGB extrema of all colors in $\mathcal{C}$:

2: $\quad r_{\min}, g_{\min}, b_{\min} \leftarrow +\infty$

3: $\quad r_{\max}, g_{\max}, b_{\max} \leftarrow -\infty$

4: $\quad$ **for all** $c \in \mathcal{C}$ **do**

5: $\quad\quad$
$r_{\min} \leftarrow \min\ (r_{\min}, \mathsf{red}(c))$
$r_{\max} \leftarrow \max\ (r_{\max}, \mathsf{red}(c))$
$g_{\min} \leftarrow \min\ (g_{\min}, \mathsf{grn}(c))$
$g_{\max} \leftarrow \max\ (g_{\max}, \mathsf{grn}(c))$
$b_{\min} \leftarrow \min\ (b_{\min}, \mathsf{blu}(c))$
$b_{\max} \leftarrow \max\ (b_{\max}, \mathsf{blu}(c))$

6: $\quad b \leftarrow \langle \mathcal{C}, m, r_{\min}, r_{\max}, g_{\min}, g_{\max}, b_{\min}, b_{\max} \rangle$

7: $\quad$ **return** b

8: **FindBoxToSplit**$(\mathcal{B})$

Searches the set of boxes $\mathcal{B}$ for a box to split and returns this box, or nil if no splittable box can be found.

Find the set of color boxes that can be split (i.e., contain at least 2 different colors):

9: $\quad \mathcal{B}_s \leftarrow \{ b \mid b \in \mathcal{B} \wedge |\mathsf{colors}(b)| \geq 2 \}$

10: $\quad$ **if** $\mathcal{B}_s = \{\}$ **then** $\qquad\qquad \triangleright$ no splittable box was found

11: $\quad\quad$ **return** nil

12: $\quad$ **else**

Select a box b_x from $\mathcal{B}_s$, such that $\mathsf{level}(b_x)$ is a minimum:

13: $\quad\quad b_x \leftarrow \underset{b \in \mathcal{B}_s}{\operatorname{argmin}}(\mathsf{level}(b))$

14: $\quad\quad$ **return** b_x

15: **SplitBox**(b)

Splits the color box b at the median plane perpendicular to its longest dimension and returns a pair of new color boxes.

16: $\quad m \leftarrow \mathsf{level}(b)$

17: $\quad d \leftarrow \mathsf{FindMaxBoxDimension}(b) \qquad\qquad \triangleright$ see Alg. 13.3

18: $\quad \mathcal{C} \leftarrow \mathsf{colors}(b) \qquad\qquad \triangleright$ the set of colors in box b

From all colors in $\mathcal{C}$ determine the **median** of the color distribution along dimension d and split $\mathcal{C}$ into $\mathcal{C}_1, \mathcal{C}_2$:

19: $\quad \mathcal{C}_1 \leftarrow \begin{cases} \{ c \in \mathcal{C} \mid \mathsf{red}(c) \leq \underset{c \in \mathcal{C}}{\mathrm{median}}(\mathsf{red}(c)) \} & \text{for } d = \mathsf{Red} \\[6pt] \{ c \in \mathcal{C} \mid \mathsf{grn}(c) \leq \underset{c \in \mathcal{C}}{\mathrm{median}}(\mathsf{grn}(c)) \} & \text{for } d = \mathsf{Green} \\[6pt] \{ c \in \mathcal{C} \mid \mathsf{blu}(c) \leq \underset{c \in \mathcal{C}}{\mathrm{median}}(\mathsf{blu}(c)) \} & \text{for } d = \mathsf{Blue} \end{cases}$

20: $\quad \mathcal{C}_2 \leftarrow \mathcal{C} \setminus \mathcal{C}_1$

21: $\quad b_1 \leftarrow \mathsf{CreateColorBox}(\mathcal{C}_1, m+1)$

22: $\quad b_2 \leftarrow \mathsf{CreateColorBox}(\mathcal{C}_2, m+1)$

23: $\quad$ **return** (b_1, b_2)

1: **AverageColor(b)**
   Returns the average color c_{avg} for the pixels represented by the color box b.
2:    $\mathcal{C} \leftarrow \mathsf{colors}(b)$ $\triangleright$ the set of colors in box b
3:    $n \leftarrow 0$
4:    $\Sigma_r \leftarrow 0, \quad \Sigma_g \leftarrow 0, \quad \Sigma_b \leftarrow 0$
5:    **for all** $c \in \mathcal{C}$ **do**
6:        $k \leftarrow \mathsf{cnt}(c)$
7:        $n \leftarrow n + k$
8:        $\Sigma_r \leftarrow \Sigma_r + k \cdot \mathsf{red}(c)$
9:        $\Sigma_g \leftarrow \Sigma_g + k \cdot \mathsf{grn}(c)$
10:       $\Sigma_b \leftarrow \Sigma_b + k \cdot \mathsf{blu}(c)$
11:    $\bar{c} \leftarrow (\Sigma_r/n, \Sigma_g/n, \Sigma_b/n)$
12:    **return** $\bar{c}$

13: **FindMaxBoxDimension(b)**
   Returns the largest dimension of the color box b (Red, Green, or Blue).
14:    $d_r = \mathsf{rmax}(b) - \mathsf{rmin}(b)$
15:    $d_g = \mathsf{gmax}(b) - \mathsf{gmin}(b)$
16:    $d_b = \mathsf{bmax}(b) - \mathsf{bmin}(b)$
17:    $d_{max} = \max(d_r, d_g, d_b)$
18:    **if** $d_{max} = d_r$ **then**
19:        **return** Red.
20:    **else if** $d_{max} = d_g$ **then**
21:        **return** Green
22:    **else**
23:        **return** Blue

24: **QuantizeImage($I, \mathcal{C}_q$)**
   Returns a new image with color pixels from I replaced by their closest representative colors in $\mathcal{C}_q$.
25:    $I' \leftarrow \mathsf{duplicate}(I)$ $\triangleright$ create a new image
26:    **for all** image coordinates (u, v) **do**
   Find the quantization color in $\mathcal{C}_q$ that is "closest" to the current pixel color (e. g., using the Euclidean distance in RGB space):
27:        $I'(u, v) \leftarrow \underset{c \in \mathcal{C}_q}{\arg\min} \lVert I(u, v) - c \rVert$
28:    **return** I'

Verfahren und die skalare 3:3:2-Quantisierung in Abb. 13.5 dargestellt (als Distanzen im RGB-Farbraum). Der Gesamtfehler ist naturgemäß bei der 3:3:2-Quantisierung am höchsten, da hier die Bildinhalte selbst überhaupt nicht berücksichtigt werden. Die Abweichungen sind beim Octree-Algorithmus deutlich geringer als beim Median-Cut-Algorithmus, allerdings auf Kosten einzelner größerer Abweichungen, vor allem an den bunten Stellen im Bildvordergrund und im Bereich des Walds im Hintergrund.

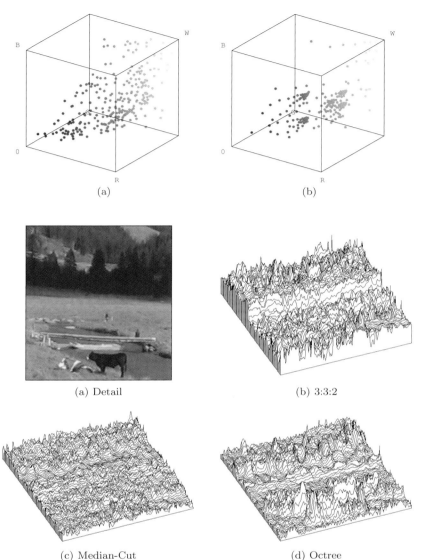

(a) (b)

(a) Detail (b) 3:3:2

(c) Median-Cut (d) Octree

Abbildung 13.4
Farbverteilungen nach Anwendung
des Median-Cut- (a) und Octree-
Algorithmus (b). In beiden Fällen
wurden die 226.321 Farben des Originalbilds (Abb. 12.23 (b)) auf 256
Farben reduziert.

Abbildung 13.5
Quantisierungsfehler. Abweichung
der quantisierten Farbwerte gegenüber dem Originalbild (a): skalare
3:3:2-Quantisierung (b), Median-
Cut-Algorithmus (c) und Octree-
Algorithmus (d).

13.2.4 Weitere Methoden zur Vektorquantisierung

Zur Bestimmung der repräsentativen Farbvektoren reicht es übrigens
meist aus, nur einen Teil der ursprünglichen Bildpixel zu berücksichtigen.
So genügt oft bereits eine zufällige Auswahl von nur 10 % aller Pixel, um
mit hoher Wahrscheinlichkeit sicherzustellen, dass bei der Quantisierung
keine wichtigen Farbwerte verloren gehen.

Neben den gezeigten Verfahren zur Farbquantisierung gibt es eine
Reihe weiterer Methoden und verfeinerter Varianten. Dazu gehören u. a.

statistische und Cluster-basierte Methoden, wie beispielsweise das klassische *k-means*-Verfahren, aber auch neuronale Netze und genetische Algorithmen (siehe [199] für eine aktuelle Übersicht).

13.2.5 Implementierung

Die online verfügbare Java-Implementierung[2] zu diesem Kapitel besteht aus dem gemeinsamen Interface `ColorQuantizer` und den konkreten Klassen

- `MedianCutQuantizer`,
- `OctreeQuantizer`.

Programm 13.2 zeigt ein vollständiges ImageJ-Plugin, das die Klasse `MedianCutQuantizer` zur Quantisierung eines RGB-Farbbilds in ein Indexbild verwendet.

Abbildung 13.6
Datenstrukturen in der Median-Cut-Implementierung (Klasse `MedianCutQuantizer`).

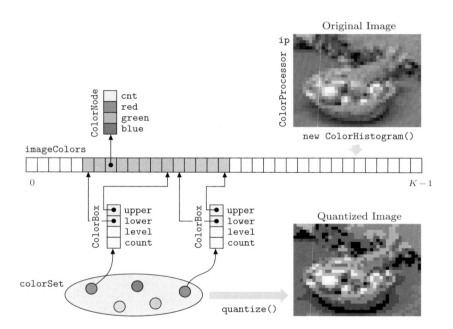

Bei der Umsetzung des in Alg. 13.1–13.3 beschriebenen Median-Cut-Verfahrens ist die effiziente Umsetzung der Farbmengen und der zugehörigen Mengenoperationen wichtig. Die dazu verwendeten, einfachen Datenstrukturen sind in Abb. 13.6 gezeigt. Zunächst wird aus dem Originalbild (`ip` vom Typ `ColorProcessor`) mit `new ColorHistogram()` die Menge aller im Bild enthaltenen Farben ermittelt. Das Ergebnis ist das Array `imageColors` der Größe K. Jede Zelle in `imageColors` verweist

---

[2] Paket `imagingbook.pub.color.quantize`

```
1  import ij.ImagePlus;
2  import ij.plugin.filter.PlugInFilter;
3  import ij.process.ByteProcessor;
4  import ij.process.ColorProcessor;
5  import ij.process.ImageProcessor;
6  import imagingbook.pub.color.quantize.ColorQuantizer;
7  import imagingbook.pub.color.quantize.MedianCutQuantizer;
8
9  public class Median_Cut_Quantization implements PlugInFilter {
10    static int NCOLORS = 32;
11
12    public int setup(String arg, ImagePlus imp) {
13      return DOES_RGB + NO_CHANGES;
14    }
15
16    public void run(ImageProcessor ip) {
17      ColorProcessor cp = ip.convertToColorProcessor();
18      int w = ip.getWidth();
19      int h = ip.getHeight();
20
21      // create a quantizer:
22      ColorQuantizer q =
23          new MedianCutQuantizer(cp, NCOLORS);
24
25      // quantize cp to an indexed image:
26      ByteProcessor idxIp = q.quantize(cp);
27      (new ImagePlus("Quantized Index Image", idxIp)).show();
28
29      // quantize cp to an RGB image:
30      int[] rgbPix = q.quantize((int[]) cp.getPixels());
31      ImageProcessor rgbIp = new ColorProcessor(w, h, rgbPix);
32      (new ImagePlus("Quantized RGB Image", rgbIp)).show();
33    }
34  }
```

13.2 Vektorquantisierung

Programm 13.2
Farbquantisierung nach dem Median-Cut-Verfahren (ImageJ-Plugin). Das Beispiel verwendet die Klasse `MedianCutQuantizer` zur Quantisierung des ursprünglichen RGB-Bilds (`ip`) in (a) ein Indexbild (vom Typ `ByteProcessor`) und (b) wiederum in ein RGB-Bild (vom Typ `ColorProcessor`). Beide Bilder werden am Ende angezeigt.

auf ein Objekt vom Typ `colorNode`, das die zugehörigen Farbkomponenten (`red`, `green`, `blue`) und Häufigkeit (`cnt`) enthält. Jedes `colorBox`-Object (entsprechend *b* Alg. 13.1) spezifiziert durch die Indizes `lower` und `upper` einen zusammenhängenden, nichtüberlappenden Bereich von Bildfarben in `imageColors`. Jedes Element in `imageColors` ist somit genau einem `colorBox`-Objekt in `colorSet` zugeordnet, wodurch sich eine Partitionierung von `imageColors` ergibt. `colorSet` selbst ist als Liste von `colorBox`-Objekten implementiert. Um ein die einem `colorBox`-Objekt zugeordnete Farbmenge entlang einer Farbachse $d =$ Red, Green oder Blue zu teilen, wird der zugehörige Teilbereich in `imageColors` nach der entsprechenden Farbkomponente *sortiert* und an der Stelle des Medianwerts in zwei Hälften aufgeteilt. Abschließend wird durch die Methode `quantize()` jedes Pixel in `ip` durch den nächstliegenden Farbwert `colorSet` ersetzt.

13.3 Aufgaben

Aufg. 13.1. Vereinfachen Sie die in Prog. 13.1 gezeigte 3:3:2-Quantisierung so, dass nur eine einzige Bit-Maskierung/Verschiebung für jede Farbkomponente ausgeführt werden muss.

Aufg. 13.2. In der `libjpeg` Open Source Software der *Independent JPEG Group*[3] ist der in Abschn. 13.2.2 beschriebene Median-Cut-Algorithmus zur Farbquantisierung mit folgender Modifikation implementiert: Die Auswahl des jeweils als Nächstes zu teilenden Quaders richtet sich abwechselnd (a) nach der Anzahl der enthaltenen Bildpixel und (b) nach dem geometrischen Volumen des Quaders. Überlegen Sie den Grund für dieses Vorgehen und argumentieren Sie anhand von Beispielen, ob und warum dies die Ergebnisse gegenüber dem herkömmlichen Verfahren verbessert.

Aufg. 13.3. Ein gängiges Maß für den durch die Farbquantisierung bewirkten Verlust an Bildqualität ist das sogen. „Signal-Rausch-Verhältnis" (*signal-to-noise ratio* – SNR). Dies ist das Verhältnis zwischen der durchschnittlichen Signalenergie P_{signal} und der durchschnittlichen Rauschleistung P_{noise}. Bei einem Original-Farbbild $\boldsymbol{I}$ und einem daraus quantisierten Bild $\boldsymbol{I}'$ könnte man dieses Verhältnis beispielsweise in der Form

$$\mathrm{SNR}(\boldsymbol{I}, \boldsymbol{I}') = \frac{P_{\mathrm{signal}}}{P_{\mathrm{noise}}} = \frac{\sum\limits_{u=0}^{M-1}\sum\limits_{v=0}^{N-1}\left\|\boldsymbol{I}(u,v)\right\|^2}{\sum\limits_{u=0}^{M-1}\sum\limits_{v=0}^{N-1}\left\|\boldsymbol{I}(u,v) - \boldsymbol{I}'(u,v)\right\|^2} \tag{13.2}$$

bestimmen. Die Summe der durch die Quantisierung erzeugten Abweichungen gegenüber dem Ausgangsbild wird also als Bildrauschen interpretiert. Das Signal-Rausch-Verhältnis wird üblicherweise auf einer logarithmischen Skala mit der Einheit *Dezibel* (dB) angegeben, d. h.,

$$\mathrm{SNR}_{\mathrm{log}}(\boldsymbol{I}, \boldsymbol{I}') = 10 \cdot \log_{10}(\mathrm{SNR}(\boldsymbol{I}, \boldsymbol{I}')) \ [\mathrm{dB}]. \tag{13.3}$$

Implementieren Sie die Berechnung des SNR für Farbbilder nach Gl. 13.2–13.3 und vergleichen Sie die Ergebnisse des Median-Cut- und Octree-Verfahrens bei jeweils gleicher Anzahl der Zielfarben.

---

[3] www.ijg.org

14

Colorimetrische Farbräume

Für Anwendungen, die eine präzise, reproduzierbare und geräteunabhängige Darstellung von Farben erfordern, ist die Verwendung kalibrierter Farbsysteme unumgänglich. Diese Notwendigkeit ergibt sich z. B. in der gesamten Bearbeitungskette beim digitalen Farbdruck, aber auch bei der digitalen Filmproduktion oder bei Bilddatenbanken. Erfahrungsgemäß ist es keine einfache Angelegenheit, etwa einen Farbausdruck auf einem Laserdrucker zu erzeugen, der dem Erscheinungsbild auf dem Computermonitor einigermaßen nahekommt, und auch die Darstellung auf den Monitoren selbst sind in großem Ausmaß system- und herstellerabhängig.

Alle in Abschn. 12.2 betrachteten Farbräume beziehen sich, wenn überhaupt, auf die physischen Eigenschaften von Ausgabegeräten, also beispielsweise auf die Farben der Phosphorbeschichtungen in TV-Bildröhren oder der verwendeten Druckfarben. Um Farben in unterschiedlichen Ausgabemodalitäten ähnlich oder gar identisch erscheinen zu lassen, benötigt man eine Repräsentation, die unabhängig davon ist, in welcher Weise ein bestimmtes Gerät diese Farben reproduziert. Farbsysteme, die Farben in einer geräteunabhängigen Form beschreiben können, bezeichnet man als *colorimetrisch* oder *kalibriert*.

14.1 CIE-Farbräume

Das bereits in den 1920er-Jahren entwickelte und von der CIE (*Commission Internationale d'Èclairage*)[1] 1931 standardisierte CIEXYZ-Farbsystem ist Grundlage praktisch aller colorimetrischen Farbräume, die heute in Verwendung sind [179, S. 22].

---

[1] „Internat. Beleuchtungskommission" (www.cie.co.at/cie/home.html).

Abbildung 14.1
Der CIEXYZ-Farbraum wird durch
die drei imaginären Primärfarben
X, Y, Z aufgespannt (a). Alle sichtbaren Farben liegen innerhalb des kegelförmigen Teilraums, der in Richtung
der Helligkeitsachse (E) unbeschränkt
ist. Der RGB-Farbraum ist in den
XYZ-Raum als verzerrter Würfel eingebettet (b). Siehe auch Abb. 14.5 (a).

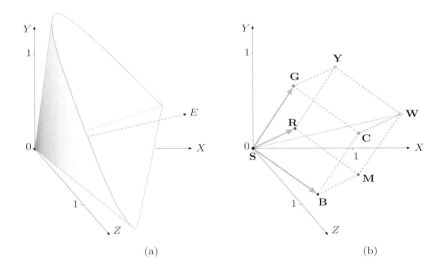

(a)   (b)

14.1.1 Der CIEXYZ-Farbraum

Der CIEXYZ-Farbraum wurde durch umfangreiche Messungen unter
streng definierten Bedingungen entwickelt und basiert auf drei imaginären Primärfarben X, Y, Z, die so gewählt sind, dass alle sichtbaren
Farben mit ausschließlich positiven Komponenten beschrieben werden
können. Die sichtbaren Farben liegen innerhalb einer dreidimensionalen Region, deren eigenartige Form einem Zuckerhut ähnlich ist, wobei
die drei Primärfarben kurioserweise selbst nicht realisierbar sind (Abb.
14.1 (a)).

Die meisten gängigen Farbräume, wie z. B. der RGB-Farbraum, sind
durch lineare Koordinatentransformationen (s. unten) in den XYZ-
Farbraum überführbar und umgekehrt. Wie Abb. 14.1 (a) zeigt, ist daher
der RGB-Farbraum als verzerrter Würfel im XYZ-Farbraum eingebettet, wobei durch die lineare Transformation die Geraden in RGB auch in
XYZ wiederum Geraden sind. Das CIEXYZ-System ist (wie auch der
RGB-Farbraum) gegenüber dem menschlichen Sehsystem nichtlinear,
d. h., Änderungen über Abstände fixer Größe werden nicht als gleichförmige Farbänderungen wahrgenommen. Die konkreten XYZ-Koordinaten
des RGB-Farbwürfels (basierend auf den in ITU-R BT. 709 [112] spezi-
fizierten Primärfarben) sind in Tabelle 14.1 aufgelistet.

14.1.2 xy-Chromazitätsdiagramm

Im XYZ-Farbraum steigt, ausgehend vom Schwarzpunkt am Koordinatenursprung ($X = Y = Z = 0$), die Helligkeit der Farben entlang der Y-
Koordinate an. Der Farbton selbst ist von der Helligkeit und damit von
der Y-Koordinate unabhängig. Um die zugehörigen Farbtöne in einem
zweidimensionalen Koordinatensystem übersichtlich darzustellen, definiert CIE als „Farbgewichte" drei weitere Variable x, y, z mit

Pt.	Color	R	G	B	X	Y	Z	x	y
S	black	0.00	0.00	0.00	0.0000	0.0000	0.0000	0.3127	0.3290
R	red	1.00	0.00	0.00	0.4125	0.2127	0.0193	0.6400	0.3300
Y	yellow	1.00	1.00	0.00	0.7700	0.9278	0.1385	0.4193	0.5052
G	green	0.00	1.00	0.00	0.3576	0.7152	0.1192	0.3000	0.6000
C	cyan	0.00	1.00	1.00	0.5380	0.7873	1.0694	0.2247	0.3288
B	blue	0.00	0.00	1.00	0.1804	0.0722	0.9502	0.1500	0.0600
M	magenta	1.00	0.00	1.00	0.5929	0.2848	0.9696	0.3209	0.1542
W	white	1.00	1.00	1.00	0.9505	1.0000	1.0888	0.3127	0.3290

Tabelle 14.1
Koordinaten des RGB-Farbwürfels im CIEXYZ-Farbraum. Die X, Y, Z-Werte beziehen sich auch die Standard-Primärfarben (nach ITU-R BT. 709) und D65 Weißpunkt (siehe Tabelle 14.2). x, y sind die entsprechenden 2D-Koordinaten im CIE-Chromazitätsdiagramm.

$$x = \frac{X}{X + Y + Z}, \quad y = \frac{Y}{X + Y + Z}, \quad z = \frac{Z}{X + Y + Z}. \tag{14.1}$$

Somit ist (offensichtlich) $x + y + z = 1$ und daher einer der Werte redundant (üblicherweise wird auf z verzichtet). Gleichung 14.1 beschreibt eine zentrale Projektion von den XYZ-Koordinaten auf die durch die Gleichung

$$X + Y + Z = 1, \tag{14.2}$$

definierte 3D Ebene, mit dem Punkt $\mathbf{S} = (0, 0, 0)$ als Projektionszentrum (Abb. 14.2). Zu einem beliebigen XYZ-Farbpunkt $\mathbf{A} = (X_a, Y_a, Z_a)$ findet man somit die entsprechenden x/y-Farbgewichte $\mathbf{a} = (x_a, y_a, z_a)$ am Schnittpunkt der Geraden $\overline{\mathbf{SA}}$ mit der Ebene $X + Y + Z = 1$ (Abb. 14.2 (a)). Die endgültigen x, y-Koordinaten erhält man schließlich durch Projektion des Punkts $\mathbf{a}$ auf die X/Y-Ebene (Abb. 14.2 (b)) durch einfaches Weglassen der z_a-Komponente.

Diese x, y-Werte bilden das Koordinatensystem für das bekannte, hufeisenförmige *CIE-Chromazitätsdiagramm* oder *-Farbdiagramm* (Abb. 14.2 (c)). Jeder Punkt in diesem zweidimensionalen Diagramm definiert einen bestimmten Farbton mit einer fixierten Helligkeit, aber nur die Farben innerhalb der hufeisenförmigen Kurve sind potenziell auch sichtbar. Offensichtlich gibt es eine unendliche Zahl von X, Y, Z-Farben (mit unterschiedlicher Helligkeit), die auf denselben x, y, z-Punkt projizieren; die Rekonstruktion der ursprünglichen X, Y, Z-Farbwerte aus den x, y-Farbgewichten allein ist daher ohne zusätzliche Informationen nicht möglich. So ist es beispielsweise nicht unüblich, sichtbare Farben im CIE-System in der Form (Y, x, y) zu spezifizieren, wobei Y die ursprüngliche XYZ-Farbkomponente ist. Aus gegebenen Farbgewichten x, y und einem beliebigen Wert $Y \geq 0$ können die fehlenden X, Z-Koordinaten nach Gl. 14.1 einfach in der Form

$$X = x \cdot \frac{Y}{y}, \qquad Z = z \cdot \frac{Y}{y} = (1 - x - y) \cdot \frac{Y}{y} \tag{14.3}$$

ermittelt werden (mit $y > 0$).

Das CIE-Diagramm bezieht sich zwar auf das menschliche Farbempfinden, ist jedoch gleichzeitig eine mathematische Konstruktion, die einige bemerkenswerte Eigenschaften aufweist. Entlang des hufeisenförmigen Rands liegen die xy-Werte aller *monochromatischen* („spektralreinen") Farben mit dem höchsten Sättigungsgrad und unterschiedlichen

Abbildung 14.2
CIE XYZ-Farbraum und Chromazitätsdiagramm. Für einen beliebigen XYZ-Farbpunkt $\mathbf{A} = (X_a, Y_a, Z_a)$ erhält man die zugehörigen *Chromazitätswerte* $\mathbf{a} = (x_a, y_a, z_a)$ durch Zentralprojektion in den Punkt $\mathbf{S}$ auf die 3D-Ebene $X + Y + Z = 1$ (a). Die Seitenflächen des RGB-Farbwürfels werden auf ein Dreieck abgebildet, der Weißpunkt $\mathbf{W}$ auf den (farblosen) Neutralpunkt $\mathbf{N}$. Durch einfaches Weglassen der Z-Komponente werden diese Schnittpunkte nachfolgend auf die X/Y-Ebene projiziert (b), wodurch sich das bekannte zweidimensionale CIE-Chromazitätsdiagramm ergibt (c). Das CIE-Diagramm enthält alle sichtbaren Farbtöne mit Lichtwellenlängen im Bereich von 380–780 nm, jedoch keine Information über die Helligkeit von Farben. Ein konkreter Farbraum wird durch mindestens drei Primärfarben (Tristimuluswerte, z. B. $\mathbf{R}$, $\mathbf{G}$, $\mathbf{B}$) spezifiziert, die ein Dreieck (bzw. ein konvexes Polygon) definieren, das alle in diesem Farbraum darstellbaren Farbtöne enthält.

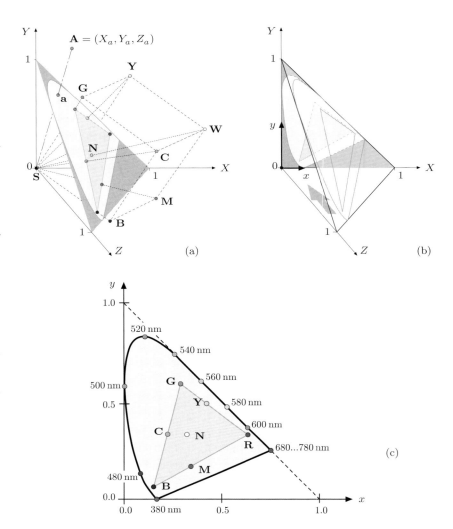

Wellenlängen von unter 400 nm (violett) bis 780 nm (rot). Damit kann die Position jeder beliebigen Farbe in Bezug auf jede beliebige Primärfarbe berechnet werden. Eine Ausnahme ist die Verbindungsgerade („Purpurgerade") zwischen 380 und 780 nm, auf der keine Spektralfarben liegen und deren zugehörige Purpurtöne nur durch das Komplement von gegenüberliegenden Farben erzeugt werden können.

Zur Mitte des CIE-Diagramms hin nimmt die Farbsättigung kontinuierlich ab, bis zum *Neutralpunkt* $\mathbf{N}$ mit $x = y = \frac{1}{3}$ (bzw. $X = Y = Z = 1$) und Farbsättigung null. Auch alle farblosen Grauwerte werden auf diesen Neutralpunkt abgebildet, genauso wie alle unterschiedlichen Helligkeitsausprägungen eines Farbtons jeweils nur einem einzigen xy-Punkt entsprechen. Alle möglichen Mischfarben liegen innerhalb jener konvexen Hülle, die im CIE-Diagramm durch die Koordinaten der verwendeten Primärfarben aufgespannt wird. Komplementärfarben liegen im CIE-Diagramm jeweils auf Geraden, die diagonal durch den (farblosen) Neutralpunkt verlaufen.

14.1.3 Normbeleuchtung

Ein zentrales Ziel der Colorimetrie ist die objektive Messung von Farben in der physischen Realität, wobei auch die Farbeigenschaften der *Beleuchtung* wesentlich sind. Das CIE-System definiert daher verschiedene Normbeleuchtungsarten (*illuminants*) für eine Reihe von realen und hypothetischen Lichtquellen, die jeweils durch ihr Strahlungsspektrum und „korrelierte Farbtemperatur" (ausgedrückt in Grad Kelvin) spezifiziert sind [229, Sec. 3.3.3]. Davon sind speziell die folgenden D-Standardlichtquellen (D steht für „daylight") für die Definition digitaler Farbräume wichtig (s. auch Tabelle 14.2):

D50 entspricht dem Farbspektrum von natürlichem (direktem) Sonnenlicht mit einer äquivalenten Farbtemperatur von ca. 5000° K. D50 wird als Referenzbeleuchtung für die Betrachtung von reflektierenden Bildern wie z. B. von Drucken empfohlen. In der Praxis werden D50-Lichtquellen üblicherweise durch Leuchtstofflampen mit mehreren Phosphorarten realisiert, um das spezifizierte Lichtspektrum anzunähern.

D65 entspricht einer durchschnittlichen *indirekten* Tageslichtbeleuchtung (bei bewölktem Himmel auf der nördlichen Erdhalbkugel) mit einer Farbtemperatur von ca. 6500° K. D65 wird auch als Normweißlicht für emittierende Vorlagen (z. B. Bildschirme) verwendet.

Diese Normbeleuchtungsarten dienen zum einen zur Spezifikation des Umgebungslichts bei der Betrachtung, zum anderen aber auch zur Bestimmung von Referenzweißpunkten diverser Farbräume im CIE-Farbsystem (Tabelle 14.2). Darüber hinaus ist im CIE-System auch der zulässige Bereich des Betrachtungswinkels (mit $\pm 2°$) spezifiziert.

	°K	X	Y	Z	x	y
D50	5000	0.96429	1.00000	0.82510	0.3457	0.3585
D65	6500	0.95045	1.00000	1.08905	0.3127	0.3290
N	—	1.00000	1.00000	1.00000	0.3333	0.3333

Tabelle 14.2
CIE-Farbparameter für die Normbeleuchtungsarten **D50** und **D65**. **N** ist der absolute Neutralpunkt im CIEXYZ-Raum.

14.1.4 Gamut

Die Gesamtmenge aller verschiedenen Farben, die durch ein Aufnahme- oder Ausgabegerät bzw. durch einen Farbraum dargestellt werden kann,

Abbildung 14.3
Gamut für verschiedene Far-
bräume bzw. Ausgabegeräte im
CIE-Chromazitätsdiagramm.

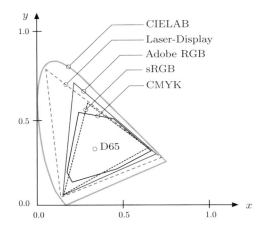

bezeichnet man als „Gamut". Dies ist normalerweise eine zusammenhängende Region im dreidimensionalen CIEXYZ-Raum bzw. – reduziert
auf die möglichen Farbtöne ohne Berücksichtigung der Helligkeit – eine
zweidimensionale, konvexe Region im CIE-Chromazitätsdiagramm.

In Abb. 14.3 sind einige typische Beispiele für Gamut-Bereiche im
CIE-Diagramm dargestellt. Das Gamut eines Ausgabegeräts ist primär
von der verwendeten Technologie abhängig. So können typische Farb-
monitore nicht sämtliche Farben innerhalb des zugehörigen Farbraum-
Gamuts (z. B. sRGB) darstellen. Umgekehrt ist es möglich, dass technisch darstellbare Farben im verwendeten Farbraum nicht repräsentiert
werden können. Besonders große Abweichungen sind beispielsweise zwischen dem RGB-Farbraum und dem Gamut von CMYK-Druckern möglich. Es existieren aber auch Ausgabegeräte mit sehr großem Gamut, wie
das Beispiel des Laser-Displays in Abb. 14.3 demonstriert. Zur Repräsentation derart großer Farbbereiche und insbesondere zur Transformation
zwischen unterschiedlichen Farbdarstellungen sind entsprechend dimensionierte Farbräume erforderlich, wie etwa der Adobe-RGB-Farbraum
oder der CIELAB Farbraum (s. unten), der überhaupt den gesamten
sichtbaren Teil des CIE-Diagramms umfasst.

14.1.5 Varianten des CIE-Farbraums

Das ursprüngliche CIEXYZ- und das abgeleitete xy-Farbschema weisen vor allem den Nachteil auf, dass geometrische Abstände im Farbraum vom Betrachter visuell sehr unterschiedlich wahrgenommen werden. So erfolgen im Magenta-Bereich große Änderungen über relativ
kurze Strecken, während im grünen Bereich die Farbtöne über weite
Strecken vergleichsweise ähnlich sind. Es wurden daher Varianten des
CIE-Systems für verschiedene Einsatzzwecke entwickelt mit dem Ziel,
die Farbdarstellung besser an das menschliche Empfinden oder technische Gegebenheiten anzupassen, ohne dabei auf die formalen Qualitäten des CIE-Referenzsystems zu verzichten. Beispiele dafür sind die Far-

bräume CIE YUV, YU'V', YC_bC_r, CIELAB und CIELUV (s. unten). Darüber hinaus stehen für die gängigsten Farbräume (siehe Abschn. 12.2) CIE-konforme Spezifikationen zur Verfügung, die eine verlässliche Umrechnung in jeden beliebigen anderen Farbraum ermöglichen.

14.1.6 CIELAB

Das CIELAB-Modell (CIE 1976) wurde mit dem Ziel entwickelt, Farbdifferenzen gegenüber dem menschlichen Sehempfinden zu linearisieren und gleichzeitig ein intuitiv verständliches Farbsystem zu erhalten. CIELAB wird beispielsweise in Adobe Photoshop[2] als Standardmodell für die Umrechnung zwischen Farbräumen verwendet. Die Koordinaten in diesem Farbraum sind die Helligkeit L^* und die beiden Farbkomponenten a^*, b^*, wobei a^* die Farbposition entlang der Grün-Rot-Achse und b^* entlang der Blau-Gelb-Achse im CIEXYZ-Farbraum spezifiziert. Alle drei Komponenten sind relativ und beziehen sich auf den neutralen Weißpunkt des Farbsystems $\mathbf{C}_{\mathrm{ref}} = (X_{\mathrm{ref}}, Y_{\mathrm{ref}}, Z_{\mathrm{ref}})$, wobei sie zusätzlich einer nichtlinearen Korrektur (ähnlich der modifizierten Gammafunktion in Abschn. 4.7.6) unterzogen werden.

Transformation CIEXYZ $\rightarrow$ CIELAB

Für die Umrechnung in den CIELAB-Raum gibt es mehrere Definitionen, die sich allerdings nur geringfügig im Bereich sehr kleiner L-Werte unterscheiden. Die aktuelle Spezifikation nach ISO 13655 [110] ist folgende:

$$
\begin{aligned}
L^* &= 116 \cdot Y' - 16, \\
a^* &= 500 \cdot (X' - Y'), \\
b^* &= 200 \cdot (Y' - Z'),
\end{aligned}
\tag{14.4}
$$

$$
\text{mit} \quad X' = f_1\left(\tfrac{X}{X_{\mathrm{ref}}}\right), \quad Y' = f_1\left(\tfrac{Y}{Y_{\mathrm{ref}}}\right), \quad Z' = f_1\left(\tfrac{Z}{Z_{\mathrm{ref}}}\right),
\tag{14.5}
$$

$$
f_1(c) =
\begin{cases}
c^{1/3} & \text{für } c > \epsilon, \\
\kappa \cdot c + \tfrac{16}{116} & \text{für } c \le \epsilon,
\end{cases}
\tag{14.6}
$$

$$
\text{wobei} \quad \epsilon = \left(\tfrac{6}{29}\right)^3 = \tfrac{216}{24389} \approx 0.008856,
\tag{14.7}
$$

$$
\kappa = \tfrac{1}{116} \left(\tfrac{29}{3}\right)^3 = \tfrac{841}{108} \approx 7.787.
\tag{14.8}
$$

Als Referenzweißpunkt $\mathbf{C}_{\mathrm{ref}} = (X_{\mathrm{ref}}, Y_{\mathrm{ref}}, Z_{\mathrm{ref}})$ in Gl. 14.5 wird üblicherweise D65 verwendet, d.h., $X_{\mathrm{ref}} = 0.95047, Y_{\mathrm{ref}} = 1.0$ und $Z_{\mathrm{ref}} = 1.08883$ (s. Tabelle 14.2). Die Werte für L^* sind positiv und liegen normalerweise im Intervall $[0, 100]$ (häufig skaliert auf $[0, 255]$), können theoretisch aber auch darüber hinaus gehen. Die Werte für a^* und b^* liegen im Intervall

---

[2] Häufig wird CIELAB einfach als „Lab"-Farbraum bezeichnet.

Abbildung 14.4
CIELAB-Komponenten. Zur
besseren Darstellung wurde
der Kontrast in den Bildern
für a^* und b^* um 40% erhöht.

| L^* | a^* | b^* |

$[-127, +127]$. Ein Beispiel für die Zerlegung eines Farbbilds in die zugehörigen CIELAB-Komponenten zeigt Abb. 14.4. Tabelle 14.3 listet für einige ausgewählte RGB-Farbpunkte die zugehörigen CIE CIELAB-Werte und als Referenz die CIEXYZ-Koordinaten. Die angegebenen $R'G'B'$-Werte sind (nichtlineare) sRGB-Koordinaten und beziehen sich auf den Referenzweißpunkt D65[3] (siehe Abschn. 14.5). Abbildung 14.5 (c) zeigt die Transformation des RGB-Farbwürfels in den CIELAB-Farbraum.

Transformation CIELAB → CIEXYZ

Die Rücktransformation von CIELAB in den CIEXYZ-Raum ist folgendermaßen definiert:

$$
\begin{aligned}
X &= X_{\mathrm{ref}} \cdot f_2\big(L' + \tfrac{a^*}{500}\big), \\
Y &= Y_{\mathrm{ref}} \cdot f_2\big(L'\big), \\
Z &= Z_{\mathrm{ref}} \cdot f_2\big(L' - \tfrac{b^*}{200}\big),
\end{aligned}
\tag{14.9}
$$

$$
\text{wobei} \quad L' = \tfrac{L^*+16}{116}
\tag{14.10}
$$

$$
\text{und} \quad f_2(c) =
\begin{cases}
c^3 & \text{for } c^3 > \epsilon, \\
\tfrac{c-16/116}{\kappa} & \text{für } c^3 \le \epsilon,
\end{cases}
\tag{14.11}
$$

mit ϵ, κ gemäß Gl. 14.7–14.8. Eine Java-Implementierung dieser Konvertierung ist in Prog. 14.1–14.2 (S. 387–388) gezeigt.

14.1.7 CIELUV

Transformation CIEXYZ → CIELUV

Die (L^*, u^*, v^*) Werte werden aus gegebenen (X, Y, Z) Farbkoordinaten folgendermaßen berechnet:

$$
\begin{aligned}
L^* &= 116 \cdot Y' - 16, \\
u^* &= 13 \cdot L^* \cdot (u' - u'_{\mathrm{ref}}), \\
v^* &= 13 \cdot L^* \cdot (v' - v'_{\mathrm{ref}}),
\end{aligned}
\tag{14.12}
$$

---

[3] In Java sind die sRGB-Farbwerte allerdings nicht auf den Weißpunkt D65 sondern auf D50 bezogen, daher ergeben sich geringfügige Abweichungen.

linear RGB

sRGB

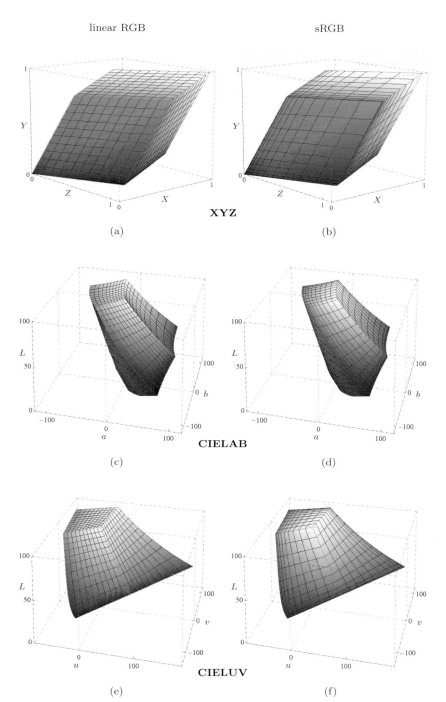

XYZ

(a)

(b)

CIELAB

(c)

(d)

CIELUV

(e)

(f)

Abbildung 14.5
Transformation des RGB-Farbwürfels
in XYZ, CIELAB und CIELUV. Die
linke Spalte zeigt die Abbildung des
linearen RGB-Farbraums, die rechte
Spalte des (nichtlinearen) sRGB-
Farbraums, jeweils entlang der drei
Komponenten gleichförmig in 10 Abschnitte unterteilt. Im XYZ-Farbraum
(a, b) entsteht in beiden Fällen ein
verzerrter Würfel mit geraden Kanten und ebenen Seitenflächen. Die
Unterteilung des RGB-Raums (a)
bleibt durch die lineare Transformation gleichförmig. Der gleichförmig
unterteilte sRGB-Würfel hingegen
führt durch die komponentenweise
Gammakorrektur zu einer stark un-
gleichförmigen Tesselierung im linearen XYZ-Raum (b). Da auch CIE-
LAB eine Gammakorrektur verwendet, erscheint die Tesselierung des
linearen RGB-Raums (c) deutlich
ungleichförmiger als die des gammakorrigierten sRGB-Würfels (d). Umgekehrt wirkt in CIELUV der lineare
RGB-Würfel (e) gleichförmiger als
der sRGB-Würfel (f). Man beachte,
dass der RGB/sRGB-Farbwürfel im
LAB- und LUV-Raum keinen konvexen Körper bildet.

Tabelle 14.3
CIELAB-Werte für ausgewählte
Farbpunkte in sRGB. Die sRGB-
Komponenten R', G', B' sind
nichtlinear (d. h. gammakorri-
giert), Referenzweißpunkt ist
D65 (s. auch Tabelle 14.2).

		sRGB			CIEXYZ (D65)			CIE CIELAB		
Pkt.	Farbe	R'	G'	B'	X	Y	Z	L^*	a^*	b^*
S	Schwarz	0.00	0.00	0.00	0.0000	0.0000	0.0000	0.00	0.00	0.00
R	Rot	1.00	0.00	0.00	0.4125	0.2127	0.0193	53.24	80.09	67.20
Y	Gelb	1.00	1.00	0.00	0.7700	0.9278	0.1385	97.14	−21.55	94.48
G	Grün	0.00	1.00	0.00	0.3576	0.7152	0.1192	87.74	−86.18	83.18
C	Cyan	0.00	1.00	1.00	0.5380	0.7873	1.0694	91.11	−48.09	−14.13
B	Blau	0.00	0.00	1.00	0.1804	0.0722	0.9502	32.30	79.19	−107.86
M	Magenta	1.00	0.00	1.00	0.5929	0.2848	0.9696	60.32	98.24	−60.83
W	Weiß	1.00	1.00	1.00	0.9505	1.0000	1.0888	100.00	0.00	-0.00
K	Grau	0.50	0.50	0.50	0.2034	0.2140	0.2330	53.39	0.00	0.00
R$_{75}$	75% Rot	0.75	0.00	0.00	0.2155	0.1111	0.0101	39.77	64.51	54.13
R$_{50}$	50% Rot	0.50	0.00	0.00	0.0883	0.0455	0.0041	25.42	47.91	37.91
R$_{25}$	25% Rot	0.25	0.00	0.00	0.0210	0.0108	0.0010	9.66	29.68	15.24
P	Pink	1.00	0.50	0.50	0.5276	0.3812	0.2482	68.11	48.39	22.83

wobei Y' wie in Gl. 14.5 (identisch zu LAB) definiert und

$$u' = f_u(X,Y,Z), \qquad u'_{\text{ref}} = f_u(X_{\text{ref}}, Y_{\text{ref}}, Z_{\text{ref}}),$$
$$v' = f_v(X,Y,Z), \qquad v'_{\text{ref}} = f_v(X_{\text{ref}}, Y_{\text{ref}}, Z_{\text{ref}}), \tag{14.13}$$

mit den Korrekturfunktionen

$$f_u(X,Y,Z) = \begin{cases} 0 & \text{für } X = 0, \\ \frac{4X}{X+15Y+3Z} & \text{für } X > 0, \end{cases} \tag{14.14}$$

$$f_v(X,Y,Z) = \begin{cases} 0 & \text{für } Y = 0, \\ \frac{9Y}{X+15Y+3Z} & \text{für } Y > 0. \end{cases} \tag{14.15}$$

Man beachte, dass die Überprüfung auf Nullwerte von X bzw. Y in Gl. 14.14–14.15 nicht Teil der genormten Spezifikation aber für die Implementierung wichtig sind, um Divisionen durch Null zu vermeiden.

Transformation CIELUV → CIEXYZ

Die Rückrechnung von (L^*, u^*, v^*) Farbkoordinaten in den XYZ-Farbraum ist folgendermaßen definiert:

$$Y = Y_{\text{ref}} \cdot f_2\left(\frac{L^*+16}{116}\right), \tag{14.16}$$

mit $f_2()$ wie in Gl. 14.11 spezifiziert, sowie

$$X = Y \cdot \frac{9u'}{4v'}, \qquad Z = Y \cdot \frac{12 - 3u' - 20v'}{4v'}, \tag{14.17}$$

wobei

$$(u', v') = \begin{cases} (u'_{\text{ref}}, v'_{\text{ref}}) & \text{für } L^* = 0, \\ (u'_{\text{ref}}, v'_{\text{ref}}) + \frac{1}{13 \cdot L^*} \cdot (u^*, v^*) & \text{für } L^* > 0, \end{cases} \tag{14.18}$$

und u'_{ref}, v'_{ref} wie in Gl. 14.13. In Gl. 14.17 ist übrigens kein expliziter Test auf Nullwerte im Nenner notwendig, da $v' > 0$ angenommen werden kann.

		sRGB			CIEXYZ (D65)			CIELUV		
Pkt.	Farbe	R'	G'	B'	X	Y	Z	L^*	u^*	v^*
S	Schwarz	0.00	0.00	0.00	0.0000	0.0000	0.0000	0.00	0.00	0.00
R	Rot	1.00	0.00	0.00	0.4125	0.2127	0.0193	53.24	175.01	37.75
Y	Gelb	1.00	1.00	0.00	0.7700	0.9278	0.1385	97.14	7.70	106.78
G	Grün	0.00	1.00	0.00	0.3576	0.7152	0.1192	87.74	−83.08	107.39
C	Cyan	0.00	1.00	1.00	0.5380	0.7873	1.0694	91.11	−70.48	−15.20
B	Blau	0.00	0.00	1.00	0.1804	0.0722	0.9502	32.30	−9.40	−130.34
M	Magenta	1.00	0.00	1.00	0.5929	0.2848	0.9696	60.32	84.07	−108.68
W	Weiß	1.00	1.00	1.00	0.9505	1.0000	1.0888	100.00	0.00	0.00
K	Grau	0.50	0.50	0.50	0.2034	0.2140	0.2330	53.39	0.00	0.00
R₇₅	75% Rot	0.75	0.00	0.00	0.2155	0.1111	0.0101	39.77	130.73	28.20
R₅₀	50% Rot	0.50	0.00	0.00	0.0883	0.0455	0.0041	25.42	83.56	18.02
R₂₅	25% Rot	0.25	0.00	0.00	0.0210	0.0108	0.0010	9.66	31.74	6.85
P	Pink	1.00	0.50	0.50	0.5276	0.3812	0.2482	68.11	92.15	19.88

Tabelle 14.4
CIE CIELUV-Werte für ausgewählte Farbpunkte in sRGB. Referenzweißpunkt ist D65. Die L^*-Werte sind identisch zu CIELAB (s. Tabelle 14.3).

14.1.8 Berechnung von Farbdifferenzen

Durch die relativ gute Linearität in Bezug auf die menschliche Wahrnehmung von Farbabstufungen sind der CIELAB- und der CIELUV-Farbraum zur Bestimmung von Farbdifferenzen gut geeignet [85, S. 57]. In diesem Fall ist die Berechnung der Distanz zwischen zwei Farbpunkten $\mathbf{c}_1 = (L_1^*, a_1^*, b_1^*)$ und $\mathbf{c}_2 = (L_2^*, a_2^*, b_2^*)$ über den euklidischen Abstand, also in der Form

$$\begin{aligned} \text{ColorDist}(\mathbf{c}_1, \mathbf{c}_2) &= \|\mathbf{c}_1 - \mathbf{c}_2\| \\ &= \sqrt{(L_1^* - L_2^*)^2 + (a_1^* - a_2^*)^2 + (b_1^* - b_2^*)^2}, \end{aligned} \tag{14.19}$$

zulässig. Gleiches gilt auch für Paare von Farbkoordinaten im CIELUV-Farbraum.

14.2 Standard-RGB (sRGB)

CIE-basierte Farbräume wie CIELAB und CIELUV sind geräteunabhängig und weisen ein ausreichend großes Gamut auf, um praktisch alle sichtbaren Farben des CIEXYZ-Farbraums darstellen zu können. Bei digitalen Anwendungen – wie etwa in der Computergrafik oder Multimedia –, die sich vor allem am Bildschirm als Ausgabemedium orientieren, ist die direkte Verwendung von CIE-basierten Farbräumen allerdings zu umständlich oder zu ineffizient.

sRGB („standard RGB" [109]) wurde mit dem Ziel entwickelt, auch für diese Bereiche einen präzise definierten Farbraum zu schaffen, der durch exakte Abbildungsregeln im CIEXYZ-Farbraum verankert ist. Dies umfasst nicht nur die genaue Spezifikation der drei Primärfarben, sondern auch die des Weißpunkts, der Gammawerte und der Umgebungsbeleuchtung. sRGB besitzt im Unterschied zu CIELAB ein relativ kleines

Gamut (Abb. 14.3) – das allerdings die meisten auf heutigen Monitoren darstellbaren Farben einschließt. sRGB ist auch nicht als universeller Farbraum konzipiert, erlaubt jedoch durch seine CIE-basierte Spezifikation eine exakte Umrechnung in andere Farbräume.

Standardisierte Speicherformate wie EXIF oder PNG basieren auf Ausgangsdaten in sRGB, das damit auch der De-facto-Standard für Digitalkameras und Farbdrucker im Consumer-Bereich ist [96]. sRGB eignet sich als vergleichsweise zuverlässiges Archivierungsformat für digitale Bilder vor allem in weniger kritischen Einsatzbereichen, die kein explizites Farbmanagement erfordern oder erlauben [205]. Nicht zuletzt ist sRGB auch das Standardfarbschema in Java und wird durch das Java-API umfassend unterstützt (siehe Abschn. 14.5).

Die wichtigsten Parameter des sRGB-Raums sind die xy-Koordinaten der Primärfarben (Tristimuluswerte) $\mathbf{R}$, $\mathbf{G}$, $\mathbf{B}$ (entsprechend der digitalen TV-Norm ITU-R 709-3 [112]) und des Weißpunkts $\mathbf{W}$ (D65), die eine eindeutige Zuordnung aller übrigen Farbwerte im CIE-Diagramm ermöglicht (Tabelle 14.5).

Tabelle 14.5
sRGB Primärfarben und
Weißpunkt im XYZ-
Farbraum (bezogen auf D65).

Pt.	R	G	B	X_{65}	Y_{65}	Z_{65}	x_{65}	y_{65}
$\mathbf{R}$	1.0	0.0	0.0	0.412453	0.212671	0.019334	0.6400	0.3300
$\mathbf{G}$	0.0	1.0	0.0	0.357580	0.715160	0.119193	0.3000	0.6000
$\mathbf{B}$	0.0	0.0	1.0	0.180423	0.072169	0.950227	0.1500	0.0600
$\mathbf{W}$	1.0	1.0	1.0	0.950456	1.000000	1.088754	0.3127	0.3290

14.2.1 Lineare vs. nichtlineare Farbwerte

Bei den Farbkomponenten in sRGB ist zu unterscheiden zwischen linearen und nichlinearen RGB-Werten. Die *nichtlinearen* Komponenten R', G', B' bilden die tatsächlichen sRGB-Farbtupel, die bereits mit einem fixen Gammawert (≈ 2.2) vorkorrigiert sind, so dass in den meisten Fällen eine ausreichend genaue Darstellung auf einem gängigen Farbmonitor ohne weitere Korrekturen möglich ist. Die zugehörigen *linearen* RGB-Komponenten beziehen sich durch lineare Abbildungen auf den CIEXYZ-Farbraum und können daher durch einfache Multiplikation aus den XYZ-Koordinaten berechnet werden und umgekehrt, d. h.

$$\begin{pmatrix} R \\ G \\ B \end{pmatrix} = \boldsymbol{M}_{\mathrm{RGB}} \cdot \begin{pmatrix} X \\ Y \\ Z \end{pmatrix} \quad \text{bzw.} \quad \begin{pmatrix} X \\ Y \\ Z \end{pmatrix} = \boldsymbol{M}_{\mathrm{RGB}}^{-1} \cdot \begin{pmatrix} R \\ G \\ B \end{pmatrix}, \qquad (14.20)$$

mit

$$\boldsymbol{M}_{\mathrm{RGB}} = \begin{pmatrix} 3.240479 & -1.537150 & -0.498535 \\ -0.969256 & 1.875992 & 0.041556 \\ 0.055648 & -0.204043 & 1.057311 \end{pmatrix}, \qquad (14.21)$$

$$M_{\mathrm{RGB}}^{-1} = \begin{pmatrix} 0.412453 & 0.357580 & 0.180423 \\ 0.212671 & 0.715160 & 0.072169 \\ 0.019334 & 0.119193 & 0.950227 \end{pmatrix}. \qquad (14.22)$$

Man beachte, dass die drei Spaltenvektoren von M_{RGB}^{-1} (Gl. 14.22) nichts anderes als die XYZ-Koordinaten der Primärfarben (Tristimuluswerte) **R**, **G**, **B** sind (s. Tabelle 14.5) und daher gilt

$$\mathbf{R} = M_{\mathrm{RGB}}^{-1} \cdot \begin{pmatrix} 1 \\ 0 \\ 0 \end{pmatrix}, \quad \mathbf{G} = M_{\mathrm{RGB}}^{-1} \cdot \begin{pmatrix} 0 \\ 1 \\ 0 \end{pmatrix}, \quad \mathbf{B} = M_{\mathrm{RGB}}^{-1} \cdot \begin{pmatrix} 0 \\ 0 \\ 1 \end{pmatrix}. \quad (14.23)$$

14.2.2 Transformation CIEXYZ → sRGB

Zur Transformation von XYZ nach sRGB (Abb. 14.6) werden zunächst aus den CIE-Koordinaten X, Y, Z entsprechend Gl. 14.20 durch Multiplikation mit M_{RGB} die *linearen* RGB-Werte R, G, B berechnet, also

$$\begin{pmatrix} R \\ G \\ B \end{pmatrix} = M_{\mathrm{RGB}} \cdot \begin{pmatrix} X \\ Y \\ Z \end{pmatrix}. \qquad (14.24)$$

Anschließend erfolgt eine modifizierte Gammakorrektur (siehe Abschn. 4.7.6) mit $\gamma = 2.4$ (entsprechend einem effektiven Gammawert von etwa 2.2) auf die linearen R, G, B Werte in der Form

$$R' = f_1(R), \quad G' = f_1(G), \quad B' = f_1(B),$$

$$\text{mit} \quad f_1(c) = \begin{cases} 12.92 \cdot c & \text{für } c \le 0.0031308, \\ 1.055 \cdot c^{1/2.4} - 0.055 & \text{für } c > 0.0031308. \end{cases} \qquad (14.25)$$

Die resultierenden sRGB-Komponenten R', G', B' werden auf das Intervall $[0, 1]$ beschränkt (Tabelle 14.6 zeigt die entsprechenden Ergebnisse für ausgewählte Farbpunkte). Zur diskreten Darstellung werden die Werte anschließend linear auf den Bereich $[0, 255]$ skaliert und auf 8 Bit quantisiert.

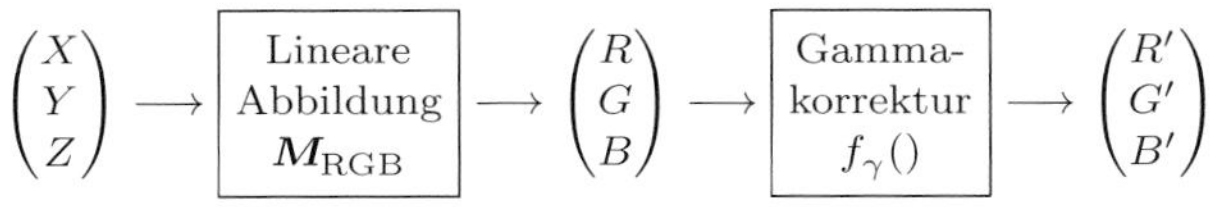

$$\begin{pmatrix} X \\ Y \\ Z \end{pmatrix} \longrightarrow \boxed{\begin{array}{c} \text{Lineare} \\ \text{Abbildung} \\ M_{\mathrm{RGB}} \end{array}} \longrightarrow \begin{pmatrix} R \\ G \\ B \end{pmatrix} \longrightarrow \boxed{\begin{array}{c} \text{Gamma-} \\ \text{korrektur} \\ f_\gamma() \end{array}} \longrightarrow \begin{pmatrix} R' \\ G' \\ B' \end{pmatrix}$$

Abbildung 14.6
Transformation von Farbkoordinaten aus XYZ nach sRGB.

14.2.3 Transformation sRGB → CIEXYZ

Die Rücktransformation verläuft in umgekehrter Reihenfolge. Zunächst werden die gegebenen (nichtlinearen) $R'G'B'$-Komponenten (im Intervall $[0, 1]$) durch die Umkehrung der Gammakorrektur in Gl. 14.25 wieder linearisiert, d. h.

Tabelle 14.6
CIEXYZ-Koordinaten für ausgewählte Farbpunkte in sRGB. Die Tabelle zeigt die nichtlinearen R', G', B'
Komponentenwerte, X, Y, Z Koordinaten (für den Weißpunkt D65). die
linearisierten Werte R, G, B und die
zugehörigen Die linearen und nichtlinearen RGB-Werte sind an den
Eckpunkten des RGB-Farbwürfels
$(\mathbf{S}, \dots, \mathbf{W})$ identisch, da die Gammakorrektur die Komponentenwerte
mit 0 und 1 nicht verändert. Bei
Farbpunkten im Inneren des Farb-
würfels $(\mathbf{K}, \dots, \mathbf{P})$ können hingegen deutliche Unterschiede zwi-
schen linearen und nichtlinearen
RGB-Komponenten auftreten.

Pt.	Color	sRGB (nichtlinear)			RGB (linear)			CIEXYZ		
		R'	G'	B'	R	G	B	X_{65}	Y_{65}	Z_{65}
S	Schwarz	0.00	0.00	0.00	0.0000	0.0000	0.0000	0.0000	0.0000	0.0000
R	Rot	1.00	0.00	0.00	1.0000	0.0000	0.0000	0.4125	0.2127	0.0193
Y	Gelb	1.00	1.00	0.00	1.0000	1.0000	0.0000	0.7700	0.9278	0.1385
G	Grün	0.00	1.00	0.00	0.0000	1.0000	0.0000	0.3576	0.7152	0.1192
C	Cyan	0.00	1.00	1.00	0.0000	1.0000	1.0000	0.5380	0.7873	1.0694
B	Blau	0.00	0.00	1.00	0.0000	0.0000	1.0000	0.1804	0.0722	0.9502
M	Magenta	1.00	0.00	1.00	1.0000	0.0000	1.0000	0.5929	0.2848	0.9696
W	Weiß	1.00	1.00	1.00	1.0000	1.0000	1.0000	0.9505	1.0000	1.0888
K	50% Grau	0.50	0.50	0.50	0.2140	0.2140	0.2140	0.2034	0.2140	0.2330
R$_{75}$	75% Rot	0.75	0.00	0.00	0.5225	0.0000	0.0000	0.2155	0.1111	0.0101
R$_{50}$	50% Rot	0.50	0.00	0.00	0.2140	0.0000	0.0000	0.0883	0.0455	0.0041
R$_{25}$	25% Rot	0.25	0.00	0.00	0.0509	0.0000	0.0000	0.0210	0.0108	0.0010
P	Pink	1.00	0.50	0.50	1.0000	0.2140	0.2140	0.5276	0.3812	0.2482

$$R = f_2(R'), \quad G = f_2(G'), \quad B = f_2(B'), \qquad (14.26)$$

$$\text{mit} \quad f_2(c') = \begin{cases} \frac{c'}{12.92} & \text{für } c' \leq 0.04045, \\ \left(\frac{c'+0.055}{1.055}\right)^{2.4} & \text{für } c' > 0.04045. \end{cases} \qquad (14.27)$$

Nachfolgend werden die linearen R, G, B Koordinaten durch Multiplika-
tion mit $\boldsymbol{M}_{\mathrm{RGB}}^{-1}$ (Gl. 14.24) in den XYZ-Raum transformiert, d. h.,

$$\begin{pmatrix} X \\ Y \\ Z \end{pmatrix} = \boldsymbol{M}_{\mathrm{RGB}}^{-1} \cdot \begin{pmatrix} R \\ G \\ B \end{pmatrix}. \qquad (14.28)$$

14.2.4 Rechnen mit sRGB-Werten

Durch den verbreiteten Einsatz von sRGB in der Digitalfotografie, im
WWW, in Computerbetriebsystemen und in der Multimedia-Produktion
kann man davon ausgehen, dass man es bei Vorliegen eines RGB-
Farbbilds mit hoher Wahrscheinlichkeit mit einem sRGB-Bild zu tun
hat. Öffnet man daher beispielsweise ein JPEG-Bild in ImageJ oder in
Java, dann sind die im zugehörigen RGB-Array liegenden Pixelwerte
darstellungsbezogene, also *nichtlineare $R'G'B'$*-Komponenten des sRGB-
Farbraums. Dieser Umstand wird in der Programmierpraxis leider häufig
vernachlässigt.

Bei arithmetischen Operationen mit den Farbkomponenten sollten
grundsätzlich die *linearen RGB*-Werte verwendet werden, die man aus
den R', G', B' Werten über die Funktion f_2 (Gl. 14.27) erhält und über
f_1 (Gl. 14.25) wieder zurückrechnen kann.

Beispiel: Grauwertkonvertierung

Bei der in Abschn. 12.2.1 beschriebenen Umrechnung von R, G, B in
Grauwerte (Gl. 12.10 auf S. 324) in der Form

$$Y = 0.2125 \cdot R + 0.7154 \cdot G + 0.072 \cdot B \qquad (14.29)$$

sind mit R, G, B und Y explizit die *linearen* Werte gemeint. Die *korrekte* Grauwertumrechnung mit sRGB-Farben wäre auf Basis von Gl. 14.29 demnach

$$Y' = f_1\big(0.2125 \cdot f_2(R') + 0.7154 \cdot f_2(G') + 0.0721 \cdot f_2(B')\big), \quad (14.30)$$

mit $f_\gamma()$ and $f_\gamma^{-1}()$ wie in Gl. 14.25 bzw. 14.27 definiert. Das Ergebnis Y' ist ein (wiederum nichtlinearer) sRGB-kompatibler Grauwert, d. h., der unbunte sRGB-Farbwert (Y', Y', Y') sollte die selbe empfundene Helligkeit aufweisen wie der zugehörige ursprüngliche Farbwert (R', G', B').

Dass übrigens bei der Ersetzung eines sRGB-Farbpixels in der Form

$$(R', G', B') \to (Y', Y', Y')$$

überhaupt ein Grauwert (bzw. ein unbuntes Farbpixel) entsteht, beruht auf dem Umstand, dass die Gammakorrektur (Gl. 14.25, 14.27) auf alle drei Farbkomponenten gleichermaßen angewandt wird und sich daher auch alle nichtlinearen sRGB-Farben mit drei identischen Komponentenwerten auf der Graugeraden im CIEXYZ-Farbraum bzw. am Weißpunkt **W** im xy-Diagramm befinden.

In vielen Fällen ist aber auch eine angenäherte Luminanzberechnung *ohne* Umrechnung der sRGB-Komponenten (also direkt auf Basis der nichtlinearen R', G', B' Werte) durch eine Linearkombination

$$Y' \approx w'_R \cdot R' + w'_G \cdot G' + w'_B \cdot B' \qquad (14.31)$$

mit leicht geänderten Koeffizienten w'_R, w'_G, w'_B ausreichend, z. B. mit $w'_R = 0.309$, $w'_G = 0.609$, $w'_B = 0.082$ [173]. Das Ergebnis aus Gl. 14.31 wird mitunter als *Luma*-Wert bezeichnet.

14.3 Adobe RGB-Farbraum

Ein klarer Schwachpunkt von sRGB ist das relativ kleine Gamut dieses Farbraums, das sich praktisch auf die von einem üblichen Farbmonitor darstellbaren Farben beschränkt und besonders bei Druckanwendungen häufig zu Problemen führt. Der von Adobe als eigener Standard „Adobe RGB (1998)" [1] entwickelte Farbraum basiert auf dem gleichen Konzept wie sRGB, verfügt aber vor allem durch den gegenüber sRGB geänderten Primärfarbwert für Grün (mit $x = 0.21$, $y = 0.71$) über ein deutlich größeres Gamut (Abb. 14.3) und ist damit auch als RGB-Farbraum für den Druckbereich geeignet. Abb. 14.7 zeigt den deutlichen Unterschied der Gamut-Bereiche für sRGB und Adobe-RGB im dreidimensionalen CIEXYZ-Farbraum.

Der neutrale Farbwert von Adobe-RGB entspricht mit $x = 0.3127$, $y = 0.3290$ der Standardbeleuchtung D65, der Gammawert für die Abbildung von nichtlinearen $R'G'B'$-Werten zu linearen RGB-Werten ist

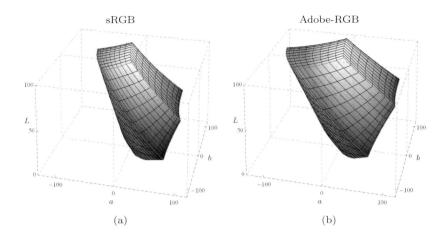

Abbildung 14.7
Gamut von sRGB und Adobe-
RGB zum Vergleich im LAB-
Farbraum. Gegenüber sRGB (a) ist
das Gamut-Volumen von Adobe-
RGB (b) vor allem im Grün-Bereich
deutlich vergrößert. Die Rasterlinien entsprechen einer gleichförmigen Unterteilung des Farbwürfels im ursprünglichen Farbraum.

2.199 bzw. $1/2.199$ für die umgekehrte Abbildung. Die zugehörige Datei-
spezifikation sieht eine Reihe verschiedener Kodierungen (8–16 Bit Inte-
ger sowie 32-Bit Float) für die Farbkomponenten vor. Adobe-RGB wird
in Photoshop häufig als Alternative zum CIELAB-Farbraum verwendet.

14.4 Chromatische Adaptierung

Das menschliche Auge besitzt die Fähigkeit, Farben auch bei variierenden Betrachtungsverhältnissen und insbesondere bei Änderungen der
Farbtemperatur der Beleuchtung als konstant zu empfinden. Ein weißes Blatt Papier erscheint uns sowohl im Tageslicht als auch unter ei-
ner Leuchtstoffröhre weiß, obwohl die spektrale Zusammensetzung des
Lichts, das das Auge erreicht, in beiden Fällen eine völlig andere ist.
Im CIE-Farbsystem ist die Spezifikation der Farbtemperatur des Umgebungslichts berücksichtigt, denn die exakte Interpretation von XYZ-
Farbwerten erfordert auch die Angabe des zugehörigen Referenzweiß-
punkts. So wird beispielsweise ein auf den Weißpunkt D50 bezogener
Farbwert (X, Y, Z) bei der Darstellung auf einem Ausgabegerät mit
Weißpunkt D65 im Allgemeinen anders wahrgenommen, auch wenn der
absolute (gemessene) Farbwert derselbe ist.

Die Wahrnehmung eines Farbwerts erfolgt also relativ zum jeweiligen Weißpunkt. Beziehen sich zwei Farbsysteme auf unterschiedliche
Weißpunkte $\mathbf{W}_1 = (\hat{X}_1, \hat{Y}_1, \hat{Z}_1)$ und $\mathbf{W}_2 = (\hat{X}_2, \hat{Y}_2, \hat{Z}_2)$, dann erfordert
die korrekte Zuordnung im XYZ-Farbraum eine „chromatische Adaptie-
rungstransformation" (CAT) [103, Kap. 34]. Diese rechnet einen auf den
ursprünglichen Weißpunkt $\mathbf{W}_1$ bezogene Farbwert (X_1, Y_1, Z_1) auf jenen Punkt (X_2, Y_2, Z_2) um, der dieser Farbe in Relation zu dem zweiten
Weißpunkt $\mathbf{W}_2$ entspricht.

14.4.1 XYZ-Skalierung

Die einfachste Form der chromatischen Adaptierung ist die „XYZ-Skalierung", bei der die einzelnen Farbkomponenten unabhängig voneinander mit den Verhältnissen der entsprechenden Weißpunktkoordinaten multipliziert werden, d. h.,

$$X_2 = X_1 \cdot \frac{\hat{X}_2}{\hat{X}_1}, \qquad Y_2 = Y_1 \cdot \frac{\hat{Y}_2}{\hat{Y}_1}, \qquad Z_2 = Z_1 \cdot \frac{\hat{Z}_2}{\hat{Z}_1}. \qquad (14.32)$$

Beispielsweise ergibt sich für die Umrechnung von Farbwerten (X_{65}, Y_{65}, Z_{65}), die auf den Weißpunkt $\mathbf{D65} = (\hat{X}_{65}, \hat{Y}_{65}, \hat{Z}_{65})$ bezogen sind, auf die entsprechenden Farben für den Weißpunkt $\mathbf{D50} = (\hat{X}_{50}, \hat{Y}_{50}, \hat{Z}_{50})$ die konkrete Skalierung[4]

$$\begin{aligned} X_{50} &= X_{65} \cdot \tfrac{\hat{X}_{50}}{\hat{X}_{65}} = X_{65} \cdot \tfrac{0.964296}{0.950456} = X_{65} \cdot 1.01456, \\ Y_{50} &= Y_{65} \cdot \tfrac{\hat{Y}_{50}}{\hat{Y}_{65}} \;= Y_{65} \cdot \tfrac{1.000000}{1.000000} = Y_{65}, \\ Z_{50} &= Z_{65} \cdot \tfrac{\hat{Z}_{50}}{\hat{Z}_{65}} \;= Z_{65} \cdot \tfrac{0.825105}{1.088754} = Z_{65} \cdot 0.757843 \,. \end{aligned} \qquad (14.33)$$

Diese Form der chromatischen Adaptierung ist jedoch nur ein sehr grobes Modell und für Anwendungen mit höheren Anforderungen in der Regel nicht geeignet.

14.4.2 Bradford-Adaptierung

Das gängigste Verfahren zur chromatischen Adaptierung ist das sogenannte „Bradford-Modell" [103], bei dem die Skalierung der Komponenten nicht direkt in XYZ erfolgt, sondern in „virtuellen" R^*, G^*, B^* Farbkoordinaten, die aus XYZ durch die lineare Transformation

$$\begin{pmatrix} R^* \\ G^* \\ B^* \end{pmatrix} = \boldsymbol{M}_{\mathrm{CAT}} \cdot \begin{pmatrix} X \\ Y \\ Z \end{pmatrix}, \qquad (14.34)$$

berechnet werden, mit der 3×3 Transformationsmatrix $\boldsymbol{M}_{\mathrm{cat}}$ (s. unten). Nach der eigentlichen Skalierung werden die (R^*, G^*, B^*) Werte wieder zurück nach XYZ transformiert. Die vollständige Adaptierung einer Farbe (X_1, Y_1, Z_1), bezogen auf den ursprünglichen Weißpunkt $\mathbf{W}_1 = (X_{\mathrm{W}1}, Y_{\mathrm{W}1}, Z_{\mathrm{W}1})$, auf den zugehörigen Farbwert (X_2, Y_2, Z_2) bezogen auf den neuen Weißpunkt $\mathbf{W}_2 = (X_{\mathrm{W}2}, Y_{\mathrm{W}2}, Z_{\mathrm{W}2})$ hat somit die Form

$$\begin{pmatrix} X_2 \\ Y_2 \\ Z_2 \end{pmatrix} = \boldsymbol{M}_{\mathrm{CAT}}^{-1} \cdot \begin{pmatrix} \frac{R_{\mathrm{W}2}^*}{R_{\mathrm{W}1}^*} & 0 & 0 \\ 0 & \frac{G_{\mathrm{W}2}^*}{G_{\mathrm{W}1}^*} & 0 \\ 0 & 0 & \frac{B_{\mathrm{W}2}^*}{B_{\mathrm{W}1}^*} \end{pmatrix} \cdot \boldsymbol{M}_{\mathrm{CAT}} \cdot \begin{pmatrix} X_1 \\ Y_1 \\ Z_1 \end{pmatrix}. \qquad (14.35)$$

---

[4] Siehe Tabelle 14.2.

Die Diagonalelemente der mittleren Matrix in Gl. 14.35 sind die (konstanten) Verhältnisse der R^*, G^*, B^*-Koordinaten der beiden Weißpunkte $\mathbf{W}_2$ bzw. $\mathbf{W}_1$, d. h.,

$$\begin{pmatrix} R^*_{\mathrm{W}1} \\ G^*_{\mathrm{W}1} \\ B^*_{\mathrm{W}1} \end{pmatrix} = \boldsymbol{M}_{\mathrm{CAT}} \cdot \begin{pmatrix} X_{\mathrm{W}1} \\ Y_{\mathrm{W}1} \\ Z_{\mathrm{W}1} \end{pmatrix}, \quad \begin{pmatrix} R^*_{\mathrm{W}2} \\ G^*_{\mathrm{W}2} \\ B^*_{\mathrm{W}2} \end{pmatrix} = \boldsymbol{M}_{\mathrm{CAT}} \cdot \begin{pmatrix} X_{\mathrm{W}2} \\ Y_{\mathrm{W}2} \\ Z_{\mathrm{W}2} \end{pmatrix}. \quad (14.36)$$

Das Bradford-Modell definiert für Gl. 14.35 konkret die Transformation

$$\boldsymbol{M}_{\mathrm{CAT}} = \begin{pmatrix} 0.8951 & 0.2664 & -0.1614 \\ -0.7502 & 1.7135 & 0.0367 \\ 0.0389 & -0.0685 & 1.0296 \end{pmatrix}. \quad (14.37)$$

Da bei gegebenen Weißpunkten alle drei Matrizen in Gl. 14.35 konstant sind, können sie zu einer einzigen 3×3 Transformationsmatrix zusammengefasst werden. Für die Umrechnung von **D50**-bezogenen XYZ-Koordinaten auf **D65**-Farbwerte (Tabelle 14.2) ergibt sich dadurch beispielsweise die Gesamttransformation

$$\begin{pmatrix} X_{50} \\ Y_{50} \\ Z_{50} \end{pmatrix} = \boldsymbol{M}_{50|65} \cdot \begin{pmatrix} X_{65} \\ Y_{65} \\ Z_{65} \end{pmatrix}$$

$$= \begin{pmatrix} 1.047884 & 0.022928 & -0.050149 \\ 0.029603 & 0.990437 & -0.017059 \\ -0.009235 & 0.015042 & 0.752085 \end{pmatrix} \cdot \begin{pmatrix} X_{65} \\ Y_{65} \\ Z_{65} \end{pmatrix}, \quad (14.38)$$

bzw. in umgekehrter Richtung (von $\mathbf{W}_1 = \mathbf{D50}$ nach $\mathbf{W}_2 = \mathbf{D65}$)

$$\begin{pmatrix} X_{65} \\ Y_{65} \\ Z_{65} \end{pmatrix} = \boldsymbol{M}_{65|50} \cdot \begin{pmatrix} X_{50} \\ Y_{50} \\ Z_{50} \end{pmatrix} = \boldsymbol{M}^{-1}_{50|65} \cdot \begin{pmatrix} X_{50} \\ Y_{50} \\ Z_{50} \end{pmatrix}$$

$$= \begin{pmatrix} 0.955513 & -0.023079 & 0.063190 \\ -0.028348 & 1.009992 & 0.021019 \\ 0.012300 & -0.020484 & 1.329993 \end{pmatrix} \cdot \begin{pmatrix} X_{50} \\ Y_{50} \\ Z_{50} \end{pmatrix}. \quad (14.39)$$

Abbildung 14.8 zeigt die Auswirkung der chromatischen Adaptierung vom Weißpunkt **D65** nach **D50** im CIE x, y Farbdiagramm; eine Auflistung der zugehörigen Farbkoordinaten findet sich in Tabelle 14.7.

Das Bradford-Modell wird zwar sehr häufig verwendet, jedoch gibt es darüber hinaus eine Reihe alternativer Ansätze und Parametrisierungen (s. auch Aufg. 14.1). Gererell hat das Problem der chromatischen Adaptierung eine lange Tradition in der Farbwissenschaft [229, Sec. 5.12] und ist auch weiterhin ein sehr aktives Forschungsfeld.

14.5 Colorimetrische Farbräume in Java

Der Standardfarbraum für RGB-Farbbilder in Java ist sRGB, d. h., die Komponenten von Farbobjekten (der Standardklasse `java.awt.Color`)

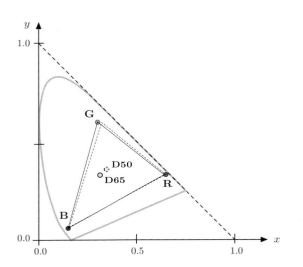

Abbildung 14.8
Auswirkungen der chromatische Adaptierung nach dem Bradford-Modell vom Weißpunkt **D65** nach **D50** im CIE Chromatizitätsdiagramm. Das durchgehende gezeichnete Dreieck beschreibt das Gamut des RGB-Farbraums für den Weißpunkt **D65** mit den Primärfarben **R, G, B** an den Eckpunkten. Das gestrichelte Dreieck entspricht dem Gamut nach der chromatischen Adaptierung auf **D50**.

Tabelle 14.7
Chromatische Adaptierung nach dem Bradford-Modell vom Weißpunkt **D65** nach **D50** für ausgewählte Farbpunkte. Die Farbkoordinaten X_{65}, Y_{65}, Z_{65} beziehen sich auf den Weißpunkt **D65**. X_{50}, Y_{50}, Z_{50} sind die entsprechende Koordinaten in Bezug auf den Weißpunkt **D50**, berechnet nach Gl. 14.38.

Pt.	Color	sRGB R'	G'	B'	XYZ (**D65**) X_{65}	Y_{65}	Z_{65}	XYZ (**D50**) X_{50}	Y_{50}	Z_{50}
S	Schwarz	0.00	0.0	0.0	0.0000	0.0000	0.0000	0.0000	0.0000	0.0000
R	Rot	1.00	0.0	0.0	0.4125	0.2127	0.0193	0.4361	0.2225	0.0139
Y	Gelb	1.00	1.0	0.0	0.7700	0.9278	0.1385	0.8212	0.9394	0.1110
G	Grün	0.00	1.0	0.0	0.3576	0.7152	0.1192	0.3851	0.7169	0.0971
C	Cyan	0.00	1.0	1.0	0.5380	0.7873	1.0694	0.5282	0.7775	0.8112
B	Blau	0.00	0.0	1.0	0.1804	0.0722	0.9502	0.1431	0.0606	0.7141
M	Magenta	1.00	0.0	1.0	0.5929	0.2848	0.9696	0.5792	0.2831	0.7280
W	Weiß	1.00	1.0	1.0	0.9505	1.0000	1.0888	0.9643	1.0000	0.8251
K	50% Grau	0.50	0.5	0.5	0.2034	0.2140	0.2330	0.2064	0.2140	0.1766
R$_{75}$	75% Rot	0.75	0.0	0.0	0.2155	0.1111	0.0101	0.2279	0.1163	0.0073
R$_{50}$	50% Rot	0.50	0.0	0.0	0.0883	0.0455	0.0041	0.0933	0.0476	0.0030
R$_{25}$	25% Rot	0.25	0.0	0.0	0.0210	0.0108	0.0010	0.0222	0.0113	0.0007
P	Pink	1.00	0.5	0.5	0.5276	0.3812	0.2482	0.5492	0.3889	0.1876

sind *nichtlineare* $R'G'B'$-Werte (siehe Abb. 14.6). Der Zusammenhang zwischen den nichtlinearen Werten $R'G'B'$ und den linearen RGB-Werten (Gammakorrektur) entspricht dem sRGB-Standard, wie in Gl. 14.25 und 14.27 beschrieben.

14.5.1 *Profile Connection Space* (PCS)

Das Java Grafik-API (AWT) enthält spezifische Klassen und Methoden für Farben und Farbräume. Das Design dieses Farbsystems orientiert sich an der ICC[5] *Color Management Architecture*, die einen CIEXYZ-basierten, geräteunabhängigen *Profile Connection Space* (PCS) vorsieht [108, 111]. Der PCS-Farbraum bildet das zentrale Element bei der Umrechnung zwischen verschiedenen Farbräumen. Der ICC-Standard (siehe

---

[5] International Color Consortium (ICC, www.color.org).

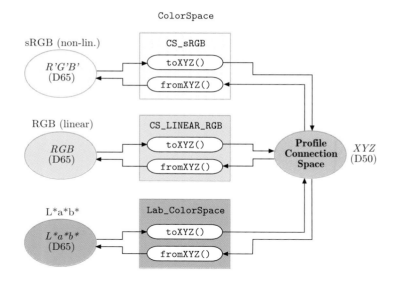

Abbildung 14.9
Umrechnung zwischen verschiedenen Java-Farbräumen über den XYZ-basierten *Profile Connection Space* (PCS). Jeder Farbraum (Unterklasse von `ColorSpace`) definiert die Methoden `fromCIEXYZ()` und `toCIEXYZ()` zur Konvertierung von Farben in bzw. aus dem gemeinsamen PCS-Farbraum. Eine colorimetrische Transformation zwischen verschiedenen Farbräumen erfolgt daher typischerweise in zwei Schritten. Um beispielsweise Farben aus sRGB in CIELAB umzurechnen, wird der sRGB-Farbvektor zuerst in XYZ (PCS) konvertiert und anschließend vom PCS in den CIELAB-Farbraum. Man beachte, dass die Farben im PCS-Farbraum relativ zum **D50** Weißpunkt definiert sind, während die gängigen Farbräume auf dem **D65** Weißpunkt basieren.

Abschn. 14.5.4) definiert Geräteprofile, die die Transformationen zwischen den geräteeigenen Farbräumen und dem PCS spezifizieren. Der Vorteil dieses Ansatzes ist, dass für ein bestimmtes Ein- oder Ausgabegerät nur eine einzige Transformation (Profil) zur Umrechung von gerätespezifischen Farben in den colorimetrischne PCS festgelegt werden muss. Eine Java-Farbraumklasse (Unterklasse von `ColorSpace`) verfügt daher jedenfalls über die Methoden `fromCIEXYZ()` und `toCIEXYZ()` zur Konvertierung von nativen Farbwerten in XYZ-Koordinaten im Standard-PCS. Abbildung 14.9 skizziert den grundsätzlichen Vorgang zur Umrechnung zwischen unterschiedlichen Farbräumen über den XYZ-basierten *Profile Connection Space.*

Im Unterschied zu der in Abschn. 14.2 verwendeten Spezifikation beziehen sich in Java die XYZ-Koordinaten für den sRGB-Farbraum allerdings *nicht* auf den Weißpunkt **D65**, sondern auf den Weißpunkt **D50**. Der Grund dafür ist, dass der ICC-Standard primär für das Farbmanagement im Umfeld von Fotografie, Grafik und Druck entwickelt wurde, wo der **D50**-Weißpunkt für reflektierende Medien üblicherweise verwendet wird. Die von den Methoden `fromCIEXYZ()` und `toCIEXYZ()` der Klasse `ColorSpace` angenommenen bzw. gelieferten XYZ-Koordinaten sind daher relativ zu **D50** zu interpretieren. Die in Tabelle 14.8 für den Java-sRGB-Farbraum angegebenen Koordinaten der Primärfarben (Tristimuluswerte) **R**, **G**, **B** und des Weißpunkts **W** unterscheiden sich daher vom **D65**-basierten sRGB-Standard (s. Tabelle 14.5). Dieser Umstand kann leicht zu Verwirrung führen, da in Java die sRGB-Komponenten zwar (gemäß sRGB-Standard) auf **D65** basieren, die zugehörigen XYZ-Werte jedoch auf **D50** bezogen sind.

Zur Umrechnung von XYZ-Koordinaten, die auf unterschiedliche Weißpunkte bezogen sind, wird chromatische Adaptierung eingesetzt (siehe Abschn. 14.4). Die ICC-Spezifikation [108] empfiehlt zur Umrechnung zwischen **D65**- und **D50**-bezogenen Koordinaten eine lineare chromatische Adaptierung nach dem Bradford-Modell (Abschn. 14.4.2). Dies ist auch im Java-API in dieser Form implementiert.

14.5 Colorimetrische Farbräume in Java

Pt.	R	G	B	X_{50}	Y_{50}	Z_{50}	x_{50}	y_{50}
R	1.0	0.0	0.0	0.436108	0.222517	0.013931	0.6484	0.3309
G	0.0	1.0	0.0	0.385120	0.716873	0.097099	0.3212	0.5978
B	0.0	0.0	1.0	0.143064	0.060610	0.714075	0.1559	0.0660
W	1.0	1.0	1.0	0.964296	1.000000	0.825106	0.3457	0.3585

Tabelle 14.8
Koordinaten der sRGB-Primärfarben und des Weißpunkts im XYZ-basierten *Profile Connection Space* von Java. Der Weißpunkt **W** entspricht **D50**.

Die Umrechnung zwischen den **D50**-bezogenen XYZ-Koordinaten (X_{50}, Y_{50}, Z_{50}) und den **D65**-bezogenen, linearen RGB-Werten (R, G, B) bedingt gegenüber Gl. 14.24 bzw. Gl. 14.28 abweichende Abbildungen, die sich aus der RGB $\rightarrow$ XYZ$_{65}$ Transformation (Gl. 14.21–14.22) und der durch die Matrix $\boldsymbol{M}_{50|65}$ (Gl. 14.38) definierten chromatischen Adaptierung zusammensetzen. Dies ergibt

$$
\begin{pmatrix} X_{50} \\ Y_{50} \\ Z_{50} \end{pmatrix} = \boldsymbol{M}_{50|65} \cdot \boldsymbol{M}_{\text{RGB}}^{-1} \cdot \begin{pmatrix} R \\ G \\ B \end{pmatrix} = \left(\boldsymbol{M}_{\text{RGB}} \cdot \boldsymbol{M}_{65|50} \right)^{-1} \cdot \begin{pmatrix} R \\ G \\ B \end{pmatrix}
$$
$$
= \begin{pmatrix} 0.436131 & 0.385147 & 0.143033 \\ 0.222527 & 0.716878 & 0.060600 \\ 0.013926 & 0.097080 & 0.713871 \end{pmatrix} \cdot \begin{pmatrix} R \\ G \\ B \end{pmatrix}, \tag{14.40}
$$

beziehungsweise in der umgekehrten Richtung

$$
\begin{pmatrix} R \\ G \\ B \end{pmatrix} = \boldsymbol{M}_{\text{RGB}} \cdot \boldsymbol{M}_{65|50} \cdot \begin{pmatrix} X_{50} \\ Y_{50} \\ Z_{50} \end{pmatrix}
$$
$$
= \begin{pmatrix} 3.133660 & -1.617140 & -0.490588 \\ -0.978808 & 1.916280 & 0.033444 \\ 0.071979 & -0.229051 & 1.405840 \end{pmatrix} \cdot \begin{pmatrix} X_{50} \\ Y_{50} \\ Z_{50} \end{pmatrix}. \tag{14.41}
$$

Die Methoden `toCIEXYZ()` und `fromCIEXYZ()` des sRGB-Farbraums sind im Java Standard-API[6] ähnlich zu Gl. 14.40 bzw. 14.41 implementiert. Natürlich sind diese Methoden auch für die zusätzlich notwendige Gammakorrektur zwischen den linearen R, G, B Komponenten und den nicht-linearen sRGB-Werten R', G', B' zuständig. Abbildung 14.10 skizziert die vollständige Transformation zwischen **D50**-basierten XYZ-Koordinaten des PCS-Farbraums und den nichtlinearen sRGB-Werten.

---

[6] `ColorSpace.getInstance(ColorSpace.CS_sRGB)` liefert eine Instanz des Java sRGB-Farbraums.

Abbildung 14.10
Transformation von **D50**-basierten
CIEXYZ-Koordinaten (X_{50}, Y_{50}, Z_{50})
des Java *Profile Connection Space*
(PCS) in nichtlineare sRGB-
Farbwerte (R', G', B'). Der er-
ste Schritt ist die chromatische
Adaptierung von **D50** auf **D65**
(durch $M_{65|50}$), gefolgt von der
Umrechnung von CIEXYZ auf li-
neare RGB-Werte (durch M_{RGB}).
Die abschließende Gammakorrek-
tur wird unabhängig auf die drei
Farbkomponenten angewandt.

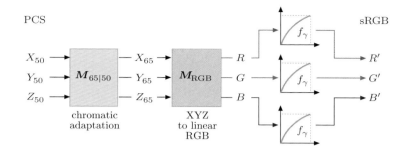

14.5.2 Relevante Java-Klassen

Für das Arbeiten mit Farbbildern und Farben bietet das Java Standard-API bereits einiges an Unterstützung. Die dafür wichtigsten Klassen im AWT-Paket sind:

- `Color`: zur Definition einzelner Farbobjekte.
- `ColorSpace`: zur Definition von kompletten Farbräumen.
- `ColorModel`: zur Beschreibung der Struktur von Farbbildern, z. B. Vollfarbenbilder oder Indexbilder, wie in Abschn. 12.1.2 verwendet (siehe Prog. 12.3).

Klasse `Color` *(*`java.awt.Color`*)*

Ein Objekt der Klasse `Color` dient zur Beschreibung einer bestimmten Farbe in einem zugehörigen Farbraum. Es enthält die durch den Farbraum definierten Farbkomponenten. Sofern der Farbraum nicht explizit vorgegeben ist, werden neue `Color`-Objekte als sRGB-Farben angelegt. Die an die Konstruktor-Methoden übergebenen Argumente können entweder `float`-Komponentenwerte im Bereich $[0, 1]$ oder `float`-Werte im Bereich $[0, 255]$ sein, wie folgendes Beispiel zeigt:

```
Color pink = new Color(1.0f, 0.5f, 0.5f);
Color blue = new Color(0, 0, 255);
```

Man beachte, das in beiden Fällen die Argumente als nichtlineare sRGB-Werte R', G', B' interpretiert werden. Für die Klasse `Color` gibt es weitere Konstruktor-Methoden, die auch Alphawerte (zur Definition der Transparenz) vorsehen. Daneben bietet `Color` zwei nützliche statische Methoden `RGBtoHSB()`[7] und `HSBtoRGB()` zu Umwandlung zwischen dem sRGB- und HSV-Farbraum (siehe Abschn. 12.2.2).

Klasse `ColorSpace` *(*`java.awt.color.ColorSpace`*)*

Ein Objekt der Klasse `ColorSpace` repräsentiert einen Farbraum wie beispielsweise sRGB oder CMYK. Jeder Farbraum stellt Methoden zur Konvertierung von Farben in den sRGB- und CIEXYZ-Farbraum (und

---

[7] Im Java-API wird die Bezeichnung „HSB" für den HSV-Farbraum verwendet.

umgekehrt) zur Verfügung, sodass insbesondere über CIEXYZ Transformationen zwischen beliebigen Farbräumen möglich sind. Im folgenden Beispiel wird eine Instanz des Standardfarbraums sRGB angelegt und anschließend ein sRGB-Farbwert (R', B', G') in die entsprechenden Farbkoordinaten (X, Y, Z) im PCS-Farbraum konvertiert:

```
// create an sRGB color space object:
ColorSpace sRGBcsp
    = ColorSpace.getInstance(ColorSpace.CS_sRGB);
float[] pink_RGB = new float[] {1.0f, 0.5f, 0.5f};
// convert from sRGB to XYZ:
float[] pink_XYZ = sRGBcsp.toCIEXYZ(pink_RGB);
```

Man beachte, dass die Farbkoordinaten für die Konvertierung mit `Color-Space`-Objekten durch `float[]`-Arrays repräsentiert werden. Die Methode `getComponents()` kann verwendet werden, um die Komponenten eines gegebenen `Color`-Objekts wiederum als `float[]`-Array zu erhalten. Die wichtigsten Farbräume, die – analog zu obigem Beispiel – mithilfe der `ColorSpace.getInstance()`-Methode erzeugt werden können sind:

- `CS_sRGB`: der (**D65**-basierte) Standard-RGB-Farbraum mit *nichtlinearen* R', G', B' Komponenten, wie in [109] spezifiziert;
- `CS_LINEAR_RGB`: RGB-Farbraum mit *linearen* R, G, B Komponentenwerten (d. h. ohne Gammakorrektur);
- `CS_GRAY`: Farbraum mit nur *einer* Komponente, die lineare Grauwerte repräsentiert;
- `CS_PYCC`: *Kodak Photo YCC*-Farbraum;
- `CS_CIEXYZ`: der interne, XYZ-basierte *Profile Connection Space* (mit **D50** als Weißpunkt).

Zusätzliche Farbräume können durch Erweiterung der Klasse `Color-Space` definiert werden, wie anhand der Implementierung des CIELAB-Farbraums im nachfolgenden Beispiel gezeigt wird.

14.5.3 Implementierung des CIELAB-Farbraums (Beispiel)

Dieser Abschnitt beschreibt als Beispiel eine Implementierung des CIE-LAB-Farbraums, die im Java Standard-API selbst nicht verfügbar ist, basierend auf der Spezifikation in Abschn. 14.1.6. Dazu wird eine Subklasse von `ColorSpace` (`java.awt.color`) mit dem Namen `LabColor-Space` definiert, die die vorgeschriebenen Methoden `toCIEXYZ()` und `fromCIEXYZ()` zur Konvertierung von Farben in bzw. aus dem *Profile Connection Space* sowie die Methoden `toRGB()` und `fromRGB()` zur Konvertierung zwischen CIELAB und sRGB implementiert (siehe Prog. 14.1–14.2). Die Konvertierung von und nach sRGB wird aus Effizienzgründen direkt über **D65**-basierte XYZ-Koordinaten (d. h. ohne Umrechnung in den **D50**-basierten *Profile Connection Space*) durchgeführt.

Das folgende Beispiel zeigt die Verwendung der Klasse `LabColorSpace`:[8]

```
ColorSpace labCs = new LabColorSpace();
float[] cyan_sRGB = {0.0f, 1.0f, 1.0f};
float[] cyan_LAB = labCs.fromRGB(cyan_sRGB) // sRGB → LAB
float[] cyan_XYZ = labCs.toXYZ(cyan_LAB);  // LAB → XYZ (D50)
```

14.5.4 ICC-Profile

Auch bei optimaler Parametrisierung reichen die Standardfarbräume zur präzisen Beschreibung des Abbildungsverhaltens konkreter Aufnahme- und Wiedergabegeräte meist nicht aus. ICC[9]-Profile sind standardisierte Beschreibungen dieses Abbildungsverhaltens und ermöglichen, dass ein zugehöriges Bild später von anderen Geräten exakt reproduziert werden kann. Profile sind damit ein wichtiges Instrument im Rahmen des digitalen Farbmanagements [220].

Das Java-2D-API unterstützt den Einsatz von ICC-Profilen durch die Klassen `ICC_ColorSpace` und `ICC_Profile`, die es erlauben, verschiedene Standardprofile zu generieren und ICC-Profildateien zu lesen.

Nehmen wir beispielsweise an, ein Bild, das mit einem kalibrierten Scanner aufgenommen wurde, soll möglichst originalgetreu auf einem Monitor dargestellt werden. In diesem Fall benötigen wir zunächst die ICC-Profile für den Scanner und den Monitor, die in der Regel als `.icc`-Dateien zur Verfügung stehen. Für Standardfarbräume sind die entsprechenden Profile häufig bereits im Betriebssystem des Computers vorhanden, wie z. B. `CIERGB.icc` oder `AdobeRGB1998.icc`.

Mit diesen Profildaten kann ein Farbraumobjekt erzeugt werden, mit dem aus den Bilddaten des Scanners entsprechende Farbwerte in CIE-XYZ oder sRGB umgerechnet werden. Das prinzipielle Vorgehen ist (anhand einer hypothetischen ICC-Profildatei `scanner.icc`) in folgendem Beispiel gezeigt:

```
// load the scanner's ICC profile and create a corresponding color space:
ICC_ColorSpace scannerCs = new
    ICC_ColorSpace(ICC_ProfileRGB.getInstance("scanner.icc"));
// specify a device-specific color:
float[] deviceColor = {0.77f, 0.13f, 0.89f};
// convert to sRGB:
float[] RGBColor = scannerCs.toRGB(deviceColor);
// convert to (D50-based) XYZ:
float[] XYZColor = scannerCs.toCIEXYZ(deviceColor);
```

Genauso kann natürlich über den durch das ICC-Profil definierten Farbraum ein sRGB-Pixel in den Farbraum des zugehörigen Scanners oder Monitors umgerechnet werden.

---

[8] Die Klassen `LabColorSpace` und `LuvColorSpace` (analoge Implementierung des CIELUV-Farbraums) sowie die angeführten Hilfsklassen befinden sich im Paket `imagingbook.pub.colorimage`.

[9] International Color Consortium ICC (www.color.org).

```
1  package imagingbook.pub.colorimage;
2  import java.awt.color.ColorSpace;
3
4  public class LabColorSpace extends ColorSpace {
5
6    // D65 reference white point and chromatic adaptation objects:
7    static final double Xref = Illuminant.D65.X; // 0.950456
8    static final double Yref = Illuminant.D65.Y; // 1.000000
9    static final double Zref = Illuminant.D65.Z; // 1.088754
10
11   static final ChromaticAdaptation catD65toD50 =
12       new BradfordAdaptation(Illuminant.D65, Illuminant.D50);
13   static final ChromaticAdaptation catD50toD65 =
14       new BradfordAdaptation(Illuminant.D50, Illuminant.D65);
15
16   // the only constructor:
17   public LabColorSpace() {
18     super(TYPE_Lab,3);
19   }
20
21   // XYZ (Profile Connection Space, D50) → CIELab conversion:
22   public float[] fromCIEXYZ(float[] XYZ50) {
23     float[] XYZ65 = catD50toD65.apply(XYZ50);
24     return fromCIEXYZ65(XYZ65);
25   }
26
27   // XYZ (D65) → CIELab conversion (Gl. 14.4–14.8):
28   public float[] fromCIEXYZ65(float[] XYZ65) {
29     double xx = f1(XYZ65[0] / Xref);
30     double yy = f1(XYZ65[1] / Yref);
31     double zz = f1(XYZ65[2] / Zref);
32     float L = (float)(116.0 * yy - 16.0);
33     float a = (float)(500.0 * (xx - yy));
34     float b = (float)(200.0 * (yy - zz));
35     return new float[] {L, a, b};
36   }
37   // CIELab → XYZ (Profile Connection Space, D50) conversion:
38   public float[] toCIEXYZ(float[] Lab) {
39     float[] XYZ65 = toCIEXYZ65(Lab);
40     return catD65toD50.apply(XYZ65);
41   }
42
43   // CIELab → XYZ (D65) conversion (Gl. 14.9–14.11):
44   public float[] toCIEXYZ65(float[] Lab) {
45     double ll = ( Lab[0] + 16.0 ) / 116.0;
46     float Y65 = (float) (Yref * f2(ll));
47     float X65 = (float) (Xref * f2(ll + Lab[1] / 500.0));
48     float Z65 = (float) (Zref * f2(ll - Lab[2] / 200.0));
49     return new float[] {X65, Y65, Z65};
50   }
```

Programm 14.1
Implementierung des CIELAB-Farbraums als Subklasse von
ColorSpace (*Teil 1*). Die Konvertierung vom D50-basierten
XYZ *Profile Connection Space* in
den CIELAB-Farbraum und zurück ist durch die vorgeschriebenen Methoden fromCIEXYZ() bzw.
toCIEXYZ() realisiert. Die zusätzlichen Methoden fromCIEXYZ65() bzw.
toCIEXYZ65() werden in einem Zwischenschritt für die Umwandlung
in D65-basierte XYZ-Koordinaten
verwendet (siehe Gl. 14.4) Die chromatische Adaptierung zwischen
D50 und D65 erfolgt mithilfe der
ChromaticAdaptation-Objekte
catD65toD50 und catD50toD65. Die
Funktionen für die Gammakorrektur f_1 (Gl. 14.6) und f_2 (Gl. 14.11)
sind durch die Methoden f1() bzw.
f2()realisiert (s. Prog. 14.2).

Programm 14.2
Implementierung des CIELAB-
Farbraums als Subklasse von
`ColorSpace` (*Teil 2*). Die Methoden `fromRGB()` und `toRGB()` führen
die Konvertierung zwischen CIE-
LAB und sRGB direkt über D65-
basierten XYZ-Koordinaten durch,
d. h., ohne Verwendung des Java *Profile Connection Space*. Die Gammakorrektur für die Umrechnung zwischen RGB- und sRGB-Komponenten
ist durch die Methoden `gammaFwd()`
und `gammaInv()` in der (hier nicht
gezeigten) Klasse `sRgbUtil` realisiert. Die Methoden `f1` und `f2` implementieren die Gammakorrektur
für die CIELAB-Komponenten (s.
Gl. 14.6 bzw. 14.11 und Prog. 14.1).

```
51    // sRGB → CIELab conversion:
52    public float[] fromRGB(float[] srgb) {
53      // get linear rgb components:
54      double r = sRgbUtil.gammaInv(srgb[0]);
55      double g = sRgbUtil.gammaInv(srgb[1]);
56      double b = sRgbUtil.gammaInv(srgb[2]);
57      // convert to XYZ (D65-based, Gl. 14.22):
58      float X = (float) (0.412453*r + 0.357580*g + 0.180423*b);
59      float Y = (float) (0.212671*r + 0.715160*g + 0.072169*b);
60      float Z = (float) (0.019334*r + 0.119193*g + 0.950227*b);
61      float[] XYZ65 = new float[] {X, Y, Z};
62      return fromCIEXYZ65(XYZ65);
63    }
64
65    // CIELab → sRGB conversion:
66    public float[] toRGB(float[] Lab) {
67      float[] XYZ65 = toCIEXYZ65(Lab);
68      double X = XYZ65[0];
69      double Y = XYZ65[1];
70      double Z = XYZ65[2];
71      // XYZ → RGB (linear components, Gl. 14.21):
72      double r = ( 3.240479*X + -1.537150*Y + -0.498535*Z);
73      double g = (-0.969256*X +  1.875992*Y +  0.041556*Z);
74      double b = ( 0.055648*X + -0.204043*Y +  1.057311*Z);
75      // RGB → sRGB (nonlinear components):
76      float rr = (float) sRgbUtil.gammaFwd(r);
77      float gg = (float) sRgbUtil.gammaFwd(g);
78      float bb = (float) sRgbUtil.gammaFwd(b);
79      return new float[] {rr, gg, bb};
80    }
81
82    static final double epsilon = 216.0 / 24389; // Gl. 14.7
83    static final double kappa = 841.0 / 108;     // Gl. 14.8
84
85    double f1 (double c) { // Gamma correction for L* (forward, Gl. 14.6)
86      if (c > epsilon) // 0.008856
87        return Math.cbrt(c);
88      elses
89        return (kappa * c) + (16.0 / 116);
90    }
91
92    double f2 (double c) { // Gamma correction for L* (inverse, Gl. 14.11)
93      double c3 = c * c * c;
94      if (c3 > epsilon)
95        return c3;
96      else
97        return (c - 16.0 / 116) / kappa;
98    }
99
100 } // end of class LabColorSpace
```

14.6 Aufgaben

Aufg. 14.1. Für die chromatische Adaptierung nach Gl. 14.35 gibt es neben dem bekannten Bradford-Modell alternative Vorschläge für die Transformationsmatrix $\boldsymbol{M}_{\mathrm{cat}}$, u. a. [205]

$$\boldsymbol{M}_{\mathrm{CAT}}^{(2)} = \begin{pmatrix} 1.2694 & -0.0988 & -0.1706 \\ -0.8364 & 1.8006 & 0.0357 \\ 0.0297 & -0.0315 & 1.0018 \end{pmatrix} \quad \text{oder} \tag{14.42}$$

$$\boldsymbol{M}_{\mathrm{CAT}}^{(3)} = \begin{pmatrix} 0.7982 & 0.3389 & -0.1371 \\ -0.5918 & 1.5512 & 0.0406 \\ 0.0008 & -0.0239 & 0.9753 \end{pmatrix}. \tag{14.43}$$

Leiten Sie für jede dieser beiden Matrizen die zugehörige, vollständige Adaptierungstransformation $\boldsymbol{M}_{50|65}$ und $\boldsymbol{M}_{65|50}$ analog zu Gl. 14.38 bzw. Gl. 14.39 ab.

Aufg. 14.2. Berechnen Sie die Konvertierung von sRGB-Farbbildern in (unbunte) sRGB-Grauwertbilder nach den drei Varianten in Gl. 14.29 (unter fälschlicher Verwendung der nichtlinearen $R'G'B'$-Werte), 14.30 (exakte Berechnung) und 14.31 (Annäherung mit modifizierten Koeffizienten). Vergleichen Sie die Ergebnisse mithilfe von Differenzbildern und ermitteln Sie jeweils die Summe der Abweichungen.

Aufg. 14.3. Erstellen Sie ein Programm, dass die durch die Verwendung *nichtlinearer* statt linearer Komponentenwerte resultierenden Fehler bei der Grauwertkonvertierung ermittelt. Berechnen Sie dazu die Differenz zwischen aus den linearen Komponenten gewonnenen Y-Wert (nach Gl. 14.30) und der nichtlinearen Variante Y' (nach Gl. 14.31 mit $w'_R = 0.309$, $w'_G = 0.609$, $w'_B = 0.082$) für alle möglichen 2^{24} sRGB-Farben. Das Programm soll als Ergebnis die maximale Grauwertabweichung sowie die Summe der absoluten Differenzen über alle Farben liefern.

Aufg. 14.4. Berechnen Sie für die drei Primärfarben des sRGB-Farbraums die zugehörigen „virtuellen" R^*, G^*, B^*-Koordinaten bei der Bradford-Adaptierung nach Gl. 14.34, mit $\boldsymbol{M}_{\mathrm{CAT}}$ gemäß Gl. 14.37. An welchen Positionen finden sich diese Farben im xy-Chromatizitätsdiagramm? Liegen diese im sichtbaren Bereich?

15

Filter für Farbbilder

Die Anwendung von Filteroperationen auf Farbbilder ist ein häufiger Vorgang, von dem man zunächst meinen könnte, dass er kaum besondere Aufmerksamkeit verlangt. In diesem Kapitel zeigen wir, wie klassische lineare und nichtlineare Filter, die im Kontext von Grauwertbildern (siehe Kap. 5) bereits ausführlich behandelt wurden, entweder direkt oder in adaptierter Form auch für Farbbilder verwendet werden können. Häufig werden Farbbilder als Stapel zusammengehöriger Intensitätsbilder betrachtet und die bekannten monochromatischen Filter werden einfach unabhängig voneinander auf die einzelnen Farbkomponenten angewandt. Dieser Vorgang ist unkompliziert und liefert in den meisten Fällen auch zufriedenstellende Ergebnisse, berücksichtigt aber eigentlich nicht die vektoriellen Eigenschaften der Farbpixel als Abtastwerte in einem spezifischen, mehrdimensionalen Farbraum. Wie wir in diesem Kapitel zeigen, sind die Ergebnisse von Filteroperationen stark vom verwendeten Farbraum abhängig und die Unterschiede zwischen verschiedenen Farbräumen können beträchtlich sein. Auch wenn diese Ungenauigkeiten in vielen Fällen visuell nicht auffällig sind, sollten sie bei hohen Qualitätsansprüchen in der Farbbildverarbeitung durchaus Beachtung finden.

15.1 Lineare Filter

Lineare Filter sind in vielen Anwendungen wichtig, wie beispielsweise zum Glätten von Bildern, zur Reduzierung von Rauschen, bei der geometrischen Interpolation von Bildern, bei der Dezimation im Rahmen von Multiskalenanwendungen, bei der Bildkompression, Rekonstruktion oder in Kantenoperatoren. Die allgemeinen Eigenschaften von linearen Filtern und deren Anwendung für skalarwertige Grauwertbilder sind in Abschn. 5.2 umfassend ausgeführt. Bei Farbbildern ist es üblich, diese

„monochromatischen" Filter getrennt auf die einzelnen Fabkanäle anzuwenden, womit also das Bild als Stapel von skalarwertigen Bildern behandelt wird. Dieser Vorgang ist einfach und auch effizient, da die bestehenden Implementierungen der Filter für Grauwertbilder ohne Modifikation übernommen werden können. Das Ergebnis ist in diesme Fall allerdings stark davon abhängig, in welchem Farbraum diese Operation durchgeführt wird. So macht es beispielsweise einen deutlichen Unterschied, ob die einzelnen Farbkomponenten eines RGB-Bilds *lineare* oder *nichtlineare* Komponentenwerte enthalten. Diesen Aspekt ignorieren wir vorerst, schenken ihm aber speziell in Abschn. 15.1.2 noch mehr Beachtung.

15.1.1 Monochromatische Anwendung linearer Filter

Die Anwendung eines linearen Filters auf ein skalarwertiges (Grauwert-) Bild $I(u,v) \in \mathbb{R}$ entspricht bekanntlich einer linearen Faltung[1] in 2D, d. h.

$$\bar{I}(u,v) = (I * H)(u,v) = \sum_{(i,j)\in\mathcal{R}_H} I(u-i,v-j) \cdot H(i,j), \qquad (15.1)$$

mit dem diskreten Filterkern H, der auf der (typischerweise rechteckigen) Region $\mathcal{R}_H$ definiert ist (mit $H(i,j) \in \mathbb{R}$). Bei einem vektorwertigen Bild $\boldsymbol{I}$ mit K Komponenten sind die einzelnen Bildelemente Vektoren,

$$\boldsymbol{I}(u,v) = \begin{pmatrix} I_1(u,v) \\ I_2(u,v) \\ \vdots \\ I_K(u,v) \end{pmatrix}, \qquad (15.2)$$

mit $\boldsymbol{I}(u,v) \in \mathbb{R}^K$ bzw. $I_k(u,v) \in \mathbb{R}$. Für diesen Fall lässt sich die lineare Filteroperation direkt verallgemeinern zu

$$\bar{\boldsymbol{I}}(u,v) = (\boldsymbol{I} * H)(u,v) = \sum_{(i,j)\in\mathcal{R}_H} \boldsymbol{I}(u-i,v-j) \cdot H(i,j), \qquad (15.3)$$

mit dem selben (skalarwertigen) Filterkern H wie in Gl. 15.1. Der Wert der k-ten Komponente im gefilterten Bild,

$$\bar{I}_k(u,v) = \sum_{(i,j)\in\mathcal{R}_H} I_k(u-i,v-j) \cdot H(i,j) = (I_k * H)(u,v), \qquad (15.4)$$

ist somit einfach das Ergebnis einer skalarwerigen Faltung (Gl. 15.1) mit H, angewandt auf das zugehörige Komponentenbild I_k. Im speziellen (aber sehr häufigen) Fall eines RGB Farbbilds mit $K = 3$ Komponenten

---

[1] Siehe auch Abschn. 5.3.1.

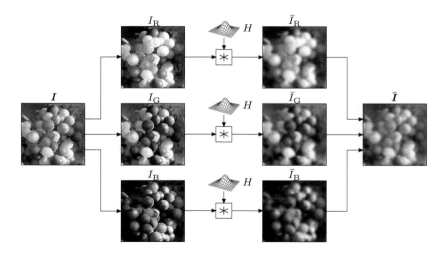

Abbildung 15.1
Typische Anwendung eines linearen
Filters auf ein RGB Farbbild. Das
durch den zweidimensionalen Kern H
spezifizierte Filter wird getrennt auf
die skalarwertigen Farbkomponenten
I_R, I_G, I_B angewandt. Das gefilterte
Farbbild $\bar{I}$ entsteht schließlich durch
Zusammenfügen der gefilterten Komponentenbilder $\bar{I}_R$, $\bar{I}_G$, $\bar{I}_B$.

wird das Filter H somit unabhängig auf die skalarwertigen Komponentenbilder I_R, I_G, I_B angewandt, d. h.

$$\bar{\boldsymbol{I}}(u,v) = \begin{pmatrix} \bar{I}_R(u,v) \\ \bar{I}_G(u,v) \\ \bar{I}_B(u,v) \end{pmatrix} = \begin{pmatrix} (I_R * H)(u,v) \\ (I_G * H)(u,v) \\ (I_B * H)(u,v) \end{pmatrix}. \qquad (15.5)$$

Abbildung 15.1 illustriert diese typische Implementierung von linearen
Filtern für RGB Farbbilder durch individuelle Filterung der drei skalarwertigen Farbkomponenten.

Lineare Glättungsfilter

Glättungsfilter sind eine spezielle Klasse von linearen Filtern, die in vielen Anwendungen zu finden sind und deren Filterkerne nur positive Ko-
effizienten enthalten. Angenommen $C_{u,v} = (\boldsymbol{c}_1, \ldots, \boldsymbol{c}_n)$ ist die Folge von
Vektoren jener Farbpixel $\boldsymbol{c}_m \in \mathbb{R}^K$ aus dem Originalbild $\boldsymbol{I}$, die innerhalb der Filterregion $\mathcal{R}_H$ liegen, wenn der Kern H an der Position (u,v)
platziert ist. Im allgemeinen Fall, also mit *beliebigen* Filterkoeffizienten
$H(i,j) \in \mathbb{R}$, ist der resultierende Farbvektor $\bar{\boldsymbol{I}}(u,v) = \bar{\boldsymbol{c}}$ im gefilterten
Bild eine *Linearkombination* der ursprünglichen Farbvektoren in $C_{u,v}$,
d. h.

$$\bar{\boldsymbol{c}} = w_1 \cdot \boldsymbol{c}_1 + w_2 \cdot \boldsymbol{c}_2 + \cdots + w_n \cdot \boldsymbol{c}_n = \sum_{i=1}^{n} w_i \cdot \boldsymbol{c}_i, \qquad (15.6)$$

wobei w_m der zum Farbvektor $\boldsymbol{c}_m$ gehörige Filterkoeffizient in H ist.
Wenn der Filterkern normalisiert ist (d. h., $\sum H(i,j) = \sum \alpha_m = 1$),
dann ist das Ergebnis eine *affine Kombination* der beteiligten Farbvektoren. Im Fall eines typischen Glättingsfilters, bei dem H normalisiert ist
und die darin enthaltenen Koeffizienten alle positiv sind, ist das Ergebnis
$\bar{\boldsymbol{c}}$ eine *konvexe Kombination* der ursprünglichen Farbvektoren $\boldsymbol{c}_1, \ldots, \boldsymbol{c}_n$.

Abbildung 15.2
Konvexe lineare Farbmischung. Das Ergebnis einer konvexen Kombination (Mischung) von n Farbvektoren $\mathcal{C} = \{c_1, \dots, c_n\}$ liegt innerhalb der *konvexen Hülle* der Punktmenge $\mathcal{C}$ (a). Im speziellen Fall von nur zwei Ausgangsfarben c_1, c_2 liegen jede beliebige Mischfarbe $\bar{c}$ auf dem 3D Geradensegment zwischen c_1 und c_2 (b).

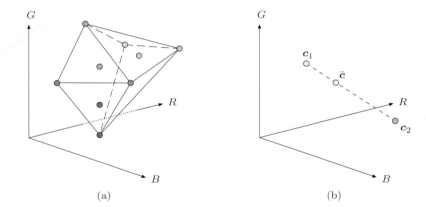

(a) (b)

Geometrisch bedeutet dies, dass der resultierende Farbpunkt $\bar{c}$ innerhalb der dreidimensionalen *konvexen Hülle* liegt, die durch die beteiligten Farbpunkte $c_1, \dots, c_n$ aufgespannt wird, wie in Abb. 15.2 dargestellt. Im speziellen Fall, dass nur *zwei* Farben c_1, c_2 des ursprünglichen Bilds beteiligt sind, liegt das Ergebnis $\bar{c}$ auf dem dreidimensionalen Geradensegment,[2] das die Farbpunkte c_1 und c_2 verbindet (siehe Abb. 15.2 (b)).

Glättung einer Farbkante

In Bezug auf den zuletzt angesprochenen Spezialfall nehmen wir an, dass das ursprüngliche Farbbild I eine ideale *Sprungkante* enthält, die durch zwei aneinandergrenzende Regionen mit den konstanten Farben c_1 bzw. c_2 gebildet wird, wie in Abb. 15.3 (b) gezeigt. Wenn der (normalisierte) Glättungskern H nun an einer Stelle (u, v) positioniert wird, wo er vollständig in Pixel derselben Farbe c_1 eingebettet ist, dann ist das Ergebnis an dieser Stelle trivialerweise

$$\bar{I}(u, v) = \sum_{(i,j) \in \mathcal{R}_H} c_1 \cdot H(i, j) = c_1 \cdot \sum_{(i,j) \in \mathcal{R}_H} H(i, j) = c_1 \cdot 1 = c_1. \qquad (15.7)$$

Das Ergebnis der Glättung an dieser Position ist also der ursprüngliche Farbvektor c_1. Andernfalls, wenn der Filterkern direkt *auf* der Farbkante positioniert wird (s. wiederum Abb. 15.3 (b)), so ist ein Teil seiner Koeffizienten ($\mathcal{R}_1$) mit Bildelementen der Farbe c_1 unterlegt und der Rest ($\mathcal{R}_2$) mit der Farbe c_2. Da $\mathcal{R}_1 \cup \mathcal{R}_2 = \mathcal{R}$ und außerdem der Kern normalisiert ist, ist das Ergebnis der Glättung an dieser Stelle der neue Farbvektor

$$\bar{c} = \sum_{(i,j) \in \mathcal{R}_1} c_1 \cdot H(i, j) + \sum_{(i,j) \in \mathcal{R}_2} c_2 \cdot H(i, j) \qquad (15.8)$$

---

[2] Die konvexe Hülle von *zwei* Punkten x_1, x_2 in $\mathbb{R}^n$ besteht aus dem dazwischen liegenden Geradensegment.

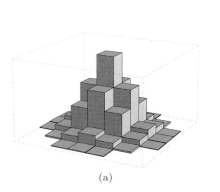

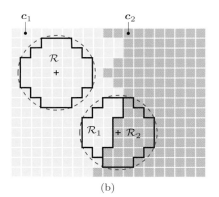

(a)

(b)

Abbildung 15.3
Lineares Glättungsfilter an einer Farbkante. Der diskrete Filterkern H ist auf der Filterregion $\mathcal{R}$ definiert, enthält ausschließlich positive Koeffizienten und ist normalisiert (a). Wird der Filterkern so positioniert, dass er vollständig mit Bildelementen gleicher Farbe (c_1) unterlegt ist, so ist das Ergebnis der Glättung an dieser Stelle wieder exakt dieses Farbe. Andernfalls, wenn sich der Filterkern *auf* einer Sprungkante zwischen zwei Farben c_1, c_2 befindet, dann bedeckt ein Teil des Kerns ($\mathcal{R}_1$) Pixel der Farbe c_1 und der übrige Teil ($\mathcal{R}_2$) Pixel der Farbe c_2. In diesem Fall ist das Ergebnis eine Linearkombination der beteiligten Farbvektoren c_1, c_2, wie in Abb. 15.2 (b) dargestellt.

$$
= c_1 \cdot \underbrace{\sum_{(i,j) \in \mathcal{R}_1} H(i,j)}_{1-s} + \; c_2 \cdot \underbrace{\sum_{(i,j) \in \mathcal{R}_2} H(i,j)}_{s} \tag{15.9}
$$

$$
= c_1 \cdot (1-s) + c_2 \cdot s \tag{15.10}
$$

$$
= c_1 + s \cdot (c_2 - c_1), \tag{15.11}
$$

mit $s \in [0,1]$. Wie man daraus sieht, liegt der resultierende Farbpunkt $\bar{c}$ daher immer auf dem Vektor zwischen den beiden ursprünglichen Farbpunkte c_1 und c_2. Die bei der Glättung einer Sprungkante mit zwei Farben entstehenden Zwischenfarben liegen daher immer auf dem verbindenden Geradensegment zwischen den beiden ursprünglichen Farbkoordinaten, und zwar unabhängig davon, in welchem Farbraum diese Berechnung durchgeführt wird.

15.1.2 Einfluss des verwendeten Farbraums

Da ein lineares Filter immer zu einer konvexen Mischung der beteiligten Farben führt, ist es nicht egal, in welchem Farbraum die Filteroperation durchgeführt wird, und tatsächlich können die numerischen Unterschiede sehr groß sein. Abbildung 15.4 zeigt beispielsweise den resultierenden Farbverläufe bei der Glättung einer Sprungkante zwischen *Blau* und *Gelb* in den Farbräumen sRGB, lin. RGB, CIELUV und CIELAB. Die Unterschiede zwischen den Farbräumen sind in diesem Fall deutlich. Es kann daher durchaus sinnvoll sein, das betreffende Farbbild *vor* der Filteroperation in einen anderen Farbraum und anschließend wieder zurück in den ursprünglichen Farbraum zu transformieren, wie in Abb. 15.5 skizziert.

Offensichtlich setzt die Anwendung eines linearen Filters gewisse „metrische" Eigenschaften des zugrundeliegenden Farbraums voraus. Wenn angenommen ein bestimmter Farbraum S_A diese Eigenschaft erfüllt, so gilt diese auch für jeden Farbraum S_B, der mit S_A durch eine lineare Transformation in Bezug steht, wie beispielsweise CIEXYZ und der lineare RGB-Farbraum (siehe Abschn. 14.2.1). Die in der Praxis zumeist

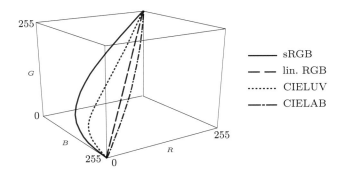

Abbildung 15.4
Resultierende Zwischenfarben durch
lineare Glättung einer Sprungkante
mit den Ausgangsfarben *Blau* (unten) und *Gelb* (oben) bei Durchführung der Filteroperation in
verschiedenen Farbräumen. Die
3D-Darstellung zeigt die Farbverläufe im linearen RGB-Farbraum.

Abbildung 15.5
Durchführung einer linearen Filteroperation in einem „fremden" Farbraum. Das ursprüngliche RGB-
Farbbild I_{RGB} wird zunächst
durch die Transformation T in
den CIELAB-Farbraum konvertiert, wo das lineare Filter H getrennt auf die drei Komponen-
ten L^*, a^*, b^* angewandt wird.
Anschließend wird das gefilterte
RGB-Bild $\bar{I}_{RGB}$ durch Rücktransformation (mit T^{-1}) berechnet.

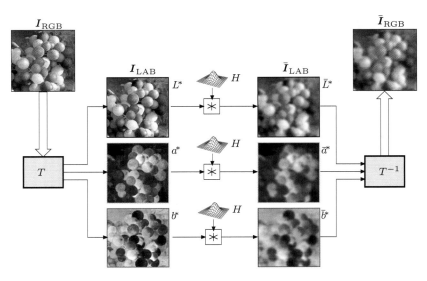

verwendeten Farbräume (speziell sRGB) sind jedoch in Bezug zu diese
Referenzfarbräume stark nichtlinear, und somit sind auch deutliche abweichende Ergebnisse zu erwarten.

Neben den durch die Interpolation erzeugten Zwischenfarben ist ein
wichtiger – und leicht messbarer – Aspekt der resultierende Verlauf der
Bildhelligkeit bzw. der Luminanz. Hier sollte grundsätzlich gelten, dass
die Luminanz der gefilterten Farbbilds identisch ist zu dem mit dem selben Kern H gefilterten, ursprünglichen Grauwertbild. Wenn also $\mathrm{Lum}(I)$
die Helligkeit des ursprünglichen Farbbilds bezeichnet und $\mathrm{Lum}(I * H)$
die Helligkeit des gefilterten Farbbilds, dann sollte gelten, dass

$$\mathrm{Lum}(I * H) \equiv \mathrm{Lum}(I) * H. \tag{15.12}$$

Dies ist allerdings nur dann möglich, wenn $\mathrm{Lum}(\cdot)$ in einem linearen
Zusammenhang zu den Komponenten des verwendeten Farbraums steht
(was zumeist nicht der Fall ist). Aus Gl. 15.12 ergibt sich weiter, dass
bei der Filterung einer Sprungkante mit den Farben c_1 und c_2 auch die
resultierende Helligkeit jedenfalls *monoton* von $\mathrm{Lum}(c_1)$ auf $\mathrm{Lum}(c_2)$

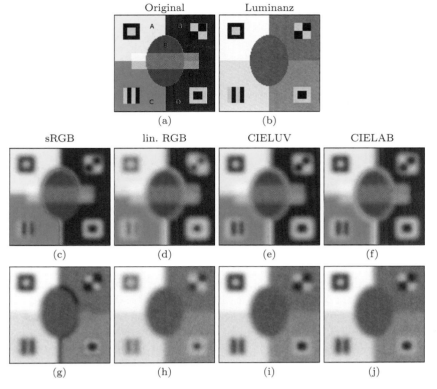

| Original | Luminanz |
| (a) | (b) |

sRGB	lin. RGB	CIELUV	CIELAB
(c)	(d)	(e)	(f)
(g)	(h)	(i)	(j)

Abbildung 15.6
Anwendung eines Gaußfilters in verschiedenen Farbräumen. Synthetisches Farbbild (a) und das zugehörige Luminanzbild (b). Das Testbild enthält einen horizontalen Balken mit reduzierter Farbsättigung aber gleicher Luminanz wie die angrenzenden Farben (der Balken ist daher im Luminanzbild nicht sichtbar). Ergebnisse des Gaußfilters bei Durchführung in sRGB (c), lin. RGB (d), CIE-LUV (e) und CIELAB (f). Die untere Bildreihe (g–j) zeigt die zugehörigen Luminanzbilder (Y). Man beachte die dunklen Bänder im Ergebnis von sRGB (c), speziell entlang der Farbkanten zwischen den Regionen B-E, C-D und D-E, die auch im zugehörigen Luminanzbild (g) deutlich zu erkennen sind. Die Filterung im linearen RGB-Raum (d, h) ergibt zwar gute Ergebnisse zwischen stark gesättigten Farben, aber eine subjektiv zu hohe Helligkeit in Bereichen geringer Farbsättigung, was u. a. bei den grauen Markern auffällt. Zumindest bezüglich der Erhaltung der Bildhelligkeit sind die Ergebnisse aus CIELUV (e, i) und CIELAB (f, j) weitgehend konsistent.

über gehen sollte und dazwischen keine Helligkeit auftritt, die außerhalb dieses Intervalls liegt.

Abbildung 15.6 zeigt als Beispiel ein synthetisches Testbild und die Ergebnisse eines linearen Gaußfilters (mit $\sigma = 3$) bei der Anwendung in verschiedenen Farbräumen. Die Unterschiede sind vor allem beim Übergang zwischen *Rot–Blau* bzw. *Grün–Magenta* zu erkennen, wobei speziell der sRGB-Farbraum starke Abweichungen zeigt. Die zugehörigen Luminanzwerte Y (berechnet aus den linearen RGB-Werten nach Gl. 12.31) sind in Abb. 15.6 (g–j) gezeigt. Auffällig ist speziell das Ergebnis im sRGB-Farbraum Abb. 15.6 (c, g), wo an den *Rot/Blau-*, *Magenta/Blau-* und *Magenta/Grün*-Kanten im Luminanzbild dunkle Übergänge zu sehen sind, in denen die Helligkeit niedriger als in den benachbarten Farbflächen ist und Gl. 15.12 somit nicht erfüllt ist. Umgekehrt neigt die Filterung im linearen RGB-Farbraum Abb. 15.6 (d, h) zu überhöhter Bildhelligkeit, wie beispielsweise anhand der schwarz/weißen Marker deutlich wird.

Out-of-Gamut-Farben

Bei der Anwendung eines linearen Filters im RGB- oder sRGB-Farbraum sind die resultierenden Mischfarben garantiert im jeweiligen Farbraum

Abbildung 15.7
Entstehung von *Out-of-Gamut*-Farben durch lineare Filteroperationen in „fremden" Farbräumen. Die Graphik in (a) zeigt den Verlauf der (linearen) R, G, B-Komponenten und der Luminanz Y (graue Kurven) zwischen *Rot* und *Gelb* bei Durchführung einer linearen Filteroperation in verschiedenen Farbräumen. Man sieht, dass bei der Operation in CIELAB und CIELUV die resultierende R-Komponente deutlich außerhalb des RGB-Gamuts liegt. In (b) sind alle Pixel weiß markiert, bei denen nach der Filterung in CIELAB eine der Komponenten weiter als 1% außerhalb des RGB-Farbraums liegt.

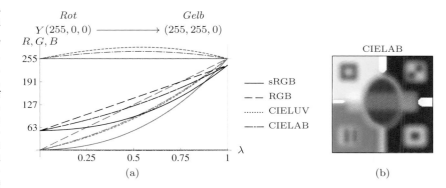

(a)   (b)

enthalten, weil der Gamutkörper diese Farbräume konvex ist und allfällige neue Farben innerhalb der konvexen Hülle der Ausgangsfarben liegen. Transformiert in den CIELAB- oder CIELUV-Farbraum bildet der RGB-Würfel jedoch einen nichtkonvexen Körper (siehe Abb. 14.5 auf 371), sodass linear interpolierte (gemittelte) Farbwerte zu Punkten außerhalb des RGB-Gamuts führen. Besonders kritisch sind dabei Farbübergänge zwischen Rot/Weiß, Rot/Gelb und Rot/Magenta, wo die Abstände zur Außenhülle des RGB-Gamuts besonders groß werden können (siehe Abb. 15.7). Derartige „Out-of-Gamut"-Farbwerte müssen bei der Rücktransformation den RGB-Farbraum speziell behandelt werden [152], zumal ein einfaches Begrenzen der betroffenen Komponenten zu deutlichen Farbverfälschungen führen kann.

Implikationen und weitere Details

Die Anwendung eines linearen Filters auf die einzelnen Komponenten eines Farbbilds setzt eine gewisse „Linearität" des zugehörigen Farbraums voraus. Die Frage nach dem „richtigen" Farbraum für lineare Filter ist jedoch nicht so einfach zu beantworten, weil dabei nicht zuletzt die visuelle Farbwahrnehmung ausschlaggebend ist. Die angeführten Farbverfälschungen sind vorwiegend an Sprungkanten zu beobachten, die glücklicherweise in natürlichen Bildern nur selten auftreten. Trotz gängiger Praxis ist aber insbesondere die Anwendung linearer Filter im sRGB-Raum, also direkt auf die nichtlinearen, gammakorrigierten Farbkomponenten nicht sinnvoll. Allerdings ist auch der lineare RGB-Farbraum (und damit auch der linear verknüpfte CIEXYZ-Farbraum) wegen seiner inhomogenen Wahrnehmung von Farbdifferenzen nicht optimal geeignet. Bei hohen Ansprüchen an die Farbgenauigkeit kann man jedoch davon ausgehen, dass insbesondere Farbräume wie CIELUV und CIELAB (siehe Abschn. 14.1.6), die auf eine Linearisierung der wahrgenommenen Farbdifferenzen abzielen, auch für die Durchführung linearer Filteroperationen besonders geeignet sind. Dabei ist das Problem der in diesen Farbräumen möglichen *Out-of-Gamut*-Farben zu beachten, das neben den ohnehin recht komplexen Farbraumtransformationen zusätzlichen Rechenaufwand erzeugt. Der praktische Einsatz von alternativen

Farbräumen für die Durchführung von Filteroperationen ist u. a. in [130, Ch. 5] beschrieben. Ergänzende Details zum Inhalt dieses Abschnitts finden sich in [36] und [37, Abschn. 3.1.2]. Darüber hinaus ist interessanterweise das Problem der präzisen Farbreproduktion bei der Filterung von Farbbilder in der Fachliteratur bislang nur vereinzelt ein Thema, z. B. in [98, 134, 142, 209, 225, 229].

15.1.3 Lineare Filteroperationen bei zyklischen Komponenten

Bei Farbkomponenten mit zyklischen Werten, wie beispielsweise die *Hue*-Komponente im HSV- und HLS-Farbraum (siehe Abschn. 12.2.2), ist die direkte Anwendung eines linearen Filters nur bedingt möglich. Wie beschrieben, entspricht die Anwendung eines linearen Filters einer gewichteten Mittelung über die Werte innerhalb der Filterregion. Da aber die Hue-Komponente einen zyklischen Winkel repräsentiert, ist wegen der $0/360°$-Sprungstelle eine direkte Mittelung dieser Werte nicht zulässig (siehe Abb. 15.8).

Die korrekte Mittelung von Winkeldaten ist allerdings über die entsprechenden Kosinus- und Sinuswerte recht einfach und ohne Berücksichtigung irgend welcher Sprungstellen möglich [62]. Für zwei gegebene Winkel α_1, α_2 lässt sich der gemittelte Winkel α_{12} durch

$$
\begin{aligned}
\alpha_{12} &= \tan^{-1}\left(\frac{\sin(\alpha_1) + \sin(\alpha_2)}{\cos(\alpha_1) + \cos(\alpha_2)} \right) \\
&= \mathrm{Arctan}\big(\cos(\alpha_1) + \cos(\alpha_2), \sin(\alpha_1) + \sin(\alpha_2) \big)
\end{aligned}
\tag{15.13}
$$

bestimmen.[3] Im Allgemeinen ermöglicht dies die korrekte Mittelung beliebig vielen Richtungswerte $\alpha_1, \ldots, \alpha_n$ durch

$$
\bar{\alpha} = \mathrm{Arctan}\Big(\sum_{i=1}^{n} \cos(\alpha_i), \sum_{i=1}^{n} \sin(\alpha_i) \Big).
\tag{15.14}
$$

Auch die Berechnung einer gewichtete Summe in der Form

$$
\bar{\alpha} = \mathrm{Arctan}\big(\sum_{i=1}^{n} w_i \cdot \cos(\alpha_i), \sum_{i=1}^{n} w_i \cdot \sin(\alpha_i) \big)
\tag{15.15}
$$

ist auf diesem Weg ohne weitere Vorkehrungen möglich, wobei die Gewichte w_i nicht einmal normiert sein müssen. Da lineare Filter im Grunde nichts anderes als gewichtete Summen über die Werte innerhalb einer lokalen Umgebung berechnen, kann dieses Ansatz unmittelbar zur Filterung von Richtungsdaten verwendet werden.

---

[3] Siehe Abschn. 1.1 zur Definition der Arctan-Funktion.

Abbildung 15.8
Direkte Filterung im HSV-Farbraum. Ursprüngliches RGB-Farbbild (a) und zugehörige *Hue*-Komponente I_h (b) im HSV-Raum mit Werten im Bereich $[0, 1]$. Hue-Komponente nach direkter Anwendung eines Gaußfilters mit $\sigma = 3.0$ (c). Rekonstruiertes RGB Bild nach Filterung aller Komponenten im HSV-Raum (d). Man beachte die durch die unzulässige Mittelung von Farbwinkeln an der Sprungstelle zwischen 0 und $360°$ im Bereich der Rottöne entstandenen Falschfarben.

(a)   (b)

(c)   (d)

Filterung der Hue-Komponente im HSV-Farbraum

Um beispielsweise auf die periodische Hue-Komponente I_h (mit Werten im Bereich $[0, 1]$) eines HSV- oder HLS-Bilds (siehe Abschn. 12.2.2) ein lineares Filter H anzuwenden, ist zunächst die Berechnung der Sinus- und Kosinuskomponenten $I_\mathrm{h}^{\sin}$ bzw. $I_\mathrm{h}^{\cos}$ durch

$$
\begin{aligned}
I_\mathrm{h}^{\sin}(u, v) &= \sin(2\pi \cdot I_\mathrm{h}(u, v)), \\
I_\mathrm{h}^{\cos}(u, v) &= \cos(2\pi \cdot I_\mathrm{h}(u, v))
\end{aligned}
\tag{15.16}
$$

erforderlich (mit resultierenden Werten im Bereich $[-1, 1]$). Diese werden nun unabhängig voneinander gefiltert, d. h.,

$$
\begin{aligned}
\bar{I}_\mathrm{h}^{\sin} &= I_\mathrm{h}^{\sin} * H, \\
\bar{I}_\mathrm{h}^{\cos} &= I_\mathrm{h}^{\cos} * H.
\end{aligned}
\tag{15.17}
$$

Die gefilterte *Hue*-Komponente $\bar{I}_\mathrm{h}$ berechnet man schließlich in der Form

$$
\bar{I}_\mathrm{h}(u, v) = \frac{\mathrm{Arctan}\big(\bar{I}_\mathrm{h}^{\cos}(u, v), \bar{I}_\mathrm{h}^{\sin}(u, v)\big) \bmod 2\pi}{2\pi},
\tag{15.18}
$$

wiederum mit Werten im Bereich $[0, 1]$.

Abbildung 15.9 zeigt als Beispiel die Anwendung eines Gaußfilters auf die Hue-Komponente eines HSV-Farbbilds mit Zerlegung auf Sinus- und Kosinuskomponenten. Im Unterschied zum Ergebnis in Abb. 15.8 (d) entstehen bei dieser Form der Mittelung an den 0/1 Übergängen im Bereich der Rottöne keine inkorrekten Farbtöne. In diesem Fall wurden die beiden anderen HSV-Komponenten (*Saturation*, *Value*) nicht verändert.

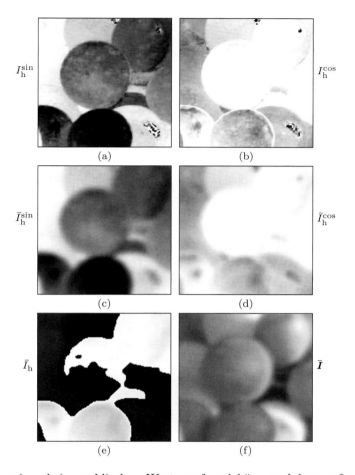

$I_{\mathrm{h}}^{\sin}$

$I_{\mathrm{h}}^{\cos}$

(a) (b)

$\bar{I}_{\mathrm{h}}^{\sin}$

$\bar{I}_{\mathrm{h}}^{\cos}$

(c) (d)

$\bar{I}_{\mathrm{h}}$

$\bar{I}$

(e) (f)

Abbildung 15.9
Korrekte Filterung der *Hue*-Komponente eines HSV-Bilds durch Zerlegung in Sinus- und Kosinusteil (s. Originalbild in Abb. 15.8 (a)). Sinus- und Kosinusteil $I_{\mathrm{h}}^{\sin}$, $I_{\mathrm{h}}^{\cos}$ der Hue-Komponente *vor* (a, b) und *nach* Anwendung eines Gaußfilters mit $\sigma = 3.0$ (c, d). Geglättete Hue-Komponente $\bar{I}_{\mathrm{h}}$ nach Zusammenführung der gefilterten Sinus- und Kosinuswerte $\bar{I}_{\mathrm{h}}^{\sin}$, $\bar{I}_{\mathrm{h}}^{\cos}$ (e). Rekonstruiertes RGB Bild $\bar{I}$ nach Filterung aller Komponenten im HSV-Raum (f). Man erkennt deutlich, dass die harten 0/1 Übergänge in (e) eigentlich nur graduelle Änderungen im Bereich der Rottöne darstellen. Die übrigen HSV-Komponenten *Saturation* und *Value*) wurden in gewöhnlicher Form gefiltert. Anders als in Abb. 15.8 (d) werden die Farbtöne hier in allen Bereichen korrekt gemittelt.

Diese weisen keine zyklischen Werte auf und können daher, sofern gewünscht, auf dem „direkten" Weg gefiltert werden. Aufschlussreich ist dabei auch ein Blick auf die *Verteilung* der *Hue*-Werte die sich im Beispielbild vorwiegend rund um die 0/1-Sprungstelle im Bereich der Rottöne häufen (Abb. 15.10 (a)). In Abb. 15.10 (b) ist deutlich zu erkennen, dass bei direkter Filterung durch die inkorrekte Mittelung der Farbwinkel zusätzliche Farbtöne in der Mitte des Histogramms entstehen, was bei korrekter Mittelung (Abb. 15.10 (c)) nicht passiert.

Farbsättigung als zusätzliche Gewichtung

Der obige Ansatz berücksichtigt allerdings nicht, dass in einem HSV-Bild die *Hue*- und *Saturation*-Komponente in engem Zusammenhang stehen. Bei Farbpunkten mit geringer Sättigung wird der zugehörige Farbwinkel ungenau und sogar unbestimmt, wenn die Sättigung gegen null geht. Das Testbild in Abb. 15.8 (a) zeigt beispielsweise rechts unten einen hellen Bereich mit geringer Farbsättigung und gleichzeitig sehr unstabilem *Hue*-Wert, wie in den Kosinus/Sinus-Komponenten in Abb. 15.9 (a, b)

Lineares Filter im HSV-Farbraum unter Berücksichtigung der zyklischen *Hue*-Komponente. Alle Komponenten des ursprünglichen HSV-Bilds sind im Intervall $[0, 1]$. Die *Saturation*-Komponente (Zeile 6) wird gemäß Gl. 15.19 als Gewichtung bei der Filterung des Farbwinkels verwendet (Zeile 7–8). Der Filterkern H wird gleichermaßen auf alle drei Farbkomponenten angewandt (Zeile 9–12).

1: **HsvLinearFilter**$(\boldsymbol{I}_{\mathrm{hsv}}, H)$

Input: $\boldsymbol{I}_{\mathrm{hsv}} = (I_{\mathrm{h}}, I_{\mathrm{s}}, I_{\mathrm{v}})$, a HSV color image of size $M \times N$, with all components in $[0, 1]$; H, a 2D filter kernel.
Returns a new (filtered) HSV color image of size $M \times N$.

2: $\quad (M, N) \leftarrow \mathsf{Size}(\boldsymbol{I}_{\mathrm{hsv}})$

3: $\quad$ Create mappings $I_{\mathrm{h}}^{\sin}, I_{\mathrm{h}}^{\cos}, \bar{I}_{\mathrm{h}} \colon M \times N \mapsto \mathbb{R}$

$\quad$ Split the *hue* channel into sine/cosine:

4: $\quad$ **for all** $(u, v) \in M \times N$ **do**

5: $\quad\quad \theta \leftarrow 2\pi \cdot I_{\mathrm{h}}(u, v)$ $\qquad\qquad\qquad\qquad \triangleright\ \theta \in [0, 2\pi]$

6: $\quad\quad s \leftarrow I_{\mathrm{s}}(u, v)$ $\qquad\qquad\qquad\qquad\qquad \triangleright\ s \in [0, 1]$

7: $\quad\quad I_{\mathrm{h}}^{\sin}(u, v) \leftarrow s \cdot \sin(\theta)$ $\qquad\qquad \triangleright\ I_{\mathrm{h}}^{\sin}(u, v) \in [-1, 1]$

8: $\quad\quad I_{\mathrm{h}}^{\cos}(u, v) \leftarrow s \cdot \cos(\theta)$ $\qquad\qquad \triangleright\ I_{\mathrm{h}}^{\cos}(u, v) \in [-1, 1]$

$\quad$ Filter all components with the same kernel:

9: $\quad \bar{I}_{\mathrm{h}}^{\sin} \leftarrow I_{\mathrm{h}}^{\sin} * H$

10: $\quad \bar{I}_{\mathrm{h}}^{\cos} \leftarrow I_{\mathrm{h}}^{\cos} * H$

11: $\quad \bar{I}_{\mathrm{s}} \leftarrow I_{\mathrm{s}} * H$

12: $\quad \bar{I}_{\mathrm{v}} \leftarrow I_{\mathrm{v}} * H$

$\quad$ Rebuild the filtered hue channel:

13: $\quad$ **for all** $(u, v) \in M \times N$ **do**

14: $\quad\quad \theta \leftarrow \mathrm{Arctan}\big(\bar{I}_{\mathrm{h}}^{\cos}(u, v), \bar{I}_{\mathrm{h}}^{\sin}(u, v)\big)$ $\qquad \triangleright\ \theta \in [-\pi, \pi]$

15: $\quad\quad \bar{I}_{\mathrm{h}}(u, v) \leftarrow \frac{1}{2\pi} \cdot (\theta \bmod 2\pi)$ $\qquad \triangleright\ \bar{I}_{\mathrm{h}}(u, v) \in [0, 1]$

16: $\quad \bar{\boldsymbol{I}}_{\mathrm{hsv}} \leftarrow (\bar{I}_{\mathrm{h}}, \bar{I}_{\mathrm{s}}, \bar{I}_{\mathrm{v}})$

17: $\quad$ **return** $\bar{\boldsymbol{I}}_{\mathrm{hsv}}$

---

deutlich zu erkennen ist. Bei der gezeigten Berechnung in Gl. 15.16–15.18 werden jedoch *alle* Farbwinkel – unabhängig von ihrer Signifikanz – gleichermaßen berücksichtigt.

Eine einfache Lösung besteht darin, bei der Filteroperation die *Saturation*-Werte $I_{\mathrm{s}}(u, v)$ zur individuellen Gewichtung zu verwenden [89]. Dafür modifizieren wir lediglich Gl. 15.16 zu

$$
\begin{aligned}
I_{\mathrm{h}}^{\sin}(u, v) &= I_{\mathrm{s}}(u, v) \cdot \sin(2\pi \cdot I_{\mathrm{h}}(u, v)), \\
I_{\mathrm{h}}^{\cos}(u, v) &= I_{\mathrm{s}}(u, v) \cdot \cos(2\pi \cdot I_{\mathrm{h}}(u, v)),
\end{aligned}
\tag{15.19}
$$

die weiteren Schritte in Gl. 15.17–15.18 bleiben unverändert. Der gesamte Vorgang ist in Alg. 15.1 nochmals übersichtlich zusammengefasst. Das Ergebnis in Abb. 15.10 (d) zeigt, das vor allem in Bereichen mit geringer Farbsättigung stabilere *Hue*-Werte zu erwarten sind. Eine gesonderte Normalisierung der Gewichte ist in diesem Fall übrigens nicht erforderlich, da bei der Winkelberechnung mit der Arctan() Funktion in Gl. 15.18 nur das Verhältnis zwischen dem Kosinus- und dem Sinusargument ausschlaggebend ist, das durch die Gewichtung nicht verändert wird.

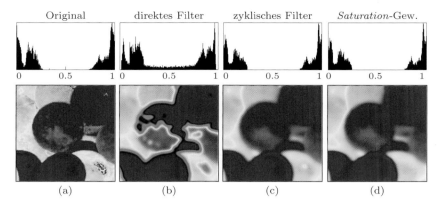

Original	direktes Filter	zyklisches Filter	*Saturation*-Gew.
(a)	(b)	(c)	(d)

15.2 Nichtlineare Filter für Farbbilder

In vielen praktischen Anwendungen der Bildverarbeitung sind lineare Filter nur bedingt einsetzbar oder nicht ausreichend effektiv und man greift daher besser auf nichtlineare Filter zurück.[4] Speziell zur Unterdrückung oder Reduktion von Bildrauschen sind nichtlineare Filter üblicherweise die bessere Wahl. Genauso wie bei linearen Filtern sind jedoch jene Techniken, die ursprünglich für skalarwertige (monochromatische) Bilder entwickelt wurden, nicht ohne Weiteres auf vektorwertige Farbdaten anwendbar. Ein wichtiger Grund dafür ist, dass es – im Unterschied zu skalaren Werten – keine natürliche Ordnungsrelation zwischen mehrdimensionalen Größen gibt, und somit klassische Rangordnungsfilter (wie das Medianfiler) nicht direkt umsetzbar sind. Aus diesem Grund werden monochromatische nichtlineare Filter häufig getrennt auf die einzelnen Farbkomponenten angewandt, und natürlich ist auch hier wiederum Vorsicht bezüglich der dabei entstehenden Zwischenfarben geboten.

Im Verlauf dieses Abschnitts beschreiben wir primär die Anwendung des klassischen (monochromatischen) Medianfilters auf Farbbilder sowie spezielle nichtlineare Glättungsfilter, die gezielt für Farbbilder entwickelt wurden. Weitere Filter für Farbbilder werden in Kap. 17 behandelt.

15.2.1 Skalares Medianfilter

Die Anwendung eines gewöhnlichen Medianfilters (siehe Abschn. 5.4.2) an einer Bildposition (u, v) bedeutet, einen repräsentativen Pixelwert innerhalb der lokalen Umgebung $\mathcal{R}$ auszuwählen und das aktuelle Zentralpixel damit zu ersetzen. Im speziellen Fall des Medianfilters wird der statistische *Median* der Pixelwerte in $\mathcal{R}$ als repräsentativer Wert herangezogen. Da immer ein bereits vorhandener Pixelwert ausgewählt wird, führt das Medianfilter keine neuen Werte ein, die nicht bereits vorher im Bild vorhanden waren.

---

[4] Siehe auch Abschn. 5.4.

Abbildung 15.10
Hue-Komponente vor und nach der Anwendung eines lineare Glättungsfilters. Die ursprüngliche Verteilung der *Hue*-Werte I_{h} (a) mit Häufung der Farbwinkel um die periodische 0/1-Sprungstelle (*Rot*). Ergebnis nach „direkter" Filterung der *Hue*-Komponente (b), nach Filterung der Sinus-/Kosinuskomponenten (c) sowie mit zusätzlicher Gewichtung durch die *Saturation*-Komponente (d). Die untere Bildreihe zeigt ausschließlich die *Hue*-Komponente (Farbwinkel) in der entsprechenden Farbkodierung, mit konstant 100% *Saturation* und *Value*. Rechts unten im Bild (a) ist ein Bereich zu erkennen, in dem die Farb*sättigung* gering ist und die Farb*winkel* daher sehr unstabil sind.

Abbildung 15.11
Getrennte Anwendung des skalaren Medianfilters auf einzelne Farbkomponenten. Die Filterregion $\mathcal{R}$ ist in allen drei Kanälen (R, G, B) an der Stelle (u, v) positioniert. Im Allgemeinen findet sich der jeweilige Medianwert in den drei Farbkomponenten an unterschiedlichen Positionen. Der neue RGB-Farbvektor wird somit aus Komponenten zusammengesetzt, die aus unterschiedlichen, räumlich getrennten Bildelementen stammen. Das Ergebnis entspricht somit i. Allg. keiner der Farben aus dem ursprünglichen Bild.

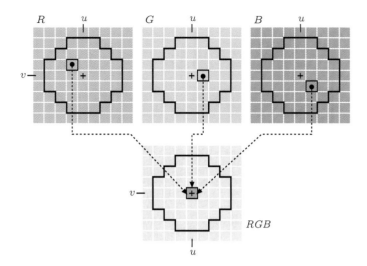

Wird ein Medianfilter unabhängig auf die einzelnen Komponenten eines Farbbilds angewandt, so wird jeder Kanal als skalarwertiges Bild betrachtet, ähnlich einem einzelnen Grauwertbild. In diesem Fall werden die Medianwerte in den einzelnen Farbkomponenten jedoch typischerweise von *unterschiedlichen* Positionen innerhalb der Filterregion $\mathcal{R}$ beigesteuert, wie in Abb. 15.11 dargestellt. Die Komponentenwerte für den resultierenden Farbvektor werden daher i. Allg. aus mehr als einem Pixel in $\mathcal{R}$ zusammengefügt, sodass der generierte Farbwert möglicherweise keinem bisherigem Bildwert entspricht und somit gänzlich neue Farben entstehen können, die im ursprünglichen Bild nicht enthalten waren. Trotz dieses offensichtlichen Problems wird das Medianfilter genau in dieser Form in vielen Bildverarbeitungsumgebungen (einschließlich Photoshop und ImageJ) als „Standard"-Medianfilter für Farbbilder eingesetzt.

15.2.2 Vektor-Medianfilter

Das skalare Medianfilter basiert auf dem Konzept einer *Ordnungsrelation*, d. h., dass die betreffenden Werte eindeutig geordnet und sortiert werden können. Für Vektoren existiert allerdings keine natürliche Ordnung. Obwohl man Vektoren auf viele verschiedene Arten sortieren kann, z. B. nach ihrer Länge oder lexikographisch nach jeder Dimension, ist es in der Regel nicht möglich, eine vernünftige größer-gleich-Relation zwischen beliebigen Paaren von Vektoren zu definieren.

Wie sich zeigen lässt, kann der Median einer Folge von n skalaren Größen $P = (p_1, \ldots, p_n)$ auch als genau jener Wert p_{m} definiert werden, für den gilt

$$\sum_{i=1}^{n} |p_{\mathrm{m}} - p_i| \leq \sum_{i=1}^{n} |p_j - p_i|, \qquad (15.20)$$

über alle $p_j \in P$. In anderen Worten ist der Median p_m jener Wert, dessen Summe der Abstände zu *allen anderen* Elementen p_i am kleinsten ist.

Mit dieser Definition lässt sich das Konzept des Medians sehr leicht von der skalaren Situation auf mehrdimensionale Daten erweitern. Für eine Folgen von vektoriellen Messwerten $\boldsymbol{P} = (\boldsymbol{p}_1, \ldots, \boldsymbol{p}_n)$, mit $\boldsymbol{p}_i \in \mathbb{R}^K$, definieren wir den Median als jenes Element $\boldsymbol{p}_\mathrm{m}$, für das gilt

$$\sum_{i=1}^{n} \|\boldsymbol{p}_\mathrm{m} - \boldsymbol{p}_i\| \leq \sum_{i=1}^{n} \|\boldsymbol{p}_j - \boldsymbol{p}_i\|, \tag{15.21}$$

für jedes mögliche $\boldsymbol{p}_j \in \boldsymbol{P}$. Dies ist analog zur Definition in Gl. 15.20 mit der Ausnahme, dass die skalare Differenz $|\cdot|$ ersetzt wurde durch die Vektornorm $\|\cdot\|$ zur Messung des Abstands zwischen Punktpaaren im K-dimensionalen Raum.[5] Wir bezeichnen im Folgenden den Ausdruck

$$D_\mathrm{L}(\boldsymbol{p}, \boldsymbol{P}) = \sum_{\boldsymbol{p}_i \in \boldsymbol{P}} \|\boldsymbol{p} - \boldsymbol{p}_i\|_\mathrm{L} \tag{15.22}$$

als „aggregierte Distanz" des Punkts $\boldsymbol{p}$ gegenüber einer Menge anderer Messwerte $\boldsymbol{p}_i$ in $\boldsymbol{P}$ unter Annahme eines bestimmten *Abstandsmaßes* bzw. einer *Norm* L. Gängige Alternativen für Abstandsmaße sind u. a. die L_1-, L_2- und L_∞-Norm, mit folgenden Definitionen:

$$\mathrm{L}_1: \quad \|\boldsymbol{p} - \boldsymbol{q}\|_1 = \sum_{k=1}^{K} |p_k - q_k|, \tag{15.23}$$

$$\mathrm{L}_2: \quad \|\boldsymbol{p} - \boldsymbol{q}\|_2 = \left[\sum_{k=1}^{K} |p_k - q_k|^2\right]^{1/2}, \tag{15.24}$$

$$\mathrm{L}_\infty: \quad \|\boldsymbol{p} - \boldsymbol{q}\|_\infty = \max_{1 \leq k \leq K} |p_k - q_k|. \tag{15.25}$$

Wir können somit den „Vektormedian" einer Folge $\boldsymbol{P}$ definieren als

$$\mathrm{median}(\boldsymbol{P}) = \underset{\boldsymbol{p} \in \boldsymbol{P}}{\mathrm{argmin}}\, D_\mathrm{L}(\boldsymbol{p}, \boldsymbol{P}), \tag{15.26}$$

also jenes Element $\boldsymbol{p}$, das die kleinste aggregierte Distanz zu allen anderen Elementen in $\boldsymbol{P}$ aufweist.

Eine direkte Implementierung des Vektor-Medianfilters für RGB-Farbbilder ist in Alg. 15.2 dargestellt. Die Berechnung der aggregierten Distanz $D_\mathrm{L}(\boldsymbol{p}, \boldsymbol{P})$ erfolgt dabei durch die Funktion AggregateDistance(). An jeder Position (u, v) wird das Pixel im Zentrum der Filterregion durch den Wert des Pixels mit der kleines aggregierten Distanz D_min ersetzt, allerdings nur dann, wenn diese kleiner ist als die aggregierte Distanz D_ctr des Zentralpixels selbst (siehe Zeile 15). Damit wird verhindert, dass dem Zentralpixel unnötigerweise eine neue Farbe zugewiesen wird,

---

[5] K bezeichnet die Dimensionalität der Messwerte $\boldsymbol{p}_i$, z. B., ist $K = 3$ für RGB Farbwerte.

die zufällig die selbe aggregierte Distanz wie die ursprüngliche Farbe aufweist.

Die optimale Wahl der Abstandsnorm L für die Berechnung der Distanzen zwischen den Farbpunkten in Gl. 15.22 hängt von der angenommenen Rauschverteilung im zugrunde liegenden Signal ab [8]. Ergebnisse mit unterschiedlichen Abstandsnormen (L_1, L_2, L_∞) sind in Abb. 15.13 gezeigt, für das Originalbild aus Abb. 15.12. Obwohl es natürlich numerische Unterschiede in den Ergebnissen gibt, sind diese bei natürlichen Bildern praktisch nicht zu erkennen (insbesondere im Druckbild). In den nachfolgenden Beispielen wird, sofern nicht anders angegeben, durchgehend die L_1 Abstandsnorm verwendet.

Abbildung 15.12
Stark verrauschtes Testbild und ausgewählte Details zur Verwendung in den nachfolgenden Beispielen.

Abbildung 15.14 zeigt einen Vergleich zwischen dem skalaren Medianfilter (unabhängig auf die drei Farbkomponenten angewandt) und dem Vektor-Medianfilter anhand eines synthetischen Testbilds. Man erkennt deutlich, dass durch das skalare Filter an verschiedenen Stellen im Bild (Abb. 15.14 (a, c)) neue Farben entstehen, wie in Abb. 15.11 skizziert. Im Unterschied dazu kann das Vektor-Medianfilter (Abb. 15.14 (b, d)) ausschließlich Farben erzeugen, die bereits im Ausgangsbild enthalten waren. Abbildung 15.15 zeigt das Ergebnis des Vektor-Medianfilters mit unterschiedlichen Filterradien.

Da das Vektor-Medianfilter auf der Berechnung von Abständen zwischen Paaren von Farbpunkten basiert, sind die in Abschn. 15.1.2 angestellten Überlegungen hinsichtlich der „metrischen" Eigenschaften des Farbraums auch in diesem Zusammenhang relevant. Es ist daher keineswegs ungewöhnlich, Vektor-Medianfilter nicht im ursprünglichen RGB-Farbraum auszuführen, sondern in einem „wahrnehmungslinearisierten" Farbraum wie CIELUV oder CIELAB [122, 216, 227].

Das Vektor-Medianfilters erfordert einen relativ hohen Rechenaufwand. Bei einer Filterregion der Größe n erfordert die Berechnung der

```
 1:  VectorMedianFilter(I, r)
          Input: I = (I_R, I_G, I_B), a color image of size M × N;
          r, filter radius (r ≥ 1).
          Returns a new (filtered) color image of size M × N.
 2:      (M, N) ← Size(I)
 3:      I' ← Duplicate(I)
 4:      for all image coordinates (u, v) ∈ M × N do
 5:          p_ctr ← I(u, v)                      ▷ center pixel of support region
 6:          P ← GetSupportRegion(I, u, v, r)
 7:          d_ctr ← AggregateDistance(p_ctr, P)
 8:          d_min ← ∞
 9:          for all p ∈ P do
10:              d ← AggregateDistance(p, P)
11:              if d < d_min then
12:                  p_min ← p
13:                  d_min ← d
14:          if d_min < d_ctr then
15:              I'(u, v) ← p_min                 ▷ modify this pixel
16:          else
17:              I'(u, v) ← I(u, v)               ▷ keep the original pixel value
18:      return I'
```

```
19:  GetSupportRegion(I, u, v, r)
          Returns a vector of n pixel values P = (p_1, p_2, ..., p_n) from image
          I that are inside a disk of radius r, centered at position (u, v).
20:      P ← ( )
21:      for i ← ⌊u−r⌋, ..., ⌈u+r⌉ do
22:          for j ← ⌊v−r⌋, ..., ⌈v+r⌉ do
23:              if (u − i)² + (v − j)² ≤ r² then
24:                  p ← I(i, j)
25:                  P ← P ⌣ (p)
26:      return P                                 ▷ P = (p_1, p_2, ..., p_n)
```

```
27:  AggregateDistance(p, P)
          Returns the aggregate distance D_L(p, P) of the sample vector p over
          all elements p_i ∈ P (see Eq. 15.22).
28:      d ← 0
29:      for all q ∈ P do
30:          d ← d + ‖p − q‖_L                    ▷ choose any distance norm L
31:      return d
```

aggregierten Distanz über die zugehörigen Farbvektoren p_i in P etwa $\mathcal{O}(n^2)$ Schritte. Das Auffinden des Pixelwerts in P mit der kleinsten aggregierten Distanz kann in $\mathcal{O}(n)$ Schritten bewerkstelligt werden. Da n proportional mit dem Quadrat des Filterradius r ansteigt, ist die Anzahl der notwendigen Schritte für die Berechnung einer einzigen Bildposition ungefähr $\mathcal{O}(r^4)$. Schnellere Implementierungen sind zwar möglich [8, 16, 201], der erforderliche Rechenaufwand bleibt aber dennoch beträchtlich.

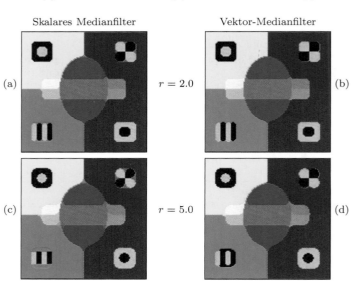

Abbildung 15.14
Vergleich zwischen skalarem Medianfilter und Vektor-Medianfilter mit Filterradius $r = 2.0$ (a, b) bzw. $r = 5.0$ (c, d). Man beachte, dass das skalare Filter (a, c) neue Farben erzeugt, die im ursprünglichen Bild nicht enthalten waren.

15.2.3 Schärfendes Vektor-Medianfilter

Während das Vektor-Medianfilter grundsätzlich eine wirkungsvolle Lösung zur Reduktion von pulsartigen Störungen und gaußverteiltem Rauschen in Farbbildern ist, neigt es auch dazu, relevante Strukturen wie Linien und Kanten zu verwischen oder sogar zu eliminieren. Das *schärfende* Vektor-Medianfilter [141] zielt darauf ab, die kantenerhaltenden Eigenschaften des im vorigen Abschnitt beschriebenen Vektor-Medianfilters zu verbessern. Die Kernidee dabei ist, die aggregierte Distanz nicht gegenüber *allen* anderen Farbwerten in der aktuellen Filterregion

(a) $r = 1.0$

(b) $r = 2.0$

(c) $r = 3.0$

(d) $r = 5.0$

zu berechnen, sondern nur die *ähnlichsten* Farben zu berücksichtigen. Die Begründung dafür ist, dass stark abweichende Farbwerte tendenziell „Outlier" sind (z. B. von benachbarten Kanten) und daher von der Medianberechnung ausgeschlossen werden sollten, um die Verwischung struktureller Details zu vermeiden.

Die für das schärfende Vektor-Medianfilter erforderlichen Berechnungsschritte sind in Alg. 15.3 zusammengefasst. Zur Berechnung der aggregierten Distanz $D_\mathrm{L}(\boldsymbol{p}, \boldsymbol{P})$ eines bestimmten Farbvektors $\boldsymbol{p}$ (siehe Gl. 15.22) werden nicht *alle* Pixelwerte in $\boldsymbol{P}$ berücksichtigt, sondern nur jene a Werte, die im 3D Farbraum am nächsten zu p liegen. Die nachfolgende Minimierung erfolgt über die so genannte „getrimmte" aggregierte Distanz (*trimmed aggregate distance*). Es wird also nur eine fixe Zahl (a) von Farbwerten innerhalb der Filterregion in der Berechnung der aggregierten Distanz berücksichtigt, mit der Folge, dass dieses Filter nicht nur das Bildrauschen effektiv reduziert sondern dabei auch Kantenstrukturen weitgehend intakt lässt.

Üblicherweise wird die aggregierte Distanz zwischen p und den a nächstliegenden Farbpunkten so bestimmt, dass zunächst die Distanzen zwischen p und *allen* Punkten in P berechnet werden, das Ergebnis anschließend sortiert wird und dann die a kleinsten Distanzen addiert werden (siehe Prozedur TrimmedAggregateDistance(p, P, a) in Alg. 15.3). Das schärfende Vektor-Medianfilter benötigt somit für jede Bildposition einen zusätzlichen Sortierschritt über n (proportional zu r^2) Elemente, wodurch sich der zugehörige Zeitaufwand natürlich nochmals erhöht.

Der Parameter s Alg. 15.3 bestimmt den Anteil der bei der Medianberechnung berücksichtigten Pixel in der Filterregion und steuert dadurch den Grad der Schärfung. Die Zahl der verwendeten Pixel a ist abhängig von s mit $a = \text{round}(n - s \cdot (n - 2))$ (siehe Alg. 15.3, Zeile 7), so dass $a = n, \ldots, 2$ für $s \in [0, 1]$. Mit $s = 0$ werden somit alle $a = |P| = n$ Pixel in der Filterregion für den Median berücksichtigt und das Filter verhält sich wie das gewöhnliche Vektor-Medianfilter in Alg. 15.2. Bei maximaler Schärfung, d. h. mit $s = 1$, wird bei der Berechnung der aggregierten Distanz nur das jeweils ähnlichste Farbpixel in der Umgebung P berücksichtigt.

Die Berechnung der „trimmed aggregate distance" ist in den Zeilen 20–29 von Alg. 15.3 gezeigt. Die Funktion TrimmedAggregateDistance(p, P, a) berechnet die aggregierte Distanz eines bestimmten Farbwerts p zu den a ähnlichsten Farbwerten innerhalb der Filterregion P. Zunächst werden dabei (in Zeile 24) die n Abstände $D(i)$ zwischen p und allen Elementen in P berechnet, mit $D(i) = \|p - P(i)\|_{\mathrm{L}}$ (siehe Gl. 15.23–15.25). Diese Abstände werden dann nach ansteigendem Wert sortiert (Zeile 25) und die Summe der a kleinsten Abstände $D'(1) + \ldots + D'(a)$ wird als Ergebnis zurückgegeben (Zeile 28).[6]

Die Auswirkung des Schärfungsparameters s ist in Abb. 15.16 gezeigt, unter Verwendung eines fixen Filterradius $r = 2.0$ und Schwellwerts $t = 0$. Mit $s = 0.0$ (Abb. 15.16 (a)) ist das Ergebnis identisch zum gewöhnlichen Vektor-Medianfilter in Abb. 15.15 (b).

Das aktuelle Zentralpixel wird aber nur dann durch ein Pixel aus der Umgebung ersetzt, wenn die zugehörige aggregierte Distanz d_{min} signifikant kleiner ist als die aggregierte Distanz d_{ctr} des Zentralpixels selbst. In Alg. 15.3, this is controlled by the threshold t. In Alg. 15.3 wird dieser Schritt durch den Schwellwert t gesteuert. Diese Ersetzung erfolgt nur, wenn

$$(d_{\mathrm{ctr}} - d_{\mathrm{min}}) > t \cdot a, \tag{15.27}$$

---

[6] $D'(1)$ ist der Abstand zwischen p und sich selbst und somit immer null.

```
 1:  SharpeningVectorMedianFilter(I, r, s, t)
         Input: I, a color image of size M × N, I(u, v) ∈ ℝ³; r, filter radius
         (r ≥ 1); s, sharpening parameter (0 ≤ s ≤ 1); t, threshold (t ≥ 0).
         Returns a new (filtered) color image of size M × N.
 2:      (M, N) ← Size(I)
 3:      I′ ← Duplicate(I)
 4:      for all image coordinates (u, v) ∈ M × N do
 5:          P ← GetSupportRegion(I, u, v, r)                        ▷ see Alg. 15.2
 6:          n ← |P|                                                 ▷ size of P
 7:          a ← round (n − s · (n − 2))                             ▷ a = 2, . . . , n
 8:          d_ctr ← TrimmedAggregateDistance(I(u, v), P, a)
 9:          d_min ← ∞
10:          for all p ∈ P do
11:              d ← TrimmedAggregateDistance(p, P, a)
12:              if d < d_min then
13:                  p_min ← p
14:                  d_min ← d
15:          if (d_ctr − d_min) > t · a then
16:              I′(u, v) ← p_min                                    ▷ replace the center pixel
17:          else
18:              I′(u, v) ← I(u, v)                                  ▷ keep the original center pixel
19:      return I′

20:  TrimmedAggregateDistance(p, P, a)
         Returns the aggregate distance from p to the a most similar elements
         in P = (p₁, p₂, . . . , pₙ).
21:      n ← |P|                                                     ▷ size of P
22:      Create map D : [1, n] ↦ ℝ
23:      for i ← 1, . . . , n do
24:          D(i) ← ‖p − P(i)‖_L                                     ▷ choose any distance norm L
25:      D′ ← Sort(D)                                                ▷ D′(1) ≤ D′(2) ≤ . . . ≤ D′(n)
26:      d ← 0
27:      for i ← 2, . . . , a do                                     ▷ D′(1) = 0, thus skipped
28:          d ← d + D′(i)
29:      return d
```

Algorithmus 15.3
Sharpening vector median filter for RGB color images (extension of Alg. 15.2). The *sharpening parameter* $s \in [0, 1]$ controls the number of most-similar neighborhood pixels included in the median calculation. For $s = 0$, all pixels in the given support region are included and no sharpening occurs; setting $s = 1$ leads to maximum sharpening. The *threshold parameter* t controls how much smaller the aggregate distance of any neighborhood pixel must be to replace the current center pixel.

andernfalls wird das Zentralpixel unverändert übernommen. Das Limit ist also proportional zu a und t spezifiziert somit den erforderlichen *durchschnittlichen* Farbabstand, und zwar unabhängig vom Filterradius r und dem Schärfungsfaktor s.

Ergebnisse für typische Werte von t (im Bereich $0, \ldots, 10$) sind in den Abbildungen 15.17–15.18 gezeigt. Um diesen Effekt zu verdeutlichen, sind in den Bildern in Abb. 15.18 nur jene Pixel farbig gezeigt, die durch das Filter *nicht* verändert wurden, alle anderen Pixel sind schwarz markiert. Wie zu erwarten ist, führt ein höherer Schwellwert t zu einer geringeren Zahl modifizierter (schwarzer) Pixel. Die Anwendung eines Schwellwerts ist in analoger Weise natürlich auch bei einem gewöhnlichen Vektor-Medianfilter möglich (siehe Aufg. 15.2).

Abbildung 15.16
Schärfendes Vektor-Medianfilter mit unterschiedlichen Schärfungsfaktoren s. Der Filterradius ist $r = 2.0$, die zugehörige Filterregion umfasst $n = 21$ Pixel. Für jedes Bildelement werden jeweils die $a = 21, 17, 12, 6$ ähnlichsten Farbwerte (für $s = 0.0, 0.2, 0.5, 0.8$) innerhalb der Filterregion bei der Medianberechnung berücksichtigt.

(a) $s = 0.0$

(b) $s = 0.2$

(c) $s = 0.5$

(d) $s = 0.8$

15.3 Java-Implementation

Implementierungen des skalaren Medianfilters für Farbbilder wie auch des Vektor-Medianfilters sowie des schärfenden Vektor-Medianfilters sind auf der Website zu diesem Buch verfügbar.[7] Die zugehörigen Klassen `ScalarMedianFilter`, `VectorMedianFilter` und `VectorMedian-`

---

[7] Paket `imagingbook.pub.colorfilters`.

Abbildung 15.17
$t = 0, 2, 5, 10$. Schärfendes Vektor-Medianfilter mit unterschiedlichen Schwellwerten $t = 0, 2, 5, 10$. Der Radius des Filters und der Schärfungsfaktor sind fix, mit $r = 2.0$ bzw. $s = 0.0$.

(a) t = 0

(b) t = 2

(c) t = 5

(d) t = 10

FilterSharpen basieren auf der gemeinsamen Überklasse Generic-Filter[8] mit der Methode

void applyTo (ImageProcessor ip),

die für alle ImageProcessor-Typen (Grauwert- und Farbbilder) anwendbar ist. Das Codesegment in Prog. 15.1 zeigt die Verwendung der Klasse VectorMedianFilter (mit Filterradius 3.0 und L_1-Abstandsnorm) für RGB-Farbbilder in einem ImageJ-Plugin.

---

[8] Paket imagingbook.lib.filters.

Abbildung 15.18
Schärfendes Vektor-Medianfilter
mit unterschiedlichen Schwellwerten t = 0, 2, 5, 10 (s. auch Abb.
15.17). Die durch das Filter modifizierten Pixel sind schwarz gesetzt,
nur die unveränderten Pixel sind
farbig gezeigt. Der Radius des Filters und der Schärfungsfaktor sind
fix, mit $r = 2.0$ bzw. $s = 0.0$.

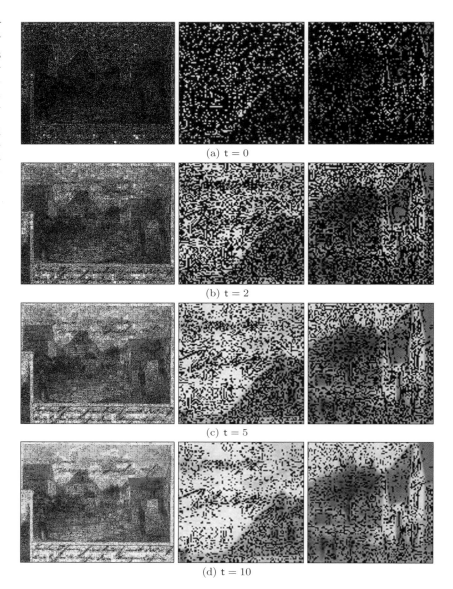

(a) t = 0

(b) t = 2

(c) t = 5

(d) t = 10

Für die speziellen Filter in diesem Kapitel werden u. a. folgende Konstruktoren bereit gestellt:

ScalarMedianFilter (Parameters params)

    Erzeugt ein skalares Medianfilter (siehe Abschn. 15.2.1) mit Para-
meter radius = 3.0 (default).

VectorMedianFilter (Parameters params)

    Erzeugt ein Vektor-Medianfilter (siehe Abschn. 15.2.2) mit Para-
metern radius = 3.0 (default), distanceNorm = NormType.L1
(default), L2, Lmax.

```
1  import ij.ImagePlus;
2  import ij.plugin.filter.PlugInFilter;
3  import ij.process.ImageProcessor;
4  import imagingbook.lib.math.VectorNorm.NormType;
5  import imagingbook.lib.util.Enums;
6  import imagingbook.pub.colorfilters.VectorMedianFilter;
7  import imagingbook.pub.colorfilters.VectorMedianFilter.*;
8
9  public class MedianFilter_Color_Vector implements PlugInFilter
10 {
11     public int setup(String arg, ImagePlus imp) {
12        return DOES_RGB;
13     }
14
15     public void run(ImageProcessor ip) {
16        Parameters params = new VectorMedianFilter.Parameters();
17        params.distanceNorm = NormType.L1;
18        params.radius = 3.0;
19        VectorMedianFilter filter =
20           new VectorMedianFilter(params);
21        filter.applyTo(ip);
22     }
23 }
```

Programm 15.1
Beipiel für die Anwendung der
Klasse `VectorMedianFilter` in einem
ImageJ-Plugin. In Zeile 16 wird zunächst ein passendes Parameterobjekt
(mit den Default-Werten) generiert,
modifiziert und bei der Erzeugung
des Filterobjekts in Zeile 20 übergeben. Die eigentliche Anwendung des
Filters erfolgt in Zeile 21, wobei das
Bild `ip` modifiziert wird.

`VectorMedianFilterSharpen (Parameters params)`
    Erzeugt ein schärfendes Vektor-Medianfilter (siehe Abschn. 15.2.3)
    mit Parametern `radius` $= 3.0$ (default), `distanceNorm` $=$
    `NormType.L1` (default), L2, Lmax, Schärfungsfaktor `sharpen` $= 0.5$
    (default), Schwellwert `threshold` $= 0.0$ (default).

Für diese Filter gibt es zusätzlich auch einfache Konstruktoren ohne Parameter, bei denen die angegebenen Default-Werte Verwendung finden.
Weitere Details finden sich im Quellcode. Die erzeugten Filterobjekte
sind übrigens generisch und können sowohl auf Grauwert- wie auch Farbbilder angewandt werden.

15.4 Weiterführende Literatur

Ein empfehlenswerter Startpunkt mit einer umfassenden Übersicht über
lineare und nichtlineare Filtertechniken für Farbbilder ist [130]. Darüber hinaus findet man in [171, Ch. 2] eine detaillierte Analyse verschiedener Filtertypen für Farbbilder unter Berücksichtigung statisti-
scher Rauschmodelle, Ordnungsrelationen für Vektorgrößen und Maße
zur Bestimmung der Ähnlichkeit von Farben. Mehrere Varianten von *gewichteten* Medianfiltern für Farb- bzw. Mehrkanalbilder im Allgemeinen
sind in [5, Abschn. 2.4] beschieben. Zum Thema Farbe in Computer Vision und insbesondere zu Aspekten wie Farbkonstanz, photometrische
Invarianz und Extraktion von Farbfeatures findet sich ein sehr infor-

mativer und aktueller Überblick in [74]. Neben den in diesem Kapitel beschriebenen Methoden sind auch die meisten der in Kap. 17 dargestellten Filter entweder unmittelbar für Farbbilder anwendbar oder leicht für diesen Zweck zu adaptieren.

15.5 Aufgaben

Aufg. 15.1. Überprüfen Sie (formal oder experimentell) die Gültigkeit von Gl. 15.20, dass nämlich die übliche Berechnung des skalaren Medians (durch Sortieren der gegeben Folge und Auswahl des mittleren Elements) genau jenen Wert liefert, der die kleinste Summe der Differenzen zu allen anderen Werten der Folge aufweist. Ist das Ergebnis unabhängig von der verwendeten Abstandsnorm?

Aufg. 15.2. Modifizieren Sie das gewöhnliche Vektor-Medianfilter in Alg. 15.2, so dass – analog zum Ansatz im schärfenden Vektor-Medianfilter in Alg. 15.3 – ein *Schwellwert* verwendet wird um zu entscheiden, ob das aktuelle Zentralpixel modifiziert wird oder nicht.

Aufg. 15.3. Realisieren Sie analog zu Alg. 15.1 ein Medianfilter für den HSV-Raum, das auf die einzelnen Farbkomponenten unabhängig wirkt aber den zyklischen Charakter der *Hue*-Komponente berücksichtigt, wie in Abschn. 15.1.3 beschrieben. Vergleichen Sie die Ergebnisse mit dem Vektor-Medianfilter aus Abschn. 15.2.2.

16

Kanten in Farbbildern

Kanteninformation ist die Grundlage vieler Anwendungen der der digitalen Bildverarbeitung und in Computer Vision, daher ist die zuverlässige Lokalisierung und Charakterisierung von Kanten eine wichtige Aufgabe. Grundlegende Methoden für die Kantendetektion in Grauwertbildern wurden bereits in Kap. 6 dargestellt. Farbbilder enthalten bei gleicher Auflösung mehr Information als Grauwertbilder und es erscheint daher nur natürlich anzunehmen, dass Methoden, die zur Kantendetektion explizit auch Farbinformation nutzen, den monochromatischen Verfahren grundsätzlich überlegen sind. Beispielsweise ist die Detektion einer Kante zwischen zwei Bildregionen mit unterschiedlichem Farbton aber ähnlicher Helligkeit naturgemäß schwierig mit einem Kantendetektor, der nur auf lokale Helligkeitsunterschiede reagiert. In diesem Kapitel betrachten wir zunächst die Anwendung „gewöhnlicher" (d. h., monochromatischer) Kantenfilter auf Farbbilder und wenden uns dann Methoden zu, die speziell für Farbbilder entwickelt wurden.

Obwohl das Problem der Kantendetektion in Farbbildern schon seit langer Zeit verfolgt wird (siehe [129, 235] für eine gute Übersicht), finden sich in den meisten Lehrbüchern nur wenige Details zu diesem Thema. Ein Grund dafür könnte sein, dass Kantendetektion in Farbbildern in der Praxis häufig durch Anwendung der üblichen *monochromatischen* Operatoren auf das zugehörige Grauwertbild oder die einzelnen Farbkomponenten realisiert wird. Wir beschreiben diese einfachen Methoden, die in vielen Anwendungen durchaus zufriedenstellende Ergebnisse liefern, nachfolgend in Abschn. 16.1.

Monochromatische Methoden sind für Bilder mit skalaren Werten gedacht und lassen sich nicht ohne weiteres auf Bilder mit Vektordaten erweitern, da die Kanteninformation in den einzelnen Farbkomponenten mehrdeutig oder sogar widersprüchlich sein kann. So können beispielsweise an einer Bildposition mehrere Kanten unterschiedlicher Richtung zusammentreffen, die einzelnen Gradienten können sich gegenseitig auslöschen oder die Kanten in den verschiedenen Farbkomponenten sind geringfügig versetzt. In Abschnitt 16.2 beschreiben wir die Berechnung von "richtigen" Farbgradienten für die Kantendetektion, in der das Farbbild nicht als Stapel von unabhängigen Grauwertbildern sondern als zweidimensionales *Vektorfeld* betrachtet wird. Abschließend zeigen wir in Abschnitt 6.5 eine Adaptierung des populären *Canny*-Kantendetektors, der ursprünglich für Grauwertbilder entwickelt wurde, für die Anwendung auf RGB-Farbbilder. Die Implementierungen der in diesem Kapitel beschriebenen Algorithmen sind in Abschn. 16.5 zusammengefasst.[1]

16.1 Monochromatische Methoden

Lineare filter sind die Grundlage der meisten Operatoren zur Verstärkung und Detektion von Kanten in skalarwertigen Grauwertbildern, insbesondere die linearen Gradientenfilter in Abschnitt 6.3. Zur einfachen Kantendetektion in RGB-Farbbildern werden diese skalaren Filter typischerweise auf das zugehörige Luminanzbild oder individuell auf die einzelnen Farbkomponenten angewandt. Ein gängiges Beispiel ist der *Sobel*-Operator mit den beiden Filterkernen

$$H_x^{\mathrm{S}} = \frac{1}{8} \cdot \begin{bmatrix} -1 & 0 & 1 \\ -2 & 0 & 2 \\ -1 & 0 & 1 \end{bmatrix} \quad \text{and} \quad H_y^{\mathrm{S}} = \frac{1}{8} \cdot \begin{bmatrix} -1 & -2 & -1 \\ 0 & 0 & 0 \\ 1 & 2 & 1 \end{bmatrix} \quad (16.1)$$

für die Ableitung in x- bzw. y-Richtung. Angewandt auf ein Grauwertbild I, mit $I_x = I * H_x^{\mathrm{S}}$ und $I_y = I * H_y^{\mathrm{S}}$, erhält man mit diesen Filtern eine ausreichend genaue Schätzung der lokalen Gradientenvektors

$$\nabla I(u, v) = \begin{pmatrix} I_x(u, v) \\ I_y(u, v) \end{pmatrix}. \quad (16.2)$$

Die lokale Kanten*stärke* erhält man im Fall eines Grauwertbilds in der Form

$$E_{\mathrm{gray}}(u, v) = \|\nabla I(u, v)\| = \sqrt{I_x^2(u, v) + I_y^2(u, v)}, \quad (16.3)$$

sowie die zugehörige Kantenrichtung durch

$$\Phi(u, v) = \angle \nabla I(u, v) = \tan^{-1}\left(\frac{I_y(u, v)}{I_x(u, v)}\right). \quad (16.4)$$

Der Winkel $\Phi(u, v)$ entspricht der Richtung der steilsten Helligkeitsänderung auf der 2D Bildfunktion an der Position (u, v) und steht somit normal zur Tangente der Kante an dieser Position.

---

[1] Der vollständige Quellcode ist auf der Website des Buchs zu finden.

Bei analoger Anwendung auf ein RGB-Farbbild $\boldsymbol{I} = (I_\mathrm{R}, I_\mathrm{G}, I_\mathrm{B})$ wird jede Farbebene zunächst individuell mit den beiden Gradientenkernen in Gl. 16.1 gefiltert, mit dem Ergebnis

$$
\begin{aligned}
\nabla I_\mathrm{R} &= \begin{pmatrix} I_{\mathrm{R},x} \\ I_{\mathrm{R},y} \end{pmatrix} = \begin{pmatrix} I_\mathrm{R} * H_x^\mathrm{S} \\ I_\mathrm{R} * H_y^\mathrm{S} \end{pmatrix}, \\
\nabla I_\mathrm{G} &= \begin{pmatrix} I_{\mathrm{G},x} \\ I_{\mathrm{G},y} \end{pmatrix} = \begin{pmatrix} I_\mathrm{G} * H_x^\mathrm{S} \\ I_\mathrm{G} * H_y^\mathrm{S} \end{pmatrix}, \\
\nabla I_\mathrm{B} &= \begin{pmatrix} I_{\mathrm{B},x} \\ I_{\mathrm{B},y} \end{pmatrix} = \begin{pmatrix} I_\mathrm{B} * H_x^\mathrm{S} \\ I_\mathrm{B} * H_y^\mathrm{S} \end{pmatrix}.
\end{aligned}
\tag{16.5}
$$

Die lokale Kantenstärke wird für jede Farbkomponente getrennt berechnet und ergibt einen Vektor

$$
\boldsymbol{E}(u,v) = \begin{pmatrix} E_\mathrm{R}(u,v) \\ E_\mathrm{G}(u,v) \\ E_\mathrm{B}(u,v) \end{pmatrix} = \begin{pmatrix} \|\nabla I_\mathrm{R}(u,v)\| \\ \|\nabla I_\mathrm{G}(u,v)\| \\ \|\nabla I_\mathrm{B}(u,v)\| \end{pmatrix}
\tag{16.6}
$$

$$
= \begin{pmatrix} [I_{\mathrm{R},x}^2(u,v) + I_{\mathrm{R},y}^2(u,v)]^{1/2} \\ [I_{\mathrm{G},x}^2(u,v) + I_{\mathrm{G},y}^2(u,v)]^{1/2} \\ [I_{\mathrm{B},x}^2(u,v) + I_{\mathrm{B},y}^2(u,v)]^{1/2} \end{pmatrix}
\tag{16.7}
$$

für jede Bildposition (u,v). Diese Vektoren lassen sich beispielsweise leicht in ein neues Farbbild $\boldsymbol{E} = (E_\mathrm{R}, E_\mathrm{G}, E_\mathrm{B})$ zusammenfügen, obwohl ein solches „Farbkantenbild" keine wirklich nützliche Information enthält.[2] Schließlich lässt sich damit auch ein (skalarwertiges) Maß für die „kombinierte Kantenstärke" über alle drei Farbebenen berechnen, beispielsweise in Form der (euklidischen) L_2-Norm des Vektors $\boldsymbol{E}$, d. h.,

$$
\begin{aligned}
E_2(u,v) = \|\boldsymbol{E}(u,v)\|_2 &= \left[E_\mathrm{R}^2(u,v) + E_\mathrm{G}^2(u,v) + E_\mathrm{B}^2(u,v) \right]^{1/2} \\
&= \left[I_{\mathrm{R},x}^2 + I_{\mathrm{R},y}^2 + I_{\mathrm{G},x}^2 + I_{\mathrm{G},y}^2 + I_{\mathrm{B},x}^2 + I_{\mathrm{B},y}^2 \right]^{1/2}
\end{aligned}
\tag{16.8}
$$

(ohne Bildkoordinaten in der 2. Zeile) oder, unter Verwendung der L_1-Norm,

$$
E_1(u,v) = \|\boldsymbol{E}(u,v)\|_1 = |E_\mathrm{R}(u,v)| + |E_\mathrm{G}(u,v)| + |E_\mathrm{B}(u,v)|.
\tag{16.9}
$$

Eine weitere Alternative ist die Berechnung der kombinierten Kantenstärke in Form des *maximalen* Gradientenwerts der drei Farbkomponenten, also die L_∞-Norm des Gradientenvektors $\boldsymbol{E}$,

$$
\begin{aligned}
E_\infty(u,v) &= \|\boldsymbol{E}(u,v)\|_\infty \\
&= \max\left(|E_\mathrm{R}(u,v)|, |E_\mathrm{G}(u,v)|, |E_\mathrm{B}(u,v)| \right).
\end{aligned}
\tag{16.10}
$$

---

[2] Derartige Kantenbilder werden dennoch oft erzeugt, beispielsweise durch das „Find Edges" Kommand in ImageJ oder das gleichnamige Filter in Adobe Photoshop (wobei die Komponenten invertiert angezeigt werden).

Abbildung 16.1
Farbkantenfilterung mit monochromatischen Methoden. Original Farbbild (a) und zugehöriges
Grauwertbild (b); Kantenstärke aus
dem Grauwertbild (c). Farbkantenstärke unter Verwendung verschiedener Normen: L_1 (d), L_2 (e) und
L_∞ (f). Die Bilder in (c–f) sind
zur besseren Darstellung invertiert.

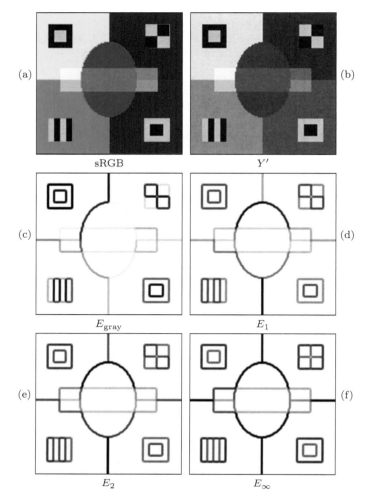

Das Beispiel in Abb. 16.1 zeigt anhand des Testbilds aus Kapitel 15 die
Kantenstärke des zugehörigen Grauwertbilds[3] (nach Gl. 16.3) sowie die
kombinierte Farbkantenstärke unter Verwendung verschiedener Normen
nach Gl. 16.8–16.10.

Bezüglich der Kanten*richtung* ist keine einfache Verallgemeinerung
von Grauwertbildern auf Farbbilder möglich. Während man natürlich
die Kantenrichtung (mit Gl. 16.4) für jede Farbkomponente getrennt sehr
leicht berechnen kann, sind die resultierenden Gradienten in der Regel

---

[3] Das Grauwertbild in Abb. 16.1 (b) wurde ausnahmsweise durch direkte Konvertierung aus den nichtlinearen sRGB-Komponenten berechnet (Gl. 14.31)
und enthält somit Y' *Luma*-Werte. Bei Verwendung der *Luminanz*-Werte
(Gl. 14.29) wären rund um den inneren Balken im Grauwertbild überhaupt
keine Kanten sichtbar, weil an diesen Übergängen die Luminanz konstant
bleibt.

```
 1:  MonochromaticColorEdge(I)
        Input: I = (I_R, I_G, I_B), an RGB color image of size M × N.
        Returns a pair of maps (E_2, Φ) for edge magnitude and orientation.
```

$$2: \quad H_x^S \leftarrow \frac{1}{8} \cdot \begin{bmatrix} -1 & 0 & 1 \\ -2 & 0 & 2 \\ -1 & 0 & 1 \end{bmatrix}, \quad H_y^S \leftarrow \frac{1}{8} \cdot \begin{bmatrix} -1 & -2 & -1 \\ 0 & 0 & 0 \\ 1 & 2 & 1 \end{bmatrix} \quad \triangleright x/y \text{ gradient kernels}$$

```
 3:     (M, N) ← Size(I)
 4:     Create maps E, Φ : M × N → ℝ                    ▷ edge magnitude/orientation
 5:     I_R,x ← I_R * H_x^S,   I_R,y ← I_R * H_y^S        ▷ apply gradient filters
 6:     I_G,x ← I_G * H_x^S,   I_G,y ← I_G * H_y^S
 7:     I_B,x ← I_B * H_x^S,   I_B,y ← I_B * H_y^S
 8:     for all image coordinates (u, v) ∈ M × N do
 9:         (r_x, g_x, b_x) ← (I_R,x(u,v), I_G,x(u,v), I_B,x(u,v))
10:         (r_y, g_y, b_y) ← (I_R,y(u,v), I_G,y(u,v), I_B,y(u,v))
11:         e_R^2 ← r_x^2 + r_y^2
12:         e_G^2 ← g_x^2 + g_y^2
13:         e_B^2 ← b_x^2 + b_y^2
14:         e_max^2 ← e_R^2                              ▷ find maximum gradient channel
15:         c_x ← r_x,  c_y ← r_y
16:         if e_G^2 > e_max^2 then
17:             e_max^2 ← e_G^2,   c_x ← g_x,   c_y ← g_y
18:         if e_B^2 > e_max^2 then
19:             e_max^2 ← e_B^2,   c_x ← b_x,   c_y ← b_y
20:         E(u, v) ← √(e_R^2 + e_G^2 + e_B^2)           ▷ edge magnitude (L_2 norm)
21:         Φ(u, v) ← Arctan(c_x, c_y)                   ▷ edge orientation
22:     return (E, Φ).
```

Algorithmus 16.1
Monochromatischer Kantenoperator
für RGB-Farbbilder. Für die Berechnung der lokalen x/y-Gradienten in
den drei Farbkomponenten des Eingangsbilds I wird ein Sobel-Filter mit
den Kernen H_x^S und H_y^S verwendet.
Die Farbkantenstärke wird in diesem
Fall mit der L_2-Norm des Gradientenvektors (siehe Gl. 16.8) ermittelt.
Die Prozedur liefert als Ergebnis zwei
Abbildungen mit der Kantenstärke
$E(u,v)$ bzw. der Kantenrichtung
$Φ(u,v)$ für jede Bildposition.

unterschiedlich (mitunter sogar gegenläufig) und ihre Kombination ist nicht so einfach möglich.

Eine einfache ad-hoc Methode ist, an jeder Bildposition (u, v) die Kantenrichtung aus jener Farbkomponente zu übernehmen, der an dieser Stelle die größte Kantenstärke aufweist, d. h.,

$$\Phi_{\text{col}}(u, v) = \tan^{-1}\left(\frac{I_{m,y}(u, v)}{I_{m,x}(u, v)}\right), \quad \text{mit } m = \underset{j=R,G,B}{\operatorname{argmax}} E_j(u, v). \quad (16.11)$$

Diese einfache (monochromatische) Methode zur Berechnung von Kantenstärke und -orientierung in Farbbildern ist in Alg. 16.1 nochmals zusammengefasst (die zugehörige Java-Implementierung ist in Abschn. 16.5 beschieben). Zwei Beispiele dazu sind in Abb. 16.2 gezeigt. Zum Vergleich enthält diese Abbildungen auch die mit dem Sobel-Operator[4] aus dem zugehörigen Grauwertbild berechnete Kantenstärke (Abb. 16.2 (b)). Die Kantenstärke ist in allen Fällen normalisiert und wird invertiert angezeigt, um die Sichtbarkeit der Kanten bei niedrigem Kontrast zu verbessern. Wie zu erwarten und aus den Beispielen ersichtlich, sind die Ergebnisse aus den Farbbildern selbst mit einfachen monochromatischen

---

[4] Siehe Abschn. 6.3.1.

Abbildung 16.2
Beipiel für die Kantendetektion mit monochromatischen Methoden (`balloons`). Original Farbbild und zugehöriges Grauwertbild (a), aus dem Grauwertbild berechnete Kantenstärke (b); Farbkantenstärke berechnet mit der L_1-Norm (c), L_2-Norm (d) sowie der L_∞-Norm (e). Speziell innerhalb des rechten Ballons und beim Übergang von der Mandarine zum Hintergrund ist der Unterschied zwischen dem Grauwertdetektor (b) und den farbbasierten Detektoren (c–e) deutlich zu erkennen.

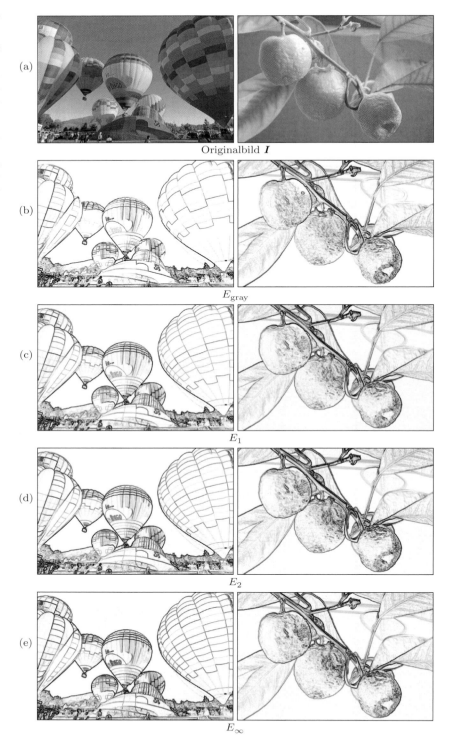

Originalbild I

E_{gray}

E_1

E_2

E_∞

Methoden besser als die Kantendetektion im zugehörigen Grauwertbild. Insbesondere sind natürlich Kanten zwischen Regionen mit unterschiedlichem Farbton aber ähnlicher Helligkeit mit einfachen Grauwertverfahren, also ohne Berücksichtigung der Farbinformation, nur schwer zu detektieren. Die Wahl der verwendeten Norm macht bei den monochromatischen Methoden keinen großen Unterschied, allerdings scheint im visuellen Vergleich die L_∞-Norm (Abb. 16.2 (d)) auch hier das sauberste Ergebnis zu liefern, bei dem die wenigsten Kanten verloren gehen.

Allerdings darf man bei der Kantendetektion von keiner dieser monochromatischen Methoden ein allzu hohes Maß an Zuverlässigkeit erwarten. Während man für ansprechendere Ergebnisse den Schwellwert für die Binarisierung der Kantenstärke natürlich manuell einstellen kann, ist es auf diese Weise schwierig, konsistente Ergebnisse für einen weiten Bereich von Farbbildern zu erhalten. Darüber hinaus existieren auch Methoden zur dynamischen Bestimmung des optimalen Schwellwerts in Abhängigkeit vom Bildinhalt, typischerweise basierend auf der Variabilität der lokalen Farbgradienten. Weitere Details dazu finden sich beispielweise in [75, 158, 176].

16.2 Kanten aus vektorwertigen Bilddaten

Bei den im vorhergehenden Abschnitt beschriebenen „monochromatischen" Verfahren wird die Kantenstärke im zugehörigen Grauwertbild oder in den einzelnen Farbkomponenten getrennt berechnet, ohne dass dabei die mögliche Kopplung zwischen den Komponenten berücksichtigt wird. Erst in einem nachfolgenden Schritt werden dann die Kantendaten aus den einzelnen Farbkomponenten wieder verknüpft, allerdings in einer Form, die man als „ad-hoc" bezeichnen könnte. In anderen Worten, die Farbdaten werden nicht als *Vektoren* sondern lediglich als getrennte und voneinander unabhängige *Skalar*werte behandelt.

Zum besseren Verständnis dieses Problems ist es hilfreich, ein Farbbild als *Vektorfeld* zu betrachten, ein Standardkonzept in der Vektoranalysis [30, 203].[5] Unter der Annahme *kontinuierlicher* Koordinaten x lässt sich ein RGB Farbbild $I(x) = (I_R(x), I_G(x), I_B(x))$ als zweidimensionales Vektorfeld beschreiben, d.h. als Abbildung

$$I : \mathbb{R}^2 \mapsto \mathbb{R}^3, \tag{16.12}$$

also eine Funktion mit zweidimensionalen Koordinaten $x = (x, y)$ und dreidimensionalen Werten. Analog dazu entspricht ein Grauwertbild einem zweidimensionalen *Skalarfeld*, da in diesem Fall die Pixelwerte nur eindimensional sind.

---

[5] Siehe auch Anhang 3.2.

16.2.1 Mehrdimensionale Gradienten

Wie im vorigen Abschnitt ausgeführt, ist der Gradient eines kontinuierlichen, skalarwertigen Bilds I an einer bestimmten Position $\dot{\boldsymbol{x}} = (\dot{x}, \dot{y})$ definiert als

$$\nabla I(\dot{\boldsymbol{x}}) = \begin{pmatrix} \frac{\partial I}{\partial x}(\dot{\boldsymbol{x}}) \\ \frac{\partial I}{\partial y}(\dot{\boldsymbol{x}}) \end{pmatrix}, \tag{16.13}$$

d. h., der Vektor der partiellen Ableitungen der Funktion I entlang der x- bzw. y-Achse.[6] Offensichtlich ist also der Gradient ∇I eines skalarwertigen Bilds ein zweidimensionales Vektorfeld.

Im Fall eines Farbbilds $\boldsymbol{I} = (I_{\mathrm{R}}, I_{\mathrm{G}}, I_{\mathrm{B}})$ können wir die drei Farbkomponenten jeweils als skalarwertige Teilbilder betrachten und die zugehörigen Gradienten analog dazu in der Form

$$\nabla I_{\mathrm{R}}(\dot{\boldsymbol{x}}) = \begin{pmatrix} \frac{\partial I_{\mathrm{R}}}{\partial x}(\dot{\boldsymbol{x}}) \\ \frac{\partial I_{\mathrm{R}}}{\partial y}(\dot{\boldsymbol{x}}) \end{pmatrix}, \ \nabla I_{\mathrm{G}}(\dot{\boldsymbol{x}}) = \begin{pmatrix} \frac{\partial I_{\mathrm{G}}}{\partial x}(\dot{\boldsymbol{x}}) \\ \frac{\partial I_{\mathrm{G}}}{\partial y}(\dot{\boldsymbol{x}}) \end{pmatrix}, \ \nabla I_{\mathrm{B}}(\dot{\boldsymbol{x}}) = \begin{pmatrix} \frac{\partial I_{\mathrm{B}}}{\partial x}(\dot{\boldsymbol{x}}) \\ \frac{\partial I_{\mathrm{B}}}{\partial y}(\dot{\boldsymbol{x}}) \end{pmatrix}$$
$$\tag{16.14}$$

berechnen, was genau dem Ansatz beim einfachen Farb-Sobeloperator in Gl. 16.5 entspricht. Bevor wir aber die nächsten Schritte setzen, wollen wir uns zunächst im Folgenden mit einigen wichtigen Konzepten im Zusammenhang mit Vektorfeldern beschäftigen.

16.2.2 Die Jacobi-Matrix

Die *Jacobi-Matrix*[7] $\mathbf{J}_I(\dot{\boldsymbol{x}})$ besteht aus den partiellen Ableitungen erster Ordnung des Vektorfelds $\boldsymbol{I}$ an der Position $\dot{\boldsymbol{x}}$. Die Zeilenvektoren der Jacobi-Matrix entsprechen den Gradienten der einzelnen (skalarwertigen) Teilfunktionen. Im speziellen Fall eines RGB-Farbbilds $\boldsymbol{I}$ hat die zugehörige Jacobi-Matrix die Form

$$\mathbf{J}_I(\dot{\boldsymbol{x}}) = \begin{pmatrix} (\nabla I_{\mathrm{R}})^{\intercal}(\dot{\boldsymbol{x}}) \\ (\nabla I_{\mathrm{G}})^{\intercal}(\dot{\boldsymbol{x}}) \\ (\nabla I_{\mathrm{B}})^{\intercal}(\dot{\boldsymbol{x}}) \end{pmatrix} = \begin{pmatrix} \frac{\partial I_{\mathrm{R}}}{\partial x}(\dot{\boldsymbol{x}}) & \frac{\partial I_{\mathrm{R}}}{\partial y}(\dot{\boldsymbol{x}}) \\ \frac{\partial I_{\mathrm{G}}}{\partial x}(\dot{\boldsymbol{x}}) & \frac{\partial I_{\mathrm{G}}}{\partial y}(\dot{\boldsymbol{x}}) \\ \frac{\partial I_{\mathrm{B}}}{\partial x}(\dot{\boldsymbol{x}}) & \frac{\partial I_{\mathrm{B}}}{\partial y}(\dot{\boldsymbol{x}}) \end{pmatrix} = \big(\boldsymbol{I}_x(\dot{\boldsymbol{x}}) \, \boldsymbol{I}_y(\dot{\boldsymbol{x}})\big), \quad (16.15)$$

mit $\nabla I_{\mathrm{R}}, \nabla I_{\mathrm{G}}, \nabla I_{\mathrm{B}}$ wie in Gl. 16.14 definiert. Man erkennt, dass die zweidimensionalen Gradientenvektoren $(\nabla I_{\mathrm{R}})^{\intercal}, (\nabla I_{\mathrm{G}})^{\intercal}, (\nabla I_{\mathrm{B}})^{\intercal}$ die Zeilen dieser 3×2-Matrix bilden. Demgegenüber sind die beiden dreidimensionalen Spaltenvektoren von $\mathbf{J}_I$, also

---

[6] Natürlich sind Bilder in Wirklichkeit *diskrete* Funktionen und die partiellen Ableitungen werden aus den Differenzen benachbarter Abtastwerte geschätzt (siehe auch Abschn. C.3.1 im Anhang).

[7] Siehe auch Abschn. C.2.1 im Anhang.

$$\boldsymbol{I}_x(\dot{\boldsymbol{x}}) = \frac{\partial \boldsymbol{I}}{\partial x}(\dot{\boldsymbol{x}}) = \begin{pmatrix} \frac{\partial I_{\mathrm{R}}}{\partial x}(\dot{\boldsymbol{x}}) \\ \frac{\partial I_{\mathrm{G}}}{\partial x}(\dot{\boldsymbol{x}}) \\ \frac{\partial I_{\mathrm{B}}}{\partial x}(\dot{\boldsymbol{x}}) \end{pmatrix}, \quad \boldsymbol{I}_y(\dot{\boldsymbol{x}}) = \frac{\partial \boldsymbol{I}}{\partial y}(\dot{\boldsymbol{x}}) = \begin{pmatrix} \frac{\partial I_{\mathrm{R}}}{\partial y}(\dot{\boldsymbol{x}}) \\ \frac{\partial I_{\mathrm{G}}}{\partial y}(\dot{\boldsymbol{x}}) \\ \frac{\partial I_{\mathrm{B}}}{\partial y}(\dot{\boldsymbol{x}}) \end{pmatrix}, \quad (16.16)$$

die partiellen Ableitungen der drei Farbkomponenten entlang der x- bzw.
y-Achse. An einer bestimmten Position $\dot{\boldsymbol{x}}$ lässt sich die Gesamtänderung des Farbbilds in (beispielsweise) horizontaler Richtung über alle
drei Farbkomponenten hinweg durch die Norm des zugehörigen Spaltenvektors, in diesem Fall also durch $\|\boldsymbol{I}_x(\dot{\boldsymbol{x}})\|$, quantifizieren. Analog dazu
misst $\|\boldsymbol{I}_y(\dot{\boldsymbol{x}})\|$ die Gesamtänderung des Farbbilds an derselben Position
in vertikaler Richtung.

16.2.3 Quadratischer lokaler Kontrast

Nachdem wir nun das Ausmaß der Änderung in einem Farbbild entlang
der horizontalen und vertikalen Achse an jeder Position $\dot{\boldsymbol{x}}$ berechnen können, ist der nächste Schritt die Bestimmung der *Richtung der maximalen
Änderung*, entlang der wir anschließend die lokale Kantenstärke ermitteln werden. Wie aber kann man die Ableitung einer Funktion entlang
einer beliebigen Richtung θ berechnen, die also nicht unbedingt horizontal oder vertikal ist? Für diesen Zweck eignet sich das Produkt der
Einheitsvektors mit der Richtung θ,

$$\mathbf{e}_\theta = \begin{pmatrix} \cos(\theta) \\ \sin(\theta) \end{pmatrix}, \quad (16.17)$$

mit der Jacobi-Matrix $\mathbf{J}_I$ (Gl. 16.15) in der Form

$$(\mathrm{grad}_\theta \boldsymbol{I})(\boldsymbol{x}) = \mathbf{J}_I(\boldsymbol{x}) \cdot \mathbf{e}_\theta = \left(\boldsymbol{I}_x(\boldsymbol{x}), \boldsymbol{I}_y(\boldsymbol{x}) \right) \cdot \begin{pmatrix} \cos(\theta) \\ \sin(\theta) \end{pmatrix}$$
$$= \boldsymbol{I}_x(\boldsymbol{x}) \cdot \cos(\theta) + \boldsymbol{I}_y(\boldsymbol{x}) \cdot \sin(\theta). \quad (16.18)$$

Den daraus resultierenden Vektor $(\mathrm{grad}_\theta \boldsymbol{I})(\boldsymbol{x})$ bezeichnet man als *Richtungsgradient*[8] an der Position $\boldsymbol{x}$ des Farbbilds $\boldsymbol{I}$ für die Richtung θ. Das
Quadrat der Norm dieses Vektors,

$$S_\theta(\boldsymbol{I}, \boldsymbol{x}) = \|(\mathrm{grad}_\theta \boldsymbol{I})(\boldsymbol{x})\|_2^2 = \left\| \boldsymbol{I}_x(\boldsymbol{x}) \cdot \cos(\theta) + \boldsymbol{I}_y(\boldsymbol{x}) \cdot \sin(\theta) \right\|_2^2 \quad (16.19)$$
$$= \boldsymbol{I}_x^2(\boldsymbol{x}) \cdot \cos^2(\theta) + 2 \cdot \boldsymbol{I}_x(\boldsymbol{x}) \cdot \boldsymbol{I}_y(\boldsymbol{x}) \cdot \cos(\theta) \cdot \sin(\theta) + \boldsymbol{I}_y^2(\boldsymbol{x}) \cdot \sin^2(\theta),$$

wird als *quadratischer lokaler Kontrast* des Farbbilds $\boldsymbol{I}$ bezeichnet,[9] wiederum bezogen auf die Position $\dot{\boldsymbol{x}}$ und die Richtung θ. Expandiert für den
speziellen Fall eines RGB Farbbilds $\boldsymbol{I} = (I_{\mathrm{R}}, I_{\mathrm{G}}, I_{\mathrm{B}})$ ergibt der Ausdruck
in Gl. 16.19

---

[8] Siehe auch Gl. C.19 in Anhang C (S. 733).
[9] Man beachte, dass $\boldsymbol{I}_x^2 = \boldsymbol{I}_x \cdot \boldsymbol{I}_x$, $\boldsymbol{I}_y^2 = \boldsymbol{I}_y \cdot \boldsymbol{I}_y$ und $\boldsymbol{I}_x \cdot \boldsymbol{I}_y$ in Gl. 16.19 sind
innere Produkte und die Ergebnisse daher skalare Werte.

$$S_\theta(\boldsymbol{I}, \boldsymbol{x}) = \left\| \begin{pmatrix} I_{\mathrm{R},x}(\boldsymbol{x}) \\ I_{\mathrm{G},x}(\boldsymbol{x}) \\ I_{\mathrm{B},x}(\boldsymbol{x}) \end{pmatrix} \cdot \cos(\theta) + \begin{pmatrix} I_{\mathrm{R},y}(\boldsymbol{x}) \\ I_{\mathrm{G},y}(\boldsymbol{x}) \\ I_{\mathrm{B},y}(\boldsymbol{x}) \end{pmatrix} \cdot \sin(\theta) \right\|_2^2 \tag{16.20}$$

$$\begin{aligned}
&= \left[I_{\mathrm{R},x}^2(\boldsymbol{x}) + I_{\mathrm{G},x}^2(\boldsymbol{x}) + I_{\mathrm{B},x}^2(\boldsymbol{x}) \right] \cdot \cos^2(\theta) \\
&+ \left[I_{\mathrm{R},y}^2(\boldsymbol{x}) + I_{\mathrm{G},y}^2(\boldsymbol{x}) + I_{\mathrm{B},y}^2(\boldsymbol{x}) \right] \cdot \sin^2(\theta) \\
&+ 2 \left[I_{\mathrm{R},x}(\boldsymbol{x}) \cdot I_{\mathrm{R},y}(\boldsymbol{x}) + I_{\mathrm{G},x}(\boldsymbol{x}) \cdot I_{\mathrm{G},y}(\boldsymbol{x}) + I_{\mathrm{B},x}(\boldsymbol{x}) \cdot I_{\mathrm{B},y}(\boldsymbol{x}) \right] \cdot \cos(\theta) \cdot \sin(\theta).
\end{aligned} \tag{16.21}$$

Bei einem *skalarwertigen* Bild (Grauwertbild) I reduziert sich der quadratische lokale Kontrast übrigens zu

$$\begin{aligned}
S_\theta(I, \boldsymbol{x}) &= \left\| (\mathrm{grad}_\theta\, I)(\boldsymbol{x}) \right\|^2 = \left\| \begin{pmatrix} I_x(\boldsymbol{x}) \\ I_y(\boldsymbol{x}) \end{pmatrix}^T \cdot \begin{pmatrix} \cos(\theta) \\ \sin(\theta) \end{pmatrix} \right\|_2^2 \\
&= \left[I_x(\boldsymbol{x}) \cdot \cos(\theta) + I_y(\boldsymbol{x}) \cdot \sin(\theta) \right]^2 .
\end{aligned} \tag{16.22}$$

Auf dieses Ergebnis kommen wir in Abschn. 16.2.6 nochmals zurück. Im Folgenden verwenden wir die *Wurzel* des quadratischen lokalen Kontrasts, also $\sqrt{S_\theta(I, \boldsymbol{x})}$, unter der Bezeichnung *lokaler Kontrast*.

Abbildung 16.3 illustriert den Zusammenhang zwischen den Gradienten und dem quadratischen lokalen Kontrast bei Grauwertbildern und RGB Farbbildern. In einem Grauwertbild (Abb. 16.3 (a)) definiert der lokale Gradient $\nabla I(\boldsymbol{x})$ an einer gegebenen Bildposition $\dot{\boldsymbol{x}}$ eine Tangentialebene zur Bildfunktion I an der Position $\boldsymbol{x}$. Im Fall eines RGB Farbbilds (Abb. 16.3 (b)) wird hingegen durch die Gradienten für jedes der drei Komponentenbilder eine eigene Tangentialebene definiert. In Abb. 16.3 (c, d) sind die Werte des zugehörigen *lokalen Kontrasts* $\sqrt{S_\theta(\,)}$ in der Form kreisförmiger Kurven für alle Richtungen θ grafisch dargestellt. Im Fall des Grauwertbilds (Abb. 16.3 (c)) ist der lokale Kontrast *linear* von der Richtung θ abhängig, während sich beim Farbbild (Abb. 16.3 (d)) ein *quadratischer* Zusammenhang zeigt. Für die Berechnung der Stärke und Orientierung der Kanten ist die Bestimmung jener Richtung wichtig, bei der sich der *maximale* lokale Kontrast ergibt, wie im Folgenden beschrieben.

16.2.4 Stärke von Farbkanten

Die Richtungswinkel θ, für die der Ausdruck $S_\theta(\boldsymbol{I}, \boldsymbol{x})$ in Gl. 16.19 ein Maximum ergibt, können analytisch berechnet werden, indem man beispielsweise (wie ursprünglich von Di Zenzo [57] vorgeschlagen) die Funktion $S_\theta(\,)$ nach θ ableitet und dann die Nullstellen der resultierenden Funktion findet. Wie in [53] gezeigt, lässt sich der *maximale lokale Kontrast* aber auch über die Eigenwerte der (symmetrischen) 2×2 Matrix

$$\mathbf{M}(\boldsymbol{x}) = \mathbf{J}_{\boldsymbol{I}}^\mathsf{T} \cdot \mathbf{J}_{\boldsymbol{I}} = \begin{pmatrix} \boldsymbol{I}_x \\ \boldsymbol{I}_y \end{pmatrix} \cdot \begin{pmatrix} \boldsymbol{I}_x , \boldsymbol{I}_y \end{pmatrix} = \begin{pmatrix} \boldsymbol{I}_x^2 & \boldsymbol{I}_x \boldsymbol{I}_y \\ \boldsymbol{I}_y \boldsymbol{I}_x & \boldsymbol{I}_y^2 \end{pmatrix} = \begin{pmatrix} A & C \\ C & B \end{pmatrix} \tag{16.23}$$

ermitteln, bestehend aus den Elementen[10]

---

[10] Zur besseren Lesbarkeit sind nachfolgend die Positionsargumente $(\boldsymbol{x})$ größtenteils weggelassen, $\mathbf{M}$ steht also für $\mathbf{M}(\boldsymbol{x})$, A für $A(\boldsymbol{x})$ etc.

Grauwertbild I RGB Farbbild $\boldsymbol{I}$

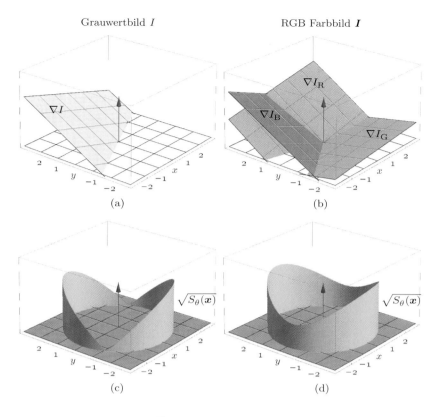

(a)   (b)

(c)   (d)

Abbildung 16.3
Bildgradienten und quadratischer
lokaler Kontrast. Bei einem skalarwertigen Bild I (a) definiert der lokale Gradient ∇I an der Position
$\boldsymbol{x} = (x, y)$ die entsprechende Tangentialebene an die Bildfunktion $I(x, y)$.
Im Fall eines RGB Farbbilds $\boldsymbol{I}$ (b)
definieren die Gradienten ∇I_{R}, ∇I_{G},
∇I_{B} der drei Farbkomponenten je-
weils eigene Tangentialebenen. In
(c, d) entspricht die Höhe der Kurven den resultierenden lokalen Kon-
trast $\sqrt{S_\theta(\boldsymbol{I}, \boldsymbol{x})}$ (siehe Gl. 16.19–
16.20) für alle möglichen Richtungen
$\theta = 0, \ldots, 2\pi$.

$$
\begin{aligned}
A &= \boldsymbol{I}_x^2(\boldsymbol{x}) = \boldsymbol{I}_x(\boldsymbol{x}) \cdot \boldsymbol{I}_x(\boldsymbol{x}), \\
B &= \boldsymbol{I}_y^2(\boldsymbol{x}) = \boldsymbol{I}_y(\boldsymbol{x}) \cdot \boldsymbol{I}_y(\boldsymbol{x}), \\
C &= \boldsymbol{I}_x(\boldsymbol{x}) \cdot \boldsymbol{I}_y(\boldsymbol{x}) = \boldsymbol{I}_y(\boldsymbol{x}) \cdot \boldsymbol{I}_x(\boldsymbol{x}).
\end{aligned} \tag{16.24}
$$

Die Matrix $\mathbf{M}(\boldsymbol{x})$ könnte man als Äquivalent zu der in Abschn. 7.2.1
(zur Detektion von Eckpunkten) verwendeten *lokalen Strukturmatrix*
bezeichnen. Die beiden Eigenwerte λ_1, λ_2 von $\mathbf{M}$ können in geschlossener Form berechnet werden durch (die Lösung einer quadratischen
Gleichung)[11]

$$
\begin{aligned}
\lambda_1(\boldsymbol{x}) &= \frac{A + B + \sqrt{(A - B)^2 + 4 \cdot C^2}}{2}, \\
\lambda_2(\boldsymbol{x}) &= \frac{A + B - \sqrt{(A - B)^2 + 4 \cdot C^2}}{2}.
\end{aligned} \tag{16.25}
$$

Da $\mathbf{M}$ symmetrisch ist, ist in Gl. 16.25 der Ausdruck unter der Wurzel
immer positiv und daher sind alle Eigenwerte reell. Der erste Eigenwert,
λ_1, ist zudem immer der größere der beiden Eigenwerte. Sein Wert entspricht dem maximalen lokalen Kontrast (Gl. 16.19), d. h.

---

[11] Für weitere Details siehe Abschn. 2.4 im Anhang.

$$\lambda_1(\boldsymbol{x}) \equiv \max_{0 \le \theta < 2\pi} S_\theta(\boldsymbol{I}, \boldsymbol{x}), \tag{16.26}$$

und kann daher direkt zur Bestimmung der lokalen Kantenstärke an der Position $\boldsymbol{x}$ verwendet werden. Der zu $\lambda_1(\boldsymbol{x})$ gehörige *Eigenvektor* ist

$$\boldsymbol{q}_1(\boldsymbol{x}) = \begin{pmatrix} A - B + \sqrt{(A-B)^2 + 4 \cdot C^2} \\ 2 \cdot C \end{pmatrix}, \tag{16.27}$$

bzw. jedes Vielfache von $\boldsymbol{q}_1$.[12] Der Anstieg der Bildfunktion entlang des Vektors $\boldsymbol{q}_1$ ist somit der gleiche wie in der Gegenrichtung, also entlang $-\boldsymbol{q}_1$, woraus folgt, dass der lokale Kontrast $S_\theta(\boldsymbol{I}, \boldsymbol{x})$ für den Winkel θ der gleiche ist wie für $\theta + k\pi$ (für $k \in \mathbb{Z}$).[13] Der zu $\boldsymbol{q}_1$ gehörige *Einheitsvektor* $\hat{\boldsymbol{q}}_1$ lässt sich wie üblich durch Skalierung auf die Länge 1 berechnen, d. h.

$$\hat{\boldsymbol{q}}_1 = \frac{1}{\|\boldsymbol{q}_1\|} \cdot \boldsymbol{q}_1. \tag{16.28}$$

Eine alternative Methode [54] ist die Berechnung des Einheitsvektors ohne die Ermittlung der Norm von $\boldsymbol{q}_1$ in der Form

$$\hat{\boldsymbol{q}}_1 = \left(\sqrt{\tfrac{1+\alpha}{2}}, \; \text{sgn}(C) \cdot \sqrt{\tfrac{1-\alpha}{2}} \right)^\mathsf{T}, \tag{16.29}$$

mit $\alpha = (A-B)/\sqrt{(A-B)^2 + 4\,C^2}$, also direkt aus den in Gl. 16.24 definierten Matrixelementen A, B, C.

Während der Eigenvektor $\boldsymbol{q}_1$ in die Richtung der maximalen Änderung zeigt, ist der zweite (zum Eigenwert λ_2 gehörige) Eigenvektor $\boldsymbol{q}_2$ *orthogonal* zu $\boldsymbol{q}_1$ und hat somit die gleiche Richtung wie die *Tangente* der Kante an der betreffenden Position.

16.2.5 Orientierung von Farbkanten

Die lokale Richtung einer Farbkante (d. h. der Winkel *normal* zur Tangente) an der Position $\boldsymbol{x}$ kann direkt aus dem zugehörigen Eigenvektor $\boldsymbol{q}_1(\boldsymbol{x}) = (q_x(\boldsymbol{x}), q_y(\boldsymbol{x}))^\mathsf{T}$ berechnet werden unter Verwendung der Beziehung

$$\tan(\theta_1(\boldsymbol{x})) = \frac{q_x(\boldsymbol{x})}{q_y(\boldsymbol{x})} = \frac{2 \cdot C}{A - B + \sqrt{(A-B)^2 + 4 \cdot C^2}}, \tag{16.30}$$

die man weiter vereinfachen kann zu[14]

$$\tan(2 \cdot \theta_1(\boldsymbol{x})) = \frac{2 \cdot C}{A - B}. \tag{16.31}$$

---

[12] Die Eigenwerte einer Matrix sind eindeutig, die zugehörigen Eigenvektoren aber nicht (siehe Abschn. 2.4 im Anhang).

[13] Die Richtung der maximalen Änderung ist somit ohne Anwendung weiterer Einschränkungen von Natur aus mehrdeutig [54].

[14] Mithilfe der Relation $\tan(2\theta) = (2\tan(\theta)) / (1 - \tan^2(\theta))$.

```
 1:  MultiGradientColorEdge(I)
         Input: I = (I_R, I_G, I_B), an RGB color image of size M×N.
         Returns a pair of maps (E, Φ) for edge magnitude and orientation.
```

$$
2: \quad H_x^{\mathrm{S}} := \tfrac{1}{8} \cdot \begin{bmatrix} -1 & 0 & 1 \\ -2 & 0 & 2 \\ -1 & 0 & 1 \end{bmatrix}, \quad H_y^{\mathrm{S}} := \tfrac{1}{8} \cdot \begin{bmatrix} -1 & -2 & -1 \\ 0 & 0 & 0 \\ 1 & 2 & 1 \end{bmatrix} \quad \triangleright \; x/y \text{ gradient kernels}
$$

```
 3:      (M, N) ← Size(I)
 4:      Create maps E, Φ : M×N ↦ ℝ          ▷ edge magnitude/orientation
```
$$
\begin{aligned}
&5: \quad I_{\mathrm{R},x} \leftarrow I_\mathrm{R} * H_x^\mathrm{S}, \quad I_{\mathrm{R},y} \leftarrow I_\mathrm{R} * H_y^\mathrm{S} \quad \triangleright \text{ apply gradient filters}\\
&6: \quad I_{\mathrm{G},x} \leftarrow I_\mathrm{G} * H_x^\mathrm{S}, \quad I_{\mathrm{G},y} \leftarrow I_\mathrm{G} * H_y^\mathrm{S}\\
&7: \quad I_{\mathrm{B},x} \leftarrow I_\mathrm{B} * H_x^\mathrm{S}, \quad I_{\mathrm{B},y} \leftarrow I_\mathrm{B} * H_y^\mathrm{S}
\end{aligned}
$$
```
 8:      for all image coordinates x = (u, v) ∈ M×N do
```
$$
\begin{aligned}
&9: \quad (\mathsf{r}_x, \mathsf{g}_x, \mathsf{b}_x) \leftarrow (I_{\mathrm{R},x}(u,v), I_{\mathrm{G},x}(u,v), I_{\mathrm{B},x}(u,v))\\
&10: \quad (\mathsf{r}_y, \mathsf{g}_y, \mathsf{b}_y) \leftarrow (I_{\mathrm{R},y}(u,v), I_{\mathrm{G},y}(u,v), I_{\mathrm{B},y}(u,v))\\
&11: \quad A \leftarrow \mathsf{r}_x^2 + \mathsf{g}_x^2 + \mathsf{b}_x^2 \qquad\qquad\qquad\qquad \triangleright A = \boldsymbol{I}_x \cdot \boldsymbol{I}_x\\
&12: \quad B \leftarrow \mathsf{r}_y^2 + \mathsf{g}_y^2 + \mathsf{b}_y^2 \qquad\qquad\qquad\qquad \triangleright B = \boldsymbol{I}_y \cdot \boldsymbol{I}_y\\
&13: \quad C \leftarrow \mathsf{r}_x\cdot\mathsf{r}_y + \mathsf{g}_x\cdot\mathsf{g}_y + \mathsf{b}_x\cdot\mathsf{b}_y \qquad\quad\; \triangleright C = \boldsymbol{I}_x \cdot \boldsymbol{I}_y\\
&14: \quad \lambda_1 \leftarrow \tfrac{1}{2}\cdot\left(A+B+\sqrt{(A-B)^2 + 4\cdot C^2}\right) \quad \triangleright \text{Eq. } 16.25\\
&15: \quad E(u,v) \leftarrow \sqrt{\lambda_1} \qquad\qquad\qquad\qquad\qquad\; \triangleright \text{Eq. } 16.26\\
&16: \quad \Phi(u,v) \leftarrow \tfrac{1}{2}\cdot \mathrm{Arctan}(A-B, 2\cdot C) \qquad\;\; \triangleright \text{Eq. } 16.32
\end{aligned}
$$
```
17:      return (E, Φ).
```

Algorithmus 16.2
Farbkantendetektor nach
Di Zenzo / Cumani. Ein Paar von
Sobel-Filtern $(H_x^\mathrm{S}, H_y^\mathrm{S})$ wird zur
Schätzung des lokalen x/y-Gradienten
in jeder Farbkomponente des RGB
Eingangsbilds $\boldsymbol{I}$ verwendet. Die Pro-
zedur liefert zwei Abbildungen mit
der Kantenstärke $E(u,v)$ bzw. der
Kantenrichtung $\Phi(u,v)$.

Sofern nicht gleichzeitig $A = B$ *und* $C = 0$ (in diesem Fall ist die Kantenrichtung unbestimmt), kann die Richtung des maximalen lokalen Kontrasts in der Form

$$
\theta_1(\boldsymbol{x}) = \frac{1}{2}\cdot\tan^{-1}\left(\frac{2\cdot C}{A-B}\right) = \frac{1}{2}\cdot\mathrm{Arctan}(A-B, 2\cdot C,) \qquad (16.32)
$$

berechnet werden.

Die oben angeführten Schritte sind in Alg. 16.2 nochmals übersichtlich zusammengefasst, die zugehörige Implementierung findet sich
in nachfolgend Abschn. 16.5. Dieser Algorithmus ist sehr ähnlich zum
Verfahren von Di Zenzo [57], verwendet aber die Eigenwerte der lokalen Strukturmatrix $\mathbf{M}(\boldsymbol{x})$ zur Berechnung der Lantenstärke und -
orientierung (siehe Gl. 16.23), wie in [53] vorgeschlagen.

Abbildung 16.4 zeigt die Ergebnisse der Farbkantendetektion mit
dem monochromatischen Operator (Alg. 16.1) und dem Di Zenzo-Cumani-Operator (Alg. 16.2) im Vergleich. Das synthetische Testbild (Abb.
16.4 (a)) hat konstante Luminanz (Intensität), sodass ein reiner Grauwertdetektor in diesem Bild keine Kanten finden würde. Das Ergebnis für
die lokale Kantenstärke (Abb. 16.4 (b)) ist mit beiden Operatoren sehr
ähnlich. Die Vektoren in Abb. 16.4 (c–f) zeigen die Tangentenrichtung
der Kante, verlaufen also normal zur Richtung des maximalen Kontrasts
$\Phi(u,v)$. Die Länge der Vektoren ist proportional zur lokalen Kantenstärke $E(u,v)$.

Abbildung 16.5 zeigt zwei Beispiele für die Anwendung des Di Zenzo-
Cumani-Operators auf reale Bilder. Die in Abb. 16.5 (b) dargestellte lo-

Abbildung 16.4
Monochromatischer Farbkanten-
operator und Di Zenzo-Cumani-
Operator im Vergleich. Das synthetische Originalbild (a) weist konstante
Luminanz auf, ein einfacher Grau-
wertoperator könnte daher in diesem
Bild *keine* Kanten finden. Das Ergebnis für die lokale Kantenstärke
$E(u, v)$ ist mit beiden Operatoren
sehr ähnlich (b). Die Vektoren in
(c, d) und dem vergrößerten Detail
in (e, f) zeigen die berechnete Tangentenrichtung (normal zu $\Phi(u, v)$);
die Länge der Vektoren ist durch
die lokale Kantenstärke bestimmt.

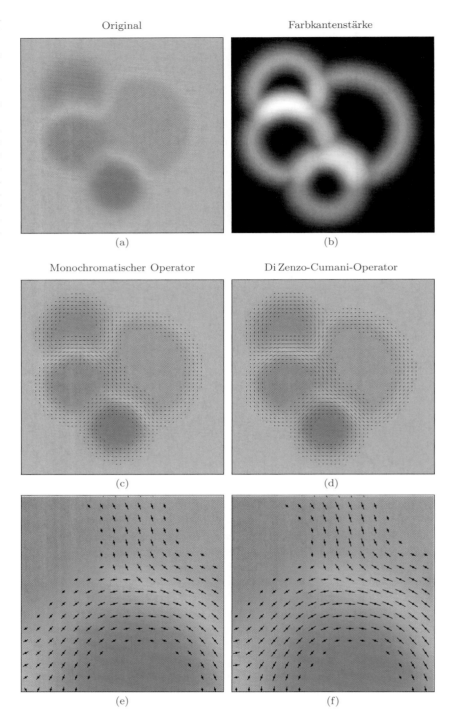

Original   Farbkantenstärke

(a)   (b)

Monochromatischer Operator   Di Zenzo-Cumani-Operator

(c)   (d)

(e)   (f)

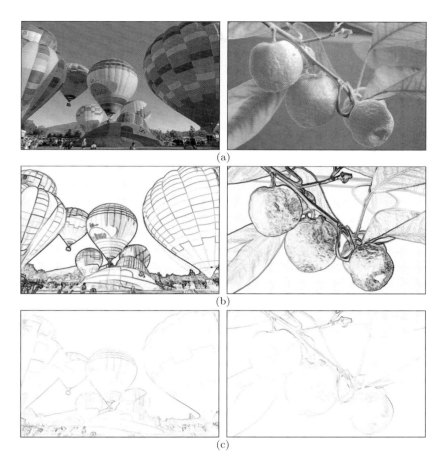

Abbildung 16.5
Anwendung des Di Zenzo-Cumani-
Operators (Alg. 16.2) auf reale Bilder.
Originalbilder (a) und die zugehörige
(invertierte) Kantenstärke (b). In (c)
ist die Differenz der Kantenstärke
gegenüber Ergebnis des monochromatischen Operators (Alg. 16.1) mit
L_∞-Norm (s. Abb. 16.2 (e)) gezeigt.

kale Kantenstärke (berechnet aus dem Eigenwert λ_1 nach Gl. 16.26) ist praktisch identisch zum Ergebnis des monochromatischen Operators mit der L_2-Norm in Abb. 16.2 (d). Die deutlichere Differenz zum Ergebnis mit der L_∞-Norm in Abb. 16.2 (e) ist in Abb. 16.5 (c) dargestellt.

Sofern es nur um die Kantenstärke geht, zeigt der Di Zenzo-Cumani-Operator keine entscheidenden Vorteile gegenüber dem einfacheren monochromatischen Operator aus Abschn. 16.1. Wenn allerdings auch die Bestimmung der Kantenrichtung wichtig ist (wie beispielsweise in der Farbversion des nachfolgend in Abschn. 16.3 beschriebenen Canny-Operators), dann sollte der Di Zenzo-Cumani-Operator die zuverlässigeren Ergebnisse liefern.

16.2.6 Grauwertgradient als Spezialfall

Wie man vielleicht vermuten konnte, ist die bei Grauwertbildern übliche Berechnung der Kantenrichtung (siehe Abschn. 6.2 lediglich ein Spezialfall des im vorigen Abschnitt beschriebenen mehrdimensionalen Gradienten. Bei einem skalarwertigen Bild I entspricht der lokale Gradientenvektor $(\nabla I)(\boldsymbol{x}) = (I_x(\boldsymbol{x}), I_y(\boldsymbol{x}))^\mathsf{T}$ der Orientierung der Tangentialebene zur Bildfunktion I an der Position $\boldsymbol{x}$. Mit

$$A = I_x^2(\boldsymbol{x}), \qquad B = I_y^2(\boldsymbol{x}), \qquad C = I_x(\boldsymbol{x}) \cdot I_y(\boldsymbol{x}) \qquad (16.33)$$

ist (analog zu Gl. 16.24)

$$S_\theta(I, \dot{\boldsymbol{x}}) = \big(I_x(\dot{\boldsymbol{x}}) \cdot \cos(\theta) + I_y(\dot{\boldsymbol{x}}) \cdot \sin(\theta)\big)^2 \qquad (16.34)$$

der quadratische lokale Kontrast an der Stelle $\boldsymbol{x}$ in Richtung θ (s. Gl. 16.19). Die Eigenwerte der lokalen Strukturmatrix $\mathbf{M} = \left(\begin{smallmatrix} A & C \\ C & B \end{smallmatrix}\right)$ an der Position $\boldsymbol{x}$ sind (nach Gl. 16.25)

$$\lambda_{1,2}(\boldsymbol{x}) = \frac{A + B \pm \sqrt{(A-B)^2 + 4C^2}}{2}. \qquad (16.35)$$

aber in diesem Fall, da I_x, I_y nun skalare Werte und keine Vektoren sind, gilt $C^2 = (I_x \cdot I_y)^2 = I_x^2 \cdot I_y^2$ und daher auch $(A-B)^2 + 4C^2 = (A+B)^2$, sodass

$$\lambda_{1,2}(\boldsymbol{x}) = \frac{A + B \pm (A+B)}{2}. \qquad (16.36)$$

Wir sehen also, dass bei einem skalarwertigen Bild der dominante Eigenwert von $\mathbf{M}$,

$$\lambda_1(\boldsymbol{x}) = A + B = I_x^2 + I_y^2 = \|\nabla I\|_2^2, \qquad (16.37)$$

dem Quadrat der L_2-Norm des lokalen Gradienten entspricht, während der kleinere Eigenwert λ_2 immer Null ist. Bei einem Grauwertbild ist somit die maximale Kantenstärke $\sqrt{\lambda_1} = \|\nabla I\|_2$ gleich dem Betrag des lokalen Intensitätsgradienten.[15] Der Umstand, dass $\lambda_2 = 0$, macht deutlich, dass der lokale Anstieg der Bildfunktion in *orthgogonaler* Richtung (also entlang der Kantentangente) Null ist (siehe Abb. 16.3 (c)).

Um die lokale Kanten*richtung* im Punkt $\boldsymbol{x}$ zu ermitteln, erhalten wir zunächst mit Gl. 16.30

$$\tan(\theta_1(\boldsymbol{x})) = \frac{2C}{A - B + (A+B)} = \frac{2C}{2A} = \frac{I_x I_y}{I_x^2} = \frac{I_y}{I_x} \qquad (16.38)$$

und daraus die Richtung des maximalen Kontrasts[16] als

$$\theta_1(\boldsymbol{x}) = \tan^{-1}\!\Big(\frac{I_y}{I_x}\Big) = \mathrm{Arctan}(I_x, I_y). \qquad (16.39)$$

Für skalarwertige Bilder führt also das allgemeine (mehrdimensionale), auf den Eigenwerten der Strukturmatrix basierende Verfahren zu exakt dem selben Ergebnis wie der in Abschn. 6.3 beschriebene traditionelle Ansatz für einfache Kantenoperatoren.

---

[15] Siehe auch Abschn. 6.2, Gl. 6.5 und 6.13.
[16] Siehe auch Abschn. 6.3, Gl. 6.14.

16.3 Canny-Operator für Farbbilder

Wie die meisten Kantendetektoren wurde auch der Canny-Operator (siehe Abschn. 6.5) ursprünglich für skalarwertige Bilder entwickelt. Ein trivialer Ansatz zur Verwendung mit Farbbildern wäre, den Operator getrennt auf jede der Farbkomponenten anzuwenden und die Ergebnisse dann in ein gemeinsames Kantenbild ztusammenzuführen. Da allerdings die Kanten in den einzelnen Farbkomponenten selten an exakt denselben Positionen auftreten, enthält das Ergebnis typischerweise mehrfache, nahe aneinander liegende Kantenzüge und verstreute Kantenelemente. Ein Beispiel dazu zeigt Abb. 16.8 (S. 437).

Die ursprüngliche Grauwert-Version des Canny-Operators lässt sich allerdings mit dem in Abschn. 16.2.1 beschriebenen Konzept des kombinierten Farbgradienten relativ leicht für Farbbilder adaptieren. Die einzig notwendige Änderung gegenüber Alg. 6.1 (S. 141) betrifft die Berechnung der lokalen Gradienten und der zugehörigen Kantenstärke E_{mag}. Die modifizierte Fassung ist in Alg. 16.3 gezeigt, die entsprechende Java-Implementierung ist in Abschn. 16.5 beschrieben.

Im ersten Schritt (Vorverarbeitung) werden die drei Farbkomponenten getrennt mit einem Gaußfilter der Größe σ geglättet, bevor die zugehörigen Gradienten berechnet werden (Alg. 16.3, lines 2–9). Wie beim Di Zenzo-Cumani-Operator (Alg. 16.2) wird die Kantenstärke aus dem quadratischen lokalen Kontrast ermittelt, der wiederum dem größeren der Eigenwerte der Strukturmatrix $\mathbf{M}$ entspricht (Gl. 16.23–16.26). Der lokale Richtungsvektor (E_x, E_y) wird nach Gl. 16.27 direkt aus den Elementen A, B, C der Strukturmatrix bestimmt (s. Alg. 16.3, Zeile 14–22). Die restlichen Schritte für Non-Maximum Suppression und Kantenverfolgung mit Hysterese-Schwellwert sind gegenüber Alg. 6.1 unverändert.

Zum Vergleich sind in Abb. 16.6–16.7 Ergebnisse mit der Grauwert- und Farbversion des Canny-Operators für verschiedene Einstellungen von σ und t_{hi} gegenübergestellt. In allen Fällen wurde die Kantenstärke normalisiert und die Schwellwerte $t_{\mathrm{hi}}, t_{\mathrm{lo}}$ sind als Prozentwerte der maximalen Kantenstärke angegeben. Man erkennt deutlich, dass der Farbdetektor wesentlich konsistentere Ergebnisse liefert, speziell natürlich in Bereichen mit geringen Helligkeitsunterschieden.

Zum Vergleich zeigt Abb. 16.8 die Ergebnisse der getrennten Anwendung des monochromatischen Canny-Operators auf die einzelnen Farbkomponenten und die nachfolgende Zusammenführung in ein gemeinsames Kantenbild, wie zu Beginn dieses Abschnitts beschrieben. Man erkennt deutlich, dass dies zu mehrfachen Kanten und verstreuten kleinen Kantenstücken führt, da die Position der lokalen Maxima der Kantenstärke in verschiedenen Farbkomponenten nur selten übereinstimmt.

Die Ergebnisse in Abb. 16.6–16.7 zeigen, dass die Verwendung von Farbinformation zusätzliche Verbesserungen gegenüber der Grauwert-Variante bringt, zunächst natürlich weil Kanten an Stellen mit geringem Helligkeitsgradienten durch eventuell vorhandene Farbdifferenzen detektiert werden können. Ausschlaggebend für die gute Qualität der

1:   **ColorCannyEdgeDetector**$(\boldsymbol{I}, \sigma, \mathsf{t}_{\mathrm{hi}}, \mathsf{t}_{\mathrm{lo}})$

      Input: $\boldsymbol{I} = (I_{\mathrm{R}}, I_{\mathrm{G}}, I_{\mathrm{B}})$, an RGB color image of size $M \times N$; σ, radius of Gaussian filter $H^{\mathrm{G}, \sigma}$; $\mathsf{t}_{\mathrm{hi}}, \mathsf{t}_{\mathrm{lo}}$, hysteresis thresholds ($\mathsf{t}_{\mathrm{hi}} > \mathsf{t}_{\mathrm{lo}}$).

      Returns a binary edge image of size $M \times N$.

2:   $\bar{I}_{\mathrm{R}} \leftarrow I_{\mathrm{R}} * H^{\mathrm{G}, \sigma}$ ▷ blur components with Gaussian of width σ

3:   $\bar{I}_{\mathrm{G}} \leftarrow I_{\mathrm{G}} * H^{\mathrm{G}, \sigma}$

4:   $\bar{I}_{\mathrm{B}} \leftarrow I_{\mathrm{B}} * H^{\mathrm{G}, \sigma}$

5:   $H_x^{\triangledown} \leftarrow [-0.5 \ \ \mathbf{0} \ \ 0.5]$ ▷ x gradient filter

6:   $H_y^{\triangledown} \leftarrow [-0.5 \ \ \mathbf{0} \ \ 0.5]^{\mathsf{T}}$ ▷ y gradient filter

7:   $\bar{I}_{\mathrm{R},x} \leftarrow \bar{I}_{\mathrm{R}} * H_x^{\triangledown}, \quad \bar{I}_{\mathrm{R},y} \leftarrow \bar{I}_{\mathrm{R}} * H_y^{\triangledown}$

8:   $\bar{I}_{\mathrm{G},x} \leftarrow \bar{I}_{\mathrm{G}} * H_x^{\triangledown}, \quad \bar{I}_{\mathrm{G},y} \leftarrow \bar{I}_{\mathrm{G}} * H_y^{\triangledown}$

9:   $\bar{I}_{\mathrm{B},x} \leftarrow \bar{I}_{\mathrm{B}} * H_x^{\triangledown}, \quad \bar{I}_{\mathrm{B},y} \leftarrow \bar{I}_{\mathrm{B}} * H_y^{\triangledown}$

10: $(M, N) \leftarrow \mathsf{Size}(\boldsymbol{I})$

11: Create maps:

12:     $E_{\mathrm{mag}}, E_{\mathrm{nms}}, E_{\mathrm{x}}, E_{\mathrm{y}} : M \times N \to \mathbb{R}$

13:     $E_{\mathrm{bin}} : M \times N \to \{0, 1\}$

14: **for all** image coordinates $(u, v) \in M \times N$ **do**

15:     $(\mathsf{r}_x, \mathsf{g}_x, \mathsf{b}_x) \leftarrow (I_{\mathrm{R},x}(u,v), I_{\mathrm{G},x}(u,v), I_{\mathrm{B},x}(u,v))$

16:     $(\mathsf{r}_y, \mathsf{g}_y, \mathsf{b}_y) \leftarrow (I_{\mathrm{R},y}(u,v), I_{\mathrm{G},y}(u,v), I_{\mathrm{B},y}(u,v))$

17:     $A \leftarrow \mathsf{r}_x^2 + \mathsf{g}_x^2 + \mathsf{b}_x^2,$

18:     $B \leftarrow \mathsf{r}_y^2 + \mathsf{g}_y^2 + \mathsf{b}_y^2$

19:     $C \leftarrow \mathsf{r}_x \cdot \mathsf{r}_y + \mathsf{g}_x \cdot \mathsf{g}_y + \mathsf{b}_x \cdot \mathsf{b}_y$

20:     $D \leftarrow \left[(A-B)^2 + 4C^2 \right]^{1/2}$

21:     $E_{\mathrm{mag}}(u,v) \leftarrow \left[0.5 \cdot (A + B + D) \right]^{1/2}$ ▷ $\sqrt{\lambda_1}$, Eq. 16.26

22:     $E_{\mathrm{x}}(u,v) \leftarrow A - B + D$ ▷ x_1, Eq. 16.27

23:     $E_{\mathrm{y}}(u,v) \leftarrow 2C$

24:     $E_{\mathrm{nms}}(u,v) \leftarrow 0$

25:     $E_{\mathrm{bin}}(u,v) \leftarrow 0$

26: **for** $u \leftarrow 1, \ldots, M-2$ **do**

27:     **for** $v \leftarrow 1, \ldots, N-2$ **do**

28:         $d_x \leftarrow E_{\mathrm{x}}(u,v)$

29:         $d_y \leftarrow E_{\mathrm{y}}(u,v)$

30:         $s \leftarrow \mathsf{GetOrientationSector}(d_x, d_y)$ ▷ Alg. 6.2

31:         **if** $\mathsf{IsLocalMax}(E_{\mathrm{mag}}, u, v, s, \mathsf{t}_{\mathrm{lo}})$ **then**   ▷ Alg. 6.2

32:            $E_{\mathrm{nms}}(u,v) \leftarrow E_{\mathrm{mag}}(u,v)$

33: **for** $u \leftarrow 1, \ldots, M-2$ **do**

34:     **for** $v \leftarrow 1, \ldots, N-2$ **do**

35:         **if** $(E_{\mathrm{nms}}(u,v) \geq \mathsf{t}_{\mathrm{hi}} \wedge E_{\mathrm{bin}}(u,v) = 0)$ **then**

36:            $\mathsf{TraceAndThreshold}(E_{\mathrm{nms}}, E_{\mathrm{bin}}, u, v, \mathsf{t}_{\mathrm{lo}})$ ▷ Alg. 6.2

37: **return** E_{bin}.

Ergebnisse des Farb-Canny-Detektors ist allerdings die zuverlässige Berechnung der Gradientenrichtung aus dem kombinierten Farbkontrast, wie in Abschn. 16.2.3 beschrieben.

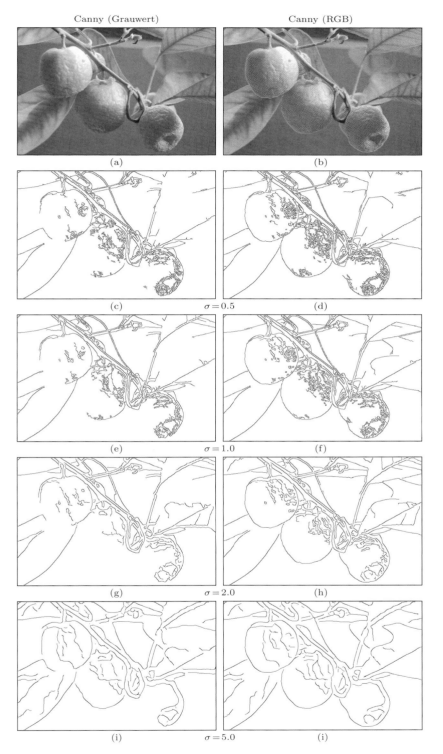

Canny (Grauwert) Canny (RGB)

(a) (b)

(c) $\sigma = 0.5$ (d)

(e) $\sigma = 1.0$ (f)

(g) $\sigma = 2.0$ (h)

(i) $\sigma = 5.0$ (i)

Abbildung 16.6
Ergebnisse mit der Grauwert- und Farbvariante des Canny-Operators für verschiedene Einstellungen von σ. Weitere Parameter: $t_{hi} = 20\%$, $t_{lo} = 5\%$ der max. Kantenstärke.

Abbildung 16.7
Ergebnisse mit der Grauwert- und Farbvariante des Canny-Operators für verschiedene Einstellungen von t_{hi}. Weitere Parameter: $\sigma = 2.0$, $t_{lo} = 5\%$ der max. Kantenstärke.

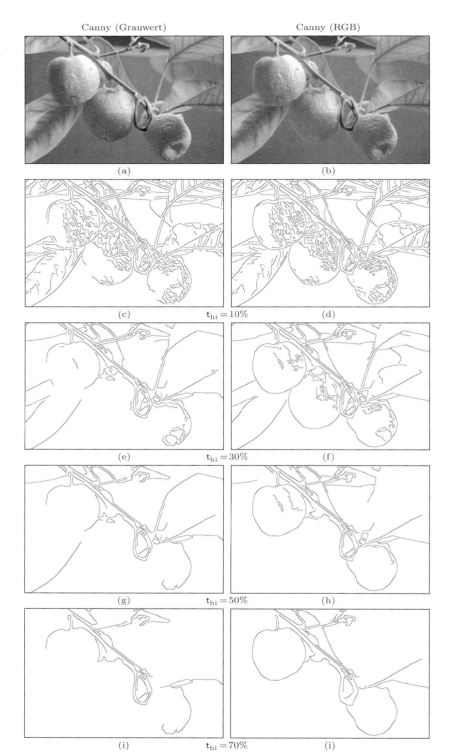

Canny (Grauwert)   Canny (RGB)

(a)   (b)

(c) $t_{hi} = 10\%$ (d)

(e) $t_{hi} = 30\%$ (f)

(g) $t_{hi} = 50\%$ (h)

(i) $t_{hi} = 70\%$ (i)

$\sigma = 2.0$ $\qquad\qquad\qquad\qquad$ $\sigma = 5.0$

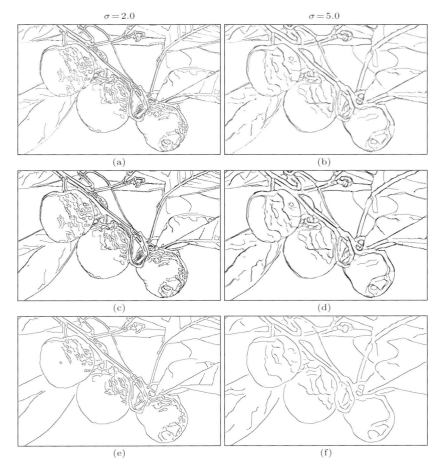

(a) $\qquad\qquad\qquad\qquad\qquad\qquad$ (b)

(c) $\qquad\qquad\qquad\qquad\qquad\qquad$ (d)

(e) $\qquad\qquad\qquad\qquad\qquad\qquad$ (f)

Abbildung 16.8
Monochromatischer Canny-Operator
im Vergleich zur Farbvariante. Getrennte Anwendung des monochromatischen Canny-Operators auf die drei
Farbkomponenten (a, b). Die zu den
Farbkomponenten gehörigen Kanten
sind in der entsprechende Farbe (R,
G, B) angezeigt. Gemischte Farben
markieren Eckpunkte, die in mehreren Komponenten detektiert wurden
(z. B. *gelb* bei zusammentreffenden
Kantenpunkten aus dem R- und G-
Kanal). Schwarze Punkte zeigen an,
dass eine Kante in allen drei Farbkomponenten detektiert wurde. In
(c, d) sind die Kanten aus den Farbkomponenten in ein gemeinsames
Kantenbild zusammengefügt. In (e, f)
zum Vergleich die Ergebnisse der
Farbvariante des Canny-Operators.
Gemeinsame Parameterwerte sind
$\sigma = 2.0$ bzw. 5.0, $t_{hi} = 20\%$, $t_{lo} = 5\%$
der max. Kantenstärke.

16.4 Andere Farbkantenoperatoren

Die Verwendung eines Vektorfeldmodells im Zusammenhang mit der
Farbkantendetektion wurde ursprünglich von Di Zenzo [57] eingeführt,
der vorschlug, die optimale Kantenrichtung durch Maximierung von
$S_\theta(\dot{x})$ über den Winkel θ (siehe Gl. 16.19) zu bestimmen. Später kam
von Cumani [53, 54] die Idee, zur Berechnung der Kantenstärke und -
richtung direkt die Eigenwerte der lokalen Strukturmatrix $\mathbf{M}$ (Gl. 16.23)
zu verwenden. Er schlug auch vor, die Nulldurchgänge der zweiten Ableitungen in Richtung der maximalen Änderung zur präzisen Lokalisierung
der Kanten zu benutzen, was mit den ersten Ableitungen allein kaum
möglich ist. Di Zenzo und Cumani verwendeten beide den größeren der
beiden Eigenwerte von $\mathbf{M}$ zur Bestimmung der Kantenstärke quer zur
Kantenrichtung. Eine Kante liegt an einer bestimmten Position i. Allg.
dann vor, wenn der größere Eigenwert deutlich größer ist als der kleinere.
Sind beide Eigenwerte ähnliche groß, so bedeutet dies, dass die Bildfunktion an dieser Stelle sich in alle Richtungen ändert, was typischerweise an

eine Kante nicht passiert sondern eher für flache und verrauschte Regionen sowie für Kantenpunkte gilt. Eine einfache Möglichkeit ist daher, die Differenz der Eigenwerte (also $\lambda_1 - \lambda_2$) zur Bestimmung der Kantenstärke zu verwenden [189].

In der Literatur finden sich zahlreiche Varianten des Canny-Operators für Farbbilder, wie beispielsweise jener von Kanade (in [129]), der dem hier gezeigten Verfahren sehr ähnlich ist. Weitere Ansätze zur Adaptierung des Canny-Operators für Farbbilder finden sich u. a. in [76]. Darüber hinaus existieren andere erfolgreiche Methoden zur Farbkantendetektion, u. a. basierend auf vektoriellen Rangordnungsstatistiken und Farbdifferenzvektoren. Eine gute Übersicht dieser und weiterer Methoden findet man beispielsweise in [235] und [130, Ch. 6].

16.5 Java-Implementierung

Die Java-Implementierung der in diesem Kapitel beschrieben Algorithmen ist als vollständiger Quellcode[17] auf der Website zu diesem Buch zu finden. Die gemeinsame (abstrakte) Überklasse aller Farbkantendetektoren ist `ColorEdgeDetector`, die u. a. folgende Methoden bereitstellt:

`FloatProcessor getEdgeMagnitude ()`
> Liefert die lokale Kantenstärke $E(u, v)$ als Gleitkommabild (`FloatProcessor`).

`FloatProcessor getEdgeOrientation ()`
> Liefert die lokale Kantenrichtung $\Phi(u, v)$ mit Werten im Bereich $[-\pi, \pi]$ als Gleitkommabild (`FloatProcessor`).

Zu `ColorEdgeDetector` sind folgende konkrete Subklassen definiert:

`GrayscaleEdgeDetector`: Implementiert einen Kantendetektor, der ausschließlich das zugehörige Grauwertbild des Farbbilds verwendet.

`MonochromaticEdgeDetector`: Implementiert den in Alg. 16.1 beschriebenen monochromatischen Farbkantendetektor.

`DiZenzoCumaniEdgeDetector`: Implementiert den in Alg. 16.2 beschriebenen Di Zenzo-Cumani-Farbkantendetektor.

`CannyEdgeDetector`: Implementiert den in Alg. 6.1 bzw. Alg. 16.3 beschriebenen Canny-Farbkantendetektor für Grauwert und Farbbilder. Die Klasse definiert zusätzlich die Methoden
`ByteProcessor getEdgeBinary()` und
`List<List<java.awt.Point>> getEdgeTraces()`.

Programm 16.1 zeigt ein einfaches Beispiel für die Verwendung der Klasse `CannyEdgeDetector` innerhalb eines ImageJ-Plugins.

---

[17] Paket `imagingbook.pub.color.edge`

```
1  import ij.ImagePlus;
2  import ij.plugin.filter.PlugInFilter;
3  import ij.process.ByteProcessor;
4  import ij.process.FloatProcessor;
5  import ij.process.ImageProcessor;
6  import imagingbook.pub.coloredge.CannyEdgeDetector;
7
8  import java.awt.Point;
9  import java.util.List;
10
11 public class Canny_Edge_Demo implements PlugInFilter {
12
13   public int setup(String arg0, ImagePlus imp) {
14     return DOES_ALL + NO_CHANGES;
15   }
16
17   public void run(ImageProcessor ip) {
18
19     CannyEdgeDetector.Parameters params =
20             new CannyEdgeDetector.Parameters();
21
22     params.gSigma = 3.0f;  // σ of Gaussian
23     params.hiThr = 20.0f;  // 20% of max. edge magnitude
24     params.loThr = 5.0f;   //  5% of max. edge magnitude
25
26     CannyEdgeDetector detector =
27         new CannyEdgeDetector(ip, params);
28
29     FloatProcessor eMag = detector.getEdgeMagnitude();
30     FloatProcessor eOrt = detector.getEdgeOrientation();
31     ByteProcessor eBin = detector.getEdgeBinary();
32     List<List<Point>> edgeTraces = detector.getEdgeTraces();
33
34     (new ImagePlus("Canny Edges", eBin)).show();
35
36     // process edge detection results ...
37   }
38 }
```

Programm 16.1
Beispiel für die Verwendung der
Klasse CannyEdgeDetector innerhalb eines ImageJ-Plugins. In Zeile 20
wird zunächst ein Parameterobjekt
(params) erzeugt, anschließend konfiguriert (Zeile 22–24) und dann zur
Erzeugung eines CannyEdgeDetector-
Objekts verwendet (Zeile 27). Die eigentliche Kantendektion wird bereits
durch den Konstruktor ausgeführt.
In Zeile 29–32 ist gezeigt, wie auf die
Ergebnisse der Kantendetektion zu-
gegriffen werden kann. In diesem Fall
wird das binäre Kantenbild in Zeile
34 angezeigt. Wie in der setup()-
Methode (durch DOES_ALL) angezeigt,
funktioniert dieses Plugin mit allen
Bildtypen.

17

Kantenerhaltende Glättungsfilter

Die Reduktion von Bildrauschen ist eine häufige Aufgabe in der digitalen Bildverarbeitung, nicht nur zur visuellen Verbesserung von Bildern sondern auch zur Vereinfachung der Bildanalyse, etwa der nachfolgenden Segmentierung oder der Extraktion von Objekten. Einfache Glättungsfilter wie das Gaußfilter[1] sind Tiefpassfilter, die hochfrequentes Bildrauschen effektiv beseitigen. Allerdings eliminieren sie damit auch hochfrequente „Ereignisse" in der eigentlichen Bildinformation und können damit gleichzeitig visuell wichtige Bildstrukturen zerstören. Die in diesem Kapitel beschriebenen Filter sind insofern „kantenerhaltend", dass das Ausmaß der Glättung variiert und adaptiv von der lokalen Bildstruktur abhängt. Im Allgemeinen erfolgt eine maximale Glättung nur in uniformen („glatten") Bildbereichen, während im Umfeld von kantenartigen Strukturen – typischerweise gekennzeichnet durch hohe Gradientenwerte – das Ausmaß der Glättung entsprechend reduziert ist.

Im Folgenden beschreiben wir drei klassische Varianten von kantenerhaltenden Filtern, die interessanterweise recht unterschiedliche Strategien verfolgen. Beim *Kuwahara-Filter* und seinen Verwandten in Abschn. 17.1 wird der Filterkern in kleinere Subkerne geteilt und jener zur Ermittlung des lokalen Ergebnisses ausgewählt, der die „homogenste" Bildregion überdeckt. Im Unterschied dazu verwendet das *Bilaterale Filter* in Abschn. 17.2 die Differenzen der Pixel*werte* um den Beitrag jedes einzelnen Pixels in der Filterregion zum lokalen Durchschnittswert zu bestimmen. Pixel, die dem aktuellen Zentralwert ähnlich sind, liefern einen hohen Beitrag, während stark unterschiedliche Pixel („Ausreißer") nur wenig beitragen. In gewissem Sinn ist das Bilaterale Filter daher ein nichthomogenes, lineares Filter, dessen Faltungskern adaptiv durch den lokalen Bildinhalt bestimmt wird. Die *Anisotropischen Diffusionsfilter* in Abschn. 17.3 schließlich glätten das Bild iterativ in einem Prozess, der

---

[1] Siehe Abschn. 5.2.

die physikalische Wärmeausbreitung in Körpern simuliert, wobei der lokale Gradient die „Wärmeleitung" beeinflusst und damit die Diffusion an Kanten und ähnlichen Strukturen unterdrückt.

Alle Filter in diesem Kapitel sind übrigens nichtlinear und sowohl auf Grauwert- wie auch Farbbilder anwendbar.

17.1 Kuwahara-Filter

Die in diesem Abschnitt beschriebenen Filter basieren alle auf einem ähnlichen Konzept, das auf die frühen Arbeiten von Kuwahara et al. [131] zurückgeht. Obwohl auch von anderen Autoren zahlreiche Varianten entwickelt wurden, sind diese hier unter der Bezeichnung „Kuwahara-Filter" zusammengefasst, um ihren gemeinsamen Ursprung und ihre algorithmischen Ähnlichkeiten zu dokumentieren.

Die prinzipielle Funktionsweise dieser Filter ist, dass an jeder Bildposition der Mittelwert und die Varianz innerhalb benachbarter Regionen berechnet wird und dann das aktuelle Zentralpixel durch den Mittelwert der „homogensten" Region ersetzt wird. Zu diesem Zweck wird die Filterregion $\mathcal{R}$ in K teilweise überlappende Subregionen $\mathcal{R}_1, \mathcal{R}_2, \ldots, \mathcal{R}_K$ unterteilt. Für jede Position (u, v) wird der *Mittelwert* μ_k und die *Varianz* σ_k^2 für alle Subregionen $\mathcal{R}_k$ aus den zugehörigen Pixelwerten im Bild I berechnet durch

$$\mu_k(I, u, v) = \frac{1}{|\mathcal{R}_k|} \cdot \sum_{(i,j) \in \mathcal{R}_k} I(u+i, v+j) = \frac{1}{n_k} \cdot S_{1,k}(I, u, v), \qquad (17.1)$$

$$\sigma_k^2(I, u, v) = \frac{1}{|\mathcal{R}_k|} \cdot \sum_{(i,j) \in \mathcal{R}_k} \left(I(u+i, v+j) - \mu_k(I, u, v)\right)^2 \qquad (17.2)$$

$$= \frac{1}{|\mathcal{R}_k|} \cdot \left[S_{2,k}(I, u, v) - \frac{S_{1,k}^2(I, u, v)}{|\mathcal{R}_k|}\right], \qquad (17.3)$$

für $k = 1, \ldots, K$, wobei[2]

$$S_{1,k}(I, u, v) = \sum_{(i,j) \in \mathcal{R}_k} I(u+i, v+j), \qquad (17.4)$$

$$S_{2,k}(I, u, v) = \sum_{(i,j) \in \mathcal{R}_k} I^2(u+i, v+j). \qquad (17.5)$$

Der Mittelwert (μ) der Subregion mit der kleinsten Varianz (σ^2) wird schließlich als neuer (gefilterter) Bildwert ausgewählt, d. h.,

$$I'(u, v) \leftarrow \mu_{k'}(u, v), \qquad \text{mit } k' = \underset{k=1,\ldots,K}{\operatorname{argmin}} \sigma_k^2(I, u, v). \qquad (17.6)$$

Die von Kuwahara et al. [131] ursprünglich vorgeschlagene Struktur der Subregionen ist in Abb. 17.1 (a) für ein 3×3 Filter (mit Radius

---

[2] $|\mathcal{R}_k|$ steht für die Größe (Anzahl der Pixel) der Subregion $\mathcal{R}_k$.

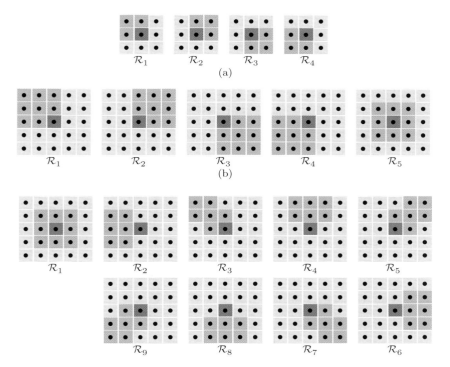

(a)

(b)

Abbildung 17.1
Kuwahara-Filter – Struktur der Sub-
regionen. *Kuwahara-Hachimura*-
Filter (a) mit *vier* quadratischen
Subregionen ($r = 1$). *Tomita-Tsuji*-
Filter (b) mit *fünf* Subregionen
($r = 2$). Das aktuelle Zentralpixel
(rot) ist in allen Subregionen enthal-
ten.

Abbildung 17.2
Nagao-Matsuyama-Filter der Größe
5×5 ($r = 2$) mit *neun* Subregionen.
Man beachte, dass die Region $\mathcal{R}_1$
eine andere Größe als die Subregionen
$\mathcal{R}_2, \ldots, \mathcal{R}_9$ aufweist.

$r = 1$) gezeigt. Dieses Filter sieht *vier* quadratische Subregionen der
Größe $(r + 1) \times (r + 1)$ vor, die sich im Zentrum überlappen. Im Allgemeinen ist ist die Gesamtgröße des Filters $(2r + 1) \times (2r + 1)$. Man
beachte, dass dieses Filter *keine* Subregion im Zentrum aufweist, sodass das Zentralpixel *immer* durch den Mittelwert einer Nachbarregion
ersetzt wird, auch wenn dies aufgrund der lokalen Verteilung nicht notwendig wäre. Der Berechnungsvorgang für dieses spezielle Filter ist in
Alg. 17.1 nochmals zusammengefasst.

Das Filter erzeugt daher geringfügige Verschiebungen der Pixelwerte,
wodurch u. a. sichtbare „Jitter" und Bändereffekte auftreten können. Dieses Problem wird durch das von Tomita and Tsuji [210] vorgeschlagene
Filter in Abb. 17.1 (b) reduziert. Im Fall des *Tomita-Tsuji*-Filters sollte
allerdings die Seitenlänge der Subregionen ungerade sein, damit die mit-
tige Region ($\mathcal{R}_5$) zentriert bleibt.

Die Ersetzung durch den Mittelwert einer quadratischen Bildregion
entspricht im Grunde einem (nicht-homogenen) linearen Filter mit einem einfachen „Box-Kern", was bekanntlich kein optimales Tiefpass-
bzw. Glättungsfilter darstellt. Andere Filter, wie beispielsweise das 5×5
Nagao-Matsuyama-Filter [157] in Abb. 17.2, verwenden nicht-quadratische
Strukturen, um diese Effekte zu minimieren.

Für den Fall, dass alle Subregionen des Filters die gleiche Größe
$|\mathcal{R}_k| = n$ aufweisen, können die Ausdrücke

$$\sigma_k^2(I, u, v) \cdot n = S_{2,k}(I, u, v) - S_{1,k}^2(I, u, v)/n \quad \text{oder} \quad (17.7)$$

```
1:  KuwaharaFilter(I, r)
        Input: I, a grayscale image of size M × N.
        Returns a new (filtered) image of size M × N.
2:      R₁ ← {(−1, −1), (0, −1), (−1, 0), (0, 0)}
3:      R₂ ← {(0, −1), (1, −1), (0, 0), (1, 0)}
4:      R₃ ← {(0, 0), (1, 0), (1, 0), (1, 1)}
5:      R₄ ← {(−1, 0), (0, 0), (−1, 1), (1, 0)}
6:      I′ ← Duplicate(I)
7:      (M, N) ← Size(I)
8:      for all image coordinates (u, v) ∈ M × N do
9:          σ²_min ← ∞
10:         for R ← R₁, . . . , R₄ do
11:             (σ², μ) ← EvalSubregion(I, R, u, v)
12:             if σ² < σ²_min then
13:                 σ²_min ← σ²
14:                 μ_min ← μ
15:         I′(u, v) ← μ_min
16:     return I′
```

$\mathcal{R}_1 \leftarrow \{(-1, -1), (0, -1), (-1, 0), (0, 0)\}$

$\mathcal{R}_2 \leftarrow \{(0, -1), (1, -1), (0, 0), (1, 0)\}$

$\mathcal{R}_3 \leftarrow \{(0, 0), (1, 0), (1, 0), (1, 1)\}$

$\mathcal{R}_4 \leftarrow \{(-1, 0), (0, 0), (-1, 1), (1, 0)\}$

```
17:  EvalSubregion(I, R, u, v)
        Returns the variance and mean of the grayscale image I for the
        subregion R positioned at (u, v).
18:     n ← Size(R)
19:     S₁ ← 0,    S₂ ← 0
20:     for all (i, j) ∈ R do
21:         a ← I(u + i, v + j)
22:         S₁ ← S₁ + a                    ▷ Eq. 17.4
23:         S₂ ← S₂ + a²                   ▷ Eq. 17.5
24:     σ² ← (S₂ − S₁²/n)/n      ▷ variance of subregion R, see Eq. 17.1
25:     μ ← S₁/n                 ▷ mean of subregion R, see Eq. 17.3
26:     return (σ², μ)
```

$$\sigma_k^2(I, u, v) \cdot n^2 = S_{2,k}(I, u, v) \cdot n - S_{1,k}^2(I, u, v) \tag{17.8}$$

direkt zur Messung der Variabilität innerhalb der zugehörigen Subregion verwendet werden. Die Berechnung beider Ausdrücke erfordert eine Multiplikation je Pixel weniger als die der „echten" Varianz σ_k^2 in Gl. 17.3. Wenn darüber hinaus auch die *Form* aller Subregionen identisch ist, sind zusätzliche Optimierungen zur Verringerung des Rechenaufwands möglich. In diesem Fall muss der lokale Mittelwert und die Varianz lediglich einmal über eine fixe Umgebung für jeder Bildposition berechnet werden. Dies Art von Filter lässt sich mithilfe vorausberechneter Abbildungen für Mittelwert und Varianz sehr effizient implementieren, wie in Alg. 17.2 beschrieben. Der Parameter r spezifiziert in diesem Fall den Radius des zusammengesetzten Filters mit $(r + 1) \times (r + 1)$ großen Subregionen und der Gesamtgröße $(2r + 1) \times (2r + 1)$. Das Beispiel in Abb. 17.1 (b) zeigt ein Filter mit $r = 2$ und der resultierenden Gesamtgröße 5×5.

```
1:  FastKuwaharaFilter(I, r, t_σ)
        Input: I, a grayscale image of size M × N;
        r, filter radius (r ≥ 1); t_σ, variance threshold.
        Returns a new (filtered) image of size M × N.
2:      (M, N) ← Size(I)
3:      Create maps:
            S : M × N → ℝ              ▷ local variance S(u, v) ≡ n · σ²(I, u, v)
            A : M × N → ℝ              ▷ local mean A(u, v) ≡ μ(I, u, v)
4:      d_min ← (r ÷ 2) − r            ▷ subregions' left/top position
5:      d_max ← d_min + r              ▷ subregions' right/bottom position
6:      for all image coordinates (u, v) ∈ M × N do
7:          (s, μ) ← EvalSquareSubregion(I, u, v, d_min, d_max)
8:          S(u, v) ← s
9:          A(u, v) ← μ
10:     n ← (r + 1)²                   ▷ fixed subregion size
11:     I′ ← Duplicate(I)
12:     for all image coordinates (u, v) ∈ M × N do
13:         s_min ← S(u, v) − t_σ · n              ▷ variance of center region
14:         μ_min ← A(u, v)                        ▷ mean of center region
15:         for p ← d_min, . . . , d_max do
16:             for q ← d_min, . . . , d_max do
17:                 if S(u + p, v + q) < s_min then
18:                     s_min ← S(u + p, v + q)
19:                     μ_min ← A(u + p, v + q)
20:         I′(u, v) ← μ_min
21:     return I′

22: EvalSquareSubregion(I, u, v, d_min, d_max)
        Returns the variance and mean of the grayscale image I for a square
        subregion positioned at (u, v).
23:     S_1 ← 0,    S_2 ← 0
24:     for i ← d_min, . . . , d_max do
25:         for j ← d_min, . . . , d_max do
26:             a ← I(u + i, v + j)
27:             S_1 ← S_1 + a                       ▷ Eq. 17.4
28:             S_2 ← S_2 + a²                      ▷ Eq. 17.5
29:     s ← S_2 − S_1²/n              ▷ subregion variance (s ≡ n · σ²)
30:     μ ← S_1/n                     ▷ subregion mean (μ)
31:     return (s, μ)
```

Algorithmus 17.2
Schnelles Kuwahara-Filter (*Tomita-Tsuji*-Filter) mit variabler Größe und fixer Struktur der Subregionen. Das Filter verwendet fünf quadratische Subregionen der Größe $(r+1) \times (r+1)$. Die Gesamtgröße des Filters ist $(2r+1) \times (2r+1)$, sie in Abb. 17.1 (b) dargestellt. Der Schwellwert t_σ dient zur Reduktion von Bändereffekten in flachen Bildbereichen (typ. $t_\sigma = 5, \ldots, 50$ für 8-Bit Grauwertbilder).

Alle diese Filter tendieren zu Bändereffekten in glatten Bildbereichen, die mit wachsender Filtergröße deutlicher werden. Wenn eine zusätzliche Subregion im Zentrum (wie $\mathcal{R}_5$ in Abb. 17.1 oder $\mathcal{R}_1$ in Abb. 17.2) verwendet wird, dann lässt sich dieser Effekt reduzieren, indem man den Mittelwert einer peripheren Subregion $\mathcal{R}_k$ nur dann übernimmt, wenn deren Varianz *signifikant* kleiner ist als die Varianz der Zentralregion $\mathcal{R}_1$. Dazu wird in Alg. 17.2 (Zeile 13) ein entsprechender Schwellwert (t_σ) verwendet.

17.1.1 Anwendung auf Farbbilder

Die oben angeführten Filter waren ursprünglich für Grauwertbilder gedacht, sind jedoch einfach für die Anwendung auf Farbbilder zu modifizieren. Man muss dazu lediglich überlegen, wie Mittelwert und Varianz einer Subregion berechnet werden soll, der Mechanismus für die Auswahl der Subregion und die Ersetzung des Zentralpixels bleibt unverändert.

Für ein gegebenes RGB-Farbbild $\boldsymbol{I} = (I_R, I_G, I_B)$ berechnen wir zunächst Mittelwert und Varianz der Farbkomponenten innerhalb jeder Subregion $\mathcal{R}_k$ in der Form

$$\boldsymbol{\mu}_k(\boldsymbol{I}, u, v) = \begin{pmatrix} \mu_k(I_R, u, v) \\ \mu_k(I_G, u, v) \\ \mu_k(I_B, u, v) \end{pmatrix}, \quad \boldsymbol{\sigma}_k^2(\boldsymbol{I}, u, v) = \begin{pmatrix} \sigma_k^2(I_R, u, v) \\ \sigma_k^2(I_G, u, v) \\ \sigma_k^2(I_B, u, v) \end{pmatrix}, \quad (17.9)$$

mit $\mu_k()$ und $\sigma_k^2()$ wie in Gl. 17.1 bzw. 17.3 definiert. Analog zum Vorgehen bei einem Grauwertbild wird das aktuelle Zentralpixel nun mit dem durchschnittlichen RGB-Wert aus der Subregion $\mathcal{R}_{k'}$ mit der kleinsten Varianz ersetzt, d. h.,

$$\boldsymbol{I}'(u, v) \leftarrow \boldsymbol{\mu}_{k'}(\boldsymbol{I}, u, v), \quad \text{mit } k' = \underset{k=1,\ldots,K}{\operatorname{argmin}} \sigma_{k,\mathrm{RGB}}^2(\boldsymbol{I}, u, v). \quad (17.10)$$

Die in Gl. 17.10 zur Bestimmung von k' benötigte *Gesamtvarianz* $\sigma_{k,\mathrm{RGB}}^2$ kann auf unterschiedliche Arten definiert werden, beispielsweise als Summe der Varianzen der einzelnen Farbkomponenten,

$$\sigma_{k,\mathrm{RGB}}^2(\boldsymbol{I}, u, v) = \sigma_k^2(I_R, u, v) + \sigma_k^2(I_G, u, v) + \sigma_k^2(I_B, u, v) . \quad (17.11)$$

Diese Form, die auch als „totale Varianz" bezeichnet wird, ist in der Zusammenfassung des Kuwahara-Filters für Farbbilder in Alg. 17.3 verwendet. Beispiele für die Anwendung dieses Verfahrens auf ein reales Testbild sind in Abb. 17.3 und 17.4 gezeigt.

Eine Alternative [98] zur Definition der Gesamtvarianz in Gl. 17.11 ist die Verwendung der *Farb-Kovarianzmatrix*[3] für die Subregion $\mathcal{R}_k$,

$$\Sigma_k(\boldsymbol{I}, u, v) = \begin{pmatrix} \sigma_{k,\mathrm{RR}} & \sigma_{k,\mathrm{RG}} & \sigma_{k,\mathrm{RB}} \\ \sigma_{k,\mathrm{GR}} & \sigma_{k,\mathrm{GG}} & \sigma_{k,\mathrm{GB}} \\ \sigma_{k,\mathrm{BR}} & \sigma_{k,\mathrm{BG}} & \sigma_{k,\mathrm{BB}} \end{pmatrix}, \quad (17.12)$$

mit

$$\sigma_{k,pq} = \frac{\sum\limits_{(i,j)\in\mathcal{R}_k} \left[I_p(u+i, v+j) - \mu_k(I_p, u, v) \right] \cdot \left[I_q(u+i, v+j) - \mu_k(I_q, u, v) \right]}{|\mathcal{R}_k|}, \quad (17.13)$$

für alle 9 möglichen Komponentenpaarungen $p, q \in \{\mathrm{R, G, B}\}$. Man beachte, dass $\sigma_{k,pp} \equiv \sigma_{k,p}^2$ und $\sigma_{k,pq} \equiv \sigma_{k,qp}$, die Matrix Σ_k somit symmetrisch ist und nur 6 ihrer 9 Elemente tatsächlich zu berechnen sind.

---

[3] Siehe auch Abschn. 4.2 im Anhang.

(a) RGB-Testbild mit ausgewählten Details

17.1 Kuwahara-Filter

Abbildung 17.3
Kuwahara-Filter für Farbbilder (Alg.
17.3). Die Gesamtvarianz über die
Farbkomponenten wird nach Gl. 17.11
berechnet. Der Radius des Filters
variiert von $r = 1$ (b) bis $r = 4$ (e).

(b) $r = 1$ (3 × 3 Filter)

(c) $r = 2$ (5 × 5 Filter)

(d) $r = 3$ (7 × 7 Filter)

(e) $r = 4$ (9 × 9 Filter)

Algorithmus 17.3
Kuwahara-Filter für Farbbilder (adaptiert aus Alg. 17.1). Der Algorithmus verwendet die Definition in Gl. 17.11 für die Gesamtvarianz $\sigma^2 \in \mathbb{R}$ einer Subregion $\mathcal{R}_k$ (in Zeile 25). Der Vektor $\boldsymbol{\mu} \in \mathbb{R}^3$ (berechnet in Zeile 26) repräsentiert die Durchnittsfarbe innerhalb der Subregion $\mathcal{R}_k$.

1: **KuwaharaFilterColor($\boldsymbol{I}$)**
    Input: $\boldsymbol{I}$, an RGB image of size $M \times N$.
    Returns a new (filtered) color image of size $M \times N$.
2:    $\mathcal{R}_1 \leftarrow \{(-1,-1),(0,-1),(-1,0),(0,0)\}$
3:    $\mathcal{R}_2 \leftarrow \{(0,-1),(1,-1),(0,0),(1,0)\}$
4:    $\mathcal{R}_3 \leftarrow \{(0,0),(1,0),(1,0),(1,1)\}$
5:    $\mathcal{R}_4 \leftarrow \{(-1,0),(0,0),(-1,1),(1,0)\}$
6:    $\boldsymbol{I}' \leftarrow \mathsf{Duplicate}(\boldsymbol{I})$
7:    $(M,N) \leftarrow \mathsf{Size}(\boldsymbol{I})$
8:    **for all** image coordinates $(u,v) \in M \times N$ **do**
9:        $\sigma^2_{\min} \leftarrow \infty$
10:        **for** $\mathcal{R} \leftarrow \mathcal{R}_1, \ldots, \mathcal{R}_4$ **do**
11:          $(\sigma^2, \boldsymbol{\mu}) \leftarrow \mathsf{EvalSubregion}(\boldsymbol{I}, \mathcal{R}_k, u, v)$
12:          **if** $\sigma^2 < \sigma^2_{\min}$ **then**
13:            $\sigma^2_{\min} \leftarrow \sigma^2$
14:            $\boldsymbol{\mu}_{\min} \leftarrow \boldsymbol{\mu}$
15:        $\boldsymbol{I}'(u,v) \leftarrow \boldsymbol{\mu}_{\min}$
16:    **return** $\boldsymbol{I}'$

17: **EvalSubregion($\boldsymbol{I}, \mathcal{R}, u, v$)**
    Returns the total variance and the mean vector of the color image $\boldsymbol{I}$ for the subregion $\mathcal{R}$ positioned at (u,v).
18:    $n \leftarrow \mathsf{Size}(\mathcal{R})$
19:    $\boldsymbol{S}_1 \leftarrow \boldsymbol{0}, \quad \boldsymbol{S}_2 \leftarrow \boldsymbol{0}$ $\triangleright \boldsymbol{S}_1, \boldsymbol{S}_2 \in \mathbb{R}^3$
20:    **for all** $(i,j) \in \mathcal{R}$ **do**
21:        $\boldsymbol{a} \leftarrow \boldsymbol{I}(u+i, v+j)$ $\triangleright \boldsymbol{a} \in \mathbb{R}^3$
22:        $\boldsymbol{S}_1 \leftarrow \boldsymbol{S}_1 + \boldsymbol{a}$
23:        $\boldsymbol{S}_2 \leftarrow \boldsymbol{S}_2 + \boldsymbol{a}^2$ $\triangleright \boldsymbol{a}^2 = \boldsymbol{a} \cdot \boldsymbol{a}$ (dot product)
24:    $\boldsymbol{S} \leftarrow \left(\boldsymbol{S}_2 - \boldsymbol{S}_1^2 \cdot \frac{1}{n}\right) \cdot \frac{1}{n}$ $\triangleright \boldsymbol{S} = (\sigma^2_R, \sigma^2_G, \sigma^2_B)$
25:    $\sigma^2_{\mathrm{RGB}} \leftarrow \Sigma\boldsymbol{S}$ $\triangleright \sigma^2_{\mathrm{RGB}} = \sigma^2_R + \sigma^2_G + \sigma^2_B$, total variance in $\mathcal{R}$
26:    $\boldsymbol{\mu} \leftarrow \frac{1}{n} \cdot \boldsymbol{S}_1$ $\triangleright \boldsymbol{\mu} \in \mathbb{R}^3$, avg. color vector for subregion $\mathcal{R}$
27:    **return** $(\sigma^2_{\mathrm{RGB}}, \boldsymbol{\mu})$

Ein gängiges Maß für die Gesamtvarianz einer Kovarianzmatrix ist deren *Frobeniusnorm* (s. auch Anhang 4.1) und damit ergibt sich als Alternative zu Gl. 17.11

$$\sigma^2_{k,\mathrm{RGB}} = \|\Sigma_k(\boldsymbol{I}, u, v)\|^2_2 = \sum_{\substack{p \in \\ \{R,G,B\}}} \sum_{\substack{q \in \\ \{R,G,B\}}} \left(\sigma_{k,pq}\right)^2. \qquad (17.14)$$

Die *totale Varianz* in Gl. 17.11 entspricht übrigens der *Spur* der Kovarianzmatrix Σ_k und ist damit klarerweise weniger aufwändig zu berechnen als die Frobeniusnorm in Gl. 17.14.

Da jedes Farbpixel im gefilterten Bild als Durchschnitt (d. h., als lineare Kombination) von Bildelementen des Originalbilds berechnet werden, stellt sich auch hier das Problem der korrekten Farbmischung im Zusammenhang mit dem verwendeten *Farbraum*, wie in Abschn. 15.1.2 ausführlicher dargestellt.

(a) 5×5 *Tomita-Tsuji*-Filter ($r = 2$)

(b) 5×5 *Nagao-Matsuyama*-Filter

Abbildung 17.4
Tomita-Tsuji-Filter (Abb. 17.1 (b)) und *Nagao-Matsuyama*-Filter (Abb. 17.2) für Farbbilder im Vergleich. Beide Filter haben die Größe 5×5 und verwenden die Definition der Gesamtvarianz aus Gl. 17.11. Die Ergebnisse sind visuell sehr ähnlich, das Nagao-Matsuyama-Filter scheint aber diagonale Strukturen etwas besser zu erhalten. Originalbild in Abb. 17.3 (a).

17.2 Bilaterales Filter

Herkömmliche lineare Glättungsfilter arbeiten auf Basis der Faltung mit einem Filterkern, dessen Koeffizienten die Gewichte für die zugehörigen Bildwerte darstellen und nur von der räumlichen Position gegenüber dem Zentrum des Filters bestimmt sind. Elementen, die näher am Filterzentrum liegen, erhalten bei einem Glättungsfilter typischerweise höhere Gewichte als Elemente, die weiter vom Zentrum entfernt sind. Der Filterkern codiert also gewissermaßen die räumliche Nähe der zugehörigen Bildelemente gegenüber dem aktuellen Arbeitspunkt. Im Folgenden bezeichnen wir ein Filter, dessen Gewichte nur von der Distanz im räumlichen Definitionsbereich der Bildfunktion abhängig sind, als *Domain-Filter*.

Um Glättungsfilter weniger destruktiv gegenüber Kanten zu machen, ist eine gängige Strategie, einzelne Bildelemente von der Filteroperation auszuschließen oder deren Gewichtung zu reduzieren, wenn ihr *Wert* sich Stark vom Wert des aktuellen Zentralpixels unterscheidet. Eine derartige Operation kann ebenfalls als Filter beschrieben werden, wobei in diesem Fall die Filterkoeffizienten nicht (wie beim klassischen Domain-Filter) nicht die *räumliche* Distanz sondern den Unterschied im Pixel*wert* berücksichtigen. Dieser Typ von Filter wird als *Range*-Filter bezeichnet und ist nachfolgend im Detail beschrieben.[4] Das „Bilaterale Filter", ursprünglich vorgeschlagen von Tomasi and Manduchi in [209], kombiniert ein klassisches Domain-Filter und eine Range-Filter zu einem gemeinsamen, kantenerhaltenden Glättungsfilter.

---

[4] Den Definitionsbereich einer mathem. Funktion bezeichnet man im Englischen als *domain*, den Wertebereich als *range*.

17.2.1 Domain-Filter

In einer zweidimensionalen, linearen Filter- oder Faltungsoperation der
Form[5]

$$I'(u,v) \leftarrow \sum_{m=-\infty}^{\infty} \sum_{n=-\infty}^{\infty} I(u+m, v+n) \cdot H(m,n) \qquad (17.15)$$

$$= \sum_{i=-\infty}^{\infty} \sum_{j=-\infty}^{\infty} I(i,j) \cdot H(i-u, j-v), \qquad (17.16)$$

ist bekanntlich jeder neue Pixelwert $I'(u,v)$ der gewichtete Durchschnitt
der ursprünglichen Pixelwerte in I innerhalb einer bestimmten Umgebung, deren Gewichte durch die Elemente des Filterkerns H definiert
sind. Das zu jedem Pixel gehörige Gewicht ist somit ausschließlich von
seiner räumlichen Position gegenüber dem aktuellen Arbeitspunkt (u,v)
abhängig. Insbesondere spezifiziert also $H(0,0)$ das Gewicht des aktuellen Arbeitspunkts $I(u,v)$ und der Koeffizient $H(m,n)$ bestimmt das
Gewicht jenes Pixels, das vom Arbeitspunkt den Abstand m, n hat. Da
in diesem Fall nur die räumlichen Bildkoordinaten relevant sind, wird
ein solches Filter (wie bereits eingangs erwähnt) als „Domain-Filter" bezeichnet. Insofern sind also *alle* Filter, die wir bisher beschrieben haben,
eigentlich Domain-Filter.

17.2.2 Range-Filter

Obwohl die Idee zunächst seltsam erscheinen mag, kann man ein lineares
Filter auch auf die Bild*werte* bzw. den Wertebereich (*range*) eines Bilds
anwenden, z. B. in der Form

$$I'_r(u,v) \leftarrow \sum_{i=-\infty}^{\infty} \sum_{j=-\infty}^{\infty} I(i,j) \cdot H_{\mathrm{r}}\big(I(i,j) - I(u,v)\big). \qquad (17.17)$$

Der Beitrag eines Pixels ist dabei durch die Funktion H_{r} bestimmt und
hängt nur von der Differenz zwischen seinem eigenen *Wert* $I(i,j)$ und
dem Wert des aktuellen Zentralpixels $I(u,v)$ ab. Die Operation in Gl.
17.17 ist ein reines *Range*-Filter, in dem ausschließlich die Pixelwerte
eine Rolle spielen und – im Unterschied zu einem Domain-Filter – die
räumliche Position der beteiligten Pixel irrelevant ist. An einem gegebenen Arbeitspunkt (u,v) liefern daher alle Pixel $I(i,j)$ mit dem selben
Wert auch den selben Beitrag zum betreffenden Ergebnis $I'_r(u,v)$. Die
globale Anwendung eines reinen Range-Filters hat somit keine räumliche Auswirkung auf das Bild, insbesondere erfolgt keine Glättung wie bei
einem entsprechenden Domain-Filter. Tatsächlich ist ein globales Range-
Filter für sich kaum zu gebrauchen, denn es verknüpft die Pixelwerte aus

---

[5] Siehe auch Gl. 5.5 auf S. 96.

dem gesamten Bild und ändert nur die Abbildung der Intensitäts- oder Farbwerte, ähnlich einer nichtlinearen, bildabhängigen *Punktoperation*.

17.2.3 Bilaterales Filter (allgemein)

Die zentrale Idee des Bilateralen Filters ist nun, das Domain-Filter (Gl. 17.16) mit dem Range-Filter (Gl. 17.17) zu kombinieren, und zwar in der Form

$$I'(u,v) = \frac{1}{W_{u,v}} \cdot \sum_{\substack{i=\\-\infty}}^{\infty} \sum_{\substack{j=\\-\infty}}^{\infty} I(i,j) \cdot \underbrace{H_{\mathrm{d}}(i-u, j-v) \cdot H_{\mathrm{r}}\big(I(i,j)-I(u,v)\big)}_{w_{i,j}},$$
(17.18)

mit H_{d}, H_{r} als Filterkerne des Domain- bzw. Range-Filters. $w_{i,j}$ sind die resultierenden kombinierten Koeffizienten und

$$W_{u,v} = \sum_{\substack{i=\\-\infty}}^{\infty} \sum_{\substack{j=\\-\infty}}^{\infty} w_{i,j} = \sum_{\substack{i=\\-\infty}}^{\infty} \sum_{\substack{j=\\-\infty}}^{\infty} H_{\mathrm{d}}(i-u, j-v) \cdot H_{\mathrm{r}}\big(I(i,j)-I(u,v)\big)$$
(17.19)

ist die (positionsabhängige) Summe der Gewichte $w_{i,j}$ zur Normalisierung des kombinierten Filterkerns.

In dieser Formulierung ist der Einflussbereich des Range-Filters auf die räumliche Nachbarschaft beschränkt, die durch den Domain-Kern H_{d} definiert ist. An einem bestimmten Arbeitspunkt (u, v) ist das zusammengesetzte Gewicht $w_{i,j}$ für jedes zum Ergebnis beitragende Pixel abhängig von (1) seiner räumlichen Position bezogen auf (u, v) und (2) der Differenz seines Pixelwerts zum dem Wert des aktuellen Zentralpixels $I(u, v)$. In anderen Worten ist der resultierende Pixelwert der gewichtete Durchschnitt vor allem aus jenen Bildwelementen, die sowohl räumlich nahe wie auch ähnlich zum Zentralpixel sind. Innerhalb einer „flachen" Bildregion, in der die meisten umgebenden Pixel ähnliche Werte wie das Zentralpixel aufweisen, verhält sich das Bilaterale Filter wie ein gewöhnliches Glättungsfilter, definiert durch den Domain-Kern H_{d}. Wenn das Filter jedoch beispielsweise in der Nähe einer Bildkante platziert wird, so tragen vorrangig jene Pixel zum Ergebnis bei, deren Wert ähnlich zum aktuellen Zentralpixel ist, wodurch die Glättung der Kante verhindert wird.

Wenn der Domain-Kern H_{d} einen endlichen Radius D (und somit die Größe $(2D+1) \times (2D+1)$) hat, lässt sich das Bilaterale Filter aus Gl. 17.18 definieren in der Form

$$I'(u,v) \leftarrow \frac{\displaystyle\sum_{\substack{i=\\u-D}}^{u+D} \sum_{\substack{j=\\v-D}}^{v+D} I(i,j) \cdot H_{\mathrm{d}}(i-u, j-v) \cdot H_{\mathrm{r}}\left(I(i,j)-I(u,v)\right)}{\displaystyle\sum_{\substack{i=\\u-D}}^{u+D} \sum_{\substack{j=\\v-D}}^{v+D} H_{\mathrm{d}}(i-u, j-v) \cdot H_{\mathrm{r}}\left(I(i,j)-I(u,v)\right)}$$
(17.20)

$$= \frac{\displaystyle\sum_{m=-D}^{D} \sum_{n=-D}^{D} I(u+m, v+n) \cdot H_{\mathrm{d}}(m,n) \cdot H_{\mathrm{r}}\left(I(u+m, v+n) - I(u,v)\right)}{\displaystyle\sum_{m=-D}^{D} \sum_{n=-D}^{D} H_{\mathrm{d}}(m,n) \cdot H_{\mathrm{r}}\left(I(u+m, v+n) - I(u,v)\right)} \tag{17.21}$$

(durch die Ersetzungen $(i-u) \to m$ und $(j-v) \to n$). Der zusammengesetzte, positionsabhängige Filterkern – und damit die *Impulsantwort* des Filters – für das Bild I an der Position (u,v) ist somit

$$\bar{H}_{I,u,v}(i,j) = \frac{H_{\mathrm{d}}(i,j) \cdot H_{\mathrm{r}}\left(I(u+i, v+j) - I(u,v)\right)}{\displaystyle\sum_{m=-D}^{D} \sum_{n=-D}^{D} H_{\mathrm{d}}(m,n) \cdot H_{\mathrm{r}}\left(I(u+m, v+n) - I(u,v)\right)}, \tag{17.22}$$

für $-D \leq i,j \leq D$, bzw. $\bar{H}_{I,u,v}(i,j) = 0$ überall sonst.. Der Wert $\bar{H}_{I,u,v}(i,j)$ spezifiziert den Beitrag des Bildelements $I(u+i, v+j)$ zum neuen Pixelwert $I'(u,v)$.

17.2.4 Bilaterales Filter mit gaußförmigen Kernen

Ein spezieller (aber gängiger) Fall ist die Verwendung von gaußförmigen Kernen sowohl für den Domain- wie auch für den Range-Teil des Bilateralen Filters. Der diskrete, zweidimensionale Gaußkern[6] der Größe σ_{d} für den Domain-Teil des Filters-Kern ist definiert als

$$H_{\mathrm{d}}^{\mathrm{G},\sigma_{\mathrm{d}}}(m,n) = \frac{1}{2\pi\sigma_{\mathrm{d}}^2} \cdot e^{-\frac{\rho^2}{2\sigma_{\mathrm{d}}^2}} = \frac{1}{2\pi\sigma_{\mathrm{d}}^2} \cdot e^{-\frac{m^2+n^2}{2\sigma_{\mathrm{d}}^2}} \tag{17.23}$$

$$= \frac{1}{\sqrt{2\pi}\,\sigma_{\mathrm{d}}} \cdot \exp\left(-\frac{m^2}{2\sigma_{\mathrm{d}}^2}\right) \cdot \frac{1}{\sqrt{2\pi}\,\sigma_{\mathrm{d}}} \cdot \exp\left(-\frac{n^2}{2\sigma_{\mathrm{d}}^2}\right), \tag{17.24}$$

für $m, n \in \mathbb{Z}$. Diese Funktion hat seinen Maximalwert im Zentrum (bei $m = n = 0$) und fällt mit ansteigendem Radius $\rho = \sqrt{m^2 + n^2}$ kontinuierlich und isotrop nach außen hin ab. Ab einem Radius von $3.5\,\sigma_{\mathrm{d}}$ ist der Wert von $H_{\mathrm{d}}^{\mathrm{G},\sigma_{\mathrm{d}}}$ praktisch Null. Die Faktorisierung in Gl. 17.24 deutet bereits darauf hin, dass der zweidimensionale Gaußkern in zwei eindimensionale Gaußfunktionen separierbar ist, wodurch eine effiziente Implementierung ermöglicht wird.[7] Der konstante Faktor $1/(\sqrt{2\pi}\,\sigma_{\mathrm{d}})$ in Gl. 17.24 kann bei der Berechnung ignoriert werden, weil der Filterkern (siehe Gl. 17.18–17.19) ohnehin für jede Bildposition normalisiert wird.

Analog dazu ist der zugehörige Range-Kern als eindimensionaler Gaußkern der Breite σ_{r} definiert, d. h.,

$$H_{\mathrm{r}}^{\mathrm{G},\sigma_{\mathrm{r}}}(x) = \frac{1}{\sqrt{2\pi}\,\sigma_{\mathrm{r}}} \cdot e^{-\frac{x^2}{2\sigma_{\mathrm{r}}^2}} = \frac{1}{\sqrt{2\pi}\,\sigma_{\mathrm{r}}} \cdot \exp\left(-\frac{x^2}{2\sigma_{\mathrm{r}}^2}\right), \tag{17.25}$$

---

[6] Siehe auch Gl. 5.12 in Abschn. 5.2.7.
[7] Siehe auch Abschn. 5.3.3.

für $x \in \mathbb{R}$. Auch hier kann der konstante Faktor $1/(\sqrt{2\pi}\,\sigma_r)$ bei der Berechnung weggelassen werden, wodurch sich das zusammengesetzte Filter anschreiben lässt in der Form

$$
I'(u,v) = \frac{1}{W_{u,v}} \cdot \sum_{\substack{i=\\u-D}}^{u+D} \sum_{\substack{j=\\v-D}}^{v+D} \Big[I(i,j) \cdot H_d^{G,\sigma_d}(i-u, j-v) \tag{17.26}
$$
$$
\cdot H_r^{G,\sigma_r}(I(i,j) - I(u,v)) \Big]
$$

$$
= \frac{1}{W_{u,v}} \cdot \sum_{\substack{m=\\-D}}^{D} \sum_{\substack{n=\\-D}}^{D} \Big[I(u+m, v+n) \cdot H_d^{G,\sigma_d}(m,n) \tag{17.27}
$$
$$
\cdot H_r^{G,\sigma_r}(I(u+m, v+n) - I(u,v)) \Big]
$$

$$
= \frac{1}{W_{u,v}} \cdot \sum_{\substack{m=\\-D}}^{D} \sum_{\substack{n=\\-D}}^{D} \Big[I(u+m, v+n) \cdot \exp\!\big(-\tfrac{m^2+n^2}{2\sigma_d^2}\big) \tag{17.28}
$$
$$
\cdot \exp\!\big(-\tfrac{(I(u+m,v+n)-I(u,v))^2}{2\sigma_r^2}\big) \Big],
$$

mit $D = \lceil 3.5 \cdot \sigma_d \rceil$ und

$$
W_{u,v} = \sum_{\substack{m=\\-D}}^{D} \sum_{\substack{n=\\-D}}^{D} \exp\!\big(-\tfrac{m^2+n^2}{2\sigma_d^2}\big) \cdot \exp\!\big(-\tfrac{(I(u+m,v+n)-I(u,v))^2}{2\sigma_r^2}\big). \tag{17.29}
$$

Für 8-Bit Grauwertbilder mit Pixelwerten im Bereich $[0, 255]$ sind typische Einstellungen für σ_r im Bereich $10, \ldots, 50$. Die Größe des Domain-Kerns (σ_d) hängt vom gewünschten Ausmaß der räumlichen Glättung ab. Die Schritte zur Berechnung des Bilateralen Filters sind in Alg. 17.4 nochmals übersichtlich zusammengefasst.

Die Abbildungen 17.5–17.10 zeigen die effektiven (positionsabhängigen) Filterkerne (siehe Gl. 17.22) und die Ergebnisse der Anwendung des Bilateralen Filters mit gaußförmigen Kernen in unterschiedlichen Situationen. Die Originalbilder sind gleichförmig verrauscht, um den Filtereffekt zu demonstrieren. Man erkennt deutlich, wie sich der kombinierte Filterkern durch den Range-Teil an die lokale Bildumgebung anpasst. Nur jene Teile der Umgebung, die ähnliche Intensitätswerte wie das aktuelle Zentralpixel aufweisen, werden in die Filteroperation mit einbezogen. Die dafür verwendeten Parameter sind $\sigma_d = 2.0$ und $\sigma_r = 50$, der Domain-Kern H_d hat die Größe 15×15.

17.2.5 Anwendung auf Farbbilder

Die Anwendung linearer Glättungsfilter auf Farbbilder erfolgt üblicherweise durch getrennte Anwendung des gleichen Filters auf die einzelnen Farbkomponenten. Wie in Abschn. 15.1 dargestellt, ist dies legitim, sofern ein geeigneter Farbraum für die Operation verwendet wird, um das Entstehen unnatürlicher Intensitätswerte und Farbtöne zu vermeiden. Für den *Domain*-Teil des Bilateralen Filters gelten daher im Zusammenhang mit Farbbildern die selben Überlegungen wie für jedes andere

Algorithmus 17.4
Bilaterales Filter mit Gaußkernen für Grauwertbilder.

1:   **BilateralFilterGray**$(I, \sigma_{\mathrm{d}}, \sigma_{\mathrm{r}})$
     Input: I, a grayscale image of size $M \times N$; σ_{d}, width of the 2D Gaussian *domain* kernel; σ_{r}, width of the 1D Gaussian *range* kernel; Returns a new filtered image of size $M \times N$.

2:     $(M, N) \leftarrow \mathsf{Size}(I)$
3:     $D \leftarrow \lceil 3.5 \cdot \sigma_{\mathrm{d}} \rceil$ ▷ width of domain filter kernel
4:     $I' \leftarrow \mathsf{Duplicate}(I)$

5:     **for all** image coordinates $(u, v) \in M \times N$ **do**
6:         $S \leftarrow 0$ ▷ sum of weighted pixel values
7:         $W \leftarrow 0$ ▷ sum of weights
8:         $a \leftarrow I(u, v)$ ▷ center pixel value
9:         **for** $m \leftarrow -D, \ldots, D$ **do**
10:           **for** $n \leftarrow -D, \ldots, D$ **do**
11:              $b \leftarrow I(u + m, v + n)$ ▷ off-center pixel value
12:              $w_{\mathrm{d}} \leftarrow \exp\!\left(-\frac{m^2 + n^2}{2\sigma_{\mathrm{d}}^2}\right)$ ▷ domain weight
13:              $w_{\mathrm{r}} \leftarrow \exp\!\left(-\frac{(a - b)^2}{2\sigma_{\mathrm{r}}^2}\right)$ ▷ range weight
14:              $w \leftarrow w_{\mathrm{d}} \cdot w_{\mathrm{r}}$ ▷ composite weight
15:              $S \leftarrow S + w \cdot b$
16:              $W \leftarrow W + w$
17:         $I'(u, v) \leftarrow S/W$
18:     **return** I'

Abbildung 17.5
Bilaterales Filter in einer flachen Bildregion mit Sprungkante. Originalbild (b), Ergebnis nach Anwendung des Filters (c). Kombinierte Impulsantwort des Filters für die gezeigte Position (a).

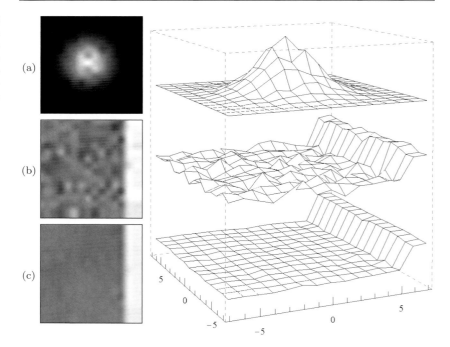

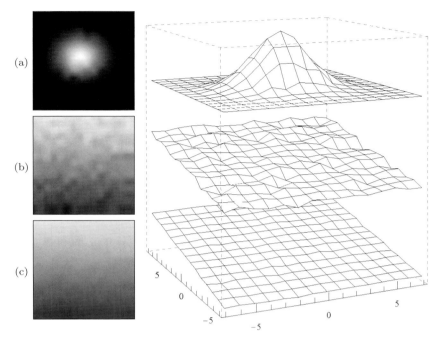

Abbildung 17.6
Bilaterales Filter in einer kontinuierlich ansteigende Bildregion (Rampe).
Originalbild (b), Ergebnis nach Anwendung des Filters (c). Kombinierte
Impulsantwort des Filters für die gezeigte Position (a).

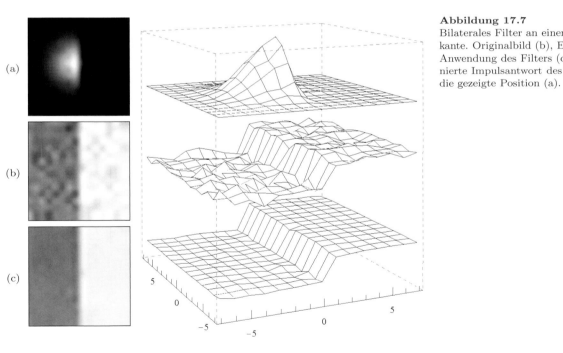

Abbildung 17.7
Bilaterales Filter an einer Sprungkante. Originalbild (b), Ergebnis nach
Anwendung des Filters (c). Kombinierte Impulsantwort des Filters für
die gezeigte Position (a).

Abbildung 17.8
Bilaterales Filter an einer Sprungkante. Originalbild (b), Ergebnis nach
Anwendung des Filters (c). Kombinierte Impulsantwort des Filters
für die gezeigte Position (a), auf
der *rechten* Seite der Sprungkante.

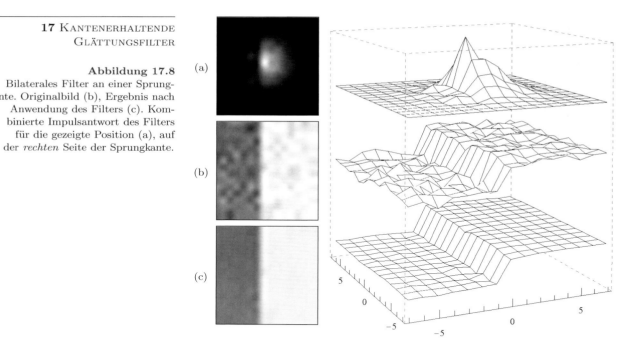

Abbildung 17.9
Bilaterales Filter in einem Eckpunkt. Originalbild (b), Ergebnis
nach Anwendung des Filters (c).
Kombinierte Impulsantwort des Filters für die gezeigte Position (a).

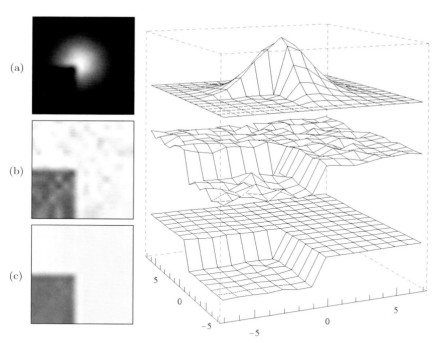

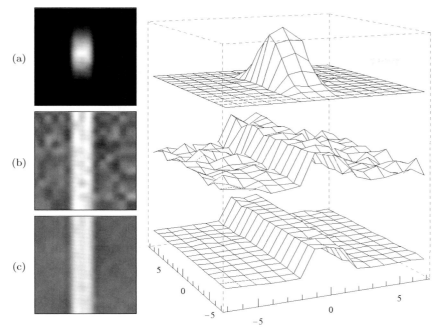

Abbildung 17.10
Bilaterales Filter an einem vertikalen
Grad. Originalbild (b), Ergebnis nach
Anwendung des Filters (c). Kombi-
nierte Impulsantwort des Filters für
die gezeigte Position (a).

lineare Filter. Das Bilaterale Filter als Ganzes kann aber ohnedies nicht
durch getrennte Anwendung auf die Farbkomponenten implementiert
werden, wie nachfolgend beschrieben.

Im *Range*-Teil des Filters ist das Gewicht eines beteiligten Pixels von
seiner Differenz zum Wert des aktuellen Zentralpixels abhängig. Unter
Annahme eines passenden Abstandsmaßes $\mathrm{dist}(\boldsymbol{a}, \boldsymbol{b})$ zur Messung der
Differenz (Distanz) zwischen zwei Farbvektoren $\boldsymbol{a}$ und $\boldsymbol{b}$, lässt sich das
Bilaterale Filter aus Gl. 17.18 in der Form

$$\boldsymbol{I}'(u,v) = \frac{1}{W_{u,v}} \cdot \sum_{\substack{i=\\-\infty}}^{\infty} \sum_{\substack{j=\\-\infty}}^{\infty} \boldsymbol{I}(i,j) \cdot H_{\mathrm{d}}(i-u, j-v) \qquad (17.30)$$
$$\cdot H_{\mathrm{r}}\big(\mathrm{dist}(\boldsymbol{I}(i,j), \boldsymbol{I}(u,v))\big),$$

mit

$$W_{u,v} = \sum_{i,j} H_{\mathrm{d}}(i-u, j-v) \cdot H_{\mathrm{r}}\big(\mathrm{dist}(\boldsymbol{I}(i,j), \boldsymbol{I}(u,v))\big) \qquad (17.31)$$

leicht für die Anwendung auf ein Farbbild $\boldsymbol{I}$ adaptieren. Zur Messung der
Distanz zwischen K-dimensionalen Farbpunkten $\boldsymbol{a} = (a_1, \ldots, a_K), \boldsymbol{b} = (b_1, \ldots, b_K)$ bietet sich die Verwendung einer gängigen Norm an, ins-
besondere natürlich die L_1-, L_2 (euklidische) oder die L_∞- (Maximum)
Norm, also

$$\mathrm{dist}_1(\boldsymbol{a}, \boldsymbol{b}) \;\; := \;\; \tfrac{1}{3} \cdot \|\boldsymbol{a} - \boldsymbol{b}\|_1 = \tfrac{1}{3} \cdot \textstyle\sum_{k=1}^{K} |a_k - b_k|, \qquad (17.32)$$

$$\mathrm{dist}_2(\boldsymbol{a}, \boldsymbol{b}) \;\; := \;\; \tfrac{1}{\sqrt{3}} \cdot \|\boldsymbol{a} - \boldsymbol{b}\|_2 = \tfrac{1}{\sqrt{3}} \cdot \big(\textstyle\sum_{k=1}^{K} (a_k - b_k)^2\big)^{1/2} \qquad (17.33)$$

Algorithmus 17.5
Bilaterales Filter mit Gaußkernen für
Farbbilder. Die Funktion dist($\boldsymbol{a}, \boldsymbol{b}$)
berechnet den Abstand zwischen zwei
Farbpunkten (Vektoren) $\boldsymbol{a}$ und $\boldsymbol{b}$, in
diesem Fall mit der euklidischen (L_2)
Norm (Zeile 5). Weitere Möglichkeiten
sind in Gl. 17.32–17.34 angeführt.

1:   **BilateralFilterColor**($\boldsymbol{I}, \sigma_{\mathrm{d}}, \sigma_{\mathrm{r}}$)
    Input: $\boldsymbol{I}$, a color image of size $M \times N$; σ_{d}, width of the 2D Gaussian
    domain kernel; σ_{r}, width of the 1D Gaussian *range* kernel;
    Returns a new filtered color image of size $M \times N$.

2:   $(M, N) \leftarrow \mathsf{Size}(I)$
3:   $D \leftarrow \lceil 3.5 \cdot \sigma_{\mathrm{d}} \rceil$ $\triangleright$ width of domain filter kernel
4:   $\boldsymbol{I}' \leftarrow \mathsf{Duplicate}(\boldsymbol{I})$
5:   $\mathrm{dist}(\boldsymbol{a}, \boldsymbol{b}) := \frac{1}{\sqrt{3}} \cdot \|\boldsymbol{a} - \boldsymbol{b}\|_2$ $\triangleright$ color distance (e. g., Euclidean)
6:   **for all** image coordinates $(u, v) \in (M \times N)$ **do**
7:     $\boldsymbol{S} \leftarrow \boldsymbol{0}$ $\triangleright \boldsymbol{S} \in \mathbb{R}^3$, sum of weighted pixel vectors
8:     $W \leftarrow 0$ $\triangleright W$ sum of pixel weights (scalar)
9:     $\boldsymbol{a} \leftarrow \boldsymbol{I}(u, v)$ $\triangleright \boldsymbol{a} \in \mathbb{R}^3$, center pixel vector
10:     **for** $m \leftarrow -D, \ldots, D$ **do**
11:       **for** $n \leftarrow -D, \ldots, D$ **do**
12:         $\boldsymbol{b} \leftarrow \boldsymbol{I}(u + m, v + n)$ $\triangleright \boldsymbol{b} \in \mathbb{R}^3$, off-center pixel vector
13:         $w_{\mathrm{d}} \leftarrow \exp\left(-\frac{m^2 + n^2}{2\sigma_{\mathrm{d}}^2}\right)$ $\triangleright$ domain weight
14:         $w_{\mathrm{r}} \leftarrow \exp\left(-\frac{(\mathrm{dist}(\boldsymbol{a}, \boldsymbol{b}))^2}{2\sigma_{\mathrm{r}}^2}\right)$ $\triangleright$ range weight
15:         $w \leftarrow w_{\mathrm{d}} \cdot w_{\mathrm{r}}$ $\triangleright$ composite weight
16:         $\boldsymbol{S} \leftarrow \boldsymbol{S} + w \cdot \boldsymbol{b}$
17:         $W \leftarrow W + w$
18:     $\boldsymbol{I}'(u, v) \leftarrow \frac{1}{W} \cdot \boldsymbol{S}$
19:   **return** $\boldsymbol{I}'$

$$\mathrm{dist}_{\infty}(\boldsymbol{a}, \boldsymbol{b}) := \|\boldsymbol{a} - \boldsymbol{b}\|_{\infty} = \max_k |a_k - b_k| . \tag{17.34}$$

Die Normalisierungsfaktoren $1/3$ bzw. $1/\sqrt{3}$ in Gl. 17.32 und Gl. 17.33 sind notwendig, um bei Verwendung eines bestimmten Range-Kerns H_{r} vergleichbare Ergebnisse des Betrags bei Grauwert- und Farbbildern zu erhalten.[8] In den meisten Farbräumen stimmen diese Abstandsmaße natürlich nicht mit den wahrgenommenen Farbunterschieden überein.[9] Die Abstandsfunktion selbst ist allerdings nicht wirklich kritisch, das sie nur die relative *Gewichtung* der einzelnen Farbpixel beeinflusst.

Der vollständige Anlauf des Bilateralen Filters für Farbbilder (wiederum unter Verwendung von Gaußkernen für das Domain- und Range-Filter) ist in Alg. 17.5 zusammengefasst. In diesem Fall wird die euklidische Distanz zur Messung der Farbdifferenzen verwendet. Die Beispiele in Abb. 17.11 wurden im sRGB-Farbraum berechnet.

---

[8] Dadurch sind etwa bei 8-Bit RGB-Farbbildern die Werte von dist($\boldsymbol{a}, \boldsymbol{b}$) immer im Bereich $[0, 255]$.

[9] Der CIELAB und CIELUV Farbraum (siehe Abschn. 14.1.5) sind explizit so definiert, dass die euklidische Distanz (L_2-Norm) ein brauchbares Maß für Farbdifferenzen darstellt.

(a) $\sigma_{\mathrm{r}} = 10$

(b) $\sigma_{\mathrm{r}} = 20$

(c) $\sigma_{\mathrm{r}} = 50$

(d) $\sigma_{\mathrm{r}} = 100$

Abbildung 17.11
Anwendung des Bilateralen Filters auf ein Farbbild. Für den Domain-Teil wurde ein Gaußkern mit $\sigma_{\mathrm{d}} = 2.0$ der Größe 15×15 verwendet. Die Breite des gaußförmigen Range-Filters variiert von $\sigma_{\mathrm{r}} = 10$ bis 100. Der verwendete Farbraum ist sRGB.

17.2.6 Effiziente Implementierung durch x/y-Separierung

Das Bilaterale Filter in der in Alg. 17.4–17.5 beschriebenen Form ist rechenaufwändig, mit einer Zeitkomplexität von $\mathcal{O}(D^2)$ für jedes Bildelement (D ist der Filterradius). Eine geringfügige Beschleunigung ist durch Tabellierung der beiden Filterkerne möglich, jedoch ist auch damit die direkte Implementierung in der Regel für Echtzeitanwendungen nicht schnell genug. In [169] wurde eine x/y-separierte Annäherung des Bilateralen Filters vorgeschlagen, die gegenüber dem direkten Verfahren einen erheblichen Geschwindigkeitsgewinn bringt. In diesem Ansatz wird zunächst nur in horizontaler Richtung ein *eindimensionales* Bilaterales Filter mit dem (eindimensionalen) Domain-Kern H_d und dem Range-Kern H_r angewandt, mit dem Zwischenergebnis

$$I^\triangleright(u,v) = \frac{\sum\limits_{m=-D}^{D} I(u+m,v) \cdot H_\mathrm{d}(m) \cdot H_\mathrm{r}\big(I(u+m,v)-I(u,v)\big)}{\sum\limits_{m=-D}^{D} H_\mathrm{d}(m) \cdot H_\mathrm{r}\big(I(u+m,v)-I(u,v)\big)} \; . \tag{17.35}$$

Im nachfolgenden (zweiten) Schritt wird das *gleiche* Filter in vertikaler Richtung auf das Zwischenergebnis $I^\triangleright$ angewandt, mit dem Endergebnis

$$I'(u,v) = \frac{\sum\limits_{n=-D}^{D} I^\triangleright(u,v+n) \cdot H_\mathrm{d}(n) \cdot H_\mathrm{r}\left(I^\triangleright(u,v+n)-I^\triangleright(u,v)\right)}{\sum\limits_{n=-D}^{D} H_\mathrm{d}(n) \cdot H_\mathrm{r}\left(I^\triangleright(u,v+n)-I^\triangleright(u,v)\right)} \; . \tag{17.36}$$

Die eindimensionalen Filterkerne H_d und H_r sind identisch zu jenen in Gl. 17.35.

Der *effektive*, ortsabhängige Filterkern an der Position (u,v) für den *horizontalen* Teil des Filters ist

$$\bar{H}_{I,u,v}^{\triangleright}(i) = \frac{H_\mathrm{d}(i) \cdot H_\mathrm{r}\left(I(u+i,v)-I(u,v)\right)}{\sum\limits_{m=-D}^{D} H_\mathrm{d}(i) \cdot H_\mathrm{r}\left(I(u+m,v)-I(u,v)\right)}, \tag{17.37}$$

für $-D \leq i \leq D$ (null außerhalb). Analog dazu ist der effektive Kern der *vertikalen* Filters

$$\bar{H}_{I,u,v}^{\triangledown}(j) = \frac{H_\mathrm{d}(i) \cdot H_\mathrm{r}\left(I(u,v+j)-I(u,v)\right)}{\sum\limits_{n=-D}^{D} H_\mathrm{d}(j) \cdot H_\mathrm{r}\left(I(u,v+j)-I(u,v)\right)}, \tag{17.38}$$

für $-D \leq j \leq D$. Der effektive, ortsabhängige 2D-Kern des *kombinierten* Filters an der Position (u,v) ist somit

$$\bar{H}_{I,u,v}(i,j) = \begin{cases} \bar{H}_{I,u,v}^{\triangleright}(i) \cdot \bar{H}_{I^\triangleright,u,v}^{\triangledown}(j) & \text{für } -D \leq i,j \leq D, \\ 0 & \text{sonst,} \end{cases} \tag{17.39}$$

wobei I das Ausgangsbild bezeichnet und $I^\triangleright$ das in Gl. 17.35 definierte Zwischenergebnis.

Alternativ kann natürlich auch zuerst in der vertikalen Richtung zuerst und nachfolgend in der horizontalen Richtung gefiltert werden. Die Ergebnisse sind jeweils unterschiedlich aber ähnlich zu jenen des vollständigen (zweidimensionalen) Bilateralen Filters. Algorithmus 17.6 zeigt die Realisierung des x/y-separierten Bilateralen Filters unter Verwendung

```
 1: BilateralFilterGraySeparable(I, σ_d, σ_r)
      Input: I, a grayscale image of size M×N; σ_d, width of the 2D Gaus-
      sian domain kernel; σ_r, width of the 1D Gaussian range kernel;
      Returns a new filtered image of size M×N.
 2:   (M, N) ← Size(I)
 3:   D ← ⌈3.5 · σ_d⌉                                    ▷ width of domain filter kernel
 4:   I^▷ ← Duplicate(I)

      Pass 1 (horizontal):
 5:   for all coordinates (u, v) ∈ M×N do
 6:       a ← I(u, v)
 7:       S ← 0,    W ← 0
 8:       for m ← −D, . . . , D do
 9:           b ← I(u + m, v)
10:           w_d ← exp(−m²/2σ_d²)                        ▷ domain weight H_d(m)
11:           w_r ← exp(−(a−b)²/2σ_r²)                    ▷ range weight H_r
12:           w ← w_d · w_r                               ▷ composite weight
13:           S ← S + w · b
14:           W ← W + w
15:       I^▷(u, v) ← S/W                                 ▷ see Eq. 17.35
16:   I' ← Duplicate(I)

      Pass 2 (vertical):
17:   for all coordinates (u, v) ∈ M×N do
18:       a ← I^▷(u, v)
19:       S ← 0,    W ← 0
20:       for n ← −D, . . . , D do
21:           b ← I^▷(u, v + n)
22:           w_d ← exp(−n²/2σ_d²)                        ▷ domain weight H_d(n)
23:           w_r ← exp(−(a−b)²/2σ_r²)                    ▷ range weight H_r
24:           w ← w_d · w_r                               ▷ composite weight
25:           S ← S + w · b
26:           W ← W + w
27:       I'(u, v) ← S/W                                  ▷ see Eq. 17.36
28:   return I'
```

17.2 Bilaterales Filter

Algorithmus 17.6
x/y-separiertes Bilaterales Filter mit gaußförmigen Filterkernen (adaptiert aus Alg. 17.4). Das Eingangsbild I wird in zwei Durchgängen verarbeitet. In jedem Durchgang wird ein eindimensionales Filter in horizontaler bzw. vertikaler Richtung angewandt (siehe Gl. 17.35–17.36). Dieses Verfahren liefert ähnliche (aber nicht identische) Ergebnisse wie das vollständige (zweidimensionale) Bilaterale Filter in Alg. 17.4.

von gaußförmigen Kernen für den Domain- und Range-Teil des Filters. Die Erweiterung auf Farbbilder ist wiederum einfach möglich (siehe Gl. 17.31 und Aufg. 17.3).

Wie beabsichtigt liegt der Vorteil des separierten Filters in seiner Geschwindigkeit. Bei einem Filterradius D durchläuft dieses Filter nur $\mathcal{O}(D)$ Rechenschritte, während die ursprüngliche (nicht-separierte) Version $\mathcal{O}(D^2)$ erfordert. Dies bedeutet eine substantielle Einsparung und damit eine Erhöhung der Geschwindigkeit, insbesondere bei großen Domain-Kernen.

Abbildung 17.12 zeigt die Ergebnisse des separierten Filters in verschiedenen Situationen. Die Ergebnisse in Abb. 17.5–17.9 sind sehr ähnlich zum nicht-separierten Filter, u. a. weil die lokalen Strukturen in die-

Abbildung 17.12
Impulsantwort des separierten Bilateralen Filters in verschiedenen
Situationen. Kombinierter Filterkern
(Impulsantwort) im Bildzentrum (a–
e), Originalbild I (f–j), gefiltertes Bild
I' (k–o). Die Einstellung der Parameter ist identisch zu Abb. 17.5–17.9.

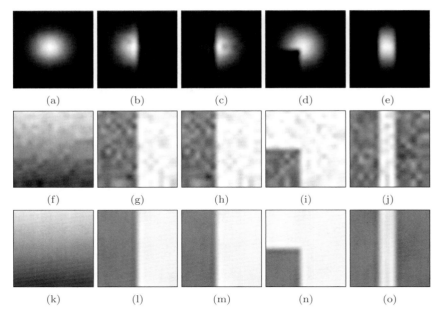

sen Bildern annähernd parallel zu den Koordinatenachsen verlaufen. Im
Allgemeinen sind die Ergebnisse aber verschieden, wie das Beispiel der
diagonal verlaufenden Kante in Abb. 17.13 zeigt. Die zugehörigen *effektiven* Filterkerne für die markierte Position auf der hellen Seite der Kante
sind in Abb. 17.13 (g, h) gezeigt. Wie man erkennt, ist der kombinierte
Kern des vollständigen Filters in Abb. 17.13 (g) gegenüber der lokalen
Orientierung insensitiv, während der obere Teil der separierten Kerns
in Abb. 17.13 (h) deutlich beschnitten wird. Trotz dieser Richtungsabhängigkeit wird das separierte Bilaterale Filter häufig als ausreichender
Ersatz für die nichtseparierte Variante verwendet [169]. Das Farbbeispiel
Abb. 17.14 zeigt nochmals explizit die Auswirkungen der eindimensionalen Filter in der x- und y-Richtung. Wie erwähnt sind die Ergebnisse
nicht exakt gleich, wenn das Filter zuerst in der x- oder y-Richtung angewandt wird, meisten sind jedoch die Unterschiede kaum sichtbar.

17.2.7 Weitere Informationen

Eine gründliche Analyse des Bilateralen Filters im Kontext der adaptiven Glättungsfilter sowie dessen Beziehung zu nichtlinearen Diffusions-
filtern (siehe Abschn. 17.3) findet sich in [14] und [60]. In Ergänzung
zu der im vorhergehenden Abschnitt beschriebenen, einfachen separierten Implementierung, wurden zahlreiche andere schnelle Varianten des
Bilateralen Filters entwickelt. Die in [59] beschriebene Methode approximiert beispielsweise das Bilaterale Filter durch Sub-Sampling des Bilds
und Anwendung weniger Range-Kerne, deren Ergebnis dann durch lineare Interpolation kombiniert wird. Eine weiter verbesserte und theoretisch fundierte Version dieser Methode ist in [165] dargestellt. Der

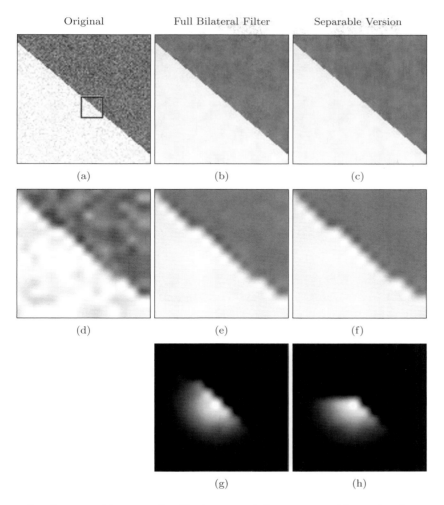

Original · Full Bilateral Filter · Separable Version

(a) (b) (c)

(d) (e) (f)

(g) (h)

Abbildung 17.13
Bilaterales Filter – vollständige und separierte Implementierung im Vergleich. Originalbild (a) und vergrößertes Details (d). Ergebnisse des vollständigen Bilateralen Filters (b, e) und der separierten Variante (c, f). Die zugehörige Impulsantwort für die in (a) markierte Position in der Bildmitte (auf der hellen Seite der Sprungkante) für das vollständige Filter (g) und das separierte Filter (h). Der Umstand, dass der obere Teil der Impulsantwort in (h) entlang der horizontale Achse abgeschnitten ist, zeigt, dass das separierte Filter von der Orientierung der lokalen Bildstrukturen abhängig ist. Parameter: $\sigma_{\mathrm{d}} = 2.0$, $\sigma_{\mathrm{r}} = 25$.

in [226] vorgeschlagene schnelle Ansatz wiederum vermeidet redundante Berechnungen durch teilweise überlappende Filterregionen, ist aber auf die Verwendung rechteckiger Domain-Kerne beschränkt. Allerdings wird in [172, 230], dass eine Berechnung in Echtzeit auch mit beliebigen Kernen durch Zerlegung des Domain-Filters in kleinere Filter möglich ist.

17.3 Anisotrope Diffusionsfilter

„DIffusion" ist ein Konzept aus der Physik, das die räumliche Ausbreitung von Partikeln oder physikalischen Zuständen innerhalb von Substanzen oder Körpern beschreibt. In der realen Welt diffundieren bestimmte physikalische Eigenschaften (wie z. B. die Temperatur) in homogener Weise durch Körper, also gleichförmig in alle Richtungen. Die Idee, die Glättung von Bildern als Diffusionsprozess zu betrachten, hat in

Abbildung 17.14
Separiertes Bilaterales Filter (Farbbeispiel). Originalbild (a), Anwendung des eindimensionalen Bilateralen Filters nur in x-Richtung (b)
und nur in y-Richtung (c). Ergebnis des *vollständigen* Bilateralen Filters (d); separiertes Filter angewandt in x/y-Richtung (e)
und y/x-Richtung (f). Parameter:
$\sigma_{\mathrm{d}} = 2.0$, $\sigma_{\mathrm{r}} = 50$, L_2-Farbdistanz.

der Bildverarbeitung eine lange Geschichte (siehe beispielsweise [9, 128]).
Um allerdings ein Bild zu glätten und gleichzeitig Kanten und andere
„interessante" Bildstrukturen zu erhalten, erfordert, dass der Diffusionsprozess lokal irgendwie *nicht*-homogen gemacht werden muss; ansonsten
würde das Bild natürlich an allen Stellen gleichförmig geglättet. Typischerweise wird die dominante Glättungsrichtung so gewählt, dass sie
parallel zu naheliegenden Bildstrukturen verläuft, während die Glättung
in der Querrichtung, d. h. quer zu allfälligen Kanten und Konturen, entsprechend unterdrückt wird.

Seit der bahnbrechenden Arbeit von Perona und Malik [168] sind
anisotrope Diffusionsfilter ein fester Bestandteil des Methodenrepertoires
der digitalen Bildverarbeitung und auch heute noch ein sehr aktives Forschungsfeld. Die Hauptelemente dieses klassischen Ansatzes sind im folgenden Abschnitt (17.3.2) dargestellt. Während seit den ersten Arbeiten
unzählige ähnliche Formulierungen und Varianten vorgeschlagen wurden, war es letztlich das Verdienst von Weickert [223, 224] bzw. Tschumperlé[10] [213, 214], dafür einen einheitlichen formalen Rahmen zu definieren und die Methode für vektorwertige Bilder (also insbesondere Farbbilder) zu verallgemeinern. Neben diesen mittlerweile klassischen Ansätzen existiert eine umfangreiche Literatur zum Thema, mit hervorragenden Übersichtsbeiträgen [86, 223], Textbüchern [115, 188] und zahlreichen

---

[10] Für eine Zusammenfassung und algorithmische Beschreibung der Methode
von Tschumperlé und Deriche sei auf die englische Ausgabe [37, S. 157ff]
verwiesen.

weiterführenden Beiträgen, wie [4, 42, 49, 160, 189, 206] um nur einige zu nennen.

17.3.1 Homogene Diffusion und Wärmeleitungsgleichung

Nehmen wir an, eine Zustandseigenschaft (z. B. die lokale Temperatur) in einem homogenen, dreidimensionalen Körper ist durch die kontinuierliche Funktion $f(\boldsymbol{x}, t)$ an der Position $\boldsymbol{x} = (x, y, z)$ und zum Zeitpunkt t bestimmt. Wird dieses System sich selbst überlassen, so gleichen sich die örtlichen Differenzen in f allmählich aus, bis ein globaler Gleichgewichtszustand erreicht ist. Dieser Diffusionsprozess im dreidimensionalen Raum (x, y, z) bzw. über die Zeit (t) kann als partielle Differentialgleichung in der Form

$$\frac{\partial f}{\partial t} = c \cdot (\nabla^2 f) = c \cdot \left(\frac{\partial^2 f}{\partial x^2} + \frac{\partial^2 f}{\partial y^2} + \frac{\partial^2 f}{\partial z^2} \right) \tag{17.40}$$

beschrieben werden. Dies ist die klassische „Wärmeleitungsgleichung", in der $\nabla^2 f$ den Laplace-Operator[11] (angewandt auf die skalarwertige Funktion f) bezeichnet und c eine Konstante, die die (thermische) Leitfähigkeit des Materials beschreibt. Da die Leitfähigkeit in diesem Körper als unabhängig von Position und Richtung angenommen wird, ist der resultierende Prozess *isotrop*, d. h., die Wärme breitet sich in alle Richtungen gleichförmig aus.

Der Einfachheit halber nehmen wir $c = 1$ an und ergänzen in Gl. 17.40 explizit die Koordinaten $\boldsymbol{x}$ (für die räumliche Position) sowie τ (für den aktuellen Zeitpunkt) zu

$$\frac{\partial f}{\partial t}(\boldsymbol{x}, \tau) = \frac{\partial^2 f}{\partial x^2}(\boldsymbol{x}, \tau) + \frac{\partial^2 f}{\partial y^2}(\boldsymbol{x}, \tau) + \frac{\partial^2 f}{\partial z^2}(\boldsymbol{x}, \tau), \tag{17.41}$$

oder, in etwas kompakterer Schreibweise,

$$f_t(\boldsymbol{x}, \tau) = f_{\mathrm{xx}}(\boldsymbol{x}, \tau) \,+\, f_{\mathrm{yy}}(\boldsymbol{x}, \tau) \,+\, f_{\mathrm{zz}}(\boldsymbol{x}, \tau). \tag{17.42}$$

Diffusion in Bildern

Ein kontinuierliches, veränderliches Bild I kann nun analog zur Funktion $f(\boldsymbol{x}, \tau)$ als Verteilung einer physikalischen Zustandseigenschaft interpretiert werden, wobei die lokale Bildintensität der Temperatur in Gl. 17.42 entspricht. Für diesen zweidimensionalen Fall reduziert sich die Diffusionsgleichung zu

---

[11] Der Ausdruck ∇f bezeichnet bekanntlich den *Gradienten* einer Funktion f und das Ergebnis ist (bei einer mehrdimensionalen Funktion) ein *Vektor*. Der *Laplace-Operator* $\nabla^2 f$ hingegen entspricht der *Divergenz* des Gradienten von f (also div ∇f) und ergibt einen *skalaren* Wert (siehe auch Abschn. C.2.4 und Abschn. C.2.3 im Anhang). Andere Schreibweisen für den Laplace-Operator sind $\nabla \cdot (\nabla f)$, $(\nabla \cdot \nabla) f$, $\nabla \cdot \nabla f$, $\nabla^2 f$, oder Δf.

$$\frac{\partial I}{\partial t} = \nabla^2 I = \frac{\partial^2 I}{\partial x^2} + \frac{\partial^2 I}{\partial y^2} \qquad \text{oder} \qquad (17.43)$$

$$I_t(\boldsymbol{x}, \tau) = I_{\mathrm{xx}}(\boldsymbol{x}, \tau) + I_{\mathrm{yy}}(\boldsymbol{x}, \tau), \qquad (17.44)$$

mit den partiellen Ableitungen $I_t \equiv \partial I/\partial t$, $I_{\mathrm{xx}} \equiv \partial^2 I/\partial x^2$ und $I_{\mathrm{yy}} \equiv \partial^2 I/\partial y^2$. Da bei diskreten Bildfunktionen natürlich keine echten Ableitungen möglich sind, werden diese wie üblich durch lokale Differenzen angenähert.

Beginnend mit einem (typischerweise verrauschten) Ausgangsbild $I^{(0)} = I$, lässt sich die Lösung der Differentialgleichung in Gl. 17.44 schrittweise berechnen in der Form

$$I^{(n)}(\boldsymbol{u}) \leftarrow \begin{cases} I(\boldsymbol{u}) & \text{für } n = 0, \\ I^{(n-1)}(\boldsymbol{u}) + \alpha \cdot \left[\nabla^2 I^{(n-1)}(\boldsymbol{u})\right] & \text{für } n > 0, \end{cases} \qquad (17.45)$$

für jede Bildposition $\boldsymbol{u} = (u, v)$, mit n als Iterationsnummer. Dieser Vorgang wird als „direkte" Lösungsmethode bezeichnet. Es gibt auch andere Verfahren, aber dieses ist das einfachste. Die Konstante α in Gl. 17.45 spezifiziert die zeitliche Schrittweite und steuert somit die Geschwindigkeit des Diffusionsprozesses. Ihr Wert sollte im Bereich $(0, 0.25]$ liegen, um die Stabilität des numerischen Verfahrens sicherzustellen. In jeder Iteration n reduzieren sich die lokalen Differenzen im Bild und (abhängig von den Randbedingungen) ergibt sich am Ende (wenn n gegen Unendlich geht) ein flaches Bild.

Bei einem diskreten Bild I kann das Ergebnis des Laplace-Operators $\nabla^2 I$ in Gl. 17.45 mithilfe eines linearen 2D Filters

$$\nabla^2 I \approx I * H^L, \qquad \text{mit } H^L = \begin{bmatrix} 0 & 1 & 0 \\ 1 & -4 & 1 \\ 0 & 1 & 0 \end{bmatrix} \qquad (17.46)$$

angenähert werden.[12] Eine wichtige Eigenschaft der isotropischen Diffusion ist, dass ihre Auswirkungen identisch sind zu einem Gaußfilter, dessen Ausdehnung mit der Zeit zunimmt. In anderen Worten, das durch n Diffusionsschritte von Gl. 17.45 erzeugte Bild ist äquivalent zum Ergebnis der Anwendung eines linearen Filters auf das Bild I, d. h.,

$$I^{(n)} \equiv I * H^{\mathrm{G},\sigma_n}, \qquad (17.47)$$

mit dem gaußförmigen Filterkern

$$H^{\mathrm{G},\sigma_n}(x, y) = \frac{1}{2\pi\sigma_n^2} \cdot e^{-\frac{x^2 + y^2}{2\sigma_n^2}} \qquad (17.48)$$

der Größe $\sigma_n = \sqrt{2t} = \sqrt{2n/\alpha}$. Das Beispiel in Abb. 17.15 illustriert die gaußförmige Glättung durch den isotropen Diffusionsprozess.

---

[12] Siehe auch Abschn. 6.6.1 sowie Abschn. C.3.1 im Anhang.

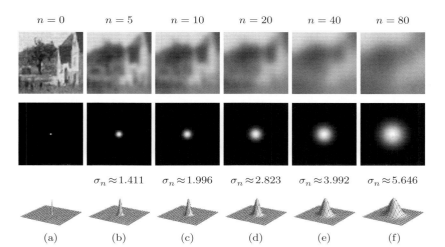

| $n = 0$ | $n = 5$ | $n = 10$ | $n = 20$ | $n = 40$ | $n = 80$ |

$\sigma_n \approx 1.411$ $\quad$ $\sigma_n \approx 1.996$ $\quad$ $\sigma_n \approx 2.823$ $\quad$ $\sigma_n \approx 3.992$ $\quad$ $\sigma_n \approx 5.646$

(a) $\qquad$ (b) $\qquad$ (c) $\qquad$ (d) $\qquad$ (e) $\qquad$ (f)

Abbildung 17.15
Diskreter, isotroper Diffusionsprozess. Geglättete Bilder und Impulsantworten der äquivalenten Gaußfilter nach n Diffusionsschritten (Gl. 17.45). Die Bildgröße ist 50 × 50. Die Breite des Gaußfilters (σ_n in Gl. 17.48) wächst mit der Quadratwurzel von n (Anzahl der Iterationen). Die Höhe der Impulsantworten ist zur Darstellung auf einheitliche Maximalwerte skaliert.

17.3.2 Das Perona-Malik-Filter

Isotrope Diffusion, wie im vorhergehenden Abschnitt beschrieben, ist eine homogene Operation, die grundsätzlich unabhängig vom jeweiligen Bildinhalt ist. Wie bei jedem Gaußfilter wird damit zwar Rauschen effektiv unterdrückt, aber natürlich werden gleichzeitig auch scharfe Kanten und feine Strukturen eliminiert.

Die von Perona und Malik in [168] vorgeschlagene Idee zur Realisierung eines kantenerhaltenden Glättungsfilter basiert darauf, den (bisher konstanten und als 1 angenommenen) Koeffizienten für die Wärmeleitung *variabel* zu machen und an die lokale Bildstruktur anzupassen. Dazu wird in der ursprünglichen Diffusionsgleichung (aus Gl. 17.40),

$$\frac{\partial I}{\partial t}(\boldsymbol{x}, \tau) = c \cdot [\nabla^2 I](\boldsymbol{x}, \tau), \qquad (17.49)$$

die Konstante c durch eine positions- und zeitabhängige *Funktion* $c(\boldsymbol{x}, t)$ ersetzt, d. h.,

$$\frac{\partial I}{\partial t}(\boldsymbol{x}, \tau) = c(\boldsymbol{x}, \tau) \cdot [\nabla^2 I](\boldsymbol{x}, \tau). \qquad (17.50)$$

Falls die Funktion $c(\boldsymbol{x}, \tau)$ konstant ist, so reduziert sich diese Gleichung natürlich auf das isotrope Diffusionsmodell in Gl. 17.44.

Durch Verwendung bestimmter Funktionen $c()$ können unterschiedliche Filtereigenschaften realisiert werden. Für die kantenerhaltende Glättung wird die Leitfähigkeit $c(\boldsymbol{x}, \tau)$ üblicherweise als Funktion über den Betrag des lokalen Gradientenvektors ∇I definiert, d. h.,

$$c(\boldsymbol{x}, \tau) := g(d) = g\big(\|[\nabla I^{(\tau)}](\boldsymbol{x})\|\big). \qquad (17.51)$$

Um Kanten tatsächlich zu erhalten, sollte die Funktion $g(d) : \mathbb{R} \to [0, 1]$ *hohe* Werte (d. h. Leitfähigkeit) in Bereichen mit kleinem Gradienten liefern, um an diesen Stellen eine Glättung zu ermöglichen, andererseits *niedrige* Werte zur Unterdrückung der Glättung dort, wo sich die lokale Intensität stark ändert. Vier gängige Varianten der Leitfähigkeitsfunktion $g(d)$ sind beispielsweise [45, 168]

$$g_1(d) = e^{-(d/\kappa)^2}, \qquad g_2(d) = \frac{1}{1+(d/\kappa)^2}, \qquad (17.52)$$

$$g_3(d) = \frac{1}{\sqrt{1+(d/\kappa)^2}}, \qquad g_4(d) = \begin{cases} (1-(d/2\kappa)^2)^2 & \text{für } d \le 2\kappa, \\ 0 & \text{sonst.} \end{cases}$$

Die Konstante $\kappa > 0$ wird entweder manuell (für 8-Bit Grauwertbilder typischerweise im Bereich $[5, 50]$) fixiert oder an den Rauschanteil im Bild angepasst. Die vier Funktionen $g_1(), \ldots, g_4()$ aus Gl. 17.52 sind in Abb. 17.16 für verschiedene Einstellungen von κ gezeigt. Die gaußförmige Leitfähigkeitsfunktion g_1 tendiert zur Stärkung von Kanten mit hohem Kontrast, während g_2 und vor allem g_3 große Flache Regionen gegenüber kleineren bevorzugen. Die Funktion $g_4(d)$, die der *Biweight*-Funktion von Tuckey aus der robusten Statistik entspricht [188, p. 230], ist genau Null für alle Argumente $d > 2\kappa$. Die genaue Form der Funktion $g()$ scheint übrigens weniger kritisch zu sein; mitunter werden andere Funktionen mit ähnlichen Eigenschaften (z. B. auch ein linearer Abfall) an dieser Stelle verwendet.

Das in [168] zur Diskretisierung von Gl. 17.50 verwendete Schema ist

$$I^{(n)}(\boldsymbol{u}) \leftarrow I^{(n-1)}(\boldsymbol{u}) + \alpha \cdot \sum_{i=0}^{3} g\big(|\delta_i(I^{(n-1)}, \boldsymbol{u})|\big) \cdot \delta_i(I^{(n-1)}, \boldsymbol{u}), \quad (17.53)$$

Abbildung 17.16
Leitfähigkeitsfunktionen $g_1(), \ldots,$ $g_4()$ für $\kappa = 4, 10, 20, 30, 40$ (siehe Gl. 17.52). Wenn der Betrag des lokalen Gradienten (d) klein (d. h. nahe Null) ist, ist die Glättungswirkung maximal (1.0). Umgekehrt wird die Diffusion eingeschränkt, wenn der Gradient groß ist, also u. a. in der Nähe von Kanten. Kleinere Werte des Parameters κ ergeben kompaktere Funktionen, wodurch sich die Glättung zunehmend auf Bildbereiche mit geringeren Variationen beschränkt.

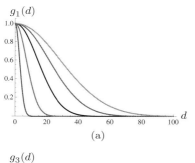

(a)

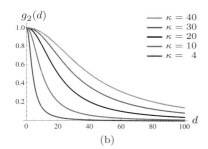

(b)

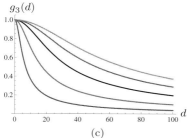

(c)

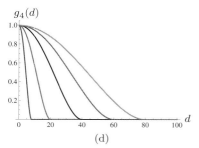

(d)

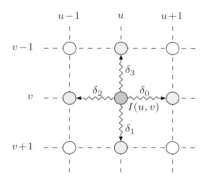

Abbildung 17.17
Diskretes Gitter zur Implementierung
des Diffusionsfilters nach Perona und
Malik. Der grüne Knoten bezeichnet
das aktuelle Bildelement an der Po-
sition $\boldsymbol{u} = (u, v)$, die gelben Knoten
sind die vier direkten Nachbarele-
mente.

wobei $I^{(0)} = I$ das ursprüngliche Bild bezeichnet und

$$\delta_i(I, \boldsymbol{u}) = I(\boldsymbol{u} + \boldsymbol{d}_i) - I(\boldsymbol{u}) \qquad (17.54)$$

die Differenz zwischen dem Bildelement $I(\boldsymbol{u})$ und einem seiner vier direkten Nachbarn (siehe Abb. 17.17), mit

$$\boldsymbol{d}_0 = \left(\begin{smallmatrix} 1 \\ 0 \end{smallmatrix}\right), \qquad \boldsymbol{d}_1 = \left(\begin{smallmatrix} 0 \\ 1 \end{smallmatrix}\right), \qquad \boldsymbol{d}_2 = -\left(\begin{smallmatrix} 1 \\ 0 \end{smallmatrix}\right), \qquad \boldsymbol{d}_3 = -\left(\begin{smallmatrix} 0 \\ 1 \end{smallmatrix}\right). \qquad (17.55)$$

Der vollständige Berechnungsvorgang für das Perona-Malik-Filter für
skalarwertige Bilder ist in Alg. 17.7 zusammengefasst. Die Beispiele in
Abb. 17.18 zeigen das Verhalten dieses Filters entlang einer Sprungkante
in einem verrauschten Grauwertbild im Vergleich zu einem gewöhnlichen
(isotropen) Gaußfilter.

Zusammenfassend wirkt dieses Filter im Prinzip dadurch, dass es lokal die Glättung entlang der Richtung starker Gradienten unterbindet.
In Regionen, in denen der Kontrast (und damit der Gradient) klein ist,
erfolgt eine weitgehend gleichförmige Diffusion in allen Richtungen, wie
bei einem gewöhnlichen gaußförmigen Glättungsfilter. Mit zunehmendem Betrag des Gradienten wird jedoch die Glättung in der Gradientenrichtung gesperrt und nur in der Normalrichtung dazu (also entlang der
Tangente zur Kante) ermöglicht. In der Analogie zum Prozess der Wärmeausbreitung verhält sich eine Kante mit einem großem Helligkeitsgradienten wie eine Isolierschicht zwischen zwei Regionen mit unterschiedlicher Temperatur. Während sich die Temperatur in den homogenen Bereichen auf beiden Seiten der Kante schrittweise rasch ausgleicht, kann
die Wärme nicht über die Kante hinweg nur sehr langsam diffundieren.

Streng genommen wird übrigens das Perona-Malik-Filter (wie in Gl.
17.50 definiert) eigentlich nicht als *anisotropes* Diffusionsfilter betrachtet, weil die Leitfähigkeitsfunktion $g()$ nur eine skalarwertige und keine
(gerichtete) vektorwertige Funktion ist [223]. Allerdings führt die (nicht-
exakte) Diskretisierung in Gl. 17.53, in der entlang die Leitfähigkeit in
jeder Gitterrichtung getrennt adaptiert wird dazu, dass das Filter sich
letztlich anisotrop verhält.

Algorithmus 17.7
Anisotropes Diffusionsfilter nach Perona und Malik für skalarwertige Bilder (Grauwertbilder). Die temporären Abbildungen $\mathsf{D}_x, \mathsf{D}_y$ enthalten die Komponenten der lokalen Gradienten, die in jeder Iteration neu berechnet werden. Als Leitfähigkeitsfunktion $g(d)$ kann eine der in Gl. 17.52 definierten Funktionen oder eine andere ähnliche Funktion verwendet werden.

1: **PeronaMalikGray**(I, α, κ, T)

Input: I, a grayscale image of size $M \times N$; α, update rate; κ, smoothness parameter; T, number of iterations.
Returns the modified image I.

Specify the conductivity function:

2: $\quad g(d) := e^{-(d/\kappa)^2}$ $\qquad \triangleright$ for example, see alternatives in Eq. 17.52

3: $\quad (M, N) \leftarrow \mathsf{Size}(I)$

4: $\quad$ Create maps $\mathsf{D}_x, \mathsf{D}_y \colon M \times N \to \mathbb{R}$

5: $\quad$ **for** $n \leftarrow 1, \ldots, T$ **do** $\qquad\qquad\qquad \triangleright$ perform T iterations

6: $\qquad$ **for all** coordinates $(u, v) \in M \times N$ **do** $\quad \triangleright$ re-calculate gradients

7: $\qquad\qquad \mathsf{D}_x(u,v) \leftarrow \begin{cases} I(u+1,v) - I(u,v) & \text{if } u < M-1 \\ 0 & \text{otherwise} \end{cases}$

8: $\qquad\qquad \mathsf{D}_y(u,v) \leftarrow \begin{cases} I(u,v+1) - I(u,v) & \text{if } v < N-1 \\ 0 & \text{otherwise} \end{cases}$

9: $\qquad$ **for all** coordinates $(u, v) \in M \times N$ **do** $\qquad \triangleright$ update the image

10: $\qquad\qquad \delta_0 \leftarrow \mathsf{D}_x(u,v)$

11: $\qquad\qquad \delta_1 \leftarrow \mathsf{D}_y(u,v)$

12: $\qquad\qquad \delta_2 \leftarrow \begin{cases} -\mathsf{D}_x(u-1,v) & \text{if } u > 0 \\ 0 & \text{otherwise} \end{cases}$

13: $\qquad\qquad \delta_3 \leftarrow \begin{cases} -\mathsf{D}_y(u,v-1) & \text{if } v > 0 \\ 0 & \text{otherwise} \end{cases}$

14: $\qquad\qquad I(u,v) \leftarrow I(u,v) + \alpha \cdot \sum_{k=0}^{3} g(|\delta_k|) \cdot \delta_k$

15: $\quad$ **return** I

17.3.3 Perona-Malik-Filter für Farbbilder

Das in Abschn. 17.3.2 beschriebene Perona-Malik-Filter war ursprünglich nicht explizit für Farbbilder oder vektorwertige Bilder im Allgemeinen formuliert. Die einfachste Möglichkeit dieses Filter auf Farbbilder anzuwenden ist (wie üblich) die einzelnen Farbkomponenten als voneinander unabhängige Intensitätsbilder zu betrachten und getrennt zu filtern. Kanten sollten dabei dennoch erhalten bleiben, da sie nur dort entstehen können, wo zumindest eine der Farbkomponenten eine starke lokale Änderung zeigt. Allerdings werden in diesem Fall jeweils unterschiedliche Filter auf die Farbkomponenten angewandt, wobei im Ergebnis völlig neue Farben entstehen können, die im ursprünglichen Bild nicht enthalten waren. Dennoch sind die Ergebnisse (siehe die Beispiele in Abb. 17.19 (b–d)) häufig ausreichend und die Methode ist daher nicht zuletzt wegen ihrer Einfachheit durchaus praktikabel.

Farbdiffusion mit dem Intensitätsgradienten

Eine einfache Alternative zur getrennten Filterung der Komponenten ist die Verwendung des Intensitätsgradienten zur gemeinsamen Steuerung

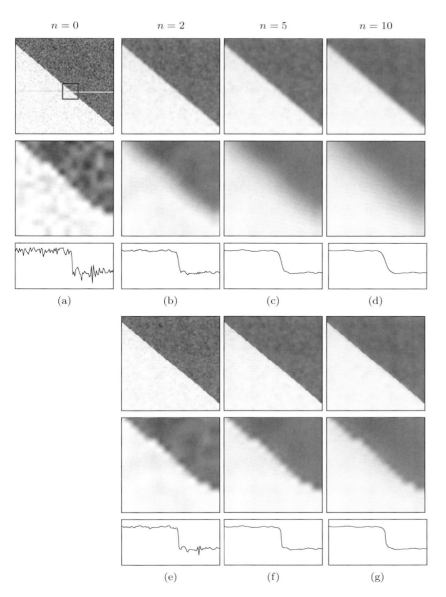

$n = 0$ $\qquad$ $n = 2$ $\qquad$ $n = 5$ $\qquad$ $n = 10$

(a) $\qquad$ (b) $\qquad$ (c) $\qquad$ (d)

(e) $\qquad$ (f) $\qquad$ (g)

Abbildung 17.18
Anwendung isotroper und nicht-
isotroper Diffusion an einer verrauschten Sprungkante. Originalbild,
vergrößertes Detail und horizontales Profil (a), Ergebnis der isotropen
Diffusion (oben, b–d) bzw. der ani-
sotropen Diffusion (unten, e–g) nach
$n = 2, 5, 10$ Iterationen (mit $\alpha = 0.20$,
$\kappa = 40$).

des Diffusionsprozesses in allen Farbkomponenten. Unter Annahme eines
RGB-Farbbilds $\boldsymbol{I} = (I_\mathrm{R}, I_\mathrm{G}, I_\mathrm{B})$ und einer Helligkeitsfunktion $\beta(\boldsymbol{a})$ lässt
sich das Iterationsschema in Gl. 17.53 modifizieren zu

$$\boldsymbol{I}^{(n)}(\boldsymbol{u}) \leftarrow \boldsymbol{I}^{(n-1)}(\boldsymbol{u}) + \alpha \cdot \sum_{i=0}^{3} g\big(|\beta_i(\boldsymbol{I}^{(n-1)}, \boldsymbol{u})|\big) \cdot \boldsymbol{\delta}_i(\boldsymbol{I}^{(n-1)}, \boldsymbol{u}) ,$$

$$(17.56)$$

wobei

Abbildung 17.19
Anisotrope Diffusionsfilter – Anwendung auf Farbbilder. Verrauschtes RGB-Testbild (a) Getrennte Anwendung des Perona-Malik-Filters auf die einzelnen Farbkomponenten (b–d), Steuerung der Diffusion durch den *Helligkeitsgradienten* (e–g), Steuerung durch den *Farbgradienten* (h–j), nach $n = 2, 5$ und 10 Iterationen (mit $\alpha = 0.20$, $\kappa = 40$). Die Anwendung des Filters erfolgte im linearen RGB-Farbraum.

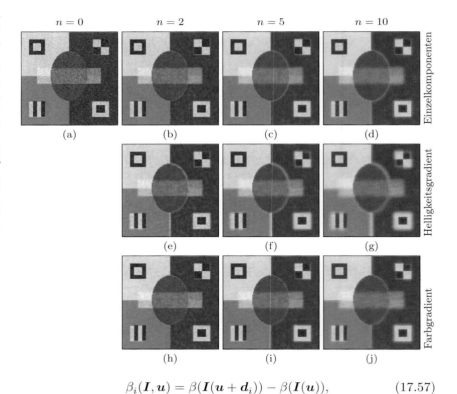

$$\beta_i(\boldsymbol{I}, \boldsymbol{u}) = \beta(\boldsymbol{I}(\boldsymbol{u} + \boldsymbol{d}_i)) - \beta(\boldsymbol{I}(\boldsymbol{u})), \qquad (17.57)$$

die lokale Helligkeitsdifferenz ist (mit $\boldsymbol{d}_i$ wie in Gl. 17.55) und

$$\boldsymbol{\delta}_i(\boldsymbol{I}, \boldsymbol{u}) = \begin{pmatrix} I_\mathrm{R}(\boldsymbol{u} + \boldsymbol{d}_i) - I_\mathrm{R}(\boldsymbol{u}) \\ I_\mathrm{G}(\boldsymbol{u} + \boldsymbol{d}_i) - I_\mathrm{G}(\boldsymbol{u}) \\ I_\mathrm{B}(\boldsymbol{u} + \boldsymbol{d}_i) - I_\mathrm{B}(\boldsymbol{u}) \end{pmatrix} = \begin{pmatrix} \delta_i(I_\mathrm{R}, \boldsymbol{u}) \\ \delta_i(I_\mathrm{G}, \boldsymbol{u}) \\ \delta_i(I_\mathrm{B}, \boldsymbol{u}) \end{pmatrix} \qquad (17.58)$$

der Farbdifferenzvektor zwischen benachbarten Bildelementen in Richtung $i = 0, \ldots, 3$ (siehe Abb. 17.17). Typische Beispiele für die Helligkeitsfunktion $\beta()$ sind etwa die *Luminanz* Y (die gewichtete Summe der linearen R, G, B-Komponenten), der Luma-Wert Y' (aus den nonlinearen R', G', B'-Komponenten) sowie die Helligkeitskomponente L des CIELAB- oder CIELUV-Farbraums (siehe Abschn. 15.1 für weitere Details).

Algorithmus 17.7 lässt sich sehr einfach für die Anwendung auf Farbbilder in dieser Form modifizieren. Ein offensichtlicher Nachteil dieser Methode ist, dass sie Farbkanten nicht berücksichtigt (d. h. glättet), wenn die gegenüberliegenden Farben ähnliche Helligkeit aufweisen, wie die Beispiele in Abb. 17.19 (e–g)) zeigen. Dadurch wird die praktische Anwendbarkeit natürlich stark eingeschränkt.

Verwendung des Farbgradienten

Eine bessere Alternative zur Steuerung des Diffusionsprozesses in den drei Farbkomponenten ist die Verwendung des Farbgradienten (siehe Abschn. 16.2.1). Wie in Gl. 16.18 definiert ist der Farbgradient

$$(\mathrm{grad}_\theta \, \boldsymbol{I})(\boldsymbol{u}) = \boldsymbol{I}_x(\boldsymbol{u}) \cdot \cos(\theta) + \boldsymbol{I}_y(\boldsymbol{u}) \cdot \sin(\theta) \qquad (17.59)$$

ein (bei einem RGB-Bild dreidimensionaler) Vektor, der die lokale Änderung des Farbbilds $\boldsymbol{I}$ an der Position $\boldsymbol{u}$ in der Richtung θ beschreibt. The squared norm of this vector, $S_\theta(\boldsymbol{I}, \boldsymbol{u}) = \|(\mathrm{grad}_\theta \, \boldsymbol{I})(\boldsymbol{u})\|^2$, called the *squared local contrast*, is a scalar quantity useful for color edge detection. Das Quadrat der Norm dieses Vektors, $S_\theta(\boldsymbol{I}, \boldsymbol{u}) = \|(\mathrm{grad}_\theta \, \boldsymbol{I})(\boldsymbol{u})\|^2$ (der *quadratische lokale Kontrast*), ist ein skalarer Wert, der für die Detektion von Farbkanten Verwendung findet. Entlang der horizontalen und vertikalen Achsen des diskreten Diffusionsgitters (siehe Abb. 17.17) ist der Richtungswinkel θ ein Vielfaches von $\pi/2$ und somit verschwindet jeweils einer der Kosinus- und Sinusterme in Gl. 17.59, d. h.,

$$\|(\mathrm{grad}_\theta \, \boldsymbol{I})(\boldsymbol{u})\| = \|(\mathrm{grad}_{i\pi/2} \, \boldsymbol{I})(\boldsymbol{u})\| = \begin{cases} \|\boldsymbol{I}_x(\boldsymbol{u})\| & \text{für } i = 0, 2, \\ \|\boldsymbol{I}_y(\boldsymbol{u})\| & \text{für } i = 1, 3. \end{cases} \qquad (17.60)$$

Wir verwenden den Farbdifferenzvektor $\boldsymbol{\delta}_i$ (Gl. 17.58) als Schätzung für die horizontalen und vertikalen Ableitungen $\boldsymbol{I}_x$ bzw. $\boldsymbol{I}_y$ und adaptieren damit das iterative Diffusionsschema aus Gl. 17.53 zu

$$\boldsymbol{I}^{(n)}(\boldsymbol{u}) \leftarrow \boldsymbol{I}^{(n-1)}(\boldsymbol{u}) + \alpha \cdot \sum_{i=0}^{3} g\big(\|\boldsymbol{\delta}_i(\boldsymbol{I}^{(n-1)}, \boldsymbol{u})\|\big) \cdot \boldsymbol{\delta}_i(\boldsymbol{I}^{(n-1)}, \boldsymbol{u}),$$
$$(17.61)$$

mit einer geeigneten Leitfähigkeitsfunktion $g()$ (siehe Gl. 17.52). Die resultierende Formulierung ist nahezu identisch zu Gl. 17.53, außer der Verallgemeinerung auf vektorwertige Bilder und die Ersetzung des Absolutbetrags $|\cdot|$ durch die Vektornorm $\|\cdot\|$. Der Diffusionsprozess ist über die Farbkomponenten gekoppelt, da die lokale Diffusionsstärke ausschließlich vom kombinierten Farbgradienten abhängig ist. Um Unterschied zum rein helligkeitsabhängigen Schema in Gl. 17.56 löschen sich somit gegenläufige Änderungen hier nicht aus und Kanten zwischen Farben mit ähnlicher Helligkeit bleiben erhalten (siehe die Beispiele in Abb. 17.19 (h–j)).

Der gesamte Ablauf dieser Berechnung ist in Alg. 17.8 nochmals zusammengefasst. Sowohl für die Komponenten des zugrunde liegenden Farbbilds $\boldsymbol{I}$ wie auch für die Ergebnisse werden reelle Werte angenommen.

Beispiele

Abbildung 17.20 zeigt Ergebnis der Anwendung des Perona-Malik-Filters auf Farbbilder mit unterschiedlichen Methoden zu Steuerung der Diffusion. In Abb. 17.20 (a) wurde das *skalare* Diffusionsfilter (siehe Alg.

Algorithmus 17.8
Anisotrope Diffusion für Farbbilder, basierend auf dem kombinierten Farbgradienten (see Abschn. 16.2.1). Als Leitfähigkeitsfunktion $g(d)$ kann eine der in Gl. 17.52 definierten Funktionen oder eine andere ähnliche Funktion verwendet werden. Die Abbildungen D_x, D_y sind (im Unterschied zu Alg. 17.7) vektorwertig.

```
1:  PeronaMalikColor(I, α, κ, T)
       Input: I, an RGB color image of size M × N; α, update rate; κ,
       smoothness parameter; T, number of iterations.
       Returns the modified image I.

       Specify the conductivity function:
```

2:     $g(d) := e^{-(d/\kappa)^2}$ ▷ for example, see alternatives in Eq. 17.52

3:     $(M, N) \leftarrow \mathsf{Size}(I)$

4:     Create maps $\mathsf{D}_x, \mathsf{D}_y \colon M \times N \to \mathbb{R}^3$; $\mathsf{S}_x, \mathsf{S}_y \colon M \times N \to \mathbb{R}$

5:     **for** $n \leftarrow 1, \dots, T$ **do**   ▷ perform T iterations

6:         **for all** $(u,v) \in M \times N$ **do**   ▷ re-calculate gradients

7:           $\mathsf{D}_x(u,v) \leftarrow \begin{cases} I(u+1,v) - I(u,v) & \text{if } u < M-1 \\ \mathbf{0} & \text{otherwise} \end{cases}$

8:           $\mathsf{D}_y(u,v) \leftarrow \begin{cases} I(u,v+1) - I(u,v) & \text{if } v < N-1 \\ \mathbf{0} & \text{otherwise} \end{cases}$

9:           $\mathsf{S}_x(u,v) \leftarrow (\mathsf{D}_x(u,v))^2$ ▷ $= I_{R,x}^2 + I_{G,x}^2 + I_{B,x}^2$

10:          $\mathsf{S}_y(u,v) \leftarrow (\mathsf{D}_y(u,v))^2$ ▷ $= I_{R,y}^2 + I_{G,y}^2 + I_{B,y}^2$

11:       **for all** $(u,v) \in M \times N$ **do**   ▷ update the image

12:          $s_0 \leftarrow \mathsf{S}_x(u,v), \quad \boldsymbol{\Delta}_0 \leftarrow \mathsf{D}_x(u,v)$

13:          $s_1 \leftarrow \mathsf{S}_y(u,v), \quad \boldsymbol{\Delta}_1 \leftarrow \mathsf{D}_y(u,v)$

14:          $s_2 \leftarrow 0, \qquad\qquad \boldsymbol{\Delta}_2 \leftarrow \mathbf{0}$

15:          $s_3 \leftarrow 0, \qquad\qquad \boldsymbol{\Delta}_3 \leftarrow \mathbf{0}$

16:          **if** $u > 0$ **then**

17:             $s_2 \leftarrow \mathsf{S}_x(u-1,v)$

18:             $\boldsymbol{\Delta}_2 \leftarrow -\mathsf{D}_x(u-1,v)$

19:          **if** $v > 0$ **then**

20:             $s_3 \leftarrow \mathsf{S}_y(u,v-1)$

21:             $\boldsymbol{\Delta}_3 \leftarrow -\mathsf{D}_y(u,v-1)$

22:          $I(u,v) \leftarrow I(u,v) + \alpha \cdot \sum_{k=0}^{3} g(|s_k|) \cdot \boldsymbol{\Delta}_k$

23:     **return** I

17.7) getrennt auf die einzelnen Farbkomponenten angewandt. In Abb. 17.20 (b) In Abb. 17.20 (b) ist der Diffusionsprozess über die drei Farbkomponenten gekoppelt und durch den Helligkeitsgradienten gesteuert (siehe Gl. 17.56). In Abb. 17.20 (c) ist schließlich der kombinierte Farbgradient zur Steuerung der Diffusion verwendet, wie in Gl. 17.61 und Alg. 17.8 definiert. In allen Fällen wurden $T = 10$ Diffusionsschritte (Iterationen) angewandt, mit der Updaterate $\alpha = 0.20$, Glättungsfaktor $\kappa = 25$ und der Leitfähigkeitsfunktion $g_1(d)$ nach Gl. 17.52. Das Beispiel zeigt, dass unter vergleichbaren Bedingungen Kanten und Linienstrukturen durch das Filter am besten erhalten bleiben, wenn der Diffusionsprozess durch den kombinierten Farbgradienten gesteuert wird.

(a) getrennte Anwendung auf einzelne Farbkomponenten

(b) Diffusion durch den Helligkeitsgradienten gesteuert

(c) Diffusion durch den kombinierten Farbgradienten gesteuert

17.4 Implementierung

Die Implementierung der in diesem Kapitel beschriebenen Filter ist als vollständiger Java-Quellcode auf der Website zu diesem Buch verfügbar.[13] Die zugehörigen Klassen KuwaharaFilter, NagaoMatsuyamaFilter, PeronaMalikFilter und TschumperleDericheFilter[14] basieren auf der gemeinsamen Superklasse GenericFilter:[15]

KuwaharaFilter (Parameters p)
    Erzeugt ein Kuwahara-Filter (Alg. 17.2), mit den Parametern radius (r, Defaultwert 2) und tsigma (t_σ, Defaultwert 5.0) für Grauwert- und Farbbilder. Die Größe des resultierenden Filters ist $(2r + 1) \times (2r + 1)$.

---

[13] Im Paket imagingbook.pub.edgepreservingfilters.

[14] Für eine detaillierte Beschreibung siehe [37, S. 157ff].

[15] Im Paket imagingbook.lib.filters. Filter dieses Typs können mit der Methode applyTo(ImageProcessor ip) auf ein beliebiges Bild angewandt werden (siehe Abschn. 15.3).

`BilateralFilter (Parameters p)`
Erzeugt ein Bilaterales Filter mit gaußförmigen Kernen (Alg. 17.4, 17.5) für Grauwert- und Farbbilder. In `p` einstellbare Parameter sind die Breite des *Domain*-Kerns `sigmaD` (σ_d, Defaultwert 2.0), die Breite des *Range*-Kerns `sigmaR` (σ_r, Defaultwert 50.0) sowie die Norm `colorNormType` (Defaultwert `NormType.L2`) zur Bestimmung der Farbdistanz.

`BilateralFilterSeparable (Parameters p)`
Erzeugt ein x/y-separiertes Bilaterales Filter (Alg. 17.6) mit den gleichen Parametern wie `BilateralFilter`.

`PeronaMalikFilter (Parameters p)`
Erzeugt ein anisotropes Diffusionsfilter (Alg. 17.7 und 17.8) für Grauwert- und Farbbilder. Die wichtigsten Parameter und Defaultwerte sind `iterations` ($T = 10$), `alpha` ($\alpha = 0.2$), `kappa` ($\kappa = 25$), `smoothRegions` (`true`), `colorMode` (`SeparateChannels`). Mit `smoothRegions = true` wird $g_\kappa^{(2)}$ als Leitfähigkeitsfunktion verwendet, sonst $g_\kappa^{(1)}$ (siehe Gl. 17.52). Für die Anwendung auf Farbbilder kann als `colorMode` einer von drei Modi gewählt werden: `SeparateChannels`, `BrightnessGradient` oder `ColorGradient`. Siehe Prog. 17.1 für eine Anwendungsbeispiel.

Für diese Klassen gibt es auch parameterlose Konstruktoren, bei denen die angegebenen Defaultwerte verwendet werden. Diese Filter können auf Grauwert- und Farbbilder angewandt werden.

17.5 Aufgaben

Aufg. 17.1. Implementieren Sie ein reines *Range-Filter* (siehe Gl. 17.17) für Grauwertbilder, mit dem (eindimensionalen) gaußförmigen Filterkern $H_\mathrm{r}(x) = \frac{1}{\sqrt{2\pi}\cdot\sigma} \cdot \exp(-\frac{x^2}{2\sigma^2})$. Untersuchen Sie für $\sigma = 10, 20, 25$ die Auswirkungen dieses Filters auf das Bild und sein Histogramm.

Aufg. 17.2. Modifizieren Sie das Kuwahara-Filter für Farbbilder in Alg. 17.3, sodass es die *Norm der Farb-Kovarianzmatrix* (wie in Gl. 17.12 definiert) zur Bestimmung der Variabilität innerhalb jeder Subregion verwendet. Schätzen Sie ab, wie viele zusätzliche Operationen in diesem Fall zur Berechnung eines einzelnen Bildelements erforderlich sind. Implementieren Sie den modifizierten Algorithmus, vergleichen Sie die Ergebnisse und Ausführungszeiten.

Aufg. 17.3. Modifizieren Sie das x/y-separierte Bilaterale Filter (in Alg. 17.6) für die Anwendung auf Farbbilder. Verwenden Sie dazu Alg. 17.5 als Ausgangspunkt, Vergleichen Sie die Ergebnisse (siehe auch Abb. 17.14) und die Ausführungszeiten.

```
1   import ij.ImagePlus;
2   import ij.plugin.filter.PlugInFilter;
3   import ij.process.ImageProcessor;
4   import ...edgepreservingfilters.PeronaMalikFilter;
5   import ...edgepreservingfilters.PeronaMalikFilter.ColorMode;
6   import ...edgepreservingfilters.PeronaMalikFilter.Parameters;
7
8   public class Perona_Malik_Demo implements PlugInFilter {
9
10    public int setup(String arg0, ImagePlus imp) {
11      return DOES_ALL + DOES_STACKS;
12    }
13
14    public void run(ImageProcessor ip) {
15      // create a parameter object:
16      Parameters params = new Parameters();
17
18      // modify filter settings if needed:
19      params.iterations = 20;
20      params.alpha = 0.15f;
21      params.kappa = 20.0f;
22      params.smoothRegions = true;
23      params.colorMode = ColorMode.ColorGradient;
24
25      // instantiate the filter object:
26      PeronaMalikFilter filter = new PeronaMalikFilter(params);
27
28      // apply the filter:
29      filter.applyTo(ip);
30    }
31
32  }
```

Aufg. 17.4. Verifizieren Sie experimentell, dass der Diffusionsprozess in Gl. 17.45 nach n Iterationen tatsächlich einem linearen Filter mit gaußförmiger Impulsantwort der Breite σ_n nach Gl. 17.48 entspricht. Verwenden Sie dazu als Testbild einen zweidimensionalen „Impuls", also ein schwarzes Bild mit einem einzigen hellen Pixel im Zentrum.

17.5 AUFGABEN

Programm 17.1
Am Beginn der run()-Methode wird zunächst in Zeile 16 ein neues Parameterobjekt (Instanz der Klasse PeronaMalikFilter.Parameters) erzeugt. Darin werden einzelne Parameter modifiziert, wie in den Zeilen 19–23 gezeigt. Dies erfolgt typischerweise durch Interaktion mit dem Benutzer (z. B. mithilfe der ImageJ-Klasse GenericDialog). In Zeile 26 wird das eigentliche Filter vom Typ PeronaMalikFilter erzeugt, wobei das Parameterobjekt (params) dem Konstruktor als einziges Argument übergeben wird. Anschließend wird das Filter in Zeile 29 auf das Eingabbild (ip) angewandt, das dabei modifiziert wird. ColorMode (in Zeile 23) ist als Enumationstyp (enum) innerhalb der Klasse PeronaMalikFilter realisiert, mit den Ausprägungen SeparateChannels (Defaultwert), BrightnessGradient und ColorGradient. Wie der Rückgabewert der setup() Methode anzeigt, ist dieses Plugin auf Bilder jeden Typs anwendbar.

18

Einführung in Spektraltechniken

In den folgenden drei Kapiteln geht es um die Darstellung und Analyse von Bildern im Frequenzbereich, basierend auf der Zerlegung von Bildsignalen in so genannte *harmonische* Funktionen, also Sinus- und Kosinusfunktionen, mithilfe der bekannten *Fouriertransformation*. Das Thema wird wegen seines etwas mathematischen Charakters oft als schwierig empfunden, weil auch die Anwendbarkeit in der Praxis anfangs nicht offensichtlich ist. Tatsächlich können die meisten gängigen Operationen und Methoden der digitalen Bildverarbeitung völlig ausreichend im gewohnten *Signal- oder Bildraum* dargestellt und verstanden werden, ohne Spektraltechniken überhaupt zu erwähnen bzw. zu kennen, weshalb das Thema hier (im Vergleich zu ähnlichen Texten) erst relativ spät aufgegriffen wird.

Wurden Spektraltechniken früher vorrangig aus Effizienzgründen für die Realisierung von Bildverarbeitungsoperationen eingesetzt, so spielt dieser Aspekt aufgrund der hohen Rechenleistung moderner Computer eine zunehmend untergeordnete Rolle. Dennoch gibt es einige wichtige Effekte und Verfahren in der digitalen Bildverarbeitung, die mithilfe spektraler Konzepte wesentlich einfacher oder ohne sie überhaupt nicht dargestellt werden können. Das Thema sollte daher nicht gänzlich umgangen werden. Die Fourieranalyse besitzt nicht nur eine elegante Theorie, sondern ergänzt auch in interessanter Weise einige bereits früher betrachtete Konzepte, insbesondere lineare Filter und die Faltungsoperation (Abschn. 5.2). Ebenso wichtig sind Spektraltechniken in vielen gängigen Verfahren für die Bild- und Videokompression, aber auch für das Verständnis der allgemeinen Zusammenhänge bei der Abtastung (Diskretisierung) von kontinuierlichen Signalen sowie bei der Rekonstruktion und Interpolation von diskreten Signalen.

Im Folgenden geben wir zunächst eine grundlegende Einführung in den Umgang mit Frequenzen und Spektralzerlegungen, die versucht, mit einem Minimum an Formalismen auszukommen und daher auch für Leser ohne bisherigen Kontakt mit diesem Thema leicht zu „verdauen" sein sollte. Wir beginnen mit der Darstellung eindimensionaler Signale und erweitern dies auf zweidimensionale Signale (Bilder) im nachfolgenden Kap. 19. Abschließend widmet sich Kap. 20 kurz der diskreten Kosinustransformation, einer Variante der Fouriertransformation, die vor allem bei der Bildkompression häufig Verwendung findet.

18.1 Die Fouriertransformation

Das allgemeine Konzept von „Frequenzen" und der Zerlegung von Schwingungen in elementare, „harmonische" Funktionen entstand ursprünglich im Zusammenhang von Schall, Tönen und Musik. Dabei erscheint die Idee, akustische Ereignisse auf der Basis „reiner" Sinusfunktionen zu beschreiben, keineswegs unvernünftig, zumal Sinusschwingungen in natürlicher Weise bei jeder Form von Oszillation auftreten. Bevor wir aber fortfahren, zunächst (als Auffrischung) die wichtigsten Begriffe im Zusammenhang mit Sinus- und Kosinusfunktionen.

18.1.1 Sinus- und Kosinusfunktionen

Die wohlbekannte Kosinusfunktion

$$f(x) = \cos(x) \tag{18.1}$$

hat den Wert eins am Ursprung ($\cos(0) = 1$) und durchläuft bis zum Punkt $x = 2\pi$ eine volle *Periode* (Abb. 18.1 (a)). Die Funktion ist daher periodisch mit einer *Periodenlänge* $T = 2\pi$, d. h.

$$\cos(x) = \cos(x + 2\pi) = \cos(x + 4\pi) = \cdots = \cos(x + k2\pi) \tag{18.2}$$

für beliebige $k \in \mathbb{Z}$. Das Gleiche gilt für die entsprechende *Sinus*funktion $\sin(x)$ mit dem Unterschied, dass deren Wert am Ursprung null ist ($\sin(0) = 0$).

Abbildung 18.1
Kosinus- und Sinusfunktion. Der Ausdruck $\cos(\omega x)$ beschreibt eine Kosinusfunktion mit der Kreisfrequenz ω an der Position x. Die periodische Funktion hat die Kreisfrequenz ω und damit die Periode $T = 2\pi/\omega$. Für $\omega = 1$ ist die Periode $T_1 = 2\pi$ (a), für $\omega = 3$ ist sie $T_3 = 2\pi/3 \approx$ 2.0944 (b). Gleiches gilt für $\sin(\omega x)$.

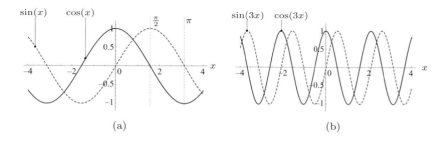

(a)   (b)

Frequenz und Amplitude

Die Anzahl der Perioden von $\cos(x)$ innerhalb einer Strecke der Länge $T = 2\pi$ ist *eins* und damit ist auch die zugehörige *Kreisfrequenz*

$$\omega = \frac{2\pi}{T} = 1. \qquad (18.3)$$

Wenn wir die Funktion modifizieren in der Form

$$f(x) = \cos(3x) , \qquad (18.4)$$

dann erhalten wir eine gestauchte Kosinusschwingung, die dreimal schneller oszilliert als die ursprüngliche Funktion $\cos(x)$ (s. Abb. 18.1 (b)). Die Funktion $\cos(3x)$ durchläuft 3 volle Zyklen über eine Distanz von 2π und weist daher eine Kreisfrequenz $\omega = 3$ auf bzw. eine Periodenlänge $T = \frac{2\pi}{3}$. Im allgemeinen Fall gilt für die Periodenlänge

$$T = \tfrac{2\pi}{\omega}, \qquad (18.5)$$

für $\omega > 0$. Die Sinus- und Kosinusfunktion oszilliert zwischen den Scheitelwerten $+1$ und -1. Eine Multiplikation mit einer Konstanten a ändert die *Amplitude* der Funktion und die Scheitelwerte auf $\pm a$. Im Allgemeinen ergibt

$$a \cdot \cos(\omega x) \qquad \text{und} \qquad a \cdot \sin(\omega x)$$

eine Kosinus- bzw. Sinusfunktion mit Amplitude a und Kreisfrequenz ω, ausgewertet an der Position (oder zum Zeitpunkt) x. Die Beziehung zwischen der Kreisfrequenz ω und der „gewöhnlichen" Frequenz f ist

$$f = \frac{1}{T} = \frac{\omega}{2\pi} \quad \text{bzw.} \quad \omega = 2\pi f, \qquad (18.6)$$

wobei f in Zyklen pro Raum- oder Zeiteinheit gemessen wird.[1] Wir verwenden je nach Bedarf ω oder f, und es sollte durch die unterschiedlichen Symbole jeweils klar sein, welche Art von Frequenz gemeint ist.

Phase

Wenn wir eine Kosinusfunktion entlang der x-Achse um eine Distanz φ verschieben, also

$$\cos(x) \rightarrow \cos(x - \varphi),$$

dann ändert sich die *Phase* der Kosinusschwingung und φ bezeichnet den *Phasenwinkel* der resultierenden Funktion. Damit ist auch die Sinusfunktion (vgl. Abb. 18.1) eigentlich nur eine Kosinusfunktion, die um eine Viertelperiode ($\varphi = \frac{2\pi}{4} = \frac{\pi}{2}$) nach rechts[2] verschoben ist, d. h.

---

[1] Beispielsweise entspricht die Frequenz $f = 1000\,\text{Zyklen/s}$ (Hertz) einer Periodenlänge von $T = 1/1000\,\text{s}$ und damit einer Kreisfrequenz von $\omega = 2000\pi$. Letztere ist eine einheitslose Größe.

[2] Die Funktion $f(x - d)$ ist allgemein die um die Distanz d nach rechts verschobene Funktion $f(x)$.

Abbildung 18.2
Addition einer Kosinus- und einer Sinusfunktion mit identischer Frequenz: $A \cdot \cos(\omega x) + B \cdot \sin(\omega x)$, mit $\omega = 3$ und $A = B = 0.5$. Das Ergebnis ist eine phasenverschobene Kosinusfunktion (punktierte Kurve) mit Amplitude $C = \sqrt{0.5^2 + 0.5^2} \approx 0.707$ und Phasenwinkel $\varphi = 45°$.

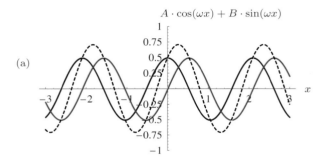

(a)

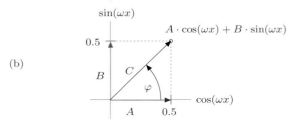

(b)

$$\sin(\omega x) = \cos\left(\omega x - \tfrac{\pi}{2}\right). \tag{18.7}$$

Nimmt man also die Kosinusfunktion als Referenz (mit Phase $\varphi_{\cos} = 0$), dann ist der Phasenwinkel der Sinusfunktion $\varphi_{\sin} = \frac{\pi}{2} = 90°$.

Kosinus- und Sinusfunktion sind also in gewissem Sinn „orthogonal" und wir können diesen Umstand benutzen, um neue „sinusoidale" Funktionen mit beliebiger Frequenz, Phase und Amplitude zu erzeugen. Insbesondere entsteht durch die Addition einer Kosinus- und Sinusfunktion mit identischer Frequenz ω und Amplituden A bzw. B eine weitere sinusoidale Funktion mit *derselben* Frequenz ω, d. h.

$$A \cdot \cos(\omega x) + B \cdot \sin(\omega x) = C \cdot \cos(\omega x - \varphi), \tag{18.8}$$

wobei die resultierende Amplitude C und der Phasenwinkel φ ausschließlich durch die beiden Amplituden A und B bestimmt sind als

$$C = \sqrt{A^2 + B^2} \quad \text{und} \quad \varphi = \tan^{-1}\left(\tfrac{B}{A}\right). \tag{18.9}$$

Abb. 18.2 zeigt ein Beispiel mit den Amplituden $A = B = 0.5$ und einem daraus resultierenden Phasenwinkel $\varphi = 45°$.

Komplexwertige Sinusfunktionen – Euler-Notation

Das Diagramm in Abb. 18.2 (b) zeigt die Darstellung der Kosinus- und Sinuskomponenten als ein Paar orthogonaler, zweidimensionaler Vektoren, deren Länge den zugehörigen Amplituden A bzw. B entspricht. Dies erinnert uns an die Darstellung der reellen und imaginären Komponenten komplexer Zahlen in der zweidimensionalen Zahlenebene, also

$$z = a + \mathrm{i}\, b \in \mathbb{C}, \qquad (18.10)$$

wobei i die imaginäre Einheit bezeichnet ($\mathrm{i}^2 = -1$). Dieser Zusammenhang wird noch deutlicher, wenn wir die Euler'sche Notation einer beliebigen komplexen Zahlen z am Einheitskreis betrachten, nämlich

$$z = e^{\mathrm{i}\theta} = \cos(\theta) + \mathrm{i}\cdot\sin(\theta) \qquad (18.11)$$

($e \approx 2.71828$ ist die Euler'sche Zahl). Betrachten wir den Ausdruck $e^{\mathrm{i}\theta}$ als Funktion über θ, dann ergibt sich ein „komplexwertiges Sinusoid", dessen reelle und imaginäre Komponente einer Kosinusfunktion bzw. einer Sinusfunktion entspricht, d. h.

$$\begin{aligned} \mathrm{Re}(e^{\mathrm{i}\theta}) &= \cos(\theta), \\ \mathrm{Im}(e^{\mathrm{i}\theta}) &= \sin(\theta). \end{aligned} \qquad (18.12)$$

Da $z = e^{\mathrm{i}\theta}$ auf dem Einheitskreis liegt, ist die *Amplitude* des komplexwertigen Sinusoids $|z| = r = 1$. Wir können die Amplitude dieser Funktion durch Multiplikation mit einem reellen Wert $a \geq 0$ verändern, d. h.

$$|a \cdot e^{\mathrm{i}\theta}| = a \cdot |e^{\mathrm{i}\theta}| = a\,. \qquad (18.13)$$

Die *Phase* eines komplexwertigen Sinusoids wird durch Addition eines Phasenwinkels bzw. durch Multiplikation mit einer komplexwertigen Konstante $e^{\mathrm{i}\varphi}$ am Einheitskreis verschoben,

$$e^{\mathrm{i}(\theta+\varphi)} = e^{\mathrm{i}\theta} \cdot e^{\mathrm{i}\varphi}. \qquad (18.14)$$

Zusammenfassend verändert die Multiplikation mit einem reellen Wert nur die *Amplitude* der Sinusfunktion, eine Multiplikation mit einem komplexen Wert am Einheitskreis verschiebt nur die *Phase* (ohne Änderung der Amplitude) und die Multiplikation mit einem beliebigen komplexen Wert verändert sowohl *Amplitude* wie auch die *Phase* der Funktion.[3]

Die komplexe Notation ermöglicht es, Paare von Kosinus- und Sinusfunktionen $\cos(\omega x)$ bzw. $\sin(\omega x)$ mit identischer Frequenz ω in der Form

$$e^{\mathrm{i}\theta} = e^{\mathrm{i}\omega x} = \cos(\omega x) + \mathrm{i}\cdot\sin(\omega x) \qquad (18.15)$$

in *einem* funktionalen Ausdruck zusammenzufassen. Wir kommen auf diese Notation bei der Behandlung der Fouriertransformation in Abschn. 18.1.4 nochmals zurück.

18.1.2 Fourierreihen zur Darstellung periodischer Funktionen

Wie wir bereits in Gl. 18.8 gesehen haben, können sinusförmige Funktionen mit beliebiger Frequenz, Amplitude und Phasenlage als Summe

---

[3] Siehe auch Abschn. 1.3 im Anhang.

entsprechend gewichteter Kosinus- und Sinusfunktionen dargestellt werden. Die Frage ist, ob auch andere, nicht sinusförmige Funktionen durch eine Summe von Kosinus- und Sinusfunktionenen zusammengesetzt werden können. Die Antwort ist natürlich *ja*. Es war Fourier[4], der diese Idee als Erster auf beliebige Funktionen erweiterte und zeigte, dass (beinahe) *jede* periodische Funktion $g(x)$ mit einer Grundfrequenz ω_0 als (möglicherweise unendliche) Summe von „harmonischen" Sinusfunktionen dargestellt werden kann in der Form

$$g(x) = \sum_{k=0}^{\infty} \left(A_k \cdot \cos(k\omega_0 x) + B_k \cdot \sin(k\omega_0 x) \right). \qquad (18.16)$$

Dies bezeichnet man als *Fourierreihe* und die konstanten Gewichte A_k, B_k als *Fourierkoeffizienten* der Funktion $g(x)$. Die Frequenzen der in der Fourierreihe beteiligten Funktionen sind ausschließlich ganzzahlige Vielfache („Harmonische") der Grundfrequenz ω_0 (einschließlich der Frequenz 0 für $k = 0$). Die Koeffizienten A_k und B_k in Gl. 18.16, die zunächst unbekannt sind, können eindeutig aus der gegebenen Funktion $g(x)$ berechnet werden, ein Vorgang, der i. Allg. als *Fourieranalyse* bezeichnet wird.

18.1.3 Fourierintegral

Fourier wollte dieses Konzept nicht auf periodische Funktionen beschränken und postulierte, dass auch *nicht* periodische Funktionen in ähnlicher Weise als Summen von Sinus- und Kosinusfunktionen dargestellt werden können. Dies ist zwar grundsätzlich möglich, erfordert jedoch – über die Vielfachen der Grundfrequenz $(k\omega_0)$ hinaus – i. Allg. unendlich viele, dicht aneinander liegende Frequenzen! Die resultierende Zerlegung

$$g(x) = \int_0^{\infty} A_\omega \cdot \cos(\omega x) + B_\omega \cdot \sin(\omega x) \, \mathrm{d}\omega \qquad (18.17)$$

nennt man ein *Fourierintegral*, wobei die Koeffizienten A_ω und B_ω in Gl. 18.17 wiederum die Gewichte für die zugehörigen Kosinus- bzw. Sinusfunktionen mit der Frequenz ω sind. Das Fourierintegral ist die Grundlage für das *Fourierspektrum* und die *Fouriertransformation* [33, S. 745].

Jeder der Koeffizienten A_ω und B_ω spezifiziert, mit welcher Amplitude die zugehörige Kosinus- bzw. Sinusfunktion der Frequenz ω zur darzustellenden Signalfunktion $g(x)$ beiträgt. Was sind aber die richtigen Werte der Koeffizienten für eine gegebene Funktion $g(x)$ und können diese eindeutig bestimmt werden? Die Antwort ist *ja* und das „Rezept" zur Bestimmung der Koeffizienten ist erstaunlich einfach:

$$A_\omega = A(\omega) = \frac{1}{\pi} \cdot \int_{-\infty}^{\infty} g(x) \cdot \cos(\omega x) \, \mathrm{d}x, \qquad (18.18)$$

---

[4] Jean-Baptiste Joseph de Fourier (1768–1830).

$$B_\omega = B(\omega) = \frac{1}{\pi} \cdot \int_{-\infty}^{\infty} g(x) \cdot \sin(\omega x) \, \mathrm{d}x. \qquad (18.19)$$

Da unendlich viele, kontinuierliche Frequenzwerte ω auftreten können, sind die Koeffizientenfunktionen $A(\omega)$ und $B(\omega)$ ebenfalls kontinuierlich. Sie enthalten eine Verteilung – also das „Spektrum" – der im ursprünglichen Signal enthaltenen Frequenzkomponenten.

Das Fourierintegral beschreibt also die ursprüngliche Funktion $g(x)$ als Summe unendlich vieler Kosinus-/Sinusfunktionen mit kontinuierlichen (positiven) Frequenzwerten, wofür die Funktionen $A(\omega)$ bzw. $B(\omega)$ die zugehörigen Frequenzkoeffizienten liefern. Ein Signal $g(x)$ ist außerdem durch die zugehörigen Funktionen $A(\omega), B(\omega)$ eindeutig und vollständig repräsentiert. Dabei zeigt Gl. 18.18, wie wir zu einer Funktion $g(x)$ das zugehörige Spektrum berechnen können, und Gl. 18.17, wie man aus dem Spektrum die ursprüngliche Funktion bei Bedarf wieder rekonstruiert.

18.1.4 Fourierspektrum und -transformation

Von der in Gl. 18.18 gezeigten Zerlegung einer Funktion $g(x)$ bleibt nur mehr ein kleiner Schritt zur „richtigen" Fouriertransformation. Diese betrachtet im Unterschied zum Fourierintegral sowohl die Ausgangsfunktion wie auch das zugehörige Spektrum als *komplexwertige* Funktionen, wodurch sich die Darstellung insgesamt wesentlich vereinfacht.

Ausgehend von den im Fourierintegral (Gl. 18.18) definierten Funktionen $A(\omega)$ und $B(\omega)$, ist das *Fourierspektrum* $G(\omega)$ einer Funktion $g(x)$ definiert als

$$
\begin{aligned}
G(\omega) &= \sqrt{\tfrac{\pi}{2}} \cdot \Big[A(\omega) - \mathrm{i} \cdot B(\omega) \Big] \qquad (18.20) \\
&= \sqrt{\tfrac{\pi}{2}} \cdot \left[\frac{1}{\pi} \int_{-\infty}^{\infty} g(x) \cdot \cos(\omega x) \, \mathrm{d}x \;-\; \mathrm{i} \cdot \frac{1}{\pi} \int_{-\infty}^{\infty} g(x) \cdot \sin(\omega x) \, \mathrm{d}x \right] \\
&= \frac{1}{\sqrt{2\pi}} \cdot \int_{-\infty}^{\infty} g(x) \cdot \Big[\cos(\omega x) - \mathrm{i} \cdot \sin(\omega x) \Big] \, \mathrm{d}x \,,
\end{aligned}
$$

wobei $g(x), G(\omega) \in \mathbb{C}$. Unter Verwendung der Euler'schen Schreibweise für komplexe Zahlen (Gl. 18.15) ergibt sich aus Gl. 18.20 die übliche Formulierung für das kontinuierliche *Fourierspektrum*,

$$
\boxed{
\begin{aligned}
G(\omega) &= \frac{1}{\sqrt{2\pi}} \int_{-\infty}^{\infty} g(x) \cdot \Big[\cos(\omega x) - \mathrm{i} \cdot \sin(\omega x) \Big] \, \mathrm{d}x \\
&= \frac{1}{\sqrt{2\pi}} \int_{-\infty}^{\infty} g(x) \cdot e^{-\mathrm{i}\omega x} \, \mathrm{d}x \,.
\end{aligned}
}
\qquad (18.21)
$$

Der Übergang von der Funktion $g(x)$ zu ihrem Fourierspektrum $G(\omega)$ bezeichnet man als *Fouriertransformation*[5] ($\mathcal{F}$). Umgekehrt kann die

---

[5] Auch „direkte" oder „Vorwärtstransformation".

ursprüngliche Funktion $g(x)$ aus dem Fourierspektrum $G(\omega)$ durch die
inverse Fouriertransformation[6] ($\mathcal{F}^{-1}$)

$$
\begin{aligned}
g(x) &= \frac{1}{\sqrt{2\pi}} \int_{-\infty}^{\infty} G(\omega) \cdot \Big[\cos(\omega x) + \mathrm{i} \cdot \sin(\omega x)\Big] \, \mathrm{d}\omega \\
&= \frac{1}{\sqrt{2\pi}} \int_{-\infty}^{\infty} G(\omega) \cdot e^{\mathrm{i}\omega x} \, \mathrm{d}\omega
\end{aligned}
\tag{18.22}
$$

wiederum eindeutig und vollständig rekonstruiert werden.

Auch für den Fall, dass eine der betroffenen Funktionen ($g(x)$ bzw.
$G(\omega)$) reellwertig ist (was für konkrete Signale $g(x)$ üblicherweise zutrifft), ist die andere Funktion i. Allg. komplexwertig. Man beachte auch,
dass die Vorwärtstransformation $\mathcal{F}$ (Gl. 18.21) und die inverse Transformation $\mathcal{F}^{-1}$ (Gl. 18.22) bis auf das Vorzeichen des Exponenten völlig
symmetrisch sind.[7] *Ortsraum* und *Spektralraum* sind somit zueinander
„duale" Darstellungsformen, die sich grundsätzlich nicht unterscheiden.

18.1.5 Fourier-Transformationspaare

Zwischen einer Funktion $g(x)$ und dem zugehörigen Fourierspektrum
$G(\omega)$ besteht ein eindeutiger Zusammenhang in beiden Richtungen: Das
Fourierspektrum eines Signals ist eindeutig und zu einem bestimmten
Spektrum gibt es nur ein zugehöriges Signal – die beiden Funktionen
$g(x)$ und $G(\omega)$ bilden ein sog. „Transformationspaar",

$$
g(x) \; \multimap\!\bullet \; G(\omega). \tag{18.23}
$$

Tabelle 18.1 zeigt einige ausgewählte Transformationspaare analytischer
Funktionen, die in den Abbildungen 18.3 und 18.4 auch grafisch dargestellt sind.

So besteht etwa das Fourierspektrum einer *Kosinusfunktion* $\cos(\omega_0 x)$
aus zwei getrennten, dünnen Pulsen, die symmetrisch im Abstand von ω_0
vom Ursprung angeordnet sind (Abb. 18.3 (a, c)). Dies entspricht intuitiv
auch unserer physischen Vorstellung eines Spektrums, etwa in Bezug auf
einen völlig reinen, monophonen Ton in der Akustik oder der Haarlinie,
die eine extrem reine Farbe in einem optischen Spektrum hinterlässt.
Bei steigender Frequenz $\omega_0 x$ bewegen sich die resultierenden Pulse im
Spektrum vom Ursprung weg. Man beachte, dass das Spektrum der Kosinusfunktion reellwertig ist, der Imaginärteil ist null. Gleiches gilt auch

---

[6] Auch „Rückwärtstransformation".

[7] Es gibt mehrere gängige Definitionen der Fouriertransformation, die sich
u. a. durch den Faktor vor dem Integral und durch die Vorzeichen der Exponenten in der Vorwärts- und Rückwärtstransformation unterscheiden. Alle
diese Versionen sind grundsätzlich äquivalent. Die hier gezeigte, symmetrische Version verwendet den gleichen Faktor ($1/\sqrt{2\pi}$) für beide Richtungen
der Transformation.

Funktion	Transformationspaar $g(x) \circ\!\!-\!\!\bullet\, G(\omega)$	Abb.
Kosinusfunktion mit Frequenz ω_0	$g(x) = \cos(\omega_0 x)$ $G(\omega) = \sqrt{\frac{\pi}{2}} \cdot \big(\delta(\omega + \omega_0) + \delta(\omega - \omega_0)\big)$	18.3 (a,c)
Sinusfunktion mit Frequenz ω_0	$g(x) = \sin(\omega_0 x)$ $G(\omega) = \mathrm{i}\sqrt{\frac{\pi}{2}} \cdot \big(\delta(\omega + \omega_0) - \delta(\omega - \omega_0)\big)$	18.3 (b,d)
Gaußfunktion der Breite σ	$g(x) = \frac{1}{\sigma} \cdot e^{-\frac{x^2}{2\sigma^2}}$ $G(\omega) = e^{-\frac{\sigma^2 \omega^2}{2}}$	18.4 (a,b)
Rechteckpuls der Breite $2b$	$g(x) = \Pi_b(x) = \begin{cases} 1 & \lvert x \rvert \le b \\ 0 & \text{sonst} \end{cases}$ $G(\omega) = \frac{2b\sin(b\omega)}{\sqrt{2\pi}\,\omega}$	18.4 (c,d)

Tabelle 18.1
Fourier-Transformationspaare für ausgewählte Funktionen. $\delta()$ bezeichnet die Impuls- oder Diracfunktion (s. Abschn. 18.2.1).

für die Sinusfunktion (Abb. 18.3 (b, d)), mit dem Unterschied, dass hier die Pulse nur im Imaginärteil des Spektrums und mit unterschiedlichen Vorzeichen auftreten. In diesem Fall ist also der Realteil des Spektrums null.

Interessant ist auch das Verhalten der *Gaußfunktion* (Abb. 18.4 (a, b)), deren Fourierspektrum wiederum eine Gaußfunktion ist. Die Gaußfunktion ist damit eine von wenigen Funktionen, die im Ortsraum *und* im Spektralraum denselben Funktionstyp aufweisen. Im Fall der Gaußfunktion ist auch deutlich zu erkennen, dass eine *Dehnung* des Signals im Ortsraum zu einer *Stauchung* der Funktion im Spektralraum führt und umgekehrt!

Die Fouriertransformation eines *Rechteckpulses* (Abb. 18.4 (c,d)) ergibt die charakteristische „Sinc"-Funktion der Form $\sin(x)/x$, die mit zunehmenden Frequenzen nur langsam ausklingt und damit sichtbar macht, dass im ursprünglichen Rechtecksignal Komponenten enthalten sind, die über einen großen Bereich von Frequenzen verteilt sind. Rechteckpulse weisen also grundsätzlich ein sehr breites Frequenzspektrum auf.

18.1.6 Wichtige Eigenschaften der Fouriertransformation

Symmetrie

Das Fourierspektrum erstreckt sich über positive und negative Frequenzen und ist, obwohl im Prinzip beliebige komplexe Funktionen auftreten können, in vielen Fällen um den Ursprung symmetrisch (s. beispielsweise [40, S. 178]). Insbesondere ist die Fouriertransformierte eines reellwertigen Signals $g(x) \in \mathbb{R}$ eine so genannte *hermitesche* Funktion, d. h.

$$G(\omega) = G^*(-\omega), \tag{18.24}$$

wobei G^* den konjugiert komplexen Wert von G bezeichnet (s. auch Abschn. 1.3 im Anhang).

Abbildung 18.3
Fourier-Transformationspaare
– Kosinus-/Sinusfunktionen.

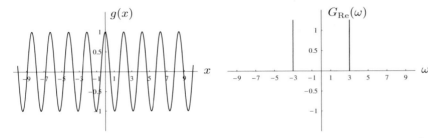

(a) Kosinus $(\omega_0=3)$: $g(x) = \cos(3x)$ ∘—• $G(\omega) = \sqrt{\frac{\pi}{2}} \cdot \big(\delta(\omega + 3) + \delta(\omega - 3)\big)$

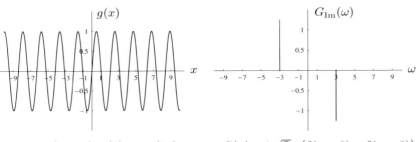

(b) Sinus $(\omega_0=3)$: $g(x) = \sin(3x)$ ∘—• $G(\omega) = \mathrm{i}\sqrt{\frac{\pi}{2}} \cdot \big(\delta(\omega + 3) - \delta(\omega - 3)\big)$

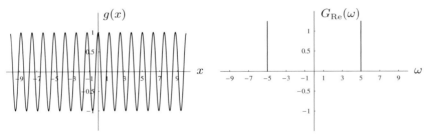

(c) Kosinus $(\omega_0=5)$: $g(x) = \cos(5x)$ ∘—• $G(\omega) = \sqrt{\frac{\pi}{2}} \cdot \big(\delta(\omega + 5) + \delta(\omega - 5)\big)$

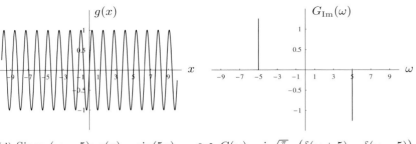

(d) Sinus $(\omega_0=5)$: $g(x) = \sin(5x)$ ∘—• $G(\omega) = \mathrm{i}\sqrt{\frac{\pi}{2}} \cdot \big(\delta(\omega + 5) - \delta(\omega - 5)\big)$

Abbildung 18.4
Fourier-Transformationspaare –
Gaußfunktion und Rechteckpuls.

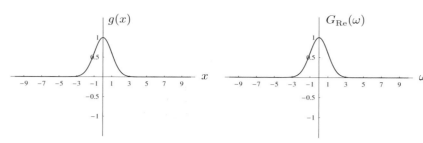

(a) Gauß $(\sigma = 1)$: $g(x) = e^{-\frac{x^2}{2}}$ ∘—• $G(\omega) = e^{-\frac{\omega^2}{2}}$

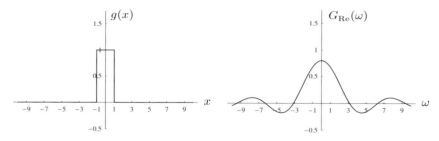

(b) Gauß $(\sigma = 3)$: $g(x) = \frac{1}{3} \cdot e^{-\frac{x^2}{2 \cdot 9}}$ ∘—• $G(\omega) = e^{-\frac{9\omega^2}{2}}$

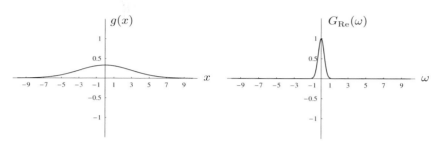

(c) Rechteckp. $(b=1)$: $g(x) = \Pi_1(x)$ ∘—• $G(\omega) = \frac{2\sin(\omega)}{\sqrt{2\pi}\,\omega}$

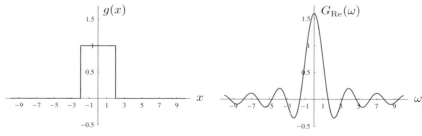

(d) Rechteckp. $(b=2)$: $g(x) = \Pi_2(x)$ ∘—• $G(\omega) = \frac{4\sin(2\omega)}{\sqrt{2\pi}\,\omega}$

Linearität

Die Fouriertransformation ist eine *lineare* Operation, sodass etwa die Multiplikation des Signals mit einer beliebigen Konstanten $a \in \mathbb{C}$ in gleicher Weise auch das zugehörige Spektrum verändert, d. h.

$$a \cdot g(x) \circ\!\!-\!\!\bullet\ a \cdot G(\omega). \qquad (18.25)$$

Darüber hinaus bedingt die Linearität, dass die Transformation der Summe zweier Signale $g(x) = g_1(x) + g_2(x)$ identisch ist zur Summe der zugehörigen Fouriertransformierten $G_1(\omega)$ und $G_2(\omega)$:

$$g_1(x) + g_2(x) \circ\!\!-\!\!\bullet\ G_1(\omega) + G_2(\omega). \qquad (18.26)$$

Ähnlichkeit

Wird die ursprüngliche Funktion $g(x)$ in der Zeit oder im Raum skaliert, so tritt der jeweils umgekehrte Effekt im zugehörigen Fourierspektrum auf. Wie wir bereits in Abschn. 18.1.5 beobachten konnten, führt insbesondere eine Stauchung des Signals um einen Faktor s, d. h. $g(x) \rightarrow g(sx)$, zu einer entsprechenden Streckung der Fouriertransformierten, also

$$g(sx) \circ\!\!-\!\!\bullet\ \frac{1}{|s|} \cdot G\left(\frac{\omega}{s}\right). \qquad (18.27)$$

Umgekehrt wird natürlich das Signal gestaucht, wenn das zugehörige Spektrum gestreckt wird.

Verschiebungseigenschaft

Wird die ursprüngliche Funktion $g(x)$ um eine Distanz d entlang der Koordinatenachse verschoben, also $g(x) \rightarrow g(x-d)$, so multipliziert sich dadurch das Fourierspektrum um einen von ω abhängigen komplexen Wert $e^{-\mathrm{i}\omega d}$:

$$g(x-d) \circ\!\!-\!\!\bullet\ e^{-\mathrm{i}\omega d} \cdot G(\omega). \qquad (18.28)$$

Da der Faktor $e^{-\mathrm{i}\omega d}$ auf dem Einheitskreis liegt, führt die Multiplikation (vgl. Gl. 18.14) nur zu einer Phasenverschiebung der Spektralwerte, also einer Umverteilung zwischen Real- und Imaginärteil, ohne dabei den Betrag $|G(\omega)|$ zu verändern. Der Winkel dieser Phasenverschiebung (ωd) ändert sich offensichtlich linear mit der Kreisfrequenz ω.

Faltungseigenschaft

Der für uns vielleicht interessanteste Aspekt der Fouriertransformation ergibt sich aus ihrem Verhältnis zur linearen Faltung (Abschn. 5.3.1). Angenommen, wir hätten zwei Funktionen $g(x)$ und $h(x)$ sowie die zugehörigen Fouriertransformierten $G(\omega)$ bzw. $H(\omega)$. Unterziehen wir diese

Funktionen einer linearen Faltung, also $g(x) * h(x)$, dann ist die Fouriertransformierte des Resultats gleich dem (punktweisen) *Produkt* der einzelnen Fouriertransformierten $G(\omega)$ und $H(\omega)$:

$$g(x) * h(x) \;\circ\!\!-\!\!\bullet\; G(\omega) \cdot H(\omega). \qquad (18.29)$$

Aufgrund der Dualität von Orts- und Spektralraum gilt das Gleiche auch in umgekehrter Richtung, d. h., eine punktweise Multiplikation der Signale entspricht einer linearen Faltung der zugehörigen Fouriertransformierten:

$$g(x) \cdot h(x) \;\bullet\!\!-\!\!\circ\; G(\omega) * H(\omega). \qquad (18.30)$$

Eine Multiplikation der Funktionen in *einem* Raum (Orts- oder Spektralraum) entspricht also einer linearen Faltung der zugehörigen Transformierten im jeweils *anderen* Raum.

18.2 Übergang zu diskreten Signalen

Die Definition der kontinuierlichen Fouriertransformation ist für die numerische Berechnung am Computer nicht unmittelbar geeignet. Weder können beliebige kontinuierliche (und möglicherweise unendliche) Funktionen dargestellt, noch können die dafür erforderlichen Integrale tatsächlich berechnet werden. In der Praxis liegen auch immer *diskrete* Daten vor und wir benötigen daher eine Version der Fouriertransformation, in der sowohl das Signal wie auch das zugehörige Spektrum als endliche Vektoren dargestellt werden – die „diskrete" Fouriertransformation. Zuvor wollen wir jedoch unser bisheriges Wissen verwenden, um dem Vorgang der Diskretisierung von Signalen etwas genauer auf den Grund zu gehen.

18.2.1 Abtastung

Wir betrachten zunächst die Frage, wie eine kontinuierliche Funktion überhaupt in eine diskrete Funktion umgewandelt werden kann. Dieser Vorgang wird als *Abtastung* (Sampling) bezeichnet, also die Entnahme von Abtastwerten der zunächst kontinuierlichen Funktion an bestimmten Punkten in der Zeit oder im Raum, üblicherweise in regelmäßigen Abständen. Um diesen Vorgang in einfacher Weise auch formal beschreiben zu können, benötigen wir ein unscheinbares, aber wichtiges Stück aus der mathematischen Werkzeugkiste.

Die Impulsfunktion $\delta(x)$

Die Impulsfunktion (auch *Delta*- oder *Dirac*-Funktion) ist uns bereits im Zusammenhang mit der Impulsantwort von Filtern (Abschn. 5.3.4) sowie in den Fouriertransformierten der Kosinus- und Sinusfunktion (Abb.

18.3) begegnet. Diese Funktion, die einen kontinuierlichen, "idealen" Impuls modelliert, ist in mehrfacher Hinsicht ungewöhnlich: Ihr Wert ist überall null mit Ausnahme des Ursprungs, wo ihr Wert zwar ungleich null, aber undefiniert ist, und außerdem ist ihr Integral eins, also

$$\delta(x) = 0 \quad \text{für} \quad x \neq 0 \quad \text{und} \quad \int_{-\infty}^{\infty} \delta(x)\,\mathrm{d}x = 1 . \tag{18.31}$$

Man kann sich $\delta(x)$ als einzelnen Puls an der Position null vorstellen, der unendlich schmal ist, aber dennoch endliche Energie (1) aufweist. Bemerkenswert ist auch das Verhalten der Impulsfunktion bei einer Skalierung in der Zeit- oder Raumachse, also $\delta(x) \to \delta(sx)$, wofür gilt

$$\delta(sx) = \frac{1}{|s|} \cdot \delta(x) \quad \text{für } s \neq 0 . \tag{18.32}$$

Obwohl $\delta(x)$ in der physischen Realität nicht existiert und eigentlich auch nicht gezeichnet werden kann (die entsprechenden Kurven in Abb. 18.3 dienen nur zur Illustration), ist diese Funktion – wie im Folgenden gezeigt – ein wichtiges Element zur formalen Beschreibung des Abtastvorgangs.

Abtastung mit der Impulsfunktion

Mit dem Konzept der idealen Impulsfunktion lässt sich der Abtastvorgang relativ einfach und anschaulich darstellen.[8] Wird eine kontinuierliche Funktion $g(x)$ mit der Impulsfunktion $\delta(x)$ punktweise multipliziert, so entsteht eine neue Funktion $\bar{g}(x)$ der Form

$$\bar{g}(x) = g(x) \cdot \delta(x) = \begin{cases} g(0) & \text{für } x = 0, \\ 0 & \text{sonst.} \end{cases} \tag{18.33}$$

$\bar{g}(x)$ besteht also aus einem einzigen Puls an der Position 0, dessen Höhe dem Wert der ursprünglichen Funktion $g(0)$ entspricht. Wir erhalten also durch die Multiplikation mit der Impulsfunktion einen einzelnen, diskreten Abtastwert der Funktion $g(x)$ an der Stelle $x = 0$. Durch Verschieben der Impulsfunktion um eine Distanz x_0 können wir $g(x)$ an jeder *beliebigen* Stelle $x = x_0$ abtasten, denn es gilt

$$\bar{g}(x) = g(x) \cdot \delta(x - x_0) = \begin{cases} g(x_0) & \text{für } x = x_0, \\ 0 & \text{sonst.} \end{cases} \tag{18.34}$$

Darin ist $\delta(x - x_0)$ die um x_0 verschobene Impulsfunktion und die resultierende Funktion $\bar{g}(x)$ ist null, außer an der Stelle x_0, wo sie den ursprünglichen Funktionswert $g(x_0)$ enthält. Dieser Zusammenhang ist in Abb. 18.5 für die Abtastposition $x_0 = 3$ dargestellt.

---

[8] Der nachfolgende Abschnitt ist bewusst intuitiv und daher auch (im mathematischen Sinn) oberflächlich gehalten. Formal genauere Beschreibungen finden sich beispielsweise in [40, 118].

Um die Funktion $g(x)$ an mehr als einer Stelle gleichzeitig abzutasten, etwa an den Positionen x_1 und x_2, verwenden wir zwei individuell verschobene Exemplare der Impulsfunktion, multiplizieren $g(x)$ mit beiden und addieren anschließend die einzelnen Abtastergebnisse. In diesem speziellen Fall erhalten wir

$$\bar{g}(x) = g(x) \cdot \delta(x-x_1) + g(x) \cdot \delta(x-x_2)$$
$$= g(x) \cdot \left[\delta(x-x_1) + \delta(x-x_2) \right] \qquad (18.35)$$
$$= \begin{cases} g(x_1) & \text{für } x = x_1, \\ g(x_2) & \text{für } x = x_2, \\ 0 & \text{sonst.} \end{cases}$$

Die Abtastung einer kontinuierlichen Funktion $g(x)$ an einer *Folge* von N Positionen $x_i = 1, 2, \ldots, N$ kann daher (nach Gl. 18.35) als Summe der N Einzelabtastungen dargestellt werden, also durch

$$\bar{g}(x) = g(x) \cdot \left[\delta(x-1) + \delta(x-2) + \ldots + \delta(x-N) \right]$$
$$= g(x) \cdot \sum_{i=1}^{N} \delta(x-i) . \qquad (18.36)$$

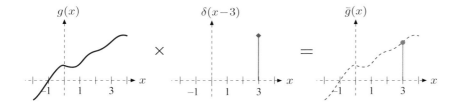

Abbildung 18.5
Abtastung mit der Impulsfunktion. Durch Multiplikation des kontinuierlichen Signals $g(x)$ mit der verschobenen Impulsfunktion $\delta(x-3)$ wird $g(x)$ an der Stelle $x_0 = 3$ abgetastet.

Die Kammfunktion

Die Summe von verschobenen Einzelpulsen $\sum_{i=1}^{N} \delta(x-i)$ in Gl. 18.36 wird auch als „Pulsfolge" bezeichnet. Wenn wir die Pulsfolge in beiden Richtungen bis ins Unendliche erweitern, erhalten wir eine Funktion

$$\text{III}(x) = \sum_{i=-\infty}^{\infty} \delta(x - i) , \qquad (18.37)$$

die als *Kammfunktion*[9] bezeichnet wird. Die Diskretisierung einer kontinuierlichen Funktion durch Abtastung in regelmäßigen, ganzzahligen Intervallen kann dann in der einfachen Form

---

[9] Im Englischen wird $\text{III}(x)$ „comb function" oder auch „Shah function" genannt.

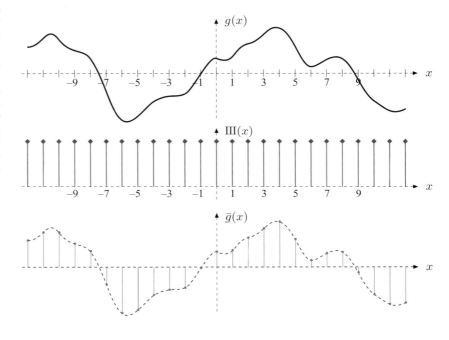

$$\bar{g}(x) = g(x) \cdot \text{III}(x) \tag{18.38}$$

modelliert werden, d. h. als punktweise Multiplikation des ursprünglichen
Signals $g(x)$ mit der Kammfunktion $\text{III}(x)$. Wie in Abb. 18.6 dargestellt,
werden die Werte der Funktion $g(x)$ dabei nur an den ganzzahligen Positionen $x_i \in \mathbb{Z}$ in die diskrete Funktion $\bar{g}(x_i)$ übernommen und überall
sonst ignoriert.

Das Abtastintervall, also der Abstand zwischen benachbarten Abtastwerten, muss dabei keineswegs 1 sein. Um in beliebigen, regelmäßigen Abständen τ abzutasten, wird die Kammfunktion in Richtung der
Zeit- bzw. Raumachse einfach entsprechend skaliert, d. h.

$$\bar{g}(x) = g(x) \cdot \text{III}\left(\tfrac{x}{\tau}\right), \quad \text{für } \tau > 0. \tag{18.39}$$

Auswirkungen der Abtastung auf das Fourierspektrum

Trotz der eleganten Modellierung der Abtastung auf Basis der Kammfunktion könnte man sich zu Recht die Frage stellen, wozu bei einem
derart simplen Vorgang überhaupt eine so komplizierte Formulierung
notwendig ist. Eine Antwort darauf gibt uns das Fourierspektrum. Die
Abtastung einer kontinuierlichen Funktion hat massive (wenn auch gut
abschätzbare) Auswirkungen auf das Frequenzspektrum des resultierenden (diskreten) Signals, und der Einsatz der Kammfunktion als formales
Modell des Abtastvorgangs macht es relativ einfach, diese spektralen

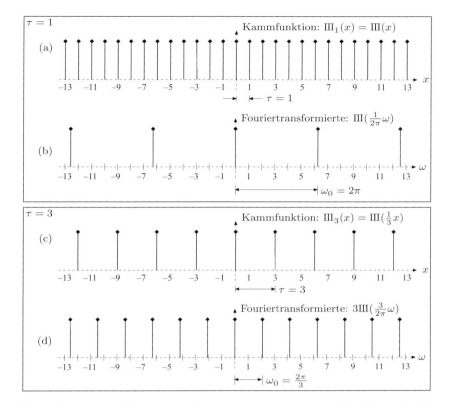

Abbildung 18.7
Kammfunktion und deren Fouriertransformierte. Kammfunktion $\mathrm{III}_\tau(x)$ für das Abtastintervall $\tau = 1$ (a) und die zugehörige Fouriertransformierte (b). Kammfunktion für $\tau = 3$ (c) und Fouriertransformierte (d). Man beachte, dass die tatsächliche Höhe der einzelnen δ-Pulse nicht definiert ist und hier nur zur Illustration dargestellt ist.

Auswirkungen vorherzusagen bzw. zu interpretieren. Die Kammfunktion besitzt, ähnlich der Gaußfunktion, die seltene Eigenschaft, dass ihre Fouriertransformierte

$$\mathrm{III}(x) \;\circ\!\!-\!\!\bullet\; \mathrm{III}\left(\tfrac{1}{2\pi}\omega\right) \tag{18.40}$$

wiederum eine Kammfunktion ist, also den gleichen Funktionstyp hat. Skaliert auf ein beliebiges Abtastintervall τ ergibt sich aufgrund der Ähnlichkeitseigenschaft (Gl. 18.27) im allgemeinen Fall als Fouriertransformierte der Kammfunktion

$$\mathrm{III}\left(\tfrac{x}{\tau}\right) \;\circ\!\!-\!\!\bullet\; \tau\,\mathrm{III}\left(\tfrac{\tau}{2\pi}\omega\right). \tag{18.41}$$

Abb. 18.7 zeigt zwei Beispiele der Kammfunktionen $\mathrm{III}_\tau(x)$ mit unterschiedlichen Abtastintervallen $\tau = 1$ bzw. $\tau = 3$ sowie die zugehörigen Fouriertransformierten.

Was passiert nun bei der Diskretisierung mit dem Fourierspektrum, wenn wir also im Ortsraum ein Signal $g(x)$ mit einer Kammfunktion $\mathrm{III}(\tfrac{x}{\tau})$ multiplizieren? Die Antwort erhalten wir über die Faltungseigenschaft der Fouriertransformation (Gl. 18.29): Das Produkt zweier Funktionen in einem Raum (entweder im Orts- oder im Spektralraum) entspricht einer linearen Faltung im jeweils anderen Raum, d. h.

$$g(x) \cdot \mathrm{III}\left(\tfrac{x}{\tau}\right) \;\circ\!\!-\!\!\bullet\; G(\omega) * \tau \cdot \mathrm{III}\left(\tfrac{\tau}{2\pi}\omega\right). \tag{18.42}$$

Abbildung 18.8
Auswirkungen der Abtastung im Fourierspektrum. Das Spektrum $G(\omega)$ des ursprünglichen, kontinuierlichen Signals ist angenommen bandbegrenzt im Bereich $\pm\omega_{max}$ (a). Die Abtastung des Signals mit einer Abtastfrequenz $\omega_s = \omega_1$ bewirkt, dass das Signalspektrum $G(\omega)$ an jeweils Vielfachen von ω_1 entlang der Frequenzachse (ω) repliziert wird (b). Die replizierten Spektralteile überlappen sich nicht, solange $\omega_1 > 2\omega_{max}$. In (c) ist die Abtastfrequenz $\omega_s = \omega_2$ kleiner als $2\omega_{max}$, sodass sich die einzelnen Spektralteile überlappen, die Komponenten über $\omega_2/2$ gespiegelt werden und so das Originalspektrum überlagern. Dies wird als „aliasing" bezeichnet, da das Originalspektrum (und damit auch das ursprüngliche Signal) aus einem in dieser Form gestörten Spektrum nicht mehr korrekt rekonstruiert werden kann.

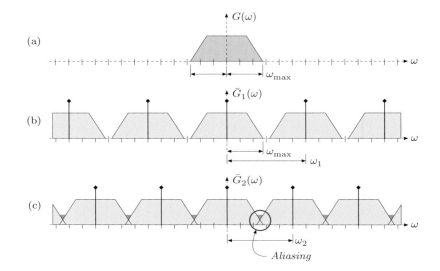

Nun ist das Fourierspektrum der Abtastfunktion wiederum eine Kammfunktion und besteht daher aus einer regelmäßigen Folge von Impulsen (Abb. 18.7). Die Faltung einer beliebigen Funktion mit einem Impuls $\delta(x)$ ergibt aber wiederum die ursprüngliche Funktion, also $f(x)*\delta(x) = f(x)$. Die Faltung mit einem um d *verschobenen* Impuls $\delta(x-d)$ reproduziert ebenfalls die ursprüngliche Funktion $f(x)$, jedoch verschoben um die gleiche Distanz d:

$$f(x) * \delta(x-d) = f(x-d). \tag{18.43}$$

Das hat zur Folge, dass im Fourierspektrum des abgetasteten Signals $\bar{G}(\omega)$ das Spektrum $G(\omega)$ des ursprünglichen, kontinuierlichen Signals unendlich oft, nämlich an jedem Puls im Spektrum der Abtastfunktion, repliziert wird (siehe Abb. 18.8 (a,b))! Das daraus resultierende Fourierspektrum ist daher periodisch mit der Periodenlänge $\frac{2\pi}{\tau}$, also im Abstand der Abtastfrequenz ω_s.

Aliasing und das Abtasttheorem

Solange sich die durch die Abtastung replizierten Spektralkomponenten in $\bar{G}(\omega)$ nicht überlappen, kann das ursprüngliche Spektrum $G(\omega)$ – und damit auch das ursprüngliche, kontinuierliche Signal $g(x)$ – ohne Verluste aus einer beliebigen Replika von $G(\omega)$ aus dem periodischen Spektrum $\bar{G}(\omega)$ rekonstruiert werden. Dies erfordert jedoch offensichtlich (Abb. 18.8), dass die im ursprünglichen Signal $g(x)$ enthaltenen Frequenzen nach oben beschränkt sind, das Signal also keine Komponenten mit Frequenzen größer als ω_{max} enthält. Die maximal zulässige Signalfrequenz ω_{max} ist daher abhängig von der zur Diskretisierung verwendeten Abtastfrequenz ω_s in der Form

$$\omega_{max} \leq \tfrac{1}{2}\omega_s \quad \text{bzw.} \quad \omega_s \geq 2\omega_{max}. \tag{18.44}$$

Zur Diskretisierung eines kontinuierlichen Signals $g(x)$ mit Frequenzanteilen im Bereich $0 \leq \omega \leq \omega_{\mathrm{max}}$ benötigen wir daher eine Abtastfrequenz ω_s, die mindestens *doppelt so hoch* wie die maximale Signalfrequenz ω_{max} ist. Wird diese Bedingung nicht eingehalten, dann überlappen sich die replizierten Spektralteile im Spektrum des abgetasteten Signals (Abb. 18.8 (c)) und das Spektrum wird verfälscht mit der Folge, dass das ursprüngliche Signal nicht mehr fehlerfrei aus dem Spektrum rekonstruiert werden kann. Dieser Effekt wird häufig als „Aliasing" bezeichnet.[10]

Was wir soeben festgestellt haben, ist nichts anderes als die Kernaussage des berühmten Abtasttheorems von Shannon bzw. Nyquist (s. beispielsweise [40, S. 256]). Dieses besagt eigentlich, dass die Abtastfrequenz mindestens doppelt so hoch wie die *Bandbreite* des kontinuierlichen Signals sein muss, um Aliasing-Effekte zu vermeiden.[11] Wenn man allerdings annimmt, dass das Frequenzbereich eines Signals bei Null beginnt, dann sind natürlich Bandbreite und Maximalfrequenz ohnehin identisch.

18.2.2 Diskrete und periodische Funktionen

Nehmen wir an, unser ursprüngliches, kontinuierliches Signal $g(x)$ ist *periodisch* mit einer Periodendauer T. In diesem Fall besteht das zugehörige Fourierspektrum $G(\omega)$ aus einer Folge dünner Spektrallinien, die gleichmäßig im Abstand von $\omega_0 = 2\pi/T$ angeordnet sind. Das Fourierspektrum einer periodischen Funktion kann also (wie bereits in Abschn. 18.1.2 erwähnt) als Fourierreihe dargestellt werden und ist somit *diskret*. Wird, im umgekehrten Fall, ein kontinuierliches Signal $g(x)$ in regelmäßigen Intervallen τ *abgetastet* (also diskretisiert), dann wird das zugehörige Fourierspektrum *periodisch* mit der Periodenlänge $\omega_s = 2\pi/\tau$.

Diskretisierung im Ortsraum führt also zu Periodizität im Spektralraum und umgekehrt. Abb. 18.9 zeigt diesen Zusammenhang und illustriert damit den Übergang von einer kontinuierlichen, nicht periodischen Funktion zu einer diskreten, periodischen Funktion, die schließlich

---

[10] Der Begriff „aliasing" wird auch im deutschen Sprachraum häufig verwendet, allerdings oft unrichtig ausgesprochen – die Betonung liegt auf der ersten Silbe.

[11] Die Tatsache, dass die *Bandbreite* (und nicht die Maximalfrequenz) eines Signals ausschlaggebend ist, mag zunächst erstaunen, denn sie erlaubt grundsätzlich die Abtastung (und korrekte Rekonstruktion) eines hochfrequenten – aber schmalbandigen – Signals mit einer relativ niedrigen Abtastfrequenz, die eventuell weit unter der maximalen Signalfrequenz liegt! Das ist deshalb möglich, weil man ja auch bei der Rekonstruktion des kontinuierlichen Signals wieder ein entsprechend schmalbandiges Filter verwenden kann. So kann es beispielsweise genügen, eine Kirchenglocke (ein sehr schmalbandiges Schwingungssystem mit geringer Dämpfung) nur alle 5 Sekunden anzustoßen (bzw. „abzutasten"), um damit eine relativ hochfrequente Schallwelle eindeutig zu generieren.

als endlicher Vektor von Werten dargestellt und digital verarbeitet werden kann.

Das Fourierspektrum eines *kontinuierlichen*, nicht periodischen Signals $g(x)$ ist i. Allg. wieder kontinuierlich und nicht periodisch (Abb. 18.9 (a,b)). Ist das Signal $g(x)$ *periodisch*, wird das zugehörige Spektrum *diskret* (Abb. 18.9 (c,d)). Umgekehrt führt ein diskretes – aber nicht notwendigerweise periodisches – Signal zu einem periodischen Spektrum (Abb. 18.9 (e,f)). Ist das Signal schließlich diskret *und* periodisch mit einer Periodenlänge von M Abtastwerten, dann ist auch das zugehörige Spektrum diskret und periodisch mit M Werten (Abb. 18.9 (g,h)). Die Signale und Spektra in Abb. 18.9 sind übrigens nur zur Veranschaulichung gedacht und korrespondieren nicht wirklich.

18.3 Die diskrete Fouriertransformation (DFT)

Im Fall eines diskreten, periodischen Signals benötigen wir also nur eine endliche Folge von M Abtastwerten, um sowohl das Signal $g(u)$ selbst als auch sein Fourierspektrum $G(m)$ vollständig abzubilden.[12] Durch die Darstellung als endliche Vektoren sind auch alle Voraussetzungen für die numerische Verarbeitung am Computer gegeben. Was uns jetzt noch fehlt ist eine Variante der Fouriertransformation für diskrete Signale.

18.3.1 Definition der DFT

Die diskrete Fouriertransformation ist, wie auch bereits die kontinuierliche FT, in beiden Richtungen identisch. Die Vorwärtstransformation (DFT) für ein diskretes Signal $g(u)$ der Länge M ($u = 0, \dots, M-1$) ist definiert als

$$
\begin{aligned}
G(m) &= \frac{1}{\sqrt{M}} \sum_{u=0}^{M-1} g(u) \cdot \left[\cos\left(2\pi\frac{mu}{M}\right) - \mathrm{i} \cdot \sin\left(2\pi\frac{mu}{M}\right) \right] \\
&= \frac{1}{\sqrt{M}} \sum_{u=0}^{M-1} g(u) \cdot e^{-\mathrm{i}2\pi\frac{mu}{M}}, \qquad \text{für } 0 \le m < M.
\end{aligned}
\tag{18.45}
$$

Analog dazu ist die *inverse* Transformation (DFT^{-1})

$$
\begin{aligned}
g(u) &= \frac{1}{\sqrt{M}} \sum_{m=0}^{M-1} G(m) \cdot \left[\cos\left(2\pi\frac{mu}{M}\right) + \mathrm{i} \cdot \sin\left(2\pi\frac{mu}{M}\right) \right] \\
&= \frac{1}{\sqrt{M}} \sum_{m=0}^{M-1} G(m) \cdot e^{\mathrm{i}2\pi\frac{mu}{M}}, \qquad \text{für } 0 \le u < M.
\end{aligned}
\tag{18.46}
$$

---

[12] Anm. zur Notation: Wir verwenden $g(x)$, $G(\omega)$ für ein *kontinuierliches* Signal oder Spektrum und $g(u)$, $G(m)$ für die *diskreten* Versionen.

Signal $g(x)$ **Spektrum** $G(\omega)$

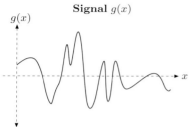

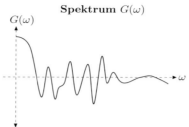

(a) Kontinuierliches, nicht periodisches
   Signal.

(b) Kontinuierliches, nicht periodisches
   Spektrum.

Abbildung 18.9
Übergang von kontinuierlichen zu
diskreten, periodischen Funktionen
(Illustration).

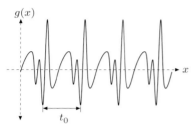

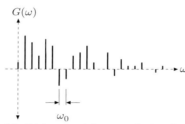

(c) Kontinuierliches, periodisches Signal mit Periodenlänge t_0.

(d) Diskretes, nicht periodisches Spektrum mit Werten im Abstand
   $\omega_0 = 2\pi/t_0$.

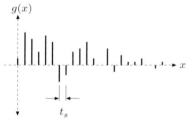

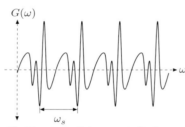

(e) Diskretes, nicht periodisches Signal
   mit Abtastwerten im Abstand t_s.

(f) Kontinuierliches, periodisches
   Spektrum mit der Periodenlänge
   $\omega_s = 2\pi/t_s$.

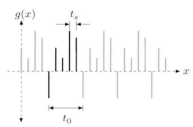

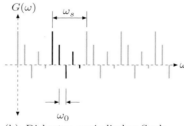

(g) Diskretes, periodisches Signal, abgetastet im Abstand t_s mit der
   Periodenlänge $t_0 = t_s M$.

(h) Diskretes, periodisches Spektrum mit Werten im Abstand
   $\omega_0 = 2\pi/t_0$ und Periodenlänge
   $\omega_s = 2\pi/t_s = \omega_0 M$.

499

Abbildung 18.10
Komplexwertiges Ergebnis der DFT
für ein Signal der Länge $M = 10$
(Beispiel). Bei der diskreten Fouriertransformation (DFT) sind das
ursprüngliche Signal $g(u)$ und das
zugehörige Spektrum $G(m)$ jeweils komplexwertige Vektoren der
Länge M. Im konkreten Beispiel ist
$M = 10$. Für die mit $*$ markier-
ten Werte gilt $|G(m)| < 10^{-15}$.

u	$g(u)$			$G(m)$		m
0	1.0000	0.0000		14.2302	0.0000	0
1	3.0000	0.0000	DFT	−5.6745	−2.9198	1
2	5.0000	0.0000	$\longrightarrow$	*0.0000	*0.0000	2
3	7.0000	0.0000		−0.0176	−0.6893	3
4	9.0000	0.0000		*0.0000	*0.0000	4
5	8.0000	0.0000		0.3162	0.0000	5
6	6.0000	0.0000		*0.0000	*0.0000	6
7	4.0000	0.0000	DFT^{-1}	−0.0176	0.6893	7
8	2.0000	0.0000	$\longleftarrow$	*0.0000	*0.0000	8
9	0.0000	0.0000		−5.6745	2.9198	9
	Re	Im		Re	Im	

Sowohl das Signal $g(u)$ wie auch das diskrete Spektrum $G(m)$ sind komplexwertige Vektoren der Länge M, d. h.

$$g(u) = g_{\mathrm{Re}}(u) + \mathrm{i} \cdot g_{\mathrm{Im}}(u)$$
$$G(m) = G_{\mathrm{Re}}(m) + \mathrm{i} \cdot G_{\mathrm{Im}}(m) \tag{18.47}$$

für $u, m = 0, \ldots, M-1$. Ein konkretes Beispiel der DFT mit $M = 10$
ist in Abb. 18.10 gezeigt. Umgeformt aus der Euler'schen Schreibweise in
Gl. 18.45 (s. auch Gl. 18.11) ergibt sich das diskrete Fourierspektrum in
der Komponentennotation als

$$G(m) = \frac{1}{\sqrt{M}} \cdot \sum_{u=0}^{M-1} \Big[\underbrace{g_{\mathrm{Re}}(u) + \mathrm{i} \cdot g_{\mathrm{Im}}(u)}_{g(u)} \Big] \cdot \Big[\underbrace{\cos\big(2\pi\tfrac{mu}{M}\big)}_{C_m^M(u)} - \mathrm{i} \cdot \underbrace{\sin\big(2\pi\tfrac{mu}{M}\big)}_{S_m^M(u)} \Big], \tag{18.48}$$

wobei C_m^M und S_m^M diskrete Basisfunktionen (Kosinus- und Sinusfunktionen) bezeichnen, die im nachfolgenden Abschnitt näher beschrieben
sind. Durch die gewöhnliche komplexe Multiplikation[13] erhalten wir aus
Gl. 18.48 den Real- und Imaginärteil des diskreten Fourierspektrums in
der Form

$$G_{\mathrm{Re}}(m) = \frac{1}{\sqrt{M}} \cdot \sum_{u=0}^{M-1} g_{\mathrm{Re}}(u) \cdot C_m^M(u) + g_{\mathrm{Im}}(u) \cdot S_m^M(u), \tag{18.49}$$

$$G_{\mathrm{Im}}(m) = \frac{1}{\sqrt{M}} \cdot \sum_{u=0}^{M-1} g_{\mathrm{Im}}(u) \cdot C_m^M(u) - g_{\mathrm{Re}}(u) \cdot S_m^M(u), \tag{18.50}$$

für $m = 0, \ldots, M-1$. Analog dazu ergibt sich der Real- bzw. Imaginärteil
der *inversen* DFT aus Gl. 18.46 als

$$g_{\mathrm{Re}}(u) = \frac{1}{\sqrt{M}} \cdot \sum_{m=0}^{M-1} G_{\mathrm{Re}}(m) \cdot C_u^M(m) - G_{\mathrm{Im}}(m) \cdot S_u^M(m), \tag{18.51}$$

---

[13] Siehe auch Abschn. 1.3 im Anhang.

$$g_{\mathrm{Im}}(u) = \frac{1}{\sqrt{M}} \cdot \sum_{m=0}^{M-1} G_{\mathrm{Im}}(m) \cdot C_u^M(m) + G_{\mathrm{Re}}(m) \cdot S_u^M(m), \qquad (18.52)$$

für $u = 0, \ldots, M - 1$.

18.3.2 Diskrete Basisfunktionen

Die DFT (Gl. 18.46) beschreibt die Zerlegung einer diskreten Funktion $g(u)$ als endliche Summe diskreter Kosinus- und Sinusfunktionen (C^M, S^M) der Länge M, deren Gewichte oder „Amplituden" durch die zugehörigen DFT-Koeffizienten $G(m)$ bestimmt werden. Jede dieser eindimensionalen *Basisfunktionen* (erstmals verwendet in Gl. 18.48)

$$C_m^M(u) = C_u^M(m) = \cos\left(2\pi \tfrac{mu}{M}\right), \qquad (18.53)$$

$$S_m^M(u) = S_u^M(m) = \sin\left(2\pi \tfrac{mu}{M}\right), \qquad (18.54)$$

ist periodisch mit M und besitzt eine diskrete Frequenz (*Wellenzahl*) m, die der Winkelfrequenz

$$\omega_m = 2\pi \frac{m}{M} \qquad (18.55)$$

entspricht. Als Beispiel sind in Abb. 18.11–18.12 die Basisfunktionen für eine DFT der Länge $M = 8$ gezeigt, sowohl als diskrete Funktionen (mit ganzzahligen Ordinatenwerten $u \in \mathbb{Z}$) wie auch als kontinuierliche Funktionen (mit Ordinatenwerten $x \in \mathbb{R}$).

Für die Wellenzahl $m = 0$ hat die Kosinusfunktion $C_0^M(u)$ (Gl. 18.53) den konstanten Wert 1. Daher spezifiziert der zugehörige DFT-Koeffizient $G_{\mathrm{Re}}(0)$ – also der Realteil von $G(0)$ – den konstanten Anteil des Signals oder, anders ausgedrückt, den durchschnittlichen Wert des Signals $g(u)$ in Gl. 18.51. Im Unterschied dazu ist der Wert von $S_0^M(u)$ immer null und daher sind auch die zugehörigen Koeffizienten $G_{\mathrm{Im}}(0)$ in Gl. 18.51 bzw. $G_{\mathrm{Re}}(0)$ in Gl. 18.52 nicht relevant. Für ein reellwertiges Signal (d. h. $g_{\mathrm{Im}}(u) = 0$ für alle u) muss also der Koeffizient $G_{\mathrm{Im}}(0)$ des zugehörigen Fourierspektrums ebenfalls null sein.

Wie wir aus Abb. 18.11 sehen, entspricht der Wellenzahl $m = 1$ eine Kosinus- bzw. Sinusfunktion, die über die Signallänge $M = 8$ exakt *einen* vollen Zyklus durchläuft. Eine Wellenzahl $m = 2, \ldots, 7$ entspricht analog dazu $2, \ldots, 7$ vollen Zyklen über die Signallänge hinweg (Abb. 18.11–18.12).

18.3.3 Schon wieder Aliasing!

Ein genauerer Blick auf Abb. 18.11 und 18.12 zeigt einen interessanten Sachverhalt: Die abgetasteten (diskreten) Kosinus- bzw. Sinusfunktionen für $m = 3$ und $m = 5$ sind *identisch*, obwohl die zugehörigen kontinuierlichen Funktionen unterschiedlich sind! Dasselbe gilt auch für die

Frequenzpaare $m = 2, 6$ und $m = 1, 7$. Was wir hier sehen, ist die Manifestation des Abtasttheorems – das wir ursprünglich (Abschn. 18.2.1) im Frequenzraum beschrieben hatten – im *Ortsraum*. Offensichtlich ist also $m = 4$ die maximale Frequenzkomponente, die mittels eines diskreten Signals der Länge $M = 8$ beschrieben werden kann. Jede *höhere* Frequenzkomponente (in diesem Fall $m = 5, \ldots, 7$) ist in der diskreten Version identisch zu einer anderen Komponente mit niedrigerer Wellenzahl und kann daher aus dem diskreten Signal nicht rekonstruiert werden!

Wird ein kontinuierliches Signal im regelmäßigen Abstand τ abgetastet, so wiederholt sich das resultierende Spektrum an Vielfachen von $\omega_s = 2\pi/\tau$, wie bereits an früherer Stelle gezeigt (Abb. 18.8). Im diskreten Fall ist das Spektrum periodisch mit M. Weil das Fourierspektrum eines reellwertigen Signals um den Ursprung symmetrisch ist (Gl. 18.24), hat jede Spektralkomponente mit der Wellenzahl m ein gleich großes Duplikat mit der gegenüberliegenden Wellenzahl $-m$. Die Spektralkomponenten erscheinen also paarweise gespiegelt an Vielfachen von M, d. h.

$$
\begin{aligned}
|G(m)| = |G(M-m)| \;\; &= |G(M+m)| \qquad\qquad (18.56)\\
&= |G(2M-m)| = |G(2M+m)|\\
&\cdots\\
&= |G(kM-m)| = |G(kM+m)|,
\end{aligned}
$$

für alle $k \in \mathbb{Z}$. Wenn also das ursprüngliche, kontinuierliche Signal Energie mit Frequenzen

$$
\omega_m > \omega_{M/2} \qquad\qquad (18.57)
$$

enthält, also Komponenten mit einer Wellenzahl $m > M/2$, dann überlagern (addieren) sich – entsprechend dem Abtasttheorem – die überlappenden Teile der replizierten Spektra im resultierenden, periodischen Spektrum des diskreten Signals.

18.3.4 Einheiten im Orts- und Spektralraum

Das Verhältnis zwischen den Einheiten im Orts- und Spektralraum sowie die Interpretation der Wellenzahl m sind häufig Anlass zu Missverständnissen. Während sowohl das diskrete Signal wie auch das zugehörige Spektrum einfache Zahlenvektoren sind und zur Berechnung der DFT selbst keine Maßeinheiten benötigt werden, ist es dennoch wichtig, zu verstehen, in welchem Bezug die Koordinaten im Spektrum zu Größen in der realen Welt stehen.

Jeder komplexwertige Spektralkoeffizient $G(m)$ entspricht einem Paar von Kosinus- und Sinusfunktionen mit einer bestimmten Frequenz im Ortsraum. Angenommen ein kontinuierliches Signal wird an M aufeinander folgenden Positionen im Abstand τ (eine Zeitspanne oder eine Distanz im Raum) abgetastet. Die *Wellenzahl* $m = 1$ entspricht dann der Grundperiode des diskreten Signals (das als periodisch angenommen wird) mit der Periodenlänge $M\tau$ und damit einer *Frequenz*

$$C_m^8(u) = \cos\left(\frac{2\pi m}{8} u\right) \qquad\qquad S_m^8(u) = \sin\left(\frac{2\pi m}{8} u\right)$$

Abbildung 18.11
Diskrete Basisfunktionen $C_m^M(u)$ und $S_m^M(u)$ für die Signallänge $M = 8$ und Wellenzahlen $m = 0, \ldots, 3$. Jeder der Plots zeigt sowohl die diskreten Funktionswerte (durch runde Punkte markiert) wie auch die zugehörige kontinuierliche Funktion.

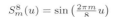

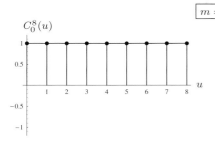

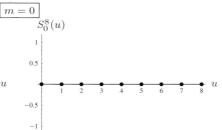

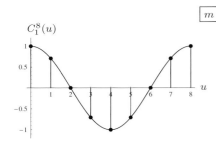

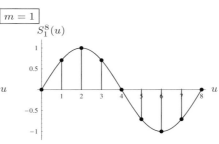

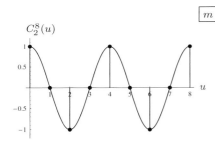

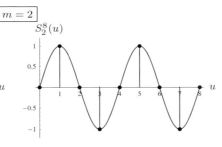

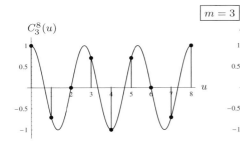

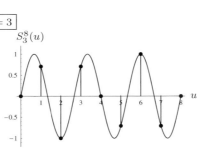

$$C_m^8(u) = \cos\left(\frac{2\pi m}{8} u\right) \qquad\qquad S_m^8(u) = \sin\left(\frac{2\pi m}{8} u\right)$$

$m = 4$

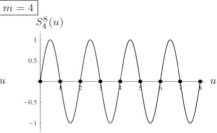
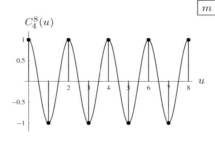

Abbildung 18.12
Diskrete Basisfunktionen (Fortsetzung). Signallänge $M = 8$ und Wellenzahlen $m = 4, \ldots, 7$. Man beachte, dass z. B. die diskreten Funktionen für $m = 5$ und $m = 3$ (Abb. 18.11) identisch sind, weil $m = 4$ die maximale Wellenzahl ist, die in einem diskreten Spektrum der Länge $M = 8$ dargestellt werden kann.

$C_4^8(u)$ $\qquad$ $S_4^8(u)$

$m = 5$

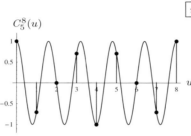
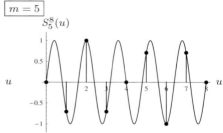

$m = 6$

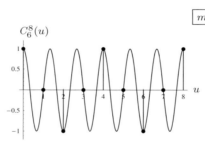
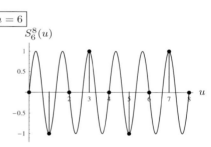

$m = 7$

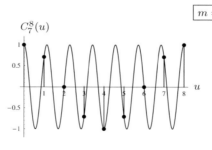
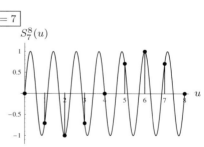

$$C_m^8(u) = \cos\left(\tfrac{2\pi m}{8}u\right) \qquad\qquad S_m^8(u) = \sin\left(\tfrac{2\pi m}{8}u\right)$$

Abbildung 18.13
Aliasing im Ortsraum. Für die Signallänge $M = 8$ sind die diskreten Kosinus- und Sinusfunktionen für die Wellenzahlen $m = 1, 9, 17, \ldots$ (durch runde Punkte markiert) alle identisch. Die Abtastfrequenz selbst entspricht der Wellenzahl $m = 8$.

$\boxed{m = 1}$

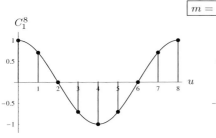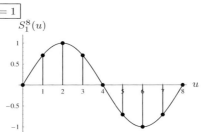

$\boxed{m = 9}$

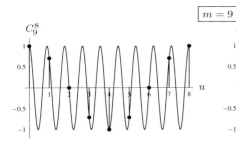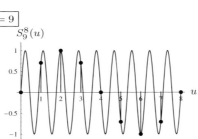

$\boxed{m = 17}$

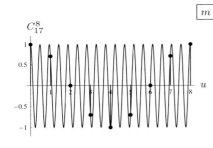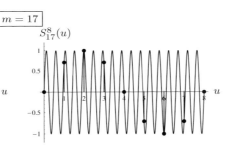

$$f_1 = \frac{1}{M\tau} \, . \tag{18.58}$$

Im Allgemeinen entspricht die Wellenzahl m eines diskreten Spektrums der realen Frequenz

$$f_m = m\frac{1}{M\tau} = m \cdot f_1 \tag{18.59}$$

für $0 \le m < M$ oder – als Kreisfrequenz ausgedrückt –

$$\omega_m = 2\pi f_m = m\frac{2\pi}{M\tau} = m \cdot \omega_1. \tag{18.60}$$

Die Abtastfrequenz selbst, also $f_s = 1/\tau = M \cdot f_1$, entspricht offensichtlich der Wellenzahl $m_s = M$. Die maximale Wellenzahl, die im diskreten Spektrum ohne Aliasing dargestellt werden kann, ist

$$m_{\max} = \frac{M}{2} = \frac{m_s}{2}, \qquad (18.61)$$

also wie erwartet die Hälfte der Wellenzahl der Abtastfrequenz m_s.

Beispiel 1: Zeitsignal

Nehmen wir beispielsweise an, $g(u)$ ist ein Zeitsignal (z. B. ein diskretes Tonsignal) bestehend aus $M = 500$ Abtastwerten im Intervall $\tau = 1\,\text{ms} = 10^{-3}\,\text{s}$. Die Abtastfrequenz ist daher $f_s = 1/\tau = 1000$ Hertz (Zyklen pro Sekunde) und die Gesamtdauer (Grundperiode) des Signals beträgt $M\tau = 0.5\,\text{s}$.

Aus Gl. 18.58 berechnen wir die Grundfrequenz des als periodisch angenommenen Signals als $f_1 = \frac{1}{500 \cdot 10^{-3}} = \frac{1}{0.5} = 2$ Hertz. Die Wellenzahl $m = 2$ entspricht in diesem Fall einer realen Frequenz $f_2 = 2f_1 = 4$ Hertz, $f_3 = 6$ Hertz, usw. Die *maximale* Frequenz, die durch dieses diskrete Signal ohne Aliasing dargestellt werden kann, ist $f_{\max} = \frac{M}{2}f_1 = \frac{1}{2\tau} = 500$ Hertz, also exakt die Hälfte der Abtastfrequenz f_s.

Beispiel 2: Signal im Ortsraum

Die gleichen Verhältnisse treffen auch für räumliche Signale zu, wenngleich mit anderen Maßeinheiten. Angenommen wir hätten ein eindimensionales Druckraster mit einer Auflösung (d. h. räumlichen Abtastfrequenz) von 120 Punkten pro cm, das entspricht etwa 300 *dots per inch* (dpi) und einer Signallänge von $M = 1800$ Abtastwerten. Dies entspricht einem räumlichen Abtastintervall von $\tau = 1/120\,\text{cm} \approx 83\,\mu\text{m}$ und einer Gesamtstrecke des Signals von $(1800/120)\,\text{cm} = 15\,\text{cm}$.

Die Grundfrequenz dieses (wiederum als periodisch angenommenen) Signals ist demnach $f_1 = \frac{1}{15}$, gemessen in Zyklen pro cm. Aus der Abtastfrequenz von $f_s = 120$ Zyklen pro cm ergibt sich eine maximale Signalfrequenz $f_{\max} = \frac{f_s}{2} = 60$ Zyklen pro cm und dies entspricht auch der feinsten Struktur, die mit diesem Druckraster aufgelöst werden kann.

18.3.5 Das Leistungsspektrum

Der Betrag des komplexwertigen Fourierspektrums

$$|G(m)| = \sqrt{G_{\text{Re}}^2(m) + G_{\text{Im}}^2(m)} \qquad (18.62)$$

wird als *Leistungsspektrum* („power spectrum") eines Signals bezeichnet. Es beschreibt die Energie (Leistung), die die einzelnen Frequenzkomponenten des Spektrums zum Signal beitragen. Das Leistungsspektrum ist reellwertig und positiv und wird daher häufig zur grafischen Darstellung der Fouriertransformierten verwendet (s. auch Abschn. 19.2).

Da die Phaseninformation im Leistungsspektrum verloren geht, kann das ursprüngliche Signal aus dem Leistungsspektrum allein nicht rekonstruiert werden. Das Leistungsspektrum ist jedoch – genau *wegen* der fehlenden Phaseninformation – unbeeinflusst von *Verschiebungen* des zugehörigen Signals und eignet sich daher zum Vergleich von Signalen. Genauer gesagt ist das Leistungsspektrum eines zyklisch verschobenen Signals identisch zum Leistungsspektrum des ursprünglichen Signals, d. h., für ein diskretes, periodisches Signal $g_1(u)$ der Länge M und das um den Abstand $d \in \mathbb{Z}$ zyklisch verschobene Signal

$$g_2(u) = g_1(u-d) \tag{18.63}$$

gilt für die zugehörigen Leistungsspektra

$$|G_2(m)| = |G_1(m)|, \tag{18.64}$$

obwohl die komplexwertigen Fourierspektra $G_1(m)$ und $G_2(m)$ selbst i. Allg. verschieden sind. Aufgrund der Symmetrieeigenschaft des Fourierspektrums (Gl. 18.56) gilt überdies

$$|G(m)| = |G(-m)| \tag{18.65}$$

für reellwertige Signale $g(u) \in \mathbb{R}$.

18.4 Implementierung der DFT

18.4.1 Direkte Implementierung

Auf Basis der Definitionen in Gl. 18.49 und Gl. 18.50 kann die DFT auf direktem Weg implementiert werden, wie in Prog. 18.1 gezeigt. Die dort angeführte Methode `DFT()` transformiert einen Signalvektor von beliebiger Länge M (nicht notwendigerweise eine Potenz von 2) und benötigt dafür etwa M^2 Operationen (Additionen und Multiplikationen), d. h., die Zeitkomplexität dieses DFT-Algorithmus beträgt $\mathcal{O}(M^2)$.

Eine Möglichkeit zur Verbesserung der Effizienz des DFT-Algorithmus ist die Verwendung von Lookup-Tabellen für die sin- und cos-Funktion (deren numerische Berechnung vergleichsweise aufwändig ist), da deren Ergebnisse ohnehin nur für M unterschiedliche Winkel φ_m benötigt werden. Für $m = 0, \ldots, M-1$ sind die zugehörigen Winkel $\varphi_m = 2\pi \frac{m}{M}$ gleichförmig auf dem vollen 360°-Kreisbogen verteilt. Jedes ganzzahlige Vielfache $\varphi_m \cdot u$ (für $u \in \mathbb{Z}$) kann wiederum auf nur einen dieser Winkel fallen, denn es gilt

$$\varphi_m \cdot u = 2\pi \frac{mu}{M} \quad \equiv \quad \frac{2\pi}{M} \cdot (\underbrace{mu \bmod M}_{0 \leq k < M}) = 2\pi \frac{k}{M} = \varphi_k \tag{18.66}$$

(mod ist der „Modulo"-Operator).[14]Wir können also zwei konstante Tabellen (Gleitkomma-Arrays) W_C und W_S der Größe M einrichten mit den Werten

---

[14] Siehe auch Anhang F.1.2.

Direkte Java-Implementierung der
DFT auf Basis der Definition in Gl.
18.49 und 18.50. Die Methode `DFT()`
liefert einen komplexwertigen Er-
gebnisvektor der gleichen Länge wie
der ebenfalls komplexwertige Input-
Vektor `g`. Die Methode implementiert sowohl die Vorwärtstransformation wie auch die inverse Transformation, je nach Wert des Steuerparameters `forward`. Die Klasse
`Complex` (oben) definiert die Struktur der komplexen Vektorelemente.

```java
1  class Complex {
2      double re, im;
3      Complex(double re, double im) { //constructor method
4          this.re = re;
5          this.im = im;
6      }
7  }
8  Complex[] DFT(Complex[] g, boolean forward) {
9      int M = g.length;
10     double s = 1 / Math.sqrt(M); //common scale factor
11     Complex[] G = new Complex[M];
12     for (int m = 0; m < M; m++) {
13         double sumRe = 0;
14         double sumIm = 0;
15         double phim = 2 * Math.PI * m / M;
16         for (int u = 0; u < M; u++) {
17             double gRe = g[u].re;
18             double gIm = g[u].im;
19             double cosw = Math.cos(phim * u);
20             double sinw = Math.sin(phim * u);
21             if (!forward) // inverse transform
22                 sinw = -sinw;
23             // complex multiplication: [g_Re + i · g_Im] · [cos(ω) + i · sin(ω)]
24             sumRe += gRe * cosw + gIm * sinw;
25             sumIm += gIm * cosw - gRe * sinw;
26         }
27         G[m] = new Complex(s * sumRe, s * sumIm);
28     }
29     return G;
30 }
```

$$\mathsf{W}_C(k) \leftarrow \cos(\omega_k) = \cos\left(2\pi \tfrac{k}{M}\right) \tag{18.67}$$

$$\mathsf{W}_S(k) \leftarrow \sin(\omega_k) = \sin\left(2\pi \tfrac{k}{M}\right), \tag{18.68}$$

wobei $0 \leq k < M$. Aus diesen Tabellen können die für die Berechnung
der DFT notwendigen Kosinus- und Sinuswerte (Gl. 18.48) in der Form

$$C_k^M(u) = \cos\left(2\pi \tfrac{mu}{M}\right) = \mathsf{W}_C(mu \bmod M) \tag{18.69}$$

$$S_k^M(u) = \sin\left(2\pi \tfrac{mu}{M}\right) = \mathsf{W}_S(mu \bmod M) \tag{18.70}$$

ohne zusätzlichen Berechnungsvorgang für beliebige Werte von m und
u ermittelt werden. Die entsprechende Modifikation der `DFT()`-Methode
in Prog. 18.1 ist eine einfache Übung (Aufg. 18.5).

Trotz dieser deutlichen Verbesserung bleibt die direkte Implementierung der DFT rechenaufwändig. Tatsächlich war es lange Zeit unmöglich, die DFT in dieser Form auf gewöhnlichen Computern ausreichend
schnell zu berechnen und dies gilt auch heute noch für viele konkrete
Anwendungen.

18.4.2 Fast Fourier Transform (FFT)

Zur praktischen Berechnung der DFT existieren schnelle Algorithmen, in denen die Abfolge der Berechnungen so ausgelegt ist, dass gleichartige Zwischenergebnisse nur einmal berechnet und in optimaler Weise mehrfach wiederverwendet werden. Die sog. *Fast Fourier Transform*, von der es mehrere Varianten gibt, reduziert i. Allg. die Zeitkomplexität der Berechnung von $\mathcal{O}(M^2)$ auf $\mathcal{O}(M \log_2 M)$. Die Auswirkungen sind vor allem bei größeren Signallängen deutlich. Zum Beispiel bringt die FFT bei eine Signallänge $M = 10^3$ bereits eine Beschleunigung um den Faktor 100 und bei $M = 10^6$ um den Faktor 10.000, also ein eindrucksvoller Gewinn. Die FFT ist daher seit ihrer Erfindung ein unverzichtbares Werkzeug in praktisch jeder Anwendung der digitalen Spektralanalyse [32].

Die meisten FFT-Algorithmen, u. a. jener in der berühmten Publikation von Cooley und Tukey aus dem Jahr 1965 (ein historischer Überblick dazu findet sich in [80, S. 156]), sind auf Signallängen von $M = 2^k$, also Zweierpotenzen, optimiert. Spezielle FFT-Algorithmen wurden aber auch für andere Längen entwickelt, insbesondere für eine Reihe kleinerer Primzahlen [23], die wiederum zu FFTs unterschiedlichster Größe zusammengesetzt werden können.

Wichtig ist jedenfalls zu wissen, dass DFT und FFT *dasselbe* Ergebnis berechnen und die FFT nur eine spezielle – wenn auch äußerst geschickte – *Methode* zur Implementierung der diskreten Fouriertransformation (Gl. 18.45) ist.

18.5 Aufgaben

Aufg. 18.1. Berechnen Sie die Werte der Kosinusfunktion $f(x) = \cos(\omega x)$ mit der Kreisfrequenz $\omega = 5$ für die Positionen $x = -3, -2, \dots, 2, 3$. Welche Periodenlänge hat diese Funktion?

Aufg. 18.2. Ermitteln Sie den Phasenwinkel φ der Funktion $f(x) = A \cdot \cos(\omega x) + B \cdot \sin(\omega x)$ für $A = -1$ und $B = 2$.

Aufg. 18.3. Berechnen Sie Real- und Imaginärteil sowie den Betrag der komplexen Größe $z = 1.5 \cdot e^{-\mathrm{i}\, 2.5}$.

Aufg. 18.4. Ein eindimensionaler, optischer Scanner zur Abtastung von Filmen soll Bildstrukturen mit einer Genauigkeit von 4.000 dpi (*dots per inch*) auflösen. In welchem räumlichen Abstand (in mm) müssen die Abtastwerte angeordnet sein, sodass kein *Aliasing* auftritt?

Aufg. 18.5. Modifizieren Sie die Implementierung der eindimensionalen DFT in Prog. 18.1 durch Verwendung von Lookup-Tabellen für die cos- und sin-Funktion, wie in Gl. 18.69 und 18.70 beschrieben.

19

Diskrete Fouriertransformation in 2D

Die Fouriertransformation ist natürlich nicht nur für eindimensionale Signale definiert, sondern für Funktionen beliebiger Dimension, und somit sind auch zweidimensionale Bilder aus mathematischer Sicht nichts Besonderes.

19.1 Definition der 2D-DFT

Für eine zweidimensionale, periodische Funktion (also z. B. ein Intensitätsbild) $g(u, v)$ der Größe $M \times N$ ist die diskrete Fouriertransformation (2D-DFT) definiert als

$$
\begin{aligned}
G(m, n) &= \frac{1}{\sqrt{MN}} \cdot \sum_{u=0}^{M-1} \sum_{v=0}^{N-1} g(u, v) \cdot e^{-\mathrm{i}2\pi \frac{mu}{M}} \cdot e^{-\mathrm{i}2\pi \frac{nv}{N}} \\
&= \frac{1}{\sqrt{MN}} \cdot \sum_{u=0}^{M-1} \sum_{v=0}^{N-1} g(u, v) \cdot e^{-\mathrm{i}2\pi(\frac{mu}{M} + \frac{nv}{N})}
\end{aligned}
\tag{19.1}
$$

für die Spektralkoordinaten $m = 0, \ldots, M-1$ und $n = 0, \ldots, N-1$. Die resultierende Fouriertransformierte ist also ebenfalls wieder eine zweidimensionale Funktion mit derselben Größe $(M \times N)$ wie das ursprüngliche Signal. Analog dazu ist die *inverse* 2D-DFT definiert als

$$
\begin{aligned}
g(u, v) &= \frac{1}{\sqrt{MN}} \cdot \sum_{m=0}^{M-1} \sum_{n=0}^{N-1} G(m, n) \cdot e^{\mathrm{i}2\pi \frac{mu}{M}} \cdot e^{\mathrm{i}2\pi \frac{nv}{N}} \\
&= \frac{1}{\sqrt{MN}} \cdot \sum_{m=0}^{M-1} \sum_{n=0}^{N-1} G(m, n) \cdot e^{\mathrm{i}2\pi(\frac{mu}{M} + \frac{nv}{N})}
\end{aligned}
\tag{19.2}
$$

für die Bildkoordinaten $u = 0, \ldots, M-1$ und $v = 0, \ldots, N-1$.

19.1.1 2D-Basisfunktionen

Gl. 19.2 zeigt, dass eine zweidimensionale Funktion $g(u, v)$ als Linearkombination (d. h. als gewichtete Summe) zweidimensionaler, komplexwertiger Funktionen der Form

$$e^{\mathrm{i}\cdot 2\pi \left(\frac{mu}{M} + \frac{nv}{N} \right)} = e^{\mathrm{i}\cdot(\omega_m u + \omega_n v)} \tag{19.3}$$

$$= \underbrace{\cos \left[2\pi \left(\frac{mu}{M} + \frac{nv}{N} \right) \right]}_{C_{m,n}^{M,N}(u,v)} + \mathrm{i}\cdot \underbrace{\sin \left[2\pi \left(\frac{mu}{M} + \frac{nv}{N} \right) \right]}_{S_{m,n}^{M,N}(u,v)} \tag{19.4}$$

dargestellt werden kann. Dabei sind $C_{m,n}^{M,N}(u,v)$ und $S_{m,n}^{M,N}(u,v)$ zweidimensionale Kosinus- bzw. Sinusfunktionen mit horizontaler Wellenzahl m und vertikaler Wellenzahl n,

$$C_{m,n}^{M,N}(u,v) = \cos \left[2\pi \left(\frac{mu}{M} + \frac{nv}{N} \right) \right] = \cos(\omega_m u + \omega_n v), \tag{19.5}$$

$$S_{m,n}^{M,N}(u,v) = \sin \left[2\pi \left(\frac{mu}{M} + \frac{nv}{N} \right) \right] = \sin(\omega_m u + \omega_n v). \tag{19.6}$$

Beispiele

Die Abbildungen 19.1–19.2 zeigen einen Satz von 2D-Kosinusfunktionen $C_{m,n}^{M,N}$ der Größe $M = N = 16$ für verschiedene Kombinationen von Wellenzahlen $m, n = 0, \ldots, 3$. Wie klar zu erkennen ist, entsteht in jedem Fall eine gerichtete, kosinusförmige Wellenform, deren Richtung durch die Wellenzahlen m und n bestimmt ist. Beispielsweise entspricht den Wellenzahlen $m = n = 2$ eine Kosinusfunktion $C_{2,2}^{M,N}(u,v)$, die jeweils zwei volle Perioden in horizontaler und in vertikaler Richtung durchläuft und dadurch eine zweidimensionale Welle in diagonaler Richtung erzeugt. Gleiches gilt natürlich auch für die entsprechenden Sinusfunktionen.

19.1.2 Implementierung der zweidimensionalen DFT

Wie im eindimensionalen Fall könnte man auch die 2D-DFT direkt auf Basis der Definition in Gl. 19.1 implementieren, aber dies ist nicht notwendig. Durch geringfügige Umformung von Gl. 19.1 in der Form

$$G(m, n) = \frac{1}{\sqrt{N}} \cdot \sum_{v=0}^{N-1} \underbrace{\left[\frac{1}{\sqrt{M}} \cdot \sum_{u=0}^{M-1} g(u,v) \cdot e^{-\mathrm{i}2\pi \frac{um}{M}} \right]}_{\text{1-dim. DFT der Bildzeile } g(\cdot,v)} \cdot e^{-\mathrm{i}2\pi \frac{vn}{N}} \tag{19.7}$$

wird deutlich, dass sich im Kern wiederum eine *eindimensionale* DFT (siehe Gl. 18.45) des v-ten Zeilenvektors $g(\cdot, v)$ befindet, die unabhängig ist von den „vertikalen" Größen v und N (die in Gl. 19.7 außerhalb der eckigen Klammern stehen). Wenn also im ersten Schritt jeder Zeilenvektor $g(\cdot, v)$ des ursprünglichen Bilds ersetzt wird durch seine (eindimensionale) Fouriertransformierte, d. h.

```
1:  Separable2dDft(g)                                    ▷ g(u, v) ∈ ℂ
        Input: g, a two-dimensional, discrete signal of size M × N, with
        g(u, v) ∈ ℂ. Returns the DFT for the two-dimensional function
        g(u, v). The resulting spectrum G(m, n) has the same dimensions
        as g. The algorithm works "in place", i.e., g is modified.
2:      (M, N) ← Size(g)
3:      for v ← 0, . . . , N − 1 do
4:          r ← g(·, v)                    ▷ extract the vth row vector of g
5:          g(·, v) ← DFT(r)               ▷ replace the vth row vector of g
6:      for u ← 0, . . . , M − 1 do
7:          c ← g(u, ·)                    ▷ extract the uth column vector of g
8:          g(u, ·) ← DFT(c)               ▷ replace the uth column vector of g
        Remark: g(u, v) ≡ G(m, n) now contains the discrete 2D Fourier
        spectrum.
9:      return g
```

Algorithmus 19.1
Implementierung der zweidimensionalen DFT als Folge von eindimensionalen DFTs über Zeilen- bzw. Spaltenvektoren.

$$g_{\mathrm{x}}(\cdot, v) \leftarrow \mathsf{DFT}\big(g(\cdot, v)\big) \quad \text{für } 0 \leq v < N, \tag{19.8}$$

dann muss nachfolgend nur mehr die eindimensionale DFT für jeden (vertikalen) Spaltenvektor berechnet werden, also

$$g_{\mathrm{xy}}(u, \cdot) \leftarrow \mathsf{DFT}\big(g_{\mathrm{x}}(u, \cdot)\big) \quad \text{für } 0 \leq u < M. \tag{19.9}$$

Das Resultat $g_{\mathrm{xy}}(u, v)$ entspricht der zweidimensionalen Fouriertransformierten $G(m, n)$. Die *zwei*dimensionale DFT ist also, wie in Alg. 19.1 zusammengefasst, in zwei aufeinander folgende *ein*dimensionale DFTs über die Zeilen- bzw. Spaltenvektoren *separierbar*. Das bedeutet einerseits einen Effizienzvorteil und andererseits, dass wir auch zur Realisierung mehrdimensionaler DFTs ausschließlich eindimensionale DFT-Implementierungen (bzw. die eindimensionale FFT) verwenden können.

Wie aus Gl. 19.7 abzulesen ist, könnte diese Operation genauso gut in umgekehrter Reihenfolge durchgeführt werden, also beginnend mit einer DFT über alle Spalten und dann erst über die Zeilen. Bemerkenswert ist überdies, dass alle Operationen in Alg. 19.1 „in place" ausgeführt werden können, d. h., das ursprüngliche Signal $g(u, v)$ wird destruktiv modifiziert und schrittweise durch seine Fouriertransformierte $G(m, n)$ derselben Größe ersetzt, ohne dass dabei zusätzlicher Speicherplatz angelegt werden müsste. Das ist durchaus erwünscht und üblich, zumal auch praktisch alle eindimensionalen FFT-Algorithmen – die man nach Möglichkeit zur Implementierung der DFT verwenden sollte – „in place" arbeiten.

19.2 Darstellung der Fouriertransformierten in 2D

Zur Darstellung von zweidimensionalen, komplexwertigen Funktionen, wie die Ergebnisse der 2D-DFT, gibt es leider keine einfache Methode.

Abbildung 19.1
Zweidimensionale Kosinusfunktionen.
$C_{m,n}^{M,N}(u,v) = \cos\left[2\pi\left(\frac{um}{M} + \frac{vn}{N}\right)\right]$ für
$M = N = 16$, $n = 0,\ldots,3$, $m = 0,1$.

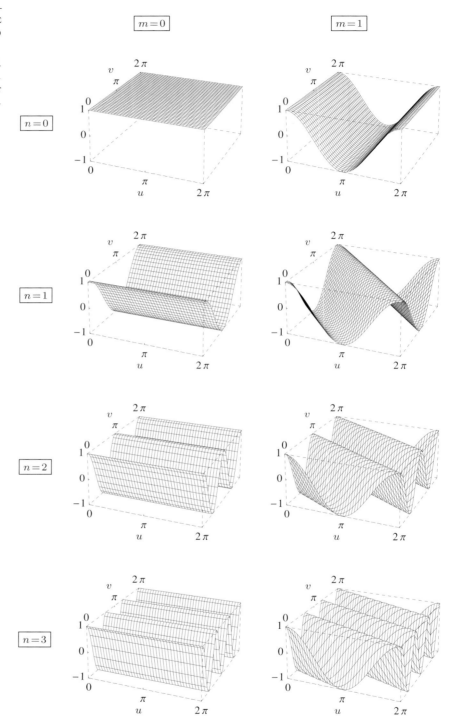

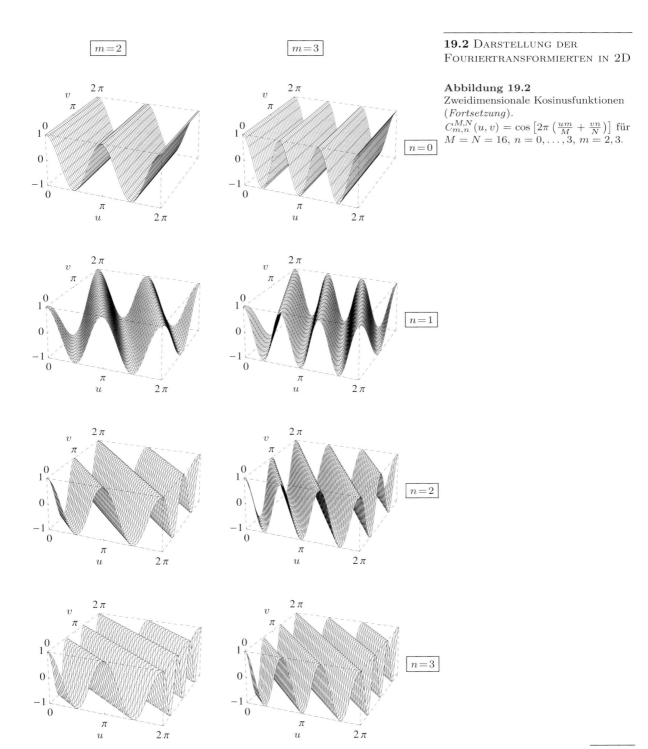

Abbildung 19.2
Zweidimensionale Kosinusfunktionen
(*Fortsetzung*).
$C_{m,n}^{M,N}(u,v) = \cos\left[2\pi\left(\frac{um}{M} + \frac{vn}{N}\right)\right]$ für
$M = N = 16$, $n = 0,\ldots,3$, $m = 2,3$.

Man könnte die Real- und Imaginärteile als Intensitätsbild oder als Oberflächengrafik darstellen, üblicherweise betrachtet man jedoch den Betrag der komplexen Funktion, im Fall der Fouriertransformierten also das Leistungsspektrum $|G(m,n)|$ (s. Abschn. 18.3.5).

19.2.1 Wertebereich

In den meisten natürlichen Bildern konzentriert sich die „spektrale Energie" in den niedrigen Frequenzen mit einem deutlichen Maximum bei den Wellenzahlen $(0,0)$, also am Koordinatenursprung (s. auch Abschn. 19.4). Um den hohen Wertebereich innerhalb des Spektrums und insbesondere die kleineren Werte an der Peripherie des Spektrums sichtbar zu machen, wird häufig die Quadratwurzel $\sqrt{|G(m,n)|}$ oder der Logarithmus $\log |G(m,n)|$ des Leistungsspektrums für die Darstellung verwendet.

19.2.2 Zentrierte Darstellung

Wie im eindimensionalen Fall ist das diskrete 2D-Spektrum eine periodische Funktion, d. h.

$$G(m,n) = G(m + pM, n + qN) \tag{19.10}$$

für beliebige $p, q \in \mathbb{Z}$, und bei reellwertigen 2D-Signalen ist das Leistungsspektrum (vgl. Gl. 18.56) überdies um den Ursprung symmetrisch, also

$$|G(m,n)| = |G(-m,-n)|. \tag{19.11}$$

Es ist daher üblich, den Koordinatenursprung $(0,0)$ des Spektrums *zentriert* darzustellen, mit den Koordinaten m, n im Bereich

$$-\lfloor \tfrac{M}{2} \rfloor \le m \le \lfloor \tfrac{M-1}{2} \rfloor \quad \text{bzw.} \quad -\lfloor \tfrac{N}{2} \rfloor \le n \le \lfloor \tfrac{N-1}{2} \rfloor \,.$$

Wie in Abb. 19.3 gezeigt, kann dies durch einfaches Vertauschen der vier Quadranten der Fouriertransformierten durchgeführt werden. In der resultierenden Darstellung finden sich damit die Koeffizienten für die niedrigsten Wellenzahlen im Zentrum, und jene für die höchsten Wellenzahlen liegen an den Rändern. Abb. 19.4 zeigt die Darstellung des 2D-Leistungsspektrums als Intensitätsbild in der ursprünglichen und in der (üblichen) zentrierten Form, wobei die Intensität dem Logarithmus der Spektralwerte ($\log_{10} |G(m,n)|$) entspricht.

19.3 Frequenzen und Orientierung in 2D

Wie aus Abb. 19.1–19.2 hervorgeht, sind die Basisfunktionen gerichtete Kosinus- bzw. Sinusfunktionen, deren Orientierung und Frequenz durch die Wellenzahlen m und n (für die horizontale bzw. vertikale Richtung) bestimmt sind. Wenn wir uns entlang der Hauptrichtung einer solchen

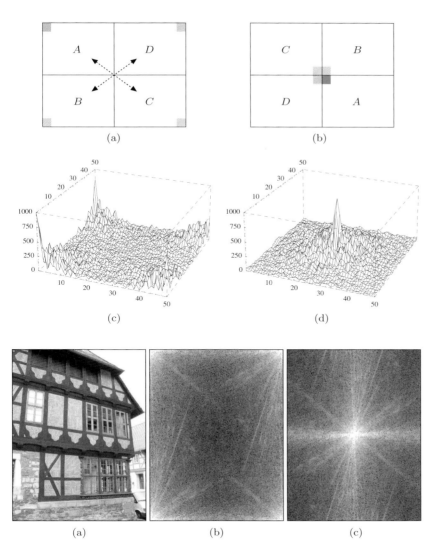

(a)

(b)

(c)

(d)

(a)

(b)

(c)

Abbildung 19.3
Zentrierung der 2D-Fourierspektrums.
Im ursprünglichen Ergebnis der 2D-
DFT liegt der Koordinatenursprung
(und damit der Bereich niedriger Frequenzen) links oben und – aufgrund
der Periodizität des Spektrums –
gleichzeitig auch an den übrigen Eckpunkten (a). Die Koeffizienten der
höchsten Wellenzahlen liegen hingegen im Zentrum. Durch paarweises
Vertauschen der vier Quadranten werden der Koordinatenursprung und
die niedrigen Wellenzahlen ins Zentrum verschoben, umgekehrt kommen
die hohen Wellenzahlen an den Rand
(b). Konkretes 2D-Fourierspektrum
in ursprünglicher Darstellung (c) und
zentrierter Darstellung (d).

Abbildung 19.4
Darstellung des 2D-Leistungs-
spektrums als Intensitätsbild. Originalbild (a), unzentriertes Spektrum
(b) und zentrierte Darstellung (c).

Basisfunktion bewegen (d. h. rechtwinklig zu den Wellenkämmen), erhalten wir eine eindimensionale Kosinus- bzw. Sinusfunktion mit einer
bestimmten Frequenz $\hat{f}$, die wir als *gerichtete* oder *effektive* Frequenz
der Wellenform bezeichnen (Abb. 19.5).

19.3.1 Effektive Frequenz

Wir erinnern uns, dass die Wellenzahlen m, n definieren, wie viele volle
Perioden die zugehörige 2D-Basisfunktion innerhalb von M Einheiten
in horizontaler Richtung bzw. innerhalb von N Einheiten in vertikaler
Richtung durchläuft. Die effektive Frequenz entlang der Wellenrichtung
kann aus dem eindimensionalen Fall (Gl. 18.58) abgeleitet werden als

Abbildung 19.5
Frequenz und Orientierung im 2D-
Spektrum. Das Bild (links) enthält
ein periodisches Muster mit der effek-
tiven Frequenz $\hat{f} = 1/\hat{\tau}$ mit der Richtung ψ. Der zu diesem Muster gehö-
rende Koeffizient im Leistungsspektrum (rechts) befindet sich an der Po-
sition $(m, n) = \pm\hat{f} \cdot (M \cos\psi, N \sin\psi)$.
Die Lage der Spektralkoordina-
ten (m, n) gegenüber dem Ursprung entspricht daher i. Allg.
nicht der Richtung des Bildmusters.

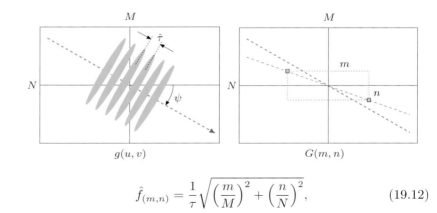

$$\hat{f}_{(m,n)} = \frac{1}{\tau}\sqrt{\left(\frac{m}{M}\right)^2 + \left(\frac{n}{N}\right)^2}, \tag{19.12}$$

wobei das gleiche räumliche Abtastintervall für die x- und y-Richtung
angenommen wird, d. h. $\tau = \tau_x = \tau_y$. Die maximale Signalfrequenz entlang der x- und y-Achse beträgt daher

$$\hat{f}_{(\pm\frac{M}{2},0)} = \hat{f}_{(0,\pm\frac{N}{2})} = \frac{1}{\tau}\sqrt{\left(\frac{1}{2}\right)^2} = \frac{1}{2\tau} = \frac{1}{2}f_s, \tag{19.13}$$

wobei $f_s = \frac{1}{\tau}$ die Abtastfrequenz bezeichnet. Man beachte, dass die
effektive Frequenz für die Eckpunkte des Spektrums, also

$$\hat{f}_{(\pm\frac{M}{2},\pm\frac{N}{2})} = \frac{1}{\tau}\sqrt{\left(\frac{1}{2}\right)^2 + \left(\frac{1}{2}\right)^2} = \frac{1}{\sqrt{2}\cdot\tau} = \frac{1}{\sqrt{2}}f_s, \tag{19.14}$$

um den Faktor $\sqrt{2}$ *höher* ist als entlang der beiden Koordinatenachsen
(Gl. 19.13).

19.3.2 Frequenzlimits und Aliasing in 2D

Abb. 19.6 illustriert den in Gl. 19.13 und 19.14 beschriebenen Zusammenhang. Die maximal zulässigen Signalfrequenzen in jeder Richtung liegen
am Rand des zentrierten, $M \times N$ großen 2D-Spektrums. Jedes Signal mit
Komponenten ausschließlich innerhalb dieses Bereichs entspricht den Regeln des Abtasttheorems und kann ohne Aliasing rekonstruiert werden.
Jede Spektralkomponente außerhalb dieser Grenze wird an dieser Grenze
zum Ursprung hin in den inneren Bereich des Spektrums (also auf nied-
rigere Frequenzen) gespiegelt und verursacht daher sichtbares *Aliasing*
im rekonstruierten Bild.

Offensichtlich ist die effektive Abtastfrequenz (Gl. 19.12) am niedrigsten in Richtung der beiden Koordinatenachsen des Abtastgitters. Um
sicherzustellen, dass ein bestimmtes Bildmuster in jeder Lage (Rotation)
ohne Aliasing abgebildet wird, muss die effektive Signalfrequenz $\hat{f}$ des
Bildmusters in jeder Richtung auf $\frac{f_s}{2} = \frac{1}{2\tau}$ begrenzt sein, wiederum unter der Annahme, dass das Abtastintervall τ in beiden Achsenrichtungen
identisch ist.

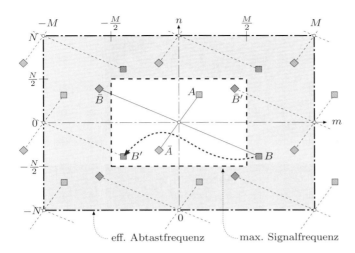

eff. Abtastfrequenz   max. Signalfrequenz

Abbildung 19.6
Maximale Signalfrequenzen und Aliasing in 2D. Der Rand des $M \times N$ großen 2D-Spektrums (inneres Rechteck) markiert die maximal zulässigen Signalfrequenzen für jede Richtung. Das äußere Rechteck bezeichnet die Lage der effektiven Abtastfrequenz, das ist jeweils das Doppelte der maximalen Signalfrequenz in der jeweiligen Richtung. Die Signalkomponente mit der Spektralposition A bzw. $\bar{A}$ liegt *innerhalb* d es maximal darstellbaren Frequenzbereichs und verursacht daher kein *Aliasing*. Im Gegensatz dazu ist die Komponente B bzw. $\bar{B}$ *außerhalb* des zulässigen Bereichs. Durch die Periodizität des Spektrums wiederholen sich die Komponenten – wie im eindimensionalen Fall – an allen ganzzahligen Vielfachen der Abtastfrequenzen entlang der m- und n-Achsen. Dadurch erscheint die Komponente B als „Alias" an der Position B' (bzw. $\bar{B}$ an der Stelle $\bar{B}'$) im sichtbaren Bereich des Spektrums. Man sieht, dass sich dadurch auch die Richtung der zugehörigen Welle im Ortsraum ändert.

19.3.3 Orientierung

Die räumliche Richtung einer zweidimensionalen Kosinus- oder Sinuswelle mit den Spektralkoordinaten m, n ($0 \leq m < M$, $0 \leq n < N$) ist

$$\psi_{(m,n)} = \mathrm{Arctan}\left(\frac{m}{M}, \frac{n}{N},\right) = \mathrm{Arctan}(mN, nM), \qquad (19.15)$$

wobei $\psi_{(m,n)}$ für $m = n = 0$ natürlich unbestimmt ist.[1] Umgekehrt wird ein zweidimensionales, sinusförmiges „Ereignis" mit effektiver Frequenz $\hat{f}$ und Richtung ψ durch die Spektralkoordinaten

$$(m, n) = \pm \hat{f} \cdot (M \cos \psi, N \sin \psi) \qquad (19.16)$$

repräsentiert, wie bereits in Abb. 19.5 dargestellt.

19.3.4 Geometrische Normalisierung des 2D-Spektrums

Aus Gl. 19.16 ergibt sich, dass im speziellen Fall einer Sinus-/Kosinuswelle mit Orientierung $\psi = 45°$ die zugehörigen Spektralkoeffizienten an den Koordinaten

$$(m, n) = \pm(\lambda M, \lambda N) \quad \text{für} \quad -\tfrac{1}{2} \leq \lambda \leq +\tfrac{1}{2} \qquad (19.17)$$

(s. Gl. 19.14) zu finden sind, d. h. auf der Diagonale des Spektrums. Sofern das Bild (und damit auch das Spektrum) nicht quadratisch ist (d. h. $M = N$), sind die Richtungswinkel im Bild und im Spektrum nicht identisch, fallen aber in Richtung der Koordinatenachsen jeweils zusammen. Dies bedeutet, dass bei der Rotation eines Bildmusters um einen Winkel α das Spektrum zwar in der gleichen Richtung gedreht wird, aber i. Allg. *nicht* um denselben Winkel α!

---

[1] $\mathrm{Arctan}(x, y)$ steht für die inverse Tangensfunktion $\tan^{-1}(y/x)$ (s. auch Abschn. F.1.6 im Anhang).

Abbildung 19.7
Geometrische Korrektur des 2D-Spektrums. Ausgangsbild (a) mit dominanten, gerichteten Bildmustern, die im zugehörigen Spektrum (b) als deutliche Spitzen sichtbar werden. Weil Bild und Spektrum nicht quadratisch sind ($M \neq N$), stimmen die Orientierungen im ursprünglichen Spektrum (b) nicht mit denen im Bild überein. Erst wenn das Spektrum auf quadratische Form skaliert ist (c), wird deutlich, dass die Zylinder dieses Motors (*V-Rod Engine* von Harley-Davidson) tatsächlich im 60°-Abstand angeordnet sind.

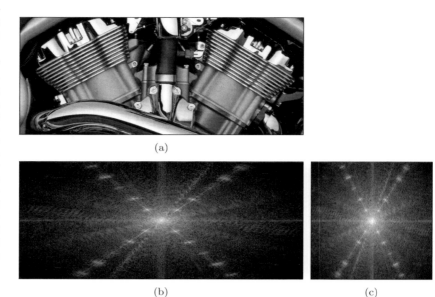

(a)

(b)   (c)

Um Orientierungen und Drehwinkel im Bild und im Spektrum identisch erscheinen zu lassen, genügt es, das Spektrum auf *quadratische* Form zu skalieren, sodass die spektrale Auflösung entlang beider Frequenzachsen die gleiche ist (wie in Abb. 19.7 gezeigt).

19.3.5 Auswirkungen der Periodizität

Bei der Interpretation der 2D-DFT von Bildern muss man sich der Tatsache bewusst sein, dass die Signalfunktion bei der diskreten Fouriertransformation implizit und in jeder Koordinatenrichtung als periodisch angenommen wird. Die Übergänge an den Bildrändern, also von einer Periode zur nächsten, gehören daher genauso zum Signal wie jedes Ereignis innerhalb des eigentlichen Bilds. Ist der Intensitätsunterschied zwischen gegenüberliegenden Randpunkten groß (wie z. B. zwischen dem oberen und dem unteren Rand einer Landschaftsaufnahme), dann führt dies zu abrupten Übergängen in dem als periodisch angenommenen Signal. Steile Diskontinuitäten sind aber von hoher Bandbreite, d. h., die zugehörige Signalenergie ist im Fourierspektrum über viele Frequenzen entlang der Koordinatenachsen des Abtastgitters verteilt (siehe Abb. 19.8). Diese breitbandige Energieverteilung entlang der Hauptachsen, die bei realen Bildern häufig zu beobachten ist, kann dazu führen, dass andere, signalrelevante Komponenten völlig überdeckt werden.

19.3.6 *Windowing*

Eine Lösung dieses Problems besteht in der Multiplikation der Bildfunktion $g(u, v) = I(u, v)$ mit einer geeigneten Fensterfunktion (*windowing*

Abbildung 19.8
Auswirkungen der Periodizität im
2D-Spektrum. Die Berechnung der
diskreten Fouriertransformation erfolgt unter der impliziten Annahme,
dass das Bildsignal in beiden Dimensionen periodisch ist (oben). Größere
Intensitätsunterschiede zwischen gegenüberliegenden Bildrändern – hier
besonders deutlich in der vertikalen
Richtung – führen zu breitbandigen
Signalkomponenten, die hier im Spektrum (unten) als helle Linie entlang
der vertikalen Achse sichtbar werden.

function) $w(u, v)$ in der Form

$$\tilde{g}(u, v) = g(u, v) \cdot w(u, v), \tag{19.18}$$

für $0 \leq u < M$, $0 \leq v < N$, und zwar *vor* der Berechnung der DFT. Die
Fensterfunktion $w(u, v)$ soll zu den Bildrändern hin möglichst kontinuierlich auf null abfallen und damit die Diskontinuitäten an den Übergängen
zwischen einzelnen Perioden der Signalfunktion eliminieren. Die Multiplikation mit $w(u, v)$ hat jedoch weitere Auswirkungen auf das Fourierspektrum, denn entsprechend der Faltungseigenschaft entspricht – wie
wir bereits (aus Gl. 18.29) wissen – die *Multiplikation* im Ortsraum einer
Faltung ($*$) der zugehörigen Spektra, also

$$\tilde{G}(m, n) \leftarrow G(m, n) * W(m, n). \tag{19.19}$$

Um die Fouriertransformierte des Bilds möglichst wenig zu beeinträchtigen, wäre das Spektrum von $w(u, v)$ idealerweise die Impulsfunktion

$\delta(m, n)$, die aber wiederum einer konstanten Funktion $w(u, v) = 1$ entspricht und damit keinen Fenstereffekt hätte. Grundsätzlich gilt, dass je *breiter* das Spektrum der Fensterfunktion $w(u, v)$ ist, desto stärker wird das Spektrum der damit gewichteten Bildfunktion „verwischt" und umso schlechter können einzelne Spektralkomponenten identifiziert werden.

Die Aufnahme eines Bilds entspricht der Entnahme eines endlichen Abschnitts aus einem eigentlich unendlichen Bildsignal, wobei die Beschneidung an den Bildrändern implizit der Multiplikation mit einer *Rechteckfunktion* mit der Breite M und der Höhe N entspricht. In diesem Fall wird also das Spektrum der ursprünglichen Intensitätsfunktion mit dem Spektrum der Rechteckfunktion gefaltet. Das Problem dabei ist, dass das Spektrum der Rechteckfunktion (s. Abb. 19.9 (a)) extrem breitbandig ist, also von dem oben genannten Ideal einer möglichst schmalen Pulsfunktion weit entfernt ist.

Diese beiden Beispiele zeigen das Dilemma: Fensterfunktionen sollten einerseits möglichst breit sein, um einen möglichst großen Anteil des ursprünglichen Bilds zu berücksichtigen, andererseits zu den Bildrändern hin auf null abfallen und gleichzeitig nicht zu steil sein, um selbst kein breitbandiges Spektrum zu erzeugen.

19.3.7 Gängige Fensterfunktionen

Geeignete Fensterfunktionen müssen daher weiche Übergänge aufweisen und dafür gibt es viele Varianten, die in der digitalen Signalverarbeitung theoretisch und experimentell untersucht wurden (s. beispielsweise [32, Abschn. 9.3], [178, Kap. 10]). Tabelle 19.1 zeigt die Definitionen einiger gängiger Fensterfunktionen, die auch in Abb. 19.9–19.10 jeweils mit dem zugehörigen Spektrum dargestellt sind.

Das Spektrum der Rechteckfunktion (Abb. 19.9 (a)), die alle Bildelemente gleich gewichtet, weist zwar eine relativ dünne Spitze am Ursprung auf, die zunächst eine geringe Verwischung im resultierenden Gesamtspektrum verspricht. Allerdings fällt die spektrale Energie zu den höheren Frequenzen hin nur sehr langsam ab, sodass sich insgesamt ein ziemlich breitbandiges Spektrum ergibt. Wie zu erwarten zeigt die elliptische Fensterfunktion in Abb. 19.9 (b) ein sehr ähnliches Verhalten. Das Gauß-Fenster Abb. 19.9 (c) zeigt deutlich, dass durch eine schmälere Fensterfunktion $w(u, v)$ die Nebenkeulen effektiv eingedämmt werden können, allerdings auf Kosten deutlich verbreiterten Spitze im Zentrum. Tatsächlich stellt keine der Funktionen in Abb. 19.9 eine gute Fensterfunktion dar.

Die Auswahl einer geeigneten Fensterfunktion ist offensichtlich ein heikler Kompromiss, zumal trotz ähnlicher Form der Funktionen im Ortsraum große Unterschiede im Spektralverhalten möglich sind. Günstige Eigenschaften bieten z. B. das *Hanning*-Fenster (Abb. 19.10 (c)) und das *Parzen*-Fenster (Abb. 19.10 (d)), die einfach zu berechnen sind und daher in der Praxis auch häufig eingesetzt werden.

Tabelle 19.1
Gängige 2D-Fensterfunktionen.
Die Funktionen $w(u,v)$ sind jeweils in der Bildmitte zentriert, d. h.
$w(M/2, N/2) = 1$, und beziehen sich
auf die Radien r_u, r_v und $r_{u,v}$ (Definitionen am Tabellenkopf). M, N ist
die Breite bzw. Höhe des Originalbilds.

Definitionen:

$$r_u = \frac{u - M/2}{M/2} = \frac{2u}{M} - 1, \qquad r_v = \frac{v - N/2}{N/2} = \frac{2v}{N} - 1, \qquad r_{u,v} = \sqrt{r_u^2 + r_v^2}$$

Elliptisches Fenster:	$w(u,v) = \begin{cases} 1 & \text{für } 0 \leq r_{u,v} \leq 1 \\ 0 & \text{sonst} \end{cases}$
Gaußfenster:	$w(u,v) = e^{\left(\frac{-r_{u,v}^2}{2\sigma^2} \right)}, \quad \sigma = 0.3, \ldots, 0.4$
Supergauß-Fenster:	$w(u,v) = e^{\left(\frac{-r_{u,v}^n}{\kappa} \right)}, \quad n = 6,\ \kappa = 0.3, \ldots, 0.4$
Kosinus²-Fenster:	$w(u,v) = \begin{cases} \cos\left(\frac{\pi}{2} r_u\right) \cdot \cos\left(\frac{\pi}{2} r_v\right) & \text{für } 0 \leq r_u, r_v \leq 1 \\ 0 & \text{sonst} \end{cases}$
Bartlett-Fenster:	$w(u,v) = \begin{cases} 1 - r_{u,v} & \text{für } 0 \leq r_{u,v} \leq 1 \\ 0 & \text{sonst} \end{cases}$
Hanning-Fenster:	$w(u,v) = \begin{cases} 0.5 \cdot \left[\cos(\pi r_{u,v}) + 1\right] & \text{für } 0 \leq r_{u,v} \leq 1 \\ 0 & \text{sonst} \end{cases}$
Parzen-Fenster:	$w(u,v) = \begin{cases} 1 - 6 r_{u,v}^2 + 6 r_{u,v}^3 & \text{für } 0 \leq r_{u,v} < 0.5 \\ 2 \cdot (1 - r_{u,v})^3 & \text{für } 0.5 \leq r_{u,v} < 1 \\ 0 & \text{sonst} \end{cases}$

Abb. 19.11 zeigt die Auswirkungen einiger ausgewählter Fensterfunktionen auf das Spektrum eines Intensitätsbilds. Deutlich ist zu erkennen, dass mit zunehmender Verengung der Fensterfunktion zwar die durch die Periodizität des Signals verursachten Artefakte unterdrückt werden, jedoch auch die Auflösung im Spektrum abnimmt und dadurch einzelne Spektralkomponenten zwar deutlicher hervortreten, aber auch in der Breite zunehmen und damit schlechter zu lokalisieren sind.

Abbildung 19.9
Beispiele für Fensterfunktionen und deren logarithmisches Leistungsspektrum. Rechteckfenster (a), elliptisches Fenster (b), Gauß-Fenster mit $\sigma = 0.3$ (c), Supergauß-Fenster der Ordnung $n = 6$ und $\kappa = 0.3$ (d). Die Größe der Fensterfunktion ist absichtlich *nicht* quadratisch gewählt ($M : N = 1 : 2$).

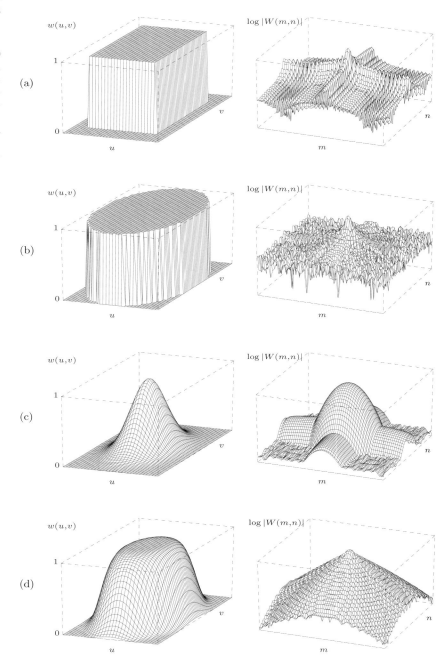

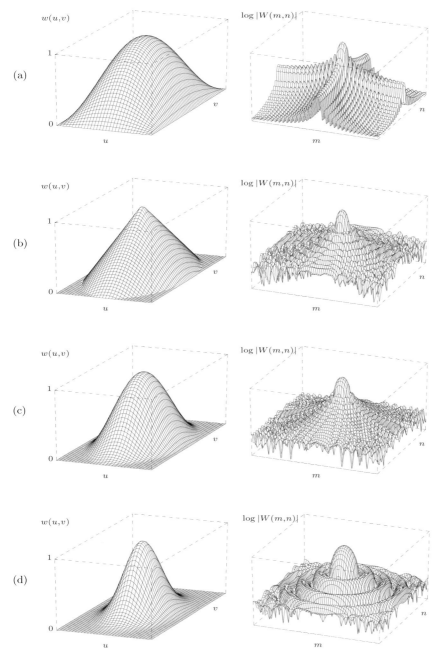

Abbildung 19.10
Beispiele für Fensterfunktionen (*Fortsetzung*). Kosinus^2-Fenster (a), Bartlett-Fenster (b) Hanning-Fenster (c), Parzen-Fenster (d).

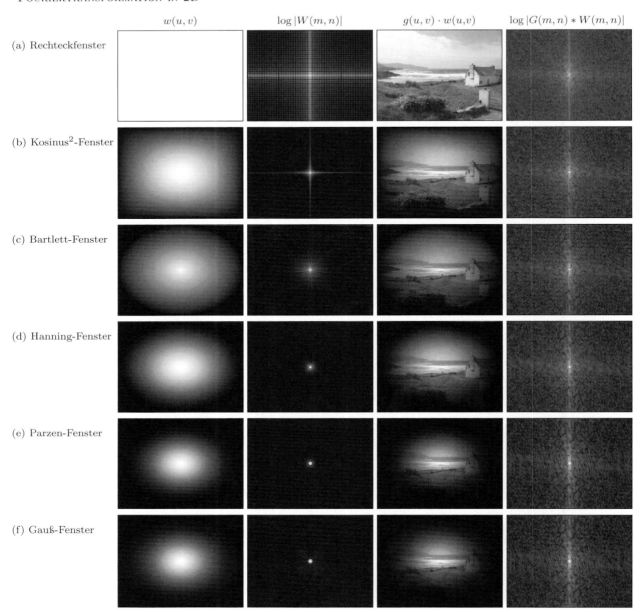

Abbildung 19.11. Anwendung von Fensterfunktionen auf Bilder. Gezeigt ist jeweils die Fensterfunktion $w(u,v)$, das Leistungsspektrum der Fensterfunktion $\log|W(m,n)|$, die gewichtete Bildfunktion $g(u,v) \cdot w(u,v)$ und das Leistungsspektrum des gewichteten Bilds $\log|G(m,n) * W(m,n)|$.

19.4 Beispiele für Fouriertransformierte in 2D

Die nachfolgenden Beispiele demonstrieren einige der grundlegenden Eigenschaften der zweidimensionalen DFT anhand konkreter Intensitätsbilder. Alle Beispiele in Abb. 19.12–19.18 zeigen ein zentriertes und auf quadratische Größe normalisiertes Spektrum, wobei eine logarithmische Skalierung der Intensitätswerte (s. Abschn. 19.2) verwendet wurde.

19.4.1 Skalierung

Abb. 19.12 zeigt, dass – genauso wie im eindimensionalen Fall (s. Abb. 18.4) – die Skalierung der Funktion im Bildraum den umgekehrten Effekt im Spektralraum hat.

19.4.2 Periodische Bildmuster

Die Bilder in Abb. 19.13 enthalten periodische, in unterschiedlichen Richtungen verlaufende Muster, die sich als isolierte Spitzen an den entsprechenden Positionen (s. Gl. 19.16) im zugehörigen Spektrum manifestieren.

19.4.3 Drehung

Abb. 19.14 zeigt, dass die Drehung des Bilds um einen Winkel α eine Drehung des (quadratischen) Spektrums in derselben Richtung und um denselben Winkel verursacht.

19.4.4 Gerichtete, längliche Strukturen

Bilder von künstlichen Objekten enthalten häufig regelmäßige Muster oder längliche Strukturen, die deutliche Spuren im zugehörigen Spektrum hinterlassen. Die Bilder in Abb. 19.15 enthalten mehrere längliche Strukturen, die im Spektrum als breite, rechtwinklig zur Orientierung im Bild ausgerichtete Streifen hervortreten.

19.4.5 Natürliche Bilder

In Abbildungen von natürlichen Objekten sind regelmäßige Anordnungen und gerade Strukturen weniger ausgeprägt als in künstlichen Szenen, daher sind auch die Auswirkungen im Spektrum weniger deutlich. Einige Beispiele dafür zeigen Abb. 19.16 und 19.17.

19.4.6 Druckraster

Das regelmäßige Muster, das beim üblichen Rasterdruckverfahren entsteht (Abb. 19.18), ist ein klassisches Beispiel für eine periodische, in mehreren Richtungen verlaufende Struktur, die in der Fouriertransformierten deutlich zu erkennen ist.

Abbildung 19.12
DFT – Skalierung. Der Rechteck-
puls in der Bildfunktion (a–c) er-
zeugt, wie im eindimensionalen
Fall, ein stark ausschwingendes
Leistungsspektrum (d–f). Eine
Streckung im Bildraum führt zu ei-
ner entsprechenden Stauchung im
Spektralraum (und umgekehrt).

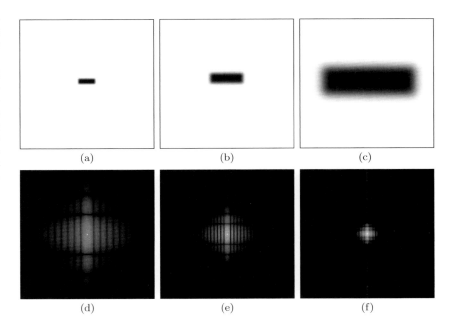

(a)   (b)   (c)

(d)   (e)   (f)

Abbildung 19.13
DFT – gerichtete, periodische Bildmuster. Die Bildfunktion (a–c)
enthält Muster in drei dominanten Richtungen, die sich im zugehörigen Spektrum (d–f) als Paare
von Spitzenwerten mit der entsprechenden Orientierung wiederfinden.
Eine Vergrößerung des Bildmusters führt wie im vorigen Beispiel
zur Kontraktion des Spektrums.

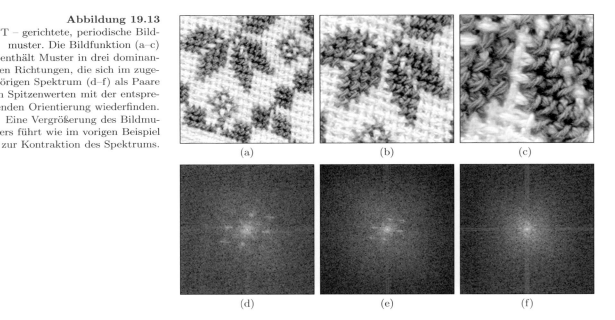

(a)   (b)   (c)

(d)   (e)   (f)

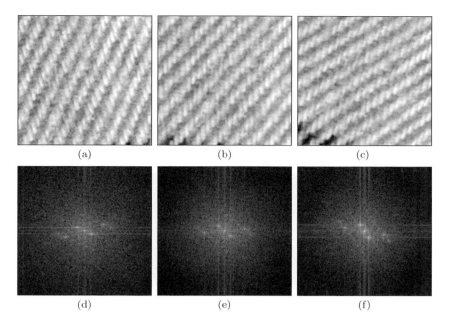

Abbildung 19.14
DFT – Rotation. Das Originalbild
(a) wird im Uhrzeigersinn um 15° (b)
und 30° (c) gedreht. Das zugehörige
(quadratische) Spektrum dreht sich
dabei in der gleichen Richtung und
um exakt denselben Winkel (d–f).

Abbildung 19.15
DFT – Überlagerung von Mustern.
Dominante Orientierungen im Bild
(a–c) erscheinen unabhängig im zugehörigen Spektrum (d–f). Charakteristisch sind die markanten, breitbandigen Auswirkungen der geraden
Strukturen, wie z. B. die dunklen Balken im Mauerwerk (b, e).

Abbildung 19.16
DFT – natürliche Bildmuster.
Beispiele für natürliche Bilder
mit repetitiven Mustern (a–c),
die auch im zugehörigen Spektrum (d–f) deutlich sichtbar sind.

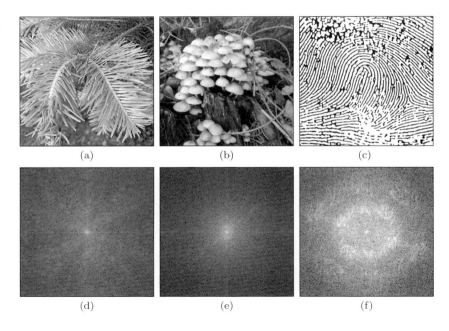

Abbildung 19.17
DFT – natürliche Bildmuster ohne
ausgeprägte Orientierung. Obwohl
natürliche Bilder (a–c) durchaus re-
petitive Strukturen enthalten können, sind sie oft nicht ausreichend
regelmäßig oder einheitlich gerichtet, um im zugehörigen Fourierspektrum (d–f) deutlich zutage zu treten.

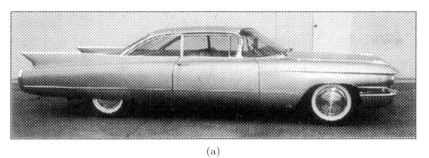

(a)

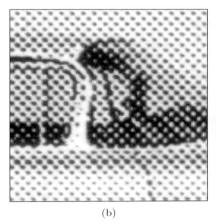 

(b)   (c)

Abbildung 19.18
DFT eines Druckmusters. Das diagonal angeordnete, regelmäßige Druckraster im Originalbild (a, b) zeigt sich deutlich im zugehörigen Leistungsspektrum (c). Es ist möglich, derartige Muster zu entfernen, indem die entsprechenden Spitzen im Fourierspektrum gezielt gelöscht (geglättet) werden und das Bild nachfolgend aus dem geänderten Spektrum durch eine inverse Fouriertransformation wieder rekonstruiert wird.

19.5 Anwendungen der DFT

Die Fouriertransformation und speziell die DFT sind wichtige Werkzeuge in vielen Ingenieurstechniken. In der digitalen Signal- und Bildverarbeitung ist die DFT (und die FFT) ein unverzichtbares Arbeitspferd, mit Anwendungen u. a. im Bereich der Bildanalyse, Filterung und Bildrekonstruktion.

19.5.1 Lineare Filteroperationen im Spektralraum

Die Durchführung von Filteroperationen im Spektralraum ist besonders interessant, da sie die effiziente Anwendung von Filtern mit sehr großer räumlicher Ausdehnung ermöglicht. Grundlage dieser Idee ist die Faltungseigenschaft der Fouriertransformation, die besagt, dass einer linearen Faltung im Ortsraum eine punktweise Multiplikation im Spektralraum entspricht (s. Abschn. 18.1.6, Gl. 18.29). Die lineare Faltung $g * h \rightarrow g'$ zwischen einem Bild $g(u, v)$ und einer Filtermatrix $h(u, v)$ kann daher auf folgendem Weg durchgeführt werden:

$$
\begin{array}{ccccccc}
\text{Ortsraum:} & g(u,v) & * & h(u,v) & = & g'(u,v) & \\
& \downarrow & & \downarrow & & \uparrow & \\
& \text{DFT} & & \text{DFT} & & \text{DFT}^{-1} & \quad (19.20)\\
& \downarrow & & \downarrow & & \uparrow & \\
\text{Spektralraum:} & G(m,n) & \cdot & H(m,n) & \longrightarrow & G'(m,n) &
\end{array}
$$

Zunächst werden das Bild g und die Filterfunktion h unabhängig mithilfe der DFT in den Spektralraum transformiert. Die resultierenden Spektra G und H werden punktweise multipliziert, das Ergebnis G' wird anschließend mit der inversen DFT in den Ortsraum zurücktransformiert und ergibt damit das gefilterte Bild g'.

Ein wesentlicher Vorteil dieses „Umwegs" liegt in der möglichen Effizienz. Die direkte Faltung erfordert für ein Bild der Größe $M \times M$ und eine $N \times N$ große Filtermatrix $\mathcal{O}(M^2 N^2)$ Operationen.[2] Die Zeitkomplexität wächst daher quadratisch mit der Filtergröße, was zwar für kleine Filter kein Problem darstellt, größere Filter aber schnell zu aufwändig werden lässt. So benötigt etwa ein Filter der Größe 50×50 bereits ca. 2.500 Multiplikationen und Additionen zur Berechnung jedes einzelnen Bildelements. Im Gegensatz dazu kann die Transformation in den Spektralraum und zurück mit der FFTin $\mathcal{O}(M \log_2 M)$ durchgeführt werden, unabhängig von der Größe des Filters (das Filter selbst braucht nur einmal in den Spektralraum transformiert zu werden), und die Multiplikation im Spektralraum erfordert nur M^2 Operationen, unabhängig von der Größe des Filters.

Darüber hinaus können bestimmte Filter im Spektralraum leichter charakterisiert werden als im Ortsraum, wie etwa ein ideales Tiefpassfilter, das im Spektralraum sehr kompakt dargestellt werden kann. Weitere Details zu Filteroperationen im Spektralraum finden sich z. B. in [80, Abschn. 4.4].

19.5.2 Lineare Faltung und Korrelation

Wie bereits in Abschn. 5.3 erwähnt, ist die lineare *Korrelation* identisch zu einer linearen Faltung mit einer gespiegelten Filterfunktion. Die Korrelation kann daher, genauso wie die Faltung, mit der in Gl. 19.20 beschriebenen Methode im Spektralraum berechnet werden. Das ist vor allem beim Vergleich von Bildern mithilfe von Korrelationsmethoden (s. auch Abschn. 23.1.1) vorteilhaft, da in diesem Fall Bildmatrix und Filtermatrix ähnliche Dimensionen aufweisen, also meist für eine Realisierung im Ortsraum zu groß sind.

Auch in ImageJ sind daher einige dieser Operationen, wie *correlate*, *convolve*, *deconvolve* (s. unten), über die zweidimensionale DFT in der „Fourier Domain" (FD) implementiert (verfügbar über das Menü Process ▷ FFT ▷ FD Math...).

---

[2] Zur Notation $\mathcal{O}()$ s. Anhang 1.4.

19.5.3 Inverse Filter

Die Möglichkeit des Filterns im Spektralraum eröffnet eine weitere interessante Perspektive: die Auswirkungen eines Filters wieder rückgängig zu machen, zumindest unter eingeschränkten Bedingungen. Im Folgenden beschreiben wir nur die grundlegende Idee.

Nehmen wir an, wir hätten ein Bild g_{blur}, das aus einem ursprünglichen Bild g_{orig} durch einen Filterprozess entstanden ist, z. B. durch eine Verwischung aufgrund einer Kamerabewegung während der Aufnahme. Nehmen wir außerdem an, diese Veränderung kann als lineares Filter mit der Filterfunktion h_{blur} ausreichend genau modelliert werden, sodass gilt

$$g_{\mathrm{blur}}(u,v) = (g_{\mathrm{orig}} * h_{\mathrm{blur}})(u,v). \tag{19.21}$$

Da dies im Spektralraum bekanntermaßen der punktweisen Multiplikation der zugehörigen Spektra in der Form

$$G_{\mathrm{blur}}(m,n) = G_{\mathrm{orig}}(m,n) \cdot H_{\mathrm{blur}}(m,n) \tag{19.22}$$

entspricht, sollte es möglich sein, das Originalbild einfach durch die inverse Fouriertransformation des Ausdrucks

$$G_{\mathrm{orig}}(m,n) = \frac{G_{\mathrm{blur}}(m,n)}{H_{\mathrm{blur}}(m,n)} \tag{19.23}$$

zu rekonstruieren. Leider funktioniert dieses inverse Filter nur dann, wenn die Spektralwerte von H_{blur} ungleich null sind, denn andernfalls würden die resultierenden Koeffizienten unendlich. Aber auch kleine Werte von H_{blur}, wie sie typischerweise bei höheren Frequenzen fast immer auftreten, führen zu entsprechend großen Ausschlägen im Ergebnis und damit zu Rauschproblemen.

Es ist ferner wichtig, dass die tatsächliche Filterfunktion sehr genau approximiert werden kann, weil sonst die Ergebnisse vom ursprünglichen Bild erheblich abweichen. Abb. 19.19 zeigt ein Beispiel anhand eines Bilds, das durch eine gleichförmige horizontale Verschiebung verwischt wurde, deren Auswirkung sehr einfach durch eine lineare Faltung modelliert werden kann. Wenn die Filterfunktion, die die Unschärfe verursacht

(a) (b) (c)

Abbildung 19.19
Entfernung von Unschärfe durch ein inverses Filter. Durch horizontale Bewegung erzeugte Unschärfe (a), Rekonstruktion mithilfe der exakten (in diesem Fall bekannten) Filterfunktion (b). Ergebnis des inversen Filters im Fall einer geringfügigen Abweichung von der tatsächlichen Filterfunktion (c).

hat, exakt bekannt ist, dann ist die Rekonstruktion problemlos möglich
(Abb. 19.19 (b)). Sobald das inverse Filter sich jedoch nur geringfügig
vom tatsächlichen Filter unterscheidet, entstehen große Abweichungen
(Abb. 19.19 (c)) und die Methode wird rasch nutzlos.

Über diese einfache Idee hinaus, die häufig als *deconvolution* („Ent-
faltung") bezeichnet wird, gibt es allerdings verbesserte Methoden für
inverse Filter, wie z. B. das Wiener-Filter und ähnliche Techniken (s. beispielsweise [80, Abschn. 5.4], [118, Abschn. 8.3], [116, Abschn. 17.8], [40,
Kap. 16]).

19.6 Aufgaben

Aufg. 19.1. Verwenden Sie die eindimensionale DFT zur Implementierung der 2D-DFT, wie in Abschn. 19.1.2 beschrieben. Wenden Sie die
2D-DFT auf konkrete Intensitätsbilder beliebiger Größe an und stellen
Sie das Ergebnis (durch Konvertierung in ein `float`-Bild) dar. Implementieren Sie auch die Rücktransformation und überzeugen Sie sich,
dass dabei wiederum genau das Originalbild entsteht.

Aufg. 19.2. Angenommen das zweidimensionale DFT-Spektrum eines
Bilds mit der Größe 640×480 und einer Auflösung von 72 dpi weist
einen markanten Spitzenwert an der Stelle $\pm(100, 100)$ auf. Berechnen Sie
Richtung und effektive Frequenz (in Perioden pro cm) der zugehörigen
Bildstruktur.

Aufg. 19.3. Ein Bild mit der Größe 800×600 enthält ein wellenförmiges
Helligkeitsmuster mit einer effektiven Periodenlänge von 12 Pixel und
einer Wellenrichtung von $30°$. An welcher Position im Spektrum wird
sich diese Struktur im 2D-Spektrum widerspiegeln?

Aufg. 19.4. Verallgemeinern Sie Gl. 19.12 sowie Gl. 19.14–19.16 für den
Fall, dass die Abtastintervalle in der x- und y-Richtung nicht identisch
sind, also für $\tau_x \neq \tau_y$.

Aufg. 19.5. Implementieren Sie die elliptische Fensterfunktion und das
Supergauß-Fenster (Tabelle 19.1) als ImageJ-Plugins und beurteilen Sie
die Auswirkungen auf das resultierende 2D-Spektrum. Vergleichen Sie
das Ergebnis mit dem ungewichteten Fall (ohne Fensterfunktion).

20

Diskrete Kosinustransformation (DCT)

Die Fouriertransformation und die DFT sind für die Verarbeitung komplexwertiger Signale ausgelegt und erzeugen immer ein komplexwertiges Spektrum, auch wenn das ursprüngliche Signal ausschließlich reelle Werte aufweist. Der Grund dafür ist, dass weder der reelle noch der imaginäre Teil des Spektrums allein ausreicht, um das Signal vollständig darstellen (d. h. rekonstruieren) zu können, da die entsprechenden Kosinus- bzw. Sinusfunktionen jeweils für sich kein vollständiges System von Basisfunktionen bilden.

Andererseits wissen wir (Gl. 18.24), dass ein reellwertiges Signal zu einem symmetrischen Spektrum führt, sodass also in diesem Fall das komplexwertige Spektrum redundant ist und wir eigentlich nur die Hälfte aller Spektralwerte berechnen müssten, ohne dass dabei irgendwelche Informationen aus dem Signal verloren gingen.

Es gibt eine Reihe von Spektraltransformationen, die bezüglich ihrer Eigenschaften der DFT durchaus ähnlich sind, aber nicht mit komplexen Funktionswerten arbeiten. Ein bekanntes Beispiel ist die diskrete Kosinustransformation (DCT), die vor allem im Bereich der Bild- und Videokompression breiten Einsatz findet und daher auch für uns interessant ist. Die DCT verwendet ausschließlich Kosinusfunktionen unterschiedlicher Wellenzahl als Basisfunktionen und beschränkt sich auf reellwertige Signale und Spektralkoeffizienten. Analog dazu existiert auch eine diskrete Sinustransformation (DST) basierend auf einem System von Sinusfunktionen [118].

20.1 Eindimensionale DCT

Die diskrete Kosinustransformation ist allerdings nicht, wie man vielleicht annehmen könnte, nur eine „halbseitige" Variante der diskreten

Fouriertransformation. Die eindimensionale Vorwärtstransformation für ein Signal $g(u)$ der Länge M ist definiert als

$$G(m) = \sqrt{\tfrac{2}{M}} \cdot \sum_{u=0}^{M-1} g(u) \cdot c_m \cdot \cos\left(\pi \tfrac{m(2u+1)}{2M}\right), \qquad (20.1)$$

für $0 \leq m < M$, und die zugehörigeRücktransformation ist

$$g(u) = \sqrt{\tfrac{2}{M}} \cdot \sum_{m=0}^{M-1} G(m) \cdot c_m \cdot \cos\left(\pi \tfrac{m(2u+1)}{2M}\right), \qquad (20.2)$$

für $0 \leq u < M$, wobei jeweils

$$c_m = \begin{cases} \frac{1}{\sqrt{2}} & \text{für } m = 0, \\ 1 & \text{sonst.} \end{cases} \qquad (20.3)$$

Man beachte, dass die Indexvariablen u, m in der Vorwärtstransformation (Gl. 20.1) bzw. der Rückwärtstransformation (Gl. 20.2) unterschiedlich verwendet werden, sodass die beiden Transformationen – im Unterschied zur DFT – *nicht* symmetrisch sind.

20.1.1 Basisfunktionen der DCT

Man könnte sich fragen, wie es möglich ist, dass die DCT ohne Sinusfunktionen auskommt, während diese für die DFT unentbehrlich sind. Der Trick der DCT besteht in der Halbierung aller Frequenzen, wodurch diese enger beisammen liegen und damit die Auflösung im Spektralraum verdoppelt wird. Im Vergleich zwischen den Kosinusanteilen der Basisfunktionen der DFT (Gl. 18.48) und denen der DCT (Gl. 20.1), also

$$\text{DFT:} \quad C_m^M(u) = \cos\left(2\pi \tfrac{mu}{M}\right), \qquad (20.4)$$

$$\text{DCT:} \quad D_m^M(u) = \cos\left(\pi \tfrac{m(2u+1)}{2M}\right) = \cos\left(2\pi \tfrac{m(u+0.5)}{2M}\right), \qquad (20.5)$$

wird klar, dass bei gegebener Wellenzahl m in der DCT die Periodenlänge mit $2M/m$ (gegenüber M/m bei der DFT) verdoppelt ist. Zudem sind die Basisfunktionen der DCT um 0.5 Einheiten phasenverschoben.

Abb. 20.1 zeigt die DCT-Basisfunktionen $D_m^M(u)$ für eine Signallänge $M = 8$ und Wellenzahlen $m = 0, \ldots, 7$. So durchläuft etwa bei der Wellenzahl $m = 7$ die zugehörige Basisfunktion $D_7^8(u)$ 7 volle Perioden über eine Distanz von $2M = 16$ Einheiten und hat damit eine Kreisfrequenz von $\omega = m/2 = 3.5$.

20.1.2 Implementierung der eindimensionalen DCT

Da bei der DCT keine komplexen Werte entstehen und die Vorwärtstransformation (Gl. 20.1) und die inverse Transformation (Gl. 20.2) nahezu identisch sind, ist die direkte Implementierung in Java recht einfach,

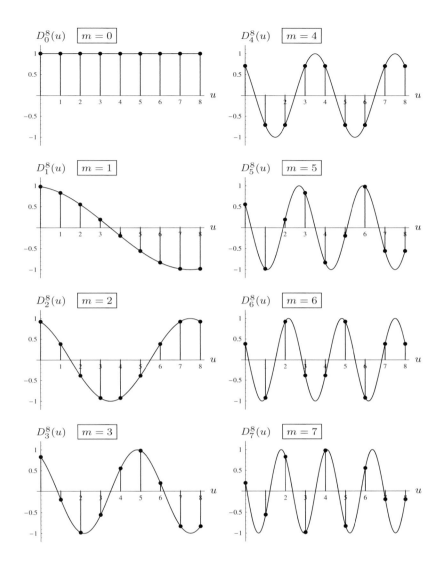

Abbildung 20.1
DCT-Basisfunktionen
$D_0^M(u), \ldots, D_7^M(u)$ für $M = 8$. Jeder der Plots zeigt sowohl die diskreten Funktionswerte (als dunkle Punkte) wie auch die zugehörige kontinuierliche Funktion. Im Vergleich mit den Basisfunktionen der DFT (Abb. 18.11–18.12) ist zu erkennen, dass alle Frequenzen der DCT-Basisfunktionen halbiert und um 0.5 Einheiten phasenverschoben sind. Alle DCT-Basisfunktionen sind also über die Distanz von $2M = 16$ (anstatt über M bei der DFT) Einheiten periodisch.

wie in Prog. 20.1 gezeigt. Zu beachten ist höchstens, dass der Faktor c_m in Gl. 20.1 unabhängig von der Laufvariablen u ist und daher außerhalb der inneren Summationsschleife (Prog. 20.1, Zeile 8) berechnet wird.

Natürlich existieren auch schnelle Algorithmen zur Berechnung der DCT und sie kann außerdem mithilfe der FFT mit einem Zeitaufwand von $\mathcal{O}(M \log_2 M)$ realisiert werden [118, p. 152].[1]

---

[1] Zur Notation $\mathcal{O}()$ s. Abschn. 1.4 im Anhang.

Eindimensionale DCT (direkte Java-Implementierung). Die Methode DCT() berechnet die Vorwärtstransformation für einen reellwertigen Signalvektor g beliebiger Länge entsprechend der Definition in Gl. 20.1. Die Methode liefert das DCT-Spektrum als reellwertigen Vektor derselben Länge wie der Inputvektor g. Die Methode iDCT() berechnet die inverse DCT für das reellwertige Kosinusspektrum G. Diese naive Implementierung ist naturgemäß langsam; eine deutliche Beschleunigung ist z. B. durch Tabellierung der Kosinuswerte möglich.

```
1   double[] DCT (double[] g) { // forward DCT on signal g
2     int M = g.length;
3     double s = Math.sqrt(2.0 / M); // common scale factor
4     double[] G = new double[M];
5     for (int m = 0; m < M; m++) {
6       double cm = 1.0;
7       if (m == 0)
8         cm = 1.0 / Math.sqrt(2);
9       double sum = 0;
10      for (int u = 0; u < M; u++) {
11        double Phi = Math.PI * m * (2 * u + 1) / (2 * M);
12        sum += g[u] * cm * Math.cos(Phi);
13      }
14      G[m] = s * sum;
15    }
16    return G;
17  }
18
19
20  double[] iDCT (double[] G) { // inverse DCT on spectrum G
21    int M = G.length;
22    double s = Math.sqrt(2.0 / M); //common scale factor
23    double[] g = new double[M];
24    for (int u = 0; u < M; u++) {
25      double sum = 0;
26      for (int m = 0; m < M; m++) {
27        double cm = 1.0;
28        if (m == 0)
29          cm = 1.0 / Math.sqrt(2);
30        double Phi = Math.PI * m * (2 * u + 1) / (2 * M);
31        sum += G[m] * cm * Math.cos(Phi);
32      }
33      g[u] = s * sum;
34    }
35    return g;
36  }
```

20.2 Zweidimensionale DCT

Die zweidimensionale Form der DCT leitet sich direkt von der eindimensionalen Definition (Gl. 20.1, 20.2) ab, nämlich als Vorwärtstransformation

$$
\begin{aligned}
G(m, n) &= \frac{2}{\sqrt{MN}} \sum_{u=0}^{M-1} \sum_{v=0}^{N-1} \Big[g(u,v) \cdot c_m \cos\big(\tfrac{\pi(2u+1)m}{2M}\big) \cdot c_n \cos\big(\tfrac{\pi(2v+1)n}{2N}\big) \Big] \\
&= \frac{2 \cdot c_m \cdot c_n}{\sqrt{MN}} \sum_{u=0}^{M-1} \sum_{v=0}^{N-1} \Big[g(u,v) \cdot D_m^M(u) \cdot D_n^N(v) \Big],
\end{aligned} \tag{20.6}
$$

für $0 \leq m < M$ und $0 \leq n < N$, bzw. als inverse Transformation

$$g(u,v) = \frac{2}{\sqrt{MN}} \sum_{m=0}^{M-1} \sum_{n=0}^{N-1} \left[G(m,n) \cdot c_m \cos\left(\frac{\pi(2u+1)m}{2M}\right) \cdot c_n \cos\left(\frac{\pi(2v+1)n}{2N}\right) \right]$$

$$= \frac{2}{\sqrt{MN}} \sum_{m=0}^{M-1} \sum_{n=0}^{N-1} \left[G(m,n) \cdot c_m \cdot D_m^M(u) \cdot c_n \cdot D_n^N(v) \right], \qquad (20.7)$$

für $0 \le u < M$ und $0 \le v < N$. Die Faktoren c_m und c_n in Gl. 20.6 und 20.7 sind die gleichen wie im eindimensionalen Fall (siehe Gl. 20.3). Man beachte, dass in der Vorwärtstransformation in Gl. 20.6 (und *nur* dort!) die beiden Faktoren c_m, c_n unabhängig von den Laufvariablen u, v sind und daher außerhalb der Summation stehen können.

20.2.1 Beispiele

Die Ergebnisse der DFT und der DCT sind anhand eines Beispiels in Abb. 20.2 gegenübergestellt. Weil das DCT-Spektrum (im Unterschied zur DFT) nicht symmetrisch ist, verbleibt der Koordinatenursprung bei der Darstellung links oben und wird nicht ins Zentrum verschoben. Beim DCT-Spektrum ist der Absolutwert logarithmisch als Intensität dargestellt, bei der DFT wie üblich das zentrierte, logarithmische Leistungsspektrum. Man beachte, dass die DCT also nicht einfach ein Teilausschnitt der DFT ist, sondern die Strukturen aus zwei gegenüberliegenden Quadranten des Fourierspektrums kombiniert.

Die zweidimensionale DCT wird häufig in der Bild- und Videokompression eingesetzt, insbesondere auch beim JPEG-Verfahren, wobei in diesem Fall die Größe der transformierten Teilbilder (Kacheln) auf 8×8 fixiert ist und die Berechnung daher weitgehend optimiert werden kann.

20.2.2 Separierbarkeit

Wie die DFT (s. Gl. 19.7) kann auch die zweidimensionale DCT in zwei aufeinander folgende, eindimensionale Transformationen getrennt werden. Um dies deutlich zu machen, lässt sich beispielsweise die Vorwärtstransformation in der Form

$$G(m,n) = \sqrt{\tfrac{2}{N}} \cdot \sum_{v=0}^{N-1} \left[\underbrace{\sqrt{\tfrac{2}{M}} \cdot \sum_{u=0}^{M-1} g(u,v) \cdot c_m \cdot D_m^M(u)}_{\text{eindimensionale DCT von } g(\cdot,v)} \cdot c_n \cdot D_n^N(v) \right] \qquad (20.8)$$

ausdrücken. Der innere Ausdruck in Gl. 20.8 entspricht der eindimensionalen DCT (Gl. 20.1) der v-ten Zeile $g(\cdot,v)$ der 2D Bildfunktion. Man kann daher, wie bei der 2D-DFT, zunächst eine eindimensionale DCT auf jede der Zeilen eines Bilds anwenden und anschließend eine DCT in jeder der Spalten. Genauso könnte man in umgekehrter Reihenfolge rechnen, also zuerst über die Spalten und dann über die Zeilen.

Abbildung 20.2
Vergleich zwischen zweidimensionaler
DFT und DCT. Beide Transformationen machen offensichtlich Bildstrukturen in ähnlicher Weise sichtbar.
Im reellwertigen DCT-Spektrum
(rechts) liegen alle Koeffizienten
in nur einem Quadranten beisammen und die spektrale Auflösung ist
doppelt so hoch wie bei der DFT
(Mitte). Das DFT-Leistungsspektrum
ist wie üblich zentriert dargestellt,
der Ursprung des DCT-Spektrums
liegt hingegen links oben. In beiden Fällen sind die logarithmischen
Werte des Spektrums dargestellt.

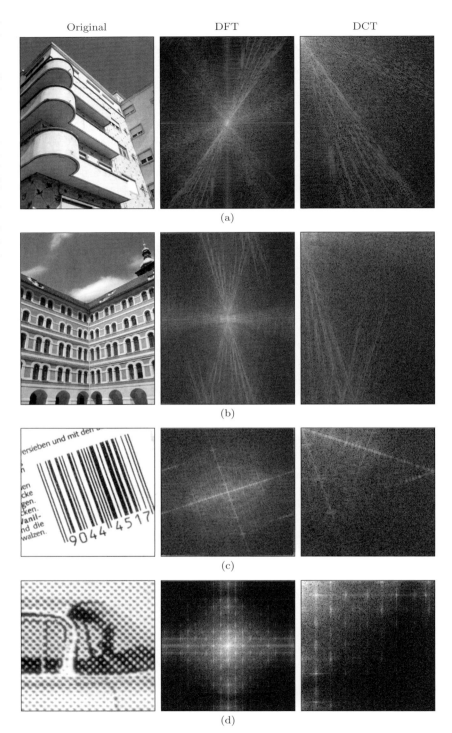

Original　　　　　DFT　　　　　DCT

(a)

(b)

(c)

(d)

Ein wichtiger Spezialfall ist die Anwendung der DCT auf *quadratische* Bilder (oder Teilbilder) der Größe $M \times M$ ist. In diesem Fall lässt sich die zweidimensionalen DCT in der Matrixform

$$\boldsymbol{G} = \boldsymbol{A} \cdot \boldsymbol{g} \cdot \boldsymbol{A}^{\mathsf{T}}, \tag{20.9}$$

anschreiben, wobei die Matrizen $\boldsymbol{g}$ und $\boldsymbol{G}$ (der Größe $M \times M$) das 2D-Signal bzw. das resultierende DCT-Spektrum bezeichnen. $\boldsymbol{A}$ ist dabei eine quadratische Transformationsmatrix mit den Elementen (vgl. Gl. 20.1)

$$A_{i,j} = \sqrt{\tfrac{2}{N}} \cdot c_i \cdot \cos\left(\pi \cdot \frac{i \cdot (2j + 1)}{2M}\right), \tag{20.10}$$

wobei $0 \le i, j < M$ und c_i gemäß Gl. 20.3. Die x/y-Separierbarkeit der DCT wird in dieser Form der Darstellung deutlich sichtbar. Die Matrix $\boldsymbol{A}$ ist reellwertig und *orthogonal*, d. h., $\boldsymbol{A} \cdot \boldsymbol{A}^{\mathsf{T}} = \boldsymbol{A}^{\mathsf{T}} \cdot \boldsymbol{A} = \mathbf{I}$, und die transponierte Matrix $\boldsymbol{A}^{\mathsf{T}}$ ist identisch zur inversen Matrix $\boldsymbol{A}^{-1}$. Daher kann die zugehörige *Rücktransformation* (inverse DCT) vom Spektrum $\boldsymbol{G}$ zum Signal $\boldsymbol{g}$ durch

$$\boldsymbol{g} = \boldsymbol{A}^{\mathsf{T}} \cdot \boldsymbol{G} \cdot \boldsymbol{A}, \tag{20.11}$$

unter Verwendung derselben Matrizen $\boldsymbol{A}$ und $\boldsymbol{A}^{\mathsf{T}}$ erfolgen. Für $M = 4$ ist beispielsweise die DCT-Transformationsmatrix

$$\boldsymbol{A} = \begin{pmatrix} A_{0,0} & A_{0,1} & A_{0,2} & A_{0,3} \\ A_{1,0} & A_{1,1} & A_{1,2} & A_{1,3} \\ A_{2,0} & A_{2,1} & A_{2,2} & A_{2,3} \\ A_{3,0} & A_{3,1} & A_{3,2} & A_{3,3} \end{pmatrix} \tag{20.12}$$

$$= \begin{pmatrix} \frac{1}{2}\cos(0) & \frac{1}{2}\cos(0) & \frac{1}{2}\cos(0) & \frac{1}{2}\cos(0) \\ \frac{1}{\sqrt{2}}\cos(\frac{\pi}{8}) & \frac{1}{\sqrt{2}}\cos(\frac{3\pi}{8}) & \frac{1}{\sqrt{2}}\cos(\frac{5\pi}{8}) & \frac{1}{\sqrt{2}}\cos(\frac{7\pi}{8}) \\ \frac{1}{\sqrt{2}}\cos(\frac{2\pi}{8}) & \frac{1}{\sqrt{2}}\cos(\frac{6\pi}{8}) & \frac{1}{\sqrt{2}}\cos(\frac{8\pi}{8}) & \frac{1}{\sqrt{2}}\cos(\frac{10\pi}{8}) \\ \frac{1}{\sqrt{2}}\cos(\frac{3\pi}{8}) & \frac{1}{\sqrt{2}}\cos(\frac{9\pi}{8}) & \frac{1}{\sqrt{2}}\cos(\frac{15\pi}{8}) & \frac{1}{\sqrt{2}}\cos(\frac{21\pi}{8}) \end{pmatrix} \tag{20.13}$$

$$\approx \begin{pmatrix} 0.50000 & 0.50000 & 0.50000 & 0.50000 \\ 0.65328 & 0.27060 & -0.27060 & -0.65328 \\ 0.50000 & -0.50000 & -0.50000 & 0.50000 \\ 0.27060 & -0.65328 & 0.65328 & -0.27060 \end{pmatrix}. \tag{20.14}$$

Für das willkürlich gewählte 2D-Signal (d. h., Bild)

$$\boldsymbol{g} = \begin{pmatrix} 1 & 2 & 3 & 4 \\ 7 & 2 & 0 & 9 \\ 6 & 5 & 2 & 5 \\ 0 & 9 & 8 & 1 \end{pmatrix} \tag{20.15}$$

etwa ist das nach Gl. 20.9 berechnete DCT-Spektrum

$$G = A \cdot g \cdot A^{\mathsf{T}} \approx \begin{pmatrix} 16.00000 & -0.95671 & 0.50000 & -2.30970 \\ -2.61313 & -1.81066 & 6.57924 & 0.45711 \\ -2.00000 & -1.65642 & -8.50000 & 1.22731 \\ -1.08239 & 0.95711 & -1.10162 & 0.31066 \end{pmatrix} \quad (20.16)$$

identisch zum entsprechenden Ergebnis aus Gl. 20.6 (bzw. Gl. 20.8).

Die in Gl. 20.9 bzw. 20.11 gezeigte Matrixschreibweise der DCT ist vor allem zur Transformation kleiner Teilbilder von fixer Größe hilfreich, wie sie bei gängigen Bild- und Videokompressionsverfahren (Jpeg, Mpeg) häufig eingesetzt wird und sehr effiziente Implementierungen ermöglicht.

20.3 Implementierung

Eine einfache Implementierung der ein- und zweidimensionalen DCT ist als vollständiger Java-Quellcode auf der Website zu diesem Buch verfügbar.[2] Die nachfolgend angeführten Methoden arbeiten aus Gründen der Speichereffizienz generell „in place", d. h. das jeweilige Input-Array wird modifiziert.

Dct1d (Klasse)

Diese Klasse implementiert die eindimensionale DCT (s. auch Prog. 20.1).

Dct1d (int M)
Konstruktor; M bezeichnet die Signallänge.

void DCT (double[] g)
Berechnet das DCT-Spektrum des eindimensionalen Signals g. Das Array g wird dabei modifiziert, sein Inhalt durch das Ergebnis ersetzt.

void iDCT (double[] G)
Rekonstruiert das zugehörige Signal aus dem eindimensionalen DCT-Spektrum G. Das Array G wird dabei modifiziert, sein Inhalt durch das Ergebnis ersetzt.

Dct2d (Klasse)

Diese Klasse implementiert die zweidimensionale DCT (unter Verwendung der Klasse Dct1d).

Dct2d ()
Konstruktor; in diesem Fall ohne Angabe der Dimensionen.

void DCT (float[][] g)
Berechnet das DCT-Spektrum des zweidimensionalen Signals g. Das Array g wird modifiziert.

---

[2] Paket `imagingbook.pub.dct`

```
void iDCT (float[][] G)
```
Rekonstruiert das zugehörige Signal aus dem zweidimensionalen DCT-Spektrum G. Das Array G wird modifiziert.

```
FloatProcessor DCT (FloatProcessor g)
```
Berechnet die DCT des Bilds g und liefert ein neues Gleitkommabild mit dem resultierenden Spektrum. g wird dabei nicht modifiziert.

```
FloatProcessor iDCT (FloatProcessor G)
```
Berechnet die inverse DCT aus dem zweidimensionalen DCT-Spektrum G und liefert das rekonstruierte Bild. G wird dabei nicht modifiziert.

20.4 Weitere Spektraltransformationen

Die diskrete Fouriertransformation ist also nicht die einzige Möglichkeit, um ein gegebenes Signal in einem Frequenzraum darzustellen. Tatsächlich existieren zahlreiche ähnliche Transformationen, von denen einige, wie etwa die diskrete Kosinustransformation, ebenfalls sinusoide Funktionen als Basis verwenden, während andere etwa – wie z. B. die *Hadamard*-Transformation (auch als *Walsh*-Transformation bekannt) – auf binären 0/1-Funktionen aufbauen [40, 116].

Alle diese Transformationen sind *globaler* Natur, d. h., die Größe jedes Spektralkoeffizienten wird in gleicher Weise von allen Signalwerten beeinflusst, unabhängig von ihrer räumlichen Position innerhalb des Signals. Eine Spitze im Spektrum kann daher aus einem lokal begrenzten Ereignis mit hoher Amplitude stammen, genauso gut aber auch aus einer breiten, gleichmäßigen Welle mit geringer Amplitude. Globale Transformationen sind daher für die Analyse von lokalen Erscheinungen von begrenztem Nutzen, denn sie sind nicht imstande, die räumliche Position und Ausdehnung von Signalereignissen darzustellen.

Eine Lösung dieses Problems besteht darin, anstelle einer fixen Gruppe von globalen, ortsunabhängigen Basisfunktionen *lokale*, in ihrer Ausdehnung beschränkte Funktionen zu verwenden, so genannte „Wavelets". Die zugehörige *Wavelet*-Transformation, von der mehrere Versionen existieren, erlaubt die Lokalisierung von periodischen Signalstrukturen gleichzeitig im Ortsraum *und* im Frequenzraum [143].

20.5 Aufgaben

Aufg. 20.1. Implementieren Sie eine effiziente Java-Methode für die eindimensionale DCT der Länge $M = 8$, die ohne Iteration auskommt und in der alle notwendigen Koeffizienten als vorausberechnete Konstanten angelegt sind.

Aufg. 20.2. Überlegen Sie, wie man die Implementierung der eindimensionalen DCT in Prog. 20.1 durch vorherige Tabellierung der Kosinuswerte (bei bekannter Größe M) beschleunigen kann. Hinweis: Man benötigt dafür eine Tabelle der Länge $4M$.

Aufg. 20.3. Überprüfen Sie durch numerische Berechnung, dass die Basisfunktionen der DCT, $D_m^M(u)$ für $0 \leq m, u < M$ (Gl. 20.5), paarweise orthogonal sind, d. h., dass das innere Produkt der Vektoren $D_m^M \cdot D_n^M$ für $m \neq n$ jeweils Null ist.

Aufg. 20.4. Implementieren Sie die zweidimensionale DCT (Abschn. 20.2) für Bilder beliebiger Größe als ImageJ-Plugin. Nutzen Sie dabei die in Abschn. 20.2.2 beschriebene Separierbarkeit der DCT.

Aufg. 20.5. Überprüfen Sie rechnerisch, dass für das 4×4 DCT-Beispiel in Gl. 20.16 bei der Rücktransformation nach Gl. 20.11 sich wieder das ursprüngliche Signal g in Gl. 20.15 ergibt.

Aufg. 20.6. Zeigen Sie, dass die $M \times M$ Matrix $\boldsymbol{A}$ (mit den in Gl. 20.10 definierten Elementen) orthonormal ist, d. h., $\boldsymbol{A} \cdot \boldsymbol{A}^\mathsf{T} = \mathbf{I}$.

21

Geometrische Bildoperationen

Allen bisher besprochenen Bildoperationen, also Punkt- und Filteroperationen, war gemeinsam, dass sie zwar die Intensitätsfunktion verändern, die Geometrie des Bilds jedoch unverändert bleibt. Durch geometrische Operationen werden Bilder *verformt*, d. h., Pixelwerte können ihre Position verändern. Typische Beispiele sind etwa eine Verschiebung oder Drehung des Bilds, Skalierungen oder Verformungen, wie in Abb. 21.1 gezeigt. Geometrische Operationen sind in der Praxis sehr häufig, insbesondere in modernen, grafischen Benutzerschnittstellen. So wird heute als selbstverständlich angenommen, dass Bilder in jeder grafischen Anwendung kontinuierlich gezoomt werden können oder die Größe eines Video-Players auf dem Bildschirm beliebig einzustellen ist. In der Computergrafik sind geometrische Operationen etwa auch für die Anwendung von Texturen wichtig, die ebenfalls Rasterbilder sind und – abhängig von der zugehörigen 3D-Oberfläche – für die Darstellung am Bildschirm verformt werden müssen, nach Möglichkeit in Echtzeit. Während man sich leicht vorstellen kann, wie man etwa ein Bild durch einfaches Replizieren jedes Pixels auf ein Vielfaches vergrößern würde, sind allgemeine geometrische Transformationen nicht trivial und erfordern für qualitativ gute Ergebnisse auch auf modernen Computern einen respektablen Teil der verfügbaren Rechenleistung.

Grundsätzlich erzeugt eine geometrische Bildoperation aus dem Ausgangsbild I ein neues Bild I' in der Form

$$I(\boldsymbol{x}) \rightarrow I'(\boldsymbol{x}'), \tag{21.1}$$

wodurch der Wert des Ausgangsbilds I von der Position $\boldsymbol{x}$ an eine Stelle $\boldsymbol{x}'$ in einem neuen Bild I' verschoben wird. Es werden also nicht die *Werte* der Bildelemente, sondern nur deren *Positionen* verändert.

Als Erstes benötigen wir dazu eine zweidimensionale Koordinatentransformation, z. B. in Form einer *geometrischen Abbildung*

Abbildung 21.1
Typische Beispiele für geometrische
Bildoperationen. Ausgangsbild (a),
Translation (b), Skalierung (Stau-
chung bzw. Streckung) in x- und y-
Richtung (c), Rotation um den Mit-
telpunkt (d), projektive Abbildung
(e) und nichtlineare Verzerrung (f).

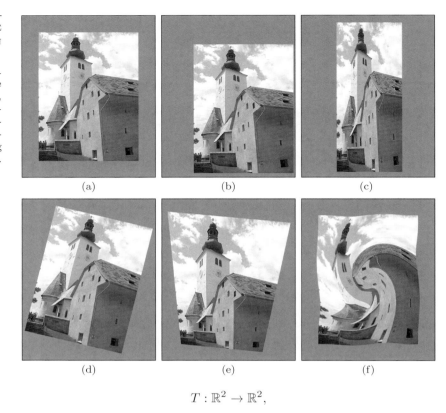

(a) (b) (c)

(d) (e) (f)

$$T : \mathbb{R}^2 \to \mathbb{R}^2,$$

die für jede Ausgangskoordinate $\boldsymbol{x} = (x, y)$ des ursprünglichen Bilds I spezifiziert, an welcher Position $\boldsymbol{x}' = (x', y')$ diese im neuen Bild I' „landen" soll, d. h.

$$\boldsymbol{x}' = T(\boldsymbol{x}). \tag{21.2}$$

Dabei behandeln wir die Bildkoordinaten (x, y) bzw. (x', y') zunächst bewusst als Punkte in der reellen Ebene $\mathbb{R} \times \mathbb{R}$, also als *kontinuierliche* Koordinaten. Das Hauptproblem bei der Transformation ist allerdings, dass die Werte von digitalen Bildern auf einem *diskreten* Raster $\mathbb{Z} \times \mathbb{Z}$ liegen, aber die zugehörige Abbildung $\boldsymbol{x}'$ auch bei ganzzahligen Ausgangskoordinaten $\boldsymbol{x}$ im Allgemeinen *nicht* auf einen Rasterpunkt trifft. Die Lösung dieses Problems besteht in der Berechnung von Zwischenwerten der transformierten Bildfunktion durch *Interpolation*, die damit ein wichtiger Bestandteil jeder geometrischen Operation ist.

21.1 2D-Koordinatentransformation

Die Abbildungsfunktion $T()$ in Gl. 21.2 ist grundsätzlich eine beliebige, stetige Funktion, die man zweckmäßigerweise in zwei voneinander unabhängige Teilfunktionen

$$x' = T_x(x, y) \qquad \text{und} \qquad y' = T_y(x, y) \qquad (21.3)$$

für die x- bzw. y-Komponente trennen kann.

21.1.1 Einfache geometrische Abbildungen

Zu den einfachen Abbildungsfunktionen gehören Verschiebung, Skalierung, Scherung und Rotation:

Verschiebung (Translation) um den Vektor (d_x, d_y):

$$\begin{aligned} T_x : x' &= x + d_x \\ T_y : y' &= y + d_y \end{aligned} \quad \text{oder} \quad \begin{pmatrix} x' \\ y' \end{pmatrix} = \begin{pmatrix} x \\ y \end{pmatrix} + \begin{pmatrix} d_x \\ d_y \end{pmatrix}. \qquad (21.4)$$

Skalierung (Streckung oder Stauchung) in x- oder y-Richtung um den Faktor s_x bzw. s_y:

$$\begin{aligned} T_x : x' &= s_x \cdot x \\ T_y : y' &= s_y \cdot y \end{aligned} \quad \text{oder} \quad \begin{pmatrix} x' \\ y' \end{pmatrix} = \begin{pmatrix} s_x & 0 \\ 0 & s_y \end{pmatrix} \cdot \begin{pmatrix} x \\ y \end{pmatrix}. \qquad (21.5)$$

Scherung in x- oder y-Richtung um den Faktor b_x bzw. b_y (bei einer Scherung in nur einer Richtung ist der jeweils andere Faktor null):

$$\begin{aligned} T_x : x' &= x + b_x \cdot y \\ T_y : y' &= y + b_y \cdot x \end{aligned} \quad \text{oder} \quad \begin{pmatrix} x' \\ y' \end{pmatrix} = \begin{pmatrix} 1 & b_x \\ b_y & 1 \end{pmatrix} \cdot \begin{pmatrix} x \\ y \end{pmatrix}. \qquad (21.6)$$

Rotation (Drehung) um den Winkel α (mit dem Koordinatenursprung als Drehmittelpunkt):

$$\begin{aligned} T_x : x' &= x \cdot \cos\alpha - y \cdot \sin\alpha \\ T_y : y' &= x \cdot \sin\alpha + y \cdot \cos\alpha \end{aligned} \quad \text{oder} \qquad (21.7)$$

$$\begin{pmatrix} x' \\ y' \end{pmatrix} = \begin{pmatrix} \cos\alpha & -\sin\alpha \\ \sin\alpha & \cos\alpha \end{pmatrix} \cdot \begin{pmatrix} x \\ y \end{pmatrix}. \qquad (21.8)$$

Die Drehung eines Bilds um einen *beliebigen* Mittelpunkt $\boldsymbol{x}_c = (x_c, y_c)$ lässt sich so realisieren, dass das Bild zunächst um $(-x_c, -y_c)$ verschoben wird, sodass sich $\boldsymbol{x}_c$ mit dem Ursprung des Koordinatensystems überdeckt, dann wie in Gl. 21.8 die Drehung um den Winkel α erfolgt und abschließend das Bild um (x_c, y_c) zurückverschoben wird. Die daraus resultierende Gesamttransformation ist

$$\begin{aligned} T_x : x' &= x_c + (x - x_c) \cdot \cos\alpha - (y - y_c) \cdot \sin\alpha \\ T_y : y' &= y_c + (x - x_c) \cdot \sin\alpha + (y - y_c) \cdot \cos\alpha \end{aligned} \quad \text{or}$$

$$\begin{pmatrix} x' \\ y' \end{pmatrix} = \begin{pmatrix} x_c \\ y_c \end{pmatrix} + \begin{pmatrix} \cos\alpha & -\sin\alpha \\ \sin\alpha & \cos\alpha \end{pmatrix} \cdot \begin{pmatrix} x - x_c \\ y - y_c \end{pmatrix}. \qquad (21.9)$$

21.1.2 Homogene Koordinaten

Die Operationen in Gl. 21.4–21.8 bilden zusammen die wichtige Klasse der affinen Abbildungen (siehe Abschn. 21.1.3). Für die Verknüpfung durch Hintereinanderausführung ist es vorteilhaft, wenn alle Operationen jeweils als Matrixmultiplikation beschreibbar sind. Das ist bei der Translation (Gl. 21.4), die eine Vektoraddition ist, nicht der Fall. Eine mathematisch elegante Lösung dafür sind *homogene Koordinaten* [67, S. 204].

Bei homogenen Koordinaten wird jeder Vektor um eine zusätzliche Komponente $h \in \mathbb{R}$ erweitert, d. h. im zweidimensionalen Fall wird

$$\boldsymbol{x} = \begin{pmatrix} x \\ y \end{pmatrix} \quad \text{convertiert zu} \quad \hat{\boldsymbol{x}} = \begin{pmatrix} \hat{x} \\ \hat{y} \\ h \end{pmatrix} = \begin{pmatrix} h\,x \\ h\,y \\ h \end{pmatrix}. \tag{21.10}$$

Der Wert von h kann grundsätzlich beliebig gewählt werden, muss allerdings ungleich Null sein. Jedes gewöhnliche (kartesische) Koordinatenpaar $\boldsymbol{x} = (x, y)^\mathsf{T}$ kann also äquivalent durch einen dreidimensionalen homogenen Koordinatenvektor $\hat{\boldsymbol{x}} = (\hat{x}, \hat{y}, h)^\mathsf{T}$ dargestellt werden. Die Rückrechnung auf den kartesischen Vektor $(x, y)^\mathsf{T}$ ist jederzeit in der Form

$$x = \frac{\hat{x}}{h} \qquad \text{und} \qquad y = \frac{\hat{y}}{h} \tag{21.11}$$

möglich (sofern $h \neq 0$). Wegen des beliebigen Werts von h gibt es offensichtlich unendlich viele Möglichkeiten, einen bestimmten 2D-Punkt $(x, y)^\mathsf{T}$ in homogenen Koordinaten darzustellen. Insbesondere repräsentieren daher zwei homogene Koordinaten $\hat{\boldsymbol{x}}_1, \hat{\boldsymbol{x}}_2$ *denselben* Punkt in 2D, wenn sie Vielfache voneinander sind, d. h.

$$\hat{\boldsymbol{x}}_1 = s \cdot \hat{\boldsymbol{x}}_2 \quad \Rightarrow \quad \boldsymbol{x}_1 = \boldsymbol{x}_2, \tag{21.12}$$

für $s \neq 0$. Beispielsweise sind die homogenen Koordinaten $\hat{\boldsymbol{x}}_1 = (3, 2, 1)^\mathsf{T}$, $\hat{\boldsymbol{x}}_2 = (6, 4, 2)^\mathsf{T}$ und $\hat{\boldsymbol{x}}_3 = (30, 20, 10)^\mathsf{T}$ alle äquivalent und entsprechen dem kartesischen Punkt $(3, 2)^\mathsf{T}$.

Bei Verwendung homogener Koordinaten lässt sich nun auch die 2D-Translation aus Gl. 21.4 in der Form

$$\begin{pmatrix} x' \\ y' \\ 1 \end{pmatrix} = \begin{pmatrix} x + d_x \\ y + d_y \\ 1 \end{pmatrix} = \begin{pmatrix} 1 & 0 & d_x \\ 0 & 1 & d_y \\ 0 & 0 & 1 \end{pmatrix} \cdot \begin{pmatrix} x \\ y \\ 1 \end{pmatrix} \tag{21.13}$$

direkt als Vektor-Matrix-Produkt notieren (was ja auch der eigentliche Anlass zur Verwendung homogener Koordinaten war).

21.1.3 Affine Abbildung (Dreipunkt-Abbildung)

Mithilfe der homogenen Koordinaten lässt sich nun jede Kombination aus Translation, Skalierung und Rotation in der Form

$$\begin{pmatrix} \hat{x}' \\ \hat{y}' \\ h' \end{pmatrix} = \begin{pmatrix} x' \\ y' \\ 1 \end{pmatrix} = \begin{pmatrix} a_{11} & a_{12} & a_{13} \\ a_{21} & a_{22} & a_{23} \\ 0 & 0 & 1 \end{pmatrix} \cdot \begin{pmatrix} x \\ y \\ 1 \end{pmatrix} \qquad (21.14)$$

darstellen. Man bezeichnet diese lineare Transformation als „affine Abbildung" mit den 6 Freiheitsgraden $a_{11}, \ldots, a_{23}$, wobei a_{13}, a_{23} (analog zu d_x, d_y in Gl. 21.4) die *Translation* und $a_{11}, a_{12}, a_{21}, a_{22}$ zusammen die *Skalierung*, *Scherung* und *Rotation* definieren (Gl. 21.5–21.8). Beispielsweise ist die affine Transformationsmatrix für die Rotation (Gl. 21.8) um den Ursprung um einen Winkel α

$$\boldsymbol{A}_{\mathrm{rot}} = \begin{pmatrix} a_{11} & a_{12} & a_{13} \\ a_{21} & a_{22} & a_{23} \\ 0 & 0 & 1 \end{pmatrix} = \begin{pmatrix} \cos\alpha & -\sin\alpha & 0 \\ \sin\alpha & \cos\alpha & 0 \\ 0 & 0 & 1 \end{pmatrix}. \qquad (21.15)$$

Zusammengesetzte Transformationen können so sehr einfach durch Hintereinanderausführung einzelner Matrix-Multiplikationen (von rechts nach links) dargestellt werden. So kann etwa die in Gl. 21.9 gezeigte Drehung um einen beliebigen Mittelpunkt $\boldsymbol{x}_c = (x_c, y_c)^\mathsf{T}$ als Abfolge einer Translation zum Ursprung, gefolgt von der Rotation und einer weiteren Translation beschrieben werden:

$$\begin{pmatrix} x' \\ y' \\ 1 \end{pmatrix} = \underbrace{\begin{pmatrix} 1 & 0 & x_c \\ 0 & 1 & y_c \\ 0 & 0 & 1 \end{pmatrix}}_{\substack{\text{Translation um} \\ (x_c, y_c)^\mathsf{T}}} \cdot \underbrace{\begin{pmatrix} \cos\alpha & -\sin\alpha & 0 \\ \sin\alpha & \cos\alpha & 0 \\ 0 & 0 & 1 \end{pmatrix}}_{\substack{\text{Rotation um } \alpha \\ \text{(am Ursprung)}}} \cdot \underbrace{\begin{pmatrix} 1 & 0 & -x_c \\ 0 & 1 & -y_c \\ 0 & 0 & 1 \end{pmatrix}}_{\substack{\text{Translation um} \\ (-x_c, -y_c)^\mathsf{T}}} \cdot \begin{pmatrix} x \\ y \\ 1 \end{pmatrix} \qquad (21.16)$$

$$= \begin{pmatrix} 1 & 0 & x_c \\ 0 & 1 & y_c \\ 0 & 0 & 1 \end{pmatrix} \cdot \begin{pmatrix} \cos\alpha & -\sin\alpha & 0 \\ \sin\alpha & \cos\alpha & 0 \\ 0 & 0 & 1 \end{pmatrix} \cdot \begin{pmatrix} 1 & 0 & x_c \\ 0 & 1 & y_c \\ 0 & 0 & 1 \end{pmatrix}^{-1} \cdot \begin{pmatrix} x \\ y \\ 1 \end{pmatrix} \qquad (21.17)$$

$$= \begin{pmatrix} \cos\alpha & -\sin\alpha & x_c \cdot (1-\cos\alpha) + y_c \cdot \sin\alpha \\ \sin\alpha & \cos\alpha & y_c \cdot (1-\cos\alpha) - x_c \cdot \sin\alpha \\ 0 & 0 & 1 \end{pmatrix} \cdot \begin{pmatrix} x \\ y \\ 1 \end{pmatrix} \qquad (21.18)$$

$$= \begin{pmatrix} x_c + (x-x_c) \cdot \cos\alpha - (y-y_c) \cdot \sin\alpha \\ y_c + (x-x_c) \cdot \sin\alpha + (y-y_c) \cdot \cos\alpha \\ 1 \end{pmatrix}. \qquad (21.19)$$

Dies ist natürlich das selbe Ergebnis für $(x', y')^\mathsf{T}$ wie in Gl. 21.8.

Durch die Verkettung zweier (oder mehrerer) affiner Abbildungen ergibt sich immer eine weitere affine Abbildung. Durch affine Abbildungen werden Geraden in Geraden, Dreiecke in Dreiecke und Rechtecke in Parallelogramme überführt, wie in Abb. 21.2 gezeigt. Charakteristisch für die affine Abbildung ist auch, dass das Abstandsverhältnis zwischen den auf einer Geraden liegenden Punkten durch die Abbildung unverändert bleibt.

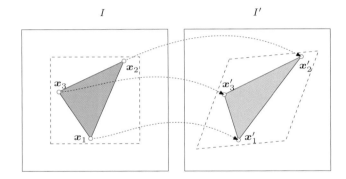

Abbildung 21.2
Affine Abbildung. Durch die Spezifikation von drei korrespondieren-
den Punktpaaren $(\boldsymbol{x}_1, \boldsymbol{x}_1')$, $(\boldsymbol{x}_2, \boldsymbol{x}_2')$,
$(\boldsymbol{x}_3, \boldsymbol{x}_3')$ ist eine affine Abbildung
eindeutig bestimmt. Sie kann be-
liebige Dreiecke ineinander über-
führen und bildet Geraden in Geraden ab, parallele Geraden bleiben parallel und die Abstandsverhältnisse zwischen Punkten auf einer Geraden verändern sich nicht.

Ermittlung der Abbildungsparameter

Die sechs Parameter der affinen Abbildung in Gl. 21.14 können durch
Vorgabe von drei korrespondierenden Punktpaaren $(\boldsymbol{x}_1, \boldsymbol{x}_1')$, $(\boldsymbol{x}_2, \boldsymbol{x}_2')$,
$(\boldsymbol{x}_3, \boldsymbol{x}_3')$, eindeutig spezifiziert werden, mit jeweils einem Punkt $\boldsymbol{x}_i =
(x_i, y_i)$ im Ausgangsbild I und dem entsprechenden Punkt $\boldsymbol{x}_i' = (x_i', y_i')$
im Zielbild I'. Die zugehörigen Parameterwerte ergeben sich durch Lö-
sung des linearen Gleichungssystems

$$
\begin{aligned}
x_1' &= a_{11} \cdot x_1 + a_{12} \cdot y_1 + a_{13}, & y_1' &= a_{21} \cdot x_1 + a_{22} \cdot y_1 + a_{23}, \\
x_2' &= a_{11} \cdot x_2 + a_{12} \cdot y_2 + a_{13}, & y_2' &= a_{21} \cdot x_2 + a_{22} \cdot y_2 + a_{23}, \\
x_3' &= a_{11} \cdot x_3 + a_{12} \cdot y_3 + a_{13}, & y_3' &= a_{21} \cdot x_3 + a_{22} \cdot y_3 + a_{23},
\end{aligned}
\tag{21.20}
$$

unter der Voraussetzung, dass die Bildpunkte $\boldsymbol{x}_1, \boldsymbol{x}_2, \boldsymbol{x}_3$ linear unabhängig sind (d. h., nicht auf einer gemeinsamen Geraden liegen). Da Gl.
21.20 aus zwei voneinander unabhängigen Gruppen linearer 3×3 Gleichungen für x_i' bzw. y_i' besteht, lässt sich die Lösung leicht in geschlossener Form ermitteln durch

$$
\begin{aligned}
a_{11} &= \tfrac{1}{d} \cdot \left[y_1(x_2' - x_3') & + y_2(x_3' - x_1') & + y_3(x_1' - x_2') \right], \\
a_{12} &= \tfrac{1}{d} \cdot \left[x_1(x_3' - x_2') & + x_2(x_1' - x_3') & + x_3(x_2' - x_1') \right], \\
a_{21} &= \tfrac{1}{d} \cdot \left[y_1(y_2' - y_3') & + y_2(y_3' - y_1') & + y_3(y_1' - y_2') \right], \\
a_{22} &= \tfrac{1}{d} \cdot \left[x_1(y_3' - y_2') & + x_2(y_1' - y_3') & + x_3(y_2' - y_1') \right], \\
a_{13} &= \tfrac{1}{d} \cdot \left[x_1(y_3 x_2' - y_2 x_3') & + x_2(y_1 x_3' - y_3 x_1') & + x_3(y_2 x_1' - y_1 x_2') \right], \\
a_{23} &= \tfrac{1}{d} \cdot \left[x_1(y_3 y_2' - y_2 y_3') & + x_2(y_1 y_3' - y_3 y_1') & + x_3(y_2 y_1' - y_1 y_2') \right],
\end{aligned}
\tag{21.21}
$$

mit $d = x_1(y_3 - y_2) + x_2(y_1 - y_3) + x_3(y_2 - y_1)$.

Inversion der affinen Abbildung

Die *Umkehrung* T^{-1} der affinen Abbildung, die in der Praxis häufig
benötigt wird (siehe Abschn. 21.2.2), erhält man durch Invertieren der
zugehörigen Transformationsmatrix in Gl. 21.14,

$$\begin{pmatrix} x \\ y \\ 1 \end{pmatrix} = \begin{pmatrix} a_{11} & a_{12} & a_{13} \\ a_{21} & a_{22} & a_{23} \\ 0 & 0 & 1 \end{pmatrix}^{-1} \cdot \begin{pmatrix} x' \\ y' \\ 1 \end{pmatrix} \quad (21.22)$$

$$= \frac{1}{a_{11}a_{22} - a_{12}a_{21}} \begin{pmatrix} a_{22} & -a_{12} & a_{12}a_{23} - a_{13}a_{22} \\ -a_{21} & a_{11} & a_{13}a_{21} - a_{11}a_{23} \\ 0 & 0 & a_{11}a_{22} - a_{12}a_{21} \end{pmatrix} \cdot \begin{pmatrix} x' \\ y' \\ 1 \end{pmatrix}.$$

Da die unterste Zeile der inversen Transformationsmatrix die Elemente $(0, 0, 1)$ enthält, ist auch T^{-1} wiederum eine affine Abbildung. Natürlich lässt sich die inverse Abbildung auch aus drei korrespondierenden Punktpaaren nach Gl. 21.20 und 21.21 durch einfache Vertauschung von Ausgangs- und Zielbild berechnen.

21.1.4 Projektive Abbildung (Vierpunkt-Abbildung)

Die affine Abbildung ist zwar geeignet, beliebige Dreiecke ineinander überzuführen, häufig benötigt man jedoch eine allgemeine Verformung von Vierecken, etwa bei der Transformationen auf Basis einer Mesh-Partitionierung (Abschn. 21.1.7). Um eine Folge von vier beliebigen Ausgangspunkten $(\boldsymbol{x}_1, \boldsymbol{x}_2, \boldsymbol{x}_3, \boldsymbol{x}_4)$ exakt auf ihre zugehörigen Zielpunkte $(\boldsymbol{x}'_1, \boldsymbol{x}'_2, \boldsymbol{x}'_3, \boldsymbol{x}'_4)$ zu transformieren, erfordert die entsprechende lineare Abbildung insgesamt acht Freiheitsgrade. Die gegenüber der affinen Abbildung zusätzlichen zwei Freiheitsgrade äußern sich in der *projektiven* Abbildung,

$$\begin{pmatrix} \hat{x}' \\ \hat{y}' \\ h' \end{pmatrix} = \begin{pmatrix} h'x' \\ h'y' \\ h' \end{pmatrix} = \begin{pmatrix} a_{11} & a_{12} & a_{13} \\ a_{21} & a_{22} & a_{23} \\ a_{31} & a_{32} & 1 \end{pmatrix} \cdot \begin{pmatrix} x \\ y \\ 1 \end{pmatrix}, \quad (21.23)$$

durch die Koeffizienten a_{31}, a_{32}. In kartesischen Koordinaten entspricht dies den (offensichtlich nichtlinearen) Abbildungen

$$\begin{aligned} x' &= \frac{1}{h'} \cdot (a_{11}\,x + a_{12}\,y + a_{13}) = \frac{a_{11}\,x + a_{12}\,y + a_{13}}{a_{31}\,x + a_{32}\,y + 1}, \\ y' &= \frac{1}{h'} \cdot (a_{21}\,x + a_{22}\,y + a_{23}) = \frac{a_{21}\,x + a_{22}\,y + a_{23}}{a_{31}\,x + a_{32}\,y + 1}. \end{aligned} \quad (21.24)$$

Geraden bleiben aber trotz dieser Nichtlinearität auch unter einer projektiven Abbildung erhalten. Tatsächlich ist dies die allgemeinste Transformation, die Geraden auf Geraden abbildet und algebraische Kurven n-ter Ordnung wieder in algebraische Kurven n-ter Ordnung überführt. Insbesondere werden etwa Kreise oder Ellipsen wieder als Kurven zweiter Ordnung (Kegelschnitte) abgebildet. Im Unterschied zur affinen Abbildung müssen aber parallele Geraden nicht wieder auf parallele Geraden abgebildet werden und auch die Abstandsverhältnisse zwischen Punkten auf einer Geraden bleiben im Allgemeinen nicht erhalten (Abb. 21.3). Die projektive Abbildung wird daher auch als *perspektivische* oder *pseudoperspektivische* Abbildung bezeichnet.

Abbildung 21.3
Projektive Abbildung. Durch vier
korrespondierende Punktpaare
$(\boldsymbol{x}_1, \boldsymbol{x}'_1)$, $(\boldsymbol{x}_2, \boldsymbol{x}'_2)$, $(\boldsymbol{x}_3, \boldsymbol{x}'_3)$, $(\boldsymbol{x}_4, \boldsymbol{x}'_4)$
ist eine projektive Abbildung ein-
deutig spezifiziert. Geraden werden wieder in Geraden, Rechtecke
in beliebige Vierecke abgebildet.
Parallelen bleiben nicht erhalten
und auch die Abstandsverhältnisse
zwischen Punkten auf einer Geraden werden i. Allg. verändert.

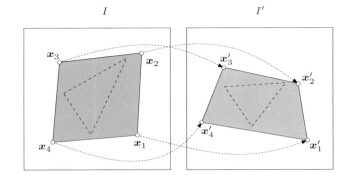

Ermittlung der Abbildungsparameter aus 4 Punktpaaren

Bei Vorgabe von vier korrespondierenden 2D-Punktpaaren $(\boldsymbol{x}_1, \boldsymbol{x}'_1), \ldots,$ $(\boldsymbol{x}_4, \boldsymbol{x}'_4)$, mit jeweils einem Punkt $\boldsymbol{x}_i = (x_i, y_i)$ im Ausgangsbild und dem zugehörigen Punkt $\boldsymbol{x}'_i = (x'_i, y'_i)$ im Zielbild, können die acht unbekannten Parameter $a_{11}, \ldots, a_{32}$ der Abbildung wiederum durch Lösung eines linearen Gleichungssystems berechnet werden. Durch Einsetzen der Punktkoordinaten in Gl. 21.24 erhalten wir ein Gleichungspaar

$$
\begin{aligned}
x'_i &= a_{11}\, x_i + a_{12}\, y_i + a_{13} - a_{31}\, x_i\, x'_i - a_{32}\, y_i\, x'_i, \\
y'_i &= a_{21}\, x_i + a_{22}\, y_i + a_{23} - a_{31}\, x_i\, y'_i - a_{32}\, y_i\, y'_i,
\end{aligned}
\tag{21.25}
$$

für jedes Punktpaar $i = 1, \ldots, 4$. Die Zusammenfassung der insgesamt acht Gleichungen in der üblichen Matrixform ergibt

$$
\begin{pmatrix}
x'_1 \\ y'_1 \\ x'_2 \\ y'_2 \\ x'_3 \\ y'_3 \\ x'_4 \\ y'_4
\end{pmatrix}
=
\begin{pmatrix}
x_1 & y_1 & 1 & 0 & 0 & 0 & -x_1 x'_1 & -y_1 x'_1 \\
0 & 0 & 0 & x_1 & y_1 & 1 & -x_1 y'_1 & -y_1 y'_1 \\
x_2 & y_2 & 1 & 0 & 0 & 0 & -x_2 x'_2 & -y_2 x'_2 \\
0 & 0 & 0 & x_2 & y_2 & 1 & -x_2 y'_2 & -y_2 y'_2 \\
x_3 & y_3 & 1 & 0 & 0 & 0 & -x_3 x'_3 & -y_3 x'_3 \\
0 & 0 & 0 & x_3 & y_3 & 1 & -x_3 y'_3 & -y_3 y'_3 \\
x_4 & y_4 & 1 & 0 & 0 & 0 & -x_4 x'_4 & -y_4 x'_4 \\
0 & 0 & 0 & x_4 & y_4 & 1 & -x_4 y'_4 & -y_4 y'_4
\end{pmatrix}
\cdot
\begin{pmatrix}
a_{11} \\ a_{12} \\ a_{13} \\ a_{21} \\ a_{22} \\ a_{23} \\ a_{31} \\ a_{32}
\end{pmatrix},
\tag{21.26}
$$

beziehungsweise

$$
\boldsymbol{x}' = \boldsymbol{M} \cdot \boldsymbol{a} .
\tag{21.27}
$$

Die Elemente des Vektors $\boldsymbol{x}'$ und der Matrix $\boldsymbol{M}$ werden aus den Punktkoordinaten ermittelt bzw. sind konstant. Der unbekannte Parametervektor $\boldsymbol{a} = (a_{11}, a_{12}, \ldots, a_{32})^{\mathsf{T}}$ kann durch Lösung des linearen Gleichungssystems mithilfe eines der numerischen Standardverfahren (z. B. mit dem Gauß-Algorithmus [233, S. 1099]) berechnet werden. Dafür greift man am besten auf bewährte numerische Software zurück, wie z. B. *Apache Commons Math*[1] oder *JAMA*.[2]

---

[1] http://commons.apache.org/math/

[2] http://math.nist.gov/javanumerics/jama/

Inversion der projektiven Abbildung

Eine lineare Abbildung der Form $\boldsymbol{x}' = \boldsymbol{A} \cdot \boldsymbol{x}$ kann allgemein durch Invertieren der Matrix $\boldsymbol{A}$ umgekehrt werden, d. h. $\boldsymbol{x} = \boldsymbol{A}^{-1} \cdot \boldsymbol{x}'$, vorausgesetzt $\boldsymbol{A}$ ist regulär ($\det(\boldsymbol{A}) \neq 0$). Für eine 3×3-Matrix $\boldsymbol{A}$ lässt sich die Inverse auf relativ einfache Weise durch die Beziehung

$$\boldsymbol{A}^{-1} = \frac{1}{\det(\boldsymbol{A})} \cdot \boldsymbol{A}_{\mathrm{adj}} \qquad (21.28)$$

über die Determinante $\det(\boldsymbol{A})$ und die zugehörige *adjungierte* Matrix $\boldsymbol{A}_{\mathrm{adj}}$ berechnen [33, S. 270]. Für eine beliebige 3×3 Matrix

$$\boldsymbol{A} = \begin{pmatrix} a_{11} & a_{12} & a_{13} \\ a_{21} & a_{22} & a_{23} \\ a_{31} & a_{32} & a_{33} \end{pmatrix}, \qquad (21.29)$$

ist die zugehörige Determinante

$$\begin{aligned} \det(\boldsymbol{A}) = \ & a_{11}\,a_{22}\,a_{33} + a_{12}\,a_{23}\,a_{31} + a_{13}\,a_{21}\,a_{32} \\ & - a_{11}\,a_{23}\,a_{32} - a_{12}\,a_{21}\,a_{33} - a_{13}\,a_{22}\,a_{31}, \end{aligned} \qquad (21.30)$$

und die adjungierte Matrix

$$\boldsymbol{A}_{\mathrm{adj}} = \begin{pmatrix} a_{22}\,a_{33}-a_{23}\,a_{32} & a_{13}\,a_{32}-a_{12}\,a_{33} & a_{12}\,a_{23}-a_{13}\,a_{22} \\ a_{23}\,a_{31}-a_{21}\,a_{33} & a_{11}\,a_{33}-a_{13}\,a_{31} & a_{13}\,a_{21}-a_{11}\,a_{23} \\ a_{21}\,a_{32}-a_{22}\,a_{31} & a_{12}\,a_{31}-a_{11}\,a_{32} & a_{11}\,a_{22}-a_{12}\,a_{21} \end{pmatrix}. \qquad (21.31)$$

Im speziellen Fall der projektiven Abbildung (Gl. 21.23) ist $a_{33} = 1$, was die Berechnung noch geringfügig vereinfacht. Da bei homogenen Koordinaten die Multiplikation eines Vektors mit einem Skalar wieder einen äquivalenten Vektor erzeugt (Gl. 21.12), ist der Faktor $1/\det(\boldsymbol{A})$ in Gl. 21.28 eigentlich überflüssig (und somit auch die Berechnung der Determinante). Zur Umkehrung der Transformation genügt es, den homogenen Koordinatenvektor mit der adjungierten Matrix zu multiplizieren und den resultierenden Vektor anschließend (bei Bedarf) zu „homogenisieren", d. h.

$$\begin{pmatrix} \hat{x} \\ \hat{y} \\ h \end{pmatrix} = \boldsymbol{A}_{\mathrm{adj}} \cdot \begin{pmatrix} x' \\ y' \\ 1 \end{pmatrix} \quad \text{und nachfolgend} \quad \begin{pmatrix} x \\ y \\ 1 \end{pmatrix} = \frac{1}{h} \begin{pmatrix} \hat{x} \\ \hat{y} \\ h \end{pmatrix}. \qquad (21.32)$$

Die in Gl. 21.22 ausgeführte Umkehrung der *affinen* Abbildung ist damit natürlich nur ein spezieller Fall dieser allgemeineren Methode für lineare Abbildungen, zumal auch die affine Abbildung selbst nur eine Unterklasse der projektiven Abbildungen ist.

Natürlich lässt sich zur Inversion der Matrix $\boldsymbol{A}$ auch die gängige Standardsoftware für lineare Algebra verwenden, die (neben der gereingeren Fehlermöglichkeit) in der Regel auch eine bessere numerische Stabilität aufweist.

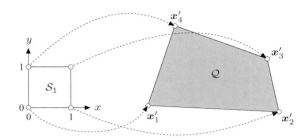

Projektive Abbildung über das Einheitsquadrat

Eine Alternative zur iterativen Lösung des linearen Gleichungssystems mit 8 Unbekannten in Gl. 21.26 ist die zweistufige Abbildung über das Einheitsquadrat $\mathcal{S}_1$. Bei der in Abb. 21.4 dargestellten projektiven Transformation des Einheitsquadrats in ein beliebiges Viereck mit den Punkten $\boldsymbol{x}'_1, \ldots, \boldsymbol{x}'_4$, also

$$
\begin{aligned}
(0,0) &\to \boldsymbol{x}'_1, & (1,1) &\to \boldsymbol{x}'_3, \\
(1,0) &\to \boldsymbol{x}'_2, & (0,1) &\to \boldsymbol{x}'_4,
\end{aligned}
\tag{21.33}
$$

reduziert sich das ursprüngliche Gleichungssystem aus Gl. 21.26 auf

$$
\begin{aligned}
x'_1 &= a_{13}, \\
y'_1 &= a_{23}, \\
x'_2 &= a_{11} + a_{13} - a_{31} \cdot x'_2, \\
y'_2 &= a_{21} + a_{23} - a_{31} \cdot y'_2, \\
x'_3 &= a_{11} + a_{12} + a_{13} - a_{31} \cdot x'_3 - a_{32} \cdot x'_3, \\
y'_3 &= a_{21} + a_{22} + a_{23} - a_{31} \cdot y'_3 - a_{32} \cdot y'_3, \\
x'_4 &= a_{12} + a_{13} - a_{32} \cdot x'_4, \\
y'_4 &= a_{22} + a_{23} - a_{32} \cdot y'_4.
\end{aligned}
\tag{21.34}
$$

Die Lösung dieses Gleichungssystem sind die Transformationsparameter $a_{11}, a_{12}, \ldots, a_{32}$, mit

$$
a_{31} = \frac{(x'_1 - x'_2 + x'_3 - x'_4) \cdot (y'_4 - y'_3) - (y'_1 - y'_2 + y'_3 - y'_4) \cdot (x'_4 - x'_3)}{(x'_2 - x'_3) \cdot (y'_4 - y'_3) - (x'_4 - x'_3) \cdot (y'_2 - y'_3)},
\tag{21.35}
$$

$$
a_{32} = \frac{(y'_1 - y'_2 + y'_3 - y'_4) \cdot (x'_2 - x'_3) - (x'_1 - x'_2 + x'_3 - x'_4) \cdot (y'_2 - y'_3)}{(x'_2 - x'_3) \cdot (y'_4 - y'_3) - (x'_4 - x'_3) \cdot (y'_2 - y'_3)},
\tag{21.36}
$$

$$
a_{11} = x'_2 - x'_1 + a_{31} x'_2, \qquad a_{12} = x'_4 - x'_1 + a_{32} x'_4, \qquad a_{13} = x'_1, \tag{21.37}
$$

$$
a_{21} = y'_2 - y'_1 + a_{31} y'_2, \qquad a_{22} = y'_4 - y'_1 + a_{32} y'_4, \qquad a_{23} = y'_1. \tag{21.38}
$$

Durch Invertieren der zugehörigen Transformationsmatrix (Gl. 21.28) ist auf diese Weise natürlich auch die umgekehrte Abbildung, also von einem

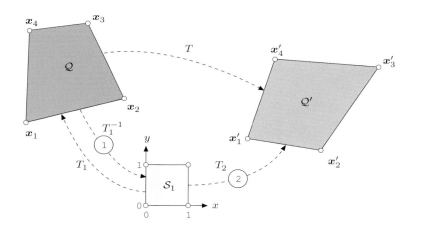

Abbildung 21.5
Projektive Abbildung zwischen den
beliebigen Vierecken (*quadrilaterals*)
$\mathcal{Q}$ und $\mathcal{Q}'$ durch zweistufige Transformation über das Einheitsquadrat $\mathcal{S}_1$.
In Schritt 1 wird das ursprüngliche
Viereck $\mathcal{Q}$ über T_1^{-1} auf das Einheitsquadrat $\mathcal{S}_1$ abgebildet. T_2 transformiert dann in Schritt 2 das Quadrat
$\mathcal{S}_1$ auf das Zielviereck $\mathcal{Q}'$. Die Verkettung von T_1^{-1} und T_2 ergibt die
Gesamttransformation T.

beliebigen Viereck in das Einheitsquadrat, möglich. Wie in Abb. 21.5
dargestellt, lässt sich so auch die Abbildung

$$\mathcal{Q} \xrightarrow{T} \mathcal{Q}' \tag{21.39}$$

eines beliebigen Vierecks $\mathcal{Q} = (\boldsymbol{x}_1, \boldsymbol{x}_2, \boldsymbol{x}_3, \boldsymbol{x}_4)$ auf ein anderes, ebenfalls
beliebiges Viereck $\mathcal{Q}' = (\boldsymbol{x}_1', \boldsymbol{x}_2', \boldsymbol{x}_3', \boldsymbol{x}_4')$ als zweistufige Transformation
über das Einheitsquadrat $\mathcal{S}_1$ durchführen, und zwar in der Form [228, S.
55]

$$\mathcal{Q} \xleftarrow{T_1} \mathcal{S}_1 \xrightarrow{T_2} \mathcal{Q}'. \tag{21.40}$$

Die Transformationen T_1 und T_2 zur Abbildung des Einheitsquadrats $\mathcal{S}_1$
auf die beiden Vierecke erhalten wir durch Einsetzen der entsprechenden
Rechteckspunkte $\boldsymbol{x}_i$ bzw. $\boldsymbol{x}_i'$ in Gl. 21.28–21.32. Die Gesamttransformation T ergibt sich schließlich durch Verkettung der Transformationen
T_1^{-1} und T_2, d. h.

$$\boldsymbol{x}' = T(\boldsymbol{x}) = T_2(T_1^{-1}(\boldsymbol{x})), \tag{21.41}$$

beziehungsweise in Matrixschreibweise

$$\boldsymbol{x}' = \boldsymbol{A} \cdot \boldsymbol{x} = \boldsymbol{A}_2 \cdot \boldsymbol{A}_1^{-1} \cdot \boldsymbol{x}. \tag{21.42}$$

Die Abbildungsmatrix $\boldsymbol{A} = \boldsymbol{A}_2 \cdot \boldsymbol{A}_1^{-1}$ muss für eine bestimmte Abbildung
natürlich nur einmal berechnet werden und kann dann auf beliebig viele
Bildpunkte $\boldsymbol{x}_i$ angewandt werden.

Beispiel

Das Ausgangsviereck $\mathcal{Q}$ und das Zielviereck $\mathcal{Q}'$ sind definiert durch folgende Koordinatenpunkte:

$$\mathcal{Q}: \quad \boldsymbol{x}_1 = (2,5) \quad \boldsymbol{x}_2 = (4,6) \quad \boldsymbol{x}_3 = (7,9) \quad \boldsymbol{x}_4 = (5,9)$$

$$\mathcal{Q}': \qquad \boldsymbol{x}_1' = (4,3) \qquad \boldsymbol{x}_2' = (5,2) \qquad \boldsymbol{x}_3' = (9,3) \qquad \boldsymbol{x}_4' = (7,5)$$

Mithilfe der Gleichungen 21.35–21.38 ergeben sich Parameter (Matrizen) für die projektiven Abbildungen vom Einheitsquadrat $\mathcal{S}_1$ auf die beiden Vierecke $\boldsymbol{A}_1 : \mathcal{S}_1 \to \mathcal{Q}$ und $\boldsymbol{A}_2 : \mathcal{S}_1 \to \mathcal{Q}'$ als

$$\boldsymbol{A}_1 = \begin{pmatrix} 3.3\dot{3} & 0.50 & 2.00 \\ 3.00 & -0.50 & 5.00 \\ 0.3\dot{3} & -0.50 & 1.00 \end{pmatrix} \quad \text{und} \quad \boldsymbol{A}_2 = \begin{pmatrix} 1.00 & -0.50 & 4.00 \\ -1.00 & -0.50 & 3.00 \\ 0.00 & -0.50 & 1.00 \end{pmatrix}.$$

Durch Verkettung von $\boldsymbol{A}_2$ mit der inversen Abbildung $\boldsymbol{A}_1^{-1}$ erhalten wir schließlich die Gesamttransformation $\boldsymbol{A} = \boldsymbol{A}_2 \cdot \boldsymbol{A}_1^{-1}$, wobei

$$\boldsymbol{A}_1^{-1} = \begin{pmatrix} 0.60 & -0.45 & 1.05 \\ -0.40 & 0.80 & -3.20 \\ -0.40 & 0.55 & -0.95 \end{pmatrix} \quad \text{und} \quad \boldsymbol{A} = \begin{pmatrix} -0.80 & 1.35 & -1.15 \\ -1.60 & 1.70 & -2.30 \\ -0.20 & 0.15 & 0.65 \end{pmatrix}.$$

Diese zweistufige Berechnung wird in der Klasse `ProjectiveMapping`[3] zur Implementierung der Konstruktor-Methoden verwendet.

21.1.5 Bilineare Abbildung

Ähnlich wie die projektive Abbildung (Gl. 21.23) ist auch die *bilineare* Abbildung

$$\begin{aligned} T_\text{x} : \quad & x' = a_1 \cdot x + a_2 \cdot y + a_3 \cdot x \cdot y + a_4, \\ T_\text{y} : \quad & y' = b_1 \cdot x + b_2 \cdot y + b_3 \cdot x \cdot y + b_4, \end{aligned} \tag{21.43}$$

durch acht Parameter $(a_1, \dots, a_4, b_1, \dots, b_4)$ bestimmt und kann daher ebenso durch vier Punktpaare spezifiziert werden. Durch den gemischten Term $x \cdot y$ ist die bilineare Transformation selbst mit homogenen Koordinaten nicht als lineare Abbildung darzustellen. Im Unterschied zur projektiven Abbildung bleiben daher Geraden im Allgemeinen nicht erhalten, sondern gehen in quadratische Kurven über, und auch Kreise werden i. Allg. nicht in Ellipsen abgebildet.

Eine bilineare Abbildung wird durch vier korrespondierende Punktpaare $(\boldsymbol{x}_1, \boldsymbol{x}_1'), \dots, (\boldsymbol{x}_4, \boldsymbol{x}_4')$ eindeutig spezifiziert. Im allgemeinen Fall, also für die Abbildung zwischen beliebigen Vierecken, können die Koeffizienten $a_1, \dots, a_4, b_1, \dots, b_4$ als Lösung von zwei getrennten Gleichungssystemen mit jeweils vier Unbekannten bestimmt werden:

$$\begin{pmatrix} x_1' \\ x_2' \\ x_3' \\ x_4' \end{pmatrix} = \begin{pmatrix} x_1 & y_1 & x_1 \cdot y_1 & 1 \\ x_2 & y_2 & x_2 \cdot y_2 & 1 \\ x_3 & y_3 & x_3 \cdot y_3 & 1 \\ x_4 & y_4 & x_4 \cdot y_4 & 1 \end{pmatrix} \cdot \begin{pmatrix} a_1 \\ a_2 \\ a_3 \\ a_4 \end{pmatrix} \qquad \text{bzw.} \quad \boldsymbol{x} = \boldsymbol{M} \cdot \boldsymbol{a}, \tag{21.44}$$

$$\begin{pmatrix} y_1' \\ y_2' \\ y_3' \\ y_4' \end{pmatrix} = \begin{pmatrix} x_1 & y_1 & x_1 \cdot y_1 & 1 \\ x_2 & y_2 & x_2 \cdot y_2 & 1 \\ x_3 & y_3 & x_3 \cdot y_3 & 1 \\ x_4 & y_4 & x_4 \cdot y_4 & 1 \end{pmatrix} \cdot \begin{pmatrix} b_1 \\ b_2 \\ b_3 \\ b_4 \end{pmatrix} \qquad \text{bzw.} \quad \boldsymbol{y} = \boldsymbol{M} \cdot \boldsymbol{b}. \tag{21.45}$$

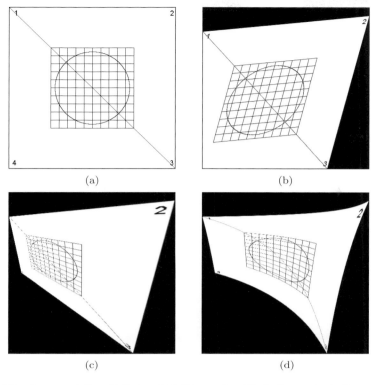

Abbildung 21.6
Geometrische Abbildungen im Vergleich. Originalbild (a), affine Abbildung in Bezug auf das Dreieck 1-2-3 (b), projektive Abbildung (c), bilineare Abbildung (d).

$$(a) \qquad (b)$$

$$(c) \qquad (d)$$

Für den speziellen Fall der Abbildung des *Einheitsquadrats* $\mathcal{S}_1$ auf ein beliebiges Viereck $\mathcal{Q} = (\boldsymbol{x}_1', \dots, \boldsymbol{x}_4')$ durch die bilineare Transformation ist die Lösung für die Parameter $a_1, \dots, a_4, b_1, \dots, b_4$

$$
\begin{aligned}
a_1 &= x_2' - x_1', & b_1 &= y_2' - y_1', & (21.46)\\
a_2 &= x_4' - x_1', & b_2 &= y_4' - y_1',\\
a_3 &= x_1' - x_2' + x_3' - x_4', & b_3 &= y_1' - y_2' + y_3' - y_4',\\
a_4 &= x_1', & b_4 &= y_1'.
\end{aligned}
$$

21.1.6 Weitere nichtlineare Bildtransformationen

Die bilineare Transformation ist nur ein Beispiel für eine nichtlineare Abbildung im 2D-Raum, die nicht durch eine einfache Matrixmultiplikation in homogenen Koordinaten dargestellt werden kann. Darüber hinaus gibt es unzählige weitere nichtlineare Abbildungen, die in der Praxis etwa zur Realisierung diverser Verzerrungseffekte in der Bildgestaltung verwendet werden. Je nach Typ der Abbildung ist die Berechnung der inversen Abbildungsfunktion nicht immer einfach. In den folgenden drei Beispielen ist daher nur jeweils die Rückwärtstransformation

$$
\boldsymbol{x} = T^{-1}(\boldsymbol{x}') \tag{21.47}
$$

---

[3] Paket `imagingbook.pub.geometry.mappings.linear`

angegeben, sodass für die praktische Berechnung (durch *Target-to-Source Mapping*, siehe Abschn. 21.2.2) keine Inversion der Abbildungsfunktion erforderlich ist.

Beispiel 1: *Twirl*-Transformation

Die *Twirl*-Abbildung verursacht eine Drehung des Bilds um den vorgegebenen Mittelpunkt $\boldsymbol{x}_c = (x_c, y_c)$, wobei der Drehungswinkel im Zentrum einen vordefinierten Wert (α) aufweist und mit dem Abstand vom Zentrum proportional abnimmt. Außerhalb des Grenzradius $r_{\max}$ bleibt das Bild unverändert. Die zugehörige (inverse) Abbildungsfunktion ist für einen Target-Punkt (x', y') folgendermaßen definiert:

$$T_x^{-1} : x = \begin{cases} x_c + r \cdot \cos(\beta) & \text{für } r \leq r_{\max}, \\ x' & \text{für } r > r_{\max}, \end{cases} \tag{21.48}$$

$$T_y^{-1} : y = \begin{cases} y_c + r \cdot \sin(\beta) & \text{für } r \leq r_{\max}, \\ y' & \text{für } r > r_{\max}, \end{cases} \tag{21.49}$$

wobei

$$d_x = x' - x_c, \qquad r = \sqrt{d_x^2 + d_y^2}, \tag{21.50}$$
$$d_y = y' - y_c, \qquad \beta = \text{Arctan}(d_x, d_y) + \alpha \cdot \left(\tfrac{r_{\max} - r}{r_{\max}}\right).$$

Abb. 21.7 (a,d) zeigt eine typische Twirl-Abbildung mit dem Drehpunkt $\boldsymbol{x}_c$ im Zentrum des Bilds, einem Grenzradius $r_{\max}$ mit der halben Länge der Bilddiagonale und einem Drehwinkel $\alpha = 43°$.

Beispiel 2: *Ripple*-Transformation

Die *Ripple*-Transformation bewirkt eine lokale, wellenförmige Verschiebung der Bildinhalte in x- und y-Richtung. Die Parameter dieser Abbildung sind die Periodenlängen $\tau_x, \tau_y \neq 0$ (in Pixel) für die Verschiebungen in beiden Richtungen sowie die zugehörigen Amplituden a_x, a_y:

$$T_x^{-1} : x = x' + a_x \cdot \sin\left(\tfrac{2\pi \cdot y'}{\tau_x}\right), \tag{21.51}$$
$$T_y^{-1} : y = y' + a_y \cdot \sin\left(\tfrac{2\pi \cdot x'}{\tau_y}\right). \tag{21.52}$$

Abb. 21.7 (b, e) zeigt als Beispiel eine Ripple-Transformation mit $\tau_x = 120$, $\tau_y = 250$, $a_x = 10$ und $a_y = 15$.

Beispiel 3: Sphärische Verzerrung

Die sphärische Verzerrung bildet den Effekt einer auf dem Bild liegenden, halbkugelförmigen Glaslinse nach. Die Parameter dieser Abbildung

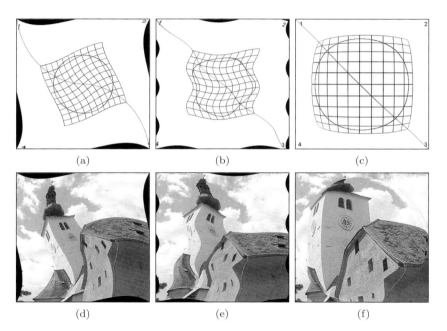

(a)　　　　　(b)　　　　　(c)

(d)　　　　　(e)　　　　　(f)

Abbildung 21.7
Diverse nichtlineare Bildverzerrungen.
Twirl (a, d), *Ripple* (b, e), *Sphere*
(c, f). Die Größe des Originalbilds ist
400×400 Pixel.

sind das Zentrum der Linse $\boldsymbol{x}_c = (x_c, y_c)$, deren Radius $r_{\max}$ sowie der Brechungsindex der Linse ρ. Die Abbildung ist folgendermaßen definiert:

$$T_x^{-1}: x = x' - \begin{cases} z \cdot \tan(\beta_x) & \text{für } r \leq r_{\max}, \\ 0 & \text{für } r > r_{\max}, \end{cases} \tag{21.53}$$

$$T_y^{-1}: y = y' - \begin{cases} z \cdot \tan(\beta_y) & \text{für } r \leq r_{\max}, \\ 0 & \text{für } r > r_{\max}, \end{cases} \tag{21.54}$$

mit

$$d_x = x' - x_c, \quad r = \sqrt{d_x^2 + d_y^2}, \qquad \beta_x = \left(1 - \tfrac{1}{\rho}\right) \cdot \sin^{-1}\left(\tfrac{d_x}{\sqrt{(d_x^2 + z^2)}}\right),$$

$$d_y = y' - y_c, \quad z = \sqrt{r_{\max}^2 - r^2}, \quad \beta_y = \left(1 - \tfrac{1}{\rho}\right) \cdot \sin^{-1}\left(\tfrac{d_y}{\sqrt{(d_y^2 + z^2)}}\right).$$

Abb. 21.7 (c, f) zeigt eine sphärische Abbildung, bei der die Linse einen Radius $r_{\max}$ mit der Hälfte der Bildbreite und einen Brechungsindex $\rho = 1.8$ aufweist und das Zentrum $\boldsymbol{x}_c$ im Abstand von 10 Pixel rechts der Bildmitte liegt.

Siehe Aufg. 21.4 für weitere Beispiele nichtlinearer geometrischer Transformationen.

21.1.7 Lokale Transformationen

Die bisher beschriebenen geometrischen Transformationen sind *globaler* Natur, d. h., auf alle Bildkoordinaten wird dieselbe Abbildungsfunktion angewandt. Häufig ist es notwendig, ein Bild so zu verzerren, dass eine größere Zahl von Bildpunkten $\boldsymbol{x}_1, \ldots, \boldsymbol{x}_n$ exakt in vorgegebene neue Koordinatenpunkte $\boldsymbol{x}'_1, \ldots, \boldsymbol{x}'_n$ abgebildet wird. Für $n = 3$ ist dieses Problem mit einer affinen Abbildung (Abschn. 21.1.3) zu lösen bzw. mit einer projektiven oder bilinearen Abbildung für $n = 4$ abzubildende Punkte (Abschn. 21.1.4, 21.1.5). Für $n > 4$ ist auf Basis einer globalen Koordinatentransformation eine entsprechend komplizierte Funktion $T(\boldsymbol{x})$, z. B. ein Polynom höherer Ordnung, erforderlich.

Eine Alternative dazu sind *lokale* oder stückweise Abbildungen, bei denen die einzelnen Teile des Bilds mit unterschiedlichen, aber aufeinander abgestimmten Abbildungsfunktionen transformiert werden. In der Praxis sind vor allem netzförmige Partitionierungen des Bilds in der Form von Drei- oder Vierecksflächen üblich, wie in Abb. 21.8 dargestellt.

Bei der Partitionierung des Bilds in ein *Mesh* von Dreiecken $\mathcal{D}_i$ (Abb. 21.8 (a)) kann für die Transformation zwischen zugehörigen Paaren von Dreiecken $\mathcal{D}_i \rightarrow \mathcal{D}'_i$ eine affine Abbildung verwendet werden, die natürlich für jedes Paar von Dreiecken getrennt berechnet werden muss. Für den Fall einer Mesh-Partitionierung in Vierecke $\mathcal{Q}_i$ (Abb. 21.8 (b)) eignet sich hingegen die projektive Abbildung. In beiden Fällen ist durch die Erhaltung der Geradeneigenschaft bei der Transformation sichergestellt, dass zwischen aneinander liegenden Drei- bzw. Vierecken kontinuierliche Übergänge und keine Lücken entstehen.

Lokale Transformationen dieser Art werden beispielsweise zur Entzerrung und Registrierung von Luft- und Satellitenaufnahmen verwendet. Auch beim so genannten „Morphing" [228], das ist die schrittweise geometrische Überführung eines Bilds in ein anderes Bild bei gleichzeitiger Überblendung, kommt dieses Verfahren häufig zum Einsatz.[4]

21.2 Resampling

Bei der Betrachtung der geometrischen Transformationen sind wir bisher davon ausgegangen, dass die Bildkoordinaten *kontinuierlich* (reellwertig) sind. Im Unterschied dazu liegen aber die Elemente digitaler Bilder auf *diskreten*, also ganzzahligen Koordinaten und ein nicht triviales Detailproblem bei geometrischen Transformationen ist die möglichst verlustfreie Überführung des diskret gerasterten Ausgangsbilds in ein neues, ebenfalls diskret gerastertes Zielbild.

Es ist also erforderlich, basierend auf einer geometrischen Abbildungsfunktion $T(x, y)$, aus einem bestehenden Bild $I(u, v)$ ein transformiertes Bild $I'(u', v')$ zu erzeugen, wobei alle Koordinaten diskret sind, d. h. $u, v \in \mathbb{Z}$ und $u', v' \in \mathbb{Z}$.[5] Dazu sind grundsätzlich folgende zwei

---

[4] Image Morphing ist z. B. als ImageJ-Plugin `iMorph` von Hajime Hirase implementiert (http://rsb.info.nih.gov/ij/plugins/morph.html).

[5] Anm. zur Notation: Ganzzahlige Koordinaten werden mit (u, v) bzw. (u', v') bezeichnet, reellwertige Koordinaten mit (x, y) bzw. (x', y').

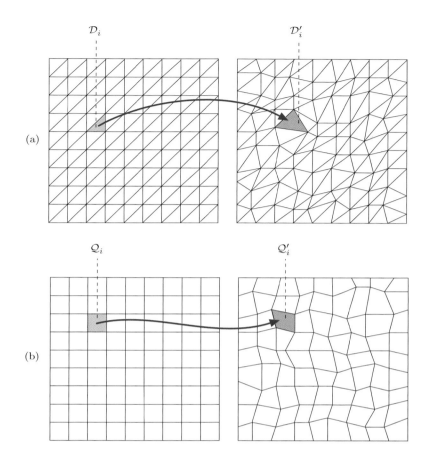

Abbildung 21.8
Beispiele für *Mesh*-Partitionierungen. Durch Zerlegung der Bildfläche in nicht überlappende Dreiecke $\mathcal{D}_i, \mathcal{D}_i'$ (a) oder Vierecke $\mathcal{Q}_i, \mathcal{Q}_i'$ (b) können praktisch beliebige Verzerrungen durch einfache, lokale Transformationen realisiert werden. Jedes Mesh-Element wird separat transformiert, die entsprechenden Abbildungsparameter werden jeweils aus den korrespondierenden 3 bzw. 4 Punktpaaren berechnet.

Vorgangsweisen denkbar, die sich durch die Richtung der Abbildung unterscheiden: *Source-to-Target* bzw. *Target-to-Source Mapping*.

21.2.1 *Source-to-Target Mapping*

In diesem auf den ersten Blick plausiblen Ansatz wird für jedes Pixel (u, v) im Ausgangsbild I (*source*) die zugehörige transformierte Position

$$(x', y') = T(u, v) \tag{21.55}$$

im Zielbild I' (*target*) berechnet, die natürlich im Allgemeinen *nicht* auf einem Rasterpunkt liegt (Abb. 21.9). Anschließend ist zu entscheiden, in welches Bildelement in I' der zugehörige Intensitäts- oder Farbwert aus $I(u, v)$ gespeichert wird, oder ob der Wert eventuell sogar auf mehrere Pixel in I' verteilt werden soll.

Das eigentliche Problem dieses Verfahrens ist, dass – abhängig von der geometrischen Transformation T – einzelne Elemente im Zielbild I' möglicherweise überhaupt nicht getroffen werden, z. B. wenn das Bild

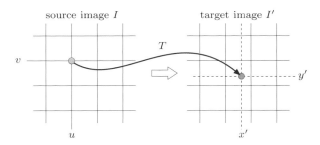

Abbildung 21.9
Source-to-Target Mapping. Für
jede diskrete Pixelposition (u, v)
im Ausgangsbild (*source*) I wird
die zugehörige transformierte Position $(x', y') = T(u, v)$ im Zielbild
(*target*) I' berechnet, die i. Allg.
nicht auf einem Rasterpunkt liegt.
Der Pixelwert $I(u, v)$ wird in eines der Bildelemente (oder in mehrere Bildelemente) in I' übertragen.

vergrößert wird. In diesem Fall entstehen Lücken in der Intensitätsfunktion, die nachträglich nur mühsam zu schließen wären. Umgekehrt müsste
man auch berücksichtigen, dass (z. B. bei einer Verkleinerung des Bilds)
ein Bildelement im Target I' durch *mehrere* Quellpixel hintereinander
„getroffen" werden kann, und dabei eventuell Bildinformation verloren
geht. Angesichts all dieser Schwierigkeiten ist Source-to-Target Mapping
in der Regel keine gute Wahl.

21.2.2 *Target-to-Source Mapping*

Dieses Verfahren vermeidet die meisten Komplikationen des Source-to-
Target Mappings, indem es genau umgekehrt vorgeht. Für jeden Rasterpunkt (u', v') im *Zielbild* wird zunächst die zugehörige Position

$$(x, y) = T^{-1}(u', v') \tag{21.56}$$

im Ausgangsbild berechnet. Natürlich liegt auch diese Position i. Allg.
wiederum nicht auf einem Rasterpunkt (Abb. 21.10) und es ist zu entscheiden, aus welchem (oder aus welchen) der Pixel in I die entsprechenden Bildwerte entnommen werden sollen. Dieses Problem der *Interpolation* der Intensitätswerte betrachten wir anschließend (in Kap. 22) noch
ausführlicher.

Abbildung 21.10
Target-to-Source Mapping. Für jede
diskrete Pixelposition (u', v') im Zielbild (*target*) I' wird über die inverse
Abbildungsfunktion T^{-1} die zugehörige Position $(x, y) = T^{-1}(u', v')$
im Ausgangsbild (*source*) berechnet. Der neue Pixelwert für
$I'(u', v')$ wird durch Interpolation
der Werte des Ausgangsbilds I in
der Umgebung von (x, y) berechnet.

Der Vorteil des *Target-to-Source*-Verfahrens ist jedenfalls, dass garantiert alle Pixel des neuen Bilds I' (und nur diese) berechnet werden
und damit keine Lücken oder Mehrfachtreffer entstehen können. Es erfordert die Verfügbarkeit der *inversen* geometrischen Abbildung T^{-1}, was

```
1:  TransformImage (I, T)
        Input: I, source image; T, continuous mapping ℝ² ↦ ℝ².
        Returns the transformed image.
2:      I' ← duplicate(I)                        ▷ create the target image
3:      for all target image coordinates (u, v) do
4:          (x, y) ← T⁻¹(u, v)
5:          I'(u, v) ← GetInterpolatedValue(I, x, y)
6:      return I'
```

Algorithmus 21.1
Geometrische Bildtransformation
mit *Target-to-Source Mapping*. Gegeben sind das Ausgangsbild I,
das Zielbild I' und die Koordinatentransformation T. Die Funktion
GetInterpolatedValue(I, x, y) berechnet den interpolierten Pixelwert an
der kontinuierlichen Position (x, y) im
Originalbild I.

allerdings in den meisten Fällen kein Nachteil ist, da die Vorwärtstransformation T selbst dabei gar nicht benötigt wird. Durch die Einfachheit des Verfahrens, die auch in Alg. 21.1 deutlich wird, ist *Target-to-Source Mapping* die gängige Vorgangsweise bei der geometrischen Transformation von Bildern.

21.3 Java-Implementierung

In ImageJ selbst sind nur wenige, einfache geometrischen Operationen, wie horizontale Spiegelung und Rotation, in der Klasse `ImageProcessor` implementiert. Einige weitere Operationen, wie z. B. die affine Transformation, sind als Plugin-Klassen im `TransformJ`-Package verfügbar [147].

Mapping (class)

Die abstrakte Klasse `Mapping` ist die Überklasse für alle nachfolgenden Abbildungsklassen.[6] Sie schreibt insbesondere die Methode `applyTo()` vor, womit die geometrische Abbildung auf einen 2D Koordinatenpunkt angewandt wird. Die konkrete Implementierung erfolgt durch durch die konkreten Subklassen (Abbildungen). Die Methode ist mit unterschiedlichen Signaturen verfügbar:

`double[] applyTo (double[] pnt)`
    Wendet diese Transformation auf `pnt` an und liefert die neue Koordinate.

`Point2D applyTo (Point2D pnt)`
    Wendet diese Transformation auf `pnt` an und liefert die neue Koordinate.

`Point2D[] applyTo (Point2D[] pnts)`
    Wendet diese Transformation auf die Folge von Punkten in `pnts` an und liefert eine neue Koordinatenfolge.

Weiter kann diese Klasse auch direkt zur Transformation von Bildern eingesetzt werden:

`double[] applyTo (ImageProcessor source, ImageProcessor target, PixelInterpolator.Method im)`

---

[6] Im Paket `imagingbook.pub.geometry.mappings`

Transformiert das Ausgangsbild `source` auf das Zielbild `target` mittels Target-to-Source-Transformation unter Verwendung der Interpolationsmethode `im`.

`double[] applyTo (ImageProcessor ip,`
`PixelInterpolator.Method im)`

Transformiert das Bild `ip` destruktiv unter Verwendung der Interpolationsmethode `im`.

`double[] applyTo (ImageInterpolator source,`
`ImageProcessor target)`

Transformiert das (über den Interpolator `source` spezifizierte) Ausgangsbild mittels Target-to-Source-Transformation auf das Bild `target`.

`Mapping duplicate ()`

Liefert eine Kopie dieser Abbildung.

`Mapping getInverse ()`

Liefert die zu dieser Abbildung inverse Abbildung, soweit verfügbar. Andernfalls wird eine Ausnahme (`UnsupportedOperation-Exception`) ausgelöst.

21.3.1 Lineare Abbildungen

Lineare Abbildungen sind durch die Klasse `LinearMapping` und deren Subklassen implementiert.[7] Verfügbare Subklassen sind u. a.

`AffineMapping,`	`Scaling,`
`ProjectiveMapping,`	`Shear,`
`Rotation,`	`Translation.`

21.3.2 Nichtlineare Abbildungen

Einzelne nichtlineare Abbildungen sind durch folgende Subklassen von `Mapping` implementiert:[8]

`BilinearMapping,`	`ShereMapping,`
`RippleMapping,`	`TwirlMapping.`

21.3.3 Anwendungsbeispiele

Die folgenden zwei ImageJ-Plugins zeigen einfache Beispiele für die Anwendung der oben beschriebenen Klassen für geometrische Abbildungen und Interpolation (Details dazu in Kap. 22). Die angeführten Beispiele sind auf Bilder jeden Typs anwendbar.

---

[7] Im Paket `imagingbook.pub.geometry.mappings.linear`

[8] Im Paket `imagingbook.pub.geometry.mappings.nonlinear`

```
1  import ij.ImagePlus;
2  import ij.plugin.filter.PlugInFilter;
3  import ij.process.ImageProcessor;
4  import imagingbook.pub.geometry.interpolators.pixel.
       PixelInterpolator;
5  import imagingbook.pub.geometry.mappings.Mapping;
6  import imagingbook.pub.geometry.mappings.linear.Rotation;
7
8  public class Transform_Rotate implements PlugInFilter {
9    static double angle = 15;  // rotation angle (in degrees)
10
11     public int setup(String arg, ImagePlus imp) {
12        return DOES_ALL;
13     }
14
15     public void run(ImageProcessor ip) {
16       Mapping map = new Rotation((2*Math.PI*angle)/360);
17       map.applyTo(ip, PixelInterpolator.Method.Bicubic);
18     }
19 }
```

21.4 Aufgaben

Programm 21.1
Beispiel für die Rotation eines beliebigen Bilds mithilfe der Rotation bzw. Mapping-Klasse (ImageJ-Plugin).

Beispiel 1: Rotation

Das erste Beispiel in Prog. 21.1 zeigt ein Plugin (`Transform_Rotate`) für die Rotation des Bilds um 15°. Zunächst wird (in Zeile 16) das Transformationsobjekt (`map`) der Klasse `Rotation` erzeugt, die angegebenen Winkelgrade werden dafür in Radianten umgerechnet. Die eigentliche Transformation des Bilds erfolgt durch Aufruf der Methode `applyTo()` in Zeile 17.

Beispiel 2: Projektive Transformation

In Prog. 21.2 ist als weiteres Beispiel die Anwendung der projektiven Abbildung gezeigt. Die Abbildung T ist in diesem Fall durch zwei beliebige Vierecke $\mathcal{P} = $ p1, ..., p4 bzw. $\mathcal{Q} = $ q1, ..., q4 definiert. Diese Punkte würde man in einer konkreten Anwendung interaktiv bestimmen oder wären durch eine Mesh-Partitionierung vorgegeben.

Die Vorwärtstransformation T und das zugehörige Objekt `map` wird durch Anwendung des Konstruktors `ProjectiveMapping()` in Zeile 28 erzeugt. In diesem Fall wird ein bilinearer Interpolator verwendet (Zeile 29), die Anwendung der Transformation erfolgt wie im vorherigen Beispiel.

21.4 Aufgaben

Aufg. 21.1. Zeigen Sie, dass eine Gerade $y = kx + d$ in 2D durch eine projektive Abbildung (Gl. 21.23) wiederum in eine Gerade abgebildet wird.

```
1  import ij.ImagePlus;
2  import ij.plugin.filter.PlugInFilter;
3  import ij.process.ImageProcessor;
4  import imagingbook.pub.geometry.interpolators.pixel.
       PixelInterpolator;
5  import imagingbook.pub.geometry.mappings.Mapping;
6  import imagingbook.pub.geometry.mappings.linear.
       ProjectiveMapping;
7  import java.awt.Point;
8  import java.awt.geom.Point2D;
9
10 public class Transform_Projective implements PlugInFilter {
11
12     public int setup(String arg, ImagePlus imp) {
13         return DOES_ALL;
14     }
15
16     public void run(ImageProcessor ip) {
17       Point2D p1 = new Point(0, 0);
18       Point2D p2 = new Point(400, 0);
19       Point2D p3 = new Point(400, 400);
20       Point2D p4 = new Point(0, 400);
21
22       Point2D q1 = new Point(0, 60);
23       Point2D q2 = new Point(400, 20);
24       Point2D q3 = new Point(300, 400);
25       Point2D q4 = new Point(30, 200);
26
27       Mapping map = new
28           ProjectiveMapping(p1, p2, p3, p4, q1, q2, q3, q4);
29       map.applyTo(ip, PixelInterpolator.Method.Bilinear);
30     }
31 }
```

Aufg. 21.2. Zeigen Sie, dass die Parallelität von Geraden durch eine affine Abbildung (Gl. 21.14) erhalten bleibt.

Aufg. 21.3. Konzipieren Sie eine geometrische Abbildung ähnlich der Ripple-Transformation (Gl. 21.51), die anstatt der Sinusfunktion eine sägezahnförmige Funktion für die Verzerrung in horizontaler und vertikaler Richtung benutzt. Verwenden Sie zur Implementierung die Java-Klasse TwirlMapping als Muster.

Aufg. 21.4. Realisieren Sie nachfolgende geometrische Transformationen (siehe Abb. 21.11):

A. ***Radial Wave*-Transformation:** Diese Transformation simuliert eine omnidirektionale Welle, die von einem fixen Mittelpunkt x_c ausgeht (Abb. 21.11 (b)). Die inverse Transformation für einen Target-Punkt $x' = (x', y')$ ist

$$T^{-1}: \boldsymbol{x} = \begin{cases} \boldsymbol{x}_{\mathrm{c}} & \text{für } r = 0, \\ \boldsymbol{x}_{\mathrm{c}} + \frac{r+\delta}{r} \cdot (\boldsymbol{x}' - \boldsymbol{x}_{\mathrm{c}}) & \text{für } r > 0, \end{cases} \qquad (21.57)$$

mit $r = \|\boldsymbol{x}' - \boldsymbol{x}_{\mathrm{c}}\| = \sqrt{(x' - x_{\mathrm{c}})^2 + (y' - y_{\mathrm{c}})^2}$, und $\delta = a \cdot \sin\left(\frac{2\pi r}{\tau}\right)$. Der Parameter a bestimmt die *Amplitude* (Stärke) der Verzerrung und τ ist die *Periode* (Ausdehnung) der radialen Welle (in Pixel).

B. **Clover-Transformation:** Diese Transformation verzerrt das Bild in Form eines N-blättrigen „Kleeblatts" (Abb. 21.11 (c)). Die zugehörige inverse Transformation ist identisch zu Gl. 21.57, allerdings mit

$$\delta = a \cdot r \cdot \cos(N \cdot \alpha), \quad \text{wobei } \alpha = \angle(\boldsymbol{x}' - \boldsymbol{x}_{\mathrm{c}}). \qquad (21.58)$$

Wiederum ist $r = \|\boldsymbol{x}' - \boldsymbol{x}_{\mathrm{c}}\|$ der Radius zwischen dem Targetpunkt $\boldsymbol{x}'$ und dem fixierten Mittelpunkt $\boldsymbol{x}_{\mathrm{c}}$. Der Parameter a spezifiert die Amplitude der Verzerrung und der ganzzahlige Parameter N die Anzahl der radialen „Blätter".

C. **Spiral-Transformation:** Diese Transformation (Abb. 21.11 (d)) ist ähnlich zur *Twirl*-Transformation in Gl. 21.48–21.49, mit der inversen Transformation

$$T^{-1}: \boldsymbol{x} = \boldsymbol{x}_{\mathrm{c}} + r \cdot \begin{pmatrix} \cos(\beta) \\ \sin(\beta) \end{pmatrix}, \qquad (21.59)$$

mit $\beta = \angle(\boldsymbol{x}' - \boldsymbol{x}_{\mathrm{c}}) + a \cdot r$, wobei $r = \|\boldsymbol{x}' - \boldsymbol{x}_{\mathrm{c}}\|$ wiederum der Abstand zwischen dem Target-Punkt $\boldsymbol{x}'$ und dem Mittelpunkt $\boldsymbol{x}_{\mathrm{c}}$ ist. Der modifizierte Winkel β wächst proportional zu r. Der Parameter a bestimmt die „Geschwindigkeit" der Spirale.

D. **Angular Wave-Transformation:** Eine weitere Variante der *Twirl*-Transformation in Gl. 21.48–21.49. Die zugehörige inverse Transformation ist identisch zu Gl. 21.59, wobei in diesem Fall

$$\beta = \angle(\boldsymbol{x}' - \boldsymbol{x}_{\mathrm{c}}) + a \cdot \sin\left(\frac{2\pi r}{\tau}\right). \qquad (21.60)$$

Der Winkel β wird hier sinusförmig mit der Amplitude a variiert (Abb. 21.11 (e)).

E. **Tapestry-Transformation:** In diesem Fall ist inverse Transformation für einen Target-Punkt $\boldsymbol{x}' = (x', y')$

$$T^{-1}: \boldsymbol{x} = \boldsymbol{x}' + a \cdot \begin{pmatrix} \sin\left(\frac{2\pi}{\tau_x} \cdot (x' - x_{\mathrm{c}})\right) \\ \sin\left(\frac{2\pi}{\tau_y} \cdot (y' - y_{\mathrm{c}})\right) \end{pmatrix}, \qquad (21.61)$$

wiederum mit dem Mittelpunkt $\boldsymbol{x}_{\mathrm{c}} = (x_{\mathrm{c}}, y_{\mathrm{c}})$. Der Parameter a spezifiert die Amplitude der Verzerrung und τ_x, τ_y sind die Wellenlängen (gemessen in Pixel) in Richtung der x- bzw. y-Achse (Abb. 21.11 (f)).

Abbildung 21.11
Beispiele für diverse nichtlineare
geometrische Transformationen
in Gl. 21.57–21.61 (Aufg. 21.4).
Der Referenzpunkt x_c ist jeweils in der Bildmitte gewählt.

(a) Originalbild   (b) *Radial Wave* ($a = 10.0$, $\tau = 38$)

(c) *Clover* ($a = 0.2$, $N = 8$)   (d) *Spiral* ($a = 0.01$)

(e) *Angular Wave* ($a = 0.1$, $\tau = 38$)   (f) *Tapestry* ($a = 5.0$, $\tau_x = \tau_y = 30$)

22

Interpolation

Als *Interpolation* bezeichnet man den Vorgang, die Werte einer diskreten Funktion für Positionen abseits ihrer Stützstellen zu schätzen. Bei geometrischen Bildoperationen ergibt sich diese Aufgabenstellung aus dem Umstand, dass durch die geometrische Abbildung T (bzw. T^{-1}) diskrete Rasterpunkte im Allgemeinen *nicht* auf diskrete Bildpositionen im jeweils anderen Bild transformiert werden (wie im vorherigen Abschnitt beschrieben). Konkretes Ziel ist daher eine möglichst gute Schätzung für den Wert der zweidimensionalen Bildfunktion $I()$ für beliebige Positionen (x, y), insbesondere zwischen den bekannten, diskreten Bildpunkten $I(u, v)$.

22.1 Einfache Interpolationsverfahren

Zur Illustration betrachten wir das Problem zunächst im eindimensionalen Fall (Abb. 22.1). Um die Werte einer diskreten Funktion $g(u)$, $u \in \mathbb{Z}$, an beliebigen Positionen $x \in \mathbb{R}$ zu interpolieren, gibt es verschiedene Ad-hoc-Ansätze. Am einfachsten ist es, die kontinuierliche Koordinate x auf den nächstliegenden ganzzahligen Wert u_x zu runden und den zugehörigen Funktionswert $g(u_x)$ zu übernehmen, d. h.

$$\breve{g}(x) \leftarrow g(u_x), \qquad (22.1)$$

wobei $u_x = \mathrm{round}(x) = \lfloor x + 0.5 \rfloor$. Ein eindimensionales Beispiel für das Ergebnis dieser so genannten *Nearest-Neighbor*-Interpolation ist in Abb. 22.2 (a) gezeigt.

Ein ähnlich einfaches Verfahren ist die *lineare Interpolation*, bei der die zu x links und rechts benachbarten Funktionswerte $g(u_x)$ und $g(u_x + 1)$, hier mit $u_x = \lfloor x \rfloor$, proportional zum jeweiligen Abstand gewichtet werden:

Abbildung 22.1
Interpolation einer diskreten Funktion. Die Aufgabe besteht darin, aus den diskreten Werten der Funktion $g(u)$ (a) die Werte der ursprünglichen Funktion $f(x)$ an beliebigen Positionen $x \in \mathbb{R}$ zu schätzen (b).

Abbildung 22.2
Einfache Interpolationsverfahren. Bei der *Nearest-Neighbor-Interpolation* (a) wird für jede kontinuierliche Position x der jeweils nächstliegende, diskrete Funktionswert $g(u)$ übernommen. Bei der *linearen Interpolation* (b) liegen die geschätzten Zwischenwerte auf Geraden, die benachbarte Funktionswerte $g(u)$ und $g(u+1)$ verbinden.

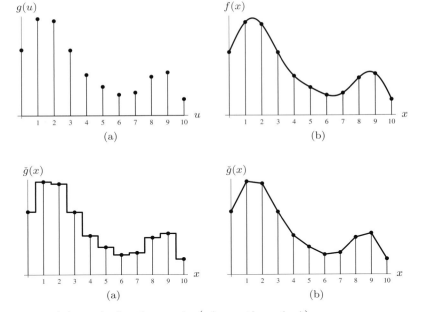

$$\breve{g}(x) = g(u_x) + (x - u_x) \cdot \big(g(u_x + 1) - g(u_x)\big)$$
$$= g(u_x) \cdot \big(1 - (x - u_x)\big) + g(u_x + 1) \cdot (x - u_x). \tag{22.2}$$

Wie in Abb. 22.2 (b) gezeigt, entspricht dies der stückweisen Verbindung der diskreten Funktionswerte durch Geradensegmente.

22.1.1 „Ideale" Interpolation

Offensichtlich sind aber die Ergebnisse dieser einfachen Interpolationsverfahren keine gute Annäherung an die ursprüngliche, kontinuierliche Funktion (Abb. 22.1). Man könnte sich fragen, wie es möglich wäre, die unbekannten Funktionswerte zwischen den diskreten Stützstellen noch besser anzunähern. Dies mag zunächst hoffnungslos erscheinen, denn schließlich könnte die diskrete Funktion $g(u)$ von unendlich vielen kontinuierlichen Funktionen stammen, deren Werte zwar an den diskreten Abtaststellen übereinstimmen, dazwischen jedoch beliebig sein können.

Die Antwort auf diese Frage ergibt sich (einmal mehr) aus der Betrachtung der Funktionen im Spektralbereich. Wenn bei der Diskretisierung des kontinuierlichen Signals $f(x)$ das *Abtasttheorem* (s. Abschn. 18.2.1) beachtet wurde, so bedeutet dies, dass $f(x)$ *bandbegrenzt* ist, also keine Frequenzkomponenten enthält, die über die Hälfte der Abtastfrequenz ω_s hinausgehen. Wenn aber im rekonstruierten Signal nur endlich viele Frequenzen auftreten können, dann ist damit auch dessen Form zwischen den diskreten Stützstellen entsprechend eingeschränkt.

Bei diesen Überlegungen sind absolute Größen nicht von Belang, da sich bei diskreten Signalen alle Frequenzwerte auf die Abtastfrequenz beziehen. Wenn wir also ein (dimensionsloses) Abtastintervall $\tau_s = 1$ annehmen, so ergibt sich daraus die Abtast(kreis)frequenz

$$\omega_s = 2 \cdot \pi \cdot f_s = 2 \cdot \pi \frac{1}{\tau_s} = 2 \cdot \pi \qquad (22.3)$$

und damit eine maximale Signalfrequenz $\omega_{\max} = \frac{\omega_s}{2} = \pi$. Um im zugehörigen (periodischen) Spektrum den Signalbereich $-\omega_{\max}, \dots, \omega_{\max}$ zu isolieren, multiplizieren wir dieses Fourierspektrum (im Spektralraum) mit einer Rechteckfunktion $\Pi_\pi(\omega)$ der Breite $\pm\omega_{\max} = \pm\pi$,

$$\check{G}(\omega) = G(\omega) \cdot \Pi_\pi(\omega) = G(\omega) \cdot \begin{cases} 1 & \text{für } -\pi \leq \omega \leq \pi, \\ 0 & \text{sonst.} \end{cases} \qquad (22.4)$$

Ein solches Filter, das alle Signalkomponenten mit Frequenzen größer als π abschneidet und alle niedrigeren Frequenzen unverändert lässt, wird als „ideales Tiefpassfilter" bezeichnet. Im Ortsraum entspricht diese Operation einer linearen *Faltung* (Gl. 18.30, Tabelle 18.1) mit der zugehörigen Fouriertransformierten, das ist in diesem Fall die *Sinc*-Funktion

$$\text{Sinc}(x) = \frac{\sin(\pi x)}{\pi x}, \qquad (22.5)$$

wie in Abb. 22.3 gezeigt. Dieser in Abschn. 18.1.6 beschriebene Zusammenhang zwischen dem Signalraum und dem Fourierspektrum ist in Abb. 22.4 nochmals übersichtlich dargestellt.

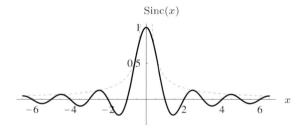

Abbildung 22.3
Sinc-Funktion in 1D. Die Funktion $\text{Sinc}(x)$ weist an allen ganzzahligen Positionen Nullstellen auf und hat am Ursprung den Wert 1. Die unterbrochene Linie markiert die mit $\left|\frac{1}{x}\right|$ abfallende Amplitude der Funktion.

Theoretisch ist also $\text{Sinc}(x)$ die ideale Interpolationsfunktion zur Rekonstruktion eines kontinuierlichen Signals. Um den interpolierten Wert der Funktion $g(u)$ an einer beliebigen Position x_0 zu bestimmen, wird die Sinc-Funktion mit dem Ursprung an die Stelle x_0 verschoben und punktweise mit allen Werten von $g(u)$ – mit $u \in \mathbb{Z}$ – multipliziert und die Ergebnisse addiert, also „gefaltet". Der rekonstruierte Wert der kontinuierlichen Funktion an der Stelle x_0 ist daher

$$\check{g}(x_0) = [\text{Sinc} * g](x_0) = \sum_{u=-\infty}^{\infty} \text{Sinc}(x_0 - u) \cdot g(u), \qquad (22.6)$$

Abbildung 22.4
Interpolation eines diskreten Signals
– Zusammenhang zwischen Signalraum und Fourierspektrum. Dem
diskreten Signal $g(u)$ im Ortsraum
(links) entspricht das periodische
Fourierspektrum $G(\omega)$ im Spektralraum (rechts). Das Spektrum $\check{G}(\omega)$
des kontinuierlichen Signals wird
aus $G(\omega)$ durch Multiplikation ($\times$)
mit der Rechteckfunktion $\Pi_\pi(\omega)$
isoliert. Im Ortsraum entspricht
diese Operation einer linearen Faltung ($*$) mit der Funktion Sinc(x).

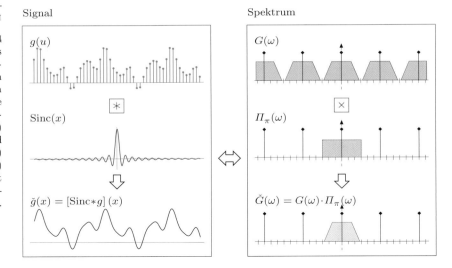

Signal   Spektrum

wobei $*$ den Faltungsoperator bezeichnet (s. Abschn. 5.3.1). Ist das diskrete Signal $g(u)$, wie in der Praxis meist der Fall, *endlich* mit der Länge
N, so wird es als periodisch angenommen, d. h., $g(u + kN) = g(u)$ für
$k \in \mathbb{Z}$.[1] In diesem Fall ändert sich Gl. 22.6 zu

$$\check{g}(x_0) = \sum_{u=-\infty}^{\infty} \text{Sinc}(x_0 - u) \cdot g(u \bmod N). \qquad (22.7)$$

Dabei mag die Tatsache überraschen, dass zur idealen Interpolation einer diskreten Funktion $g(u)$ an einer Stelle x_0 offensichtlich nicht nur einige wenige benachbarte Stützstellen zu berücksichtigen sind, sondern im
Allgemeinen *unendlich viele Werte* von $g(u)$, deren Gewichtung mit der
Entfernung von x_0 zwar stetig (mit $|\frac{1}{x_0-u}|$) abnimmt, aber niemals Null
wird. Die Sinc-Funktion nimmt sogar recht langsam ab und benötigt daher für eine ausreichend genaue Rekonstruktion eine unpraktikabel große
Zahl von Abtastwerten. Abb. 22.5 zeigt als Beispiel die Interpolation der
Funktion $g(u)$ für die Positionen $x_0 = 4.4$ und $x_0 = 5$. Wird an einer
ganzzahlige Position wie beispielsweise $x_0 = 5$ interpoliert, dann wird der
Funktionswert $g(x_0)$ mit 1 gewichtet, während alle anderen Funktionswerte für $u \neq u_0$ mit den Nullstellen der Sinc-Funktion zusammenfallen
und damit unberücksichtigt bleiben. Dadurch stimmen an den ganzzahligen Positionen die interpolierten Werte mit den entsprechenden Werten
der diskreten Funktion exakt überein.

    Ist ein kontinuierliches Signal bei der Diskretisierung ausreichend
bandbegrenzt (mit der halben Abtastfrequenz $\frac{\omega_s}{2}$), so kann es aus dem
diskreten Signal durch Interpolation mit der Sinc-Funktion exakt rekon-

---

[1] Diese Annahme ist u. a. dadurch begründet, dass einem diskreten Fourierspektrum implizit ein periodisches Signal entspricht (s. auch Abschn. 18.2.2).

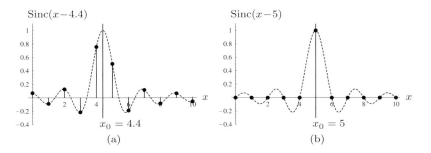

Sinc$(x-4.4)$ Sinc$(x-5)$

$x_0 = 4.4$ $x_0 = 5$

(a)   (b)

Abbildung 22.5
Interpolation durch Faltung mit der
Sinc-Funktion. Die Sinc-Funktion
wird mit dem Ursprung an die Interpolationsstelle $x_0 = 4.4$ (a) bzw.
$x_0 = 5$ (b) verschoben. Die Werte der
Sinc-Funktion an den ganzzahligen
Positionen bilden die Koeffizienten für
die zugehörigen Werte der diskreten
Funktion $g(u)$. Bei der Interpolation
für $x_0 = 4.4$ (a) wird das Ergebnis
aus (unendlich) vielen Koeffizienten
berechnet. Bei der Interpolation an
der ganzzahligen Position $x_0 = 5$ (b),
wird nur der Funktionswert $g(5)$ –
gewichtet mit dem Koeffizienten 1 –
berücksichtigt, alle anderen Signal-
werte fallen mit den Nullstellen der
Sinc-Funktion zusammen und tragen
daher nicht zum Ergebnis bei.

struiert werden, wie das Beispiel in Abb. 22.6 (a) demonstriert. Probleme gibt es hingegen bei abrupten Übergängen oder pulsartigen Strukturen, wie in Abb. 22.6 (b–c) gezeigt. In solchen und ähnlichen Situationen er- geben sich durch die Sinc-Interpolation starke Schwingungsphänomene, die subjektiv als störend empfunden werden und damit die Sinc-Funktion keineswegs „ideal" erscheinen lassen. Die Sinc-Funktion ist daher nicht nur wegen ihrer unendlichen Ausdehnung (und der damit verbundenen Unberechenbarkeit) als Interpolator praktisch ungeeignet.

Eine gute Interpolationsfunktion realisiert ein Tiefpassfilter, das ei- nerseits die Bandbreite des ursprünglichen Signals in maximalem Um- fang erhält und damit minimale Unschärfe erzeugt, andererseits das Si- gnal auch bei spontanen Übergängen möglichst originalgetreu rekonstru- iert. Dies erfordert einen Kompromiss, wobei die Qualität der Ergebnisse meist nur subjektiv beurteilt werden kann und die Wahl der „richtigen" Interpolationsfunktion von der jeweiligen Anwendung abhängig ist. In dieser Hinsicht ist die Sinc-Funktion eine extreme Wahl – sie realisiert zwar ein ideales Tiefpassfilter und erhält dadurch ein Maximum an Band- breite und Signalkontinuität, weist jedoch ein äußerst schlechtes Impuls- verhalten auf. Das andere Extrem ist die Nearest-Neighbor-Interpolation (Abb. 22.2), die zwar mit Signalsprüngen und Pulsen perfekt umgehen kann aber nicht imstande ist, ein kontinuierliches Signal zwischen den Abtastwerten zu rekonstruieren. Das Design einer Interpolationsfunk- tion ist daher immer ein schwieriger Kompromiss und die Qualität hängt oft von der jeweiligen Anwendung und subjektiver Beurteilung ab. Im Folgenden beschreiben wir einige bekannte Interpolationsfunktionen, die dem Ziel einer hochwertigen Interpolation bei vernünftigem Rechenauf- wand nahe kommen und deshalb in der Praxis auch häufig eingesetzt werden.

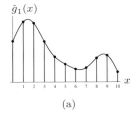

$\check{g}_1(x)$

(a)

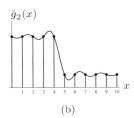

$\check{g}_2(x)$

(b)

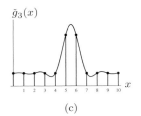

$\check{g}_3(x)$

(c)

Abbildung 22.6
Anwendung der „idealen" Sinc-
Interpolation auf verschiedene diskrete Signale. Die rekonstruierte
funktion in (a) ist praktisch identisch
zum kontinuierlichen, bandbegrenz-
ten Originalsignal. Die Ergebnisse für
die Sprungfunktion in (b) und den
Impuls in (c) zeigen hingegen starkes
Überschwingen.

22.2 Interpolation als Faltung

Für die Interpolation mithilfe der linearen Faltung können neben der Sinc-Funktion auch andere Funktionen als „Interpolationskern" $w(x)$ verwendet werden. In allgemeinen Fall wird dann (analog zu Gl. 22.6) die Interpolation in der Form

$$\breve{g}(x_0) = [w * g](x_0) = \sum_{u=-\infty}^{\infty} w(x_0 - u) \cdot g(u) \qquad (22.8)$$

berechnet. Die Since-Interpolation in Gl. 22.6 ist also offensichtlich nur ein spezieller Fall mit $w(x) = \mathrm{Sinc}(x)$. In gleicher Weise kann die eindimensionale *Nearest-Neighbor*-Interpolation (Gl. 22.1, Abb. 22.2 (a)) durch eine Faltung mit dem Interpolationskern

$$w_{\mathrm{nn}}(x) = \begin{cases} 1 & \text{für } -0.5 \le x < 0.5, \\ 0 & \text{sonst,} \end{cases} \qquad (22.9)$$

dargestellt werden, bzw. die *lineare* Interpolation (Gl. 22.2, Abb. 22.2 (b)) mit dem Kern

$$w_{\mathrm{lin}}(x) = \begin{cases} 1 - x & \text{für } |x| < 1, \\ 0 & \text{für } |x| \ge 1. \end{cases} \qquad (22.10)$$

Beide Interpolationskerne sind in Abb. 22.7 dargestellt, sowie Beispiele für deren Anwendung in Abb. 22.8.

Abbildung 22.7
Interpolationskerne für die eindimensionale Nearest-Neighbor-Interpolation (a) und lineare Interpolation (b).

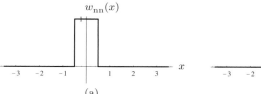
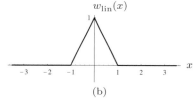

22.3 Kubische Interpolation

Aufgrund des unendlich großen Interpolationskerns ist die Interpolation durch Faltung mit der Sinc-Funktion in der Praxis nicht realisierbar. Man versucht daher, auch aus Effizienzgründen, die ideale Interpolation durch kompaktere Interpolationskerne anzunähern. Eine häufig verwendete Annäherung ist die so genannte „kubische" Interpolation, deren Interpolationskern durch stückweise, kubische Polynome folgendermaßen definiert ist:

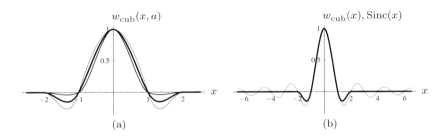

$$w_{\mathrm{cub}}(x, a) = \begin{cases} (-a + 2) \cdot |x|^3 + (a - 3) \cdot |x|^2 + 1 & \text{für } 0 \leq |x| < 1, \\ -a \cdot |x|^3 + 5a \cdot |x|^2 - 8a \cdot |x| + 4a & \text{für } 1 \leq |x| < 2, \\ 0 & \text{für } |x| \geq 2. \end{cases}$$
(22.11)

Dabei ist a ein Steuerparameter, mit dem die Steilheit der Funktion (bzw. die „Schärfe" der Interpolation) bestimmt werden kann (Abb. 22.9 (a)). Für den Standardwert $a = 1$ ergibt sich folgende, vereinfachte Definition:

$$w_{\mathrm{cub}}(x) = \begin{cases} |x|^3 - 2 \cdot |x|^2 + 1 & \text{für } 0 \leq |x| < 1, \\ -|x|^3 + 5 \cdot |x|^2 - 8 \cdot |x| + 4 & \text{für } 1 \leq |x| < 2, \\ 0 & \text{für } |x| \geq 2. \end{cases}$$
(22.12)

Abbildung 22.9
Kubischer Interpolationskern. Funktion $w_{\mathrm{cub}}(x, a)$ für die Werte $a = -0.25$ (mittelstarke Kurve), $a = -1$ (dicke Kurve) und $a = -1.75$ (dünne Kurve) (a). Kubische Funktion $w_{\mathrm{cub}}(x)$ und Sinc-Funktion im Vergleich (b).

Der Vergleich zwischen der Sinc-Funktion und der kubischen Funktion $w_{\mathrm{cub}}(x) = w_{\mathrm{cub}}(x, -1)$ in Abb. 22.9 (b) zeigt, dass außerhalb von $x = \pm 2$ relativ große Koeffizienten unberücksichtigt bleiben, wodurch entsprechende Fehler zu erwarten sind. Allerdings ist die Interpolation wegen der Kompaktheit der kubischen Funktion sehr effizient zu berechnen. Da $w_{\mathrm{cub}}(x) = 0$ für $|x| \geq 2$, sind bei der Berechnung der Faltungsoperation (Gl. 22.8) an jeder beliebigen Position $x_0 \in \mathbb{R}$ jeweils nur *vier*

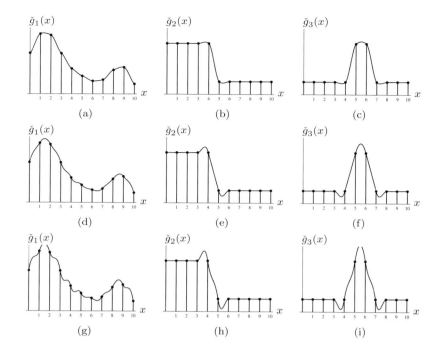

Werte der diskreten Funktion $g(u)$ zu berücksichtigen, nämlich

$$g(u_0-1),\ g(u_0),\ g(u_0+1),\ g(u_0+2), \quad \text{wobei}\ \ u_0 = \lfloor x_0 \rfloor .$$

Dadurch reduziert sich die eindimensionale kubische Interpolation auf die Berechnung des Ausdrucks

$$\breve{g}(x_0) = \sum_{u=\lfloor x_0 \rfloor-1}^{\lfloor x_0 \rfloor+2} w_{\mathrm{cub}}(x_0-u) \cdot g(u) . \tag{22.13}$$

Abbildung 22.10 zeigt die Ergebnisse der kubischen interpolation mit unterschiedlichen Einstellungen für den Steuerparameter a. Man beachte, dass mit dem Standarwert ($a = 1$) starke Überschwinger an Sprungstellen entstehen und Wellenbildung in glatten Abschnitten des Signals Abb. 22.10 (d)). Mit der Einstellung $a = 0.5$ entpricht der Ausdruck in Gl. 22.11 einer *Catmull-Rom*-Splinefunktion [41] (s. Abschn. 22.4.1). Bei der Interpolation erfolgt damit gegenüber der Standardeinstellung (mit $a = 1$) vor allem in glatten Signalbereichen eine wesentlich verbesserte Rekonstruktion (vgl. Abb. 22.12 (a–c)).

22.4 Spline-Interpolation

Der kubische Interpolationskern (Gl. 22.11) im letzten Abschnitt ist eine stückweise, kubische Polynomialfunktion, die in der Computergraphik

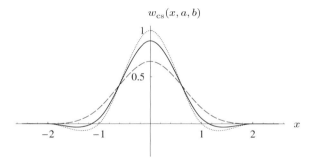

als „cubic spline" bezeichnet wird. In ihre allgemeinen Form ist diese Funktion durch *zwei* Steuerparameter (a, b) definiert [149]:[2]

$$w_{cs}(x, a, b) =$$

$$\frac{1}{6} \cdot \begin{cases} \begin{aligned} &(-6a - 9b + 12) \cdot |x|^3 \\ &\quad + (6a + 12b - 18) \cdot |x|^2 - 2b + 6 \end{aligned} & \text{für } 0 \le |x| < 1, \\ \begin{aligned} &(-6a - b) \cdot |x|^3 + (30a + 6b) \cdot |x|^2 \\ &\quad + (-48a - 12b) \cdot |x| + 24a + 8b \end{aligned} & \text{für } 1 \le |x| < 2, \\ 0 & \text{für } |x| \ge 2. \end{cases} \quad (22.14)$$

Gleichung 22.14 beschreibt eine Familie von kubischen Funktionen, deren erste und zweite Ableitung überall kontinuierlich sind. Der Verlauf einer solchen Funktion weist also nirgendwo Sprung- oder Knickstellen auf. Für $b = 0$ beschreibt die Funktion $w_{cs}(x, a, b)$ eine ein-parametrige Familie so genannter „Kardinalsplines". Diese Funktion ist identisch zur kubischen Interpolationsfunktion $w_{cub}(x, a)$ (Gl. 22.11), d. h.

$$w_{cs}(x, a, 0) = w_{cub}(x, a), \quad (22.15)$$

und damit gilt insbesondere auch für die Standardeinstellung mit $a = 1$ (s. Gl. 22.12)

$$w_{cs}(x, 1, 0) = w_{cub}(x, 1) = w_{cub}(x). \quad (22.16)$$

Abbildung 22.11 zeigt drei weitere, spezielle Beispiele allgemeiner kubischer Splinefunktionen, die im Zusammenhang mit der Interpolation wichtig und nachfolgend kurz beschrieben sind: *Catmull-Rom* Splines, *kubische B-splines* sowie die *Mitchell-Netravali*-Funktion. Bei der Interpolation mit diesen Funktionen erfolgt die numerische Berechnung in genau der gleichen Form wie für die kubischen Interpolation in Gl. 22.13 gezeigt.

22.4.1 Catmull-Rom-Interpolation

Setzt man die Werte der Steuerparameter in Gl. 22.14 auf $a = 0.5$ und $b = 0$, so entspricht das Ergebnis (wie bereits in Abschn. 22.3 erwähnt)

---

[2] In [149] werden die Parameters a, b ursprünglich mit C bzw. B bezeichnet, wobei $a \equiv C$ und $b \equiv B$.

einer *Catmull-Rom Spline*-Funktion:

$$w_{\mathrm{crm}}(x) = w_{\mathrm{cs}}(x, 0.5, 0)$$

$$= \frac{1}{2} \cdot \begin{cases} 3 \cdot |x|^3 - 5 \cdot |x|^2 + 2 & \text{für } 0 \le |x| < 1, \\ -|x|^3 + 5 \cdot |x|^2 - 8 \cdot |x| + 4 & \text{für } 1 \le |x| < 2, \\ 0 & \text{für } |x| \ge 2. \end{cases} \quad (22.17)$$

Beispiele für die Anwendung des Catmull-Rom Splines als Interpolationskern sind in Abb. 22.12 (a–c) gezeigt. Die Ergebnisse sind bezüglich des resultierenden Schärfeeindrucks ähnlich zur kubischen Interpolation (mit $a = 1$, siehe Abb. 22.10). Die Catmull-Rom-Interpolation erzeugt jedoch eine deutlich bessere Rekonstruktion in glatten Signalbereichen (vgl. Abb. 22.10 (d) und 22.12 (d)).

22.4.2 Kubische B-Spline-Interpolation

Mit den speziellen Parameterwerten $a = 0$ und $b = 1$ in Gl. 22.14 ergibt sich eine kubische *B-Spline*-Funktion [27] der Form

$$w_{\mathrm{cbs}}(x) = w_{\mathrm{cs}}(x, 0, 1)$$

$$= \frac{1}{6} \cdot \begin{cases} 3 \cdot |x|^3 - 6 \cdot |x|^2 + 4 & \text{für } 0 \le |x| < 1, \\ -|x|^3 + 6 \cdot |x|^2 - 12 \cdot |x| + 8 & \text{für } 1 \le |x| < 2, \\ 0 & \text{für } |x| \ge 2. \end{cases} \quad (22.18)$$

Diese Funktion ist überall positiv und verursacht daher bei der Verwendung als Interpolationskern – ähnlich einer Gauß'schen Glättung – einen reinen Glättungseffekt, wie in Abb. 22.12 (d–f) gezeigt. Man beachte, dass die rekonstruierte Funktion im Unterschied zu allen bisher beschriebenen Interpolationsmethoden *nicht* durch alle diskreten Abtastpunkte verläuft. Genau genommen spricht man daher bei der Rekonstruktion mit kubischen B-Splines nicht von einer *Interpolation* sondern von einer *Approximation* des Signals.

22.4.3 Mitchell-Netravali-Approximation

Die Gestaltung eines subjektiv optimalen Interpolationskerns ist immer ein Kompromiss zwischen einem Ergebnis mit hoher Schärfe (z. B. durch Catmull-Rom Interpolation) einerseits und gutes Einschwingverhalten (z. B. durch die kubische B-Spline-Interpolation) andererseits. Mitchell und Netravali [149] empfehlen auf Basis empirischer Beurteilungstests einen Interpolationskern nach Gl. 22.14 mit den Parameterwerten $a = \frac{1}{3}$ und $b = \frac{1}{3}$, d. h.

$$w_{\mathrm{mn}}(x) = w_{\mathrm{cs}}\left(x, \tfrac{1}{3}, \tfrac{1}{3}\right)$$

$$= \frac{1}{18} \cdot \begin{cases} 21 \cdot |x|^3 - 36 \cdot |x|^2 + 16 & \text{für } 0 \le |x| < 1, \\ -7 \cdot |x|^3 + 36 \cdot |x|^2 - 60 \cdot |x| + 32 & \text{für } 1 \le |x| < 2, \\ 0 & \text{für } |x| \ge 2. \end{cases} \quad (22.19)$$

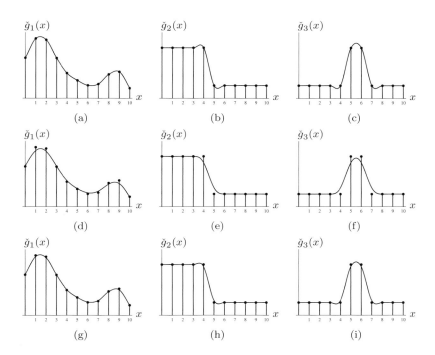

Abbildung 22.12
Rekonstruktion mit Kardinalspline-
Kernen. *Catmull-Rom*-Interpolation
(a–c), *kubische B-spline*-
Approximation (d–f) und *Mitchell-
Netravali*-Approximation (g–i).

Diese Funktion ist die gewichtete Summe einer Catmull-Rom-Funktion
nach Gl. 22.17 und einer kubischen B-Splinefunktion nach Gl. 22.18
(s. auch Aufg. 22.1). Wie die Beispiele in Abb. 22.12 (g–i) zeigen, ist
diese Methode ein guter Kompromiss mit geringem Überschwingen, hoher Kantenschärfe und guter Kontinuität in glatten Signalbereichen. Da
auch in diesem Fall die rekonstruierte Funktion im Allgemeinen nicht
durch die diskreten Abtastwerte verläuft, ist auch die Mitchell-Netravali-
Interpolation eigentliche eine *Approximation*.

22.5 Lanczos-Interpolation

Die Sinc-Funktion ist trotz ihrer Eigenschaft als ideale Interpolationsfunktion u. a. wegen ihrer unendlichen Ausdehnung nicht realisierbar.
Während etwa bei der kubischen Interpolation eine polynomiale Approximation der Sinc-Funktion innerhalb eines kleinen Bereichs erfolgt,
wird bei den so genannten „windowed sinc"-Verfahren die Sinc-Funktion
selbst durch Gewichtung mit einer geeigneten Fensterfunktion $\psi(x)$ als
Interpolationskern verwendet, d. h.

$$w(x) = \psi(x) \cdot \text{Sinc}(x) . \qquad (22.20)$$

Als bekanntes Beispiel dafür verwendet die *Lanczos*[3]-Interpolation eine
Fensterfunktion der Form

---

[3] Cornelius Lanczos (1893–1974).

$$\psi_{\mathrm{L}n}(x) = \begin{cases} 1 & \text{für } |x| = 0, \\ \frac{\sin(\pi \frac{x}{n})}{\pi \frac{x}{n}} & \text{für } 0 < |x| < n, \\ 0 & \text{für } |x| \geq n, \end{cases} \qquad (22.21)$$

wobei $n \in \mathbb{N}$ die Ordnung des Filters bezeichnet [162, 215]. Interessanterweise ist also die Fensterfunktion selbst wiederum eine örtlich begrenzte Sinc-Funktion. Für die in der Bildverarbeitung am häufigsten verwendeten Lanczos-Filter der Ordnung $n = 2$ und $n = 3$ sind die Fensterfunktionen daher

$$\psi_{\mathrm{L}2}(x) = \begin{cases} 1 & \text{für } |x| = 0, \\ \frac{\sin(\pi \frac{x}{2})}{\pi \frac{x}{2}} & \text{für } 0 < |x| < 2, \\ 0 & \text{für } |x| \geq 2, \end{cases} \qquad (22.22)$$

$$\psi_{\mathrm{L}3}(x) = \begin{cases} 1 & \text{für } |x| = 0, \\ \frac{\sin(\pi \frac{x}{3})}{\pi \frac{x}{3}} & \text{für } 0 < |x| < 3, \\ 0 & \text{für } |x| \geq 3. \end{cases} \qquad (22.23)$$

Beide Funktionen sind in Abb. 22.13(a, b) dargestellt. Die zugehörigen, eindimensionalen Interpolationskerne $w_{\mathrm{L}2}$ und $w_{\mathrm{L}3}$ ergeben sich durch Multiplikation der jeweiligen Fensterfunktion mit der Sinc-Funktion (Gl. 22.5, 22.21) als

$$w_{\mathrm{L}2}(x) = \begin{cases} 1 & \text{für } |x| = 0, \\ 2 \cdot \frac{\sin(\pi \frac{x}{2}) \cdot \sin(\pi x)}{\pi^2 x^2} & \text{für } 0 < |x| < 2, \\ 0 & \text{für } |x| \geq 2, \end{cases} \qquad (22.24)$$

beziehungsweise

$$w_{\mathrm{L}3}(x) = \begin{cases} 1 & \text{für } |x| = 0, \\ 3 \cdot \frac{\sin(\pi \frac{x}{3}) \cdot \sin(\pi x)}{\pi^2 x^2} & \text{für } 0 < |x| < 3, \\ 0 & \text{für } |x| \geq 3. \end{cases} \qquad (22.25)$$

Im allgemeinen Fall (für die Lanczos-Interpolation der Ordnung n) gilt

$$w_{\mathrm{L}n}(x) = \begin{cases} 1 & \text{für } |x| = 0, \\ n \cdot \frac{\sin(\pi \frac{x}{n}) \cdot \sin(\pi x)}{\pi^2 x^2} & \text{für } 0 < |x| < n, \\ 0 & \text{für } |x| \geq n. \end{cases} \qquad (22.26)$$

Abb. 22.13(c, d) zeigt die resultierenden Interpolationskerne zusammen mit der ursprünglichen Sinc-Funktion. Die Funktion $w_{\mathrm{L}2}$ ist dem Catmull-Rom-Kern $w_{\mathrm{crm}}(x)$ (Gl. 22.17, Abb. 22.11) sehr ähnlich, daher sind auch die Interpolationsergebnisse ähnlich, wie in Abb. 22.14 (a–c) gezeigt (vgl. Abb. 22.12 (a–c)). Man beachte allerdings die relativ schlechte Rekonstruktion in den glatten Signalabschnitten (Abb. 22.14 (a)) und das Entstehen von Wellen in den flachen Bereichen mit hoher Amplitude (Abb.

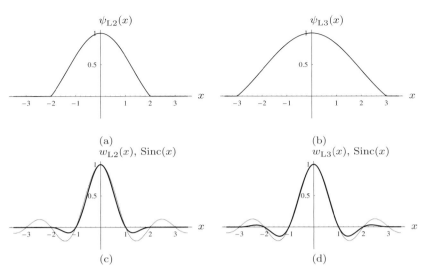

(a)　　　　　(b)

(c)　　　　　(d)

Abbildung 22.13
Eindimensionale Lanczos-Inter-
polationskerne. Lanczos-Fenster-
funktionen ψ_{L2} (a) und ψ_{L3} (b).
Die zugehörigen Interpolations-
kerne w_{L2} (c) und w_{L3} (d), zum
Vergleich jeweils überlagert mit der
Sinc-Funktion (punktierte Linien).

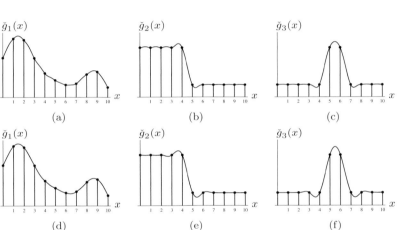

(a)　　　　(b)　　　　(c)

(d)　　　　(e)　　　　(f)

Abbildung 22.14
Rekonstruktion mit Lanczos-Kernen:
Lanczos-2 (a–c), Lanczos-3 (d–f).
Man beachte die Wellen in den flachen (konstanten) Bereichen durch
die Lanczos-2-Interpolation im linken Teil von (b). Die Lanczos-3-
Interpolation zeigt deutlich reduzierte Wellen (e) und erzeugt schär-
fere Sprungkanten, allerdings auf
Kosten eines verstärkten Überschwingens.(e, f).

22.14 (b)). Das „3-tap" Filter w_{L3} hingegen berücksichtigt deutlich mehr
Abtastwerte und liefert daher potentiell bessere Interpolationsergebnisse,
wenngleich auf Kosten eines stärkeren Überschwingens (Abb. 22.14 (d–
f)).

Zusammenfassend ist anzumerken, dass die (aktuell sehr populäre)
Lanczos-Interpolation keine echten Vorteile gegenüber etablierten Methoden bietet, insbesondere gegenüber der kubischen Catmull-Rom-
Interpolation oder der Mitchell-Netravali-Approximation. Während letztere auf leicht zu berechnenden Polynomen basieren, sind zur Berechnung
der Lanczos-Iinterpolation trigonometrische Funktionen erforderlich, die
(sofern keine Tabellierung verwendet wird) relativ „teuer" zu berechnen
sind.

Abbildung 22.15
Interpolationskerne in 2D. Idealer
Interpolationskern SINC(x, y) (a),
Nearest-Neighbor-Interpolationskern
(b) für $-3 \leq x, y \leq 3$.

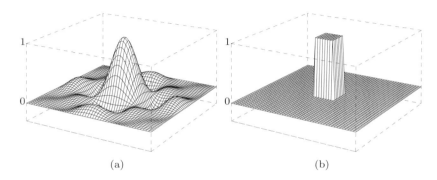

(a) (b)

22.6 Interpolation in 2D

In dem für die Interpolation von Bildfunktionen interessanten zweidimensionalen Fall sind die Verhältnisse naturgemäß ähnlich. Genau wie bei eindimensionalen Signalen besteht die ideale Interpolation aus einer linearen Faltung mit der zweidimensionalen Sinc-Funktion

$$\text{SINC}(x, y) = \text{Sinc}(x) \cdot \text{Sinc}(y) = \frac{\sin(\pi x)}{\pi x} \cdot \frac{\sin(\pi y)}{\pi y} \qquad (22.27)$$

(s. Abb. 22.15 (a)), die natürlich in der Praxis nicht realisierbar ist. Gängige Verfahren sind hingegen, neben der im Anschluss beschriebenen (jedoch selten verwendeten) *Nearest-Neighbor*-Interpolation, die *bilineare*, *bikubische* und die *Lanczos*-Interpolation, die sich direkt von den bereits beschriebenen, eindimensionalen Varianten ableiten.

22.6.1 Nearest-Neighbor-Interpolation in 2D

Zur Bestimmung der zu einem beliebigen Punkt (x, y) nächstliegenden Pixelkoordinate (u_x, v_y) genügt es, die x- und y-Komponenten unabhängig auf ganzzahlige Werte zu runden, d. h.

$$\check{I}(x, y) = I(u_x, v_y), \qquad (22.28)$$

wobei $u_x = \text{round}(x) = \lfloor x + 0.5 \rfloor$ und $v_y = \text{round}(y) = \lfloor y + 0.5 \rfloor$.

Wie im eindimensionalen Fall, kann auch die Nearest-Neighbor-Interpolation in 2D als lineare Faltung (lineares Filter) dargestellt werden. Der zugehörige 2D-Interpolationskern ist, analog zu Gl. 22.9,

$$W_{\text{nn}}(x, y) = \begin{cases} 1 & \text{für } -0.5 \leq x, y < 0.5, \\ 0 & \text{sonst.} \end{cases} \qquad (22.29)$$

Diese Funktion ist in Abb. 22.15 (b) dargestellt. In der Praxis wird diese Form der Interpolation heute nur mehr in Ausnahmefällen verwendet, etwa wenn bei der Vergrößerung eines Bilds die Pixel absichtlich als Blöcke mit einheitlicher Intensität ohne weiche Übergänge erscheinen sollen (Abb. 22.16 (b)).

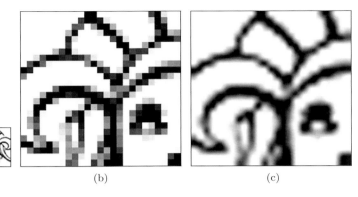

(a)   (b)   (c)

Abbildung 22.16
Bildvergrößerung mit Nearest-Neighbor-Interpolation. Original (a), 8-fach vergrößerter Ausschnitt mit Nearest-Neighbor-Interpolation (b) und bikubischer Interpolation (c).

22.6.2 Bilineare Interpolation

Das Gegenstück zur linearen Interpolation im eindimensionalen Fall ist die so genannte *bilineare* Interpolation[4], deren Arbeitsweise in Abb. 22.17 dargestellt ist. Dabei werden zunächst die zur kontinuierlichen Position (x, y) nächstliegenden vier Bildwerte

$$
\begin{aligned}
A &= I(u_x, v_y), & B &= I(u_x+1, v_y), & &(22.30)\\
C &= I(u_x, v_y+1), & D &= I(u_x+1, v_y+1),
\end{aligned}
$$

ermittelt, wobei $u_x = \lfloor x \rfloor$ und $v_y = \lfloor y \rfloor$, und anschließend in horizontaler und vertikaler Richtung linear interpoliert. Die Zwischenwerte E, F ergeben sich aus dem Abstand $a = (x - u_x)$ der gegebenen Interpolationsstelle (x, y) von der Rasterkoordinate u_x als

$$
\begin{aligned}
E &= A + (x - u_x) \cdot (B-A) = A + a \cdot (B-A), & (22.31)\\
F &= C + (x - u_x) \cdot (D-C) = C + a \cdot (D-C)
\end{aligned}
$$

und der finale Interpolationswert G aus dem Abstand $b = (y - v_y)$ als

$$
\begin{aligned}
\check{I}(x,y) = G &= E + (y - v_y) \cdot (F-E) = E + b \cdot (F-E)\\
&= (a-1)(b-1)\, A + a(1-b)\, B + (1-a)\, b\, C + a\, b\, D .\quad (22.32)
\end{aligned}
$$

Als lineare Faltung formuliert ist der zugehörige zweidimensionale Interpolationskern $W_{\mathrm{bilin}}(x, y)$ das Produkt der eindimensionalen Kerne $w_{\mathrm{lin}}(x)$ und $w_{\mathrm{lin}}(y)$ (Gl. 22.10), d. h.

$$
\begin{aligned}
W_{\mathrm{bilin}}(x,y) &= w_{\mathrm{lin}}(x) \cdot w_{\mathrm{lin}}(y)\\
&= \begin{cases} 1 - x - y + x \cdot y & \text{für } 0 \le |x|,|y| < 1,\\ 0 & \text{sonst.} \end{cases} \quad (22.33)
\end{aligned}
$$

In dieser Funktion, die in Abb. 22.18 dargestellt ist, wird auch die „Bilinearform" deutlich, die der Interpolationsmethode den Namen gibt.

---

[4] Nicht zu verwechseln mit der bilinearen *Abbildung* (Transformation) in Abschn. 21.1.5.

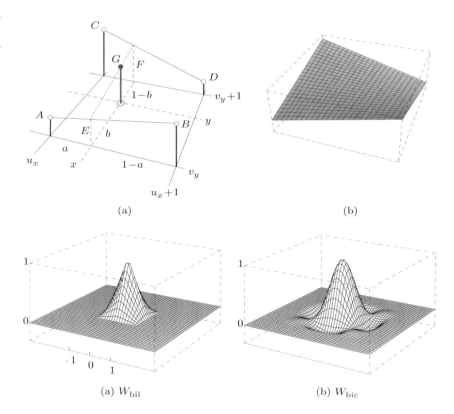

Abbildung 22.17
Bilineare Interpolation. Der Interpolationswert G für die Position (x, y) wird in zwei Schritten aus den zu (x, y) nächstliegenden Bildwerten A, B, C, D ermittelt. Zunächst werden durch lineare Interpolation über den Abstand zum Bildraster $a = (x - u_x)$ die Zwischenwerte E und F bestimmt. Anschließend erfolgt ein weiterer Interpolationsschritt in vertikaler Richtung zwischen den Werten E und F, abhängig von der Distanz $b = (y - v_y)$. Die durch die Interpolation zwischen den vier ursprünglichen Pixelwerten resultierende Oberfläche ist in (b) gezeigt.

(a) W_{bil} (b) W_{bic}

22.6.3 Bikubische und Spline-Interpolation in 2D

Auch der Faltungskern für die zweidimensionale kubische Interpolation besteht aus dem Produkt der zugehörigen eindimensionalen Kerne (Gl. 22.12),

$$W_{\mathrm{bic}}(x, y) = w_{\mathrm{cub}}(x) \cdot w_{\mathrm{cub}}(y). \qquad (22.34)$$

Diese Funktion ist in Abb. 22.18 (b) dargestellt. Die Berechnung der zweidimensionalen Interpolation ist daher (wie auch die vorher gezeigten Verfahren) in x- und y-Richtung *separierbar* und lässt sich gemäß Gl. 22.13 in folgender Form darstellen:

$$
\begin{aligned}
\tilde{I}(x, y) &= \sum_{v = \lfloor y \rfloor - 1}^{\lfloor y \rfloor + 2} \left[\sum_{u = \lfloor x \rfloor - 1}^{\lfloor x \rfloor + 2} I(u, v) \cdot W_{\mathrm{bic}}(x - u, y - v) \right] \\
&= \sum_{j=0}^{3} \left[w_{\mathrm{cub}}(y - v_j) \cdot \underbrace{\sum_{i=0}^{3} I(u_i, v_j) \cdot w_{\mathrm{cub}}(x - u_i)}_{p_j} \right], \qquad (22.35)
\end{aligned}
$$

wobei $u_i = \lfloor x \rfloor - 1 + i$ und $v_j = \lfloor y \rfloor - 1 + j$. Dabei bezeichnet p_j das Zwischenergebnis der kubischen Interpolation in der x-Richtung in Zeile

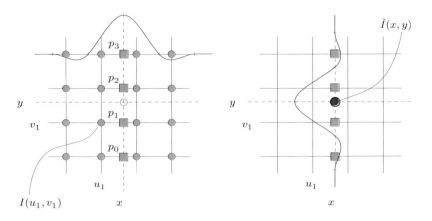

Abbildung 22.19
Bikubische Interpolation in 2 Schritten. Das diskrete Bild I (Pixelpositionen entsprechen den Rasterlinien) soll an der Stelle (x, y) interpoliert werden. In **Schritt 1** (links) wird mit $w_{\mathrm{cub}}(\cdot)$ horizontal über jeweils 4 Pixel $I(u_i, v_j)$ interpoliert und für jede betroffene Zeile ein Zwischenergebnis p_j (mit □ markiert) berechnet (Gl. 22.35). In **Schritt 2** (rechts) wird nur *einmal* vertikal über die Zwischenergebnisse $p_0, \dots, p_3$ interpoliert und damit das Ergebnis $\check{I}(x, y)$ berechnet. Insgesamt sind somit $16 + 4 = 20$ Interpolationsschritte notwendig.

j, wie in Abb. 22.19 gezeigt. Die nach Gl. 22.35 sehr einfache Berechnung der bikubischen Interpolation unter Verwendung des eindimensionalen Interpolationskerns $w_{\mathrm{cub}}(x)$ ist in Abb. 22.19 schematisch dargestellt und in Alg. 22.1 auch nochmals zusammengefasst. Die vollständige Interpolation basiert auf einer Umgebung von 4×4 Pixel und benötigt in dieser Form insgesamt $16 + 4 = 20$ Additionen und Multiplikationen.

Das Verfahren in Gl. 22.35 bzw. Alg. 22.1 kann natürlich mit jedem x/y-separierbaren Interpolationskern der Größe 4×4 verwendet werden, wie beispielsweise auch für die zweidimensionale *Catmull-Rom*-Interpolation mit

$$W_{\mathrm{crm}}(x, y) = w_{\mathrm{crm}}(x) \cdot w_{\mathrm{crm}}(y) \qquad (22.36)$$

oder die *Mitchell-Netravali*-Approximation (Gl. 22.19) mit

$$W_{\mathrm{mn}}(x, y) = w_{\mathrm{mn}}(x) \cdot w_{\mathrm{mn}}(y). \qquad (22.37)$$

Die zugehörigen 2D Kerne sind in Abb. 22.20 gezeigt. Für die Interpolation mit separierbaren Kernen beliebiger Größe siehe das allgemeine Verfahren in Alg. 22.2.

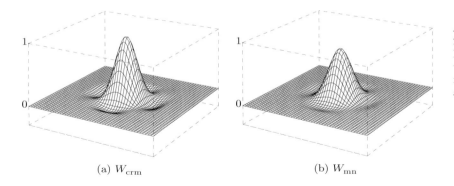

(a) W_{crm} (b) W_{mn}

Abbildung 22.20
2D Faltungskerne für die Catmull-Rom-Interpolation $W_{\mathrm{crm}}(x, y)$ (a) und Mitchell-Netravali-Approximation $W_{\mathrm{mn}}(x, y)$ (b), für $-3 \leq x, y \leq 3$.

Abbildung 22.21
2D Lanczos-Interpolationskerne:
$W_{L2}(x, y)$ (a) und $W_{L3}(x, y)$ (b),
für $-3 \leq x, y \leq 3$.

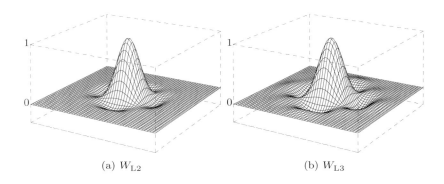

(a) W_{L2} (b) W_{L3}

Algorithmus 22.1
Bikubische Interpolation des Bilds
I an der Position (x, y). Die eindimensionale, kubische Interpolationsfunktion $w_{cub}(x, a)$ wird hier für die
Interpolation in der x- wie auch in
der y-Richtung verwendet (Gl. 22.11,
22.35), wobei insgesamt eine Umgebung von 4×4 Bildpunkten berücksichtigt wird. Siehe Prog. 22.1 für die
entsprechende Java-Implementierung.

```
1:  BicubicInterpolation(I, x, y, a)
        Input: I, original image; x, y ∈ ℝ, continuous position; a, control
        parameter. Returns the interpolated image value at position (x, y).
2:      q ← 0
3:      for j ← 0, ..., 3 do                              ▷ iterate over 4 lines
4:          v ← ⌊y⌋ − 1 + j
5:          p ← 0
6:          for i ← 0, ..., 3 do                          ▷ iterate over 4 columns
7:              u ← ⌊x⌋ − 1 + i
8:              p ← p + I(u, v) · w_cub(x − u, a)          ▷ see Eq. 22.11
9:          q ← q + p · w_cub(y − v, a)
10:     return q
```

22.6.4 Lanczos-Interpolation in 2D

Die zweidimensionalen Interpolationskerne ergeben sich aus den eindimensionalen Lanczos-Kernen (Gl. 22.24–22.25) analog zur zweidimensionalen Sinc-Funktion (Gl. 22.27) in der Form

$$W_{Ln}(x, y) = w_{Ln}(x) \cdot w_{Ln}(y) \ . \tag{22.38}$$

Die Interpolationskerne der Ordnung $n = 2$ und $n = 3$ sind in Abb. 22.21 dargestellt. Die Berechnung der Lanczos-Interpolation in 2D kann genauso wie bei der bikubischen Interpolation in x- und y-Richtung getrennt und hintereinander durchgeführt werden. Der Kern W_{L2} ist, genau wie der Kern der bikubischen Interpolation, außerhalb des Bereichs $-2 \leq x, y \leq 2$ null; das in Gl. 22.35 (bzw. Abb. 22.19 und Alg. 22.1) beschriebene Verfahren kann daher direkt übernommen werden.

Für den größeren Kern W_{L3} erweitert sich der Interpolationsbereich gegenüber Gl. 22.35 um zwei zusätzliche Zeilen und Spalten. Die Berechnung des interpolierten Pixelwerts an der Stelle (x, y) erfolgt daher in der Form

$$\tilde{I}(x, y) = \sum_{v = \lfloor y \rfloor - 2}^{\lfloor y \rfloor + 3} \left[\sum_{u = \lfloor x \rfloor - 2}^{\lfloor x \rfloor + 3} I(u, v) \cdot W_{L3}(x - u, y - v) \right]$$

```
 1:  SeparableInterpolation(I, x, y, w, n)
         Input: I, original image; x, y ∈ ℝ, continuous position; w, a one-
         dimensional interpolation kernel of extent ±n (n ≥ 1).
         Returns the interpolated image value at position (x, y) using the
         composite interpolation kernel W(x, y) = w(x) · w(y).
 2:      q ← 0
 3:      for j ← 0, . . . , 2n−1 do                         ▷ iterate over 2n lines
 4:          v ← ⌊y⌋ − n + 1 + j                                      ▷ = v_j
 5:          p ← 0
 6:          for i ← 0, . . . , 2n−1 do                     ▷ iterate over 2n columns
 7:              u ← ⌊x⌋ − n + 1 + i                                  ▷ = u_i
 8:              p ← p + I(u, v) · w(x − u)
 9:          q ← q + p · w(y − v)
10:      return q
```

Algorithmus 22.2
Allgemeine Interpolation mit einem separierbaren Kern $W(x, y) = w(x) \cdot w(y)$ der Größe $\pm n$ (d. h., der 1D Kern $w(x)$ ist Null für $x < -n$ und $x > n$). Die Prozedur BicubicInterpolation in Alg. 22.1 ist diesbezüglich nur ein Spezialfall mit $n = 2$.

$$= \sum_{j=0}^{5} \left[w_{\mathrm{L3}}(y - v_j) \cdot \sum_{i=0}^{5} I(u_i, v_j) \cdot w_{\mathrm{L3}}(x - u_i) \right], \qquad (22.39)$$

$$\text{mit} \quad u_i = \lfloor x \rfloor - 2 + i \quad \text{und} \quad v_j = \lfloor y \rfloor - 2 + j.$$

Damit wird bei der zweidimensionalen Lanczos-Interpolation mit W_{L3}-Kern für einen Interpolationspunkt jeweils eine Umgebung von $6 \times 6 = 36$ Pixel des Originalbilds berücksichtigt, also um 20 Pixel mehr als bei der bikubischen Interpolation.

Der allgemeine Ausdruck für einen 2D Lanczos-Interpolator Ln beliebiger Ordnung $n \geq 1$ ist

$$\breve{I}(x, y) = \sum_{\substack{v = \\ \lfloor y \rfloor - n + 1}}^{\lfloor y \rfloor + n} \left[\sum_{\substack{u = \\ \lfloor x \rfloor - n + 1}}^{\lfloor x \rfloor + n} \left[I(u, v) \cdot W_{\mathrm{Ln}}(x - u, y - v) \right] \right]$$

$$= \sum_{j=0}^{2n-1} \left[w_{\mathrm{Ln}}(y - v_j) \cdot \sum_{i=0}^{2n-1} \left[I(u_i, v_j) \cdot w_{\mathrm{Ln}}(x - u_i) \right] \right], \qquad (22.40)$$

mit $u_i = \lfloor x \rfloor - n + 1 + i$ und $v_j = \lfloor y \rfloor - n + 1 + j$.

Die Größe der für die Interpolation notwendigen Bildregion ist $2n \times 2n$ Pixel. Die konkrete Berechnung des Ausdrucks in Gl. 22.40 ist in Alg. 22.2 gezeigt. Der Algorithmus kann grundsätzlich für jeden separierbaren Interpolationskern $W(x, y) = w(x) \cdot w(y)$ der Größe $\pm n$ verwendet werden.

22.6.5 Beispiele und Diskussion

Die Abbildungen 22.22–22.23 zeigen die Ergebnisse de roben beschriebenen Interpolationsmethoden im Vergleich In beiden Abbildungen wurde das Originalbild einer Drehung um 15° unterzogen.

Das Ergebnis der *Nearest-Neighbor*-Interpolation (Abb. 22.22 (b)) zeigt die erwarteten blockförmigen Strukturen und enthält keine Pixelwerte, die nicht bereits im Originalbild enthalten sind.

Die *bilineare* Interpolation (Abb. 22.22 (c)) bewirkt im Prinzip eine lokale Glättung über vier benachbarte, positiv gewichtete Bildwerte. Es kann daher kein Ergebniswert kleiner als die Pixelwerte in seiner Umgebung sein. In anderen Worten, die bilineare Interpolation kann kein Über- oder Unterschwingen an Sprungkanten verursachen.

Dies ist bei der *bikubischen* Interpolation (Abb. 22.22 (d)) durchaus der Fall: Durch die teilweise negativen Gewichte des kubischen Interpolationskerns entstehen zu beiden Seiten von Übergängen hellere bzw. dunklere Bildwerte, die sich auf dem grauen Hintergrund deutlich abheben und einen subjektiven Schärfungseffekt bewirken. Im Allgemeinen liefert die bikubische Interpolation bei ähnlichem Rechenaufwand deutlich bessere Ergebnisse als die bilineare Interpolation und gilt daher als Standardverfahren in praktisch allen gängigen Bildbearbeitungsprogrammen. Durch Einstellung des Steuerparameters a (Gl. 22.11) kann der bikubische Interpolationskern leicht an die Erfordernisse der Anwendung angepasst werden. So lässt sich u. a. die *Catmull-Rom*-Methode (Abb. 22.22 (e)) über die bikubische Interpolation mit $a = 0.5$ realisieren (s. Gl. 22.17 und 22.36).

Die Ergebnisse der 2D *Lanczos*-Interpolation (Abb. 22.22 (h)) mit dem Kern W_{L2} sind erwartungsgemäß nicht besser als die der bikubischen Interpolation, die so eingestellt werden kann, dass sie ähnliche Ergebnisse liefert, ohne die typische und in Abb. 22.14 gut sichtbare Wellenbildung in flachen Regionen. Hingegen bringt der Einsatz von Lanczos-Filtern der Form W_{L3} durch die größere Zahl der berücksichtigten Originalpixel eine geringfügige Verbesserung gegenüber der bikubischen Interpolation. Diese Methode wird daher trotz des erhöhten Rechenaufwands häufig für hochwertige Graphik-Anwendungen, Computerspiele und in der Videoverarbeitung eingesetzt.

Allgemein kann man für qualitativ anspruchsvolle Anwendungen vor allem die *Catmull-Rom*-Interpolation (Gl. 22.17 und 22.36) sowie die *Mitchell-Netravali*-Approximation (Gl. 22.19 und 22.37) empfehlen, die eine sehr gute Rekonstruktion bei ähnlichem Rechenaufwand wie die bikubische Interpolation gewährleisten.

22.7 Aliasing

Wie im Hauptteil dieses Kapitels dargestellt, besteht die übliche Vorgangsweise bei der Realisierung von geometrischen Abbildungen im Wesentlichen aus drei Schritten (Abb. 22.24):

1. Alle diskreten Bildpunkte (u', v') des Zielbilds (*target*) werden durch die inverse geometrische Transformation T^{-1} auf die Koordinaten (x, y) im Ausgangsbild projiziert.
2. Aus der diskreten Bildfunktion $I(u, v)$ des Ausgangsbilds wird durch Interpolation eine kontinuierliche Funktion $\breve{I}(x, y)$ rekonstruiert.

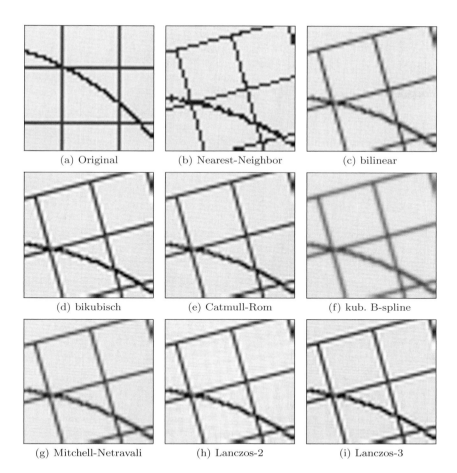

Abbildung 22.22
Interpolationsverfahren im Vergleich
(Liniengrafik).

(a) Original (b) Nearest-Neighbor (c) bilinear

(d) bikubisch (e) Catmull-Rom (f) kub. B-spline

(g) Mitchell-Netravali (h) Lanczos-2 (i) Lanczos-3

3. Die rekonstruierte Bildfunktion $\breve{I}$ wird an der Position (x, y) abgetastet und der zugehörige Abtastwert $\breve{I}(x, y)$ wird als neuer Target-Pixelwert $I'(u', v')$ übernommen.

22.7.1 Abtastung der rekonstruierten Bildfunktion

Ein Problem, das wir bisher nicht beachtet hatten, bezieht sich auf die Abtastung der rekonstruierten Bildfunktion im obigen Schritt 3. Für den Fall nämlich, dass durch die geometrische Transformation T in einem Teil des Bilds eine räumliche *Verkleinerung* erfolgt, vergrößern sich durch die inverse Transformation T^{-1} die Abstände zwischen den Abtastpunkten im Originalbild. Eine Vergrößerung dieser Abstände bedeutet jedoch eine Reduktion der Abtastrate und damit eine Reduktion der zulässigen Frequenzen in der kontinuierlichen (rekonstruierten) Bildfunktion $\breve{I}(x, y)$. Dies führt zu einer Verletzung des Abtastkriteriums und wird als „Aliasing" im generierten Bild sichtbar.

Das Beispiel in Abb. 22.25 demonstriert, dass dieser Effekt von der

Abbildung 22.23
Interpolationsverfahren
im Vergleich (Text-Scan).

(a) Original   (b) Nearest-Beighbor   (c) bilinear

(d) bicubisch   (e) Catmull-Rom   (f) kub. B-spline

(g) Mitchell-Netravali   (h) Lanczos-2   (i) Lanczos-3

Abbildung 22.24
Abtastfehler durch geometrische Operationen. Bewirkt die geometrische Transformation T eine lokale Verkleinerung des Bilds (ensprechend einer Vergrößerung durch T^{-1}, wie im linken Teil des Rasters), so vergrößern sich die Abstände zwischen den Abtastpunkten in I. Dadurch reduziert sich die Abtastfrequenz und damit auch die zulässige Grenzfrequenz der Bildfunktion, was schließlich zu Abtastfehlern (Aliasing) führt.

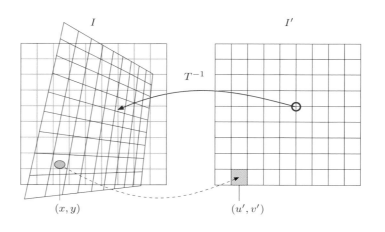

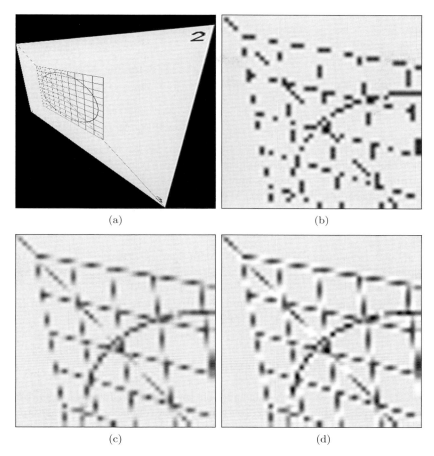

(a)　　　　　　　　(b)

(c)　　　　　　　　(d)

Abbildung 22.25
Aliasing-Effekt durch lokale Bildver-
kleinerung. Der Effekt ist weitgehend
unabhängig vom verwendeten Interpolationsverfahren: transformiertes
Gesamtbild (a), Nearest-Neighbor-
Interpolation (b), bilineare Interpolation (c), bikubische Interpolation (d).

verwendeten Interpolationsmethode weitgehend unabhängig ist. Besonders deutlich ausgeprägt ist er natürlich bei der Nearest-Neighbor-
Interpolation, bei der die dünnen Linien an manchen Stellen einfach
nicht mehr „getroffen" werden und somit verschwinden. Dadurch geht
wichtige Bildinformation verloren. Die bikubische Interpolation besitzt
zwar den breitesten Interpolationskern, kann aber diesen Effekt ebenfalls nicht verhindern. Noch größere Maßstabsänderungen (z. B. bei eine
Verkleinerung um den Faktor 8) wären ohne zusätzliche Maßnahmen
überhaupt nicht zufriedenstellend durchführbar.

22.7.2 Tiefpassfilter

Eine Lösung dieses Problems besteht darin, die für die Abtastung erforderliche Bandbegrenzung der rekonstruierten Bildfunktion sicherzustellen. Dazu wird auf die rekonstruierte Bildfunktion vor der Abtastung ein
entsprechendes Tiefpassfilter angewandt (Abb. 22.26).

Am einfachsten ist dies bei einer Abbildung, bei der die Maßstabsänderung über das gesamte Bild gleichmäßig ist, wie z. B. bei einer globalen

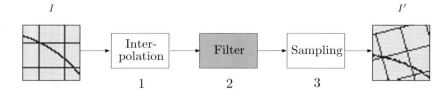

I I'

Abbildung 22.26
Tiefpassfilter zur Vermeidung von Aliasing. Die interpolierte Bildfunktion (nach Schritt 1) wird vor der Abtastung (Schritt 3) einem ortsabhängigen Tiefpassfilter unterzogen, das die Bandbreite des Bildsignals auf die lokale Abtastrate anpasst.

Skalierung oder einer affinen Transformation. Ist die Maßstabsänderung über das Bild jedoch ungleichmäßig, so ist ein Filter erforderlich, dessen Parameter von der geometrischen Abbildungsfunktion T und der aktuellen Bildposition abhängig ist. Wenn sowohl für die Interpolation und das Tiefpassfilter ein Faltungsfilter verwendet werden, so können diese in ein gemeinsames, ortsabhängiges Rekonstruktionsfilter zusammengefügt werden.

Die Anwendung derartiger ortsabhängiger (*space-variant*) Filter ist allerdings aufwändig und wird daher teilweise auch in professionellen Applikationen (wie z. B. in Adobe Photoshop) vermieden. Solche Verfahren sind jedoch u. a. bei der Projektion von Texturen in der Computergrafik von praktischer Bedeutung [67, 228].

22.8 Java-Implementierung

Die in diesem Abschnitt beschriebenen Interpolationsmethoden sind in der Form von Subklassen der abstrakten Klasse `ScalarInterpolator`[5] und `RgbInterpolator` implementiert. Konkret verfügbar sind folgende Implementierungen:

> `BicubicInterpolator,`
> `BilinearInterpolator,`
> `LanczosInterpolator,`
> `NearestNeighborInterpolator,`
> `SplineInterpolator.`

Programm 22.1 zeigt als Beispiel die Implementierung der Klasse `Bicubic-Interpolator`.

ScalarInterpolator (class)

Diese Klasse stellt die Funktionalität zur Interpolation skalarer Pixelwerte zur Verfügung. Objekte vom Typ `ScalarInterpolator` sind immer an ein zu interpolierendes Quellbild gebunden, das bei der Erzeugung angegeben wird.

---

[5] Im Paket `imagingbook.lib.interpolation`

```
1  package imagingbook.lib.interpolation;
2
3  import imagingbook.lib.image.ImageAccessor;
4  import java.awt.geom.Point2D;
5
6  public class BicubicInterpolator extends ScalarInterpolator {
7
8    final double a;
9
10   public BicubicInterpolator(ImageAccessor.Gray ia, double a){
11     super(ia);
12     this.a = a;
13   }
14
15   public float getInterpolatedValue(Point2D pnt) {
16     double x0 = pnt.getX();
17     double y0 = pnt.getY();
18     int u0 = (int) Math.floor(x0);
19     int v0 = (int) Math.floor(y0);
20
21     double q = 0;
22
23     for (int j = 0; j <= 3; j++) {
24       int v = v0 - 1 + j;
25       double p = 0;
26       for (int i = 0; i <= 3; i++) {
27         int u = u0 - 1 + i;
28         float pixval = ia.getVal(u, v);
29         p = p + pixval * w_cub(x0 - u);
30       }
31       q = q + p * w_cub(y0 - v);
32     }
33     return (float) q;
34   }
35
36   private final double w_cub(double x) {
37     if (x < 0)
38       x = -x;
39     double z = 0;
40     if (x < 1)
41       z = (-a + 2) * x * x * x + (a - 3) * x * x + 1;
42     else if (x < 2)
43       z = -a * x * x * x + 5 * a * x * x - 8 * a * x + 4 * a;
44     return z;
45   }
46
47 }
```

Tabelle 22.1
Mögliche Einstellungen von
InterpolationMethod und zugehörige Ergebnisse beim Aufruf
der Methode create(ia, method)
der Klassen ScalarInterpolator
und RgbInterpolator.

InterpolationMethod	Ergebnis
NearestNeighbor	NearestNeighborInterpolator(ip)
Bilinear	BilinearInterpolator(ip)
Bicubic	BicubicInterpolator(ip, 1.00)
BicubicSmooth	BicubicInterpolator(ip, 0.25)
BicubicSharp	BicubicInterpolator(ip, 1.75)
CatmullRom	SplineInterpolator(ip, 0.5, 0.0)
CubicBSpline	SplineInterpolator(ip, 0.0, 1.0)
MitchellNetravali	SplineInterpolator(ip, 1.0/3, 1.0/3)
Lanzcos2	LanczosInterpolator(ip, 2)
Lanzcos3	LanczosInterpolator(ip, 3)
Lanzcos4	LanczosInterpolator(ip, 4)

`static ScalarInterpolator create (ImageAccessor.Gray ia, InterpolationMethod method)`

Statische Servicemethode, die für ein ImageAccessor-Objekt ia (Quellbild) ein zugehöriges ScalarInterpolator-Objekt generiert. Die für method möglichen Einstellungen sind in Tabelle 22.1 aufgelistet.

`float getInterpolatedValue (Point2D pnt)`

Liefert den interpolierten Wert des zugehörigen Quellbilds an der kontinuierlichen Position pnt (x, y).

RgbInterpolator (**class**)

Diese Klasse ermöglicht die Interpolation von RGB-Farbbildern und verwendet ScalarInterpolator zur Interpolation der einzelnen Farbkomponenten.

`static RgbInterpolator create (ImageAccessor.Rgb ia, InterpolationMethod method)`

Diese statische Methode generiert für ein RGB-Quellbild ia ein neues RgbInterpolator-Objekt. In Abhängigkeit von method ist der Interpolationstyp entsprechend Tabelle 22.1.

`float[] getInterpolatedValue (Point2D pnt)`

Liefert den interpolierten Wert des zugehörigen Quellbilds an der kontinuierlichen Position pnt (x, y).

Die Klassen ScalarInterpolator und RgbInterpolator sind primär zur Verwendung mit der Klasse ImageAccessor[6] gedacht. Ein einfaches Anwendungsbeispiel ist in Prog. 22.2 gezeigt.

22.9 Aufgaben

Aufg. 22.1. Die eindimensionale Interpolationsfunktion nach Mitchell-Natravali $w_{\mathrm{mn}}(x)$ ist in Gl. 22.19 definiert durch die allgemeine Splinefunktion $w_{\mathrm{cs}}(x, a, b)$. Zeigen Sie, dass diese Funktion als gewichtete

---

[6] Im Paket `imagingbook.lib.image`

```
1  import ij.ImagePlus;
2  import ij.plugin.filter.PlugInFilter;
3  import ij.process.ImageProcessor;
4  import imagingbook.lib.image.ImageAccessor;
5  import imagingbook.lib.image.OutOfBoundsStrategy;
6  import imagingbook.lib.interpolation.InterpolationMethod;
7
8  public class Interpolator_Demo implements PlugInFilter {
9
10   static double dx = 0.5;
11   static double dy = -3.5;
12
13   static OutOfBoundsStrategy obs =
14      OutOfBoundsStrategy.NearestBorder;
15
16   static InterpolationMethod ipm =
17      InterpolationMethod.BicubicSharp;
18
19   public int setup(String arg, ImagePlus imp) {
20      return DOES_ALL + NO_CHANGES;
21   }
22
23   public void run(ImageProcessor source) {
24     ImageAccessor sA =
25         ImageAccessor.create(source, obs, ipm);
26
27     ImageProcessor target = source.duplicate();
28     ImageAccessor tA = ImageAccessor.create(target);
29
30     for (int u = 0; u < target.getWidth(); u++) {
31       for (int v = 0; v < target.getHeight(); v++) {
32         double x = u + dx;
33         double y = v + dy;
34         float[] val = sA.getPix(x, y);
35         tA.setPix(u, v, val);
36       }
37     }
38
39     (new ImagePlus("Target", target)).show();
40   }
41 }
```

22.9 Aufgaben

Programm 22.2
Beispiel für die Bildinterpolation mithilfe der Klasse `ImageAccessor`. Dieses ImageJ-Plugin verschiebt das Quellbild um die beliebige (nicht-ganzzahlige) Distanz `dx`, `dy` nach dem Target-to-Source-Verfahren und verwendet dazu eine Interpolation vom Typ `BicubicSharp`. Der `ImageAccessor` (Interpolator) für das Quellbild wird in Zeile 25 angelegt, ein weiterer für das Target-Bild in Zeile 28. Anschließend erfolgt eine Iteration über alle Elemente des Target-Bilds. Das Source-Bild wird an der berechneten Position (x, y) interpoliert (Zeile 34) und der resultierende `float[]`-Wert wird mit `setPix()` im Target-Bild eingesetzt (Zeile 35). Man beachte, dass dieses Plugin generisch für alle Typen von Bildern funktioniert.

Summe einer Catmull-Rom-Funktion $w_{\mathrm{crm}}(x)$ (Gl. 22.17) und einer kubischen B-Splinefunktion $w_{\mathrm{cbs}}(x)$ (Gl. 22.18) in der Form

$$
\begin{aligned}
w_{\mathrm{mn}}(x) &= w_{\mathrm{cs}}\left(x, \tfrac{1}{3}, \tfrac{1}{3}\right) \\
&= \tfrac{1}{3} \cdot \left[2 \cdot w_{\mathrm{cs}}(x, 0.5, 0) + w_{\mathrm{cs}}(x, 0, 1)\right] \\
&= \tfrac{1}{3} \cdot \left[2 \cdot w_{\mathrm{crm}}(x) + w_{\mathrm{cbs}}(x)\right].
\end{aligned}
\tag{22.41}
$$

darstellbar ist.

Aufg. 22.2. Versuchen Sie, einen „idealen" Pixel-Interpolator auf Basis der Sinc-Funktion (Gl. 22.5) zu implementieren, bei dem die Bildfunktion in beiden Koordinatenrichtungen als periodisch angenommen wird. Ermitteln Sie (durch Abschneiden der Sinc-Funktion bei $\pm N$), wie viele Pixelwerte mindestens berücksichtigt werden müssen und wie weit sich das Ergebnis durch Einbeziehung zusätzlicher Pixel verbessern lässt. Verwenden Sie die Klasse `BicubicInterpolator` als Vorlage für die Implementierung.

Aufg. 22.3. Implementieren Sie die zweidimensionale Lanczos-Interpolation mit W_{L3}-Kern nach Gl. 22.39 als Java-Klasse analog zur Klasse `BicubicInterpolator`. Vergleichen Sie die Ergebnisse mit denen der bikubischen Interpolation.

Aufg. 22.4. Der eindimensionale Lanczos-Interpolationskern mit 4 Stützstellen ist analog zu Gl. 22.25 definiert als

$$w_{L4} = \begin{cases} 4 \cdot \frac{\sin(\pi \frac{x}{4}) \cdot \sin(\pi x)}{\pi^2 x^2} & \text{für } 0 \leq |x| < 4, \\ 0 & \text{für } |x| \geq 4. \end{cases} \tag{22.42}$$

Erweitern Sie den zweidimensionalen Interpolationskern aus Gl. 22.39 für w_{L4} und implementieren Sie das Verfahren analog zur Klasse `Bicubic-Interpolator`. Wie viele Originalpixel müssen jeweils bei der Berechnung berücksichtigt werden? Testen Sie, ob sich gegenüber der bikubischen bzw. der Lanczos3-Interpolation (Aufg. 22.3) erkennbare Verbesserungen ergeben.

23

Bildvergleich

Wenn wir Bilder miteinander vergleichen, stellt sich die grundlegende Frage: Wann sind zwei Bilder gleich oder wie kann man deren Ähnlichkeit messen? Natürlich könnte man einfach definieren, dass zwei Bilder I_1 und I_2 genau dann gleich sind, wenn alle ihre Bildwerte identisch sind bzw. wenn – zumindest für Intensitätsbilder – die Differenz $I_1 - I_2$ null ist. Die direkte Subtraktion von Bildern kann tatsächlich nützlich sein, z. B. zur Detektion von Veränderungen in aufeinander folgenden Bildern unter konstanten Beleuchtungs- und Aufnahmebedingungen. Darüber hinaus ist aber die numerische Differenz allein kein sehr zuverlässiges Mittel zur Bestimmung der Ähnlichkeit von Bildern. Eine leichte Erhöhung der Gesamthelligkeit, die Quantisierung der Intensitätswerte, eine Verschiebung des Bilds um nur ein Pixel oder eine geringfügige Rotation – all das würde zwar die Erscheinung des Bilds kaum verändern und möglicherweise für den menschlichen Betrachter überhaupt nicht feststellbar sein, aber dennoch große numerische Unterschiede gegenüber dem Ausgangsbild verursachen! Das Vergleichen von Bildern ist daher i. Allg. kein einfaches Problem und ist auch, etwa im Zusammenhang mit der ähnlichkeitsbasierten Suche in Bilddatenbanken oder im Internet, ein interessantes Forschungsthema.

Dieses Kapitel widmet sich einem Teilproblem des Bildvergleichs, nämlich der Lokalisierung eines bekannten Teilbilds – das oft als „template" bezeichnet wird – innerhalb eines größeren Bilds. Dieses Problem stellt sich häufig, z. B. beim Auffinden zusammengehöriger Bildpunkte in Stereobildern, bei der Lokalisierung eines bestimmtes Objekts in einer Szene oder bei der Verfolgung eines Objekts in einer Bildsequenz. Die grundlegende Idee des *Template Matching* ist einfach: Wir bewegen das gesuchte Bildmuster (Template) über das Bild und messen die Differenz gegenüber dem darunterliegenden Teilbild und markieren jene Stellen, an denen das Template mit dem Teilbild übereinstimmt oder ihm zumin-

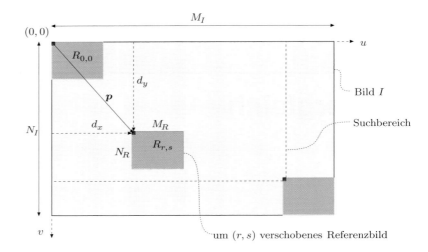

dest ausreichend ähnlich ist. Natürlich ist auch das nicht so einfach, wie es zunächst klingt, denn was ist ein brauchbares Abstandsmaß, welche Distanz ist zulässig und was passiert, wenn Bilder zueinander gedreht, skaliert oder verformt werden?

Wir hatten mit dem Thema Ähnlichkeit bereits im Zusammenhang mit den Eigenschaften von Regionen in segmentierten Binärbildern (Abschn. 10.4.2) zu tun. Im Folgenden beschreiben wir unterschiedliche Ansätze für das *Template Matching* in Intensitätsbildern und unsegmentierten Binärbildern.

23.1 Template Matching in Intensitätsbildern

Zunächst betrachten wir das Problem, ein gegebenes Referenzbild R in einem Intensitäts- oder Grauwertbild I zu lokalisieren. Die Aufgabe ist, jene Stelle(n) in I zu finden, an denen eine optimale Übereinstimmung der entsprechenden Bildinhalte besteht. Wenn wir

$$R_{r,s}(u, v) = R(u-r, v-s) \tag{23.1}$$

als das um (r, s) in horizontaler bzw. vertikaler Richtung verschobene Referenzbild bezeichnen, dann können wir das Matching-Problem in folgender Weise zusammenfassen (s. Abb. 23.1):

> Gegeben sind ein Zielbild I und ein Referenzbild R. Finde die Verschiebung (r, s), bei der die Ähnlichkeit zwischen dem um (r, s) verschobenen Referenzbild $R_{r,s}$ und dem davon überdeckten Ausschnitt von I maximal ist.

Um dieses Problem erfolgreich zu lösen, sind mehrere Aspekte zu beachten. *Erstens* benötigen wir ein geeignetes Maß für die „Ähnlichkeit" zwischen zwei Teilbildern, *zweitens* eine Suchstrategie, um die optimale

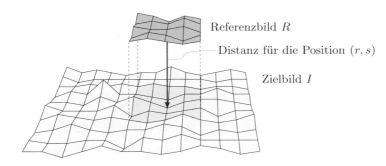

Referenzbild R

Distanz für die Position (r, s)

Zielbild I

Verschiebung möglichst rasch zu finden, und *drittens* müssen wir entscheiden, welche minimale Ähnlichkeit für eine Übereinstimmung zulässig ist. Zunächst interessiert uns aber nur der erste Punkt.

23.1.1 Abstand zwischen Bildmustern

Um herauszufinden, wo eine hohe Übereinstimmung besteht, berechnen wir den *Abstand* zwischen dem verschobenen Referenzbild R und dem entsprechenden Ausschnitt des Zielbilds I für jede Position r, s (Abb. 23.2). Als Maß für den Abstand zwischen zweidimensionalen Bildfunktionen gibt es verschiedene gebräuchliche Definitionen, wobei folgende am gängigsten sind:

Summe der Differenzbeträge:

$$\mathrm{d}_A(r, s) = \sum_{(i,j) \in R} |I(r + i, s + j) - R(i, j)|. \qquad (23.2)$$

Maximaler Differenzbetrag:

$$\mathrm{d}_M(r, s) = \max_{(i,j) \in R} |I(r + i, s + j) - R(i, j)|. \qquad (23.3)$$

Summe der quadratischen Abstände:

$$\mathrm{d}_E(r, s) = \left[\sum_{(i,j) \in R} \big(I(r + i, s + j) - R(i, j)\big)^2 \right]^{1/2}. \qquad (23.4)$$

Letzteres ist übrigens nichts anderes als die N-dimensionale *Euklidische* (L_2) Distanz zwischen zwei Vektoren von Pixelwerten der Länge N. Analog dazu entspricht die Summe der Differenzbeträge in Gl. 23.2 der L_1-Distanz und der maximale Differenzbetrag in Gl. 23.3 der L_∞-Distanz.

Abstand und Korrelation

Der N-dimensionale euklidische Abstand (Gl. 23.4) ist von besonderer Bedeutung und wird wegen seiner formalen Qualitäten auch in der Statistik häufig verwendet. Um die beste Übereinstimmung zwischen dem Referenzbild $R(u, v)$ und dem Zielbild $I(u, v)$ zu finden, genügt es, das Quadrat von d_E (das in jedem Fall positiv ist) zu minimieren, das in der Form

$$\mathrm{d}_E^2(r, s) = \sum_{(i,j) \in R} \big(I(r{+}i, s{+}j) - R(i, j) \big)^2 \qquad (23.5)$$

$$= \underbrace{\sum_{(i,j) \in R} I^2(r{+}i, s{+}j)}_{A(r,s)} + \underbrace{\sum_{(i,j) \in R} R^2(i, j)}_{B} - \underbrace{2 \cdot \sum_{(i,j) \in R} I(r{+}i, s{+}j) \cdot R(i, j)}_{C(r,s)}$$

expandiert werden kann. Der Ausdruck B in Gl. 23.5 ist dabei die Summe der quadratischen Werte des Referenzbilds R, also eine von r, s unabhängige Konstante, die somit für das Ergebnis keine Bedeutung hat. Der Ausdruck $A(r, s)$ ist die Summe der quadratischen Werte des entsprechenden Bildausschnitts in I beim aktuellen Offset (r, s), und $C(r, s)$ entspricht der so genannten *linearen Kreuzkorrelation* ($\circledast$) zwischen I und R. Diese ist für den allgemeinen Fall definiert als

$$(I \circledast R)(r, s) = \sum_{i=-\infty}^{\infty} \sum_{j=-\infty}^{\infty} I(r{+}i, s{+}j) \cdot R(i, j), \qquad (23.6)$$

was – da R und I außerhalb ihrer Grenzen als null angenommen werden – wiederum äquivalent ist zu

$$\sum_{i=0}^{M_R-1} \sum_{j=0}^{N_R-1} I(r{+}i, s{+}j) \cdot R(i, j) = \sum_{(i,j) \in R} I(r{+}i, s{+}j) \cdot R(i, j) \qquad (23.7)$$

und somit identisch mit $C(r, s)$ in Gl. 23.5. Die Korrelation ist damit im Grunde dieselbe Operation wie die lineare *Faltung* (Abschn. 5.3.1, Gl. 5.14), außer dass bei der Korrelation der Faltungskern (in diesem Fall $R(i, j)$) implizit gespiegelt ist.

Wenn nun $A(r, s)$ in Gl. 23.5 innerhalb des Bilds I weitgehend konstant ist – also die „Signalenergie" annähernd gleichförmig im Bild verteilt ist –, dann befindet sich an der Position des Maximalwerts der Korrelation $C(r, s)$ gleichzeitig auch die Stelle der höchsten Übereinstimmung zwischen R und I. In diesem Fall kann also der Minimalwert von $d_E^2(r, s)$ (Gl. 23.5) allein durch Berechnung des Maximalwerts der Korrelation $I \circledast R$ ermittelt werden. Das ist u. a. deshalb interessant, weil die Korrelation über die *Fouriertransformation* im Spektralraum sehr effizient berechnet werden kann (s. Abschn. 19.5).

Normalisierte Kreuzkorrelation

In der Praxis trifft leider die Annahme, dass $A(r, s)$ über das Bild hinweg konstant ist, meist nicht zu und das Ergebnis der Korrelation ist in der Folge stark von Intensitätsänderungen im Bild I abhängig. Die *normalisierte Kreuzkorrelation* $C_N(r, s)$ kompensiert diese Abhängigkeit, indem sie die Gesamtenergie im aktuellen Bildausschnitt berücksichtigt:

$$C_N(r, s) = \frac{C(r, s)}{\sqrt{A(r, s) \cdot B}} = \frac{C(r, s)}{\sqrt{A(r, s)} \cdot \sqrt{B}} \tag{23.8}$$

$$= \frac{\displaystyle\sum_{(i,j) \in R} I(r{+}i, s{+}j) \cdot R(i, j)}{\Big[\displaystyle\sum_{(i,j) \in R} I^2(r{+}i, s{+}j)\Big]^{1/2} \cdot \Big[\displaystyle\sum_{(i,j) \in R} R^2(i, j)\Big]^{1/2}} \; . \tag{23.9}$$

Weisen Bild und Template ausschließlich *positive* Werte auf, dann ist das Ergebnis $C_N(r, s)$ immer im Bereich $0, \ldots, 1$, unabhängig von den übrigen Werten in I und R. Ein Wert $C_N(r, s) = 1$ zeigt dabei eine maximale Übereinstimmung zwischen R und dem aktuellen Bildausschnitt I bei einem Offset (r, s) an. Die normalisierte Korrelation hat daher den zusätzlichen Vorteil, dass sie auch ein standardisiertes Maß für den Grad der Übereinstimmung liefert, der direkt für die Entscheidung über die Akzeptanz der entsprechenden Position verwendet werden kann.

Die Formulierung in Gl. 23.8 gibt – im Unterschied zu Gl. 23.6 – zwar ein *lokales* Abstandsmaß an, ist aber immer noch mit dem Problem behaftet, dass die *absolute* Distanz zwischen dem Template und der Bildfunktion gemessen wird. Wird also beispielsweise die Gesamthelligkeit des Bilds I erhöht, so wird sich in der Regel auch das Ergebnis der normalisierten Korrelation $C_N(r, s)$ dramatisch verändern.

Korrelationskoeffizient

Eine Möglichkeit zur Vermeidung dieses Problems besteht darin, nicht die ursprünglichen Funktionswerte zu vergleichen, sondern die Differenz in Bezug auf die lokalen Durchschnittswerte in R einerseits und des zugehörigen Bildausschnitts von I andererseits. Gl. 23.8 ändert sich damit zu

$$C_L(r, s) = \tag{23.10}$$

$$\frac{\displaystyle\sum_{(i,j) \in R} \big(I(r{+}i, s{+}j) - \bar{I}_{r,s}\big) \cdot \big(R(i, j) - \bar{R}\big)}{\Big[\displaystyle\sum_{(i,j) \in R} \big[I(r{+}i, s{+}j) - \bar{I}_{r,s}\big]^2\Big]^{1/2} \cdot \underbrace{\Big[\displaystyle\sum_{(i,j) \in R} \big[R(i, j) - \bar{R}\big]^2\Big]^{1/2}}_{S_R^2 = K \cdot \sigma_R^2}},$$

wobei die Durchschnittswerte $\bar{I}_{r,s}$ und $\bar{R}$ definiert sind als

$$\bar{I}_{r,s} = \frac{1}{K} \cdot \sum_{(i,j)\in R} I(r+i, s+j) \qquad \text{bzw.} \qquad \bar{R} = \frac{1}{K} \cdot \sum_{(i,j)\in R} R(i,j). \quad (23.11)$$

Dabei ist $K = |R|$, also die Anzahl der Elemente im Referenzbild R. Der Ausdruck in Gl. 23.10 wird in der Statistik als *Korrelationskoeffizient* bezeichnet. Im Unterschied zur üblichen Verwendung in der Statistik ist $C_L(r,s)$ aber keine *globale* Korrelation über sämtliche Daten, sondern eine *lokale*, stückweise Korrelation zwischen dem Template R und dem von diesem aktuell (d. h. bei einem Offset (r,s)) überdeckten Teilbild von I! Die Ergebniswerte von $C_L(r,s)$ liegen im Intervall $[-1, 1]$, unabhängig von den Werten in I und R. Der Wert 1 entspricht der maximalen Übereinstimmung der verglichenen Bildmuster und -1 der maximalen Abweichung. Der im Nenner von Gl. 23.10 enthaltene Ausdruck

$$S_R^2 = K \cdot \sigma_R^2 = \sum_{(i,j)\in R} \big(R(i,j) - \bar{R}\big)^2 \qquad (23.12)$$

entspricht dem K-Fachen der *Varianz* der Werte in R; dieser Wert ist konstant und muss daher nur einmal ermittelt werden. Durch den Umstand, dass $\sigma_R = \frac{1}{K} \sum R^2(i,j) - \bar{R}^2$, lässt sich der Ausdruck in Gl. 23.12 umformulieren zu

$$S_R^2 = \sum_{(i,j)\in R} R^2(i,j) \;-\; K \cdot \bar{R}^2$$

$$= \sum_{(i,j)\in R} R^2(i,j) \;-\; \frac{1}{K} \cdot \Big(\sum_{(i,j)\in R} R(i,j)\Big)^2. \qquad (23.13)$$

Durch Einsetzten der Ergebnisse aus Gl. 23.11 und 23.13 ergibt sich nun für Gl. 23.10 der Ausdruck

$$C_L(r,s) = \frac{\displaystyle\sum_{(i,j)\in R} \big(I(r+i, s+j) \cdot R(i,j)\big) \;-\; K \cdot \bar{I}_{r,s} \cdot \bar{R}}{\Big[\displaystyle\sum_{(i,j)\in R} I^2(r+i, s+j) \;-\; K \cdot \bar{I}_{r,s}^2\Big]^{1/2} \cdot S_R}, \qquad (23.14)$$

und damit auch eine effiziente Möglichkeit zur Berechnung des lokalen Korrelationskoeffizienten. Da $\bar{R}$ und $S_R = \sqrt{S_R^2}$ nur einmal berechnet werden müssen und der lokale Durchschnittswert der Bildfunktion $\bar{I}_{r,s}$ bei der Berechnung der Differenzen zunächst nicht benötigt wird, kann der gesamte Ausdruck in Gl. 23.14 in einer einzigen, gemeinsamen Iteration berechnet werden, wie in Alg. 23.1 gezeigt.

Bei der Berechnung von $C_L(r,s)$ in Gl. 23.14 kann übrigens der Nenner Null werden, wenn einer seiner beiden Faktoren Null wird. Dies ist beispielsweise dann der Fall, wenn das Bild I lokal „flach" ist und somit keine Varianz aufweist oder wenn das Referenzbild R konstant ist. Um

```
 1:  CorrelationCoefficient (I, R)
         Input: I(u, v), search image; R(i, j), reference image.
         Returns a map C(r, s) containing the values of the correlation coef-
         ficient between I and R positioned at (r, s).
         STEP 1–INITIALIZE:
 2:      (M_I, N_I) ← Size(I)
 3:      (M_R, N_R) ← Size(R)
 4:      K ← M_R · N_R
 5:      Σ_R ← 0,  Σ_R2 ← 0
 6:      for i ← 0, …, (M_R−1) do
 7:          for j ← 0, …, (N_R−1) do
 8:              Σ_R  ← Σ_R + R(i, j)
 9:              Σ_R2 ← Σ_R2 + R²(i, j)
10:      R̄ ← Σ_R/K                                    ▷ Eq. 23.11
11:      S_R ← √(Σ_R2 − K · R̄²)                       ▷ Eq. 23.13
         STEP 2—COMPUTE THE CORRELATION MAP:
12:      Create map C: (M_I − M_R + 1) × (N_I − N_R + 1) ↦ ℝ
13:      for r ← 0, …, M_I − M_R do                    ▷ place R at position (r, s)
14:          for s ← 0, …, N_I − N_R do
                 Compute the correlation coefficient for position (r, s):
15:              Σ_I ← 0, Σ_I2 ← 0, Σ_IR ← 0
16:              for i ← 0, …, M_R − 1 do
17:                  for j ← 0, …, N_R − 1 do
18:                      a_I ← I(r + i, s + j)
19:                      a_R ← R(i, j)
20:                      Σ_I  ← Σ_I + a_I
21:                      Σ_I2 ← Σ_I2 + a_I²
22:                      Σ_IR ← Σ_IR + a_I · a_R
23:              Ī_{r,s} ← Σ_I/K                       ▷ Eq. 23.11
```

$$
24: \quad C(r, s) \leftarrow \frac{\Sigma_{IR} - K \cdot \bar{I}_{r,s} \cdot \bar{R}}{1 + \sqrt{\Sigma_{I2} - K \cdot \bar{I}_{r,s}^2} \cdot S_R} = \frac{\Sigma_{IR} - \Sigma_I \cdot \bar{R}}{1 + \sqrt{\Sigma_{I2} - \Sigma_I^2/K} \cdot S_R}
$$

```
25:  return C                                          ▷ C(r, s) ∈ [−1, 1]
```

Algorithmus 23.1
Berechnung des Korrelationskoeffizienten. Gegeben ist ein Suchbild I und ein Referenzbild (Template) R. Im ersten Schritt werden der Mittelwert $\bar{R}$ des Referenzbilds und seine Varianz S_R berechnet. Im Schritt 2 wird für jede mögliche Position (r, s) ein Match-Wert berechnet, wie in Gl. 23.14 beschrieben. Die resultierende Verteilung der Korrelationswerte $C(r, s) \in [-1, 1]$ wird retourniert. Man beachte, dass die Berechnung in Zeile 24 in zwei Varianten möglich ist – die zweite Variante erfordert keine Berechnung des Mittelwerts $\bar{I}_{r,s}$ (berechnet in Zeile 23). In Zeile 24 wird in Abweichung zu Gl. 23.14 der Wert des Nenners um 1 erhöht, um im Fall einer lokalen Nullvarianz eine Division durch Null zu vermeiden.

in solchen Fällen eine Division durch Null zu verhindern, wird in Alg. 23.1 (in Zeile 24) der Wert 1 im Nenner addiert, was darüber hinaus zu keinen nennenswerten Änderungen im Ergebnis führt.

Eine direkte Java-Implementierung dieser Prozedur ist in Prog. 23.1–23.2 in Abschn. 23.1.3 gezeigt (Klasse `CorrCoeffMatcher`).

Beispiele

Abb. 23.3 zeigt einen Vergleich zwischen den oben angeführten Distanzfunktionen anhand eines typischen Beispiels. Das Originalbild (Abb. 23.3 (a)) weist ein sich wiederholendes Muster auf, gleichzeitig aber auch eine ungleichmäßige Beleuchtung und dadurch deutliche Unterschiede in der Helligkeit. Ein charakteristisches Detail wurde als Template dem Bild entnommen (Abb. 23.3 (b)).

- Die *Summe der Differenzbeträge* (Gl. 23.2) in Abb. 23.3 (c) liefert einen deutlichen Spitzenwert an der Originalposition, ähnlich wie auch die *Summe der quadratischen Abstände* (Gl. 23.4) in Abb. 23.3 (e). Beide Maße funktionieren zwar zufriedenstellend, werden aber von globalen Intensitätsänderungen stark beeinträchtigt, wie Abb. 23.4 und 23.5 deutlich zeigen.
- Der *maximale Differenzbetrag* (Gl. 23.3) in Abb. 23.3 (d) erweist sich als Distanzmaß als völlig nutzlos, zumal er stärker auf Beleuchtungsunterschiede als auf die Ähnlichkeit zwischen Bildmustern reagiert. Wie erwartet ist auch das Verhalten der *globalen Kreuzkorrelation* in Abb. 23.3 (f) nicht zufriedenstellend. Obwohl das Ergebnis an der ursprünglichen Template-Position ein (im Druck kaum sichtbares) lokales Maximum aufweist, wird dieses durch die großflächigen hohen Werte in den hellen Bildteilen völlig überdeckt.
- Das Ergebnis der *normalisierten Kreuzkorrelation* (Gl. 23.8) in Abb. 23.3 (g) ist naturgemäß sehr ähnlich zur Summe der quadratischen Abstände, denn es ist im Grunde dasselbe Maß. Der *Korrelationskoeffizient* (Gl. 23.10) in Abb. 23.3 (h) liefert wie erwartet das beste Ergebnis. In diesem Fall liegen die Werte im Bereich -1.0 (schwarz) und $+1.0$ (weiß), Nullwerte sind grau dargestellt.

Abb. 23.4 vergleicht das Verhalten der *Summe der quadratischen Abstände* einerseits und des *Korrelationskoeffizienten* andererseits bei Änderung der globalen Intensität. Dazu wurde die Intensität des Templates nachträglich um 50 erhöht, sodass im Bild selbst keine Stelle mehr mit einem zum Template identischen Bildmuster existiert. Wie deutlich zu erkennen ist, verschwinden bei der *Summe der quadratischen Abstände* die ursprünglich ausgeprägten Spitzenwerte (Abb. 23.4 (c)), während der *Korrelationskoeffizient* davon naturgemäß nicht beeinflusst wird (Abb. 23.4 (d)).

Zusammengefasst ist unter realistischen Abbildungsverhältnissen der lokale Korrelationskoeffizient als zuverlässiges Maß für den intensitätsbasierten Bildvergleich zu empfehlen. Diese Methode ist vergleichsweise robust gegenüber globalen Intensitäts- und Kontraständerungen sowie gegenüber geringfügigen Veränderungen der zu vergleichenden Bildmuster. Wie in Abb. 23.6 gezeigt, ist dabei die Lokalisierung der optimalen Match-Punkte oft durch eine einfache Schwellwertoperation möglich.

Geometrische Form der Template-Region

Die Template-Region R muss nicht, wie in den bisherigen Beispielen, von rechteckiger Form sein. Konkret werden häufig kreisförmige, elliptische oder auch nicht konvexe Templates verwendet, wie z. B. kreuz- oder $\times$-förmige Regionen.

(a) Originalbild I

(b) Referenzbild R

Abbildung 23.3
Vergleich unterschiedlicher Abstandsfunktionen. Aus dem Originalbild I (a) wurde an der markierten Stelle das Referenzbild R (b) entnommen. Die Helligkeit der Ergebnisbilder (c–h) entspricht dem berechneten Maß der Übereinstimmung. Weiß bedeutet minimale Distanz bzw. höchste Übereinstimmung. Die Position des korrekten Referenzpunkts ist mit einem roten Kreis markiert.

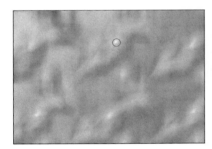

(c) Summe der Differenzbeträge

(d) Maximaler Differenzbetrag

(e) Summe der quadr. Abstände

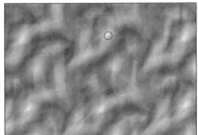

(f) Globale Kreuzkorrelation

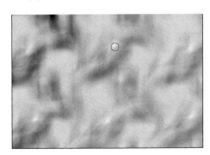

(g) Normalisierte Kreuzkorrelation

(h) Korrelationskoeffizient

Abbildung 23.4
Auswirkung einer globalen Intensitätsänderung. Beim Vergleich mit dem Original-Template R zeigen sich sowohl beim *Euklidischen Abstand* (a) wie auch beim *Korrelationskoeffizienten* (b) deutliche Spitzenwerte an den Stellen höchster Übereinstimmung. Beim modifizierten Template R' verschwinden die Spitzenwerte beim *Euklidischen Abstand* (c), während der *Korrelationskoeffizient* (d) davon unbeeinflusst bleibt.

Vergleich mit Original-Template R

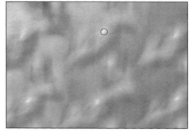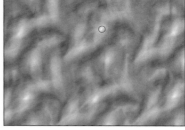

(a) Euklidischer Abstand $d_{\mathrm{E}}(r, s)$ (b) Korrelationskoeffizient $C_L(r, s)$

Vergleich mit modifiziertem Template $R' = R + 50$

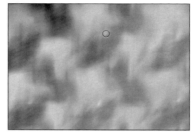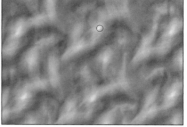

(c) Euklidischer Abstand $d_{\mathrm{E}}(r, s)$ (d) Korrelationskoeffizient $C_L(r, s)$

Abbildung 23.5
Euklidischer Abstand – Auswirkung globaler Intensitätsänderung. Matching mit dem Original-Template R (links) und Templates mit einer um 25 Einheiten (Mitte) bzw. 50 Einheiten (rechts) erhöhten Intensität. Man beachte, wie bei steigendem Gesamtabstand zwischen Template und Bildfunktion die lokalen Spitzenwerte verschwinden.

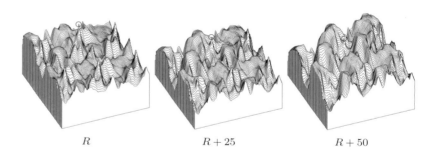

R $R + 25$ $R + 50$

Abbildung 23.6
Detektion der Match-Punkte durch einfache Schwellwertoperation. Lokaler Korrelationskoeffizient (a), nur positive Ergebniswerte (b), Werte größer als 0.5 (c). Die resultierenden Spitzen markieren die Positionen der 6 ähnlichen (aber nicht identischen) Tulpenmuster im Originalbild (Abb. 23.3 (a)).

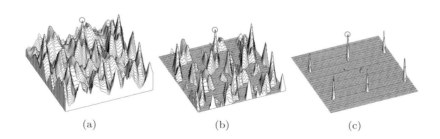

(a)   (b)   (c)

Eine weitere Möglichkeit ist die individuelle Gewichtung der Elemente innerhalb des Templates, etwa um die Differenzen im Zentrum des Templates gegenüber den Rändern stärker zu betonen. Die Realisierung dieses „windowed matching" ist einfach und erfordert nur geringfügige Modifikationen.

23.1.2 Umgang mit Drehungen und Größenänderungen

Korrelationsbasierte Matching-Methoden sind im Allgemeinen nicht imstande, substantielle Verdrehungen oder Größenänderungen zwischen Bild und Template zu bewältigen. Eine Möglichkeit zur Berücksichtigung der Rotation ist, das Bild mit mehreren, unterschiedlich gedrehten Versionen des Templates zu vergleichen und dabei die optimale Übereinstimmung zu suchen. In ähnlicher Weise könnte man auch unterschiedlich skalierte Versionen eines Templates zum Vergleich heranziehen, zumindest innerhalb eines bestimmten Größenbereichs. Die Suche nach gedrehten *und* skalierten Bildmustern würde allerdings eine kombinatorische Vielfalt unterschiedlicher Templates und zugehöriger Matching-Durchläufe erfordern, was meistens nicht praktikabel ist. In Kap. 24 zeigen wir allerdings ein iteratives Verfahren für den lokalen Bildvergleich, das bei gegebener Startlösung auch unter geometrischen Verzerrungen zwischen den Bildpaaren zuverlässig funktioniert.

23.1.3 Implementierung

Prog. 23.1–23.2 zeigt eine Java-Implementierung des Template Matching auf Basis des lokalen Korrelationskoeffizienten (Gl. 23.10). Für die Anwendung wird vorausgesetzt, dass Suchbild `I` und das Referenzbild `R` bereits als Objekte vom Typ `FloatProcessor` vorliegen. Damit wird ein neues Objekt der Klasse `CorrCoeffMatcher`[1] für das Suchbild `I` angelegt, wie in folgendem Beispiel:

```
FloatProcessor I = ...    // search image
FloatProcessor R = ...    // reference image
CorrCoeffMatcher matcher = new CorrCoeffMatcher(I);
float[][] C = matcher.getMatch(R);
```

Das Match-Ergebnis wird durch die anschließende Anwendung der Methode `getMatch()` in Form eines zweidimensionalen `float`-Arrays (`C`) ermittelt.

23.2 Vergleich von Binärbildern

Wie im vorigen Abschnitt deutlich wurde, ist das Vergleichen von Intensitätsbildern auf Basis der Korrelation zwar keine optimale Lösung,

---

[1] Paket `imagingbook.pub.matching`

Programm 23.1
Implementierung der Klasse
CorrCoeffMatcher (Teil 1/2). Bei der
Initialisierung durch die Konstruktor-
Methode (Zeilen 12–16) werden
vorab der Durchschnittswert $\bar{R} =$
meanR (Gl. 23.11) und das Varianz-
maß $S_R =$ varR (Gl. 23.13) des Referenzbilds R berechnet. Die Methode getMatch(R) (Zeilen 18–48)
ermittelt den Match-Wert zwischen
dem Suchbild I und dem Referenzbild R für alle Positionen (r, s).

```
1   class CorrCoeffMatcher {
2
3     private final FloatProcessor I; // search image
4     private final int MI, NI;        // width/height of search image
5
6     private FloatProcessor R;       // reference image
7     private int MR, NR;              // width/height of reference image
8     private int K;
9     private double meanR;           // mean value of reference (R̄)
10    private double varR;            // square root of reference variance (σ_R)
11
12    public CorrCoeffMatcher(FloatProcessor I) { // constructor
13      this.I = I; // search image (I)
14      this.MI = this.I.getWidth();
15      this.NI = this.I.getHeight();
16    }
17
18    public float[][] getMatch(FloatProcessor R) {
19      this.R = R;
20      this.MR = R.getWidth();
21      this.NR = R.getHeight();
22      this.K = MR * NR;
23
24      // compute the mean (R̄) and variance term (S_R) of the template:
25      double sumR = 0;        // Σ_R = ∑ R(i,j)
26      double sumR2 = 0;       // Σ_R2 = ∑ R²(i,j)
27      for (int j = 0; j < NR; j++) {
28        for (int i = 0; i < MR; i++) {
29          float aR = R.getf(i,j);
30          sumR  += aR;
31          sumR2 += aR * aR;
32        }
33      }
34
35      this.meanR = sumR / K;   // R̄ = [∑ R(i,j)]/K
36      this.varR =              // S_R = [∑ R²(i,j) − K·R̄²]^(1/2)
37        Math.sqrt(sumR2 - K * meanR * meanR);
38
39      // FloatProcessor C = new FloatProcessor(MI - MR + 1, NI - NR + 1);
40      float[][] C = new float[MI - MR + 1][NI - NR + 1];
41      for (int r = 0; r <= MI - MR; r++) {
42        for (int s = 0; s <= NI - NR; s++) {
43          float d = (float) getMatchValue(r, s);
44          C[r][s] = d;
45        }
46      }
47      return C;
48    }
49
50    // continued...
```

```
51    private double getMatchValue(int r, int s) {
52      double sumI = 0;    // Σ_I = Σ I(r+i, s+j)
53      double sumI2 = 0;   // Σ_I2 = Σ (I(r+i, s+j))²
54      double sumIR = 0;   // Σ_IR = Σ I(r+i, s+j) · R(i, j)
55      for (int j = 0; j < NR; j++) {
56        for (int i = 0; i < MR; i++) {
57          float aI = I.getf(r + i, s + j);
58          float aR = R.getf(i, j);
59          sumI += aI;
60          sumI2 += aI * aI;
61          sumIR += aI * aR;
62        }
63      }
64      double meanI = sumI / K;  // Ī_{r,s} = Σ_I/K
65      return (sumIR - K * meanI * meanR) /
66             (1 + Math.sqrt(sumI2 - K * meanI * meanI) * varR);
67    }
68
69  } // end of class CorrCoeffMatcher
```

Programm 23.2
Implementierung der Klasse
CorrCoeffMatcher (Teil 2/2). Der lokale Match-Wert $C(r, s)$ (s. Gl. 23.14) an der Position (r, s) wird durch die Methode getMatchValue(r,s) (Zeilen 51–67) berechnet.

aber unter eingeschränkten Bedingungen ausreichend zuverlässig und effizient. Im Prinzip könnte man diese Technik auch für Binärbilder anwenden. Wenn wir jedoch zwei übereinander liegende Binärbilder direkt vergleichen, dann wird die Gesamtdifferenz zwischen beiden nur dann gering, wenn Pixel für Pixel weitgehend eine exakte Übereinstimmung besteht. Da es keine kontinuierlichen Übergänge zwischen den Intensitätswerten gibt, zeigt die Abstandsfunktion – abhängig von der relativen Verschiebung der Muster – im Allgemeinen ein unangenehmes Verhalten und weist insbesondere viele lokale Spitzenwerte auf (Abb. 23.7).

23.2.1 Direkter Vergleich von Binärbildern

Das Problem beim direkten Vergleich zwischen Binärbildern ist, dass selbst kleinste Abweichungen zwischen den Bildmustern – etwa aufgrund einer geringfügigen Verschiebung, Drehung oder Verzerrung – zu starken Änderungen des Abstands führen können. So kann etwa im Fall einer aus dünnen Linien bestehenden Strichgrafik bereits eine Verschiebung um *ein* Pixel genügen, um von maximaler Übereinstimmung zu völliger fehlender Überdeckung zu wechseln. Die Distanzfunktion weist daher sprunghafte Übergänge auf und liefert damit keinen Anhaltspunkt über die Entfernung zu einer eventuell vorhandenen Übereinstimmung.

Die Frage ist, wie man den Vergleich von Binärbildern toleranter gegenüber kleineren Abweichungen der Bildmuster machen kann. Das Ziel besteht also darin, nicht nur jene Bildposition zu finden, an der die größte Zahl von Vordergrundpixel im Template und im Referenzbild übereinstimmen, sondern nach Möglichkeit auch ein Maß dafür zu erhalten, wie weit man von diesem Ziel geometrisch entfernt ist.

Abbildung 23.7
Direkter Vergleich von Binärbildern.
Gegeben ist ein binäres Originalbild
(a) und ein binäres Template (b).
Der lokale Ähnlichkeitswert an einer bestimmten Template-Position
entspricht der Anzahl der überein-
stimmenden (schwarzen) Vordergrundpixel. Im Ergebnis (c) sind
hohe Ähnlichkeitswerte hell dargestellt. Obwohl die Vergleichsfunktion
naturgemäß den Maximalwert an der
korrekten Position (im Zentrum des
Buchstabens 'B') aufweist, ist die
eindeutige Bestimmung der korrekten Match-Position durch die vielen
weiteren, lokalen Maxima schwierig.

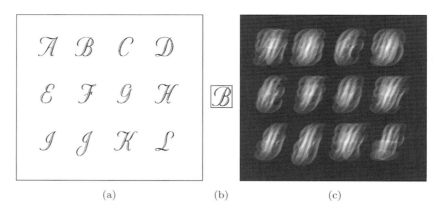

(a) (b) (c)

23.2.2 Die Distanztransformation

Eine mögliche Lösung dieses Problems besteht darin, zunächst für jede
Bildposition zu bestimmen, wie weit sie geometrisch vom nächsten Vor-
dergrundpixel entfernt ist. Damit erhalten wir ein Maß für die minimale
Verschiebung, die notwendig wäre, um ein bestimmtes Pixel mit einem
Vordergrundpixel zur Überlappung zu bringen. Ausgehend von einem
Binärbild $I(u,v) = I(\boldsymbol{x})$ bezeichnen wir zunächst

$$FG(I) = \{\boldsymbol{x} \mid I(\boldsymbol{x}) = 1\}, \tag{23.15}$$

$$BG(I) = \{\boldsymbol{x} \mid I(\boldsymbol{x}) = 0\}, \tag{23.16}$$

als die Menge der Koordinaten aller Vordergrund- bzw. Hintergrund-
pixel. Die *Distanztransformation* von I, $\mathsf{D}(\boldsymbol{x}) \in \mathbb{R}$, ist definiert als

$$\mathsf{D}(\boldsymbol{x}) := \min_{\boldsymbol{x}' \in FG(I)} \mathrm{dist}(\boldsymbol{x}, \boldsymbol{x}') \tag{23.17}$$

für alle $\boldsymbol{x} = (u, v)$, wobei $u = 0, \ldots, M-1$, $v = 0, \ldots, N-1$ (Bildgröße
$M \times N$). Der Wert von D an einer bestimmten Position $\boldsymbol{x}$ gibt also an,
wie weit das nächstliegende Vordergrundpixel in I von $\boldsymbol{x}$ entfernt liegt.
Ist der Bildpunkt $\boldsymbol{x}$ selbst ein Vordergrundpixel (d. h. $p \in FG$), so ist
$\mathsf{D}(\boldsymbol{x}) = 0$, da keine Verschiebung notwendig ist, um diesen Punkt mit
einem Vordergrundpixel zur Überdeckung zu bringen.

Die Funktion $\mathrm{dist}(\boldsymbol{x}, \boldsymbol{x}')$ in Gl. 23.17 misst den geometrischen Abstand zwischen zwei Koordinaten $\boldsymbol{x} = (u, v)$ und $\boldsymbol{x}' = (u', v')$. Beispiele
für geeignete Distanzfunktionen sind die *euklidische* Distanz (L$_2$-Norm),

$$\mathrm{d}_E(\boldsymbol{x}, \boldsymbol{x}') = \|\boldsymbol{x} - \boldsymbol{x}'\| = \sqrt{(u - u')^2 + (v - v')^2} \ \in \mathbb{R}^+ \tag{23.18}$$

oder die *Manhattan*-Distanz[2] (L$_1$-Norm),

$$\mathrm{d}_M(\boldsymbol{x}, \boldsymbol{x}') = |u - u'| + |v - v'| \ \in \mathbb{N}_0. \tag{23.19}$$

Abb. 23.8 zeigt ein einfaches Beispiel für die Distanztransformation unter
Verwendung der Manhattan-Distanz $\mathrm{d}_M()$.

---

[2] Auch „city block distance" genannt.

Binärbild   Distanztransformation

Die direkte Berechnung der Distanztransformation aus der Definition in Gl. 23.17 wäre allerdings ein relativ aufwändiges Unterfangen, da man für jede Bildkoordinate $\boldsymbol{x}$ das nächstgelegene aller Vordergrundpixel finden müsste (außer $\boldsymbol{x}$ ist selbst bereits ein Vordergrundpixel).

Der *Chamfer*-Algorithmus

Der so genannte *Chamfer*-Algorithmus [28] ist ein effizientes Verfahren zur Berechnung der Distanztransformation. Er verwendet, ähnlich wie das sequentielle Verfahren zur Regionenmarkierung (Abschn. 10.1.2), zwei aufeinander folgende Bilddurchläufe, in denen sich die berechneten Abstandswerte wellenförmig über das Bild fortpflanzen. Der erste Durchlauf startet an der linken oberen Bildecke und pflanzt die Abstandswerte in diagonaler Richtung nach unten fort, der zweite Durchlauf erfolgt in umgekehrter Richtung, jeweils unter Verwendung der „Distanzmasken"

$$
M^L = \begin{bmatrix} m_2 & m_1 & m_2 \\ m_1 & \times & \cdot \\ \cdot & \cdot & \cdot \end{bmatrix} \quad \text{und} \quad M^R = \begin{bmatrix} \cdot & \cdot & \cdot \\ \cdot & \times & m_1 \\ m_2 & m_1 & m_2 \end{bmatrix} \tag{23.20}
$$

für den ersten bzw. zweiten Durchlauf. Die Werte in M^L und M^R bezeichnen die geometrische Distanz zwischen dem aktuellen Bildpunkt (mit $\times$ markiert) und seinen relevanten Nachbarn. Sie sind abhängig von der gewählten Abstandsfunktion $\text{dist}(\boldsymbol{x}, \boldsymbol{x}')$. Alg. 23.2 beschreibt die Berechnung der Distanztransformation $D(u,v)$ für ein Binärbild $I(u,v)$ mithilfe dieser Distanzmasken.

Die Distanztransformation für die *Manhattan*-Distanz (Gl. 23.19) kann mit dem Chamfer-Algorithmus unter Verwendung der Masken

$$
M_M^L = \begin{bmatrix} 2 & 1 & 2 \\ 1 & \times & \cdot \\ \cdot & \cdot & \cdot \end{bmatrix} \quad \text{und} \quad M_M^R = \begin{bmatrix} \cdot & \cdot & \cdot \\ \cdot & \times & 1 \\ 2 & 1 & 2 \end{bmatrix} \tag{23.21}
$$

exakt berechnet werden. In ähnlicher Weise wird die *euklidische* Distanz (Gl. 23.18) mithilfe der Masken

$$
M_E^L = \begin{bmatrix} \sqrt{2} & 1 & \sqrt{2} \\ 1 & \times & \cdot \\ \cdot & \cdot & \cdot \end{bmatrix} \quad \text{und} \quad M_E^R = \begin{bmatrix} \cdot & \cdot & \cdot \\ \cdot & \times & 1 \\ \sqrt{2} & 1 & \sqrt{2} \end{bmatrix} \tag{23.22}
$$

Algorithmus 23.2
Chamfer-Algorithmus zur Berechnung der Distanztransformation. Aus einem Binärbild I wird unter Verwendung der Distanzmasken M^L und M^R (Gl. 23.20) die Distanztransformation D (Gl. 23.17) berechnet.

```
1:  DistanceTransform(I, norm)
        Input: I, a, binary image; norm ∈ {L₁, L₂}, Distanzfunktion.
        Returns the distance transform of I.
    STEP 1: INITIALIZE
```

2:
$$(m_1, m_2) \leftarrow \begin{cases} (1, 2) & \text{for } norm = \mathrm{L}_1 \\ (1, \sqrt{2}) & \text{for } norm = \mathrm{L}_2 \end{cases}$$

3: $\quad (M, N) \leftarrow \mathsf{Size}(I)$

4: $\quad$ Create map $\mathsf{D}\colon M \times N \mapsto \mathbb{R}$

5: $\quad$ **for all** $(u, v) \in M \times N$ **do**

6:
$$\mathsf{D}(u, v) \leftarrow \begin{cases} 0 & \text{for } I(u, v) > 0 \\ \infty & \text{otherwise} \end{cases}$$

STEP 2: L→R PASS

```
7:      for v ← 0, ···, N−1 do                       ▷ top → bottom
8:          for u ← 0, ···, M−1 do                   ▷ left → right
9:              if D(u, v) > 0 then
10:                 d₁, d₂, d₃, d₄ ← ∞
11:                 if u > 0 then
12:                     d₁ ← m₁ + D(u − 1, v)
13:                     if v > 0 then
14:                         d₂ ← m₂ + D(u − 1, v − 1)
15:                 if v > 0 then
16:                     d₃ ← m₁ + D(u, v − 1)
17:                     if u < M − 1 then
18:                         d₄ ← m₂ + D(u + 1, v − 1)
19:                 D(u, v) ← min(D(u, v), d₁, d₂, d₃, d₄)
        STEP 3: R→L PASS
20:     for v ← N−1, ···, 0 do                       ▷ bottom → top
21:         for u ← M−1, ···, 0 do                   ▷ right → left
22:             if D(u, v) > 0 then
23:                 d₁, d₂, d₃, d₄ ← ∞
24:                 if u < M−1 then
25:                     d₁ ← m₁ + D(u + 1, v)
26:                     if v < N−1 then
27:                         d₂ ← m₂ + D(u + 1, v + 1)
28:                 if v < N−1 then
29:                     d₃ ← m₁ + D(u, v + 1)
30:                     if u > 0 then
31:                         d₄ ← m₂ + D(u − 1, v + 1)
32:                 D(u, v) ← min(D(u, v), d₁, d₂, d₃, d₄)
33:     return D
```

realisiert, wobei jedoch über die Fortpflanzung der lokalen Distanzen nur eine *Approximation* des tatsächlichen Minimalabstands möglich ist. Diese ist allerdings immer noch genauer als die Schätzung auf Basis der Manhattan-Distanz. Wie in Abb. 23.9 dargestellt, werden in diesem Fall die Abstände in Richtung der Koordinatenachsen und der Diagonalen zwar exakt berechnet, für die dazwischenliegenden Richtungen sind die

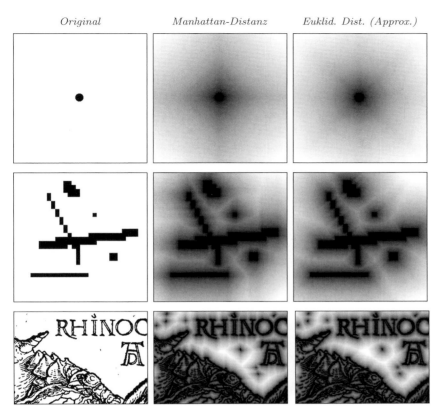

Original	Manhattan-Distanz	Euklid. Dist. (Approx.)

23.2 VERGLEICH VON
BINÄRBILDERN

Abbildung 23.9
Distanztransformation mit dem
Chamfer-Algorithmus. Ursprüngliches Binärbild mit schwarzem Vordergrund (links). Ergebnis der Distanztransformation für die Manhattan-Distanz (Mitte) und die euklidische Distanz (rechts). Die Helligkeitswerte (skaliert auf vollen Kontrastumfang) entsprechen dem geschätzten Abstand zum nächstliegenden Vordergrundpixel (hell = großer Abstand).

geschätzten Distanzwerte jedoch zu hoch. Eine genauere Approximation ist mithilfe größerer Distanzmasken (z. B. 5×5, siehe Aufg. 23.4) möglich, mit denen die exakten Abstände zu Bildpunkten in einer größeren Umgebung einbezogen werden [28]. Darüber hinaus kann man Gleitkommaoperationen durch Verwendung von skalierten, ganzzahligen Distanzmasken vermeiden, beispielsweise mit den Masken

$$M_{E'}^{L} = \begin{bmatrix} 4 & 3 & 4 \\ 3 & \times & \cdot \\ \cdot & \cdot & \cdot \end{bmatrix} \quad \text{und} \quad M_{E'}^{R} = \begin{bmatrix} \cdot & \cdot & \cdot \\ \cdot & \times & 3 \\ 4 & 3 & 4 \end{bmatrix} \quad (23.23)$$

für die euklidische Distanz, wobei sich gegenüber den Masken in Gl. 23.22 etwa die dreifachen Werte ergeben.

23.2.3 *Chamfer Matching*

Nachdem wir in der Lage sind, für jedes Binärbild in effizienter Weise die Distanztransformation zu berechnen, werden wir diese nun für den Bildvergleich einsetzen. *Chamfer Matching* (erstmals in [17] beschrieben) verwendet die Distanzverteilung, um die maximale Übereinstimmung zwischen einem Binärbild I und einem (ebenfalls binären) Template R zu

Chamfer Matching – Berechnung der Match-Funktion. Gegeben sind ein binäres Suchbild I und ein binäres Referenzbild R. Im ersten Schritt wird die Distanztransformation D für das Bild I berechnet (s. Alg. 23.2). Anschließend wird für jede Position des Referenzbilds R die entsprechende Summe der Werte in der Distanzverteilung ermittelt. Die Ergebnisse werden in der zweidimensionalen Match-Funktion Q abgelegt und zurückgegeben.

1: **ChamferMatch** (I, R)

Input: I, binary search image; R, binary reference image.
Returns a two-dimensional map of match scores.

STEP 1 – INITIALIZE:
2:     $(M_I, N_I) \leftarrow \mathsf{Size}(I)$
3:     $(M_R, N_R) \leftarrow \mathsf{Size}(R)$
4:     $\mathsf{D} \leftarrow \mathsf{DistanceTransform}(I)$ $\triangleright$ Alg. 23.2
5:     Create map $Q \colon (M_I - M_R + 1) \times (N_I - N_R + 1) \mapsto \mathbb{R}$

STEP 2 – COMPUTE MATCH FUNCTION:
6:     **for** $r \leftarrow 0, \ldots, M_I - M_R$ **do** $\triangleright$ place R at (r, s)
7:        **for** $s \leftarrow 0, \ldots, N_I - N_R$ **do**
          Get match score for R placed at (r, s)
8:           $q \leftarrow 0$
9:           $n \leftarrow 0$ $\triangleright$ num. of foreground pixels in R
10:          **for** $i \leftarrow 0, \ldots, M_R - 1$ **do**
11:             **for** $j \leftarrow 0, \ldots, N_R - 1$ **do**
12:               **if** $R(i, j) > 0$ **then** $\triangleright$ foreground pixel in R
13:                 $q \leftarrow q + \mathsf{D}(r + i, s + j)$
14:                 $n \leftarrow n + 1$
15:          $Q(r, s) \leftarrow q / n$

16:     **return** Q

---

lokalisieren. Anstatt, wie beim direkten Vergleich (Abschn. 23.2.1), die überlappenden Vordergrundpixel zu zählen, verwendet Chamfer Matching die summierten Werte der Distanzverteilung als Maß Q für die Übereinstimmung. Das Template R wird über das Bild bewegt und für jedes Vordergrundpixel innerhalb des Templates, $(i, j) \in FG(R)$, wird der zugehörige Wert der Distanzverteilung D addiert, d. h.

$$Q(r, s) = \frac{1}{|FG(R)|} \cdot \sum_{\substack{(i,j) \in \\ FG(R)}} D(r + i, \, s + j) \,, \tag{23.24}$$

wobei $|FG(R)|$ die Anzahl der Vordergrundpixel im Template R bezeichnet.

Der gesamte Ablauf zur Berechnung der Match-Funktion Q ist in Alg. 23.3 zusammengefasst. Wenn an einer Position alle Vordergrundpixel des Templates R eine Entsprechung im Bild I finden, dann ist die Summe der Distanzwerte null und es liegt eine perfekte Übereinstimmung (*match*) vor. Je mehr Vordergrundpixel des Templates Distanzwerte in D „vorfinden", die größer als null sind, umso höher wird die Summe der Distanzen Q bzw. umso schlechter die Übereinstimmung. Die beste Übereinstimmung ergibt sich dort, wo Q ein Minimum aufweist, d. h.

$$\boldsymbol{x}_{\mathrm{opt}} = (r_{\mathrm{opt}}, s_{\mathrm{opt}}) = \underset{(r,s)}{\mathrm{argmin}}(Q(r, s)). \tag{23.25}$$

Das Beispiel in Abb. 23.10 demonstriert den Unterschied zwischen dem direkten Bildvergleich und *Chamfer Matching* anhand des Binär-

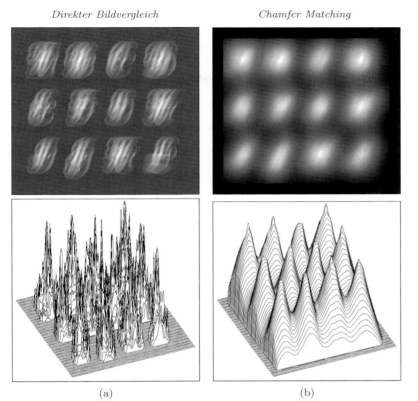

Direkter Bildvergleich   *Chamfer Matching*

(a)   (b)

Abbildung 23.10
Direkter Bildvergleich vs. Chamfer Matching (Originalbilder s. Abb. 23.7). Gegenüber dem Ergebnis des direkten Bildvergleichs (a) ist die Match-Funktion Q aus dem *Chamfer Matching* (b) wesentlich glatter. Sie weist an den Stellen hoher Übereinstimmung deutliche Spitzenwerte auf, die mit lokalen Suchmethoden leicht aufzufinden sind. Zum besseren Vergleich ist die Match-Funktion Q (s. Gl. 23.24) in (b) invertiert.

bilds aus Abb. 23.7. Wie deutlich zu erkennen ist, erscheint die Match-Funktion des Chamfer-Verfahrens wesentlich glatter und weist nur wenige, klar ausgeprägte lokale Maxima auf. Dies ermöglicht das effektive Auffinden der Stellen optimaler Übereinstimmung mittels einfacher, lokaler Suchmethoden und ist damit ein wichtiger Vorteil. Abb. 23.11 zeigt ein weiteres Beispiel mit Kreisen und Quadraten, wobei die Kreise verschiedene Durchmesser aufweisen. Das verwendete Template besteht aus dem Kreis mittlerer Größe. Wie das Beispiel zeigt, toleriert Chamfer Matching auch geringfügige Größenabweichungen zwischen dem Bild und dem Vergleichsmuster und erzeugt auch in diesem Fall eine relativ glatte Match-Funktion mit deutlichen Spitzenwerten.

Chamfer Matching bietet zwar keine perfekte Lösung, funktioniert aber unter eingeschränkten Bedingungen und in passenden Anwendungen durchaus zufriedenstellend und effizient. Problematisch sind natürlich Unterschiede in Form, Lage und Größe der gesuchten Bildmuster, denn die Match-Funktion ist grundsätzlich nicht tolerant gegenüber Skalierung, Rotation oder Verformungen. Da die Methode auf der minimalen Distanz der Vordergrundpixel basiert, verschlechtert sich überdies das Ergebnis rasch, wenn die Bilder mit zufälligen Störungen (*clutter*) versehen sind oder große Vordergrundflächen enthalten. Eine Möglichkeit

Abbildung 23.11
Chamfer Matching bei Größen-
änderung. Binärbild mit geometrischen Formen unterschiedlicher
Größe (a) und Template (b), das
zum mittleren der drei Kreise identisch ist. Gegenüber dem direkten
Bildvergleich (c, e) ergibt das Ergebnis des Chamfer-Verfahrens (d,
f) eine glatte Funktion mit leicht zu
lokalisierenden Spitzenwerten. Man
beachte, dass sowohl die drei unterschiedlich großen Kreise wie auch
die ähnlich großen Quadrate in (f)
ausgeprägt hohe Match-Werte zeigen.

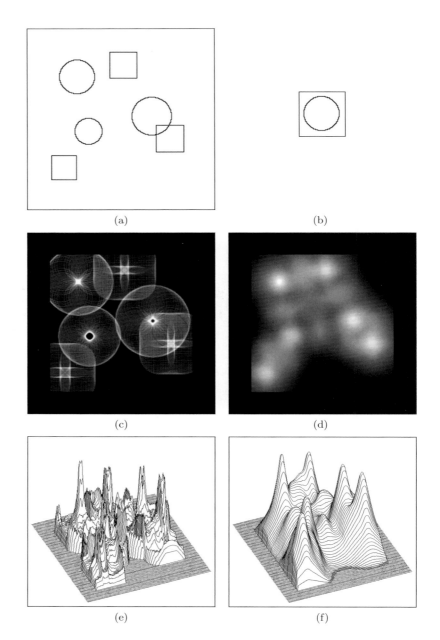

(a)   (b)

(c)   (d)

(e)   (f)

zur Reduktion der Wahrscheinlichkeit falscher Match-Ergebnisse besteht
darin, anstelle der einfachen (linearen) Summe (Gl. 23.24) den Durchschnitt der quadratischen Distanzwerte, also

$$Q_{rms}(r,s) = \left[\frac{1}{K} \cdot \sum_{\substack{(i,j) \in \\ FG(R)}} \left(D(r+i, s+i) \right)^2 \right]^{1/2} \qquad (23.26)$$

als Messwert für die Übereinstimmung zwischen dem aktuellen Bildausschnitt und dem Template R zu verwenden [28]. Auch hierarchische Versionen des Chamfer-Verfahrens wurden vorgeschlagen [29], insbesondere um die Robustheit zu verbessern und den Suchaufwand zu reduzieren.

23.2.4 Implementierung

Die Berechnung der Distanztranformation nach Alg. 23.2 ist in der Klasse `DistanceTransform`[3] implementiert. Die Klasse `ChamferMatcher` in Prog. 23.3 ist eine direkte Umsetzung von Alg. 23.3 zum Vergleich von Binärbildern unter Verwendung der Distanztransformation. Weitere Beispiele (ImageJ-Plugins) dazu finden sich online.

23.3 Aufgaben

Aufg. 23.1. Adaptieren Sie das in Abschn. 23.1 beschriebene Template-Matching-Verfahren für den Vergleich von RGB-Farbbildern.

Aufg. 23.2. Implementieren Sie das *Chamfer*-Verfahren (Alg. 23.2) für Binärbilder mit der *euklidischen* Distanz und der *Manhattan*-Distanz.

Aufg. 23.3. Implementieren Sie die exakte euklidische Distanztransformation durch „brute-force"-Suche nach dem jeweils nächstgelegenen Vordergrundpixel (das könnte einiges an Rechenzeit benötigen). Vergleichen Sie das Ergebnis mit der Approximation durch das Chamfer-Verfahren (Alg. 23.2) und bestimmen Sie die maximale Abweichung (in %).

Aufg. 23.4. Modifizieren Sie den Chamfer-Algorithmus (Alg. 23.2) unter Verwendung folgender 5×5-Distanzmasken anstelle der Masken in Gl. 23.22 zur Schätzung der euklidischen Distanz:

$$
M^L = \begin{bmatrix}
\cdot & 2.236 & \cdot & 2.236 & \cdot \\
2.236 & 1.414 & 1.000 & 1.414 & 2.236 \\
\cdot & 1.000 & \times & \cdot & \cdot \\
\cdot & \cdot & \cdot & \cdot & \cdot \\
\cdot & \cdot & \cdot & \cdot & \cdot
\end{bmatrix}, \quad
M^R = \begin{bmatrix}
\cdot & \cdot & \cdot & \cdot & \cdot \\
\cdot & \cdot & \cdot & \cdot & \cdot \\
\cdot & \cdot & \times & 1.000 & \cdot \\
2.236 & 1.414 & 1.000 & 1.414 & 2.236 \\
\cdot & 2.236 & \cdot & 2.236 & \cdot
\end{bmatrix}.
$$

Vergleichen Sie die Ergebnisse mit dem Standardverfahren (mit 3×3-Masken). Begründen Sie, warum zusätzliche Maskenelemente in Richtung der Hauptachsen und der Diagonalen überflüssig sind.

Aufg. 23.5. Implementieren Sie das Chamfer Matching unter Verwendung des linearen Durchschnitts (Gl. 23.24) und des quadratischen Durchschnitts (Gl. 23.26) für die Match-Funktion. Vergleichen Sie die beiden Varianten in Bezug auf Robustheit der Ergebnisse.

Aufg. 23.6. Adaptieren Sie das in Abschn. 23.1 beschriebene Template-Matching-Verfahren für den Vergleich von RGB-Farbbildern.

---

[3] Im Paket `imagingbook.pub.matching`

Programm 23.3
Java-Implementierung von Alg. 23.3
(Klasse ChamferMatcher). Bereits im
Konstruktor (Zeile 20) wird durch
die Klasse DistanceTransform die
Distanztransformation des binären
Suchbilds I als zweidimensionales
float-Array (D) berechnet. Die Me-
thode getMatch(R) in Zeile 23–47
ermittelt für das binäre Referenz-
bild R die zweidimensionale Match-
Funktion Q, ebenfalls als float-Array.

```java
package imagingbook.pub.matching;

import ij.process.ByteProcessor;
import imagingbook.pub.matching.DistanceTransform.Norm;

public class ChamferMatcher {

  private final ByteProcessor I;
  private final int MI, NI;
  private final float[][] D;         // distance transform of I

  public ChamferMatcher(ByteProcessor I) {
    this(I, Norm.L2);
  }

  public ChamferMatcher(ByteProcessor I, Norm norm) {
    this.I = I;
    this.MI = this.I.getWidth();
    this.NI = this.I.getHeight();
    this.D = (new DistanceTransform(I, norm)).getDistanceMap();
  }

  public float[][] getMatch(ByteProcessor R) {
    final int MR = R.getWidth();
    final int NR = R.getHeight();
    final int[][] Ra = R.getIntArray();
    float[][] Q = new float[MI - MR + 1][NI - NR + 1];
    for (int r = 0; r <= MI - MR; r++) {
      for (int s = 0; s <= NI - NR; s++) {
        float q = getMatchValue(Ra, r, s);
        Q[r][s] = q;
      }
    }
    return Q;
  }

  private float getMatchValue(int[][] R, int r, int s) {
    float q = 0.0f;
    for (int i = 0; i < R.length; i++) {
      for (int j = 0; j < R[i].length; j++) {
        if (R[i][j] > 0) { // foreground pixel in reference image
          q = q + D[r + i][s + j];
        }
      }
    }
    return q;
  }

}
```

24

Elastischer Bildvergleich

Die in Kap. 23 gezeigten korrelationsbasierten Methoden zur Bildregistrierung sind starr in dem Sinn, dass sie nur die Translation als einzige Form der geometrischen Transformation zulassen und die Positionierung auf ganze Pixelschritte beschränkt ist. In diesem Kapitel befassen wir uns mit Methoden, die imstande sind, die Übereinstimmung eines Referenzbilds unter (beinahe) beliebigen geometrischen Transformationen, insbesondere Rotation, Skalierung und affiner Verzerrung, mit Subpixel-Genauigkeit zu bestimmen.

Der Kern dieses Kapitels bildet eine detaillierte Beschreibung des klassischen Lucas-Kanade-Algorithmus [140] und dessen effizienter Implementierung. Im Unterschied zu den Methoden im vorherigen Kapitel, führen die hier gezeigten Algorithmen typischerweise keine globale Suche nach der besten Übereinstimmung durch, sondern erfordern eine anfängliche Schätzung der geometrischen Transformation zur iterativen Bestimmung der optimalen Position und Verzerrung. Das ist beispielsweise in Tracking-Anwendungen weitgehend problemlos, da hier die ungefähre Position des zu verfolgenden Bildausschnitts aus den Bewegungsdaten der zurückliegenden Bildfolge leicht zu schätzen ist. Natürlich kann man auch die globalen Methoden aus Kap. 23 zur Bestimmung einer groben Startlösung verwenden.

24.1 Das Lucas-Kanade-Verfahren

Die grundlegende Idee des Lucas-Kanade-Verfahrens lässt sich am besten im eindimensionalen Fall erläutern (siehe Abb. 24.1 (a)).

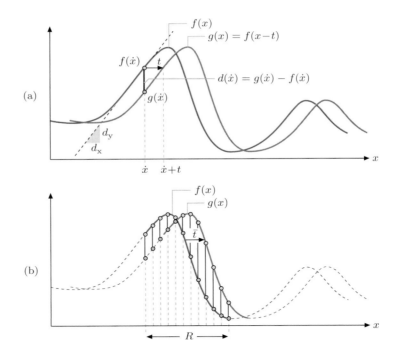

24.1.1 Registrierung in 1D

Gegeben zwei eindimensionale, reellwertige Funktionen $f(x)$, $g(x)$, besteht das Registrierungsproblem im einfachsten Fall darin, die unbekannte Verschiebung t in der (horizontalen) x-Richtung zu finden unter
der Annahme, dass g eine verschobene Version von f ist, d. h.,

$$g(x) = f(x - t). \tag{24.1}$$

Ist die Funktion f innerhalb einer (ausreichend großen) Umgebung eines
Punkts x linear, mit bekannter Steigung $f'(x)$, so gilt

$$f(x - t) \approx f(x) - t \cdot f'(x) \tag{24.2}$$

und daher

$$g(x) \approx f(x) - t \cdot f'(x). \tag{24.3}$$

Aus den Funktionswerten $f(x)$, $g(x)$ und der ersten Ableitung am Punkt
x lässt sich also mit Gl. 24.2 die Verschiebung t schätzen als

$$t \approx \frac{f(x) - g(x)}{f'(x)}. \tag{24.4}$$

Dies ist nichts anderes als eine *Taylor-Entwicklung* erster Ordnung
der Funktion f an der Stelle x (siehe auch Abschn. C.3.2). Offensichtlich

basiert die Schätzung von t in Gl. 24.4 nur auf einem einzelnen Paar von Funktionswerten an der Position x und versagt daher, wenn f nicht linear oder wenn flach ist, die erste Ableitung f' also gegen Null geht. Um eine zuverlässigere Schätzung der Verschiebung zu erreichen, erscheint es natürlich, die Berechnung auf einen Bereich R von Funktionswerten auszudehnen, also zwei ganze Abschnitte der Funktionen f und g aneinander auszurichten. Das Problem ist nun, jene Verschiebung t zu finden, durch die der L_2-Abstand im Intervall R zwischen den beiden Funktionen f und g minimiert wird, also jenes t zu bestimmen, dass

$$\mathcal{E}(t) = \sum_{x \in R} \left[f(x-t) - g(x) \right]^2 = \sum_{x \in R} \left[f(x) - t \cdot f'(x) - g(x) \right]^2 \quad (24.5)$$

ein Minimum wird. Dies lässt sich bekanntermaßen dadurch erreichen, dass man die erste Ableitung von $\mathcal{E}(t)$ in Bezug auf t bildet und diese anschließend gleich Null setzt. Im konkreten Fall ist das

$$\frac{\partial \mathcal{E}}{\partial t} = 2 \cdot \sum_{x \in R} f'(x) \cdot \left[f(x) - f'(x) \cdot t - g(x) \right] = 0 \,. \quad (24.6)$$

Durch Lösung dieser Gleichung ergibt sich als optimale Verschiebung

$$t_{\mathrm{opt}} = \left[\sum_{x \in R} [f'(x)]^2 \right]^{-1} \cdot \sum_{x \in R} f'(x) \cdot [f(x) - g(x)] \,. \quad (24.7)$$

Man beachte, dass diese Art der lokalen Schätzung auch dann funktioniert, wenn f an einigen Stellen in R flach ist, solange $f'(x)$ nicht *überall* in R Null ist. Allerdings basiert die Schätzung nur auf einer linearen Prädiktion (d. h., erster Ordnung) und ist daher bei größeren Verschiebungen im Allgemeinen ungenau. Als einfache Abhilfe wurde in [140] ein iteratives Verfahren vorgeschlagen, das die eigentliche Grundlage des Lucas-Kanade-Algorithmus ist. Beginnend mit einer ersten Schätzung $t^{(0)} = t_{\mathrm{init}}$ (die auch Null sein kann), wird t dabei schrittweise angenähert durch

$$t^{(k)} = t^{(k-1)} + \left[\sum_{x \in R} [f'(x)]^2 \right]^{-1} \cdot \sum_{x \in R} f'(x) \cdot [f(x) - g(x)] \,, \quad (24.8)$$

für $k = 1, 2, \ldots$, solange bis entweder $t^{(k)}$ sich nicht mehr ändert oder eine (vorgegebene) maximale Zahl von Iterationen erreicht ist.

24.1.2 Erweiterung auf mehrdimensionale Funktionen

Wie in [140] gezeigt, lässt sich oben dargestellte Formulierung leicht auf mehrdimensionale, skalarwertige Funktionen erweitern, und somit natürlich auch für zweidimensionale Bilder. Im Allgemeinen sind die dabei beteiligten Funktionen über $\mathbb{R}^m$ definiert, und daher sind die zugehörigen Positionen $\boldsymbol{x} = (x_1, \ldots, x_m)$ sowie auch alle Verschiebungen

$\boldsymbol{t} = (t_1, \dots, t_m)$ nun m-dimensionale Vektoren. Im speziellen Fall einer reinen Verschiebung ist analog zu Gl. 24.5 die Aufgabe, den Vektor $\boldsymbol{t}$ zu finden, der den zugehörigen Fehler

$$\mathcal{E}(\boldsymbol{t}) = \sum_{\boldsymbol{x} \in R} \left[F(\boldsymbol{x} - \boldsymbol{t}) - G(\boldsymbol{x}) \right]^2, \tag{24.9}$$

minimiert, wobei R die Koordinaten innerhalb einer m-dimensionalen Region bezeichnet. Die lineare Prädiktion in Gl. 24.2 wird nun zu

$$F(\boldsymbol{x} - \boldsymbol{t}) \approx F(\boldsymbol{x}) - \nabla_F(\boldsymbol{x}) \cdot \boldsymbol{t}, \tag{24.10}$$

wobei der Spaltenvektor $\nabla_F(\boldsymbol{x}) = \left(\frac{\partial F}{\partial x_1}(\boldsymbol{x}), \dots, \frac{\partial F}{\partial x_m}(\boldsymbol{x}) \right)$ für den m-dimensionalen *Gradienten* der Funktion steht, ausgewertet an einer bestimmten Position $\boldsymbol{x}$. Die Minimierung von $\mathcal{E}(\boldsymbol{t})$ bezüglich $\boldsymbol{t}$ erfolgt wiederum durch Lösung der Gleichung $\frac{\partial \mathcal{E}}{\partial \boldsymbol{t}} = 0$, also (analog zu Gl. 24.6) durch Lösung von

$$2 \cdot \sum_{\boldsymbol{x} \in R} \nabla_F(\boldsymbol{x}) \cdot \left[F(\boldsymbol{x}) - \nabla_F(\boldsymbol{x}) \cdot \boldsymbol{t} - G(\boldsymbol{x}) \right] = 0. \tag{24.11}$$

Die Lösung zu Gl. 24.11 ist

$$\boldsymbol{t}_{\text{opt}} = \left[\sum_{\boldsymbol{x} \in R} \nabla_F^{\mathsf{T}}(\boldsymbol{x}) \cdot \nabla_F(\boldsymbol{x}) \right]^{-1} \cdot \left[\sum_{\boldsymbol{x} \in R} \nabla_F^{\mathsf{T}}(\boldsymbol{x}) \cdot \left[F(\boldsymbol{x}) - G(\boldsymbol{x}) \right] \right] \tag{24.12}$$

$$= \mathbf{H}_F^{-1} \cdot \left[\sum_{\boldsymbol{x} \in R} \nabla_F^{\mathsf{T}}(\boldsymbol{x}) \cdot \left[F(\boldsymbol{x}) - G(\boldsymbol{x}) \right] \right], \tag{24.13}$$

wobei $\mathbf{H}_F$ eine Schätzung der Hesse-Matrix[1] der Größe $m \times m$ ist. Man beachte die offensichtliche Ähnlichkeit von Gl. 24.13 zur eindimensionalen Variante in Gl. 24.7.

24.2 Lucas-Kanade-Algorithmus

Basierend auf den im vorigen Abschnitt skizzierten Konzepten, kann der Algorithmus von Lucas-Kanade nicht nur die Übereinstimmung von Bildern durch Subpixel-genaue Berechnung der optimalen Translation berechnen, sondern für eine beliebige (kontinuierliche) geometrische Transformation $T_{\boldsymbol{p}}$, die durch einen n-dimensionalen Vektor $\boldsymbol{p}$ parametrisiert werden kann. Dies umfasst insbesondere affine und projektive Transformationen (s. auch Kap. 21) als wichtige Spezialfälle.

Für die Beschreibung des Verfahrens verwenden wir die selbe Notation wie in Kap. 23, d. h., I bezeichnet das *Suchbild* der Größe $M_I \times N_I$ und R ist das (typischerweise kleinere) *Referenzbild* der Größe $M_R \times N_R$. Die relative Position und eventuelle Verzerrung der zu vergleichenden

---

[1] Siehe auch Abschn. C.2.5 im Anhang.

Bildausschnitte ist durch eine geometrische Transformation $T_{\boldsymbol{p}}$ (cf. Kap. 21) spezifiziert, wobei $\boldsymbol{p}$ den Vektor der Transformationsparameter bezeichnet. Das Ziel des Matching-Verfahrens von Lucas-Kanade ist nun die Minimierung der Fehlergröße

$$\mathcal{E}(\boldsymbol{p}) = \sum_{\boldsymbol{x} \in R} \left[I(T_{\boldsymbol{p}}(\boldsymbol{x})) - R(\boldsymbol{x}) \right]^2 \qquad (24.14)$$

bezüglich der geometrischen Transformationsparameter $\boldsymbol{p}$, mit dem gegebenen Suchbild I, dem Referenzbild (Template) R und der geometrischen Transformation $T_{\boldsymbol{p}}(\boldsymbol{x})$. Eine einfache 2D *Translation* lässt sich beispielsweise in Form der Transformation

$$T_{\boldsymbol{p}}(\boldsymbol{x}) = \boldsymbol{x} + \boldsymbol{p} = \begin{pmatrix} x + t_{\mathrm{x}} \\ y + t_{\mathrm{y}} \end{pmatrix}, \qquad (24.15)$$

darstellen, wobei $\boldsymbol{x} = (x, y)^{\mathsf{T}}$ und $\boldsymbol{p} = (t_{\mathrm{x}}, t_{\mathrm{y}})^{\mathsf{T}}$. Das Ziel der Registrierung ist, die Parameter zur Transformation des Referenzbilds R zu bestimmen, sodass die Übereinstimmung zwischen dem transformierten Bild R' und dem Suchbild I im Koordinatenbereich von R maximiert wird. Abbildung 24.2 zeigt die entsprechenden geometrischen Beziehungen.

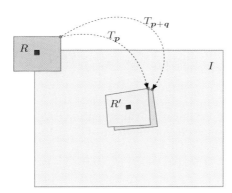

Abbildung 24.2
Geometrische Beziehungen im klassischen („forward") Lucas-Kanade Algorithmus. I bezeichnet das Suchbild und R ist das Referenzbild. Die Koordinatentransformation $T_{\boldsymbol{p}}$ bildet das Referenzbild R von seiner Ausgangsposition (am Koordinatenursprung zentriert) auf R' ab, mit den Transformationsparametern $\boldsymbol{p}$. Das eigentliche Matching erfolgt zwischen dem Suchbild I und dem transformierten Referenzbild R'. $T_{\boldsymbol{p}+\boldsymbol{q}}$ ist die verbesserte Transformation; die optimale Änderung der Parameter $\boldsymbol{q}$ wird in jeder Iteration des neu berechnet.

Genau wie das Verfahren in Gl. 24.8 beginnt auch der Lucas-Kanade-Algorithmus mit geschätzten Startwerten für die Transformationsparameter $\boldsymbol{p}$ und bestimmt in jeder Iteration jene Parameteränderung $\boldsymbol{q}$, die lokal den Ausdruck

$$\mathcal{E}(\boldsymbol{q}) = \sum_{\boldsymbol{x} \in R} \left[I(T_{\boldsymbol{p}+\boldsymbol{q}}(\boldsymbol{x})) - R(\boldsymbol{x}) \right]^2 \qquad (24.16)$$

minimiert. Sobald diese optimale Parameteränderung $\boldsymbol{q}_{\mathrm{opt}}$ berechnet ist, wird der aktuelle Parametervektor $\boldsymbol{p}$ in der Form

$$\boldsymbol{p} \leftarrow \boldsymbol{p} + \boldsymbol{q}_{\mathrm{opt}} \qquad (24.17)$$

modifiziert, bis der Prozess konvergiert. Typischerweise wird die Update-Schleife beendet, wenn der Betrag des Änderungsvektors $\boldsymbol{q}_{\text{opt}}$ unter einen vordefinierten Schwellwert fällt.

Der in Gl. 24.16 zu minimierende Ausdruck ist vom Bildinhalt abhängig und zwar i. Allg. nichtlinear in Bezug auf $\boldsymbol{q}$. Eine lokal lineare Annäherung dieser Funktion ergibt sich wiederum in Form einer Taylor-Entwicklung erster Ordnung der Bildfunktion I, das ist in diesem Fall[2]

$$I(T_{\boldsymbol{p}+\boldsymbol{q}}(\boldsymbol{x})) \approx I(T_{\boldsymbol{p}}(\boldsymbol{x})) + \underbrace{\nabla_I(T_{\boldsymbol{p}}(\boldsymbol{x}))}_{1\times 2} \cdot \underbrace{\mathbf{J}_{T_{\boldsymbol{p}}}(\boldsymbol{x})}_{2\times n} \cdot \underbrace{\boldsymbol{q}}_{n\times 1}, \qquad (24.18)$$

$$\underbrace{}_{\in \mathbb{R}}$$

wobei der zweidimensionale (Spalten-)Vektor

$$\nabla_I(\boldsymbol{x}) = \big(I_{\text{x}}(\boldsymbol{x}), I_{\text{y}}(\boldsymbol{x})\big) \qquad (24.19)$$

der Gradient des Bilds I an der Position $\boldsymbol{x}$ ist. $\mathbf{J}_{T_{\boldsymbol{p}}}(\boldsymbol{x})$ ist die Jacobimatrix[3] der Transformationsfunktion (Abbildung) $T_{\boldsymbol{p}}$, ebenfalls für die Position $\boldsymbol{x}$. Im Allgemeinen ist die Jacobi-Matrix einer zweidimensionalen Abbildung

$$T_{\boldsymbol{p}}(\boldsymbol{x}) = \begin{pmatrix} T_{\text{x},\boldsymbol{p}}(\boldsymbol{x}) \\ T_{\text{y},\boldsymbol{p}}(\boldsymbol{x}) \end{pmatrix} \qquad (24.20)$$

mit n Parametern $\boldsymbol{p} = (p_1, p_2, \ldots, p_n)^{\mathsf{T}}$ eine $2 \times n$ Funktionsmatrix

$$\mathbf{J}_{T_{\boldsymbol{p}}}(\boldsymbol{x}) = \begin{pmatrix} \frac{\partial T_{\text{x},\boldsymbol{p}}}{\partial p_1}(\boldsymbol{x}) & \frac{\partial T_{\text{x},\boldsymbol{p}}}{\partial p_2}(\boldsymbol{x}) & \ldots & \frac{\partial T_{\text{x},\boldsymbol{p}}}{\partial p_n}(\boldsymbol{x}) \\ \frac{\partial T_{\text{y},\boldsymbol{p}}}{\partial p_1}(\boldsymbol{x}) & \frac{\partial T_{\text{y},\boldsymbol{p}}}{\partial p_2}(\boldsymbol{x}) & \ldots & \frac{\partial T_{\text{y},\boldsymbol{p}}}{\partial p_n}(\boldsymbol{x}) \end{pmatrix}. \qquad (24.21)$$

Unter Verwendung der linearen Näherung in Gl. 24.18, lässt sich nun das ursprüngliche Optimierungsproblem aus Gl. 24.14 in der Form

$$\mathcal{E}(\boldsymbol{q}) \approx \sum_{\boldsymbol{u} \in R} \Big[I(T_{\boldsymbol{p}}(\boldsymbol{u})) + \nabla_I(T_{\boldsymbol{p}}(\boldsymbol{u})) \cdot \mathbf{J}_{T_{\boldsymbol{p}}}(\boldsymbol{u}) \cdot \boldsymbol{q} - R(\boldsymbol{u}) \Big]^2$$

$$= \sum_{\boldsymbol{u} \in R} \Big[I(\acute{\boldsymbol{u}}) + \nabla_I(\acute{\boldsymbol{u}}) \cdot \mathbf{J}_{T_{\boldsymbol{p}}}(\boldsymbol{u}) \cdot \boldsymbol{q} - R(\boldsymbol{u}) \Big]^2 \qquad (24.22)$$

notieren, mit $\acute{\boldsymbol{u}} = T_{\boldsymbol{p}}(\boldsymbol{u})$. Die Ermittlung der Parameteränderung $\boldsymbol{q}$ mit dem geringsten Fehler $\mathcal{E}(\boldsymbol{q})$ ist ein lineares *Least-Squares*-Minimierungsproblem, das sich durch Nullsetzen der ersten partiellen Ableitungen in Bezug auf $\boldsymbol{q}$, also

---

[2] Zur Sicherheit unterscheiden wir in den nachfolgenden Gleichungen sehr genau zwischen Zeilen- und Spaltenvektoren. Auch die Dimensionen von Vektoren und Matrizen sind an einzelnen Stellen explizit (durch Unterklammerung) angezeigt.

[3] Die Jacobi-Matrix einer mehrdimensionalen Funktion F ist die Matrix der ersten partiellen Ableitungen von F, also eine Matrix von Funktionen (siehe auch Abschn. C.2.1 im Anhang).

$$\underbrace{\frac{\partial d}{\partial \boldsymbol{q}}}_{n \times 1} \approx \sum_{\boldsymbol{u} \in R} \Big[\underbrace{\nabla_I(\acute{\boldsymbol{u}})}_{1 \times 2} \cdot \underbrace{\mathbf{J}_{T_p}(\boldsymbol{u})}_{2 \times n} \Big]^{\mathsf{T}} \cdot \underbrace{\Big[I(\acute{\boldsymbol{u}}) + \underbrace{\nabla_I(\acute{\boldsymbol{u}})}_{1 \times 2} \cdot \underbrace{\mathbf{J}_{T_p}(\boldsymbol{u})}_{2 \times n} \cdot \underbrace{\boldsymbol{q}}_{n \times 1} - R(\boldsymbol{u}) \Big]^2}_{\in \mathbb{R}},$$

$$\text{(24.23)}$$

bestimmen lässt.[4] Als Lösung des entsprechenden Gleichungssystems ergibt sich die für Gl. 24.22 die optimale Parameteränderung $\boldsymbol{q}$ als

$$\boldsymbol{q}_{\mathrm{opt}} = \bar{\mathbf{H}}^{-1} \cdot \boldsymbol{\delta_p} \,, \tag{24.24}$$

wobei $\bar{\mathbf{H}}$ eine Schätzung der Hesse-Matrix (siehe unten) bezeichnet,

$$\boldsymbol{\delta_p} = \sum_{\boldsymbol{u} \in R} \underbrace{\Big[\nabla_I(\acute{\boldsymbol{u}}) \cdot \mathbf{J}_{T_p}(\boldsymbol{u}) \Big]^{\mathsf{T}}}_{\boldsymbol{s}(\boldsymbol{u}) \, \in \, \mathbb{R}^n} \cdot \underbrace{\Big[R(\boldsymbol{u}) - I(\acute{\boldsymbol{u}}) \Big]}_{D(\boldsymbol{u}) \, \in \, \mathbb{R}} = \sum_{\boldsymbol{u} \in R} \boldsymbol{s}^{\mathsf{T}}(\boldsymbol{u}) \cdot D(\boldsymbol{u}) \quad \text{(24.25)}$$

einen n-dimensionalen Spaltenvektor und $D(\boldsymbol{u}) \in \mathbb{R}$ das resultierende Fehlerbild. $\boldsymbol{s}(\boldsymbol{u}) = (s_1(\boldsymbol{u}), \dots, s_n(\boldsymbol{u}))$ ist ein n-dimensionaler Zeilenvektor, dessen Elemente jeweils einem der Parameter in $\boldsymbol{p}$ zugeordnet sind. Die aus den einzelnen Komponenten von $\boldsymbol{s}(\boldsymbol{u})$ gebildeten, zweidimensionalen Skalarfelder

$$s_1, \dots, s_n \colon M_R \times N_R \mapsto \mathbb{R}, \tag{24.26}$$

werden als *Steepest Descent Images* in Bezug auf die aktuellen Transformationsparameter $\boldsymbol{p}$ bezeichnet.[5] Diese Bilder haben dieselbe Größe wie das Referenzbild R. Die $n \times n$ Matrix

$$\bar{\mathbf{H}} = \sum_{\boldsymbol{u} \in R} \underbrace{\Big[\underbrace{\nabla_I(\acute{\boldsymbol{u}})}_{1 \times 2} \cdot \underbrace{\mathbf{J}_{T_p}(\boldsymbol{u})}_{2 \times n} \Big]^{\mathsf{T}}}_{n \times 1} \cdot \underbrace{\Big[\underbrace{\nabla_I(\acute{\boldsymbol{u}})}_{1 \times 2} \cdot \underbrace{\mathbf{J}_{T_p}(\boldsymbol{u})}_{2 \times n} \Big]}_{1 \times n} \tag{24.27}$$

$$= \sum_{\boldsymbol{u} \in R} \boldsymbol{s}^{\mathsf{T}}(\boldsymbol{u}) \cdot \boldsymbol{s}(\boldsymbol{u}) \approx \begin{pmatrix} \frac{\partial^2 D}{\partial p_1^2}(\boldsymbol{p}) & \cdots & \frac{\partial^2 D}{\partial p_1 \, \partial p_n}(\boldsymbol{p}) \\ \vdots & \ddots & \vdots \\ \frac{\partial^2 D}{\partial p_n \, \partial p_1}(\boldsymbol{p}) & \cdots & \frac{\partial^2 D}{\partial p_n^2}(\boldsymbol{p}) \end{pmatrix} \tag{24.28}$$

in Gl. 24.24 ist schließlich eine Schätzung der Hesse-Matrix[6] für die aktuellen Transformationsparameter $\boldsymbol{p}$, berechnet über alle Positionen $\boldsymbol{u}$ des Referenzbilds R (Gl. 24.27).

---

[4] Man beachte, dass in Gl. 24.23 der linke Faktor innerhalb der Summe ein n-dimensionaler Spaltenvektor ist, der rechte Faktor hingegen ein skalarer Wert.

[5] Der Wert $s_k(\boldsymbol{u})$ entspricht der optimalen Änderung des Parameter p_k „aus Sicht" einer einzelnen Bildposition $\boldsymbol{u}$, um in Gl. 24.22 eine Verbesserung im Sinne des „steilsten Abstiegs" zu erreichen (siehe [11, Abschn. 4.3]).

[6] Die Hesse-Matrix einer n-dimensionalen, reellwertigen Funktion F besteht aus allen zweiten partiellen Ableitungen von F (siehe auch Abschn. C.2.5 im Anhang). Die Hesse-Matrix ist immer symmetrisch.

In Gl. 24.24 wird die Inverse der Matrix $\mathbf{H}$ zur Berechnung der optimalen Parameteränderung $\boldsymbol{q}_{\mathrm{opt}}$ verwendet. Eine bessere Alternative zu dieser Formulierung ist allerdings die Lösung der Gleichung

$$\bar{\mathbf{H}} \cdot \boldsymbol{q}_{\mathrm{opt}} = \boldsymbol{\delta_p}, \qquad (24.29)$$

für den unbekannten Vektor $\boldsymbol{q}_{\mathrm{opt}}$, ohne die explizite Berechnung von $\bar{\mathbf{H}}^{-1}$. Dies ist System von linearen Gleichungen in der bekannten Standardform $\boldsymbol{A} \cdot \boldsymbol{x} = \boldsymbol{b}$, das numerisch stabiler[7] und effizienter gelöst werden kann als mit die Variante in Gl. 24.24.

24.2.1 Zusammenfassung des Algorithmus

Um nach dieser recht mathematischen Beschreibung die Übersicht nicht zu verlieren, sind die wesentlichen Schritte des Lucas-Kanade-Verfahrens im Folgenden nochmals kompakt zusammengefasst. Ausgehend von einem Suchbild I, einem Referenzbild R, einer geometrische Transformation $T_{\boldsymbol{p}}$, den Startwerten $\boldsymbol{p}_{\mathrm{init}}$ für die n Transformationsparameter und einem Konvergenzlimit ϵ, führt der Algorithmus folgende Schritte aus:

A. **Initialisierung:**
   1. Berechne $\nabla_I(\boldsymbol{u})$, das Gradientenfeld des Suchbilds I für alle Bildpositionen $\boldsymbol{u} \in I$.
   2. Initialisiere die Transformationsparameter: $\boldsymbol{p} \leftarrow \boldsymbol{p}_{\mathrm{init}}$.

B. **Repeat:**
   3. Berechne das transformierte Gradientenfeld $\nabla_I'(\boldsymbol{u}) = \nabla_I(T_{\boldsymbol{p}}(\boldsymbol{u}))$, für jede Position $\boldsymbol{u} \in R$ (durch Interpolation von ∇_I).
   4. Berechne die $2 \times n$ Jacobi-Matrix $\mathbf{J}_{T_{\boldsymbol{p}}}(\boldsymbol{u}) = \frac{\partial T_{\boldsymbol{p}}}{\partial \boldsymbol{p}}(\boldsymbol{u})$ der geometrischen Transformation $T_{\boldsymbol{p}}(\boldsymbol{u})$ für jede Position $\boldsymbol{u} \in R$ und den aktuellen Parametervektor $\boldsymbol{p}$ (siehe Gl. 24.21).
   5. Berechne die n-dim. Zeilenvektoren $\boldsymbol{s}(\boldsymbol{u}) = \nabla_I'(\boldsymbol{u}) \cdot \mathbf{J}_{T_{\boldsymbol{p}}}(\boldsymbol{u})$ für jede Position $\boldsymbol{u} \in R$ (siehe Gl. 24.25).
   6. Berechne die kumulierte $n \times n$ Hesse-Matrix $\bar{\mathbf{H}} = \sum_{\boldsymbol{u} \in R} \boldsymbol{s}^{\mathsf{T}}(\boldsymbol{u}) \cdot \boldsymbol{s}(\boldsymbol{u})$ (siehe Gl. 24.27).
   7. Berechne das Fehlerbild $D(\boldsymbol{u}) = R(\boldsymbol{u}) - I(T_{\boldsymbol{p}}(\boldsymbol{u}))$, für jede Position $\boldsymbol{u} \in R$ (durch Interpolation von I siehe Gl. 24.25).
   8. Berechne den Spaltenvektor $\boldsymbol{\delta_p} = \sum_{\boldsymbol{u} \in R} \boldsymbol{s}_{\boldsymbol{u}}^{\mathsf{T}} \cdot D(\boldsymbol{u})$ (siehe Gl. 24.25).
   9. Berechne die optimale Parameteränderung $\boldsymbol{q}_{\mathrm{opt}} = \bar{\mathbf{H}}^{-1} \cdot \boldsymbol{\delta_p}$ (siehe Gl. 24.24).
   10. Modifiziere die Transformationsparameter: $\boldsymbol{p} \leftarrow \boldsymbol{p} + \boldsymbol{q}_{\mathrm{opt}}$ (siehe Gl. 24.17).
   Until $\|\boldsymbol{q}_{\mathrm{opt}}\| < \epsilon$.

---

[7] Unter anderem kann Gl. 24.29 auch dann noch lösbar sein, wenn $\bar{\mathbf{H}}$ nahezu singulär ist und somit numerisch nicht invertierbar ist [145, p. 164].

Die vollständige Spezifikationen des Lucas-Kanade-Algorithmus (in
[11] als „Forward-Additive" Algorithmus bezeichnet) findet sich in Alg.
24.1. Die Prozedur erfordert neben den beiden Bildern I und R eine
geometrische Transformation T, die geschätzten Anfangsparameter $\boldsymbol{p}_{\mathrm{init}}$,
eine Konvergenzschranke ϵ sowie die maximale Zahl von Iterationen $i_{\max}$.
Zur Verbesserung der numerischen Stabilität wird der Ursprung des Referenzbilds R in sein Zentrum $\boldsymbol{x}_{\mathrm{c}}$ gelegt (Zeile 3), wie auch in Abb.
24.2 dargestellt. Der Algorithmus zeigt (im Unterschied zur obigen Zusammenfassung), dass es genügt, die Jacobi-Matrix $\mathbf{J}$ (Zeile 16) und die
Hesse-Matrix $\bar{\mathbf{H}}$ (Zeile 18) jeweils nur für die aktuelle Position ($\boldsymbol{u}$) im
Referenzbild zu berechnen, wodurch sich ein relativ geringer Speicheraufwand ergibt. Zusätzliche Details zur Berechnung des Jacobmatrix sowie
der Hesse-Matrix für spezifische geometrische Transformationen T sind
in Abschn. 24.4 ausgeführt. Der Algorithmus liefert als Rückgabewert
den optimalen Parametervektor $\boldsymbol{p}$ oder nil, falls innerhalb der vorgegebenen Zahl von Iterationen keine Konvergenz auftrat. Für den Fall, dass
die Matrix $\bar{\mathbf{H}}$ in Zeile 22 nicht invertiert werden kann (weil sie singulär ist), könnte die Prozedur entweder stoppen (und nil zurückgeben)
oder mit einem zufällig (geringfügig) perturbierten Parametervektor $\boldsymbol{p}$
fortsetzen.

Dieser sogenannte *Forward-Additive*-Algorithmus funktioniert zuverlässig, wenn der Typ der geometrischen Transformation zutreffend ist
und die Anfangsparameter bereits ausreichend nahe an den tatsächlichen
Transformationsparametern liegen. Der Algorithmus ist aber relativ rechenaufwändig, da in jeder Iteration eine geometrische Transformation
(und somit Interpolation) des Gradientenfelds sowie die Berechnung der
Jacobimatrix $\mathbf{J}$ und der Hesse-Matrix $\bar{\mathbf{H}}$ erforderlich sind. Der nachfolgend beschriebene *Inverse-Compositional*-Algorithmus liefert ähnlich
stabile Ergebnisse bei deutlich reduziertem Rechenaufwand.

24.3 *Inverse-Compositional*-Algorithmus

Dieses in [12] beschriebene Verfahren vertauscht die Rollen des Suchbilds
I und des Referenzbilds R. Wie in Abb. 24.3 gezeigt, bleibt das Referenzbild R dabei an seiner ursprünglichen Position verankert, während die
geometrische Transformation nun auf das Suchbild I (bzw. einen Teil
davon) angewandt wird. In diesem Fall beschreibt $T_{\boldsymbol{p}}$ die geometrische
Abbildung vom verformten Bild I' *zurück* auf das ursprüngliche Bild I.
Der Vorteil dieses Verfahrens ist, dass dabei die häufige Neuberechnung
der Jacobi- und Hessematrix vermieden wird, bei ähnlichem Konvergenzverhalten wie der in Abschn. 24.2 beschriebene *Forward-Additive*-
Algorithmus.

In diesem Algorithmus ist der in jeder Iteration zu minimierende
Ausdruck (vgl. Gl. 24.16)

$$\mathcal{E}(\boldsymbol{q}) = \sum_{\boldsymbol{u} \in R} \left[R(T_{\boldsymbol{q}}(\boldsymbol{u})) - I(T_{\boldsymbol{p}}(\boldsymbol{u})) \right]^2, \qquad (24.30)$$

Algorithmus 24.1

Lucas-Kanade (*Forward-Additive*) Matching-Algorithmus. Das Referenzbild R wird zunächst am Koordinatenursprung zentriert. Der Gradient des Suchbilds I wird nur einmal (in Zeile 6) berechnet und nachfolgend in jeder Iteration interpoliert (Zeile 15). Auch die $n \times n$ Hesse-Matrix $\bar{\mathbf{H}}$ wird in jeder Iteration neu berechnet und invertiert. Die wiederholte Berechnung der Jacobi-Matrix der Transformationsfunktion T (in Zeile 16) ist kein aufwändiger Vorgang, speziell für affine Abbildungen (s. Zeilen 32–33). Die Prozedur $\mathsf{Interpolate}(I, \boldsymbol{x}')$ liefert den interpolierten Wert des Bilds I an einer beliebigen, kontinuierlichen Position $\boldsymbol{x}' \in \mathbb{R}^2$ (siehe Details dazu in Kap. 22).

1: **LucasKanadeForward**$(I, R, T, \boldsymbol{p}_{\mathrm{init}}, \epsilon, i_{\max})$

Input: I, the search image; R, the reference image; T, a 2D warp function that maps any point $\boldsymbol{x} \in \mathbb{R}^2$ to some point $\boldsymbol{x}' = T_{\boldsymbol{p}}(\boldsymbol{x})$, with transformation parameters $\boldsymbol{p} = (p_1, \dots, p_n)$; $\boldsymbol{p}_{\mathrm{init}}$, initial estimate of the warp parameters; ϵ, the error limit; $i_{\max}$, the maximum number of iterations.

Returns the modified warp parameter vector $\boldsymbol{p}$ for the best fit between I and R, or nil if no match could be found.

2: $\quad (M_R, N_R) \leftarrow \mathsf{Size}(R) \qquad \qquad \qquad \triangleright$ size of the reference image R

3: $\quad \boldsymbol{x}_{\mathrm{c}} \leftarrow 0.5 \cdot (M_R - 1, N_R - 1) \qquad \qquad \qquad \triangleright$ center of R

4: $\quad \boldsymbol{p} \leftarrow \boldsymbol{p}_{\mathrm{init}} \qquad \qquad \qquad \triangleright$ initial transformation parameters

5: $\quad n \leftarrow \mathsf{Length}(\boldsymbol{p}) \qquad \qquad \qquad \triangleright$ parameter count

6: $\quad (I_{\mathrm{x}}, I_{\mathrm{y}}) \leftarrow \mathsf{Gradient}(I) \qquad \qquad \qquad \triangleright$ calculate the gradient ∇I

7: $\quad i \leftarrow 0 \qquad \qquad \qquad \triangleright$ iteration counter

8: $\quad \mathbf{do} \qquad \qquad \qquad \triangleright$ main loop

9: $\qquad i \leftarrow i + 1$

10: $\qquad \bar{\mathbf{H}} \leftarrow \mathbf{0}_{n,n} \qquad \qquad \triangleright \bar{\mathbf{H}} \in \mathbb{R}^{n \times n}$, initialized to zero

11: $\qquad \boldsymbol{\delta_p} \leftarrow \mathbf{0}_n \qquad \qquad \triangleright \boldsymbol{s}_p \in \mathbb{R}^n$, initialized to zero

12: $\qquad \mathbf{for}$ all positions $\boldsymbol{u} \in (M_R \times N_R)$ $\mathbf{do}$

13: $\qquad \quad \boldsymbol{x} \leftarrow \boldsymbol{u} - \boldsymbol{x}_{\mathrm{c}} \qquad \qquad \triangleright$ position w.r.t. the center of R

14: $\qquad \quad \boldsymbol{x}' \leftarrow T_{\boldsymbol{p}}(\boldsymbol{x}) \qquad \qquad \triangleright$ warp $\boldsymbol{x}$ to $\boldsymbol{x}'$ by transf. $T_{\boldsymbol{p}}$

Estimate the gradient of I at the warped position $\boldsymbol{x}'$:

15: $\qquad \quad \nabla \leftarrow \big(\mathsf{Interpolate}(I_{\mathrm{x}}, \boldsymbol{x}'), \mathsf{Interpolate}(I_{\mathrm{y}}, \boldsymbol{x}') \big) \triangleright$ 2D row vector

16: $\qquad \quad \mathbf{J} \leftarrow \mathsf{Jacobian}(T_{\boldsymbol{p}}, \boldsymbol{x}) \qquad \qquad \triangleright$ Jacobian of $T_{\boldsymbol{p}}$ at pos. $\boldsymbol{x}$

17: $\qquad \quad \boldsymbol{s} \leftarrow (\nabla \cdot \mathbf{J})^{\mathsf{T}} \qquad \qquad \triangleright \boldsymbol{s}$ is a column vector of length n

18: $\qquad \quad \mathbf{H} \leftarrow \boldsymbol{s} \cdot \boldsymbol{s}^{\mathsf{T}} \qquad \qquad \triangleright$ outer product, $\mathbf{H}$ is of size $n \times n$

19: $\qquad \quad \bar{\mathbf{H}} \leftarrow \bar{\mathbf{H}} + \mathbf{H} \qquad \qquad \triangleright$ cumulate the Hessian (Eq. 24.28)

20: $\qquad \quad d \leftarrow R(\boldsymbol{u}) - \mathsf{Interpolate}(I, \boldsymbol{x}') \qquad \qquad \triangleright$ pixel difference $d \in \mathbb{R}$

21: $\qquad \quad \boldsymbol{\delta_p} \leftarrow \boldsymbol{\delta_p} + \boldsymbol{s} \cdot d$

22: $\qquad \boldsymbol{q}_{\mathrm{opt}} \leftarrow \bar{\mathbf{H}}^{-1} \cdot \boldsymbol{\delta_p} \qquad \triangleright$ Eq. 24.17, or solve $\bar{\mathbf{H}} \cdot \boldsymbol{q}_{\mathrm{opt}} = \boldsymbol{\delta_p}$ (Eq. 24.29)

23: $\qquad \boldsymbol{p} \leftarrow \boldsymbol{p} + \boldsymbol{q}_{\mathrm{opt}}$

24: $\quad \mathbf{while} \ (\|\boldsymbol{q}_{\mathrm{opt}}\| > \epsilon) \wedge (i < i_{\max}) \qquad \qquad \triangleright$ repeat until convergence

25: $\quad \mathbf{if} \ i < i_{\max} \ \mathbf{then}$

26: $\qquad \mathbf{return} \ \boldsymbol{p}$

27: $\quad \mathbf{else}$

28: $\qquad \mathbf{return} \ \mathrm{nil}$

29: $\mathsf{Gradient}(I)$

Returns the gradient of I as a pair of maps.

30: $\quad H_{\mathrm{x}} = \frac{1}{8} \cdot \begin{bmatrix} -1 & 0 & 1 \\ -2 & 0 & 2 \\ -1 & 0 & 1 \end{bmatrix}, \quad H_{\mathrm{y}} = \frac{1}{8} \cdot \begin{bmatrix} -1 & -2 & -1 \\ 0 & 0 & 0 \\ 1 & 2 & 1 \end{bmatrix}$

31: $\quad \mathbf{return} \ (I * H_x, I * H_y)$

32: $\mathsf{Jacobian}(T_{\boldsymbol{p}}, \boldsymbol{x})$

Returns the $2 \times n$ Jacobian matrix of the 2D warp function $T_{\boldsymbol{p}}(\boldsymbol{x}) = (T_{\mathrm{x},\boldsymbol{p}}(\boldsymbol{x}), T_{\mathrm{y},\boldsymbol{p}}(\boldsymbol{x}))$ with parameters $\boldsymbol{p} = (p_1, \dots, p_n)$ for the spatial position $\boldsymbol{x} \in \mathbb{R}^2$.

33: $\quad \mathbf{return} \ \begin{pmatrix} \frac{\partial T_{\mathrm{x},\boldsymbol{p}}}{\partial p_1}(\boldsymbol{x}) & \frac{\partial T_{\mathrm{x},\boldsymbol{p}}}{\partial p_2}(\boldsymbol{x}) & \dots & \frac{\partial T_{\mathrm{x},\boldsymbol{p}}}{\partial p_n}(\boldsymbol{x}) \\ \frac{\partial T_{\mathrm{y},\boldsymbol{p}}}{\partial p_1}(\boldsymbol{x}) & \frac{\partial T_{\mathrm{y},\boldsymbol{p}}}{\partial p_2}(\boldsymbol{x}) & \dots & \frac{\partial T_{\mathrm{y},\boldsymbol{p}}}{\partial p_n}(\boldsymbol{x}) \end{pmatrix} \qquad \triangleright$ see Eq. 24.21

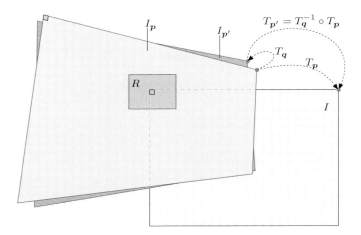

$$T_{p'} = T_q^{-1} \circ T_p$$

Abbildung 24.3
Geometrische Beziehungen im
Inverse-Compositional-Algorithmus.
I bezeichnet das Suchbild und R ist
das Referenzbild. T_p spezifiziert die
geometrische Abbildung vom transformierten Bild I_p *zurück* auf das
ursprüngliche Suchbild I, mit dem
aktuellen Parametervektor p. Das eigentliche Matching erfolgt zwischen
dem Referenzbild R und dem transformierten Suchbild I_p. Man beachte,
das das Referenzbild dabei fix am Koordinatenursprung zentriert bleibt.
In jeder Iteration wird die inkrementelle Transformation T_q (bzw. der
zugehörige Parametervektor q) durch
Verkettung der Transformationen
T_q^{-1} und T_p berechnet. Die Transformation $T_{p'}$ entspricht wiederum
der Abbildung von $I_{p'}$ zurück auf das
ursprüngliche Suchbild I.

in Bezug auf die Parameteränderung q, mit dem optimalen Änderungs-
vektor q_{opt} als Ergebnis. Im Anschluss wird der aktuelle Parametervektor q allerdings nicht einfach durch Addition von q_{opt} (wie in Gl. 24.17)
verändert, sondern durch jenen Parametervektor p', der der Verkettung

$$T_{p'}(\boldsymbol{x}) = (T_{q_{\text{opt}}}^{-1} \circ T_p)(\boldsymbol{x}) = T_p(T_{q_{\text{opt}}}^{-1}(\boldsymbol{x})) \tag{24.31}$$

der beiden Transformationen entspricht, wobei $\circ$ die *Hintereinanderausführung* oder *Konkatenation* der Transformationen bedeutet. Im speziellen (aber häufigen) Fall einer linearen geometrischen Operation entspricht die Konkatenation einfach der Multiplikation der zugehörigen
Transformationsmatrizen $\mathbf{M}_p$, $\mathbf{M}_{q_{\text{opt}}}$, d. h.,

$$\mathbf{M}_{p'} = \mathbf{M}_p \cdot \mathbf{M}_{q_{\text{opt}}}^{-1} \tag{24.32}$$

(siehe auch Abschn. 24.4.4). Dabei ist zu beachten, dass das „Inkrement"
der Transformation $T_{q_{\text{opt}}}$ *invertiert* wird bevor die Konkatenation mit
der aktuellen Transformation T_p erfolgt, um daraus die Parameter der
zusammengesetzten Transformation $T_{p'}$ zu bestimmen. Die geometrische Transformation T muss daher invertierbar sein, was aber speziell
bei linearen (affinen oder projektiven) Transformationen wiederum kein
Problem ist.

Wiederum ausgehend vom Suchbild I, Referenzbild R, der geometri-
sche Transformation T_p, Startparametern p_{init} und Konvergenzlimit ϵ,
besteht der *Inverse-Compositional*-Algorithmus aus folgenden Schritten:

A. **Initialisierung:**
   1. Berechne den Gradienten $\nabla_R(\boldsymbol{u})$ des Referenzbilds R für alle
      Positionen $\boldsymbol{u} \in R$.
   2. Berechne die $2 \times n$ Jacobi-Matrix $\mathbf{J}(\boldsymbol{u}) = \frac{\partial T_p}{\partial p}(\boldsymbol{u})$ der Transfor-
      mationsfunktion $T_p(\boldsymbol{u})$ für alle Positionen $\boldsymbol{u} \in R$, mit $p = \boldsymbol{0}$.

3. Berechne die n-dim. Zeilenvektoren $\boldsymbol{s}(\boldsymbol{u}) = \nabla_R(\boldsymbol{u}) \cdot \mathbf{J}(\boldsymbol{u})$ für alle Positionen $\boldsymbol{u} \in R$.

4. Berechne die kumulierte $n \times n$ Hesse-Matrix $\bar{\mathbf{H}} = \sum\limits_{\boldsymbol{x} \in R} \boldsymbol{s}_{\boldsymbol{x}}^{\mathsf{T}} \cdot \boldsymbol{s}_{\boldsymbol{x}}$ sowie deren Inverse $\bar{\mathbf{H}}^{-1}$.

5. Initialisiere die Transformationsparameter: $\boldsymbol{p} \leftarrow \boldsymbol{p}_{\mathrm{init}}$.

B. **Repeat:**

6. Transformiere das Suchbild I nach I', sodass $I'(\boldsymbol{u}) = I(T_{\boldsymbol{p}}(\boldsymbol{u}))$, für alle Positionen $\boldsymbol{u} \in R$ (durch Interpolation von I).

7. Berechne den n-dim. Spaltenvektor $\boldsymbol{\delta_p} = \sum\limits_{\boldsymbol{u} \in R} \boldsymbol{s}^{\mathsf{T}}(\boldsymbol{u}) \cdot [I'(\boldsymbol{u}) - R(\boldsymbol{u})]$.

8. Ermittle die optimale Parameteränderung $\boldsymbol{q}_{\mathrm{opt}} = \mathbf{H}^{-1} \cdot \boldsymbol{\delta_p}$.

9. Ermittle den Parametervektor $\boldsymbol{p}'$, für den gilt $T_{\boldsymbol{p}'} = T_{\boldsymbol{q}_{\mathrm{opt}}}^{-1} \circ T_{\boldsymbol{p}}$.

10. Modifiziere die Transformationsparameter: $\boldsymbol{p} \leftarrow \boldsymbol{p}'$.

Until $\|\boldsymbol{q}_{\mathrm{opt}}\| < \epsilon$.

Man erkennt deutlich, dass in dieser Variante zahlreiche Schritte bereits (einmalig) in der Initialisierung durchgeführt werden und in der Iteration nicht mehr aufscheinen. Eine detaillierte und vollständige Auflistung des *Inverse-Compositional*-Algorithmus ist in Alg. 24.2 gezeigt. Konkrete Einstellungen für verschiedene lineare Transformationen finden sich in im nachfolgenden Abschnitt. Da insbesondere die Jacobi-Matrix (für den Null-Parametervektor $\boldsymbol{p} = \boldsymbol{0}$) und die Hesse-Matrix nur einmal während der Initialisierung berechnet werden, ist dieser Algorithmus deutlich schneller als der ursprüngliche Lucas-Kanade („Forward-Additive") Algorithmus.

24.4 Parametereinstellungen für verschiedene lineare Transformationen

Die Verwendung von linearen Transformation für die geometrische Abbildung T ist ein sehr häufiger Sonderfall. Im Folgenden zeigen wir die detaillierten Parameter-Setups für verschiedene lineare Transformationen, insbesondere für die reine Translation sowie für die affine und projektive Abbildung. Dies sollte für das Verständnis des Verfahrens und dessen Implementierung hilfreich sein. Für weitere Details empfiehlt sich auch ein Blick in den zugehörigen Java-Quellcode zu diesem Buch.[8]

24.4.1 Translation

Eine reine 2D Translation hat $n = 2$ Parameter $t_{\mathrm{x}}, t_{\mathrm{y}}$ und die zugehörige die Transformation (siehe Gl. 24.15) ist

$$\acute{\boldsymbol{x}} = T_{\boldsymbol{p}}(\boldsymbol{x}) = \boldsymbol{x} + \begin{pmatrix} t_{\mathrm{x}} \\ t_{\mathrm{y}} \end{pmatrix}, \tag{24.33}$$

---

[8] Paket `imagingbook.pub.geometry.mappings`

```
1:  LucasKanadeInverse(I, R, T, p_init, ε, i_max)
        Input: I, the search image; R, the reference image; T, a 2D warp
        function that maps any point x ∈ ℝ² to x' = T_p(x) using parameters
        p = (p_1, ..., p_n); p_init, initial estimate of the warp parameters; ε, the
        error limit (typ. ε = 10⁻³); i_max, the maximum number of iterations.
        Returns the updated warp parameter vector p for the best fit between
        I and R, or nil if no match could be found.
```

2:     $(M_R, N_R) \leftarrow \mathsf{Size}(R)$ ▷ size of the reference image R

3:     $\boldsymbol{x}_\mathrm{c} \leftarrow 0.5 \cdot (M_R-1, N_R-1)$ ▷ center of R

    Initialize:

4:     $n \leftarrow \mathsf{Length}(\boldsymbol{p})$ ▷ parameter count n

5:     Create map $\mathsf{S}: (M_R \times N_R) \mapsto \mathbb{R}^n$ ▷ n "steepest-descent images"

6:     $(R_\mathrm{x}, R_\mathrm{y}) \leftarrow \mathsf{Gradient}(R)$ ▷ $(R_\mathrm{x}(\boldsymbol{u}), R_\mathrm{y}(\boldsymbol{u}))^\mathsf{T} = \nabla_R(\boldsymbol{u})$

7:     $\bar{\mathbf{H}} \leftarrow \mathbf{0}_{n,n}$ ▷ initialize $n \times n$ Hessian matrix to zero

8:     **for** all positions $\boldsymbol{u} \in (M_R \times N_R)$ **do**

9:         $\boldsymbol{x} \leftarrow \boldsymbol{u} - \boldsymbol{x}_\mathrm{c}$ ▷ centered position

10:        $\nabla_R \leftarrow (R_\mathrm{x}(\boldsymbol{u}), R_\mathrm{y}(\boldsymbol{u}))$ ▷ 2-dimensional row vector

11:        $\mathbf{J} \leftarrow \mathsf{Jacobian}(T_\mathbf{0}(\boldsymbol{x}))$ ▷ Jacob. of T at pos. $\boldsymbol{x}$ with $\boldsymbol{p}=\mathbf{0}$

12:        $\boldsymbol{s} \leftarrow (\nabla_R \cdot \mathbf{J})^\mathsf{T}$ ▷ $\boldsymbol{s}$ is a column vector of length n

13:        $\mathsf{S}(\boldsymbol{u}) \leftarrow \boldsymbol{s}$ ▷ keep $\boldsymbol{s}$ for later use

14:        $\mathbf{H} \leftarrow \boldsymbol{s} \cdot \boldsymbol{s}^\mathsf{T}$ ▷ outer product, $\mathbf{H}$ is of size $n \times n$

15:        $\bar{\mathbf{H}} \leftarrow \bar{\mathbf{H}} + \mathbf{H}$ ▷ cumulate the Hessian (Eq. 24.28)

16:     Calculate $\bar{\mathbf{H}}^{-1}$, stop and **return** nil if $\bar{\mathbf{H}}$ cannot be inverted.

17:     $\boldsymbol{p} \leftarrow \boldsymbol{p}_\mathrm{init}$ ▷ initial parameter estimate

18:     $i \leftarrow 0$ ▷ iteration counter

    Main loop:

19:     **do**

20:        $i \leftarrow i + 1$

21:        $\boldsymbol{\delta_p} \leftarrow \mathbf{0}_n$ ▷ $\boldsymbol{\delta_p} \in \mathbb{R}^n$, initialized to zero

22:        **for** all positions $\boldsymbol{u} \in (M_R \times N_R)$ **do**

23:           $\boldsymbol{x} \leftarrow \boldsymbol{u} - \boldsymbol{x}_\mathrm{c}$ ▷ centered position

24:           $\boldsymbol{x}' \leftarrow T_{\boldsymbol{p}}(\boldsymbol{x})$ ▷ warp I to I'

25:           $d \leftarrow \mathsf{Interpolate}(I, \boldsymbol{x}') - R(\boldsymbol{u})$ ▷ pixel difference $d \in \mathbb{R}$

26:           $\boldsymbol{s} \leftarrow \mathsf{S}(\boldsymbol{u})$ ▷ get pre-calculated $\boldsymbol{s}$

27:           $\boldsymbol{\delta_p} \leftarrow \boldsymbol{\delta_p} + \boldsymbol{s} \cdot d$

28:        $\boldsymbol{q}_\mathrm{opt} \leftarrow \mathbf{H}^{-1} \cdot \boldsymbol{\delta_p}$ ▷ $\mathbf{H}^{-1}$ is pre-calculated in line 16

29:        Determine $\boldsymbol{p}'$, such that $T_{\boldsymbol{p}'}(\boldsymbol{x}) = T_{\boldsymbol{p}}(T_{\boldsymbol{q}_\mathrm{opt}}^{-1}(\boldsymbol{x}))$

30:        $\boldsymbol{p} \leftarrow \boldsymbol{p}'$

31:     **while** $(\|\boldsymbol{q}_\mathrm{opt}\| > \epsilon) \wedge (i < i_\mathrm{max})$ ▷ repeat until convergence

32:     **return** $\begin{cases} \boldsymbol{p} & \text{for } i < i_\mathrm{max} \\ \text{nil} & \text{otherwise} \end{cases}$

24.4 Parametereinstellungen für verschiedene lineare Transformationen

Algorithmus 24.2
Lucas-Kanade *Inverse-Compositional*-Matching-Algorithmus. Der Gradient $\nabla_R = (R_\mathrm{x}, R_\mathrm{y})$ des Referenzbilds R wird nur einmal berechnet (Zeile 6), mithilfe der in Alg. 24.1 definierten Prozedur $\mathsf{Gradient}()$ Auch die Jacobi-Matrix $\mathbf{J}$ der Transformationsfunktion $T_{\boldsymbol{p}}$ wird nur an einer Stelle bestimmt (Zeile 11), und zwar für den Parametervektor $\boldsymbol{p} = \mathbf{0}$ (d. h. die identische Abbildung) und alle Positionen des Referenzbilds R. Ebenso wird die Hesse-Matrix $\bar{\mathbf{H}}$ und deren Inverse $\bar{\mathbf{H}}^{-1}$ nur einmal berechnet (in Zeilen 15–16). Die Matrix $\bar{\mathbf{H}}^{-1}$ wird in Zeile 28 der Hauptschleife zur Bestimmung der optimalen Parameteränderung $\boldsymbol{q}_\mathrm{opt}$ benötigt. Die Prozedur $\mathsf{Interpolate}()$ in Zeile 25 ist die selbe wie in Alg. 24.1. Dieser Algorithmus ist typischerweise 5–10 mal schneller als der klassische Lucas-Kanade Algorithmus (siehe Alg. 24.1) mit ansonsten ähnlichen Eigenschaften.

mit dem Parametervektor $\boldsymbol{p} = (t_x, t_y)^\mathsf{T}$ und $\boldsymbol{x} = (x, y)^\mathsf{T}$. Die beiden Teilfunktionen der Transformation (vgl. Gl. 24.18) sind somit

$$
\begin{aligned}
T_{x,\boldsymbol{p}}(\boldsymbol{x}) &= x + t_x, \\
T_{y,\boldsymbol{p}}(\boldsymbol{x}) &= y + t_y,
\end{aligned}
\tag{24.34}
$$

und die zugehörige 2×2 Jacobi-Matrix ist

$$
\mathbf{J}_{T_{\boldsymbol{p}}}(\boldsymbol{x}) =
\begin{pmatrix}
\frac{\partial T_{x,\boldsymbol{p}}}{\partial t_x}(\boldsymbol{x}) & \frac{\partial T_{x,\boldsymbol{p}}}{\partial t_y}(\boldsymbol{x}) \\
\frac{\partial T_{y,\boldsymbol{p}}}{\partial t_x}(\boldsymbol{x}) & \frac{\partial T_{y,\boldsymbol{p}}}{\partial t_y}(\boldsymbol{x})
\end{pmatrix}
=
\begin{pmatrix}
1 & 0 \\
0 & 1
\end{pmatrix}.
\tag{24.35}
$$

Die Matrix $\mathbf{J}_{T_{\boldsymbol{p}}}(\boldsymbol{x})$ ist also in diesem speziellen Fall *konstant*, also unabhängig von der Position $\boldsymbol{x}$ und den Transformationsparametern $\boldsymbol{p}$. Der 2-dimensionale Spaltenvektor $\boldsymbol{\delta_p}$ (Gl. 24.25) wird berechnet in der Form

$$
\boldsymbol{\delta_p} = \sum_{\boldsymbol{u} \in R} \underbrace{\left[\nabla_I(T_{\boldsymbol{p}}(\boldsymbol{u})) \cdot \mathbf{J}_{T_{\boldsymbol{p}}}(\boldsymbol{u}) \right]^\mathsf{T}}_{\acute{\boldsymbol{u}} \in \mathbb{R}^2} \cdot \underbrace{\left[R(\boldsymbol{u}) - I(T_{\boldsymbol{p}}(\boldsymbol{u})) \right]}_{D(\boldsymbol{u}) \in \mathbb{R}}
\tag{24.36}
$$

$$
= \sum_{\boldsymbol{u} \in R} \underbrace{\left[(I_x(\acute{\boldsymbol{u}}), I_y(\acute{\boldsymbol{u}})) \cdot \left(\begin{smallmatrix} 1 & 0 \\ 0 & 1 \end{smallmatrix} \right) \right]^\mathsf{T}}_{\boldsymbol{s}(\boldsymbol{u}) = (s_1(\boldsymbol{u}), s_2(\boldsymbol{u}))} \cdot D(\boldsymbol{u}) = \sum_{\boldsymbol{u} \in R} \begin{pmatrix} I_x(\acute{\boldsymbol{u}}) \\ I_y(\acute{\boldsymbol{u}}) \end{pmatrix} \cdot D(\boldsymbol{u})
$$

$$
= \begin{pmatrix} \sum I_x(\acute{\boldsymbol{u}}) \cdot D(\boldsymbol{u}) \\ \sum I_y(\acute{\boldsymbol{u}}) \cdot D(\boldsymbol{u}) \end{pmatrix} = \begin{pmatrix} \sum s_1(\boldsymbol{u}) \cdot D(\boldsymbol{u}) \\ \sum s_2(\boldsymbol{u}) \cdot D(\boldsymbol{u}) \end{pmatrix} = \begin{pmatrix} \delta_1 \\ \delta_2 \end{pmatrix},
\tag{24.37}
$$

wobei $\acute{\boldsymbol{u}} = T_{\boldsymbol{p}}(\boldsymbol{u})$, und I_x, I_y sind die ersten Ableitungen des Suchbilds I in x- bzw. y-Richtung.[9] Somit sind die *steepest descent images* (Gl. 24.26) $s_1(\boldsymbol{u}) = I_x(\acute{\boldsymbol{u}})$ and $s_2(\boldsymbol{u}) = I_y(\acute{\boldsymbol{u}})$ in diesem Fall einfach die interpolierten Gradientenfelder des transformierten Bilds I innerhalb der Region des Referenzbilds R (s. Abb. 24.3). Weiter ergibt sich die zugehörige kumulierte Hesse-Matrix (Gl. 24.27) als

$$
\bar{\mathbf{H}} = \sum_{\boldsymbol{u} \in R} \left[\nabla_I(T_{\boldsymbol{p}}(\boldsymbol{u})) \cdot \mathbf{J}_{T_{\boldsymbol{p}}}(\boldsymbol{u}) \right]^\mathsf{T} \cdot \left[\nabla_I(T_{\boldsymbol{p}}(\boldsymbol{u})) \cdot \mathbf{J}_{T_{\boldsymbol{p}}}(\boldsymbol{u}) \right]
\tag{24.38}
$$

$$
= \sum_{\boldsymbol{u} \in R} \underbrace{\left[\nabla_I(\acute{\boldsymbol{u}}) \cdot \left(\begin{smallmatrix} 1 & 0 \\ 0 & 1 \end{smallmatrix} \right) \right]^\mathsf{T}}_{\boldsymbol{s}(\boldsymbol{u})} \cdot \underbrace{\left[\nabla_I(\acute{\boldsymbol{u}}) \cdot \left(\begin{smallmatrix} 1 & 0 \\ 0 & 1 \end{smallmatrix} \right) \right]}_{\boldsymbol{s}(\boldsymbol{u})} = \sum_{\boldsymbol{u} \in R} \boldsymbol{s}^\mathsf{T}(\boldsymbol{u}) \cdot \boldsymbol{s}(\boldsymbol{u})
\tag{24.39}
$$

$$
= \sum_{\boldsymbol{u} \in R} \nabla_I^\mathsf{T}(\acute{\boldsymbol{u}}) \cdot \nabla_I(\acute{\boldsymbol{u}}) = \sum_{\boldsymbol{u} \in R} \begin{pmatrix} I_x(\acute{\boldsymbol{u}}) \\ I_y(\acute{\boldsymbol{u}}) \end{pmatrix} \cdot (I_x(\acute{\boldsymbol{u}}), I_y(\acute{\boldsymbol{u}}))
\tag{24.40}
$$

$$
= \sum_{\boldsymbol{x} \in R} \begin{pmatrix} I_x^2(\acute{\boldsymbol{u}}) & I_x(\acute{\boldsymbol{u}}) \cdot I_y(\acute{\boldsymbol{u}}) \\ I_x(\acute{\boldsymbol{u}}) \cdot I_y(\acute{\boldsymbol{u}}) & I_y^2(\acute{\boldsymbol{u}}) \end{pmatrix}
\tag{24.41}
$$

$$
= \begin{pmatrix} \sum I_x^2(\acute{\boldsymbol{u}}) & \sum I_x(\acute{\boldsymbol{u}}) \cdot I_y(\acute{\boldsymbol{u}}) \\ \sum I_x(\acute{\boldsymbol{u}}) \cdot I_y(\acute{\boldsymbol{u}}) & \sum I_y^2(\acute{\boldsymbol{u}}) \end{pmatrix} = \begin{pmatrix} H_{11} & H_{12} \\ H_{21} & H_{22} \end{pmatrix}.
\tag{24.42}
$$

---

[9] Zur Schätzung der ersten Ableitungen aus diskreten Abtastwerten siehe Abschn. C.3.1 im Anhang.

Da $\bar{\mathbf{H}}$ nur der Größe 2×2 und zudem symmetrisch ist ($H_{12} = H_{21}$), lässt sich die Inverse in diesem Fall leicht in geschlossener Form ermitteln:

$$\bar{\mathbf{H}}^{-1} = \frac{1}{H_{11} \cdot H_{22} - H_{12} \cdot H_{21}} \cdot \begin{pmatrix} H_{22} & -H_{12} \\ -H_{21} & H_{11} \end{pmatrix} \qquad (24.43)$$

$$= \frac{1}{H_{11} \cdot H_{22} - H_{12}^2} \cdot \begin{pmatrix} H_{22} & -H_{12} \\ -H_{12} & H_{11} \end{pmatrix}. \qquad (24.44)$$

Als optimale Parameteränderung ergibt sich schließlich (aus Gl. 24.24)

$$\boldsymbol{q}_{\mathrm{opt}} = \begin{pmatrix} t_x' \\ t_y' \end{pmatrix} = \bar{\mathbf{H}}^{-1} \cdot \boldsymbol{\delta_p} = \bar{\mathbf{H}}^{-1} \cdot \begin{pmatrix} \delta_1 \\ \delta_2 \end{pmatrix} \qquad (24.45)$$

$$= \frac{1}{H_{11} \cdot H_{22} - H_{12}^2} \cdot \begin{pmatrix} H_{22} \cdot \delta_1 - H_{12} \cdot \delta_2 \\ H_{11} \cdot \delta_2 - H_{12} \cdot \delta_1 \end{pmatrix}, \qquad (24.46)$$

mit δ_1, δ_2 wie in Gl. 24.37 definiert. Alternativ könnte man dieses Ergebnis auch durch Lösung von Gl. 24.29 für $\boldsymbol{q}_{\mathrm{opt}}$ berechnen.

24.4.2 Affine Transformation

Eine affine Koordinatentransformation in 2D kann (beispielsweise) mit homogenen Koordinaten[10] in der Form

$$T_{\boldsymbol{p}}(\boldsymbol{x}) = \begin{pmatrix} 1+a & b & t_x \\ c & 1+d & t_y \end{pmatrix} \cdot \begin{pmatrix} x \\ y \\ 1 \end{pmatrix}, \qquad (24.47)$$

beschrieben werden, mit den $n = 6$ Parametern $\boldsymbol{p} = (a, b, c, d, t_x, t_y)$. Durch diese spezielle Parametrisierung der affinen Transformation entspricht der Null-Parametervektor ($\boldsymbol{p} = \boldsymbol{0}$) der *identischen* Abbildung. Die Teilfunktionen dieser Transformation sind somit

$$\begin{aligned} T_{x,\boldsymbol{p}}(\boldsymbol{x}) &= (1+a) \cdot x + b \cdot y + t_x, \\ T_{y,\boldsymbol{p}}(\boldsymbol{x}) &= c \cdot x + (1+d) \cdot y + t_y, \end{aligned} \qquad (24.48)$$

und die zugehörige Jacobi-Matrix für die Position $\boldsymbol{x} = (x, y)$ ist

$$\mathbf{J}_{T_{\boldsymbol{p}}}(\boldsymbol{x}) = \begin{pmatrix} \frac{\partial T_{x,\boldsymbol{p}}}{\partial a} & \frac{\partial T_{x,\boldsymbol{p}}}{\partial b} & \frac{\partial T_{x,\boldsymbol{p}}}{\partial c} & \frac{\partial T_{x,\boldsymbol{p}}}{\partial d} & \frac{\partial T_{x,\boldsymbol{p}}}{\partial t_x} & \frac{\partial T_{x,\boldsymbol{p}}}{\partial t_y} \\ \frac{\partial T_{y,\boldsymbol{p}}}{\partial a} & \frac{\partial T_{y,\boldsymbol{p}}}{\partial b} & \frac{\partial T_{y,\boldsymbol{p}}}{\partial c} & \frac{\partial T_{y,\boldsymbol{p}}}{\partial d} & \frac{\partial T_{y,\boldsymbol{p}}}{\partial t_x} & \frac{\partial T_{y,\boldsymbol{p}}}{\partial t_y} \end{pmatrix} (\boldsymbol{x}) \qquad (24.49)$$

$$= \begin{pmatrix} x & y & 0 & 0 & 1 & 0 \\ 0 & 0 & x & y & 0 & 1 \end{pmatrix}. \qquad (24.50)$$

Die Jacobi-Matrix ist also in diesem Fall nur von der Position $\boldsymbol{x}$ abhängig und nicht von den Transformationsparametern $\boldsymbol{p}$. Sie kann daher im Voraus und einmalig für alle Positionen $\boldsymbol{u}$ des Referenzbild R berechnet

---

[10] Siehe auch Abschn. 21.1.2–21.1.3.

werden. Der 6-dimensionale Spaltenvektor $\boldsymbol{\delta_p}$ (Gl. 24.25) ergibt sich dann durch

$$\boldsymbol{\delta_p} = \sum_{\boldsymbol{u}\in R} \underbrace{\left[\nabla_I(T_{\boldsymbol{p}}(\boldsymbol{u}))\cdot\mathbf{J}_{T_{\boldsymbol{p}}}(\boldsymbol{u})\right]}_{\boldsymbol{s}(\boldsymbol{u})}^{\mathsf{T}}\cdot\underbrace{\left[R(\boldsymbol{u})-I(T_{\boldsymbol{p}}(\boldsymbol{u}))\right]}_{D(\boldsymbol{u})} \tag{24.51}$$

$$= \sum_{\boldsymbol{u}\in R}\left[(I_{\mathrm{x}}(\acute{\boldsymbol{u}}),I_{\mathrm{y}}(\acute{\boldsymbol{u}}))\cdot\begin{pmatrix}x & y & 0 & 0 & 1 & 0\\0 & 0 & x & y & 0 & 1\end{pmatrix}\right]^{\mathsf{T}}\cdot D(\boldsymbol{u}) \tag{24.52}$$

$$= \sum_{\boldsymbol{u}\in R}\begin{pmatrix}I_{\mathrm{x}}(\acute{\boldsymbol{u}})\cdot x\\I_{\mathrm{x}}(\acute{\boldsymbol{u}})\cdot y\\I_{\mathrm{y}}(\acute{\boldsymbol{u}})\cdot x\\I_{\mathrm{y}}(\acute{\boldsymbol{u}})\cdot y\\I_{\mathrm{x}}(\acute{\boldsymbol{u}})\\I_{\mathrm{y}}(\acute{\boldsymbol{u}})\end{pmatrix}\cdot D(\boldsymbol{u}) = \sum_{\boldsymbol{u}\in R}\begin{pmatrix}s_1(\boldsymbol{u})\\s_2(\boldsymbol{u})\\s_3(\boldsymbol{u})\\s_4(\boldsymbol{u})\\s_5(\boldsymbol{u})\\s_6(\boldsymbol{u})\end{pmatrix}\cdot D(\boldsymbol{u}) = \begin{pmatrix}\Sigma\, s_1(\boldsymbol{u})\cdot D(\boldsymbol{u})\\\Sigma\, s_2(\boldsymbol{u})\cdot D(\boldsymbol{u})\\\Sigma\, s_3(\boldsymbol{u})\cdot D(\boldsymbol{u})\\\Sigma\, s_4(\boldsymbol{u})\cdot D(\boldsymbol{u})\\\Sigma\, s_5(\boldsymbol{u})\cdot D(\boldsymbol{u})\\\Sigma\, s_6(\boldsymbol{u})\cdot D(\boldsymbol{u})\end{pmatrix}, \tag{24.53}$$

wiederum mit $\acute{\boldsymbol{u}} = T_{\boldsymbol{p}}(\boldsymbol{u})$. Die zugehörige kumulative Hesse-Matrix (der Größe 6×6) ist

$$\bar{\mathbf{H}} = \sum_{\boldsymbol{u}\in R}\left[\nabla_I(T_{\boldsymbol{p}}(\boldsymbol{u}))\cdot\mathbf{J}_{T_{\boldsymbol{p}}}(\boldsymbol{u})\right]^{\mathsf{T}}\cdot\left[\nabla_I(T_{\boldsymbol{p}}(\boldsymbol{u}))\cdot\mathbf{J}_{T_{\boldsymbol{p}}}(\boldsymbol{u})\right] \tag{24.54}$$

$$= \sum_{\boldsymbol{x}\in R}\boldsymbol{s}^{\mathsf{T}}(\boldsymbol{u})\cdot\boldsymbol{s}(\boldsymbol{u}) = \sum_{\boldsymbol{x}\in R}\begin{pmatrix}I_{\mathrm{x}}(\acute{\boldsymbol{u}})\cdot x\\I_{\mathrm{x}}(\acute{\boldsymbol{u}})\cdot y\\I_{\mathrm{y}}(\acute{\boldsymbol{u}})\cdot x\\I_{\mathrm{y}}(\acute{\boldsymbol{u}})\cdot y\\I_{\mathrm{x}}(\acute{\boldsymbol{u}})\\I_{\mathrm{y}}(\acute{\boldsymbol{u}})\end{pmatrix}^{\mathsf{T}}\cdot\begin{pmatrix}I_{\mathrm{x}}(\acute{\boldsymbol{u}})\cdot x\\I_{\mathrm{x}}(\acute{\boldsymbol{u}})\cdot y\\I_{\mathrm{y}}(\acute{\boldsymbol{u}})\cdot x\\I_{\mathrm{y}}(\acute{\boldsymbol{u}})\cdot y\\I_{\mathrm{x}}(\acute{\boldsymbol{u}})\\I_{\mathrm{y}}(\acute{\boldsymbol{u}})\end{pmatrix} = \tag{24.55}$$

$$\begin{pmatrix}\Sigma I_{\mathrm{x}}^2(\acute{\boldsymbol{u}})x^2 & \Sigma I_{\mathrm{x}}^2(\acute{\boldsymbol{u}})xy & \Sigma I_{\mathrm{x}}(\acute{\boldsymbol{u}})I_{\mathrm{y}}(\acute{\boldsymbol{u}})x^2 & \Sigma I_{\mathrm{x}}(\acute{\boldsymbol{u}})I_{\mathrm{y}}(\acute{\boldsymbol{u}})xy & \Sigma I_{\mathrm{x}}^2(\acute{\boldsymbol{u}})x & \Sigma I_{\mathrm{x}}(\acute{\boldsymbol{u}})I_{\mathrm{y}}(\acute{\boldsymbol{u}})x\\\Sigma I_{\mathrm{x}}^2(\acute{\boldsymbol{u}})xy & \Sigma I_{\mathrm{x}}^2(\acute{\boldsymbol{u}})y^2 & \Sigma I_{\mathrm{x}}(\acute{\boldsymbol{u}})I_{\mathrm{y}}(\acute{\boldsymbol{u}})xy & \Sigma I_{\mathrm{x}}(\acute{\boldsymbol{u}})I_{\mathrm{y}}(\acute{\boldsymbol{u}})y^2 & \Sigma I_{\mathrm{x}}^2(\acute{\boldsymbol{u}})y & \Sigma I_{\mathrm{x}}(\acute{\boldsymbol{u}})I_{\mathrm{y}}(\acute{\boldsymbol{u}})y\\\Sigma I_{\mathrm{x}}(\acute{\boldsymbol{u}})I_{\mathrm{y}}(\acute{\boldsymbol{u}})x^2 & \Sigma I_{\mathrm{x}}(\acute{\boldsymbol{u}})I_{\mathrm{y}}(\acute{\boldsymbol{u}})xy & \Sigma I_{\mathrm{y}}^2(\acute{\boldsymbol{u}})x^2 & \Sigma I_{\mathrm{y}}^2(\acute{\boldsymbol{u}})xy & \Sigma I_{\mathrm{x}}(\acute{\boldsymbol{u}})I_{\mathrm{y}}(\acute{\boldsymbol{u}})x & \Sigma I_{\mathrm{y}}^2(\acute{\boldsymbol{u}})x\\\Sigma I_{\mathrm{x}}(\acute{\boldsymbol{u}})I_{\mathrm{y}}(\acute{\boldsymbol{u}})xy & \Sigma I_{\mathrm{x}}(\acute{\boldsymbol{u}})I_{\mathrm{y}}(\acute{\boldsymbol{u}})y^2 & \Sigma I_{\mathrm{y}}^2(\acute{\boldsymbol{u}})xy & \Sigma I_{\mathrm{y}}^2(\acute{\boldsymbol{u}})y^2(\acute{\boldsymbol{u}}) & \Sigma I_{\mathrm{x}}(\acute{\boldsymbol{u}})I_{\mathrm{y}}(\acute{\boldsymbol{u}})y & \Sigma I_{\mathrm{y}}^2(\acute{\boldsymbol{u}})y\\\Sigma I_{\mathrm{x}}^2(\acute{\boldsymbol{u}})x & \Sigma I_{\mathrm{x}}^2(\acute{\boldsymbol{u}})y & \Sigma I_{\mathrm{x}}(\acute{\boldsymbol{u}})I_{\mathrm{y}}(\acute{\boldsymbol{u}})x & \Sigma I_{\mathrm{x}}(\acute{\boldsymbol{u}})I_{\mathrm{y}}(\acute{\boldsymbol{u}})y & \Sigma I_{\mathrm{x}}^2(\acute{\boldsymbol{u}}) & \Sigma I_{\mathrm{x}}(\acute{\boldsymbol{u}})I_{\mathrm{y}}(\acute{\boldsymbol{u}})\\\Sigma I_{\mathrm{x}}(\acute{\boldsymbol{u}})I_{\mathrm{y}}(\acute{\boldsymbol{u}})x & \Sigma I_{\mathrm{x}}(\acute{\boldsymbol{u}})I_{\mathrm{y}}(\acute{\boldsymbol{u}})y & \Sigma I_{\mathrm{y}}^2(\acute{\boldsymbol{u}})x & \Sigma I_{\mathrm{y}}^2(\acute{\boldsymbol{u}})y & \Sigma I_{\mathrm{x}}(\acute{\boldsymbol{u}})I_{\mathrm{y}}(\acute{\boldsymbol{u}}) & \Sigma I_{\mathrm{y}}^2(\acute{\boldsymbol{u}})\end{pmatrix}. \tag{24.56}$$

Daraus ergibt sich schließlich die optimale Parameteränderung (siehe Gl. 24.24) als

$$\boldsymbol{q}_{\mathrm{opt}} = \left(a',b',c',d',t_x',t_y'\right)^{\mathsf{T}} = \bar{\mathbf{H}}^{-1}\cdot\boldsymbol{\delta_p} \tag{24.57}$$

oder alternativ durch Lösung des Gleichungssystems $\bar{\mathbf{H}}\cdot\boldsymbol{q}_{\mathrm{opt}} = \boldsymbol{\delta_p}$ (siehe Gl. 24.29). In beiden Fällen ist die Lösung nicht in geschlossener Form sondern nur mit numerischen Methoden möglich.

24.4.3 Projektive Transformation

Eine projektive Koordinatentransformation[11] in 2D lässt sich mit homogenen Koordinaten in der Form

---

[11] Siehe auch Abschn. 21.1.4.

$$T_{\boldsymbol{p}}(\boldsymbol{x}) = \mathbf{M}_{\boldsymbol{p}} \cdot \boldsymbol{x} = \begin{pmatrix} 1+a & b & t_{\mathrm{x}} \\ c & 1+d & t_{\mathrm{y}} \\ e & f & 1 \end{pmatrix} \cdot \begin{pmatrix} x \\ y \\ 1 \end{pmatrix}, \tag{24.58}$$

darstellen, mit den $n = 8$ Parametern $\boldsymbol{p} = (a, b, c, d, e, f, t_{\mathrm{x}}, t_{\mathrm{y}})$. Auch hier entspricht der Null-Parametervektor der identischen Abbildung. In diesem Fall ist das dritte Element des homogenen Ergebnisvektors i. Allg. nicht 1, sodass eine explizite Umrechnung auf kartesische Koordinaten (siehe Abschn. 21.1.2) erforderlich ist. Dadurch ergeben sich die (nichtlinearen) Teilfunktionen der Abbildung als

$$T_{\mathrm{x},\boldsymbol{p}}(\boldsymbol{x}) = \frac{(1+a) \cdot x + b \cdot y + t_{\mathrm{x}}}{e \cdot x + f \cdot y + 1} = \frac{\alpha}{\gamma},$$

$$T_{\mathrm{y},\boldsymbol{p}}(\boldsymbol{x}) = \frac{c \cdot x + (1+d) \cdot y + t_{\mathrm{y}}}{e \cdot x + f \cdot y + 1} = \frac{\beta}{\gamma}, \tag{24.59}$$

mit $\boldsymbol{x} = (x, y)$ und

$$\begin{aligned} \alpha &= (1+a) \cdot x + b \cdot y + t_{\mathrm{x}}, \\ \beta &= c \cdot x + (1+d) \cdot y + t_{\mathrm{y}}, \\ \gamma &= e \cdot x + f \cdot y + 1. \end{aligned} \tag{24.60}$$

Die zugehörige Jacobi-Matrix für die Position $\boldsymbol{x}$,

$$\begin{aligned} \mathbf{J}_{T_{\boldsymbol{p}}}(\boldsymbol{x}) &= \begin{pmatrix} \frac{\partial T_{\mathrm{x},\boldsymbol{p}}}{\partial a} & \frac{\partial T_{\mathrm{x},\boldsymbol{p}}}{\partial b} & \frac{\partial T_{\mathrm{x},\boldsymbol{p}}}{\partial c} & \frac{\partial T_{\mathrm{x},\boldsymbol{p}}}{\partial d} & \frac{\partial T_{\mathrm{x},\boldsymbol{p}}}{\partial e} & \frac{\partial T_{\mathrm{x},\boldsymbol{p}}}{\partial f} & \frac{\partial T_{\mathrm{x},\boldsymbol{p}}}{\partial t_{\mathrm{x}}} & \frac{\partial T_{\mathrm{x},\boldsymbol{p}}}{\partial t_{\mathrm{y}}} \\ \frac{\partial T_{\mathrm{y},\boldsymbol{p}}}{\partial a} & \frac{\partial T_{\mathrm{y},\boldsymbol{p}}}{\partial b} & \frac{\partial T_{\mathrm{y},\boldsymbol{p}}}{\partial c} & \frac{\partial T_{\mathrm{y},\boldsymbol{p}}}{\partial d} & \frac{\partial T_{\mathrm{y},\boldsymbol{p}}}{\partial e} & \frac{\partial T_{\mathrm{y},\boldsymbol{p}}}{\partial f} & \frac{\partial T_{\mathrm{y},\boldsymbol{p}}}{\partial t_{\mathrm{x}}} & \frac{\partial T_{\mathrm{y},\boldsymbol{p}}}{\partial t_{\mathrm{y}}} \end{pmatrix}(\boldsymbol{x}) \\ &= \frac{1}{\gamma} \cdot \begin{pmatrix} x & y & 0 & 0 & -\frac{x \cdot \alpha}{\gamma} & -\frac{y \cdot \alpha}{\gamma} & 1 & 0 \\ 0 & 0 & x & y & -\frac{x \cdot \beta}{\gamma} & -\frac{y \cdot \beta}{\gamma} & 0 & 1 \end{pmatrix}, \end{aligned} \tag{24.61}$$

ist in diesem Fall sowohl von der Position $\boldsymbol{x}$ als auch von den Transformationsparametern $\boldsymbol{p}$ abhängig. Die Zusammenstellung der entsprechenden Hesse-Matrix $\bar{\mathbf{H}}$ und der restlichen Berechnung erfolgt analog zu Gl. 24.54–24.57.

24.4.4 Verkettung linearer Transformationen

Der in Abschn. 24.3 beschriebene *Inverse Compositional*-Algorithmus erfordert u. a. die Verkettung geometrischer Transformationen (siehe Gl. 24.31). Im speziellen Fall, dass $T_{\boldsymbol{p}}$ und $T_{\boldsymbol{q}}$ lineare Abbildungen sind, mit den zugehörigen Transformationsmatrizen $\mathbf{M}_{\boldsymbol{p}}$ bzw. $\mathbf{M}_{\boldsymbol{q}}$, sodass $T_{\boldsymbol{p}}(\boldsymbol{x}) = \mathbf{M}_{\boldsymbol{p}} \cdot \boldsymbol{x}$ und $T_{\boldsymbol{q}}(\boldsymbol{x}) = \mathbf{M}_{\boldsymbol{q}} \cdot \boldsymbol{x}$, so ist die Matrix der verketteten Abbildung

$$T_{\boldsymbol{p}'}(\boldsymbol{x}) = (T_{\boldsymbol{p}} \circ T_{\boldsymbol{q}})(\boldsymbol{x}) = T_{\boldsymbol{q}}(T_{\boldsymbol{p}}(\boldsymbol{x})) \tag{24.62}$$

einfach das Produkt der ursprünglichen Matrizen, d. h.,

$$\mathbf{M}_{p'} \cdot \boldsymbol{x} = \mathbf{M}_q \cdot \mathbf{M}_p \cdot \boldsymbol{x}. \qquad (24.63)$$

Der resultierende Parameter $\boldsymbol{p}'$ der zusammengesetzten Transformation $T_{\boldsymbol{p}'}$ können einfach aus den entsprechenden Elementen der Matrix $\mathbf{M}_{p'}$ entnommen werden (s. Gl. 24.47 bzw. Gl. 24.58).

24.5 Beispiel

Abbildung 24.4 zeigt ein Beispiel für die Verwendung des klassischen („Forward") Lucas-Kanade-Verfahrens. Ausgangspunkt in Abb. 24.4 (a,b) ist ein Suchbild I und ein darin ausgewähltes (grün markiertes) Rechteck Q, das die ungefähre Position des Referenzbilds bestimmt. Zur Erzeugung des eigentlichen Referenzbilds R werden alle vier Eckpunkte des Rechtecks Q zufällig durch Gauss-verteilte Abweichungen (mit $\sigma = 2.5$) in x- und y-Richtung verändert. Das resultierende, verzerrte Viereck Q' (in Abb. 24.4 (a,b) rot markiert) spezifiziert jene Bildregion in I, aus der das Referenzbild (durch Transformation und Interpolation) entnommen wurde (s. Abb. 24.4 (d)). Der Matching-Prozess beginnt mit der ursprünglichen Transformation T_{init}, die durch das grüne Rechteck (Q) bestimmt ist, während die tatsächliche (jedoch unbekannte) Transformation dem roten Viereck (Q') entspricht. Die blauen Kreise in Abb. 24.4 (b) sind die Eckpunkte der iterativ berechneten Zwischenlösungen für die Transformation T, wobei die Größe der Kreise dem verbleibenden Fehler zwischen dem Referenzbild und dem zugehörigen Bildausschnitt in I entspricht.

Abbildung 24.4 (e) zeigt die *Steepest-Descent Images* $s_1, \ldots, s_8$ (siehe Gl. 24.26) zum Zeitpunkt der ersten Iteration. Jedes dieser Bilder hat die selbe Größe wie R und ist einem der 8 Parameter $a, b, c, d, e, f, t_x, t_y$ der projektiven Koordinatentransformation zugeordnet (siehe Gl. 24.58). Der Wert $s_k(u, v)$ innerhalb eines bestimmten Bilds s_k entspricht der optimalen Änderung des Parameters k bezogen auf die einzelne Bildposition (u, v). Die tatsächliche Änderung des Parameters k ergibt sich aus dem Durchschnitt der Werte in s_k über alle Positionen (u, v) des Referenzbilds R.

Das Beispiel demonstriert die Robustheit und rasche Konvergenz des klassischen (*Forward-Additive*) Lucas-Kanade Matchers, der in dieser Situation typischerweise nur 5–20 Iterationsschritte benötigt. Im konkreten Fall konvergierte der Matcher nach 7 Iterationsschritten (Konvergenzlimit $\epsilon = 0.00001$ als Konvergenzlimit). Im Vergleich dazu benötigt der schnellere *Inverse-Compositional*-Matcher typischerweise mehr Iterationen und erweist sich auch als weniger tolerant gegenüber Abweichungen der Startparameter, d. h., sein Konvergenzradius ist i. Allg. kleiner als der des klassischen Verfahrens.[12]

---

[12] Tatsächlich konvergiert der *Inverse Compositional*-Algorithmus beim konkreten Beispiel nicht.

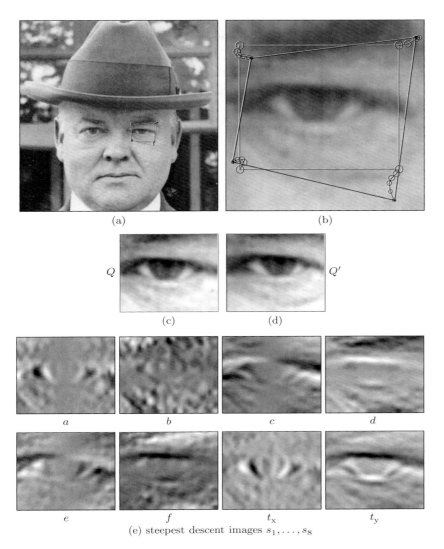

Abbildung 24.4
Beispiel für die Arbeitsweise des Lucas-Kanade („Forward") Matchers unter Verwendung einer projektiven Koordinatentransformation. Originalbild I (a, b): Die zunächst angenommene Transformation T_{init} ist durch das grüne Rechteck Q markiert, das dem Bildausschnitt in (c) entspricht. Das eigentliche Referenzbild R (d) ist allerdings dem roten Viereck Q' (durch Transformation und Interpolation) entnommen. Die blauen Kreise in (b) zeigen die Eckpunkte des transformierten Referenzbilds unter der sich schrittweise ändernden Abbildung $T_{\boldsymbol{p}}$. Die Größe der Kreise ist proportional zum Restfehler zwischen dem transformierten Referenzbild und dem überlappenden Teil des Suchbilds. In (e) sind die den 8 Parametern $a, b, c, d, e, f, t_{\text{x}}, t_{\text{y}}$ der projektiven Abbildung zugehörigen *steepest-descent images* $s_1, \ldots, s_8$ für die ersten Iteration gezeigt. Diese Bilder haben die gleiche Größe wie das Referenzbild R.

24.6 Java-Implementierung

Zu den in diesem Kapitel beschriebenen Algorithmen ist eine entsprechende Java-Implementierung online verfügbar,[13] deren wichtigste Elemente nachfolgend zusammengestellt sind. Wie gewohnt und zur leichteren Zuordnung sind die meisten Methoden und Variablen ähnlich benannt wie im Text.

---

[13] Im Paket `imagingbook.pub.lucaskanade`

LucasKanadeMatcher (Klasse)

Das ist die abstrakte Überklasse der nachfolgend beschriebenen konkreten Matcher (ForwardAdditiveMatcher, InverseCompositional-Matcher). Sie enthält eine statische innere Klasse Parameters,[14] u.a. mit Einträgen für

tolerance ($= \epsilon$, default 0.00001),
maxIterations ($= i_{\max}$, default 100).

Die Klasse LucasKanadeMatcher definiert darüber hinaus folgende Methoden:

LinearMapping getMatch (ProjectiveMapping T)
Führt einen vollständigen Match für das Bildpaar I, R (über den Konstruktor der jeweiligen Subklasse spezifiziert) aus. Die Starttransformation T ist ein Objekt vom Typ ProjectiveMapping[15] oder eines beliebigen Subtyps, wie Translation und Affine-Mapping. Die Methode liefert ein neues Transformationsobjekt für den optimalen Match oder null, falls der Matcher nicht konvergiert.

ProjectiveMapping iterateOnce (ProjectiveMapping T)
Diese Methode führt eine einzelne Iteration des Match-Vorgangs aus, mit der aktuellen Transformation T. Sie wird typischerweise nach dem Aufruf von initializeMatch() wiederholt aufgerufen und liefert als Rückgabewert die modifizierte geometrische Transformation oder null, falls die Iteration nicht erfolgreich war (z. B. wenn die Hesse-Matrix nicht invertiert werden konnte).

boolean hasConverged ()
Liefert true, wenn das Konvergenzlimit ϵ (tolerance) erreicht wurde. Diese Methode wird typischerweise zur Terminierung der Optimierungsschleife nach dem Aufruf von iterateOnce() verwendet.

Point2D[] getReferencePoints ()
Liefert die Koordinaten der vier Eckpunkte des am Ursprung zentrierten Referenzbilds R. Alle geometrischen Transformationen T beziehen sich auf diese Koordinaten. Man beachte, dass die zugehörigen Koordinaten i. Allg. nicht ganzzahlig sind; zum Beispiel sind für ein Referenzbild der Größe 11×8 (siehe Abb. 24.5) die Positionen der Eckpunkte $A = (-5, -3.5)$, $B = (5, -3.5)$, $C = (5, 3.5)$ und $D = (-5, 3.5)$.

ProjectiveMapping getReferenceMappingTo (Point2D[] Q)
Berechnet die (lineare) geometrische Transformation zwischen dem (zentrierten) Referenzbild R und der Punktfolge Q. Der Typ der gelieferten Abbildung ist von der Anzahl der Punkte in Q abhängig (max. 4).

---

[14] Zur Verwendung siehe Prog. 24.1 als Beispiel.
[15] Die Klasse ProjectiveMapping ist auf S. 551 beschrieben.

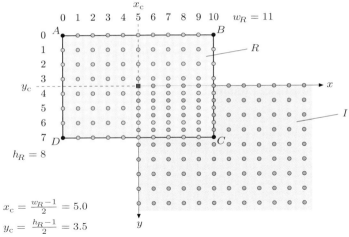

Abbildung 24.5
Diskrete Koordinatensysteme. Der linke obere Eckpunkt des Suchbilds I bildet den Koordinatenursprung (rotes Quadrat), an dem das Referenzbild R zentriert wird. Die eigentlichen Bildwerte liegen nur an den ganzzahligen Positionen (runde Punkte) vor. In diesem Beispiel ist das Referenzbild der Größe $M_R = 11$ und $N_R = 8$, mit dem Mittelpunkt $x_c = 5.0$ und $y_c = 3.5$. In Bezug auf den Koordinatenursprung sind somit die Koordinaten der Eckpunkte des Referenzbilds $A = (-5, -3.5)$, $B = (5, -3.5)$, $C = (5, 3.5)$ und $D = (-5, 3.5)$. Alle geometrischen Abbildungen und deren Parameter beziehen sich auf diese Koordinaten (vgl. Abb. 24.2–24.3).

double getRmsError ()

Liefert den *root-mean-square* (RMS) Fehler zwischen den Bildern I und R für die zuletzt durchgeführte Iteration (typischerweise verwendet nach iterateOnce()).

LucasKanadeForwardMatcher (**Klasse**)

Diese konkrete Subklasse von LucasKanadeMatcher implementiert den in Alg. 24.1 beschriebenen, klassischen „Forward-Additive" Lucas-Kanade Matcher. Neben den oben angeführten Methoden werden zwei Konstruktoren definiert:

LucasKanadeForwardMatcher (FloatProcessor I,
    FloatProcessor R)

Dabei ist I das Suchbild und R das (üblicherweise kleinere) Referenzbild. Der Konstruktor erzeugt eine neue Instanz vom Typ LucasKanadeForwardMatcher unter Verwendung der Default-Einstellungen.

LucasKanadeForwardMatcher (FloatProcessor I,
    FloatProcessor R, Parameters params)

erzeugt eine neue Instanz vom Typ LucasKanadeForwardMatcher unter Verwendung der Einstellungen in params.

LucasKanadeInverseMatcher (**Klasse**)

Diese konkrete Subklasse von LucasKanadeMatcher implementiert den in Alg. 24.2 beschriebenen *Inverse-Compositional*-Matcher, mit den gleichen Methoden und Konstruktoren wie die Klasse LucasKanadeForward-Matcher:

```
LucasKanadeInverseMatcher (FloatProcessor I,
       FloatProcessor R)

LucasKanadeInverseMatcher (FloatProcessor I,
       FloatProcessor R, Parameters params)
```

24.6.1 Anwendungsbeispiel

Das Code-Beispiel in Prog. 24.1 zeigt die grundsätzliche Verwendung des oben beschriebenen APIs. Das ImageJ-Plugin wird auf das bereits geöffnete Suchbild I angewandt und setzt eine rechteckige Auswahl (ROI) voraus, die als ungefährer Bildausschnitt für das Referenzbild R verwendet wird. Das eigentliche Referenzbild wird durch Transformation und Interpolation aus einem zufällig veränderten Viereck in der Umgebung der rechteckigen Auswahl entnommen (mithilfe der Klasse ImageExtractor[16]). Für die Beschreibung der geometrischen Transformationen (ProjectiveMapping, AffineMapping, Translation etc.) siehe Abschn. 21.1.

Das Beispiel zeigt, wie der Lucas-Kanade-Matcher initialisiert und iterativ in Einzelschritten das Ergebnis berechnet wird. Diese Form der Verwendung ist speziell für Testzwecke gedacht, da hier der Zustand des Matchers nach jeder Iteration abgefragt werden kann. Alternativ kann die gesamte Optimierungsschleife in Prog. 24.1 (Zeilen 38–42) durch die Anweisung

```
ProjectiveMapping T = matcher.getMatch(Tinit);
```

ersetzt werden. Ohne weitere Änderungen kann auch in Zeile 31 anstelle von LucasKanadeForwardMatcher ein Matcher des Typs LucasKanade-InverseMatcher verwendet werden. Weitere Details und Beispiele finden sich im Java-Quellcode auf der Website zum Buch.

24.7 Aufgaben

Aufg. 24.1. Bestimme die allgemeine Struktur der Hesse-Matrix für den in Abschn. 24.4.3 beschriebenen Fall der projektiven Transformation, analog zur affinen Transformation in Gl. 24.54–24.56.

Aufg. 24.2. Erstellen Sie eine vergleichende Statistik zum Konvergenzverhalten der Klassen ForwardAdditiveMatcher und InverseCompositionalMatcher durch Protokollierung der Zahl von benötigten Iterationen und der Häufigkeit von Fehlern. Verwenden Sie dazu ein ähnliches Testszenario wie in Prog. 24.1 mit zufällig perturbierten Referenzpunkten.

Aufg. 24.3. Mitunter wird vorgeschlagen, den Typ der Koordinatentransformation im Zuge des Match-Vorgangs schrittweise zu verändern,

---

[16] Paket imagingbook.lib.image

```
1  public class LucasKanade_Demo implements PlugInFilter {
2
3    static int maxIterations = 100;
4
5    public int setup(String args, ImagePlus img) {
6      return DOES_8G + ROI_REQUIRED;
7    }
8
9    public void run(ImageProcessor ip) {
10     Roi roi = img.getRoi();
11     if (roi != null && roi.getType() != Roi.RECTANGLE) {
12       IJ.error("Rectangular selection required!)");
13       return;
14     }
15
16     // Step 1: Create the search image I:
17     FloatProcessor I = ip.convertToFloatProcessor();
18
19     // Step 2: Create the (empty) reference image R:
20     Rectangle roiR = roi.getBounds();
21     FloatProcessor R =
22         new FloatProcessor(roiR.width, roiR.height);
23
24     // Step 3: Perturb the rectangle Q to Q' and extract reference image R:
25     Point2D[] Q = getCornerPoints(roiR); // = Q
26     Point2D[] QQ = perturbGaussian(Q); // = Q'
27     (new ImageExtractor(I)).extractImage(R, QQ);
28
29     // Step 4: Create the Lucas-Kanade matcher (forward or inverse):
30     LucasKanadeMatcher matcher =
31         new LucasKanadeForwardMatcher(I, R);
32
33     // Step 5: Calculate the initial mapping T_init:
34     ProjectiveMapping Tinit =
35         matcher.getReferenceMappingTo(Q);
36
37     // Step 6: Initialize and run the matching loop:
38     ProjectiveMapping T = Tinit;
39     do {
40       T = matcher.iterateOnce(T);
41     } while (T != null && !matcher.hasConverged() &&
42         matcher.getIteration() < maxIterations);
43
44     // Step 7: Evaluate the results:
45     if (T != null && matcher.hasConverged()) {
46       ProjectiveMapping Tfinal = T;
47       ...
48     }
49   }
50 }
```

24.7 Aufgaben

Programm 24.1
Lucas-Kanade Beispiel (ImageJ-Plugin). Dieses Plugin wird auf ein geöffnetes Suchbild angewandt, in dem mit einer rechteckigen Region (ROI) die ungefähre Position des Referenzbilds markiert ist. Das Suchbild I wird in Zeile 17 als Kopie (FloatProcessor) des aktuellen Bilds angelegt. Die Größe des Referenzbilds R (erzeugt in Zeile 22) ist durch das ROI-Rechteck bestimmt, das mit seinen Eckpunkten Q auch die Startparameter der geometrischen Transformation Tinit bestimmt (Zeile 25 bzw. 35). Der eigentliche *Inhalt* von R wird allerdings aus I innerhalb des Vierecks QQ mit (gegenüber Q) zufällig veränderten Koordinaten entnommen (mit den hier nicht gezeigten Hilfsmethoden perturbGaussian() und extractImage() in Zeile 26-27). In Zeile 31 wird ein neues Matcher-Objekt erzeugt, in diesem Fall vom Typ LucasKanadeForwardMatcher (alternativ wäre auch LucasKanade-InverseMatcher möglich). Der eigentliche Matchingvorgang findet sich in den Zeilen 38–42. Er besteht aus einer einfachen do-while Schleife, die abgebrochen wird, wenn entweder die Transformation T ungültig (null) wird, der Matcher konvergiert hat oder die maximale Zahl von Iterationen erreicht ist. Alternativ könnten die Zeilen 38–42 durch den Aufruf T = matcher.getMatch(Tinit) ersetzt werden. Hat der Matcher konvergiert, so entspricht die projektive Transformation Tfinal der Abbildung des Referenzbilds R auf die ähnlichste, viereckige Region im Suchbild I.

anstatt sofort mit dem endgültigen Transformationstyp zu beginnen. Beispielsweise könnte man zunächst einen vorläufigen Match mit einem reinen Translationsmodell versuchen, dann (beginnend mit den Ergebnisparametern aus dem ersten Match) mit einem affinen Modell fortsetzen und letztlich eine projektive Transformation einsetzen. Realisieren Sie diese Idee und finden Sie heraus, ob sich damit tatsächlich eine robustere Lösung ergibt.

Aufg. 24.4. Reduzieren Sie das in Abschn. 24.2 beschriebene Lucas-Kanade-Verfahren auf die Registrierung *eindimensionaler* Signalfolgen unter Verschiebung und Skalierung. Gegeben sind in diesem Fall ein Suchsignal $I(u)$, für $u = 0, \ldots, M_I$, sowie das Referenzsignal $R(u)$, für $u = 0, \ldots, M_R$. Wir nehmen an, dass I eine transformierte Version von R enthält, die durch die Abbildung $T_{\boldsymbol{p}}(x) = s \cdot x + t$ mit den unbekannten zwei Parametern $\boldsymbol{p} = (s, t)$ spezifiziert ist. Eine praktische Anwendung ist beispielsweise die Registrierung aufeinanderfolgender Bildzeilen bei perspektivischer Verzerrung.

Aufg. 24.5. Verwenden Sie den Lucas-Kanade Matcher als Grundlage für einen *Tracker*, der einen gegebenen Bildausschnitt durch eine Sequenz von Bildern verfolgt.[17] Wählen Sie den ursprünglichen Bildausschnitt im ersten Bild der Folge und verwenden Sie seine Position zur Berechnung der Starttransformation, um einen optimalen Match im Folgebild zu finden. Verwenden Sie anschließend den Match aus dem zweiten Bild als Starttransformation für das dritte Bild usw. Überlegen Sie entweder (a) den ursprünglichen Bildausschnitt als Referenzbild für alle Bilder der Folge zu verwenden oder (b) jeweils ein neues Referenzbild zu extrahieren.

---

[17] In ImageJ können Bildfolgen (z. B. aus AVI-Videos oder TIFF-Bildern mit mehreren Frames) direkt als `ImageStack` importiert werden und dann sehr einfach Frame für Frame bearbeitet werden.

25

Skaleninvariante Bildmerkmale (SIFT)

Viele praktische Anwendungen erfordern die Lokalisierung von Referenzpositionen in einem oder mehreren Bildern, beispielsweise zur Korrektur von Verzerrungen, für das *Alignment* von Bildern, die Verfolgung von Bildobjekten oder für die 3D-Rekonstruktion. Wir haben u. a. in Kap. 7 gesehen, dass Eckpunkte in Bildern recht zuverlässig und unabhängig von eventuellen Bilddrehungen bestimmt werden können. Allerdings liefern diese Verfahren typischerweise nur die Position und Stärke der detektierten Eckpunkte jedoch keine sonstigen Informationen, die für eine Identifikation und paarweise Zuordnung von Punkten nützlich wären. Eine weitere Einschränkung ist, dass die meisten Eckpunkt-Detektoren auf eine bestimmte Bildauflösung oder Skalenebene beschränkt sind, da sie in der Regel Filter von fixer Größe verwenden.

Dieses Kapitel beschreibt das SIFT-Verfahren zur Detektion lokaler „Features", das ursprünglich von David Lowe [137] entwickelt wurde und seither – in vielen Varianten und Ausprägungen – zu einem echten „Arbeitspferd" in der Bildverarbeitung wurde. Das Ziel ist die Lokalisierung von „interessanten" Bildpunkten, und zwar zuverlässig und resistent gegenüber typischen Bildtransformationen auch über mehrere Bilder oder ganze Bildfolgen hinweg. SIFT verwendet das Konzept des „Skalenraums" (*scale space*), um Bildereignisse über mehrere Skalenebenen hinweg bzw. bei unterschiedlichen Bildauflösungen zu lokalisieren, was nicht nur die Zahl der verfügbaren Features vergrößert, sondern die Methode auch resistent gegenüber Größenänderungen macht. Dadurch ist es beispielsweise möglich, ein Objekt zu verfolgen, das sich auf die Kamera zubewegt und dabei seine Größe kontinuierlich ändert, oder in einer *Stitching*-Anwendung Bilder mit unterschiedlichen Zoom-Einstellungen in Übereinstimmung zu bringen.

Neben der ursprünglichen Implementierung[1] des SIFT-Verfahrens existieren zahlreiche Weiterentwicklungen [95, 217] und Implementierungen in gängigen Softwareumgebungen wie *OpenCV*, *AutoPano* oder *Hugin*. Stark beschleunigte Varianten des SIFT-Verfahrens wurden einerseits durch algorithmische Vereinfachungen und durch Verwendung von GPU Grafikhardware andererseits realisiert [18, 82, 198].

Im Prinzip funktioniert SIFT ähnlich wie ein mehrskaliger Eckpunktdetektor mit Subpixel-Positionierung mit einem zugehörigen, rotationsinvarianten Descriptor-Vektor für jeden detektierten Punkt. Dieser (typischerweise 128-dimensionale) Feature-Descriptor basiert auf der Verteilung der Gradientenrichtungen innerhalb einer bestimmten Umgebung des Punkts und stellt gewissermaßen einen lokalen „Fingerabdruck" dar. Die Berechnung von SIFT-Features besteht im Wesentlichen aus folgenden Schritten:

1. Bestimmung potentieller Merkmale in Form lokaler Extrema in dem aus dem Eingangsbild berechneten, dreidimensionalen *Laplace-Gauß* (*Laplacian-of-Gaussian* – LoG) Skalenraum.
2. Präzise Lokalisierung der Punkte in Bezug auf die x/y-Position und Skalenlage mittels Interpolation.
3. Bestimmung der *dominanten Orientierung* jedes Merkmalspunkts durch Auswertung der Gradientenrichtungen innerhalb einer fixen Umgebung.
4. Zusammenstellung des normalisierten Descriptorvektors aus dem über die Umgebung des Fokusunkts berechneten Gradientenhistogramms.

Diese Schritte werden im verbleibenden Teil des Kapitels vergleichsweise detailliert beschrieben, wofür mehrere Gründe ausschlaggebend sind. Zum einen ist SIFT das in diesem Buch bisher mit Abstand komplexeste Verfahren, dessen einzelne Schritte sehr genau durchdacht und eng aufeinander abgestimmt sind, zum anderen erfordert es zahlreiche Parameter, deren korrekte Einstellung kritisch für den Erfolg ist. Ein gründliches Verständnis der inneren Abläufe und Einschränkungen des Verfahrens ist daher für die erfolgreiche Verwendung wichtig, genauso aber auch für die Analyse von Problemen für den (nicht seltenen) Fall, dass die Ergebnisse einmal nicht den Erwartungen entsprechen.

25.1 Merkmalspunkte auf verschiedenen Skalenebenen

Die Grundlage für die zuverlässige Detektion von Fokuspunkten sind örtliche Bildmerkmale, die bei wechselnden Aufnahmebedingungen und

---

[1] Das ursprüngliche SIFT-Verfahren wurde patentiert [139] und die zugehörige Implementierung nur als ausführbare Binärdatei ohne Quellcode publiziert (siehe http://www.cs.ubc.ca/~lowe/keypoints/).

unterschiedlichen Bildauflösungen stabil lokalisiert werden können. Im SIFT-Verfahren erfolgt die Detektion von Fokuspunkten mithilfe von kombinierten Laplace-Gauß-Filtern, die primär auf kompakte, helle Bildflecken reagieren, die von dunklen Bereichen umgeben sind, bzw. umgekehrt. Im Unterschied zu den bei gängigen Eckpunktdetektoren verwendeten Filter[2] sind LoG-Filter *isotrop*, d. h., weitgehend unabhängig von der lokalen Orientierung der Bildstruktur. Um Fokuspunkte über mehrere Skalenebenen hinweg detektieren zu können, wird zunächst aus dem Eingangsbild durch rekursive Glättung mit relativ kleinen Gaußfiltern eine Repräsentation im Skalenraum berechnet, wie nachfolgend in Abschn. 25.1.3 beschrieben. Dabei wird die Differenz zwischen den Bildern auf benachbarten Skalenebenen als einfach zu berechnende Approximation des LoG-Filters verwendet. Die Fokuspunkte selbst werden schließlich durch Auffinden lokaler Maxima im dreidimensionalen LoG-Skalenraum bestimmt.

In diesem Abschnitt zeigen wir zunächst die mathematische Definition des LoG-Filters, die grundlegende Konstruktion des Gauß-Skalenraums, sowie die konkreten Details und Parameter der Umsetzung im SIFT-Verfahren.

25.1.1 Das Laplace-Gauß-Filter (LoG)

Das LoG-Filter ist ein sogenannter *center-surround* Operator, der am stärksten auf lokale Intensitätsspitzen, Kanten und eckenförmige Bildstrukturen reagiert. Der zugehörige Filterkern basiert auf den zweiten Ableitungen der Gaußfunktion, wie in Abb. 25.1 für den eindimensionalen Fall gezeigt. Die eindimensionale Gaußfunktion mit der Breite σ ist definiert als

$$G_\sigma(x) = \frac{1}{\sqrt{2\pi} \cdot \sigma} \cdot e^{-\frac{x^2}{2\sigma^2}} \tag{25.1}$$

und die zugehörige *erste* Ableitung nach x ist

$$G'_\sigma(x) = \frac{\mathrm{d}G_\sigma}{\mathrm{d}x}(x) = -\frac{x}{\sqrt{2\pi} \cdot \sigma^3} \cdot e^{-\frac{x^2}{2\sigma^2}}. \tag{25.2}$$

Analog dazu ist die *zweite* Ableitung der eindimensionalen Gaußfunktion

$$G''_\sigma(x) = \frac{\mathrm{d}^2 G_\sigma}{\mathrm{d}x^2}(x) = \frac{x^2 - \sigma^2}{\sqrt{2\pi} \cdot \sigma^5} \cdot e^{-\frac{x^2}{2\sigma^2}}. \tag{25.3}$$

Der *Laplace-Operator*[3] (bezeichnet mit ∇^2) bildet die Summe der zweiten partiellen Ableitungen einer mehrdimensionalen Funktion. Im speziellen Fall einer zweidimensionalen, kontinuierlichen Funktion $f(x,y)$ ist dies

---

[2] Siehe Kap. 7.
[3] Siehe auch Abschn. C.2.4 im Anhang.

Abbildung 25.1
Eindimensionale Gaußfunktion
$G_\sigma(x)$ mit $\sigma = 1.0$, die zugehörige erste Ableitung $G'_\sigma(x)$ sowie die zweite Ableitung $G''_\sigma(x)$.

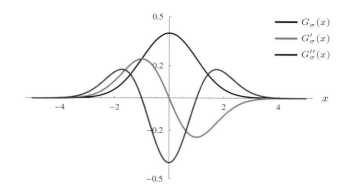

$$\left(\nabla^2 f\right)(x, y) = \frac{\partial^2 f}{\partial x^2}(x, y) + \frac{\partial^2 f}{\partial y^2}(x, y) . \tag{25.4}$$

Man beachte, dass im Unterschied zum *Gradienten* einer mehrdimensionalen Funktion das Ergebnis des Laplace-Operators nicht ein Vektor
sondern eine *skalarer* Größe ist. Wichtig ist auch, dass dieser Wert invariant gegenüber einer Drehung des Koordinatensystems und der Laplace-
Operator somit *isotrop* ist.

Im speziellen Fall der Anwendung des Laplace-Operators auf eine
zweidimensionale Gaußfunktion der Form

$$G_\sigma(x, y) = \frac{1}{2\pi \cdot \sigma^2} \cdot e^{-\frac{x^2+y^2}{2\sigma^2}} \tag{25.5}$$

(mit Breite $\sigma_x = \sigma_y = \sigma$ in x/y-Richtung, siehe Abb. 25.2 (a)), erhalten
wir die sogenannte *Laplacian-of-Gaussian* oder „LoG" Funktion

$$
\begin{aligned}
L_\sigma(x, y) = \left(\nabla^2 G_\sigma\right)(x, y) &= \frac{\partial^2 G_\sigma}{\partial x^2}(x, y) + \frac{\partial^2 G_\sigma}{\partial y^2}(x, y) \\
&= \frac{(x^2 - \sigma^2)}{2\pi \cdot \sigma^6} \cdot e^{-\frac{x^2+y^2}{2 \cdot \sigma^2}} + \frac{(y^2 - \sigma^2)}{2\pi \cdot \sigma^6} \cdot e^{-\frac{x^2+y^2}{2 \cdot \sigma^2}} \\
&= \frac{1}{\pi \cdot \sigma^4} \cdot \left(\frac{x^2 + y^2 - 2\sigma^2}{2 \cdot \sigma^2}\right) \cdot e^{-\frac{x^2+y^2}{2 \cdot \sigma^2}},
\end{aligned}
\tag{25.6}
$$

wie in Abb. 25.2 (b) gezeigt. Das Integral des Absolutwerts der Funktion
in Gl. 25.6 ist

$$\int_{-\infty}^{\infty} \int_{-\infty}^{\infty} |L_\sigma(x, y)| \, \mathrm{d}x \, \mathrm{d}y = \frac{4}{\sigma^2 e}, \tag{25.7}$$

und ihr Durchschnittswert ist Null, d. h.,

$$\int_{-\infty}^{\infty} \int_{-\infty}^{\infty} L_\sigma(x, y) \, \mathrm{d}x \, \mathrm{d}y = 0. \tag{25.8}$$

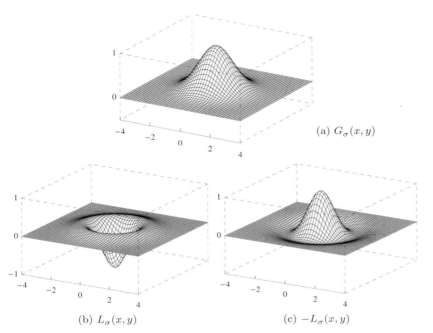

(a) $G_\sigma(x, y)$

(b) $L_\sigma(x, y)$

(c) $-L_\sigma(x, y)$

Abbildung 25.2
Zweidimensionale Gaußfunktion und
Laplacian-Gaußfunktion (LoG) Gaußfunktion $G_\sigma(x, y)$ mit $\sigma = 1$ (a);
zugehörige Laplace-Gaußfunktion
$L_\sigma(x, y)$ in (b) sowie die invertierte
(„Mexican Hat" oder „Sombrero")
Funktion $-L_\sigma(x, y)$ in (c). Für die
Darstellung sind alle Funktionen auf
einen Absolutwert von 1.0 an der Position $(0, 0)$ normalisiert.

Wird die LoG-Funktion L_σ als Kern eines linearen Filters verwendet,[4] so
reagiert dieses am stärksten auf kreisförmige Flecken, die *dunkler* als ihre
lokale Umgebung sind und einen Radius von ungefähr σ aufweisen. Analog dazu werden Flecken, die *heller* sind als ihre Umgebung, durch ein
Filter mit negativem LoG-Kern $(-L_\sigma)$ verstärkt. Dieser Operator wird
wegen seiner auffälligen Form auch als „Mexican Hat" oder „Sombrero"
Filter (siehe Abb. 25.2) bezeichnet. Beide Arten von Flecken (helle und
dunkle) können gleichzeitig mit nur *einem* Filter detektiert werden, indem man einfach den Absolutwert der Ergebnisse verwendet (siehe Abb.
25.3).

Da die LoG-Funktion auf Ableitungen basiert, sind die Funktionswerte stark von der Steilheit der Gaußfunktion abhängig, die wiederum
vom Parameter σ bestimmt wird. Um die Ergebnisse bei unterschiedlicher Filtergröße σ bzw. unterschiedlichem Skalenfaktor vergleichbar zu
machen, ist es wichtig, *normalisierte* LoG-Filterkerne der Form

$$\hat{L}_\sigma(x, y) = \sigma^2 \cdot \left(\nabla^2 G_\sigma\right)(x, y) = \sigma^2 \cdot L_\sigma(x, y)$$
$$= \frac{1}{\pi \sigma^2} \cdot \left(\frac{x^2 + y^2 - 2\sigma^2}{2\sigma^2}\right) \cdot e^{-\frac{x^2 + y^2}{2\sigma^2}} \tag{25.9}$$

zu verwenden [136]. Das Integral des Absolutwerts dieser Funktion,

$$\int_{-\infty}^{\infty} \int_{-\infty}^{\infty} \left|\hat{L}_\sigma(x, y)\right| \mathrm{d}x \, \mathrm{d}y = \frac{4}{e}, \tag{25.10}$$

---

[4] Der Radius des diskreten Filterkerns sollte dabei mindestens 4σ (Durchmesser $\geq 8\sigma$) betragen.

Abbildung 25.3
Anwendung des LoG-Filters (mit
$\sigma = 3.0$). Originalbilder (a). Ein
lineares Filter mit dem LoG-Kern
$L_\sigma(x, y)$ reagiert am stärksten auf
dunkle Flecken innerhalb einer helleren Umgebung (b), während umgekehrt ein Filter mit dem invertierten
Kern $-L_\sigma(x, y)$ auf helle Flecken
in einer dunkleren Umgebung anspricht. In (b, c) entsprechen die Nullwerte einem mittleren Grau, negative
Werte sind dunkler, positive Werte
sind heller dargestellt. Der Absolutwert aus (b) oder (c) signalisiert
sowohl dunkle wie helle Flecken.

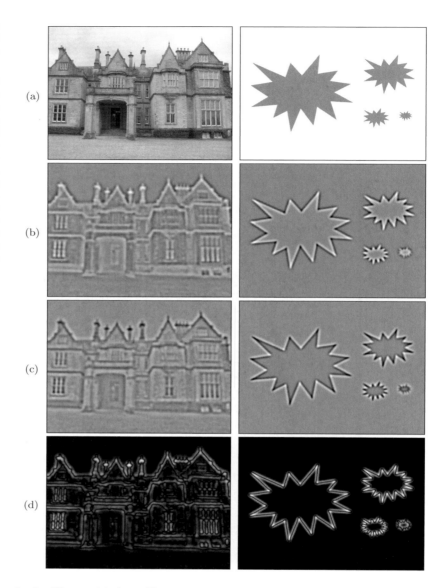

ist im Unterschied zu Gl. 25.7 *konstant* und somit unabhängig vom Ska-
lenparameter σ (siehe Abb. 25.4).

25.1.2 Approximation der LoG-Funktion durch die Differenz zweier Gaußfunktionen (DoG)

Die zweidimensionale LoG-Funktion in Gl. 25.6 ist (im Unterschied zur
Gaußfunktion) nicht x/y-separierbar, jedoch „quasi-separierbar", was den
notwendigen Rechenaufwand deutlich reduziert [102, 219]. Üblicherweise
wird die LoG-Funktion jedoch durch die Differenz zweier Gaußfunktio-

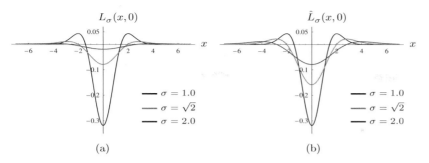

(a)　　　　　　　　　　　　　　(b)

Abbildung 25.4
Normalisierung der LoG-Funktion.
Querschnitt der nicht-normalisierten
LoG-Funktion $L_\sigma(x, y)$ für $y = 0$ nach
Gl. 25.6 (a) sowie der skalennormali-
sierten LoG-Funktion $\hat{L}_\sigma(x, y)$ nach
Gl. 25.9 (b) für $\sigma = 1.0$, $\sqrt{2}$ und 2.0.
Das Integral des Absolutwerts aller
drei Funktionen in (b) ist identisch (s.
Gl. 25.10), d. h. unabhängig von σ.

nen (*difference of two Gaussians* – DoG) von unterschiedlicher Breite σ
bzw. $\kappa\sigma$ angenähert, also in der Form

$$L_\sigma(x, y) \approx \lambda\left[G_{\kappa\sigma}(x, y) - G_\sigma(x, y)\right], \qquad (25.11)$$

wobei der Parameter $\kappa > 1$ die relative Breite der beiden Gaußfunktionen (s. Gl. 25.5) spezifiziert. Mit einem geeigneten Skalierungsfaktor λ
(s. unten) lässt sich die LoG-Funktion $L_\sigma(x, y)$ in Gl. 25.6 mit der DoG-
Funktion $D_{\sigma,\kappa}(x, y)$ durch den Übergang von κ nach 1 ($\kappa = 1$ natürlich
ausgeschlossen) mit zunehmender Genauigkeit annähern. In der Praxis
ergeben Werte für κ im Bereich $1.1, \ldots, 1.3$ bereits ausreichend genaue
Ergebnisse. Als Beispiel ist in Abb. 25.5 der Querschnitt der zweidimensionalen DoG-Funktion für $\kappa = 2^{1/3}$ gezeigt.[5]

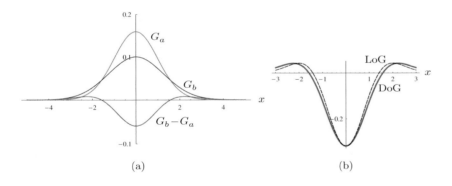

(a)　　　　　　　　　　　　　　(b)

Abbildung 25.5
Annäherung der LoG-Funktion durch
die Differenz zweier Gaußfunktionen
(DoG). Ursprüngliche Gaußfunktionen $G_a(x, y)$ mit $\sigma_a = 1.0$ und
$G_b(x, y)$ mit $\sigma_b = \sigma_a \cdot \kappa = \kappa = 2^{1/3}$
(a). Die rote Kurve in (a) zeigt
die Differenz der Gaußfunktionen
$DoG(x, y) = G_b(x, y) - G_a(x, y)$
für $y = 0$. In (b) zeigt die gestri-
chelt schwarze Linie den Verlauf der
LoG-Funktion im Vergleich zur DoG-
Funktion (rot). Die Amplitude der
DoG-Funktion ist entsprechend skaliert.

Der Faktor $\lambda \in \mathbb{R}$ in Gl. 25.11 steuert die Amplitude der DoG-
Funktion; er ist sowohl vom Verhältnis κ wie auch vom aktuellen Skalenwert σ abhängig. Um die Amplitude am Nullpunkt in Übereinstimmung

---

[5] Der Faktor $\kappa = 2^{1/3} \approx 1.25992$ ergibt sich durch Aufteilung des Skalen-
intervalls 2 (also einer Skalen*oktave*) in 3 gleich große Teilintervalle, wie
nachfolgend im Detail beschrieben. In der Literatur wird bisweilen der Faktor $\kappa = 1.6$ empfohlen, mit dem jedoch Gl. 25.11 keine zufriedenstellende
Annäherung der LoG-Funktion ergibt. Möglicherweise bezieht sich dieser
Wert auf das Verhältnis der *Varianzen* σ_2^2/σ_1^2 der beiden Gaußfunktionen
und nicht das Verhältnis ihrer *Standardabweichungen* σ_2/σ_1.

mit der anzunähernden LoG-Funktion (Gl. 25.6) zu bringen, ist der korrekte Wert

$$\lambda = \frac{2\kappa^2}{\sigma^2 \cdot (\kappa^2 - 1)}. \tag{25.12}$$

Analog dazu lässt sich die skalennormalisierte LoG-Funktion $\hat{L}_\sigma$ (siehe Gl. 25.9) durch die DoG-Funktion $D_{\sigma,\kappa}$ annähern in der Form

$$\hat{L}_\sigma(x, y) = \sigma^2 L_\sigma(x, y)$$

$$\approx \underbrace{\sigma^2 \cdot \lambda}_{\hat{\lambda}} \cdot D_{\sigma,\kappa}(x, y) = \frac{2\kappa^2}{\kappa^2 - 1} \cdot D_{\sigma,\kappa}(x, y), \tag{25.13}$$

mit dem konstanten (von σ unabhängigen) Skalierungsfaktor $\hat{\lambda} = \sigma^2 \cdot \lambda = \frac{2\kappa^2}{\kappa^2 - 1}$. Die DoG-Funktion mit dem fixen Skalenverhältnis κ nähert somit die skalennormalisierte LoG-Funktion bereits bis auf einen konstanten Faktor an, sodass für den Vergleich von DoG-Werten aus verschiedenen Skalenebenen grundsätzlich keine weitere Adaptierung notwendig ist [138].[6]

Im SIFT-Verfahren wird die Differenz der Ergebnisse von jeweils zwei Gaußfiltern als Annäherung von (skalennormalisierten) LoG-Filtern auf mehreren Skalenebenen verwendet, basierend auf dem Konzept der Bildrepräsentation im Gauß-Skalenraum, das wir im nächsten Abschnitt beschreiben. Eine Übersicht der nachfolgend zur Beschreibung von Skalenräumen und deren Komponenten verwendeten mathematischen Symbole findet sich in Tabelle 25.1.

25.1.3 Der Gauß-Skalenraum

Das Konzept des *Skalenraums* [135] basiert auf der Beobachtung, dass relevante Bildstrukturen in natürlichen Szenen über einen sehr weiten Größenbereich hinweg auftreten können, abhängig von den Objekten in der Szene und der konkreten Betrachtungssituation. Um Beziehungen zwischen Strukturen unterschiedlicher und unbekannter Größe zu bestimmen ist es hilfreich, Bilder gleichzeitig auf unterschiedlichen Skalenebenen darstellen zu können. Bei der Darstellung eines Bilds im Skalenraum werden die beiden Bildkoordinaten durch eine dritte – die *Skalenkoordinate* – ergänzt. Somit ist der Skalenraum eine dreidimensionale Struktur, die zusätzlich zur x/y-Position eine Navigation über unterschiedliche Skalenebenen erlaubt.

Kontinuierlicher Gauß-Skalenraum

Die Repräsentation eines Bilds auf einer bestimmten Ebene des Skalenraums erhält man durch Filterung des Ausgangsbilds mit einem entsprechenden Filterkern, der für die jeweilige Skalentiefe parametrisiert ist.

---

[6] Siehe Abschn. 5.4 im Anhang für weitere Details.

$\mathcal{G}(x,y,\sigma)$	kontinuierlicher Gauß-Skalenraum
$\mathsf{G} = (\mathsf{G}_0, \ldots, \mathsf{G}_{K-1})$	diskreter Gauß-Skalenraum mit K Ebenen
G_k	einzelne Ebene im diskreten Gauß-Skalenraum
$\mathsf{L} = (\mathsf{L}_0, \ldots, \mathsf{L}_{K-1})$	diskreter LoG-Skalenraum mit K Ebenen
L_k	einzelne Ebene im diskreten LoG-Skalenraum
$\mathsf{D} = (\mathsf{D}_0, \ldots, \mathsf{D}_{K-1})$	diskreter DoG-Skalenraum mit K Ebenen
D_k	einzelne Ebene im diskreten DoG-Skalenraum
$\mathbf{G} = (\mathbf{G}_0, \ldots, \mathbf{G}_{P-1})$	hierarchischer Gauß-Skalenraum mit P Oktaven
$\mathbf{G}_p = (\mathbf{G}_{p,0}, \ldots, \mathbf{G}_{p,Q-1})$	Oktave mit Q Ebenen im hier. Gauß-Skalenraum
$\mathbf{G}_{p,q}$	einzelne Ebene im hierarchischen Gauß-Skalenraum
$\mathbf{D} = (\mathbf{D}_0, \ldots, \mathbf{D}_{P-1})$	hierarchischer DoG-Skalenraum mit P Oktaven
$\mathbf{D}_p = (\mathbf{D}_{p,0}, \ldots, \mathbf{D}_{p,Q-1})$	Oktave mit Q Ebenen im hier. DoG-Skalenraum
$\mathbf{D}_{p,q}$	einzelne Ebene im hierarchischen DoG-Skalenraum
$\mathsf{N}_D(i,j,k)$	$3 \times 3 \times 3$ Umgebung im DoG-Skalenraum
$\boldsymbol{k} = (p,q,u,v)$	diskrete Position im hier. Skalenraum ($p,q,u,v \in \mathbb{Z}$)
$\boldsymbol{k}' = (p,q,x,y)$	verfeinerte Position im hier. Skalenraum ($x,y \in \mathbb{R}$)

Tabelle 25.1
Liste der in diesem Kapitel im Zusammenhang mit Skalenräumen verwendeten Symbole.

Aufgrund der speziellen Eigenschaften der Gaußfunktion [9, 63] basiert der gängigste Typ von Skalenraum auf der wiederholten Anwendung linearer Filter mit Gaußkernen. Die Darstellung einer zweidimensionalen, kontinuierlichen Funktion $F(x,y)$ im Gauß-Skalenraum ergibt daher eine dreidimensionale Funktion

$$\mathcal{G}(x,y,\sigma) = (F * H^{\mathrm{G},\sigma})(x,y), \tag{25.14}$$

wobei $H^{\mathrm{G},\sigma} \equiv G_\sigma(x,y)$ einen zweidimensionalen, gaußförmigen Filterkern (siehe Gl. 25.5) mit Radius $\sigma \geq 0$ beschreibt.[7] Man beachte, dass σ hier sowohl als kontinuierlicher Skalenwert wie auch zur Dimensionierung des Gaußkerns dient – die Skalenkoordinate σ entspricht also direkt der Größe σ des zugehörigen Gaußfilters.

Ein kontinuierlicher Gauß-Skalenraum $\mathcal{G}(x,y,\sigma)$ ist somit eine dreidimensionale Abbildung $\mathbb{R}^3 \mapsto \mathbb{R}$, die die ursprüngliche Funktion $F(x,y)$ auf beliebigen Skalenebenen σ repräsentiert. Für $\sigma = 0$ entspricht der zugehörige Gaußkern $H^{\mathrm{G},0}$ einer Impuls- oder Diracfunktion (also dem neutralen Element der linearen Faltung)[8] und daher gilt

$$\mathcal{G}(x,y,0) = (F * H^{\mathrm{G},0})(x,y) = (F * \delta)(x,y) = F(x,y). \tag{25.15}$$

Die Basisebene $\mathcal{G}(x,y,0)$ des Gauss-Skalenraums entspricht also exakt der Ausgangsfunktion $F(x,y)$. Im Allgemeinen (für $\sigma > 0$) wirkt der

---

[7] Wie üblich bezeichnet hier $*$ die lineare 2D Faltungsoperation über die Raumkoordinaten x,y.
[8] Siehe Abschn. 5.3.4.

zugehörige Gaußkern $H^{G,\sigma}$ als Tiefpassfilter mit einer zu $1/\sigma$ proportionalen Grenzfrequenz (siehe Abschn. 5.3 im Anhang). Dabei ist die Maximalfrequenz (bzw. Bandbreite) des ursprünglichen „Signals" $F(x,y)$ grundsätzlich unbeschränkt.

Diskreter Gauß-Skalenraum

Im Fall einer diskreten Ausgangsfunktion $I(u,v)$ ist hingegen die Bandbreite des Signals implizit beschränkt, nämlich auf die Hälfte der Abtastfrequenz, um Aliasing zu vermeiden.[9] Im diskreten Fall ist daher die unterste Ebene $\mathcal{G}(x,y,0)$ des kontinuierlichen Gauß-Skalenraums nicht zugänglich. Um die Bandbreitenbeschränkung durch den Abtastprozess adäquat zu berücksichtigen, nehmen wir an, dass die diskrete Ausgangsfunktion (das Ausgangsbild) I in Bezug auf das ursprüngliche kontinuierliche Signal bereits mit einem Gaußkern der Breite $\sigma_s \geq 0.5$ vorgefiltert ist [138], d. h.,

$$\mathcal{G}(u,v,\sigma_s) \equiv I(u,v). \tag{25.16}$$

Das diskrete Ausgangsbild I bildet daher mit σ_s die unterste Ebene des diskreten Skalenraums, während die *darunter* liegenden Ebenen $\sigma < \sigma_s$ nicht zugänglich sind.

Alle *höheren* Ebenen $\sigma_h > \sigma_s$ des diskreten Gauß-Skalenraums können aus dem Ausgangsbild I durch Filterung mit entsprechenden Gaußkernen $H^{G,\bar{\sigma}}$ berechnet werden, also

$$\mathcal{G}(u,v,\sigma_h) = (I * H^{G,\bar{\sigma}})(u,v), \quad \text{mit } \bar{\sigma} = \sqrt{\sigma_h^2 - \sigma_s^2}. \tag{25.17}$$

Dies verdanken wir dem Umstand, dass die Hintereinanderausführung zweier Gaußfilter mit σ_1 bzw. σ_2 einem weiteren Gaußfilter der Größe $\sigma_{1,2}$ entspricht,[10] d. h.,

$$\left(I * H^{G,\sigma_1}\right) * H^{G,\sigma_2} \equiv I * H^{G,\sigma_{1,2}}, \quad \text{mit } \sigma_{1,2} = \sqrt{\sigma_1^2 + \sigma_2^2}. \tag{25.18}$$

Wir definieren die Darstellung eines Bilds I im diskreten Gauß-Skalenraum als Folge von M Bildern G_m, eines für jede Skalenebene m:

$$\mathsf{G} = (\mathsf{G}_0, \mathsf{G}_1, \ldots, \mathsf{G}_{M-1}). \tag{25.19}$$

Jeder Skalenebene G_m ist ein absoluter Skalenwert $\sigma_m > 0$ zugeordnet und jede Ebene G_m entspricht einer geglätteten Version des Ausgangsbilds I, d. h., $\mathsf{G}_m(u,v) \equiv \mathcal{G}(u,v,\sigma_m)$ in der in Gl. 25.14 eingeführten Notation. Das Skalenverhältnis zwischen beachbarten Skalenebenen,

$$\Delta_\sigma = \frac{\sigma_{m+1}}{\sigma_m}, \tag{25.20}$$

---

[9] Siehe Abschn. 18.2.1.

[10] Für weitere Details siehe Abschn. 5.1 im Anhang.

ist vordefiniert und konstant. Üblicherweise wird Δ_σ so spezifiziert, dass sich der absolute Skalenwert σ_m über eine bestimmte Zahl Q von diskreten Skalenebenen jeweils *verdoppelt*, also eine *Oktave* bildet. In diesem Fall ist das Skalenverhältnis zwischen den Skalenebenen $\Delta_\sigma = 2^{1/Q}$, mit (typischerweise) $Q = 3, \ldots, 6$.

Darüber hinaus wird für die unterste Ebene G_0 des diskreten Skalenraums eine *Basisskalierung* $\sigma_0 > \sigma_{\mathrm{s}}$ definiert, wobei σ_{s} (wie oben beschrieben) der Bandbreitenbegrenzung des Ausgangsbilds aufgrund der Abtastung entspricht. Für praktische Anwendungen wird $\sigma_0 = 1.6$ als Basisskalierung empfohlen [138]. Bei gegebenem Q und Basisskalierung σ_0 ergibt sich der absolute Skalenwert für eine beliebige Ebene G_m des diskreten Skalenraums somit als

$$\sigma_m = \sigma_0 \cdot \Delta_\sigma^m = \sigma_0 \cdot 2^{m/Q}, \tag{25.21}$$

für $m = 0, \ldots, M - 1$.

Aus Gl. 25.17 folgt, dass jede Skalenebene G_m direkt aus dem Ausgangsbild I durch eine Filteroperation

$$\mathsf{G}_m = I * H^{\mathrm{G},\bar{\sigma}_m}, \tag{25.22}$$

berechnet werden kann, mit einem Gaußkern $H^{\mathrm{G},\bar{\sigma}_m}$ der Breite

$$\bar{\sigma}_m = \sqrt{\sigma_m^2 - \sigma_{\mathrm{s}}^2} = \sqrt{\sigma_0^2 \cdot 2^{2m/Q} - \sigma_{\mathrm{s}}^2}. \tag{25.23}$$

Dies gilt natürlich auch für die Basisebene G_0 (mit dem vordefiniertem absoluten Skalenwert σ_0), die aus dem diskreten Ausgangsbild I durch die lineare Filteroperation $\mathsf{G}_0 = I * H^{\mathrm{G},\bar{\sigma}_0}$ berechnet wird, und zwar mit dem Gaußkern der Breite

$$\bar{\sigma}_0 = \sqrt{\sigma_0^2 - \sigma_{\mathrm{s}}^2}. \tag{25.24}$$

Alternativ dazu könnte man die Skalenebenen $\mathsf{G}_1, \ldots, \mathsf{G}_{M-1}$ unter Verwendung der Beziehung $\sigma_m = \sigma_{m-1} \cdot \Delta_\sigma$ (aus Gl. 25.20) und ausgehend von der Basisebene G_0 auch rekursiv berechnen in der Form

$$\mathsf{G}_m = \mathsf{G}_{m-1} * H^{\mathrm{G},\sigma_m'}, \tag{25.25}$$

für $m > 0$, mit einer Folge von Gaußkernen $H^{\mathrm{G},\sigma_m'}$ der Größe

$$\sigma_m' = \sqrt{\sigma_m^2 - \sigma_{m-1}^2} = \sigma_0 \cdot 2^{m/Q} \cdot \sqrt{1 - 1/\Delta_\sigma^2}. \tag{25.26}$$

Tabelle 25.2 zeigt die resultierenden Kerngrößen für $Q = 3$ Ebenen pro Oktave, ausgehend vom Basisskalenwert $\sigma_0 = 1.6$ über insgesamt sechs Oktaven. Dabei bezeichnet $\bar{\sigma}_m$ die Größe des Gaußkerns, der zur Berechnung des Bilds auf der Skalenebene m direkt aus dem diskreten Eingangsbild I (für dessen Abtastung ein Skalenwert von $\sigma_{\mathrm{s}} = 0.5$ angenommen wird) benötigt wird. Demgegenüber ist σ_m' die Größe des

Tabelle 25.2
Erforderliche Filtergrößen zur Berechnung der Gauß-Skalenebenen G_m über 6 Oktaven. Jede Oktave besteht aus exakt $Q = 3$ Ebenen, die im Abstand von Δ_σ entlang der Skalenkoordinate angeordnet sind. Für das diskrete Eingangsbild I wird eine Vorfilterung mit σ_s angenommen. Die Spalte σ_m bezeichnet den absoluten Skalenwert für die Ebene m, beginnend mit dem vorab festgelegten Skalenwert der Basisebene σ_0. $\bar{\sigma}_m$ ist die Größe des Gaußfilters, um die Ebene G_m *direkt* aus dem Eingangsbild I zu berechnen; σ'_m ist die Größe des Gaußfilters für die *rekursive* Berechnung der Ebene G_m aus der vorherigen Ebene G_{m-1}. Man beachte, dass die Größe der Gaußkerne für das rekursive Filter (σ'_m) mit der gleichen (exponentiellen) Rate wächst wie die Größe der Filter für die direkte Berechnung ($\bar{\sigma}_m$).

m	σ_m	$\bar{\sigma}_m$	σ'_m
18	102.4000	102.3988	62.2908
17	81.2749	81.2734	49.4402
16	64.5080	64.5060	39.2408
15	51.2000	51.1976	31.1454
14	40.6375	40.6344	24.7201
13	32.2540	32.2501	19.6204
12	25.6000	25.5951	15.5727
11	20.3187	20.3126	12.3601
10	16.1270	16.1192	9.8102
9	12.8000	12.7902	7.7864
8	10.1594	10.1471	6.1800
7	8.0635	8.0480	4.9051
6	6.4000	6.3804	3.8932
5	5.0797	5.0550	3.0900
4	4.0317	4.0006	2.4525
3	3.2000	3.1607	1.9466
2	2.5398	2.4901	1.5450
1	2.0159	1.9529	1.2263
0	1.6000	1.5199	—

m ... Index der Skalenebene

σ_m ... absoluter Skalenwert der Ebene m (Gl. 25.21)

$\bar{\sigma}_m$ ... relativer Skalenwert der Ebene m in Bezug auf das Originalbild (Gl. 25.23)

σ'_m ... relativer Skalenwert der Ebene m in Bezug auf die vorherige Ebene $m-1$ (Gl. 25.26)

$\sigma_s = 0.5$ (Abtastskalenwert)

$\sigma_0 = 1.6$ (Basisskalenwert)

$Q = 3$ (Anzahl der Skalenebenen pro Oktave)

$\Delta_\sigma = 2^{1/Q} \approx 1.256$

Gaußkerns für die rekursive Berechnung der Skalenebene m aus der vorherigen Ebene $m - 1$. Was vielleicht überrascht ist der Umstand, dass die Kerngröße für das rekursive Filter (σ'_m) mit der selben (exponentiellen) Rate anwächst wie die Größe des entsprechenden direkten Filters ($\bar{\sigma}_m$).[11]

Beispielsweise ist zur Berechnung der Skalenebene $m = 16$ (mit dem zugehörigen absoluten Skalenwert $\sigma_{16} = 1.6 \cdot 2^{16/3} \approx 64.5$) ein direktes Filter der Größe $\bar{\sigma}_{16} = \sqrt{\sigma_{16}^2 - \sigma_s^2} = \sqrt{64.5080^2 - 0.5^2} \approx 64.5$ erforderlich, während das entsprechende rekursive Filter zur Berechnung aus der vorherigen Ebene ($m = 15$) die Größe $\sigma'_{16} = \sqrt{\sigma_{16}^2 - \sigma_{15}^2} = \sqrt{64.5080^2 - 51.1976^2} \approx 39.2$ aufweist. Bezüglich der Filtergrößen macht es daher keinen großen Unterschied, ob die einzelnen Skalenebenen direkt aus dem Originalbild oder rekursiv aus der jeweils vorherigen Ebene berechnet werden. Da sich bei der rekursiven Methode zudem numerische Ungenauigkeiten leicht kumulieren können, bietet dieser Ansatz keinen wirklichen Vorteil. In der Praxis lässt sich durch geeignetes Sub-Sampling zwischen den einzelnen Oktaven des Skalenraums das Wachstum der Gaußkerne sehr gering halten, wie in Abschn. 25.1.5 im Detail gezeigt.

Der Aufbau eines diskreten Gauß-Skalenraums mit den konkreten Parametern aus Tabelle 25.2 ist in Abb. 25.6 dargestellt. Für das Eingangsbild I wird zur Berücksichtigung der Abtastung wiederum ein Skalenwert von $\sigma_s = 0.5$ angenommen und der absolute Skalenwert der ersten Ebene G_0 ist auf $\sigma_0 = 1.6$ eingestellt. Das Skalenverhältnis zwischen aufeinan-

---

[11] Das Verhältnis der Kerngrößen $\bar{\sigma}_m/\sigma'_m$ konvergiert zu $\sqrt{1 - 1/\Delta_\sigma^2}$ (≈ 1.64 für $Q = 3$) und ist somit für größere Werte von m praktisch konstant.

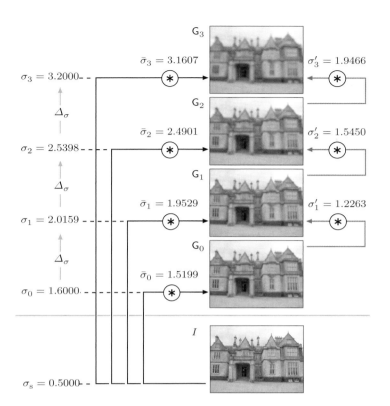

G_3

$\bar{\sigma}_3 = 3.1607$　　　$\sigma'_3 = 1.9466$

$\sigma_3 = 3.2000$ ─ ─ ─ ─ ─ ─ ─ ─ ─ *　　*

Δ_σ

G_2

$\bar{\sigma}_2 = 2.4901$　　　$\sigma'_2 = 1.5450$

$\sigma_2 = 2.5398$ ─ ─ ─ ─ ─ ─ ─ *　　*

Δ_σ

G_1

$\bar{\sigma}_1 = 1.9529$　　　$\sigma'_1 = 1.2263$

$\sigma_1 = 2.0159$ ─ ─ ─ ─ ─ ─ *　　*

Δ_σ

G_0

$\bar{\sigma}_0 = 1.5199$

$\sigma_0 = 1.6000$ ─ ─ ─ ─ ─ ─ *

I

$\sigma_s = 0.5000$ ─ ─

25.1 MERKMALSPUNKTE AUF VERSCHIEDENEN SKALENEBENEN

Abbildung 25.6
Aufbau eines diskreten Gauss-Skalenraums mit vier Ebenen, mit Parametereinstellung wie in Tabelle 25.2. Für das diskrete Originalbild I wird ein gaussförmiges Vorfilter der Größe $\sigma_s = 0.5$ angenommen. Der Skalenwert der Basisebene G_0 ist mit $\sigma_0 = 1.6$ fixiert. Die diskreten Ebene $G_0, G_1, \ldots$ (mit den absoluten Skalenwerten $\sigma_0, \sigma_1, \ldots$) sind Schnittflächen durch den kontinuierlichen Skalenraum. Die einzelnen Skalenebenen können entweder durch Filterung mit Gaußkernen der Größe $\bar{\sigma}_0, \bar{\sigma}_1, \ldots$ direkt aus dem Originalbild I berechnet werden (blaue Pfade) oder alternativ durch rekursive Filterung mit $\sigma'_1, \sigma'_2, \ldots$ (grüne Pfade).

derfolgenden Ebenen ist mit $\Delta_\sigma = 2^{1/3} \approx 1.25992$ fixiert, d. h., eine Oktave umfasst exakt drei diskrete Skalenebenen. Wie in Abb. 25.6 gezeigt, kann jede Skalenebene G_m entweder direkt aus dem Eingangsbild I durch Anwendung eines Gaußfilters der Größe $\bar{\sigma}_m$ berechnet werden, oder rekursiv aus der jeweils darunter liegenden Ebene durch ein Filter der Größe σ'_m.

25.1.4 LoG/DoG-Skalenraum

Im SIFT-Verfahren erfolgt die Detektion der relevanten Merkmalspunkte durch das Auffinden lokaler Maxima im Ergebnis von Laplace-Gauss (LoG) Filtern auf mehreren Skalenebenen. Analogous to the discrete Gaussian scale space described above, an LoG scale space representation of an image I can be defined as Der LoG-Skalenraum lässt sich analog zu dem im vorherigen Abschnitt beschriebenen diskreten Gauss-Skalenraum darstellen, und zwar in der Form

$$\mathsf{L} = (\mathsf{L}_0, \mathsf{L}_1, \ldots, \mathsf{L}_{M-1}), \qquad (25.27)$$

mit den Ebenen $\mathsf{L}_m = I * H^{\mathsf{L}, \sigma_m}$, wobei $H^{\mathsf{L}, \sigma_m}(x, y) \equiv \hat{L}_{\sigma_m}(x, y)$ ein skalennormalisierter LoG-Filterkern der Größe σ_m ist (siehe Gl. 25.9).

Wie in Gl. 25.11 gezeigt, kann der LoG-Lern durch die Differenz zweier Gausskerne, deren Größen ein bestimmtes Verhältnis κ aufweisen, angenähert werden. Da aufeinander folgende Paare von Skalenebenen im Gauss-Skalenraum sich ebenfalls durch ein konstantes Skalenverhältnis unterscheiden, ist die Konstruktion eines DoG-Skalenraums in der Form

$$\mathsf{D} = (\mathsf{D}_0, \mathsf{D}_1, \ldots, \mathsf{D}_{M-2}) \tag{25.28}$$

aus einem bereits bestehenden Gauss-Skalenraum $\mathsf{G} = (\mathsf{G}_0, \mathsf{G}_1, \ldots, \mathsf{G}_{M-1})$ einfach zu bewerkstelligen. Die einzelnen Ebenen des DoG-Skalenraums sind definiert als

$$\mathsf{D}_m = \hat{\lambda} \cdot (\mathsf{G}_{m+1} - \mathsf{G}_m) \approx \mathsf{L}_m, \tag{25.29}$$

für $m = 0, \ldots, M-2$. Der konstante Faktor $\hat{\lambda}$ (definiert in Gl. 25.13) kann im oben stehenden Ausdruck ignoriert werden, da die relative Größe der beteiligten Gausskerne,

$$\kappa = \Delta_\sigma = \frac{\sigma_{m+1}}{\sigma_m} = 2^{1/Q}, \tag{25.30}$$

dem fixen Skalenverhältnis Δ_σ zwischen den aufeinander folgenden Skalenebenen entspricht. Man beachte, dass für die Approximation der skalennormalisierten LoG-Repräsentation (siehe Gl. 25.9 und 25.13) mittels DoG-Filter keinerlei weitere Normalisierung erforderlich ist. Die Berechnung des DoG-Skalenraums aus einem diskreten Gauss-Skalenraum ist in Abb. 25.7 nochmals übersichtlich dargestellt, unter Verwendung der selben Parameter wie in Tabelle 25.2 und Abb. 25.6.

25.1.5 Hierarchischer Skalenraum

Trotz des Umstands, das zweidimensionale Gausskerne grundsätzlich in eindimensionale Kerne separiert werden können,[12] wächst die Größe der erforderlichen Filter mit zunehmendem Skalenwert rasch an, unabhängig davon, ob der direkte oder der rekursive Berechnungsansatz verwendet wird (wie in Tabelle 25.2 gezeigt). Allerdings reduziert jedes Gaussfilter auch die Bandbreite des betroffenen Signals, und zwar invers proportional zur Größe des Filterkerns (siehe auch Abschn. 5.3). Lässt man die Bildgröße über alle Ebenen des Gauss-Skalenraums konstant, so werden die resultierenden Bilder mit zunehmendem Skalenwert immer stärker *über*abgetastet, die Abtastrate ist also in Bezug auf Bildinhalt zu hoch. In anderen Worten, man kann innerhalb eines Gauss-Skalenraums die Abtastrate mit zunehmendem Skalenwert reduzieren, ohne dabei relevante Information im Bildsignal zu verlieren.

---

[12] Siehe auch Abschn. 5.3.3.

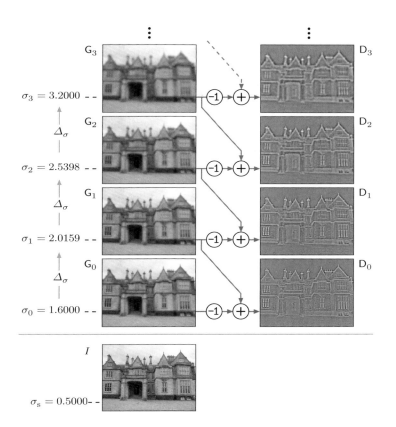

G_3

$\sigma_3 = 3.2000$

Δ_σ

G_2

$\sigma_2 = 2.5398$

Δ_σ

G_1

$\sigma_1 = 2.0159$

Δ_σ

G_0

$\sigma_0 = 1.6000$

D_3

D_2

D_1

D_0

I

$\sigma_s = 0.5000$

Abbildung 25.7
Konstruktion eines „Difference-of-Gaussians2 (DoG) Skalenraums. Die Differenzen zwischen den aufeinander folgenden Ebenen $G_0, G_1, \ldots$ des diskreten Gauss-Skalenraums (siehe Abb. 25.6) werden als Näherung für die Ebenen des Laplace-Gauss-Skalenraums verwendet. Jede DoG-Ebene D_m wird als punktweise Differenz $G_{m+1} - G_m$ zwischen den benachbarten Gauss-Ebenen G_{m+1}, G_m berechnet. Die Werte in $D_0, \ldots, D_3$ sind für die Darstellung auf einen einheitlichen Kontrastumfang normalisiert.

Schrittweise Reduktion der Auflösung – „Oktaven"

Der spezielle Fall der *Verdopplung* des Skalenwerts durch ein entsprechendes Gaussfilter führt dazu, dass sich die Bandbreite des zugehörigen Signals *halbiert*. Ein Bild auf der Skalenebene 2σ eines Gauss-Skalenraums hat daher im Vergleich zur Skalenebene σ nur mehr die halbe Bandbreite. In einem Gauss-Skalenraum kann man daher ohne Probleme nach einer Verdopplung des Skalenwerts – also nach jeweils einer „Oktave" – die räumliche Abtastrate in x/y-Richtung durch einfaches Subsampling halbieren. Damit ergibt sich ein sehr effizienter „pyramidenartiger" Ansatz zur Konstruktion des DoG-Skalenraums, wie in Abb. 25.8 dargestellt.[13]

Beim Übergang von einer Oktave zur nächsten wird das Bild auf die halbe Auflösung in der x- und y-Richtung abgetastet, d. h., der räumliche Abstand der Abtastpunkte verdoppelt sich gegenüber der vorherigen Oktave. Zur Berechnung der nachfolgenden (inneren) Ebenen jeder Oktave können jeweils die selben (kleinen) Gaußkerne verwendet werden, da

---

[13] Die schrittweise Reduktion der Bildauflösung ist das grundlegende Prinzip der „Bildpyramide", die in vielen Bereichen der Bildverarbeitung Verwendung findet [38].

sich ihre relative Größe (in Bezug auf das ursprüngliche Abtastraster) in jeder Oktave implizit ebenfalls verdoppelt. Um diese Konstruktion formal zu beschreiben, verwenden wir

$$\mathbf{G} = (\mathbf{G}_0, \mathbf{G}_1, \ldots, \mathbf{G}_{P-1}) \tag{25.31}$$

als Bezeichnung für einen aus P Oktaven bestehenden, hierarchischen Gauß-Skalenraum. Jede Oktave

$$\mathbf{G}_p = \left(\mathbf{G}_{p,0}, \mathbf{G}_{p,1}, \ldots, \mathbf{G}_{p,Q}\right), \tag{25.32}$$

wiederum enthält $Q{+}1$ Skalenebenen $\mathbf{G}_{p,q}$, wobei $p \in [0, P{-}1]$ den Index der Oktave und $q \in [0, Q]$ die Ebene innerhalb der zugehörigen Oktave $\mathbf{G}_p$. bezeichnet. Bezüglich des absoluten Skalenwerts entspricht die Ebene $\mathbf{G}_{p,q} = \mathbf{G}_p(q)$ im hierarchischen Skalenraum der Ebene $\mathbf{G}_m$, mit

$$m = Q \cdot p + q, \tag{25.33}$$

im nicht-hierarchischen Skalenraum (siehe Gl. 25.19). Gemäß Gl. 25.21 ist der *absolute Skalenwert* der Ebene $\mathbf{G}_{p,q}$ somit

$$\begin{aligned}
\sigma_{p,q} = \sigma_m &= \sigma_0 \cdot \Delta_\sigma^m = \sigma_0 \cdot 2^{m/Q} \\
&= \sigma_0 \cdot 2^{(Qp+q)/Q} = \sigma_0 \cdot 2^{p+q/Q},
\end{aligned} \tag{25.34}$$

wobei $\sigma_0 = \sigma_{0,0}$ den (vordefinierten) Basisskalenwert bezeichnet (z. B. $\sigma_0 = 1.6$ in Tabelle 25.2). Der absolute Skalenwert der Basisebene $\mathbf{G}_{p,0}$ einer beliebigen Oktave $\mathbf{G}_p$ ist somit

$$\sigma_{p,0} = \sigma_0 \cdot 2^p. \tag{25.35}$$

Der *dezimierte Skalenwert* $\dot{\sigma}_{p,q}$ entspricht dem absoluten Skalenwert bezogen auf die räumliche Abtastweite der zugehörigen Oktave $\mathbf{G}_p$, d. h.,

$$\dot{\sigma}_{p,q} = \dot{\sigma}_q = \sigma_{p,q} \cdot 2^{-p} = \sigma_0 \cdot 2^{p+q/Q} \cdot 2^{-p} = \sigma_0 \cdot 2^{q/Q}. \tag{25.36}$$

Man beachte, dass der dezimierte Skalenwert $\dot{\sigma}_{p,q}$ unabhängig vom Oktavenindex p ist, sodass $\dot{\sigma}_{p,q} \equiv \dot{\sigma}_q$ für jeden Ebenenindex q.

Ausgehend von der Basisebene $\mathbf{G}_{p,0}$ einer Oktave können die nachfolgenden Ebenen dieser Oktave durch Filterung mit relativ kleinen Gaußkernen berechnet werden. Die Größe des zur Berechnung der Ebene $\mathbf{G}_{p,q}$ erforderlichen Filterkerns ergibt sich aus dem Verhältnis der dezimierten Skalenwerte (Gl. 25.36) in der Form

$$\tilde{\sigma}_{p,q} = \sqrt{\dot{\sigma}_{p,q}^2 - \dot{\sigma}_{p,0}^2} = \sqrt{(\sigma_0 \cdot 2^{q/Q})^2 - \sigma_0^2} = \sigma_0 \cdot \sqrt{2^{2q/Q} - 1} \,, \tag{25.37}$$

für $q \geq 0$. Auch $\tilde{\sigma}_q$ ist wiederum unabhängig vom Oktavenindex p und daher können die gleichen Filterkerne zur Berechnung der inneren Ebenen *jeder* Oktave verwendet werden. Beispielsweise ergeben sich für die

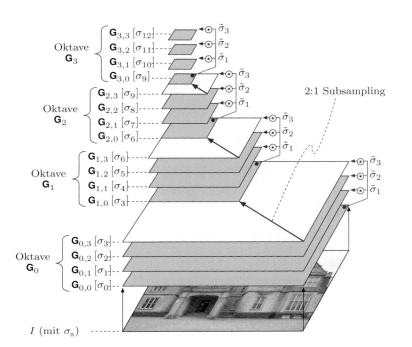

Oktave $\mathbf{G}_3$
$\mathbf{G}_{3,3}\,[\sigma_{12}]$ — $\tilde{\sigma}_3$
$\mathbf{G}_{3,2}\,[\sigma_{11}]$ — $\tilde{\sigma}_2$
$\mathbf{G}_{3,1}\,[\sigma_{10}]$ — $\tilde{\sigma}_1$
$\mathbf{G}_{3,0}\,[\sigma_9]$ — $\tilde{\sigma}_3$ $\tilde{\sigma}_2$ $\tilde{\sigma}_1$

Oktave $\mathbf{G}_2$
$\mathbf{G}_{2,3}\,[\sigma_9]$ —
$\mathbf{G}_{2,2}\,[\sigma_8]$ —
$\mathbf{G}_{2,1}\,[\sigma_7]$ —
$\mathbf{G}_{2,0}\,[\sigma_6]$ — $\tilde{\sigma}_3$ $\tilde{\sigma}_2$ $\tilde{\sigma}_1$

2:1 Subsampling

Oktave $\mathbf{G}_1$
$\mathbf{G}_{1,3}\,[\sigma_6]$ —
$\mathbf{G}_{1,2}\,[\sigma_5]$ —
$\mathbf{G}_{1,1}\,[\sigma_4]$ —
$\mathbf{G}_{1,0}\,[\sigma_3]$ — $\tilde{\sigma}_3$ $\tilde{\sigma}_2$ $\tilde{\sigma}_1$

Oktave $\mathbf{G}_0$
$\mathbf{G}_{0,3}\,[\sigma_3]$ —
$\mathbf{G}_{0,2}\,[\sigma_2]$ —
$\mathbf{G}_{0,1}\,[\sigma_1]$ —
$\mathbf{G}_{0,0}\,[\sigma_0]$ —

I (mit σ_s) —

Abbildung 25.8
Hierarchischer Gauß-Skalenraum mit vier Oktaven. Jede einzelne Oktave umfasst in diesem Fall $Q = 3$ Skalenschritte. Die Basisebene $\mathbf{G}_{p,0}$ jeder höheren Oktave ($p > 0$) ergibt sich durch 2:1 Subsampling der obersten Ebene der $\mathbf{G}_{p-1,3}$ der darunter liegenden Oktave. Beim Übergang von einer Oktave zur nächsten wird die Bildauflösung in der x- und y-Richtung halbiert. Der absolute Skalenwert auf einer bestimmten Oktavenebene $\mathbf{G}_{p,q}$ ist σ_m, wobei $m = Q \cdot p + q$. Zur Berechnung der Ebenen $\mathbf{G}_{p,1}$–$\mathbf{G}_{p,3}$ aus der Basisebene $\mathbf{G}_{p,0}$ innerhalb jeder Oktave wird jeweils der gleiche Satz von Gaußkernen (der Größe $\tilde{\sigma}_1$, $\tilde{\sigma}_2$, $\tilde{\sigma}_3$) verwendet.

Einstellungen $Q = 3$ und $\sigma_0 = 1.6$ (wie in Tabelle 25.2) Gaußkerne der Größe

$$\tilde{\sigma}_1 = 1.2263, \qquad \tilde{\sigma}_2 = 1.9725, \qquad \tilde{\sigma}_3 = 2.7713. \qquad (25.38)$$

Anstelle der Berechnung der inneren Skalenebenen $\mathbf{G}_{p,q}$ einer Oktave unmittelbar aus der zugehörigen Basisebene $\mathbf{G}_{p,0}$ könnten diese natürlich auch durch inkrementelle Filterung aus der jeweils niedrigeren Ebene $\mathbf{G}_{p,q-1}$ gewonnen werden. Während dieser Ansatz mit noch kleineren Gaußfilter auskommt (und daher naturgemäß effizienter ist), können sich numerische Ungenauigkeiten hier leichter akkumulieren. Diese Methode wird dennoch für die Implementierung hierarchischer Skalenräume häufig verwendet.

Dezimation zwischen Oktaven

Ausgehend von einem Originalbild der Größe $M_0 \times N_0$ ergibt sich beim Übergang von einer Oktave zur nächsten durch 2:1 Subsampling (Dezimation) jeweils eine Halbierung der Bildgröße, d. h.,

$$M_{p+1} \times N_{p+1} = \left\lfloor \frac{M_p}{2} \right\rfloor \times \left\lfloor \frac{N_p}{2} \right\rfloor, \qquad (25.39)$$

für die Oktaven mit Index $p \geq 0$. Die resultierende Bildgröße für eine beliebige Oktave $\mathbf{G}_p$ ist damit

$$M_p \times N_p = \left\lfloor \frac{M_0}{2^p} \right\rfloor \times \left\lfloor \frac{N_0}{2^p} \right\rfloor. \tag{25.40}$$

Die Basisebene $\mathbf{G}_{p,0}$ jeder Oktave $\mathbf{G}_p$ (mit $p > 0$) wird durch Sub-Sampling der obersten Ebene $\mathbf{G}_{p-1,Q}$ der darunter liegenden Oktave $\mathbf{G}_{p-1}$ berechnet durch

$$\mathbf{G}_{p,0} = \mathsf{Decimate}(\mathbf{G}_{p-1,Q}), \tag{25.41}$$

wobei $\mathsf{Decimate}(G)$ die 2:1 Sub-Sampling-Operation bezeichnet, d. h.,

$$\mathbf{G}_{p,0}(u,v) \leftarrow \mathbf{G}_{p-1,Q}(2u, 2v), \tag{25.42}$$

für jeden Abtastposition $(u, v) \in [0, M_p-1] \times [0, N_p-1]$. Ein zusätzliches Tiefpassfilter (zur Vermeidung von Aliasing, s. auch Abschn. 18.2.1) ist in diesem Fall nicht erforderlich, da die innerhalb der Oktave eingesetzten Gaußfilter die Bandbreite bereits ausreichend reduzieren.

Die wesentlichen Schritte zur Konstruktion eines hierarchischen Gauß-Skalenraums sind in Alg. 25.1 nochmals zusammengefasst. Das Ausgangsbild I wird zunächst durch Anwendung eines Gaußkerns der Größe $\bar{\sigma}_0$ auf den (vorgegebenen) Skalenwert σ_0 geglättet. Innerhalb jeder Oktave $\mathbf{G}_p$ werden dann die Skalenebenen $\mathbf{G}_{p,q}$ aus der Basisebene $\mathbf{G}_{p,0}$ mit einem Satz von Gaußfiltern der Größe $\tilde{\sigma}_q$ ($q = 1, \ldots, Q$) berechnet. Die Werte $\tilde{\sigma}_q$ und die zugehörigen Gaußkerne $H^{\mathrm{G}, \tilde{\sigma}_q}$ müssen nur einmal berechnet werden, da sie unabhängig vom Oktavenindex p sind (Alg. 25.1, lines 13–14). Die Basisebene $\mathbf{G}_{p,0}$ jeder höheren Oktave ergibt sich durch Dezimation der obersten Skalenebene $\mathbf{G}_{p-1,Q}$ der darunter liegenden Oktave. Typische Werte für die angeführten Parameter sind $\sigma_{\mathrm{s}} = 0.5$, $\sigma_0 = 1.6$, $Q = 3$, $P = 4$.

Räumliche Positionierung im hierarchischen Skalenraum

Zur Bestimmung der korrekten räumlichen Position von Merkmalen, die in unterschiedlichen Oktaven des hierarchischen Skalenraums detektiert wurden, definieren wir die Funktion

$$\boldsymbol{x}_0 \leftarrow \mathsf{AbsPos}(\boldsymbol{x}_p, p),$$

die eine kontinuierliche Position $\boldsymbol{x}_p = (x_p, y_p)$ im lokalen Koordinatensystem der Oktave p auf die zugehörige Position $\boldsymbol{x}_0 = (x_0, y_0)$ im ursprünglichen Koordinatensystem des Eingangsbilds I (Oktave $p = 0$) abbildet. Die Funktion $\mathsf{AbsPos}()$ lässt sich durch die räumliche Beziehung zwischen aufeinander folgenden Oktaven rekursiv definieren in der Form

$$\mathsf{AbsPos}(\boldsymbol{x}_p, p) = \begin{cases} \boldsymbol{x}_p & \text{für } p = 0, \\ \mathsf{AbsPos}(2 \cdot \boldsymbol{x}_p, p-1) & \text{für } p > 0, \end{cases} \tag{25.43}$$

wodurch $\boldsymbol{x}_0 = \mathsf{AbsPos}(2^p \cdot \boldsymbol{x}_p, 0)$ und somit

$$\mathsf{AbsPos}(\boldsymbol{x}_p, p) = 2^p \cdot \boldsymbol{x}_p. \tag{25.44}$$

```
 1: BuildGaussianScaleSpace(I, σ_s, σ_0, P, Q)
       Input: I, source image; σ_s, sampling scale; σ_0, reference scale of the
       first octave; P, number of octaves. Q, number of scale steps per
       octave. Returns a hierarchical Gaussian scale space representation G
       of the image I.
 2:    σ̄_0 ← (σ_0^2 − σ_s^2)^{1/2}            ▷ scale to base of 1st octave, Eq. 25.24
 3:    G_init ← I ∗ H^{G,σ̄_0}                 ▷ apply 2D Gaussian filter of width σ̄_0
 4:    G_0 ← MakeGaussianOctave(G_init, 0, Q, σ_0)        ▷ create octave G_0
 5:    for p ← 1, ..., P−1 do                  ▷ octave index p
 6:       G_next ← Decimate(G_{p−1,Q})          ▷ dec. top level of octave p−1
 7:       G_p ← MakeGaussianOctave(G_next, p, Q, σ_0)      ▷ create octave G_p
 8:    G ← (G_0, ..., G_{P−1})
 9:    return G                                ▷ hierarchical Gaussian scale space G

10: MakeGaussianOctave(G_base, p, Q, σ_0)
       Input: G_base, octave base level; p, octave index; Q, number of levels
       per octave; σ_0, reference scale.
11:    G_{p,0} ← G_base
12:    for q ← 1, ..., Q do                    ▷ level index q
13:       σ̃_q ← σ_0 · √(2^{2q/Q} − 1)           ▷ see Eq. 25.37
14:       G_{p,q} ← G_base ∗ H^{G,σ̃_q}          ▷ apply 2D Gaussian filter of width σ̃_q
15:    G_p ← (G_{p,0}, ..., G_{p,Q})
16:    return G_p                              ▷ scale space octave G_p

17: Decimate(G_in)
       Input: G_in, Gaussian scale space level.
18:    (M, N) ← Size(G_in)
19:    M' ← ⌊M/2⌋,   N' ← ⌊N/2⌋                ▷ decimated size
20:    Create map G_out : M'×N' ↦ ℝ
21:    for all (u, v) ∈ M'×N' do
22:       G_out(u, v) ← G_in(2u, 2v)           ▷ 2:1 subsampling
23:    return G_out                            ▷ decimated scale level G_out
```

Algorithmus 25.1
Konstruktion eines hierarchischen
Gauß-Skalenraums. Das Eingangsbild
I wird zunächst auf den vorgegebenen
Referenzskalenwert σ_0 durch Filterung mit einem Gaußkern der Größe
$\bar{\sigma}_0$ geglättet (Zeile 3). Innerhalb jeder Oktave $\mathbf{G}_p$ werden die inneren
Skalenebenen $\mathbf{G}_{p,q}$ durch Filterung mit einem Satz von Gaußkernen der
Größe $\tilde{\sigma}_1, \dots, \tilde{\sigma}_Q$ berechnet (Zeile
13–14). Die Basisebene $\mathbf{G}_{p,0}$ jeder höheren Oktave ergibt sich jeweils durch
Sub-Sampling (Dezimation) der obersten Ebene $\mathbf{G}_{p-1,Q}$ in der darunter
liegenden Oktave (Zeile 6).

Hierarchischer LoG/DoG-Skalenraum

Analog zu dem in Abb. 25.7 gezeigten Schema lässt sich aus dem hierarchischen Gauß-Skalenraum durch Berechnung der Differenz zwischen benachbarten Ebenen innerhalb der Oktaven, d. h.,

$$\mathbf{D}_{p,q} = \mathbf{G}_{p,q+1} - \mathbf{G}_{p,q} \tag{25.45}$$

(für die Ebenen $q = 0, \dots, Q-1$), auf einfache Weise auch ein hierarchischer *Difference-of-Gaussians* oder DoG-Skalenraum erzeugen. Abbildung 25.9 zeigt die entsprechenden Skalenebenen des Gauß- und DoG-Skalenraums für das obige Beispiel über einen Skalenbereich von drei Oktaven. Um die Auswirkungen der räumlichen Dezimation sichtbar zu machen, ist die gleiche Information nochmals in den Abbildungen 25.10–25.11 dargestellt, wobei alle Bildebenen auf die selbe Größe skaliert sind. Abbildung 25.11 zeigt auch die *Absolutwerte* der DoG-Ergebnisse, die letztlich zur Detektion der Merkmalspunkte auf verschiedenen Skalenebenen verwendet werden. Man beachte, dass bei variierendem Skalenwert insbesondere fleckenförmige Bildmerkmale („blobs") hervortreten und wieder verschwinden. In den Abbildungen 25.12–25.13 sind weitere Beispiele mit unterschiedlichen Testbildern gezeigt.

25.1.6 Der Skalenraum im SIFT-Verfahren

Im SIFT-Verfahren wird der Absolutbetrag der DoG-Werte zur Lokalisierung von Merkmalspunkten auf verschiedenen Skalenebenen verwendet. Dazu werden lokale Maxima in einem dreidimensionalen Raum detektiert, der einerseits durch die räumliche x/y-Position und andererseits durch die Skalenkoordinate aufgespannt wird. Um entlang der Skalenkoordinate lokale Maxima über eine vollständige Oktave hinweg bestimmen zu können, sind in jeder Oktave zwei zusätzliche DoG-Ebenen ($\mathbf{D}_{p,-1}$ und $\mathbf{D}_{p,Q}$) sowie zwei zusätzliche Ebenen ($\mathbf{G}_{p,-1}$ und $\mathbf{G}_{p,Q+1}$) im Gauß-Skalenraum erforderlich.

Insgesamt besteht somit jede Oktave $\mathbf{G}_p$ aus $Q+3$ Gauß-Ebenen $\mathbf{G}_{p,q}$ ($q = -1, \ldots, Q+1$) und $Q+2$ DoG-Ebenen $\mathbf{D}_{p,q}$ ($q = -1, \ldots, Q$), wie in Abb. 25.14 gezeigt. Der Skalenindex für die Basisebene $\mathbf{G}_{0,-1}$ ist in diesem Fall $m = -1$ und der zugehörige absolute Skalenwert (s. Gl. 25.21 und Gl. 25.34) ist

$$\sigma_{0,-1} = \sigma_0 \cdot 2^{-1/Q} = \sigma_0 \cdot \frac{1}{\Delta_\sigma}. \tag{25.46}$$

Mit den üblichen Einstellungen ($\sigma_0 = 1.6$ und $Q = 3$) sind die absoluten Skalenwerte der 6 Ebenen in der ersten Oktave ($p = 0$) somit

$$\begin{array}{lll}
\sigma_{0,-1} = 1.2699, & \sigma_{0,0} = 1.6000, & \sigma_{0,1} = 2.0159, \\
\sigma_{0,2} = 2.5398, & \sigma_{0,3} = 3.2000, & \sigma_{0,4} = 4.0317.
\end{array} \tag{25.47}$$

Die vollständige Liste der Skalenwerte eines SIFT-Skalenraums mit vier Oktaven ($p = 0, \ldots, 3$) ist in Tabelle 25.3 gezeigt.

Zur Berechnung des Gauß-Teils der ersten Oktave $\mathbf{G}_0$ des Skalenraums wird zunächst aus dem Ausgangsbild I (mit $\sigma_\mathrm{s} = 0.5$) die Basisebene $\mathbf{G}_{0,-1}$ durch Anwendung eines Gaußfilters der Größe

$$\bar{\sigma}_{0,-1} = \sqrt{\sigma_{0,-1}^2 - \sigma_\mathrm{s}^2} = \sqrt{1.2699^2 - 0.5^2} \approx 1.1673 \tag{25.48}$$

berechnet. Bei den höheren Oktaven ($p > 0$) wird die Basisebene ($q = -1$) durch Dezimation der Ebene $Q-1$ der jeweils darunter liegenden Oktave $\mathbf{G}_{p-1}$ ermittelt, d. h.,

$$\mathbf{G}_{p,-1} \leftarrow \mathsf{Decimate}(\mathbf{G}_{p-1,Q-1}), \tag{25.49}$$

analog zu Gl. 25.41. Die übrigen Ebenen $\mathbf{G}_{p,0}, \ldots, \mathbf{G}_{p,Q+1}$ jeder Oktave werden entweder inkrementell berechnet (wie in Abb. 25.6 gezeigt) oder

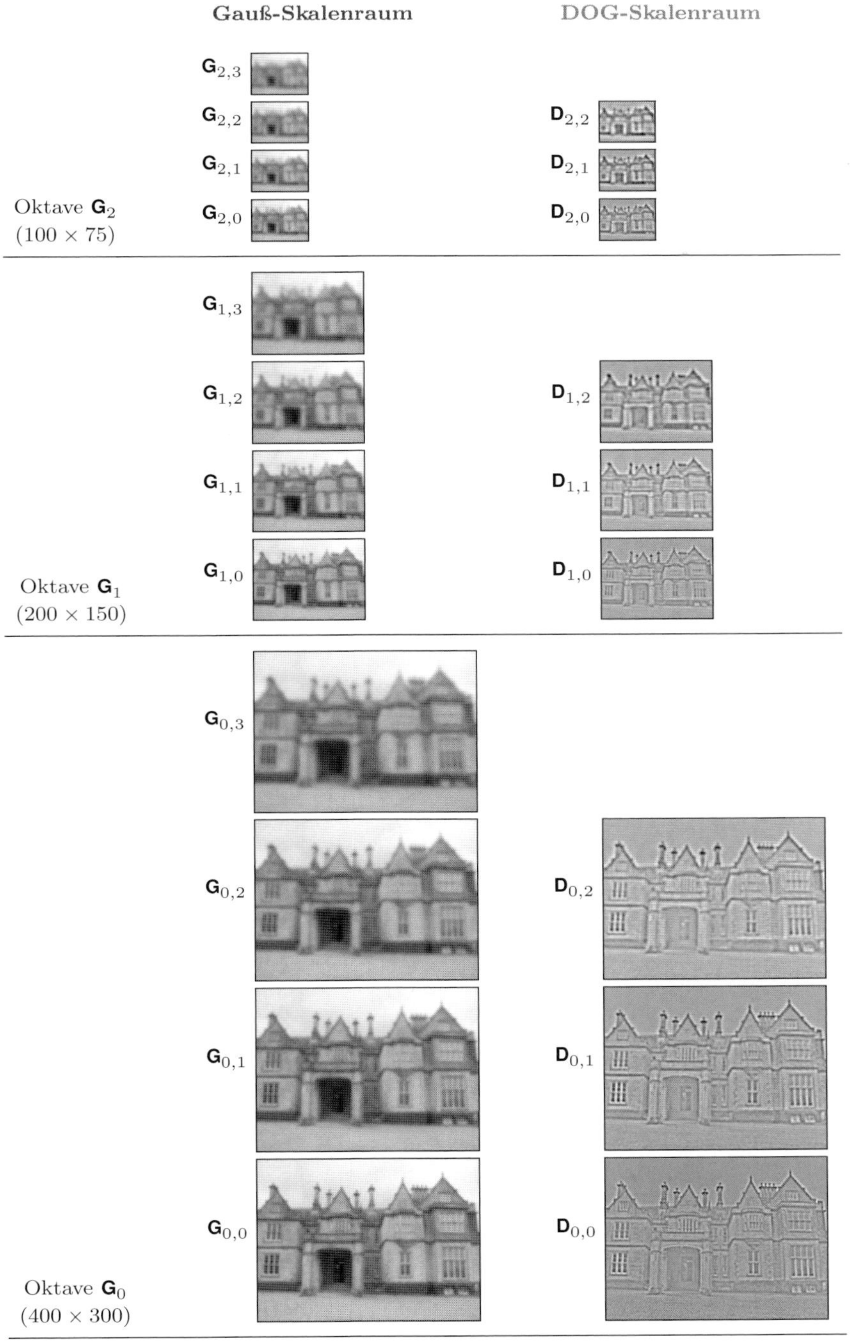

Gauß-Skalenraum	DOG-Skalenraum

G$_{2,3}$

G$_{2,2}$ **D**$_{2,2}$

G$_{2,1}$ **D**$_{2,1}$

Oktave **G**$_2$ **G**$_{2,0}$ **D**$_{2,0}$
(100 × 75)

G$_{1,3}$

G$_{1,2}$ **D**$_{1,2}$

G$_{1,1}$ **D**$_{1,1}$

Oktave **G**$_1$ **G**$_{1,0}$ **D**$_{1,0}$
(200 × 150)

G$_{0,3}$

G$_{0,2}$ **D**$_{0,2}$

G$_{0,1}$ **D**$_{0,1}$

Oktave **G**$_0$ **G**$_{0,0}$ **D**$_{0,0}$
(400 × 300)

25.1 MERKMALSPUNKTE AUF
VERSCHIEDENEN SKALENEBENEN

Abbildung 25.9
Hierarchischer Gauß- und DoG-
Skalenraum (Beispiel), mit $P = Q =$
3. Die Ebenen des Gauß-Skalenraums
$\mathbf{G}_{p,q}$ sind in der linken Spalte gezeigt, die des DoG-Skalenraums in
der rechten. Alle Bilder sind in ihrer
tatsächlichen Größe dargestellt.

663

Abbildung 25.10
Hierarchischer Gauß-Skalenraum
(`castle`-Beispiel). Die Bilder haben (je nach Oktave) unterschiedliche Auflösung, sind aber alle auf
die selbe Größe skaliert. Die Basisebene $G_{1,0}$ von Oktave G_1 ist lediglich eine dezimierte Kopie der Ebene
$G_{0,3}$ und $G_{2,0}$ ist dezimiert aus $G_{1,3}$.

Oktave G_0 (400 × 300)   Oktave G_1 (200 × 150)   Oktave G_2 (100 × 75)

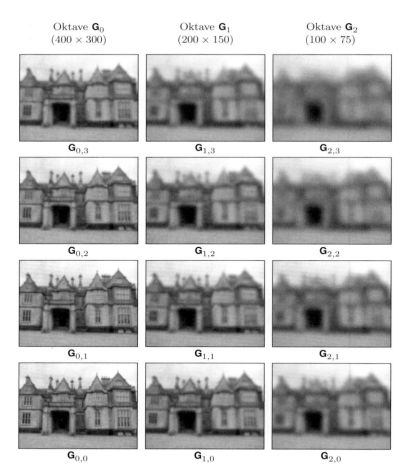

durch Anwendung von Gaußfiltern der Größe $\tilde{\sigma}_{p,q}$ direkt auf die Basisebene der Oktave (siehe Gl. 25.37). Wie bereits erwähnt ist der Vorteil
der direkten Methode, dass sich numerische Fehler über den Skalenraum
nicht akkumulieren, mit dem Nachteil, dass die erforderlichen Filterkerne bis zu 50 % größer sind als bei der inkrementellen Methode (z. B.
$\tilde{\sigma}_{0,4} = 3.8265$ vs. $\sigma'_{0,4} = 2.4525$). Man beachte, dass die Berechnung der
inneren Ebenen $G_{p,q}$ aller Oktaven, wie in Tabelle 25.3 gezeigt, aus der
zugehörigen Basisebene mit dem *gleichen* Satz von Gaußkernen erfolgen
kann. Der gesamte Vorgang zum Aufbau eines SIFT-Skalenraums ist in
Alg. 25.2 nochmals übersichtlich zusammengefasst.

25.2 Lokalisierung von Merkmalspunkten

Die Auswahl und Lokalisierung von potenziellen Merkmalspunkten erfolgt in drei Schritten: (1) Detektion von Extremwerten im DOG-
Skalenraum, (2) Verfeinerung der Positionen durch lokale Interpolation

Oktave $\mathbf{D}_0$ (400 × 300)   Oktave $\mathbf{D}_1$ (200 × 150)   Oktave $\mathbf{D}_2$ (100 × 75)

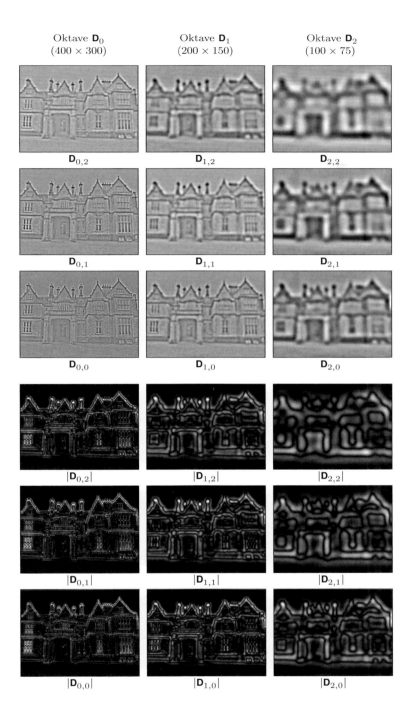

$\mathbf{D}_{0,2}$ $\mathbf{D}_{1,2}$ $\mathbf{D}_{2,2}$

$\mathbf{D}_{0,1}$ $\mathbf{D}_{1,1}$ $\mathbf{D}_{2,1}$

$\mathbf{D}_{0,0}$ $\mathbf{D}_{1,0}$ $\mathbf{D}_{2,0}$

$|\mathbf{D}_{0,2}|$ $|\mathbf{D}_{1,2}|$ $|\mathbf{D}_{2,2}|$

$|\mathbf{D}_{0,1}|$ $|\mathbf{D}_{1,1}|$ $|\mathbf{D}_{2,1}|$

$|\mathbf{D}_{0,0}|$ $|\mathbf{D}_{1,0}|$ $|\mathbf{D}_{2,0}|$

25.2 Lokalisierung von Merkmalspunkten

Abbildung 25.11
Hierarchischer DoG-Skalenraum (`castle`-Beispiel). Die Bilder im oberen Teil zeigen positive und negative DoG-Werte (der Nullwert entspricht einem mittleren Grau). Die Bilder im unteren Teil zeigen den Absolutbetrag der DoG-Werte (Null entspricht Schwarz, Maximalwerte sind weiß). Alle Bilder sind auf die gleiche Größe skaliert.

Abbildung 25.12
Hierarchischer Gauß-Skalenraum (`stars`-Beispiel).

Oktave $\mathbf{G}_0$
(400×300)

Oktave $\mathbf{G}_1$
(200×150)

Oktave $\mathbf{G}_2$
(100×75)

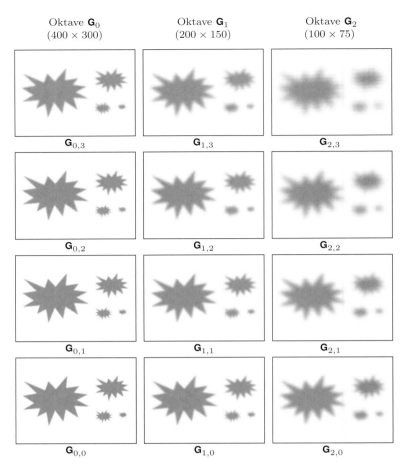

und (3) Elimination der Auswirkungen kantenartiger Bildstrukturen. Diese Schritte sind nachfolgend detailliert beschrieben und sind in den Algorithmen 25.3–25.6 zusammengefasst.

25.2.1 Detektion von Extremwerten im DoG-Skalenraum

Im ersten Schritt werden lokale Extrema im dreidimensionalen DoG-Skalenraum (wie im vorigen Abschnitt beschrieben) als mögliche Kandidatenpunkte bestimmt. Die Detektion der Extrema erfolgt dabei unabhängig innerhalb jeder einzelnen Oktave. Der Einfachheit halber definieren wir die 3D-Koordinate $\boldsymbol{c} = (u, v, q)$, bestehend aus der räumlichen Position (u, v) und dem Ebenenindex q, sowie die Funktion

$$D(\boldsymbol{c}) := \mathbf{D}_{p,q+k}(u, v) \tag{25.50}$$

als Kurznotation für den Zugriff auf die DoG-Werte innerhalb der Oktave p. Für die Zusammenfassung der DoG-Werte in der unmittelbaren 3D Nachbarschaft der Position $\boldsymbol{c}$ definieren wir außerdem die Abbildung

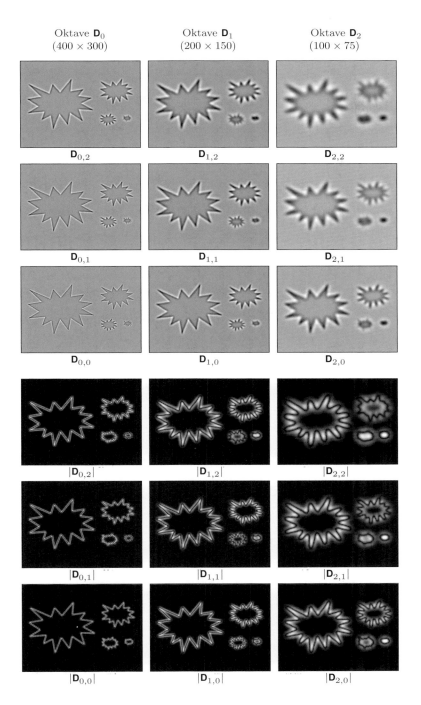

Oktave $\mathbf{D}_0$
(400×300)

Oktave $\mathbf{D}_1$
(200×150)

Oktave $\mathbf{D}_2$
(100×75)

$\mathbf{D}_{0,2}$ $\mathbf{D}_{1,2}$ $\mathbf{D}_{2,2}$

$\mathbf{D}_{0,1}$ $\mathbf{D}_{1,1}$ $\mathbf{D}_{2,1}$

$\mathbf{D}_{0,0}$ $\mathbf{D}_{1,0}$ $\mathbf{D}_{2,0}$

$|\mathbf{D}_{0,2}|$ $|\mathbf{D}_{1,2}|$ $|\mathbf{D}_{2,2}|$

$|\mathbf{D}_{0,1}|$ $|\mathbf{D}_{1,1}|$ $|\mathbf{D}_{2,1}|$

$|\mathbf{D}_{0,0}|$ $|\mathbf{D}_{1,0}|$ $|\mathbf{D}_{2,0}|$

25.2 Lokalisierung von Merkmalspunkten

Abbildung 25.13
Hierarchischer DoG-Skalenraum (stars-Beispiel). Die Bilder im oberen Teil zeigen positive und negative DoG-Werte (der Nullwert entspricht einem mittleren Grau). Die Bilder im unteren Teil zeigen den Absolutbetrag der DoG-Werte (Null entspricht Schwarz, Maximalwerte sind weiß). Alle Bilder sind auf die gleiche Größe skaliert.

Abbildung 25.14
Struktur des Gauß/DoG-Skalenraums in SIFT (mit $P = 3$ Oktaven und $Q = 3$ Ebenen pro Oktave). Zur Detektion lokaler Maxima über den gesamten Skalenbereich einer Oktave sind $Q + 2$ DoG-Skalenebenen ($\mathbf{D}_{p,-1}, \ldots, \mathbf{D}_{p,Q}$) in jeder Oktave erforderlich. Die blauen Pfeile zeigen die Dezimationsschritte beim Übergang von einer Oktave zur nächsten. Da die DoG-Ebenen als Differenz zweier aufeinanderfolgender Gauß-Ebenen berechnet werden, sind in jeder Oktave $\mathbf{G}_p$ insgesamt $Q + 3$ DoG-Ebenen ($\mathbf{G}_{p,-1}, \ldots, \mathbf{G}_{p,Q+1}$) notwendig. Die beiden vertikalen Achsen auf der linken Seite zeigen einerseits den absoluten Skalenwert (σ) und andererseits den diskreten Skalenindex (m). Man beachte, dass die Werte entlang der Skalenachse logarithmisch angeordnet sind und mit konstantem Faktor $\Delta_\sigma = 2^{1/Q}$ ansteigen. Der absolute Skalenwert der Ausgangsbild (I) wird mit $\sigma_\mathrm{s} = 0.5$ angenommen.

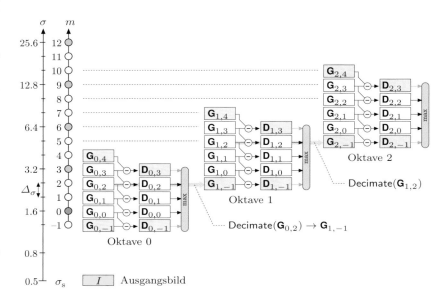

Tabelle 25.3
Absolute und relative Skalenwerte für einen SIFT-Skalenraum mit vier Oktaven. Jede Oktave ($p = 0, \ldots, 3$) besteht aus 6 Gauß-Skalenebenen $\mathbf{G}_{p,q}$, mit $q = -1, \ldots, 4$. m ist der zugehörige diskrete Skalenindex und $\sigma_{p,q}$ ist der absolute Skalenwert. Innerhalb jeder Oktave p bezeichnet $\tilde{\sigma}_{p,q}$ den relativen Skalenwert in Bezug auf die Basisebene der Oktave, $\mathbf{G}_{p,-1}$. Die jeweilige Basisebene selbst wird durch Dezimation der Ebene $q = Q - 1 = 2$ der darunterliegenden Oktave berechnet, d. h., $\mathbf{G}_{p,-1} = \mathsf{Decimate}(\mathbf{G}_{p-1,Q-1})$, für $p > 0$. Man beachte, dass die relativen Skalenwerte $\tilde{\sigma}_{p,q} = \tilde{\sigma}_q$ innerhalb jeder Oktave identisch (d. h. unabhängig von p) sind und daher die gleichen Gaußfilter für die Berechnung aller Oktaven verwendet werden können.

p	q	m	d	$\sigma_{p,q}$	$\dot{\sigma}_q$	$\tilde{\sigma}_q$
3	4	13	8	32.2540	4.0317	3.8265
3	3	12	8	25.6000	3.2000	2.9372
3	2	11	8	20.3187	2.5398	2.1996
3	1	10	8	16.1270	2.0159	1.5656
3	0	9	8	12.8000	1.6000	0.9733
3	−1	8	8	10.1594	1.2699	0.0000
2	4	10	4	16.1270	4.0317	3.8265
2	3	9	4	12.8000	3.2000	2.9372
2	2	8	4	10.1594	2.5398	2.1996
2	1	7	4	8.0635	2.0159	1.5656
2	0	6	4	6.4000	1.6000	0.9733
2	−1	5	4	5.0797	1.2699	0.0000
1	4	7	2	8.0635	4.0317	3.8265
1	3	6	2	6.4000	3.2000	2.9372
1	2	5	2	5.0797	2.5398	2.1996
1	1	4	2	4.0317	2.0159	1.5656
1	0	3	2	3.2000	1.6000	0.9733
1	−1	2	2	2.5398	1.2699	0.0000
0	4	4	1	4.0317	4.0317	3.8265
0	3	3	1	3.2000	3.2000	2.9372
0	2	2	1	2.5398	2.5398	2.1996
0	1	1	1	2.0159	2.0159	1.5656
0	0	0	1	1.6000	1.6000	0.9733
0	−1	−1	1	1.2699	1.2699	0.0000

p ... octave index

q ... level index

m ... linear scale index ($m = Qp + q$)

d ... decimation factor ($d = 2^p$)

$\sigma_{p,q}$ ... absolute scale (Gl. 25.34)

$\dot{\sigma}_q$ ... decimated scale (Gl. 25.36)

$\tilde{\sigma}_q$ ... relative decimated scale w.r.t. octave's base level $\mathbf{G}_{p,-1}$ (Gl. 25.37)

$P = 3$ (number of octaves)

$Q = 3$ (levels per octave)

$\sigma_0 = 1.6$ (base scale)

1: **BuildSiftScaleSpace**$(I, \sigma_\mathrm{s}, \sigma_0, P, Q)$

   Input: I, source image; σ_s, sampling scale; σ_0, reference scale of the first octave; P, number of octaves; Q, number of scale steps per octave. Returns a SIFT scale space representation $\langle \mathbf{G}, \mathbf{D} \rangle$ of the image I.

2:    $\sigma_\mathrm{init} \leftarrow \sigma_0 \cdot 2^{-1/Q}$ ▷ abs. scale at level $(0, -1)$, Eq. 25.46

3:    $\bar{\sigma}_\mathrm{init} \leftarrow \sqrt{\sigma_\mathrm{init}^2 - \sigma_\mathrm{s}^2}$ ▷ relative scale w.r.t. σ_s, Eq. 25.48

4:    $\mathsf{G}_\mathrm{init} \leftarrow I * H^{\mathrm{G}, \bar{\sigma}_\mathrm{init}}$ ▷ apply 2D Gaussian filter of width $\bar{\sigma}_\mathrm{init}$

5:    $\mathbf{G}_0 \leftarrow \mathsf{MakeGaussianOctave}(\mathsf{G}_\mathrm{init}, 0, Q, \sigma_0)$ ▷ create Gauss. octave 0

6:    **for** $p \leftarrow 1, \ldots, P-1$ **do**   ▷ for octaves $1, \ldots, P-1$

7:       $\mathsf{G}_\mathrm{next} \leftarrow \mathsf{Decimate}(\mathbf{G}_{p-1, Q-1})$ ▷ see Alg. 25.1

8:       $\mathbf{G}_p \leftarrow \mathsf{MakeGaussianOctave}(\mathsf{G}_\mathrm{next}, p, Q, \sigma_0)$ ▷ create octave p

9:    $\mathbf{G} \leftarrow (\mathbf{G}_0, \ldots, \mathbf{G}_{P-1})$ ▷ assemble the Gaussian scale space $\mathbf{G}$

10:    **for** $p \leftarrow 0, \ldots, P-1$ **do**

11:       $\mathbf{D}_p \leftarrow \mathsf{MakeDogOctave}(\mathbf{G}_p, p, Q)$

12:    $\mathbf{D} \leftarrow (\mathbf{D}_0, \ldots, \mathbf{D}_{P-1})$ ▷ assemble the DoG scale space $\mathbf{D}$

13:    **return** $\langle \mathbf{G}, \mathbf{D} \rangle$

14: **MakeGaussianOctave**$(\mathsf{G}_\mathrm{base}, p, Q, \sigma_0)$

   Input: G_base, Gaussian base level; p, octave index; Q, scale steps per octave, σ_0, reference scale. Returns a new Gaussian octave $\mathbf{G}_p$ with $Q+3$ levels levels.

15:    $\mathbf{G}_{p,-1} \leftarrow \mathsf{G}_\mathrm{base}$ ▷ level $q = -1$

16:    **for** $q \leftarrow 0, \ldots, Q+1$ **do**   ▷ levels $q = -1, \ldots, Q+1$

17:       $\tilde{\sigma}_q \leftarrow \sigma_0 \cdot \sqrt{2^{2q/Q} - 2^{-2/Q}}$ ▷ rel. scale w.r.t base level G_base

18:       $\mathbf{G}_{p,q} \leftarrow \mathsf{G}_\mathrm{base} * H^{\mathrm{G}, \tilde{\sigma}_q}$ ▷ apply 2D Gaussian filter of width $\tilde{\sigma}_q$

19:    $\mathbf{G}_p \leftarrow (\mathbf{G}_{p,-1}, \ldots, \mathbf{G}_{p,Q+1})$

20:    **return** $\mathbf{G}_p$

21: **MakeDogOctave**$(\mathbf{G}_p, p, Q)$

   Input: $\mathbf{G}_p$, Gaussian octave; p, octave index; Q, scale steps per octave. Returns a new DoG octave $\mathbf{D}_p$ with $Q+2$ levels.

22:    **for** $q \leftarrow -1, \ldots, Q$ **do**

23:       $\mathbf{D}_{p,q} \leftarrow \mathbf{G}_{p,q+1} - \mathbf{G}_{p,q}$ ▷ diff. of Gaussians, Eq. 25.29

24:    $\mathbf{D}_p \leftarrow (\mathbf{D}_{p,-1}, \mathbf{D}_{p,0}, \ldots, \mathbf{D}_{p,Q})$ ▷ levels $q = -1, \ldots, Q$

25:    **return** $\mathbf{D}_p$

Algorithmus 25.2

Aufbau eines SIFT-Skalenraums. Diese Prozedur ist eine Erweiterung von Alg. 25.1 und verwendet die gleichen Parameter. Der SIFT-Skalenraum (vgl. Abb. 25.14) besteht aus zwei Komponenten: einem hierarchischen Gauß-Skalenraum $\mathbf{G} = (\mathbf{G}_0, \ldots, \mathbf{G}_{P-1})$ mit P Oktaven und einem (daraus abgeleiteten) hierarchischen DoG-Skalenraum $\mathbf{D} = (\mathbf{D}_0, \ldots, \mathbf{D}_{P-1})$. Jede Oktave $\mathbf{G}_p$ des Gauß-Skalenraums besteht aus $Q+3$ Ebenen $(\mathbf{G}_{p,-1}, \ldots, \mathbf{G}_{p,Q+1})$. Die unterste Ebene $(\mathbf{G}_{p,-1})$ jeder Oktave wird durch Dezimation der Ebene $Q-1$ der darunter liegenden Oktave $\mathbf{G}_{p-1}$ erzeugt (Zeile 7). Eine DoG-Oktave $\mathbf{D}_p$ enthält $Q-2$ Ebenen $(\mathbf{D}_{p,-1}, \ldots, \mathbf{D}_{p,Q})$. Jede DoG-Ebene $\mathbf{D}_{p,q}$ wird durch die punktweise Differenz zweier benachbarter Gauß-Ebenen $\mathbf{G}_{p,q+1}$ und $\mathbf{G}_{p,q}$ berechnet (Zeile 23). Typische Parametereinstellungen sind $\sigma_\mathrm{s} = 0.5$, $\sigma_0 = 1.6$, $Q = 3$, $P = 4$.

$$\mathsf{N}_D(i,j,k) := D(\boldsymbol{c} + i \cdot \mathbf{e}_\mathrm{i} + j \cdot \mathbf{e}_\mathrm{j} + k \cdot \mathbf{e}_\mathrm{k}), \qquad (25.51)$$

mit $i, j, k \in \{-1, 0, 1\}$ und den Einheitsvektoren

$$\mathbf{e}_\mathrm{i} = (1, 0, 0)^\mathsf{T}, \qquad \mathbf{e}_\mathrm{j} = (0, 1, 0)^\mathsf{T}, \qquad \mathbf{e}_\mathrm{k} = (0, 0, 1)^\mathsf{T}. \qquad (25.52)$$

N_D enthält den zentralen DoG-Wert für die Referenzposition $\boldsymbol{c}$ sowie dessen 26 unmittelbare Nachbarwerte (s. Abb. 25.15 (a)). Wie im Folgenden beschrieben, werden diese Werte auch zur Bestimmung des 3D Gradientenvektors sowie der Hesse-Matrix an der jeweiligen Position $\boldsymbol{c}$ verwendet.

Eine Position $\boldsymbol{c}$ wird als lokales Extremum (Minimum oder Maximum) erkannt, wenn der zugehörige DoG-Wert $D(\boldsymbol{c}) \equiv \mathsf{N}_D(0, 0, 0)$ entweder *negativ* und zugleich *kleiner* als alle Nachbarwerte oder *positiv* und *größer* als alle Nachbarwerte ist. Zusätzlich kann eine minimale Differenz $t_{extrm} \geq 0$ eingestellt werden, um die sich der Zentralwert von seinen Nachbarn unterscheiden muss. Die Entscheidung, ob innerhalb der Umgebung N_D ein lokales Minimum oder Maximum vorliegt, lässt sich damit beispielsweise in der Form

$$\mathsf{IsLocalMin}(N_D) := \; N_D(0,0,0) < 0 \; \wedge$$
$$N_D(0,0,0) + t_{extrm} < \min_{\substack{(i,j,k) \neq \\ (0,0,0)}} N_D(i,j,k), \quad (25.53)$$

$$\mathsf{IsLocalMax}(N_D) := \; N_D(0,0,0) > 0 \; \wedge$$
$$N_D(0,0,0) - t_{extrm} < \max_{\substack{(i,j,k) \neq \\ (0,0,0)}} N_D(i,j,k) \quad (25.54)$$

ausdrücken (s. Prozedur $\mathsf{IsExtremum}(N_D)$ in Alg. 25.5 auf S. 691). Wie in Abb. 25.15 (b–c) gezeigt ist es durchaus üblich, auch reduzierte 3D Nachbarschaften mit nur 18 oder 10 Elementen für die Detektion der Extrema zu verwenden.

Abbildung 25.15
Dreidimensionale Umgebungen zur Detektion lokaler Extrema im DoG-Skalenraum. Der rote Würfel repräsentiert den DoG-Wert an der Referenzkoordinate $\boldsymbol{c} = (u,v,q)$ an der räumlichen Position (u,v) in Skalenebene q (innerhalb einer beliebigen Oktave p). Die vollständige $3 \times 3 \times 3$-Umgebung enthält 26 Elemente (a). Gängig sind auch alternative Umgebungen mit 18 bzw. 10 Elementen (b, c). Ein lokales Minimum oder Maximum liegt dann vor, wenn der Wert im Zentrum kleiner bzw. größer als alle Nachbarelemente (grüne Würfel) innerhalb der jeweiligen Umgebung ist.

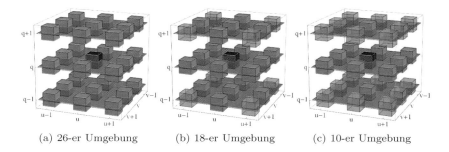

(a) 26-er Umgebung   (b) 18-er Umgebung   (c) 10-er Umgebung

25.2.2 Verfeinerung der Position

Wenn ein lokales Extremum im DoG-Skalenraum gefunden wird, sind zunächst nur seine *diskreten* 3D Koordinaten $\boldsymbol{c} = (u,v,q)$, bestehend aus der räumlichen Rasterposition (u,v) und dem Index (q) der zugehörigen Skalenebene, bekannt. In einem nachfolgenden Schritt wird durch Approximation mit einer kontinuierlichen Funktion innerhalb der lokalen Umgebung ein genauerer, *kontinuierlicher* Positionswert bestimmt [34]. Dies ist besonders wichtig in den höheren Oktaven des Skalenraums, wo die räumliche Auflösung durch die schrittweise Dezimation immer gröber wird. Die Verfeinerung der Positionsdaten basiert auf einer quadratischen Approximationsfunktion, die durch lokale Taylorentwicklung aus den diskreten DoG-Werten gewonnen wird und deren Extremposition (Maximum oder Minimum) in einfacher Weise analytisch bestimmt werden kann. Eine Zusammenfassung der mathematische Grundlagen dazu finden sich im Anhang (Abschn. C.3.2).

An jeder Minimum- oder Maximumposition $\boldsymbol{c} = (u, v, q)$ in der Oktave p des hierarchischen DoG-Skalenraums $\mathbf{D}$ wird zunächst aus der zugehörigen $3 \times 3 \times 3$ Umgebung ein Schätzwert für den lokalen 3D-*Gradienten* ∇_D ermittelt in der Form

$$\nabla_D(\boldsymbol{c}) = \begin{pmatrix} d_x \\ d_y \\ d_\sigma \end{pmatrix} \approx \frac{1}{2} \cdot \begin{pmatrix} D(\boldsymbol{c}+\mathbf{e}_i) - D(\boldsymbol{c}-\mathbf{e}_i) \\ D(\boldsymbol{c}+\mathbf{e}_j) - D(\boldsymbol{c}-\mathbf{e}_j) \\ D(\boldsymbol{c}+\mathbf{e}_k) - D(\boldsymbol{c}-\mathbf{e}_k) \end{pmatrix}, \quad (25.55)$$

mit $D(\boldsymbol{c})$ wie in Gl. 25.50 definiert. In ähnlicher Weise wird für die Position $\boldsymbol{c}$ auch die zugehörige 3×3 *Hesse-Matrix*

$$\mathbf{H}_D(\boldsymbol{c}) = \begin{pmatrix} d_{xx} & d_{xy} & d_{x\sigma} \\ d_{xy} & d_{yy} & d_{y\sigma} \\ d_{x\sigma} & d_{y\sigma} & d_{\sigma\sigma} \end{pmatrix}, \quad (25.56)$$

berechnet, mit den geschätzten Werten der zweiten Ableitungen der DoG-Funktion an der Position $\boldsymbol{c}$,

$$d_{xx} = D(\boldsymbol{c}-\mathbf{e}_i) - 2 \cdot D(\boldsymbol{c}) + D(\boldsymbol{c}+\mathbf{e}_i), \quad (25.57)$$
$$d_{yy} = D(\boldsymbol{c}-\mathbf{e}_j) - 2 \cdot D(\boldsymbol{c}) + D(\boldsymbol{c}+\mathbf{e}_j),$$
$$d_{\sigma\sigma} = D(\boldsymbol{c}-\mathbf{e}_k) - 2 \cdot D(\boldsymbol{c}) + D(\boldsymbol{c}+\mathbf{e}_k),$$
$$d_{xy} = \tfrac{1}{4} \cdot \left[D(\boldsymbol{c}+\mathbf{e}_i+\mathbf{e}_j) - D(\boldsymbol{c}-\mathbf{e}_i+\mathbf{e}_j) - D(\boldsymbol{c}+\mathbf{e}_i-\mathbf{e}_j) + D(\boldsymbol{c}-\mathbf{e}_i-\mathbf{e}_j) \right],$$
$$d_{x\sigma} = \tfrac{1}{4} \cdot \left[D(\boldsymbol{c}+\mathbf{e}_i+\mathbf{e}_k) - D(\boldsymbol{c}-\mathbf{e}_i+\mathbf{e}_k) - D(\boldsymbol{c}+\mathbf{e}_i-\mathbf{e}_k) + D(\boldsymbol{c}-\mathbf{e}_i-\mathbf{e}_k) \right],$$
$$d_{y\sigma} = \tfrac{1}{4} \cdot \left[D(\boldsymbol{c}+\mathbf{e}_j+\mathbf{e}_k) - D(\boldsymbol{c}-\mathbf{e}_j+\mathbf{e}_k) - D(\boldsymbol{c}+\mathbf{e}_j-\mathbf{e}_k) + D(\boldsymbol{c}-\mathbf{e}_j-\mathbf{e}_k) \right].$$

Weitere Details zu Berechnung zeigen die Prozeduren Gradient(N_D) und Hessian(N_D) in Alg. 25.5 (auf S. 691). Mit dem lokalen Gradienten $\nabla_D(\boldsymbol{c})$ und der Hesse-Matrix $\mathbf{H}_D(\boldsymbol{c})$ ergibt sich die Taylorentwicklung zweiter Ordnung um den Punkt $\boldsymbol{c} = (u, v, q)^\mathsf{T}$ in der Form

$$\tilde{D}_{\boldsymbol{c}}(\boldsymbol{x}) = D(\boldsymbol{c}) + \nabla_D^\mathsf{T}(\boldsymbol{c}) \cdot (\boldsymbol{x}-\boldsymbol{c}) + \tfrac{1}{2} \cdot (\boldsymbol{x}-\boldsymbol{c})^\mathsf{T} \cdot \mathbf{H}_D(\boldsymbol{c}) \cdot (\boldsymbol{x}-\boldsymbol{c}), \quad (25.58)$$

für die kontinuierliche Position $\boldsymbol{x} = (x, y, \sigma)^\mathsf{T}$. Die skalarwertige Funktion $\tilde{D}_{\boldsymbol{c}}(\boldsymbol{x})$, ist eine lokale, kontinuierliche Approximation der diskreten DoG-Funktion $\mathbf{D}_{p,q}(u, v)$ an der räumlichen Position u, v der Ebene q (der zugehörigen Oktave p). Diese Funktion ist quadratisch in $\boldsymbol{x}$ und besitzt einen Extremwert (Minimum oder Maximum) an der Position

$$\breve{\boldsymbol{x}} = \begin{pmatrix} \breve{x} \\ \breve{y} \\ \breve{\sigma} \end{pmatrix} = \boldsymbol{c} + \boldsymbol{d} = \boldsymbol{c} \underbrace{- \mathbf{H}_D^{-1}(\boldsymbol{c}) \cdot \nabla_D(\boldsymbol{c})}_{\boldsymbol{d} \, = \, \breve{\boldsymbol{x}} - \boldsymbol{c}} \quad (25.59)$$

(unter der Annahme, dass die Inverse der Hesse-Matrix $\mathbf{H}_D$ existiert). Durch Einsetzen der so ermittelten Position $\breve{\boldsymbol{x}}$ in Gl. 25.58 ergibt sich der zugehörige Extrem*wert* der kontinuierlichen Approximationsfunktion $\tilde{D}_{\boldsymbol{c}}$ als[14]

---

[14] Siehe auch Gl. C.63 in Abschn. C.3.3 im Anhang.

$$D_{\text{peak}}(\boldsymbol{c}) = \tilde{D}_{\boldsymbol{c}}(\breve{\boldsymbol{x}}) = D(\boldsymbol{c}) + \tfrac{1}{2} \cdot \nabla_D^{\mathsf{T}}(\boldsymbol{c}) \cdot (\breve{\boldsymbol{x}} - \boldsymbol{c})$$
$$= D(\boldsymbol{c}) + \tfrac{1}{2} \cdot \nabla_D^{\mathsf{T}}(\boldsymbol{c}) \cdot \boldsymbol{d}, \tag{25.60}$$

wobei $\boldsymbol{d} = \breve{\boldsymbol{x}} - \boldsymbol{c}$ (s. Gl. 25.59) den 3D-Vektor zwischen dem diskreten Mittelpunkt $\boldsymbol{c}$ der DoG-Umgebung und der kontinuierlichen Position $\breve{\boldsymbol{x}}$ des Extremwerts bezeichnet.

Eine Position $\boldsymbol{c}$ im Skalenraum wird nur dann als potenzieller Merkmalspunkt betrachtet, wenn der zugehörige Maximalbetrag $D_{\text{peak}}(\boldsymbol{c})$ der Approximationsfunktion einen vorgegebenen Schwellwert (t_{peak}) übersteigt, d. h., wenn

$$|D_{\text{peak}}(\boldsymbol{c})| > t_{\text{peak}}. \tag{25.61}$$

Falls der räumliche Abstand $\boldsymbol{d} = (x', y', \sigma')^{\mathsf{T}}$ zwischen $\boldsymbol{c}$ und der geschätzten Position $\breve{\boldsymbol{x}}$ des Spitzenwerts ein vorgegebenes Maß (typ. 0.5) in einer der drei Koordinatenrichtungen überschreitet, so wird der Zentralpunkt $\boldsymbol{c} = (u, v, q)^{\mathsf{T}}$ auf eine der benachbarten DoG-Zellen verschoben, d. h.,

$$\boldsymbol{c} \leftarrow \boldsymbol{c} + \begin{pmatrix} \min(1, \max(-1, \text{round}(x'))) \\ \min(1, \max(-1, \text{round}(y'))) \\ 0 \end{pmatrix}. \tag{25.62}$$

Die q-Koordinate von $\boldsymbol{c}$ wird in dieser Variante nicht verändert, die Suche verbleibt also in der ursprünglichen Skalenebene.[15] Für die 3D-Umgebung des modifizierten Ankerpunkts wird erneut die Taylorentwicklung (Gl. 25.59) und der zugehörige Extremwert berechnet. Diese Schritte werden so lange wiederholt, bis entweder die interpolierte Position des Extremwerts innerhalb der aktuellen DoG-Zelle liegt oder die maximal zulässige Zahl von Repositionierungen (n_{refine}, typ. 4–5) erreicht ist. Im Erfolgsfall ist Ergebnis ein potenzieller Merkmalspunkt

$$\breve{\boldsymbol{c}} = (\breve{x}, \breve{y}, \breve{q})^{\mathsf{T}} = \boldsymbol{c} + (x', y', 0)^{\mathsf{T}}, \tag{25.63}$$

mit optimierten (kontinuierlichen) räumlichen Koordinaten $\breve{x}, \breve{y}$. Wie bereits erwähnt, bleibt (in dieser Implementierung) die Skalenebene q unverändert, auch wenn die die Taylorentwicklung auf eine Extremwertposition in einer anderen Skalenebene hinweist. Siehe Prozedur RefineKeyPosition() in Alg. 25.4 (auf S. 690) für eine kompakte Zusammenfassung der oben angeführten Schritte.

Generell ist anzumerken, dass die Originalliteratur [138] auf das beschriebene iterative Positionierungsverfahren nicht sehr detailliert eingeht und daher in den einzelnen SIFT-Implementierungen leicht unterschiedliche Ansätze Verwendung finden. Beispielsweise verschiebt die *VLFeat*-Implementierung[16] [217] die Suchposition auf eines der unmittelbar Nachbarelemente auf der selben Ebene des Skalenraums (wie

---

[15] Dies wird in anderen SIFT-Implementierungen unterschiedlich gehandhabt.
[16] http://www.vlfeat.org/overview/sift.html

oben beschrieben), wenn der Betrag von x' oder y' größer als 0.6 ist. In *AutoPano-SIFT*[17] hingegen bleiben Merkmalspunkte unberücksichtigt, wenn die Länge der räumlichen Verschiebung $d = \|(x', y')\|$ größer als 2 ist. Andernfalls erfolgt eine Verschiebung der Position um $\Delta_u = \mathrm{round}(x')$ bzw. $\Delta_v = \mathrm{round}(y')$ ohne weitere Beschränkung. Die (u. a. in *OpenCV* verwendete) *Open-Source SIFT Library*[18] [95] wiederum sieht unbegrenzte Verschiebungen entlang der x/y-Achsen vor, erlaubt aber zusätzlich auch die Änderung der Skalenebene um $\Delta_q = \mathrm{round}(\sigma')$ in jeder Richtung.

25.2.3 Unterdrückung kantenartiger Bildstrukturen

Im vorhergehenden Schritt wurden als mögliche Merkmalspunkte jene Positionen im DoG-Skalenraum ausgewählt, an denen die Taylor-Approximation ein lokales Maximum bildet und der zugehörige (extrapolierte) DoG-Wert über einer bestimmten Schwelle (t_{peak}) liegt. Das DoG-Filter reagiert allerdings auch stark auf kantenartige Bildstrukturen, wo geeignete Merkmalspunkte kaum stabil und zuverlässig lokalisiert werden können. Um das Ansprechen der DoG-Filter in der Nähe von Kanten zu unterdrücken, wird in [138] vorgeschlagen, das Verhältnis der lokalen Hauptkrümmungen (*principal curvatures*) der zweidimensionalen DoG-Antwort zu berücksichtigen. Die Hauptkrümmungen einer (koninuierlichen) Funktion an einer beliebigen Position sind proportional zu den Eigenwerten der zugehörigen Hesse-Matrix.

Für einen Gitterpunkt $\boldsymbol{c} = (u, v, q)$ im diskreten DoG-Skalenraum, mit Umgebung N_D (s. Gl. 25.51) ist die 2×2 Hesse-Matrix für die räumlichen Koordinaten

$$\mathbf{H}_{xy}(\boldsymbol{c}) = \begin{pmatrix} d_{xx} & d_{xy} \\ d_{xy} & d_{yy} \end{pmatrix}, \tag{25.64}$$

mit d_{xx}, d_{xy}, d_{yy} wie in Gl. 25.57 definiert. Diese Werte müssen nicht eigens berechnet werden, da sie in der vollständigen (3×3) Hesse-Matrix $\mathbf{H}_D(\boldsymbol{c})$ bereits enthalten sind (s. Gl. 25.56).

Die Matrix $\mathbf{H}_{xy}(\boldsymbol{c})$ hat zwei Eigenwerte λ_1, λ_2, wobei wir annehmen, dass λ_1 der Eigenwert mit dem größeren Betrag ist (d. h., $|\lambda_1| \geq |\lambda_2|$). Sind an einer Position $\boldsymbol{c}$ *beide* Eigenwerte ähnlich groß, so weist dies darauf hin, dass die Funktion an dieser Stelle starke Krümmungen entlang zweier orthogonaler Richtungen besitzt. In diesem Fall ist $\boldsymbol{c}$ sehr wahrscheinlich ein guter Referenzpunkt, der in jeder Richtung genau und zuverlässig lokalisiert werden kann. Im Idealfall (z. B. in unmittelbarer Nähe eines Eckpunkts) sind beide Eigenwerte groß und ihr Verhältnis $\rho = \lambda_1/\lambda_2$ ist gleichzeitig nahe 1. Umgekehrt lässt ein großes Verhältnis ρ darauf schließen, dass an dieser Stelle nur eine dominante Orientierung vorliegt, was typischerweise in der Nähe einer Kante passiert.

---

[17] http://sourceforge.net/projects/hugin/files/autopano-sift-C/
[18] http://blogs.oregonstate.edu/hess/code/sift/

Abbildung 25.16
Begrenzung des Krümmungsquoti-
enten $\rho_{1,2}$ durch Vorgabe von a_{max}.
Der Wert a (blaue Kurve) hat ein Minimum an der Stelle, wo der Krümmungsquotient $\rho_{1,2} = \lambda_1/\lambda_2$ eins
ist, die beiden Eigenwerte λ_1, λ_2 also
identisch sind (s. Gl. 25.68–25.69). In
der Nähe von Kanten ist typischerweise nur *einer* der beiden Eigenwerte dominant, wodurch die Werte
für $\rho_{1,2}$ und somit auch für a dort
deutlich höher sind. Im gezeigten
Beispiel wird durch die Einstellung
$a_{max} = (5+1)^2/5 = 7.2$ (rote
Linie) der zulässige Krümmungs-
koeffizient auf $\rho_{max} = 5.0$ begrenzt.

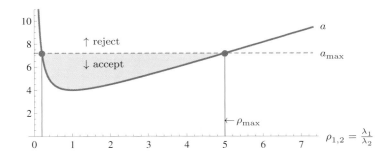

Um das Verhältnis ρ zu ermitteln, ist es nicht notwendig, die zugehörigen Eigenwerte selbst zu berechnen. Wie in [138] gezeigt, erhält man
die Summe und das Produkt der Eigenwerte λ_1, λ_2 alternativ auch in
der Form

$$\lambda_1 + \lambda_2 = \text{trace}(\mathbf{H}_{xy}(\boldsymbol{c})) = d_{xx} + d_{yy}, \tag{25.65}$$

$$\lambda_1 \cdot \lambda_2 = \det(\mathbf{H}_{xy}(\boldsymbol{c})) = d_{xx} \cdot d_{yy} - d_{xy}^2. \tag{25.66}$$

Falls die Determinante von $\mathbf{H}_{xy}$ *negativ* ist, dann haben die Hauptkrümmungen der 2D Funktion unterschiedliche Vorzeichen und die betreffende
Position $\boldsymbol{c}$ kann ausgeschlossen werden, weil in diesem Fall kein Extremum vorliegt. Sind die Vorzeichen der beiden Eigenwerte λ_1, λ_2 identisch, dann ist das Verhältnis

$$\rho_{1,2} = \frac{\lambda_1}{\lambda_2} \tag{25.67}$$

positiv (mit $\lambda_1 = \rho_{1,2} \cdot \lambda_2$) und der damit gebildete Ausdruck

$$a = \frac{[\text{trace}(\mathbf{H}_{xy}(\boldsymbol{c}))]^2}{\det(\mathbf{H}_{xy}(\boldsymbol{c}))} = \frac{(\lambda_1 + \lambda_2)^2}{\lambda_1 \cdot \lambda_2} \tag{25.68}$$

$$= \frac{(\rho_{1,2} \cdot \lambda_2 + \lambda_2)^2}{\rho_{1,2} \cdot \lambda_2^2} = \frac{\lambda_2^2(\rho_{1,2}+1)^2}{\rho_{1,2} \cdot \lambda_2^2} = \frac{(\rho_{1,2}+1)^2}{\rho_{1,2}} \tag{25.69}$$

ist ausschließlich von $\rho_{1,2}$ abhängig. Ist also die Determinante von $\mathbf{H}_{xy}$
positiv, dann wird a minimal (mit dem Wert 4.0) bei $\rho_{1,2} = 1$, d. h.,
wenn die beiden Eigenwerte identisch sind (siehe Abb. 25.16). Übrigens
ergibt sich der gleiche a-Wert für $\rho_{1,2} = \lambda_1/\lambda_2$ und $\rho_{1,2} = \lambda_2/\lambda_1$, weil

$$a = \frac{(\rho_{1,2}+1)^2}{\rho_{1,2}} = \frac{(\frac{1}{\rho_{1,2}}+1)^2}{\frac{1}{\rho_{1,2}}} \ . \tag{25.70}$$

Um sicherzustellen, dass das Verhältnis der Eigenwerte $\rho_{1,2}$ an einer
Position $\boldsymbol{c}$ *kleiner* als der vorgegebene Grenzwert ρ_{max} (und somit $\boldsymbol{c}$ ein
geeigneter Kandidat) ist, muss somit lediglich die Bedingung

$$a \leq a_{\max}, \qquad \text{mit} \qquad a_{\max} = \frac{(\rho_{\max} + 1)^2}{\rho_{\max}}, \qquad (25.71)$$

überprüft werden, ohne dass dafür die Eigenwerte λ_1, λ_2 selbst berechnet werden müssen.[19] Der maximale Krümmungsquotient $\rho_{\max}$ sollte größer als 1 sein und wird typischerweise im Bereich $3, \dots, 10$ eingestellt (in [138] wird $\rho_{\max} = 10$ empfohlen). Der zugehörige Wert für $a_{\max}$ (Gl. 25.71) ist konstant und muss daher nur einmal berechnet werden (s. Alg. 25.4, Zeile 2). Beispiele für die Detektion von Merkmalspunkten für unterschiedliche Werte von $\rho_{\max}$ sind in Abb. 25.17 gezeigt. Wie zu erwarten steigt die Zahl der Kandidatenpunkte in der Nähe von Kanten deutlich an, wenn der Wert von $\rho_{\max}$ von 3 auf 40 erhöht wird.

25.3 Berechnung der lokalen Deskriptoren

Wie im vorhergehenden Abschnitt beschrieben wird für jeden im hierarchischen DoG-Skalenraum detektierte und den Vorgaben entsprechende Extremwert ein Merkmalspunkt angelegt und die zugehörige Position auf Subpixel-Genauigkeit verfeinert (siehe Gl. 25.55–25.63). Anschließend wird für jede potenzielle Merkmalsposition $\boldsymbol{k}' = (p, q, x, y)$ zumindest ein Deskriptor aus den umliegenden Bilddaten berechnet. Für den Fall, dass die lokale Orientierung an der betreffenden Stelle nicht eindeutig ist, werden mehrere (bis zu vier) Deskriptoren erstellt. Dieser Vorgang umfasst folgende Schritte:

1. Bestimmung der dominanten Orientierung(en) für die Merkmalsposition $\boldsymbol{k}'$ aus der Verteilung der umliegenden Gradienten in der zugehörigen Ebene des Gauß-Skalenraums.
2. Erzeugung eines spezifischen SIFT-Deskriptors für jede dominante Orientierung der Merkmalsposition.

25.3.1 Bestimmung der dominanten Orientierungen

Richtungsinformation aus dem Gauß-Skalenraum

Die Ermittlung der grundlegenden Richtungsinformation erfolgt durch Auswertung der räumlichen Gradienten aus dem hierarchischen Gauß-Skalenraum $\mathbf{G}_{p,q}(u, v)$ (s. Gl. 25.31). Der räumliche Gradient für einen Gitterpunkt (u, v) in Oktave p und Skalenebene q lässt sich wie üblich berechnen in der Form

$$\nabla_{p,q}(u, v) = \begin{pmatrix} d_{\mathrm{x}} \\ d_{\mathrm{y}} \end{pmatrix} = 0.5 \cdot \begin{pmatrix} \mathbf{G}_{p,q}(u+1, v) - \mathbf{G}_{p,q}(u-1, v) \\ \mathbf{G}_{p,q}(u, v+1) - \mathbf{G}_{p,q}(u, v-1) \end{pmatrix}. \quad (25.72)$$

---

[19] Ein ähnlicher Trick wird übrigens auch beim *Harris*-Detektor (s. Kap. 7) zum Auffinden von Eckpunkten verwendet.

Abbildung 25.17
Reduziertes Ansprechen auf kantenartige Bildstrukturen durch Einstellung des maximalen Krümmungs-
quotienten ρ_{max}. Die Größe der
Kreise ist proportional zum Skalenwert der Ebene, in der der betreffende Merkmalspunkt detektiert wurde; die Farbe markiert
die zugehörige Oktave (p, Rot = 0,
Grün = 1, Blau = 2, Magenta = 3).

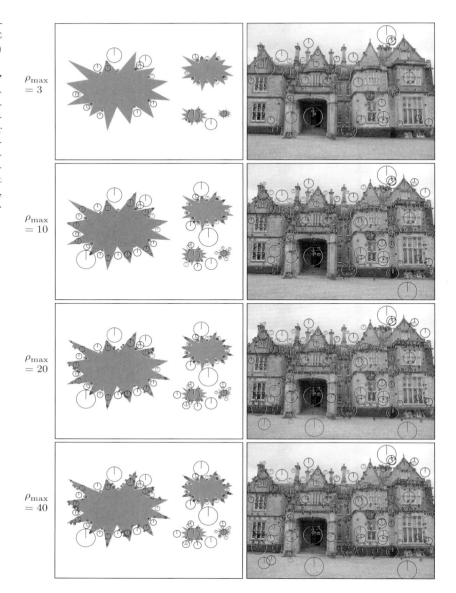

Den Betrag und die Richtung des Gradientenvektors (d. h. die entsprechenden Polarkoordinaten) für die Position (u, v) erhält man wiederum
durch[20]

$$E_{p,q}(u, v) = \left\| \nabla_{p,q}(u, v) \right\| = \sqrt{d_x^2 + d_y^2} \,, \tag{25.73}$$

$$\phi_{p,q}(u, v) = \angle \nabla_{p,q}(u, v) = \tan^{-1}\left(\frac{d_y}{d_x}\right). \tag{25.74}$$

---

[20] Vgl. Abschn. 16.1.

Die resultierenden Skalarfelder $E_{p,q}$ und $\phi_{p,q}$ werden in der Praxis üblicherweise für alle relevanten Oktaven/Ebenen p, q des Gauß-Skalenraums **G** vorausberechnet.

Richtungshistogramm und dominante Orientierung

Um die dominante Orientierung für einen gegebenen Merkmalspunkt zu bestimmen, wird zunächst ein Histogramm h_ϕ der Orientierungswinkel aus den Gradienten in der Umgebung des Merkmalspunkts erstellt. Typischerweise besteht dieses Histogramm aus $n_{orient} = 36$ Zellen, d. h. die Winkelauflösung beträgt $10°$. Die Gradienten werden aus einer quadratischen Region um den Merkmalspunkt entnommen und mithilfe einer isotropen Gaußfunktion gewichtet, deren Durchmesser σ_w proportional zum dezimierten Skalenwert $\dot\sigma_q$ (s. Gl. 25.36) der zugehörigen Skalenebene q ist. Üblicherweise [138] wird σ_w auf das 1.5-fache des Skalenwerts des aktuellen Merkmalspunkts eingestellt, d. h.,

$$\sigma_w = 1.5 \cdot \dot\sigma_q = 1.5 \cdot \sigma_0 \cdot 2^{q/Q}. \tag{25.75}$$

Man beachte, dass σ_w unabhängig vom Oktavenindex p ist und daher für jede Oktave die gleiche Gewichtungsfunktion verwendet werden kann. Die quadratische Region, aus der die Gradienten des Gauß-Skalenraums entnommen werden, hat die Seitenlänge $2r_w$, die mit

$$r_w = \lceil 2.5 \cdot \sigma_w \rceil \tag{25.76}$$

ausreichend groß dimensioniert ist, um numerische Randfehler zu vermeiden. Für die in Tabelle 25.3 angegebenen Parametereinstellungen ($\sigma_0 = 1.6$, $Q = 3$) ergeben sich folgende Werte für σ_w (in den Koordinateneinheiten der zugehörigen Oktaven):

q	0	1	2	3	
σ_w	1.6000	2.0159	2.5398	3.2000	(25.77)
r_w	4	5	6	7	

In Alg. 25.7 (S. 693) werden σ_w und r_w in Zeile 7–8 definiert. Nachfolgend (in Zeile 16) wird für jeden Gitterpunkt (u, v) in Oktave p und Ebene q des Gauß-Skalenraums der zugehörige Gradientenvektor $\nabla_{p,q}(u, v)$ berechnet, und daraus wiederum (in Zeile 29–30) der Betrag $E_{p,q}(u, v)$ und die Orientierung $\phi_{p,q}(u, v)$. Der zugehörige Gewichtungswert w_G wird (in Zeile 18) aus dem räumlichen Abstand zwischen dem Gitterpunkt (u, v) und der verfeinerten Position (x, y) des Merkmalspunkts durch

$$w_G(u, v) = e^{-\frac{(u-x)^2 + (v-y)^2}{2 \cdot \sigma_w^2}} \tag{25.78}$$

ermittelt. Für jeden betroffenen Gitterpunkt (u, v) wird somit die Größe

$$z = E_{p,q}(u, v) \cdot w_G(u, v), \tag{25.79}$$

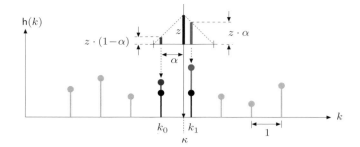

Abbildung 25.18
Akkumulation kontinuierlicher größen
durch lineare Aufteilung in benachbarte Histogrammzellen. Für den
kontinuierlichen Messwert κ soll die
zugehörige Größe z (blauer Balken)
in das diskrete Histogramm h eingefügt werden. Die beiden zu κ nächstliegenden Histogrammindizes sind
$k_0 = \lfloor\kappa\rfloor$ und $k_1 = \lfloor\kappa\rfloor + 1$. Der in
die Histogrammzelle k_0 akkumulierte
Anteil von z ist $z_0 = z \cdot (1-\alpha)$, mit
$\alpha = \kappa_\phi - k_0$ (roter Balken). Analog
dazu ist der Zelle k_1 zugeschlagene
Anteil $z_1 = z \cdot \alpha$ (grüner Balken).

in das Richtungshistogramm des Merkmalspunkts akkumuliert (in Alg.
25.7, Zeile 19).

Das Richtungshistogramm h_ϕ besteht aus n_{orient} Zellen und der *kontinuierliche* Zellenindex zu einem gegebenen Gradientenwinkel $\phi(u,v)$
ist daher

$$\kappa_\phi = \frac{n_{\text{orient}}}{2\pi} \cdot \phi(u,v) \tag{25.80}$$

(siehe Alg. 25.7, Zeile 20). Um das diskrete Histogramm einer Verteilung *koninuierlicher* Werte zu berechnen, ist eine geeignete Quantisierung erforderlich. Der einfachste Ansatz ist, den ganzzahligen Index der
„nächstliegenden" Zelle (z. B. durch Rundung) zu berechnen und die zugehörige Größe (z) zur Gänze dieser einen Zelle zuzuschlagen. Alternativ
(um Quantisierungseffekten vorzubeugen) ist eine gängige Methode, die
Größe z auf die *zwei* nächstliegenden Histogrammzellen aufzuteilen. Für
den kontinuierlichen Winkelwert κ_ϕ sind die diskreten Indizes der beiden
nächstliegenden Histogrammzellen

$$k_0 = \lfloor\kappa_\phi\rfloor \mod n_{\text{orient}} \quad \text{bzw.} \quad k_1 = (\lfloor\kappa_\phi\rfloor + 1) \mod n_{\text{orient}}. \tag{25.81}$$

Die zugehörige Größe z (s. Gl. 25.79) wird nun aufgeteilt und in die Zellen
k_0, k_1 des Richtungshistogramms h_ϕ akkumuliert in der Form

$$\begin{aligned} h_\phi(k_0) &\leftarrow h_\phi(k_0) + (1-\alpha) \cdot z, \\ h_\phi(k_1) &\leftarrow h_\phi(k_1) + \alpha \cdot z, \end{aligned} \tag{25.82}$$

mit $\alpha = \kappa_\phi - \lfloor\kappa_\phi\rfloor$. Dieser Vorgang ist in Abb. 25.18 anhand eines Beispiels illustriert (s. auch Alg. 25.7, Zeile 21–25).

Glättung des Richtungshistogramms

Abbildung 25.19 zeigt eine spezielle Darstellungsform für ein Richtungshistogramm, die sowohl die Bedeutung der Zellenindizes (diskrete Winkel ϕ_k) wie auch der akkumulierten Größen (z) anschaulich macht. Die
Ermittlung der dominanten Richtungen im ursprünglichen Richtungshistogramm ist aufgrund der zahlreichen lokalen Maxima schwierig. Das

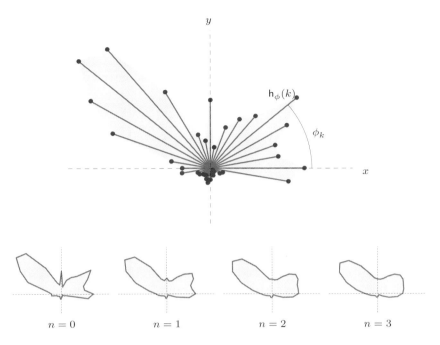

Abbildung 25.19
Beispiel für ein Orientierungshistogramm. Jeder der 36 radial angeordneten Balken entspricht einer Zelle k des Richtungshistogramms h_ϕ. Die Länge jedes Balkens ist proportional zum akkumulierten Histogrammwert $h_\phi(k)$ und seine Richtung entspricht dem zugehörigen (diskreten) Winkel ϕ_k.

Abbildung 25.20
Glättung des Richtungshistogramms aus Abb. 25.19 durch wiederholte Anwendung eines (zyklischen) linearen Filters mit dem eindimensionalen Kern $H = \frac{1}{4} \cdot (1, \mathbf{2}, 1)$.

Histogramm h_ϕ wird daher üblicherweise durch Anwendung eines einfachen (zyklischen) Tiefpassfilters (Gauß- oder Boxfilter) zunächst geglättet (s. Prozedur SmoothCircular() in Alg. 25.7, Zeile 6–16).[21] Eine stärkere Glättung kann durch mehrfache Anwendung des gleichen Filters erzielt werden, wie in Abb. 25.20 gezeigt. In der Praxis sind zumeist 2–3 Iterationen für die Glättung ausreichend.

Lokalisierung und Interpolation von Orientierungsspitzen

Der auf die Glättung des Richtungshistogramms folgende Schritt betrifft die Bestimmung lokaler Spitzen h_ϕ. Eine Zelle k wird als signifikante Orientierungsspitze betrachtet, wenn einerseits an dieser Stelle ein lokales Maximum vorliegt und andererseits der zugehörige Wert $h_\phi(k)$ nicht kleiner als ein gewisser Anteil (t_domor) des maximalen Histogrammeintrags ist, d. h. wenn

$$
\begin{aligned}
&h_\phi(k) > h_\phi((k-1) \bmod n_\mathrm{orient}) \ \wedge \\
&h_\phi(k) > h_\phi((k+1) \bmod n_\mathrm{orient}) \ \wedge \\
&h_\phi(k) > t_\mathrm{domor} \cdot \max_i h_\phi(i) \,,
\end{aligned}
\tag{25.83}
$$

typischerweise mit $t_\mathrm{domor} = 0.8$.

---

[21] Die Glättung des Richtungshistogramms ist in der ursprünglichen SIFT-Publikation [138] nicht explizit erwähnt, wird aber in den meisten Implementierungen angewandt.

Um die Winkelauflösung über die Quantisierung (typ. in 10° Schritten) des Richtungshistogramms hinaus zu verbessern, wird durch quadratische Interpolation ein kontinuierlicher Orientierungswinkel ermittelt. Ausgehend von einem lokalen Maximalwert $h_\phi(k)$ und den beiden Nachbarwerten $h_\phi(k-1)$ und $h_\phi(k+1)$ ist zunächst die interpolierte Winkelposition

$$\breve{k} = k + \frac{h_\phi(k-1) - h_\phi(k+1)}{2 \cdot \left[h_\phi(k-1) - 2\, h_\phi(k) + h_\phi(k+1) \right]} \;, \tag{25.84}$$

wobei alle Indizes modulo n_{orient} zu verstehen sind. Mithilfe von Gl. 25.80 ergibt sich daraus der (kontinuierliche) Winkel der dominanten Orientierung als

$$\theta = (\breve{k} \bmod n_{\text{orient}}) \cdot \frac{2\pi}{n_{\text{orient}}} \;, \tag{25.85}$$

mit $\theta \in [0, 2\pi)$. Dadurch können die dominanten Richtungen eines Merkmalspunkts mit deutlich größerer Genauigkeit ermittelt werden, als die Auflösung des Richtungshistogramms vorgibt. Es kommt durchaus vor, dass zu einem Merkmalspunkt *mehrere* Spitzenwerte im Richtungshistogramm auftreten (s. Prozedur FindPeakOrientations() in Alg. 25.6, Zeile 18–31). In diesem Fall wird für jede dominante Richtung (θ) ein eigener SIFT-Deskriptor mit der selben Position ($\boldsymbol{k}'$) angelegt (s. Alg. 25.3, Zeile 8).

Abbildung 25.21 zeigt die Richtungshistogramme für die in zwei Testbildern detektierten Merkmalspunkte nach Anwendung einer bestimmten Zahl von Glättungsschritten. In der Grafik sind auch die zugehörigen interpolierten Orientierungswinkel θ (Gl. 25.85) als Richtungsvektoren dargestellt.

25.3.2 Konstruktion des SIFT-Descriptors

Für jeden Merkmalspunkt $\boldsymbol{k}' = (p, q, x, y)$ und jede dominante Orientierung θ wird ein eigener SIFT-Deskriptor erzeugt, der auf der Statistik der umgebenden Gradienten in der zugehörigen Oktave p und Ebene q des Gauß-Skalenraums $\mathbf{G}$ basiert.

Geometrie des Deskriptors

Die der Berechnung des SIFT-Deskriptors zugrunde liegende Geometrie ist in Abb. 25.22 dargestellt. Der Deskriptor berücksichtigt die Richtung und Größe der Gradienten innerhalb einer quadratischen Region der Größe $w_{\text{d}} \times w_{\text{d}}$, die an der (kontinuierlichen) Position (x, y) des zugehörigen Merkmalspunkts zentriert und an der dominanten Orientierung θ ausgerichtet ist.

Die Region ist in $n_{\text{spat}} \times n_{\text{spat}}$ Teilquadrate gleicher Größe partitioniert, wobei typischerweise $n_{\text{spat}} = 4$ (siehe Tabelle 25.5). Der Beitrag

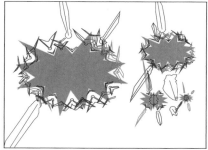

(a) $n = 0$

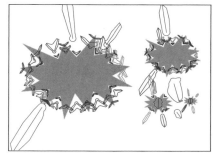

(b) $n = 1$

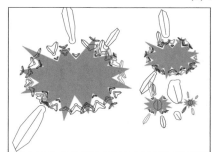

(c) $n = 2$

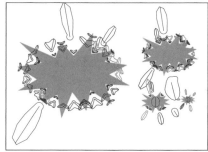

(d) $n = 3$

25.3 BERECHNUNG DER LOKALEN DESKRIPTOREN

Abbildung 25.21
Richtungshistogramme und dominante Orientierungen (Beispiele). Zu jedem detektierten Merkmalspunkt ist das zugehörige Richtungshistogramm nach jweils $n = 0, \ldots, 3$ Glättungsschritten dargestellt (analog zu Abb. 25.20). Der interpolierte Orientierungswinkel θ (s. Gl. 25.84) ist als ein vom zugehörigen Merkmalspunkt ausgehender Richtungsvektor angezeigt. Die Größe der Histogrammkurven ist proportional zum Skalenwert der Ebene, in der der betreffende Merkmalspunkt detektiert wurde; die Farbe markiert die zugehörige Oktave (p, Rot = 0, Grün = 1, Blau = 2, Magenta = 3).

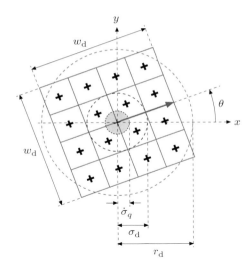

Abbildung 25.22
Geometrie des SIFT-Deskriptors. Der Deskriptor wird aus den Gradientenwerten innerhalb einer quadratischen Region der Größe $w_d \times w_d$ berechnet, die an der Position (x, y) des Merkmalspunkt zentriert und nach der dominanten Orientierung θ ausgerichtet ist. Der Radius des innersten (grauen) Kreises entspricht dem dezimierten Skalenwert $(\acute{\sigma}_q)$ des Merkmalspunkts. Der blaue Kreis zeigt die Größe (σ_d) der gaußförmigen Gewichtungsfunktion für die Gradienten, die außerhalb des grünen Kreises (r_d) praktisch Null ist.

Tabelle 25.4
Dimensionierung des SIFT-Deskriptors für unterschiedliche Skalenebenen q (mit Größenfaktor $s_d = 10$ und $Q = 3$ Ebenen pro Oktave). $\acute{\sigma}_q$ ist der dezimierte Skalenwert des Merkmalspunkts, w_d ist die Seitenlänge der Deskriptorregion, σ_d ist die Größe des gaußförmigen Gewichtungsfunktion mit dem äußerer Radius r_d. Mit $Q = 3$ sind nur die Ebenen $q = 0, 1, 2$ relevant. Alle Längen beziehen sich auf die lokalen (d. h. dezimierten) Koordinaten der Oktave.

q	$\acute{\sigma}_q$	$w_d = s_d \cdot \acute{\sigma}_q$	$\sigma_d = 0.25 \cdot w_d$	$r_d = 2.5 \cdot \sigma_d$
3	3.2000	32.000	8.0000	20.0000
2	2.5398	25.398	6.3495	15.8738
1	2.0159	20.159	5.0398	12.5994
0	1.6000	16.000	4.0000	10.0000
−1	1.2699	12.699	3.1748	7.9369

der einzelnen Gradientenwerte ist durch eine isotrope Gaußfunktion mit $\sigma_d = 0.25 \cdot w_d$ (blauer Kreis in Abb. 25.22) gewichtet. Die zugehörigen Gewichte fallen radial nach außen hin ab und sind bei $r_d = 2.5 \cdot \sigma_d$ (grüner Kreis in Abb. 25.22) bereits praktisch Null. Gradientenwerte außerhalb dieser Zone müssen daher nicht berücksichtigt werden.

Zur Sicherstellung der Rotationsinvarianz wird die Deskriptorregion nach der dominanten Orientierung ausgerichtet, die im vorhergehenden Schritt ermittelt wurde. Um auch die Invarianz gegenüber Größenänderungen zu gewährleisten, wird die Seitenlänge w_d der Deskriptorregion proportional zum dezimierte Skalenwert $\acute{\sigma}_q$ (s. Gl. 25.36) des Merkmalspunkts gesetzt, d. h.,

$$w_d = s_d \cdot \acute{\sigma}_q = s_d \cdot \sigma_0 \cdot 2^{q/Q}, \tag{25.86}$$

mit dem konstanten Größenfaktor s_d. Für $s_d = 10$ (s. auch Tabelle 25.5) ergibt sich eine Deskriptorgröße w_d von 16.0 (auf Ebene $q = 0$) bis 25.4 (auf Ebene $q = 2$), wie in Tabelle 25.4 aufgelistet. Man beachte, dass die Deskriptorgröße w_d ausschließlich von der Skalenebene q abhängig ist und nicht vom Oktavenindex p. Somit kann in allen Oktaven des Skalenraums die selbe Deskriptorgeometrie verwendet werden.

Die räumliche Auflösung des Deskriptors wird durch den Parameter n_{spat} spezifiziert. Die übliche Einstellung ist $n_{spat} = 4$ (wie in Abb. 25.22 gezeigt) und in diesem Fall ist die Anzahl der räumlichen Zellen $n_{spat} \times n_{spat} = 16$. Jede Zelle des Deskriptors entspricht einer Fläche von

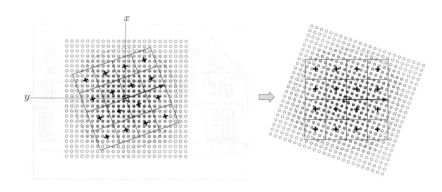

Abbildung 25.23
Geometrie des SIFT-Deskriptors in Relation zu den diskreten Abtastwerten einer Oktave (Ebene $q = 0$, Parameter $s_d = 10$). Der dezimierte Skalenwert der Ebene ist $\dot\sigma_0 = 1.6$, somit ist die Seitenlänge des Deskriptors $w_d = s_d \cdot \dot\sigma_0 = 10 \cdot 1.6 = 16.0$.

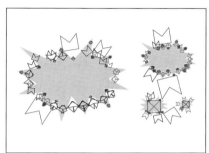 

Abbildung 25.24
Markierte Merkmalspunkte mit dominanter Orientierung. Man beachte, dass an ein und derselben Position möglicherweise mehrere Merkmalspunkte eingefügt werden, wenn mehr als eine dominante Orientierung vorliegt. Die Größe der Markierung entspricht der skalierten Seitenlänge w_d (s. Gl. 25.86) für die Skalenebene, in der der Merkmalspunkt detektiert wurde. Die Farbe der Markierung zeigt die zugehörige Oktave p (Rot = 0, Grün = 1, Blau = 2, Magenta = 3).

$(w_d/n_{spat}) \times (w_d/n_{spat})$ Abtastwerten innerhalb der zugehörigen Oktave. Beispielsweise ist auf der Ebene $q = 0$ einer Oktave (mit $\dot\sigma_0 = 1.6$) die Seitenlänge des Deskriptors $w_d = s_d \cdot \dot\sigma_0 = 10 \cdot 1.6 = 16.0$ (vgl. Tabelle 25.4). In diesem Fall überdeckt der Deskriptor insgesamt 16×16 Abtastwerte (s. Abb. 25.23). Abbildung 25.24 zeigt ein Beispiel mit markierten Merkmalspunkten, die an der jeweils dominanten Orientierung ausgerichtet sind und deren Größe der skalierten Seitenlänge w_d in der zugehörigen Skalenebene entspricht.

Merkmalsvektor

Der SIFT-Deskriptor besteht im Wesentlichen ein Merkmalsvektor, der aus dem Histogramm der Gradientenrichtungen innerhalb der umgebenden Deskriptorregion und in der zugehörigen Ebene des Gauß-Skalenraums gewonnen wird. Dies erfolgt auf Basis eines *drei*dimensionalen Richtungshistogramms $h_\nabla(i, j, k)$, mit zwei räumlichen Dimensionen (i, j) für die $n_{spat} \times n_{spat}$ Teilfelder und einer weiteren Dimension (k) für die n_{angl} diskreten Gradientenrichtungen. Das Histogramm h_∇ besteht somit aus $n_{spat} \times n_{spat} \times n_{angl}$ Zellen.

Abbildung 25.25 zeigt den Aufbau dieses Histogramms für die typischen Einstellungen $n_{spat} = 4$ und $n_{angl} = 8$ (s. Tabelle 25.5). In diesem Fall sind jeder der 16 Zellen $(A1, \ldots, D4)$ für die räumliche Posi-

Abbildung 25.25
Struktur des SIFT-Merkmalsvektors
für $n_{\mathrm{spat}} = 4$ und $n_{\mathrm{angl}} = 8$. Jeder
der 16 Zellen ($ij = A1,\dots,D4$) für
die räumliche Position sind 8 Zellen
($k = 0,\dots,7$) für die Orientierung
der Gradienten zugeordnet (a). Das
Gradientenhistogramm h_∇ enthält
somit insgesamt 128 Zellen, deren
Werte in der gezeigten Anordnung zu
einem eindimensionalen Merkmalsvektor ($A1_0, A1_2\dots, D4_6, D4_7$)
zusammengefasst werden (b).

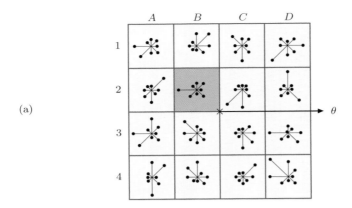

(a)

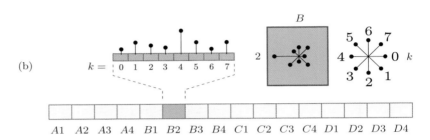

(b)

tion innerhalb der Deskriptorregion jeweils acht Zellen ($k = 0,\dots,7$) für
die Orientierung der Gradienten zugeordnet, mit insgesamt 128 Histogrammzellen.

Zu einem gegebenen Merkmalspunkt $\boldsymbol{k}' = (p, q, x, y)$ akkumuliert das
Histogramm h_∇ die Richtungen (Winkel) der Gradienten in der Ebene
$\mathbf{G}_{p,q}$ des Gauß-Skalenraums innerhalb der definierten räumlichen Umgebung des (kontinuierlichen) Punkts (x, y). An jedem Gitterpunkt (u, v)
innerhalb dieser Region wird der Gradientenvektor ∇_{G} gemäß Gl. 25.72
geschätzt und daraus nach Gl. 25.73–25.74 der Betrag $E(u, v)$ und der
Winkel $\phi(u, v)$ ermittelt (s. Zeilen 27–31 in Alg. 25.7).[22]

Der Beitrag eines Gradientenwerts $\nabla_{\mathrm{G}}(u, v)$ zum Gradientenhistogramm h_∇ ist die Größe $z(u.v)$, die einerseits vom zugehörigen Betrag
$E(u, v)$ und andererseits vom Abstand des Gitterpunkts (u, v) von der
Position (x, y) des Merkmalspunkts abhängig ist. Dafür wird wiederum
eine Gaußfunktion (mit Breite σ_{d}) über den räumlichen Abstand zur
Gewichtung der Gradientenwerte verwendet; die letztlich akkumulierte
Größe ist

$$z(u, v) = R(u, v) \cdot w_{\mathrm{G}} = R(u, v) \cdot e^{-\frac{(u-x)^2 + (v-y)^2}{2\sigma_{\mathrm{d}}^2}} . \tag{25.87}$$

[22] Aus Effizienzgründen werden $E(u, v)$ und $\phi(u, v)$ typischerweise für alle relevanten Skalenebenen vorab berechnet.

Die Breite (σ_d) der Gaußfunktion w_G ist proportional zur Seitenlänge der Deskriptorregion, mit

$$\sigma_\mathrm{d} = 0.25 \cdot w_\mathrm{d} = 0.25 \cdot \mathsf{s}_\mathrm{d} \cdot \dot\sigma_q. \tag{25.88}$$

Die Gewichtungsfunktion fällt vom Mittelpunkt aus radial ab und ist beim Radius $r_\mathrm{d} = 2.5 \cdot \sigma_\mathrm{d}$ bereits praktisch Null. Zur Berechnung des Orientierungshistogramms werden daher nur Gradientenwerte herangezogen, die näher als r_d (grüner Kreis in Abb. 25.22) zur Position des Merkmalspunkts liegen (s. Zeilen 7, 18 in Alg. 25.8). Für einen gegebenen Merkmalspunkt $\boldsymbol{k}' = (p, q, x, y)$ kann die Auswertung der Gradienten im Gauß-Skalenraum daher auf die Gitterpunkte (u, v) innerhalb einer quadratischen Region mit den Grenzen $x \pm r_\mathrm{d}$ bzw. $y \pm r_\mathrm{d}$ beschränkt werden (s. Zeilen 8–10 und 15–16 in Alg. 25.8). Auf jeden Rasterpunkt (u, v) wird zunächst eine affine Transformation

$$\begin{pmatrix} u' \\ v' \end{pmatrix} = \frac{1}{w_\mathrm{d}} \cdot \begin{pmatrix} \cos(-\theta) & -\sin(-\theta) \\ \sin(-\theta) & \cos(-\theta) \end{pmatrix} \cdot \begin{pmatrix} u - x \\ v - y \end{pmatrix}, \tag{25.89}$$

angewandt, die durch Translation, Skalierung und Rotation um die dominante Orientierung (s. Abb. 25.23) das ursprüngliche (gedrehte) Quadrat der Größe $w_\mathrm{d} \times w_\mathrm{d}$ auf das Einheitsquadrat mit den Koordinaten $u', v' \in [-0.5, +0.5]$ abbildet.

Um den Merkmalsvektor rotationsinvariant zu machen, werden die einzelnen Gradientenwinkel $\phi(u, v)$ ebenfalls um die dominante Orientierung gedreht, d. h.,

$$\phi'(u, v) = (\phi(u, v) - \theta) \bmod 2\pi, \tag{25.90}$$

sodass die relative Orientierung erhalten bleibt.

Für jeden Gradientenwert mit den kontinuierlichen Koordinaten (u', v', ϕ') wird die zugehörige Größe $z(u, v)$ (s. Gl. 25.87) in das dreidimensionale Gradientenhistogramm h_∇ eingefügt. Eine Zusammenfassung dieses Vorgangs findet sich in der Prozedur UpdateGradientHistogram() in Alg. 25.9. Zunächst wird aus den Koordinaten (u', v', ϕ') (s. Gl. 25.89) die zugehörige (kontinuierliche) Histogrammposition (i', j', k') berechnet, mit

$$\begin{aligned} i' &= \mathsf{n}_\mathrm{spat} \cdot u' + 0.5 \cdot (\mathsf{n}_\mathrm{spat} - 1), \\ j' &= \mathsf{n}_\mathrm{spat} \cdot v' + 0.5 \cdot (\mathsf{n}_\mathrm{spat} - 1), \\ k' &= \phi' \cdot (\mathsf{n}_\mathrm{angl} / 2\pi), \end{aligned} \tag{25.91}$$

sodass $i', j' \in [-0.5, \mathsf{n}_\mathrm{spat} - 0.5]$ und $k' \in [0, \mathsf{n}_\mathrm{angl})$.

Analog zum Einfügen eines Werts an der kontinuierlichen Position eines *ein*dimensionalen Histogramms durch lineare Interpolation über *zwei* benachbarte Zellen (s. Abb. 25.18), wird die Größe z in diesem Fall durch *trilineare* Interpolation auf *acht* benachbarte Zellen des Histogramms verteilt. Die Aufteilung der Größe z auf die einzelnen Histogrammzellen wird durch die Abstände der Position (i', j', k') von

Abbildung 25.26
Struktur des dreidimensionalen Gradientenhistogramms h_∇
$n_{spat} \times n_{spat} = 4 \times 4$ Zellen für
die räumlichen Indizes (i, j) und
$n_{angl} = 8$ Zellen für für den Richtungsindex (k). Eine gegebene Größe
z mit der zugehörigen kontinuierlichen Position (i', j', k') wird auf
acht benachbarte (grün markierte)
Histogrammzellen durch trilineare Interpolation verteilt (a). Man beachte,
dass die Histogrammzellen entlang
der Richtungsachse k *zyklisch* behandelt werden, d.h., die Zellen mit
$k = 0$ sind implizit auch benachbart zu den Zellen mit $k = 7$ (b).

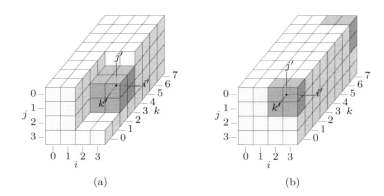

(a) (b)

den diskreten Histogrammkoordinaten (i, j, k) bestimmt. Deren Indizes ergibt sich aus der Menge der möglichen Kombinationen $(i, j, k) \in$
$\{i_0, i_1\} \times \{j_0, j_1\} \times \{k_0, k_1\}$, mit

$$
\begin{aligned}
i_0 &= \lfloor i' \rfloor, & i_1 &= (i_0 + 1), \\
j_0 &= \lfloor j' \rfloor, & j_1 &= (j_0 + 1), \\
k_0 &= \lfloor k' \rfloor \bmod n_{angl}, & k_1 &= (k_0 + 1) \bmod n_{angl}.
\end{aligned} \tag{25.92}
$$

Die zugehörigen Anteile (Gewichte) von z sind

$$
\begin{aligned}
\alpha_0 &= \lfloor i' \rfloor + 1 - i' = i_1 - i', & \alpha_1 &= 1 - \alpha_0, \\
\beta_0 &= \lfloor j' \rfloor + 1 - j' = j_1 - j', & \beta_1 &= 1 - \beta_0, \\
\gamma_0 &= \lfloor k' \rfloor + 1 - k', & \gamma_1 &= 1 - \gamma_0,
\end{aligned} \tag{25.93}
$$

und die (8) betroffenen Histogrammzellen werden damit in folgender
Form aktualisiert:

$$
\begin{aligned}
h_\nabla(i_0, j_0, k_0) &\xleftarrow{+} z \cdot \alpha_0 \cdot \beta_0 \cdot \gamma_0, \\
h_\nabla(i_1, j_0, k_0) &\xleftarrow{+} z \cdot \alpha_1 \cdot \beta_0 \cdot \gamma_0, \\
h_\nabla(i_0, j_1, k_0) &\xleftarrow{+} z \cdot \alpha_0 \cdot \beta_1 \cdot \gamma_0, \\
&\vdots \\
h_\nabla(i_1, j_1, k_1) &\xleftarrow{+} z \cdot \alpha_1 \cdot \beta_1 \cdot \gamma_1.
\end{aligned} \tag{25.94}
$$

Dabei ist zu beachten, dass k – die Koordinate für den Richtungswinkel –
zyklisch ist und entsprechend behandelt werden muss, wie in Abb. 25.26
dargestellt (s. auch Zeilen 11–12 in Alg. 25.9).

Aufgrund der trilinearen Interpolation bei der Berechnung des Histogramms h_∇ überlappen sich die zugehörigen Regionen des Gradientenfelds implizit um jeweils die Hälfte ihrer Seitenlänge, wie in Abb. 25.27
gezeigt.

Normalisierung des Merkmalsvektors

Die Elemente des Gradientenhistogramms h_∇ sind das „Rohmaterial" für
den eigentlichen SIFT-Desktriptor $\boldsymbol{f}_{sift}$, dessen Berechnung in Alg. 25.10

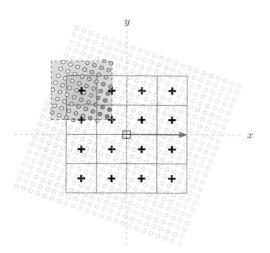

Abbildung 25.27
Die den Zellen des Richtungshistogramms h_∇ zugeordneten Regionen im Gradientenfeld überlappen sich aufgrund der trilinearen Interpolation bei der Histogrammberechnung. Die Schattierung der einzelnen Kreise symbolisiert das dem jeweiligen Gradientenwert zuhörige Gewicht w_G, das vom Abstand zum Mittelpunkt des Merkmalspunkts (x, y) abhängt (s. Gl. 25.87).

zusammengefasst ist. Zunächst wird das dreidimensionale Gradientenhistogramm h_∇ (das kontinuierliche Werte enthält) der Größe $n_\mathrm{spat} \times n_\mathrm{spat} \times n_\mathrm{angl}$ auf einen eindimensionalen Vektor $\boldsymbol{f}$ der Länge $n_\mathrm{spat}^2 \cdot n_\mathrm{angl}$ (typ. 128) verflacht, mit

$$\boldsymbol{f}\big((i \cdot n_\mathrm{spat} + j) \cdot n_\mathrm{angl} + k\big) \;\leftarrow\; h_\nabla(i, j, k), \qquad (25.95)$$

für $i, j = 0, \ldots, n_\mathrm{spat}-1$ und $k = 0, \ldots, n_\mathrm{angl}-1$. Die Elemente in $\boldsymbol{f}$ sind also in der Reihenfolge angeordnet, wie in Abb. 25.25 gezeigt, wobei sich der Richtungsindex k am schnellsten ändert und der räumliche Index i am langsamsten (s. Zeile 3–8 in Alg. 25.10).[23]

Änderungen des Bildkontrasts wirken sich proportional auf den Betrag der Gradienten und damit auch auf die Werte im Merkmalsvektor $\boldsymbol{f}$ aus. Um diese Abhängigkeit auszuschließen, wird der Vektor $\boldsymbol{f}$ nachfolgend normalisiert in der Form

$$\boldsymbol{f}(m) \;\leftarrow\; \frac{1}{\|\boldsymbol{f}\|} \cdot \boldsymbol{f}(m), \qquad (25.96)$$

für alle m, sodass $\|\boldsymbol{f}\| = 1$ (s. Zeile 9 in Alg. 25.10). Da die Gradienten aus lokalen Pixeldifferenzen berechnet werden, wirken sich Änderungen der absoluten Helligkeit nicht auf deren Größe aus, sofern nicht eine Sättigung der Intensität eintritt. Solche nichtlineare Änderungen der Intensität führen zu einzelnen hohen Gradientenwerten, die durch eine Begrenzung der Werte des Merkmalsvektors $\boldsymbol{f}$ auf ein vordefiniertes Maximum t_fclip kompensiert werden, d. h.,

$$\boldsymbol{f}(m) \;\leftarrow\; \min(\boldsymbol{f}(m), t_\mathrm{fclip}), \qquad (25.97)$$

---

[23] In einzelnen SIFT-Implementierungen werden unterschiedliche Anordnungen der Elemente im Merkmalsvektor verwendet. Zum Vergleich (*Matching*) von Merkmalen muss die Anordnung natürlich exakt übereinstimmen.

mit (typischerweise) $t_{fclip} = 0.2$ [138] (s. Zeile 10 in Alg. 25.10). Anschließend wird $\boldsymbol{f}$ nochmals wie in Gl. 25.96 normalisiert. Abschließend wird die kontinuierlichen Werte in $\boldsymbol{f}$ zu einem ganzzahligen Vektor

$$\boldsymbol{f}_{\text{sift}}(m) \leftarrow \min\big(\text{round}(\mathsf{s}_{\text{fscale}} \cdot \boldsymbol{f}(m)), 255\big), \tag{25.98}$$

konvertiert, mit $\mathsf{s}_{\text{fscale}} = 512$. Die Elemente von $\boldsymbol{f}_{\text{sift}}$ liegen im Intervall $[0, 255]$ und können daher unmittelbar als 8-Bit (*Byte*) Werte kodiert werden (s. Zeile 12 in Alg. 25.10).

Der finale SIFT-Deskriptor für einen gegebenen Merkmalspunkt $\boldsymbol{k}' = (p, q, x, y)$ ist schließlich ein Tuple

$$\boldsymbol{s} = \langle x', y', \sigma, \theta, \boldsymbol{f}_{\text{sift}} \rangle, \tag{25.99}$$

bestehend aus der interpolierten Position $x', y' \in \mathbb{R}$ (rückgerechnet auf das Koordinatensystem des Ausgangsbilds, s. Gl. 25.44), dem absoluten Skalenwert σ, dem dominanten Richtungswinkel θ sowie dem ganzzahligen Merkmalsvektor $\boldsymbol{f}_{\text{sift}}$ (s. Zeile 27 in Alg. 25.8). Wie bereits erwähnt können zu einem Merkmalspunkt mehrere SIFT-Deskriptoren für unterschiedliche dominante Richtungen angelegt werden. Diese weisen identische Positionen und Skalenwerte auf, aber natürlich unterschiedliche Winkel und Merkmalsvektoren.

25.4 SIFT-Algorithmus – Zusammenfassung

Dieser Abschnitt enthält eine algorithmische Zusammenfassung der in den vorhergehenden Teilen dieses Kapitels beschriebenen Schritte.

Auf der obersten Ebene steht die in Algorithmus 25.3 gezeigte Prozedur GetSiftFeatures(I), die für das Ausgangsbild I eine (möglicherweise leere) Folge von SIFT-Merkmalen liefert. Der übrige Teil von Alg. 25.3 beschreibt die Detektion von Merkmalspunkten als Extrema im DoG-Skalenraum, dessen Aufbau bereits in Alg. 25.2 gezeigt wurde. DIe Verfeinerung der Position der Merkmalspunkte ist in Alg. 25.4 zusammengefasst. Algorithmus 25.5 enthält die Details zur Extraktion der Umgebung im Skalenraum, zur Detektion lokaler Extrema sowie zur Berechnung des Gradienten und der Hesse-Matrix in 3D. Algorithmus 25.6 beschreibt die Schritte zur Bestimmung der dominanten Richtung für einen gegebenen Merkmalspunkt, basierend auf dem in Alg. 25.7 berechneten Richtungshistogramm. Die abschließende Formation des eigentlichen SIFT-Deskriptors erfolgt in Alg. 25.8 unter Verwendung der Prozeduren in Alg. 25.9–25.10. Die in den Algorithmen verwendeten *globalen* Konstanten (Parameter) sind in Tabelle 25.5 (S. 697) aufgelistet, zusammen mit den Bezeichnungen für die entsprechenden Variablen im Java Quellkode (s. Abschn. 25.7).

```
 1:  GetSiftFeatures(I)
        Input: I, the source image (scalar-valued).
        Returns a sequence of SIFT feature descriptors detected in I.
 2:     ⟨G, D⟩ ← BuildSiftScaleSpace(I, σ_s, σ_0, P, Q)              ▷ Alg. 25.2
 3:     C ← GetKeyPoints(D)
 4:     S ← ()                                          ▷ empty list of SIFT descriptors
 5:     for all k' ∈ C do                                            ▷ k' = (p, q, x, y)
 6:         A ← GetDominantOrientations(G, k')                       ▷ Alg. 25.6
 7:         for all θ ∈ A do
 8:             s ← MakeSiftDescriptor(G, k', θ)                     ▷ Alg. 25.8
 9:             S ← S ⌣ (s)
10:     return S
```

```
11:  GetKeypoints(D)
        D: DoG scale space (with P octaves, each containing Q levels).
        Returns a set of keypoints located in D.
12:     C ← ()                                        ▷ empty list of key points
13:     for p ← 0, ..., P−1 do                               ▷ for all octaves p
14:         for q ← 0, ..., Q−1 do                           ▷ for all scale levels q
15:             E ← FindExtrema(D, p, q)
16:             for all k ∈ E do                             ▷ k = (p, q, u, v)
17:                 k' ← RefineKeyPosition(D, k)             ▷ Alg. 25.4
18:                 if k' ≠ nil then                        ▷ k' = (p, q, x, y)
19:                     C ← C ⌣ (k')                        ▷ add refined key point k'
20:     return C
```

```
21:  FindExtrema(D, p, q)
22:     D_{p,q} ← GetScaleLevel(D, p, q)
23:     (M, N) ← Size(D_{p,q})
24:     E ← ()                                        ▷ empty list of extrema
25:     for u ← 1, ..., M−2 do
26:         for v ← 1, ..., N−2 do
27:             if |D_{p,q}(u, v)| > t_mag then
28:                 k ← (p, q, u, v)
29:                 N_D ← GetNeighborhood(D, k)              ▷ Alg. 25.5
30:                 if IsExtremum(N_D) then                  ▷ Alg. 25.5
31:                     E ← E ⌣ (k)                         ▷ add k to E
32:     return E
```

SIFT-ALGORITHMUS –
ZUSAMMENFASSUNG

Algorithmus 25.3
SIFT-Merkmalsextraktion (Teil 1).
Globale Parameter: σ_s, σ_0, t_{mag}, Q,
P (s. Tabelle 25.5).

1: **RefineKeyPosition(D, k)**

    Input: **D**, hierarchical DoG scale space; $k = (p, q, u, v)$, candidate (extremal) position.

    Returns a refined key point k' or nil if no proper key point could be localized at or near the extremal position k.

2:    $a_{\max} \leftarrow \frac{(\rho_{\max}+1)^2}{\rho_{\max}}$ $\triangleright$ see Eq. 25.71

3:    $k' \leftarrow \text{nil}$ $\triangleright$ refined key point

4:    $done \leftarrow \text{false}$

5:    $n \leftarrow 1$ $\triangleright$ number of repositioning steps

6:    **while** $\neg done \ \wedge \ n \leq n_{\text{refine}} \ \wedge \ \text{IsInside}(\mathbf{D}, k)$ **do**

7:        $N_D \leftarrow \text{GetNeighborhood}(\mathbf{D}, k)$ $\triangleright$ Alg. 25.5

8:        $\nabla = \begin{pmatrix} d_x \\ d_x \\ d_\sigma \end{pmatrix} \leftarrow \text{Gradient}(N_D)$ $\triangleright$ Alg. 25.5

9:        $\mathbf{H}_\text{D} = \begin{pmatrix} d_{xx} & d_{xy} & d_{x\sigma} \\ d_{xy} & d_{yy} & d_{y\sigma} \\ d_{x\sigma} & d_{y\sigma} & d_{\sigma\sigma} \end{pmatrix} \leftarrow \text{Hessian}(N_D)$ $\triangleright$ Alg. 25.5

10:       **if** $\det(\mathbf{H}_\text{D}) = 0$ **then** $\triangleright$ $\mathbf{H}_\text{D}$ is not invertible

11:         $done \leftarrow \text{true}$ $\triangleright$ ignore this point and finish

12:       **else**

13:         $d = \begin{pmatrix} x' \\ y' \\ \sigma' \end{pmatrix} \leftarrow -\mathbf{H}_\text{D}^{-1} \cdot \nabla$ $\triangleright$ Eq. 25.59

14:         **if** $|x'| < 0.5 \ \wedge \ |y'| < 0.5$ **then** $\triangleright$ stay in the same DoG cell

15:           $done \leftarrow \text{true}$

16:           $D_{\text{peak}} \leftarrow N_D(0,0,0) + \frac{1}{2} \cdot \nabla^\mathsf{T} \cdot d$ $\triangleright$ Eq. 25.60

17:           $\mathbf{H}_{\text{xy}} \leftarrow \begin{pmatrix} d_{xx} & d_{xy} \\ d_{xy} & d_{yy} \end{pmatrix}$ $\triangleright$ extract 2D Hessian from $\mathbf{H}_\text{D}$

18:           **if** $|D_{\text{peak}}| > t_{\text{peak}} \ \wedge \ \det(\mathbf{H}_{\text{xy}}) > 0$ **then**

19:             $a \leftarrow \frac{[\text{trace}(\mathbf{H}_{\text{xy}})]^2}{\det(\mathbf{H}_{\text{xy}})}$ $\triangleright$ Eq. 25.68

20:             **if** $a < a_{\max}$ **then** $\triangleright$ suppress edges, Eq. 25.71

21:               $k' \leftarrow k + (0, 0, x', y')^\mathsf{T}$ $\triangleright$ refined key point

22:         **else**

             Move to a neighboring DoG position at same level p, q:

23:             $u' \leftarrow \min(1, \max(-1, \text{round}(x')))$ $\triangleright$ move by max. ± 1

24:             $v' \leftarrow \min(1, \max(-1, \text{round}(y')))$ $\triangleright$ move by max. ± 1

25:             $k \leftarrow k + (0, 0, u', v')^\mathsf{T}$

26:       $n \leftarrow n + 1$

27:    **return** k' $\triangleright$ k' is either a refined key point position or nil

1:	**IsInside**($\mathbf{D}, \boldsymbol{k}$)
	Checks if coordinate $\boldsymbol{k} = (p, q, u, v)$ is inside the DoG scale space $\mathbf{D}$.
2:	$(p, q, u, v) \leftarrow \boldsymbol{k}$
3:	$(M, N) \leftarrow \text{Size}(\text{GetScaleLevel}(\mathbf{D}, p, q))$
4:	**return** $(0 < u < M{-}1) \;\wedge\; (0 < v < N{-}1) \;\wedge\; (0 \leq q < Q)$

5:	**GetNeighborhood**($\mathbf{D}, \boldsymbol{k}$) $\quad\triangleright\; \boldsymbol{k} = (p, q, u, v)$
	Collects and returns the 3×3×3 neighborhood values around position $\boldsymbol{k}$ in the hierarchical DoG scale space $\mathbf{D}$.
6:	Create map $\mathsf{N}_D : \{-1, 0, 1\}^3 \mapsto \mathbb{R}$
7:	**for all** $(i, j, k) \in \{-1, 0, 1\}^3$ **do** $\quad\triangleright$ collect 3×3×3 neighborhood
8:	$\quad \mathsf{N}_D(i, j, k) \leftarrow \mathbf{D}_{p, q+k}(u{+}i, v{+}j)$
9:	**return** N_D

10:	**IsExtremum**(N_D) $\quad\triangleright\; \mathsf{N}_D$ is a 3×3×3 map
	Determines if the center of the 3D neighborhood N_D is either a local minimum or maximum by the threshold $\mathsf{t}_{\text{extrm}} \geq 0$. Returns a boolean value (i. e., true or false).
11:	$c \leftarrow \mathsf{N}_D(0, 0, 0)$ $\quad\triangleright$ center DoG value
12:	$isMin \leftarrow c < 0 \wedge (c + \mathsf{t}_{\text{extrm}}) < \min\limits_{\substack{(i,j,k) \neq \\ (0,0,0)}} \mathsf{N}_D(i, j, k)$ $\quad\triangleright$ s. Eq. 25.53
13:	$isMax \leftarrow c > 0 \wedge (c - \mathsf{t}_{\text{extrm}}) > \max\limits_{\substack{(i,j,k) \neq \\ (0,0,0)}} \mathsf{N}_D(i, j, k)$ $\quad\triangleright$ s. Eq. 25.54
14:	**return** $isMin \vee isMax$

15:	**Gradient**(N_D) $\quad\triangleright\; \mathsf{N}_D$ is a 3×3×3 map
	Returns the estim. gradient vector (∇) for the 3D neighborhood N_D.
16:	$d_{\mathrm{x}} \leftarrow 0.5 \cdot (\mathsf{N}_D(1, 2, 1) - \mathsf{N}_D(1, 0, 1))$
17:	$d_{\mathrm{y}} \leftarrow 0.5 \cdot (\mathsf{N}_D(1, 1, 2) - \mathsf{N}_D(1, 1, 0))$ $\quad\triangleright$ see Eq. 25.55
18:	$d_{\sigma} \leftarrow 0.5 \cdot (\mathsf{N}_D(2, 1, 1) - \mathsf{N}_D(0, 1, 1))$
19:	$\nabla \leftarrow (d_{\mathrm{x}}, d_{\mathrm{y}}, d_{\sigma})^{\mathsf{T}}$
20:	**return** ∇

21:	**Hessian**(N_D) $\quad\triangleright\; \mathsf{N}_D$ is a 3×3×3 map
	Returns the estim. Hessian matrix ($\mathbf{H}$) for the neighborhood N_D.
22:	$d_{xx} \leftarrow \mathsf{N}_D(-1, 0, 0) - 2 \cdot \mathsf{N}_D(0, 0, 0) + \mathsf{N}_D(1, 0, 0)$ $\quad\triangleright$ see Eq. 25.57
23:	$d_{yy} \leftarrow \mathsf{N}_D(0, -1, 0) - 2 \cdot \mathsf{N}_D(0, 0, 0) + \mathsf{N}_D(0, 1, 0)$
24:	$d_{\sigma\sigma} \leftarrow \mathsf{N}_D(0, 0, -1) - 2 \cdot \mathsf{N}_D(0, 0, 0) + \mathsf{N}_D(0, 0, 1)$
25:	$d_{xy} \leftarrow [\, \mathsf{N}_D(1, 1, 0) - \mathsf{N}_D(-1, 1, 0) - \mathsf{N}_D(1, -1, 0) + \mathsf{N}_D(-1, -1, 0) \,]/4$
26:	$d_{x\sigma} \leftarrow [\, \mathsf{N}_D(1, 0, 1) - \mathsf{N}_D(-1, 0, 1) - \mathsf{N}_D(1, 0, -1) + \mathsf{N}_D(-1, 0, -1) \,]/4$
27:	$d_{y\sigma} \leftarrow [\, \mathsf{N}_D(0, 1, 1) - \mathsf{N}_D(0, -1, 1) - \mathsf{N}_D(0, 1, -1) + \mathsf{N}_D(0, -1, -1) \,]/4$
28:	$\mathbf{H} \leftarrow \begin{pmatrix} d_{xx} & d_{xy} & d_{x\sigma} \\ d_{xy} & d_{yy} & d_{y\sigma} \\ d_{x\sigma} & d_{y\sigma} & d_{\sigma\sigma} \end{pmatrix}$
29:	**return** $\mathbf{H}$

Algorithmus 25.5
SIFT-Merkmalsextraktion (Teil 3): Operationen auf die lokale 3D-Umgebung im DoG-Skalenraum. Globale Parameter: Q, $\mathsf{t}_{\text{extrm}}$ (s. Tabelle 25.5).

Algorithmus 25.6
SIFT-Merkmalsextraktion (Teil 4): Bestimmung der dominanten Gradientenrichtung(en). Globale Parameter: n_{smooth}, t_{domor} (s. Tabelle 25.5).

1: **GetDominantOrientations**($\mathbf{G}, \boldsymbol{k}'$)
  Input: $\mathbf{G}$, hierarchical Gaussian scale space; $\boldsymbol{k}' = (p, q, x, y)$, refined key point at octave p, scale level q and spatial position x, y (in octave's coordinates).
  Returns a list of dominant orientations for the key point $\boldsymbol{k}'$.
2:   $\mathsf{h}_\phi \leftarrow \mathsf{GetOrientationHistogram}(\mathbf{G}, \boldsymbol{k}')$ ▷ Alg. 25.7
3:   $\mathsf{SmoothCircular}(\mathsf{h}_\phi, n_{\mathrm{smooth}})$
4:   $A \leftarrow \mathsf{FindPeakOrientations}(\mathsf{h}_\phi)$
5:   **return** A

6: **SmoothCircular**($\boldsymbol{x}, n_{\mathrm{iter}}$)
  Smooths the real-valued vector $\boldsymbol{x} = (x_0, \ldots, x_{n-1})$ circularly using the 3-element kernel $H = (h_0, h_1, h_2)$, with h_1 as the hot-spot. The filter operation is applied n_{iter} times and "in place", i.e., the vector $\boldsymbol{x}$ is modified.
7:   $(h_0, h_1, h_2) \leftarrow \frac{1}{4} \cdot (1, \mathbf{2}, 1)$ ▷ 1D filter kernel
8:   $n \leftarrow \mathsf{Size}(\boldsymbol{x})$
9:   **for** $i \leftarrow 1, \ldots, n_{\mathrm{iter}}$ **do**
10:    $s \leftarrow \boldsymbol{x}(0)$
11:    $p \leftarrow \boldsymbol{x}(n-1)$
12:    **for** $j \leftarrow 0, \ldots, n-2$ **do**
13:      $c \leftarrow \boldsymbol{x}(j)$
14:      $\boldsymbol{x}(j) \leftarrow h_0 \cdot p + h_1 \cdot \boldsymbol{x}(j) + h_2 \cdot \boldsymbol{x}(j+1)$
15:      $p \leftarrow c$
16:    $\boldsymbol{x}(n-1) \leftarrow h_0 \cdot p + h_1 \cdot \boldsymbol{x}(n-1) + h_2 \cdot s$
17:   **return**

18: **FindPeakOrientations**(h_ϕ)
  Returns a (possibly empty) sequence of dominant directions (angles) obtained from the orientation histogram h_ϕ.
19:   $n \leftarrow \mathsf{Size}(\mathsf{h}_\phi)$
20:   $A \leftarrow (\,)$
21:   $h_{\max} \leftarrow \max\limits_{0 \le i < n} \mathsf{h}_\phi(i)$
22:   **for** $k \leftarrow 0, \ldots, n-1$ **do**
23:    $h_{\mathrm{c}} \leftarrow \mathsf{h}(k)$
24:    **if** $h_{\mathrm{c}} > t_{\mathrm{domor}} \cdot h_{\max}$ **then** ▷ only accept dominant peaks
25:      $h_{\mathrm{p}} \leftarrow \mathsf{h}_\phi((k-1) \bmod n)$
26:      $h_{\mathrm{n}} \leftarrow \mathsf{h}_\phi((k+1) \bmod n)$
27:      **if** $(h_{\mathrm{c}} > h_{\mathrm{p}}) \wedge (h_{\mathrm{c}} > h_{\mathrm{n}})$ **then** ▷ local max. at index k
28:        $\check{k} \leftarrow k + \frac{h_{\mathrm{p}} - h_{\mathrm{n}}}{2 \cdot (h_{\mathrm{p}} - 2 \cdot h_{\mathrm{c}} + h_{\mathrm{n}})}$ ▷ quadr. interpol., Eq. 25.84
29:        $\theta \leftarrow \left(\check{k} \cdot \frac{2\pi}{n}\right) \bmod 2\pi$ ▷ domin. orientation, Eq. 25.85
30:        $A \leftarrow A \smallfrown (\theta)$
31:   **return** A

1: **GetOrientationHistogram**($\mathbf{G}, \boldsymbol{k}'$)

    Input: $\mathbf{G}$, hierarchical Gaussian scale space; $\boldsymbol{k}' = (p, q, x, y)$, refined key point at octave p, scale level q and relative position x, y. Returns the gradient orientation histogram for key point $\boldsymbol{k}'$.

2:     $\mathbf{G}_{p,q} \leftarrow \text{GetScaleLevel}(\mathbf{G}, p, q)$

3:     $(M, N) \leftarrow \text{Size}(\mathbf{G}_{p,q})$

4:     Create a new map $\mathsf{h}_\phi : [0, \mathsf{n}_{\text{orient}} - 1] \mapsto \mathbb{R}$.   ▷ new histogram h_ϕ

5:     **for** $i \leftarrow 0, \ldots, \mathsf{n}_{\text{orient}} - 1$ **do**   ▷ initialize h_ϕ to zero

6:         $\mathsf{h}_\phi(i) \leftarrow 0$

7:     $\sigma_{\text{w}} \leftarrow 1.5 \cdot \sigma_0 \cdot 2^{q/Q}$ ▷ σ of Gaussian weight fun., see Eq. 25.75

8:     $r_{\text{w}} \leftarrow \max(1, 2.5 \cdot \sigma_{\text{w}})$ ▷ rad. of weight fun., see Eq. 25.76

9:     $u_{\min} \leftarrow \max(\lfloor x - r_{\text{w}} \rfloor, 1)$

10:     $u_{\max} \leftarrow \min(\lceil x + r_{\text{w}} \rceil, M - 2)$

11:     $v_{\min} \leftarrow \max(\lfloor y - r_{\text{w}} \rfloor, 1)$

12:     $v_{\max} \leftarrow \min(\lceil y + r_{\text{w}} \rceil, N - 2)$

13:     **for** $u \leftarrow u_{\min}, \ldots, u_{\max}$ **do**

14:         **for** $v \leftarrow v_{\min}, \ldots, v_{\max}$ **do**

15:             $r^2 \leftarrow (u - x)^2 + (v - y)^2$

16:             **if** $r^2 < r_{\text{w}}^2$ **then**

17:                 $(E, \phi) \leftarrow \text{GetGradientPolar}(\mathbf{G}_{p,q}, u, v)$ ▷ see below

18:                 $w_{\text{G}} \leftarrow \exp\!\left(-\frac{(u-x)^2 + (v-y)^2}{2\sigma_{\text{w}}^2}\right)$ ▷ Gaussian weight

19:                 $z \leftarrow E \cdot w_{\text{G}}$ ▷ quantity to accumulate

20:                 $\kappa_\phi \leftarrow \frac{\mathsf{n}_{\text{orient}}}{2\pi} \cdot \phi$ ▷ $\kappa_\phi \in [-\frac{\mathsf{n}_{\text{orient}}}{2}, +\frac{\mathsf{n}_{\text{orient}}}{2}]$

21:                 $\alpha \leftarrow \kappa_\phi - \lfloor \kappa_\phi \rfloor$ ▷ $\alpha \in [0, 1]$

22:                 $k_0 \leftarrow \lfloor \kappa_\phi \rfloor \bmod \mathsf{n}_{\text{orient}}$ ▷ lower bin index

23:                 $k_1 \leftarrow (k_0 + 1) \bmod \mathsf{n}_{\text{orient}}$ ▷ upper bin index

24:                 $\mathsf{h}_\phi(k_0) \overset{+}{\leftarrow} (1 - \alpha) \cdot z$ ▷ update bin k_0

25:                 $\mathsf{h}_\phi(k_1) \overset{+}{\leftarrow} \alpha \cdot z$ ▷ update bin k_1

26:     **return** h_ϕ

27: **GetGradientPolar**($\mathbf{G}_{p,q}, u, v$)

    Returns the gradient magnitude (E) and orientation (ϕ) at position (u, v) of the Gaussian scale level $\mathbf{G}_{p,q}$.

28:     $\begin{pmatrix} d_{\text{x}} \\ d_{\text{y}} \end{pmatrix} \leftarrow 0.5 \cdot \begin{pmatrix} \mathbf{G}_{p,q}(u+1, v) - \mathbf{G}_{p,q}(u-1, v) \\ \mathbf{G}_{p,q}(u, v+1) - \mathbf{G}_{p,q}(u, v-1) \end{pmatrix}$ ▷ gradient at u, v

29:     $E \leftarrow \left(d_{\text{x}}^2 + d_{\text{y}}^2\right)^{1/2}$ ▷ gradient magnitude

30:     $\phi \leftarrow \text{Arctan}(d_{\text{x}}, d_{\text{y}})$ ▷ gradient orientation ($-\pi \leq \phi \leq \pi$)

31:     **return** (E, ϕ)

Algorithmus 25.7
SIFT-Merkmalsextraktion (Teil 5): Berechnung der Gradienten und des Richtungshistogramms aus dem Gauss-Skalenraum. Globale Parameter: $\mathsf{n}_{\text{orient}}$ (s. Tabelle 25.5).

Algorithmus 25.8
SIFT-Merkmalsextraktion (Teil 6):
Berechnung des SIFT-Deskriptors.
Globale Parameter: Q, σ_0, s_d,
n_{spat}, n_{angl} (s. Tabelle 25.5).

1: **MakeSiftDescriptor**($\mathbf{G}, \boldsymbol{k}', \theta$)

    Input: $\mathbf{G}$, hierarchical Gaussian scale space; $\boldsymbol{k}' = (p, q, x, y)$, refined key point; θ, dominant orientation.
    Returns a new SIFT descriptor for the key point $\boldsymbol{k}'$.

2:      $\mathbf{G}_{p,q} \leftarrow \mathsf{GetScaleLevel}(\mathbf{G}, p, q)$

3:      $(M, N) \leftarrow \mathsf{Size}(\mathbf{G}_{p,q})$

4:      $\dot{\sigma}_q \leftarrow \sigma_0 \cdot 2^{q/Q}$ $\triangleright$ decimated scale at level q

5:      $w_d \leftarrow s_d \cdot \dot{\sigma}_q$ $\triangleright$ descriptor size is prop. to keypoint scale

6:      $\sigma_d \leftarrow 0.25 \cdot w_d$ $\triangleright$ width of Gaussian weighting function

7:      $r_d \leftarrow 2.5 \cdot \sigma_d$ $\triangleright$ cutoff radius of weighting function

8:      $u_{min} \leftarrow \max(\lfloor x - r_d \rfloor, 1)$

9:      $u_{max} \leftarrow \min(\lceil x + r_d \rceil, M-2)$

10:      $v_{min} \leftarrow \max(\lfloor y - r_d \rfloor, 1)$

11:      $v_{max} \leftarrow \min(\lceil y + r_d \rceil, N-2)$

12:      Create map $\mathsf{h}_\nabla : n_{spat} \times n_{spat} \times n_{angl} \mapsto \mathbb{R}$ $\triangleright$ gradient histogram h_∇

13:      **for all** $(i, j, k) \in n_{spat} \times n_{spat} \times n_{angl}$ **do**

14:          $\mathsf{h}_\nabla(i, j, k) \leftarrow 0$ $\triangleright$ initialize h_∇ to zero

15:      **for** $u \leftarrow u_{min}, \ldots, u_{max}$ **do**

16:          **for** $v \leftarrow v_{min}, \ldots, v_{max}$ **do**

17:              $r^2 \leftarrow (u-x)^2 + (v-y)^2$

18:              **if** $r^2 < r_d^2$ **then**

                 Map to canonical coord. frame, with $u', v' \in [-\frac{1}{2}, +\frac{1}{2}]$:

19:              $\begin{pmatrix} u' \\ v' \end{pmatrix} \leftarrow \frac{1}{w_d} \cdot \begin{pmatrix} \cos(-\theta) & -\sin(-\theta) \\ \sin(-\theta) & \cos(-\theta) \end{pmatrix} \cdot \begin{pmatrix} u-x \\ v-y \end{pmatrix}$

20:              $(E, \phi) \leftarrow \mathsf{GetGradientPolar}(\mathbf{G}_{p,q}, u, v)$ $\triangleright$ Alg. 25.7

21:              $\phi' \leftarrow (\phi - \theta) \bmod 2\pi$ $\triangleright$ normalize gradient angle

22:              $w_G \leftarrow \exp\left(-\frac{r^2}{2\sigma_d^2}\right)$ $\triangleright$ Gaussian weight

23:              $z \leftarrow E \cdot w_G$ $\triangleright$ quantity to accumulate

24:              $\mathsf{UpdateGradientHistogram}(\mathsf{h}_\nabla, u', v', \phi', z)$ $\triangleright$ Alg. 25.9

25:      $\boldsymbol{f}_{sift} \leftarrow \mathsf{MakeFeatureVector}(\mathsf{h}_\nabla)$ $\triangleright$ see Alg. 25.10

26:      $\sigma \leftarrow \sigma_0 \cdot 2^{p+q/Q}$ $\triangleright$ absolute scale, Eq. 25.34

27:      $\begin{pmatrix} x' \\ y' \end{pmatrix} \leftarrow 2^p \cdot \begin{pmatrix} x \\ y \end{pmatrix}$ $\triangleright$ real position, Eq. 25.44

28:      $\boldsymbol{s} \leftarrow \langle x', y', \sigma, \theta, \boldsymbol{f}_{sift} \rangle$ $\triangleright$ create a new SIFT descriptor

29:      **return** $\boldsymbol{s}$

```
1:  UpdateGradientHistogram(h_∇, u', v', φ', z)
        Input: h_∇, gradient histogram of size n_spat × n_spat × n_angl, with
        h_∇(i, j, k) ∈ ℝ;  u', v' ∈ [−0.5, 0.5], normalized spatial position;
        φ' ∈ [0, 2π), normalized gradient orientation; z ∈ ℝ, quantity to
        be accumulated into h_∇.
        Returns nothing but modifies the histogram h_∇.
2:      i' ← n_spat · u' + 0.5 · (n_spat − 1)           ▷ see Eq. 25.91
3:      j' ← n_spat · v' + 0.5 · (n_spat − 1)           ▷ −0.5 ≤ i', j' ≤ n_spat − 0.5
4:      k' ← n_angl · (φ'/2π)                           ▷ −(n_angl/2) ≤ k' ≤ (n_angl/2)
5:      i_0 ← ⌊i'⌋
6:      i_1 ← i_0 + 1
7:      i ← (i_0, i_1)                                   ▷ see Eq. 25.92
8:      j_0 ← ⌊j'⌋
9:      j_1 ← j_0 + 1
10:     j ← (j_0, j_1)
11:     k_0 ← ⌊k'⌋ mod n_angl
12:     k_1 ← (k_0 + 1) mod n_angl
13:     k ← (k_0, k_1)
14:     α_0 ← i_1 − i'                                   ▷ see Eq. 25.93
15:     α_1 ← 1 − α_0
16:     α ← (α_0, α_1)
17:     β_0 ← j_1 − j'
18:     β_1 ← 1 − β_0
19:     β ← (β_0, β_1)
20:     γ_0 ← 1 − (k' − ⌊k'⌋)
21:     γ_1 ← 1 − γ_0
22:     γ ← (γ_0, γ_1)

        Distribute quantity z among (up to) 8 adjacent histogram bins:
23:     for a ← 0, 1 do
24:         i ← i(a)
25:         α ← α(a)
26:         if (0 ≤ i < n_spat) then
27:             for b ← 0, 1 do
28:                 j ← j(b)
29:                 β ← β(b)
30:                 if (0 ≤ j < n_spat) then
31:                     for c ← 0, 1 do
32:                         k ← k(c)
33:                         γ ← γ(c)
34:                         h_∇(i, j, k) ←+ z · α · β · γ    ▷ see Eq. 25.94
35:     return
```

Algorithmus 25.9
SIFT-Merkmalsextraktion (Teil 7):
Aktualisierung des Gradientenhistogramms. Die zur (kontinuierlichen)
Position $(u', v', φ')$ gehörige Größe z
wird in das dreidimensionale Histogramm $h_∇$ akkumuliert (u', v' sind
normalisierte räumliche Koordinaten, $φ'$ ist der Richtungswinkel). Die
Größe z wird durch trilineare Interpolation auf 8 aneinandergrenzende
Histogrammzellen aufgeteilt (s. Abb.
25.26). Man beachte, dass die Rich-
tungskoordinate $φ'$ zyklisch ist und
daher speziell behandelt werden muss.
Globale Parameter: n_{spat}, n_{angl} (s.
Tabelle 25.5).

Algorithmus 25.10
SIFT-Merkmalsextraktion
(Teil 8): Berechnung des SIFT-
Merkmalsvektors aus dem
Richtungshistogramm. Glo-
bale Parameter: n_{spat}, n_{angl},
t_{fclip}, s_{fscale} (s. Tabelle 25.5).

1: **MakeSiftFeatureVector**(h_∇)

    Input: h_∇, gradient histogram of size $n_{spat} \times n_{spat} \times n_{angl}$.

    Returns a 1D integer (unsigned byte) vector obtained from h_∇.

2:    Create map $\boldsymbol{f} : \left[0, n_{spat}^2 \cdot n_{angl} - 1\right] \mapsto \mathbb{R}$ ▷ new 1D vector $\boldsymbol{f}$

3:    $m \leftarrow 0$

4:    **for** $i \leftarrow 0, \ldots, n_{spat}-1$ **do**   ▷ flatten h_∇ into $\boldsymbol{f}$

5:        **for** $j \leftarrow 0, \ldots, n_{spat}-1$ **do**

6:            **for** $k \leftarrow 0, \ldots, n_{angl}-1$ **do**

7:                $\boldsymbol{f}(m) \leftarrow h_\nabla(i, j, k)$

8:                $m \leftarrow m + 1$

9:    Normalize($\boldsymbol{f}$)

10:   ClipPeaks($\boldsymbol{f}, t_{fclip}$)

11:   Normalize($\boldsymbol{f}$)

12:   $\boldsymbol{f}_{sift} \leftarrow$ MapToBytes($\boldsymbol{f}, s_{fscale}$)

13:   **return** $\boldsymbol{f}_{sift}$

14: **Normalize**($\boldsymbol{x}$)

    Scales vector $\boldsymbol{x}$ to unit norm. Returns nothing, but $\boldsymbol{x}$ is modified.

15:   $n \leftarrow$ Size($\boldsymbol{x}$)

16:   $s \leftarrow \sum\limits_{i=0}^{n-1} \boldsymbol{x}(i)$

17:   **for** $i \leftarrow 0, \ldots, n-1$ **do**

18:      $\boldsymbol{x}(i) \leftarrow \frac{1}{s} \cdot \boldsymbol{x}(i)$

19:   **return**

20: **ClipPeaks**($\boldsymbol{x}, x_{max}$)

    Limits the elements of $\boldsymbol{x}$ to x_{max}. Returns nothing, but $\boldsymbol{x}$ is modified.

21:   $n \leftarrow$ Size($\boldsymbol{x}$)

22:   **for** $i \leftarrow 0, \ldots, n-1$ **do**

23:      $\boldsymbol{x}(i) \leftarrow \min\big(\boldsymbol{x}(i), x_{max}\big)$

24:   **return**

25: **MapToBytes**($\boldsymbol{x}, s$)

    Converts the real-valued vector $\boldsymbol{x}$ to an integer (unsigned byte) va-
lued vector with elements in $[0, 255]$, using the scale factor $s > 0$.

26:   $n \leftarrow$ Size($\boldsymbol{x}$)

27:   Create a new map $\boldsymbol{x}_{int} : [0, n-1] \mapsto [0, 255]$ ▷ new byte vector

28:   **for** $i \leftarrow 0, \ldots, n-1$ **do**

29:      $a \leftarrow$ round $\big(s \cdot \boldsymbol{x}(i)\big)$ ▷ $a \in \mathbb{N}_0$

30:      $\boldsymbol{x}_{int}(i) \leftarrow \min\big(a, 255\big)$ ▷ $\boldsymbol{x}_{int}(i) \in [0, 255]$

31:   **return** $\boldsymbol{x}_{int}$

Skalenraum-Parameter

Symbol	Java-Var.	Wert	Beschreibung
Q	Q	3	Anzahl der Skalenebenen pro Oktave
P	P	4	Anzahl der Oktaven im Skalenraum
σ_s	sigma_s	0.5	angenommener Skalenwert des diskreten Ausgangsbilds
σ_0	sigma_0	1.6	Skalenwert der untersten Ebene des Skalenraums

Key point detection

Symbol	Java-Var.	Wert	Beschreibung
n_{orient}	n_Orient	36	Anzahl der Winkelschritte zur Berechnung der dominanten Orientierung
n_{refine}	n_Refine	5	max. Anzahl der Iterationen zur Repositionierung von Merkmalspunkten
n_{smooth}	n_Smooth	2	Anzahl der Glättungsschritte für das Richtungshistogramm
ρ_{max}	rho_Max	10.0	max. Verhältnis der Hauptkrümmungen $(3, \ldots, 10)$
t_{domor}	t_DomOr	0.8	Minimaler Histogrammwert (relativ zum Maximalwert) für dominanten Orientierung(en)
t_{extrm}	t_Extrm	0.0	min. Differenz zu unmittelbaren Nachbarn für die Detektion lokaler Extrema
t_{mag}	t_Mag	0.01	min. DoG-Betrag zur Auswahl potenzieller Merkmalspunkte
t_{peak}	t_Peak	0.01	min. DoG-Betrag an interpolierten Extremwerten

Merkmalsdeskriptor

Symbol	Java-Var.	Wert	Beschreibung
n_{spat}	n_Spat	4	Anzahl der räumlichen Deskriptorzellen entlang der x/y-Achsen
n_{angl}	n_Angl	16	Anzahl der Orientierungszellen im Deskriptor
s_d	s_Desc	10.0	räumliche Größe des Deskriptors im Verhältnis zum zugeh. Skalenwert
s_{fscale}	s_Fscale	512.0	Skalierungsfaktor zur Konvertierung der Deskriptorwerte auf 8-Bit Werte
t_{fclip}	t_Fclip	0.2	Maximalwert zur Begrenzung der normalisierten Deskriptorwerte

Merkmalsvergleich

Symbol	Java-Var.	Wert	Beschreibung
ρ_{max}	rho_ax	0.8	max. Verhältnis der Abstände für die beste bzw. zweitbeste Paarung von Deskriptoren

25.4 SIFT-ALGORITHMUS – ZUSAMMENFASSUNG

Tabelle 25.5
Globale Konstanten und Parameter für das SIFT-Verfahren (Alg. 25.3–25.11).

25.5 Vergleich von SIFT-Merkmalen

Die häufigste Anwendung des SIFT-Verfahrens ist die Lokalisierung von zusammengehörigen Merkmalspunkten in zwei oder mehreren Bildern der selben Szene, beispielsweise für die oder zur Verfolgung von Referenzpunkten in Bildsequenzen. Zuordnung von Referenzpunkten in Stereoaufnahmen, für den Zusammenbau von Panoramabildern Bei andere Einsatzfällen, wie z.B. der Objekterkennung oder Selbstlokalisierung, ist es wiederum notwendig, in Einzelbildern oder Videosequenzen detektierte Merkmale einer großen Zahl von gespeicherten Modellmerkmalen zuzuordnen. In all diesen Fällen ist ein zuverlässiger und effizienter Vergleich zwischen Paaren von SIFT-Merkmalen erforderlich.

25.5.1 Bestimmung der Ähnlichkeit von Merkmalen

Eine typische Standardsituation ist, dass für zwei Ausgangsbilder I_a, I_b zunächst jeweils eine Folge von SIFT-Merkmalen,

$$S^{(a)} = (\boldsymbol{s}_1^{(a)}, \boldsymbol{s}_2^{(a)}, \ldots, \boldsymbol{s}_{N_a}^{(a)}) \quad \text{bzw.} \quad S^{(b)} = (\boldsymbol{s}_1^{(b)}, \boldsymbol{s}_2^{(b)}, \ldots, \boldsymbol{s}_{N_b}^{(b)}),$$

berechnet wird mit dem Ziel, darin Paare von zusammengehörigen Merkmalspunkten zu finden. Die Ähnlichkeit zwischen zwei Deskriptoren $\boldsymbol{s}_i = \langle x_i, y_i, \sigma_i, \theta_i, \boldsymbol{f}_i \rangle$ und $\boldsymbol{s}_j = \langle x_j, y_j, \sigma_j, \theta_j, \boldsymbol{f}_j \rangle$ wird bestimmt über die Distanz der zugehörigen Merkmalsvektoren, d.h.,

$$\text{dist}(\boldsymbol{s}_i, \boldsymbol{s}_j) := \| \boldsymbol{f}_i - \boldsymbol{f}_j \|, \tag{25.100}$$

wobei $\| \cdots \|$ eine geeignete (typischerweise die Euklidische) Norm bezeichnet.[24]

Dabei ist zu beachten, dass hier die Distanz zwischen einzelnen Punkten in einem Vektorraum berechnet wird, der aufgrund der hohen Dimensionalität (typ. 128) äußerst dünn besetzt ist. Da sich zu einem gegebenen Deskriptor naturgemäß *immer* ein nächstliegendes Gegenstück im Merkmalsraum findet, können leicht auch Merkmale als ähnlich interpretiert werden, die in keinem Zusammenhang zueinander stehen. Dies ist vor allem dann ein Problem, wenn durch den Vergleich von Merkmalen festgestellt werden soll, ob es in zwei Bildern überhaupt Übereinstimmungen gibt.

Naturgemäß sollen „gute" Paarungen von Merkmalen mit einer geringen Distanz im Merkmalsraum einhergehen, in der Praxis erweist sich jedoch die bloße Vorgabe einer fixen Maximaldistanz als unzureichend. Die Grundlage der in [138] vorgeschlagenen Lösung ist, die Distanz für die beste Übereinstimmung mit der „zweitbesten" Distanz in Relation zu setzen. Das zu einem aus $S^{(a)}$ gewählten Referenzdeskriptor $\boldsymbol{s}_r$ „beste" Gegenstück ist jener Deskriptor $\boldsymbol{s}_1$ in $S^{(b)}$, der gegenüber $\boldsymbol{s}_r$ die geringste Distanz (Gl. 25.100) aufweist, d.h.,

---

[24] Siehe auch Abschn. B.1.2 im Anhang.

$$s_1 = \underset{s_j \in S^{(b)}}{\operatorname{argmin}} \operatorname{dist}(s_r, s_j), \qquad (25.101)$$

mit der zugehörigen *Primärdistanz* $d_{r,1} = \operatorname{dist}(s_r, s_1)$. Analog dazu gilt für die „zweitbeste" Übereinstimmung

$$s_2 = \underset{\substack{s_j \in S^{(b)}, \\ s_j \neq s_1}}{\operatorname{argmin}} \operatorname{dist}(s_r, s_j), \qquad (25.102)$$

mit dem zugehörigen Abstand $d_{r,2} = \operatorname{dist}(s_r, s_2)$, wobei $d_{r,1} \leq d_{r,2}$. Bei verlässlichen Übereinstimmungen ist davon auszugehen, dass die Distanz zum primären Gegenstück s_1 deutlich kleiner ist als der Abstand zu jedem anderen Merkmal in der Vergleichsmenge. Falls andererseits die Übereinstimmung schwach oder mehrdeutig ist, dann existieren wahrscheinlich auch andere Übereinstimmungen – einschließlich der zweitbesten Übereinstimmung –, die einen Abstand ähnlich zu $d_{r,1}$ aufweisen. Der Vergleich zwischen der besten und der zweitbesten Merkmalsdistanz kann somit Aufschluss über die Wahrscheinlichkeit einer falschen Zuordnung geben. Wir definieren dafür das Abstandsverhältnis

$$\rho_{\mathrm{match}}(s_r, s_1, s_2) := \frac{d_{r,1}}{d_{r,2}} = \frac{\operatorname{dist}(s_r, s_1)}{\operatorname{dist}(s_r, s_2)}, \qquad (25.103)$$

so dass $\rho_{\mathrm{match}} \in [0, 1]$. Wenn die Distanz s_1 zwischen s_r und dem nächstliegenden (primären) Gegenstück im Vergleich zur sekundären Distanz $d_{r,2}$ klein ist, dann weist auch ρ_{match} einen kleinen Wert auf. Große Werte von ρ_{match} zeigen daher an, dass die betreffende Paarung (zwischen s_r und s_1) eher schwach oder mehrdeutig ist. Merkmalspaarungen werden daher nur dann in Betracht gezogen, wenn

$$\rho_{\mathrm{match}}(s_r, s_1, s_2) \leq \rho_{\max}, \qquad (25.104)$$

mit der Konstante $\rho_{\max} \in [0, 1]$ (s. Tabelle 25.5). Der gesamte Ablauf dieser Vergleichsoperation unter Verwendung der Euklidischen Distanz und einfacher sequentieller Suche ist in Alg. 25.11 zusammengefasst. Andere gängige Varianten zur Distanzmessung sind die L_1 oder die L_∞ Norm.

25.5.2 Beispiele

Die nachfolgenden Beispiele in Abb. 25.28–25.31 zeigen die Anwendung des SIFT-Verfahrens auf historische Stereofotos, die anfangs des 20. Jahrhunderts aufgenommen wurden.[25] Aus den beiden Teilbildern jeder Stereoaufnahme (durch blaue Rechtecke markiert) wurde jeweils unabhängig eine Folge von (ca. 1000) SIFT-Deskriptoren mit identischen Parametereinstellungen berechnet. Die Zuordnung der SIFT-Deskriptoren

---

[25] Aus dem Archiv der U.S. Library of Congress (www.loc.gov).

Algorithmus 25.11
Zuordnung von SIFT-Merkmalen unter Verwendung der Euklidischen Distanz und sequentieller Suche. Die erzeugte Folge von Paarungen ist nach aufsteigender Distanz zwischen den zugehörigen SIFT-Merkmalen sortiert. Die Funktion $\mathsf{Dist}(\boldsymbol{s}_a, \boldsymbol{s}_b)$ zeigt die Berechnung der Euklidischen (L_2) Distanz zwischen den Merkmalen $\boldsymbol{s}_a$ und $\boldsymbol{s}_b$ im n-dimensionalen Merkmalsraum.

1: **MatchDescriptors**$(S^{(a)}, S^{(b)}, \rho_{\max})$
　　Input: $S^{(a)}$, $S^{(b)}$, two sets of SIFT descriptors; $\rho_{\max}$, max. ratio of best and second-best matching distance (s. Eq. 25.104).
　　Returns a sorted list of matches $\boldsymbol{m}_{ij} = \langle \boldsymbol{s}_a, \boldsymbol{s}_b, d_{ij} \rangle$, with $\boldsymbol{s}_a \in S^{(a)}$, $\boldsymbol{s}_b \in S^{(b)}$ and d_{ij} being the distance between $\boldsymbol{s}_a, \boldsymbol{s}_b$ in feature space.
2: 　　$M \leftarrow (\,)$ 　　　　　　　　　　　　　▷ empty sequence of matches
3: 　　**for all** $\boldsymbol{s}_a \in S^{(a)}$ **do**
4: 　　　　$\boldsymbol{s}_1 \leftarrow$ nil, 　$d_{\mathrm{r},1} \leftarrow \infty$ 　　　　　　▷ best nearest neighbor
5: 　　　　$\boldsymbol{s}_2 \leftarrow$ nil, 　$d_{\mathrm{r},2} \leftarrow \infty$ 　　　　　▷ second-best nearest neighbor
6: 　　　　**for all** $\boldsymbol{s}_b \in S^{(b)}$ **do**
7: 　　　　　　$d \leftarrow \mathsf{Dist}(\boldsymbol{s}_a, \boldsymbol{s}_b)$
8: 　　　　　　**if** $d < d_{\mathrm{r},1}$ **then** 　　　　　　▷ d is a new 'best' distance
9: 　　　　　　　　$\boldsymbol{s}_2 \leftarrow \boldsymbol{s}_1$, 　$d_{\mathrm{r},2} \leftarrow d_{\mathrm{r},1}$
10: 　　　　　　　$\boldsymbol{s}_1 \leftarrow \boldsymbol{s}_b$, 　$d_{\mathrm{r},1} \leftarrow d$
11: 　　　　　　**else**
12: 　　　　　　　　**if** $d < d_{\mathrm{r},2}$ **then** 　　▷ d is a new 'second-best' distance
13: 　　　　　　　　　$\boldsymbol{s}_2 \leftarrow \boldsymbol{s}_b$, 　$d_{\mathrm{r},2} \leftarrow d$
14: 　　　　**if** $(\boldsymbol{s}_2 \neq$ nil$) \wedge (\frac{d_{\mathrm{r},1}}{d_{\mathrm{r},2}} \leq \rho_{\max})$ **then** 　　▷ Eqns. (25.103–25.104)
15: 　　　　　　$\boldsymbol{m} \leftarrow \langle \boldsymbol{s}_a, \boldsymbol{s}_1, d_{\mathrm{r},1} \rangle$ 　　　　　▷ add a new match
16: 　　　　　　$M \smile (\boldsymbol{m})$
17: 　　$\mathsf{Sort}(M)$ 　　　　　　　　　▷ sort M to ascending distance $d_{\mathrm{r},1}$
18: 　　**return** M

19: **Dist**$(\boldsymbol{s}_a, \boldsymbol{s}_b)$
　　Input: descriptors $\boldsymbol{s}_a = \langle x_a, y_a, \sigma_a, \theta_a, \boldsymbol{f}_a \rangle$, $\boldsymbol{s}_b = \langle x_b, y_b, \sigma_b, \theta_b, \boldsymbol{f}_b \rangle$.
　　Returns the Euclidean distance between feature vectors $\boldsymbol{f}_a$ and $\boldsymbol{f}_b$.
20: 　　$d \leftarrow \| \boldsymbol{f}_a - \boldsymbol{f}_b \|$
21: 　　**return** d

---

im linken und rechten Teilbild erfolgte „brute force", d. h. durch Aufzählung aller möglichen Deskriptor-Paare und Ermittlung der (Euklidischen) Distanz zwischen den zugehörigen Merkmalsvektoren. Nur die besten 25 Paarungen sind in den Beispielen angezeigt. Die Nummerierung der Merkmale entspricht dabei der Reihenfolge der Übereinstimmungen, wobei die Nummer „1" jeweils das Deskriptor-Paar mit der geringsten Distanz markiert. In Abb. 25.29 sind ausgewählte Details vergrößert dargestellt. Wenn nicht anders angegeben, wurden für die SIFT-Parameter jeweils die Standardeinstellungen (s. Tabelle 25.5) verwendet.

Die Verwendung der Euklidischen (L_2) Norm zur Berechnung der Abstände zwischen Merkmalsvektoren (s. Gl. 25.100) wird zwar in [138] vorgeschlagen, andere Normen tendieren jedoch zu höherer statischer Robustheit und verbessertem Rauschverhalten [120, 167, 207]. In Abb. 25.30 sind zum Vergleich die Ergebnisse mit der L_1-, L_2- und L_∞-Norm gegenübergestellt Man beachte, dass in diesen Beispielen die Mengen der bestgereihten Paarungen bei Verwendung unterschiedlicher Normen praktisch unverändert bleibt, die Reihenfolge der stärksten Zuordnungen sich jedoch ändert.

(a)

(b)

(c)

Abbildung 25.28
Zuordnung von SIFT-Merkmalen in
Stereobildern. Zur Berechnung der
Distanz zwischen Merkmalsvektoren
wird die L_2-Norm verwendet ($\rho_{max} =$
0.8). Die 25 besten Paarungen sind
jeweils angezeigt.

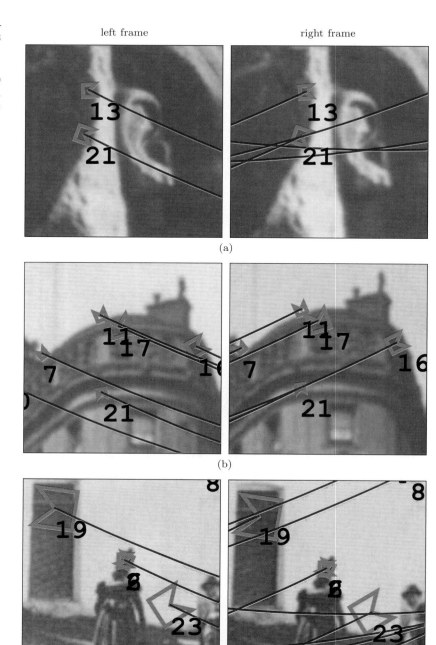

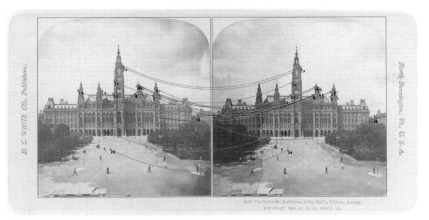

(a) L$_1$-norm

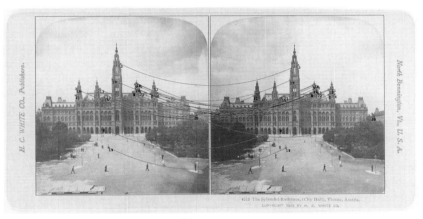

(b) L$_2$-norm

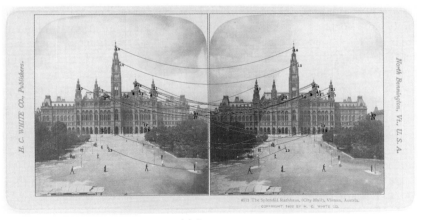

(c) L$_\infty$-norm

Abbildung 25.30
Verwendung unterschiedlicher Abstandsnormen zum Vergleich von SIFT-Merkmalen: L$_1$-Norm (a), L$_2$-Norm (b), L$_\infty$-Norm (c). Alle anderen Parameter entsprechen den Standardeinstellungen (s. Tabelle 25.5).

Abbildung 25.31 zeigt die Auswirkung auf die Bestimmung der besten Merkmalspaare, wenn das Verhältnis zwischen der besten und zweitbesten Übereinstimmung ($\rho_{\max}$) unterschiedlich limitiert wird (s. Gl. 25.101–25.102). Mit dem maximalen Distanzverhältnis $\rho_{\max} = 1.0$ (Abb. 25.31 (a)) wird der Mechanismus praktisch deaktiviert mit dem Ergebnis, dass in den Top-Ergebnissen mehrere falsche oder mehrdeutige Zuordnungen enthalten sind. Im Unterschied dazu wird mit der Einstellung $\rho_{\max} = 0.8$ (wie in [138] vorgeschlagen) bzw. $\rho_{\max} = 0.5$ die Anzahl der falschen Zuordnungen deutlich reduziert (Abb. 25.31 (b, c)). Auch hier sind wiederum nur die 25 besten Übereinstimmungen (basierend auf der L$_2$-Norm) gezeigt.

25.6 Effiziente Zuordnung von Merkmalen

Das allgemeine Problem, die beste Zuordnung von Merkmalen auf Basis des kleinsten Abstands in einem mehrdimensionalen Merkmalsraum zu finden, ist wird im Englischen als „Nearest-Neighbor Search" bezeichnet. Wird die Suche exhaustiv durchgeführt, d. h. durch Auswertung aller möglichen Paarungen von Elementen in den Merkmalsmengen $S^{(a)}$ und $S^{(b)}$ der Größe N_a bzw. N_b, so ist die Berechnung und der Vergleich von $N_a \cdot N_b$ erforderlich. Während der Aufwand für diesen „brute force" Ansatz bei kleinen Vergleichsmengen (in der Größenordnung von jeweils bis zu 1.000 Merkmalen) möglicherweise durchaus akzeptabel ist, wird er bei größeren Mengen rasch unüberwindlich hoch. Beispielsweise können bei der Suche in Bilddatenbanken oder der visuellen Selbst-Lokalisierung von Robotern durchaus Merkmalsmengen mit mehreren Millionen Kandidaten entstehen. Obwohl sehr effiziente Verfahren zur (exakten) Nearest-Neighbor-Suche auf der Basis von Baumstrukturen existieren, wie beispielsweise die bekannte k-d Tree-Methode [72], sind diese mit steigender Dimensionalität des Merkmalsraums gegenüber der linearen Suche kaum von Vorteil [77, 107]. Tatsächlich ist aktuell kein Algorithmus zur Nearest-Neighbor-Suche bekannt, der die exhaustive (lineare) Suche wesentlich übertrifft, wenn der Merkmalsraum mehr als etwa 10 Dimensionen aufweist [138]. SIFT-Merkmalsvektoren hingegen sind in der Standardform 128-dimensional und daher ist die exakte Nearest-Neighbor-Suche im Allgemeinen keine brauchbare Grundlage für ein effizientes Matching-Verfahren für große Merkmalsmengen.

Der in [19, 138] beschriebene Ansatz verzichtet deshalb auf eine *exakte* Nearest-Neighbor-Suche und verwendet stattdessen eine *Näherungslösung*, die mit deutlich reduziertem Aufwand berechnet werden kann [7]. Diese so genannte *Best-Bin-First* Methode basiert auf einem modifierten k-d Algorithmus, der benachbarte Partitionen des Merkmalsraums in der Reihenfolge ihres minimalen Abstands zu einem gegebenen Merkmalsvektor durchsucht. Um die Suche auf einen möglichst kleinen Teil des Merkmalsraums zu beschränken, wird der Suchvorgang nach Überprüfung der ersten 200 Kandidaten abgebrochen. Dadurch ergibt sich

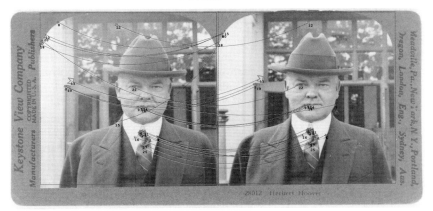

(a) $\rho_{max} = 1.0$

Abbildung 25.31
Vermeidung nicht-eindeutiger Zuordnungen über das maximale Verhältnis ρ_{max} zwischen der kleinsten und
nächstkleinsten Merkmalsdistanz (s.
Gl. 25.103–25.104).

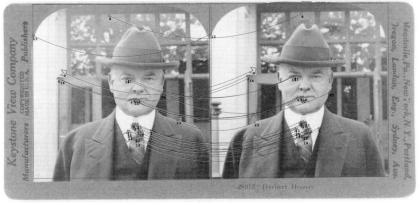

(b) $\rho_{max} = 0.8$

(c) $\rho_{max} = 0.5$

eine deutliche Beschleunigung des Verfahrens, ohne dass sich gleichzeitig die Trefferquote wesentlich verschlechtert, insbesondere wenn für die Entscheidung das Verhältnis zwischen primärer und sekundärer Distanz (s. Gl. 25.103–25.104) berücksichtigt wird. Weitere Details dazu finden sich in [19].

Diese Form der *Approximate Nearest-Neighbor*-Suche (ANN) in hochdimensionalen Räumen ist nicht nur für den konkreten Einsatz des SIFT-Verfahrens in Echtzeitanwendungen wichtig, sondern erweist sich für ähnliche Aufgaben in vielen Disziplinen als hilfreich und ist generell ein sehr aktives Forschungsthema [132, 154]. Für die meisten dieser Methoden stehen auch hochwertige Open-Source-Implementierungen zur Verfügung.

25.7 SIFT-Implementierung in Java

Zur Ergänzung und Präzisierung der in diesem Kapitel beschriebenen Algorithmen wurde eine eigene Implementierung des SIFT-Verfahrens von Grund auf neu erstellt. Während aus Platzgründen eine vollständige Auflistung an dieser Stelle nicht möglich ist, findet sich der vollständige und weitgehend kommentierte Java-Quellcode dazu natürlich auf der Website zu diesem Buch.[26] Die meisten Java-Methoden sind zur einfachen Zuordnung identisch benannt und strukturiert wie die zugehörigen Prozeduren in den oben stehenden Algorithmen. Zu beachten ist allerdings, dass auch bei dieser Implementierung größtes Augenmerk auf didaktische Klarheit und Lesbarkeit gelegt wurde. Der Code ist daher bewusst nicht auf Effizienz getrimmt, enthält viele (teilweise offensichtliche) Stellen zur Laufzeitoptimierung und ist insbesondere nicht für den Produktionseinsatz gedacht.

25.7.1 Detektion von SIFT-Merkmalen

Die wichtigste Klasse in dieser Java-Bibliothek ist `SiftDetector`,die einen SIFT-Detektor für Grauwertbilder (vom Typ `FloatProcessor`) implementiert. Das folgende Beispiel zeigt die grundsätzliche Verwendung dieser Klasse für ein gegebenes Bild `ip` vom Typ `ImageProcessor`:

```
...
FloatProcessor I = ip.convertToFloatProcessor();
SiftDetector sd = new SiftDetector(I);
List<SiftDescriptor> S = sd.getSiftFeatures();
... // process descriptor set S
```

Die als erster Schritt notwendige Berechnung des Gauß- und DoG-Skalenraums für das Ausgangsbild I wird durch den Konstruktor in der Anweisung `new SiftDetector(I)` ausgeführt.

---

[26] Paket `imagingbook.pub.sift`

Im Anschluss führt die Methode `getSiftFeatures()` die eigentliche Merkmalsdetektion durch und liefert eine Folge (`S`) von Objekten des Typs `SiftDescriptor` für das Bild `I`. Jedes `SiftDescriptor`-Objekt in `S` enthält Informationen über die Bildposition (x, y), den absoluten Skalenwert σ (`scale`) und die dominante Orientierung θ (`orientation`) des zugehörigen Merkmalspunkts. Es enthält darüber hinaus einen invarianten Merkmalsvektor $\boldsymbol{f}_{\mathrm{sift}}$ als Array mit 128 Elementen vom Typ `int` (s. Alg. 25.8).

Der SIFT-Detektor berücksichtigt eine relativ große Zahl von Parametern, wobei – wie in obigem Beispiel – bei Verwendung des einfachen Konstruktors `new SiftDetector(I)` auf die zugehörigen Default-Werte (s. Tabelle 25.5) gesetzt werden. Alle Parameter können jedoch durch Übergabe eines speziellen Parameterobjekts (vom Typ `SiftDetector.Parameters`) auch einzeln eingestellt werden, wie in folgendem Beispiel, das die Merkmalsdetektion in zwei Bildern (`A`, `B`) mit identischen Parametern zeigt:

```
...
FloatProcessor Ia = A.convertToFloatProcessor();
FloatProcessor Ib = B.convertToFloatProcessor();
...
SiftDetector.Parameters params =
    new SiftDetector.Parameters();
params.sigma_s = 0.5; // modify individual parameters
params.sigma_0 = 1.6;
...
SiftDetector sdA = new SiftDetector(Ia, params);
SiftDetector sdB = new SiftDetector(Ib, params);
List<SiftDescriptor> SA = sda.getSiftFeatures();
List<SiftDescriptor> SB = sdb.getSiftFeatures();
...
// process descriptor sets SA and SB
```

25.7.2 Zuordnung von SIFT-Merkmalen

Die paarweise Zuordnung von SIFT-Merkmalen aus zwei gegebenen Mengen `Sa`, `Sb` erfolgt durch Methoden der Klasse `SiftMatcher`. Dabei wird eine Merkmalsmenge (`Sa`) als *Referenz*- oder *Modell*-Menge zur Initialisierung des Matchers verwendet, wie in nachfolgendem Beispiel gezeigt. Die eigentlichen Zuordnungen werden durch Anwendung der Methode `matchDescriptors()`, auf die zweite Merkmalsmenge (`Sb`) berechnet, die im Wesentlichen der Prozedur MatchDescriptors() in Alg. 25.11 entspricht. Das folgende Codesegment ist eine Fortsetzung des vorherigen Beispiels:

```
...
SiftMatcher.Parameters params = new SiftMatcher.Parameters();
// set matcher parameters here (see below)
SiftMatcher matcher = new SiftMatcher(SA, params);
List<SiftMatch> matches = matcher.matchDescriptors(SB);
```

```
...
// process matches
```

Wie angeführt, können auch bei der Klasse `SiftMatcher` mehrere Parameter einzeln eingestellt werden, wie beispielsweise

```
params.norm = FeatureDistanceNorm.L1; // L1, L2, or Linf
params.rmMax = 0.8; // ρmax, max. ratio of best and second-best match
params.sort = true; // set to true if sorting of matches is desired
```

In dieser (prototypischen) Implementierung führt die Methode `match-Descriptors()` eine simple lineare (exhaustive) Suche über alle möglichen Paare von Merkmalen in `Sa` and `Sb` durch. Zur Implementierung einer effizienten Nearest-Neighboor-Suche (siehe Abschn. 25.6) würde man praktischerweise den erforderlichen Suchbaum für die Modell-Menge (`Sa`) vorab im Konstruktor der Klasse `SiftMatcher` berechnen. Nachfolgend kann das selbe Matcher-Objekt wiederholt für die Zuordnung auf mehrere Merkmalsmengen verwendet werden, ohne dabei die (aufwändige) Berechnung des Suchbaum wiederholen zu müssen. Dieser Ansatz ist natürlich vor allem bei großen Merkmalsmengen sehr effektiv.

25.8 Aufgaben

Aufg. 25.1. Wie in Gl. 25.11 behauptet, kann die zweidimensionale Laplace-Gauß (LoG) Funktion $L_\sigma(x, y)$ als Differenz zweier Gaußfunktionen (DoG) in der Form $L_\sigma(x, y) \approx \lambda \cdot (G_{\kappa\sigma}(x, y) - G_\sigma(x, y))$ angenähert werden. Erzeugen Sie eine kombinierte Grafik analog zu Abb. 25.5 (b), die den eindimensionalen Querschnitt der LoG- und DoG-Funktion (mit $\sigma = 1.0$ und $y = 0$) zeigt. Vergleichen Sie beide Funktionen für variierende Werte $\kappa = 2.00, 1.25, 1.10, 1.05$ und 1.01. Wie verändert sich die Approximation, wenn der Wert von κ gegen 1 konvergiert, und was passiert bei $\kappa = 1$?

Aufg. 25.2. Testen Sie (anhand der oben beschriebenen Implementierung) das Verhalten des SIFT-Detektors bzw. Matchers mit Paaren zusammengehöriger Bilder unter (a) Veränderung von Bildhelligkeit und Kontrast, (b) Bildrotation, (c) Größenänderungen sowie bei (d) Applikation von (künstlichem) Bildrauschen. Suchen (oder fotografieren) Sie dazu Ihre eigenen Testbilder, zeigen Sie die Ergebnisse in geeigneter Form und dokumentieren Sie die verwendeten Parametereinstellungen.

Aufg. 25.3. Untersuchen Sie die Anwendbarkeit des SIFT-Verfahrens für die Verfolgung (*tracking*) in Video-Sequenzen. Suchen Sie dazu ein Video mit geeigneten Merkmalen und verarbeiten Sie Bild für Bild.[27] Berechnen sie anschließend die zusammengehörigen SIFT-Merkmale in aufeinanderfolgenden Einzelbildern, solange das Maß der Übereinstimmung

---

[27] Bei Verwendung von ImageJ wählen Sie am besten ein AVI-Video, das kurz genug ist, um zur Gänze in den Hauptspeicher geladen zu werden. Importieren sie das Video als *image stack*.

(*match quality*) über einem vorgegebenen Schwellwert bleibt. Stellen Sie die daraus resultierenden Trajektorien der Merkmalspunkte visuell dar. Inwiefern könnten andere Eigenschaften der SIFT-Deskriptoren (z. B. Position, Skalenwert und Orientierung) zur Verbesserung der Tracking-Stabilität nützlich sein?

A

Mathematische Notation

A.1 Symbole

Die folgenden Symbole werden im Haupttext vorwiegend in der angegebenen Bedeutung verwendet, jedoch bei Bedarf auch in anderem Zusammenhang eingesetzt. Die Bedeutung sollte aber in jedem Fall eindeutig sein.

$(a_1, a_2, \ldots, a_n)$ Ein *Vektor* oder eine *Liste*, d. h., eine geordnete Folge von Elementen desselben Typs. Im Unterschied zu einer *Menge* (s. unten) kann ein bestimmtes Element in einer Folge mehrfach enthalten sein. Ist ein Vektor[1] gemeint, so bezeichnet $A = (a_1, \ldots, a_n)$ einen *Zeilen*vektor und $A^\mathsf{T} = (a_1, \ldots, a_n)^\mathsf{T}$ den zugehörigen (transponierten) *Spalten*vektor. Im Fall einer *Liste*[2] bezeichnet ( ) die leere Liste und (a) die Liste mit dem einzelnen Element a. $|A|$ steht für die *Länge* der Folge A und $A \smallfrown B$ bedeutet die Verkettung (Konkatenation) der Folgen A und B. Die Elemente einer Folge werden über die zugehörige Position referenziert, d. h., $A(i)$ liefert das i-te Element der Folge A. Durch die Zuweisung $A(i) \leftarrow x$ wird das i-te Element von A durch x ersetzt.

---

[1] Vektoren werden in gängigen Programmiersprachen meist durch eindimensionale Arrays (Felder) dargestellt.

[2] Listen werden üblicherweise als dynamische Datenstrukturen implementiert, wie beispielsweise verkettete Listen. Das Java *Collections Framework* bietet für diesen Zweck zahlreiche einfach zu verwendende Konstrukte.

$\{a, b, c, d, \ldots\}$ — Eine *Menge*, also eine ungeordnete Zusammenfassung unterscheidbarer Elemente. Ein bestimmtes Objekt x kann in einer Menge höchstens einmal enthalten sein. $\{\}$ bezeichnet die leere Menge, $|A|$ ist die Größe (Kardinalität) der Menge A. Der Ausdruck $A \cup B$ steht für die *Vereinigung* (die Vereinigungsmenge) und $A \cap B$ für den *Durchschnitt* (die Schnittmenge) der Mengen A, B. Die Aussage $x \in A$ bedeutet, dass das Objekt x in der Menge A enthalten ist.

$\langle \alpha_1, \alpha_2, \ldots \alpha_k \rangle$ — Ein *Tupel*, d. h., eine geordnete Folge fixer Länge mit Elementen unterschiedlichen Typs.[3]

$[a, b]$ — Numerisches Intervall; $x \in [a, b]$ bedeutet $a \leq x \leq b$. Weiter heißt $x \in [a, b)$, dass $a \leq x < b$.

$|A|$ — Länge (Anzahl der Elemente) einer Folge (s.o.) bzw. Kardinalität einer Menge, d. h., $|A| \equiv \operatorname{card} A$.

$|\boldsymbol{A}|$ — Determinante der Matrix $\boldsymbol{A}$ ($|\boldsymbol{A}| \equiv \det(\boldsymbol{A})$).

$|x|$ — Absolutwert (Betrag) der reellen oder komplexen Zahl x.

$\|\boldsymbol{x}\|$ — Länge des Vektors $\boldsymbol{x}$ unter Verwendung der Euklidischen (L_2) Norm. Allgemein bezeichnet $\|\boldsymbol{x}\|_n$ die Länge von $\boldsymbol{x}$ bezogen auf die spezifische Norm L_n.

$\lceil x \rceil$ — „Ceil" von x entspricht der nächsten ganzen Zahl $z \in \mathbb{Z}$ größer als das gegebene $x \in \mathbb{R}$. Zum Beispiel, $\lceil 3.141 \rceil = 4$, $\lceil -1.2 \rceil = -1$.

$\lfloor x \rfloor$ — „Floor" von x entspricht der nächsten ganzen Zahl $z \in \mathbb{Z}$ kleiner als das gegebene $x \in \mathbb{R}$. Zum Beispiel, $\lfloor 3.141 \rfloor = 3$, $\lfloor -1.2 \rfloor = -2$.

$\div$ — Ganzzahlige Division: $a \div b$ ist der Quotient der ganzzahligen Größen $a, b \in \mathbb{Z}$. Zum Beispiel, $5 \div 3 = 1$ und $-13 \div 4 = -3$ (äquivalent zum Ergebnis des $/$ Operators in Java bei ganzzahligen Operanden).

$*$ — Linearer Faltungsoperator (s. Abschn. 5.3.1).

$\circledast$ — Linearer Korrelationsoperator (s. Abschn. 23.1.1).

$\otimes$ — Äußeres Produkt von Vektoren (s. Abschn. B.3.2).

$\times$ — Kreuzprodukt von Vektoren (s. Abschn. B.3.3).

$\oplus$ — Morphologischer Dilationsoperator (s. Abschn. 9.2.3).

$\ominus$ — Morphologischer Erosionsoperator (s. Abschn. 9.2.4).

$\circ$ — Morphologischer *Opening*-Operator (s. Abschn. 9.3.1).

$\bullet$ — Morphologischer *Closing*-Operator (s. Abschn. 9.3.2).

---

[3] Tupel werden in der Programmierung typischerweise durch *Objekte* (in Java oder C++) oder durch *Strukturen* (in C) abgebildet, wobei die Elemente über ihre Namen (und nicht ihre Position) referenziert werden.

$\smile$	Verkettungsoperator. Die Verkettung der Folgen $A = (a, b, c)$ und $B = (d, e)$ liefert als Ergebnis die neue Folge $A \smile B = (a, b, c, d, e)$. Das Anfügen eines einzelnen Elements x am Anfang oder am Ende einer Folge A wird mit $(x) \smile A$ bzw. $A \smile (x)$ notiert.
$\sim$	„Ähnlich zu" Relation (verwendet im Zusammenhang mit Wahrscheinlichkeitsverteilungen).
$\approx$	„Ungefähr gleich" Relation.
$\equiv$	„Äquivalent" Relation.
$\leftarrow$	Zuweisungsoperator: $a \leftarrow expr$ bedeutet, dass zunächst der Ausdruck $expr$ berechnet und das Ergebnis anschließend der Variable a zugewiesen wird.
$\overset{+}{\leftarrow}$	Inkrementeller Zuweisungsoperator: $a \overset{+}{\leftarrow} b$ ist äquivalent zu $a \leftarrow a + b$.
$:=$	Operator zur Definition von Funktionen (z. B. in Algorithmen). Zum Beispiel definiert $\mathsf{Foo}(x) := x^2 + 5$ eine Funktion Foo mit der gebundenen Variable x.
$\cdots$	Inkrementelle („upto") Iteration für Schleifenkonstrukte in Algorithmen, z. B. **for** $q \leftarrow 1, \cdots, K$ (wobei $q = 1, 2, \ldots, K-1, K$).
$\cdots$	Dekrementelle („downto") Iteration für Schleifenkonstrukte in Algorithmen, z. B. **for** $q \leftarrow K, \cdots, 1$ (wobei $q = K, K-1, \ldots, 2, 1$).
$\wedge$	Logischer UND-Operator.
$\vee$	Logischer ODER-Operator.
∂	Partieller Ableitungsoperator (s. auch Abschn. 6.2.1). Beispielsweise bezeichnet $\frac{\partial}{\partial x_i} f$ die *erste* Ableitung der mehrdimensionalen Funktion $f(x_1, x_2, \ldots, x_n) : \mathbb{R}^n \to \mathbb{R}$ nach der Variablen x_i. Analog dazu ist $\frac{\partial^2}{\partial x_i^2} f$ die *zweite* Ableitung, d. h., f wird zweimal nach x_i differenziert.
∇	Gradientenoperator. Der *Gradient* ∇f (auch ∇_f oder $\mathrm{grad}\, f$) einer mehrdimensionalen Funktion $f(x_1, x_2, \ldots, x_n) : \mathbb{R}^n \to \mathbb{R}$ ist der Vektor aller ersten partiellen Ableitungen von f (s. auch Abschn. C.2.2).
∇^2	Laplace-Operator. Angewandt auf eine mehrdimensionalen Funktion $f(x_1, x_2, \ldots, x_n) : \mathbb{R}^n \to \mathbb{R}$ ist das Ergebnis von $\nabla^2 f$ (oder ∇_f^2) die Summe aller zweiten partiellen Ableitungen von f (s. auch Abschn. C.2.4).
$\mathbf{0}$	Nullvektor, $\mathbf{0} = (0, \ldots, 0)^\mathsf{T}$.
and	Bitweise UND-Operation. Beispiel: $(0011_\mathrm{b}$ and $1010_\mathrm{b}) = 0010_\mathrm{b}$ (binär) bzw. $(3$ and $6) = 2$ (dezimal).

$\mathrm{Arctan}(x, y)$	Inverse Tangensfunktion als Ersatz für $\tan^{-1}\left(\frac{y}{x}\right)$. $\mathrm{Arctan}(x, y)$ liefert Winkelwerte im Bereich $[-\pi, +\pi]$ (d. h. über alle vier Quadranten), analog zur Funktion `ArcTan[x,y]` in *Mathematica* bzw. der Java-Standardmethode `Math.atan2(y,x)`, wobei hier die vertauschten Argumente zu beachten sind!
$\mathbb{C}$	Menge der komplexen Zahlen.
card	Kardinalität (Mächtigkeit, Anzahl der Elemente) einer Menge; $\mathrm{card}\, A \equiv |A|$ (s. auch Abschn. 3.1).
det	Determinante einer Matrix ($\det(\boldsymbol{A}) \equiv |\boldsymbol{A}|$).
DFT	Diskrete Fouriertransformation (s. Abschn. 18.3).
$\mathbf{e}$	Einheitsvektor. Beispielsweise bezeichnet $\mathbf{e}_x = (1, 0)^\mathsf{T}$ den zweidimensionalen Einheitsvektor in x-Richtung; $\mathbf{e}_\theta = (\cos\theta, \sin\theta)^\mathsf{T}$ ist der zweidimensionale Einheitsvektor mit dem Richtungwinkel θ. Analog dazu sind $\mathbf{e}_\mathrm{i}, \mathbf{e}_\mathrm{j}, \mathbf{e}_\mathrm{k}$ die Einheitsvektoren entlang der Koordinatenachsen in 3D.
$\mathcal{F}$	Kontinuierliche Fouriertransformation (s. Abschnitt 18.1.4).
false	Boole'sche Konstante ($\neg$true).
grad	Gradientenoperator (s. ∇).
h	Histogramm eines Bilds (s. Abschn. 3.1).
H	Kumulatives Histogramm (Abschn. 3.6).
$\mathbf{H}$	Hesse-Matrix (s. auch Abschn. C.2.5).
i	Imaginäre Einheit ($\mathrm{i}^2 = -1$), s. auch Abschn. 1.3.
I	Bild mit skalaren Pixelwerten (z. B. ein Intensitäts- oder Grauwertbild). $I(u, v) \in \mathbb{R}$ ist der Pixelwert an der Position (u, v).
$\boldsymbol{I}$	Bild mit vektorwertigen Elementen, z. B. ein RGB-Farbbild mit dem dreidimensionalen Farbvektor $\boldsymbol{I}(u, v) \in \mathbb{R}^3$ an der Position (u, v).
$\mathbf{I}_n$	Einheitsmatrix der Größe $n \times n$. Beispielsweise ist $\mathbf{I}_2 = \left(\begin{smallmatrix} 1 & 0 \\ 0 & 1 \end{smallmatrix}\right)$ die 2×2 Einheitsmatrix.
$\mathbf{J}$	Jacobi-Matrix (s. auch Abschn. C.2.1).
$\mathrm{L}_1, \mathrm{L}_2, \mathrm{L}_\infty$	Gängige Abstandsmaße bzw. Normen (siehe Gl. 15.23–15.25).
$M \times N$	Anzahl der Spalten (M) und Zeilen (N) einer Bildmatrix. $M \times N$ bezeichnet die Menge aller Bildkoordinaten als Kurznotation für $\{0, \dots, M{-}1\} \times \{0, \dots, N{-}1\}$.
mod	Modulo-Operator: ($a \bmod b$) ist der Rest der ganzzahligen Division a/b (s. auch Abschn. 18.4).
μ	Arithmetischer Mittelwert.

$\mathbb{N}$	Menge der natürlichen Zahlen; $\mathbb{N} = \{1, 2, 3, \ldots\}$, $\mathbb{N}_0 = \{0, 1, 2, \ldots\}$.
nil	„Nichts" – Konstante, die in Algorithmen zur Initalisierung von Variablen oder als Rückgabewert von Funktionen verwendet wird (analog zu `null` in Java).
p	Wahrscheinlichkeitsdichtefunktion (s. Abschn. 4.6.1).
P	Verteilungsfunktion oder kumulative Wahrscheinlichkeitsdichte (s. Abschn. 4.6.1).
$\mathcal{Q}$	Viereck (s. Abschn. 21.1.4).
$\mathbb{R}$	Menge der reellen Zahlen.
R, G, B	Farbkomponenten *Rot*, *Grün* und *Blau*.
round	Rundungsfunktion: $\mathrm{round}(x) \equiv \lfloor x + 0.5 \rfloor$ (s. Abschn. 22.1).
σ	Standardabweichung (Quadratwurzel der Varianz σ^2).
$\mathcal{S}_1$	Einheitsquadrat (Abschn. 21.1.4).
sgn	Vorzeichen- oder *Signum*-Funktion: $$\mathrm{sgn}(x) = \begin{cases} 1 & \text{for } x > 0 \\ 0 & \text{for } x = 0 \\ -1 & \text{for } x < 0 \end{cases}$$
τ	Zeitlicher oder räumlicher Abschnitt.
t	Kontinuierliche Zeitvariable.
t	Schwellwert.
T	Transposition eines Vektors ($\boldsymbol{a}^\mathsf{T}$) oder einer Matrix ($\boldsymbol{A}^\mathsf{T}$).
trace	*Spur* (Summe der Diagonalelemente) einer Matrix, $\mathrm{trace}(\boldsymbol{A})$.
true	Boole'sche Konstante (true = ¬false).
$\boldsymbol{u} = (u, v)$	Diskrete 2D-Koordinate mit $u, v \in \mathbb{Z}$.
$\boldsymbol{x} = (x, y)$	Kontinuierliche 2D-Koordinate mit $x, y \in \mathbb{R}$.
$\mathbb{Z}$	Menge der ganzen Zahlen.
xor	Bitweiser XOR-Operator (exlusive OR). Beispiel: $(0011_\mathrm{b} \text{ xor } 1010_\mathrm{b}) = 1001_\mathrm{b}$ (binär) bzw. $(3 \text{ xor } 6) = 5$ (dezimal).

A.2 Operatoren für Mengen

$|A|$	Die Größe (Anzahl der Elemente oder *Kardinalität*) der Menge A ($|A| \equiv \mathrm{card}\, A$).
$\forall_x \ldots$	All-Quantor (für alle x gilt $\ldots$).
$\exists_x \ldots$	Existenz-Quantor (es gibt ein x, für das gilt $\ldots$).
$\cup$	Vereinigung von zwei Mengen (z. B. $A \cup B$).

$\cap$ Durchschnitt (Schnittmenge) von zwei Mengen (z. B. $A \cap B$).

$\bigcup_{A_i}$ Vereinigung mehrerer Mengen A_i.

$\bigcap_{A_i}$ Durchschnitt (Schnittmenge) mehrerer Mengen A_i.

$\backslash$ Differenzmenge: wenn $x \in A \backslash B$, dann gilt $x \in A$ und $x \notin B$.

A.3 Komplexe Zahlen

Definitionen:

$$z = a + \mathrm{i}\,b, \qquad \text{mit } z, \mathrm{i} \in \mathbb{C}, \ a, b \in \mathbb{R}, \ i^2 = -1, \tag{A.1}$$

$$z^* = a - \mathrm{i}\,b \qquad \text{(konjugiert-komplexe Zahl)}, \tag{A.2}$$

$$sz = sa + \mathrm{i}\,sb, \qquad s \in \mathbb{R}, \tag{A.3}$$

$$|z| = \sqrt{a^2 + b^2}, \quad |sz| = s\,|z|, \tag{A.4}$$

$$z = a + \mathrm{i}\,b = |z| \cdot (\cos\psi + \mathrm{i}\sin\psi) \tag{A.5}$$

$$= |z| \cdot e^{\mathrm{i}\psi}, \quad \text{wobei } \psi = \mathrm{Arctan}(a, b)$$

$$\mathrm{Re}(a + \mathrm{i}\,b) = a, \quad \mathrm{Re}(e^{\mathrm{i}\varphi}) = \cos\varphi, \tag{A.6}$$

$$\mathrm{Im}(a + \mathrm{i}\,b) = b, \quad \mathrm{Im}(e^{\mathrm{i}\varphi}) = \sin\varphi, \tag{A.7}$$

$$e^{\mathrm{i}\varphi} = \cos\varphi + \mathrm{i}\sin\varphi, \tag{A.8}$$

$$e^{-\mathrm{i}\varphi} = \cos\varphi - \mathrm{i}\sin\varphi, \tag{A.9}$$

$$\cos(\varphi) = \tfrac{1}{2} \cdot (e^{\mathrm{i}\varphi} + e^{-\mathrm{i}\varphi}), \tag{A.10}$$

$$\sin(\varphi) = \tfrac{1}{2i} \cdot (e^{\mathrm{i}\varphi} - e^{-\mathrm{i}\varphi}). \tag{A.11}$$

Rechenoperationen:

$$z_1 = (a_1 + \mathrm{i}b_1) = |z_1|\, e^{\mathrm{i}\varphi_1}, \tag{A.12}$$

$$z_2 = (a_2 + \mathrm{i}b_2) = |z_2|\, e^{\mathrm{i}\varphi_2}, \tag{A.13}$$

$$z_1 + z_2 = (a_1 + b_1) + \mathrm{i}\,(b_1 + b_2), \tag{A.14}$$

$$z_1 \cdot z_2 = (a_1 a_2 - b_1 b_2) + \mathrm{i}\,(a_1 b_2 + b_1 a_2) \tag{A.15}$$

$$= |z_1| \cdot |z_2| \cdot e^{\mathrm{i}\,(\varphi_1 + \varphi_2)},$$

$$\frac{z_1}{z_2} = \frac{a_1 a_2 + b_1 b_2}{a_2^2 + b_2^2} + \mathrm{i}\,\frac{a_2 b_1 - a_1 b_2}{a_2^2 + b_2^2} = \frac{|z_1|}{|z_2|} \cdot e^{\mathrm{i}\,(\varphi_1 - \varphi_2)}. \tag{A.16}$$

A.4 Algorithmische Komplexität und $\mathcal{O}$-Notation

Unter „Komplexität" versteht man den Aufwand, den ein Algorithmus zur Lösung eines Problems benötigt, in Abhängigkeit von der so genannten „Problemgröße" N. In der Bildverarbeitung ist dies üblicherweise die Bildgröße oder auch beispielsweise die Anzahl der Bildregionen. Man unterscheidet üblicherweise zwischen der *Speicher*komplexität und der *Zeit*komplexität, also dem Speicher- bzw. Zeitaufwand eines Verfahrens. Ausgedrückt wird die Komplexität in der Form $\mathcal{O}(N)$, was auch als „big Oh"-Notation bezeichnet wird [84, Sec. 9.2].

Möchte man beispielsweise die Summe aller Pixelwerte eines Bilds der Größe $M \times N$ berechnen, so sind dafür i. Allg. $M \cdot N$ Schritte (Additionen) erforderlich, das Verfahren hat also eine Zeitkomplexität „der Ordnung MN", oder $\mathcal{O}(MN)$. Da die Länge der Bildzeilen und -spalten eine ähnliche Größenordnung aufweist, werden sie der Einfachheit halber meist als identisch (N) angenommen und die Komplexität beträgt in diesem Fall somit $\mathcal{O}(N^2)$. Die direkte Berechnung der linearen *Faltung* (Abschn. 5.3.1) für ein Bild der Größe $N \times N$ und einer Filtermatrix der Größe $K \times K$ hätte beispielsweise die Zeitkomplexität $\mathcal{O}(N^2 K^2)$. Die *Fast Fourier Transform* (FFT, s. Abschn. 18.4.2) berechnet das Spektrum eines Signalvektors der Länge $N = 2^k$ in der Zeit $\mathcal{O}(N \log_2 N)$.

Dabei wird eine konstante Anzahl zusätzlicher Schritte, etwa für die Initialisierung, nicht eingerechnet. Auch multiplikative Faktoren, beispielsweise wenn pro Pixel jeweils 5 Schritte erforderlich wären, werden in der $\mathcal{O}$-Notation nicht berücksichtigt. Mithilfe der $\mathcal{O}$-Notation können daher Algorithmen in Bezug auf ihre Effizienz klassifiziert und verglichen werden. Weitere Details zu diesem Thema dazu finden sich in jedem Algorithmenbuch, wie z. B. [3, 52].

B

Ergänzungen zur Algebra

Dieser Abschnitt enthält eine kompakte Übersicht der wichtigsten Konzepte der linearen Algebra sowie der grundlegenden Methoden für das Rechnen mit Vektoren und Matrizen. Lineare Algebra findet im Haupttext an vielen Stellen Verwendung, und die nachfolgenden Inhalte sind naturgemäß auf diese Bedürfnisse abgestimmt.

B.1 Vektoren und Matrizen

Zunächst beschreiben wir die grundlegende Notation für *Vektoren* unter Beschränkung auf zwei- und dreidimensionale Räume. Beispielsweise bezeichnen wir mit

$$\boldsymbol{a} = \begin{pmatrix} a_1 \\ a_2 \end{pmatrix}, \qquad \boldsymbol{b} = \begin{pmatrix} b_1 \\ b_2 \end{pmatrix} \tag{B.1}$$

Vektoren in 2D, und analog dazu sind

$$\boldsymbol{a} = \begin{pmatrix} a_1 \\ a_2 \\ a_3 \end{pmatrix}, \qquad \boldsymbol{b} = \begin{pmatrix} b_1 \\ b_2 \\ b_3 \end{pmatrix} \tag{B.2}$$

Vektoren in 3D (mit $a_i, b_i \in \mathbb{R}$). Vektoren können sowohl einzelne Punkte (bezogen auf den Koordinatenursprung) beschreiben oder die gerichtete Strecke zwischen zwei beliebigen Punkten im zugehörigen Raum.

Als Bezeichnung für eine *Matrix* verwenden wir üblicherweise Großbuchstaben, wie zum Beispiel

$$\boldsymbol{A} = \begin{pmatrix} A_{11} & A_{12} \\ A_{21} & A_{22} \\ A_{31} & A_{32} \end{pmatrix}. \tag{B.3}$$

Diese Matrix besteht aus 3 Zeilen und 2 Spalten; in anderen Worten, $\boldsymbol{A}$ ist von der Größe 3×2. Die reellwertigen Elemente der Matrix bezeichnen wir mit A_{ij}, mit dem *Zeilen*index i (vertikale Position) und dem *Spalten*index j (horizontale Position).[1]

Die *Transponierte* der Matrix $\boldsymbol{A}$, bezeichnet mit $\boldsymbol{A}^\mathsf{T}$, ergibt sich durch Vertauschung von Zeilen und Spalten, d. h.,

$$\boldsymbol{A}^\mathsf{T} = \begin{pmatrix} A_{11} & A_{12} \\ A_{21} & A_{22} \\ A_{31} & A_{32} \end{pmatrix}^\mathsf{T} = \begin{pmatrix} A_{11} & A_{21} & A_{31} \\ A_{12} & A_{22} & A_{32} \end{pmatrix}. \tag{B.4}$$

Die *Inverse* einer quadratischen Matrix $\boldsymbol{A}$ wird mit $\boldsymbol{A}^{-1}$ bezeichnet und es gilt

$$\boldsymbol{A} \cdot \boldsymbol{A}^{-1} = \mathbf{I} \qquad \text{und} \qquad \boldsymbol{A}^{-1} \cdot \boldsymbol{A} = \mathbf{I} \tag{B.5}$$

($\mathbf{I}$ ist die Einheitsmatrix). Nicht jede quadratische Matrix ist invertierbar. Die Berechnung der Inversen Matrix ist bis zur Größe 3×3 in geschlossener Form möglich (siehe z. B. Gl. 21.22 und Gl. 24.44). Im Allgemeinen ist ohnehin die Verwendung numerischer Standardverfahren zu empfehlen.[2]

B.1.1 Spalten- und Zeilenvektoren

Für unsere Zwecke ist es ausreichend (und hilfreich), wenn wir einen Vektor als speziellen Fall einer Matrix betrachten. Aus dieser Sicht entspricht der m-dimensionale *Spaltenvektor*

$$\boldsymbol{a} = \begin{pmatrix} a_1 \\ \vdots \\ a_m \end{pmatrix} \tag{B.6}$$

einer Matrix der Größe $m \times 1$. Der zugehörige transponierte Vektor $\boldsymbol{a}^\mathsf{T}$ hingegen ist ein m-dimensionaler *Zeilenvektor* und entspricht einer Matrix der Größe $1 \times m$. Wenn nicht anders angegeben, nehmen wir bei Vektoren grundsätzlich an, dass es sich um Spaltenvektoren handelt.

B.1.2 Länge (Norm) eines Vektors

Die Länge eines m-dimensionalen Vektors $\boldsymbol{a} = (a_1, \ldots, a_m)^\mathsf{T}$ wird üblicherweise durch die *Euklidische Norm* (L_2-Norm) $\|\boldsymbol{a}\|$ definiert, mit

$$\|\boldsymbol{a}\| = \left(\sum_{i=1}^{m} a_i^2 \right)^{1/2}. \tag{B.7}$$

---

[1] Man beachte, dass hier im Vergleich zur Positionierung in Bildern der horizontale und vertikale Index vertauscht sind!

[2] Für Java z. B. *Apache Commons Math* – Beispiele dazu finden sich in der Klasse `Matrix` im Paket `imagingbook.lib.math`.

Somit ist beispielsweise ist die Länge des 3D-Vektors $\boldsymbol{x} = (x, y, z)^{\mathsf{T}}$

$$\|\boldsymbol{x}\| = \sqrt{x^2 + y^2 + z^2}. \tag{B.8}$$

B.2 Matrix-Multiplikation

B.2.1 Multiplikation mit einem Skalarwert

Das Produkt einer reellwertigen Matrix $\boldsymbol{A}$ und einem Skalarwert s ist definiert als

$$s \cdot \boldsymbol{A} = \boldsymbol{A} \cdot s = \begin{pmatrix} s{\cdot}A_{11} & s{\cdot}A_{12} \\ s{\cdot}A_{21} & s{\cdot}A_{22} \\ s{\cdot}A_{31} & s{\cdot}A_{32} \end{pmatrix}. \tag{B.9}$$

B.2.2 Produkt zweier Matrizen

Wie oben bereits angeführt, besteht eine Matrix der Größe $r \times c$ aus r Zeilen und c Spalten. Das Produkt zweier Matrizen $\boldsymbol{A} \cdot \boldsymbol{B}$ der Größe $m \times n$ bzw. $p \times q$ ist nur dann definiert, wenn $n = p$. Die Anzahl der Spalten (n) der Matrix $\boldsymbol{A}$ muss also der Anzahl der Zeilen (p) von $\boldsymbol{B}$ entsprechen. Das Ergebnis der Multiplikation ist eine neue Matrix $\boldsymbol{C}$ der Größe $m \times q$,

$$\boldsymbol{C} = \boldsymbol{A} \cdot \boldsymbol{B} = \underbrace{\begin{pmatrix} A_{11} & \cdots & A_{1n} \\ \vdots & \ddots & \vdots \\ A_{m1} & \cdots & A_{mn} \end{pmatrix}}_{m \times n} \cdot \underbrace{\begin{pmatrix} B_{11} & \cdots & B_{1q} \\ \vdots & \ddots & \vdots \\ B_{n1} & \cdots & B_{nq} \end{pmatrix}}_{n \times q} = \underbrace{\begin{pmatrix} C_{11} & \cdots & C_{1q} \\ \vdots & \ddots & \vdots \\ C_{m1} & \cdots & C_{mq} \end{pmatrix}}_{m \times q},$$

$$\tag{B.10}$$

mit den Elementen

$$C_{ij} = \sum_{k=1}^{n} A_{ik} \cdot B_{kj}, \tag{B.11}$$

für $i = 1, \ldots, m$ und $j = 1, \ldots, q$. Man beachte, dass das Matrixprodukt nicht kommutativ ist, d. h., im Allgemeinen gilt $\boldsymbol{A} \cdot \boldsymbol{B} \neq \boldsymbol{B} \cdot \boldsymbol{A}$.

B.2.3 Matrix-Vektor-Produkt

Das gewöhnliche Produkt zwischen einem Vektor und einer Matrix ist nur ein spezieller Fall der Multiplikation zweier Matrizen (s. Gl. B.10). Bei Annahme eines n-dimensionalen Spaltenvektors $\boldsymbol{x} = (x_1, \ldots, x_n)^{\mathsf{T}}$ ist das Produkt

$$\underbrace{\boldsymbol{y}}_{m \times 1} = \underbrace{\boldsymbol{A}}_{m \times n} \cdot \underbrace{\boldsymbol{x}}_{n \times 1} \tag{B.12}$$

nur dann definiert, wenn die Matrix $\boldsymbol{A}$ von der Größe $m \times n$ ist, für beliebiges $m \geq 1$. Das Ergebnis ist ein m-dimensionaler Spaltenvektor (entsprechend einer Matrix der Größe $m \times 1$), zum Beispiel (mit $m = 2$, $n = 3$),

$$\boldsymbol{A} \cdot \boldsymbol{x} = \underbrace{\begin{pmatrix} A & B & C \\ D & E & F \end{pmatrix}}_{2\times 3} \cdot \underbrace{\begin{pmatrix} x \\ y \\ z \end{pmatrix}}_{3\times 1} = \underbrace{\begin{pmatrix} Ax + By + Cz \\ Dx + Ey + Fz \end{pmatrix}}_{2\times 1}. \tag{B.13}$$

In diesem Fall wird der Spaltenvektor $\boldsymbol{x}$ „von links" mit der Matrix $\boldsymbol{A}$ multipliziert (*pre-multiply*).

In ähnlicher Weise kann man auch einen m-dimensionalen $\boldsymbol{x}^\mathsf{T}$ Zeilenvektor „von rechts" mit einer Matrix $\boldsymbol{A}$ der Größe $m \times n$ multiplizieren, d. h.,

$$\underbrace{\boldsymbol{z}}_{1\times n} = \underbrace{\boldsymbol{x}^\mathsf{T}}_{1\times m} \cdot \underbrace{\boldsymbol{A}}_{m\times n}, \tag{B.14}$$

wiederum für beliebiges $m \geq 1$. Das Ergebnis dieser rechtsseitigen Multiplikation (*post-multiply*) ist ein n-dimensionaler Zeilenvektor, zum Beispiel (wiederum mit $m = 2$, $n = 3$),

$$\boldsymbol{x}^\mathsf{T} \cdot \boldsymbol{A} = \underbrace{(x, y)}_{1\times 2} \cdot \underbrace{\begin{pmatrix} A & B & C \\ D & E & F \end{pmatrix}}_{2\times 3} = \underbrace{(xA+yD,\ xB+yE,\ xC+yF)}_{1\times 3}. \tag{B.15}$$

Für den Fall, dass $\boldsymbol{A} \cdot \boldsymbol{x}$ definiert ist, dann gilt im Allgemeinen auch

$$\boldsymbol{A} \cdot \boldsymbol{x} = (\boldsymbol{x}^\mathsf{T} \cdot \boldsymbol{A}^\mathsf{T})^\mathsf{T} \qquad \text{und} \qquad (\boldsymbol{A} \cdot \boldsymbol{x})^\mathsf{T} = \boldsymbol{x}^\mathsf{T} \cdot \boldsymbol{A}^\mathsf{T}. \tag{B.16}$$

Das heißt, jedes rechtsseitige Matrix-Vektor-Produkt $\boldsymbol{A} \cdot \boldsymbol{x}$ kann auch als linksseitiges Produkt $\boldsymbol{x}^\mathsf{T} \cdot \boldsymbol{A}^\mathsf{T}$ berechnet werden, indem man die zugehörige Matrix $\boldsymbol{A}$ und den Vektor $\boldsymbol{x}$ transponiert.

B.3 Vektor-Produkte

Es gibt verschiedene Produkten zwischen Vektoren und sie sind ein häufiger Anlass für Verwirrung, weil üblicherweise ein und dasselbe Symbol ($\cdot$) für sehr unterschiedliche Operationen verwendet wird.

B.3.1 Skalarprodukt

Das Skalarprodukt (auch *inneres Produkt* oder *Punktprodukt*) zweier Vektoren $\boldsymbol{a} = (a_1, \ldots, a_n)^\mathsf{T}$, $\boldsymbol{b} = (b_1, \ldots, b_n)^\mathsf{T}$ mit der selben Dimensionalität n ist definiert als

$$x = \boldsymbol{a} \cdot \boldsymbol{b} = \sum_{i=1}^{n} a_i \cdot b_i. \qquad (B.17)$$

Das Ergebnis (x) ist ein Skalarwert (daher auch der Name). Wird dies (analog zu Gl. B.14) als Produkt eines Zeilen- und eines Spaltenvektors notiert, d. h.,

$$\underbrace{\boldsymbol{x}}_{1 \times 1} = \underbrace{\boldsymbol{a}^{\mathsf{T}}}_{1 \times n} \cdot \underbrace{\boldsymbol{b}}_{n \times 1}, \qquad (B.18)$$

so ist das Ergebnis $\boldsymbol{x}$ eine Matrix der Größe 1×1, also mit nur einem (skalaren) Element.

Das Skalarprodukt ist null, wenn die beiden beteiligten Vektoren zueinander orthogonal sind. Das Skalarprodukt eines Vektors mit sich selbst liefert das Quadrat seiner Euklidischen Norm (s. Gl. B.7), d. h.,

$$\boldsymbol{a} \cdot \boldsymbol{a} = \boldsymbol{a}^{\mathsf{T}} \cdot \boldsymbol{a} = \sum_{i=1}^{n} a_i^2 = \|\boldsymbol{a}\|^2. \qquad (B.19)$$

B.3.2 Äußeres Product

Das äußere Produkt ($\otimes$) zweier Vektoren $\boldsymbol{a} = (a_1, \ldots, a_m)^{\mathsf{T}}$, $\boldsymbol{b} = (b_1, \ldots, b_n)^{\mathsf{T}}$ mit Dimension m bzw. n ist definiert als

$$\boldsymbol{M} = \boldsymbol{a} \otimes \boldsymbol{b} = \boldsymbol{a} \cdot \boldsymbol{b}^{\mathsf{T}} = \begin{pmatrix} a_1 b_1 & a_1 b_2 & \ldots & a_1 b_n \\ a_2 b_1 & a_2 b_2 & \ldots & a_2 b_n \\ \vdots & \vdots & \ddots & \vdots \\ a_m b_1 & a_m b_2 & \ldots & a_m b_n \end{pmatrix}. \qquad (B.20)$$

Das Ergebnis ist somit eine *Matrix* $\boldsymbol{M}$ mit m Zeilen und n Spalten sowie den Elementen $M_{ij} = a_i \cdot b_j$, für $i = 1, \ldots, m$ und $j = 1, \ldots, n$. Man beachte, dass mit $\boldsymbol{a} \cdot \boldsymbol{b}^{\mathsf{T}}$ in Gl. B.20 das gewöhnliche (Matrix-)Produkt des Spaltenvektors $\boldsymbol{a}$ der Größe $m \times 1$ und des Zeilenvektors $\boldsymbol{b}^{\mathsf{T}}$ der Größe $1 \times n$ gemeint ist, wie in Gl. B.10 definiert. Das äußere Produkt für Vektoren ist ein spezieller Fall des *Kronecker*-Produkts, das allgemein für Paare von Matrizen definiert ist.

B.3.3 Kreuzprodukt

Das Kreuzprodukt ($\times$) ist zwar grundsätzlich für n-dimensionale Vektoren definiert, kommt jedoch fast ausschließlich im 3D zum Einsatz, wo das Ergebnis auch leicht verständlich ist. Für ein Paar von 3D-Vektoren $\boldsymbol{a} = (a_1, a_2, a_3)^{\mathsf{T}}$ und $\boldsymbol{b} = (b_1, b_2, b_3)^{\mathsf{T}}$ ist das Kreuzprodukt definiert als

$$\boldsymbol{c} = \boldsymbol{a} \times \boldsymbol{b} = \begin{pmatrix} a_1 \\ a_2 \\ a_3 \end{pmatrix} \times \begin{pmatrix} b_1 \\ b_2 \\ b_3 \end{pmatrix} = \begin{pmatrix} a_2 \cdot b_3 - a_3 \cdot b_2 \\ a_3 \cdot b_1 - a_1 \cdot b_3 \\ a_1 \cdot b_2 - a_2 \cdot b_1 \end{pmatrix}. \qquad (B.21)$$

In diesem Fall ist das Ergebnis ein neuer dreidimensionaler Vektor ($\boldsymbol{c}$), der zu den beiden ursprünglichen Vektoren $\boldsymbol{a}$ und $\boldsymbol{b}$ orthogonal ist. Die Länge des Vektors $\boldsymbol{c}$ ist von dem durch $\boldsymbol{a}$ und $\boldsymbol{b}$ eingeschlossenen Winkel θ abhängig, und zwar in der Form

$$\|\boldsymbol{c}\| = \|\boldsymbol{a} \times \boldsymbol{b}\| = \|\boldsymbol{a}\| \cdot \|\boldsymbol{b}\| \cdot \sin(\theta). \tag{B.22}$$

Der Betrag $\|\boldsymbol{a} \times \boldsymbol{b}\|$ entspricht zudem dem Flächeninhalt des durch $\boldsymbol{a}$ und $\boldsymbol{b}$ aufgespannten Parallelogramms.

B.4 Eigenvektoren und Eigenwerte

Dieser Abschnitt enthält die wichtigsten Grundlagen zu Eigenvektoren und Eigenwerten (s. auch [25,58]), auf die an mehreren Stellen im Haupttext Bezug genommen wird. Im Allgemeinen besteht die Lösung eines sogen. *Eigenproblems* darin, für eine lineare Gleichung der Form

$$\boldsymbol{A} \cdot \boldsymbol{x} = \lambda \cdot \boldsymbol{x} \tag{B.23}$$

passende Vektoren $\boldsymbol{x} \in \mathbb{R}^n$ bzw. Skalarwerte λ zu finden, wobei die quadratische Matrix $\boldsymbol{A}$ der Größe $n \times n$ gegeben ($\eth$ konstant) ist.

Jede nichttriviale[3] Lösung für $\boldsymbol{x}$ wird als *Eigenvektor* der Matrix $\boldsymbol{A}$ bezeichnet und der zugehörige Skalarwert λ (der komplexwertig sein kann) als *Eigenwert*. Eigenvektoren und Eigenwerte treten daher immer paarweise auf und konsequenterweise als *Eigenpaare* bezeichnet. Geometrisch interpretiert, verändert die Multiplikation der Matrix $\boldsymbol{A}$ mit einem Eigenvektor lediglich den *Betrag* (die Länge) des Vektors, nämlich um den zugehörigen Faktor λ, nicht jedoch die *Orientierung* des Vektors im Raum.

Gleichung B.23 lässt sich leicht umformen zu $\boldsymbol{A} \cdot \boldsymbol{x} - \lambda \cdot \boldsymbol{x} = \boldsymbol{0}$ oder

$$\left(\boldsymbol{A} - \lambda \cdot \mathbf{I}_n\right) \cdot \boldsymbol{x} = \boldsymbol{0}\,, \tag{B.24}$$

wobei $\mathbf{I}_n$ die $n \times n$ Einheitsmatrix bezeichnet. Diese homogene lineare Gleichung hat nur dann eine nichttriviale Lösung, wenn die Matrix $\left(\boldsymbol{A} - \lambda \cdot \mathbf{I}_n\right)$ singulär ist, ihr Rang also kleiner als n und somit ihre Determinante (det) Null ist, d. h.,

$$\det\left(\boldsymbol{A} - \lambda \cdot \mathbf{I}_n\right) = 0\,. \tag{B.25}$$

Gleichung B.25 wird als „charakteristische Gleichung" der Matrix $\boldsymbol{A}$ bezeichnet, die wiederum in ein Polynom in λ der Form

$$\det\left(\boldsymbol{A} - \lambda \cdot \mathbf{I}_n\right) = \begin{vmatrix} A_{11}-\lambda & A_{12} & \cdots & A_{1n} \\ A_{21} & A_{22}-\lambda & \cdots & A_{2n} \\ \vdots & \vdots & \ddots & \vdots \\ A_{n1} & A_{n2} & \cdots & A_{nn}-\lambda \end{vmatrix} \tag{B.26}$$

---

[3] Eine offensichtliche – aber triviale – Lösung von Gl. B.23 ist $\boldsymbol{x} = \boldsymbol{0}$ (wobei $\boldsymbol{0}$ den Nullvektor bezeichnet).

$$= (-1)^n \cdot \left[\lambda^n + c_1 \cdot \lambda^{n-1} + c_2 \cdot \lambda^{n-2} + \cdots + c_{n-1} \cdot \lambda^1 + c_n \right] = 0 \tag{B.27}$$

expandiert werden kann. Diese Funktion der Variablen λ (die Koeffizienten c_i werden aus den Unterdeterminanten von $\boldsymbol{A}$ berechnet) ist ein Polynom vom Grad n für eine Matrix der Größe $n \times n$. Dieses Polynom hat maximal n unterschiedliche Nullstellen, d. h., es gibt maximal n Lösungen für Gl. B.26 und damit auch Eigenwerte der Matrix $\boldsymbol{A}$. Eine Matrix der Größe $n \times n$ besitzt daher bis zu n Eigenvektoren $\boldsymbol{x}_1, \boldsymbol{x}_2, \ldots, \boldsymbol{x}_n$ und zugehörigen Eigenwerte $\lambda_1, \lambda_2, \ldots, \lambda_n$. Wie bereits erwähnt, treten Eigenvektoren und Eigenwerte immer als (Eigen-)Paare $\langle \lambda_j, \boldsymbol{x}_j \rangle$ auf.

Sofern sie existieren, sind die Eigen*werte* einer Matrix *eindeutig*, die zugehörigen Eigen*vektoren* jedoch nicht! Das ergibt sich aus dem Umstand, dass, wenn Gl. B.23 für einen Vektor $\boldsymbol{x}$ (und den zugehörigen Wert λ) erfüllt ist, so gilt dies auch für den skalierten Vektor $s \cdot \boldsymbol{x}$, d. h.,

$$\boldsymbol{A} \cdot s \cdot \boldsymbol{x} = \lambda \cdot s \cdot \boldsymbol{x} \,, \tag{B.28}$$

für beliebiges $s \in \mathbb{R}$ (und $s \neq 0$). Ist also $\boldsymbol{x}$ ein Eigenvektor von $\boldsymbol{A}$, dann ist $s \cdot \boldsymbol{x}$ ebenfalls ein (dazu äquivalenter) Eigenvektor.

Man beachte auch, dass die Eigenwerte einer quadratischen Matrix im Allgemeinen komplexwertig sein können. Ist allerdings (als wichtiger Spezialfall) die Matrix $\boldsymbol{A}$ *reellwertig* und *symmetrisch*, so sind auch *alle* ihre Eigenwerte garantiert reellwertig.

Beispiel: Für die (nicht symmetrische) 2×2 Matrix

$$\boldsymbol{A} = \begin{pmatrix} 3 & -2 \\ -4 & 1 \end{pmatrix} \,, \tag{B.29}$$

sind die zugehörigen Eigenvektoren und Eigenwerte

$$\boldsymbol{x}_1 = s \cdot \begin{pmatrix} 4 \\ -4 \end{pmatrix} \,, \qquad \boldsymbol{x}_2 = s \cdot \begin{pmatrix} -2 \\ -4 \end{pmatrix} \tag{B.30}$$

$$\lambda_1 = 5, \qquad \lambda_2 = -1, \tag{B.31}$$

für beliebiges $s \neq 0$. Das Ergebnis lässt sich leicht durch Einsetzen der Paare $\langle \lambda_1, \boldsymbol{x}_1 \rangle$ bzw. $\langle \lambda_2, \boldsymbol{x}_2 \rangle$ in Gl. B.23 verifizieren.

B.4.1 Berechnung von Eigenwerten

Zur praktischen Berechnung von Eigenwerten verwendet man im Allgemeinen numerische Softwarebibliotheken, für Java beispielweise die *Apache Commons Math Library*[4] oder *JAMA*[5].

Im speziellen (aber im Umfeld der Bildverarbeitung häufigen) Fall einer 2×2 Matrix lässt sich die Lösung sehr einfach in geschlossener

---

[4] http://commons.apache.org/math/ (Klasse `EigenDecomposition`)
[5] http://math.nist.gov/javanumerics/jama/

Berechnung der Eigenwerte und Eigenvektoren einer reellwertigen 2×2 Matrix. Wenn die Matrix $\boldsymbol{A}$ reellwertige Eigenwerte besitzt, liefert der Algorithmus eine geordnete Folge von Eigenpaaren $\langle \lambda_i, \boldsymbol{x}_i \rangle$, jeweils bestehend aus dem Eigenwert λ_i und dem zugehörigen Eigenvektor $\boldsymbol{x}_i$ (für $i = 1, 2$). Die resultierende Folge ist nach absteigendem Eigenwert geordnet. Wenn $\boldsymbol{A}$ keine reellwertigen Eigenwerte aufweist, ist der Rückgabewert nil.

```
1:  RealEigenValues2x2 (A, B, C, D)
        Input: A, B, C, D ∈ ℝ, the elements of a real-valued 2 × 2 matrix
        A = ( A B / C D ). Returns an ordered sequence of real-valued eigenpairs
        ⟨λᵢ, xᵢ⟩ for A, or nil if the matrix has no real-valued eigenvalues.
```

2:      $R \leftarrow \frac{A+D}{2}$

3:      $S \leftarrow \frac{A-D}{2}$

4:      **if** $(S^2 + B \cdot C) < 0$ **then**

5:          **return** nil $\triangleright$ $\boldsymbol{A}$ has no real-valued eigenvalues

6:      **else**

7:          $T \leftarrow \sqrt{S^2 + B \cdot C}$

8:          $\lambda_1 \leftarrow R + T$ $\triangleright$ eigenvalue λ_1

9:          $\lambda_2 \leftarrow R - T$ $\triangleright$ eigenvalue λ_2

10:         **if** $(A - D) \geq 0$ **then**

11:            $\boldsymbol{x}_1 \leftarrow (S+T, C)^{\mathsf{T}}$ $\triangleright$ eigenvector $\boldsymbol{x}_1$

12:            $\boldsymbol{x}_2 \leftarrow (B, -S-T)^{\mathsf{T}}$ $\triangleright$ eigenvector $\boldsymbol{x}_2$

13:         **else**

14:            $\boldsymbol{x}_1 \leftarrow (B, -S+T)^{\mathsf{T}}$ $\triangleright$ eigenvector $\boldsymbol{x}_1$

15:            $\boldsymbol{x}_2 \leftarrow (S-T, C)^{\mathsf{T}}$ $\triangleright$ eigenvector $\boldsymbol{x}_2$

16:         **return** $(\langle \lambda_1, \boldsymbol{x}_1 \rangle, \langle \lambda_2, \boldsymbol{x}_2 \rangle)$ $\triangleright$ $\lambda_1 \geq \lambda_2$

Form (und ohne Verwendung zusätzlicher Bibliotheken) bestimmen. In diesem Fall reduziert sich die charakteristische Gleichung (Gl. B.26) zu

$$\det(\boldsymbol{A} - \lambda \cdot \mathbf{I}_2) = \left| \begin{pmatrix} A & B \\ C & D \end{pmatrix} - \lambda \begin{pmatrix} 1 & 0 \\ 0 & 1 \end{pmatrix} \right| = \left| \begin{matrix} A-\lambda & B \\ C & D-\lambda \end{matrix} \right| \tag{B.32}$$
$$= \lambda^2 - (A + D) \cdot \lambda + (AD - BC) = 0 \,.$$

Die zwei möglichen Lösungen dieser quadratischen Gleichung ergeben sich durch

$$\begin{aligned} \lambda_{1,2} &= \frac{A+D}{2} \pm \left[\left(\frac{A+D}{2} \right)^2 - (AD - BC) \right]^{\frac{1}{2}} \\ &= \frac{A+D}{2} \pm \left[\left(\frac{A-D}{2} \right)^2 + BC \right]^{\frac{1}{2}} \\ &= R \pm \sqrt{S^2 + BC}, \end{aligned} \tag{B.33}$$

mit $S = (A - D)/2$, und somit sind die Eigenwerte der Matrix $\boldsymbol{A}$

$$\begin{aligned} \lambda_1 &= R + \sqrt{S^2 + B \cdot C}, \\ \lambda_2 &= R - \sqrt{S^2 + B \cdot C}. \end{aligned} \tag{B.34}$$

Beide Eigenwerte sind reellwertig, wenn der Ausdruck unter der Quadratwurzel positiv ist, d. h., wenn

$$S^2 + B \cdot C = \left(\frac{A-D}{2} \right)^2 + B \cdot C \geq 0 \,. \tag{B.35}$$

Dies ist insbesondere dann gegeben, wenn die Matrix symmetrisch ist, d. h., wenn $B = C$ und daher $B \cdot C \geq 0$. In diesem Fall gilt auch $\lambda_1 \geq \lambda_2$. Die Berechnung der Eigenwerte und Eigenvektoren einer 2×2 Matrix ist in Algorithmus B.1 nochmals übersichtlich zusammengefasst (s. auch [26, Kap. 5]).

C

Ergänzungen zur Analysis

C.1 Quadratische Interpolation (1D)

Im Fall einer eindimensionalen, diskreten Funktion $g\colon \mathbb{Z} \mapsto \mathbb{R}$ ist es mitunter hilfreich, eine kontinuierliche, quadratische (parabolische) Funktion einzupassen, um beispielsweise die Position lokaler Extrempunkte (Minima oder Maxima) genau zu bestimmen.

C.1.1 Parabolische Funktion durch drei Stützstellen

Damit eine quadratische Funktion (d. h., ein Polynom zweiten Grades) der Form

$$y = f(x) = a \cdot x^2 + b \cdot x + c \tag{C.1}$$

exakt durch eine gegebene Menge von drei Punkten $\boldsymbol{p}_i = (x_i, y_i)$, mit $i = 1, 2, 3$, verläuft, müssen folgende drei Gleichungen erfüllt sein:

$$\begin{aligned} y_1 &= a \cdot x_1^2 + b \cdot x_1 + c, \\ y_2 &= a \cdot x_2^2 + b \cdot x_2 + c, \\ y_3 &= a \cdot x_3^2 + b \cdot x_3 + c. \end{aligned} \tag{C.2}$$

Unter Verwendung der üblichen Matrixnotation $\boldsymbol{A} \cdot \boldsymbol{x} = \boldsymbol{B}$ oder

$$\begin{pmatrix} x_1^2 & x_1 & 1 \\ x_2^2 & x_2 & 1 \\ x_3^2 & x_3 & 1 \end{pmatrix} \cdot \begin{pmatrix} a \\ b \\ c \end{pmatrix} = \begin{pmatrix} y_1 \\ y_2 \\ y_3 \end{pmatrix}, \tag{C.3}$$

kann der unbekannte Koeffizientenvektor $\boldsymbol{x} = (a, b, c)^\mathsf{T}$ direkt in der Form

$$\boldsymbol{x} = \boldsymbol{A}^{-1} \cdot \boldsymbol{B} = \begin{pmatrix} x_1^2 & x_1 & 1 \\ x_2^2 & x_2 & 1 \\ x_3^2 & x_3 & 1 \end{pmatrix}^{-1} \cdot \begin{pmatrix} y_1 \\ y_2 \\ y_3 \end{pmatrix} \tag{C.4}$$

bestimmt werden, unter der Annahme, dass $\boldsymbol{A}$ invertierbar (die Determinante ungleich Null) ist. Geometrisch bedeutet dies, dass die Punkte $\boldsymbol{p}_i$ nicht *kollinear* sind.

Beispiel

Die zur Einpassung einer quadratischen Funktion in die konkreten Stützwerte $\boldsymbol{p}_1 = (-2, 5)^\mathsf{T}$, $\boldsymbol{p}_2 = (-1, 6)^\mathsf{T}$, $\boldsymbol{p}_3 = (3, -10)^\mathsf{T}$ zu lösende Gleichung ist (analog zu Gl. C.3)

$$\begin{pmatrix} 4 & -2 & 1 \\ 1 & -1 & 1 \\ 9 & 3 & 1 \end{pmatrix} \cdot \begin{pmatrix} a \\ b \\ c \end{pmatrix} = \begin{pmatrix} 5 \\ 6 \\ -10 \end{pmatrix}, \tag{C.5}$$

mit dem Ergebnis

$$\begin{pmatrix} a \\ b \\ c \end{pmatrix} = \begin{pmatrix} 4 & -2 & 1 \\ 1 & -1 & 1 \\ 9 & 3 & 1 \end{pmatrix}^{-1} \cdot \begin{pmatrix} 5 \\ 6 \\ -10 \end{pmatrix} = \frac{1}{20} \cdot \begin{pmatrix} 4 & -5 & 1 \\ -8 & 5 & 3 \\ -12 & 30 & 2 \end{pmatrix} \cdot \begin{pmatrix} 5 \\ 6 \\ -10 \end{pmatrix} = \begin{pmatrix} -1 \\ -2 \\ 5 \end{pmatrix}. \tag{C.6}$$

Somit gilt $a = -1$, $b = -2$, $c = 5$, und die zugehörige quadratische Gleichung ist $y = -x^2 - 2x + 5$. Das Ergebnis zu diesem Beispiel ist in Abb. C.1 grafisch dargestellt.

Abbildung C.1
Einpassung einer quadratischen Funktion in drei vorgegebene Referenzpunkte.

$\boldsymbol{p}_1 = (-2, 5)^\mathsf{T}$
$\boldsymbol{p}_2 = (-1, 6)^\mathsf{T}$
$\boldsymbol{p}_3 = (3, -10)^\mathsf{T}$

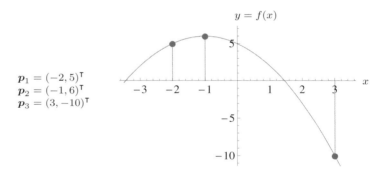

C.1.2 Extrempunkte durch quadratische Interpolation

Eine spezielle Situation ergibt sich, wenn die Stützwerte an den Positionen $x_1 = -1$, $x_2 = 0$ und $x_3 = +1$ angeordnet sind. Dies ist beispielsweise hilfreich, um die kontinuierliche Position eines Extremwerts zwischen aufeinanderfolgenden Abtastwerten einer diskreten Funktion zu bestimmen. In die Stützwerte $\boldsymbol{p}_1 = (-1, y_1)^\mathsf{T}$, $\boldsymbol{p}_2 = (0, y_2)^\mathsf{T}$ und $\boldsymbol{p}_3 = (1, y_3)^\mathsf{T}$ wird zunächst wieder eine quadratische Funktion analog zu Gl. C.1 eingepasst. In diesem Fall vereinfacht sich das Gleichungssystem in Gl. C.2 zu

$$
\begin{aligned}
y_1 &= a - b + c, \\
y_2 &= c, \\
y_3 &= a + b + c,
\end{aligned}
\qquad (C.7)
$$

mit der Lösung

$$
a = \frac{y_1 - 2 \cdot y_2 + y_3}{2}, \qquad b = \frac{y_3 - y_1}{2}, \qquad c = y_2. \qquad (C.8)
$$

Zur Bestimmung des lokalen Extremwerts bilden wir zunächst die erste Ableitung der quadratischen Interpolationsfunktion (Gl. C.1), das ist die lineare Gleichung $f'(x) = 2a \cdot x + b$, und berechnen die Position $\breve{x}$ ihrer (einzigen) Nullstelle als Lösung der Gleichung

$$
2a \cdot x + b = 0. \qquad (C.9)
$$

Mit a, b aus Gl. C.8 ergibt sich als *Position* des Extremwerts somit

$$
\breve{x} = \frac{-b}{2a} = \frac{y_1 - y_3}{2 \cdot (y_1 - 2y_2 + y_3)} \, . \qquad (C.10)
$$

Den zugehörigen Extrem*wert* $\breve{y}$ erhält man durch Anwendung der quadratischen Funktion $f()$ an der Stelle $\breve{x}$, d. h.,

$$
\breve{y} = f(\breve{x}) = a \cdot \breve{x}^2 + b \cdot \breve{x} + c, \qquad (C.11)
$$

mit a, b, c aus Gl. C.8. Abbildung C.2 zeigt ein Beispiel mit den Referenzpunkten $\boldsymbol{p}_1 = (-1, -2)^\mathsf{T}$, $\boldsymbol{p}_2 = (0, 7)^\mathsf{T}$, $\boldsymbol{p}_3 = (1, 6)^\mathsf{T}$. In diesem Fall liegt die interpolierte Position des lokalen Maximums bei $\breve{x} = 0.4$ und der zugehörige Maximalwert ist $f(\breve{x}) = 7.8$.

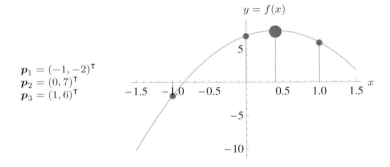

$\boldsymbol{p}_1 = (-1, -2)^\mathsf{T}$
$\boldsymbol{p}_2 = (0, 7)^\mathsf{T}$
$\boldsymbol{p}_3 = (1, 6)^\mathsf{T}$

Abbildung C.2
Einpassung einer quadratischen Funktion in drei gegebene Referenzpunkte an den Positionen $x_1 = -1, x_2 = 0, x_3 = +1$. Der interpolierte Maximalwert der kontinuierlichen Funktion liegt an der Stelle $\breve{x} = 0.4$ (großer Kreis).

Anhand dieses Schemas können beliebige, um eine diskrete Mittenposition $u \in \mathbb{Z}$ angeordnete Tripel von Abtastwerten, d. h. mit $\boldsymbol{p}_1 = (u - 1, y_1)^\mathsf{T}$, $\boldsymbol{p}_2 = (u, y_2)^\mathsf{T}$, $\boldsymbol{p}_3 = (u + 1, y_3)^\mathsf{T}$ sowie beliebigen Werten y_1, y_2, y_3, sehr einfach interpoliert werden. In diesem allgemeinen Fall ergibt sich als Position der Extremwerts (aus Gl. C.10)

$$\breve{x} = u + \frac{y_1 - y_3}{2 \cdot (y_1 - 2 \cdot y_2 + y_3)} \ . \tag{C.12}$$

Die Anwendung der quadratischen Interpolation auf mehrdimensionale Funktionen ist in Abschn. C.3.3 beschrieben.

C.2 Skalar- und Vektorfelder

Ein RGB-Farbbild $\boldsymbol{I}(u, v) = (I_R(u, v), I_G(u, v), I_B(u, v))$ lässt sich auch als zweidimensionale Funktion betrachten, deren Werte dreidimensionale Vektoren sind. Mathematisch ist dies ein spezieller Fall einer vektorwertigen Funktion $\boldsymbol{f} \colon \mathbb{R}^n \mapsto \mathbb{R}^m$,

$$\boldsymbol{f}(\boldsymbol{x}) = \boldsymbol{f}(x_1, \ldots, x_n) = \begin{pmatrix} f_1(\boldsymbol{x}) \\ \vdots \\ f_m(\boldsymbol{x}) \end{pmatrix}, \tag{C.13}$$

die sich aus m skalarwertigen Komponentenfunktionen $f_i \colon \mathbb{R}^n \mapsto \mathbb{R}$ zusammensetzt, die jeweils über n unabhängige Variable definiert sind.

Eine multivariable, *skalar*wertige Funktion $f \colon \mathbb{R}^n \mapsto \mathbb{R}$ wird auch als *Skalarfeld* bezeichnet, eine *vektor*wertige Funktion $\boldsymbol{f} \colon \mathbb{R}^n \mapsto \mathbb{R}^m$ hingegen als *Vektorfeld*. Ein zweidimensionales (kontinuierliches) Grauwertbild entspricht somit einem Skalarfeld, während man beispielsweise ein RGB-Farbbild als zweidimensionales Vektorfeld (mit $n = 2$ und $m = 3$) betrachten kann.

C.2.1 Jacobi-Matrix

Ist eine n-dimensionale, vektorwertige Funktion $\boldsymbol{f}(\boldsymbol{x}) = (f_1(\boldsymbol{x}), \ldots, f_m(\boldsymbol{x}))^\mathsf{T}$ differenzierbar, so ist ihre so genannte *Funktional-* oder *Jacobi-Matrix* für einen gegebenen Punkt $\dot{\boldsymbol{x}} = (\dot{x}_1, \ldots, \dot{x}_n)$ definiert als

$$\mathbf{J}_{\boldsymbol{f}}(\dot{\boldsymbol{x}}) = \begin{pmatrix} \frac{\partial}{\partial x_1} f_1(\dot{\boldsymbol{x}}) & \cdots & \frac{\partial}{\partial x_n} f_1(\dot{\boldsymbol{x}}) \\ \vdots & \ddots & \vdots \\ \frac{\partial}{\partial x_1} f_m(\dot{\boldsymbol{x}}) & \cdots & \frac{\partial}{\partial x_n} f_m(\dot{\boldsymbol{x}}) \end{pmatrix} . \tag{C.14}$$

Die Jacobi-Matrix ist von der Größe $m \times n$ und enthält sämtliche ersten Ableitungen der Komponentenfunktionen $f_1, \ldots, f_m$ gegenüber den unabhängigen Variablen $x_1, \ldots, x_n$. Ein Matrixelement $\frac{\partial}{\partial x_j} f_i(\dot{\boldsymbol{x}})$ beschreibt somit, wie stark sich an der Position $\dot{\boldsymbol{x}} = (\dot{x}_1, \ldots, \dot{x}_n)$ der (skalare) Wert der zugehörigen Komponentenfunktion f_i ändert, wenn nur die Variable x_j variiert wird und alle anderen Variablen unverändert bleiben. Man beachte, dass die Jacobi-Matrix für eine gegebene Funktion $\boldsymbol{f}$ nicht konstant ist, sondern von der jeweiligen Position $\dot{\boldsymbol{x}}$ abhängig ist. Im Allgemeinen ist die Jacobi-Matrix auch weder quadratisch noch symmetrisch.

C.2.2 Gradient

Gradient eines Skalarfelds

Der Gradient eines Skalarfelds $f: \mathbb{R}^n \mapsto \mathbb{R}$, mit $f(\boldsymbol{x}) = f(x_1, \ldots, x_n)$ ist
der Vektor

$$(\nabla f)(\dot{\boldsymbol{x}}) = (\mathrm{grad}\, f)(\dot{\boldsymbol{x}}) = \begin{pmatrix} \frac{\partial}{\partial x_1} f(\dot{\boldsymbol{x}}) \\ \vdots \\ \frac{\partial}{\partial x_n} f(\dot{\boldsymbol{x}}) \end{pmatrix}, \qquad (C.15)$$

für einen gegebenen Koordinatenpunkt $\dot{\boldsymbol{x}} \in \mathbb{R}^n$. Das j-te Element dieses
n-dimensionalen Vektors beschreibt den Anstieg des Funktionswerts von
f bei Änderung der zugehörigen Einzelvariable x_j, ausgehend vom aktuellen Punkt $\dot{\boldsymbol{x}}$. Der Gradient eines Skalarfelds ist somit ein Vektorfeld.

Der *gerichtete* Gradient $\nabla_{\mathbf{e}} f$ eines Skalarfelds gibt an, wie stark der
(skalare) Funktionswert f ansteigt, wenn man die Koordinaten (Ein-
gangsvariablen) entlang der durch den Einheitsvektor $\mathbf{e}$ definierten Richtung variiert. Es gilt

$$(\nabla_{\mathbf{e}} f)(\dot{\boldsymbol{x}}) = (\nabla f)(\dot{\boldsymbol{x}}) \cdot \mathbf{e}\,, \qquad (C.16)$$

wobei mit $\cdot$ das Skalarprodukt (s. Abschn. B.3.1) gemeint ist. Das Ergebnis an der Position $\dot{\boldsymbol{x}}$ ist ein skalarer Wert, der dem Anstieg der Tangente
auf der durch die Funktion f gebildeten, n-dimensionalen Oberfläche in
der Richtung des Vektors $\mathbf{e} = (e_1, \ldots, e_n)^{\mathsf{T}}$ entspricht.

Gradient eines Vektorfelds

Bei der Berechnung des Gradienten eines Vektorfelds $\boldsymbol{f}: \mathbb{R}^n \mapsto \mathbb{R}^m$ können wir darauf zurückgreifen, dass die i-te Zeile der $m \times n$ Jacobi-Matrix
$\mathbf{J}_{\boldsymbol{f}}$ (s. Gl. C.14) der transponierte Gradientenvektor der zugehörigen (skalarwertigen) Komponentenfunktion ist, d. h.,

$$\mathbf{J}_{\boldsymbol{f}}(\dot{\boldsymbol{x}}) = \begin{pmatrix} (\nabla f_1)(\dot{\boldsymbol{x}})^{\mathsf{T}} \\ \vdots \\ (\nabla f_m)(\dot{\boldsymbol{x}})^{\mathsf{T}} \end{pmatrix}. \qquad (C.17)$$

Der Gradient eines Vektorfelds $\boldsymbol{f}$ ist daher vollständig durch die zugehörige Jacobi-Matrix spezifiziert oder, anders ausgedrückt,

$$(\mathrm{grad}\, \boldsymbol{f})(\dot{\boldsymbol{x}}) \equiv \mathbf{J}_{\boldsymbol{f}}(\dot{\boldsymbol{x}}). \qquad (C.18)$$

Analog zu Gl. C.16 ist der *gerichtete* Gradient eines Vektorfelds definiert
als

$$(\mathrm{grad}_{\mathbf{e}}\, \boldsymbol{f})(\dot{\boldsymbol{x}}) \equiv \mathbf{J}_{\boldsymbol{f}}(\dot{\boldsymbol{x}}) \cdot \mathbf{e}, \qquad (C.19)$$

wobei der n-dimensionale Einheitsvektor $\mathbf{e}$ wiederum die Bewegungsrich-
tung spezifiziert und $\cdot$ das gewöhnliche Matrix-Vektor-Produkt ist. Der
resultierende Gradient ist in diesem Fall ein m-dimensionaler Vektor,
mit einem Element für jede Komponentenfunktion von $\boldsymbol{f}$.

Richtung des maximalen Gradienten

Bei einem *Skalarfeld* $f(\boldsymbol{x})$ ergibt sich die Richtung des steilsten Anstiegs an einer Position $\dot{\boldsymbol{x}}$ direkt aus dem zugehörigen Gradientenvektor $(\nabla f)(\dot{\boldsymbol{x}})$ (s. Gl. C.15).[1] In diesem Fall entspricht die L_2-Norm (s. Abschn. B.1.2) des Gradientenvektors, d. h., $\|(\nabla f)(\dot{\boldsymbol{x}})\|$, dem maximalen Anstieg von f am Punkt $\dot{\boldsymbol{x}}$.

Bei einem Vektorfeld $\boldsymbol{f}(\boldsymbol{x})$ lässt sich die Richtung des maximalen Gradienten nicht direkt bestimmen, da der Gradient hier kein n-dimensionaler Vektor ist sondern die zugehörige Jacobi-Matrix der Größe $m \times n$ (s. Gl. C.18). In diesem Fall ergibt sich die Richtung der maximalen Änderung der Funktion $\boldsymbol{f}$ aus jenem *Eigenvektor* $\boldsymbol{x}_k$ der quadratischen $(n \times n)$ Matrix

$$\mathbf{M} = \mathbf{J}_{\boldsymbol{f}}^{\mathsf{T}}(\dot{\boldsymbol{x}}) \cdot \mathbf{J}_{\boldsymbol{f}}(\dot{\boldsymbol{x}}), \tag{C.20}$$

der mit dem größten *Eigenwert* λ_k verbunden ist (s. auch Abschn. 2.4).

C.2.3 Divergenz

Im speziellen Fall, dass ein Vektorfeld wieder auf den gleichen Vektorraum abbildet, d. h., $\boldsymbol{f} \colon \mathbb{R}^n \mapsto \mathbb{R}^n$, ist dessen *Divergenz* definiert als

$$(\operatorname{div} \boldsymbol{f})(\dot{\boldsymbol{x}}) = \tfrac{\partial}{\partial x_1} f_1(\dot{\boldsymbol{x}}) + \cdots + \tfrac{\partial}{\partial x_n} f_n(\dot{\boldsymbol{x}}) = \sum_{i=1}^{n} \tfrac{\partial}{\partial x_i} f_i(\dot{\boldsymbol{x}}) \in \mathbb{R}, \tag{C.21}$$

für eine gegebene Position $\dot{\boldsymbol{x}}$. Das Ergebnis ist eine skalare Größe und $(\operatorname{div} \boldsymbol{f})(\dot{\boldsymbol{x}})$ produziert daher ein Skalarfeld $\mathbb{R}^n \mapsto \mathbb{R}$. Man beachte, dass in diesem Fall die Jacobi-Matrix quadratisch $(n \times n)$ ist und die Divergenz der *Spur* von $\mathbf{J}_{\boldsymbol{f}}$ entspricht, d. h.,

$$(\operatorname{div} \boldsymbol{f})(\dot{\boldsymbol{x}}) \equiv \operatorname{trace}(\mathbf{J}_{\boldsymbol{f}}(\dot{\boldsymbol{x}})). \tag{C.22}$$

C.2.4 Laplace-Operator

Der Laplace-Operator ist ein linearer Differentialoperator, der mit Δ oder ∇^2 bezeichnet wird. Die Anwendung des Laplace-Operators auf ein *Skalarfeld* $f \colon \mathbb{R}^n \mapsto \mathbb{R}$ erzeugt ein neues Skalarfeld, das der Summe aller ungemischten zweiten Ableitungen (sofern diese existieren) entspricht, d. h.,

$$(\nabla^2 f)(\dot{\boldsymbol{x}}) = \tfrac{\partial^2}{\partial x_1^2} f(\dot{\boldsymbol{x}}) + \cdots + \tfrac{\partial^2}{\partial x_n^2} f(\dot{\boldsymbol{x}}) = \sum_{i=1}^{n} \tfrac{\partial^2}{\partial x_i^2} f(\dot{\boldsymbol{x}}). \tag{C.23}$$

Das Ergebnis ist reellwertig und äquivalent zur *Divergenz* (s. Gl. C.15) des *Gradienten* (s. Gl. C.15) des Skalarfelds f, d. h.,

---

[1] Ist der Gradientenvektor Null, d. h., $(\nabla f)(\dot{\boldsymbol{x}}) = \boldsymbol{0}$, so ist seine Richtung an der Position $\dot{\boldsymbol{x}}$ undefiniert.

$$(\nabla^2 f)(\dot{\boldsymbol{x}}) = (\mathrm{div}\nabla f)s(\dot{\boldsymbol{x}}). \qquad (C.24)$$

Der Ergebnis des Laplace-Operators entspricht zudem der *Spur* der zur Funktion f gehörigen Hesse-Matrix $\mathbf{H}_f$ (s. unten).

Die Anwendung des Laplace-Operators auf ein *Vektorfeld* $\boldsymbol{f}\colon \mathbb{R}^n \mapsto \mathbb{R}^m$ ergibt wiederum ein Vektorfeld $\mathbb{R}^n \mapsto \mathbb{R}^m$,

$$(\nabla^2 \boldsymbol{f})(\dot{\boldsymbol{x}}) = \begin{pmatrix} (\nabla^2 f_1)(\dot{\boldsymbol{x}}) \\ (\nabla^2 f_2)(\dot{\boldsymbol{x}}) \\ \vdots \\ (\nabla^2 f_m)(\dot{\boldsymbol{x}}) \end{pmatrix} \in \mathbb{R}^m, \qquad (C.25)$$

das sich aus der Anwendung des Laplace-Operators auf die einzelnen (skalarwertigen) Komponentenfunktionen ergibt.

C.2.5 Hesse-Matrix

Die Hesse-Matrix eines Skalarfelds $f\colon \mathbb{R}^n \mapsto \mathbb{R}$ ist eine quadratische Matrix der Größe $n \times n$, bestehend aus allen partiellen Ableitungen zweiter Ordnung von f (unter der Annahme, dass diese existieren), d. h.,

$$\mathbf{H}_f = \begin{pmatrix} H_{11} & H_{12} & \cdots & H_{1n} \\ H_{21} & H_{22} & \cdots & H_{2n} \\ \vdots & \vdots & \ddots & \vdots \\ H_{n1} & H_{n2} & \cdots & H_{nn} \end{pmatrix} = \begin{pmatrix} \frac{\partial^2}{\partial x_1^2}f & \frac{\partial^2}{\partial x_1\,\partial x_2}f & \cdots & \frac{\partial^2}{\partial x_1\,\partial x_n}f \\ \frac{\partial^2}{\partial x_2\,\partial x_1}f & \frac{\partial^2}{\partial x_2^2}f & \cdots & \frac{\partial^2}{\partial x_2\,\partial x_n}f \\ \vdots & \vdots & \ddots & \vdots \\ \frac{\partial^2}{\partial x_n\,\partial x_1}f & \frac{\partial^2}{\partial x_n\,\partial x_2}f & \cdots & \frac{\partial^2}{\partial x_n^2}f \end{pmatrix}. \qquad (C.26)$$

Da die Reihenfolge der einzelnen Ableitungen keine Rolle spielt, (d. h., $H_{ij} = H_{ji}$), ist $\mathbf{H}_f$ immer symmetrisch. Man beachte, dass die Hesse-Matrix eine Matrix von *Funktionen* ist. Um den Wert der Hesse-Matrix an einem bestimmten Punkt $\boldsymbol{x} \in \mathbb{R}^n$ zu bestimmen, schreiben wir

$$\mathbf{H}_f(\dot{\boldsymbol{x}}) = \begin{pmatrix} \frac{\partial^2}{\partial x_1^2}f(\dot{\boldsymbol{x}}) & \cdots & \frac{\partial^2}{\partial x_1\,\partial x_n}f(\dot{\boldsymbol{x}}) \\ \vdots & \ddots & \vdots \\ \frac{\partial^2}{\partial x_n\,\partial x_1}f(\dot{\boldsymbol{x}}) & \cdots & \frac{\partial^2}{\partial x_n^2}f(\dot{\boldsymbol{x}}) \end{pmatrix}, \qquad (C.27)$$

wodurch sich eine skalarwertige Matrix der Größe $n \times n$ ergibt. Wie oben erwähnt, entspricht die Spur der Hesse-Matrix dem Resultat der Anwendung des Laplace-Operators ∇^2 auf die Funktion f, d. h.,

$$\nabla^2 f = \mathrm{trace}\left(\mathbf{H}_f\right) = \sum_{i=1}^{n} \frac{\partial^2}{\partial x_i^2}f. \qquad (C.28)$$

Beispiel

Angenommen, wir hätten eine kontinuierliche, zweidimensionale Intensitätsfunktion $I(x, y)$, also ein kontinuierliches Bild bzw. Skalarfeld. Die zugehörige Hesse-Matrix ist in diesem Fall von der Größe 2×2 und enthält alle zweiten Ableitungen über die Koordinaten x, y, also

$$\mathbf{H}_I = \begin{pmatrix} \frac{\partial^2}{\partial x^2} I & \frac{\partial^2}{\partial x \partial y} I \\ \frac{\partial^2}{\partial y \partial x} I & \frac{\partial^2}{\partial y^2} I \end{pmatrix} = \begin{pmatrix} I_{xx} & I_{xy} \\ I_{yx} & I_{yy} \end{pmatrix}, \tag{C.29}$$

wobei $I_{xy} = I_{yx}$. Die Elemente von $\mathbf{H}_I$ sind zweidimensionale, skalarwertige *Funktionen* über x, y, also wiederum Skalarfelder. Wird die Hesse-Matrix an einem bestimmten Punkt $\dot{\boldsymbol{x}}$ evaluiert, so erhält man die Werte der zweiten partiellen Ableitungen von I an der Position $\dot{\boldsymbol{x}}$,

$$\mathbf{H}_I(\dot{\boldsymbol{x}}) = \begin{pmatrix} \frac{\partial^2}{\partial x^2} I(\dot{\boldsymbol{x}}) & \frac{\partial^2}{\partial x \partial y} I(\dot{\boldsymbol{x}}) \\ \frac{\partial^2}{\partial y \partial x} I(\dot{\boldsymbol{x}}) & \frac{\partial^2}{\partial y^2} I(\dot{\boldsymbol{x}}) \end{pmatrix} = \begin{pmatrix} I_{xx}(\dot{\boldsymbol{x}}) & I_{xy}(\dot{\boldsymbol{x}}) \\ I_{yx}(\dot{\boldsymbol{x}}) & I_{yy}(\dot{\boldsymbol{x}}) \end{pmatrix}, \tag{C.30}$$

also eine Matrix mit skalarwertigen Elementen.

C.3 Operationen auf mehrdimensionale, skalarwertige Funktionen (skalare Felder)

C.3.1 Ableitungen einer diskreten Funktion

Digitale Bilder sind diskrete Funktionen (d. h., $I : \mathbb{Z}^2 \mapsto \mathbb{R}$) und daher im Prinzip nicht differenzierbar. Die Ableitungen einer solchen Funktion können dennoch durch Berechnung der Differenzen zwischen den Pixelwerten innerhalb einer lokalen 3×3 Umgebung geschätzt werden, was sich sehr einfach als lineare Filteroperation (Faltung) ausdrücken lässt. So werden die partiellen Ableitungen *erster* Ordnung einer diskreten Bildfunktion I üblicherweise in der Form

$$\frac{\partial I}{\partial x} \approx I_x = I * \begin{bmatrix} -0.5 & \mathbf{0} & 0.5 \end{bmatrix}, \qquad \frac{\partial I}{\partial y} \approx I_y = I * \begin{bmatrix} -0.5 \\ \mathbf{0} \\ 0.5 \end{bmatrix} \tag{C.31}$$

bestimmt und zugehörigen die *zweiten* Ableitungen in der Form

$$\frac{\partial^2 I}{\partial x^2} \approx I_{xx} = I * \begin{bmatrix} 1 & -\mathbf{2} & 1 \end{bmatrix}, \qquad \frac{\partial^2 I}{\partial y^2} \approx I_{yy} = I * \begin{bmatrix} 1 \\ -\mathbf{2} \\ 1 \end{bmatrix} \tag{C.32}$$

sowie $\frac{\partial^2 I}{\partial x \partial y} \approx$

$$I_{xy} = I_{yx} = I * \begin{bmatrix} -0.5 & \mathbf{0} & 0.5 \end{bmatrix} * \begin{bmatrix} -0.5 \\ \mathbf{0} \\ 0.5 \end{bmatrix} = I * \begin{bmatrix} 0.25 & 0 & -0.25 \\ 0 & \mathbf{0} & 0 \\ -0.25 & 0 & 0.25 \end{bmatrix}. \tag{C.33}$$

C.3.2 Taylorentwicklung von Funktionen

Eindimensionale Funktionen

Die Taylorentwicklung (vom Grad d) einer eindimensionalen Funktion $f \colon \mathbb{R} \mapsto \mathbb{R}$ um einen fixen Bezugspunkt a lautet

$$
f(\dot{x}) = f(a) + f'(a) \cdot (\dot{x} - a) + f''(a) \cdot \frac{(\dot{x} - a)^2}{2} + \cdots + f^{(d)}(a) \cdot \frac{(\dot{x} - a)^d}{d!} + R_d
$$

$$
= f(a) + \sum_{i=1}^{d} f^{(i)}(a) \cdot \frac{(\dot{x} - a)^i}{i!} + R_d \tag{C.34}
$$

$$
= \sum_{i=0}^{d} f^{(i)}(a) \cdot \frac{(\dot{x} - a)^i}{i!} + R_d, \tag{C.35}
$$

mit dem Restterm R_d.[2] Die bedeutet, dass – wenn nur der Funktionswert $f(a)$ und die Werte der ersten d Ableitungen an einer bestimmten Position a bekannt sind – der Wert der Funktion f an einer *anderen* Position $\dot{x}$ geschätzt werden kann, ohne $f(\dot{x})$ selbst zu berechnen. Lässt man den Restterm R_d unberücksichtigt, so ist das Ergebnis eine *Approximation* von $f(\dot{x})$, d. h.,

$$
f(\dot{x}) \approx \sum_{i=0}^{d} f^{(i)}(a) \cdot \frac{(\dot{x} - a)^i}{i!}, \tag{C.36}
$$

deren Genauigkeit von d und dem Abstand $\dot{x} - a$ abhängt.

Mehrdimensionale Funktionen

Für eine reellwertige Funktion über n Variablen, $f \colon \mathbb{R}^n \mapsto \mathbb{R}$, mit

$$
f(\boldsymbol{x}) = f(x_1, x_2, \ldots, x_n) \in \mathbb{R}, \tag{C.37}
$$

lautet die Taylorentwicklung um einen Bezugspunkt $\boldsymbol{a} = (a_1, \ldots, a_n)^{\mathsf{T}}$

$$
f(\dot{x}_1, \ldots, \dot{x}_n)
$$

$$
= f(\boldsymbol{a}) + \sum_{i_1=1}^{\infty} \cdots \sum_{i_n=1}^{\infty} \left[\frac{\partial^{i_1}}{\partial x_1^{i_1}} \cdots \frac{\partial^{i_n}}{\partial x_n^{i_n}} \right] f(\boldsymbol{a}) \cdot \frac{(\dot{x}_1 - a_1)^{i_1} \cdots (\dot{x}_n - a_n)^{i_n}}{i_1! \cdots i_n!}
$$

$$
= \sum_{i_1=0}^{\infty} \cdots \sum_{i_n=0}^{\infty} \left[\frac{\partial^{i_1}}{\partial x_1^{i_1}} \cdots \frac{\partial^{i_n}}{\partial x_n^{i_n}} \right] f(\boldsymbol{a}) \cdot \frac{(\dot{x}_1 - a_1)^{i_1} \cdots (\dot{x}_n - a_n)^{i_n}}{i_1! \cdots i_n!}. \tag{C.38}
$$

Dabei[3] steht der Ausdruck

---

[2] Man beachte, dass $f^{(0)} = f$, $f^{(1)} = f'$, $f^{(2)} = f''$ etc. und $1! = 1$.

[3] In Gl. C.38 bezeichnen die Symbole $x_1, \ldots, x_n$ die n (freien) Variablen der Funktion, während $\dot{x}_1, \ldots, \dot{x}_n$ die Koordinaten eines bestimmten (fixen) Punkts im n-dimensionalen Raum darstellen.

$$\left[\frac{\partial^{i_1}}{\partial x_1^{i_1}}\cdots\frac{\partial^{i_n}}{\partial x_n^{i_n}}\right]f(\boldsymbol{a}) \tag{C.39}$$

für den Wert der Funktion, die sich durch Anwendung von n partiellen Ableitungen auf die Funktion f ergibt, und zwar an der n-dimensionalen Position $\boldsymbol{a}$. Der Operator $\frac{\partial^i}{\partial x^i}$ bezeichnet hier die i-te partielle Ableitung nach der Variablen x.

Um Gl. C.38 etwas kompakter formulieren zu können, definieren wir den Indexvektor

$$\boldsymbol{i} = (i_1, i_2, \ldots, i_n), \quad \text{mit } i_l \in \mathbb{N}_0 \tag{C.40}$$

(mit $i_l \in \mathbb{N}_0$ und daher $\boldsymbol{i} \in \mathbb{N}_0^n$) sowie die zugehörigen Operationen

$$\begin{aligned}
\boldsymbol{i}! &= i_1! \cdot i_2! \cdots i_n!, \\
\boldsymbol{x}^{\boldsymbol{i}} &= x_1^{i_1} \cdot x_2^{i_2} \cdots x_n^{i_n}, \\
\Sigma\boldsymbol{i} &= i_1 + i_2 + \cdots + i_n.
\end{aligned} \tag{C.41}$$

Weiter definieren wir als Kurznotation für den gemischten partiellen Ableitungsoperator in Gl. C.39

$$D^{\boldsymbol{i}} = D^{(i_1, \ldots, i_n)} := \frac{\partial^{i_1}}{\partial x_1^{i_1}}\frac{\partial^{i_2}}{\partial x_2^{i_2}}\cdots\frac{\partial^{i_n}}{\partial x_n^{i_n}} = \frac{\partial^{i_1+i_2+\ldots+i_n}}{\partial x_1^{i_1}\partial x_2^{i_2}\cdots\partial x_n^{i_n}}. \tag{C.42}$$

Mit den obenstehenden Definitionen lässt sich die vollständige Taylorentwicklung einer mehrdimensionalen Funktion um den Punkt $\boldsymbol{a}$ aus Gl. C.38 sehr kompakt in der Form

$$f(\dot{\boldsymbol{x}}) = \sum_{\boldsymbol{i}\,\in\,\mathbb{N}_0^n} D^{\boldsymbol{i}}f(\boldsymbol{a}) \cdot \frac{(\dot{\boldsymbol{x}}-\boldsymbol{a})^{\boldsymbol{i}}}{\boldsymbol{i}!} \tag{C.43}$$

anschreiben. Dabei ist $D^{\boldsymbol{i}}f$ wiederum eine n-dimensionale Funktion $\mathbb{R}^n \mapsto \mathbb{R}$ und somit ist $D^{\boldsymbol{i}}f(\boldsymbol{a})$ ein skalarer Wert, der sich durch Anwendung der Funktion $D^{\boldsymbol{i}}f$ auf den n-dimensionalen Koordinatenvektor $\boldsymbol{a}$ ergibt.

Demgegenüber wird bei einer Taylor*approximation* der Ordnung d die Summe der Indizes $i_1 + \ldots + i_n$ auf d begrenzt, d. h., die Summation in Gl. C.43 wird auf die Indexvektoren $\boldsymbol{i}$ mit $\Sigma\boldsymbol{i} \leq d$ eingeschränkt. Die daraus resultierende Formulierung

$$f(\dot{\boldsymbol{x}}) \approx \sum_{\substack{\boldsymbol{i}\,\in\,\mathbb{N}_0^n \\ \Sigma\boldsymbol{i}\leq d}} D^{\boldsymbol{i}}f(\boldsymbol{a}) \cdot \frac{(\dot{\boldsymbol{x}}-\boldsymbol{a})^{\boldsymbol{i}}}{\boldsymbol{i}!}, \tag{C.44}$$

ist offensichtlich analog zum eindimensionalen Fall in Gl. C.36.

Beispiel: zweidimensionale Funktion $f\colon \mathbb{R}^2 \mapsto \mathbb{R}$. Dieses Beispiel zeigt die Talorentwicklung zweiter Ordnung ($d = 2$) einer Funktion $f\colon \mathbb{R}^2 \mapsto$

$\mathbb{R}$ mit zwei Variablen ($n = 2$) um einen Punkt $\boldsymbol{a} = (x_a, y_a)$. Durch Einsetzen in Gl. C.43 ergibt sich in diesem Fall

$$f(\dot{x}, \dot{y}) \approx \sum_{\substack{\boldsymbol{i} \in \mathbb{N}_0^2 \\ \Sigma \boldsymbol{i} \leq 2}} \mathrm{D}^{\boldsymbol{i}} f(x_a, y_a) \cdot \frac{1}{\boldsymbol{i}!} \cdot \begin{pmatrix} \dot{x} - x_a \\ \dot{y} - y_a \end{pmatrix}^{\boldsymbol{i}} \tag{C.45}$$

$$= \sum_{\substack{0 \leq i,j \leq 2 \\ (i+j) \leq 2}} \frac{\partial^{i+j}}{\partial x^i \, \partial y^j} f(x_a, y_a) \cdot \frac{(\dot{x} - x_a)^i \cdot (\dot{y} - y_a)^j}{i! \cdot j!}. \tag{C.46}$$

Bei $d = 2$ sind die 6 zulässigen Indexvektoren $\boldsymbol{i} = (i, j)$, mit $\Sigma \boldsymbol{i} \leq 2$, konkret $(0,0)$, $(1,0)$, $(0,1)$, $(1,1)$, $(2,0)$ und $(0,2)$. Durch Einsetzen in Gl. C.46 erhalten wir die zugehörige Taylorapproximation an der Stelle $(\dot{x}, \dot{y})$ als

$$f(\dot{x}, \dot{y}) \approx \frac{\partial^0}{\partial x^0 \, \partial y^0} f(x_a, y_a) \cdot \frac{(\dot{x} - x_a)^0 \cdot (\dot{y} - y_a)^0}{1 \cdot 1} \tag{C.47}$$

$$+ \frac{\partial^1}{\partial x^1 \, \partial y^0} f(x_a, y_a) \cdot \frac{(\dot{x} - x_a)^1 \cdot (\dot{y} - y_a)^0}{1 \cdot 1}$$

$$+ \frac{\partial^1}{\partial x^0 \, \partial y^1} f(x_a, y_a) \cdot \frac{(\dot{x} - x_a)^0 \cdot (\dot{y} - y_a)^1}{1 \cdot 1}$$

$$+ \frac{\partial^2}{\partial x^1 \, \partial y^1} f(x_a, y_a) \cdot \frac{(\dot{x} - x_a)^1 \cdot (\dot{y} - y_a)^1}{1 \cdot 1}$$

$$+ \frac{\partial^2}{\partial x^2 \, \partial y^0} f(x_a, y_a) \cdot \frac{(\dot{x} - x_a)^2 \cdot (\dot{y} - y_a)^0}{2 \cdot 1}$$

$$+ \frac{\partial^2}{\partial x^0 \, \partial y^2} f(x_a, y_a) \cdot \frac{(\dot{x} - x_a)^0 \cdot (\dot{y} - y_a)^2}{1 \cdot 2}$$

$$= f(x_a, y_a) \tag{C.48}$$

$$+ \frac{\partial}{\partial x} f(x_a, y_a) \cdot (\dot{x} - x_a) + \frac{\partial}{\partial y} f(x_a, y_a) \cdot (\dot{y} - y_a)$$

$$+ \frac{\partial^2}{\partial x \, \partial y} f(x_a, y_a) \cdot (\dot{x} - x_a) \cdot (\dot{y} - y_a)$$

$$+ \frac{1}{2} \cdot \frac{\partial^2}{\partial x^2} f(x_a, y_a) \cdot (\dot{x} - x_a)^2 + \frac{1}{2} \cdot \frac{\partial^2}{\partial y^2} f(x_a, y_a) \cdot (\dot{y} - y_a)^2.$$

Dabei wird natürlich angenommen, dass die erforderlichen Ableitungen von f existieren, d. h., dass f an der Stelle (x_a, y_a) gegenüber den Variablen x und y zumindest bis zur 2. Ordnung differenzierbar ist. Durch geringfügige Umordnung von Gl. C.48 zu

$$f(\dot{x}, \dot{y}) \approx f(x_a, y_a) + \frac{\partial}{\partial x} f(x_a, y_a) \cdot (\dot{x} - x_a) + \frac{\partial}{\partial y} f(x_a, y_a) \cdot (\dot{y} - y_a)$$

$$+ \frac{1}{2} \cdot \left[\frac{\partial^2}{\partial x^2} f(x_a, y_a) \cdot (\dot{x} - x_a)^2 + 2 \cdot \frac{\partial^2}{\partial x \, \partial y} f(x_a, y_a) \cdot (\dot{x} - x_a) \cdot (\dot{y} - y_a) \right.$$

$$\left. + \frac{\partial^2}{\partial y^2} f(x_a, y_a) \cdot (\dot{y} - y_a)^2 \right] \tag{C.49}$$

können wir die Taylorentwicklung leicht in der Matrix-Vektor-Notation

$$f(\dot{x}, \dot{y}) \approx \tilde{f}(\dot{x}, \dot{y}) = f(x_a, y_a) + \left(\tfrac{\partial}{\partial x} f(x_a, y_a), \tfrac{\partial}{\partial y} f(x_a, y_a) \right) \cdot \begin{pmatrix} \dot{x} - x_a \\ \dot{y} - y_a \end{pmatrix}$$

$$+ \frac{1}{2} \left[(\dot{x} - x_a, \dot{y} - y_a) \cdot \begin{pmatrix} \tfrac{\partial^2}{\partial x^2} f(x_a, y_a) & \tfrac{\partial^2}{\partial x\,\partial y} f(x_a, y_a) \\ \tfrac{\partial^2}{\partial x\,\partial y} f(x_a, y_a) & \tfrac{\partial^2}{\partial y^2} f(x_a, y_a) \end{pmatrix} \cdot \begin{pmatrix} \dot{x} - x_a \\ \dot{y} - y_a \end{pmatrix} \right] \quad \text{(C.50)}$$

ausdrücken oder noch kompakter in der Form

$$\tilde{f}(\dot{\boldsymbol{x}}) = f(\boldsymbol{a}) + \nabla_f^{\mathsf{T}}(\boldsymbol{a}) \cdot (\dot{\boldsymbol{x}} - \boldsymbol{a}) + \frac{1}{2} \cdot (\dot{\boldsymbol{x}} - \boldsymbol{a})^{\mathsf{T}} \cdot \mathbf{H}_f(\boldsymbol{a}) \cdot (\dot{\boldsymbol{x}} - \boldsymbol{a}). \quad \text{(C.51)}$$

Dabei bezeichnet $\nabla_f^{\mathsf{T}}(\boldsymbol{a})$ den (transponierten) *Gradientenvektor* der Funktion f an der Stelle $\boldsymbol{a}$ (s. Abschn. C.2.2), und $\mathbf{H}_f$ ist die $2{\times}2$ *Hesse-Matrix* von f (s. Abschn. C.2.5),

$$\mathbf{H}_f(\boldsymbol{a}) = \begin{pmatrix} \tfrac{\partial^2}{\partial x^2} f(\boldsymbol{a}) & \tfrac{\partial^2}{\partial x\,\partial y} f(\boldsymbol{a}) \\ \tfrac{\partial^2}{\partial x\,\partial y} f(\boldsymbol{a}) & \tfrac{\partial^2}{\partial y^2} f(\boldsymbol{a}) \end{pmatrix}. \quad \text{(C.52)}$$

Ist f eine *diskrete* Funktion (z. B. ein skalarwertiges Bild I), so können die Werte der partiellen Ableitungen für einen Gitterpunkt $\boldsymbol{a} = (u_a, v_a)^{\mathsf{T}}$ aus den Funktionswerten innerhalb der zugehörigen $3{\times}3$ Umgebung geschätzt werden, wie in Abschn. C.3.1 beschrieben.

Beispiel: dreidimensionale Funktion $f \colon \mathbb{R}^3 \mapsto \mathbb{R}$

Wiederum für eine Taylorentwicklung zweiter Ordnung ($d = 2$), ist die Situation exakt wie im zweidimensionalen Fall in Gl. C.50–C.51, nur dass $\dot{\boldsymbol{x}} = (\dot{x}, \dot{y}, \dot{z})^{\mathsf{T}}$ und $\boldsymbol{a} = (x_y, y_a, z_a)^{\mathsf{T}}$ nun dreidimensionale Vektoren sind. Der zugehörige (transponierte) Gradientenvektor ist

$$\nabla_f^{\mathsf{T}}(\boldsymbol{a}) = \left(\tfrac{\partial}{\partial x} f(\boldsymbol{a}), \tfrac{\partial}{\partial y} f(\boldsymbol{a}), \tfrac{\partial}{\partial z} f(\boldsymbol{a}) \right), \quad \text{(C.53)}$$

und die Hesse-Matrix mit allen partiellen Ableitungen zweiter Ordnung ist von der Größe $3{\times}3$, d. h.,

$$\mathbf{H}_f(\boldsymbol{a}) = \begin{pmatrix} \tfrac{\partial^2}{\partial x^2} f(\boldsymbol{a}) & \tfrac{\partial^2}{\partial x\partial y} f(\boldsymbol{a}) & \tfrac{\partial^2}{\partial x\partial z} f(\boldsymbol{a}) \\ \tfrac{\partial^2}{\partial y\partial x} f(\boldsymbol{a}) & \tfrac{\partial^2}{\partial y^2} f(\boldsymbol{a}) & \tfrac{\partial^2}{\partial y\partial z} f(\boldsymbol{a}) \\ \tfrac{\partial^2}{\partial z\partial x} f(\boldsymbol{a}) & \tfrac{\partial^2}{\partial z\partial y} f(\boldsymbol{a}) & \tfrac{\partial^2}{\partial z^2} f(\boldsymbol{a}) \end{pmatrix}. \quad \text{(C.54)}$$

Man beachte, dass die Reihenfolge der partiellen Ableitungen nicht relevant ist, sodass beispielsweise $\frac{\partial^2}{\partial x\,\partial y} = \frac{\partial^2}{\partial y\,\partial x}$, und daher die Matrix $\mathbf{H}_f$ immer symmetrisch ist.

Das oben gezeigte Schema lässt sich leicht für den n-dimensionalen Fall verallgemeinern, allerdings werden Taylorentwicklungen höherer Ordnung ($d > 2$) schnell unhandlich.

C.3.3 Bestimmung lokaler Extrema von mehrdimensionalen Funktionen

In Abschn. C.1.2 wurde beschrieben, wie im *ein*dimensionalen Fall durch Einpassen einer quadratischen Funktion in die benachbarten Werte einer diskreten Funktion die kontinuierliche Position eines lokalen Extremwerts mit relativ hoher Genauigkeit geschätzt werden kann. Dieser Abschnitt zeigt die Erweiterung für den allgemeinen Fall einer n-dimensionalen, skalarwertigen Funktion $f : \mathbb{R}^n \mapsto \mathbb{R}$.

Ohne Verlust der Allgemeinheit können wir annehmen, dass die Taylorentwicklung der Funktion $f(\boldsymbol{x})$ um den Punkt $\boldsymbol{a} = \boldsymbol{0} = (0,0)$ erfolgt (wodurch sich die weitere Darstellung deutlich vereinfacht). Die in diesem Fall aus der Taylorentwicklung resultierende Annäherungsfunktion (s. Gl. C.51) lässt sich in der Form

$$\tilde{f}(\boldsymbol{x}) = f(\boldsymbol{0}) + \nabla_f^{\mathsf{T}}(\boldsymbol{0}) \cdot \boldsymbol{x} + \frac{1}{2} \cdot \boldsymbol{x}^{\mathsf{T}} \cdot \mathbf{H}_f(\boldsymbol{0}) \cdot \boldsymbol{x} \qquad \text{(C.55)}$$

notieren (mit Gradient ∇_f und Hesse-Matrix $\mathbf{H}_f$), und durch Weglassen der $\boldsymbol{0}$-Koordinate, also durch die Ersetzungen $f(\boldsymbol{0}) \to f$, $\nabla_f(\boldsymbol{0}) \to \nabla_f$ und $\mathbf{H}_f(\boldsymbol{0}) \to \mathbf{H}_f$,

$$\tilde{f}(\boldsymbol{x}) = f + \nabla_f^{\mathsf{T}} \cdot \boldsymbol{x} + \frac{1}{2} \cdot \boldsymbol{x}^{\mathsf{T}} \cdot \mathbf{H}_f \cdot \boldsymbol{x}. \qquad \text{(C.56)}$$

Der Vektor der ersten Ableitungen dieser Funktion ist

$$\tilde{f}'(\boldsymbol{x}) = \nabla_f + \frac{1}{2} \cdot \left[(\boldsymbol{x}^{\mathsf{T}} \cdot \mathbf{H}_f)^{\mathsf{T}} + \mathbf{H}_f \cdot \boldsymbol{x} \right]. \qquad \text{(C.57)}$$

Weil $(\boldsymbol{x}^{\mathsf{T}} \cdot \mathbf{H}_f)^{\mathsf{T}} = \mathbf{H}_f^{\mathsf{T}} \cdot \boldsymbol{x}$ und zudem die Hesse-Matrix $\mathbf{H}_f$ symmetrisch ist (d. h., $\mathbf{H}_f = \mathbf{H}_f^{\mathsf{T}}$), lässt sich dies vereinfachen zu

$$\tilde{f}'(\boldsymbol{x}) = \nabla_f + \frac{1}{2} \cdot (\mathbf{H}_f \cdot \boldsymbol{x} + \mathbf{H}_f \cdot \boldsymbol{x}) = \nabla_f + \mathbf{H}_f \cdot \boldsymbol{x}. \qquad \text{(C.58)}$$

An der Stelle eines lokales Maximums oder Minimums wird die ersten Ableitung $\tilde{f}'$ Null, daher lösen wir die Gleichung

$$\nabla_f + \mathbf{H}_f \cdot \breve{\boldsymbol{x}} = \boldsymbol{0}, \qquad \text{(C.59)}$$

für die unbekannte Position $\breve{\boldsymbol{x}}$. Durch Multiplikation beider Seiten mit $\mathbf{H}_f^{-1}$ (unter der Annahme, dass $\mathbf{H}_f$ invertierbar ist) ergibt sich als Lösung

$$\breve{\boldsymbol{x}} = -\mathbf{H}_f^{-1} \cdot \nabla_f, \qquad \text{(C.60)}$$

für den speziellen Expansionspunkt $\boldsymbol{a} = \boldsymbol{0}$ (Gl. C.62). Im Fall eines beliebigen Expansionspunkt $\boldsymbol{a}$ ist Position des lokalen Extremwerts hingegen

$$\breve{\boldsymbol{x}} = \boldsymbol{a} - \mathbf{H}_f^{-1}(\boldsymbol{a}) \cdot \nabla_f(\boldsymbol{a}). \qquad \text{(C.61)}$$

Die inverse Hesse-Matrix $\mathbf{H}_f^{-1}$ ist übrigens ebenfalls symmetrisch.

Den zugehörigen Extrem*wert* der Annäherungsfunktion $\tilde{f}$ ergibt sich aus Gl. C.56, indem man $\boldsymbol{x}$ durch die in Gl. C.60 berechnete Position $\breve{\boldsymbol{x}}$ ersetzt, d. h.,

$$
\begin{aligned}
\tilde{f}_{\text{extreme}} = \tilde{f}(\breve{\boldsymbol{x}}) &= f + \nabla_f^\mathsf{T} \cdot \breve{\boldsymbol{x}} + \frac{1}{2} \cdot \breve{\boldsymbol{x}}^\mathsf{T} \cdot \mathbf{H}_f \cdot \breve{\boldsymbol{x}} \\
&= f + \nabla_f^\mathsf{T} \cdot \breve{\boldsymbol{x}} + \frac{1}{2} \cdot \breve{\boldsymbol{x}}^\mathsf{T} \cdot \mathbf{H}_f \cdot (-\mathbf{H}_f^{-1}) \cdot \nabla_f \\
&= f + \nabla_f^\mathsf{T} \cdot \breve{\boldsymbol{x}} - \frac{1}{2} \cdot \breve{\boldsymbol{x}}^\mathsf{T} \cdot \mathbf{I} \cdot \nabla_f \qquad (\text{C.62}) \\
&= f + \nabla_f^\mathsf{T} \cdot \breve{\boldsymbol{x}} - \frac{1}{2} \cdot \nabla_f^\mathsf{T} \cdot \breve{\boldsymbol{x}} \\
&= f + \frac{1}{2} \cdot \nabla_f^\mathsf{T} \cdot \breve{\boldsymbol{x}} ,
\end{aligned}
$$

wiederum für den Expansionspunkt $\boldsymbol{a} = \mathbf{0}$. Im Fall eines beliebigen Expansionspunkts $\boldsymbol{a}$ ist das Ergebnis

$$
\tilde{f}_{\text{extreme}} = \tilde{f}(\breve{\boldsymbol{x}}) = f(\boldsymbol{a}) + \frac{1}{2} \cdot \nabla_f^\mathsf{T}(\boldsymbol{a}) \cdot (\breve{\boldsymbol{x}} - \boldsymbol{a}) . \qquad (\text{C.63})
$$

Man beachte, dass $\breve{\boldsymbol{x}}$ zwar typischerweise ein lokales Minimum oder Maximum ist, grundsätzlich aber auch ein *Sattelpunkt* sein kann, wo die ersten Ableitungen der Funktion ebenfalls Null sind.

Lokale Extrema in 2D

Das oben beschriebene Schema ist allgemein auf n-dimensionale Funktionen anwendbar. Im speziellen Fall einer zweidimensionalen Funktion $f \colon \mathbb{R}^2 \mapsto \mathbb{R}$ (z. B. ein Bild) ergibt sich der Gradientenvektor bzw. die Hesse-Matrix für einen gegebenen Expansionspunkt $\boldsymbol{a} = (x_a, y_a)^\mathsf{T}$ als

$$
\nabla_f(\boldsymbol{a}) = \begin{pmatrix} d_x \\ d_y \end{pmatrix} \quad \text{und} \quad \mathbf{H}_f(\boldsymbol{a}) = \begin{pmatrix} h_{11} & h_{12} \\ h_{12} & h_{22} \end{pmatrix} . \qquad (\text{C.64})
$$

In diesem Fall kann die Inverse der Hesse-Matrix durch

$$
\mathbf{H}_f^{-1} = \frac{1}{h_{12}^2 - h_{11} \cdot h_{22}} \cdot \begin{pmatrix} -h_{22} & h_{12} \\ h_{12} & -h_{11} \end{pmatrix} \qquad (\text{C.65})
$$

in geschlossener Form bestimmt werden und die resultierende Position des Extremwerts (s. Gl. C.61) ist folglich

$$
\begin{aligned}
\breve{\boldsymbol{x}} = \begin{pmatrix} \breve{x} \\ \breve{y} \end{pmatrix} &= \begin{pmatrix} a \\ b \end{pmatrix} - \frac{1}{h_{12}^2 - h_{11} \cdot h_{22}} \cdot \begin{pmatrix} -h_{22} & h_{12} \\ h_{12} & -h_{11} \end{pmatrix} \cdot \begin{pmatrix} d_x \\ d_y \end{pmatrix} \\
&= \begin{pmatrix} a \\ b \end{pmatrix} - \frac{1}{h_{12}^2 - h_{11} \cdot h_{22}} \cdot \begin{pmatrix} h_{12} \cdot d_y - h_{22} \cdot d_x \\ h_{12} \cdot d_x - h_{11} \cdot d_y \end{pmatrix} .
\end{aligned} \qquad (\text{C.66})
$$

Diese Position ist natürlich nur dann definiert, wenn der obige Nenner $h_{12}^2 - h_{11} \cdot h_{22}$ (die Determinante von $\mathbf{H}_f$) nicht Null ist, die Hesse-Matrix

$\mathbf{H}_f$ also nicht singulär und somit invertierbar ist. In diesem Fall kann der zugehörige Extremwert $\check{\boldsymbol{x}} = (\check{x}, \check{y})^{\mathsf{T}}$ (s. Gl. C.63) durch

$$\tilde{f}(\check{x}, \check{y}) = f(x_a, y_a) + \frac{1}{2} \cdot (d_x, d_y) \cdot \begin{pmatrix} \check{x} - x_a \\ \check{y} - y_a \end{pmatrix}$$
$$= f(x_a, y_a) + \frac{d_x \cdot (\check{x} - x_a) + d_y \cdot (\check{y} - y_a)}{2} \ . \tag{C.67}$$

berechnet werden.

Numerisches Beispiel

Das folgende Beispiel zeigt die subpixelgenaue Bestimmung eines lokalen Extremwerts in einem diskreten 2D-Bild mithilfe einer Taylorentwicklung zweiter Ordnung. Gegeben ist ein diskretes, skalarwertiges Bild $I \colon \mathbb{Z} \times \mathbb{Z} \mapsto \mathbb{R}$ mit den Pixelwerten

$$
\begin{array}{c|c|c|c|}
 & u_a{-}1 & u_a & u_a{+}1 \\
\hline
v_a{-}1 & 8 & 11 & 7 \\
\hline
v_a & 15 & 16 & 9 \\
\hline
v_a{+}1 & 14 & 12 & 10 \\
\hline
\end{array}
\tag{C.68}
$$

innerhalb der 3×3 Umgebung um die Koordinate $\boldsymbol{a} = (u_a, v_a)^{\mathsf{T}}$. Der mittlere Wert $f(\boldsymbol{a}) = 16$ ist offensichtlich ein lokales Maximum, allerdings liegt (wie sich unten herausstellt) das Maximum der kontinuierlichen Näherungsfunktion nicht exakt im Zentrum dieser Umgebung. Der Gradientenvektor ∇_I und die Hesse-Matrix $\mathbf{H}_I$ für den Bezugspunkt $\boldsymbol{a}$ werden aus den lokalen Differenzen (s. Abschn. C.3.1) in der Form

$$\nabla_I(\boldsymbol{a}) = \begin{pmatrix} d_x \\ d_y \end{pmatrix} = 0.5 \cdot \begin{pmatrix} 9 - 15 \\ 12 - 11 \end{pmatrix} = \begin{pmatrix} -3 \\ 0.5 \end{pmatrix} \qquad \text{und} \tag{C.69}$$

$$\mathbf{H}_I(\boldsymbol{a}) = \begin{pmatrix} h_{11} & h_{12} \\ h_{12} & h_{22} \end{pmatrix} = \begin{pmatrix} 9 - 2 \cdot 16 + 15 & 0.25 \cdot (8 - 14 - 7 + 10) \\ 0.25 \cdot (8 - 14 - 7 + 10) & 11 - 2 \cdot 16 + 12 \end{pmatrix}$$
$$= \begin{pmatrix} -8.00 & -0.75 \\ -0.75 & -9.00 \end{pmatrix} \tag{C.70}$$

berechnet. Die resultierende Taylorentwicklung zweiter Ordnung um den Punkt $\boldsymbol{a}$ ist die kontinuierliche Funktion (s. Gl. C.51)

$$\tilde{f}(\boldsymbol{x}) = f(\boldsymbol{a}) + \nabla_I^{\mathsf{T}}(\boldsymbol{a}) \cdot (\boldsymbol{x} - \boldsymbol{a}) + \frac{1}{2} \cdot (\boldsymbol{x} - \boldsymbol{a})^{\mathsf{T}} \cdot \mathbf{H}_I(\boldsymbol{a}) \cdot (\boldsymbol{x} - \boldsymbol{a})$$
$$= 16 + (-3, 0.5) \cdot \begin{pmatrix} x - u_a \\ y - v_a \end{pmatrix} \tag{C.71}$$
$$+ \frac{1}{2} \cdot (x - u_a, y - v_a) \cdot \begin{pmatrix} -8.00 & -0.75 \\ -0.75 & -9.00 \end{pmatrix} \cdot \begin{pmatrix} x - u_a \\ y - v_a \end{pmatrix}.$$

Wir verwenden nun die Inverse der 2×2 Hesse-Matrix am Punkt $\boldsymbol{a}$ (s. Gl. C.65), d. h.

Abbildung C.3
2D-Beispiel für die subpixelgenaue Bestimmung des lokalen Extremwerts mittels Taylorentwicklung. Die neun Würfel repräsentieren die diskreten Pixelwerte innerhalb eine 3×3 Umgebung um den Referenzpunkt $(0,0)$, der gleichzeitig ein lokales Maximum ist (für konkrete Werte s. Gl. C.68). Die parabolische Fläche zeigt die kontinuierliche Näherungsfunktion $\tilde{f}(x,y)$, die sich aus der Taylorentwicklung zweiter Ordnung um den Bezugspunkt $\boldsymbol{a} = (0,0)$ ergibt. Die vertikale Gerade markiert die Position $\breve{\boldsymbol{x}} = (-0.3832, 0.0875)$ des lokalen Extremums mit dem zugehörigen Wert $\tilde{f}(\breve{\boldsymbol{x}}) = 16.5967$.

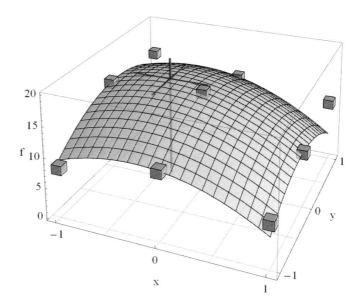

$$\mathbf{H}_I^{-1}(\boldsymbol{a}) = \begin{pmatrix} -8.00 & -0.75 \\ -0.75 & -9.00 \end{pmatrix}^{-1} = \begin{pmatrix} -0.125984 & 0.010499 \\ 0.010499 & -0.111986 \end{pmatrix}, \qquad \text{(C.72)}$$

zur Bestimmung der Position des lokalen Extremums (s. Gl. C.66),

$$\breve{\boldsymbol{x}} = \boldsymbol{a} - \mathbf{H}_I^{-1}(\boldsymbol{a}) \cdot \nabla_I(\boldsymbol{a}) \qquad\qquad\qquad\qquad\quad \text{(C.73)}$$
$$= \begin{pmatrix} u_a \\ v_a \end{pmatrix} - \begin{pmatrix} -0.125984 & 0.010499 \\ 0.010499 & -0.111986 \end{pmatrix} \cdot \begin{pmatrix} -3 \\ 0.5 \end{pmatrix} = \begin{pmatrix} u_a - 0.3832 \\ v_a + 0.0875 \end{pmatrix}.$$

Der lokale Extrem*wert* (s. Gl. C.63) an dieser Stelle ist schließlich

$$\tilde{f}(\breve{\boldsymbol{x}}) = f(\boldsymbol{a}) + \frac{1}{2} \cdot \nabla_f^{\mathsf{T}}(\boldsymbol{a}) \cdot (\breve{\boldsymbol{x}} - \boldsymbol{a})$$
$$= 16 + \frac{1}{2} \cdot (-3, 0.5) \cdot \begin{pmatrix} u_a - 0.3832 - u_a \\ v_a + 0.0875 - v_a \end{pmatrix} \qquad \text{(C.74)}$$
$$= 16 + \frac{1}{2} \cdot (3 \cdot 0.3832 + 0.5 \cdot 0.0875) = 16.5967 .$$

Abbildung C.3 veranschaulicht das Ergebnis für dieses Beispiel, mit dem Bezugspunkt $\boldsymbol{a} = (u_a, v_a)^{\mathsf{T}} = (0,0)^{\mathsf{T}}$.

Lokale Extrema in 3D

Im Fall einer dreidimensionalen Funktion $f \colon \mathbb{R}^3 \mapsto \mathbb{R}$ sind der Gradientenvektor bzw. die Hesse-Matrix für den Punkt $\boldsymbol{a} = (x_a, y_a, z_a)^{\mathsf{T}}$

$$\nabla_f(\boldsymbol{a}) = \begin{pmatrix} d_x \\ d_y \\ d_z \end{pmatrix} \quad \text{und} \quad \mathbf{H}_f(\boldsymbol{a}) = \begin{pmatrix} h_{11} & h_{12} & h_{13} \\ h_{12} & h_{22} & h_{23} \\ h_{13} & h_{23} & h_{33} \end{pmatrix}. \qquad \text{(C.75)}$$

Die mit Gl. C.61 berechnete Position des lokalen Extremums ist

$$\breve{\boldsymbol{x}} = (\breve{x}, \breve{y}, \breve{z})^{\mathsf{T}} = \boldsymbol{a} - \mathbf{H}_f^{-1}(\boldsymbol{a}) \cdot \nabla_f(\boldsymbol{a})$$

$$= \begin{pmatrix} x_a \\ y_a \\ z_a \end{pmatrix} - \frac{1}{h_{13}^2 \cdot h_{22} + h_{12}^2 \cdot h_{33} + h_{11} \cdot h_{23}^2 - h_{11} \cdot h_{22} \cdot h_{33} - 2 \cdot h_{12} \cdot h_{13} \cdot h_{23}} \tag{C.76}$$

$$\times \begin{pmatrix} h_{23}^2 - h_{22} \cdot h_{33} & h_{12} \cdot h_{33} - h_{13} h_{23} & h_{13} \cdot h_{22} - h_{12} \cdot h_{23} \\ h_{12} \cdot h_{33} - h_{13} \cdot h_{23} & h_{13}^2 - h_{11} \cdot h_{33} & h_{11} \cdot h_{23} - h_{12} \cdot h_{13} \\ h_{13} \cdot h_{22} - h_{12} \cdot h_{23} & h_{11} \cdot h_{23} - h_{12} \cdot h_{13} & h_{12}^2 - h_{11} \cdot h_{22} \end{pmatrix} \cdot \begin{pmatrix} d_x \\ d_y \\ d_z \end{pmatrix}.$$

Man beachte, dass die Inverse der Hesse-Matrix $\mathbf{H}_f^{-1}$ wiederum symmetrisch ist und (wie in Gl. C.76 gezeigt) auch im dreidimensionalen Fall noch in geschlossener Form berechnet werden kann.[4] Der zugehörige Extrem*wert* (s. Gl. C.63) an der Position $\breve{\boldsymbol{x}} = (\breve{x}, \breve{y}, \breve{z})^{\mathsf{T}}$ ist

$$\tilde{f}(\breve{\boldsymbol{x}}) = f(\boldsymbol{a}) + \frac{1}{2} \cdot \nabla_f^{\mathsf{T}}(\boldsymbol{a}) \cdot (\breve{\boldsymbol{x}} - \boldsymbol{a})$$

$$= f(\boldsymbol{a}) + \frac{d_x \cdot (\breve{x} - x_a) + d_y \cdot (\breve{y} - y_a) + d_z \cdot (\breve{z} - z_a)}{2}. \tag{C.77}$$

---

[4] Allerdings ist auch hier die Verwendung numerischer Standardverfahren zu empfehlen.

D

Ergänzungen zur Statistik

Dieser Abschnitt ist speziell als Ergänzung zu den Kapiteln 11 und 17 gedacht.

D.1 Mittelwert, Varianz und Kovarianz

Gegeben ist eine Folge (Datenreihe, Stichprobe) $X = (\boldsymbol{x}_1, \boldsymbol{x}_2, \ldots, \boldsymbol{x}_n)$ von m-variaten (vektorwertigen) Messgrößen, mit

$$\boldsymbol{x}_i = (x_{i,1}, x_{i,2}, \ldots, x_{i,m})^{\mathsf{T}} \in \mathbb{R}^m. \tag{D.1}$$

Der *Durchnittsvektor* dieser Folge ist definiert als

$$\boldsymbol{\mu}(X) = \begin{pmatrix} \mu_1 \\ \mu_2 \\ \vdots \\ \mu_m \end{pmatrix} = \frac{1}{n} \cdot (\boldsymbol{x}_1 + \boldsymbol{x}_2 + \ldots + \boldsymbol{x}_n) = \frac{1}{n} \cdot \sum_{i=1}^{n} \boldsymbol{x}_i. \tag{D.2}$$

Geometrisch interpretiert, entspricht $\boldsymbol{\mu}(X)$ dem *Schwerpunkt* der Messpunkte $\boldsymbol{x}_i$ im m-dimensionalen Raum. Jeder der (skalaren) Einzelwerte μ_p entspricht dem Mittelwert der zugehörigen *Komponente* oder *Dimension* p über alle Elemente der Stichprobe, d. h.,

$$\mu_p = \frac{1}{n} \cdot \sum_{i=1}^{n} x_{i,p} \,, \tag{D.3}$$

für $p = 1, \ldots, m$. Die *Kovarianz* misst die Stärke der Interaktion oder Kopplung zwischen zwei bestimmten Komponenten p, q in der Stichprobe X, definiert durch

$$\sigma_{p,q}(X) = \frac{1}{n} \cdot \sum_{i=1}^{n} \left(x_{i,p} - \mu_p \right) \cdot \left(x_{i,q} - \mu_q \right). \tag{D.4}$$

Der Ausdruck in Gl. D.4 lässt sich für eine effizientere Berechnung einfach umformen zu

$$\sigma_{p,q}(X) = \frac{1}{n} \cdot \Big[\underbrace{\sum_{i=1}^{n} \left(x_{i,p} \cdot x_{i,q} \right)}_{S_{p,q}(X)} - \frac{1}{n} \cdot \Big(\underbrace{\sum_{i=1}^{n} x_{i,p}}_{S_p(X)} \Big) \cdot \Big(\underbrace{\sum_{i=1}^{n} x_{i,q}}_{S_q(X)} \Big) \Big], \tag{D.5}$$

wodurch keine explizite (Voraus-)Berechnung der Mittelwerte μ_p und μ_q erforderlich ist. Im speziellen Fall $p = q$ ergibt sich

$$\sigma_{p,p}(X) = \sigma_p^2(X) = \frac{1}{n} \cdot \sum_{i=1}^{n} (x_{i,p} - \mu_p)^2 \tag{D.6}$$

$$= \frac{1}{n} \cdot \Big[\sum_{i=1}^{n} x_{i,p}^2 - \frac{1}{n} \cdot \Big(\sum_{i=1}^{n} x_{i,p} \Big)^2 \Big], \tag{D.7}$$

also die Varianz *innerhalb* der Komponente p. Dies entspricht der gewöhnlichen (eindimensionalen) Varianz $\sigma_p^2(X)$ über die n skalaren Werte $x_{1,p}, x_{2,p}, \ldots, x_{n,p}$.

D.2 Kovarianzmatrix

Die Kovarianzmatrix Σ für eine m-dimensionale Stichprobe X ist eine quadratische Matrix der Größe $m \times m$, bestehend aus den Kovarianzwerten $\sigma_{p,q}$ für alle möglichen Paare p, q von Komponenten, d. h.,

$$\Sigma(X) = \begin{pmatrix} \sigma_{1,1} & \sigma_{1,2} & \cdots & \sigma_{1,m} \\ \sigma_{2,1} & \sigma_{2,2} & \cdots & \sigma_{2,m} \\ \vdots & \vdots & \ddots & \vdots \\ \sigma_{m,1} & \sigma_{m,2} & \cdots & \sigma_{m,m} \end{pmatrix} = \begin{pmatrix} \sigma_1^2 & \sigma_{1,2} & \cdots & \sigma_{1,m} \\ \sigma_{2,1} & \sigma_2^2 & \cdots & \sigma_{2,m} \\ \vdots & \vdots & \ddots & \vdots \\ \sigma_{m,1} & \sigma_{m,2} & \cdots & \sigma_m^2 \end{pmatrix}. \tag{D.8}$$

Man beachte, dass die Elemente entlang der Diagonale von $\Sigma(X)$ die gewöhnlichen (skalaren) Varianzen $\sigma_p^2(X)$, für $p = 1, \ldots, m$, gemäß Gl. D.6 sind. Die Diagonalelemente sind daher immer positiv.

Alle anderen Elemente der Kovarianzmatrix können im Allgemeinen positiv oder negativ sein. Weil jedoch $\sigma_{p,q}(X) = \sigma_{q,p}(X)$, ist eine Kovarianzmatrix immer symmetrisch. Jede Kovarianzmatrix besitzt daher die wichtige Eigenschaft, *positiv semidefinit* zu sein, woraus folgt, dass ihre *Eigenwerte* (s. Abschn. 2.4) positiv (nicht negativ) sind. Die Kovarianzmatrix lässt sich auch in der Form

$$\Sigma(X) = \frac{1}{n} \cdot \sum_{i=1}^{n} \underbrace{[\boldsymbol{x}_i - \boldsymbol{\mu}(X)] \cdot [\boldsymbol{x}_i - \boldsymbol{\mu}(X)]^{\mathsf{T}}}_{= [\boldsymbol{x}_i - \boldsymbol{\mu}(X)] \otimes [\boldsymbol{x}_i - \boldsymbol{\mu}(X)]}, \tag{D.9}$$

definieren, wobei $\otimes$ das äußere (Vektor-)Produkt bezeichnet.

Die Spur (d. h., die Summe der Diagonalelemente) der Kovarianzmatrix, d. h.,

$$\sigma_{\text{total}}(X) = \text{trace}\left(\Sigma(X)\right), \tag{D.10}$$

wird als *totale Varianz* der multivariaten Stichprobe bezeichnet. Alternativ dazu kann auch die (*Frobenius-*)*Norm* der Kovarianzmatrix,

$$\|\Sigma(X)\|_2 = \left(\sum_{i=1}^m \sum_{j=1}^m \sigma_{i,j}^2\right)^{1/2}, \tag{D.11}$$

zur Bestimmung der Gesamtvariabilität (Streuung) in den Messdaten herangezogen werden.

Beispiel

Wir nehmen an, die Datenfolge X besteht aus den folgenden vier $(n=4)$ dreidimensionalen $(m=3)$ Vektoren

$$\boldsymbol{x}_1 = \begin{pmatrix} 75 \\ 37 \\ 12 \end{pmatrix}, \quad \boldsymbol{x}_2 = \begin{pmatrix} 41 \\ 27 \\ 20 \end{pmatrix}, \quad \boldsymbol{x}_3 = \begin{pmatrix} 93 \\ 81 \\ 11 \end{pmatrix}, \quad \boldsymbol{x}_4 = \begin{pmatrix} 12 \\ 48 \\ 52 \end{pmatrix},$$

wobei jeder Vektor $\boldsymbol{x}_i = (x_{i,\text{R}}, x_{i,\text{G}}, x_{i,\text{B}})^{\mathsf{T}}$ beispielsweise ein RGB-Farbtupel repräsentiert. Der resultierende *Durchschnittsvektor* (s. Gl. D.2) ist

$$\boldsymbol{\mu}(X) = \begin{pmatrix} \mu_R \\ \mu_G \\ \mu_B \end{pmatrix} = \frac{1}{4} \cdot \begin{pmatrix} 75 + 41 + 93 + 12 \\ 37 + 27 + 81 + 48 \\ 12 + 20 + 11 + 52 \end{pmatrix} = \frac{1}{4} \cdot \begin{pmatrix} 221 \\ 193 \\ 95 \end{pmatrix} = \begin{pmatrix} 55.25 \\ 48.25 \\ 23.75 \end{pmatrix},$$

und die zugehörige Kovarianzmatrix (s. Gl. D.8) ist

$$\Sigma(X) = \begin{pmatrix} 1296.250 & 442.583 & -627.250 \\ 442.583 & 550.250 & -70.917 \\ -627.250 & -70.917 & 370.917 \end{pmatrix}.$$

Wie erwartet ist diese Matrix symmetrisch und die Werte ihrer Diagonalelemente sind positiv. Die *totale Varianz* (s. Gl. D.10) dieser Datenfolge ist

$$\sigma_{\text{total}}(X) = \text{trace}\left(\Sigma(X)\right) = 1296.25 + 550.25 + 370.917 = 2217.42$$

und die *Norm* der Kovarianzmatrix (siehe Gl. D.11) beträgt $\|\Sigma(X)\|_2 = 1764.54$.

D.3 Die Normal- oder Gaußverteilung

Die Gaußverteilung spielt aufgrund ihrer angenehmen analytischen Eigenschaften eine dominante Rolle in der Mustererkennung, Entscheidungstheorie und in der Statistik ganz allgemein. Ist eine kontinuierliche, skalare Größe X Gauß-verteilt, so ist die statistische Wahrscheinlichkeit des Auftretens eines bestimmten Werts x definiert durch

$$p(X\!=\!x) = p(x) = \frac{1}{\sqrt{2\pi\sigma^2}} \cdot e^{-\frac{(x-\mu)^2}{2\cdot\sigma^2}}. \tag{D.12}$$

Die Gaußverteilung ist durch die beiden Parameter μ (Mittelwert) und σ^2 (Varianz) vollständig definiert. Die Gaußverteilung wird häufig als *Normalverteilung* bezeichnet und daraus manifestiert sich auch die gängige Notation

$$p(x) \sim \mathcal{N}(X\,|\,\mu,\sigma^2) \qquad \text{oder} \qquad X \sim \mathcal{N}(\mu,\sigma^2), \tag{D.13}$$

wodurch ausgedrückt wird, dass die Zufallsgröße X normalverteilt ist, mit den Parametern μ und σ^2. Wie für jede Wahrscheinlichkeitsverteilung gilt

$$\mathcal{N}(X\,|\,\mu,\sigma^2) > 0 \qquad \text{sowie} \qquad \int_{-\infty}^{\infty} \mathcal{N}(X\,|\,\mu,\sigma^2)\,\mathrm{d}x = 1. \tag{D.14}$$

Die Fläche unter der Verteilungsfunktion ist ist also immer eins, d. h., $\mathcal{N}()$ ist normalisiert. Die Gaußfunktion in Gl. D.12 erreicht ihre maximale Höhe (auch „Modus" genannt) an der Position $x = \mu$, mit dem zugehörigen Wert

$$p(x\!=\!\mu) = \frac{1}{\sqrt{2\pi\sigma^2}}. \tag{D.15}$$

Ist eine Zufallsgröße X normalverteilt mit Mittelwert μ und Varianz σ^2, so ergibt eine lineraren Abbildung der Form $\bar{X} = aX + b$ eine Zufallsgröße $\bar{X}$, die wiederum normalverteilt ist mit den Parametern $\bar{\mu} = a\cdot\mu + b$ und $\bar{\sigma}^2 = a^2 \cdot \sigma^2$, d. h.,

$$X \sim \mathcal{N}(\mu,\sigma^2) \;\Rightarrow\; a\cdot X + b \sim \mathcal{N}(a\cdot\mu + b, a^2\cdot\sigma^2), \tag{D.16}$$

für $a, b \in \mathbb{R}$.

Sind zwei normalverteilte Zufallsgrößen X_1, X_2 mit den Parametern μ_1, σ_1^2 bzw. μ_2, σ_2^2 statistisch *unabhängig*, so ist eine Linearkombination der Form $a_1 \cdot X_1 + a_2 \cdot X_2$ ebenfalls wieder normalverteilt mit $\mu_{12} = a_1 \cdot \mu_1 + a_2 \cdot \mu_2$ und $\sigma_{12} = a_1^2 \cdot \sigma_1^2 + a_2^2 \cdot \sigma_2^2$, d. h.,

$$(a_1 X_1 + a_2 X_2) \sim \mathcal{N}(a_1 \cdot \mu_1 + a_2 \cdot \mu_2, a_1^2 \cdot \sigma_1^2 + a_2^2 \cdot \sigma_2^2). \tag{D.17}$$

D.3.1 Maximum-Likelihood-Schätzung

Die Wahrscheinlichkeitsfunktion $p(x)$ einer statistischen Verteilung spezifiziert, wie wahrscheinlich es ist, bei gegeben Verteilungsparametern (wie μ und σ im Fall einer Normalverteilung) ein bestimmtes Ergebnis x zu beobachten. Für den Fall, dass diese Verteilungsparameter unbekannt sind und (aus den beobachteten Ereignissen) geschätzt werden sollen,[1] stellt sich jedoch die umgekehrte Frage:

> Wie wahrscheinlich sind (unter Annahme einer bestimmten Verteilungsfunktion) gewisse Parameterwerte angesichts einer Menge von empirischen Beobachtungen?

Dieses Konzept steht – etwas salopp ausgedrückt – hinter dem Begriff „Likelihood". Die resultierende *Likelihood-Funktion* (L) einer statistischen Verteilung gibt somit an, wie groß die Wahrscheinlichkeit ist, dass eine gegebene Folge von Beobachtungen einer Zufallsquelle mit dem angenommenen Verteilungstyp und den zugehörigen Parametern entstammt.

Aus dieser Sicht ist die Wahrscheinlichkeit, ein bestimmtes Ereignis x aus einer normalverteilten Zufallsquelle zu beobachten, eigentlich eine *bedingte* Wahrscheinlichkeit, nämlich

$$p(x) = p(x \,|\, \mu, \sigma^2), \tag{D.18}$$

was ausdrückt, wie wahrscheinlich die Beobachtung von x ist, wenn die Parameter μ und σ^2 gegeben sind. Umgekehrt könnte man die Likelihood-Funktion der Normalverteilung als bedingte Funktion

$$L(\mu, \sigma^2 \,|\, x) \tag{D.19}$$

betrachten, die für eine gegebene Beobachtung x die Wahrscheinlichkeit angibt, dass μ, σ^2 tatsächlich die korrekten Verteilungsparameter sind. Maximum-Likelihood-Methode versucht, zu gegebenen Beobachtungen durch *Maximierung* der Likelihood-Funktion L die optimalen Parameter der zugehörigen Verteilung zu bestimmen.

Unter der Annahme, dass zwei vorliegende Beobachtungen x_1, x_2 derselben Verteilung entstammen und statistisch *unabhängig*[2] sind, so ist die Wahrscheinlichkeit des gemeinsamen Auftretens (*joint probability*) (d. h., die Wahrscheinlichkeit, dass x_1 *und* x_2 in einer Stichprobe gemeinsam auftreten) das Produkt der Einzelwahrscheinlichkeiten, d. h.,

$$p(x_1 \wedge x_2) = p(x_1) \cdot p(x_2). \tag{D.20}$$

---

[1] Erforderlich z. B. bei der Schwellwertberechnung mit der „Minimum Error-Methode" (s. Abschn. 11.1.5).

[2] Die Annahme der Unabhängigkeit trägt wesentlich dazu bei, dass statistische Problemstellungen einfach und lösbar bleiben, obwohl diese Annahme in der Praxis oft (und bekanntermaßen) verletzt ist. Beispielsweise sind die Intensitätswerte benachbarter Bildelemente kaum jemals voneinander unabhängig.

Im Allgemeinen, bei Vorliegen einer Menge (Stichprobe) von m unabhängigen Beobachtungen $X = (x_1, x_2, \ldots, x_m)$ aus der gleichen Verteilung, ist die Wahrscheinlichkeit des Auftretens exakt dieser Stichprobe

$$
\begin{aligned}
p(X) &= p(x_1 \wedge x_2 \wedge \ldots \wedge x_m) \\
&= p(x_1) \cdot p(x_2) \cdot \ldots \cdot p(x_m) = \prod_{i=1}^{m} p(x_i) \,.
\end{aligned} \tag{D.21}
$$

Für den Fall, das die Stichprobe X einer Normalverteilung $\mathcal{N}$ entstammt, ist eine geeignete Likelihood-Funktion

$$
L(\mu, \sigma^2 \,|\, X) = p(X \,|\, \mu, \sigma^2) \tag{D.22}
$$

$$
= \prod_{i=1}^{m} \mathcal{N}(x_i \,|\, \mu, \sigma^2) = \prod_{i=1}^{m} \frac{1}{\sqrt{2\pi\sigma^2}} \cdot e^{-\frac{(x_i - \mu)^2}{2 \cdot \sigma^2}} \,. \tag{D.23}
$$

Die Parameterwerte $\hat{\mu}, \hat{\sigma}^2$, für die $L(\mu, \sigma^2 \,|\, X)$ ein Maximum ergibt, werden als Maximum-Likelihood-Schätzwerte für X bezeichnet.

Man beachte, dass die Likelihood-Funktion für diesen Zweck keine echte (d. h. normalisierte) Wahrscheinlichkeitsverteilung sein muss, da es ausreichend ist, zu vergleichen, ob ein bestimmter Satz von Verteilungsparametern wahrscheinlicher ist als ein anderer. Es genügt sogar, wenn die Likelihood-Funktion L eine beliebige monotone Funktion der zugehörigen Wahrscheinlichkeit p (s. Gl. D.22) ist. Insbesondere eignet sich dafür die *Logarithmus*funktion, die an dieser Stelle häufig verwendet wird, um sehr kleine numerische Werte zu vermeiden.

D.3.2 Gaußsche Mischmodelle

In der Praxis sind die auftretenden Wahrscheinlichkeitsmodelle oft zu komplex, um sie durch eine einfache Gaußverteilung oder eine andere Standardverteilung zu beschreiben. Eine Möglichkeit, hochkomplexe Verteilungen ohne Verzicht auf die mathematische Einfachheit des Gauß-Modells adäquat zu modellieren, ist die Kombination mehrerer Gaußverteilungen mit unterschiedlichen Parametern. Ein derartiges *Gaußsches Mischverteilungsmodell* (*Gaussian mixture model*) ist eine lineare Superposition von K Gaußverteilungen in der Form

$$
p(x) = \sum_{j=1}^{K} \pi_j \cdot \mathcal{N}(x \,|\, \mu_j, \sigma_j^2), \tag{D.24}
$$

wobei die Gewichte (Mischkoeffizienten) π_j die Wahrscheinlichkeit ausdrücken, dass ein Ereignis x durch die j-te Gaußkomponente verursacht wurde (mit $\sum_{j=1}^{K} \pi_j = 1$).[3] Eine anschauliche Interpretation dieses Modell ist, dass es K unabhängige, gaußverteilte Zufallsquellen (Komponenten) mit zugehörigen Parametern μ_j, σ_j gibt, die ihre erzeugten Zufallswerte in einen gemeinsamen Strom von Ereignissen x_i liefern. Jeder

---

[3] Der Faktor π_j in Gl. D.24 wird auch als *A-priori*-Wahrscheinlichkeit der Verteilungskomponente j bezeichnet.

einzelne Wert der resultierenden Zufallsfolge stammt somit aus exakt *einer* der K Komponenten, deren Identität jedoch zufällig und dem Beobachter unbekannt ist.

Nehmen wir als konkretes Beispiel an, dass die Wahrscheinlichkeitsverteilung $p(x)$ einer Wertefolge eine Mischung aus zwei Gaußverteilungen ist, d. h.,

$$p(x) = \pi_1 \cdot \mathcal{N}(x \,|\, \mu_1, \sigma_1^2) + \pi_2 \cdot \mathcal{N}(x \,|\, \mu_2, \sigma_2^2). \qquad \text{(D.25)}$$

Es wird also angenommen, dass jeder beobachtete Wert x entweder aus der *ersten* Komponente (mit μ_1, σ_1^2 und A-priori-Wahrscheinlichkeit π_1) oder aus der *zweiten* Komponente (mit μ_2, σ_2^2 und A-priori-Wahrscheinlichkeit π_2) entstammt. Diese Parameter sowie die A-priori-Wahrscheinlichkeiten sind unbekannt, können jedoch durch Maximierung der Likelihood-Funktion L geschätzt werden. Dies ist im Allgemeinen jedoch nicht in geschlossener Form möglich, sondern erfordert numerische Methoden. Weiterführende Details und Beispiele dazu findet man u. a. in [22, 58, 208].

D.3.3 Erzeugung von gaußverteiltem Rauschen

Synthetisches, gaußverteiltes Rauschen wird in der Bildverarbeitung häufig für Testzwecke verwendet, beispielsweise zur Beurteilung der Effektivität von Rauschfiltern. Die Erzeugung von gaußverteilten Pseudo-Zufallswerten ist im Allgemeinen keine triviale Aufgabe,[4] sie ist in Java jedoch bereits fertig in der Standardklasse `Random` implementiert. Als Beispiel wird in der nachfolgenden Java-Methode `addGaussianNoise()` ein Grauwertbild `I` (vom ImageJ-Typ `FloatProcessor`) durch gaußverteiltes Rauschen mit Durchschnittswert $\mu = 0$ und Standardabweichung s (σ) additiv überlagert:

```
 1  ...
 2  import java.util.Random;
 3
 4  void addGaussianNoise (FloatProcessor I, double s) {
 5    int w = I.getWidth();
 6    int h = I.getHeight();
 7    Random rnd = new Random();
 8    for (int v = 0; v < h; v++) {
 9      for (int u = 0; u < w; u++) {
10        float val = I.getf(u, v);
11        float noise = (float) (rnd.nextGaussian() * s);
12        I.setf(u, v, val + noise);
13      }
14    }
15  }
```

---

[4] Meistens wird zur Erzeugung gaußverteilter Zufallwerte die so genannte Polarmethode verwendet [127, Sec. 3.4.1].

Die in Zeile 11 durch den Aufruf von `nextGaussian()` erzeugten Zufallswerte sind gaußverteilt mit $\mathcal{N}(0,1)$, also Durchnittswert $\mu = 0$ und Varianz $\sigma^2 = 1$. Gemäß Gl. D.16 gilt

$$X \sim \mathcal{N}(0,1) \;\;\Rightarrow\;\; a + s \cdot X \sim \mathcal{N}(a, s^2), \tag{D.26}$$

und daher ergibt sich bei einer Skalierung um s sowie einer additiven Verschiebung der Werte um den gewünschten Durschnittswert a eine Zufallsfolge mit der Verteilung $\mathcal{N}(a, s^2)$.

E

Gaußfilter

Dieser Abschnitt enthält ergänzendes Material zu Kap. 25 (SIFT).

E.1 Kaskadierung von Gaußfiltern

Zur effizienten Berechnung eines Gauß-Skalenraums (wie z. B. im SIFT-Verfahren verwendet) werden die einzelnen Skalenebenen üblicherweise nicht direkt aus dem Ausgangsbild mit zugehörigen Gaußfiltern von entsprechend (ansteigender) Größe erzeugt. Stattdessen kann jede Skalenebene rekursiv aus der vorherigen Ebene durch Anwendung relativ eines relativ kleinen Gaußfilters berechnet. Somit lässt sich der gesamte Skalenraum mithilfe einer Kaskade kleinerer Gaußfilter realisieren.[1]

Werden zwei Gaußfilter der Größe σ_1 bzw. σ_2 hintereinander auf ein Bild angewandt, so entspricht der resultierende Glättungseffekt dem eines einzelnen größeren Gaußfilters H_σ^{G}, d. h.,

$$\left(I * H_{\sigma_1}^{\mathrm{G}}\right) * H_{\sigma_2}^{\mathrm{G}} \equiv I * \left(H_{\sigma_1}^{\mathrm{G}} * H_{\sigma_2}^{\mathrm{G}}\right) \equiv I * H_\sigma^{\mathrm{G}}, \qquad \text{(E.1)}$$

wobei $\sigma = \sqrt{\sigma_1^2 + \sigma_2^2}$ die Größe des kombinierten Gaußfilters H_σ^{G} ist [119, Sec. 4.5.4]. Wie man sieht, addieren sich bei der Aneinanderreihung die *Varianzen* (also die Quadrate der σ-Werte) der beteiligten Gaußfilter in der Form

$$\sigma^2 = \sigma_1^2 + \sigma_2^2. \qquad \text{(E.2)}$$

Im speziellen Fall, dass *dasselbe* Gaußfilter (der Größe σ_1) *zweimal* hintereinander angewandt wird, ist somit die effektive Größe des kombinierten Filters $\sigma = \sqrt{2 \cdot \sigma_1^2} = \sqrt{2} \cdot \sigma_1$.

---

[1] Für weitere Details siehe Abschn. 25.1.1.

E.2 Gaußfilter und Skalenraum

In einem Gauß-Skalenraum entspricht der jeder Skalenebene zugehörige Skalenwert (σ) der Größe des Gaußfilters, das zur Berechnung dieser Ebene aus dem ursprünglichen (völlig ungeglätteten) Bild erforderlich wäre. Liegt ein Bild bereits auf der Skalenebene σ_1 (durch vorgerige Glättung mit einem Gaußfilter der Größe σ_1) und soll auf einen größeren Skalenwert $\sigma_2 > \sigma_1$ transformiert werden, so erfordet dies die Anwendung eines weiteren Gaußfilters der Größe

$$\sigma_d = \sqrt{\sigma_2^2 - \sigma_1^2}. \tag{E.3}$$

Üblicherweise unterscheiden sich die benachbarten Ebenen des Skalenraums durch einen konstanten Skalenfaktor (κ), und daher kann die Transformation von einer Skalenebene zur nächsten durch die Aneinanderreihung relativ kleiner Gaußfilter durchgeführt werden. Trotz des konstanten Skalenfaktors zwischen den einzelnen Ebenen ist allerdings die Größe der zugehörigen Gaußfilter *nicht* konstant, sondern u. a. vom Skalenwert des Ausgangsbilds abhängig. Möchte man beispielsweise ein Ausgangsbild mit Skalenwert σ_0 auf den um den Faktor κ erhöhten Skalenwert $\kappa \cdot \sigma_0$ bringen, so muss (gemäß Gl. E.2) für die Größe σ_d des erforderlichen Gaußfilters die Relation

$$(\kappa \cdot \sigma_0)^2 = \sigma_0^2 + \sigma_d^2 \tag{E.4}$$

gelten. Die gesuchte Größe des erforderlichen Gaußfilters ist somit

$$\sigma_d = \sigma_0 \cdot \sqrt{\kappa^2 - 1}. \tag{E.5}$$

Beispielsweise erfordert die Verdopplung des Skalenwerts (d. h., $\kappa = 2$) für ein auf σ_0 geglättetes Bild ein zusätzliches Gaußfilter der Größe $\sigma_d = \sigma_0 \cdot \sqrt{2^2 - 1} = \sigma_0 \cdot \sqrt{3} \approx \sigma_0 \cdot 1.732$.

E.3 Auswirkungen des Gaußfilters im Spektralraum

Die zur eindimensionalen Gaußfunktion

$$g_\sigma(x) = \frac{1}{\sigma\sqrt{2\pi}} \cdot e^{-\frac{x^2}{2\sigma^2}} \tag{E.6}$$

gehörige Fouriertransformierte $\mathcal{F}(g_\sigma)$ ist

$$G_\sigma(\omega) = \frac{1}{\sqrt{2\pi}} \cdot e^{-\frac{\omega^2 \sigma^2}{2}}. \tag{E.7}$$

Eine Verdopplung der Größe (σ) des Gaußfilters im Ortsraum führt zu einer Halbierung der zugehörigen Bandbreite und die Fouriertransformierte ändert sich in diesem Fall zu

$$G_{2\sigma}(\omega) = \frac{1}{\sqrt{2\pi}} \cdot e^{-\frac{\omega^2 (2\sigma)^2}{2}} = \frac{1}{\sqrt{2\pi}} \cdot e^{-\frac{4\omega^2\sigma^2}{2}} \qquad \text{(E.8)}$$

$$= \frac{1}{\sqrt{2\pi}} \cdot e^{-\frac{(2\omega)^2 \sigma^2}{2}} = G_\sigma(2\omega). \qquad \text{(E.9)}$$

Bei einer Änderung der Filtergröße um den Faktor k gilt allgemein

$$G_{k\sigma}(\omega) = G_\sigma(k\omega). \qquad \text{(E.10)}$$

Dehnt man also die Größe σ des Filters um den Faktor k, so wird die zugehörige Fouriertransformierte um den gleichen Faktor gestaucht. Für ein lineares Filter bedeutet dies, dass die Vergrößerung des Filterkerns um einen Faktor k die zugehörige Bandbreite um den Faktor $\frac{1}{k}$ reduziert.

E.4 LoG/DoG-Approximation

Der zweidimensionale Kern des Laplace-Gauß-Filters (s. Abschn. 25.1.1),

$$
\begin{aligned}
L_\sigma(x,y) &= \left(\nabla^2 g_\sigma\right)(x,y) \\
&= \frac{1}{\pi\sigma^4} \cdot \left(\frac{x^2 + y^2 - 2\sigma^2}{2\sigma^2}\right) \cdot e^{-\frac{x^2+y^2}{2\sigma^2}},
\end{aligned} \qquad \text{(E.11)}
$$

weist am Ursprung ein (negatives) Extremum auf, mit dem Wert

$$L_\sigma(0,0) = -\frac{1}{\pi\sigma^4}. \qquad \text{(E.12)}$$

Der zugehörige (in Gl. 25.9 definierte) *normalisierte* LoG-Kern,

$$\hat{L}_\sigma(x,y) = \sigma^2 \cdot L_\sigma(x,y), \qquad \text{(E.13)}$$

hat somit am Ursprung den Extremwert

$$\hat{L}_\sigma(0,0) = -\frac{1}{\pi\sigma^2}. \qquad \text{(E.14)}$$

Im Vergleich dazu hat die *Difference-of-Gaussians*-Funktion (DoG),

$$
\begin{aligned}
\mathrm{DoG}_{\sigma,\kappa}(x,y) &= G_{\kappa\sigma}(x,y) - G_\sigma(x,y) \\
&= \frac{1}{2\pi\kappa^2\sigma^2} \cdot e^{-\frac{x^2+y^2}{2\kappa^2\sigma^2}} - \frac{1}{2\pi\sigma^2} \cdot e^{-\frac{x^2+y^2}{2\sigma^2}},
\end{aligned} \qquad \text{(E.15)}
$$

bei gegebenem Größenfaktor κ einen Spitzenwert von

$$\mathrm{DoG}_{\sigma,\kappa}(0,0) = -\frac{\kappa^2 - 1}{2\pi\kappa^2\sigma^2}. \qquad \text{(E.16)}$$

Durch Skalierung der DOG-Funktion auf den Spitzenwert der LoG-Funktion, d. h., $L_\sigma(0,0) = \lambda \cdot \mathrm{DoG}_{\sigma,\kappa}(0,0)$, erhält man eine Annäherung der ursprünglichen LoG-Funktion (Gl. E.11) in der Form

$$L_\sigma(x, y) \approx \frac{2\kappa^2}{\sigma^2(\kappa^2 - 1)} \cdot \mathrm{DoG}_{\sigma,\kappa}(x, y). \qquad (E.17)$$

In ähnlicher Weise lässt sich die skalennormalisierte LoG-Funktion (Gl. E.13) annähern durch[2]

$$\hat{L}_\sigma(x, y) \approx \frac{2\kappa^2}{\kappa^2 - 1} \cdot \mathrm{DoG}_{\sigma,\kappa}(x, y). \qquad (E.18)$$

Da der Faktor in Gl. E.18 nur von κ abhängt, ist also bei konstantem Skalenfaktor κ die DoG-Annäherung von sich aus proportional zur skalennormalisierten LoG-Funktion, und zwar für beliebige Skalenwerte σ.

---

[2] In [138] wird mit $\hat{L}_\sigma(x, y) \approx \frac{1}{\kappa - 1} \cdot \mathrm{DoG}_{\sigma,\kappa}(x, y)$ eine unterschiedliche Formulierung verwendet, die identisch ist zu Gl. E.18 für $\kappa \to 1$, allerdings nicht für $\kappa > 1$. Wesentlich ist jedoch, dass der voran stehende Faktor konstant und unabhängig von σ ist und daher für den Vergleich der Filterantworten auf unterschiedlichen Skalenebenen problemlos ignoriert werden kann.

F

Java-Notizen

Als Text für den ersten Abschnitt einer technischen Studienrichtung setzt dieses Buch gewisse Grundkenntnisse in der Programmierung voraus. Anhand eines der vielen verfügbaren Java-Tutorials oder eines einführenden Buchs sollten alle Beispiele im Text leicht zu verstehen sein. Die Erfahrung zeigt allerdings, dass viele Studierende auch nach mehreren Semestern noch Schwierigkeiten mit einigen grundlegenden Konzepten in Java haben und einzelne Details sind regelmäßig Anlass für Komplikationen. Im folgenden Abschnitt sind daher einige typische Problempunkte zusammengefasst.

F.1 Arithmetik

Java ist eine Programmiersprache mit einem strengen Typenkonzept und ermöglicht insbesondere nicht, dass eine Variable dynamisch ihren Typ ändert. Auch ist das Ergebnis eines Ausdrucks im Allgemeinen durch die Typen der beteiligten Operanden bestimmt und – im Fall einer Wertzuweisung – *nicht* durch die „aufnehmende" Variable auf der linken Seite.

F.1.1 Ganzzahlige Division

Die Division von ganzzahligen Operanden ist eine häufige Fehlerquelle. Angenommen, a und b sind beide vom Typ int, dann folgt auch der Ausdruck (a / b) den Regeln der ganzzahligen Division und berechnet, wie oft b in a *enthalten* ist. Auch das Ergebnis ist daher wiederum vom Typ int. Zum Beispiel ist nach Ausführung der Anweisungen

```
int a = 2;
int b = 5;
double c = a / b;
```

der Wert von c *nicht* 0.4, sondern 0.0, weil der Ausdruck a / b auf der rechten Seite den `int`-Wert 0 ergibt, der bei der nachfolgenden Zuweisung auf c automatisch auf den `double`-Wert 0.0 konvertiert wird.

Wollten wir a / b als Gleitkommaoperation berechnen, so müssen wir zunächst mindestens einen der Operanden in einen Gleitkommawert umwandeln, beispielsweise durch einen expliziten *type cast* (`double`):

```
double c = (double) a / b;
```

Dabei ist zu beachten, dass (`double`) nur den unmittelbar nachfolgenden Term a betrifft und nicht den gesamten Ausdruck a / b, d. h. der Wert b behält den Typ `int`.

Beispiel

Angenommen, wir möchten die Pixelwerte p_i eines Bilds so skalieren, dass der aktuell größte Pixelwert a_{max} auf 255 abgebildet wird (s. auch Kap. 4). Mathematisch werden die Pixelwerte einfach in der Form

$$c \leftarrow \frac{a_i}{a_{max}} \cdot 255 \qquad (\text{F.1})$$

skaliert und man ist leicht versucht, dies 1:1 in Java-Anweisungen umzusetzen, etwa so:

```
1   int a_max = ip.getMaxValue();
2   for ... {
3     int a = ip.getPixel(u,v);
4     int c = (a / a_max) * 255;    ← Problem!
5     ip.putPixel(u, v, c);
6   }
```

Wie wir leicht vorhersagen können, bleibt das Bild dabei schwarz, mit Ausnahme der Bildpunkte mit dem ursprünglichen Pixelwert a_max (was wird mit diesen?). Der Grund liegt wiederum in der Division a / a_max mit zwei `int`-Operanden, wobei der Divisor (a_max) in den meisten Fällen größer ist als der Dividend (a) und die Division daher null ergibt.

Natürlich könnte man die gesamte Operation auch (wie oben gezeigt) mit Gleitkommawerten durchführen, aber das ist in diesem Fall gar nicht notwendig. Wir können stattdessen die Reihenfolge der Operationen vertauschen und die Multiplikation zuerst durchführen:

```
int c = a * 255 / a_max;
```

Warum funktioniert nun das? Die Multiplikation a * 255 wird zuerst evaluiert[1] und erzeugt zunächst große Zwischenwerte, die für die nachfolgende (ganzzahlige) Division nunmehr kein Problem darstellen. Dennoch sollte man bei der Division ganzzahliger Werte die Verwendung einer Rundungsoperation (s. Abschn. F.1.5) überlegen, um genauere Ergebnisse zu erhalten.

---

[1] In Java werden übrigens arithmetische Ausdrücke auf der gleichen Ebene immer von links nach rechts berechnet, deshalb sind hier auch keine zusätzlichen Klammern notwendig (diese würden aber auch nicht schaden).

F.1.2 Modulo-Operator

Das Ergebnis der (im Haupttext an mehreren Stellen verwendeten) *Modulo*-Operation $a \bmod b$ ist definiert als Rest der Division a/b, sodass gilt (s. [84, p. 82])

$$a \bmod b \;\equiv\; \begin{cases} a & \text{für } b = 0, \\ a - b \cdot \lfloor a/b \rfloor & \text{sonst,} \end{cases} \tag{F.2}$$

für $a, b \in \mathbb{R}$. Ein entsprechender Operator oder eine Bibliotheksmethode waren bislang im Standard-API von Java nicht verfügbar.[2] Der in diesem Zusammenhang in Java häufig verwendet % (Rest-)Operator, mit der Definition

$$a \mathbin{\%} b \;\equiv\; a - b \cdot \mathrm{truncate}(a/b), \qquad \text{für } b \neq 0, \tag{F.3}$$

liefert die gleichen Ergebnisse, allerdings nur für positive Operanden $a \geq 0$ und $b > 0$, zum Beispiel:

$$
\begin{array}{rrrcr} \qquad\qquad 13 & \mathrm{mod} & 4 & = & 1 \\ 13 & \mathrm{mod} & -4 & = & -3 \\ -13 & \mathrm{mod} & 4 & = & 3 \\ -13 & \mathrm{mod} & -4 & = & -1 \end{array}
\qquad
\begin{array}{rrrcr} 13 & \mathbin{\%} & 4 & = & 1 \\ 13 & \mathbin{\%} & -4 & = & 1 \\ -13 & \mathbin{\%} & 4 & = & -1 \\ -13 & \mathbin{\%} & -4 & = & -1 \end{array}
$$

Die folgende Java-Methode implementiert die mod-Operation nach Gl. F.2 für ganzzahlige Operanden:[3]

```
1   int Mod(int a, int b) {
2     if (b == 0)
3       return a;
4     if (a * b >= 0)
5       return a - b * (a / b);
6     else
7       return a - b * (a / b - 1);
8   }
```

F.1.3 Unsigned Bytes

Die meisten Grauwert- und Indexbilder in Java und ImageJ bestehen aus Bildelementen vom Datentyp `byte`, wie auch die einzelnen Komponenten von Farbbildern. Ein einzelnes Byte hat acht Bit und kann daher $2^8 = 256$ verschiedene Bitmuster oder Werte darstellen, für Bildwerte idealerweise den Wertebereich $0, \dots, 255$. Leider gibt es in Java (etwa im Unterschied zu C/C++) keinen 8-Bit-Datentyp mit diesem Wertebereich, denn der Typ `byte` besitzt ein Vorzeichen und damit in Wirklichkeit den Wertebereich $-128, \dots, 127$.

---

[2] Beginnend mit der Java-Version 1.8 ist die mod-Operation in Form der Methode `Math.floorMod(a, b)` auch im Standard-API implementiert (wenngleich nur für Argumente vom Typ `long` und `int`).

[3] Die Definition in Gl. F.2 ist nicht auf ganzzahlige Operanden beschränkt.

Man kann die 8 Bits eines `byte`-Werts dennoch zur Darstellung der Werte von $0, \ldots, 255$ nutzen, allerdings muss man zu Tricks greifen, wenn man mit diesen Werten *rechnen* möchte. Wenn wir beispielsweise die Anweisungen

```
int  a = 200;
byte b = (byte) p;
```

ausführen, dann weisen die Variablen `a` (vom Typ 32-bit `int`) und `b` (vom Typ 8-bit `byte`) folgende Bitmuster auf:

```
a = 00000000000000000000000011001000
b = .....................11001000
```

Als (vorzeichenbehafteten) `byte`-Typ[4] interpretiert, hat die Variable `b` aus Sicht der Java-Arithmetik den Dezimalwert -56. Daher hat etwa nach der Anweisung

```
int  a1 = b;               // a1 == -56
```

die neue Variable `a1` ebenfalls den Wert -56! Um dennoch mit dem vollen 8-Bit-Wert in `b` rechnen zu können, müssen wir Javas Arithmetik umgehen, indem wir den Inhalt von `b` als binäres *Bitmuster* (d. h., als nicht-arithmetischen Wert) behandeln in der Form

```
int  a2 = (0xff & b);      // a2 == 200
```

wobei `0xff` (in Hexadezimalnotation) ein konstanter `int`-Wert mit dem binären Bitmuster `00000000000000000000000011111111` ist und `&` der bitweise UND-Operator. Nun weist `p2` tatsächlich den gewünschten Wert 200 auf und wir haben damit einen Weg, Daten vom Typ `byte` auch in Java als `unsigned byte` zu verwenden. In ImageJ sind die Zugriffe auf einzelne 8-Bit Pixel typischerweise sind in dieser Form implementiert, insbesondere auch innerhalb der Zugriffsmethoden `getPixel()` und `putPixel()`.

F.1.4 Mathematische Funktionen (`Math`-Klasse)

In Java sind die wichtigsten mathematischen Funktionen als statische Methoden in der Klasse `Math` verfügbar (Tabelle F.1). Die Klasse `Math` ist Teil des `java.lang`-Pakets und muss daher nicht explizit importiert werden. Die meisten `Math`-Methoden arbeiten mit Argumenten vom Typ `double` und erzeugen auch Rückgabewerte vom Typ `double`. Zum Beispiel wird die Kosinusfunktion $y = \cos(x)$ folgendermaßen aufgerufen:

```
double x;
double y = Math.cos(x);
```

Numerische Konstanten, wie beispielsweise π, erhält man in der Form

```
double pi = Math.PI;
```

---

[4] Die Darstellung von negativen Zahlen erfolgt in Java wie üblich nach dem 2er-Komplement-Schema. Das oberstn (linksseitige) Bit entspricht dem Vorzeichen, mit Wert 0 bei positiven und 1 bei negativen Werten.

double	abs(double a)	double	max(double a, double b)
int	abs(int a)	float	max(float a, float b)
float	abs(float a)	int	max(int a, int b)
long	abs(long a)	long	max(long a, long b)
double	ceil(double a)	double	min(double a, double b)
double	floor(double a)	float	min(float a, float b)
int	floorMod(int a, int b)	int	min(int a, int b)
long	floorMod(long a, long b)	long	min(long a, long b)
double	rint(double a)		
long	round(double a)	double	random()
int	round(float a)		
double	toDegrees(double rad)	double	toRadians(double deg)
double	sin(double a)	double	asin(double a)
double	cos(double a)	double	acos(double a)
double	tan(double a)	double	atan(double a)
double	atan2(double y, double x)		
double	log(double a)	double	exp(double a)
double	sqrt(double a)	double	pow(double a, double b)
double	E	double	PI

F.1 Arithmetik

Tabelle F.1
Wichtige Methoden und Konstanten
der Math-Klasse in Java.

F.1.5 Numerisches Runden

Für das Runden von Gleitkommawerten stellt Math (verwirrenderweise) gleich *drei* Methoden zur Verfügung:

```
double rint(double x)
long   round(double x)
int    round(float x)
```

Um beispielsweise einen gegebenen double-Wert x auf int zu runden, gibt es daher folgende Möglichkeiten:

```
double x; int k;
k = (int) Math.rint(x);
k = (int) Math.round(x);
k = Math.round((float) x);
```

Ist das Argument bekanntermaßen positiv (wie bei Pixelwerten typischerweise der Fall), kann die Rundungsoperation auch ohne einen (zeitaufwändigen) Methodenaufruf implementiert werden, z. B. durch

```
k = (int) (x + 0.5);   // nur wenn x >= 0
```

In diesem Fall wird der Ausdruck (x + 0.5) zunächst als Gleitkommawert (double) berechnet, der anschließend durch Abschneiden der Nachkommastellen mit dem Typecast (int) gegen Null abgerundet wird.

F.1.6 Inverse Tangensfunktion

Die inverse Tangensfunktion $\varphi = \tan^{-1}(a)$ bzw. $\varphi = \arctan(a)$ findet sich im Text an mehreren Stellen und kann in dieser Form mit der Methode `atan(double a)` aus der `Math`-Klasse direkt berechnet werden (Tabelle F.1). Der damit berechnete Winkel ist allerdings auf zwei Quadranten beschränkt und daher ohne zusätzliche Bedingungen mehrdeutig. In der Praxis ist allerdings a ohnehin meist als Seitenverhältnis zweier Katheten x, y eines rechtwinkligen Dreiecks angegeben, also in der Form

$$\varphi = \arctan\left(\tfrac{y}{x}\right),$$

wofür wir im Text die (selbst definierte) Funktion

$$\varphi = \text{Arctan}(x, y)$$

mit zwei getrennten Parametern verwenden. Die Funktion $\text{Arctan}(x, y)$ entspricht der Java-Methode `atan2(y, x)` in der `Math`-Klasse (man beachte die unterschiedliche Reihenfolge der Parameter) und liefert einen Winkel φ im Intervall $-\pi, \ldots, \pi$, also über den vollen Kreisbogen.[5] Die `atan2()` Methode liefert übrigens auch dann ein Ergebnis, wenn beide Argument Null sind.

F.1.7 `Float` und `Double` (Klassen)

Java verwendet intern eine Gleitkommadarstellung nach IEEE-Standard. Es gibt daher für die Typen `float` und `double` auch folgende Werte:

```
Float.POSITIVE_INFINITY,  Double.POSITIVE_INFINITY
Float.NEGATIVE_INFINITY,  Double.NEGATIVE_INFINITY
Float.NaN,  Double.NaN  („not a number")
```

Diese Werte sind in den zugehörigen Standardklassen `Float` bzw. `Double` als Konstanten definiert. Falls ein solcher Wert auftritt (beispielsweise `POSITIVE_ INFINITY` bei einer Division durch 0),[6] rechnet Java ohne Fehlermeldung mit dem Ergebnis weiter, wodurch zugehörige Programmierfehler bisweilen schwierig zu finden sind.

F.2 Arrays in Java

F.2.1 Arrays erzeugen

Im Unterschied zu den meisten traditionellen Programmiersprachen (wie FORTRAN oder C) können in Java Arrays *dynamisch* angelegt werden,

---

[5] Die Funktion `atan2(y,x)` ist in den meisten Programmiersprachen (u. a. in C/ C++) verfügbar.

[6] Das gilt nur für die Division mit Gleitkommawerten. Die Division durch einen ganzzahligen Wert 0 führt auch in Java zu einem Laufzeitfehler (*exception*).

d. h., die Größe eines Arrays kann durch eine Variable oder einen arithmetischen Ausdruck spezifiziert werden, zum Beispiel:

```
int N = 20;
int[] A = new int[N];
int[] B = new int[N * N];
```

Einmal angelegt, ist aber auch in Java die Größe eines Arrays fix und kann nachträglich nicht mehr geändert werden. Java stellte allerdings eine ganze Reihe universeller Container-Klassen (z. B. die Klassen `Set` und `List`) zur Realisierung dynamischer Datenstrukturen zur Verfügung.

Einer Array-Variablen kann nach ihrer Definition jederzeit ein anderes Array geeigneten Typs (oder der Wert `null`) zugewiesen werden:[7]

```
A = B;     // A verweist nun auf die Daten in B
B = null;
```

Die obige Anweisung `A = B` führt übrigens dazu, dass das ursprünglich an `A` gebundene Array nicht mehr zugreifbar ist und daher zu *Garbage* wird. Im Unterschied zu C und C++ ist jedoch die explizite Freigabe von Speicherplatz in Java nicht erforderlich – dies erledigt der im Laufzeitsystem eingebaute *garbage collector*.

Angenehmerweise ist in Java auch sichergestellt, dass die Elemente neu angelegter Arrays mit numerischen Datentypen (`int`, `float`, `double` etc.) automatisch mit dem Null-Werten initialisiert werden.

F.2.2 Größe von Arrays

Da ein Array in Java dynamisch erzeugt werden kann, ist es wichtig, dass seine Größe auch zur Laufzeit festgestellt werden kann. Dies geschieht durch Zugriff auf das `length`-Attribut des Arrays:[8]

```
int k = A.length; // Anzahl der Elemente in A
```

Man beachte, dass in Java die Anzahl der Elemente eines Array-Objekts auch 0 (nicht `null`) sein kann! Die Größe ist eine Eigenschaft des Arrays selbst und kann daher auch von Array-Argumenten innerhalb einer Methode abgefragt werden. Anders als etwa in C ist es daher nicht notwendig, die Größe eines Arrays als zusätzliches Funktionsargument zu übergeben.

Ist ein Array mehrdimensional, so muss die Größe für jede Dimension einzeln abgefragt werden (s. unten). Arrays müssen auch nicht notwendigerweise rechteckig sein; so können etwa die einzelnen Zeilen eines zweidimensionalen Arrays von unterschiedlicher Länge (einschließlich 0) sein.

F.2.3 Zugriff auf Array-Elemente

In Java ist der Index des ersten Elements in einem Array immer 0 und das letzte Element hat bei einem Array mit N Elementen den Index

---

[7] Das ist jedoch nicht möglich, wenn das Array mit dem `final`-Attribut definiert wurde.

[8] Man beachte, dass `length` bei Arrays keine Methode ist!

$N-1$. Um ein eindimensionales Array A beliebiger Größe zu durchlaufen, würde man typischerweise folgendes Konstrukt verwenden:

```
for (int i = 0; i < A.length; i++) {
    // bearbeite die Array-Elemente A[i]
}
```

Fall der Array-Index (i) nicht relevant und keine Ersetzung der Array-Werte vorgesehen ist, könnte man alternativ auch das folgende (noch einfachere) Schleifenkonstrukt verwenden:

```
for (int a : A) {
    // verwende die Array-Werte a
}
```

In beiden Fällen kann der Java-Compiler übrigens sehr effizienten Laufzeitcode erzeugen, weil bereits aus dem Quellcode erkennbar ist, dass innerhalb der for-Schleife kein Zugriff über die Arraygrenzen hinaus erfolgt und somit zur Laufzeit auch keine entsprechende Abfrage mehr notwendig ist. Dieser Umstand ist speziell in der Bildverarbeitung sehr wichtig.

Bilder sind in Java und ImageJ grundsätzlich als *eindimensionale* Arrays gespeichert (in ImageJ zugreifbar über die ImageProcessor-Methode getPixels), wobei die Bildelemente in Zeilenrichtung angeordnet sind.[9] Statistische Operationen oder Punktoperationen können beispielsweise sehr effizient durch direkten Zugriff auf diese Arrays implementiert werden. Beispielsweise könnte man die run-Methode des Plugins zur Kontrasterhöhung aus Prog. 4.1 (S. 60) auch in folgender Form schreiben:

```
 1 public void run(ImageProcessor ip) {
 2   // ip is assumed to be of type ByteProcessor
 3   byte[] pixels = (byte[]) ip.getPixels();
 4   for (int i = 0; i < pixels.length; i++) {
 5     int a = 0xFF & pixels[i];
 6     int b = (int) (a * 1.5 + 0.5);
 7     if (b > 255)
 8       b = 255;
 9     pixels[i] = (byte) (0xFF & b);
10   }
11 }
```

F.2.4 Zweidimensionale Arrays

Mehrdimensionale Arrays sind eine häufige Ursache von Verwirrung. In Java sind alle Arrays eigentlich *ein*dimensional und mehrdimensionale Arrays werden als Arrays von Arrays realisiert. Wenn wir beispielsweise die 3×3 Matrix[10]

---

[9] D.h., horizontal benachbarte Bildelemente liegen unmittelbar hintereinander im Speicher.

[10] Wir lassen in diesem Fall die Zeilen- und Spaltenindizes der Matrix bei 0 (und nicht wie in der Mathematik üblich bei 1) beginnen, damit keine weitere Umrechnung auf Java Array-Indizes notwendig ist.

$$A = \begin{bmatrix} a_{0,0} & a_{0,1} & a_{0,2} \\ a_{1,0} & a_{1,1} & a_{1,2} \\ a_{2,0} & a_{2,1} & a_{2,2} \end{bmatrix} = \begin{bmatrix} 1 & 2 & 3 \\ 4 & 5 & 6 \\ 7 & 8 & 9 \end{bmatrix} \qquad \text{(F.4)}$$

direkt als zweidimensionales `int`-Array in der Form

```
int[][] A = {{1,2,3},
             {4,5,6},
             {7,8,9}};
```

anschreiben, dann ist `A` eigentlich ein eindimensionales Array mit drei Elementen, die selbst wiederum eindimensionale Arrays sind. Die Elemente `A[0]`, `A[1]` und `A[2]` sind also vom Typ `int[]` und entsprechen den drei *Zeilen* der oben stehenden Matrix A (s. Abb. F.1).

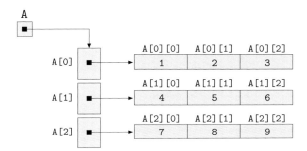

Abbildung F.1
Anordnung der Elemente eines zweidimensionalen Java-Arrays (entsprechend Gl. F.4). In Java werden mehrdimensionale Arrays als eindimensionale Arrays implementiert, deren Elemente wiederum Arrays sind.

Die übliche Annahme ist, dass Array-Elemente zeilenweise angeordnet sind, wie in Abb. F.1 gezeigt. Der erste Array-Index entspricht somit der Zeilennummer (*row*) r, der zweite Index der Spaltennummer (*column*) c, sodass

$$a_{r,c} \equiv \texttt{A[r][c]} \ .$$

Das entspricht der mathematischen Konvention und dadurch erscheint die Initialisierung des Arrays auch genau in der selben Anordnung wie die zugehörige Matrix in Gl. F.4. Man beachte, dass hier der *erste* Index der *vertikalen* und der *zweite* Index der *horizontalen* Koordinate entspricht.

Wenn man hingegen ein *Bild* $I(u,v)$ oder einen *Filterkern* $H(i,j)$ als Array repräsentiert, so geht man üblicherweise davon aus, dass der erste Index (u bzw. i) der horizontalen x-Koordinate und der zweite Index (v bzw. j) der vertikalen y-Koordinate zugeordnet ist. Definiert man beispielsweise den Filterkern

$$H = \begin{bmatrix} H(0,0) & H(1,0) & H(2,0) \\ H(0,1) & H(1,1) & H(2,1) \\ H(0,2) & H(1,2) & H(2,2) \end{bmatrix} = \begin{bmatrix} -1 & -2 & 0 \\ -2 & 0 & 2 \\ 0 & 2 & 1 \end{bmatrix}$$

als zweidimensionales Java-Array in der Form

```
double[][] H = {{-1,-2, 0},
                {-2, 0, 2},
                { 0, 2, 1}};
```

dann muss man die Zeilen- und Spaltenindizes vertauschen, um auf die passenden Elemente zuzugreifen. In diesem Fall gilt nämlich

$$H(i,j) \equiv \texttt{H[}j\texttt{][}i\texttt{]},$$

d. h., die Reihenfolge der Array-Indizes für H ist gegenüber den i/j-Koordinaten des Kerns H vertauscht. Entgegen aller Gewohnheit entspricht hier der *erste* Array-Index (j) der vertikalen Koordinate und der *zweite* Index (i) der horizontalen. Der Vorteil ist, dass man – wie oben gezeigt – die Initialisierung des Filterkerns anschaulich in Matrixform anschreiben kann[11] (ansonsten müsste man die Elemente transponiert anschreiben).

Wird ein zweidimensionales Array hingegen nur als Bildcontainer verwendet (und der Inhalt nicht wie oben in Matrixform definiert), so kann man natürlich jede beliebige Konvention für die Reihenfolge der Indizes wählen. Beispielsweise liefert in ImageJ die `ImageProcessor`-Methode `getFloatArray` beim Aufruf

```
float[][] I = ip.getFloatArray();
```

ein zweidimensionales Array I, dessen Indizes in der üblichen x/y-Reihenfolge angeordnet sind, d. h.,

$$I(u,v) \equiv \texttt{I[}u\texttt{][}v\texttt{]}.$$

Die Anordnung der Bilddaten erfolgt in diesem Fall übrigens spaltenweise, d. h., *vertikal* benachbarte Bildelemente liegen im Speicher hintereinander.

Größe mehrdimensionaler Arrays

Die Größe eines mehrdimensionalen Arrays kann dynamisch durch Abfrage der Größe seiner Sub-Arrays bestimmt werden. Zum Beispiel können für das folgende dreidimensionale Array mit der Dimension $P \times Q \times R$

```
int A[][][] = new int[P][Q][R];
```

die einzelnen Größen durch

```
int p = A.length;       // = P
int q = A[0].length;    // = Q
int r = A[0][0].length; // = R
```

ermittelt werden. Das gilt zumindest für „rechteckige" Arrays, bei denen alle Sub-Arrays auf einer Ebene die selbe Länge aufweisen, was durch

---

[11] Dieses Schema wird z. B. bei Implementierung des 3×3 Filter-Plugins in Prog. 5.2 (S. 100) verwendet.

die oben stehenden Initialisierung auch gewährleistet ist. Jedes der Sub-Arrays von `A` könnte jedoch zwischenzeitlich modifiziert worden sein,[12] z. B. durch

```
A[0][0] = new int[0];
```

Um Laufzeitfehler zu vermeiden, sollte man in diesem Fall die Länge jedes Sub-Arrays dynamisch bestimmen, was aus Sicherheitsgründen grundsätzlich immer zu empfehlen ist. Folgendes Beispiel zeigt die korrekte Iteration über alle Elemente eines dreidimensionalen Arrays `A` für den Fall, dass dessen Sub-Arrays möglicherweise nicht einheitlich groß (oder sogar leer) sind:

```
1  for (int i = 0; i < A.length; i++) {
2    for (int j = 0; j < A[i].length; j++) {
3      for (int k = 0; k < A[i][j].length; k++) {
4        // verwende A[i][j][k]
5      }
6    }
7  }
```

F.2.5 Arrays von Objekten

Wie bereits erwähnt, können Arrays in Java dynamisch angelegt werden, d. h., die Größe eines Arrays kann zur Laufzeit spezifiziert werden. Das ist angenehm, denn dadurch kann die Größe eines Arrays an das aktuelle Problem angepasst werden. So können wir beispielsweise

```
Corner[] corners = new Corner[n];
```

schreiben, um ein Array anzulegen, das n Objekte vom Typ `Corner` (s. Abschn. 7.3) aufnehmen kann. Dabei ist zu beachten, dass das neue Array `corners` (im Unterschied zu numerischen Arrays mit Elementen vom Typ `int`, `float` etc.) zunächst *nicht* mit Objekten gefüllt wird, sondern mit dem Wert `null`, das Array in Wirklichkeit also leer ist. Wir können natürlich jederzeit ein Objekt der `Corner`-Klasse in die erste Zelle des Arrays einfügen, beispielsweise durch

```
corners[0] = new Corner(10, 20, 6789.0f);
```

F.2.6 Sortieren von Arrays

Arrays können mithilfe der statischen Methode

$$\texttt{Arrays.sort(}type\texttt{[] arr)}$$

in der Klasse `java.util.Arrays` effizient sortiert werden. Dabei kann `arr` entweder ein Array mit numerischen Werten sein oder ein Array von Objekten, wobei es im letzten Fall keine `null`-Einträge geben darf. Zudem muss die Klasse jedes enthaltenen Objekts das Standard-Interface `Comparable` implementieren, also eine Methode der Form

---

[12] Auch bei Verwendung des `final`-Attributs bei der Definition können die Struktur und der Inhalt eines Arrays jederzeit verändert werden.

public int compareTo(Object other)

vorsehen, die als Ergebnis den int-Wert -1, 0 oder 1 liefert, je nach der Relation des aktuellen Objekts zum übergebenen Objekt other. Beispielsweise ist die compareTo-Methode in der Klasse Corner folgendermaßen definiert:

```
1  public class Corner implements Comparable<Corner> {
2    float x, y, q;
3    ...
4    public int compareTo(Corner other) {
5      if (this.q > other.q) return -1;
6      else if (this.q < other.q) return 1;
7      else return 0;
8    }
9  }
```

Die Methode compareTo wird von der Methode Arrays.sort aufgerufen und bestimmt somit die resultierende Sortierreihenfolge.

Literaturverzeichnis

1. ADOBE SYSTEMS: *Adobe RGB (1998) Color Space Specification*, 2005. http://www.adobe.com/digitalimag/pdfs/AdobeRGB1998.pdf.

2. AHMED, M. und R. WARD: *A Rotation Invariant Rule-Based Thinning Algorithm for Character Recognition*. IEEE Transactions on Pattern Analysis and Machine Intelligence, 24(12), S. 1672–1678, 2002.

3. AHO, A. V., J. E. HOPCROFT und J. D. ULLMAN: *The Design and Analysis of Computer Algorithms*. Addison-Wesley, Reading, MA, 1974.

4. ALVAREZ, L., P.-L. LIONS und J.-M. MOREL: *Image Selective Smoothing and Edge Detection by Nonlinear Diffusion (II)*. SIAM Journal on Numerical Analysis, 29(3), S. 845–866, 1992.

5. ARCE, G. R., J. BACCA und J. L. PAREDES: *Nonlinear Filtering for Image Analysis and Enhancement*. In: BOVIK, A. (Hrsg.): *Handbook of Image and Video Processing*, S. 109–133. Academic Press, New York, 2. Aufl., 2005.

6. ARCELLI, C. und G. SANNITI DI BAJA: *A One-Pass Two-Operation Process to Detect the Skeletal Pixels on the 4-Distance Transform*. IEEE Transactions on Pattern Analysis and Machine Intelligence, 11(4), S. 411–414, 1989.

7. ARYA, S., D. M. MOUNT, N. S. NETANYAHU, R. SILVERMAN und A. Y. WU: *An optimal algorithm for approximate nearest neighbor searching in fixed dimensions*. Journal of the ACM, 45(6), S. 891–923, 1998.

8. ASTOLA, J., P. HAAVISTO und Y. NEUVO: *Vector Median Filters*. Proceedings of the IEEE, 78(4), S. 678–689, 1990.

9. BABAUD, J., A. P. WITKIN, M. BAUDIN und R. O. DUDA: *Uniqueness of the Gaussian kernel for scale-space filtering*. IEEE Transactions on Pattern Analysis and Machine Intelligence, 8(1), S. 26–33, 1986.

10. BAILER, W.: *Writing ImageJ Plugins—A Tutorial*, 2003. http://www.imagingbook.com.

11. BAKER, S. und I. MATTHEWS: *Lucas-Kanade 20 Years On: A Unifying Framework: Part 1*. Techn. Ber. CMU-RI-TR-02-16, Robotics Institute, Carnegie Mellon University, 2003.

12. BAKER, S. und I. MATTHEWS: *Lucas-Kanade 20 Years On: A Unifying Framework*. International Journal of Computer Vision, 56(3), S. 221–255, 2004.

13. BALLARD, D. H. und C. M. BROWN: *Computer Vision*. Prentice Hall, Englewood Cliffs, NJ, 1982.

14. BARASH, D.: *Fundamental relationship between bilateral filtering, adaptive smoothing, and the nonlinear diffusion equation*. IEEE Transactions on Pattern Analysis and Machine Intelligence, 24(6), S. 844–847, 2002.

15. BARBER, C. B., D. P. DOBKIN und H. HUHDANPAA: *The quickhull algorithm for convex hulls*. ACM Transactions on Mathematical Software, 22(4), S. 469–483, 1996.

16. BARNI, M.: *A fast algorithm for 1-norm vector median filtering*. IEEE Transactions on Image Processing, 6(10), S. 1452–1455, 1997.

17. BARROW, H. G., J. M. TENENBAUM, R. C. BOLLES und H. C. WOLF: *Parametric correspondence and chamfer matching: two new techniques for image matching*. In: REDDY, R. (Hrsg.): *Proceedings of the 5th International Joint Conference on Artificial Intelligence*, S. 659–663, Cambridge, MA, 1977. William Kaufmann, Los Altos, CA.

18. BAY, H., A. ESS, T. TUYTELAARS und L. VAN GOOL: *SURF: Speeded Up Robust Features*. Computer Vision, Graphics, and Image Processing: Image Understanding, 110(3), S. 346–359, 2008.

19. BEIS, J. S. und D. G. LOWE: *Shape Indexing Using Approximate Nearest-Neighbour Search in High-Dimensional Spaces*. In: *Proceedings of the 1997 Conference on Computer Vision and Pattern Recognition (CVPR'97)*, S. 1000–1006, Puerto Rico, Juni 1997.

20. BENCINA, R. und M. KALTENBRUNNER: *The Design and Evolution of Fiducials for the reacTIVision System*. In: *Proceedings of the 3rd International Conference on Generative Systems in the Electronic Arts*, Melbourne, 2005.

21. BERNSEN, J.: *Dynamic Thresholding of Grey-Level Images*. In: *Proceedings of the International Conference on Pattern Recognition (ICPR)*, S. 1251–1255, Paris, Oktober 1986. IEEE Computer Society.

22. BISHOP, C. M.: *Pattern Recognition and Machine Learning*. Springer, New York, 2006.

23. BLAHUT, R. E.: *Fast Algorithms for Digital Signal Processing*. Addison-Wesley, Reading, MA, 1985.

24. BLAYVAS, I., A. BRUCKSTEIN und R. KIMMEL: *Efficient computation of adaptive threshold surfaces for image binarization*. Pattern Recognition, 39(1), S. 89–101, 2006.

25. BLINN, J.: *Consider the Lowly 2×2 Matrix*. IEEE Computer Graphics and Applications, 16(2), S. 82–88, 1996.

26. BLINN, J.: *Jim Blinn's Corner: Notation, Notation, Notation*. Morgan Kaufmann, 2002.

27. BOOR, C. DE: *A Practical Guide to Splines*. Springer-Verlag, New York, 2001.

28. BORGEFORS, G.: *Distance transformations in digital images*. Computer Vision, Graphics and Image Processing, 34, S. 344–371, 1986.

29. BORGEFORS, G.: *Hierarchical chamfer matching: a parametric edge matching algorithm*. IEEE Transactions on Pattern Analysis and Machine Intelligence, 10(6), S. 849–865, 1988.

30. BORISENKO, A. I. und I. E. TARAPOV: *Vector and Tensor Analysis with Applications*. Dover Publications, New York, 1979.

31. BRESENHAM, J. E.: *A Linear Algorithm for Incremental Digital Display of Circular Arcs*. Communications of the ACM, 20(2), S. 100–106, 1977.

32. BRIGHAM, E. O.: *The Fast Fourier Transform and Its Applications*. Prentice Hall, Englewood Cliffs, NJ, 1988.

33. BRONSTEIN, I. N., K. A. SEMENDJAJEW, G. MUSIOL und H. MÜHLIG: *Taschenbuch der Mathematik*. Verlag Harri Deutsch, 5. Aufl., 2000.

34. BROWN, M. und D. LOWE: *Invariant Features from Interest Point Groups*. In: *Proceedings of the British Machine Vision Conference*, S. 656–665, 2002.

35. BUNKE, H. und P. S.-P. WANG (Hrsg.): *Handbook of Character Recognition and Document Image Analysis*. World Scientific, Singapore, 2000.

36. BURGER, W.: *Color Space Considerations for Linear Image Filtering*. In: *Proceedings of the 34th Annual Workshop of the Austrian Association for Pattern Recognition (AAPR)*, S. 163–170, Zwettl, Austria, Mai 2010.

37. BURGER, W. und M. J. BURGE: *Principles of Digital Image Processing – Advanced Methods (Vol. 3)*. Undergraduate Topics in Computer Science. Springer, London, 2013.

38. BURT, P. J. und E. H. ADELSON: *The Laplacian pyramid as a compact image code*. IEEE Transactions on Communications, 31(4), S. 532–540, 1983.

39. CANNY, J. F.: *A computational approach to edge detection*. IEEE Transactions on Pattern Analysis and Machine Intelligence, 8(6), S. 679–698, 1986.

40. CASTLEMAN, K. R.: *Digital Image Processing*. Prentice Hall, Upper Saddle River, NJ, 1995.

41. CATMULL, E. E. und R. ROM: *A class of local interpolating splines*. In: BARNHILL, R. E. und R. F. RIESENFELD (Hrsg.): *Computer Aided Geometric Design*, S. 317–326. Academic Press, New York, 1974.

42. CATTÉ, F., P.-L. LIONS, J.-M. MOREL und T. COLL: *Image Selective Smoothing and Edge Detection by Nonlinear Diffusion*. SIAM Journal on Numerical Analysis, 29(1), S. 182–193, 1992.

43. CHANG, C. I., Y. DU, J. WANG, S. M. GUO und P. D. THOUIN: *Survey and comparative analysis of entropy and relative entropy thresholding techniques*. IEE Proceedings—Vision, Image and Signal Processing, 153(6), S. 837–850, 2006.

44. CHANG, F., C. J. CHEN und C. J. LU: *A linear-time component-labeling algorithm using contour tracing technique*. Computer Vision, Graphics, and Image Processing: Image Understanding, 93(2), S. 206–220, 2004.

45. CHARBONNIER, P., L. BLANC-FERAUD, G. AUBERT und M. BARLAUD: *Two deterministic half-quadratic regularization algorithms for computed imaging*. In: *Proceedings IEEE International Conference on Image Processing (ICIP-94)*, Bd. 2, S. 168–172, Austin, November 1994.

46. CHEN, Y. und G. LEEDHAM: *Decompose algorithm for thresholding degraded historical document images*. IEE Proceedings—Vision, Image and Signal Processing, 152(6), S. 702–714, 2005.

47. CHENG, H. D., X. H. JIANG, Y. SUN und J. WANG: *Color image segmentation: advances and prospects*. Pattern Recognition, 34(12), S. 2259–2281, 2001.

48. COHEN, P. R. und E. A. FEIGENBAUM: *The Handbook of Artificial Intelligence*. William Kaufmann, Los Altos, CA, 1982.

49. COLL, B., J. L. LISANI und C. SBERT: *Color images filtering by aniso-tropic diffusion*. In: *Proceedings of the IEEE International Conference on Systems, Signals, and Image Processing (IWSSIP)*, S. 305–308, Chalkida, Greece, 2005.

50. COMANICIU, D. und P. MEER: *Mean Shift: A Robust Approach Toward Feature Space Analysis*. IEEE Transactions on Pattern Analysis and Machine Intelligence, 24(5), S. 603–619, 2002.

51. CORMAN, T. H., C. E. LEISERSON, R. L. RIVEST und C. STEIN: *Introduction to Algorithms*. MIT Press, 2. Aufl., 2001.

52. CORMEN, T. H., C. E. LEISERSON, R. L. RIVEST und C. STEIN: *Introduction to Algorithms*. MIT Press, Cambridge, MA, 2. Aufl., 2001.

53. CUMANI, A.: *Edge detection in multispectral images*. Computer Vision, Graphics and Image Processing, 53(1), S. 40–51, 1991.

54. CUMANI, A.: *Efficient Contour Extraction in Color Images*. In: *Proceedings of the Third Asian Conference on Computer Vision*, ACCV, S. 582–589, Hong Kong, Januar 1998. Springer.

55. DAVIS, L. S.: *A Survey of Edge Detection Techniques*. Computer Graphics and Image Processing, 4, S. 248–270, 1975.

56. DERICHE, R.: *Using Canny's criteria to derive a recursively implemented optimal edge detector*. International Journal of Computer Vision, 1(2), S. 167–187, 1987.

57. DI ZENZO, S.: *A Note on the Gradient of a Multi-Image*. Computer Vision, Graphics and Image Processing, 33(1), S. 116–125, 1986.

58. DUDA, R. O., P. E. HART und D. G. STORK: *Pattern Classification*. Wiley, New York, 2001.

59. DURAND, F. und J. DORSEY: *Fast bilateral filtering for the display of high-dynamic-range images*. In: *Proceedings of the 29th annual conference on Computer graphics and interactive techniques (SIGGRAPH'02)*, S. 257–266, San Antonio, Texas, Juli 2002.

60. ELAD, M.: *On the origin of the bilateral filter and ways to improve it*. IEEE Transactions on Image Processing, 11(10), S. 1141–1151, 2002.

61. FERREIRA, A. und S. UBEDA: *Computing the Medial Axis Transform in Parallel with Eight Scan Operations*. IEEE Transactions on Pattern Analysis and Machine Intelligence, 21(3), S. 277–282, 1999.

62. FISHER, N. I.: *Statistical Analysis of Circular Data*. Cambridge University Press, 1995.

63. FLORACK, L. M. J., B. M. TER HAAR ROMENY, J. J. KOENDERINK und M. A. VIERGEVER: *Scale and the differential structure of images*. Image and Vision Computing, 10(6), S. 376–388, 1992.

64. FLUSSER, J.: *On the independence of rotation moment invariants*. Pattern Recognition, 33(9), S. 1405–1410, 2000.

65. FLUSSER, J.: *Refined moment calculation using image block representation*. IEEE Transactions on Image Processing, 9(11), S. 1977–1978, 2000.

66. FLUSSER, J.: *Moment forms invariant to rotation and blur in arbitrary number of dimensions*. IEEE Transactions on Pattern Analysis and Machine Intelligence, 25(2), S. 234–246, 2003.

67. FOLEY, J. D., A. VAN DAM, S. K. FEINER und J. F. HUGHES: *Computer Graphics: Principles and Practice*. Addison-Wesley, Reading, MA, 2. Aufl., 1996.

68. FORD, A. und A. ROBERTS: *Colour Space Conversions*, 1998. http://www.poynton.com/PDFs/coloureq.pdf.

69. FÖRSTNER, W. und E. GÜLCH: *A fast operator for detection and precise location of distinct points, corners and centres of circular features.* In: GRÜN, A. und H. BEYER (Hrsg.): *Proceedings, International Society for Photogrammetry and Remote Sensing Intercommission Conference on the Fast Processing of Photogrammetric Data*, S. 281–305, Interlaken, Juni 1987.

70. FORSYTH, D. A. und J. PONCE: *Computer Vision—A Modern Approach.* Prentice Hall, Englewood Cliffs, NJ, 2003.

71. FREEMAN, H.: *Computer Processing of Line Drawing Images.* ACM Computing Surveys, 6(1), S. 57–97, 1974.

72. FRIEDMAN, J. H., J. L. BENTLEY und R. A. FINKEL: *An Algorithm for Finding Best Matches in Logarithmic Expected Time.* ACM Transactions on Mathematical Software, 3(3), S. 209–226, 1977.

73. GERVAUTZ, M. und W. PURGATHOFER: *A simple method for color quantization: octree quantization.* In: GLASSNER, A. (Hrsg.): *Graphics Gems I*, S. 287–293. Academic Press, New York, 1990.

74. GEVERS, T., A. GIJSENIJ, J. VAN DE WEIJER und J.-M. GEUSEBROEK: *Color in Computer Vision.* Wiley, 2012.

75. GEVERS, T. und H. STOKMAN: *Classifying color edges in video into shadow-geometry, highlight, or material transitions.* IEEE Transactions on Multimedia, 5(2), S. 237–243, 2003.

76. GEVERS, T., J. VAN DE WEIJER und H. STOKMAN: *Color Feature Detection.* In: LUKAC, R. und K. N. PLATANIOTIS (Hrsg.): *Color Image Processing: Methods and Applications*, S. 203–226. CRC Press, 2006.

77. GIONIS, A., P. INDYK und R. MOTWANI: *Similarity Search in High Dimensions via Hashing.* In: *Proceedings of the 25th International Conference on Very Large Data Bases (VLDB'99)*, S. 518–529, San Francisco, 1999. Morgan Kaufmann.

78. GLASBEY, C. A.: *An Analysis of Histogram-Based Thresholding Algorithms.* Computer Vision, Graphics, and Image Processing: Graphical Models and Image Processing, 55(6), S. 532–537, 1993.

79. GLASSNER, A. S.: *Principles of Digital Image Synthesis.* Morgan Kaufmann Publishers, San Francisco, 1995.

80. GONZALEZ, R. C. und R. E. WOODS: *Digital Image Processing.* Addison-Wesley, Reading, MA, 1992.

81. GONZALEZ, R. C. und R. E. WOODS: *Digital Image Processing.* Pearson Prentice Hall, Upper Saddle River, NJ, 3. Aufl., 2008.

82. GRABNER, M., H. GRABNER und H. BISCHOF: *Fast approximated SIFT.* In: *Proceedings of the 7th Asian Conference of Computer Vision*, S. 918–927, 2006.

83. GRAHAM, R. L.: *An Efficient Algorithm for Determining the Convex Hull of a Finite Planar Set.* Information Processing Letters, 1, S. 132–133, 1972.

84. GRAHAM, R. L., D. E. KNUTH und O. PATASHNIK: *Concrete Mathematics: A Foundation for Computer Science.* Addison-Wesley, Reading, MA, 2. Aufl., 1994.

85. GREEN, P.: *Colorimetry and colour differences.* In: GREEN, P. und L. MACDONALD (Hrsg.): *Colour Engineering*, Kap. 3, S. 40–77. Wiley, New York, 2002.

86. GUICHARD, F., L. MOISAN und J.-M. MOREL: *A review of P.D.E. models in image processing and image analysis.* J. Phys. IV France, 12(1), S. 137–154, 2002.

87. GÜTING, R. H. und S. DIEKER: *Datenstrukturen und Algorithmen.* Teubner, Leipzig, 2. Aufl., 2003.

88. HALL, E. L.: *Computer Image Processing and Recognition.* Academic Press, New York, 1979.

89. HANBURY, A.: *Circular Statistics Applied to Colour Images.* In: *Proceedings of the 8th Computer Vision Winter Workshop*, S. 55–60, Valtice, Czech Republic, Februar 2003.

90. HANCOCK, J. C.: *An Introduction to the Principles of Communication Theory.* McGraw-Hill, 1961.

91. HANNAH, I., D. PATEL und R. DAVIES: *The use of variance and entropic thresholding methods for image segmentation.* Pattern Recognition, 28(4), S. 1135–1143, 1995.

92. HARMAN, W. W.: *Principles of the Statistical Theory of Communication.* McGraw-Hill, 1963.

93. HARRIS, C. G. und M. STEPHENS: *A combined corner and edge detector.* In: TAYLOR, C. J. (Hrsg.): *4th Alvey Vision Conference*, S. 147–151, Manchester, 1988.

94. HECKBERT, P. S.: *Color Image Quantization for Frame Buffer Display.* Computer Graphics, 16(3), S. 297–307, 1982.

95. HESS, R.: *An open-source SIFT Library.* In: *Proceedings of the International Conference on Multimedia, MM'10*, S. 1493–1496, Firenze, Italy, Oktober 2010.

96. HOLM, J., I. TASTL, L. HANLON und P. HUBEL: *Color processing for digital photography.* In: GREEN, P. und L. MACDONALD (Hrsg.): *Colour Engineering*, Kap. 9, S. 179–220. Wiley, New York, 2002.

97. HOLT, C. M., A. STEWART, M. CLINT und R. H. PERROTT: *An improved parallel thinning algorithm.* Communications of the ACM, 30(2), S. 156–160, 1987.

98. HONG, V., H. PALUS und D. PAULUS: *Edge Preserving Filters on Color Images.* In: *Proceedings Int'l Conf. on Computational Science, ICCS*, S. 34–40, Kraków, Poland, 2004.

99. HORN, B. K. P.: *Robot Vision.* MIT-Press, Cambridge, MA, 1982.

100. HOUGH, P. V. C.: *Method and means for recognizing complex patterns.* US Patent 3,069,654, 1962.

101. HU, M. K.: *Visual Pattern Recognition by Moment Invariants.* IEEE Transactions on Information Theory, 8, S. 179–187, 1962.

102. HUERTAS, A. und G. MEDIONI: *Detection of intensity changes with subpixel accuracy using Laplacian-Gaussian masks.* IEEE Transactions on Pattern Analysis and Machine Intelligence, 8(5), S. 651–664, 1986.

103. HUNT, R. W. G.: *The Reproduction of Colour.* Wiley, New York, 6. Aufl., 2004.

104. HUTCHINSON, J.: *Culture, Communication, and an Information Age Madonna.* IEEE Professional Communications Society Newsletter, 45(3), S. 1, 5–7, 2001.

105. ILLINGWORTH, J. und J. KITTLER: *Minimum Error Thresholding.* Pattern Recognition, 19(1), S. 41–47, 1986.

106. ILLINGWORTH, J. und J. KITTLER: *A Survey of the Hough Transform.* Computer Vision, Graphics and Image Processing, 44, S. 87–116, 1988.

107. INDYK, P. und R. MOTWANI: *Approximate nearest neighbors: towards removing the curse of dimensionality.* In: *Proceedings of the Thirtieth Annual ACM Symposium on Theory of Computing (STOC'98)*, S. 604–613, Dallas, Texas, 1998.

108. INTERNATIONAL COLOR CONSORTIUM: *Specification ICC.1:2004-10 (Profile Version 4.2.0.0): Image Technology Colour Management— Architecture, Profile Format, and Data Structure*, 2004. http://www.color.org/documents/ICC1v42_2006-05.pdf.

109. INTERNATIONAL ELECTROTECHNICAL COMMISSION, IEC, Geneva: *IEC 61966-2-1: Multimedia Systems and Equipment—Colour Measurement and Management, Part 2-1: Colour Management—Default RGB Colour Space—sRGB*, 1999. http://www.iec.ch.

110. INTERNATIONAL ORGANIZATION FOR STANDARDIZATION, ISO, Geneva: *ISO 13655:1996, Graphic Technology—Spectral Measurement and Colorimetric Computation for Graphic Arts Images*, 1996.

111. INTERNATIONAL ORGANIZATION FOR STANDARDIZATION, ISO, Geneva: *ISO 15076-1:2005, Image Technology Colour Management— Architecture, Profile Format, and Data Structure: Part 1*, 2005. Based on ICC.1:2004-10.

112. INTERNATIONAL TELECOMMUNICATIONS UNION, ITU, Geneva: *ITU-R Recommendation BT.709-3: Basic Parameter Values for the HDTV Standard for the Studio and for International Programme Exchange*, 1998.

113. INTERNATIONAL TELECOMMUNICATIONS UNION, ITU, Geneva: *ITU-R Recommendation BT.601-5: Studio Encoding Parameters of Digital Television for Standard 4:3 and Wide-Screen 16:9 Aspect Ratios*, 1999.

114. JACK, K.: *Video Demystified—A Handbook for the Digital Engineer*. LLH Publishing, Eagle Rock, VA, 3. Aufl., 2001.

115. JÄHNE, B.: *Practical Handbook on Image Processing for Scientific Applications*. CRC Press, Boca Raton, FL, 1997.

116. JÄHNE, B.: *Digitale Bildverarbeitung*. Springer-Verlag, Berlin, 5. Aufl., 2002.

117. JÄHNE, B.: *Digital Image Processing*. Springer-Verlag, Berlin, 6. Aufl., 2005.

118. JAIN, A. K.: *Fundamentals of Digital Image Processing*. Prentice Hall, Englewood Cliffs, NJ, 1989.

119. JAIN, R., R. KASTURI und B. G. SCHUNCK: *Machine Vision*. McGraw-Hill, Boston, 1995.

120. JIA, Y. und T. DARRELL: *Heavy-tailed Distances for Gradient Based Image Descriptors*. In: *Proceedings of the Twenty-Fifth Annual Conference on Neural Information Processing Systems (NIPS)*, Grenada, Spain, Dezember 2011.

121. JIANG, X. Y. und H. BUNKE: *Simple and fast computation of moments*. Pattern Recognition, 24(8), S. 801–806, 1991.

122. JIN, L. und D. LI: *A switching vector median filter based on the CIELAB color space for color image restoration*. Signal Processing, 87(6), S. 1345–1354, 2007.

123. KAPUR, J. N., P. K. SAHOO und A. K. C. WONG: *A New Method for Gray-Level Picture Thresholding Using the Entropy of the Histogram*. Computer Vision, Graphics, and Image Processing, 29, S. 273–285, 1985.

124. KING, J.: *Engineering color at Adobe*. In: GREEN, P. und L. MAC-DONALD (Hrsg.): *Colour Engineering*, Kap. 15, S. 341–369. Wiley, New York, 2002.

125. KIRSCH, R. A.: *Computer determination of the constituent structure of biological images*. Computers in Biomedical Research, 4, S. 315–328, 1971.

126. K‍ITCHEN, L. und A. R‍OSENFELD: *Gray-level corner detection*. Pattern Recognition Letters, 1, S. 95–102, 1982.

127. K‍NUTH, D. E.: *The Art of Computer Programming, Volume 2: Seminumerical Algorithms*. Addison-Wesley, 3. Aufl., 1997.

128. K‍OENDERINK, J. J.: *The structure of images*. Biological Cybernetics, 50(5), S. 363–370, 1984.

129. K‍OSCHAN, A. und M. A. A‍BIDI: *Detection and classification of edges in color images*. IEEE Signal Processing Magazine, 22(1), S. 64–73, 2005.

130. K‍OSCHAN, A. und M. A. A‍BIDI: *Digital Color Image Processing*. Wiley, 2008.

131. K‍UWAHARA, M., K. H‍ACHIMURA, S. E‍IHO und M. K‍INOSHITA: *Processing of RI-angiocardiographic image*. In: P‍RESTON, K. und M. O‍NOE (Hrsg.): *Digital Processing of Biomedical Images*, S. 187–202. Plenum, New York, 1976.

132. L‍EPETIT, V. und P. F‍UA: *Keypoint Recognition Using Randomized Trees*. IEEE Transactions on Pattern Analysis and Machine Intelligence, 28(9), S. 1465–1479, 2006.

133. L‍IAO, P.-S., T.-S. C‍HEN und P.-C. C‍HUNG: *A Fast Algorithm for Multilevel Thresholding*. Journal of Information Science and Engineering, 17, S. 713–727, 2001.

134. L‍INDBLOOM, B. J.: *Accurate color reproduction for computer graphics applications*. SIGGRAPH Computer Graphics, 23(3), S. 117–126, 1989.

135. L‍INDEBERG, T.: *Scale-Space Theory in Computer Vision*. Kluwer Academic Publishers, 1994.

136. L‍INDEBERG, T.: *Feature Detection with Automatic Scale Selection*. International Journal of Computer Vision, 30(2), S. 77–116, 1998.

137. L‍OWE, D. G.: *Object Recognition from Local Scale-Invariant Features*. In: *Proceedings of the 7th IEEE International Conference on Computer Vision*, Bd. 2 d. Reihe *ICCV'99*, S. 1150–1157, Kerkyra, Corfu, Greece, 1999.

138. L‍OWE, D. G.: *Distinctive image features from scale-invariant keypoints*. International Journal of Computer Vision, 60, S. 91–110, 2004.

139. L‍OWE, D. G.: *Method and apparatus for identifying scale invariant features in an image and use of same for locating an object in an image*. The University of British Columbia, März 2004. US Patent 6,711,293.

140. L‍UCAS, B. D. und T. K‍ANADE: *An iterative image registration technique with an application to stereo vision*. In: H‍AYES, P. J. (Hrsg.): *Proceedings of the 7th International Joint Conference on Artificial Intelligence IJCAI'81*, S. 674–679, Vancouver, BC, 1981. William Kaufmann, Los Altos, CA.

141. L‍UKAC, R., B. S‍MOLKA und K. N. P‍LATANIOTIS: *Sharpening vector median filters*. Signal Processing, 87(9), S. 2085–2099, 2007.

142. L‍UKAC, R., B. S‍MOLKA, K. N. P‍LATANIOTIS und A. N. V‍ENETSANOPOULOS: *Vector sigma filters for noise detection and removal in color images*. Journal of Visual Communication and Image Representation, 17(1), S. 1–26, 2006.

143. M‍ALLAT, S.: *A Wavelet Tour of Signal Processing*. Academic Press, New York, 1999.

144. M‍ANCAS-T‍HILLOU, C. und B. G‍OSSELIN: *Color text extraction with selective metric-based clustering*. Computer Vision, Graphics, and Image Processing: Image Understanding, 107(1-2), S. 97–107, 2007.

145. MARON, M. J. und R. J. LOPEZ: *Numerical Analysis*. Wadsworth Publishing, 3. Aufl., 1990.

146. MARR, D. und E. HILDRETH: *Theory of edge detection*. Proceedings of the Royal Society of London, Series B, 207, S. 187–217, 1980.

147. MEIJERING, E. H. W., W. J. NIESSEN und M. A. VIERGEVER: *Quantitative Evaluation of Convolution-Based Methods for Medical Image Interpolation*. Medical Image Analysis, 5(2), S. 111–126, 2001. http://imagescience.bigr.nl/meijering/software/transformj/.

148. MIANO, J.: *Compressed Image File Formats*. ACM Press, Addison-Wesley, Reading, MA, 1999.

149. MITCHELL, D. P. und A. N. NETRAVALI: *Reconstruction filters in computer-graphics*. In: BEACH, R. J. (Hrsg.): *Proceedings of the 15th Annual Conference on Computer Graphics and Interactive Techniques, SIGGRAPH'88*, S. 221–228, Atlanta, GA, 1988. ACM Press, New York.

150. MLSNA, P. A. und J. J. RODRIGUEZ: *Gradient and Laplacian-Type Edge Detection*. In: BOVIK, A. (Hrsg.): *Handbook of Image and Video Processing*, S. 415–431. Academic Press, New York, 2000.

151. MLSNA, P. A. und J. J. RODRIGUEZ: *Gradient and Laplacian-Type Edge Detection*. In: BOVIK, A. (Hrsg.): *Handbook of Image and Video Processing*, S. 415–431. Academic Press, New York, 2. Aufl., 2005.

152. MOROVIC, J.: *Color Gamut Mapping*. Wiley, 2008.

153. MÖSSENBÖCK, H.: *Sprechen Sie Java?*. dpunkt.verlag, 2014.

154. MUJA, M. und D. G. LOWE: *Fast Approximate Nearest Neighbors with Automatic Algorithm Configuration*. In: *Proceedings of the International Conference on Computer Vision Theory and Application, VISSAPP'09*, S. 331–340, Lisboa, Portugal, Februar 2009.

155. MURRAY, J. D. und W. VANRYPER: *Encyclopedia of Graphics File Formats*. O'Reilly, Sebastopol, CA, 2. Aufl., 1996.

156. NADLER, M. und E. P. SMITH: *Pattern Recognition Engineering*. Wiley, New York, 1993.

157. NAGAO, M. und T. MATSUYAMA: *Edge preserving smoothing*. Computer Graphics and Image Processing, 9(4), S. 394–407, 1979.

158. NAIK, S. K. und C. A. MURTHY: *Standardization of edge magnitude in color images*. IEEE Transactions on Image Processing, 15(9), S. 2588–2595, 2006.

159. NIBLACK, W.: *An Introduction to Digital Image Processing*. Prentice-Hall, 1986.

160. NITZBERG, M. und T. SHIOTA: *Nonlinear Image Filtering with Edge and Corner Enhancement*. IEEE Transactions on Pattern Analysis and Machine Intelligence, 14(8), S. 826–833, 1992.

161. OH, W. und W. B. LINDQUIST: *Image Thresholding by Indicator Kriging*. IEEE Transactions on Pattern Analysis and Machine Intelligence, 21(7), S. 590–602, 1999.

162. OPPENHEIM, A. V., R. W. SHAFER und J. R. BUCK: *Discrete-Time Signal Processing*. Prentice Hall, Englewood Cliffs, NJ, 2. Aufl., 1999.

163. OTSU, N.: *A threshold selection method from gray-level histograms*. IEEE Transactions on Systems, Man, and Cybernetics, 9(1), S. 62–66, 1979.

164. PAL, N. R. und S. K. PAL: *A review on image segmentation techniques*. Pattern Recognition, 26(9), S. 1277–1294, 1993.

165. PARIS, S. und F. DURAND: *A Fast Approximation of the Bilateral Filter Using a Signal Processing Approach*. International Journal of Computer Vision, 81(1), S. 24–52, 2007.

166. PAVLIDIS, T.: *Algorithms for Graphics and Image Processing*. Computer Science Press / Springer-Verlag, New York, 1982.

167. PELE, O. und M. WERMAN: *A Linear Time Histogram Metric for Improved SIFT Matching*. In: *Proceedings of the 10th European Conference on Computer Vision (ECCV'08)*, S. 495–508, Marseille, France, Oktober 2008.

168. PERONA, P. und J. MALIK: *Scale-space and edge detection using anisotropic diffusion*. IEEE Transactions on Pattern Analysis and Machine Intelligence, 12(4), S. 629–639, 1990.

169. PHAM, T. Q. und L. J. VAN VLIET: *Separable bilateral filtering for fast video preprocessing*. In: *Proceedings IEEE International Conference on Multimedia and Expo*, S. CD1–4, Los Alamitos, USA, Juli 2005. IEEE Computer Society.

170. PIETZSCH, T., S. PREIBISCH, P. TOMANCAK und S. SAALFELD: *ImgLib2 – Generic Image Processing in Java*. Bioinformatics, 28(22), S. 3009–3011, 2012.

171. PLATANIOTIS, K. N. und A. N. VENETSANOPOULOS: *Color Image Processing and Applications*. Springer, 2000.

172. PORIKLI, F.: *Constant time O(1) bilateral filtering*. In: *Proceedings IEEE Conf. on Computer Vision and Pattern Recognition (CVPR)*, S. 1–8, Anchorage, Juni 2008.

173. POYNTON, C. A.: *Digital Video and HDTV Algorithms and Interfaces*. Morgan Kaufmann Publishers, San Francisco, 2003.

174. PRESS, W. H., S. A. TEUKOLSKY, W. T. VETTERLING und B. P. FLANNERY: *Numerical Recipes*. Cambridge University Press, 3. Aufl., 2007.

175. PREWITT, J.: *Object Enhancement and Extraction*. In: LIPKIN, B. und A. ROSENFELD (Hrsg.): *Picture Processing and Psychopictorics*, S. 415–431. Academic Press, 1970.

176. RAKESH, R. R., P. CHAUDHURI und C. A. MURTHY: *Thresholding in edge detection: a statistical approach*. IEEE Transactions on Image Processing, 13(7), S. 927–936, 2004.

177. RASBAND, W. S.: *ImageJ*. U.S. National Institutes of Health, MD, 1997–2007. http://rsb.info.nih.gov/ij/.

178. REID, C. E. und T. B. PASSIN: *Signal Processing in C*. Wiley, New York, 1992.

179. RICH, D.: *Instruments and Methods for Colour Measurement*. In: GREEN, P. und L. MACDONALD (Hrsg.): *Colour Engineering*, Kap. 2, S. 19–48. Wiley, New York, 2002.

180. RICHARDSON, I. E. G.: *H.264 and MPEG-4 Video Compression*. Wiley, New York, 2003.

181. RIDLER, T. W. und S. CALVARD: *Picture thresholding using an iterative selection method*. IEEE Transactions on Systems, Man, and Cybernetics, 8(8), S. 630–632, 1978.

182. ROBERTS, L. G.: *Machine perception of three-dimensional solids*. In: TIPPET, J. T. (Hrsg.): *Optical and Electro-Optical Information Processing*, S. 159–197. MIT Press, Cambridge, MA, 1965.

183. ROBINSON, G.: *Edge Detection by Compass Gradient Masks*. Computer Graphics and Image Processing, 6(5), S. 492–501, 1977.

184. ROCKETT, P. I.: *An Improved Rotation-Invariant Thinning Algorithm*. IEEE Transactions on Pattern Analysis and Machine Intelligence, 27(10), S. 1671–1674, 2005.

185. ROSENFELD, A. und J. L. PFALTZ: *Sequential Operations in Digital Picture Processing.* Journal of the ACM, 12, S. 471–494, 1966.

186. RUSS, J. C.: *The Image Processing Handbook.* CRC Press, Boca Raton, FL, 3. Aufl., 1998.

187. SAHOO, P. K., S. SOLTANI, A. K. C. WONG und Y. C. CHEN: *A survey of thresholding techniques.* Computer Vision, Graphics and Image Processing, 41(2), S. 233–260, 1988.

188. SAPIRO, G.: *Geometric Partial Differential Equations and Image Analysis.* Cambridge University Press, 2001.

189. SAPIRO, G. und D. L. RINGACH: *Anisotropic Diffusion of Multivalued Images with Applications to Color Filtering.* IEEE Transactions on Image Processing, 5(11), S. 1582–1586, 1996.

190. SAUVOLA, J. und M. PIETIKÄINEN: *Adaptive document image binarization.* Pattern Recognition, 33(2), S. 1135–1143, 2000.

191. SCHMID, C., R. MOHR und C. BAUCKHAGE: *Evaluation of Interest Point Detectors.* International Journal of Computer Vision, 37(2), S. 151–172, 2000.

192. SCHWARZER, Y. (Hrsg.): *Die Farbenlehre Goethes.* Westerweide Verlag, Witten, 2004.

193. SEUL, M., L. O'GORMAN und M. J. SAMMON: *Practical Algorithms for Image Analysis.* Cambridge University Press, Cambridge, 2000.

194. SEZGIN, M. und B. SANKUR: *Survey over Image Thresholding Techniques and Quantitative Performance Evaluation.* Journal of Electronic Imaging, 13(1), S. 146–165, 2004.

195. SHAPIRO, L. G. und G. C. STOCKMAN: *Computer Vision.* Prentice Hall, Englewood Cliffs, NJ, 2001.

196. SHIH, F. Y. und S. CHENG: *Automatic seeded region growing for color image segmentation.* Image and Vision Computing, 23(10), S. 877–886, 2005.

197. SILVESTRINI, N. und E. P. FISCHER: *Farbsysteme in Kunst und Wissenschaft.* DuMont, Cologne, 1998.

198. SINHA, S. N., J.-M. FRAHM, M. POLLEFEYS und Y. GENC: *Feature tracking and matching in video using programmable graphics hardware.* Machine Vision and Applications, 22(1), S. 207–217, 2011.

199. SIRISATHITKUL, Y., S. AUWATANAMONGKOL und B. UYYANONVARA: *Color image quantization using distances between adjacent colors along the color axis with highest color variance.* Pattern Recognition Letters, 25, S. 1025–1043, 2004.

200. SMITH, S. M. und J. M. BRADY: *SUSAN—A New Approach to Low Level Image Processing.* International Journal of Computer Vision, 23(1), S. 45–78, 1997.

201. SMOLKA, B., M. SZCZEPANSKI, K. N. PLATANIOTIS und A. N. VENETSANOPOULOS: *Fast Modified Vector Median Filter.* In: *Proceedings of the 9th International Conference on Computer Analysis of Images and Patterns*, CAIP'01, S. 570–580, London, UK, 2001. Springer-Verlag.

202. SONKA, M., V. HLAVAC und R. BOYLE: *Image Processing, Analysis and Machine Vision.* PWS Publishing, Pacific Grove, CA, 2. Aufl., 1999.

203. SPIEGEL, M. und S. LIPSCHUTZ: *Schaum's Outline of Vector Analysis.* McGraw-Hill, New York, 2. Aufl., 2009.

204. STOKES, M. und M. ANDERSON: *A Standard Default Color Space for the Internet—sRGB.* Hewlett-Packard, Microsoft, www.w3.org/Graphics/Color/sRGB.html, 1996.

205. SÜSSTRUNK, S.: *Managing color in digital image libraries*. In: GREEN, P. und L. MACDONALD (Hrsg.): *Colour Engineering*, Kap. 17, S. 385–419. Wiley, New York, 2002.

206. TANG, B., G. SAPIRO und V. CASELLES: *Color image enhancement via chromaticity diffusion*. IEEE Transactions on Image Processing, 10(5), S. 701–707, 2001.

207. TANG, C.-Y., Y.-L. WU, M.-K. HOR und W.-H. WANG: *Modified SIFT descriptor for image matching under interference*. In: *Proceedings of the International Conference on Machine Learning and Cybernetics (ICMLC)*, S. 3294–3300, Kunming, China, Juli 2008.

208. THEODORIDIS, S. und K. KOUTROUMBAS: *Pattern Recognition*. Academic Press, New York, 1999.

209. TOMASI, C. und R. MANDUCHI: *Bilateral Filtering for Gray and Color Images*. In: *Proceedings Int'l Conf. on Computer Vision*, ICCV'98, S. 839–846, Bombay, 1998.

210. TOMITA, F. und S. TSUJI: *Extraction of Multiple Regions by Smoothing in Selected Neighborhoods*. IEEE Transactions on Systems, Man, and Cybernetics, 7, S. 394–407, 1977.

211. TRIER, Ø. D. und T. TAXT: *Evaluation of binarization methods for document images*. IEEE Transactions on Pattern Analysis and Machine Intelligence, 17(3), S. 312–315, 1995.

212. TRUCCO, E. und A. VERRI: *Introductory Techniques for 3-D Computer Vision*. Prentice Hall, Englewood Cliffs, NJ, 1998.

213. TSCHUMPERLÉ, D.: *PDEs Based Regularization of Multivalued Images and Applications*. Doktorarbeit, Université de Nice, Sophia Antipolis, France, 2005.

214. TSCHUMPERLÉ, D. und R. DERICHE: *Vector-Valued Image Regularization with PDEs: A Common Framework for Different Applications*. IEEE Transactions on Pattern Analysis and Machine Intelligence, 27(4), S. 506–517, 2005.

215. TURKOWSKI, K.: *Filters for common resampling tasks*. In: GLASSNER, A. (Hrsg.): *Graphics Gems I*, S. 147–165. Academic Press, New York, 1990.

216. VARDAVOULIA, M. I., I. ANDREADIS und P. TSALIDES: *A new vector median filter for colour image processing*. Pattern Recognition Letters, 22(6-7), S. 675–689, 2001.

217. VEDALDI, A. und B. FULKERSON: *VLFeat: An Open and Portable Library of Computer Vision Algorithms*. http://www.vlfeat.org/, 2008.

218. VELASCO, F. R. D.: *Thresholding using the ISODATA Clustering Algorithm*. IEEE Transactions on Systems, Man, and Cybernetics, 10(11), S. 771–774, 1980.

219. VERNON, D.: *Machine Vision*. Prentice Hall, 1999.

220. WALLNER, D.: *Color management and Transformation through ICC profiles*. In: GREEN, P. und L. MACDONALD (Hrsg.): *Colour Engineering*, Kap. 11, S. 247–261. Wiley, New York, 2002.

221. WATT, A.: *3D-Computergrafik*. Addison-Wesley, Reading, MA, 3. Aufl., 2002.

222. WATT, A. und F. POLICARPO: *The Computer Image*. Addison-Wesley, Reading, MA, 1999.

223. WEICKERT, J.: *A Review of Nonlinear Diffusion Filtering*. In: HAAR ROMENY, B. M. TER, L. FLORACK, J. J. KOENDERINK und M. A. VIERGEVER (Hrsg.): *Proceedings First International Conference on Scale-Space*

Theory in Computer Vision, Scale-Space'97, Lecture Notes in Computer Science, S. 3–28, Utrecht, Juli 1997. Springer.

224. WEICKERT, J.: *Coherence-Enhancing Diffusion Filtering.* International Journal of Computer Vision, 31(2/3), S. 111–127, 1999.

225. WEIJER, J. VAN DE: *Color Features and Local Structure in Images.* Doktorarbeit, University of Amsterdam, 2005.

226. WEISS, B.: *Fast median and bilateral filtering.* ACM Transactions on Graphics, 25(3), S. 519–526, 2006.

227. WELK, M., J. WEICKERT, F. BECKER, C. SCHNÖRR, C. FEDDERN und B. BURGETH: *Median and related local filters for tensor-valued images.* Signal Processing, 87(2), S. 291–308, 2007.

228. WOLBERG, G.: *Digital Image Warping.* IEEE Computer Society Press, Los Alamitos, CA, 1990.

229. WYSZECKI, G. und W. S. STILES: *Color Science: Concepts and Methods, Quantitative Data and Formulae.* Wiley–Interscience, New York, 2. Aufl., 2000.

230. YANG, Q., K.-H. TAN und N. AHUJA: *Real-time O(1) bilateral filtering.* In: *Proceedings IEEE Conf. on Computer Vision and Pattern Recognition (CVPR)*, S. 557–564, Miami, 2009.

231. ZACK, G. W., W. E. ROGERS und S. A. LATT: *Automatic Measurement of Sister Chromatid Exchange Frequency.* Journal of Histochemistry and Cytochemistry, 25(7), S. 741–753, 1977.

232. ZAMPERONI, P.: *A note on the computation of the enclosed area for contour-coded binary objects.* Signal Processing, 3(3), S. 267–271, 1981.

233. ZEIDLER, E. (Hrsg.): *Teubner-Taschenbuch der Mathematik.* B. G. Teubner Verlag, Leipzig, 2. Aufl., 2002.

234. ZHANG, T. Y. und C. Y. SUEN: *A Fast Parallel Algorithm for Thinning Digital Patterns.* Communications of the ACM, 27(3), S. 236–239, 1984.

235. ZHU, S.-Y., K. N. PLATANIOTIS und A. N. VENETSANOPOULOS: *Comprehensive analysis of edge detection in color image processing.* Optical Engineering, 38(4), S. 612–625, 1999.

Sachverzeichnis

Farbpixel................... 313–315
Farbquantisierung... 15, 47, 351–362
   3:3:2......................... 352
   Median-Cut.................. 354
   Octree...................... 355
   Populosity................... 354
Farbraum.... 322–345, 395–399, 448
   CMYK................... 340–345
   colorimetrischer.............. 363
   HLS......................... 326
   HSB......................... 325
   HSV......................... 325
   Kodak....................... 385
   Lab......................... 369
   Luv......................... 370
   RGB........................ 310
   sRGB....................... 373
   XYZ........................ 364
   YC_bC_r..................... 339
   YIQ........................ 338
   YUV........................ 338
Farbsegmentierung.............. 308
Farbsystem
   additives.................... 309
   subtraktives................. 341
Farbtabelle................. 318, 319
Farbtemperatur................ 367
Farbwahrnehmung.............. 398
Fast Fourier Transform.... 509, 717
FastIsodataThreshold (Alg.)....... 276
FastKuwaharaFilter (Alg.)......... 445
Faxkodierung................... 242
feature...................... 246
Fensterfunktion............ 522–525
   Bartlett............ 523, 525, 526
   elliptische............... 523, 524
   Gauß.............. 523, 524, 526
   Hanning.......... 523, 525, 526
   Kosinus^2................. 525, 526
   Lanczos..................... 580
   Parzen............. 523, 525, 526
   Supergauß.............. 523, 524
FFT.... 509, 513, 531, 532, 537, 717
Fiji............................ 27
fill (Java)..................... 58
Filter...................... 93–124
   Ableitung................... 127
   anisotrope Diffusion...... 463–474
   Berechnung.................. 97
   Bilaterales............... 449–463
   Box........... 98, 103, 302, 443

Debugging................... 119
Differenz.................... 104
Disk........................ 302
Domain................. 449, 450
Effizienz..................... 118
Farbbild... 391–416, 446–448, 453,
   470
Gauß 104, 109, 121, 156, 160, 302,
   441, 452, 645, 755–758
Glättung 93, 98, 100, 103, 149, 393
Grauwertbild.............. 93–124
hot spot..................... 96
im Spektralraum............. 531
ImageJ.................. 120–122
Impulsantwort............... 110
Indexbild.................... 318
inverses..................... 533
isotropes.................... 103
Kanten................. 129–135
kantenerhaltende Glättung.......
   441–477
Kern.................... 105, 418
Koordinaten.................. 96
Kuwahara............... 442–448
Laplace........ 103, 124, 146, 151
Laplace-Gauß (LoG).......... 645
lineares 94–110, 121, 391–402, 736
Maximum.......... 112, 122, 300
Median... 113, 114, 122, 192, 403,
   404, 408, 416
Minimum.......... 112, 122, 300
morphologisch....... 117, 191–222
Nagao-Matsuyama........... 443
nichtlineares....... 111–117, 122,
   403–416
ortsabhängiges............... 592
Perona-Malik............ 467–474
Randbehandlung............. 118
Randproblem................. 96
Range................. 449, 450
Region...................... 94
separierbares... 108, 109, 303, 648
Sombrero.................... 647
Tiefpass.......... 104, 303, 443
Tomita-Tsuji........... 443, 445
unscharfe Maskierung........ 149
Filterkern.................... 105
   normalisierter............... 302
Filtermaske................... 95
Filtermatrix.................. 95
final (Java).............. 765, 769

H

Über die Autoren

Wilhelm Burger absolvierte ein MSc-Studium in *Computer Science* an der University of Utah (Salt Lake City) und erwarb sein Doktorat für Systemwissenschaften an der Johannes Kepler Universität in Linz. Als Postgraduate Researcher arbeitete er am Honeywell Systems & Research Center in Minneapolis und an der University of California in Riverside, vorwiegend in den Bereichen Visual Motion Analysis und autonome Navigation. Er ist seit 1996 Leiter des Departments für Digitale Medien der Fachhochschule Hagenberg (Österreich). Privat schätzt der Autor großvolumige Fahrzeuge, Musik und (gelegentlich) einen trockenen Veltliner.

Mark J. Burge ist zurzeit als Program Manager im Rahmen der *Intelligence Advanced Research Projects Activity* (IARPA) tätig und verantwortlich für das Janus-Programm zur uneingeschränkten automatischen Gesichtserkennung in Videodaten. Zuvor war er bei der *National Science Foundation* (NSF) als Program Director tätig sowie als Research Scientist an der ETH in Zürich und der Johannes Kepler Universität in Linz. Er lehrt zudem als Visiting Professor an der *United States Naval Academy* (USNA).

Über dieses Buch

Das vollständige Manuskript zu diesem Buch wurde von den Autoren druckfertig in LaTeX unter Verwendung von Donald Knuths Schriftfamilie *Computer Modern* erstellt. Besonders hilfreich waren dabei die Packages algorithmicx (von Szász János) zur Darstellung der Algorithmen, listings (von Carsten Heinz) für die Auflistung des Programmcodes und psfrag (von Michael C. Grant und David Carlisle) zur Textersetzung in Grafiken. Die meisten Illustrationen wurden mit *Macromedia Freehand* erstellt, mathematische Funktionen mit *Mathematica* und die Bilder mit *ImageJ* oder *Adobe Photoshop*. Alle Abbildungen des Buchs, Testbilder in Farbe und voller Auflösung sowie der Quellcode zu den Beispielen sind für Lehrzwecke auf der zugehörigen Website (**www.imagingbook.com**) verfügbar.

Printing and Binding: Stürtz GmbH, Würzburg